光学原理及应用

（上册）

——经典光学部分

曹建章　著

電子工業出版社
Publishing House of Electronics Industry
北京·BEIJING

内 容 简 介

本书以光的电磁理论为基础，对经典光学的内容进行全面描述，重点是理论基础部分，同时重视应用研究成果和研究动向。全书共 15 章，分为上册和下册，其中上册包括 7 章。前 3 章是基础部分，主要讨论基本形式的麦克斯韦方程、光波的基本特性及平面光波的反射与透射。第 4 章几何光学，从麦克斯韦方程出发讨论非均匀介质中光线满足的程函方程和光线方程，从费马原理出发讨论均匀介质中光线满足的三大定律，以及由费马原理得到光线拉格朗日方程和光线哈密顿方程。第 5 章干涉光学，从波的叠加原理出发，讨论干涉的基本概念，包括双光束平面波干涉、双光束柱面波和双光束球面波干涉，分波阵面双光束干涉和光源的空间相干性，分振幅双光束干涉和干涉条纹的定域性，双光束干涉仪及光源的时间相干性。第 6 章在标量电场理论的基础上讨论光在各向同性介质中的衍射问题，给出球面波衍射积分公式和平面波衍射积分公式，以及在傍轴和距离近似条件下各种菲涅耳衍射与夫琅和费衍射计算问题，并给出衍射的应用，包括平面衍射光栅、闪耀光栅、光栅光谱仪及光学显微镜的分辨本领和泽尼克相衬成像。第 7 章在矢量电磁场理论的基础上，应用矢量格林定理，给出用标量格林函数表述的平面波基尔霍夫矢量衍射公式和用张量格林函数表述的矢量衍射公式，并讨论一维介质光栅衍射的矢量严格耦合波方法和一维声光衍射的耦合波方法。

本书内容翔实，概念清晰，数学描述细腻而严谨，层次分明。通过对内容进行适当的取舍，可供不同专业和不同领域从事光学理论和应用方面的研究生作为教材使用。对于从事光学电磁理论和应用的科技工作者，本书也具有重要而实际的参考价值。

图书在版编目（CIP）数据

光学原理及应用. 上册，经典光学部分 / 曹建章著. —北京：电子工业出版社，2020.5
ISBN 978-7-121-35928-6

Ⅰ. ①光…　Ⅱ. ①曹…　Ⅲ. ①光学 – 高等学校 – 教材　Ⅳ. ①O43

中国版本图书馆 CIP 数据核字（2019）第 011666 号

责任编辑：张小乐
印　　刷：北京京师印务有限公司
装　　订：北京京师印务有限公司
出版发行：电子工业出版社
　　　　　北京市海淀区万寿路 173 信箱　　邮编：100036
开　　本：787 × 1 092　1/16　印张：33.25　字数：851 千字
版　　次：2020 年 5 月第 1 版
印　　次：2020 年 5 月第 1 次印刷
定　　价：118.00 元

凡所购买电子工业出版社图书有缺损问题，请向购买书店调换。若书店售缺，请与本社发行部联系，联系及邮购电话：（010）88254888，88258888。

质量投诉请发邮件至 zlts@phei.com.cn，盗版侵权举报请发邮件至 dbqq@phei.com.cn。

本书咨询联系方式：（010）88254462，zhxl@phei.com.cn。

前　言

光与人类活动和生活息息相关，人们认识光的本质经历了一个很漫长的历史过程。直到1865年，麦克斯韦在库仑定律、高斯定理、毕奥-萨伐尔定律、安培定律和法拉第电磁感应定律的基础上建立了麦克斯韦方程，使电场与磁场达到了完全的统一，形成了全新的电磁场理论。麦克斯韦方程的建立深刻影响了人类社会的变革，开启了人类文明的新时代。麦克斯韦计算了真空中电磁波传播速度，发现电磁波传播速度与光速相等，于是麦克斯韦预言光波就是电磁波。1888年，赫兹在实验上证实了这一预言的正确性。由此奠定了光的电磁理论基础，开启了光学发展的辉煌时期。

光学是一门基础学科，也是一门应用性和交叉性很强的学科。尤其是20世纪60年代激光的问世，极大地推动了光学的迅猛发展，使光的应用渗透到广泛的学科领域，形成了众多特色学科分支，如医学成像、生物光学、光刻技术、光学工艺学、近场光学、显示光学、光存储、光学薄膜技术、光纤通信、光微机械、光学遥感与遥测、集成光学、宇宙光学、大气光学、海洋光学、建筑光学、光学农业、光伏发电，以及光敏材料、光学元器件、光探测器、光调制器、各种光学仪器，等等，这些学科都是当前科学研究中非常活跃的前沿阵地，也是新技术革命的先导和支柱，已形成世界经济发展和竞争的庞大产业。

为了满足市场和科研对光学高级专门技术人才的需求，培养高层次创新型人才，研究生教育是主要途径，也是国家创新体系的重要组成部分，其意义重大而深远。近十年来，为了赶超世界先进科学技术，国家制定了中、长期科学发展规划，对于与光有关的许多前沿学科，国家支持和投入的力度越来越大，吸引了大批国外学者回国任教或从事科学研究，研究生的招生人数也在逐年增加，研究队伍不断壮大，取得了许多科研成果，在国家经济转型升级和国防建设中起到了非常重要的作用。

光学的发展是建立在理论发展的基础之上的，坚实而深厚的理论基础是开展创新研究的基石。因而，研究生教育中理论基础课是实现培养目标的关键环节。光的电磁理论作为研究生的理论基础课，是不同学科专业研究生从事光学方面的应用研究的基础。通过学习既要较全面地掌握光学电磁理论方面的知识，也要掌握近年来电磁理论的研究进展和研究动态，这就需要进行研究生课程的建设。作者经过多年教学和基础研究，通过阅读大量国内外文献和优秀硕士、博士论文，撰写了《光学原理及应用》，旨在帮助提高研究生的光学电磁理论水平，增强开展交叉学科研究的意识与兴趣，拓宽学术视野。通过本书的阅读，不仅可以得到基础的训练，还可以通过应用实例达到融会贯通和触类旁通的效果。

全书共15章，上册有7章，前3章是后续章节的基础。第1章光波电磁理论基础，介绍基本形式的麦克斯韦方程组，描述电磁介质的微观经典物理模型及介质特性的物质方程，讨论介质中的麦克斯韦方程、电磁场边界条件、电磁场波动方程、电磁场能量及能流、位函数及位函数方程、赫兹矢量、格林函数及电磁场积分方程等。第2章光波的基本特性，讨论矢量齐次亥姆霍兹方程的平面波解、理想线光源标量电场亥姆霍兹方程的柱面波解、理想点光源标量电场亥姆霍兹方程的球面波解以及标量高斯光波、偏振光波、波包和群速度等。第3章平面光波的反射与透射，分别讨论理想介质与理想介质、理想介质与理想导体、理想介质与导电介质、理想介质与平面对称各向异性介质分界面的反射与透射。

第 4 章几何光学，从麦克斯韦方程出发讨论非均匀介质中光线满足的程函方程和光线方程，从费马原理出发讨论均匀介质中光线传播满足的三个基本定律，以及由费马原理得到光线拉格朗日方程和光线哈密顿方程。本章还介绍成像的基本概念，其中包括平面反射镜成像、平面折射成像、球面折射成像、球面反射镜成像和薄透镜成像。在此基础上，讨论共轴球面光学系统成像，包括逐次成像、*y-nu* 光线追踪成像、基点和基面法成像、矩阵法成像，以及光阑和精确光线追踪成像。

第 5 章干涉光学，从波的叠加原理出发，首先讨论干涉的基本概念，包括双光束平面波干涉、双光束柱面波和双光束球面波干涉；分波阵面双光束干涉和光源的空间相干性，分振幅双光束干涉、干涉条纹的定域性、双光束干涉仪及光源的时间相干性。其次，讨论多光束干涉，包括多光束干涉光强反射率和光强透射率、多光束干涉光的传输特性、多光束干涉仪和多光束干涉光刻。最后，给出干涉应用实例——萨尼亚克（Sagnac）空间调制型干涉成像光谱仪原理。

第 6 章光衍射的标量理论，假设光波为标量球面波和标量平面波，讨论光在各向同性介质中的衍射问题。首先介绍惠更斯-菲涅耳原理的基本概念，在此基础上讨论基尔霍夫衍射理论，并给出标量电场球面光波衍射积分公式和标量电场平面光波衍射积分公式，以及在傍轴和距离近似条件下的菲涅耳衍射积分与夫琅和费衍射积分公式。利用夫琅和费衍射积分公式，以矩孔、圆孔和椭圆孔为例讨论夫琅和费衍射的特点，并利用夫琅和费圆孔衍射，讨论光学成像系统的分辨本领。然后讨论单缝和多缝夫琅和费衍射，以及巴比涅原理。对于菲涅耳衍射，用积分法讨论直边、矩孔、单缝和圆孔菲涅耳衍射，用半波带法讨论圆孔和直边菲涅耳衍射，并给出波带片的特性及应用。最后讨论衍射光栅，包括平面光栅、闪耀光栅、光栅光谱仪及完全相干照明情况下光学显微镜的分辨本领和泽尼克相衬成像。

关于光衍射的标量理论，由于历史的原因，目前光学教材给出的点源和线源夫琅和费单缝衍射、多缝衍射和衍射光栅数学描述都存在缺陷，造成物理解释的困难。比如，对于点光源，夫琅和费单缝衍射的光强公式不能说明单缝衍射条纹为什么在一条线上[5,6,7,8]；对于线光源，夫琅和费单缝衍射光强公式不能确定衍射条纹与线光源宽度有关的横向宽度。究其原因是光学教材中没有给出标量电场情况下平面光波的基尔霍夫衍射公式，所以虽然实验上得到了衍射结果[8]，但没有给出用于解释的数学公式。对于这些问题，在标量电场平面光波衍射积分公式的基础上，本书给出了合理的数学结果。

第 7 章光衍射的矢量理论，首先讨论两种形式的矢量衍射公式：用标量格林函数表述的平面衍射屏平面波入射的基尔霍夫矢量衍射公式和用张量格林函数表述的矢量衍射公式。结果表明，在傍轴条件下，标量电场平面波衍射与矢量电场平面波衍射的大小是相同的，即标量衍射理论与矢量衍射理论是一致的。然后，讨论一维介质光栅衍射的矢量严格耦合波方法和一维声光衍射的耦合波方法。最后，简单介绍声光衍射的应用实例——声光光纤水听器。

本书取材具有一定的广度和深度，在内容上通过适当取舍，可作为不同学科、不同专业研究生的光学电磁理论教材，也可作为本科光学教学的参考书，对于从事光学理论和应用研究的科研工作者也有重要的参考价值。全书选材吸收国内外教材的优点，力求做到取材新颖、内容全面、系统性强，注重理论与实际相结合，尽可能多地反映国内外最新科研成果。本书的特点是：①论述由表及里、由浅入深，系统而较全面地讲解光的电磁理论及应用。②物理和数学概念清晰，易于理解和掌握；数学处理严谨而详细，易于自学。③物理量采用国际单位制，符号统一，方便阅读。④内容安排合理，易于接受。⑤理论联系实际，既面向理论，同时考虑工程应用，体现专业特色。

本书撰写过程中，受益于国内外光学领域知名专家教授的著作，也参考和引用了大量国内外文献和国内许多优秀硕士和博士论文，在此对所列文献作者深表感谢。

本书在撰写过程中得到深圳大学电子科学与技术学院领导的重视和大力支持，作者深表谢意。本书的出版立项得到深圳大学教务部纪劲鸿老师、电子与信息工程学院黎冰副院长和王梦旸老师的支持和帮助，特表示感谢。作者的导师西北工业大学陈国瑞教授曾给予很大帮助和支持，深表感激。作者的外甥西北工业大学硕士张漫江解决了 MATLAB 绘图格式转换问题，特表示感谢。作者在整个写作过程中，一直得到妻子李玲和家人的支持，特表示感谢。

本书的出版得到深圳大学出版基金的资助。

虽然作者在撰写本书过程中，对数学公式经过认真推导，对稿件文字反复校正，但书中涉及内容广泛，限于作者水平，书中疏漏和错误之处在所难免，恳请读者及同行给予批评指正。

曹建章

2020 年 3 月于深圳大学

Email: caojianzhang@sina.com

主要符号表[①]

符 号	名 称	符 号	名 称
$\mathbf{A}$	磁矢量位	n	折射率
A	微分算子矩阵	$\tilde{N}$	复折射率
$\mathbf{B}$	磁通密度矢量（磁感应强度矢量）	N.A.	光纤数值孔径，显微镜物镜数值孔径，波带片数值孔径
$\tilde{\mathbf{B}}$	磁通密度复振幅矢量	n_o	寻常光折射率
B	磁通密度列向量	n_e	非寻常光折射率，等效折射率
c	光速	$\mathbf{P}$	极化强度矢量
C	电通密度和磁通密度构成的列向量	P	极化强度列向量
$\mathbf{D}$	电通密度矢量（电位移矢量）	$\mathbf{p}_e$	电偶极矩矢量
$\tilde{\mathbf{D}}$	电通密度复振幅矢量	$\mathbf{p}_m$	磁偶极矩矢量
D	电通密度列向量	P	偏振度
$\mathbf{E}$	电场强度矢量	$\tilde{r}_S$	S 波偏振反射系数
$\tilde{\mathbf{E}}$	电场复振幅矢量	$\tilde{r}_P$	P 波偏振反射系数
E	电场强度列向量	$\tilde{r}_{P,h}$	P 波偏振磁场反射系数
f	光波时间频率，物方焦距	R_S	S 波偏振反射率
f'	像方焦距	R_P	P 波偏振反射率
$\mathscr{F}$	透射带精细度	$\mathscr{R}$	光强反射率
G	标量格林函数	$\mathscr{R}$	分辨本领
G	电场和磁场构成的列向量	$\mathbf{S}$	坡印廷矢量
$\bar{\bar{\mathbf{G}}}$	张量格林函数	$\mathbf{S}_{av}$	平均坡印廷矢量
$\mathbf{H}$	磁场强度矢量	$\tilde{\mathbf{S}}$	复坡印廷矢量
$\tilde{\mathbf{H}}$	磁场复振幅矢量	$\tilde{t}_S$	S 波偏振透射系数
H	磁场强度列向量	$\tilde{t}_P$	P 波偏振透射系数
I	电场强度	$\tilde{t}_{P,h}$	P 波偏振磁场透射系数
$\mathbf{J}_V$	自由电流体密度矢量	T_S	S 波偏振透射率
$\tilde{\mathbf{J}}_V$	自由电流体密度复振幅矢量	T_P	P 波偏振透射率
J_V	自由电流体密度列向量	$\mathscr{T}$	光强透射率
k	波数	u	标量电位
$\mathbf{k}$	光波矢量	v	介质中光波传播速度
$\mathbf{k}_0$	光波矢量单位矢量	v_ϕ	相速度
$\tilde{k}_c$	复波数	v_g	群速度
$\mathbf{k}_s$	声波波矢	v_s	声波速度

① 本书所涉及的符号较多，需要注意的是，本书中的矢量用正体加粗字母表示；向量用特殊字体如 E、M 等表示。

续表

符　号	名　称	符　号	名　称
L	相干长度	λ_0	真空光波波长
$\mathbf{M}$	磁化强度矢量	λ_s	声波波长
M	磁化强度列向量	μ_0	真空磁导率
M_e	望远镜有效放大率	μ_r	相对磁导率
w_{av}	平均电磁能量体密度	V	条纹可见度
α	消光系数，轴向放大率	w_e	电场能量体密度
α_e	等效消光系数，人眼最小分辨角	w_m	磁场能量体密度
α_m	望远镜的角分辨本领	w	电磁能量体密度
β	横向放大率，相干孔径角	μ	磁导率
γ	角放大率，磁化耦合系数	$\tilde{\mu}$	复磁导率
$\bar{\bar{\gamma}}$	磁化耦合系数张量	$\bar{\bar{\mu}}_r$	相对磁导率张量
δ	点源函数	ν	光波空间频率
$\boldsymbol{\delta}$	单位序列向量	θ_c	临界角
ε_0	真空介电常数	θ_B	布儒斯特角，布拉格衍射角
ε_r	相对介电常数	θ_0	艾里斑角半径
ε	介电常数，透射带宽度	ρ_V	自由电荷体密度
$\tilde{\varepsilon}$	复介电常数	ρ_0	波带片分辨本领
$\tilde{\varepsilon}_r$	复相对介电常数	$\tilde{\rho}_m$	磁荷体密度
$\bar{\bar{\varepsilon}}$	介电常数张量	σ	电导率
$\bar{\bar{\varepsilon}}_r$	相对介电常数张量	$\bar{\bar{\sigma}}$	电导率张量
Φ	光焦度	τ	相干时间
Φ_e	电德拜位	ω	光波圆频率
Φ_m	磁德拜位	ω_s	声波圆频率
η	波阻抗	χ	椭圆角
η_0	真空波阻抗	χ_e	介质极化率
$\eta_{r,m}$	反射衍射效率	$\bar{\bar{\chi}}_e$	介质极化率张量
$\eta_{t,m}$	透射衍射效率	χ_m	介质磁化率
η_m	声光衍射效率	$\bar{\bar{\chi}}_m$	介质磁化率张量
κ	极化耦合系数	ψ	椭圆倾角
$\bar{\bar{\kappa}}$	极化耦合系数张量	$\mathbf{\Pi}_e$	电赫兹矢量位
λ	介质光波波长	$\mathbf{\Pi}_m$	磁赫兹矢量位

参 考 文 献

[1] 韩秀友，赵明山，谷一英，武震林. 光学工程与多学科交叉的研究生创新能力培养研究. 实验室科学，2015，18（4）：5-9.

[2] 施建华，王弘刚，梁永辉，江文杰. 关于“光学工程”学科课程建设的几点思考. 光学技术，2007，33：309-312.

[3] 厚宇德. 玻恩和沃尔夫合著的《光学原理》一书的写作过程. 物理，2013，42（8）：574-579.

[4] 马科斯·波思，埃米尔·沃尔夫. 光学原理——光的传播、干涉和衍射的电磁理论. 杨葭荪，译. 北京：电子工业出版社，2009.

[5] EUGENE HECHT. 光学. 4 版. 张存林，改编. 北京：高等教育出版社，2005.

[6] 钟锡华. 现代光学基础. 北京：北京大学出版社，2003.

[7] 石顺祥，张海兴，刘劲松. 物理光学与应用光学. 西安：西安电子科技大学出版社，2000.

[8] 田芊，廖延彪，孙利群. 工程光学. 北京：清华大学出版社，2006.

[9] 张克潜，李德杰. 微波与光电子学中的电磁理论. 2 版. 北京：电子工业出版社，2001.

[10] 郑玉祥，陈良尧. 近代光学. 北京：电子工业出版社，2011.

[11] 林强，叶兴浩. 现代光学基础与前沿. 北京：科学出版社，2010.

目　　录

第 1 章　光波电磁理论基础

麦克斯韦方程是宏观电磁理论的基础，不仅适用于静态场，也适用于时变场；不仅适用于各向同性介质，也适用于各向异性介质；不仅适用于均匀介质，也适用于非均匀介质；不仅适用于理想介质，也适用于导电介质（吸收介质）；不仅适用于线性介质，也适用于非线性介质；不仅适用于天然介质，也适用于人工合成介质（超材料）。因而麦克斯韦方程是描述一切宏观电磁现象必须遵循的定律。

光波属于高频电磁波，宏观上描述光波在各种光学元件和器件中的传输特性，本质上讲，就是根据光学元件和器件构成的物理模型建立满足初始及边界条件的数学模型，即介质中的麦克斯韦方程或由麦克斯韦方程简化得到的波动方程，然后求解波动方程。波动方程的形式可以是微分形式，也可以是积分形式；可以是标量形式，也可以是矢量形式；可以是矩阵形式，也可以是差分形式或代数方程形式。这就使得求解不仅具有单一的数学手段，而是针对不同的物理问题需要采用解决该问题方便的数学手段。

为了便于后续章节的讨论，本章介绍基本形式的麦克斯韦方程组，描述电磁介质的微观经典物理模型及介质特性的物质方程、介质中的麦克斯韦方程、电磁场边界条件、电磁场波动方程、电磁场能量及能流、位函数及位函数方程、赫兹矢量、格林函数及电磁场积分方程等。

1.1　基本形式的麦克斯韦方程

自英国物理学家法拉第于 1831 年发现了电磁感应现象后，基于对一系列电磁感应现象的思考，麦克斯韦提出了涡旋电场和位移电流的概念，表明在时变电磁场情况下，电场和磁场同时存在并相互激发、相互影响，形成电磁波。根据矢量分析和场论，描述单一矢量场需要四个方程：两个积分方程分别是矢量场的环量方程和通量方程；两个微分方程分别是矢量场的旋度方程和散度方程。而时变电磁场电场和磁场同时存在，描述两个矢量场就需要八个方程：四个积分方程分别是电场强度矢量的环量方程和电场强度矢量的通量方程，磁场强度矢量的环量方程和磁场强度矢量的通量方程；四个微分方程分别是电场强度矢量的旋度方程和散度方程，磁场强度矢量的旋度方程和散度方程。这就是麦克斯韦 1865 年在《电磁场动力学理论》著作中提出的完整描述时变电磁场的方程，后被人们称为麦克斯韦方程。

英国物理学家、数学家麦克斯韦（James Clerk Maxwell，1831—1879）

麦克斯韦方程的基本形式包括时域积分形式和时域微分形式。微分形式适用于空间或电介质中连续的区域，但在不连续的边界必须用矢量场的通量方程和环量方程，所以麦克斯韦方程的积分形式和微分形式共同构成了描述电磁场的基本方程。

1.1.1 时域积分形式

麦克斯韦方程的积分形式为

$$\begin{cases} \oint\limits_{(l)} \mathbf{H}\cdot \mathrm{d}\mathbf{l} = \iint\limits_{(S)} \left(\mathbf{J}_{\mathrm{V}} + \dfrac{\partial \mathbf{D}}{\partial t}\right)\cdot \mathrm{d}\mathbf{S} & (1\text{-}1) \\ \oint\limits_{(l)} \mathbf{E}\cdot \mathrm{d}\mathbf{l} = -\iint\limits_{(S)} \dfrac{\partial \mathbf{B}}{\partial t}\cdot \mathrm{d}\mathbf{S} & (1\text{-}2) \\ \oiint\limits_{(S)} \mathbf{B}\cdot \mathrm{d}\mathbf{S} = 0 & (1\text{-}3) \\ \oiint\limits_{(S)} \mathbf{D}\cdot \mathrm{d}\mathbf{S} = \iiint\limits_{(V)} \rho_{\mathrm{V}} \mathrm{d}V & (1\text{-}4) \end{cases}$$

式中，$\mathbf{E}(\mathbf{r};t)$为电场强度矢量，单位为伏/米（V/m）；$\mathbf{D}(\mathbf{r};t)$为电通密度矢量（也称电位移矢量），单位为库仑/平方米（$\mathrm{C/m^2}$）；$\mathbf{H}(\mathbf{r};t)$为磁场强度矢量，单位为安培/米（A/m）；$\mathbf{B}(\mathbf{r};t)$为磁通密度矢量（也称磁感应强度矢量），单位为韦伯/平方米（$\mathrm{Wb/m^2}$）；$\mathbf{r}$为空间点位置矢量；t为时间变量；$\mathbf{J}_{\mathrm{V}}(\mathbf{r};t)$为自由电流体密度矢量，单位为安培/平方米（$\mathrm{A/m^2}$）；$\rho_{\mathrm{V}}(\mathbf{r};t)$为自由电荷体密度，单位为库仑/立方米（$\mathrm{C/m^3}$）。

式（1-1）表明，不仅电流产生磁场，随时间变化的电场（即位移电流）也产生磁场，自由电流体密度$\mathbf{J}_{\mathrm{V}}$和位移电流密度$\mathbf{J}_{\mathrm{d}} = \partial\mathbf{D}/\partial t$［单位为安培/平方米（$\mathrm{A/m^2}$）］沿开曲面$S$的积分等于磁场沿闭合回路$l$的环量，开曲面$S$的方向与闭合回路$l$满足右手法则，如图 1-1（a）所示。式（1-2）表明，随时间变化的磁场产生涡旋电场，$\partial\mathbf{B}/\partial t$沿开曲面$S$的积分等于电场沿闭合回路$l$的积分，如图 1-1（a）所示。式（1-3）表明，磁场对闭合面的积分恒为零，即磁力线永远是闭合线。式（1-4）表明，电荷是产生电场的通量源，体积分与闭合面积分的关系如图 1-1（b）所示。

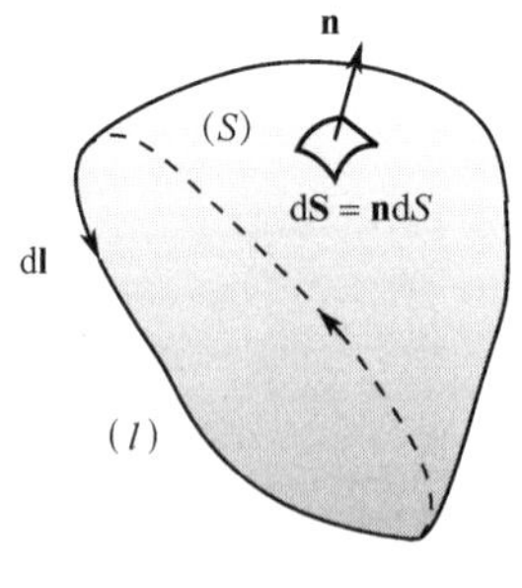

（a）通量积分与环量积分的关系

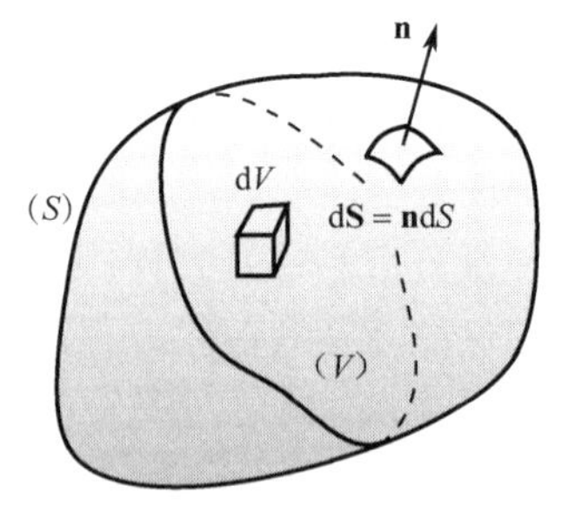

（b）体积分与闭合面积分的关系

图 1-1　积分关系示意图

1.1.2 时域微分形式

麦克斯韦方程的时域微分形式为

$$\begin{cases}\nabla\times\mathbf{H}=\mathbf{J}_{\mathrm{V}}+\dfrac{\partial\mathbf{D}}{\partial t} & (1\text{-}5)\\ \nabla\times\mathbf{E}=-\dfrac{\partial\mathbf{B}}{\partial t} & (1\text{-}6)\\ \nabla\cdot\mathbf{B}=0 & (1\text{-}7)\\ \nabla\cdot\mathbf{D}=\rho_{\mathrm{V}} & (1\text{-}8)\end{cases}$$

式（1-5）表明，自由电流体密度 $\mathbf{J}_{\mathrm{V}}$ 和位移电流密度 $\mathbf{J}_{\mathrm{d}}=\partial\mathbf{D}/\partial t$ 是产生磁场的旋度源。式（1-6）表明，随时间变化的磁场 $\partial\mathbf{B}/\partial t$ 是涡旋电场的旋度源。式（1-7）表明，磁场无散度源，即不存在单磁荷。式（1-8）表明，自由电荷体密度 $\rho_{\mathrm{V}}(\mathbf{r};t)$ 是电场的散度源。

1.1.3　电磁力

电荷和电流在电磁场中必然会受到力的作用。电荷在电场中的受力遵循库仑定律，电流在磁场中的受力遵循安培定律，运动点电荷在电磁场中的受力由洛伦兹力公式确定。这些都是电荷和电流在电磁场中受力的基本物理定律，不仅适用于静态场，也适用于时变场。

由库仑定律可知，点电荷 q 在静电场 $\mathbf{E}(\mathbf{r})$ 中所受的电场力为

$$\mathbf{F}(\mathbf{r})=q\mathbf{E}(\mathbf{r}) \tag{1-9}$$

当 q 为正电荷时，力 $\mathbf{F}(\mathbf{r})$ 在点 $\mathbf{r}$ 处的方向是沿电场 $\mathbf{E}(\mathbf{r})$ 的方向；当 q 为负电荷时，力 $\mathbf{F}(\mathbf{r})$ 在点 $\mathbf{r}$ 处的方向是沿电场 $\mathbf{E}(\mathbf{r})$ 的反方向。

由安培定律可知，电流元 $I\mathrm{d}\mathbf{l}$ 在恒定电流的磁场 $\mathbf{B}(\mathbf{r})$ 中所受的力为

$$\mathbf{F}(\mathbf{r})=I\mathrm{d}\mathbf{l}\times\mathbf{B}(\mathbf{r}) \tag{1-10}$$

式中，$I\mathrm{d}\mathbf{l}$ 为线电流源，I 为线电流强度，单位为安培（A）。在空间任一点放置电流元 $I\mathrm{d}\mathbf{l}$，其受力 $\mathbf{F}(\mathbf{r})$ 的方向垂直于由电流元 $I\mathrm{d}\mathbf{l}$ 与磁场强度矢量 $\mathbf{B}(\mathbf{r})$ 构成的平面，三者遵循右手法则。

当点电荷 q 在磁场 $\mathbf{B}(\mathbf{r})$ 中以速度 $\boldsymbol{\upsilon}$ 运动时，点电荷受力为

$$\mathbf{F}(\mathbf{r})=q\boldsymbol{\upsilon}\times\mathbf{B}(\mathbf{r}) \tag{1-11}$$

此力称为洛伦兹力。$\mathbf{F}(\mathbf{r})$ 的方向垂直于点电荷运动速度 $\boldsymbol{\upsilon}$ 与磁场强度矢量 $\mathbf{B}(\mathbf{r})$ 构成的平面，三者遵循右手法则。

如果空间同时存在时变电磁场 $\mathbf{E}(\mathbf{r};t)$ 和 $\mathbf{B}(\mathbf{r};t)$，则点电荷 q 受力为

$$\mathbf{F}(\mathbf{r};t)=q[\mathbf{E}(\mathbf{r};t)+\boldsymbol{\upsilon}\times\mathbf{B}(\mathbf{r};t)] \tag{1-12}$$

1.1.4　电磁能量

电磁场具有能量，其能量以电场和磁场的形式存在于空间或介质中。对于静态场，电场能量密度为

$$w_{\mathrm{e}}=\frac{1}{2}\mathbf{E}(\mathbf{r})\cdot\mathbf{D}(\mathbf{r}) \tag{1-13}$$

单位为焦耳/立方米（$\mathrm{J/m^3}$）。磁场能量密度为

$$w_{\mathrm{m}}=\frac{1}{2}\mathbf{H}(\mathbf{r})\cdot\mathbf{B}(\mathbf{r}) \tag{1-14}$$

对于时变电磁场，能量密度是电场和磁场能量密度之和，即

$$w=w_{\mathrm{e}}+w_{\mathrm{m}}=\frac{1}{2}\mathbf{E}(\mathbf{r};t)\cdot\mathbf{D}(\mathbf{r};t)+\frac{1}{2}\mathbf{H}(\mathbf{r};t)\cdot\mathbf{B}(\mathbf{r};t) \tag{1-15}$$

电磁场能量密度反映的是能量的空间分布，即能量密度是空间坐标点的函数。对于时变电磁场，能量密度不仅随空间坐标变化，而且随时间变化，由此产生电磁能量的流动。

1.2　电磁介质微观经典物理模型

任何物质都是由原子和分子构成的，所以电磁场与电磁介质相互作用就是电磁场与构成电磁介质的原子和分子这些带电粒子的相互作用。为了描述电磁介质的电磁特性，宏观电磁场理论通常采用三种微观经典物理模型：电偶极子模型、磁偶极子模型和自由电子模型。对于电介质用电偶极子模型，相对应的物理量是极化强度矢量 $\mathbf{P}(\mathbf{r};t)$；磁介质用磁偶极子模型，相应的物理量是磁化强度矢量 $\mathbf{M}(\mathbf{r};t)$；导电介质用自由电子模型，相应的物理量是自由电流体密度矢量 $\mathbf{J}_{\mathrm{V}}(\mathbf{r};t)$ 和自由电荷体密度 $\rho_{\mathrm{V}}(\mathbf{r};t)$。

1.2.1　电偶极子及极化强度矢量

1. 电偶极子

电偶极子是由相距很近的两个等量异号点电荷构成的，如图 1-2（a）所示，q 是点电荷所带电量，两个点电荷相距为 d，对称地放置在 Z 轴上。对于空间任意点放置的点电荷，其电位表达式为

$$u(r,\theta,\varphi)=\frac{q}{4\pi\varepsilon_0}\frac{1}{R} \tag{1-16}$$

式中，(r,θ,φ) 为球坐标，相应的单位矢量为 $(\mathbf{e}_r,\mathbf{e}_\theta,\mathbf{e}_\varphi)$；$u(r,\theta,\varphi)$ 为点电荷在空间点 P 处的电位；R 为点电荷 q 到空间点 $\mathbf{r}$ 处距离矢量 $\mathbf{R}$ 的大小；ε_0 为真空介电常数。

由式（1-16）可知，在球坐标系下可写出两个点电荷构成的电偶极子在空间点 $P(r,\theta,\varphi)$ 的电位为

$$u(r,\theta,\varphi)=\frac{q}{4\pi\varepsilon_0}\left(\frac{1}{R_2}-\frac{1}{R_1}\right)=\frac{q}{4\pi\varepsilon_0}\frac{R_1-R_2}{R_1R_2} \tag{1-17}$$

式中，R_1 和 R_2 分别为点电荷 $-q$ 和点电荷 $+q$ 到空间点 $P(r,\theta,\varphi)$ 的距离。当两个点电荷之间的距离相对于到场点的距离非常小时，即 $r\gg d$，取近似，有

$$R_1-R_2\approx d\cos\theta,\quad R_1R_2\approx r^2 \tag{1-18}$$

代入式（1-17），得到电偶极子电位的表达式为

$$u(r,\theta,\varphi)=\frac{qd\cos\theta}{4\pi\varepsilon_0 r^2} \tag{1-19}$$

定义电偶极矩矢量 $\mathbf{p}_{\mathrm{e}}$ 为

$$\mathbf{p}_{\mathrm{e}}=p_{\mathrm{e}}\mathbf{e}_z=qd\mathbf{e}_z \tag{1-20}$$

式中，qd 是电偶极矩的大小，方向沿 Z 轴方向 $\mathbf{e}_z$ 由负电荷指向正电荷。由此可把式（1-19）改写为如下形式：

$$u(r,\theta,\varphi)=\frac{\mathbf{p}_{\mathrm{e}}\cdot\mathbf{e}_r}{4\pi\varepsilon_0 r^2} \tag{1-21}$$

在球坐标系下，根据电场与电位之间的关系有

$$\mathbf{E} = -\nabla u = -\left(\frac{\partial u}{\partial r}\mathbf{e}_r + \frac{1}{r}\frac{\partial u}{\partial \theta}\mathbf{e}_\theta + \frac{1}{r\sin\theta}\frac{\partial u}{\partial \varphi}\mathbf{e}_\varphi\right) \tag{1-22}$$

得到

$$\mathbf{E}(r,\theta,\varphi) = \frac{p_{\mathrm{e}}}{4\pi\varepsilon_0 r^3}(2\cos\theta\mathbf{e}_r + \sin\theta\mathbf{e}_\theta) \tag{1-23}$$

由式（1-19）和式（1-23）不难看出，在 $r \gg d$ 的近似条件下，电偶极子的电位和电场与坐标 φ 无关，因而具有轴对称性。与单一点电荷相比较，电偶极子的电位与距离的平方成反比，电场与距离的立方成反比，说明电偶极子的电场比单一点电荷的电场衰减得快。另外，电偶极子在 $Z>0$（θ 从 0 变化到 $\pi/2$）的上半平面中，$u>0$，而在 $Z<0$（θ 从 $\pi/2$ 变化到 π）的下半平面中，$u<0$，XY 平面为对称平面。电偶极子电力线分布如图 1-2（b）所示。

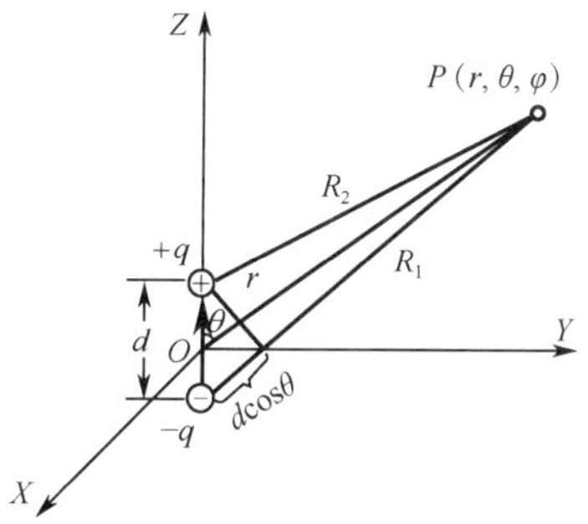

（a）电偶极子

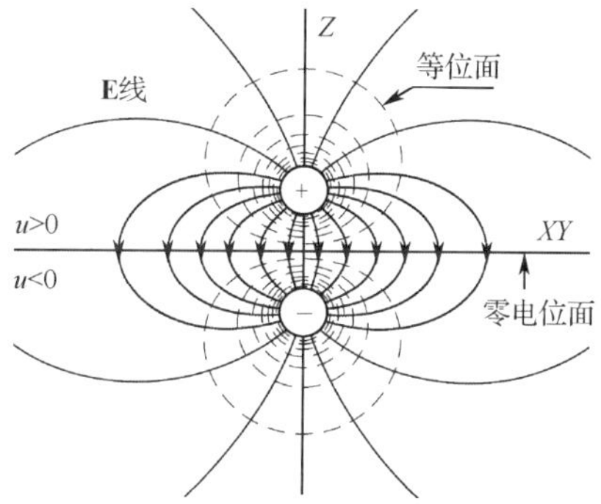

（b）电力线分布

图 1-2 电偶极子模型及电力线分布仿真图

2. 极化强度矢量

根据物质的电特性，通常把物质分为三大类：导体、半导体和绝缘体。导体和半导体的特点是其内部存在大量自由运动的电荷，在外电场的作用下，导体内部的自由电子可以做宏观运动而形成电流，描述导体导电性的参数是电导率。绝缘体是一种电阻率很高、导电性很差的物质，通常把绝缘体也称为电介质或介质。介质中没有自由运动的电荷，没有外电场的情况下，介质本身对外不显电性；而当介质存在于电场中时，会使介质表面或内部出现电荷分布，这种现象被称为介质的极化。

固体物理学将介质极化的机理分为三种方式：偶极转向、离子位移和电子位移。从微观的角度看，偶极转向是构成介质的分子具有极性，每个极性分子可以看作电偶极子，在没有外电场时，由于分子的热运动，介质中的极性分子杂乱无章地排列，宏观上对外不显电性，即所有分子电偶极矩矢量和为零；而当外加电场后，介质中的分子在外电场的作用下定向排列，所有分子电偶极矩矢量和不再为零，宏观上对外显电性，在电介质表面和内部出现电荷分布，如图 1-3（a）所示。这种电荷由于受到分子的束缚，故称为束缚电荷或极化电荷。如果束缚电荷仅出现在电介质表面，则该极化称为均匀极化；如果束缚电荷不仅出现在电介质表面，而且出现在电介质内部，则这种极化称为非均匀极化。

对于离子位移和电子位移极化，构成介质的分子和原子不具有极性，单个分子和原子的正电中心和负电中心重合，宏观上对外不显电性。当存在外加电场时，无极性分子和原子中的离子和电子在外电场的作用下产生位移，构成电介质的分子和原子的正电中心和负电中心不再重合，形成电偶极子，并定向排列，如图 1-3（b）所示，在电介质表面和内部出现束缚电荷，宏观上对外显电性。

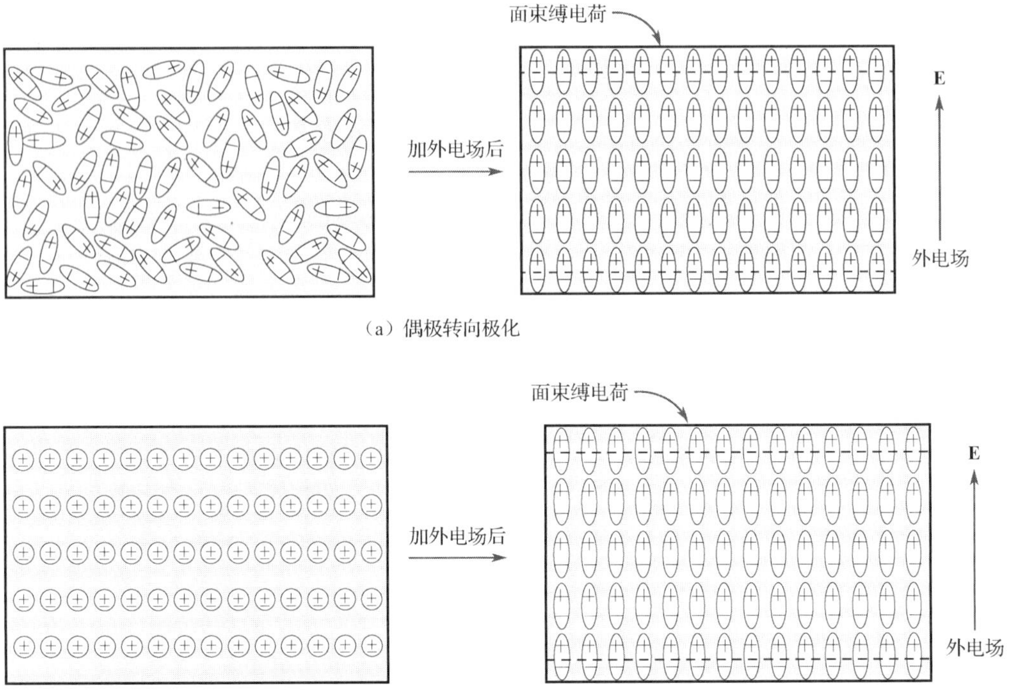

图 1-3　介质极化示意图

为了描述电介质在电场中的极化状态，引入极化强度矢量 **P**，其定义为电介质中单位体积内电偶极矩的矢量和，即

$$\mathbf{P}=\lim_{\Delta V\to 0}\frac{\sum_i \mathbf{p}_{\mathrm{e}_i}}{\Delta V} \tag{1-24}$$

其单位是库仑/平方米（C/m^2）。

极化强度矢量 **P** 取决于电介质的特性和外加电场强度矢量 **E**。对于不同的电介质，极化强度矢量 **P** 与电场强度矢量 **E** 的关系可概括为三大类。

1）各向同性线性介质

$$\mathbf{P}=\varepsilon_0\chi_{\mathrm{e}}\mathbf{E} \tag{1-25}$$

式中，χ_{e} 为一无量纲的参数，称为介质的极化率，是反映介质电特性的物理量。该式说明电介质中 **E** 和 **P** 同方向，这种介质称为各向同性线性介质。如果 χ_{e} 取常数，则为均匀线性介质。如果 χ_{e} 是空间坐标的函数，则为非均匀线性介质。

2）各向异性线性介质

在直角坐标系下，极化强度矢量 **P** 和电场强度矢量 **E** 的分量形式为

$$\mathbf{P}=P_x\mathbf{e}_x+P_y\mathbf{e}_y+P_z\mathbf{e}_z \tag{1-26}$$

$$\mathbf{E}=E_x\mathbf{e}_x+E_y\mathbf{e}_y+E_z\mathbf{e}_z \tag{1-27}$$

式中，$\mathbf{e}_x$、$\mathbf{e}_y$ 和 $\mathbf{e}_z$ 分别为直角坐标系下沿 X、Y 和 Z 轴方向的单位矢量；P_x、P_y 和 P_z 分别为

极化强度矢量 **P** 沿 X、Y 和 Z 轴方向的分量；E_x、E_y 和 E_z 分别为电场强度矢量 **E** 沿 X、Y 和 Z 轴方向的分量。

对于各向异性的线性介质，介质的极化率取二阶张量形式

$$\overline{\overline{\chi}}_e^{(1)}=[\chi_{eij}]_{3\times3}=\begin{bmatrix}\chi_{exx} & \chi_{exy} & \chi_{exz}\\ \chi_{eyx} & \chi_{eyy} & \chi_{eyz}\\ \chi_{ezx} & \chi_{ezy} & \chi_{ezz}\end{bmatrix},\quad i,j=x,y,z \tag{1-28}$$

如果把极化强度矢量 **P** 和电场强度矢量 **E** 的三个分量写成列向量形式

$$\mathsf{P}=[P_i]_{3\times1}=\begin{bmatrix}P_x\\ P_y\\ P_z\end{bmatrix},\quad i=x,y,z \tag{1-29}$$

$$\mathsf{E}^{(1)}=[E_j]_{3\times1}=\begin{bmatrix}E_x\\ E_y\\ E_z\end{bmatrix},\quad j=x,y,z \tag{1-30}$$

则极化强度矢量 **P** 和电场强度矢量 **E** 的张量关系为

$$\begin{bmatrix}P_x\\ P_y\\ P_z\end{bmatrix}=\varepsilon_0\begin{bmatrix}\chi_{exx} & \chi_{exy} & \chi_{exz}\\ \chi_{eyx} & \chi_{eyy} & \chi_{eyz}\\ \chi_{ezx} & \chi_{ezy} & \chi_{ezz}\end{bmatrix}\begin{bmatrix}E_x\\ E_y\\ E_z\end{bmatrix} \tag{1-31}$$

写成求和形式为

$$P_i=\sum_{j=x,y,z}\chi_{eij}E_j,\quad i=x,y,z \tag{1-32}$$

简记为

$$\mathsf{P}=\varepsilon_0\overline{\overline{\chi}}_e^{(1)}\mathsf{E}^{(1)} \tag{1-33}$$

显然，由式（1-32）可以看出，极化率与方向有关，由此导致极化强度矢量 **P** 与电场强度矢量 **E** 的方向也不一致，但 **P** 与 **E** 仍然保持线性关系，这种介质称为各向异性线性介质。如果 $\overline{\overline{\chi}}_e^{(1)}$ 的分量 χ_{eij} 取值为实常数，则称为均匀线性电各向异性介质；如果 χ_{eij} 的取值为空间坐标的函数，则称为非均匀线性电各向异性介质；如果 χ_{eij} 取复数值，则称为复线性电各向异性介质。

3）各向异性非线性介质

当极化强度矢量 **P** 与电场强度矢量 **E** 为非线性关系时，可将非线性关系写成向量形式

$$\mathsf{P}=\varepsilon_0\overline{\overline{\chi}}_e^{(1)}\mathsf{E}^{(1)}+\varepsilon_0\overline{\overline{\chi}}_e^{(2)}\mathsf{E}^{(2)}+\varepsilon_0\overline{\overline{\chi}}_e^{(3)}\mathsf{E}^{(3)}+\cdots \tag{1-34}$$

式中，列向量 P 见式（1-29）；$\overline{\overline{\chi}}_e^{(1)}$ 见式（1-28）。对于线性项列向量 $\mathsf{E}^{(1)}$、非线性项列向量 $\mathsf{E}^{(2)}$ 和 $\mathsf{E}^{(3)}$ 等，可根据外加电场分为以下两种情况。

（1）单个电场强度矢量显式非线性

当外加单一电场强度矢量 **E** 时，线性项列向量 $\mathsf{E}^{(1)}$ 见式（1-30）。非线性项列向量 $\mathsf{E}^{(2)}$ 是电场强度矢量乘积 **EE**（也称为并矢）构成的二阶非线性项列向量；非线性项列向量 $\mathsf{E}^{(3)}$ 是电场强度矢量乘积 **EEE** 相乘构成的三阶非线性项列向量；$\overline{\overline{\chi}}_e^{(2)}$ 和 $\overline{\overline{\chi}}_e^{(3)}$ 分别是与二阶和三阶非线性项列向量 $\mathsf{E}^{(2)}$ 和 $\mathsf{E}^{(3)}$ 相对应的三阶和四阶非线性极化率张量，$\overline{\overline{\chi}}_e^{(2)}$ 是三阶张量，$\overline{\overline{\chi}}_e^{(3)}$ 是四阶张量。例如，两矢量 **E**、**E** 相乘有

$$\begin{aligned}\mathbf{EE}&=(E_x\mathbf{e}_x+E_y\mathbf{e}_y+E_z\mathbf{e}_z)(E_x\mathbf{e}_x+E_y\mathbf{e}_y+E_z\mathbf{e}_z)\\&=E_xE_x\mathbf{e}_x\mathbf{e}_x+E_yE_x\mathbf{e}_y\mathbf{e}_x+E_zE_x\mathbf{e}_z\mathbf{e}_x+\\&\quad E_xE_y\mathbf{e}_x\mathbf{e}_y+E_yE_y\mathbf{e}_y\mathbf{e}_y+E_zE_y\mathbf{e}_z\mathbf{e}_y+\\&\quad E_xE_z\mathbf{e}_x\mathbf{e}_z+E_yE_z\mathbf{e}_y\mathbf{e}_z+E_zE_z\mathbf{e}_z\mathbf{e}_z\end{aligned}\tag{1-35}$$

由此可构成二阶非线性项列向量

$$\mathsf{E}^{(2)}=[E_jE_k]_{9\times1}=[E_xE_x,E_yE_x,E_zE_x,E_xE_y,E_yE_y,E_zE_y,E_xE_z,E_yE_z,E_zE_z]^{\mathrm{T}},\quad j,k=x,y,z\tag{1-36}$$

式中，角标 T 表示转置。与式（1-36）相对应的三阶非线性极化率张量 $\bar{\bar{\chi}}_{\mathrm{e}}^{(2)}$ 的矩阵形式为

$$\begin{aligned}\bar{\bar{\chi}}_{\mathrm{e}}^{(2)}&=\begin{bmatrix}\chi_{\mathrm{e}xxx}&\chi_{\mathrm{e}xyx}&\chi_{\mathrm{e}xzx}&\chi_{\mathrm{e}xxy}&\chi_{\mathrm{e}xyy}&\chi_{\mathrm{e}xzy}&\chi_{\mathrm{e}xxz}&\chi_{\mathrm{e}xyz}&\chi_{\mathrm{e}xzz}\\\chi_{\mathrm{e}yxx}&\chi_{\mathrm{e}yyx}&\chi_{\mathrm{e}yzx}&\chi_{\mathrm{e}yxy}&\chi_{\mathrm{e}yyy}&\chi_{\mathrm{e}yzy}&\chi_{\mathrm{e}yxz}&\chi_{\mathrm{e}yyz}&\chi_{\mathrm{e}yzz}\\\chi_{\mathrm{e}zxx}&\chi_{\mathrm{e}zyx}&\chi_{\mathrm{e}zzx}&\chi_{\mathrm{e}zxy}&\chi_{\mathrm{e}zyy}&\chi_{\mathrm{e}zzy}&\chi_{\mathrm{e}zxz}&\chi_{\mathrm{e}zyz}&\chi_{\mathrm{e}zzz}\end{bmatrix}\\&=\left[\chi_{\mathrm{e}ijk}\right]_{3\times9},\quad i,j,k=x,y,z\end{aligned}\tag{1-37}$$

同理，可写出三阶非线性项列向量 $\mathsf{E}^{(3)}$ 和四阶非线性极化率张量 $\bar{\bar{\chi}}_{\mathrm{e}}^{(3)}$ 的分量表达式为

$$\mathsf{E}^{(3)}=[E_jE_kE_l]_{27\times1},\quad j,k,l=x,y,z\tag{1-38}$$

$$\bar{\bar{\chi}}_{\mathrm{e}}^{(3)}=[\chi_{\mathrm{e}ijkl}]_{3\times27},\ i,j,k,l=x,y,z\tag{1-39}$$

由式（1-32）、式（1-36）～式（1-39），可将向量关系式（1-34）写成分量求和形式

$$P_i=\sum_{j=x,y,z}\varepsilon_0\chi_{\mathrm{e}ij}E_j+\sum_{j=x,y,z}\sum_{k=x,y,z}\varepsilon_0\chi_{\mathrm{e}ijk}E_jE_k+\sum_{j=x,y,z}\sum_{k=x,y,z}\sum_{l=x,y,z}\varepsilon_0\chi_{\mathrm{e}ijkl}E_jE_kE_l+\cdots,\quad i=x,y,z\tag{1-40}$$

由式（1-40）不难看出，极化强度矢量 **P** 与电场强度矢量 **E** 不仅方向不一致，而且是非线性关系，这种介质称为各向异性非线性介质。如果 $\bar{\bar{\chi}}_{\mathrm{e}}^{(1)}$、$\bar{\bar{\chi}}_{\mathrm{e}}^{(2)}$ 和 $\bar{\bar{\chi}}_{\mathrm{e}}^{(3)}$ 等各分量的取值为常数，则称为均匀非线性电各向异性介质；如果 $\bar{\bar{\chi}}_{\mathrm{e}}^{(1)}$、$\bar{\bar{\chi}}_{\mathrm{e}}^{(2)}$ 和 $\bar{\bar{\chi}}_{\mathrm{e}}^{(3)}$ 等各分量是空间坐标点的函数，则称为非均匀非线性电各向异性介质；如果 $\bar{\bar{\chi}}_{\mathrm{e}}^{(1)}$、$\bar{\bar{\chi}}_{\mathrm{e}}^{(2)}$ 和 $\bar{\bar{\chi}}_{\mathrm{e}}^{(3)}$ 等各分量的取值与频率有关，则称为非线性电各向异性色散介质。因为式（1-40）中的电场分量 E_j、E_k 和 E_l 等是单一电场强度矢量的不同分量，所以属于单一电场强度矢量非线性。又由于线性极化率张量 $\bar{\bar{\chi}}_{\mathrm{e}}^{(1)}$、非线性极化率张量 $\bar{\bar{\chi}}_{\mathrm{e}}^{(2)}$ 和 $\bar{\bar{\chi}}_{\mathrm{e}}^{(3)}$ 等与电场强度矢量 **E** 无关，非线性关系中电场强度矢量分量 E_j、E_k 和 E_l 等与 $\bar{\bar{\chi}}_{\mathrm{e}}^{(1)}$、$\bar{\bar{\chi}}_{\mathrm{e}}^{(2)}$ 和 $\bar{\bar{\chi}}_{\mathrm{e}}^{(3)}$ 相分离，因此称为单个电场强度矢量显式非线性。

（2）多个电场强度矢量显式非线性

当同方向或不同方向外加多个电场强度矢量（如 $\mathbf{E}_1$、$\mathbf{E}_2$ 和 $\mathbf{E}_3$ 等）时，线性项列向量 $\mathsf{E}^{(1)}$ 是电场强度矢量 $\mathbf{E}_1$、$\mathbf{E}_2$ 和 $\mathbf{E}_3$ 等构成的列向量之和，即

$$\mathsf{E}^{(1)}=[E_{1j}]_{3\times1}+[E_{2j}]_{3\times1}+[E_{3j}]_{3\times1}+\cdots,\quad j=x,y,z\tag{1-41}$$

线性极化率张量 $\bar{\bar{\chi}}_{\mathrm{e}}^{(1)}$ 见式（1-28）。$\mathsf{E}^{(2)}$ 是电场强度矢量 $\mathbf{E}_1$、$\mathbf{E}_2$ 和 $\mathbf{E}_3$ 等两两相乘 $\mathbf{E}_1\mathbf{E}_2$、$\mathbf{E}_1\mathbf{E}_3$ 和 $\mathbf{E}_2\mathbf{E}_3$（也称为并矢）等构成的二阶非线性项列向量之和；$\mathsf{E}^{(3)}$ 是电场强度矢量 $\mathbf{E}_1$、$\mathbf{E}_2$ 和 $\mathbf{E}_3$ 等每三个相乘 $\mathbf{E}_1\mathbf{E}_2\mathbf{E}_3$ 构成的三阶非线性项列向量之和；$\bar{\bar{\chi}}_{\mathrm{e}}^{(2)}$ 和 $\bar{\bar{\chi}}_{\mathrm{e}}^{(3)}$ 分别是与二阶和三阶非线性项列向量 $\mathsf{E}^{(2)}$ 和 $\mathsf{E}^{(3)}$ 相对应的三阶和四阶非线性极化率张量。例如，两矢量 $\mathbf{E}_1$、$\mathbf{E}_2$ 相乘，有

$$\begin{aligned}\mathbf{E}_1\mathbf{E}_2&=(E_{1x}\mathbf{e}_x+E_{1y}\mathbf{e}_y+E_{1z}\mathbf{e}_z)(E_{2x}\mathbf{e}_x+E_{2y}\mathbf{e}_y+E_{2z}\mathbf{e}_z)\\&=E_{1x}E_{2x}\mathbf{e}_x\mathbf{e}_x+E_{1y}E_{2x}\mathbf{e}_y\mathbf{e}_x+E_{1z}E_{2x}\mathbf{e}_z\mathbf{e}_x+\\&\quad E_{1x}E_{2y}\mathbf{e}_x\mathbf{e}_y+E_{1y}E_{2y}\mathbf{e}_y\mathbf{e}_y+E_{1z}E_{2y}\mathbf{e}_z\mathbf{e}_y+\\&\quad E_{1x}E_{2z}\mathbf{e}_x\mathbf{e}_z+E_{1y}E_{2z}\mathbf{e}_y\mathbf{e}_z+E_{1z}E_{2z}\mathbf{e}_z\mathbf{e}_z\end{aligned}\tag{1-42}$$

由此可构成二阶非线性项列向量为

$$[E_{1j}E_{2k}]_{9\times1}=[E_{1x}E_{2x},E_{1y}E_{2x},E_{1z}E_{2x},E_{1x}E_{2y},E_{1y}E_{2y},E_{1z}E_{2y},E_{1x}E_{2z},E_{1y}E_{2z},E_{1z}E_{2z}]^{\mathrm{T}},\quad j,k=x,y,z \tag{1-43}$$

同理，$\mathbf{E}_1$、$\mathbf{E}_3$ 相乘，有

$$[E_{1j}E_{3k}]_{9\times1}=[E_{1x}E_{3x},E_{1y}E_{3x},E_{1z}E_{3x},E_{1x}E_{3y},E_{1y}E_{3y},E_{1z}E_{3y},E_{1x}E_{3z},E_{1y}E_{3z},E_{1z}E_{3z}]^{\mathrm{T}},\quad j,k=x,y,z \tag{1-44}$$

$\mathbf{E}_2$、$\mathbf{E}_3$ 相乘，有

$$[E_{2j}E_{3k}]_{9\times1}=[E_{2x}E_{3x},E_{2y}E_{3x},E_{2z}E_{3x},E_{2x}E_{3y},E_{2y}E_{3y},E_{2z}E_{3y},E_{2x}E_{3z},E_{2y}E_{3z},E_{2z}E_{3z}]^{\mathrm{T}},\quad j,k=x,y,z \tag{1-45}$$

以此类推，相加得到二阶非线性列向量为

$$\mathsf{E}^{(2)}=[E_{1j}E_{2k}]_{9\times1}+[E_{1j}E_{3k}]_{9\times1}+[E_{2j}E_{3k}]_{9\times1}+\cdots,\quad j,k=x,y,z \tag{1-46}$$

与式（1-46）相对应的三阶非线性极化率张量 $\overline{\overline{\chi}}_{\mathrm{e}}^{(2)}$ 的矩阵形式仍取式（1-37）。

与二阶非线性项相同，可写出三阶非线性项列向量 $\mathsf{E}^{(3)}$ 的分量表达式为

$$\mathsf{E}^{(3)}=[E_{1j}E_{2k}E_{3l}]_{27\times1}+\cdots,\quad j,k,l=x,y,z \tag{1-47}$$

与式（1-47）相对应的四阶非线性极化率张量 $\overline{\overline{\chi}}_{\mathrm{e}}^{(3)}$ 的矩阵形式仍取式（1-39）。

由式（1-28）、式（1-41）、式（1-37）、式（1-46）、式（1-39）和式（1-47），可将向量关系式（1-34）写成分量求和形式

$$P_i=\sum_{j=x,y,z}\varepsilon_0\chi_{\mathrm{e}ij}[E_{1j}+E_{2j}+E_{3j}+\cdots]+\sum_{j=x,y,z}\sum_{k=x,y,z}\varepsilon_0\chi_{\mathrm{e}ijk}[E_{1j}E_{2k}+E_{1j}E_{3k}+E_{2j}E_{3k}+\cdots]+\sum_{j=x,y,z}\sum_{k=x,y,z}\sum_{l=x,y,z}\varepsilon_0\chi_{\mathrm{e}ijkl}[E_{1j}E_{2k}E_{3l}+\cdots]+\cdots,\quad i=x,y,z \tag{1-48}$$

比较式（1-48）与式（1-40），可见其差别在于，在式（1-48）中，电场强度矢量分量 E_{1j}、E_{2k} 和 E_{3l} 等分别对应于不同电场强度矢量 $\mathbf{E}_1$、$\mathbf{E}_2$ 和 $\mathbf{E}_3$ 等的不同分量，所以属于多个电场强度矢量非线性。又由于电场强度矢量分量 E_{1j}、E_{2k} 和 E_{3l} 等与 $\overline{\overline{\chi}}_{\mathrm{e}}^{(1)}$、$\overline{\overline{\chi}}_{\mathrm{e}}^{(2)}$ 和 $\overline{\overline{\chi}}_{\mathrm{e}}^{(3)}$ 相分离，因此称为多个电场强度矢量显式非线性。在非线性光学中，二阶非线性项用于研究三波混频，而三阶非线性项用于研究四波混频。

除此之外，还存在单个电场强度矢量的隐式非线性和多个电场强度矢量的隐式非线性。

3．束缚电荷密度

在非均匀极化的情况下，电介质内部和表面出现束缚电荷分布。根据电偶极子电位叠加计算，可得到束缚电荷体密度 $\rho_{\mathrm{V_b}}(\mathbf{r})$ 和束缚电荷面密度 $\rho_{\mathrm{S_b}}(\mathbf{r})$ 与极化强度矢量 $\mathbf{P}$ 的关系为

$$\rho_{\mathrm{V_b}}(\mathbf{r})=-\nabla\cdot\mathbf{P}(\mathbf{r}) \tag{1-49}$$

$$\rho_{\mathrm{S_b}}(\mathbf{r})=\mathbf{P}(\mathbf{r})\cdot\mathbf{n} \tag{1-50}$$

式中，$\mathbf{n}$ 为电介质表面的外法向单位矢量。虽然式（1-49）和式（1-50）是在静电场情况下得到的结果，但在时变场情况下仍然适用。当束缚电荷随时间变化时，在电介质内会出现束缚电流体密度矢量 $\mathbf{J}_{\mathrm{V_{be}}}(\mathbf{r};t)$，详见 1.6.3 节有关赫兹位的讨论。

1.2.2 磁偶极子及磁化强度矢量

1. 磁偶极子

磁偶极子是一通电流 I，半径为 a 的微小电流圆环，如图 1-4（a）所示。采用球坐标系，电流环放置于 XY 平面内，圆环中心与坐标原点重合。由于电流环电流分布具有对称性，因而磁场分布也具有对称性。线电流磁矢量位计算公式为

$$\mathbf{A}(r,\theta,\varphi)=\frac{\mu_0}{4\pi}\int_{(l')}\frac{I\mathrm{d}\mathbf{l}'}{R} \tag{1-51}$$

式中，$\mathbf{A}(r,\theta,\varphi)$ 为线电流环 l' 在空间点 $\mathbf{r}$ 处的磁矢量位；R 为线电流环上线电流元 $I\mathrm{d}\mathbf{l}'$ 到空间点 $\mathbf{r}$ 处距离矢量 $\mathbf{R}$ 的大小；μ_0 为真空介电常数。下面求解在 $r\gg a$ 的情况下，磁矢量位 $\mathbf{A}$ 和磁通密度矢量 $\mathbf{B}$。为了清楚起见，源点的坐标采用 (r',θ',φ')，场点的坐标采用 (r,θ,φ)。

由图 1-4（a）和式（1-51）可知，磁矢量位仅有 $\mathbf{e}_{\varphi'}$ 分量，$\mathbf{e}_{r'}$ 和 $\mathbf{e}_{\theta'}$ 分量为零。据此可将待求场点选在 YZ 平面内，并不失一般性。在 YZ 平面内任取一场点 $P(r,\theta,\pi/2)$，在电流环上任取一源点 $Q(a,\pi/2,\varphi')$，过源点 Q 的线电流元表示为

$$I\mathrm{d}\mathbf{l}'=Ia\mathrm{d}\varphi'\mathbf{e}_{\varphi'} \tag{1-52}$$

又

$$\mathbf{e}_{\varphi'}=-\sin\varphi'\mathbf{e}_x+\cos\varphi'\mathbf{e}_y \tag{1-53}$$

$$\begin{cases} x=r\sin\theta\cos\varphi=r\sin\theta\cos\dfrac{\pi}{2}=0 \\ y=r\sin\theta\sin\varphi=r\sin\theta\sin\dfrac{\pi}{2}=r\sin\theta \\ z=r\cos\theta \end{cases} \tag{1-54}$$

$$\begin{cases} x'=r'\sin\theta'\cos\varphi'=a\sin\dfrac{\pi}{2}\cos\varphi'=a\cos\varphi' \\ y'=r'\sin\theta'\sin\varphi'=a\sin\dfrac{\pi}{2}\sin\varphi'=a\sin\varphi' \\ z'=r'\cos\theta'=a\cos\dfrac{\pi}{2}=0 \end{cases} \tag{1-55}$$

$$\begin{aligned} R&=\sqrt{(x-x')^2+(y-y')^2+(z-z')^2} \\ &=\sqrt{r^2+a^2-2ra\sin\theta\sin\varphi'} \end{aligned} \tag{1-56}$$

式中，(x',y',z') 表示直角坐标系下的源点坐标，(x,y,z) 表示直角坐标系下的场点坐标。由于 $r\gg a$，取近似，有

$$\frac{1}{R}\approx\frac{1}{r}\left[1+\frac{a}{r}\sin\theta\sin\varphi'\right] \tag{1-57}$$

把式（1-52）和式（1-57）代入式（1-51），有

$$\mathbf{A}(r,\theta,\varphi)=\frac{\mu_0}{4\pi}\int_0^{2\pi}\frac{1}{r}\left[1+\frac{a}{r}\sin\theta\sin\varphi'\right]Ia(-\sin\varphi'\mathbf{e}_x+\cos\varphi'\mathbf{e}_y)\mathrm{d}\varphi' \tag{1-58}$$

积分得到

$$\mathbf{A}(r,\theta,\varphi)=\frac{\mu_0 Ia^2}{4r^2}\sin\theta(-\mathbf{e}_x) \tag{1-59}$$

对于空间任意一点有

$$\mathbf{e}_\varphi = -\sin\varphi\mathbf{e}_x + \cos\varphi\mathbf{e}_y \tag{1-60}$$

取场点坐标 $\varphi=\pi/2$，代入式（1-60）得到

$$\mathbf{e}_\varphi = -\mathbf{e}_x \tag{1-61}$$

最后，得到磁矢量位在球坐标系下的表达式为

$$\mathbf{A}(r,\theta,\varphi) = \frac{\mu_0 I a^2}{4r^2}\sin\theta\mathbf{e}_\varphi \tag{1-62}$$

定义磁偶极矩矢量 $\mathbf{p}_\mathrm{m}$ 为

$$\mathbf{p}_\mathrm{m} = p_\mathrm{m}\mathbf{e}_z = IS\mathbf{n} = I\mathbf{S} \tag{1-63}$$

式中，$S=\pi a^2$ 为张在微小电流环上的平面面积；$p_\mathrm{m}=IS$ 为磁偶极矩矢量的大小；$\mathbf{n}=\mathbf{e}_z$ 为平面 S 的单位法向矢量，方向与电流的方向满足右手法则。将式（1-63）代入式（1-62），得到微小电流环磁矢量位的表达式为

$$\mathbf{A}(r,\theta,\varphi) = \frac{\mu_0}{4\pi}\frac{\mathbf{p}_\mathrm{m}\times\mathbf{e}_r}{r^2} \tag{1-64}$$

在球坐标系下，根据磁通密度矢量 $\mathbf{B}$ 与磁矢量位 $\mathbf{A}$ 的关系

$$\mathbf{B} = \nabla\times\mathbf{A} = \begin{vmatrix} \dfrac{\mathbf{e}_r}{r^2\sin\theta} & \dfrac{\mathbf{e}_\theta}{r\sin\theta} & \dfrac{\mathbf{e}_\varphi}{r} \\ \dfrac{\partial}{\partial r} & \dfrac{\partial}{\partial\theta} & \dfrac{\partial}{\partial\varphi} \\ A_r & rA_\theta & r\sin\theta A_\varphi \end{vmatrix} \tag{1-65}$$

得到

$$\mathbf{B}(r,\theta,\varphi) = \frac{\mu_0 p_\mathrm{m}}{4\pi r^3}(2\cos\theta\mathbf{e}_r + \sin\theta\mathbf{e}_\theta) \tag{1-66}$$

微小电流环的磁力线分布如图 1-4（b）所示。

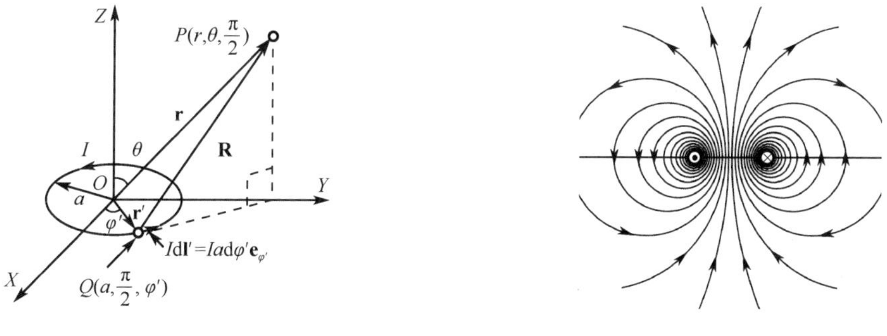

（a）磁偶极子　　（b）磁力线分布

图 1-4　磁偶极子模型及磁力线分布图

比较式（1-66）和式（1-23）可以看出，在远场近似条件下，式（1-66）与式（1-23）之间具有对偶性，仅仅需要将式（1-23）中的 $1/\varepsilon_0$ 换成 μ_0，p_e 换成 p_m，$\mathbf{E}(r,\theta,\varphi)$ 就变成 $\mathbf{B}(r,\theta,\varphi)$。因此，可以把微小电流环等效为一个两端有正、负磁荷 $\pm q_\mathrm{m}$ 的磁偶极子，正、负磁荷相距为 d，磁矩大小为 $p_\mathrm{m}=q_\mathrm{m}d=IS$。

2. 磁化强度矢量

在构成物质的原子或分子中，电子的自旋及绕原子核的轨道运动会形成微小的圆形电流环，称为分子电流或束缚电流。每个微小电流环就相当于一个磁偶极子，具有一定的磁矩，所以物质的磁性可用分子的等效磁矩来表示。一般情况下，由于分子的热运动，物质中的磁偶极子的取向是杂乱无章的，磁偶极子产生的磁场在宏观上相互抵消，对外不显磁性。但是，如果有外磁场存在，磁性物质中的分子电流磁矩会取向排列，宏观上对外呈现磁效应，影响外磁场的分布，这种现象被称为磁化现象。就磁化特性而言，物质大体可分为三类：抗磁性、顺磁性和铁磁性物质。抗磁性物质在外磁场的作用下，分子磁矩产生的磁场与外磁场方向相反，削弱外磁场，其机理主要是电子轨道磁矩。所有的有机化合物和大部分无机化合物都是抗磁性物质，但这种反磁效应特别弱。顺磁性物质在外磁场的作用下，分子磁矩产生的磁场与外磁场一致，其机理主要是电子自旋磁矩。金、银、铜和石墨等都是顺磁性物质，但这种顺磁性仍然相当弱。铁磁性物质在外磁场的作用下产生强烈的磁化效应，其机理主要是在铁磁性物质中产生磁畴，因而出现磁滞现象。铁磁性物质在外磁场中所受到的磁力是顺磁性物质的数千倍，如铁、钴、镍、磁铁矿等。

由于抗磁性物质和顺磁性物质在外磁场中所受的力都很弱，实际上通常把它们归为一类，统称为非磁性物质。而且假设所有非磁性物质的磁导率与真空磁导率 μ_0 相同。

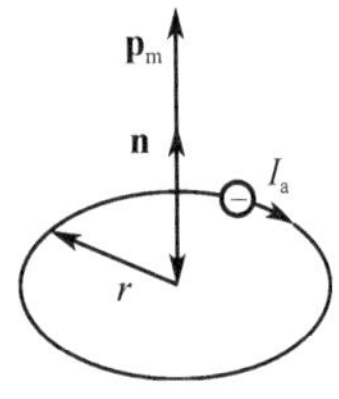

图 1-5　分子磁偶极矩

在磁介质中，分子中的电子以恒速绕原子核做圆周运动形成分子电流，相当于一个微小的电流环，如图 1-5 所示。这个微小的电流环可等效为磁偶极子，其磁偶极矩的表达式为

$$\mathbf{p}_\mathrm{m} = I_\mathrm{a} S \mathbf{n} \tag{1-67}$$

式中，I_a 为分子电流；S 为分子电流环的面积，其方向 $\mathbf{n}$ 与分子电流的绕行方向满足右手法则（注意，图中给出的是电子绕行的方向，与分子电流的方向相反）。

就一般磁介质而言，在没有外磁场时，磁介质内部各分子磁矩的取向随机分布，磁矩的矢量和为零，对外不显磁性，如图 1-6（a）所示。当有外磁场存在时，磁介质内部的分子磁矩沿外磁场方向排列，如图 1-6（b）所示，这种有序排列会在介质内部产生一个附加场。磁偶极子的有序排列类似于电偶极子在电介质中的有序排列，但有区别。电偶极子的有序排列总是使电场减弱，而顺磁性介质中的磁偶极子的有序排列则使磁场增强。对于均匀介质而言，磁介质内部的磁偶极子的有序排列会在磁介质的表面产生面电流分布，如图 1-6（c）所示，这种电流被称为束缚电流。

为了定量描述磁介质在外磁场作用下磁化程度的强弱，引入磁化强度矢量 **M**。定义磁化强度矢量为磁介质中单位体积内分子磁矩的矢量和，即

$$\mathbf{M} = \lim_{\Delta V' \to 0} \frac{\sum_i \mathbf{p}_{\mathrm{m}_i}}{\Delta V'} \tag{1-68}$$

其单位是安培/米（A/m）。如果 $\mathbf{M} \neq 0$，表明介质被磁化。

磁化强度矢量 **M** 取决于磁介质的特性和外加磁场强度矢量 **H**。对于不同的磁介质，磁化强度矢量 **M** 与磁场强度矢量 **H** 的关系也可概括分为三大类。

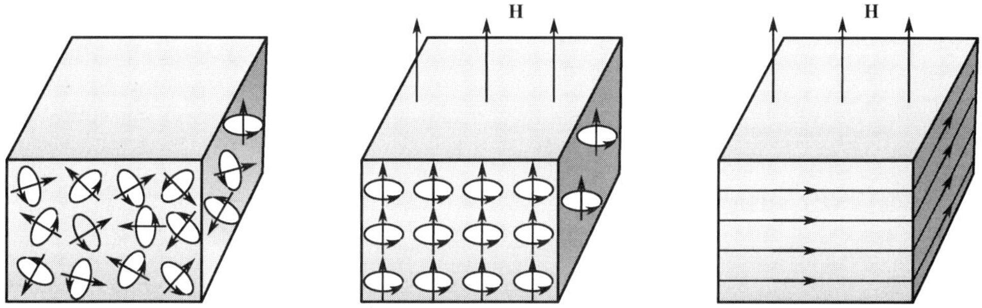

图 1-6　介质的磁化

1）各向同性线性介质

对于各向同性线性介质，**M** 和 **H** 满足线性关系

$$\mathbf{M} = \chi_{\mathrm{m}}\mathbf{H} \tag{1-69}$$

式中，χ_{m} 是一个无量纲的量，称为介质的磁化率，是反映介质磁特性的物理量。对于抗磁性介质和顺磁性介质，在给定温度的情况下，χ_{m} 是一个常数，线性关系成立。对于顺磁性介质，$\chi_{\mathrm{m}} > 0$；对于抗磁性介质，$\chi_{\mathrm{m}} < 0$。如果 χ_{m} 取常数，则为均匀线性磁介质；如果 χ_{m} 是空间坐标点的函数，则为非均匀线性磁介质。

2）各向异性线性介质

在直角坐标系下，磁化强度矢量 **M** 和磁场强度矢量 **H** 的分量形式为

$$\mathbf{M} = M_x\mathbf{e}_x + M_y\mathbf{e}_y + M_z\mathbf{e}_z \tag{1-70}$$

$$\mathbf{H} = H_x\mathbf{e}_x + H_y\mathbf{e}_y + H_z\mathbf{e}_z \tag{1-71}$$

式中，M_x、M_y 和 M_z 分别为磁化强度矢量 **M** 沿直角坐标轴 X、Y 和 Z 方向的分量；H_x、H_y 和 H_z 分别为磁场强度矢量 **H** 沿直角坐标轴 X、Y 和 Z 方向的分量。

对于各向异性的线性介质，介质的磁化率取张量形式

$$\bar{\bar{\chi}}_{\mathrm{m}}^{(1)} = [\chi_{\mathrm{m}ij}]_{3\times3} = \begin{bmatrix} \chi_{\mathrm{m}xx} & \chi_{\mathrm{m}xy} & \chi_{\mathrm{m}xz} \\ \chi_{\mathrm{m}yx} & \chi_{\mathrm{m}yy} & \chi_{\mathrm{m}yz} \\ \chi_{\mathrm{m}zx} & \chi_{\mathrm{m}zy} & \chi_{\mathrm{m}zz} \end{bmatrix}, \quad i,j = x,y,z \tag{1-72}$$

如果把磁化强度矢量 **M** 和磁场强度矢量 **H** 的三个分量写成向量形式

$$\mathsf{M} = [M_i]_{3\times1} = \begin{bmatrix} M_x \\ M_y \\ M_z \end{bmatrix}, \quad i = x,y,z \tag{1-73}$$

$$\mathsf{H}^{(1)} = [H_j]_{3\times1} = \begin{bmatrix} H_x \\ H_y \\ H_z \end{bmatrix}, \quad j = x,y,z \tag{1-74}$$

则磁化强度矢量 **M** 和磁场强度矢量 **H** 的张量关系为

$$\begin{bmatrix} M_x \\ M_y \\ M_z \end{bmatrix} = \begin{bmatrix} \chi_{\mathrm{m}xx} & \chi_{\mathrm{m}xy} & \chi_{\mathrm{m}xz} \\ \chi_{\mathrm{m}yx} & \chi_{\mathrm{m}yy} & \chi_{\mathrm{m}yz} \\ \chi_{\mathrm{m}zx} & \chi_{\mathrm{m}zy} & \chi_{\mathrm{m}zz} \end{bmatrix} \begin{bmatrix} H_x \\ H_y \\ H_z \end{bmatrix} \tag{1-75}$$

写成求和形式为

$$M_i = \sum_{j=x,y,z} \chi_{mij} H_j, \quad i = x, y, z \tag{1-76}$$

简记为

$$\mathsf{M} = \bar{\bar{\chi}}_m^{(1)}\ \mathsf{H}^{(1)} \tag{1-77}$$

式（1-76）表明，磁化率与方向有关，导致磁化强度矢量 **M** 与磁场强度矢量 **H** 方向不一致，但 **M** 与 **H** 仍然保持线性关系。如果 $\bar{\bar{\chi}}_m^{(1)}$ 的分量 χ_{mij} 的取值为实常数，则称为均匀线性磁各向异性介质；如果 χ_{mij} 的取值为空间坐标的函数，则称为非均匀线性磁各向异性介质；如果 χ_{mij} 与频率有关，则称为线性磁各向异性色散介质。

3）各向异性非线性介质——隐式关系

对于铁磁性介质，其内部存在许多小区域，在每个小区域磁性原子或离子之间存在着很强的相互作用，这种相互作用可用内磁场来等效，其等效磁场称为分子磁场，相对应的小区域称为磁畴。在没有外磁场作用下，构成铁磁性介质内的磁畴磁矩矢量杂乱无章地排列，对外不显磁性，$\mathbf{M} = 0$，如图 1-7（a）所示；当铁磁性介质置于外加磁场 **H** 中时，铁磁性介质沿外加磁场方向被磁化，铁磁性介质对外显磁性，$\mathbf{M} \neq 0$，如图 1-7（b）所示；当外加磁场 **H** 不断增强，达到某一临界值时，铁磁性介质内部的磁畴消失，磁化强度矢量达到最大值 $\mathbf{M}_{max}$，如图 1-7（c）所示。最大磁化强度矢量 $\mathbf{M}_{max}$ 也称为饱和磁化强度，通常记作 $\mathbf{M}_s$。铁磁性介质磁化过程中，磁场强度矢量 **H** 的大小与磁化强度矢量 **M** 的大小之间的非线性关系如图 1-8（a）所示。

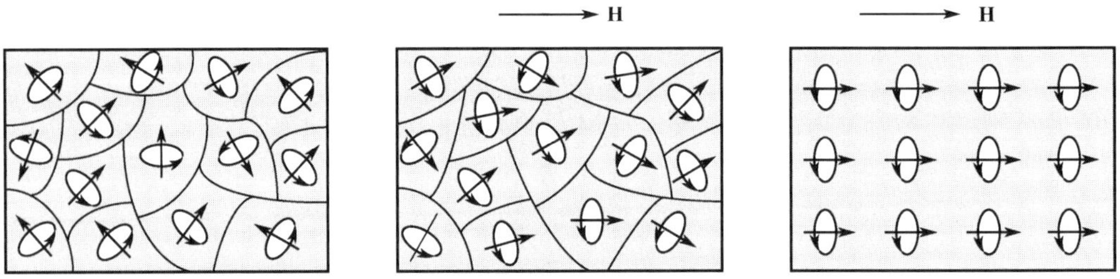

（a）$\mathbf{M}=0$　（b）$\mathbf{M}>0$　（c）$\mathbf{M}_{max}$

图 1-7　铁磁性物质内部磁畴磁矩随外磁场的变化

由此可见，铁磁性介质不仅具有各向异性，而且磁化率 χ_m 随磁场强度矢量 **H** 非线性变化，因此，磁化强度矢量 **M** 与磁场强度矢量 **H** 的关系可表示为

$$\mathsf{M} = \bar{\bar{\chi}}_m^{(1)}(\mathbf{H})\mathsf{H}^{(1)} + \bar{\bar{\chi}}_m^{(2)}(\mathbf{H})\mathsf{H}^{(2)} + \cdots \tag{1-78}$$

式中，列向量 M 见式（1-73）；列向量 $\mathsf{H}^{(1)}$ 见式（1-74）。列向量 $\mathsf{H}^{(2)}$ 是由磁场强度矢量 **H** 的乘积 **HH** 构成的列向量，即

$$\mathsf{H}^{(2)} = [H_j H_k]_{9\times1} = [H_xH_x, H_yH_x, H_zH_x, H_xH_y, H_yH_y, H_zH_y, H_xH_z, H_yH_z, H_zH_z]^{\mathrm{T}}, \quad j,k = x,y,z \tag{1-79}$$

磁化率张量 $\bar{\bar{\chi}}_m^{(1)}(\mathbf{H})$ 和 $\bar{\bar{\chi}}_m^{(2)}(\mathbf{H})$ 的分量形式分别为

$$\bar{\bar{\chi}}_m^{(1)}(\mathbf{H}) = [\chi_{mij}(\mathbf{H})]_{3\times3}, \quad i,j = x,y,z \tag{1-80}$$

$$\bar{\bar{\chi}}_m^{(2)}(\mathbf{H}) = [\chi_{mijk}(\mathbf{H})]_{3\times9}, \quad i,j,k = x,y,z \tag{1-81}$$

由此可将式（1-78）写成求和形式，即

$$M_i = \sum_{j=x,y,z} \chi_{\mathrm{m}ij}(\mathbf{H})H_j + \sum_{j=x,y,z}\sum_{k=x,y,z} \chi_{\mathrm{m}ijk}(\mathbf{H})H_jH_k + \cdots, \quad i = x,y,z \tag{1-82}$$

式（1-80）和式（1-81）表明，反映铁磁性介质各向异性的磁化率张量，不仅随磁场强度矢量 **H** 的方向变化，而且随 **H** 的大小非线性变化。另外，比较式（1-82）和式（1-40）可以看出，电介质极化各向异性非线性关系为显式关系，而铁磁性介质各向异性非线性关系为隐式关系，这种隐式非线性关系通常都由微分方程的形式给出，如朗道-利夫希茨方程

$$\frac{\mathrm{d}\mathbf{M}}{\mathrm{d}t} = -\gamma(\mathbf{M}\times\mathbf{H}) - \gamma\frac{\alpha}{M}\mathbf{M}\times(\mathbf{M}\times\mathbf{H}) \tag{1-83}$$

式中，常数 γ 称为旋磁比，无量纲常数 α 称为朗道（Landau）阻尼系数，M 是磁化强度矢量 **M** 的大小。方程（1-83）是微磁学研究的基本方程。

铁磁性介质磁场强度矢量 **H** 的大小与磁化强度矢量 **M** 的大小之间非线性变化的典型曲线就是磁滞回线，如图 1-8（b）所示。

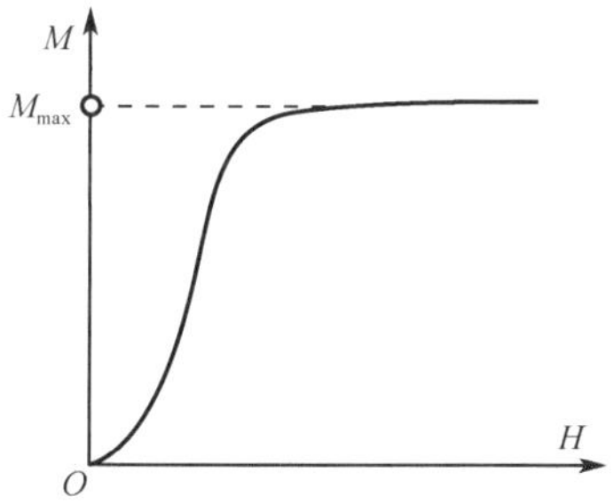

（a）非线性磁化过程

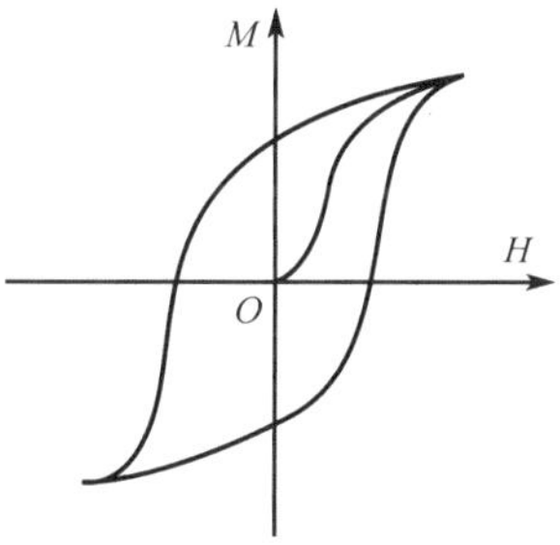

（b）磁滞回线

图 1-8　铁磁性介质非线性磁化过程示意图

3. 束缚电流密度

在非均匀磁化情况下，磁介质内部和表面出现束缚电流分布。利用磁偶极子磁矢量位叠加计算，可得束缚电流体密度矢量 $\mathbf{J}_{V_{bm}}(\mathbf{r})$ 和束缚电流面密度矢量 $\mathbf{J}_{S_b}(\mathbf{r})$ 与磁化强度矢量 **M** 的关系为

$$\mathbf{J}_{V_{bm}}(\mathbf{r}) = \nabla\times\mathbf{M}(\mathbf{r}) \tag{1-84}$$

$$\mathbf{J}_{S_b}(\mathbf{r}) = \mathbf{M}(\mathbf{r})\times\mathbf{n} \tag{1-85}$$

式中，**n** 为磁介质表面外法向单位矢量。由恒定电流磁场得到的关系式（1-84）和式（1-85）同样适用时变场的情况。当束缚电流随时间变化时，在磁介质内会出现束缚电流体密度矢量 $\mathbf{J}_{V_{bm}}(\mathbf{r};t)$。

1.2.3　自由电子及自由电流体密度矢量

自由电流体密度矢量 $\mathbf{J}_V(\mathbf{r};t)$ 是麦克斯韦方程组中的一个源项，而源 $\mathbf{J}_V(\mathbf{r};t)$ 的载体是导电体（简称为导体）。导体的微观模型是导体由自由电子构成，当在导体两端加交变电压 $U(t)$ 时，在导体中会形成电流，导体内出现自由电流体密度分布 $\mathbf{J}_V(\mathbf{r};t)$，因而导体内也同时出现自由电荷体密度分布 $\rho_V(\mathbf{r};t)$，两者之间满足电流连续性方程，如图 1-9（a）所示。另一方面，当导体置于时变电磁场中时，导体内的自由电子在电磁场的作用下感应产生自由电流体密度矢量 $\mathbf{J}_V(\mathbf{r};t)$，如图 1-9（b）所示，该电流分布可用于计算电磁波在导体中传播能量的损耗，

欧姆定律和焦耳定律可用于定量描述。当在导体两端接负载形成回路时，导体就构成感应源，在回路中可产生电信号。但当导体不形成回路时，通常的做法是取 $\rho_{\mathrm{V}}(\mathbf{r};t)=0$，而 $\mathbf{J}_{\mathrm{V}}(\mathbf{r};t)=\sigma\mathbf{E}(\mathbf{r};t)$。所以麦克斯韦方程组源项隐含两个方面：一是产生电磁波的真实源 $\mathbf{J}_{\mathrm{V}}(\mathbf{r};t)$ 或 $\rho_{\mathrm{V}}(\mathbf{r};t)$，二是感应源 $\mathbf{J}_{\mathrm{V}}(\mathbf{r};t)$。真实源辐射电磁波，而感应源描述能量损耗且可产生电信号。

需要强调的是，用自由电子微观物理模型描述导体特性虽然在实际应用中解决了大量工程问题，但具有很大的局限性。尤其是描述光波在导体中的传播特性参数折射率和消光系数，其定义与实际测量值相差甚远，给理论计算带来很大困难。

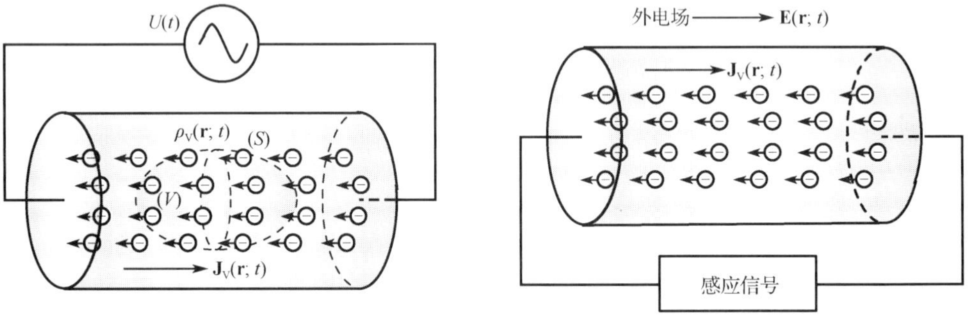

（a）真实源　　（b）感应源

图 1-9　导体中的自由电流体密度分布

1．电流连续性方程

假设有一导电区域，其自由电荷体密度分布为 $\rho_{\mathrm{V}}(\mathbf{r};t)$，自由电流体密度分布为 $\mathbf{J}_{\mathrm{V}}(\mathbf{r};t)$，如图 1-9（a）所示。在导电区域内任取一闭合曲面 S，则经闭合曲面流出的总电流为

$$i(\mathbf{r};t)=\oint\!\!\!\oint_{(S)}\mathbf{J}_{\mathrm{V}}(\mathbf{r};t)\cdot\mathrm{d}\mathbf{S} \tag{1-86}$$

而闭合曲面内包含的总电荷量为

$$q(\mathbf{r};t)=\iiint_{(V)}\rho_{\mathrm{V}}(\mathbf{r};t)\mathrm{d}V \tag{1-87}$$

依据电流的定义有

$$i(\mathbf{r};t)=\frac{\partial q(\mathbf{r};t)}{\partial t}=\frac{\partial}{\partial t}\iiint_{(V)}\rho_{\mathrm{V}}(\mathbf{r};t)\mathrm{d}V \tag{1-88}$$

根据电荷守恒原理，闭合曲面 S 流出的电流应等于单位时间内闭合曲面所包围的体积 V 中电荷的减少量，即

$$\oint\!\!\!\oint_{(S)}\mathbf{J}_{\mathrm{V}}(\mathbf{r};t)\cdot\mathrm{d}\mathbf{S}=-\frac{\partial}{\partial t}\iiint_{(V)}\rho_{\mathrm{V}}(\mathbf{r};t)\mathrm{d}V \tag{1-89}$$

这就是电流连续性方程的积分形式。应用高斯散度定理

$$\iiint_{(V)}\nabla\cdot\mathbf{A}\mathrm{d}V=\oint\!\!\!\oint_{(S)}\mathbf{A}\cdot\mathrm{d}\mathbf{S} \tag{1-90}$$

式（1-89）可改写为

$$\iiint_{(V)}\left[\nabla\cdot\mathbf{J}_{\mathrm{V}}(\mathbf{r};t)+\frac{\partial\rho_{\mathrm{V}}(\mathbf{r};t)}{\partial t}\right]\mathrm{d}V=0 \tag{1-91}$$

要使这个积分对任意体积都成立，必有被积函数为零，即

$$\nabla \cdot \mathbf{J}_{\mathrm{V}}(\mathbf{r};t) = -\frac{\partial \rho_{\mathrm{V}}(\mathbf{r};t)}{\partial t} \tag{1-92}$$

这就是电流连续性方程的微分形式。该式表明自由电荷体密度 $\rho_{\mathrm{V}}(\mathbf{r};t)$ 随时间的变化是自由电流体密度矢量 $\mathbf{J}_{\mathrm{V}}(\mathbf{r};t)$ 的源。

电流连续性方程（1-92）也可以由麦克斯韦方程的微分形式得到。对式（1-5）两边取散度，并利用矢量恒等式

$$\nabla \cdot (\nabla \times \mathbf{A}) \equiv 0 \tag{1-93}$$

再利用式（1-8），就可得到电流连续性方程，即式（1-92）。

可以证明，麦克斯韦方程中的两个散度方程［见式（1-7）和式（1-8）］可以由两个旋度方程［见式（1-5）和式（1-6）］及电流连续性方程［见式（1-92）］导出，所以四个麦克斯韦微分方程并不是完全独立的。

需要指出的是，不管是发射源还是感应源，自由电流体密度 $\mathbf{J}_{\mathrm{V}}(\mathbf{r};t)$ 与自由电荷体密度 $\rho_{\mathrm{V}}(\mathbf{r};t)$ 在导体中是同时出现的，二者之间满足电流连续性方程。在稳恒的情况下，虽然电荷随时间的变化率为零，但导体中的自由电流体密度矢量 $\mathbf{J}_{\mathrm{V}}(\mathbf{r};t)$ 和自由电荷体密度 $\rho_{\mathrm{V}}(\mathbf{r};t)$ 并不为零。

2．焦耳定律

当电磁场存在于导体中时，导体中的自由电子在电磁力的作用下运动形成电流。由于电子在运动过程中不断与导体晶格阵点上的原子发生碰撞，导致导体温度升高，部分电能转化为热能，造成能量损耗，这种热能被称为焦耳热。热损耗被描述为单位体积内消耗的功率，即

静态场
$$p = \mathbf{E}(\mathbf{r}) \cdot \mathbf{J}_{\mathrm{V}}(\mathbf{r}) \tag{1-94}$$

时变场
$$p = \mathbf{E}(\mathbf{r};t) \cdot \mathbf{J}_{\mathrm{V}}(\mathbf{r};t) \tag{1-95}$$

式中，p 为功率密度，单位为瓦特/立方米（$\mathrm{W/m^3}$）；$\mathbf{J}_{\mathrm{V}}(\mathbf{r};t)$ 为导体中的自由电流体密度。式（1-94）和式（1-95）就是焦耳定律的微分形式。

1.3　物质方程

基本形式的麦克斯韦方程对于电磁场和电磁波问题的求解是普遍适用的，并没有涉及具体的介质。当求解实际问题时，麦克斯韦方程中的四个场矢量中仅有两个是相互独立的，电场强度矢量 $\mathbf{E}$ 和电通密度矢量 $\mathbf{D}$、磁场强度矢量 $\mathbf{H}$ 和磁通密度矢量 $\mathbf{B}$、自由电流体密度矢量 $\mathbf{J}_{\mathrm{V}}$ 和电场强度矢量 $\mathbf{E}$ 通过介质特性参数相联系，这种反映介质特性的 $\mathbf{D}$ 和 $\mathbf{E}$、$\mathbf{B}$ 和 $\mathbf{H}$、$\mathbf{J}_{\mathrm{V}}$ 和 $\mathbf{E}$ 之间的关系称为物质方程，也称为本构方程。根据介质特性进行分类，$\mathbf{D}$ 和 $\mathbf{E}$、$\mathbf{B}$ 和 $\mathbf{H}$、$\mathbf{J}_{\mathrm{V}}$ 和 $\mathbf{E}$ 之间的关系主要可归结为如下几种一般形式。

1.3.1　真空

在真空中，$\mathbf{D}$ 和 $\mathbf{E}$、$\mathbf{B}$ 和 $\mathbf{H}$ 的关系定义为

$$\mathbf{D} = \varepsilon_0 \mathbf{E} \tag{1-96}$$

$$\mathbf{B} = \mu_0 \mathbf{H} \tag{1-97}$$

式中，真空介电常数 $\varepsilon_0 = \dfrac{1}{36\pi} \times 10^{-9}\,(\mathrm{F/m})$，真空磁导率 $\mu_0 = 4\pi \times 10^{-7}\,(\mathrm{H/m})$。

1.3.2 各向同性线性理想均匀介质

对于各向同性线性理想均匀介质，介电常数ε和磁导率μ为常数，有

$$\mathbf{D}=\varepsilon\mathbf{E}=\varepsilon_0\varepsilon_r\mathbf{E} \tag{1-98}$$

$$\mathbf{B}=\mu\mathbf{H}=\mu_0\mu_r\mathbf{H} \tag{1-99}$$

式中，ε_r和μ_r为无量纲量，分别为介质的相对介电常数和相对磁导率。ε_r与介质极化率χ_e、μ_r与介质磁化率χ_m之间的关系为

$$\varepsilon_r=1+\chi_e \tag{1-100}$$

$$\mu_r=1+\chi_m \tag{1-101}$$

对于光学介质，由于$\mu_r\approx1$，通常定义介质的折射率n为

$$n^2=\varepsilon_r \quad 或 \quad n=\sqrt{\varepsilon_r} \tag{1-102}$$

对于导体，电导率σ为常数，有

$$\mathbf{J}_V=\sigma\mathbf{E} \tag{1-103}$$

1.3.3 各向同性线性非均匀介质

对各向同性线性非均匀介质，介电常数ε和磁导率μ为空间坐标$\mathbf{r}$的函数，有

$$\mathbf{D}=\varepsilon\mathbf{E}=\varepsilon_0\varepsilon_r(\mathbf{r})\mathbf{E} \tag{1-104}$$

$$\mathbf{B}=\mu\mathbf{H}=\mu_0\mu_r(\mathbf{r})\mathbf{H} \tag{1-105}$$

式中，相对介电常数ε_r与介质极化率χ_e、相对磁导率μ_r和介质磁化率χ_m之间的关系为

$$\varepsilon_r(\mathbf{r})=1+\chi_e(\mathbf{r}) \tag{1-106}$$

$$\mu_r(\mathbf{r})=1+\chi_m(\mathbf{r}) \tag{1-107}$$

对于光学介质，其折射率n定义为

$$n^2(\mathbf{r})=\varepsilon_r(\mathbf{r}) \quad 或 \quad n(\mathbf{r})=\sqrt{\varepsilon_r(\mathbf{r})} \tag{1-108}$$

对于导体，电导率σ为空间坐标$\mathbf{r}$的函数，有

$$\mathbf{J}_V=\sigma(\mathbf{r})\mathbf{E} \tag{1-109}$$

1.3.4 色散介质

对于存在吸收的色散介质，介电常数ε和磁导率μ是频率的函数，且取复数形式，有

$$\mathbf{D}=\tilde{\varepsilon}(\omega)\mathbf{E}=\varepsilon_0\tilde{\varepsilon}_r(\omega)\mathbf{E} \tag{1-110}$$

$$\mathbf{B}=\tilde{\mu}(\omega)\mathbf{H}=\mu_0\tilde{\mu}_r(\omega)\mathbf{H} \tag{1-111}$$

式中，$\tilde{\varepsilon}(\omega)$和$\tilde{\mu}(\omega)$分别为介质的复介电常数和复磁导率；$\omega$为电磁波圆频率；$\tilde{\varepsilon}_r(\omega)$和$\tilde{\mu}_r(\omega)$分别为介质的相对复介电常数和相对复磁导率。定义相对复介电常数和相对复磁导率为

$$\tilde{\varepsilon}_r(\omega)=\varepsilon_r(\omega)-\mathrm{j}\varepsilon_i(\omega) \tag{1-112}$$

$$\tilde{\mu}_r(\omega)=\mu_r(\omega)-\mathrm{j}\mu_i(\omega) \tag{1-113}$$

与相对复介电常数$\tilde{\varepsilon}_r(\omega)$相对应的折射率也取复值，通常定义为

$$\tilde{N}(\omega)=n(\omega)-\mathrm{j}\alpha(\omega) \tag{1-114}$$

式中，实部$n(\omega)$称为折射率，虚部$\alpha(\omega)$称为消光系数。

注意，为了简单起见，式(1-112)中相对复介电常数的实部 $\varepsilon_{\mathrm{r}}(\omega)$ 与相对复介电常数 $\tilde{\varepsilon}_{\mathrm{r}}(\omega)$ 采用相同的下标，式（1-113）中相对复磁导率的实部 $\mu_{\mathrm{r}}(\omega)$ 和相对复磁导率 $\tilde{\mu}_{\mathrm{r}}(\omega)$ 采用相同的下标。

对于导体，电导率 σ 为圆频率 ω 的函数，有

$$\mathbf{J}_{\mathrm{V}} = \sigma(\omega)\mathbf{E} \tag{1-115}$$

1.3.5　各向异性线性介质

对于电极化各向异性线性介质，介电常数 ε 取张量形式 $\overline{\overline{\varepsilon}}$，有

$$\mathsf{D} = \overline{\overline{\varepsilon}}\mathsf{E}^{(1)} = \varepsilon_0\overline{\overline{\varepsilon}}_{\mathrm{r}}^{(1)}\mathsf{E}^{(1)} \tag{1-116}$$

式中，D 为电通密度矢量 $\mathbf{D}$ 的三个分量构成的列向量，即

$$\mathsf{D} = [D_i]_{3\times1},\quad i = x, y, z \tag{1-117}$$

列向量 $\mathsf{E}^{(1)}$ 见式（1-30）。$\overline{\overline{\varepsilon}}_{\mathrm{r}}^{(1)}$ 为相对介电常数张量，$\overline{\overline{\varepsilon}}_{\mathrm{r}}^{(1)}$ 与极化率张量 $\overline{\overline{\chi}}_{\mathrm{e}}^{(1)}$ 的关系为

$$\overline{\overline{\varepsilon}}_{\mathrm{r}}^{(1)} = \overline{\overline{\mathrm{I}}} + \overline{\overline{\chi}}_{\mathrm{e}}^{(1)} \tag{1-118}$$

式中，$\overline{\overline{\mathrm{I}}}$ 为单位张量。写成分量形式有

$$\begin{bmatrix} \varepsilon_{\mathrm{r}xx} & \varepsilon_{\mathrm{r}xy} & \varepsilon_{\mathrm{r}xz} \\ \varepsilon_{\mathrm{r}yx} & \varepsilon_{\mathrm{r}yy} & \varepsilon_{\mathrm{r}yz} \\ \varepsilon_{\mathrm{r}zx} & \varepsilon_{\mathrm{r}zy} & \varepsilon_{\mathrm{r}zz} \end{bmatrix} = \begin{bmatrix} 1 & 0 & 0 \\ 0 & 1 & 0 \\ 0 & 0 & 1 \end{bmatrix} + \begin{bmatrix} \chi_{\mathrm{e}xx} & \chi_{\mathrm{e}xy} & \chi_{\mathrm{e}xz} \\ \chi_{\mathrm{e}yx} & \chi_{\mathrm{e}yy} & \chi_{\mathrm{e}yz} \\ \chi_{\mathrm{e}zx} & \chi_{\mathrm{e}zy} & \chi_{\mathrm{e}zz} \end{bmatrix} = \begin{bmatrix} 1+\chi_{\mathrm{e}xx} & \chi_{\mathrm{e}xy} & \chi_{\mathrm{e}xz} \\ \chi_{\mathrm{e}yx} & 1+\chi_{\mathrm{e}yy} & \chi_{\mathrm{e}yz} \\ \chi_{\mathrm{e}zx} & \chi_{\mathrm{e}zy} & 1+\chi_{\mathrm{e}zz} \end{bmatrix} \tag{1-119}$$

在平面对称情况下，各向异性晶体（单轴晶体）的主光轴与坐标轴平行，如液晶，相对介电常数张量具有对角张量形式，即

$$\overline{\overline{\varepsilon}}_{\mathrm{r}}^{(1)} = \begin{bmatrix} \varepsilon_{\mathrm{r}xx} & 0 & 0 \\ 0 & \varepsilon_{\mathrm{r}yy} & 0 \\ 0 & 0 & \varepsilon_{\mathrm{r}zz} \end{bmatrix} = \begin{bmatrix} n_{\mathrm{o}}^2 & 0 & 0 \\ 0 & n_{\mathrm{o}}^2 & 0 \\ 0 & 0 & n_{\mathrm{e}}^2 \end{bmatrix} \tag{1-120}$$

式中，n_{o} 和 n_{e} 分别为寻常光和非寻常光的折射率。

对于磁极化各向异性线性介质，磁导率 μ 取张量形式 $\overline{\overline{\mu}}$，有

$$\mathsf{B} = \overline{\overline{\mu}}\mathsf{H}^{(1)} = \mu_0\overline{\overline{\mu}}_{\mathrm{r}}^{(1)}\mathsf{H}^{(1)} \tag{1-121}$$

式中，B 为由磁通密度矢量 $\mathbf{B}$ 的三个分量构成的列向量，即

$$\mathsf{B} = [B_i]_{3\times1},\quad i = x, y, z \tag{1-122}$$

列向量 $\mathsf{H}^{(1)}$ 见式（1-74）。$\overline{\overline{\mu}}_{\mathrm{r}}^{(1)}$ 为相对磁导率张量，$\overline{\overline{\mu}}_{\mathrm{r}}^{(1)}$ 与磁化率张量 $\overline{\overline{\chi}}_{\mathrm{m}}^{(1)}$ 的关系为

$$\overline{\overline{\mu}}_{\mathrm{r}}^{(1)} = \overline{\overline{\mathrm{I}}} + \overline{\overline{\chi}}_{\mathrm{m}}^{(1)} \tag{1-123}$$

写成分量形式有

$$\begin{bmatrix} \mu_{\mathrm{r}xx} & \mu_{\mathrm{r}xy} & \mu_{\mathrm{r}xz} \\ \mu_{\mathrm{r}yx} & \mu_{\mathrm{r}yy} & \mu_{\mathrm{r}yz} \\ \mu_{\mathrm{r}zx} & \mu_{\mathrm{r}zy} & \mu_{\mathrm{r}zz} \end{bmatrix} = \begin{bmatrix} 1 & 0 & 0 \\ 0 & 1 & 0 \\ 0 & 0 & 1 \end{bmatrix} + \begin{bmatrix} \chi_{\mathrm{m}xx} & \chi_{\mathrm{m}xy} & \chi_{\mathrm{m}xz} \\ \chi_{\mathrm{m}yx} & \chi_{\mathrm{m}yy} & \chi_{\mathrm{m}yz} \\ \chi_{\mathrm{m}zx} & \chi_{\mathrm{m}zy} & \chi_{\mathrm{m}zz} \end{bmatrix} = \begin{bmatrix} 1+\chi_{\mathrm{m}xx} & \chi_{\mathrm{m}xy} & \chi_{\mathrm{m}xz} \\ \chi_{\mathrm{m}yx} & 1+\chi_{\mathrm{m}yy} & \chi_{\mathrm{m}yz} \\ \chi_{\mathrm{m}zx} & \chi_{\mathrm{m}zy} & 1+\chi_{\mathrm{m}zz} \end{bmatrix} \tag{1-124}$$

对于各向异性导体，有

$$\mathsf{J}_{\mathrm{V}} = \overline{\overline{\sigma}}\,\mathsf{E}^{(1)} \tag{1-125}$$

式中，J_{V} 为由自由电流体密度矢量 $\mathbf{J}_{\mathrm{V}}$ 的三个分量构成的列向量，即

$$\mathsf{J}_{\mathrm{V}} = [J_{\mathrm{V}i}]_{3\times1},\quad i = x, y, z \tag{1-126}$$

$\overline{\overline{\sigma}}$ 为电导率张量，其分量形式为

$$\bar{\bar{\sigma}} = [\sigma_{ij}]_{3\times3}, \quad i,j = x,y,z \tag{1-127}$$

列向量 $\mathsf{E}^{(1)}$ 见式（1-30）。

1.3.6 双各向同性线性介质

一般情况下，各向同性和各向异性介质在电场作用下产生极化，而在磁场作用下产生磁化，极化和磁化两者之间不产生耦合。但对于一些特殊介质，电场作用不仅产生极化，而且产生磁化，同样磁场作用也产生极化和磁化。如果极化和磁化呈各向同性，则称这种介质为双各向同性线性介质，其物质方程形式为

$$\mathbf{D} = \varepsilon\mathbf{E} + \kappa\mathbf{H} \tag{1-128}$$

$$\mathbf{B} = \gamma\mathbf{E} + \mu\mathbf{H} \tag{1-129}$$

式中，κ 和 γ 分别为极化和磁化耦合系数。

当电介质或磁介质在电磁场中运动时，介质不仅被极化，而且被磁化，呈双各向同性。描述运动介质双各向同性线性介质的物质方程形式为

$$\mathbf{D} = \varepsilon\mathbf{E} - \kappa\frac{\partial\mathbf{H}}{\partial t} \tag{1-130}$$

$$\mathbf{B} = \gamma\frac{\partial\mathbf{E}}{\partial t} + \mu\mathbf{H} \tag{1-131}$$

1.3.7 双各向异性线性介质

如果在电场或磁场作用下，介质极化和磁化呈各向异性，则称这种介质为双各向异性线性介质。对于双各向异性线性介质，不仅介电常数和磁导率取张量形式，而且极化和磁化耦合系数也取张量形式，其物质方程形式为

$$\mathsf{D} = \bar{\bar{\varepsilon}}\mathsf{E}^{(1)} + \bar{\bar{\kappa}}\mathsf{H}^{(1)} \tag{1-132}$$

$$\mathsf{B} = \bar{\bar{\gamma}}\mathsf{E}^{(1)} + \bar{\bar{\mu}}\mathsf{H}^{(1)} \tag{1-133}$$

式中，$\bar{\bar{\varepsilon}}$ 为介电常数张量，由式（1-116）和式（1-119）有

$$\bar{\bar{\varepsilon}} = [\varepsilon_{ij}]_{3\times3} = \varepsilon_0[\varepsilon_{rij}]_{3\times3}, \quad i,j = x,y,z \tag{1-134}$$

$\bar{\bar{\mu}}$ 为磁导率张量，由式（1-121）和式（1-124）有

$$\bar{\bar{\mu}} = [\mu_{ij}]_{3\times3} = \mu_0[\mu_{rij}]_{3\times3}, \quad i,j = x,y,z \tag{1-135}$$

极化和磁化耦合系数张量 $\bar{\bar{\kappa}}$ 和 $\bar{\bar{\gamma}}$ 分别为

$$\bar{\bar{\kappa}} = [\kappa_{ij}]_{3\times3}, \quad i,j = x,y,z \tag{1-136}$$

$$\bar{\bar{\gamma}} = [\gamma_{ij}]_{3\times3}, \quad i,j = x,y,z \tag{1-137}$$

物质方程（1-132）和方程（1-133）也可写成矩阵形式。在直角坐标系下，将电通密度矢量 **D** 和磁通密度矢量 **B** 的分量合写在一起，构成列向量

$$\mathsf{C} = [D_x, D_y, D_z, B_x, B_y, B_z]^{\mathrm{T}} \tag{1-138}$$

式中，角标 T 表示转置。电场强度矢量 **E** 和磁场强度矢量 **H** 的分量合写在一起，构成列向量

$$\mathsf{G} = [E_x, E_y, E_z, H_x, H_y, H_z]^{\mathrm{T}} \tag{1-139}$$

将介电常数张量 $\bar{\bar{\varepsilon}}$、磁导率张量 $\bar{\bar{\mu}}$、极化和磁化耦合系数张量 $\bar{\bar{\kappa}}$ 和 $\bar{\bar{\gamma}}$ 合写在一起，构成矩阵

$$\mathsf{Q}=[q_{ij}]_{6\times6}=\begin{bmatrix}[\varepsilon_{ij}]_{3\times3} & [\kappa_{ij}]_{3\times3}\\ [\gamma_{ij}]_{3\times3} & [\mu_{ij}]_{3\times3}\end{bmatrix}_{6\times6},\quad i,j=x,y,z \tag{1-140}$$

由此可将双各向异性线性介质物质方程［见式（1-132）和式（1-133）］写成向量形式为

$$\mathsf{C}=\mathsf{Q}\,\mathsf{G} \tag{1-141}$$

如果极化和磁化耦合系数张量 $\bar{\bar{\kappa}}=0$ 和 $\bar{\bar{\mu}}=0$，向量式（1-141）就转化为各向异性线性介质物质方程［见式（1-116）和式（1-121）］的分量形式。

从极化和磁化的观点看，静态电场或磁场作用于双各向同性线性介质或双各向异性线性介质，可出现极化和磁化耦合；同样，时变电磁场作用也可以产生极化和磁化耦合，这种耦合的本质是在双各向同性线性介质或双各向异性线性介质中同时出现束缚电荷和束缚电流，其微观物理模型既具有电偶极子特性，又具有磁偶极子特性。一个合适的模型就是微螺旋[2]，如图 1-10 所示。根据电流方向，螺旋可分为左手和右手，所以这种介质也被称为手征介质。

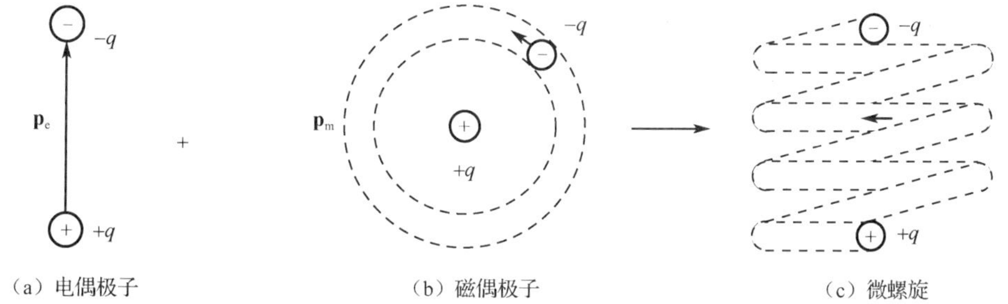

图 1-10　极化和磁化耦合微螺旋模型

1888 年伦琴首次发现介质在电场中运动被磁化，而后 1905 年威尔逊又证明介质在均匀磁场中运动被极化。由此可见，当介质在电磁场中运动时，介质将出现极化和磁化耦合现象，呈现出双各向同性或双各向异性特性。1957 年朗道在理论上又预言了手征介质的存在，引起人们对电磁理论和电磁材料广泛而深入的研究。目前已经发现的具有手征特性的天然材料主要有氧化铬（Cr_2O_3）、镓铁氧化物、铁磁晶体、氨基酸、葡萄糖和某些有机聚合物等。随着薄膜技术的发展，人工合成手征薄膜材料也已成为可能。由于电磁波在手征介质中具有特殊的传播特性，所以在光电子学领域的潜在应用已引起人们的广泛注意。

1.3.8　各向异性非线性介质

与极化各向异性非线性介质相对应，依据式（1-34），可写出各向异性非线性物质方程为

$$\mathsf{D}=\varepsilon_0\mathsf{E}^{(1)}+\mathsf{P}=\varepsilon_0\bar{\bar{\varepsilon}}_r^{(1)}\mathsf{E}^{(1)}+\varepsilon_0\bar{\bar{\varepsilon}}_r^{(2)}\mathsf{E}^{(2)}+\varepsilon_0\bar{\bar{\varepsilon}}_r^{(3)}\mathsf{E}^{(3)}+\cdots \tag{1-142}$$

式中

$$\bar{\bar{\varepsilon}}_r^{(1)}=\bar{\bar{I}}+\bar{\bar{\chi}}_e^{(1)},\ \bar{\bar{\varepsilon}}_r^{(2)}=\bar{\bar{\chi}}_e^{(2)},\ \bar{\bar{\varepsilon}}_r^{(3)}=\bar{\bar{\chi}}_e^{(3)},\ \cdots \tag{1-143}$$

D 为由电通密度矢量的三个分量构成的列向量，见式（1-117）；$\mathsf{E}^{(1)}$ 为由电场强度矢量的三个分量构成的列向量，见式（1-30）；$\mathsf{E}^{(2)}$ 和 $\mathsf{E}^{(3)}$ 分别是由电场强度矢量乘积 **EE** 和 **EEE** 得到的二阶和三阶非线性项分量构成的列向量，见式（1-36）和式（1-38）；$\bar{\bar{\varepsilon}}_r^{(1)}$ 为相对介电常数张量，见式（1-119）；$\bar{\bar{\varepsilon}}_r^{(2)}$ 和 $\bar{\bar{\varepsilon}}_r^{(3)}$ 为相对介电常数三阶和四阶非线性项介电张量，与式（1-37）和式（1-39）中的三阶和四阶非线性极化率张量 $\bar{\bar{\chi}}_e^{(2)}$ 和 $\bar{\bar{\chi}}_e^{(3)}$ 取相同形式。

将向量关系式（1-142）写成分量求和形式有

$$D_i = \sum_{j=x,y,z} \varepsilon_0 \varepsilon_{\mathrm{r}ij} E_j + \sum_{j=x,y,z} \sum_{k=x,y,z} \varepsilon_0 \varepsilon_{\mathrm{r}ijk} E_j E_k + \sum_{j=x,y,z} \sum_{k=x,y,z} \sum_{l=x,y,z} \varepsilon_0 \varepsilon_{\mathrm{r}ijkl} E_j E_k E_l + \cdots, \quad i = x, y, z \tag{1-144}$$

与磁化各向异性非线性介质相对应，依据式（1-78），可写出各向异性非线性物质方程为

$$\mathsf{B} = \mu_0 \overline{\overline{\mu}}_{\mathrm{r}}^{(1)}(\mathbf{H})\mathsf{H}^{(1)} + \mu_0 \overline{\overline{\mu}}_{\mathrm{r}}^{(2)}(\mathbf{H})\mathsf{H}^{(2)} + \cdots \tag{1-145}$$

式中，B 为由磁通密度矢量的三个分量构成的列向量，见式（1-122）；由磁场强度矢量 $\mathbf{H}$ 构成的列向量 $\mathsf{H}^{(1)}$ 见式（1-74）；由磁场强度矢量乘积 $\mathbf{HH}$ 构成的列向量 $\mathsf{H}^{(2)}$ 见式（1-79）。相对磁导率张量 $\overline{\overline{\mu}}_{\mathrm{r}}^{(1)}(\mathbf{H})$ 和 $\overline{\overline{\mu}}_{\mathrm{r}}^{(2)}(\mathbf{H})$ 的分量形式分别为

$$\overline{\overline{\mu}}_{\mathrm{r}}^{(1)}(\mathbf{H}) = [\mu_{\mathrm{r}ij}(\mathbf{H})]_{3\times3}, \quad i, j = x, y, z \tag{1-146}$$

$$\overline{\overline{\mu}}_{\mathrm{r}}^{(2)}(\mathbf{H}) = [\mu_{\mathrm{r}ijk}(\mathbf{H})]_{3\times9}, \quad i, j, k = x, y, z \tag{1-147}$$

由此可将式（1-145）写成分量求和形式，有

$$B_i = \sum_{j=x,y,z} \mu_0 \mu_{\mathrm{r}ij}(\mathbf{H}) H_j + \sum_{j=x,y,z} \sum_{k=x,y,z} \mu_0 \mu_{\mathrm{r}ijk}(\mathbf{H}) H_j H_k + \cdots, \quad i = x, y, z \tag{1-148}$$

上面给出的物质方程是反映电磁介质物理特性的一般形式。实际上，在进行光学元件或电磁元件设计仿真和计算过程中，针对不同实际问题的需要，首先必须选择合适的材料，也就是光学介质或电磁介质，并给定描述材料特性的物理参数的具体形式。例如，均匀电介质介电常数取实常数，$\varepsilon_{\mathrm{r}} = C$，实常数 C 必须给定；非均匀电介质介电常数取函数形式，$\varepsilon_{\mathrm{r}}(\mathbf{r}) = f(\mathbf{r})$，函数 $f(\mathbf{r})$ 形式必须给定。

介质特性参数的获取可通过查阅材料手册，也可根据经典或量子微观物理模型进行求解，或者根据设计要求进行人工制备。由此可以看出，描述介质特性物质方程的形式决定求解电磁场问题的难易程度和复杂性，也是设计光学或电磁元件成败的关键一环。对于电磁理论研究，描述电磁材料特性的物质方程是其出发点，不同的材料特性体现在麦克斯韦方程中就构成了限定形式的麦克斯韦方程，也就是实际问题所满足的波动微分方程或积分方程。

1.4 时谐形式的麦克斯韦方程

麦克斯韦方程中的源项 $\mathbf{J}_{\mathrm{V}}(\mathbf{r};t)$ 和 $\rho_{\mathrm{V}}(\mathbf{r};t)$ 可以是时间的任意函数。但在实际应用中，时变电磁场问题中最常见的是源随时间做正弦或余弦变化，因而空间任意点的电场强度和磁场强度也随时间做正弦或余弦变化，这类电磁场称为时谐电磁场。从傅里叶变换的角度看，任何时变场都可以分解为无穷多个谐波成分的叠加。因此，引用复数表示讨论时谐电磁场不仅方便，而且具有重要的实际应用价值。

1.4.1 时谐量的复数表示

设电场强度矢量 $\mathbf{E}(\mathbf{r};t)$ 的每个分量都是频率为 ω 的余弦函数，用复数可表示为

$$\begin{cases} E_x(\mathbf{r};t) = E_{x\mathrm{m}}(\mathbf{r})\cos(\omega t + \varphi_x) = \mathrm{Re}[E_{x\mathrm{m}}(\mathbf{r})\mathrm{e}^{\mathrm{j}\varphi_x}\mathrm{e}^{\mathrm{j}\omega t}] = \mathrm{Re}[\tilde{E}_{x\mathrm{m}}\mathrm{e}^{\mathrm{j}\omega t}] \\ E_y(\mathbf{r};t) = E_{y\mathrm{m}}(\mathbf{r})\cos(\omega t + \varphi_y) = \mathrm{Re}[E_{y\mathrm{m}}(\mathbf{r})\mathrm{e}^{\mathrm{j}\varphi_y}\mathrm{e}^{\mathrm{j}\omega t}] = \mathrm{Re}[\tilde{E}_{y\mathrm{m}}\mathrm{e}^{\mathrm{j}\omega t}] \\ E_z(\mathbf{r};t) = E_{z\mathrm{m}}(\mathbf{r})\cos(\omega t + \varphi_z) = \mathrm{Re}[E_{z\mathrm{m}}(\mathbf{r})\mathrm{e}^{\mathrm{j}\varphi_z}\mathrm{e}^{\mathrm{j}\omega t}] = \mathrm{Re}[\tilde{E}_{z\mathrm{m}}\mathrm{e}^{\mathrm{j}\omega t}] \end{cases} \tag{1-149}$$

式中

$$\begin{cases}\tilde{E}_{xm}=E_{xm}e^{j\varphi_x}\\ \tilde{E}_{ym}=E_{ym}e^{j\varphi_y}\\ \tilde{E}_{zm}=E_{zm}e^{j\varphi_z}\end{cases}\tag{1-150}$$

称为复振幅。将以上各分量合写在一起，有

$$\begin{aligned}\mathbf{E}(\mathbf{r};t)&=\mathrm{Re}[\tilde{E}_{xm}e^{j\omega t}]\mathbf{e}_x+\mathrm{Re}[\tilde{E}_{ym}e^{j\omega t}]\mathbf{e}_y+\mathrm{Re}[\tilde{E}_{zm}e^{j\omega t}]\mathbf{e}_z\\&=\mathrm{Re}[(\tilde{E}_{xm}\mathbf{e}_x+\tilde{E}_{ym}\mathbf{e}_y+\tilde{E}_{zm}\mathbf{e}_z)e^{j\omega t}]\end{aligned}\tag{1-151}$$

令

$$\tilde{\mathbf{E}}(\mathbf{r})=\tilde{E}_{xm}\mathbf{e}_x+\tilde{E}_{ym}\mathbf{e}_y+\tilde{E}_{zm}\mathbf{e}_z\tag{1-152}$$

则

$$\mathbf{E}(\mathbf{r};t)=\mathrm{Re}[\tilde{\mathbf{E}}(\mathbf{r})e^{j\omega t}]\tag{1-153}$$

式中，$\tilde{\mathbf{E}}(\mathbf{r})$ 称为 $\mathbf{E}(\mathbf{r};t)$ 的复振幅矢量，仅是空间坐标 $\mathbf{r}$ 的函数，与时间 t 无关。Re[•]表示取实部。如果场量是时间 t 的正弦函数，在式（1-153）中应该取虚部，即 Im[•]。

对于其他时谐量，也可以写成复振幅的形式

$$\mathbf{D}(\mathbf{r};t)=\mathrm{Re}[\tilde{\mathbf{D}}(\mathbf{r})e^{j\omega t}]\tag{1-154}$$

$$\mathbf{H}(\mathbf{r};t)=\mathrm{Re}[\tilde{\mathbf{H}}(\mathbf{r})e^{j\omega t}]\tag{1-155}$$

$$\mathbf{B}(\mathbf{r};t)=\mathrm{Re}[\tilde{\mathbf{B}}(\mathbf{r})e^{j\omega t}]\tag{1-156}$$

$$\mathbf{J}_V(\mathbf{r};t)=\mathrm{Re}[\tilde{\mathbf{J}}_V(\mathbf{r})e^{j\omega t}]\tag{1-157}$$

$$\rho_V(\mathbf{r};t)=\mathrm{Re}[\tilde{\rho}_V(\mathbf{r})e^{j\omega t}]\tag{1-158}$$

由此可见，只要把已知时谐量的复振幅与时间因子 $e^{j\omega t}$ 相乘，并取实部，就可得到该量的瞬时值表达式。

1.4.2　时谐形式的麦克斯韦方程

将相关时谐量的复数表达式（1-153）～式（1-158）代入时域形式的麦克斯韦方程（1-5）～方程（1-8），便得到麦克斯韦方程组的时谐形式

$$\nabla\times\tilde{\mathbf{H}}=\tilde{\mathbf{J}}_V+j\omega\tilde{\mathbf{D}}\tag{1-159}$$

$$\nabla\times\tilde{\mathbf{E}}=-j\omega\tilde{\mathbf{B}}\tag{1-160}$$

$$\nabla\cdot\tilde{\mathbf{B}}=0\tag{1-161}$$

$$\nabla\cdot\tilde{\mathbf{D}}=\tilde{\rho}_V\tag{1-162}$$

由式（1-92）可写出电流连续性方程的时谐形式为

$$\nabla\cdot\tilde{\mathbf{J}}_V=-j\omega\tilde{\rho}_V\tag{1-163}$$

1.5　介质中的麦克斯韦方程及波动方程

在实际应用中，当描述介质特性的物质方程给定以后，将其代入麦克斯韦方程就是介质中的麦克斯韦方程，与初始条件和边界条件一起构成一个定解问题。由于物质方程的形式不同，介质中的麦克斯韦方程的形式也多种多样，求解的方法也不相同。下面给出几种实际问题中常用的麦克斯韦方程以及与之相对应的波动方程。

1.5.1 真空中的麦克斯韦方程

当在电介质、磁介质或导电介质中求解电磁场问题时，如果需要采用真空中的物质方程[见式（1-96）和式（1-97）]，则麦克斯韦方程的源项不仅包含自由电流体密度 $\mathbf{J}_{\mathrm{V}}$ 和自由电荷体密度 ρ_{V}，还应包含由磁化而产生的束缚电流体密度 $\mathbf{J}_{\mathrm{V_{bm}}}$ 和由极化而产生的束缚电荷体密度 $\rho_{\mathrm{V_b}}$。在时变电磁场的情况下，极化产生的束缚电荷体密度 $\rho_{\mathrm{V_b}}$ 随时间变化会产生极化电流体密度 $\mathbf{J}_{\mathrm{V_{be}}}$，由此可写出真空形式的麦克斯韦方程组的微分形式

$$
\begin{cases}
\nabla\times\dfrac{\mathbf{B}}{\mu_0}=\mathbf{J}_{\mathrm{V}}+\mathbf{J}_{\mathrm{V_{bm}}}+\mathbf{J}_{\mathrm{V_{be}}}+\varepsilon_0\dfrac{\partial\mathbf{E}}{\partial t} & (1\text{-}164)\\
\nabla\times\mathbf{E}=-\dfrac{\partial\mathbf{B}}{\partial t} & (1\text{-}165)\\
\nabla\cdot\mathbf{B}=0 & (1\text{-}166)\\
\nabla\cdot(\varepsilon_0\mathbf{E})=\rho_{\mathrm{V}}+\rho_{\mathrm{V_b}} & (1\text{-}167)
\end{cases}
$$

式中，下标“$\mathrm{V_{be}}$”表示由束缚电荷产生的电流源，称为电性源；下标“$\mathrm{V_{bm}}$”表示由束缚电流产生的电流源，称为磁性源。

1.5.2 无源均匀各向同性线性理想介质中的麦克斯韦方程及波动方程

在无源均匀各向同性线性理想介质中，介电常数 ε 和磁导率 μ 为常数，$\sigma=0$，$\mathbf{J}_{\mathrm{V}}=0$，$\rho_{\mathrm{V}}=0$，将物质方程（1-98）和方程（1-99）代入基本形式的麦克斯韦方程（1-5）～方程（1-8），有

$$
\begin{cases}
\nabla\times\mathbf{H}=\varepsilon\dfrac{\partial\mathbf{E}}{\partial t} & (1\text{-}168)\\
\nabla\times\mathbf{E}=-\mu\dfrac{\partial\mathbf{H}}{\partial t} & (1\text{-}169)\\
\nabla\cdot\mathbf{H}=0 & (1\text{-}170)\\
\nabla\cdot\mathbf{E}=0 & (1\text{-}171)
\end{cases}
$$

这就是无源均匀各向同性线性理想介质中的麦克斯韦方程。方程（1-168）和方程（1-169）构成关于 **H** 和 **E** 的一阶偏微分方程组。如果对方程（1-168）和方程（1-169）两边取旋度，就可化为关于 **H** 和 **E** 的二阶偏微分方程。

对方程（1-168）两边取旋度，有

$$\nabla\times\nabla\times\mathbf{H}=\varepsilon\frac{\partial}{\partial t}\nabla\times\mathbf{E} \tag{1-172}$$

利用矢量恒等式

$$\nabla\times\nabla\times\mathbf{A}=\nabla(\nabla\cdot\mathbf{A})-\nabla^2\mathbf{A} \tag{1-173}$$

有

$$\nabla(\nabla\cdot\mathbf{H})-\nabla^2\mathbf{H}=\varepsilon\frac{\partial}{\partial t}\nabla\times\mathbf{E} \tag{1-174}$$

将方程（1-169）和方程（1-170）代入式（1-174），得到

$$\nabla^2\mathbf{H}-\varepsilon\mu\frac{\partial^2\mathbf{H}}{\partial t^2}=0 \tag{1-175}$$

同理，可得

$$\nabla^2\mathbf{E}-\varepsilon\mu\frac{\partial^2\mathbf{E}}{\partial t^2}=0 \tag{1-176}$$

显然，式（1-175）和式（1-176）是齐次矢量波动方程，也称为矢量亥姆霍兹（Helmholtz）方程。该方程表明无源均匀各向同性线性理想介质中时变电磁场是以波动形式传播的，其传播速度为

$$\upsilon=\frac{1}{\sqrt{\varepsilon\mu}} \tag{1-177}$$

将式（1-177）代入式（1-175）和式（1-176），得到

$$\nabla^2\mathbf{H}-\frac{1}{\upsilon^2}\frac{\partial^2\mathbf{H}}{\partial t^2}=0 \tag{1-178}$$

$$\nabla^2\mathbf{E}-\frac{1}{\upsilon^2}\frac{\partial^2\mathbf{E}}{\partial t^2}=0 \tag{1-179}$$

式（1-178）和式（1-179）就是标准的齐次矢量波动方程。

在真空中，$\varepsilon_\mathrm{r}=1$，$\mu_\mathrm{r}=1$，电磁波在真空中的传播速度即为光速 c，将真空介电常数 ε_0 和真空磁导率 μ_0 代入式（1-177）得到

$$\upsilon=c=\frac{1}{\sqrt{\varepsilon_0\mu_0}}\approx 3.0\times10^8(\mathrm{m/s}) \tag{1-180}$$

如果采用介质折射率更一般的定义

$$n=\sqrt{\varepsilon_\mathrm{r}\mu_\mathrm{r}} \tag{1-181}$$

则波速 υ 可表示为

$$\upsilon=\frac{c}{n} \tag{1-182}$$

需要强调的是，介质折射率 n 不管相对介电常数 ε_r 和相对磁导率 μ_r 取何值，都不可能取负值。如果介质折射率取负值，必然的结果是光速 c 取负值或波速 υ 取负值，这是一个基本物理概念的错误。

对于时谐电磁场，无源区域各向同性线性理想介质中的电场强度矢量 $\mathbf{E}$ 和磁场强度矢量 $\mathbf{H}$ 随时间做正弦或余弦变化，将式（1-153）和式（1-155）分别代入式（1-176）和式（1-175），有

$$\nabla^2\tilde{\mathbf{E}}+k^2\tilde{\mathbf{E}}=0 \tag{1-183}$$

$$\nabla^2\tilde{\mathbf{H}}+k^2\tilde{\mathbf{H}}=0 \tag{1-184}$$

式中

$$k=\omega\sqrt{\mu\varepsilon} \tag{1-185}$$

称为波数，也称为空间圆频率。式（1-183）和式（1-184）就是时谐电磁场强度复振幅矢量 $\tilde{\mathbf{E}}$ 和 $\tilde{\mathbf{H}}$ 在无源各向同性线性理想介质中所满足的复矢量波动方程，也称为齐次复矢量亥姆霍兹方程。

依据式（1-177）、式（1-181）、式（1-182）和式（1-185），可导出波速 υ、波数 k、圆频率（也称为角频率）ω及介质折射率 n 之间的关系为

$$k=\omega\sqrt{\mu\varepsilon}=\frac{\omega}{\upsilon}=\frac{\omega}{c}n \tag{1-186}$$

由此也可写出描述波动特征的基本物理量波数 k、波长 λ（也称为空间周期）、空间频率 ν、

圆频率ω、周期T和频率f之间的关系为

$$k=\frac{2\pi}{\lambda}=2\pi\nu \tag{1-187}$$

$$\omega=\frac{2\pi}{T}=2\pi f \tag{1-188}$$

$$\upsilon=\lambda f \tag{1-189}$$

波动方程（1-183）和方程（1-184）是研究电磁波传播最基本的方程，其应用十分广泛，涉及光学、通信等众多领域。

1.5.3 无源均匀各向同性线性导电介质中的麦克斯韦方程及波动方程

在无源均匀各向同性线性导电介质中，介电常数ε、磁导率μ和电导率σ均为常数，将物质方程（1-98）、方程（1-99）和方程（1-103）代入基本形式的麦克斯韦方程（1-5）～方程（1-8）]，有

$$\begin{cases}\nabla\times\mathbf{H}=\sigma\mathbf{E}+\varepsilon\dfrac{\partial\mathbf{E}}{\partial t} & (1\text{-}190)\\ \nabla\times\mathbf{E}=-\mu\dfrac{\partial\mathbf{H}}{\partial t} & (1\text{-}191)\\ \nabla\cdot\mathbf{H}=0 & (1\text{-}192)\\ \nabla\cdot\mathbf{E}=0 & (1\text{-}193)\end{cases}$$

这就是无源均匀各向同性线性导电介质中的麦克斯韦方程。同样，无源均匀各向同性线性导电介质中的一阶麦克斯韦方程也可以简化为二阶波动方程形式。

对方程（1-190）两边取旋度，有

$$\nabla\times\nabla\times\mathbf{H}=\sigma\nabla\times\mathbf{E}+\varepsilon\nabla\times\frac{\partial\mathbf{E}}{\partial t} \tag{1-194}$$

利用矢量恒等式（1-173）有

$$\nabla(\nabla\cdot\mathbf{H})-\nabla^2\mathbf{H}=\sigma\nabla\times\mathbf{E}+\varepsilon\frac{\partial}{\partial t}\nabla\times\mathbf{E} \tag{1-195}$$

将方程（1-191）和方程（1-192）代入式（1-195），得到

$$\nabla^2\mathbf{H}-\mu\sigma\frac{\partial\mathbf{H}}{\partial t}-\mu\varepsilon\frac{\partial^2\mathbf{H}}{\partial t^2}=0 \tag{1-196}$$

同理，可得

$$\nabla^2\mathbf{E}-\mu\sigma\frac{\partial\mathbf{E}}{\partial t}-\mu\varepsilon\frac{\partial^2\mathbf{E}}{\partial t^2}=0 \tag{1-197}$$

式（1-196）和式（1-197）就是无源均匀各向同性线性导电介质中的齐次波动方程，与无源均匀各向同性线性理想介质中的波动方程［见式（1-175）和式（1-176）］相比较，导电介质中存在电场强度矢量**E**和磁场强度矢量**H**随时间变化的一次导数项，此项表明介质存在损耗。

需要强调的是，在无源区域，为了反映导电介质电磁波能量传输的损耗，麦克斯韦方程中应该包含感应源项$\mathbf{J}_{\mathrm{V}}=\sigma\mathbf{E}$，但麦克斯韦方程中的感应电荷源$\rho_{\mathrm{V}}=0$，这种近似与实际有很大的差别，详见后面章节的讨论。如果在真实辐射源区，则麦克斯韦方程不仅应该包括真实源项$\mathbf{J}_{\mathrm{V}}(\mathbf{r};t)$，也应该包括与之相对应的电荷源$\rho_{\mathrm{V}}(\mathbf{r};t)$，且必须给出具体的变化形式。

在时谐电磁场的情况下，将式（1-153）和式（1-155）分别代入式（1-197）和式（1-196），得到

$$\nabla^2\tilde{\mathbf{E}} - \mathrm{j}\omega\mu\sigma\tilde{\mathbf{E}} + \omega^2\mu\varepsilon\tilde{\mathbf{E}} = \nabla^2\tilde{\mathbf{E}} + (\omega^2\mu\varepsilon - \mathrm{j}\omega\mu\sigma)\tilde{\mathbf{E}} = 0 \tag{1-198}$$

$$\nabla^2\tilde{\mathbf{H}} - \mathrm{j}\omega\mu\sigma\tilde{\mathbf{H}} + \omega^2\mu\varepsilon\tilde{\mathbf{H}} = \nabla^2\tilde{\mathbf{H}} + (\omega^2\mu\varepsilon - \mathrm{j}\omega\mu\sigma)\tilde{\mathbf{H}} = 0 \tag{1-199}$$

令

$$\tilde{k}_\mathrm{c} = \omega\sqrt{\mu\left(\varepsilon - \mathrm{j}\frac{\sigma}{\omega}\right)} \tag{1-200}$$

则有

$$\nabla^2\tilde{\mathbf{E}} + \tilde{k}_\mathrm{c}^2\tilde{\mathbf{E}} = 0 \tag{1-201}$$

$$\nabla^2\tilde{\mathbf{H}} + \tilde{k}_\mathrm{c}^2\tilde{\mathbf{H}} = 0 \tag{1-202}$$

式（1-201）和式（1-202）就是无源均匀各向同性线性导电介质中复振幅矢量 $\tilde{\mathbf{E}}$ 和 $\tilde{\mathbf{H}}$ 所满足的齐次波动方程。由此可以看出，无源均匀各向同性线性导电介质与无源均匀各向同性线性理想介质中的波动方程形式完全相同，使求解过程得以简化。

如果引入复折射率 $\tilde{N}$，复波数 $\tilde{k}_\mathrm{c}$ 与实波数 k 具有相同形式。由式（1-200）有

$$\tilde{k}_\mathrm{c} = \omega\sqrt{\mu\left(\varepsilon - \mathrm{j}\frac{\sigma}{\omega}\right)} = \frac{\omega}{c}\sqrt{\mu_\mathrm{r}\varepsilon_\mathrm{r}\left(1 - \mathrm{j}\frac{\sigma}{\varepsilon_0\varepsilon_\mathrm{r}\omega}\right)} \tag{1-203}$$

令

$$\tilde{N} = n - \mathrm{j}\alpha = \sqrt{\mu_\mathrm{r}\varepsilon_\mathrm{r}\left(1 - \mathrm{j}\frac{\sigma}{\varepsilon_0\varepsilon_\mathrm{r}\omega}\right)} \tag{1-204}$$

则有

$$\tilde{k}_\mathrm{c} = \frac{\omega}{c}\tilde{N} \tag{1-205}$$

令式（1-204）的实部和虚部相等，可得

$$n = \left[\frac{\mu_\mathrm{r}\varepsilon_\mathrm{r}}{2}\left(\sqrt{1 + \left(\frac{\sigma}{\varepsilon\omega}\right)^2} + 1\right)\right]^{1/2} \tag{1-206}$$

$$\alpha = \left[\frac{\mu_\mathrm{r}\varepsilon_\mathrm{r}}{2}\left(\sqrt{1 + \left(\frac{\sigma}{\varepsilon\omega}\right)^2} - 1\right)\right]^{1/2} \tag{1-207}$$

显然，导电介质中的复折射率 $\tilde{N}$ 的实部折射率 n 和虚部消光系数 α 与圆频率 ω 有关，表明在导电介质中电磁波传播，不仅存在能量衰减，而且存在色散。导电介质折射率定义式（1-206）和消光系数定义式（1-207）与实际测量值存在很大差异，这就给理论计算带来了困难。

在大多数关于电磁场与电磁波的教材中，通常采用衰减常数和相位常数来描述导电介质的特性，而不是光学中采用的折射率和消光系数。实际上，折射率和消光系数与圆频率 ω 相乘就是相位常数和衰减常数。

1.5.4　无源各向同性线性非均匀理想介质中的麦克斯韦方程及波动方程

在无源各向同性线性非均匀理想介质中，假设介质介电常数非均匀 $\varepsilon(\mathbf{r}) = \varepsilon_0\varepsilon_\mathrm{r}(\mathbf{r})$，介质相对磁导率 $\mu_\mathrm{r} \approx 1$（光学介质），且 $\mathbf{J}_\mathrm{V} = 0$，$\rho_\mathrm{V} = 0$，由式（1-104）和式（1-105）有

$$\begin{cases}\mathbf{D}=\varepsilon_0\varepsilon_{\mathrm{r}}(\mathbf{r})\mathbf{E}\\ \mathbf{B}=\mu_0\mathbf{H}\end{cases}\tag{1-208}$$

将上式代入麦克斯韦方程（1-5）～方程（1-8）得到

$$\begin{cases}\nabla\times\mathbf{H}=\varepsilon_0\varepsilon_{\mathrm{r}}(\mathbf{r})\dfrac{\partial\mathbf{E}}{\partial t} & (1\text{-}209)\\ \nabla\times\mathbf{E}=-\mu_0\dfrac{\partial\mathbf{H}}{\partial t} & (1\text{-}210)\\ \nabla\cdot\mathbf{H}=0 & (1\text{-}211)\\ \nabla\cdot[\varepsilon_{\mathrm{r}}(\mathbf{r})\mathbf{E}]=0 & (1\text{-}212)\end{cases}$$

式（1-209）～式（1-212）为无源各向同性线性非均匀理想介质中的一阶麦克斯韦方程组时域形式。

令式（1-209）两边同除以 $\varepsilon_{\mathrm{r}}(\mathbf{r})$，得到

$$\frac{1}{\varepsilon_{\mathrm{r}}(\mathbf{r})}\nabla\times\mathbf{H}=\varepsilon_0\frac{\partial\mathbf{E}}{\partial t}\tag{1-213}$$

对上式两边取旋度，并将式（1-210）代入其中，得到

$$\nabla\times\left[\frac{1}{\varepsilon_{\mathrm{r}}(\mathbf{r})}\nabla\times\mathbf{H}\right]=-\frac{1}{c^2}\frac{\partial^2\mathbf{H}}{\partial t^2}\tag{1-214}$$

同理，可得

$$\frac{1}{\varepsilon_{\mathrm{r}}(\mathbf{r})}\nabla\times[\nabla\times\mathbf{E}]=-\frac{1}{c^2}\frac{\partial^2\mathbf{E}}{\partial t^2}\tag{1-215}$$

式（1-214）和式（1-215）是与麦克斯韦方程（1-209）～方程（1-212）相对应的无源各向同性线性非均匀理想介质中二阶波动方程的时域形式。

如果将式（1-153）和式（1-155）代入式（1-215）和式（1-214），则得到无源各向同性线性非均匀理想介质中波动方程的时谐形式为

$$\frac{1}{\varepsilon_{\mathrm{r}}(\mathbf{r})}\nabla\times[\nabla\times\tilde{\mathbf{E}}]=\frac{\omega^2}{c^2}\tilde{\mathbf{E}}\tag{1-216}$$

$$\nabla\times\left[\frac{1}{\varepsilon_{\mathrm{r}}(\mathbf{r})}\nabla\times\tilde{\mathbf{H}}\right]=\frac{\omega^2}{c^2}\tilde{\mathbf{H}}\tag{1-217}$$

式（1-214）和式（1-215）是研究光子晶体的时域方程，而式（1-216）和式（1-217）是研究光子晶体的频域方程。

利用矢量恒等式（1-173），由式（1-216）得到

$$\nabla^2\tilde{\mathbf{E}}+\frac{\omega^2}{c^2}\varepsilon_{\mathrm{r}}(\mathbf{r})\tilde{\mathbf{E}}-\nabla(\nabla\cdot\tilde{\mathbf{E}})=0\tag{1-218}$$

利用矢量关系式

$$\nabla\cdot[\varphi(\mathbf{r})\mathbf{A}(\mathbf{r})]=\mathbf{A}(\mathbf{r})\cdot\nabla\varphi(\mathbf{r})+\varphi(\mathbf{r})\nabla\cdot\mathbf{A}(\mathbf{r})\tag{1-219}$$

并由式（2-212）得到

$$\nabla\cdot[\varepsilon_{\mathrm{r}}(\mathbf{r})\tilde{\mathbf{E}}]=\tilde{\mathbf{E}}\cdot\nabla\varepsilon_{\mathrm{r}}(\mathbf{r})+\varepsilon_{\mathrm{r}}(\mathbf{r})\nabla\cdot\tilde{\mathbf{E}}=0\tag{1-220}$$

有

$$\nabla\cdot\tilde{\mathbf{E}}=-\frac{\tilde{\mathbf{E}}\cdot\nabla\varepsilon_{\mathrm{r}}(\mathbf{r})}{\varepsilon_{\mathrm{r}}(\mathbf{r})}\tag{1-221}$$

在介质相对介电常数 $\varepsilon_r(\mathbf{r})$ 变化比较缓慢的情况下，可取近似

$$\nabla\left(\frac{\tilde{\mathbf{E}}\cdot\nabla\varepsilon_r(\mathbf{r})}{\varepsilon_r(\mathbf{r})}\right)\approx 0 \tag{1-222}$$

由此得到电场强度复振幅矢量满足的方程为

$$\nabla^2\tilde{\mathbf{E}}+\frac{\omega^2}{c^2}\varepsilon_r(\mathbf{r})\tilde{\mathbf{E}}=0 \tag{1-223}$$

此方程就是变系数复矢量亥姆霍兹方程。

在介质相对介电常数 $\varepsilon_r(\mathbf{r})$ 变化较快的情况下，式（1-218）中的最后一项不能忽略，否则会造成错误。如果要将式（1-218）化为标准的波动方程，就需要利用电标量位 u 和磁矢量位 $\mathbf{A}$ 。电标量位 u 和磁矢量位 $\mathbf{A}$ 的讨论详见 1.6 节。

1.5.5 无源双各向同性线性理想介质中的矩阵波动方程

在无源双各向同性线性理想介质中，$\mathbf{J}_V=0$，$\rho_V=0$，介电常数和磁导率均为常数，由式（1-159）～式（1-162）可写出麦克斯韦方程的时谐形式为

$$\begin{cases}\nabla\times\tilde{\mathbf{H}}=\mathrm{j}\omega\tilde{\mathbf{D}} & (1\text{-}224)\\ \nabla\times\tilde{\mathbf{E}}=-\mathrm{j}\omega\tilde{\mathbf{B}} & (1\text{-}225)\\ \nabla\cdot\tilde{\mathbf{B}}=0 & (1\text{-}226)\\ \nabla\cdot\tilde{\mathbf{D}}=0 & (1\text{-}227)\end{cases}$$

在直角坐标系下，将式（1-224）和式（1-225）两个旋度方程写成分量形式，用矩阵方程表示为

$$\begin{bmatrix}0&0&0&0&-\partial/\partial z&\partial/\partial y\\0&0&0&\partial/\partial z&0&-\partial/\partial x\\0&0&0&-\partial/\partial y&\partial/\partial x&0\\0&\partial/\partial z&-\partial/\partial y&0&0&0\\-\partial/\partial z&0&\partial/\partial x&0&0&0\\\partial/\partial y&-\partial/\partial x&0&0&0&0\end{bmatrix}\begin{bmatrix}\tilde{E}_x\\\tilde{E}_y\\\tilde{E}_z\\\tilde{H}_x\\\tilde{H}_y\\\tilde{H}_z\end{bmatrix}=\mathrm{j}\omega\begin{bmatrix}\tilde{D}_x\\\tilde{D}_y\\\tilde{D}_z\\\tilde{B}_x\\\tilde{B}_y\\\tilde{B}_z\end{bmatrix} \tag{1-228}$$

记矩阵方程的微分算子矩阵为

$$\mathsf{A}=\begin{bmatrix}0&0&0&0&-\partial/\partial z&\partial/\partial y\\0&0&0&\partial/\partial z&0&-\partial/\partial x\\0&0&0&-\partial/\partial y&\partial/\partial x&0\\0&\partial/\partial z&-\partial/\partial y&0&0&0\\-\partial/\partial z&0&\partial/\partial x&0&0&0\\\partial/\partial y&-\partial/\partial x&0&0&0&0\end{bmatrix} \tag{1-229}$$

由此，矩阵方程可简写为

$$\mathsf{A}\tilde{\mathsf{G}}=\mathrm{j}\omega\tilde{\mathsf{C}} \tag{1-230}$$

式中，$\tilde{\mathsf{G}}$ 和 $\tilde{\mathsf{C}}$ 是与列向量 G［见式（1-139）］和列向量 C［见式（1-138）］相对应的复振幅列向量。

将双各向同性物质方程（1-130）和方程（1-131）写成时谐形式，有

$$\tilde{\mathbf{D}} = \varepsilon\tilde{\mathbf{E}} - \mathrm{j}\omega\kappa\tilde{\mathbf{H}} \tag{1-231}$$

$$\tilde{\mathbf{B}} = \mathrm{j}\omega\gamma\tilde{\mathbf{E}} + \mu\tilde{\mathbf{H}} \tag{1-232}$$

与其对应的矩阵形式为

$$\begin{bmatrix} \tilde{D}_x \\ \tilde{D}_y \\ \tilde{D}_z \\ \tilde{B}_x \\ \tilde{B}_y \\ \tilde{B}_z \end{bmatrix} = \begin{bmatrix} \varepsilon & 0 & 0 & -\mathrm{j}\omega\kappa & 0 & 0 \\ 0 & \varepsilon & 0 & 0 & -\mathrm{j}\omega\kappa & 0 \\ 0 & 0 & \varepsilon & 0 & 0 & -\mathrm{j}\omega\kappa \\ \mathrm{j}\omega\gamma & 0 & 0 & \mu & 0 & 0 \\ 0 & \mathrm{j}\omega\gamma & 0 & 0 & \mu & 0 \\ 0 & 0 & \mathrm{j}\omega\gamma & 0 & 0 & \mu \end{bmatrix} \begin{bmatrix} \tilde{E}_x \\ \tilde{E}_y \\ \tilde{E}_z \\ \tilde{H}_x \\ \tilde{H}_y \\ \tilde{H}_z \end{bmatrix} \tag{1-233}$$

记极化和磁化耦合系数矩阵为

$$\mathsf{M} = \begin{bmatrix} \varepsilon & 0 & 0 & -\mathrm{j}\omega\kappa & 0 & 0 \\ 0 & \varepsilon & 0 & 0 & -\mathrm{j}\omega\kappa & 0 \\ 0 & 0 & \varepsilon & 0 & 0 & -\mathrm{j}\omega\kappa \\ \mathrm{j}\omega\gamma & 0 & 0 & \mu & 0 & 0 \\ 0 & \mathrm{j}\omega\gamma & 0 & 0 & \mu & 0 \\ 0 & 0 & \mathrm{j}\omega\gamma & 0 & 0 & \mu \end{bmatrix} \tag{1-234}$$

则物质方程可写成向量形式

$$\tilde{\mathsf{C}} = \mathsf{M}\tilde{\mathsf{G}} \tag{1-235}$$

在介质介电常数 ε、磁导率 μ、极化和磁化耦合系数 κ 和 γ 为常数的情况下，将式（1-235）代入式（1-230），可得

$$\mathsf{A}\tilde{\mathsf{G}} = \mathrm{j}\omega\mathsf{M}\tilde{\mathsf{G}} \tag{1-236}$$

式（1-236）就是双各向同性线性理想介质中电磁场量复振幅所满足的矩阵波动方程。

1.5.6　无源各向异性线性理想介质中的矩阵波动方程

在无源各向异性线性理想介质中，$\mathbf{J}_\mathrm{V} = 0$，$\rho_\mathrm{V} = 0$，由方程（1-5）～方程（1-8）可写出时域形式的麦克斯韦方程为

$$\begin{cases} \nabla\times\mathbf{H} = \dfrac{\partial\mathbf{D}}{\partial t} & (1\text{-}237) \\ \nabla\times\mathbf{E} = -\dfrac{\partial\mathbf{B}}{\partial t} & (1\text{-}238) \\ \nabla\cdot\mathbf{B} = 0 & (1\text{-}239) \\ \nabla\cdot\mathbf{D} = 0 & (1\text{-}240) \end{cases}$$

在直角坐标系下，由微分算子矩阵［见式（1-229）］，可将两个旋度方程（1-237）和方程（1-238）写成分量形式，用矩阵方程表示为

$$\mathsf{A}\mathsf{G} = \frac{\partial\mathsf{C}}{\partial t} \tag{1-241}$$

式中，列向量 G 见式（1-139），列向量 C 见式（1-138）。

将双各向异性线性理想介质物质方程（1-141）代入矩阵方程（1-241），得到无源区域时域形式的矩阵波动方程为

$$\mathsf{A}\mathsf{G} = \mathsf{Q}\frac{\partial \mathsf{G}}{\partial t} \qquad (1\text{-}242)$$

式中，矩阵 Q 见式（1-140）。

在时谐场情况下，场量采用复振幅列向量表示，式（1-242）可改写为

$$\mathsf{A}\tilde{\mathsf{G}} = \mathrm{j}\omega\mathsf{Q}\tilde{\mathsf{G}} \qquad (1\text{-}243)$$

这就是无源各向异性线性理想介质中电磁场量复振幅所满足的矩阵波动方程。该方程适用于电磁波在一般各向异性介质中传播的情况，也适用于特殊的层状各向异性介质薄膜。

1.5.7　无源各向同性均匀非线性理想介质中的波动方程

在无源各向同性均匀非线性理想介质中，介电常数 ε 为常数、相对磁导率 $\mu_r \approx 1$，电导率 $\sigma = 0$，$\mathbf{J}_V = 0$，$\rho_V = 0$，麦克斯韦方程与式（1-237）～式（1-240）的形式完全相同。为了体现电极化非线性项，物质方程采用如下形式：

$$\begin{cases} \mathbf{D} = \varepsilon_0 \mathbf{E} + \mathbf{P} \\ \mathbf{B} = \mu_0 \mathbf{H} \end{cases} \qquad (1\text{-}244)$$

对式（1-238）两边取旋度，并将式（1-237）和式（1-244）代入其中，得到

$$\nabla \times \nabla \times \mathbf{E} = -\mu_0 \varepsilon_0 \frac{\partial^2 \mathbf{E}}{\partial t^2} - \mu_0 \frac{\partial^2 \mathbf{P}}{\partial t^2} \qquad (1\text{-}245)$$

利用矢量恒等式（1-173），有

$$\nabla \times \nabla \times \mathbf{E} = \nabla(\nabla \cdot \mathbf{E}) - \nabla^2 \mathbf{E} \qquad (1\text{-}246)$$

在介电常数 ε 为常数的情况下，由式（1-240）和式（1-221）可知

$$\nabla \cdot \mathbf{E} = 0 \qquad (1\text{-}247)$$

则式（1-245）化简为

$$\nabla^2 \mathbf{E} - \mu_0 \varepsilon_0 \frac{\partial^2 \mathbf{E}}{\partial t^2} = \mu_0 \frac{\partial^2 \mathbf{P}}{\partial t^2} \qquad (1\text{-}248)$$

该方程反映的是电场强度矢量 **E** 与电极化强度矢量 **P** 之间的关系。在各向同性的情况下，描述 **E** 与 **P** 之间的非线性关系式（1-34）可以化简为矢量形式，取其线性项和二阶非线性项，有

$$\mathsf{P} = \varepsilon_0 \overline{\overline{\mathsf{X}}}_e^{(1)} \mathsf{E}^{(1)} + \varepsilon_0 \overline{\overline{\mathsf{X}}}_e^{(2)} \mathsf{E}^{(2)} \qquad (1\text{-}249)$$

写成矢量式，记为

$$\mathbf{P} = \mathbf{P}^{(1)} + \mathbf{P}^{NL} \qquad (1\text{-}250)$$

式中，极化强度矢量 **P** 的三个分量与向量 P 的三个分量相对应，线性项矢量 $\mathbf{P}^{(1)}$ 的三个分量与向量 $\varepsilon_0 \overline{\overline{\mathsf{X}}}_e^{(1)} \mathsf{E}^{(1)}$ 的三个分量相对应，二次项矢量 $\mathbf{P}^{NL}$ 的三个分量与向量 $\varepsilon_0 \overline{\overline{\mathsf{X}}}_e^{(2)} \mathsf{E}^{(2)}$ 的三个分量相对应。将式（1-250）代入式（1-248），有

$$\nabla^2 \mathbf{E} - \mu_0 \frac{\partial^2 (\varepsilon_0 \mathbf{E} + \mathbf{P}^{(1)})}{\partial t^2} = \mu_0 \frac{\partial^2 \mathbf{P}^{NL}}{\partial t^2} \qquad (1\text{-}251)$$

又由 **P** 与 **E** 的线性关系式（1-25），有

$$\varepsilon_0 \mathbf{E} + \mathbf{P}^{(1)} = \varepsilon_0 (1 + \chi_e) \mathbf{E} = \varepsilon_0 \varepsilon_r \mathbf{E} \qquad (1\text{-}252)$$

将上式代入式（1-251），得到

$$\nabla^2 \mathbf{E} - \mu_0 \varepsilon_0 \varepsilon_r \frac{\partial^2 \mathbf{E}}{\partial t^2} = \mu_0 \frac{\partial^2 \mathbf{P}^{NL}}{\partial t^2} \qquad (1\text{-}253)$$

此式就是无源各向同性均匀非线性理想介质中的波动方程。它是研究光波耦合非线性效应的基本出发点，不仅具有理论意义，而且具有重要的实用价值。

对于导电介质，$\sigma \neq 0$，与式（1-197）相对应，可写出无源各向同性均匀非线性导电介质中的波动方程为

$$\nabla^2 \mathbf{E} - \mu_0 \sigma \frac{\partial \mathbf{E}}{\partial t} - \mu_0 \varepsilon_0 \varepsilon_{\rm r} \frac{\partial^2 \mathbf{E}}{\partial t^2} = \mu_0 \frac{\partial^2 \mathbf{P}^{NL}}{\partial t^2} \tag{1-254}$$

1.5.8　有源均匀各向同性线性理想介质中的非齐次波动方程

在均匀各向同性理想介质中，介质介电常数 ε 和磁导率 μ 取常数，电导率 $\sigma = 0$。在有源区域 $\mathbf{J}_{\rm V}(\mathbf{r};t) \neq 0$，$\rho_{\rm V}(\mathbf{r};t) \neq 0$（源项已知）。将各向同性线性理想介质中的物质方程[见式（1-98）和式（1-99）]代入麦克斯韦方程（1-5）～方程（1-8），可得在有源均匀各向同性线性理想介质中的麦克斯韦方程为

$$\begin{cases} \nabla \times \mathbf{H} = \mathbf{J}_{\rm V} + \varepsilon \dfrac{\partial \mathbf{E}}{\partial t} & (1\text{-}255) \\ \nabla \times \mathbf{E} = -\mu \dfrac{\partial \mathbf{H}}{\partial t} & (1\text{-}256) \\ \nabla \cdot \mathbf{H} = 0 & (1\text{-}257) \\ \nabla \cdot \mathbf{E} = \dfrac{\rho_{\rm V}}{\varepsilon} & (1\text{-}258) \end{cases}$$

对麦克斯韦方程（1-255）两边取旋度，有

$$\nabla \times \nabla \times \mathbf{H} = \nabla \times \mathbf{J}_{\rm V} + \varepsilon \frac{\partial}{\partial t} \nabla \times \mathbf{E} = \nabla \times \mathbf{J}_{\rm V} - \varepsilon \mu \frac{\partial^2 \mathbf{H}}{\partial t^2} \tag{1-259}$$

对方程（1-256）两边取旋度，有

$$\nabla \times \nabla \times \mathbf{E} = -\mu \frac{\partial}{\partial t} \nabla \times \mathbf{H} = -\mu \frac{\partial \mathbf{J}_{\rm V}}{\partial t} - \varepsilon \mu \frac{\partial^2 \mathbf{E}}{\partial t^2} \tag{1-260}$$

利用矢量恒等式（1-173），并利用方程（1-257）和方程（1-258），得到

$$\nabla^2 \mathbf{H} - \varepsilon \mu \frac{\partial^2 \mathbf{H}}{\partial t^2} = -\nabla \times \mathbf{J}_{\rm V} \tag{1-261}$$

$$\nabla^2 \mathbf{E} - \varepsilon \mu \frac{\partial^2 \mathbf{E}}{\partial t^2} = \mu \frac{\partial \mathbf{J}_{\rm V}}{\partial t} + \frac{1}{\varepsilon} \nabla \rho_{\rm V} \tag{1-262}$$

式（1-261）和式（1-262）就是有源均匀各向同性线性理想介质中的非齐次矢量波动方程。由于式（1-261）右边为源项 $\mathbf{J}_{\rm V}$ 取旋度，而式（1-262）右边为源项 $\rho_{\rm V}$ 取梯度，且两个源项相耦合，给求解带来了困难。通常的做法是用位函数 u 和 $\mathbf{A}$ 表示场量 $\mathbf{E}$ 和 $\mathbf{H}$（或 $\mathbf{B}$），把式（1-261）和式（1-262）化为位函数波动方程。

1.6　位函数、位函数波动方程及格林函数

在电磁场与电磁波问题的求解过程中，对于介质中的麦克斯韦方程及波动方程，有时直接求解电场强度矢量 $\mathbf{E}$ 和磁场强度矢量 $\mathbf{H}$ 较为复杂，通常需要引入间接辅助量使问题得以简化，如电标量位、磁矢量位和赫兹矢量位等。另外，对于有源分布场方程的求解需要引入点源函数——格林函数，把源分布问题的求解转化为格林函数的积分方程求解问题。

1.6.1　电标量位和磁矢量位

1．电标量位

如图 1-11（a）所示，假设在空间存在一体电荷分布，电荷体密度为 $\rho_{\rm V}(\mathbf{r}')$，利用点电荷电场叠加可计算空间任意一点 $\mathbf{r}$ 处的电场强度矢量 $\mathbf{E}(\mathbf{r})$，有

$$\mathbf{E}(\mathbf{r})=\frac{1}{4\pi\varepsilon_0}\iiint_{(V')}\frac{\rho_{\rm V'}(\mathbf{r}')}{R^3}\mathbf{R}\mathrm{d}V' \tag{1-263}$$

式中，R 为距离矢量 $\mathbf{R}$ 的大小；$\mathbf{r}'$ 为源点位置矢量，而 $\mathbf{r}$ 为场点位置矢量。

利用关系

$$\nabla\frac{1}{R}=-\frac{\mathbf{R}}{R^3} \tag{1-264}$$

式（1-263）可化简为

$$\mathbf{E}(\mathbf{r})=-\nabla\left[\frac{1}{4\pi\varepsilon_0}\iiint_{(V')}\frac{\rho_{\rm V'}(\mathbf{r}')}{R}\mathrm{d}V'\right] \tag{1-265}$$

显然，式（1-265）中梯度算子内的表达式就是点电荷电位电场叠加的计算公式，即

$$u(\mathbf{r})=\frac{1}{4\pi\varepsilon_0}\iiint_{(V')}\frac{\rho_{\rm V'}(\mathbf{r}')}{R}\mathrm{d}V' \tag{1-266}$$

式（1-265）表明，电场强度矢量 $\mathbf{E}(\mathbf{r})$ 与电位 $u(\mathbf{r})$ 之间存在关系

$$\mathbf{E}(\mathbf{r})=-\nabla u(\mathbf{r}) \tag{1-267}$$

另一方面，根据静电场基本方程的微分形式

$$\begin{cases}\nabla\cdot\mathbf{D}(\mathbf{r})=\rho_{\rm V}(\mathbf{r}) & (1\text{-}268)\\ \nabla\times\mathbf{E}(\mathbf{r})=0 & (1\text{-}269)\end{cases}$$

可知，电场强度矢量 $\mathbf{E}(\mathbf{r})$ 的旋度为零，那么，因为梯度的旋度恒为零，即

$$\nabla\times[\nabla u(\mathbf{r})]\equiv 0 \tag{1-270}$$

所以电场强度矢量 $\mathbf{E}(\mathbf{r})$ 可以用标量函数 $u(\mathbf{r})$ 的梯度来表示。

2．磁矢量位

如图 1-11（b）所示，假设在空间存在一体电流分布，电流体密度为 $\mathbf{J}_{\rm V}(\mathbf{r}')$，利用微电流源磁场叠加可计算空间任意一点 $\mathbf{r}$ 处的磁场强度矢量 $\mathbf{B}(\mathbf{r})$，有

$$\mathbf{B}=\frac{\mu_0}{4\pi}\iiint_{(V)}\frac{\mathbf{J}_{\rm V}(\mathbf{r}')\times\mathbf{R}}{R^3}\mathrm{d}V' \tag{1-271}$$

式中，R 为距离矢量 $\mathbf{R}$ 的大小；$\mathbf{r}'$ 为源点位置矢量，而 $\mathbf{r}$ 为场点位置矢量。

利用关系式（1-264），式（1-271）可化简为

$$\mathbf{B}(\mathbf{r})=\nabla\times\left(\frac{\mu_0}{4\pi}\iiint_{(V)}\frac{\mathbf{J}_{\rm V}(\mathbf{r}')}{R}\mathrm{d}V'\right) \tag{1-272}$$

式中，旋度内的表达式就是磁矢量位 $\mathbf{A}(\mathbf{r})$，即

$$\mathbf{A}(\mathbf{r})=\frac{\mu_0}{4\pi}\iiint_{(V)}\frac{\mathbf{J}_{\rm V}(\mathbf{r}')}{R}\mathrm{d}V' \tag{1-273}$$

两者之间满足关系

$$\mathbf{B} = \nabla \times \mathbf{A} \tag{1-274}$$

在国际单位制中，**A** 的单位为韦伯/米（Wb/m）。

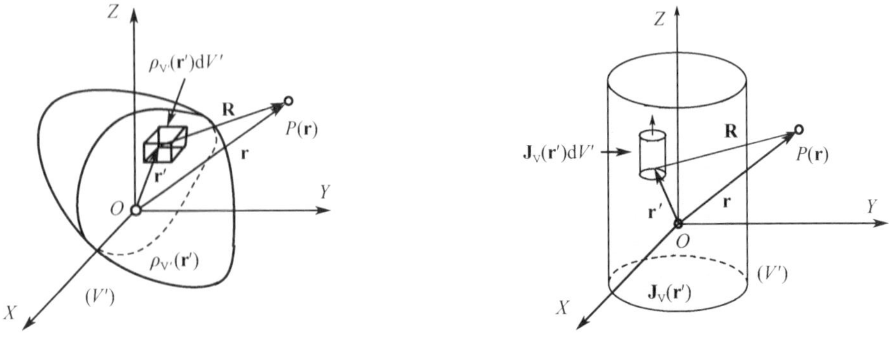

（a）体电荷分布　　（b）体电流分布

图 1-11　静电场和恒定电流磁场的计算

另一方面，由麦克斯韦方程（1-5），可得恒定电流磁场的基本方程

$$\nabla \times \mathbf{H}(\mathbf{r}) = \mathbf{J}_V \tag{1-275}$$

在各向同性线性均匀介质的情况下，将式（1-99）代入式（1-274），然后代入式（1-275），得到磁矢量位 **A** 所满足的方程为

$$\nabla \times (\nabla \times \mathbf{A}) = \mu \mathbf{J}_V \tag{1-276}$$

利用矢量恒等式（1-173），有

$$\nabla(\nabla \cdot \mathbf{A}) - \nabla^2 \mathbf{A} = \mu \mathbf{J}_V \tag{1-277}$$

矢量微分方程（1-277）的特解应该与式（1-273）相同，所以在方程（1-277）中，令

$$\nabla \cdot \mathbf{A} = 0 \tag{1-278}$$

方程（1-277）化简为

$$\nabla^2 \mathbf{A} = -\mu \mathbf{J}_V \tag{1-279}$$

这就是磁矢量位满足的矢量泊松方程，其特解为式（1-273）。约定条件式（1-278）就是库仑规范，这种约定具有物理上的实际意义。

1.6.2　有源均匀各向同性线性理想介质中的位函数波动方程

1.6.1 节引入的电标量位 $u(\mathbf{r})$ 和磁矢量位 $\mathbf{A}(\mathbf{r})$，可用于间接计算电场强度矢量 $\mathbf{E}(\mathbf{r})$ 和磁场强度矢量 $\mathbf{B}(\mathbf{r})$，两者之间没有直接的关系。在时变电磁场的情况下，同样可以引入电标量位 $u(\mathbf{r};t)$ 和磁矢量位 $\mathbf{A}(\mathbf{r};t)$。由于电场强度矢量 $\mathbf{E}(\mathbf{r};t)$ 和磁场强度矢量 $\mathbf{B}(\mathbf{r};t)$ 同时存在，电标量位 $u(\mathbf{r};t)$ 和磁矢量位 $\mathbf{A}(\mathbf{r};t)$ 也必然存在关系，称这种关系为洛伦兹规范。

将式（1-274）代入麦克斯韦方程（1-256），有

$$\nabla \times \left(\mathbf{E} + \frac{\partial \mathbf{A}}{\partial t} \right) = 0 \tag{1-280}$$

由于梯度的旋度恒为零［见式（1-270）］，无旋场可表示为一标量函数 $u(\mathbf{r};t)$ 的负梯度，有

$$-\nabla u = \mathbf{E} + \frac{\partial \mathbf{A}}{\partial t} \tag{1-281}$$

即

$$\mathbf{E} = -\nabla u - \frac{\partial \mathbf{A}}{\partial t} \tag{1-282}$$

式中，$u(\mathbf{r};t)$ 是标量电位，$\mathbf{A}(\mathbf{r};t)$ 是磁矢量位。引入位函数后，求解描述电磁场的六个场分量函数 $E_x(\mathbf{r};t)$、$E_y(\mathbf{r};t)$、$E_z(\mathbf{r};t)$、$B_x(\mathbf{r};t)$、$B_y(\mathbf{r};t)$、$B_z(\mathbf{r};t)$ 缩减为求解四个位函数 $u(\mathbf{r};t)$ 和 $A_x(\mathbf{r};t)$、$A_y(\mathbf{r};t)$、$A_z(\mathbf{r};t)$，使求解过程得以化简，且位函数满足的方程也更为简单。

在有源各向同性均匀线性理想介质的情况下，将式（1-274）和式（1-282）代入麦克斯韦方程（1-255），并利用式（1-99）有

$$\nabla \times \nabla \times \mathbf{A} = \mu \mathbf{J}_\text{V} + \mu\varepsilon \frac{\partial}{\partial t}\left(-\nabla u - \frac{\partial \mathbf{A}}{\partial t}\right) \tag{1-283}$$

利用矢量恒等式（1-173），得到

$$\nabla^2 \mathbf{A} - \mu\varepsilon \frac{\partial^2 \mathbf{A}}{\partial t^2} = -\mu \mathbf{J}_\text{V} + \nabla\left(\nabla \cdot \mathbf{A} + \mu\varepsilon \frac{\partial u}{\partial t}\right) \tag{1-284}$$

如果对 $\mathbf{A}(\mathbf{r};t)$ 和 $u(\mathbf{r};t)$ 做如下变换：

$$\begin{cases} \mathbf{A} \to \mathbf{A}' = \mathbf{A} + \nabla U \\ u \to u' = u - \dfrac{\partial U}{\partial t} \end{cases} \tag{1-285}$$

则变换后，新的位函数 $\mathbf{A}'(\mathbf{r};t)$ 和 $u'(\mathbf{r};t)$ 描述的场为

$$\mathbf{B}' = \nabla \times \mathbf{A}' = \nabla \times (\mathbf{A} + \nabla U) = \nabla \times \mathbf{A} = \mathbf{B} \tag{1-286}$$

$$\mathbf{E}' = -\nabla u' - \frac{\partial \mathbf{A}'}{\partial t} = -\nabla u - \frac{\partial \mathbf{A}}{\partial t} = \mathbf{E} \tag{1-287}$$

显然，变换后的场与原来的场相等，这种特性被称为规范不变性，式（1-285）被称为规范变换。规范变换说明对于场 $\mathbf{B}(\mathbf{r};t)$ 和 $\mathbf{E}(\mathbf{r};t)$，用于表示 $\mathbf{B}(\mathbf{r};t)$ 和 $\mathbf{E}(\mathbf{r};t)$ 的位函数 $\mathbf{A}(\mathbf{r};t)$ 和 $u(\mathbf{r};t)$ 并不是唯一确定的，这就为按需要选择位函数提供了可能性。

但是，利用位函数 $\mathbf{A}(\mathbf{r};t)$ 和 $u(\mathbf{r};t)$ 求解有源均匀各向同性线性理想介质中的磁场 $\mathbf{B}(\mathbf{r};t)$ 和电场 $\mathbf{E}(\mathbf{r};t)$，要使 $\mathbf{A}(\mathbf{r};t)$ 与 $\mathbf{A}(\mathbf{r})$ 具有相同形式［见式（1-273）］，且 $u(\mathbf{r};t)$ 与 $u(\mathbf{r})$ 具有相同形式［见式（1-266）］，那么这种选择又是唯一的，即

$$\nabla \cdot \mathbf{A} + \mu\varepsilon \frac{\partial u}{\partial t} = 0 \tag{1-288}$$

这就是洛伦兹规范条件。

在洛伦兹规范条件下，有源均匀各向同性线性理想介质中的位函数波动方程（1-284）化简为

$$\nabla^2 \mathbf{A} - \mu\varepsilon \frac{\partial^2 \mathbf{A}}{\partial t^2} = -\mu \mathbf{J}_\text{V} \tag{1-289}$$

将式（1-282）代入麦克斯韦方程（1-258），并利用式（1-98），有

$$\nabla \cdot \mathbf{D} = \varepsilon \nabla \cdot \mathbf{E} = \varepsilon \nabla \cdot \left(-\nabla u - \frac{\partial \mathbf{A}}{\partial t}\right) = -\varepsilon \nabla^2 u - \varepsilon \frac{\partial (\nabla \cdot \mathbf{A})}{\partial t} = \rho_\text{V} \tag{1-290}$$

再利用洛伦兹规范条件式（1-288），得到

$$\nabla^2 u - \mu\varepsilon \frac{\partial^2 u}{\partial t^2} = -\frac{\rho_\text{V}}{\varepsilon} \tag{1-291}$$

式（1-289）和式（1-291）就是在洛伦兹规范条件下得到的有源均匀各向同性线性理想

介质中的位函数波动方程，与磁场强度矢量波动方程（1-261）和电场强度矢量波动方程（1-262）相比较，位函数波动方程的求解要简单得多。

在已知源 $\mathbf{J}_{\mathrm{V}}(\mathbf{r};t)$ 和 $\rho_{\mathrm{V}}(\mathbf{r};t)$ 分布的情况下，根据场的叠加性原理，可得位函数波动方程（1-289）和方程（1-291）的特解分别为

$$\mathbf{A}(\mathbf{r};t)=\frac{\mu}{4\pi}\iiint_{(V)}\frac{\mathbf{J}_{\mathrm{V}}\left(\mathbf{r}';t-\dfrac{R}{\upsilon}\right)}{R}\mathrm{d}V' \tag{1-292}$$

和

$$u(\mathbf{r};t)=\frac{1}{4\pi\varepsilon}\iiint_{(V)}\frac{\rho\left(\mathbf{r}';t-\dfrac{R}{\upsilon}\right)}{R}\mathrm{d}V' \tag{1-293}$$

式中，R 为源点到场点距离矢量 $\mathbf{R}$ 的大小，υ 为电磁波传播的速度。显然，式（1-292）具有和式（1-273）相同的形式，而式（1-293）具有和式（1-266）相同的形式，这就是洛伦兹规范条件选择的必然依据。

与位函数波动方程（1-289）和方程（1-291）相对应的齐次波动方程为

$$\nabla^2\mathbf{A}-\mu\varepsilon\frac{\partial^2\mathbf{A}}{\partial t^2}=0 \tag{1-294}$$

$$\nabla^2 u-\mu\varepsilon\frac{\partial^2 u}{\partial t^2}=0 \tag{1-295}$$

特解式（1-292）与磁矢量位方程（1-294）的齐次解构成方程（1-289）的通解，特解式（1-293）与电标量位方程（1-295）的齐次解构成方程（1-291）的通解。

将规范变换式（1-285）代入洛伦兹规范条件式（1-288），有

$$\nabla\cdot\mathbf{A}'+\mu\varepsilon\frac{\partial u'}{\partial t}-\left(\nabla^2 U-\mu\varepsilon\frac{\partial^2 U}{\partial t^2}\right)=0 \tag{1-296}$$

如果选择 U 满足

$$\nabla^2 U-\mu\varepsilon\frac{\partial^2 U}{\partial t^2}=0 \tag{1-297}$$

显然，规范变换后的磁矢量位 $\mathbf{A}'(\mathbf{r};t)$ 和电标量位 $u'(\mathbf{r};t)$ 也满足洛伦兹变换关系。所以变换关系式（1-285）和齐次方程（1-297）是洛伦兹变换的另一种形式。

引入磁矢量位 $\mathbf{A}(\mathbf{r};t)$ 后，磁场强度矢量 $\mathbf{B}(\mathbf{r};t)$ 可表示为磁矢量位 $\mathbf{A}(\mathbf{r};t)$ 的旋度［见式（1-274）］。实际上，规范变换选择合适的 $U(\mathbf{r};t)$，电场强度矢量 $\mathbf{E}(\mathbf{r};t)$ 也可由磁矢量位 $\mathbf{A}(\mathbf{r};t)$ 表示。在无源区域，电标量位满足齐次方程（1-295），而洛伦兹变换标量函数 $U(\mathbf{r};t)$ 满足齐次方程（1-297），两方程具有相同的形式。不妨选择 $U(\mathbf{r};t)$ 为

$$\frac{\partial U}{\partial t}=u \tag{1-298}$$

则标量电位

$$u'(\mathbf{r};t)=0 \tag{1-299}$$

也即可取 $u(\mathbf{r};t)=0$，代入式（1-282），有

$$\mathbf{E}=-\frac{\partial\mathbf{A}}{\partial t} \tag{1-300}$$

将 $u(\mathbf{r};t)=0$ 代入洛伦兹规范条件式（1-288），有 $\nabla\cdot\mathbf{A}=0$，表明在无源区域磁矢量位的散度为零，符合库仑规范条件。

在数学物理方法中，位函数波动方程（1-289）和方程（1-291）被称为达朗贝尔方程。与式（1-261）和式（1-262）相比较，两个位函数方程相互独立，$\mathbf{A}(\mathbf{r};t)$ 仅与电流体密度 $\mathbf{J}_{\mathrm{V}}(\mathbf{r};t)$ 有关，而 $u(\mathbf{r};t)$ 仅与电荷体密度 $\rho_{\mathrm{V}}(\mathbf{r};t)$ 有关，且两个位函数波动方程的形式完全相同，从而使计算大为简化。将式（1-292）和式（1-293）代入式（1-288），不难验证，解 $u(\mathbf{r};t)$ 和 $\mathbf{A}(\mathbf{r};t)$ 满足洛伦兹规范条件。如果将式（1-292）和式（1-293）代入式（1-282）和式（1-274），就可得到电场强度矢量 $\mathbf{E}(\mathbf{r};t)$ 和磁场强度矢量 $\mathbf{B}(\mathbf{r};t)$，即

$$\begin{cases}\mathbf{E}=-\nabla u-\dfrac{\partial \mathbf{A}}{\partial t}\\ \mathbf{B}=\nabla\times\mathbf{A}\end{cases}\tag{1-301}$$

位函数波动方程的特解式（1-292）和式（1-293）的重要意义还在于电磁波传播具有一定的传播速度 υ。由式（1-292）和式（1-293）可以看出，空间点 $\mathbf{r}$ 在某时刻 t 的场值不是依赖于同一时刻的电荷电流分布，而是取决于较早时刻 $t-R/\upsilon$ 的电荷电流分布。反过来讲，就是电荷电流产生的电磁波不是立即传至观察点，而是滞后（推迟）R/υ 的时间，υ 是电磁波在介质中的传播速度。所以特解式（1-292）和式（1-293）也称为滞后位或推迟势。

1.6.3　赫兹矢量位及位函数波动方程

引入磁矢量位 $\mathbf{A}(\mathbf{r};t)$ 和电标量位 $u(\mathbf{r};t)$，在洛伦兹规范条件下简化了有源均匀各向同性线性理想介质中电磁场问题的求解。但针对不同实际电磁场求解问题，还可以引入其他形式的位函数，最常用的就是赫兹矢量位。

当真空中的麦克斯韦方程（1-164）中仅包含电性源 $\mathbf{J}_{\mathrm{V_{be}}}$ 时，有

$$\begin{cases}\nabla\times\dfrac{\mathbf{B}}{\mu_0}=\mathbf{J}_{\mathrm{V_{be}}}+\varepsilon_0\dfrac{\partial\mathbf{E}}{\partial t} & (1\text{-}302)\\ \nabla\times\mathbf{E}=-\dfrac{\partial\mathbf{B}}{\partial t} & (1\text{-}303)\\ \nabla\cdot\mathbf{B}=0 & (1\text{-}304)\\ \nabla\cdot(\varepsilon_0\mathbf{E})=\rho_{\mathrm{V_b}} & (1\text{-}305)\end{cases}$$

将式（1-274）代入式（1-302），并利用式（1-282）有

$$\nabla\times\nabla\times\mathbf{A}=\mu_0\mathbf{J}_{\mathrm{V_{be}}}+\mu_0\varepsilon_0\frac{\partial}{\partial t}\left(-\nabla u-\frac{\partial\mathbf{A}}{\partial t}\right)\tag{1-306}$$

利用矢量恒等式（1-173），得到

$$\nabla^2\mathbf{A}-\mu_0\varepsilon_0\frac{\partial^2\mathbf{A}}{\partial t^2}=-\mu_0\mathbf{J}_{\mathrm{V_{be}}}+\nabla\left(\nabla\cdot\mathbf{A}+\mu_0\varepsilon_0\frac{\partial u}{\partial t}\right)\tag{1-307}$$

在洛伦兹规范条件［式（1-288）］下，得到

$$\nabla^2\mathbf{A}-\mu_0\varepsilon_0\frac{\partial^2\mathbf{A}}{\partial t^2}=-\mu_0\mathbf{J}_{\mathrm{V_{be}}}\tag{1-308}$$

这就是电性源 $\mathbf{J}_{\mathrm{V_{be}}}$ 产生的磁矢量位满足的非齐次波动方程。由于描述介质极化特性的物理量是极化强度矢量 $\mathbf{P}(\mathbf{r};t)$，而不是极化束缚电流密度 $\mathbf{J}_{\mathrm{V_{be}}}(\mathbf{r};t)$，因此需要进一步简化。

在时变电磁场的情况下，$\mathbf{P}(\mathbf{r};t)$ 和 $\rho_{\mathrm{V_b}}(\mathbf{r};t)$ 仍然满足式（1-49），即

$$\rho_{V_b}(\mathbf{r};t) = -\nabla \cdot \mathbf{P}(\mathbf{r};t) \tag{1-309}$$

束缚电荷体密度 $\rho_{V_b}(\mathbf{r};t)$ 和束缚电流体密度 $\mathbf{J}_{V_{be}}(\mathbf{r};t)$ 同样满足电流连续性方程（1-92），有

$$\nabla \cdot \mathbf{J}_{V_{be}}(\mathbf{r};t) = -\frac{\partial \rho_{V_b}(\mathbf{r};t)}{\partial t} \tag{1-310}$$

将式（1-309）代入式（1-310），有

$$\nabla \cdot \mathbf{J}_{V_{be}}(\mathbf{r};t) = \nabla \cdot \frac{\partial \mathbf{P}(\mathbf{r};t)}{\partial t} \tag{1-311}$$

由此得到

$$\mathbf{J}_{V_{be}}(\mathbf{r};t) = \frac{\partial \mathbf{P}(\mathbf{r};t)}{\partial t} \tag{1-312}$$

这就是极化强度矢量 $\mathbf{P}(\mathbf{r};t)$ 与束缚电流体密度 $\mathbf{J}_{V_{be}}(\mathbf{r};t)$ 之间的关系。

将式（1-312）代入式（1-308），得到

$$\nabla^2 \mathbf{A} - \mu_0 \varepsilon_0 \frac{\partial^2 \mathbf{A}}{\partial t^2} = -\mu_0 \frac{\partial \mathbf{P}}{\partial t} \tag{1-313}$$

该方程是极化强度矢量 $\mathbf{P}(\mathbf{r};t)$ 与磁矢量位 $\mathbf{A}(\mathbf{r};t)$ 相关的非齐次波动方程。由于该方程右边项是 $\mathbf{P}(\mathbf{r};t)$ 随时间的一阶偏导数，给方程求解带来不便，为此需要引入一个新的位函数 $\mathbf{\Pi}_e(\mathbf{r};t)$，称为电赫兹矢量位，它与磁矢量位 $\mathbf{A}(\mathbf{r};t)$ 的关系定义为

$$\mathbf{A} = \mu_0 \varepsilon_0 \frac{\partial \mathbf{\Pi}_e}{\partial t} \tag{1-314}$$

将式（1-314）代入式（1-313），整理可得

$$\frac{\partial}{\partial t}\left[\nabla^2 \mathbf{\Pi}_e - \mu_0 \varepsilon_0 \frac{\partial^2 \mathbf{\Pi}_e}{\partial t^2}\right] = \frac{\partial}{\partial t}\left[-\frac{\mathbf{P}}{\varepsilon_0}\right] \tag{1-315}$$

由此可得

$$\nabla^2 \mathbf{\Pi}_e - \mu_0 \varepsilon_0 \frac{\partial^2 \mathbf{\Pi}_e}{\partial t^2} = -\frac{\mathbf{P}}{\varepsilon_0} \tag{1-316}$$

这就是电赫兹矢量位 $\mathbf{\Pi}_e$ 所满足的非齐次波动方程。

将式（1-314）代入洛伦兹规范条件式（1-288），可得电标量位为

$$u = -\nabla \mathbf{\Pi}_e \tag{1-317}$$

将磁矢量位式（1-314）和电标量位式（1-317）代入式（1-301），可得电场强度矢量 $\mathbf{E}$ 和磁通密度矢量 $\mathbf{B}$ 与电赫兹矢量位 $\mathbf{\Pi}_e$ 的关系为

$$\begin{cases} \mathbf{E} = \nabla(\nabla \cdot \mathbf{\Pi}_e) - \mu_0 \varepsilon_0 \dfrac{\partial^2 \mathbf{\Pi}_e}{\partial t^2} & (1\text{-}318) \\ \mathbf{B} = \mu_0 \varepsilon_0 \nabla \times \dfrac{\partial \mathbf{\Pi}_e}{\partial t} & (1\text{-}319) \end{cases}$$

求解 $\mathbf{\Pi}_e$ 所满足的波动方程（1-316），得到 $\mathbf{\Pi}_e$，然后代入式（1-318）和式（1-319）中，就可得到电场强度矢量 $\mathbf{E}$ 和磁通密度矢量 $\mathbf{B}$。

当真空中的麦克斯韦方程（1-164）中仅包含磁性源 $\mathbf{J}_{V_{bm}}(\mathbf{r};t)$ 时，同样可得到磁矢量位 $\mathbf{A}$ 所满足的波动方程为

$$\nabla^2 \mathbf{A} - \mu_0 \varepsilon_0 \frac{\partial^2 \mathbf{A}}{\partial t^2} = -\mu_0 \mathbf{J}_{V_{bm}} \tag{1-320}$$

在时变电磁场的情况下，磁化电流体密度矢量 $\mathbf{J}_{V_{bm}}(\mathbf{r};t)$ 与描述介质磁化特性的物理量磁化强度矢量 $\mathbf{M}(\mathbf{r};t)$ 仍然满足式（1-84），即

$$\mathbf{J}_{V_{bm}}(\mathbf{r};t)=\nabla\times\mathbf{M}(\mathbf{r};t) \tag{1-321}$$

代入式（1-320），得到

$$\nabla^2\mathbf{A}-\mu_0\varepsilon_0\frac{\partial^2\mathbf{A}}{\partial t^2}=-\mu_0\nabla\times\mathbf{M} \tag{1-322}$$

这就是磁化强度矢量 $\mathbf{M}(\mathbf{r};t)$ 与磁矢量位 $\mathbf{A}(\mathbf{r};t)$ 相关的非齐次波动方程。该方程右边项是关于 $\mathbf{M}(\mathbf{r};t)$ 的旋度，给方程求解带来不便，为此需要引入一个新的位函数 $\boldsymbol{\Pi}_{\mathrm{m}}(\mathbf{r};t)$，称为磁赫兹矢量位，它与磁矢量位 $\mathbf{A}(\mathbf{r};t)$ 的关系定义为

$$\mathbf{A}=\mu_0\nabla\times\boldsymbol{\Pi}_{\mathrm{m}} \tag{1-323}$$

代入式（1-322），得到

$$\nabla^2\boldsymbol{\Pi}_{\mathrm{m}}-\mu_0\varepsilon_0\frac{\partial^2\boldsymbol{\Pi}_{\mathrm{m}}}{\partial t^2}=-\mathbf{M} \tag{1-324}$$

该式就是磁赫兹矢量位 $\boldsymbol{\Pi}_{\mathrm{m}}$ 所满足的非齐次波动方程。

由于旋度的散度恒为零，由式（1-323）可知，磁矢量位 $\mathbf{A}$ 满足库仑规范 $\nabla\cdot\mathbf{A}=0$。又由洛伦兹规范条件式（1-288），可得

$$\frac{\partial u}{\partial t}=0 \tag{1-325}$$

积分可得

$$u(\mathbf{r};t)=C\text{（常数）} \tag{1-326}$$

将式（1-323）和式（1-326）代入式（1-301），得到电场强度矢量 $\mathbf{E}$ 和磁通密度矢量 $\mathbf{B}$ 与磁赫兹矢量位 $\boldsymbol{\Pi}_{\mathrm{m}}$ 的关系为

$$\begin{cases}\mathbf{E}=-\mu_0\nabla\times\dfrac{\partial\boldsymbol{\Pi}_{\mathrm{m}}}{\partial t} & (1\text{-}327)\\ \mathbf{B}=\mu_0\nabla\times\nabla\times\boldsymbol{\Pi}_{\mathrm{m}} & (1\text{-}328)\end{cases}$$

在极化和磁化同时存在的情况下，真空中的麦克斯韦方程（1-164）既包含电性源项 $\mathbf{J}_{V_{be}}$，也包含磁性源项 $\mathbf{J}_{V_{bm}}$。由于麦克斯韦方程是一阶线性方程，可将磁矢量位 $\mathbf{A}$ 分解为电性源产生的磁矢量位和磁性源产生的磁矢量位的叠加，由此可得磁矢量位 $\mathbf{A}$ 为式（1-314）和式（1-323）的叠加，即

$$\mathbf{A}=\mu_0\varepsilon_0\frac{\partial\boldsymbol{\Pi}_{\mathrm{e}}}{\partial t}+\mu_0\nabla\times\boldsymbol{\Pi}_{\mathrm{m}} \tag{1-329}$$

电场强度矢量 $\mathbf{E}$ 为式（1-318）和式（1-327）的叠加，而磁通密度矢量 $\mathbf{B}$ 为式（1-319）和式（1-328）的叠加，即

$$\begin{cases}\mathbf{E}=\nabla(\nabla\cdot\boldsymbol{\Pi}_{\mathrm{e}})-\mu_0\varepsilon_0\dfrac{\partial^2\boldsymbol{\Pi}_{\mathrm{e}}}{\partial t^2}-\mu_0\nabla\times\dfrac{\partial\boldsymbol{\Pi}_{\mathrm{m}}}{\partial t} & (1\text{-}330)\\ \mathbf{B}=\mu_0\varepsilon_0\nabla\times\dfrac{\partial\boldsymbol{\Pi}_{\mathrm{e}}}{\partial t}+\mu_0\nabla\times\nabla\times\boldsymbol{\Pi}_{\mathrm{m}} & (1\text{-}331)\end{cases}$$

在时谐情况下，场量可写成复振幅与时间因子 $\mathrm{e}^{\mathrm{j}\omega t}$ 的乘积，即

$$\mathbf{P}=\tilde{\mathbf{P}}\mathrm{e}^{\mathrm{j}\omega t},\quad \mathbf{M}=\tilde{\mathbf{M}}\mathrm{e}^{\mathrm{j}\omega t},\quad \tilde{\mathbf{A}}=\tilde{\mathbf{A}}\mathrm{e}^{\mathrm{j}\omega t},\quad \boldsymbol{\Pi}_{\mathrm{e}}=\tilde{\boldsymbol{\Pi}}_{\mathrm{e}}\mathrm{e}^{\mathrm{j}\omega t},\quad \boldsymbol{\Pi}_{\mathrm{m}}=\tilde{\boldsymbol{\Pi}}_{\mathrm{m}}\mathrm{e}^{\mathrm{j}\omega t} \tag{1-332}$$

将式（1-332）代入式（1-316）和式（1-324），有

$$\nabla^2\tilde{\mathbf{\Pi}}_{\mathrm{e}}+k_0^2\tilde{\mathbf{\Pi}}_{\mathrm{e}}=-\frac{\tilde{\mathbf{P}}}{\varepsilon_0} \tag{1-333}$$

$$\nabla^2\tilde{\mathbf{\Pi}}_{\mathrm{m}}+k_0^2\tilde{\mathbf{\Pi}}_{\mathrm{m}}=-\tilde{\mathbf{M}} \tag{1-334}$$

式中，$k_0=\omega/c$ 为真空中的波数；$\tilde{\mathbf{P}}$ 和 $\tilde{\mathbf{M}}$ 分别为电极化强度矢量 $\mathbf{P}$ 和磁化强度矢量 $\mathbf{M}$ 对应的复振幅；$\tilde{\mathbf{\Pi}}_{\mathrm{e}}$ 和 $\tilde{\mathbf{\Pi}}_{\mathrm{m}}$ 分别为电赫兹矢量位 $\mathbf{\Pi}_{\mathrm{e}}$ 和磁赫兹矢量位 $\mathbf{\Pi}_{\mathrm{m}}$ 对应的复振幅。

将式（1-332）代入式（1-329），有

$$\tilde{\mathbf{A}}=\mathrm{j}\omega\mu_0\varepsilon_0\tilde{\mathbf{\Pi}}_{\mathrm{e}}+\mu_0\nabla\times\tilde{\mathbf{\Pi}}_{\mathrm{m}} \tag{1-335}$$

将式（1-332）代入式（1-330）和式（1-331），有

$$\begin{cases}\tilde{\mathbf{E}}=\nabla(\nabla\cdot\tilde{\mathbf{\Pi}}_{\mathrm{e}})+k_0^2\tilde{\mathbf{\Pi}}_{\mathrm{e}}-\mathrm{j}\omega\mu_0\nabla\times\tilde{\mathbf{\Pi}}_{\mathrm{m}} & (1\text{-}336)\\ \tilde{\mathbf{B}}=\mathrm{j}\omega\mu_0\varepsilon_0\nabla\times\tilde{\mathbf{\Pi}}_{\mathrm{e}}+\mu_0\nabla\times\nabla\times\tilde{\mathbf{\Pi}}_{\mathrm{m}} & (1\text{-}337)\end{cases}$$

式中，$\tilde{\mathbf{A}}$ 为磁矢量位 $\mathbf{A}$ 对应的复振幅。

1.6.4 德拜位及位函数波动方程

如果在无源区域求解方程（1-333）和方程（1-334），$\tilde{\mathbf{P}}=0$，$\tilde{\mathbf{M}}=0$，则电赫兹矢量位 $\tilde{\mathbf{\Pi}}_{\mathrm{e}}$ 和磁赫兹矢量位 $\tilde{\mathbf{\Pi}}_{\mathrm{m}}$ 满足矢量齐次亥姆霍兹方程

$$\nabla^2\tilde{\mathbf{\Pi}}_{\mathrm{e}}+k_0^2\tilde{\mathbf{\Pi}}_{\mathrm{e}}=0 \tag{1-338}$$

和

$$\nabla^2\tilde{\mathbf{\Pi}}_{\mathrm{m}}+k_0^2\tilde{\mathbf{\Pi}}_{\mathrm{m}}=0 \tag{1-339}$$

在无源区域，式（1-336）也可以化简。利用矢量恒等式（1-173），式（1-336）中的 $\nabla(\nabla\cdot\tilde{\mathbf{\Pi}}_{\mathrm{e}})$ 项可表示为

$$\nabla(\nabla\cdot\tilde{\mathbf{\Pi}}_{\mathrm{e}})=\nabla\times\nabla\times\tilde{\mathbf{\Pi}}_{\mathrm{e}}+\nabla^2\tilde{\mathbf{\Pi}}_{\mathrm{e}} \tag{1-340}$$

代入式（1-336），有

$$\tilde{\mathbf{E}}=\nabla\times\nabla\times\tilde{\mathbf{\Pi}}_{\mathrm{e}}+\nabla^2\tilde{\mathbf{\Pi}}_{\mathrm{e}}+k_0^2\tilde{\mathbf{\Pi}}_{\mathrm{e}}-\mathrm{j}\omega\mu_0\nabla\times\tilde{\mathbf{\Pi}}_{\mathrm{m}} \tag{1-341}$$

利用式（1-338），式（1-341）可化简为

$$\tilde{\mathbf{E}}=\nabla\times\nabla\times\tilde{\mathbf{\Pi}}_{\mathrm{e}}-\mathrm{j}\omega\mu_0\nabla\times\tilde{\mathbf{\Pi}}_{\mathrm{m}} \tag{1-342}$$

式（1-342）和式（1-337）就是在无源区域用电赫兹矢量位 $\tilde{\mathbf{\Pi}}_{\mathrm{e}}$ 和磁赫兹矢量位 $\tilde{\mathbf{\Pi}}_{\mathrm{m}}$ 计算电场强度复振幅矢量 $\tilde{\mathbf{E}}$ 和磁通密度复振幅矢量 $\tilde{\mathbf{B}}$ 的表达式。如果用磁场强度复振幅矢量 $\tilde{\mathbf{H}}$ 表示，则式（1-337）化简为

$$\tilde{\mathbf{H}}=\mathrm{j}\omega\varepsilon_0\nabla\times\tilde{\mathbf{\Pi}}_{\mathrm{e}}+\nabla\times\nabla\times\tilde{\mathbf{\Pi}}_{\mathrm{m}} \tag{1-343}$$

利用式（1-173）和齐次方程（1-339），无源区域磁场强度复振幅矢量 $\tilde{\mathbf{H}}$ 又可以表示为

$$\tilde{\mathbf{H}}=\mathrm{j}\omega\varepsilon_0\nabla\times\tilde{\mathbf{\Pi}}_{\mathrm{e}}+\nabla(\nabla\cdot\tilde{\mathbf{\Pi}}_{\mathrm{m}})+k_0^2\tilde{\mathbf{\Pi}}_{\mathrm{m}} \tag{1-344}$$

为了使用方便起见，无源区域电场强度复振幅矢量 $\tilde{\mathbf{E}}$ 和磁场强度复振幅矢量 $\tilde{\mathbf{H}}$ 的两组表达式重写如下：

$$\begin{cases}\tilde{\mathbf{E}}=\nabla\times\nabla\times\tilde{\mathbf{\Pi}}_{\mathrm{e}}-\mathrm{j}\omega\mu_0\nabla\times\tilde{\mathbf{\Pi}}_{\mathrm{m}}\\ \tilde{\mathbf{H}}=\mathrm{j}\omega\varepsilon_0\nabla\times\tilde{\mathbf{\Pi}}_{\mathrm{e}}+\nabla\times\nabla\times\tilde{\mathbf{\Pi}}_{\mathrm{m}}\end{cases} \tag{1-345}$$

$$\begin{cases}\tilde{\mathbf{E}}=\nabla(\nabla\cdot\tilde{\mathbf{\Pi}}_{\mathrm{e}})+k_0^2\tilde{\mathbf{\Pi}}_{\mathrm{e}}-\mathrm{j}\omega\mu_0\nabla\times\tilde{\mathbf{\Pi}}_{\mathrm{m}}\\ \tilde{\mathbf{H}}=\mathrm{j}\omega\varepsilon_0\nabla\times\tilde{\mathbf{\Pi}}_{\mathrm{e}}+\nabla(\nabla\cdot\tilde{\mathbf{\Pi}}_{\mathrm{m}})+k_0^2\tilde{\mathbf{\Pi}}_{\mathrm{m}}\end{cases} \tag{1-346}$$

在球坐标系下求解亥姆霍兹方程（1-338）和方程（1-339），由于基矢量 $\{\mathbf{e}_r,\mathbf{e}_\theta,\mathbf{e}_\varphi\}$ 随空间坐标点变化，因此在球坐标系下赫兹矢量位 $\tilde{\mathbf{\Pi}}_{\rm e}$ 和 $\tilde{\mathbf{\Pi}}_{\rm m}$ 的分量 $\{\tilde{\Pi}_{er},\tilde{\Pi}_{e\theta},\tilde{\Pi}_{e\varphi}\}$ 和 $\{\tilde{\Pi}_{mr},\tilde{\Pi}_{m\theta},\tilde{\Pi}_{m\varphi}\}$ 均不满足标量齐次亥姆霍兹方程。但在赫兹矢量位 $\tilde{\mathbf{\Pi}}_{\rm e}$ 和 $\tilde{\mathbf{\Pi}}_{\rm m}$ 仅有 $\mathbf{e}_r$ 分量的情况下，即取[10,11]

$$\begin{cases}\tilde{\mathbf{\Pi}}_{\rm e}=\tilde{\Pi}_{er}\mathbf{e}_r\\ \tilde{\mathbf{\Pi}}_{\rm m}=\tilde{\Pi}_{mr}\mathbf{e}_r\end{cases}\tag{1-347}$$

将式（1-347）代入式（1-346），然后将球坐标系下电场强度复振幅矢量 $\tilde{\mathbf{E}}$ 和磁场强度复振幅矢量 $\tilde{\mathbf{H}}$ 的分量 $\{\tilde{E}_r,\tilde{E}_\theta,\tilde{E}_\varphi\}$ 和 $\{\tilde{H}_r,\tilde{H}_\theta,\tilde{H}_\varphi\}$ 代入无源区域电场强度复振幅矢量 $\tilde{\mathbf{E}}$ 和磁场强度复振幅矢量 $\tilde{\mathbf{H}}$ 之间的关系

$$\begin{cases}\nabla\times\tilde{\mathbf{H}}=\mathrm{j}\omega\varepsilon_0\tilde{\mathbf{E}}\\ \nabla\times\tilde{\mathbf{E}}=-\mathrm{j}\omega\mu_0\tilde{\mathbf{H}}\end{cases}\tag{1-348}$$

整理得到，电场强度复振幅矢量 $\tilde{\mathbf{E}}$ 和磁场强度复振幅矢量 $\tilde{\mathbf{H}}$ 可用两个标量函数

$$\Phi_{\rm e}=\frac{\tilde{\Pi}_{er}}{r}\tag{1-349}$$

和

$$\Phi_{\rm m}=\frac{\tilde{\Pi}_{mr}}{r}\tag{1-350}$$

表示。式中，r 为球坐标系下空间点位置矢量的大小；$\Phi_{\rm e}$ 和 $\Phi_{\rm r}$ 满足球坐标系下标量齐次亥姆霍兹方程，即

$$\nabla^2\tilde{\Phi}_{\rm e}+k_0^2\tilde{\Phi}_{\rm e}=0\tag{1-351}$$

$$\nabla^2\tilde{\Phi}_{\rm m}+k_0^2\tilde{\Phi}_{\rm m}=0\tag{1-352}$$

$\Phi_{\rm e}$ 和 $\Phi_{\rm m}$ 分别称为电德拜位和磁德拜位。式（1-351）和式（1-352）就是德拜位满足的标量齐次亥姆霍兹方程。

在球坐标系下求解方程（1-351）和方程（1-352），可得到 $\Phi_{\rm e}$ 和 $\Phi_{\rm m}$，由此得到 $\tilde{\Pi}_{er}$ 和 $\tilde{\Pi}_{mr}$，再代入式（1-346），即可得到 $\tilde{\mathbf{E}}$ 和 $\tilde{\mathbf{H}}$ 在球坐标系下的分量表达式。由此可见，无源区域矢量齐次亥姆霍兹方程（1-338）和方程（1-339）的求解，在赫兹矢量位 $\tilde{\mathbf{\Pi}}_{\rm e}$ 和 $\tilde{\mathbf{\Pi}}_{\rm m}$ 仅有 $\mathbf{e}_r$ 分量的情况下，归结为标量齐次亥姆霍兹方程（1-351）和方程（1-352）的求解。

1.6.5　格林函数

格林函数是一种辅助函数，借助于格林函数可求解标量非齐次常系数线性常微分方程或标量非齐次常系数偏微分方程的解。在数学上，格林函数被定义为，非齐次微分方程的自由项为 δ 函数（也称为冲激函数）时，在一定条件下的解；而在物理上，通常用于描述线性系统的微分方程在一定条件下由点源（δ 函数）产生的响应。对于任意分布函数的非齐次项（源项），其解可通过点源函数的解与非齐次项的卷积积分得到。

1. δ 函数

在三维空间中，δ 函数在数学上被定义为

$$\delta(\mathbf{r}-\mathbf{r}')=\begin{cases}\infty, & \mathbf{r}=\mathbf{r}'\\ 0, & \mathbf{r}\neq\mathbf{r}'\end{cases}\tag{1-353}$$

且

$$\iiint_{(V)} \delta(\mathbf{r}-\mathbf{r}')\mathrm{d}V'=1 \tag{1-354}$$

式中，$\mathbf{r}$ 为场点坐标；$\mathbf{r}'$ 为源点坐标；V 为三维无穷空间。由定义可知，δ 函数在源点 $\mathbf{r}=\mathbf{r}'$ 为无限大，而在源点以外为零；但 δ 函数的体积分为有限值，所以 δ 函数具有空间点分布密度特性，通常称为点分布函数或广义函数。如果把三维 δ 函数看作空间一点的体密度函数，利用 δ 函数就可表达空间点电荷和空间线电流微元的体密度分布。例如，在空间点 $\mathbf{r}'$ 处放置点电荷 q，其电荷体密度可表示为

$$\rho_{\mathrm{V}}(\mathbf{r})=q\delta(\mathbf{r}-\mathbf{r}') \tag{1-355}$$

对于空间点 $\mathbf{r}'$ 处的线电流微元 $I\mathbf{dl}$，其电流体密度矢量可表示为

$$\mathbf{J}_{\mathrm{V}}(\mathbf{r})=I\mathbf{dl}\delta(\mathbf{r}-\mathbf{r}') \tag{1-356}$$

由于三维空间体积微元 $\mathrm{d}V$ 在直角坐标 $\{x,y,z\}$、柱坐标 $\{\rho,\varphi,z\}$ 和球坐标 $\{r,\theta,\varphi\}$ 中分别表示为

$$\mathrm{d}V=\mathrm{d}x\mathrm{d}y\mathrm{d}z \tag{1-357}$$

$$\mathrm{d}V=\rho\mathrm{d}\rho\mathrm{d}\varphi\mathrm{d}z \tag{1-358}$$

$$\mathrm{d}V=r^2\sin\theta\mathrm{d}r\mathrm{d}\theta\mathrm{d}\varphi \tag{1-359}$$

所以，三维 δ 函数在直角坐标、柱坐标和球坐标系下的表达式分别为

$$\delta(\mathbf{r}-\mathbf{r}')=\delta(x-x')\delta(y-y')\delta(z-z') \tag{1-360}$$

$$\delta(\mathbf{r}-\mathbf{r}')=\frac{\delta(\rho-\rho')\delta(\varphi-\varphi')\delta(z-z')}{\rho} \tag{1-361}$$

$$\delta(\mathbf{r}-\mathbf{r}')=\frac{\delta(r-r')\delta(\theta-\theta')\delta(\varphi-\varphi')}{r^2\sin\theta} \tag{1-362}$$

假设在空间存在三维体密度分布函数 $\rho_{\mathrm{V}}(\mathbf{r})$，把点源分布推广到普通源分布，利用 δ 函数的筛选特性

$$\rho_{\mathrm{V}}(\mathbf{r}')\delta(\mathbf{r}-\mathbf{r}')=\rho_{\mathrm{V}}(\mathbf{r})\delta(\mathbf{r}-\mathbf{r}') \tag{1-363}$$

有

$$\iiint_{(V)} \rho_{\mathrm{V}}(\mathbf{r}')\delta(\mathbf{r}-\mathbf{r}')\mathrm{d}V'=\begin{cases}\rho_{\mathrm{V}}(\mathbf{r}), & \text{在源区}V'\text{内} \\ 0, & \text{在源区}V'\text{外}\end{cases} \quad V'\in V \tag{1-364}$$

式（1-364）就是用 δ 函数表达体分布函数 $\rho_{\mathrm{V}}(\mathbf{r})$ 的积分表达式，体现的是 δ 函数的取样特性。

2. 格林函数

若 $G(\mathbf{r},\mathbf{r}')$ 满足下列非齐次标量亥姆霍兹方程：

$$\nabla^2G(\mathbf{r},\mathbf{r}')+k^2G(\mathbf{r},\mathbf{r}')=-\delta(\mathbf{r}-\mathbf{r}') \tag{1-365}$$

式中，k 为常数，$\delta(\mathbf{r}-\mathbf{r}')$ 为三维 δ 函数。则称 $G(\mathbf{r},\mathbf{r}')$ 为对应于方程（1-365）的格林函数，也称为非齐次标量亥姆霍兹方程的格林函数。如果 $k=0$，则方程（1-365）化为标量泊松方程

$$\nabla^2G(\mathbf{r},\mathbf{r}')=-\delta(\mathbf{r}-\mathbf{r}') \tag{1-366}$$

而 $G(\mathbf{r},\mathbf{r}')$ 被称为标量泊松方程的格林函数。

一般情况下，对于任何标量非齐次线性常系数微分方程都可以定义相应的格林函数，仅需要将非齐次项换成 δ 函数即可。现考虑一般标量非齐次线性常系数微分方程

$$Lu(\mathbf{r}) = f(\mathbf{r}) \tag{1-367}$$

式中，L 为线性微分算子；$f(\mathbf{r})$ 为非齐次项，也即源项或激励项；$u(\mathbf{r})$ 为待求微分方程的解。

根据微分方程算子理论，微分方程（1-367）形式上的解可通过令方程两边同乘以微分逆算子 L^{-1} 得到，即

$$u(\mathbf{r}) = L^{-1} f(\mathbf{r}) \tag{1-368}$$

又由式（1-364）可知，任何源项分布函数都可以表示为关于 $\delta(\mathbf{r}-\mathbf{r}')$ 的积分，即

$$f(\mathbf{r}) = \iiint\limits_{(V)} f(\mathbf{r}')\delta(\mathbf{r}-\mathbf{r}')\mathrm{d}V' \tag{1-369}$$

将式（1-369）代入式（1-368）得到

$$\begin{aligned} u(\mathbf{r}) &= L^{-1}\iiint\limits_{(V)} f(\mathbf{r}')\delta(\mathbf{r}-\mathbf{r}')\mathrm{d}V' \\ &= \iiint\limits_{(V)} f(\mathbf{r}')L^{-1}\delta(\mathbf{r}-\mathbf{r}')\mathrm{d}V' \end{aligned} \tag{1-370}$$

而格林函数 $G(\mathbf{r},\mathbf{r}')$ 满足方程

$$LG(\mathbf{r},\mathbf{r}') = \delta(\mathbf{r}-\mathbf{r}') \tag{1-371}$$

有

$$G(\mathbf{r},\mathbf{r}') = L^{-1}\delta(\mathbf{r}-\mathbf{r}') \tag{1-372}$$

将式（1-372）代入式（1-370）得到

$$u(\mathbf{r}) = \iiint\limits_{(V)} f(\mathbf{r}')G(\mathbf{r},\mathbf{r}')\mathrm{d}V' \tag{1-373}$$

式中，$\mathbf{r}'$ 为源点坐标；$\mathbf{r}$ 为场点坐标。式（1-373）表明，对于标量非齐次线性常系数微分方程或标量非齐次线性常系数偏微分方程，可先求对应于点源函数 $\delta(\mathbf{r}-\mathbf{r}')$ 的解的格林函数 $G(\mathbf{r},\mathbf{r}')$，然后利用积分叠加式（1-373），即可得到微分方程的特解。

在直角坐标系下，电标量位波动方程（1-291）、磁矢量位波动方程（1-289）、电赫兹位波动方程（1-333）和磁赫兹位波动方程（1-334）的分量方程均满足非齐次标量亥姆霍兹方程，所以位函数方程的解可用格林函数 $G(\mathbf{r},\mathbf{r}')$ 表示，有

$$\tilde{u}(\mathbf{r}) = \frac{1}{\varepsilon}\iiint\limits_{(V)} \tilde{\rho}_{\mathrm{V}}(\mathbf{r}')G(\mathbf{r},\mathbf{r}')\mathrm{d}V' \tag{1-374}$$

$$\tilde{\mathbf{A}}(\mathbf{r}) = \mu\iiint\limits_{(V)} \tilde{\mathbf{J}}_{\mathrm{V}}(\mathbf{r}')G(\mathbf{r},\mathbf{r}')\mathrm{d}V' \tag{1-375}$$

$$\tilde{\mathbf{\Pi}}_{\mathrm{e}}(\mathbf{r}) = \frac{1}{\varepsilon_0}\iiint\limits_{(V)} \tilde{\mathbf{P}}(\mathbf{r}')G(\mathbf{r},\mathbf{r}')\mathrm{d}V' \tag{1-376}$$

$$\tilde{\mathbf{\Pi}}_{\mathrm{m}}(\mathbf{r}) = \iiint\limits_{(V)} \tilde{\mathbf{M}}(\mathbf{r}')G(\mathbf{r},\mathbf{r}')\mathrm{d}V' \tag{1-377}$$

由于上述积分式的积分区域为无界空间（或称为全空间），相对应的格林函数 $G(\mathbf{r},\mathbf{r}')$ 称为全空间格林函数。需要强调的是，如果式（1-323）定义为 $\mathbf{A} = \nabla\times\mathbf{\Pi}_{\mathrm{m}}$，则式（1-377）右边前面有系数 μ_0。

1.7 坡印廷定理

根据物理学的基本原理，不同形式的能量可以相互转化并满足能量守恒定律。坡印廷定理就是描述时变电磁场的电磁能量传播必须遵循的守恒定律。下面从麦克斯韦方程出发推导时变电磁场所满足的坡印廷定理，并引出坡印廷矢量及复坡印廷矢量。

1.7.1 时域坡印廷定理

对于各向同性线性介质，介质参数为ε、μ和σ，$\mathbf{J}_{\mathrm{V}}=\sigma\mathbf{E}$，由麦克斯韦方程（1-5）和方程（1-6）得到

$$\nabla\times\mathbf{H}=\mathbf{J}_{\mathrm{V}}+\varepsilon\frac{\partial\mathbf{E}}{\partial t} \tag{1-378}$$

$$\nabla\times\mathbf{E}=-\mu\frac{\partial\mathbf{H}}{\partial t} \tag{1-379}$$

由电场强度矢量$\mathbf{E}$点乘式（1-378），磁场强度矢量$\mathbf{H}$点乘式（1-379），然后两式相减，得到

$$\mathbf{H}\cdot\nabla\times\mathbf{E}-\mathbf{E}\cdot\nabla\times\mathbf{H}=-\mu\mathbf{H}\cdot\frac{\partial\mathbf{H}}{\partial t}-\mathbf{E}\cdot\mathbf{J}_{\mathrm{V}}-\varepsilon\mathbf{E}\cdot\frac{\partial\mathbf{E}}{\partial t} \tag{1-380}$$

利用矢量恒等式

$$\nabla\cdot(\mathbf{A}\times\mathbf{B})=\mathbf{B}\cdot\nabla\times\mathbf{A}-\mathbf{A}\cdot\nabla\times\mathbf{B} \tag{1-381}$$

式（1-380）可改写为

$$\nabla\cdot(\mathbf{E}\times\mathbf{H})=-\mu\mathbf{H}\cdot\frac{\partial\mathbf{H}}{\partial t}-\mathbf{E}\cdot\mathbf{J}_{\mathrm{V}}-\varepsilon\mathbf{E}\cdot\frac{\partial\mathbf{E}}{\partial t} \tag{1-382}$$

又由式（1-13）～式（1-15）可知

$$\mu\mathbf{H}\cdot\frac{\partial\mathbf{H}}{\partial t}=\frac{\partial}{\partial t}\left(\frac{1}{2}\mu H^2\right)=\frac{\partial}{\partial t}(w_{\mathrm{m}}) \tag{1-383}$$

$$\varepsilon\mathbf{E}\cdot\frac{\partial\mathbf{E}}{\partial t}=\frac{\partial}{\partial t}\left(\frac{1}{2}\varepsilon E^2\right)=\frac{\partial}{\partial t}(w_{\mathrm{e}}) \tag{1-384}$$

$$\varepsilon\mathbf{E}\cdot\frac{\partial\mathbf{E}}{\partial t}+\mu\mathbf{H}\cdot\frac{\partial\mathbf{H}}{\partial t}=\frac{\partial}{\partial t}(w_{\mathrm{e}}+w_{\mathrm{m}})=\frac{\partial w}{\partial t} \tag{1-385}$$

从而有

$$\nabla\cdot(\mathbf{E}\times\mathbf{H})=-\frac{\partial w}{\partial t}-\mathbf{E}\cdot\mathbf{J}_{\mathrm{V}} \tag{1-386}$$

在电磁场存在的介质中任取一体积V，求积分并应用散度定理，有

$$\oiint_{(S)}(\mathbf{E}\times\mathbf{H})\cdot\mathrm{d}\mathbf{S}=-\frac{\partial}{\partial t}\iiint_{(V)}w\,\mathrm{d}V-\iiint_{(V)}\mathbf{E}\cdot\mathbf{J}_{\mathrm{V}}\mathrm{d}V \tag{1-387}$$

或者

$$-\frac{\partial}{\partial t}\iiint_{(V)}w\,\mathrm{d}V=\iiint_{(V)}\mathbf{E}\cdot\mathbf{J}_{\mathrm{V}}\mathrm{d}V+\oiint_{(S)}(\mathbf{E}\times\mathbf{H})\cdot\mathrm{d}\mathbf{S} \tag{1-388}$$

此式就是时域坡印廷定理。式中，w为介质中的电磁能量密度。等式左边项表示体积V中电磁能量随时间变化的减小量；$\mathbf{E}\cdot\mathbf{J}_{\mathrm{V}}$为电磁能量损耗体密度，右边第一项体积分表示电磁场能量在体积V中的焦耳损耗；右边第二项表示穿出体积V表面（S面）的能量流。该式表明，

单位时间内体积 V 中电磁场能量的减少量等于单位时间内体积 V 中损耗的能量与单位时间内穿出体积 V（即 S 面）的能量之和。

根据式（1-388），定义

$$\mathbf{S}=\mathbf{E}\times\mathbf{H} \tag{1-389}$$

为坡印廷矢量，单位为瓦/米 ^{2}（$\mathrm{W/m^2}$）。由式（1-388）可知，$\mathbf{S}$ 表示的是单位时间内通过垂直于能量流动方向单位面积上的能量，因而也称为能流密度矢量或功率流密度矢量。坡印廷矢量 $\mathbf{S}$ 与电场 $\mathbf{E}$ 和磁场 $\mathbf{H}$ 满足右手法则，$\mathbf{S}$ 的方向就是电磁能量传输的方向。

当已知 $\mathbf{E}$ 和 $\mathbf{H}$ 时，欲求穿出某闭合面的电磁功率，求面积分

$$\oint\!\!\!\oint_{(S)}\mathbf{S}\cdot\mathrm{d}\mathbf{S}=\oint\!\!\!\oint_{(S)}(\mathbf{E}\times\mathbf{H})\cdot\mathrm{d}\mathbf{S} \tag{1-390}$$

即可。如果 $\mathbf{E}$ 和 $\mathbf{H}$ 都是随时间变化的时谐周期函数，在一个周期 T 内求时间平均，可得平均坡印廷矢量为

$$\mathbf{S}_{\mathrm{av}}=\frac{1}{T}\int_0^T\mathbf{S}(\mathbf{r};t)\,\mathrm{d}t \tag{1-391}$$

1.7.2　复坡印廷矢量

坡印廷矢量［见式（1-389）］表示瞬时电磁能流密度。对于时谐场，电场和磁场都是时间的周期函数，研究在一个周期内的平均能流密度更具有实际意义。

由式（1-153）和式（1-155）可写出

$$\mathbf{E}(\mathbf{r};t)=\mathrm{Re}[\tilde{\mathbf{E}}(\mathbf{r})\mathrm{e}^{\mathrm{j}\omega t}]=\frac{1}{2}[\tilde{\mathbf{E}}\mathrm{e}^{\mathrm{j}\omega t}+\tilde{\mathbf{E}}^*\mathrm{e}^{-\mathrm{j}\omega t}] \tag{1-392}$$

$$\mathbf{H}(\mathbf{r};t)=\mathrm{Re}[\tilde{\mathbf{H}}(\mathbf{r})\mathrm{e}^{\mathrm{j}\omega t}]=\frac{1}{2}[\tilde{\mathbf{H}}\mathrm{e}^{\mathrm{j}\omega t}+\tilde{\mathbf{H}}^*\mathrm{e}^{-\mathrm{j}\omega t}] \tag{1-393}$$

将以上两式代入式（1-389），得到坡印廷矢量的瞬时值为

$$\begin{aligned}\mathbf{S}(\mathbf{r};t)=\mathbf{E}(\mathbf{r};t)\times\mathbf{H}(\mathbf{r};t)&=\frac{1}{2}[\tilde{\mathbf{E}}\mathrm{e}^{\mathrm{j}\omega t}+\tilde{\mathbf{E}}^*\mathrm{e}^{-\mathrm{j}\omega t}]\times\frac{1}{2}[\tilde{\mathbf{H}}\mathrm{e}^{\mathrm{j}\omega t}+\tilde{\mathbf{H}}^*\mathrm{e}^{-\mathrm{j}\omega t}]\\&=\frac{1}{4}[\tilde{\mathbf{E}}\times\tilde{\mathbf{H}}^*+\tilde{\mathbf{E}}^*\times\tilde{\mathbf{H}}]+\frac{1}{4}[\tilde{\mathbf{E}}\times\tilde{\mathbf{H}}\mathrm{e}^{2\mathrm{j}\omega t}+\tilde{\mathbf{E}}^*\times\tilde{\mathbf{H}}^*\mathrm{e}^{-2\mathrm{j}\omega t}]\\&=\frac{1}{2}\mathrm{Re}[\tilde{\mathbf{E}}\times\tilde{\mathbf{H}}^*]+\frac{1}{2}\mathrm{Re}[\tilde{\mathbf{E}}\times\tilde{\mathbf{H}}\mathrm{e}^{2\mathrm{j}\omega t}]\end{aligned} \tag{1-394}$$

定义

$$\tilde{\mathbf{S}}=\frac{1}{2}\tilde{\mathbf{E}}\times\tilde{\mathbf{H}}^* \tag{1-395}$$

为复坡印廷矢量，表示复功率流密度。根据定义式（1-391），将式（1-394）代入式（1-391），得到平均能流密度为

$$\mathbf{S}_{\mathrm{av}}=\frac{1}{T}\int_0^T\mathbf{S}(t)\,\mathrm{d}t=\mathrm{Re}\left[\frac{1}{2}\tilde{\mathbf{E}}\times\tilde{\mathbf{H}}^*\right]=\mathrm{Re}[\tilde{\mathbf{S}}] \tag{1-396}$$

显然，平均能流密度为复坡印廷矢量取实部。

1.8 电磁场边界条件

微分形式的麦克斯韦方程适用于介质参数ε、μ和σ连续变化的区域，而积分形式的麦克斯韦方程不仅适用于介质参数连续变化的区域，也适用于介质参数突变的边界。由微分形式的麦克斯韦方程可得到满足具体电磁场问题的微分方程，由积分形式的麦克斯韦方程可得到微分方程满足的边界条件，这样就构成对电磁场问题完整的数学描述。

1.8.1 边界条件的一般矢量形式

如图 1-12 所示，假设介质 1 和介质 2 的参数分别为ε_1、μ_1、σ_1和ε_2、μ_2、σ_2，两介质中的电磁场强度矢量分别为$\mathbf{E}_1$、$\mathbf{D}_1$、$\mathbf{H}_1$、$\mathbf{B}_1$、$\mathbf{J}_{V1}$和$\mathbf{E}_2$、$\mathbf{D}_2$、$\mathbf{H}_2$、$\mathbf{B}_2$、$\mathbf{J}_{V2}$，在介质分界面上存在自由电荷面密度分布ρ_S和自由电流面密度分布$\mathbf{J}_S$。利用积分形式的麦克斯韦方程和电流连续性方程，可得到两介质分界面上电磁场量满足的边界条件为

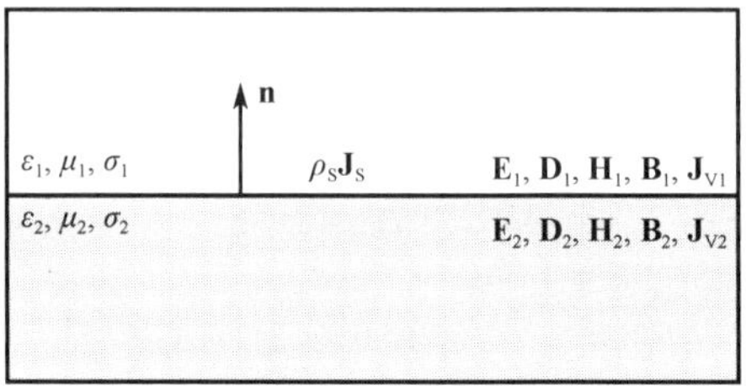

图 1-12 电磁场边界条件

$$\mathbf{n}\times(\mathbf{E}_1-\mathbf{E}_2)=0 \tag{1-397}$$

$$\mathbf{n}\times(\mathbf{H}_1-\mathbf{H}_2)=\mathbf{J}_S \tag{1-398}$$

$$\mathbf{n}\times\left(\frac{\mathbf{J}_{V1}}{\sigma_1}-\frac{\mathbf{J}_{V2}}{\sigma_2}\right)=0 \tag{1-399}$$

$$\mathbf{n}\cdot(\mathbf{D}_1-\mathbf{D}_2)=\rho_S \tag{1-400}$$

$$\mathbf{n}\cdot(\mathbf{B}_1-\mathbf{B}_2)=0 \tag{1-401}$$

$$\mathbf{n}\cdot(\mathbf{J}_{V1}-\mathbf{J}_{V2})=-\frac{\partial\rho_s}{\partial t} \tag{1-402}$$

式中，$\mathbf{n}$为介质分界面法向单位矢量。式（1-397）、式（1-398）和式（1-399）分别为电场强度矢量$\mathbf{E}$、磁场强度矢量$\mathbf{H}$和自由电流体密度矢量$\mathbf{J}_V$切向分量边界条件；式（1-400）、式（1-401）和式（1-402）分别为电通密度矢量$\mathbf{D}$、磁通密度矢量$\mathbf{B}$和自由电流体密度矢量$\mathbf{J}_V$法向分量边界条件。

1.8.2 理想介质分界面上的边界条件

对于理想介质，电导率$\sigma=0$，$\mathbf{J}_V=0$，介质分界面不存在自由电荷面密度分布和自由电流面密度分布，$\rho_S=0$，$\mathbf{J}_S=0$。上述介质分界面上的边界条件化简为

$$\mathbf{n}\times(\mathbf{E}_1-\mathbf{E}_2)=0 \tag{1-403}$$

$$\mathbf{n}\times(\mathbf{H}_1-\mathbf{H}_2)=0 \tag{1-404}$$

$$\mathbf{n}\cdot(\mathbf{D}_1-\mathbf{D}_2)=0 \tag{1-405}$$

$$\mathbf{n}\cdot(\mathbf{B}_1-\mathbf{B}_2)=0 \tag{1-406}$$

式（1-403）和式（1-404）表明理想介质分界面上电场强度矢量$\mathbf{E}$和磁场强度矢量$\mathbf{H}$切向分量连续，式（1-405）和式（1-406）表明理想介质分界面上电通密度矢量$\mathbf{D}$和磁通密度矢量$\mathbf{B}$法向分量连续。

1.8.3　理想介质与理想导体分界面上的边界条件

如果介质 1 为理想介质，$\sigma_1 = 0$，介质 2 为理想导体，$\sigma_2 \to \infty$，如图 1-13 所示。在理想导体中，由欧姆定律的微分形式和麦克斯韦方程时变电场的旋度方程可知

$$\mathbf{E}_2 = 0,\quad \mathbf{B}_2 = 0 \tag{1-407}$$

代入边界条件式（1-397）、式（1-398）、式（1-400）和式（1-401），有

$$\mathbf{n} \times \mathbf{E}_1 = 0 \tag{1-408}$$

$$\mathbf{n} \times \mathbf{H}_1 = \mathbf{J}_S \tag{1-409}$$

$$\mathbf{n} \cdot \mathbf{D}_1 = \rho_S \tag{1-410}$$

$$\mathbf{n} \cdot \mathbf{B}_1 = 0 \tag{1-411}$$

对于时变电磁场，在理想导体与理想介质分界面上，电场总是与导体表面相垂直，而磁场总是与导体表面相切。导体内部既没有电场，也没有磁场。理想导体表面面电流的方向与磁场垂直。实际上，理想导体是不存在的，但在良导体和空气的分界面上，可近似用理想导体和理想介质的边界条件处理，使问题得到简化。

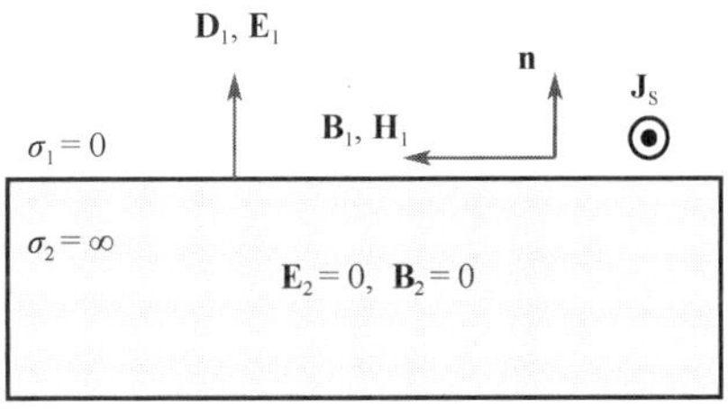

图 1-13　理想导体与理想介质分界面

参 考 文 献

[1] 马科斯·波恩，埃米尔·沃尔夫. 光学原理. 7 版. 杨葭荪，译. 北京：电子工业出版社，2009.

[2] 张克潜，李德杰. 微波与光电子学中的电磁理论. 北京：电子工业出版社，2001.

[3] 季家镕. 高等光学教程——光学的基本电磁理论. 北京：科学出版社，2007.

[4] 郑玉祥，陈良尧. 近代光学. 北京：电子工业出版社，2011.

[5] 葛德彪，魏兵. 电磁波理论. 北京：科学出版社，2013.

[6] 龚中麟. 近代电磁理论. 北京：北京大学出版社，2010.

[7] 曹建章，张正阶，李景镇. 电磁场与电磁波理论基础. 北京：科学出版社，2011.

[8] 曹建章，徐平，李景镇. 薄膜光学与薄膜技术基础. 北京：科学出版社，2014.

[9] 欧攀. 高等光学仿真（MATLAB 版）——光波导、激光. 北京：北京航空航天大学出版社，2011.

[10] 刘鹏程. 电磁场解析方法. 北京：电子工业出版社，1995.

[11] 杨儒贵，陈达章，刘鹏程. 电磁理论. 西安：西安交通大学出版社，1991.

[12] 钱士雄，王恭明. 非线性光学——原理与进展. 上海：复旦大学出版社，2001.

[13] GOVIND P AGRAWAL. 非线性光纤光学原理及应用. 贾东方，余震虹，等译. 北京：电子工业出版社，2002.

[14] 谭维翰. 非线性与量子光学. 北京：科学出版社，1996.

[15] 傅竹西. 固体光电子学. 合肥：中国科学技术大学出版社，1999.

[16] 刘公强，乐志强，沈德芳. 磁光学. 上海：上海科学技术出版社，2001.

[17] 王新久. 液晶光学和液晶显示. 北京：科学出版社，2006.

[18] 钱士雄，朱荣毅. 非线性光学. 上海：复旦大学出版社，2005.

[19] 洪伟，孙连友，尹雷，等. 电磁场边值问题的区域分解算法. 北京：科学出版社，2005.

[20] 马博琴，王霆. 非线性光子晶体的研究. 北京：北京理工大学出版社，2013.

[21] 叶卫民. 光子晶体导论. 北京：科学出版社，2010.

[22] 韦丹. 材料的电磁基础. 北京：科学出版社，2005.

[23] JOHN D JOANNOPOULOS, ROBERT D MEADE, JOSHUA N WINN. Photonic crystals—molding the flow of light. Princeton University Press, 1995.

[24] KAZUAKI SAKODA. Optical properties of photonic crystals. Springer-Verlag Berlin Heidelberg, 2005.

[25] 丁君主. 工程电磁场与电磁波. 北京：高等教育出版社，2005.

[26] 周胜. 反铁磁/电介质体系磁光学非线性研究. 哈尔滨工业大学博士学位论文，2010.

[27] 刘杰. 图案化介质记录性能的微磁学仿真研究. 华中科技大学硕士学位论文，2012.

[28] JAKONG. Electromagnetic Wave Theory. Wiley，1986.

[29] 陈燊年，红清泉，王建成. 介质为各向异性的电磁场. 北京：科学出版社，2012.

[30] A I Borisenko, I E Tarapov. Vector and tensor analysis with applications. Dover Publications, Inc. New York. 1979.

[31] MUNK BA 著. 超材料——批判与抉择. 侯新宇，王超，侯鑫，译. 北京：科学出版社，2012.

[32] Vadim A Markel. Correct definition of the Poynting vector in electrically and magnetically polarizable medium reveals that negative refraction is impossible. Optics Express, Vol.23, 2008.

[33] 程云鹏. 线性代数. 北京：国防工业出版社，1984.

[34] 李冬鹏，王明美，宋影，等. 应用于大学物理教学的 MATLAB 图示模拟的示例. 合肥师范学院学报，2012，30（6）.

第2章　光波的基本特性

光波的传播形式多种多样，包括平面光波、柱面光波、球面光波、高斯束光波及偏振光波等，其传播形式取决于光源的激励形式、传输介质的性质，以及在传输过程中所遇到的边界。本章讨论矢量齐次亥姆霍兹方程的平面波解，理想线源标量电场亥姆霍兹方程的柱面波解，理想点源标量电场亥姆霍兹方程的球面波解，以及标量高斯光波、偏振光波、波包和群速度等。这些都是光波的基本特性，也是后续章节研究光波的必要基础。

2.1　理想介质中的均匀平面光波

2.1.1　亥姆霍兹方程的矢量平面波解

在无源均匀线性各向同性理想介质中，$\mathbf{J}_{\mathrm{V}}=0$，$\rho_{\mathrm{V}}=0$，$\sigma=0$，$\varepsilon$和$\mu$均为常数，时谐电磁场电场强度复振幅矢量$\tilde{\mathbf{E}}$和磁场强度复振幅矢量$\tilde{\mathbf{H}}$满足矢量亥姆霍兹方程（1-183）和方程（1-184），即

$$\nabla^2\tilde{\mathbf{E}}+k^2\tilde{\mathbf{E}}=0 \tag{2-1}$$

$$\nabla^2\tilde{\mathbf{H}}+k^2\tilde{\mathbf{H}}=0 \tag{2-2}$$

其中

$$k=\omega\sqrt{\mu\varepsilon}=\frac{\omega}{c}n \tag{2-3}$$

式中，k为波数，c为真空中的光速，n为介质折射率，ω为光波圆频率。场矢量$\tilde{\mathbf{E}}$和$\tilde{\mathbf{H}}$满足的方程形式相同，因此解也具有相同形式，二者通过式（1-159）或式（1-160）相联系。

如果求解电场强度复振幅矢量所满足的矢量亥姆霍兹方程（2-1），由式（1-160）可得到磁场强度复振幅矢量为

$$\tilde{\mathbf{H}}=\frac{\mathrm{j}}{\omega\mu}\nabla\times\tilde{\mathbf{E}} \tag{2-4}$$

在直角坐标系下，把电场强度复振幅矢量$\tilde{\mathbf{E}}$写成分量形式［见式（1-152）］

$$\tilde{\mathbf{E}}=\tilde{E}_{x\mathrm{m}}\mathbf{e}_x+\tilde{E}_{y\mathrm{m}}\mathbf{e}_y+\tilde{E}_{z\mathrm{m}}\mathbf{e}_z \tag{2-5}$$

代入式（2-1），有

$$\nabla^2[\tilde{E}_{x\mathrm{m}}\mathbf{e}_x+\tilde{E}_{y\mathrm{m}}\mathbf{e}_y+\tilde{E}_{z\mathrm{m}}\mathbf{e}_z]+k^2[\tilde{E}_{x\mathrm{m}}\mathbf{e}_x+\tilde{E}_{y\mathrm{m}}\mathbf{e}_y+\tilde{E}_{z\mathrm{m}}\mathbf{e}_z]=0 \tag{2-6}$$

由此可得

$$\begin{cases}\nabla^2\tilde{E}_{x\mathrm{m}}+k^2\tilde{E}_{x\mathrm{m}}=0\\ \nabla^2\tilde{E}_{y\mathrm{m}}+k^2\tilde{E}_{y\mathrm{m}}=0\\ \nabla^2\tilde{E}_{z\mathrm{m}}+k^2\tilde{E}_{z\mathrm{m}}=0\end{cases} \tag{2-7}$$

式（2-7）就是电场强度复振幅矢量$\tilde{\mathbf{E}}$的三个分量$\tilde{E}_{x\mathrm{m}}$、$\tilde{E}_{y\mathrm{m}}$和$\tilde{E}_{z\mathrm{m}}$所满足的标量亥姆霍兹方程。三个分量方程的形式完全相同，因此只需求解一个即可。下面采用分离变量法求解电场

强度复振幅矢量分量 $\tilde{E}_{xm}$ 满足的标量亥姆霍兹方程的解。由拉普拉斯算子在直角坐标系下的表达式

$$\nabla^2=\frac{\partial^2}{\partial x^2}+\frac{\partial^2}{\partial y^2}+\frac{\partial^2}{\partial z^2} \tag{2-8}$$

可写出 $\tilde{E}_{xm}$ 满足的标量亥姆霍兹方程为

$$\frac{\partial^2\tilde{E}_{xm}}{\partial x^2}+\frac{\partial^2\tilde{E}_{xm}}{\partial y^2}+\frac{\partial^2\tilde{E}_{xm}}{\partial z^2}+k^2\tilde{E}_{xm}=0 \tag{2-9}$$

令

$$\tilde{E}_{xm}(x,y,z)=X(x)Y(y)Z(z) \tag{2-10}$$

将式（2-10）代入式（2-9），得到

$$\frac{X''(x)}{X(x)}+\frac{Y''(y)}{Y(y)}+\frac{Z''(z)}{Z(z)}+k^2=0 \tag{2-11}$$

由于上式中的每一项都是单一自变量的函数，而且彼此独立，因此只有当每一项分别为常数时，上述等式才成立，于是有

$$\begin{cases}X''(x)+k_x^2X(x)=0\\Y''(y)+k_y^2Y(y)=0\\Z''(z)+k_z^2Z(z)=0\end{cases} \tag{2-12}$$

式中，k_x^2、k_y^2 和 k_z^2 分别为任意常数，且满足

$$k^2=k_x^2+k_y^2+k_z^2 \tag{2-13}$$

方程

$$X''(x)+k_x^2X(x)=0 \tag{2-14}$$

为二阶常系数线性齐次常微分方程，其特征方程为

$$\lambda^2+k_x^2=0 \tag{2-15}$$

特征方程的解为

$$\lambda_{1,2}=\pm\mathrm{j}k_x \tag{2-16}$$

由此可写出方程（2-14）的齐次解为

$$X(x)=A_1\mathrm{e}^{-\mathrm{j}k_xx}+A_2\mathrm{e}^{\mathrm{j}k_xx} \tag{2-17}$$

式中，A_1 和 A_2 为待定常数。等式右边第一项为沿 X 轴正方向传播的波，第二项为沿 X 轴负方向传播的波。

同理可得

$$Y(y)=B_1\mathrm{e}^{-\mathrm{j}k_yy}+B_2\mathrm{e}^{\mathrm{j}k_yy} \tag{2-18}$$

$$Z(z)=C_1\mathrm{e}^{-\mathrm{j}k_zz}+C_2\mathrm{e}^{\mathrm{j}k_zz} \tag{2-19}$$

式中，B_1 和 B_2、C_1 和 C_2 分别为待定常数。从数学的角度看，微分方程（2-12）的齐次解式（2-17）～式（2-19）包含两项，其中一项可解释为沿 X 轴正方向传播的波，也称为发射波；另一项为沿 X 轴负方向传播的波，也称为汇聚波。对于实际源项是发射波的情况，不存在汇聚波，这就需要对解的右边项进行选择。选择发射波或汇聚波与时间因子紧密相关，如果时间因子取 $\mathrm{e}^{\mathrm{j}\omega t}$，则选择第一项为发射波；如果时间因子取 $\mathrm{e}^{-\mathrm{j}\omega t}$，则选择第二项为发射波。本书采用时间因子为 $\mathrm{e}^{\mathrm{j}\omega t}$，所以选择

$$A_2 = B_2 = C_2 = 0 \tag{2-20}$$

由式（2-10）得到

$$\tilde{E}_{x\mathrm{m}}(x, y, z) = A\mathrm{e}^{-\mathrm{j}(k_x x + k_y y + k_z z)} \tag{2-21}$$

式中，记 $A = A_1 B_1 C_1$。

同理，可得

$$\tilde{E}_{y\mathrm{m}}(x, y, z) = B\mathrm{e}^{-\mathrm{j}(k_x x + k_y y + k_z z)} \tag{2-22}$$

$$\tilde{E}_{z\mathrm{m}}(x, y, z) = C\mathrm{e}^{-\mathrm{j}(k_x x + k_y y + k_z z)} \tag{2-23}$$

代入式（2-5），并记

$$\tilde{\mathbf{E}}_0 = \mathbf{E}_0 \mathrm{e}^{\mathrm{j}\varphi_\mathrm{e}} = A\mathbf{e}_x + B\mathbf{e}_y + C\mathbf{e}_z \tag{2-24}$$

则有

$$\tilde{\mathbf{E}}(x, y, z) = \tilde{\mathbf{E}}_0 \mathrm{e}^{-\mathrm{j}(k_x x + k_y y + k_z z)} \tag{2-25}$$

式中，$\tilde{\mathbf{E}}_0$ 为电场强度复振幅矢量的初始值，而 $\mathbf{E}_0$ 为电场强度复振幅矢量的矢量模，φ_e 为电场强度复振幅矢量的初相位。如果记

$$\mathbf{k} = k_x \mathbf{e}_x + k_y \mathbf{e}_y + k_z \mathbf{e}_z \tag{2-26}$$

则式（2-25）可改写为

$$\tilde{\mathbf{E}}(\mathbf{r}) = \tilde{\mathbf{E}}_0 \mathrm{e}^{-\mathrm{j}\mathbf{k}\cdot\mathbf{r}} \tag{2-27}$$

式中，$\mathbf{r}$ 为空间任一点的位置矢量；$\mathbf{k}$ 被称为波传播矢量，简称为波矢量。

由式（1-186）可知，波矢量 $\mathbf{k}$ 用折射率 n 表示，有

$$\mathbf{k} = k\mathbf{k}_0 = \omega\sqrt{\mu\varepsilon}\mathbf{k}_0 = \frac{\omega}{c} n\mathbf{k}_0 \tag{2-28}$$

式中，$\mathbf{k}_0$ 为波矢量的单位矢量。将式（2-28）代入式（2-27），有

$$\tilde{\mathbf{E}}(\mathbf{r}) = \tilde{\mathbf{E}}_0 \mathrm{e}^{-\mathrm{j}\frac{\omega}{c} n\mathbf{k}_0\cdot\mathbf{r}} \tag{2-29}$$

取麦克斯韦方程（2-169）的时谐形式，并将式（2-29）代入其中，可得磁场强度复振幅矢量满足方程（2-2）的解为

$$\tilde{\mathbf{H}} = \frac{\mathrm{j}}{\omega\mu}\nabla\times\tilde{\mathbf{E}} = \frac{\mathrm{j}}{\omega\mu}\begin{vmatrix} \mathbf{e}_x & \mathbf{e}_y & \mathbf{e}_z \\ \dfrac{\partial}{\partial x} & \dfrac{\partial}{\partial y} & \dfrac{\partial}{\partial z} \\ \tilde{E}_{x\mathrm{m}} & \tilde{E}_{y\mathrm{m}} & \tilde{E}_{z\mathrm{m}} \end{vmatrix} = \frac{1}{\omega\mu}\begin{vmatrix} \mathbf{e}_x & \mathbf{e}_y & \mathbf{e}_z \\ k_x & k_y & k_z \\ A & B & C \end{vmatrix} \mathrm{e}^{-\mathrm{j}(k_x x + k_y y + k_z z)}$$

$$= \frac{1}{\omega\mu}\mathbf{k}\times\tilde{\mathbf{E}} = \frac{k}{\omega\mu}\mathbf{k}_0\times\tilde{\mathbf{E}}$$

即

$$\tilde{\mathbf{H}}(\mathbf{r}) = \tilde{\mathbf{H}}_0 \mathrm{e}^{-\mathrm{j}\mathbf{k}\cdot\mathbf{r}} = \frac{k}{\omega\mu}\mathbf{k}_0\times\tilde{\mathbf{E}}_0 \mathrm{e}^{-\mathrm{j}\mathbf{k}\cdot\mathbf{r}} \tag{2-30}$$

而

$$\tilde{\mathbf{H}}_0 = \frac{k}{\omega\mu}\mathbf{k}_0\times\tilde{\mathbf{E}}_0 = \frac{k}{\omega\mu}\mathbf{k}_0\times\mathbf{E}_0 \mathrm{e}^{\mathrm{j}\varphi_\mathrm{e}} = \mathbf{H}_0 \mathrm{e}^{\mathrm{j}\varphi_\mathrm{e}} \tag{2-31}$$

式中，$\tilde{\mathbf{H}}_0$ 为磁场强度复振幅矢量的初始值，$\mathbf{H}_0$ 为磁场强度复振幅矢量的矢量模。如果将式（2-28）代入式（2-30），则有

$$\tilde{\mathbf{H}}(\mathbf{r})=\frac{k}{\omega\mu}\mathbf{k}_0\times\tilde{\mathbf{E}}_0\mathrm{e}^{-\mathrm{j}\frac{\omega}{c}n\mathbf{k}_0\cdot\mathbf{r}} \tag{2-32}$$

式（2-27）和式（2-30）就是时谐电磁场的电场强度复振幅矢量$\tilde{\mathbf{E}}$和磁场强度复振幅矢量$\tilde{\mathbf{H}}$满足矢量亥姆霍兹方程的平面波解。式（2-29）和式（2-32）与式（2-27）和式（2-30）的不同之处仅在于波数k用折射率n表示。

如果求解亥姆霍兹方程（2-2），仅考虑沿X轴正方向传播的波，同样可得到磁场强度复振幅矢量的平面波解为

$$\tilde{\mathbf{H}}(\mathbf{r})=\tilde{\mathbf{H}}_0\mathrm{e}^{-\mathrm{j}\mathbf{k}\cdot\mathbf{r}} \tag{2-33}$$

取麦克斯韦方程（1-168）的时谐形式，并将式（2-33）代入其中，得到电场强度复振幅矢量的平面波解为

$$\begin{aligned}\tilde{\mathbf{E}}&=\frac{1}{\mathrm{j}\omega\varepsilon}\nabla\times\tilde{\mathbf{H}}=-\frac{k}{\omega\varepsilon}\mathbf{k}_0\times\tilde{\mathbf{H}}_0\mathrm{e}^{-\mathrm{j}\mathbf{k}\cdot\mathbf{r}}\\&=-\sqrt{\frac{\mu_0}{\varepsilon}}\mathbf{k}_0\times\tilde{\mathbf{H}}_0\mathrm{e}^{-\mathrm{j}\mathbf{k}\cdot\mathbf{r}}\end{aligned} \tag{2-34}$$

假设

$$\tilde{\mathbf{H}}_0=\mathbf{H}_0\mathrm{e}^{\mathrm{j}\varphi_{\mathrm{h}}} \tag{2-35}$$

则有

$$\tilde{\mathbf{E}}_0=-\sqrt{\frac{\mu_0}{\varepsilon}}\mathbf{k}_0\times\tilde{\mathbf{H}}_0=-\sqrt{\frac{\mu_0}{\varepsilon}}\mathbf{k}_0\times\mathbf{H}_0\mathrm{e}^{\mathrm{j}\varphi_{\mathrm{h}}}=\mathbf{E}_0\mathrm{e}^{\mathrm{j}\varphi_{\mathrm{h}}} \tag{2-36}$$

式中，$\tilde{\mathbf{H}}_0$为磁场强度复振幅矢量的初始值，$\mathbf{H}_0$为磁场强度复振幅矢量的矢量模，φ_{h}为磁场强度复振幅矢量的初相位。

为了描述方便起见，可引入波阻抗η（或称为本征阻抗），其定义为平面电磁波电场强度复振幅矢量的模与磁场强度复振幅矢量的模之比。由式（2-27）和式（2-30）得到

$$\eta=\frac{|\tilde{\mathbf{E}}|}{|\tilde{\mathbf{H}}|}=\sqrt{\frac{\mu}{\varepsilon}}=\sqrt{\frac{\mu_0}{\varepsilon_0}}\frac{1}{n} \tag{2-37}$$

式中，n为折射率。η具有阻抗的量纲，在真空中，$n=1.0$，有

$$\eta=\eta_0=\sqrt{\frac{\mu_0}{\varepsilon_0}}=\sqrt{\frac{4\pi\times10^{-7}}{8.85\times10^{-12}}}=120\pi(\Omega)\approx377(\Omega) \tag{2-38}$$

有了波阻抗的概念，便可把上述两组平面电磁波电场强度复振幅矢量和磁场强度复振幅矢量的表达式重写为

$$\text{电场解：}\begin{cases}\tilde{\mathbf{E}}(\mathbf{r})=\tilde{\mathbf{E}}_0\mathrm{e}^{-\mathrm{j}k\mathbf{k}_0\cdot\mathbf{r}}=\tilde{\mathbf{E}}_0\mathrm{e}^{-\mathrm{j}\frac{\omega}{c}n\mathbf{k}_0\cdot\mathbf{r}}\\\tilde{\mathbf{H}}(\mathbf{r})=\frac{1}{\eta}\mathbf{k}_0\times\tilde{\mathbf{E}}_0\mathrm{e}^{-\mathrm{j}k\mathbf{k}_0\cdot\mathbf{r}}=\sqrt{\frac{\varepsilon_0}{\mu_0}}n\mathbf{k}_0\times\tilde{\mathbf{E}}_0\mathrm{e}^{-\mathrm{j}\frac{\omega}{c}n\mathbf{k}_0\cdot\mathbf{r}}\end{cases} \tag{2-39}$$

$$\text{磁场解：}\begin{cases}\tilde{\mathbf{H}}(\mathbf{r})=\tilde{\mathbf{H}}_0\mathrm{e}^{-\mathrm{j}\mathbf{k}\cdot\mathbf{r}}=\tilde{\mathbf{H}}_0\mathrm{e}^{-\mathrm{j}\frac{\omega}{c}n\mathbf{k}_0\cdot\mathbf{r}}\\\tilde{\mathbf{E}}(\mathbf{r})=-\eta\mathbf{k}_0\times\tilde{\mathbf{H}}_0\mathrm{e}^{-\mathrm{j}k\mathbf{k}_0\cdot\mathbf{r}}=-\sqrt{\frac{\mu_0}{\varepsilon_0}}\frac{1}{n}\mathbf{k}_0\times\tilde{\mathbf{H}}_0\mathrm{e}^{-\mathrm{j}\frac{\omega}{c}n\mathbf{k}_0\cdot\mathbf{r}}\end{cases} \tag{2-40}$$

式（2-39）和式（2-40）就是折射率为n的光学介质中平面光波的解形式。

2.1.2　理想介质中均匀平面光波的基本特性

将式（2-39）中的电场强度复振幅矢量 $\tilde{\mathbf{E}}$ 和磁场强度复振幅矢量 $\tilde{\mathbf{H}}$ 分别乘以时间因子 $\mathrm{e}^{\mathrm{j}\omega t}$，然后取实部，得到平面光波的瞬时余弦形式为

$$\mathbf{E}(\mathbf{r};t)=\mathrm{Re}\left[\mathbf{E}_0\mathrm{e}^{\mathrm{j}\left[\omega t-\frac{\omega}{c}n\mathbf{k}_0\cdot\mathbf{r}+\varphi_\mathrm{e}\right]}\right]=\mathbf{E}_0\cos\left(\omega t-\frac{\omega}{c}n\mathbf{k}_0\cdot\mathbf{r}+\varphi_\mathrm{e}\right) \tag{2-41}$$

$$\mathbf{H}(\mathbf{r};t)=\mathrm{Re}\left[\frac{1}{\eta}\mathbf{k}_0\times\mathbf{E}_0\mathrm{e}^{\mathrm{j}\left[\omega t-\frac{\omega}{c}n\mathbf{k}_0\cdot\mathbf{r}+\varphi_\mathrm{e}\right]}\right]=\frac{1}{\eta}\mathbf{k}_0\times\mathbf{E}_0\cos\left(\omega t-\frac{\omega}{c}n\mathbf{k}_0\cdot\mathbf{r}+\varphi_\mathrm{e}\right) \tag{2-42}$$

分析式（2-41）和式（2-42）可知，理想介质中的平面光波具有如下特性：

1. 等相位面和相速度

由式（2-41）和式（2-42）可以看出，电场强度矢量和磁场强度矢量同相位，其等相位面方程为

$$\phi(\mathbf{r};t)=\omega t-\frac{\omega}{c}n\mathbf{k}_0\cdot\mathbf{r}+\varphi_\mathrm{e} \tag{2-43}$$

对于任意给定的时间 t，当 $\phi(\mathbf{r};t)$ 取常数时，该方程表示充满空间的平面族。

对式（2-43）取梯度，得到

$$\nabla\phi(\mathbf{r};t)=-\frac{\omega}{c}n\mathbf{k}_0 \tag{2-44}$$

式中，$\mathbf{k}_0$ 为平面光波的传播方向单位矢量。该式表明，等相位面的法向与梯度方向相反，这也就是前面称 $\mathbf{k}$ 为波传播矢量的原因。

等相位面方程（2-43）两边对时间求导数，得到

$$\upsilon_\varphi=\mathbf{k}_0\cdot\frac{\mathrm{d}\mathbf{r}}{\mathrm{d}t}=\frac{c}{n}=\frac{\omega}{k}=\frac{1}{\sqrt{\mu\varepsilon}} \tag{2-45}$$

称 υ_φ 为相速度，其方向沿 $\mathbf{k}_0$ 的方向。如果在真空中，$n=1$，则相速度 υ_φ 为

$$\upsilon_\varphi=c=\frac{1}{\sqrt{\mu_0\varepsilon_0}}=3\times10^8(\mathrm{m/s}) \tag{2-46}$$

表明电磁波在真空中传播的速度等于光速 c。

2. 平面光波的横波性

在无源的情况下，在线性、均匀各向同性介质中，由式（1-171）可知

$$\nabla\cdot\mathbf{E}=0 \tag{2-47}$$

将式（2-41）代入上式，有

$$\begin{aligned}\nabla\cdot\mathbf{E}&=\nabla\cdot\left(\mathbf{E}_0\cos\left(\omega t-\frac{\omega}{c}n\mathbf{k}_0\cdot\mathbf{r}+\varphi_\mathrm{e}\right)\right)\\&=\frac{\omega}{c}n\mathbf{k}_0\cdot\mathbf{E}_0\sin\left(\omega t-\frac{\omega}{c}n\mathbf{k}_0\cdot\mathbf{r}+\varphi_\mathrm{e}\right)=0\end{aligned} \tag{2-48}$$

得到

$$\mathbf{k}_0\cdot\mathbf{E}_0=0 \tag{2-49}$$

显然，$\mathbf{E}$ 与 $\mathbf{k}$ 相互垂直，即平面光波是横电波，$\mathbf{E}$ 可以在与 $\mathbf{k}$ 相垂直的平面内任意取向。

由式（1-170）可知

$$\nabla\cdot\mathbf{H}=0 \tag{2-50}$$

将式（2-42）代入上式，有

$$\begin{aligned}\nabla\cdot\mathbf{H}&=\nabla\cdot\left(\frac{1}{\eta}\mathbf{k}_0\times\mathbf{E}_0\cos\left(\omega t-\frac{\omega}{c}n\mathbf{k}_0\cdot\mathbf{r}+\varphi_e\right)\right)\\&=\frac{\omega}{c}n\mathbf{k}_0\cdot(\mathbf{k}_0\times\mathbf{E}_0)\frac{1}{\eta}\sin\left(\omega t-\frac{\omega}{c}n\mathbf{k}_0\cdot\mathbf{r}+\varphi_e\right)=0\end{aligned} \tag{2-51}$$

得到

$$\mathbf{k}_0\cdot(\mathbf{k}_0\times\mathbf{E}_0)=0 \tag{2-52}$$

可见，**H** 与 **k** 相互垂直，即平面光波是横电磁波。

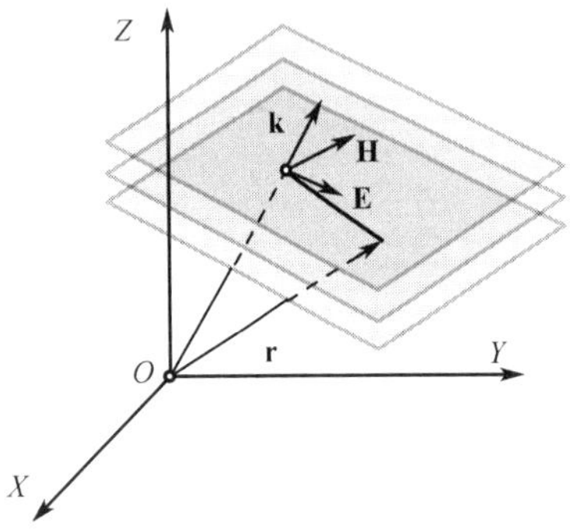

图 2-1　平面电磁波

综上所述，在各向同性线性均匀理想介质中，平面光波是横电磁波，简称 TEM 波；电场 **E**、磁场 **H** 和波矢 **k** 三者两两相互垂直，并服从右手法则，如图 2-1 所示。

3．电场强度矢量与磁场强度矢量同相位

由式（2-37）可知，光波在各向同性线性均匀理想介质中传播，波阻抗为纯电阻性，反映在波动方程（2-41）和方程（2-42）中，就是电场强度矢量 **E** 和磁场强度矢量 **H** 同相。

假设平面光波沿 Z 轴方向传播，$\mathbf{k}_0=\mathbf{e}_z$，电场强度矢量 **E** 沿 X 轴方向，$\mathbf{E}_0=E_0\mathbf{e}_x$，则式（2-41）和式（2-42）化简为

$$\mathbf{E}(z;t)=E_0\mathbf{e}_x\cos\left(\omega t-\frac{\omega}{c}nz+\varphi_e\right) \tag{2-53}$$

$$\mathbf{H}(z;t)=\frac{1}{\eta}E_0\mathbf{e}_y\cos\left(\omega t-\frac{\omega}{c}nz+\varphi_e\right) \tag{2-54}$$

取 $t=0$，依据式（2-53）和式（2-54）作电场强度矢量 **E** 和磁场强度矢量 **H** 的波形图如图 2-2 所示。

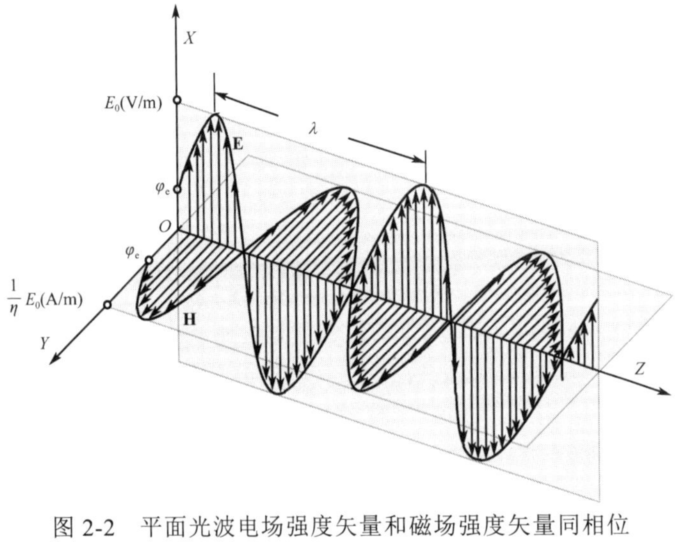

图 2-2　平面光波电场强度矢量和磁场强度矢量同相位

4．平面光波的能量、能流密度、能量传播速度及光强

将式（2-41）和式（2-42）代入式（1-15），并利用式（1-98）、式（1-99）及矢量恒等式

$$(\mathbf{A}\times\mathbf{B})\cdot(\mathbf{C}\times\mathbf{D})=(\mathbf{A}\cdot\mathbf{C})(\mathbf{B}\cdot\mathbf{D})-(\mathbf{A}\cdot\mathbf{D})(\mathbf{B}\cdot\mathbf{C}) \tag{2-55}$$

得到平面光波的瞬时能量密度为

$$\begin{aligned} w &= w_{\mathrm{e}}+w_{\mathrm{m}}=\frac{1}{2}\mathbf{E}\cdot\mathbf{D}+\frac{1}{2}\mathbf{H}\cdot\mathbf{B} \\ &=\frac{1}{2}\varepsilon E_0^2\cos^2\left(\omega t-\frac{\omega}{c}n\mathbf{k}_0\cdot\mathbf{r}+\varphi_{\mathrm{e}}\right)+\frac{1}{2}\mu H_0^2\cos^2\left(\omega t-\frac{\omega}{c}n\mathbf{k}_0\cdot\mathbf{r}+\varphi_{\mathrm{e}}\right) \\ &=\frac{1}{2}\varepsilon E_0^2\cos^2\left(\omega t-\frac{\omega}{c}n\mathbf{k}_0\cdot\mathbf{r}+\varphi_{\mathrm{e}}\right)+\frac{1}{2}\mu\frac{E_0^2}{\mu/\varepsilon}\cos^2\left(\omega t-\frac{\omega}{c}n\mathbf{k}_0\cdot\mathbf{r}+\varphi_{\mathrm{e}}\right) \\ &=\varepsilon E_0^2\cos^2\left(\omega t-\frac{\omega}{c}n\mathbf{k}_0\cdot\mathbf{r}+\varphi_{\mathrm{e}}\right) \end{aligned} \tag{2-56}$$

可以看出，在各向同性线性均匀理想介质中，任一时刻电场和磁场不仅同相位，且电场能量密度与磁场能量密度相等，各为电磁场能量密度的一半。

对电磁能量密度表达式（1-15）取时间平均，并将式（2-39）代入其中，得到总电磁能量密度的时间平均值为

$$w_{\mathrm{av}}=\frac{1}{2}\mathrm{Re}\left[\frac{1}{2}(\varepsilon\tilde{\mathbf{E}}\cdot\tilde{\mathbf{E}}^*+\mu\tilde{\mathbf{H}}\cdot\tilde{\mathbf{H}}^*)\right]=\frac{1}{2}\varepsilon E_0^2 \tag{2-57}$$

将式（2-41）和式（2-42）代入式（1-389），得到平面光波的瞬时能流密度为

$$\begin{aligned} \mathbf{S}=\mathbf{E}\times\mathbf{H}&=\frac{1}{\eta}\mathbf{E}_0\times(\mathbf{k}_0\times\mathbf{E}_0)\cos^2\left(\omega t-\frac{\omega}{c}n\mathbf{k}_0\cdot\mathbf{r}+\varphi_{\mathrm{e}}\right) \\ &=\frac{1}{\eta}E_0^2\mathbf{k}_0\cos^2\left(\omega t-\frac{\omega}{c}n\mathbf{k}_0\cdot\mathbf{r}+\varphi_{\mathrm{e}}\right) \end{aligned} \tag{2-58}$$

将式（2-39）代入式（1-395），得到复坡印廷矢量为

$$\tilde{\mathbf{S}}=\frac{1}{2}\tilde{\mathbf{E}}\times\tilde{\mathbf{H}}^*=\frac{1}{2\omega\mu}\tilde{\mathbf{E}}_0\times(\mathbf{k}\times\tilde{\mathbf{E}}_0^*)\mathrm{e}^{-\mathrm{j}\mathbf{k}\cdot\mathbf{r}}\mathrm{e}^{\mathrm{j}\mathbf{k}\cdot\mathbf{r}}=\frac{1}{2\eta}E_0^2\mathbf{k}_0 \tag{2-59}$$

又由式（1-396），得到平均坡印廷矢量为

$$\mathbf{S}_{\mathrm{av}}=\mathrm{Re}\left[\frac{1}{2}\tilde{\mathbf{E}}\times\tilde{\mathbf{H}}^*\right]=\mathrm{Re}[\tilde{\mathbf{S}}]=\frac{1}{2\eta}E_0^2\mathbf{k}_0 \tag{2-60}$$

式（2-60）表明，在与平面光波传播方向垂直的平面上，每单位面积通过的平均功率相同，光波在传播过程中没有能量损耗，即沿传播方向光波无衰减。因此，各向同性线性均匀理想介质中的平面光波是等幅波。

在各向同性线性均匀理想介质中平面光波的能量传播速度为

$$\upsilon_{\mathrm{e}}=\frac{|\mathbf{S}_{\mathrm{av}}|}{w_{\mathrm{av}}}=\frac{E_0^2/2\eta}{\varepsilon E_0^2/2}=\frac{1}{\sqrt{\mu\varepsilon}}=\upsilon_{\varphi} \tag{2-61}$$

可见，在各向同性线性均匀理想介质中，平面光波的能量传播速度等于相速度。

在光学中，平均能流密度矢量的大小 S_{av} 也称为光强，记作 I 。光强是一个可观察量，人眼的视网膜或光学仪器所检测到的光的强弱都是由平均能流密度矢量的大小决定的。在光频段，介质的相对磁导率 $\mu_{\mathrm{r}}\approx 1$，介质的折射率 $n\approx\sqrt{\varepsilon_{\mathrm{r}}}$ ，则光强与电场振幅的关系可表示为

$$I=\frac{1}{2\eta}E_0^2=\frac{1}{2}\sqrt{\frac{\varepsilon_0}{\mu_0}}nE_0^2\propto nE_0^2 \tag{2-62}$$

实际应用中通常是以相对光强表示光强的分布和变化，所以也可用

$$I=nE_0^2 \tag{2-63}$$

度量光强度。需要强调的是，过去光学教科书中常用“强度”一词，现在国际上大多赞成用“辐照度”（radiance）代替“强度”。

2.2 导电介质中的均匀平面光波

2.2.1 亥姆霍兹方程的矢量平面波解

在无源各向同性线性均匀导电介质中，$\sigma\neq 0$，$\mathbf{J}_\text{V}=\sigma\mathbf{E}$，$\varepsilon$ 和 μ 均为常数，时谐电磁场的电场强度复振幅矢量 $\tilde{\mathbf{E}}$ 和磁场强度复振幅矢量 $\tilde{\mathbf{H}}$ 满足矢量亥姆霍兹方程（1-201）和方程（1-202），即

$$\nabla^2\tilde{\mathbf{E}}+\tilde{k}_\text{c}^2\tilde{\mathbf{E}}=0 \tag{2-64}$$

$$\nabla^2\tilde{\mathbf{H}}+\tilde{k}_\text{c}^2\tilde{\mathbf{H}}=0 \tag{2-65}$$

式中，$\tilde{k}_\text{c}$ 为复波数，由式（1-205）可知

$$\tilde{k}_\text{c}=\frac{\omega}{c}\tilde{N} \tag{2-66}$$

其中，

$$\tilde{N}=n-\text{j}\alpha \tag{2-67}$$

为复折射率，n 为导电介质的折射率，α 为导电介质的消光系数。由式（1-206）和式（1-207）可知

$$n=\left[\frac{\mu_\text{r}\varepsilon_\text{r}}{2}\left(\sqrt{1+\left(\frac{\sigma}{\varepsilon\omega}\right)^2}+1\right)\right]^{1/2} \tag{2-68}$$

$$\alpha=\left[\frac{\mu_\text{r}\varepsilon_\text{r}}{2}\left(\sqrt{1+\left(\frac{\sigma}{\varepsilon\omega}\right)^2}-1\right)\right]^{1/2} \tag{2-69}$$

比较式（2-64）、式（2-65）和式（2-1）、式（2-2）可知，导电介质中的波动方程与理想介质中的波动方程的形式完全相同，其解的形式也必然相同，仅需要把理想介质中平面波解的实波数 k 换成复波数 $\tilde{k}_\text{c}$。

仅考虑沿正方向传播的波，由式（2-27）可写出电场强度复振幅矢量满足的矢量亥姆霍兹方程（2-64）的平面波解为

$$\tilde{\mathbf{E}}(\mathbf{r})=\tilde{\mathbf{E}}_0\text{e}^{-\text{j}\tilde{\mathbf{k}}_\text{c}\cdot\mathbf{r}} \tag{2-70}$$

将此式代入式（2-4），得到磁场强度复振幅矢量平面波解为

$$\tilde{\mathbf{H}}(\mathbf{r})=\tilde{\mathbf{H}}_0\text{e}^{-\text{j}\tilde{\mathbf{k}}_\text{c}\cdot\mathbf{r}}=\frac{\tilde{\mathbf{k}}_\text{c}\times\tilde{\mathbf{E}}_0}{\omega\mu}\text{e}^{-\text{j}\tilde{\mathbf{k}}_\text{c}\cdot\mathbf{r}} \tag{2-71}$$

根据式（2-66）和式（2-28），假定复波数矢量的实部矢量和虚部矢量具有相同的方向（需要强调的是，这种假定仅在光波垂直入射的情况下才成立，详见第 3 章的讨论），可令

$$\tilde{\mathbf{k}}_c = \tilde{k}_c \mathbf{k}_0 = \frac{\omega}{c}\tilde{N}\mathbf{k}_0 = \frac{\omega}{c}(n - \mathrm{j}\alpha)\mathbf{k}_0 \tag{2-72}$$

由此可将式（2-70）和式（2-71）改写成

$$\tilde{\mathbf{E}}(\mathbf{r}) = \tilde{\mathbf{E}}_0 \mathrm{e}^{-\mathrm{j}\tilde{k}_c \mathbf{k}_0 \cdot \mathbf{r}} = \tilde{\mathbf{E}}_0 \mathrm{e}^{-\mathrm{j}\frac{\omega}{c}\tilde{N}\mathbf{k}_0 \cdot \mathbf{r}} \tag{2-73}$$

$$\tilde{\mathbf{H}}(\mathbf{r}) = \frac{1}{\tilde{\eta}_c}\mathbf{k}_0 \times \tilde{\mathbf{E}}_0 \mathrm{e}^{-\mathrm{j}\tilde{k}_c \mathbf{k}_0 \cdot \mathbf{r}} = \frac{1}{\mu_r}\sqrt{\frac{\varepsilon_0}{\mu_0}}\tilde{N}\mathbf{k}_0 \times \tilde{\mathbf{E}}_0 \mathrm{e}^{-\mathrm{j}\frac{\omega}{c}\tilde{N}\mathbf{k}_0 \cdot \mathbf{r}} \tag{2-74}$$

式中，μ_r 为导电介质的相对磁导率，$\tilde{\eta}_c$ 为导电介质的复波阻抗。由式（2-37）和式（1-204）可知

$$\tilde{\eta}_c = \sqrt{\frac{\mu}{\tilde{\varepsilon}_c}} = \sqrt{\frac{\mu_0 \mu_r}{\varepsilon - \mathrm{j}\dfrac{\sigma}{\omega}}} = \mu_r \sqrt{\frac{\mu_0}{\varepsilon_0}}\frac{1}{\tilde{N}} \tag{2-75}$$

而

$$\tilde{\varepsilon}_c = \varepsilon - \mathrm{j}\frac{\sigma}{\omega} \tag{2-76}$$

为介质的复介电常数。

如果求解磁场强度复振幅矢量满足方程（2-65），电场强度复振幅矢量用磁场强度复振幅矢量表示，则有

$$\tilde{\mathbf{H}}(\mathbf{r}) = \tilde{\mathbf{H}}_0 \mathrm{e}^{-\mathrm{j}\tilde{k}_c \mathbf{k}_0 \cdot \mathbf{r}} = \tilde{\mathbf{H}}_0 \mathrm{e}^{-\mathrm{j}\frac{\omega}{c}\tilde{N}\mathbf{k}_0 \cdot \mathbf{r}} \tag{2-77}$$

$$\tilde{\mathbf{E}}(\mathbf{r}) = -\tilde{\eta}_c \mathbf{k}_0 \times \tilde{\mathbf{H}}_0 \mathrm{e}^{-\mathrm{j}\tilde{k}_c \mathbf{k}_0 \cdot \mathbf{r}} = -\mu_r \sqrt{\frac{\mu_0}{\varepsilon_0}}\frac{1}{\tilde{N}}\mathbf{k}_0 \times \tilde{\mathbf{H}}_0 \mathrm{e}^{-\mathrm{j}\frac{\omega}{c}\tilde{N}\mathbf{k}_0 \cdot \mathbf{r}} \tag{2-78}$$

式（2-73）、式（2-74）和式（2-77）、式（2-78）就是导电介质中均匀平面光波的解。

2.2.2　导电介质中均匀平面光波的基本特性

在导电介质中，由式（2-75）可知，波阻抗 $\tilde{\eta}_c$ 取复值，以复折射率 $\tilde{N}$ 表示复波阻抗，将式（2-66）代入式（2-75），有

$$\tilde{\eta}_c = |\tilde{\eta}_c|\mathrm{e}^{\mathrm{j}\theta} = \mu_r \sqrt{\frac{\mu_0}{\varepsilon_0}}\frac{1}{n - \mathrm{j}\alpha} = \mu_r \sqrt{\frac{\mu_0}{\varepsilon_0}}\left[\frac{n}{n^2 + \alpha^2} + \mathrm{j}\frac{\alpha}{n^2 + \alpha^2}\right] \tag{2-79}$$

由此求得波阻抗的模和幅角分别为

$$|\tilde{\eta}_c| = \mu_r \sqrt{\frac{\mu_0}{\varepsilon_0}}\frac{1}{\sqrt{n^2 + \alpha^2}} \tag{2-80}$$

$$\theta = \operatorname{argtan}\frac{\alpha}{n} \tag{2-81}$$

如果以复介电常数 $\tilde{\varepsilon}_c$ 表示复波阻抗 $\tilde{\eta}_c$，由式（2-75）可得

$$\tilde{\eta}_c = |\tilde{\eta}_c|\mathrm{e}^{\mathrm{j}\theta} = \sqrt{\frac{\mu}{\varepsilon - \mathrm{j}\dfrac{\sigma}{\omega}}} = \sqrt{\frac{\mu}{\varepsilon}}\left[1 - \mathrm{j}\frac{\sigma}{\varepsilon\omega}\right]^{-1/2} \tag{2-82}$$

其模和幅角分别为

$$|\tilde{\eta}_c| = \sqrt{\frac{\mu}{\varepsilon}}\left[1+\left(\frac{\sigma}{\varepsilon\omega}\right)^2\right]^{-1/4} \tag{2-83}$$

$$\theta = \frac{1}{2}\arctan\frac{\sigma}{\varepsilon\omega} = 0 \sim \frac{\pi}{4} \quad (\sigma = 0 \sim \infty) \tag{2-84}$$

同样，在式（2-73）中，记

$$\tilde{\mathbf{E}}_0 = \mathbf{E}_0 e^{j\varphi_e} \tag{2-85}$$

则有

$$\tilde{\mathbf{H}}_0 = \frac{1}{\tilde{\eta}_c}\mathbf{k}_0 \times \mathbf{E}_0 e^{j\varphi_e} = \frac{1}{|\tilde{\eta}_c|}\mathbf{k}_0 \times \mathbf{E}_0 e^{j(\varphi_e-\theta)} = \mathbf{H}_0 e^{j(\varphi_e-\theta)} \tag{2-86}$$

将式（2-79）、式（2-72）和式（2-85）代入式（2-73）和式（2-74），并乘以时间因子 $e^{j\omega t}$，取实部，得到导电介质中均匀平面光波电场强度矢量和磁场强度矢量的瞬时表达式为

$$\mathbf{E}(\mathbf{r};t) = \mathrm{Re}\left[\mathbf{E}_0 e^{j\left[\omega t - \frac{\omega}{c}(n-j\alpha)\mathbf{k}_0\cdot\mathbf{r}+\varphi_e\right]}\right] = \mathbf{E}_0 e^{-\frac{\omega}{c}\alpha\mathbf{k}_0\cdot\mathbf{r}}\cos\left(\omega t - \frac{\omega}{c}n\mathbf{k}_0\cdot\mathbf{r}+\varphi_e\right) \tag{2-87}$$

$$\begin{aligned}\mathbf{H}(\mathbf{r};t) &= \mathrm{Re}\left[\frac{1}{|\tilde{\eta}_c|}\mathbf{k}_0 \times \mathbf{E}_0 e^{j\left[\omega t - \frac{\omega}{c}(n-j\alpha)\mathbf{k}_0\cdot\mathbf{r}+\varphi_e-\theta\right]}\right] \\ &= \frac{1}{|\tilde{\eta}_c|}\mathbf{k}_0 \times \mathbf{E}_0 e^{-\frac{\omega}{c}\alpha\mathbf{k}_0\cdot\mathbf{r}}\cos\left(\omega t - \frac{\omega}{c}n\mathbf{k}_0\cdot\mathbf{r}+\varphi_e-\theta\right)\end{aligned} \tag{2-88}$$

分析式（2-87）和式（2-88）可知，导电介质中的均匀平面光波具有如下特性。

1. 等振幅面、等相位面和相速度

由式（2-87）和式（2-88）可以看出，电场强度矢量 **E** 和磁场强度矢量 **H** 有共同的振幅因子 $e^{-\frac{\omega}{c}\alpha\mathbf{k}_0\cdot\mathbf{r}}$，当指数部分

$$\phi_A(\mathbf{r}) = -\frac{\omega}{c}\alpha\mathbf{k}_0\cdot\mathbf{r} = C \ （常数） \tag{2-89}$$

时，表明等振幅面为平面。电场强度矢量 **E** 和磁场强度矢量 **H** 的相位分别为

$$\phi_e(\mathbf{r};t) = \omega t - \frac{\omega}{c}n\mathbf{k}_0\cdot\mathbf{r}+\varphi_e \tag{2-90}$$

和

$$\phi_h(\mathbf{r};t) = \omega t - \frac{\omega}{c}n\mathbf{k}_0\cdot\mathbf{r}+\varphi_e-\theta \tag{2-91}$$

对于任意时刻 t，当 $\phi_e(\mathbf{r};t)$ 和 $\phi_h(\mathbf{r};t)$ 取常数时，电场强度矢量和磁场强度矢量的等相位面为平面，但两者不同相，磁场强度矢量等相位面滞后电场强度矢量等相位面 θ 角度。

对式（2-89）、式（2-90）和式（2-91）取梯度，得到

$$\nabla\phi_A(\mathbf{r}) = \nabla\phi_e(\mathbf{r};t) = \nabla\phi_h(\mathbf{r};t) = -\frac{\omega}{c}n\mathbf{k}_0 \tag{2-92}$$

该式表明，导电介质中的均匀平面光波等振幅面、电场强度矢量等相位面和磁场强度矢量等相位面的法向方向相同，等振幅面和等相位面彼此平行，表明在等相位面上振幅也相同，因而是均匀平面波。

取相位［见式（2-90）和式（2-91）］为常数，然后等式两边对时间求导，得到相速度为

$$\upsilon_\phi = \mathbf{k}_0 \cdot \frac{\mathrm{d}\mathbf{r}}{\mathrm{d}t} = \frac{c}{n} = c\left[\frac{\mu_r \varepsilon_r}{2}\left(\sqrt{1+\left(\frac{\sigma}{\varepsilon\omega}\right)^2}+1\right)\right]^{-1/2} \tag{2-93}$$

与式（2-45）相比较，式（2-93）表明，均匀平面光波在导电介质中的相速度比在理想介质中的相速度慢，且电导率 σ 越大，相速度越慢，波长也越短。此外，相速度与频率有关，频率低，相速度慢，因此不同频率的光波以不同的相速度传播，这种现象称为色散。导电介质是色散介质，当光波在导电介质中传播时，会造成信号的失真就是这个原因。

2．均匀平面光波的横波性

对于各向同性线性导电介质，由式（1-193）可知

$$\nabla \cdot \mathbf{E} = 0 \tag{2-94}$$

将式（2-87）代入上式，并利用矢量微分恒等式

$$\nabla \cdot (\varphi \mathbf{A}) = \mathbf{A} \cdot \nabla \varphi + \varphi \nabla \cdot \mathbf{A} \tag{2-95}$$

和

$$\nabla (u\varphi) = \varphi \nabla u + u \nabla \varphi \tag{2-96}$$

有

$$\begin{aligned}\nabla \cdot \mathbf{E} = \frac{\omega}{c} n \mathbf{E}_0 \cdot \mathbf{k}_0 \mathrm{e}^{-\frac{\omega}{c}\alpha \mathbf{k}_0 \cdot \mathbf{r}} \times \\ \left[\sin\left(\omega t - \frac{\omega}{c} n \mathbf{k}_0 \cdot \mathbf{r} + \varphi_e\right) - \cos\left(\omega t - \frac{\omega}{c} n \mathbf{k}_0 \cdot \mathbf{r} + \varphi_e\right)\right] = 0\end{aligned} \tag{2-97}$$

由此得到

$$\mathbf{E}_0 \cdot \mathbf{k}_0 = 0 \tag{2-98}$$

式（2-98）表明，导电介质中 **E** 与 **k** 相互垂直，即均匀平面光波是横电波。

由式（1-192）可知

$$\nabla \cdot \mathbf{H} = 0 \tag{2-99}$$

将式（2-88）代入上式，并利用矢量恒等式（2-95）和式（2-96），有

$$\begin{aligned}\nabla \cdot \mathbf{H} = \frac{1}{|\tilde{\eta}_c|} \frac{\omega}{c} \alpha \mathbf{k}_0 \cdot (\mathbf{k}_0 \times \mathbf{E}_0) \mathrm{e}^{-\frac{\omega}{c}\alpha \mathbf{k}_0 \cdot \mathbf{r}} \times \\ \left[\sin\left(\omega t - \frac{\omega}{c} n \mathbf{k}_0 \cdot \mathbf{r} + \varphi_e - \theta\right) - \cos\left(\omega t - \frac{\omega}{c} n \mathbf{k}_0 \cdot \mathbf{r} + \varphi_e - \theta\right)\right] = 0\end{aligned} \tag{2-100}$$

得到

$$\mathbf{k}_0 \cdot (\mathbf{k}_0 \times \mathbf{E}_0) = 0 \tag{2-101}$$

可见，导电介质中 **H** 与 **k** 相互垂直，即均匀平面光波是横磁波。

式（2-97）和式（2-100）表明，在各向同性线性均匀导电介质中，平面光波也是横电磁波，电场 **E**、磁场 **H** 和波矢 **k** 三者两两相互垂直，并服从右手法则。

3．电场强度矢量和磁场强度矢量不同相

比较式（2-90）和式（2-91）可知，由于波阻抗取复值，光波在各向同性线性均匀导电介质中传播的电场强度矢量 **E** 和磁场强度矢量 **H** 不同相，磁场强度矢量滞后电场强度矢量 θ 角度。

假设平面光波沿 Z 轴方向传播，$\mathbf{k}_0 = \mathbf{e}_z$，电场强度矢量 $\mathbf{E}$ 沿 X 轴方向，$\mathbf{E}_0 = E_0\mathbf{e}_x$，则式（2-87）和式（2-88）化简为

$$\mathbf{E}(\mathbf{r};t) = \mathbf{e}_x E_0 \mathrm{e}^{-\frac{\omega}{c}\alpha z} \cos\left(\omega t - \frac{\omega}{c} n z + \varphi_\mathrm{e}\right) \tag{2-102}$$

$$\mathbf{H}(\mathbf{r};t) = \mathbf{e}_y \frac{1}{|\tilde{\eta}_\mathrm{c}|} E_0 \mathrm{e}^{-\frac{\omega}{c}\alpha z} \cos\left(\omega t - \frac{\omega}{c} n z + \varphi_\mathrm{e} - \theta\right) \tag{2-103}$$

取 $t = 0$，依据式（2-102）和式（2-103）作电场强度矢量 $\mathbf{E}$ 和磁场强度矢量 $\mathbf{H}$ 的波形图，如图 2-3 所示。

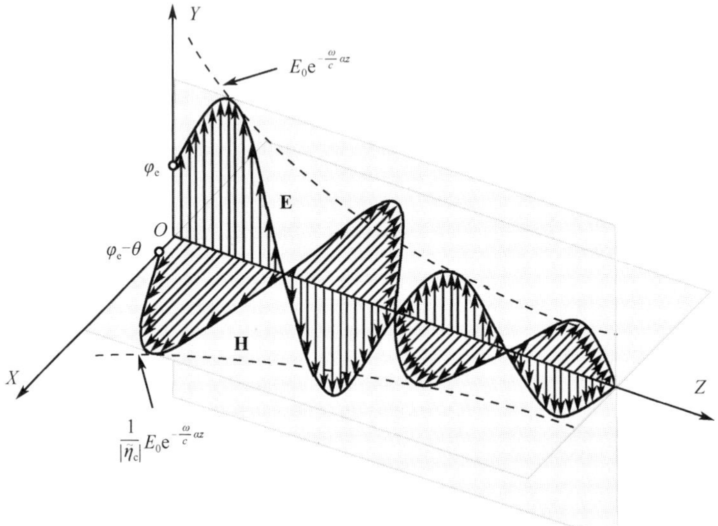

图 2-3　导体中的平面光波 $\mathbf{E}$ 和 $\mathbf{H}$ 不同相且振幅指数衰减

4．均匀平面光波的能量、能流密度、能量传播速度及光强

将式（2-73）代入式（1-110），并乘以时间因子 $\mathrm{e}^{\mathrm{j}\omega t}$，再利用式（2-75）和式（2-79），取实部，得到导电介质中均匀平面光波电通密度矢量 $\mathbf{D}(\mathbf{r};t)$ 的瞬时表达式为

$$\begin{aligned}\mathbf{D}(\mathbf{r};t) &= \mathrm{Re}[\tilde{\varepsilon}_\mathrm{c}\tilde{\mathbf{E}}(\mathbf{r})\mathrm{e}^{\mathrm{j}\omega t}] = \mathrm{Re}\left[\frac{\mu}{|\tilde{\eta}_\mathrm{c}|^2}\mathbf{E}_0 \mathrm{e}^{\mathrm{j}\left(\omega t - \frac{\omega}{c}\tilde{N}\mathbf{k}_0\cdot\mathbf{r} + \varphi_\mathrm{e} - 2\theta\right)}\right] \\ &= \frac{\mu}{|\tilde{\eta}_\mathrm{c}|^2}\mathbf{E}_0 \mathrm{e}^{-\frac{\omega}{c}\alpha\mathbf{k}_0\cdot\mathbf{r}} \cos\left(\omega t - \frac{\omega}{c} n \mathbf{k}_0\cdot\mathbf{r} + \varphi_\mathrm{e} - 2\theta\right)\end{aligned} \tag{2-104}$$

将式（2-87）、式（2-104）和式（2-88）代入式（1-15），并利用矢量恒等式（2-55）、式（1-110）和式（1-99），得到各向同性线性均匀导电介质中均匀平面光波的瞬时能量密度为

$$\begin{aligned} w &= w_\mathrm{e} + w_\mathrm{m} = \frac{1}{2}\mathbf{E}\cdot\mathbf{D} + \frac{1}{2}\mathbf{H}\cdot\mathbf{B} \\ &= \frac{1}{2}\frac{\mu}{|\tilde{\eta}_\mathrm{c}|^2}E_0^2 \mathrm{e}^{-2\frac{\omega}{c}\alpha\mathbf{k}_0\cdot\mathbf{r}} \cos\left(\omega t - \frac{\omega}{c} n\mathbf{k}_0\cdot\mathbf{r} + \varphi_\mathrm{e}\right)\cos\left(\omega t - \frac{\omega}{c} n\mathbf{k}_0\cdot\mathbf{r} + \varphi_\mathrm{e} - 2\theta\right) + \\ &\quad \frac{1}{2}\frac{\mu}{|\tilde{\eta}_\mathrm{c}|^2}E_0^2 \mathrm{e}^{-2\frac{\omega}{c}\alpha\mathbf{k}_0\cdot\mathbf{r}} \cos^2\left(\omega t - \frac{\omega}{c} n\mathbf{k}_0\cdot\mathbf{r} + \varphi_\mathrm{e} - \theta\right)\end{aligned} \tag{2-105}$$

由瞬时能量表达式可以看出，在各向同性线性均匀导电介质中，虽然平面光波的电场和磁场不同相，但电场能量和磁场能量大小相等，各占电磁能量的一半，且能量随传播距离的增大不断衰减。

对电磁能量密度式（1-15）取时间平均，并将式（2-73）和式（2-74）代入其中，得到总电磁能量密度的时间平均值为

$$\begin{aligned} w_{\mathrm{av}} &= \frac{1}{2}\mathrm{Re}\left[\frac{1}{2}(\tilde{\mathbf{E}}\cdot\tilde{\mathbf{D}}^* + \tilde{\mathbf{H}}\cdot\tilde{\mathbf{B}}^*)\right] = \frac{1}{2}\mathrm{Re}\left[\frac{1}{2}(\tilde{\mathbf{E}}\cdot(\tilde{\varepsilon}_{\mathrm{c}}^*\tilde{\mathbf{E}}^*) + \tilde{\mathbf{H}}\cdot(\mu\tilde{\mathbf{H}}^*))\right] \\ &= \frac{1}{4}(\varepsilon\tilde{\mathbf{E}}\cdot\tilde{\mathbf{E}}^* + \mu\tilde{\mathbf{H}}\cdot\tilde{\mathbf{H}}^*) \\ &= \frac{1}{4}\left[\varepsilon E_0^2 \mathrm{e}^{-2\frac{\omega}{c}\alpha\mathbf{k}_0\cdot\mathbf{r}} + \mu\frac{E_0^2}{|\tilde{\eta}_{\mathrm{c}}|^2}\mathrm{e}^{-2\frac{\omega}{c}\alpha\mathbf{k}_0\cdot\mathbf{r}}\right] = \frac{1}{4}\varepsilon E_0^2\mathrm{e}^{-2\frac{\omega}{c}\alpha\mathbf{k}_0\cdot\mathbf{r}}\left[1 + \frac{\mu}{\varepsilon}\frac{1}{|\tilde{\eta}_{\mathrm{c}}|^2}\right] \end{aligned} \tag{2-106}$$

将式（2-73）和式（2-74）代入式（1-395），得到复坡印廷矢量为

$$\begin{aligned} \tilde{\mathbf{S}} &= \frac{1}{2}\tilde{\mathbf{E}}\times\tilde{\mathbf{H}}^* = \frac{1}{2}\frac{1}{\tilde{\eta}_{\mathrm{c}}^*}\tilde{\mathbf{E}}_0\times(\mathbf{k}_0\times\tilde{\mathbf{E}}_0^*)\mathrm{e}^{-2\frac{\omega}{c}\alpha\mathbf{k}_0\cdot\mathbf{r}} \\ &= \frac{1}{2}\frac{1}{\tilde{\eta}_{\mathrm{c}}^*}E_0^2\mathbf{k}_0\mathrm{e}^{-2\frac{\omega}{c}\alpha\mathbf{k}_0\cdot\mathbf{r}} = \frac{1}{2}\frac{1}{|\tilde{\eta}_{\mathrm{c}}|}E_0^2\mathbf{k}_0\mathrm{e}^{-2\frac{\omega}{c}\alpha\mathbf{k}_0\cdot\mathbf{r}}\mathrm{e}^{\mathrm{j}\theta} \end{aligned} \tag{2-107}$$

又由式（1-396）得到平均坡印廷矢量为

$$\mathbf{S}_{\mathrm{av}} = \mathrm{Re}\left[\frac{1}{2}\tilde{\mathbf{E}}\times\tilde{\mathbf{H}}^*\right] = \frac{1}{2}\frac{1}{|\tilde{\eta}_{\mathrm{c}}|}E_0^2\mathbf{k}_0\mathrm{e}^{-2\frac{\omega}{c}\alpha\mathbf{k}_0\cdot\mathbf{r}}\cos\theta \tag{2-108}$$

各向同性线性均匀导电介质中均匀平面光波的能量传播速度为

$$\upsilon_{\mathrm{e}} = \frac{|\mathbf{S}_{\mathrm{av}}|}{w_{\mathrm{av}}} = \frac{2|\tilde{\eta}_{\mathrm{c}}|\cos\theta}{[\varepsilon|\tilde{\eta}_{\mathrm{c}}|^2 + \mu]} \tag{2-109}$$

下面证明，导电介质中平面光波的能量传播速度与相速度相同。

对式（2-82）求平方，得到

$$\tilde{\eta}_{\mathrm{c}}^2 = \left|\tilde{\eta}_{\mathrm{c}}^2\right|\mathrm{e}^{\mathrm{j}\beta} = \frac{\mu}{\varepsilon}\frac{1}{1-\mathrm{j}\dfrac{\sigma}{\varepsilon\omega}} = \frac{\mu}{\varepsilon}\frac{1+\mathrm{j}\dfrac{\sigma}{\varepsilon\omega}}{1+\left(\dfrac{\sigma}{\varepsilon\omega}\right)^2} \tag{2-110}$$

由此可得

$$|\tilde{\eta}_{\mathrm{c}}^2| = \frac{\mu}{\varepsilon}\left[1+\left(\frac{\sigma}{\varepsilon\omega}\right)^2\right]^{-1/2} \tag{2-111}$$

$$\cos\beta = \frac{\dfrac{\mu}{\varepsilon}\left[1+\left(\dfrac{\sigma}{\varepsilon\omega}\right)^2\right]^{-1}}{|\tilde{\eta}_{\mathrm{c}}^2|} = \left[1+\left(\frac{\sigma}{\varepsilon\omega}\right)^2\right]^{-1/2} \tag{2-112}$$

对式（2-110）两边开平方，得到

$$|\tilde{\eta}_{\mathrm{c}}| = \sqrt{|\tilde{\eta}_{\mathrm{c}}^2|} = \sqrt{\frac{\mu}{\varepsilon}}\left[1+\left(\frac{\sigma}{\varepsilon\omega}\right)^2\right]^{-1/4} \tag{2-113}$$

又由

$$\theta = \frac{\beta}{2} \tag{2-114}$$

利用三角函数半角公式

$$\cos\varphi = 2\cos^2\frac{\varphi}{2} - 1 \tag{2-115}$$

得到

$$\cos\theta = \sqrt{\frac{1+\cos\beta}{2}} = \frac{1}{\sqrt{2}}\sqrt{1+\left[1+\left(\frac{\sigma}{\varepsilon\omega}\right)^2\right]^{-1/2}} \tag{2-116}$$

将式（2-111）、式（2-113）和式（2-116）代入式（2-109），得到

$$\upsilon_{\mathrm{e}} = \frac{\sqrt{2}}{\sqrt{\mu\varepsilon}}\left[1+\sqrt{1+\left(\frac{\sigma}{\varepsilon\omega}\right)^2}\right]^{-1/2} = \frac{c}{n} = \upsilon_{\varphi} \tag{2-117}$$

该式表明，各向同性线性均匀导电介质中平面光波的能量传播速度与相速度相同。

将式（2-73）和式（2-74）代入式（1-395），并取实部，得到平均坡印廷矢量的另一种形式为

$$\mathbf{S}_{\mathrm{av}} = \mathrm{Re}\left[\frac{1}{2}\tilde{\mathbf{E}}\times\tilde{\mathbf{H}}^*\right] = \frac{1}{2}\frac{1}{\mu_{\mathrm{r}}}\sqrt{\frac{\varepsilon_0}{\mu_0}}\mathrm{Re}[\tilde{N}^*]E_0^2\mathbf{k}_0\mathrm{e}^{-2\frac{\omega}{c}\alpha\mathbf{k}_0\cdot\mathbf{r}} \tag{2-118}$$

由此可定义各向同性均匀导电介质（即吸收介质）中的光强为

$$I = \frac{1}{2}\frac{1}{\mu_{\mathrm{r}}}\sqrt{\frac{\varepsilon_0}{\mu_0}}\mathrm{Re}[\tilde{N}^*]E_0^2\mathrm{e}^{-2\frac{\omega}{c}\alpha\mathbf{k}_0\cdot\mathbf{r}} \tag{2-119}$$

显然，在导电介质中，光强不仅与介质的折射率和电场强度大小的平方有关，也与光波频率、光传播距离和消光系数有关。对于线性吸收，式（2-119）是足够精确的，但对于非线性吸收，式（2-119）不适用。

2.3 导电介质中的非均匀平面光波

2.3.1 亥姆霍兹方程的矢量平面波解

用分离变量法求解各向同性线性均匀理想介质中的矢量齐次亥姆霍兹方程，波数 k 为实数，分离常数 k_x、k_y 和 k_z 也取实数。对于导电介质，方程形式虽然相同，但波数 $\tilde{k}_{\mathrm{c}}$ 为复数，分离常数 $\tilde{k}_x$、$\tilde{k}_y$ 和 $\tilde{k}_z$ 也取复数。由此根据理想介质中的波数表达式（2-13），可写出导电介质中的复波数 $\tilde{k}_{\mathrm{c}}$ 满足

$$\tilde{k}_{\mathrm{c}}^2 = \tilde{k}_x^2 + \tilde{k}_y^2 + \tilde{k}_z^2 \tag{2-120}$$

令

$$\tilde{k}_x = k_x' - \mathrm{j}k_x'',\quad \tilde{k}_y = k_y' - \mathrm{j}k_y'',\quad \tilde{k}_z = k_z' - \mathrm{j}k_z'' \tag{2-121}$$

利用式（2-26），可将式（2-72）改写为

$$\begin{aligned}\tilde{\mathbf{k}}_{\mathrm{c}} &= \tilde{k}_x\mathbf{e}_x + \tilde{k}_y\mathbf{e}_y + \tilde{k}_z\mathbf{e}_z = (k_x' - \mathrm{j}k_x'')\mathbf{e}_x + (k_y' - \mathrm{j}k_y'')\mathbf{e}_y + (k_z' - \mathrm{j}k_z'')\mathbf{e}_z \\ &= (k_x'\mathbf{e}_x + k_y'\mathbf{e}_y + k_z'\mathbf{e}_z) - \mathrm{j}(k_x''\mathbf{e}_x + k_y''\mathbf{e}_y + k_z''\mathbf{e}_z) = \frac{\omega}{c}(n_{\mathrm{e}}\mathbf{k}_0' - \mathrm{j}\alpha_{\mathrm{e}}\mathbf{k}_0'')\end{aligned} \tag{2-122}$$

式中，$\tilde{k}_x$、$\tilde{k}_y$ 和 $\tilde{k}_z$ 分别为复波数矢量 $\tilde{\mathbf{k}}_c$ 沿 X、Y 和 Z 轴方向的复波数分量；而

$$\begin{cases}\dfrac{\omega}{c}n_e=[(k_x')^2+(k_y')^2+(k_z')^2]^{1/2}\\[2mm] \dfrac{\omega}{c}\alpha_e=[(k_x'')^2+(k_y'')^2+(k_z'')^2]^{1/2}\end{cases} \tag{2-123}$$

式（2-123）中的 n_e 和 α_e 具有与式（2-67）中的 n 和 α 相同的意义，所以可称为等效折射率和等效消光系数。

式（2-122）中，$\mathbf{k}_0'$ 和 $\mathbf{k}_0''$ 分别对应复波数实部矢量的单位矢量和虚部矢量的单位矢量，即

$$\begin{cases}\mathbf{k}_0'=\cos\alpha_0'\mathbf{e}_x+\cos\beta_0'\mathbf{e}_y+\cos\gamma_0'\mathbf{e}_z\\ \mathbf{k}_0''=\cos\alpha_0''\mathbf{e}_x+\cos\beta_0''\mathbf{e}_y+\cos\gamma_0''\mathbf{e}_z\end{cases} \tag{2-124}$$

而

$$\begin{cases}\cos\alpha_0'=\dfrac{c}{\omega}\dfrac{k_x'}{n_e},\quad \cos\beta_0'=\dfrac{c}{\omega}\dfrac{k_y'}{n_e},\quad \cos\gamma_0'=\dfrac{c}{\omega}\dfrac{k_z'}{n_e}\\[2mm] \cos\alpha_0''=\dfrac{c}{\omega}\dfrac{k_x''}{\alpha_e},\quad \cos\beta_0''=\dfrac{c}{\omega}\dfrac{k_y''}{\alpha_e},\quad \cos\gamma_0''=\dfrac{c}{\omega}\dfrac{k_z''}{\alpha_e}\end{cases} \tag{2-125}$$

式中，$\{\cos\alpha_0',\cos\beta_0',\cos\gamma_0'\}$ 和 $\{\cos\alpha_0'',\cos\beta_0'',\cos\gamma_0''\}$ 分别为单位矢量 $\mathbf{k}_0'$ 和 $\mathbf{k}_0''$ 的方向余弦。

将式（2-122）代入式（2-70）和式（2-71），有

$$\tilde{\mathbf{E}}(\mathbf{r})=\tilde{\mathbf{E}}_0\mathrm{e}^{-\frac{\omega}{c}\alpha_e\mathbf{k}_0''\cdot\mathbf{r}}\mathrm{e}^{-\mathrm{j}\frac{\omega}{c}n_e\mathbf{k}_0'\cdot\mathbf{r}} \tag{2-126}$$

$$\tilde{\mathbf{H}}(\mathbf{r})=\frac{(n_e\mathbf{k}_0'-\mathrm{j}\alpha_e\mathbf{k}_0'')\times\tilde{\mathbf{E}}_0}{\mu c}\mathrm{e}^{-\frac{\omega}{c}\alpha_e\mathbf{k}_0''\cdot\mathbf{r}}\mathrm{e}^{-\mathrm{j}\frac{\omega}{c}n_e\mathbf{k}_0'\cdot\mathbf{r}} \tag{2-127}$$

由此可见，$\mathbf{k}_0'$ 为等相位面的法向单位矢量，$\mathbf{k}_0''$ 为等振幅面的法向单位矢量。式（2-126）和式（2-127）就是描述导电介质中非均匀平面光波电场强度复振幅矢量和磁场强度复振幅矢量的一般表达式。

此外，如果将式（2-122）代入式（2-77），并利用

$$\nabla\times\tilde{\mathbf{H}}=\mathrm{j}\omega\tilde{\varepsilon}_c\tilde{\mathbf{E}} \tag{2-128}$$

可得导电介质中用磁场表示电场的非均匀平面光波磁场强度复振幅矢量和电场强度复振幅矢量的表达式为

$$\tilde{\mathbf{H}}(\mathbf{r})=\tilde{\mathbf{H}}_0\mathrm{e}^{-\frac{\omega}{c}\alpha_e\mathbf{k}_0''\cdot\mathbf{r}}\mathrm{e}^{-\mathrm{j}\frac{\omega}{c}n_e\mathbf{k}_0'\cdot\mathbf{r}} \tag{2-129}$$

$$\tilde{\mathbf{E}}(\mathbf{r})=-\frac{1}{\tilde{\varepsilon}_c c}(n_e\mathbf{k}_0'-\mathrm{j}\alpha_e\mathbf{k}_0'')\times\tilde{\mathbf{H}}_0\mathrm{e}^{-\frac{\omega}{c}\alpha_e\mathbf{k}_0''\cdot\mathbf{r}}\mathrm{e}^{-\mathrm{j}\frac{\omega}{c}n_e\mathbf{k}_0'\cdot\mathbf{r}} \tag{2-130}$$

2.3.2　导电介质中非均匀平面光波的基本特性

将式（2-85）代入式（2-126）和式（2-127），并乘以时间因子 $\mathrm{e}^{\mathrm{j}\omega t}$，取实部，得到导电介质中非均匀平面光波电场强度矢量和磁场强度矢量的瞬时表达式为

$$\mathbf{E}(\mathbf{r};t)=\mathbf{E}_0\mathrm{e}^{-\frac{\omega}{c}\alpha_e\mathbf{k}_0''\cdot\mathbf{r}}\cos\left(\omega t-\frac{\omega}{c}n_e\mathbf{k}_0'\cdot\mathbf{r}+\varphi_e\right) \tag{2-131}$$

$$\mathbf{H}(\mathbf{r};t)=\frac{n_e\mathbf{k}_0'\times\mathbf{E}_0}{\mu c}\mathrm{e}^{-\frac{\omega}{c}\alpha_e\mathbf{k}_0''\cdot\mathbf{r}}\cos\left(\omega t-\frac{\omega}{c}n_e\mathbf{k}_0'\cdot\mathbf{r}+\varphi_e\right)+\frac{\alpha_e\mathbf{k}_0''\times\mathbf{E}_0}{\mu c}\mathrm{e}^{-\frac{\omega}{c}\alpha_e\mathbf{k}_0''\cdot\mathbf{r}}\cos\left(\omega t-\frac{\omega}{c}n_e\mathbf{k}_0'\cdot\mathbf{r}+\varphi_e+\frac{\pi}{2}\right)\quad(2\text{-}132)$$

分析式（2-131）和式（2-132）可知，导电介质中的非均匀平面光波具有以下特性。

1．等振幅面、等相位面和相速度

由电场强度矢量瞬时表达式（2-131）和磁场强度矢量瞬时表达式（2-132）可以看出，电场强度矢量 $\mathbf{E}$ 和磁场强度矢量 $\mathbf{H}$ 具有相同的振幅衰减因子 $\mathrm{e}^{-\frac{\omega}{c}\alpha_e\mathbf{k}_0''\cdot\mathbf{r}}$，当

$$\phi_A(\mathbf{r})=-\frac{\omega}{c}\alpha_e\mathbf{k}_0''\cdot\mathbf{r}=C（常数）\quad(2\text{-}133)$$

时，等振幅面为平面。

电场强度矢量 $\mathbf{E}$ 和磁场强度矢量 $\mathbf{H}$ 的相位为

$$\phi_e(\mathbf{r};t)=\phi_{h1}(\mathbf{r};t)=\omega t-\frac{\omega}{c}n_e\mathbf{k}_0'\cdot\mathbf{r}+\varphi_e\quad(2\text{-}134)$$

$$\phi_{h2}(\mathbf{r};t)=\omega t-\frac{\omega}{c}n_e\mathbf{k}_0'\cdot\mathbf{r}+\varphi_e+\frac{\pi}{2}\quad(2\text{-}135)$$

对于任意时刻 t，当 $\phi_e(\mathbf{r};t)$、$\phi_{h1}(\mathbf{r};t)$ 和 $\phi_{h2}(\mathbf{r};t)$ 取常数时，电场强度矢量和磁场强度矢量等相位面为平面，$\phi_{h1}(\mathbf{r};t)$ 和 $\phi_{h2}(\mathbf{r};t)$ 不同相，$\phi_{h2}(\mathbf{r};t)$ 比 $\phi_{h1}(\mathbf{r};t)$ 滞后 $\pi/2$。

对式（2-133）、式（2-134）和式（2-135）取梯度，有

$$\nabla\phi_A(\mathbf{r})=-\frac{\omega}{c}\alpha_e\mathbf{k}_0''\quad(2\text{-}136)$$

$$\nabla\phi_e(\mathbf{r};t)=\nabla\phi_{h1}(\mathbf{r};t)=\nabla\phi_{h2}(\mathbf{r};t)=-\frac{\omega}{c}n_e\mathbf{k}_0'\quad(2\text{-}137)$$

式（2-136）和式（2-137）表明，导电介质中平面光波的等振幅面与等相位面的法向方向不同，但 $\phi_{h1}(\mathbf{r};t)$ 和 $\phi_{h2}(\mathbf{r};t)$ 的方向相同，如图 2-4（a）所示。

由相位方程（2-134）和方程（2-135）可得相速度为

$$\upsilon_\varphi=\mathbf{k}_0'\cdot\frac{\mathrm{d}\mathbf{r}}{\mathrm{d}t}=\frac{c}{n_e}=\omega[(k_x')^2+(k_y')^2+(k_z')^2]^{-1/2}\quad(2\text{-}138)$$

式（2-138）表明，导电介质中的相速度除与频率有关外，还与复波数矢量实部矢量的分量 k_x'、k_y' 和 k_z' 有关，而与复波数矢量虚部矢量的分量 k_x''、k_y'' 和 k_z'' 无关。

2．非均匀平面光波的横波性

将式（2-131）代入式（1-193），并利用矢量微分恒等式（2-95）和式（2-96），有

$$\mathbf{E}_0\cdot\mathbf{k}_0'\sin\left(\omega t-\frac{\omega}{c}n_e\mathbf{k}_0'\cdot\mathbf{r}+\varphi_e\right)-\alpha_e\mathbf{E}_0\cdot\mathbf{k}_0''\cos\left(\omega t-\frac{\omega}{c}n_e\mathbf{k}_0'\cdot\mathbf{r}+\varphi_e\right)=0\quad(2\text{-}139)$$

将式（2-132）代入式（1-192），并利用矢量恒等式（2-95）和式（2-96），有

$$\left[\frac{n_e^2\omega}{\mu c^2}\mathbf{k}_0'\cdot(\mathbf{k}_0'\times\mathbf{E}_0)-\frac{\alpha_e^2\omega}{\mu c^2}\mathbf{k}_0''\cdot(\mathbf{k}_0''\times\mathbf{E}_0)\right]\sin\left(\omega t-\frac{\omega}{c}n_e\mathbf{k}_0'\cdot\mathbf{r}+\varphi_e\right)=0\quad(2\text{-}140)$$

式（2-139）和式（2-140）表明，非均匀平面光波的等相位面上，如果电场强度矢量 $\mathbf{E}_0$ 垂直于 $\mathbf{k}_0'$，即

$$\mathbf{k}_0' \perp \mathbf{E}_0, \quad \mathbf{k}_0' \cdot \mathbf{E}_0 = 0 \tag{2-141}$$

则必有等振幅面上电场强度矢量 $\mathbf{E}_0$ 垂直于 $\mathbf{k}_0''$，即

$$\mathbf{k}_0'' \perp \mathbf{E}_0, \quad \mathbf{k}_0'' \cdot \mathbf{E}_0 = 0 \tag{2-142}$$

另外，由矢量恒等式

$$\mathbf{A} \cdot (\mathbf{B} \times \mathbf{C}) = \mathbf{C} \cdot (\mathbf{A} \times \mathbf{B}) \tag{2-143}$$

得到

$$\mathbf{k}_0' \cdot (\mathbf{k}_0' \times \mathbf{E}_0) = 0, \quad \mathbf{k}_0'' \cdot (\mathbf{k}_0'' \times \mathbf{E}_0) = 0 \tag{2-144}$$

表明等相位面上磁场强度矢量 $\mathbf{k}_0' \times \mathbf{E}_0$ 也垂直于 $\mathbf{k}_0'$，而等振幅面上磁场强度矢量 $\mathbf{k}_0'' \times \mathbf{E}_0$ 垂直于 $\mathbf{k}_0''$，由此说明，导电介质中的非均匀平面光波仍为横电磁波。当平面光波入射到理想介质与导电介质的分界面时，导电介质中的透射平面光波就属于这种情况，详见 3.3 节的讨论。

在波数 $\tilde{k}_c$ 取实数，而分离常数 $\tilde{k}_x$、$\tilde{k}_y$ 和 $\tilde{k}_z$ 仍取复数的特殊情况下，将式（2-121）代入式（2-120），并令等式两边的实部和虚部相等，有

$$\tilde{k}_c^2 = (k_x')^2 + (k_y')^2 + (k_z')^2 - [(k_x'')^2 + (k_y'')^2 + (k_z'')^2] \tag{2-145}$$

$$k_x'k_x'' + k_y'k_y'' + k_z'k_z'' = 0 \tag{2-146}$$

式（2-146）也即

$$\mathbf{k}_0' \cdot \mathbf{k}_0'' = 0 \tag{2-147}$$

该式表明，等振幅面与等相位面垂直，如图 2-4（b）所示。当平面光波入射到理想介质与理想介质的分界面时，如果入射角大于临界角，则产生全反射，透射光波为非均匀平面波，等振幅面与等相位面垂直，详见 3.5 节的讨论。

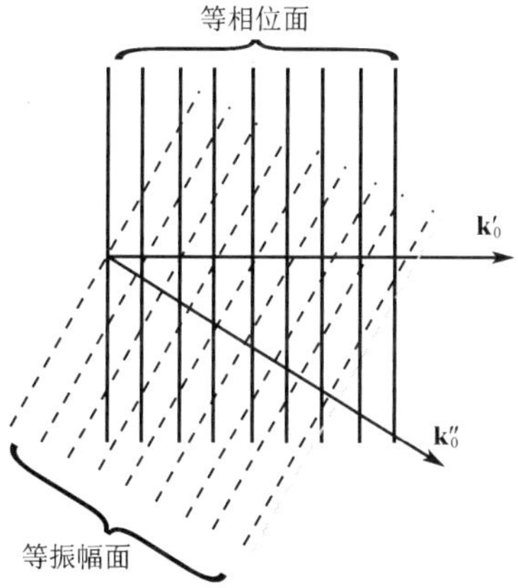

（a）等振幅面与等相位面之间有一夹角

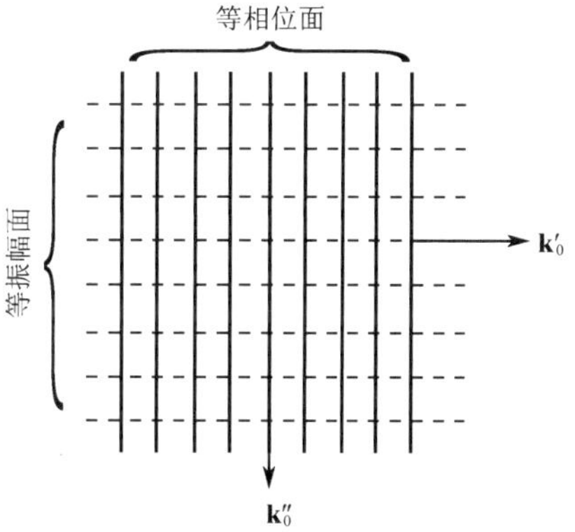

（b）等振幅面与等相位面垂直

图 2-4　导电介质中非均匀平面光波的等振幅面和等相位面

3．非均匀平面光波的能量及能流

对电磁能量密度式（1-15）取时间平均，将式（2-126）和式（2-127）代入其中，并利用矢量恒等式（2-55），得到

$$w_{\mathrm{av}}=\frac{1}{2}\mathrm{Re}\left[\frac{1}{2}(\tilde{\mathbf{E}}\cdot\tilde{\mathbf{D}}^*+\tilde{\mathbf{H}}\cdot\tilde{\mathbf{B}}^*)\right]=\frac{1}{2}\mathrm{Re}\left[\frac{1}{2}(\varepsilon_{\mathrm{c}}^*\tilde{\mathbf{E}}\cdot\tilde{\mathbf{E}}^*+\mu\tilde{\mathbf{H}}\cdot\tilde{\mathbf{H}}^*)\right]$$
$$=\frac{1}{4}(\varepsilon\tilde{\mathbf{E}}\cdot\tilde{\mathbf{E}}^*+\mu\tilde{\mathbf{H}}\cdot\tilde{\mathbf{H}}^*)=\frac{1}{4}\left(1+\frac{n_{\mathrm{e}}^2+\alpha_{\mathrm{e}}^2}{\mu\varepsilon c^2}\right)\varepsilon E_0^2\mathrm{e}^{-2\frac{\omega}{c}\alpha_{\mathrm{e}}\mathbf{k}_0''\cdot\mathbf{r}} \tag{2-148}$$

将式（2-126）和式（2-127）代入式（1-395），得到复坡印廷矢量为

$$\tilde{\mathbf{S}}=\frac{1}{2}\tilde{\mathbf{E}}\times\tilde{\mathbf{H}}^*=\frac{1}{2}\frac{1}{\mu c}\mathrm{e}^{-2\frac{\omega}{c}\alpha\mathbf{k}_0''\cdot\mathbf{r}}(n_{\mathrm{e}}\mathbf{k}_0'+\mathrm{j}\alpha_{\mathrm{e}}\mathbf{k}_0'')E_0^2 \tag{2-149}$$

又由式（1-396）得到平均坡印廷矢量为

$$\mathbf{S}_{\mathrm{av}}=\mathrm{Re}\left[\frac{1}{2}\tilde{\mathbf{E}}\times\tilde{\mathbf{H}}^*\right]=\frac{1}{2}\frac{1}{\mu c}n_{\mathrm{e}}E_0^2\mathbf{k}_0'\mathrm{e}^{-2\frac{\omega}{c}\alpha\mathbf{k}_0''\cdot\mathbf{r}} \tag{2-150}$$

导电介质中非均匀平面光波的能量传播速度为

$$\upsilon_{\mathrm{e}}=\frac{|\mathbf{S}_{\mathrm{av}}|}{w_{\mathrm{av}}}=\frac{2n_{\mathrm{e}}c}{(\mu\varepsilon c^2+n_{\mathrm{e}}^2+\alpha_{\mathrm{e}}^2)}\neq\upsilon_{\varphi} \tag{2-151}$$

与式（2-138）比较可知，导电介质中非均匀平面光波的能量传播速度与相速度不等。

平面光波在均匀导电介质中传播，其传播特性极为复杂。虽然光波仍具有横波特性，但等振幅面与等相位面不重合，且相速度与能量传播速度不相等，由此影响到当平面光波入射到导电介质的分界面时，在导电介质中形成的非均匀平面光波的反射与透射在形式上仍可满足通常的反射和透射定律，但实际的反射和透射问题的计算需要引入有效折射率，详见3.3节的讨论。

2.4 标量柱面光波

在无界区域求解非齐次矢量波动方程（1-261）和方程（1-262），可以采用并矢格林函数方法，但比较复杂。为了化简求解，通常引入位函数 $\mathbf{A}(\mathbf{r};t)$ 和 $u(\mathbf{r};t)$，在洛伦兹规范条件下，把直接求解电场强度矢量 $\mathbf{E}(\mathbf{r};t)$ 和磁场强度矢量 $\mathbf{H}(\mathbf{r};t)$ 转化为求解磁矢量位 $\mathbf{A}(\mathbf{r};t)$ 和电标量位 $u(\mathbf{r};t)$，然后由式（1-301）可求得电场强度矢量 $\mathbf{E}(\mathbf{r};t)$ 和磁场强度矢量 $\mathbf{H}(\mathbf{r};t)$。磁矢量位 $\mathbf{A}(\mathbf{r};t)$ 满足非齐次波动方程（1-289），而电标量位 $u(\mathbf{r};t)$ 满足非齐次波动方程（1-291），当已知电流源 $\mathbf{J}_{\mathrm{V}}(\mathbf{r};t)$ 和电荷源 $\rho_{\mathrm{V}}(\mathbf{r};t)$ 的情况下，不管是线源还是点源都可采用格林函数方法求解。

但是，光源发光的机理与微波天线发射电磁波的机理不同，不管是采用并矢格林函数方法直接求解场矢量，或是采用格林函数方法间接求解位函数，都不能反映光波的真实特性。因此，通常采用近似求解标量场的亥姆霍兹方程。

假设在均匀各向同性线性理想介质中，沿 Z 轴放置一理想线性光源，如图2-5（a）所示。光源发射电磁波，在无源区域，时谐电场强度复振幅矢量 $\tilde{\mathbf{E}}$ 和磁场强度复振幅矢量 $\tilde{\mathbf{H}}$ 满足齐次矢量亥姆霍兹方程（1-183）和方程（1-184）。在柱坐标系下，把电场强度复振幅矢量 $\tilde{\mathbf{E}}$ 写成分量形式，有

$$\tilde{\mathbf{E}}=\tilde{E}_{\rho}\mathbf{e}_{\rho}+\tilde{E}_{\varphi}\mathbf{e}_{\varphi}+\tilde{E}_z\mathbf{e}_z \tag{2-152}$$

柱坐标系下的拉普拉斯算子为

$$\nabla^2=\frac{1}{\rho}\frac{\partial}{\partial\rho}\left(\rho\frac{\partial}{\partial\rho}\right)+\frac{1}{\rho^2}\frac{\partial^2}{\partial\varphi^2}+\frac{\partial^2}{\partial z^2} \tag{2-153}$$

将拉普拉斯算子作用于矢量函数式（2-152），写出式（1-183）的分量形式，有[4]

$$\begin{cases}\nabla^2\tilde{E}_\rho-\dfrac{1}{\rho^2}\tilde{E}_\rho-\dfrac{2}{\rho^2}\dfrac{\partial\tilde{E}_\varphi}{\partial\varphi}+k^2\tilde{E}_\rho=0\\ \nabla^2\tilde{E}_\varphi-\dfrac{1}{\rho^2}\tilde{E}_\varphi+\dfrac{2}{\rho^2}\dfrac{\partial\tilde{E}_\rho}{\partial\varphi}+k^2\tilde{E}_\varphi=0\\ \nabla^2\tilde{E}_z+k^2\tilde{E}_z=0\end{cases} \tag{2-154}$$

与直角坐标系下的式（2-7）相比较，除 $\tilde{E}_z$ 分量具有标量齐次亥姆霍兹方程的形式外，柱坐标系下的 $\tilde{E}_\rho$ 和 $\tilde{E}_\varphi$ 分量均不具有齐次亥姆霍兹方程的形式，两个分量方程既含有 $\tilde{E}_\rho$ 又含有 $\tilde{E}_\varphi$，出现交叉项，使得求解电场强度复振幅矢量变得很复杂。

为了简化求解，假设电场为标量，电场仅与坐标 ρ 有关，而与 φ 和 z 无关，而标量电场满足标量亥姆霍兹方程

$$\nabla^2\tilde{E}+k^2\tilde{E}=0 \tag{2-155}$$

式中，k 为波数［见式（2-3）］。

标量亥姆霍兹方程（2-155）相对应的格林函数 $\tilde{G}$ 满足方程[5]

$$\nabla^2\tilde{G}+k^2\tilde{G}=-\delta(\mathbf{r}-\mathbf{r}') \tag{2-156}$$

式中，$\mathbf{r}'$ 为线光源所在的位置。当线光源放置于 Z 轴，由于线光源无限长，光源产生的场与 φ 和 z 无关，而仅与 ρ 有关，因此，格林函数 $\tilde{G}$ 仅与 ρ 有关。在无源区域，$\mathbf{r}\neq 0$，方程（2-156）化简为

$$\frac{1}{\rho}\frac{\mathrm{d}}{\mathrm{d}\rho}\left(\rho\frac{\mathrm{d}\tilde{G}}{\mathrm{d}\rho}\right)+k^2\tilde{G}=0 \tag{2-157}$$

这是零阶贝塞尔方程，其两个线性无关的解可取第三类零阶贝塞尔函数（或称为汉克尔函数），即

$$\begin{cases}H_0^{(1)}(k\rho)\approx\sqrt{\dfrac{2}{\pi k\rho}}\mathrm{e}^{\mathrm{j}\left(k\rho-\frac{\pi}{4}\right)}\\ H_0^{(2)}(k\rho)\approx\sqrt{\dfrac{2}{\pi k\rho}}\mathrm{e}^{-\mathrm{j}\left(k\rho-\frac{\pi}{4}\right)}\end{cases} \tag{2-158}$$

由此可写出方程（2-157）的解为

$$\tilde{G}=AH_0^{(1)}(k\rho)+BH_0^{(2)}(k\rho) \tag{2-159}$$

式中，A 和 B 为复常数。如果仅考虑正向发射波，取 $A=0$（时间因子为 $\mathrm{e}^{\mathrm{j}\omega t}$），有

$$\tilde{G}=BH_0^{(2)}(k\rho) \tag{2-160}$$

将系数合写在一起，记作 $\tilde{A}$，有

$$\tilde{E}(\rho)=\tilde{G}=\frac{\tilde{A}}{\sqrt{\rho}}\mathrm{e}^{-\mathrm{j}k\rho} \tag{2-161}$$

这就是理想线光源发射柱面光波标量电场强度的复振幅表达式，$\tilde{A}$ 为距离线光源单位距离处的复振幅。

假定 $\tilde{A}=|\tilde{A}|\mathrm{e}^{\mathrm{j}\varphi_a}$，$\varphi_a$ 为 $\tilde{A}$ 的幅角，令式（2-161）乘以时间因子 $\mathrm{e}^{\mathrm{j}\omega t}$，取实部，得到瞬时标量电场强度为

$$E(\rho;t)=\mathrm{Re}\left[\frac{\tilde{A}}{\sqrt{\rho}}\mathrm{e}^{\mathrm{j}(\omega t-k\rho)}\right]=\frac{|\tilde{A}|}{\sqrt{\rho}}\cos(\omega t-k\rho+\varphi_a) \tag{2-162}$$

由此得到等相位面方程为

$$\omega t-k\rho+\varphi_a=C\text{（常数）} \tag{2-163}$$

显然，对于给定的时间 t，方程（2-163）为柱面方程。

对式（2-163）两边求时间导数，得到相速度为

$$\upsilon_\varphi=\frac{\mathrm{d}\rho}{\mathrm{d}t}=\frac{\omega}{k}=\frac{1}{\sqrt{\mu\varepsilon}}=\frac{c}{n} \tag{2-164}$$

式中，n 为介质的折射率。

2.5　标量球面光波

标量球面光波与标量柱面光波的处理方法相似。假设在均匀各向同性线性理想介质的坐标原点处放置理想点光源，如图 2-5（b）所示。点光源发射电磁波，在无源区域，时谐电场强度复振幅矢量 $\tilde{\mathbf{E}}$ 和磁场强度复振幅矢量 $\tilde{\mathbf{H}}$ 满足齐次矢量亥姆霍兹方程（1-183）和方程（1-184）。在球坐标系下，把电场强度复振幅矢量 $\tilde{\mathbf{E}}$ 写成分量形式，有

$$\tilde{\mathbf{E}}=\tilde{E}_r\mathbf{e}_r+\tilde{E}_\theta\mathbf{e}_\theta+\tilde{E}_\varphi\mathbf{e}_\varphi \tag{2-165}$$

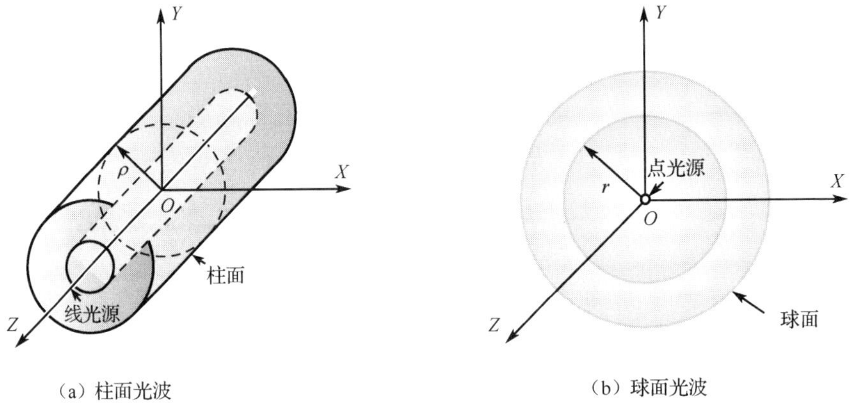

（a）柱面光波　　（b）球面光波

图 2-5　柱面光波和球面光波

球坐标系下的拉普拉斯算子为

$$\nabla^2=\frac{1}{r^2}\frac{\partial}{\partial r}\left(r^2\frac{\partial}{\partial r}\right)+\frac{1}{r^2\sin\theta}\frac{\partial}{\partial\theta}\left(\sin\theta\frac{\partial}{\partial\theta}\right)+\frac{1}{r^2\sin^2\theta}\frac{\partial^2}{\partial\varphi^2} \tag{2-166}$$

将拉普拉斯算子作用于矢量函数式（2-165），写出方程（1-183）的分量形式，有[4]

$$\begin{cases}\nabla^2\tilde{E}_r-\dfrac{2}{r^2}\tilde{E}_r-\dfrac{2}{r^2\sin^2\theta}\dfrac{\partial}{\partial\theta}(\tilde{E}_\theta\sin\theta)-\dfrac{2}{r^2\sin\theta}\dfrac{\partial\tilde{E}_\varphi}{\partial\varphi}+k^2\tilde{E}_r=0\\ \nabla^2\tilde{E}_\theta-\dfrac{1}{r^2\sin^2\theta}\tilde{E}_\theta+\dfrac{2}{r^2}\dfrac{\partial\tilde{E}_r}{\partial\theta}-\dfrac{2\cos\theta}{r^2\sin^2\theta}\dfrac{\partial\tilde{E}_\varphi}{\partial\varphi}+k^2\tilde{E}_\theta=0\\ \nabla^2\tilde{E}_\varphi-\dfrac{1}{r^2\sin^2\theta}\tilde{E}_\varphi+\dfrac{2}{r^2\sin\theta}\dfrac{\partial\tilde{E}_r}{\partial\varphi}+\dfrac{2\cos\theta}{r^2\sin^2\theta}\dfrac{\partial\tilde{E}_\theta}{\partial\varphi}+k^2\tilde{E}_\varphi=0\end{cases} \tag{2-167}$$

相比之下，球坐标系下的分量方程更为复杂，不可能利用此分量式求解电场强度矢量的分布，为此需要化简求解。

假设电场为标量，当点光源放置于坐标原点时，光源产生的场仅与 r 坐标有关，而与 θ 和 φ 无关，标量电场仍满足标量亥姆霍兹方程（2-155），相对应的格林函数 $\tilde{G}$ 满足方程（2-156）。在无源区域，$\mathbf{r} \neq 0$，式（2-156）化简为

$$\frac{1}{r^2}\frac{\mathrm{d}}{\mathrm{d}r}\left(r^2\frac{\mathrm{d}\tilde{G}}{\mathrm{d}r}\right)+k^2\tilde{G}=0 \tag{2-168}$$

令

$$\tilde{U}=r\tilde{G} \tag{2-169}$$

代入式（2-168），得到

$$\frac{\mathrm{d}^2\tilde{U}}{\mathrm{d}r^2}+k^2\tilde{U}=0 \tag{2-170}$$

这是二阶常系数线性齐次微分方程，写出相应的特征方程，可求得其解为

$$\tilde{U}=\tilde{A}\mathrm{e}^{-\mathrm{j}kr}+\tilde{B}\mathrm{e}^{\mathrm{j}kr} \tag{2-171}$$

式中，$\tilde{A}$ 和 $\tilde{B}$ 为复常数。如果仅考虑发射波，取 $\tilde{B}=0$，有

$$\tilde{U}=\tilde{A}\mathrm{e}^{-\mathrm{j}kr} \tag{2-172}$$

利用式（2-169）可得

$$\tilde{E}(r)=\tilde{G}=\frac{\tilde{A}}{r}\mathrm{e}^{-\mathrm{j}kr} \tag{2-173}$$

这就是理想点光源发射球面光波标量电场强度的复振幅表达式，$\tilde{A}$ 为距离点光源单位距离处的复振幅。

假定 $\tilde{A}=|\tilde{A}|\mathrm{e}^{\mathrm{j}\varphi_a}$，令式（2-173）乘以时间因子 $\mathrm{e}^{\mathrm{j}\omega t}$，取实部，得到瞬时标量电场强度为

$$E(r;t)=\mathrm{Re}\left[\frac{\tilde{A}}{r}\mathrm{e}^{\mathrm{j}(\omega t-kr)}\right]=\frac{|\tilde{A}|}{r}\cos(\omega t-kr+\varphi_a) \tag{2-174}$$

由此得到等相位面方程为

$$\omega t-kr+\varphi_a=C\text{（常数）} \tag{2-175}$$

对于给定的时间 t，式（2-175）为球面方程。

对式（2-175）两边求时间导数，得到相速度为

$$\upsilon_{\varphi}=\frac{\mathrm{d}r}{\mathrm{d}t}=\frac{\omega}{k}=\frac{1}{\sqrt{\mu\varepsilon}}=\frac{c}{n} \tag{2-176}$$

式中，n 为介质的折射率。

需要强调的是，电场是矢量，无源区域电磁波的传播，在直角坐标系下场分量可分解为三个齐次标量亥姆霍兹方程求解。然而在柱坐标和球坐标系下，电场强度矢量的分量方程并不具有齐次标量亥姆霍兹方程的形式，为了简化求解，取电场为标量场，电磁波传播满足标量亥姆霍兹方程。其出发点是电场的波动特点和电磁波传播过程中的能量守恒，所以电场满足齐次标量亥姆霍兹方程（2-155）并不是麦克斯韦方程推导的必然结果。

2.6 标量高斯光波

高斯光波（或称为高斯光束）是电磁波定向传播过程中的一种重要分布形式，激光的出现使其应用更加广泛。实际上，定向微波波束和声波波束具有高斯波束的特性，光纤端面入射光和出射光近似为高斯光束，地球物理中也采用标量高斯射线束和矢量高斯射线束进行正演模拟。

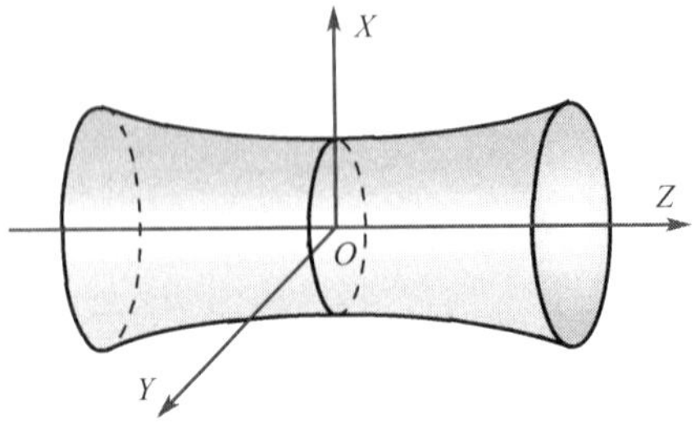

图 2-6 高斯光波

高斯光波与标量柱面光波和标量球面光波相同，都是假定电场为标量，在无界区域求解标量亥姆霍兹方程（2-155）。假定标量电场分布具有轴对称性，如图 2-6 所示。在柱坐标系下，方程（2-155）化简为

$$\frac{\partial^2 \tilde{E}}{\partial \rho^2}+\frac{1}{\rho}\frac{\partial \tilde{E}}{\partial \rho}+\frac{\partial^2 \tilde{E}}{\partial z^2}+k^2\tilde{E}=0 \tag{2-177}$$

在傍轴近似条件下，可令方程（2-177）的解为

$$\tilde{E}(\rho,z)=\tilde{A}(\rho,z)\mathrm{e}^{-\mathrm{j}kz} \tag{2-178}$$

式中，$\tilde{A}(\rho,z)$ 为电场振幅变化函数，$\mathrm{e}^{-\mathrm{j}kz}$ 为电场沿 Z 轴传播的空间相位因子。

将式（2-178）代入式（2-177），得到

$$\frac{\partial^2 \tilde{A}}{\partial \rho^2}+\frac{1}{\rho}\frac{\partial \tilde{A}}{\partial \rho}+\frac{\partial^2 \tilde{A}}{\partial z^2}-\mathrm{j}2k\frac{\partial \tilde{A}}{\partial z}=0 \tag{2-179}$$

由于 $\tilde{A}(\rho,z)$ 是 z 的缓变函数，一阶导数和二阶导数相对于函数本身是一个小量，即

$$\left|\frac{\partial \tilde{A}}{\partial z}\right| \ll |k\tilde{A}|,\quad \left|\frac{\partial^2 \tilde{A}}{\partial z^2}\right| \ll \left|k\frac{\partial \tilde{A}}{\partial z}\right| \ll |k^2\tilde{A}| \tag{2-180}$$

忽略振幅函数随 z 变化的二阶导数，得到

$$\frac{\partial^2 \tilde{A}}{\partial \rho^2}+\frac{1}{\rho}\frac{\partial \tilde{A}}{\partial \rho}-\mathrm{j}2k\frac{\partial \tilde{A}}{\partial z}=0 \tag{2-181}$$

假设方程（2-181）的解为

$$\tilde{A}(\rho,z)=\tilde{A}_0 f(z)\mathrm{e}^{-g(z)\frac{\rho^2}{w_0^2}} \tag{2-182}$$

式中，$f(z)$ 和 $g(z)$ 是两个待定函数。将式（2-182）代入式（2-181），得到

$$-2\frac{f(z)g(z)}{w_0^2}-\mathrm{j}kf'(z)+\rho^2 f(z)\left[2\left(\frac{g(z)}{w_0^2}\right)^2+\mathrm{j}k\frac{g'(z)}{w_0^2}\right]=0 \tag{2-183}$$

令关于 ρ 的同次幂系数为零，有

$$2\frac{f(z)g(z)}{w_0^2}+\mathrm{j}kf'(z)=0 \tag{2-184}$$

$$2\frac{g^2(z)}{w_0^2}+\mathrm{j}kg'(z)=0 \tag{2-185}$$

两个方程的解为

$$g(z) = -\frac{1}{\dfrac{\mathrm{j}}{\dfrac{kw_0^2}{2}}z + c_1} \tag{2-186}$$

$$f(z) = \frac{c_2}{z - \mathrm{j}c_1\dfrac{kw_0^2}{2}} \tag{2-187}$$

式中，c_1 和 c_2 是两个积分常数。为了使函数 $\tilde{A}(\rho,z)$ 在 $z=0$ 处的振幅为随 ρ 变化的高斯函数，即

$$\tilde{A}(\rho,z)\Big|_{z=0} = \tilde{A}_0 \mathrm{e}^{-\frac{\rho^2}{w_0^2}} \tag{2-188}$$

由式（2-182）可知，取

$$f(z)\big|_{z=0} = g(z)\big|_{z=0} = 1 \tag{2-189}$$

将式（2-189）代入式（2-186）和式（2-187），求解可得

$$c_1 = -1,\quad c_2 = \mathrm{j}\frac{kw_0^2}{2} \tag{2-190}$$

由此可得

$$f(z) = \frac{1}{1-\dfrac{\mathrm{j}z}{Z_0}},\quad g(z) = \frac{1}{1-\dfrac{\mathrm{j}z}{Z_0}} \tag{2-191}$$

式中

$$Z_0 = \frac{kw_0^2}{2} \tag{2-192}$$

称为瑞利长度或共焦参数。w_0^2 称为高斯光束的束腰，$\tilde{A}_0$ 称为高斯光束的复振幅常量。

将式（2-191）代入式（2-182），得到高斯光束的复振幅为

$$\tilde{A}(\rho,z) = \frac{\tilde{A}_0}{1-(\mathrm{j}z/Z_0)}\mathrm{e}^{-\frac{\rho^2/w_0^2}{1-(\mathrm{j}z/Z_0)}} \tag{2-193}$$

由式（2-178）可写出标量电场强度的复振幅为

$$\tilde{E}(\rho,z) = \frac{\tilde{A}_0}{1-(\mathrm{j}z/Z_0)}\mathrm{e}^{-\frac{\rho^2/w_0^2}{1-(\mathrm{j}z/Z_0)}}\mathrm{e}^{-\mathrm{j}kz} \tag{2-194}$$

此式就是标量亥姆霍兹方程（2-177）在缓变振幅条件下的特解，也称为基模高斯光束。其物理意义为在 $z=0$ 处的标量高斯光束以非均匀高斯球面波的形式沿 Z 轴方向在自由空间传播。

在式（2-193）中，利用复数运算，令

$$w(z) = w_0\sqrt{1+\left(\frac{z}{Z_0}\right)^2} \tag{2-195}$$

$$\phi(z) = \tan^{-1}\left(-\frac{z}{Z_0}\right) \tag{2-196}$$

$$R(z) = Z_0\left(\frac{Z_0}{z}+\frac{z}{Z_0}\right) \tag{2-197}$$

并将式（2-192）代入式（2-193），整理可得

$$\tilde{A}(\rho,z)=\tilde{A}_0\frac{w_0}{w(z)}\mathrm{e}^{-\frac{\rho^2}{w^2(z)}}\mathrm{e}^{-\mathrm{j}\left(\frac{k\rho^2}{2R(z)}+\phi(z)\right)} \tag{2-198}$$

将此式代入式（2-178），得到标量电场强度基模高斯光束的另一种表述形式为

$$\tilde{E}(\rho,z)=\tilde{A}_0\frac{w_0}{w(z)}\mathrm{e}^{-\frac{\rho^2}{w^2(z)}}\mathrm{e}^{-\mathrm{j}\left[k\left(z+\frac{\rho^2}{2R(z)}\right)+\phi(z)\right]} \tag{2-199}$$

令式（2-199）乘以时间因子 $\mathrm{e}^{\mathrm{j}\omega t}$，并取实部，得到瞬时标量电场强度为

$$E(\rho,z;t)=|\tilde{A}_0|\frac{w_0}{w(z)}\mathrm{e}^{-\frac{\rho^2}{w^2(z)}}\cos\left\{\omega t-\left[k\left(z+\frac{\rho^2}{2R(z)}\right)+\phi(z)\right]\right\} \tag{2-200}$$

由式（2-199）和式（2-200）可知，标量高斯光束具有如下特点。

1．高斯光束的振幅

在 $z=0$ 处，标量电场强度高斯光束的振幅因子为

$$\tilde{E}_0(\rho,z)\big|_{z=0}=\tilde{A}_0\mathrm{e}^{-\frac{\rho^2}{w_0^2}}=\tilde{A}_0\mathrm{e}^{-\frac{x^2+y^2}{w_0^2}} \tag{2-201}$$

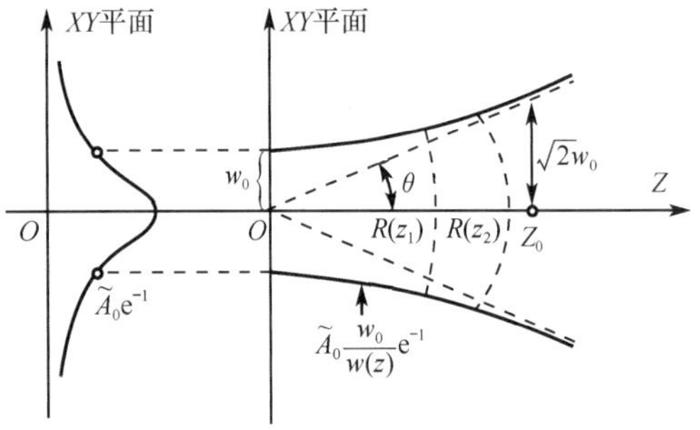

图 2-7　高斯光束波特性参数

此式表明，在 $z=0$ 处的平面上，标量电场强度的分布为高斯分布，中心（$x=0, y=0$）处的光斑最亮，电场强度最强。随着 $\rho^2=x^2+y^2$ 的增加，光强减小，且当 $x^2+y^2=w_0^2$ 时，光强降为中心点的 1/e，所以定义 w_0 为高斯光束的光斑半径，也称为束腰，如图 2-7 所示。

当 $z>0$ 时，由式（2-195）可知，

$$w(z)>w_0 \tag{2-202}$$

$$\tilde{E}_0(\rho,z)\big|_{z>0}=\tilde{A}_0\frac{w_0}{w(z)}\mathrm{e}^{-\frac{\rho^2}{w^2(z)}}<\tilde{E}_0(\rho,z)\big|_{z=0} \tag{2-203}$$

该式表明，高斯光束沿 Z 轴传播，光强逐渐减小，光束逐渐展宽。由式（2-195）可得

$$\frac{w^2(z)}{w_0^2}-\frac{z^2}{Z_0^2}=1 \tag{2-204}$$

该式表明束宽 $w(z)$ 随 z 呈双曲线变化。

由此可以看出，标量高斯光束能量传播具有发散性，其发散程度采用远场发散角表征。定义光束远场发散角为

$$\theta=\lim_{z\to\infty}\frac{w(z)}{z} \tag{2-205}$$

将式（2-195）和式（2-3）或式（1-187）代入式（2-205），可得

$$\theta=\frac{\lambda}{\pi w_0}=\frac{2c}{n\omega w_0} \tag{2-206}$$

式中，λ 为介质中的波长，n 为介质折射率，ω 为光波圆频率，c 为真空中的光速。

2. 高斯光束的等相位面和相速度

由式（2-200）可知，高斯光束的相位

$$\phi_{\mathrm{e}}(\rho,z;t)=\omega t-\left[k\left(z+\frac{\rho^2}{2R(z)}\right)+\phi(z)\right] \tag{2-207}$$

为了说明高斯光束等相位面具有球面特性，假设在坐标原点处放置一点光源，点光源发射球面波，球面波的半径为 r。在傍轴近似条件下，利用近似关系

$$\sqrt{1+x}\approx 1+\frac{x}{2},\quad |x|\text{很小} \tag{2-208}$$

有

$$r=\sqrt{\rho^2+z^2}=z\sqrt{1+\frac{\rho^2}{z^2}}\approx z\left(1+\frac{\rho^2}{2z^2}\right),\quad \rho^2\ll z^2 \tag{2-209}$$

又由 $r\approx z$ 有

$$r\approx z+\frac{\rho^2}{2r} \tag{2-210}$$

将式（2-210）代入球面波的复振幅表达式（2-173），得到球面波标量电场的复振幅

$$\tilde{E}(r)\approx\frac{\tilde{A}}{r}\mathrm{e}^{-\mathrm{j}k\left(z+\frac{\rho^2}{2r}\right)} \tag{2-211}$$

比较式（2-211）和式（2-199）可知，高斯光束在傍轴近似条件下等相位面为球面，球面曲率半径为 $R(z)$，当 z 取定值时，项 $\phi(z)$ 仅使球面产生平移，并不对球面的曲率产生影响。但由于 $R(z)$ 随 z 而变化，所以高斯光束的等相位面为变心球面。由式（2-197）可知，当 $z=0$，$R(z)\to\infty$ 时，高斯光束束腰处等相位面为平面；当 $z\to\pm\infty$，$|R(z)|\approx z\to\infty$ 时，离束腰无限远处的等相位面也是平面；当 $z=\pm Z_0$，$|R(z)|=2Z_0$ 时，曲率半径达到最小值。

在傍轴近似条件下，不考虑横向 ρ 变化的影响，假设高斯光束沿纵向传播的等效平面波数为 k_{e}，则相位近似满足

$$\int_0^z k_{\mathrm{e}}\mathrm{d}z\approx k\left(z+\frac{\rho^2}{2R(z)}\right)+\phi(z) \tag{2-212}$$

两边对 z 求导数，可得

$$k_{\mathrm{e}}=k+\frac{k\rho^2}{2}\frac{Z_0^2-z^2}{(Z_0^2+z^2)^2}-\frac{Z_0}{Z_0^2+z^2} \tag{2-213}$$

由此得到高斯光束的等效平面波相速度为

$$\upsilon_{\varphi}=\frac{\omega}{k_{\mathrm{e}}}=\frac{\omega}{k+\dfrac{k\rho^2}{2}\dfrac{Z_0^2-z^2}{(Z_0^2+z^2)^2}-\dfrac{Z_0}{Z_0^2+z^2}} \tag{2-214}$$

特别是在束腰处，$z=0$，相速度为

$$\upsilon_{\varphi}\Big|_{z=0}=\frac{\omega}{k+\dfrac{k\rho^2}{2Z_0^2}-\dfrac{1}{Z_0}} \tag{2-215}$$

在光轴上，$\rho=0$，相速度为

$$\upsilon_{\varphi}=\frac{\omega}{k_{\mathrm{e}}}=\frac{\omega}{k-\dfrac{Z_0}{Z_0^2+z^2}}>\frac{\omega}{k} \tag{2-216}$$

由此可以看出，在光轴上光传播的相速度大于波数 k 相对应的平面光波的相速度，且随 z 的增大而减小。在束腰处，光波相速度随 ρ 变化，ρ 增大光速减小。

3．高斯光束瑞利长度的物理意义

当 $z=Z_0$ 时，由式（2-195）得到

$$w(z)\big|_{z=Z_0}=\sqrt{2}w_0 \tag{2-217}$$

在实际应用中，通常取 $|z|\leqslant Z_0$ 的范围为高斯光束的准直范围，在此长度内，高斯光束可近似认为是平行光束，所以瑞利长度 Z_0 越长，就意味高斯光束的准直范围越大。

为了得到高斯光束的矢量特性，求解标量高斯光束也可以把求解磁矢量位 $\tilde{\mathbf{A}}$ 满足的齐次矢量亥姆霍兹方程

$$\nabla^2\tilde{\mathbf{A}}+k^2\tilde{\mathbf{A}}=0 \tag{2-218}$$

化为求解磁标量位函数 $\tilde{A}$ 满足的齐次标量亥姆霍兹方程[7]

$$\nabla^2\tilde{A}+k^2\tilde{A}=0 \tag{2-219}$$

然后赋予 $\tilde{A}$ 特定的方向构成磁矢量位 $\tilde{\mathbf{A}}$，再利用式

$$\tilde{\mathbf{H}}=\frac{1}{\mu}\nabla\times\tilde{\mathbf{A}} \tag{2-220}$$

求得磁场。由麦克斯韦方程（1-168）可得电场强度矢量复振幅 $\tilde{\mathbf{E}}$ 为

$$\tilde{\mathbf{E}}=-\frac{\mathrm{j}}{\omega\varepsilon}\nabla\times\tilde{\mathbf{H}} \tag{2-221}$$

标量高斯光束并不是严格由麦克斯韦方程得到的电磁场方程的解，而是把电场强度矢量近似为标量并在一定条件下得到的合理的近似解。这种近似解在许多应用中被证明是足够精确的，尤其是在光束较宽的情况下，精确性更好。

2.7 偏振光波

2.7.1 偏振光波的基本概念及描述

由 2.1 节可知，各向同性线性均匀理想介质中的均匀平面光波具有两个特点：（1）均匀平面光波为横电磁波，电场强度矢量和磁场强度矢量垂直于光波传播的方向；（2）在垂直于光波传播方向的横平面内电场和磁场具有方向性，且二者相互垂直。在实际应用中，光波在大多数光学介质中传播，主要涉及描述光波矢量特性的电场强度矢量，所以电场强度矢量也称为光矢量。对于单频平面光波，电场强度矢量始终在垂直于光传播方向的平面内振动，且振动面也是平面，如图 2-8（a）所示。光学中把电场强度矢量的振动面称为偏振面，相应的光波称为偏振光波（简称为偏振光）。偏振光也称为线偏振光或完全偏振光。

然而，普通光源（如太阳、白炽灯等）发射的光波包含大量偏振光，其光矢量在垂直于光传播方向的横平面内均匀分布，光矢量的振动彼此之间没有固定的相位关系，这种光称为自然光或非偏振光，如图 2-8（b）所示。如果光源发射的光波，其光矢量在垂直于光传播方

向的横平面内分布不均匀，光矢量振动没有固定的相位关系，且光矢量的振幅在某一方向大，而在另一垂直的方向小，则称这种光波为部分偏振光，如图 2-8（c）所示。

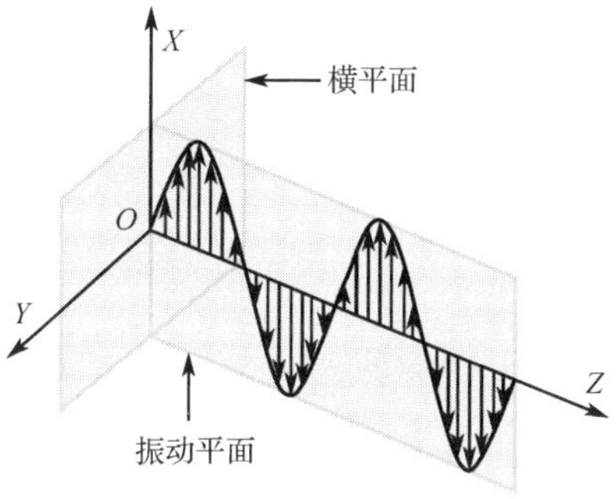

（a）偏振光

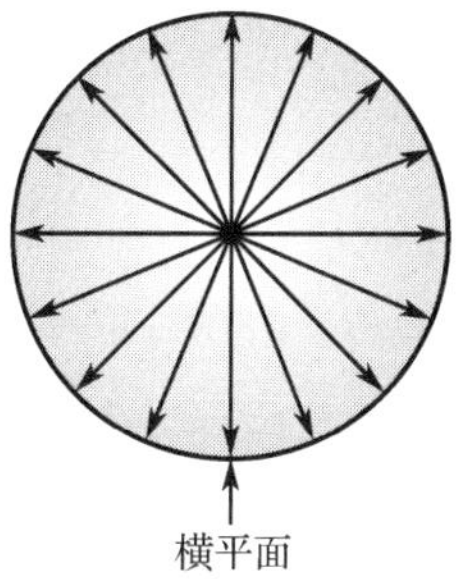

（b）自然光

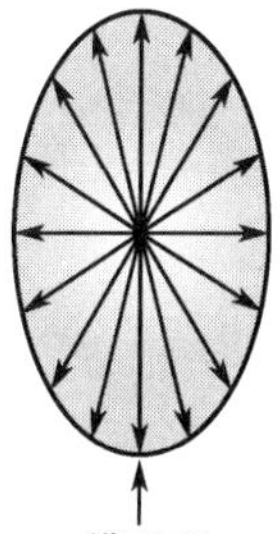

（c）部分偏振光

图 2-8　偏振光、自然光和部分偏振光电场强度矢量的振动分布示意图

为了描述偏振光的偏振程度，通常采用偏振度，其定义为

$$P = \frac{I_{\mathrm{M}} - I_{\mathrm{m}}}{I_{\mathrm{M}} + I_{\mathrm{m}}} \tag{2-222}$$

式中，I_{M} 为对应于某一方向的最大光强度，I_{m} 为垂直于最大光强度方向的最小光强度。当 $I_{\mathrm{M}} = I_{\mathrm{m}}$ 时，$P = 0$，表明在垂直于光传播方向的横平面内两个相互垂直方向的光强相等，对应的就是自然光，即自然光的偏振度为零。当 $I_{\mathrm{m}} = 0$ 时，$P = 1$，表明在垂直于光传播方向的横平面内仅存在一个方向的光矢量振动，对应的就是线偏振光，其偏振度为 1。如果 $I_{\mathrm{M}} \neq I_{\mathrm{m}} \neq 0$，则 $0 < P < 1$，表明在垂直于光传播方向的横平面内两个相互垂直方向的光强度不相等，对应于部分偏振光。

在薄膜光学中，偏振度也采用反射率或透射率来定义。由光强度定义式（2-63）和反射率定义式（3-203）、式（3-208）以及透射率定义式（3-204）、式（3-209）可以看出，其本质是相同的。

2.7.2　圆偏振光和椭圆偏振光

如图 2-9 所示，假设沿 Z 轴正方向传播的两个相互垂直的线偏振光，其电场强度复振幅矢量为

$$\tilde{\mathbf{E}}_x(z) = \mathbf{e}_x \tilde{E}_{x0} \mathrm{e}^{-\mathrm{j}kz} \tag{2-223}$$

$$\tilde{\mathbf{E}}_y(z) = \mathbf{e}_y \tilde{E}_{y0} \mathrm{e}^{-\mathrm{j}kz} \tag{2-224}$$

式中，$\tilde{E}_{x0}$ 和 $\tilde{E}_{y0}$ 为初始复振幅，k 为沿 Z 轴方向传播的波数。把初始复振幅写成模和幅角的形式，不失一般性，可取

$$\tilde{E}_{x0} = |\tilde{E}_{x0}| \tag{2-225}$$

$$\tilde{E}_{y0} = |\tilde{E}_{y0}| \mathrm{e}^{\mathrm{j}\delta} \tag{2-226}$$

式中，假设沿 X 轴方向的偏振光的初相位为零，沿 Y 轴方向的偏振光初相位为 δ。式（2-225）和式（2-226）也表明，X 轴方向偏振光和 Y 轴方向偏振光的相位差为 δ。将式（2-225）代入式（2-223），将式（2-226）代入式（2-224），有

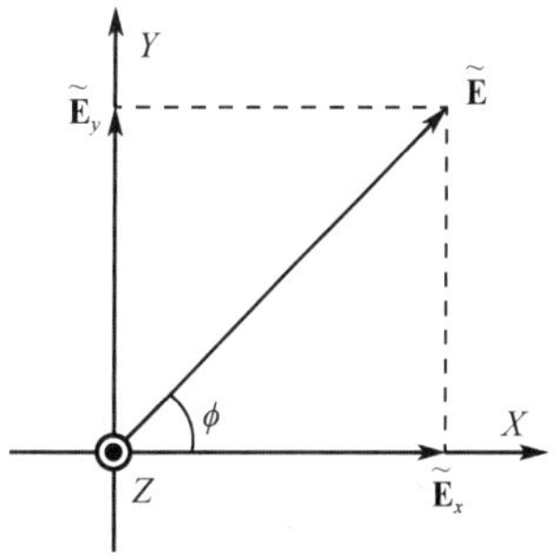

图 2-9　两个线偏振光的叠加

$$\tilde{\mathbf{E}}_x(z)=\mathbf{e}_x\,|\tilde{E}_{x0}|\,\mathrm{e}^{-\mathrm{j}kz} \tag{2-227}$$

$$\tilde{\mathbf{E}}_y(z)=\mathbf{e}_y\,|\tilde{E}_{y0}|\,\mathrm{e}^{\mathrm{j}\delta}\mathrm{e}^{-\mathrm{j}kz} \tag{2-228}$$

由此得到，两相互垂直的偏振光合成后的电场强度复振幅矢量为

$$\tilde{\mathbf{E}}(z)=[|\tilde{E}_{x0}|\,\mathbf{e}_x+|\tilde{E}_{y0}|\,\mathrm{e}^{\mathrm{j}\delta}\mathbf{e}_y]\mathrm{e}^{-\mathrm{j}kz} \tag{2-229}$$

假设两相互垂直的偏振光的频率相同，即具有相同的时间因子 $\mathrm{e}^{\mathrm{j}\omega t}$。用 $\mathrm{e}^{\mathrm{j}\omega t}$ 乘以式（2-229），并取实部，得到合成电场强度矢量的瞬时表达式为

$$\begin{aligned}\mathbf{E}(z;t)&=\mathrm{Re}[\tilde{\mathbf{E}}(z)\mathrm{e}^{\mathrm{j}\omega t}]\\&=\mathbf{e}_x\,|\tilde{E}_{x0}|\cos(\omega t-kz)+\mathbf{e}_y\,|\tilde{E}_{y0}|\cos(\omega t-kz+\delta)\end{aligned} \tag{2-230}$$

由此可写出合成电场强度矢量的分量表达式为

$$E_x(z;t)=|\tilde{E}_{x0}|\cos(\omega t-kz) \tag{2-231}$$

$$E_y(z;t)=|\tilde{E}_{y0}|\cos(\omega t-kz+\delta) \tag{2-232}$$

式（2-231）和式（2-232）描述的是两相互垂直的线偏振光合成后的电场强度矢量的分量表达式，对于给定的空间点 z 和圆频率 ω，当相位差 δ、初始复振幅的模 $|\tilde{E}_{x0}|$ 和 $|\tilde{E}_{y0}|$ 取不同值时，电场强度矢量末端将描绘出不同的轨迹或形状，也即对应于不同的偏振状态。

1. 线偏振光

为了简单起见，取 $z=0$。如果两线偏振光同相位，即 $\delta=0$，根据式（2-230），有

$$\mathbf{E}(0;t)=[\mathbf{e}_x\,|\tilde{E}_{x0}|+\mathbf{e}_y\,|\tilde{E}_{y0}|]\cos\omega t \tag{2-233}$$

此式表明合成电场强度矢量在同一平面内。电场强度矢量与 X 轴的夹角为

$$\phi(0;t)=\tan^{-1}\frac{|\tilde{E}_{y0}|}{|\tilde{E}_{x0}|}\quad（同相） \tag{2-234}$$

相角在第一象限内，与时间无关。在 $z=0$ 的平面内，$\mathbf{E}(0;t)$ 的大小随时间按余弦规律变化，即

$$|\mathbf{E}(0;t)|=\sqrt{|\tilde{E}_{x0}|^2+|\tilde{E}_{y0}|^2}\cos\omega t \tag{2-235}$$

如果两线偏振光反相，即 $\delta=\pi$，则有

$$\mathbf{E}(0;t)=[\mathbf{e}_x\,|\tilde{E}_{x0}|-\mathbf{e}_y\,|\tilde{E}_{y0}|]\cos\omega t \tag{2-236}$$

表明合成电场强度矢量仍在同一平面内，电场强度矢量与 X 轴的夹角为

$$\phi(0;t)=\tan^{-1}\frac{-|\tilde{E}_{y0}|}{|\tilde{E}_{x0}|}\quad（反相） \tag{2-237}$$

相角在第四象限内，如图 2-10 所示。在 $z=0$ 的平面内，$\mathbf{E}(0;t)$ 的大小仍随时间按余弦规律变化。

如果 $E_y(0;t)=0$，$\phi=0$ 或 π，则光波为沿 X 轴方向的偏振光；如果 $E_x(0;t)=0$，$\phi=\pi/2$ 或 $-\pi/2$，则光波为沿 Y 轴方向的偏振光。

由以上讨论可以看出，在同相或反相的情况下，两个相互垂直的线偏振光叠加后仍为线偏振光。那么，相反的结果也一定成立，即任一线偏振光可以分解成两个线偏振光的叠加。在讨论平面光波反射与透射时，就需要将电场强度矢量分解为两个相互垂直的分量，称为 S 波偏振和 P 波偏振。

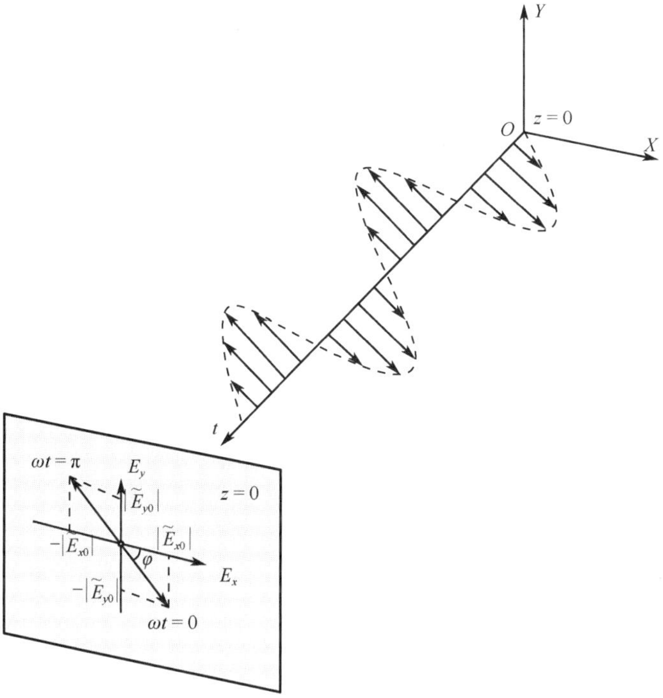

图 2-10　线偏振光波（反相）

2. 圆偏振光

如果两个线偏振光的振幅大小相等，即 $|\tilde{E}_{x0}|=|\tilde{E}_{y0}|=|\tilde{E}_0|$，并假定相位差 $\delta=\pm\pi/2$，则合成后的光矢量末端轨迹为一个圆，称为圆偏振光。

（1）左旋圆偏振光

根据式（2-230），选择 $z=0$ 的平面，$\delta=\pi/2$，有

$$\begin{aligned}\mathbf{E}(0;t)&=\mathbf{e}_x|\tilde{E}_0|\cos\omega t+\mathbf{e}_y|\tilde{E}_0|\cos\left(\omega t+\frac{\pi}{2}\right)\\&=\mathbf{e}_x|\tilde{E}_0|\cos\omega t-\mathbf{e}_y|\tilde{E}_0|\sin\omega t\end{aligned}\tag{2-238}$$

相应的模和相角为

$$\begin{aligned}|\mathbf{E}(0;t)|&=[E_x^2(0;t)+E_y^2(0;t)]^{1/2}\\&=[|\tilde{E}_0|^2\cos^2\omega t+|\tilde{E}_0|^2\sin^2\omega t]^{1/2}=|\tilde{E}_0|\end{aligned}\tag{2-239}$$

$$\phi(0;t)=\tan^{-1}\frac{E_y(0;t)}{E_x(0;t)}=\tan^{-1}\frac{-|\tilde{E}_0|\sin\omega t}{|\tilde{E}_0|\cos\omega t}=-\omega t\tag{2-240}$$

由此可见，电场强度矢量的模为常数，而相角 $\psi(0;t)$ 是时间变量 t 的线性函数。式（2-240）中的负号说明，随着时间的增加，相角逐渐减小。如图 2-11（a）所示，$\mathbf{E}(0;t)$ 末端的轨迹为 XY 平面上的一个圆。当逆着光波传播的方向观察时，电场强度矢量随时间沿顺时针方向旋转，称这种光波为左旋圆偏振光，因为当左手大拇指指向波传播的方向时，其余四指指向电场 $\mathbf{E}(0;t)$ 旋转的方向。

（2）右旋圆偏振光

选择 $z=0$ 平面，$\delta=-\pi/2$，根据式（2-230）有

$$\begin{cases}|\mathbf{E}(0;t)|=|\tilde{E}_0| \\ \phi(0;t)=\omega t\end{cases} \tag{2-241}$$

$\mathbf{E}(0;t)$ 随时间 t 变化的轨迹如图 2-11（b）所示，$\mathbf{E}(0;t)$ 末端的轨迹为 XY 平面上的一个右旋圆，所以称为右旋圆偏振光。对于右旋圆偏振光，当右手大拇指指向光传播的方向时，其余四指指向电场 $\mathbf{E}(0;t)$ 旋转的方向。

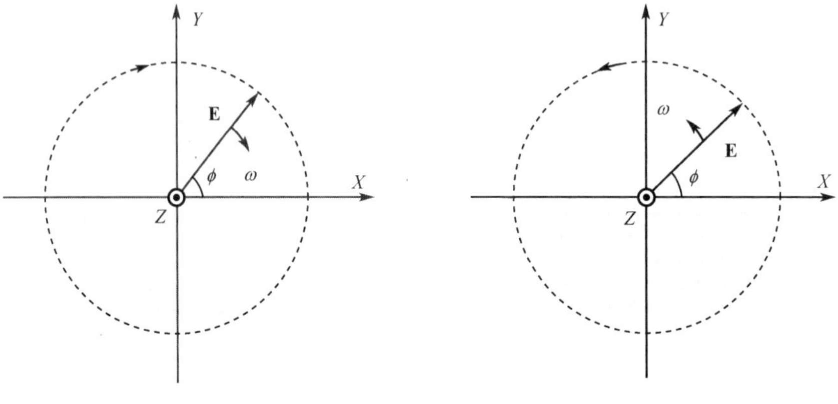

（a）左旋　　（b）右旋

图 2-11　圆偏振光

图 2-12 给出的是左旋圆偏振光电场强度矢量 $\mathbf{E}(0;t)$ 随时间 t 变化旋转的情况。对于固定时间 $t=t_0$，电场强度矢量 $\mathbf{E}(z;t_0)$ 随 z 坐标变化在空间也形成螺旋线，方向则与图 2-12 相反。

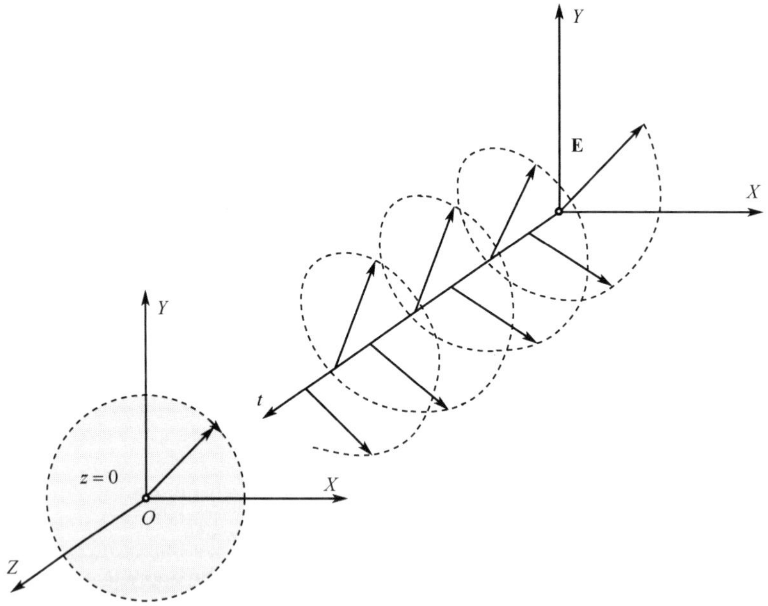

图 2-12　左旋圆偏振光 $\mathbf{E}(0;t)$ 随时间 t 的变化

3. 椭圆偏振光

（1）标准椭圆方程

如果 $|\tilde{E}_{x0}|\neq|\tilde{E}_{y0}|$，$\delta=\pm\pi/2$，选择 $z=0$ 的平面，根据式（2-231）和式（2-232）有

$$E_x(0;t)=|\tilde{E}_{x0}|\cos\omega t \tag{2-242}$$

$$E_y(0;t)=|\tilde{E}_{y0}|\cos\left(\omega t\pm\frac{\pi}{2}\right)=\mp|\tilde{E}_{y0}|\sin\omega t \tag{2-243}$$

以上两式可改写成

$$\frac{E_x(0;t)}{|\tilde{E}_{x0}|}=\cos\omega t \tag{2-244}$$

$$\frac{E_y(0;t)}{|\tilde{E}_{y0}|}=\mp\sin\omega t \tag{2-245}$$

两式平方后相加得

$$\frac{E_x^2(0;t)}{|\tilde{E}_{x0}|^2}+\frac{E_y^2(0;t)}{|\tilde{E}_{y0}|^2}=1 \tag{2-246}$$

此式表明，在 $z=0$ 平面内电场强度矢量 $\mathbf{E}(0;t)$ 的末端轨迹为椭圆，如图 2-13 所示。$|\tilde{E}_{x0}|>|\tilde{E}_{y0}|$ 时，其长轴为 $2|\tilde{E}_{x0}|$；$|\tilde{E}_{x0}|<|\tilde{E}_{y0}|$ 时，其长轴为 $2|\tilde{E}_{y0}|$。

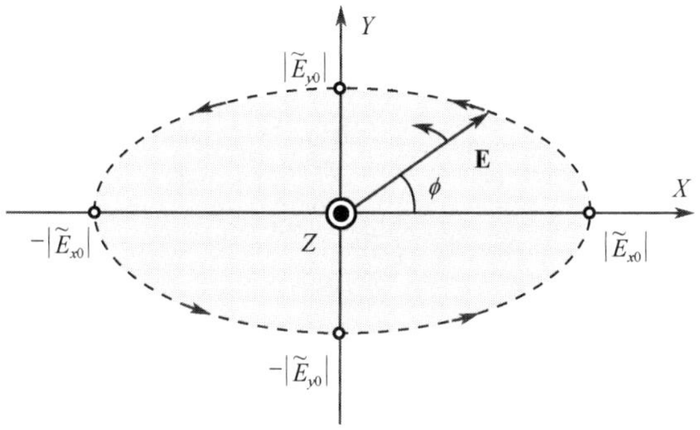

图 2-13　右旋椭圆偏振光

当 $\delta=+\pi/2$ 时，由式（2-242）和式（2-243）可知，其相角为

$$\phi(0;t)=\tan^{-1}\frac{E_y(0;t)}{E_x(0;t)}=\tan^{-1}\frac{-|\tilde{E}_{y0}|\sin\omega t}{|\tilde{E}_{x0}|\cos\omega t}=-\tan^{-1}\left(\frac{|\tilde{E}_{y0}|}{|\tilde{E}_{x0}|}\tan\omega t\right) \tag{2-247}$$

可见，$\phi(0;t)<0$，偏振光为左旋椭圆偏振光。但是，与圆偏振光不同，$\phi(0;t)\neq\omega t$，两角度的正切之比为一常数，即

$$\frac{\tan\phi(0;t)}{\tan\omega t}=-\frac{|\tilde{E}_{y0}|}{|\tilde{E}_{x0}|} \tag{2-248}$$

当 $\delta=-\pi/2$ 时，$\phi(0;t)>0$，偏振光为右旋椭圆偏振光。

（2）一般椭圆方程

如果 $|\tilde{E}_{x0}|\neq|\tilde{E}_{y0}|\neq0$，$\delta\neq0$，根据式（2-231）和式（2-232），选择 $z=0$ 的平面，有

$$\frac{E_x(0;t)}{|\tilde{E}_{x0}|}=\cos\omega t \tag{2-249}$$

$$\frac{E_y(0;t)}{|\tilde{E}_{y0}|}=\cos(\omega t+\delta)=\cos\omega t\cos\delta-\sin\omega t\sin\delta \tag{2-250}$$

令式（2-249）与式（2-250）两边分别相乘，得到

$$\frac{E_x(0;t)}{|\tilde{E}_{x0}|}\frac{E_y(0;t)}{|\tilde{E}_{y0}|}=\cos^2\omega t\cos\delta-\sin\omega t\cos\omega t\sin\delta \tag{2-251}$$

令式（2-249）、式（2-250）两边取平方，然后相加，得到

$$\frac{E_x^2(0;t)}{|\tilde{E}_{x0}|^2}+\frac{E_y^2(0;t)}{|\tilde{E}_{y0}|^2}=\cos^2\omega t+\cos^2\omega t\cos^2\delta-2\sin\omega t\cos\omega t\sin\delta\cos\delta+\sin^2\omega t\sin^2\delta \tag{2-252}$$

令式（2-251）两边乘以 $2\cos\delta$，并与式（2-252）相减，得到任意时刻 $E_x(0;t)$ 与 $E_x(0;t)$ 满足的方程为

$$\frac{E_x^2(0;t)}{|\tilde{E}_{x0}|^2}+\frac{E_y^2(0;t)}{|\tilde{E}_{y0}|^2}-2\left(\frac{E_x(0;t)}{|\tilde{E}_{x0}|}\right)\left(\frac{E_y(0;t)}{|\tilde{E}_{y0}|}\right)\cos\delta=\sin^2\delta \tag{2-253}$$

此式为一般的椭圆方程，表明当两相互垂直的线偏振光相位差 δ 取任意值时，合成偏振光也为椭圆偏振，如图 2-14 所示。

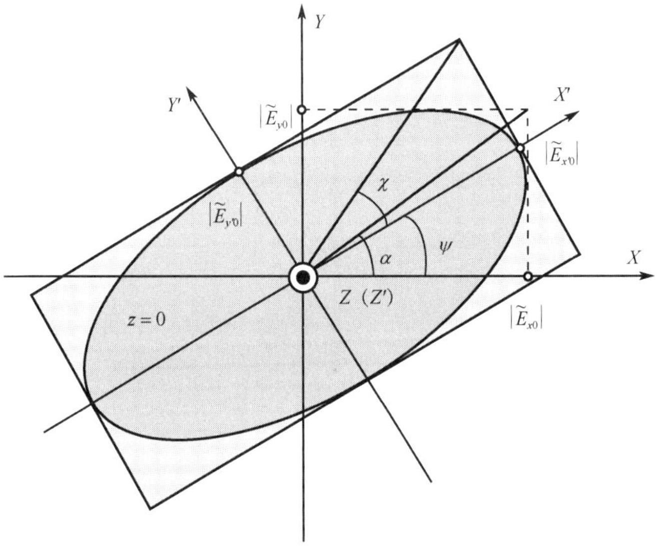

图 2-14 椭圆偏振参数

圆偏振光和椭圆偏振光描述的是单色平面光波在垂直于光波传播方向的横平面内光矢量末端随时间变化的轨迹，而自然光和部分偏振光描述的是光矢量在空间平面上的分布，其振幅、频率、相位和取向都是随机的。所以圆偏振光和自然光、椭圆偏振光和部分偏振光是完全不同的两个概念。除单色偏振光外，还存在由不同频率、振幅、相位和偏振态的单色偏振光合成的复色完全偏振光，也存在振幅、频率和相位随机变化的复色完全偏振光。例如，自然光通过一个偏振片可近似得到复色完全偏振光。

2.7.3 偏振光波的常用表示方法

1. 三角函数表示法

对于一般情况下的椭圆偏振光，式（2-253）不便于测量，通常引入两个参数：χ 和 ψ，如图 2-14 所示。χ 称为椭圆角，ψ 为椭圆长轴 X' 与参考方向 X 轴之间的夹角，称为椭圆倾角。利用参数 χ 和 ψ，椭圆方程（2-253）就可简化为三角函数形式。

假设在坐标系 $X'OY'$ 下，两个相互垂直的线偏振光电场强度矢量的大小分别为 $E_{x'}$ 和 $E_{y'}$。将坐标系 XOY 下的两个相互垂直的线偏振光电场强度矢量的大小 E_x 和 E_y 投影到坐标系 $X'OY'$ 的 X' 轴和 Y' 轴上，得到

$$\begin{cases} E_{x'} = E_x\cos\psi + E_y\cos\left(\dfrac{\pi}{2}-\psi\right) = E_x\cos\psi + E_y\sin\psi \\ E_{y'} = -E_x\cos\left(\dfrac{\pi}{2}-\psi\right) + E_y\cos\psi = -E_x\sin\psi + E_y\cos\psi \end{cases},\quad -\frac{\pi}{2}\leqslant\psi\leqslant+\frac{\pi}{2} \tag{2-254}$$

另外，假设在坐标系 $X'OY'$ 下两个相互垂直的线偏振光的初始复振幅大小为 $|\tilde{E}_{x'0}|$ 和 $|\tilde{E}_{y'0}|$，由式（2-246）可知，坐标系 $X'OY'$ 下的椭圆偏振方程为

$$\frac{E_{x'}^2}{|\tilde{E}_{x'0}|^2} + \frac{E_{y'}^2}{|\tilde{E}_{y'0}|^2} = 1 \tag{2-255}$$

由式（2-242）和式（2-243），可写出与方程（2-255）相对应的分量形式为

$$\begin{cases} E_{x'} = |\tilde{E}_{x'0}|\cos(\omega t+\delta_0) \\ E_{y'} = |\tilde{E}_{y'0}|\cos\left(\omega t+\delta_0\pm\dfrac{\pi}{2}\right) = \mp|\tilde{E}_{y'0}|\sin(\omega t+\delta_0) \end{cases} \tag{2-256}$$

式中，“$\mp$”表示在新坐标系 $X'OY'$ 下标准椭圆偏振的左旋和右旋。相位值 δ_0 的引入是数学上的需要，对椭圆偏振光的偏振状态不会产生影响。

为了确定在新坐标系 $X'OY'$ 下的 $|\tilde{E}_{x'0}|$ 和 $|\tilde{E}_{y'0}|$，令式（2-254）和式（2-256）的对应量相等，有

$$\begin{cases} |\tilde{E}_{x'0}|\cos(\omega t+\delta_0) = E_x\cos\psi + E_y\sin\psi \\ \mp|\tilde{E}_{y'0}|\sin(\omega t+\delta_0) = -E_x\sin\psi + E_y\cos\psi \end{cases} \tag{2-257}$$

将式（2-249）和式（2-250）代入式（2-257），有

$$\begin{cases} \quad|\tilde{E}_{x'0}|\cos\omega t\cos\delta_0 - |\tilde{E}_{x'0}|\sin\omega t\sin\delta_0 \\ = |\tilde{E}_{x0}|\cos\omega t\cos\psi + |\tilde{E}_{y0}|\cos\omega t\cos\delta\sin\psi - |\tilde{E}_{y0}|\sin\omega t\sin\delta\sin\psi \\ \quad\mp|\tilde{E}_{y'0}|\sin\omega t\cos\delta_0 \mp |\tilde{E}_{y'0}|\cos\omega t\sin\delta_0 \\ = -|\tilde{E}_{x0}|\cos\omega t\sin\psi + |\tilde{E}_{y0}|\cos\omega t\cos\delta\cos\psi - |\tilde{E}_{y0}|\sin\omega t\sin\delta\cos\psi \end{cases} \tag{2-258}$$

令式（2-258）两边 $\cos\omega t$ 和 $\sin\omega t$ 的系数分别相等，得到

$$\begin{cases} |\tilde{E}_{x'0}|\cos\delta_0 = |\tilde{E}_{x0}|\cos\psi + |\tilde{E}_{y0}|\cos\delta\sin\psi \\ |\tilde{E}_{x'0}|\sin\delta_0 = |\tilde{E}_{y0}|\sin\delta\sin\psi \\ \mp|\tilde{E}_{y'0}|\sin\delta_0 = -|\tilde{E}_{x0}|\sin\psi + |\tilde{E}_{y0}|\cos\delta\cos\psi \\ \mp|\tilde{E}_{y'0}|\cos\delta_0 = -|\tilde{E}_{y0}|\sin\delta\cos\psi \end{cases} \tag{2-259}$$

令方程组（2-259）的第一式、第二式两边平方、相加，得到

$$|\tilde{E}_{x'0}|^2 = |\tilde{E}_{x0}|^2\cos^2\psi + |\tilde{E}_{y0}|^2\sin^2\psi + 2|\tilde{E}_{x0}||\tilde{E}_{y0}|\cos\psi\cos\delta\sin\psi \tag{2-260}$$

令方程组（2-259）的第三式、第四式两边平方、相加，得到

$$|\tilde{E}_{y'0}|^2 = |\tilde{E}_{x0}|^2\sin^2\psi + |\tilde{E}_{y0}|^2\cos^2\psi - 2|\tilde{E}_{x0}||\tilde{E}_{y0}|\sin\psi\cos\delta\cos\psi \tag{2-261}$$

式（2-260）与式（2-261）相加，有

$$|\tilde{E}_{x'0}|^2 + |\tilde{E}_{y'0}|^2 = |\tilde{E}_{x0}|^2 + |\tilde{E}_{y0}|^2 \tag{2-262}$$

令方程组（2-259）的第一式与第四式两边相乘，得到

$$\mp|\tilde{E}_{x'0}||\tilde{E}_{y'0}|\cos^2\delta_0=-|\tilde{E}_{x0}||\tilde{E}_{y0}|\sin\delta\cos^2\psi-|\tilde{E}_{y0}|^2\sin\delta\cos\delta\cos\psi\sin\psi \tag{2-263}$$

令方程组（2-259）的第二式与第三式两边相乘，得到

$$\mp|\tilde{E}_{y'0}||\tilde{E}_{x'0}|\sin^2\delta_0=-|\tilde{E}_{x0}||\tilde{E}_{y0}|\sin\delta\sin^2\psi+|\tilde{E}_{y0}|^2\sin\delta\cos\delta\sin\psi\cos\psi \tag{2-264}$$

式（2-263）与式（2-264）两边相加，得到

$$\pm|\tilde{E}_{x'0}||\tilde{E}_{y'0}|=|\tilde{E}_{x0}||\tilde{E}_{y0}|\sin\delta \tag{2-265}$$

令方程组（2-259）的第四式除以第一式、第三式除以第二式，并由两除式相等，得到

$$\frac{-|\tilde{E}_{y0}|\sin\delta\cos\psi}{|\tilde{E}_{x0}|\cos\psi+|\tilde{E}_{y0}|\cos\delta\sin\psi}=\frac{-|\tilde{E}_{x0}|\sin\psi+|\tilde{E}_{y0}|\cos\delta\cos\psi}{|\tilde{E}_{y0}|\sin\delta\sin\psi} \tag{2-266}$$

整理可得

$$\tan 2\psi=\frac{2|\tilde{E}_{x0}||\tilde{E}_{y0}|}{|\tilde{E}_{x0}|^2-|\tilde{E}_{y0}|^2}\cos\delta \tag{2-267}$$

由已知量$|\tilde{E}_{x0}|$、$|\tilde{E}_{y0}|$及δ，利用式（2-262）、式（2-265）和式（2-267）求解可得在$X'OY'$坐标系下的椭圆半长轴$|\tilde{E}_{x'0}|$、半短轴$|\tilde{E}_{y'0}|$和椭圆倾角ψ。

如果引入椭圆角χ和椭圆辅助角α，则上述表达式可进行化简。定义椭圆角为

$$\tan\chi=\pm\frac{|\tilde{E}_{y'0}|}{|\tilde{E}_{x'0}|},\quad -\frac{\pi}{2}\leqslant\chi\leqslant+\frac{\pi}{2} \tag{2-268}$$

式中，“$\pm$”对应于椭圆偏振光的两种旋转方向，与式（2-256）中的“$\mp$”相对应。椭圆辅助角α定义为

$$\tan\alpha=\frac{|\tilde{E}_{y0}|}{|\tilde{E}_{x0}|},\quad 0\leqslant\alpha\leqslant\frac{\pi}{2} \tag{2-269}$$

将式（2-269）代入式（2-267），化简可得

$$\tan 2\psi=\tan 2\alpha\cos\delta \tag{2-270}$$

令式（2-265）除以式（2-262），得到

$$\pm\frac{|\tilde{E}_{x'0}||\tilde{E}_{y'0}|}{|\tilde{E}_{x'0}|^2+|\tilde{E}_{y'0}|^2}=\frac{|\tilde{E}_{x0}||\tilde{E}_{y0}|}{|\tilde{E}_{x0}|^2+|\tilde{E}_{y0}|^2}\sin\delta \tag{2-271}$$

将式（2-268）和式（2-269）代入上式，化简得到

$$\sin 2\chi=\sin 2\alpha\sin\delta \tag{2-272}$$

实际上，在式（2-270）和式（2-272）中，ψ和χ描述了椭圆的形状和取向。实际应用中，这两个量可以直接测量得到。

2. 斯托克斯参量表示法

对于一般的椭圆偏振光，由椭圆方程（2-253）可知，描述其状态需要三个参数：椭圆长、短半轴的大小$|\tilde{E}_{x0}|$和$|\tilde{E}_{y0}|$，以及相位差δ。1852 年，斯托克斯（Stokes）提出用四个参数描述一般椭圆偏振光的强度和偏振状态，称为斯托克斯参数。这种表示方法不仅适用于线偏振光，也适用于部分偏振光，还适用于自然光；可以是单色光，也可以是复色光。对于任意给定的光波，斯托克斯参量都可以通过简单的实验进行测定。

四个斯托克斯参数定义为

$$\begin{cases} S_0 = |\tilde{E}_{x0}|^2 + |\tilde{E}_{y0}|^2 \\ S_1 = |\tilde{E}_{x0}|^2 - |\tilde{E}_{y0}|^2 \\ S_2 = 2|\tilde{E}_{x0}||\tilde{E}_{y0}|\cos\delta \\ S_3 = 2|\tilde{E}_{x0}||\tilde{E}_{y0}|\sin\delta \end{cases} \tag{2-273}$$

四个参数中只有三个是独立的。不难看出，参数之间满足关系

$$S_0^2 = S_1^2 + S_2^2 + S_3^2 \tag{2-274}$$

斯托克斯参数与$|\tilde{E}_{x0}|$、$|\tilde{E}_{y0}|$、χ 和 ψ 的关系为

$$\begin{cases} S_1 = S_0\cos 2\chi\cos 2\psi \\ S_2 = S_0\cos 2\chi\sin 2\psi \\ S_3 = S_0\sin 2\chi \end{cases} \tag{2-275}$$

式（2-275）证明如下：

由式（2-269）有

$$\sin\alpha = \frac{|\tilde{E}_{y0}|}{\sqrt{|\tilde{E}_{x0}|^2 + |\tilde{E}_{y0}|^2}},\quad \cos\alpha = \frac{|\tilde{E}_{x0}|}{\sqrt{|\tilde{E}_{x0}|^2 + |\tilde{E}_{y0}|^2}} \tag{2-276}$$

因而

$$\sin 2\alpha = \frac{2|\tilde{E}_{x0}||\tilde{E}_{y0}|}{|\tilde{E}_{x0}|^2 + |\tilde{E}_{y0}|^2} \tag{2-277}$$

由式（2-272）有

$$\sin\delta = \frac{\sin 2\chi}{\sin 2\alpha} \tag{2-278}$$

将式（2-277）和式（2-278）代入方程组（2-273）的第四式，得到

$$S_3 = S_0\sin 2\chi \tag{2-279}$$

此即方程组（2-275）的第三式。

将方程组（2-273）的第二式和第三式代入式（2-267），有

$$S_2 = S_1\tan 2\psi \tag{2-280}$$

将式（2-279）和式（2-280）代入式（2-274），得到

$$S_1 = S_0\sqrt{\frac{(1-\sin^2 2\chi)}{(1+\tan^2 2\psi)}} = S_0\cos 2\chi\cos 2\psi \tag{2-281}$$

将式（2-281）代入式（2-280），得到

$$S_2 = S_0\cos 2\chi\sin 2\psi \tag{2-282}$$

3. 邦加球图示法

由式（2-275）可知，当 2χ 和 2ψ 任意变化时，三式的平方和相加为 S_0^2，表明式（2-275）是半径为 S_0 的球面，S_1、S_2 和 S_3 分别为球面上的点在直角坐标轴 X、Y 和 Z 轴上的投影。这个以 S_0 为半径的球面称为邦加（Poincaré）球，是邦加于 1892 年提出的。由于 S_0 是电场强度振幅的平方，所以邦加球的半径可表示均匀各向同性介质中光的强度。邦加球的极轴为 S_3，赤道面为 S_1S_2 平面，如图 2-15 所示。

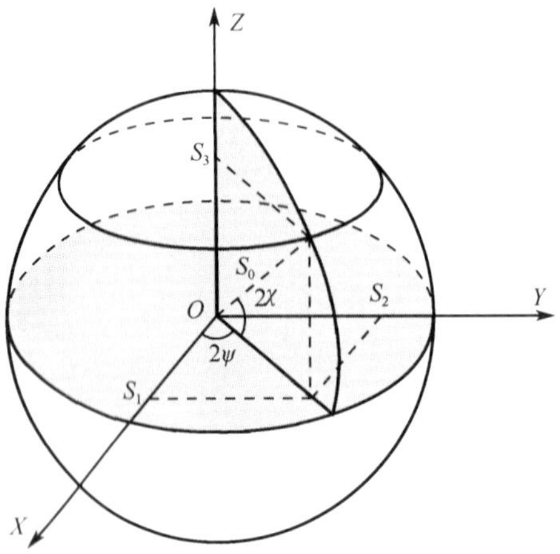

图 2-15　邦加球

若给定邦加球面上的一点 $\{S_0, 2\psi, 2\chi\}$，由方程组（2-275）就可确定光波的偏振状态。当 $2\chi = \pm 90^\circ$ 时，$-180^\circ \leqslant 2\psi \leqslant +180^\circ$，偏振光为圆偏振光；当 $2\chi = \pm 45^\circ$ 时，$-180^\circ \leqslant 2\psi \leqslant +180^\circ$，偏振光为椭圆偏振光，$2\psi$ 的变化仅改变椭圆的取向；当 $\chi = 0$ 时，$-180^\circ \leqslant 2\psi \leqslant +180^\circ$，偏振光为线偏振光，同样 2ψ 的变化改变线偏振面的取向。由式（2-256）和式（2-268）可知，$0 \leqslant 2\chi \leqslant \pi/2$（上半球），相应的偏振光为左旋。又由式（2-269）和式（2-272）可判断，左旋偏振光也对应于 $\sin\delta > 0$。$-\pi/2 \leqslant 2\chi \leqslant 0$（下半球），相应的偏振光为右旋，对应于 $\sin\delta < 0$。表 2-1 给出 2χ 和 2ψ 取特殊点时，邦加球上的偏振状态。

表 2-1　邦加球上的偏振状态

2χ \ 2ψ		−180°	−90°	0°	90°	180°
90°	左旋圆偏振光					
45°	左旋椭圆偏振光					
0°	线偏振光					
−45°	右旋椭圆偏振光					
−90°	右旋圆偏振光					

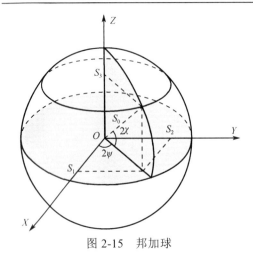

2.8　准单色光波

2.8.1　准单色光波的概念

前面各节的讨论，不论是平面光波、柱面光波，还是球面光波，都是单一频率 ω 和单一波数 k 的简谐波，波列长度为无限长，这种光波被称为单色光波。由式（2-41）可写出频率为 ω_0、波数为 k_0、沿 Z 轴方向传播单色平面光波的瞬时表达式为

$$E(z;t) = E_0\cos(\omega_0 t - k_0 z) \tag{2-283}$$

式中，E_0 为初始振幅。对式（2-283）进行傅里叶变换，其频谱和波谱为

$$\begin{cases} \tilde{E}(\omega) = \pi E_0[\delta(\omega - \omega_0) + \delta(\omega + \omega_0)], & \text{取 } z = 0 \\ \tilde{E}(k) = \pi E_0[\delta(k - k_0) + \delta(k + k_0)], & \text{取 } t = 0 \end{cases} \tag{2-284}$$

如图 2-16 所示。

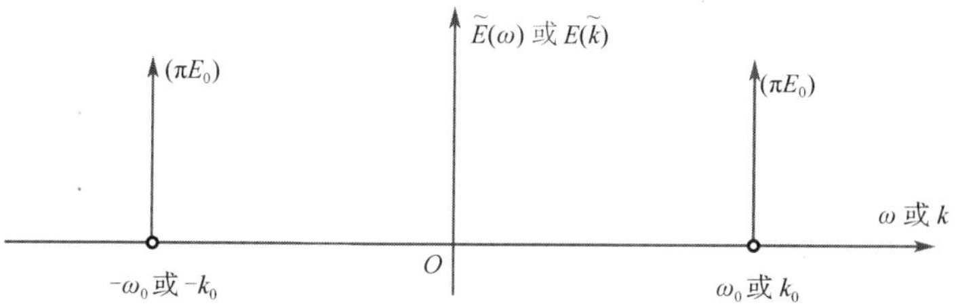

图 2-16　单色平面光波频谱和波谱

单色光波是数学求解得到的一种理想光波，不能构成携带信息的信号，实际中并不存在。实际光源发射的光波是一个有限长波列，包含有许多频率和波数（或波长）成分，其频率形成一个频谱，波数形成一个波谱。有限长波列在数学上可用门函数与单色波的乘积表示，即

$$E(z;t) = E_0 g_\tau(t - t_0)\cos(\omega_0 t - k_0 z) \tag{2-285}$$

式中，τ 为有限长波列的时间长度，t_0 为时移值，$g_\tau(t)$ 为门函数，即

$$g_\tau(t) = \begin{cases} 1, & |t| < \dfrac{\tau}{2} \\ 0, & t < -\dfrac{\tau}{2}, t > \dfrac{\tau}{2} \end{cases} \tag{2-286}$$

取 $z = 0$，对式（2-285）进行傅里叶变换，利用时移和频域卷积定理，得到其频谱为

$$\tilde{E}(\omega) = \frac{E_0}{2}[G_\tau(\omega - \omega_0)\mathrm{e}^{-\mathrm{j}(\omega-\omega_0)t_0} + G_\tau(\omega + \omega_0)\mathrm{e}^{-\mathrm{j}(\omega+\omega_0)t_0}] \tag{2-287}$$

式中，$G_\tau(\omega)$ 为 $g_\tau(t)$ 的频谱。$G_\tau(\omega)$ 为

$$G_\tau(\omega) = \tau\frac{\sin\left(\dfrac{\omega\tau}{2}\right)}{\dfrac{\omega\tau}{2}} = \tau \mathrm{sinc}\left(\frac{\omega\tau}{2}\right) \tag{2-288}$$

式中，$\mathrm{sinc}(\omega\tau/2)$ 称为抽样函数。式（2-287）就是时间上有限长波列的频谱。

对于空间域有限长波列，同样可以得到与式（2-287）相同的形式，仅需要把频率变量 ω 换成波数变量 k。假设空间有限长波列的长度为 L，取 $t = 0$，可写出波谱的表达式为

$$\tilde{E}(k) = \frac{E_0}{2}[G_L(k - k_0)\mathrm{e}^{-\mathrm{j}(k-k_0)L_0} + G_L(k + k_0)\mathrm{e}^{-\mathrm{j}(k+k_0)L_0}] \tag{2-289}$$

式中，L_0 为空移值，$G_L(k)$ 为空间域门函数 $g_L(z)$ 的波谱。$g_L(z)$ 为

$$g_L(z) = \begin{cases} 1, & |z| < \dfrac{L}{2} \\ 0, & z < -\dfrac{L}{2}, z > \dfrac{L}{2} \end{cases} \tag{2-290}$$

与之对应的波谱为

$$G_L(k) = L\,\mathrm{sinc}\left(\frac{kL}{2}\right) \tag{2-291}$$

图 2-17（a）所示是长度为 τ 或 L 的有限长波列，图 2-17（b）所示为有限长波列相对应的频谱和波谱振幅谱。比较图 2-16 和图 2-17（b）可见，图 2-17（a）的有限长波列可以看作由无穷多个不同频率和不同波数的单色波叠加而成，叠加形成的有限长波列称为波包或光脉冲。

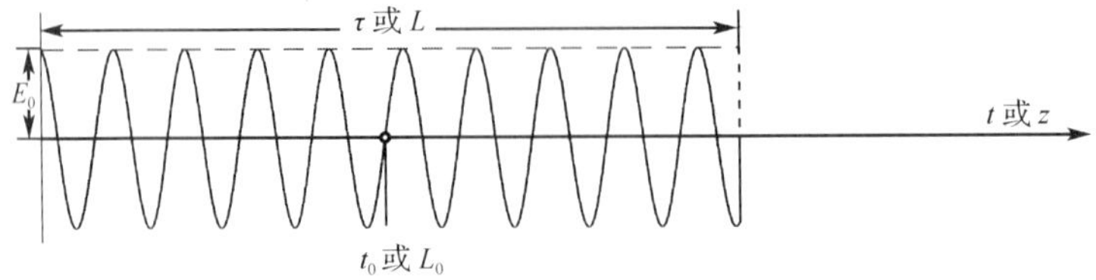

（a）有限长波列

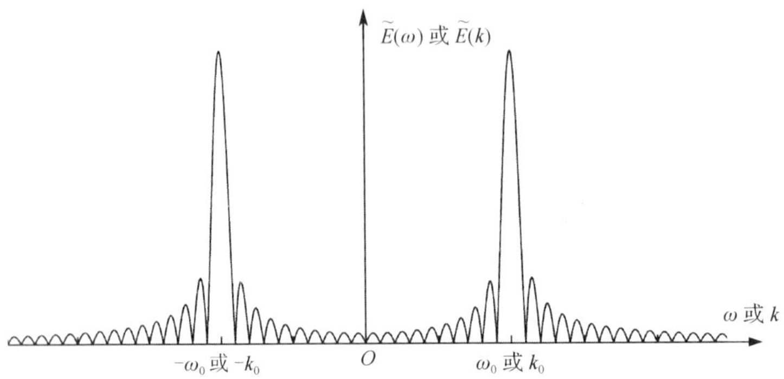

（b）频谱和波谱振幅谱

虚线：$g_\tau(t-t_0)$ 或 $g_L(z-L_0)$；

实线：$E_0 g_\tau(t-t_0)\cos(\omega_0 t-k_0 z)$（图中$E_0=1$）或 $E_0 g_L(z-L_0)\cos(\omega_0 t-k_0 z)$

图 2-17　有限长波列、频谱和波谱振幅谱

在时间域描述波包长度用 τ，在空间域描述波包长度用 L，由图 2-17（b）可以看出，有限长波列在频域和波数域中谱都是无限宽的。比较图 2-16 和图 2-17（b）也可看出，时间域和空间域中的无限长波列，在频域和波数域中谱为有限宽，时间域和空间域有限长波列，在频域和波数域中谱为无限宽。为了描述波包在频域或波数域的宽度，通常定义频谱曲线第一个零点到中心点之间的宽度为频带半宽度，在波数域中称为谱线半宽度或波长半宽度。由抽样函数的特性可知，

$$\mathrm{sinc}\left(\frac{(\omega-\omega_0)\tau}{2}\right)=0,\quad \frac{(\omega-\omega_0)\tau}{2}=m\pi\,(m=\pm1,\pm2,\cdots) \tag{2-292}$$

取 $m=1$，利用关系

$$\omega=\frac{2\pi}{T}=2\pi f \tag{2-293}$$

得到频带半宽度为

$$\Delta f=f-f_0=\frac{1}{\tau}\quad\left(\text{即}\Delta\omega=\omega-\omega_0=\frac{2\pi}{\tau}\right) \tag{2-294}$$

式中，f 为光波时间频率，Δf 为时域频带半宽度，T 为光波时间周期。

在空间域，与时间频率 f 相对应的为空间频率 ν，ν 与波数 k 的关系为

$$k=\frac{2\pi}{\lambda}=2\pi\nu \tag{2-295}$$

式中，λ 为空间周期，称为光波波长。利用式（2-295），取 $m=1$，由式（2-291）可得谱线半宽度为

$$\Delta\nu = \nu - \nu_0 = \frac{1}{L} \quad \left(\text{即}\ \Delta k = k - k_0 = \frac{2\pi}{L}\right) \tag{2-296}$$

波长半宽度为

$$\Delta\lambda = \Delta\frac{1}{\nu} = -\frac{\Delta\nu}{\nu^2} \tag{2-297}$$

假设光波在介质中的传播速度为υ，则有限长波列时间长度τ与空间长度L的关系为

$$L = \upsilon\tau \tag{2-298}$$

时间频率f与空间频率ν的关系为

$$\upsilon = \frac{f}{\nu} = \lambda f \tag{2-299}$$

由式（2-294）和式（2-296），并利用式（2-298）可得

$$\frac{\Delta f}{\Delta\nu} = \frac{L}{\tau} = \upsilon \tag{2-300}$$

此式就是时域频带半宽度与谱线半宽度之间的关系。当已知光波在介质中的传播速度υ和光波谱线半宽度$\Delta\nu$时，就可计算得到光波的频带半宽度Δf。例如，掺钕钇铝石榴石（Nd:YAG）激光谱线半宽度$\Delta\nu = 6.5\text{cm}^{-1}$，在真空中光速$c = 3.0\times10^8\,\text{m}\cdot\text{s}^{-1}$，计算可得频带半宽度$\Delta f = 195\text{GHz}$。

在光学中，通常频带半宽度、谱线半宽度和波长半宽度并不是采用绝对宽度表示的，而是采用相对半宽度表示，即

$$\begin{cases} \dfrac{\Delta f}{f_0} = \dfrac{1}{\tau f_0} \\ \dfrac{\Delta\nu}{\nu_0} = \dfrac{1}{L\nu_0} \\ \dfrac{\Delta\lambda}{\lambda_0} = -\dfrac{\Delta\nu}{\nu^2\lambda_0} \end{cases} \tag{2-301}$$

当频带半宽度、谱线半宽度和波长半宽度满足条件

$$\frac{\Delta f}{f_0} \ll 1 \ \text{或}\ \frac{\Delta\nu}{\nu_0} \ll 1 \ \text{或}\ \frac{\Delta\lambda}{\lambda_0} \ll 1 \tag{2-302}$$

时，称有限长波列为准单色光。

2.8.2　波包和群速度

1. 均匀谱分布

为了简单起见，首先讨论两列单色平面光波叠加。假设两列单色平面光波在折射率为n的介质中沿Z轴传播，偏振方向相同，振幅相同，初相位为零，两列光波频率和波数的关系为

$$\begin{cases} \omega_2 = \omega_1 + \Delta\omega \\ k_2 = k_1 + \Delta k \end{cases} \tag{2-303}$$

式中，$\Delta\omega$和Δk分别为频率和波数增量。

由式（2-41）可写出两列波的瞬时表达式为

$$\begin{cases} E_1(z;t) = E_0\cos(\omega_1 t - k_1 z) \\ E_2(z;t) = E_0\cos[(\omega_1 + \Delta\omega)t - (k_1 + \Delta k)z] \end{cases} \tag{2-304}$$

两列波的频谱如图 2-18（a）所示。两列波叠加，并利用三角函数关系，有

$$\begin{aligned} E(z;t) &= E_1(z;t) + E_2(z;t) \\ &= 2E_0\cos\left[\frac{1}{2}(\Delta\omega t - \Delta k z)\right]\cos(\bar{\omega}t - \bar{k}z) \end{aligned} \tag{2-305}$$

式中，$\bar{\omega}$ 为两列波的平均频率，$\bar{k}$ 为两列波的平均波数，即

$$\bar{\omega} = \omega_1 + \frac{\Delta\omega}{2}, \quad \bar{k} = k_1 + \frac{\Delta k}{2} \tag{2-306}$$

记

$$E_0(z;t) = 2E_0\cos\left[\frac{1}{2}(\Delta\omega t - \Delta k z)\right] \tag{2-307}$$

则式（2-305）可重写为

$$E(z;t) = E_0(z;t)\cos(\bar{\omega}t - \bar{k}z) \tag{2-308}$$

式（2-308）表明，两列单色平面光波叠加后仍然是沿 Z 轴传播的平面波，其频率为两列波频率的平均值 $\bar{\omega}$，波数为两列波波数的平均值 $\bar{k}$，周期和波长为

$$\bar{T} = \frac{2\pi}{\bar{\omega}}, \quad \bar{\lambda} = \frac{2\pi}{\bar{k}} \tag{2-309}$$

相速度为

$$\upsilon_{\varphi} = \frac{\bar{\omega}}{\bar{k}} = \frac{c}{n} \tag{2-310}$$

但是，该平面波振幅受余弦波的调制，其频率为 $\frac{1}{2}\Delta\omega$，波数为 $\frac{1}{2}\Delta k$。通常把周期和波长的一半定义为波包宽度，有

$$\Delta t = \frac{2\pi}{\Delta\omega}, \quad \Delta z = \frac{2\pi}{\Delta k} \tag{2-311}$$

等振幅面的传播速度为

$$\upsilon_{g} = \frac{\Delta\omega}{\Delta k} \tag{2-312}$$

υ_g 表示波群整体的传播速度，称为群速度，如图 2-18（b）所示。

由式（2-28）可知，波数 k 与介质折射率 n 的关系为

$$k = \frac{\omega}{c}n \tag{2-313}$$

在理想介质情况下，介质折射率 n 为常数。将式（2-313）代入式（2-312），有

$$\upsilon_{g} = \frac{\Delta\omega}{\Delta k} = \frac{\Delta\omega}{\Delta\left(\dfrac{\omega}{c}n\right)} = \frac{c}{n} = \upsilon_{\varphi} \tag{2-314}$$

此式表明，理想介质中波包传播的群速度等于相速度。但是，当介质存在色散时，介质折射率是频率的函数，即 $n = n(\omega)$，群速度不等于相速度，所以群速度和相速度是两个不同的物理概念。

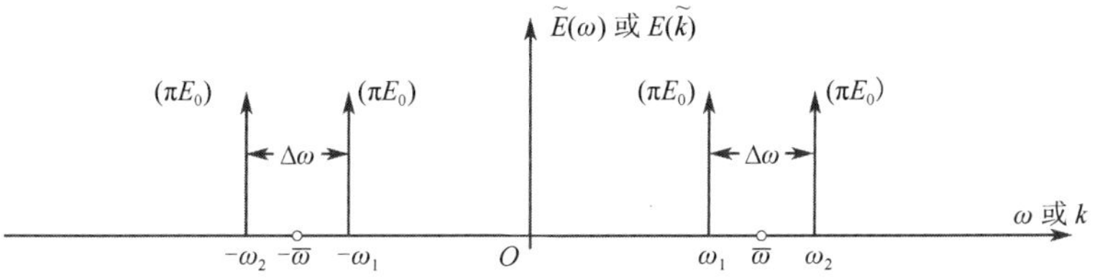

（a）波包频谱

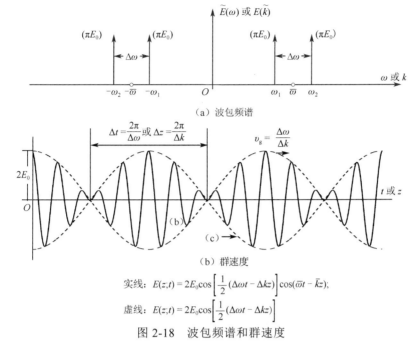

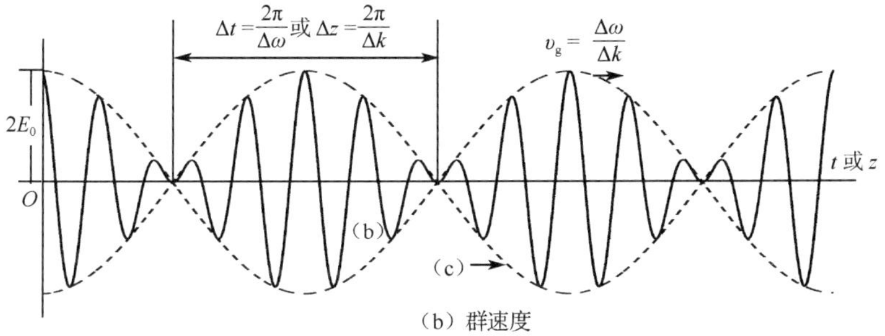

（b）群速度

实线：$E(z;t)=2E_0\cos\left[\frac{1}{2}(\Delta\omega t-\Delta kz)\right]\cos(\overline{\omega}t-\bar{k}z)$;

虚线：$E(z;t)=2E_0\cos\left[\frac{1}{2}(\Delta\omega t-\Delta kz)\right]$

图 2-18　波包频谱和群速度

对于如图 2-17（b）所示的一维连续频谱和波谱分布，沿 Z 轴传播的波包可用一维逆傅里叶变换表示为

$$\begin{cases} E(z,t)=\dfrac{1}{2\pi}\displaystyle\int_{-\infty}^{+\infty}\tilde{E}(\omega)\mathrm{e}^{\mathrm{j}(\omega t-kz)}\mathrm{d}\omega \\ E(z,t)=\dfrac{1}{2\pi}\displaystyle\int_{-\infty}^{+\infty}\tilde{E}(k)\mathrm{e}^{\mathrm{j}(\omega t-kz)}\mathrm{d}k \end{cases} \tag{2-315}$$

事实上，由于时间域频率 ω 与空间域波数 k 通过式（2-299）相联系（分子分母同乘以 2π），写成函数形式，有

$$\omega=\omega(k) \tag{2-316}$$

所以仅需要考虑逆傅里叶变换的一种表达形式，下面选择式（2-315）中的第二式。

现假设 $\tilde{E}(k)$ 分布在以 k_0 为中心、半宽度为 $\Delta k=k-k_0\ll k_0$ 的波谱范围内，可将频率函数 $\omega(k)$ 在 k_0 点展开成泰勒级数，并取 $\omega_0=\omega(k_0)$，有

$$\omega(k)=\omega_0+\left.\frac{\mathrm{d}\omega}{\mathrm{d}k}\right|_{k_0}(k-k_0)+\frac{1}{2!}\left.\frac{\mathrm{d}^2\omega}{\mathrm{d}k^2}\right|_{k_0}(k-k_0)^2+\cdots \tag{2-317}$$

由于 $\Delta k\ll k_0$，仅取级数前两项，代入式（2-315）的第二式，其指数项近似为

$$\mathrm{e}^{\mathrm{j}(\omega t-kz)}\approx\mathrm{e}^{\mathrm{j}(\omega_0 t-k_0 z)}\mathrm{e}^{-\mathrm{j}\left[(k-k_0)\left(z-\left.\frac{\mathrm{d}\omega}{\mathrm{d}k}\right|_{k_0}t\right)\right]} \tag{2-318}$$

于是，有

$$E(z,t)=\mathrm{Re}\left[\left\{\frac{1}{2\pi}\int_{k_0-\Delta k}^{k_0+\Delta k}\tilde{E}(k)\mathrm{e}^{-\mathrm{j}\left[(k-k_0)\left(z-\left.\frac{\mathrm{d}\omega}{\mathrm{d}k}\right|_{k_0}t\right)\right]}\mathrm{d}k\right\}\mathrm{e}^{\mathrm{j}(\omega_0 t-k_0 z)}\right] \tag{2-319}$$

记

$$E_a(z,t)=\frac{1}{2\pi}\int_{k_0-\Delta k}^{k_0+\Delta k}\tilde{E}(k)\mathrm{e}^{-\mathrm{j}\left[(k-k_0)\left(z-\left.\frac{\mathrm{d}\omega}{\mathrm{d}k}\right|_{k_0}t\right)\right]}\mathrm{d}k \tag{2-320}$$

式（2-319）可重写为

$$E(z,t)=E_a(z,t)\cos(\omega_0 t-k_0 z) \tag{2-321}$$

与式（2-308）相比较，式（2-321）表明，连续频谱和波谱分布，在频谱和波谱很窄的情况下，波包也可以表示成被调制的单色光波，单色光波频率为 ω_0，波数为 k_0。由式（2-321）可知，单色光波的相速度为

$$\upsilon_\varphi=\frac{\omega_0}{k_0} \tag{2-322}$$

由式（2-320）可以看出，调制波包为变幅平面波的叠加。假设在 $(k_0-\Delta k,k_0+\Delta k)$ 范围内，波谱 $\tilde{E}(k)=E_0$ 为常数，如图 2-19（a）所示，则式（2-320）的积分结果为

$$E_a(z,t)=\frac{E_0\Delta k}{\pi}\frac{\sin\left[\Delta k\left(z-\left.\frac{\mathrm{d}\omega}{\mathrm{d}k}\right|_{k_0}t\right)\right]}{\Delta k\left(z-\left.\frac{\mathrm{d}\omega}{\mathrm{d}k}\right|_{k_0}t\right)}=\frac{E_0\Delta k}{\pi}\mathrm{sinc}\left[\Delta k\left(z-\left.\frac{\mathrm{d}\omega}{\mathrm{d}k}\right|_{k_0}t\right)\right] \tag{2-323}$$

由此可以看出，在假定振幅 $\tilde{E}(k)=E_0$ 为常数的情况下，调制波包络为抽样函数。当

$$z-\left.\frac{\mathrm{d}\omega}{\mathrm{d}k}\right|_{k_0}t=C \tag{2-324}$$

即为常数时，对应于波包的等振幅面。由此可得波包群速度为

$$\upsilon_{\mathrm{g}}=\frac{\mathrm{d}z}{\mathrm{d}t}=\left.\frac{\mathrm{d}\omega}{\mathrm{d}k}\right|_{k_0} \tag{2-325}$$

将频率 ω、波数 k 和相速度 υ_φ 的关系

$$\upsilon_\varphi=\frac{\omega}{k} \tag{2-326}$$

代入式（2-325），并利用式（2-295），得到群速度与相速度的关系为

$$\upsilon_{\mathrm{g}}=\upsilon_\varphi+k\frac{\mathrm{d}\upsilon_\varphi}{\mathrm{d}k}=\upsilon_\varphi-\lambda\frac{\mathrm{d}\upsilon_\varphi}{\mathrm{d}\lambda} \tag{2-327}$$

对于色散介质，介质折射率是频率的函数，利用式（2-313），还可以得到

$$\upsilon_{\mathrm{g}}=\frac{c}{n+\omega\frac{\mathrm{d}n}{\mathrm{d}\omega}} \tag{2-328}$$

注意，在式（2-326）～式（2-328）中，所有量都定义在 k_0 点。

在无色散的情况下，将式（2-323）代入式（2-321），并利用式（2-325）和式（2-314）及抽样函数的偶函数特性，有

$$E(z,t)=\frac{E_0\Delta k}{\pi}\mathrm{sinc}(\Delta\omega t-\Delta kz)\cos(\omega_0 t-k_0 z) \tag{2-329}$$

图 2-19（b）为式（2-329）的计算波形，与图 2-18（b）相比较可知，两列波都为无限长波列，频谱为有限宽。两列等幅波叠加调制波为等幅余弦波，而有限宽连续谱等幅波列叠

加调制波为不等幅抽样函数。由于等幅余弦波的波包大小相同，因此波包宽度可取波包周期的一半，如图 2-18（b）所示。对于不等幅抽样函数波包也可定义波包宽度，其波包宽度定义为抽样函数极大值点与零点之间距离的 2 倍。由式（2-329）可得

$$\Delta t = \frac{2\pi}{\Delta\omega},\quad \Delta z = \frac{2\pi}{\Delta k} \tag{2-330}$$

由此可以看出，余弦调制与抽样函数调制波包宽度的表达式相同。

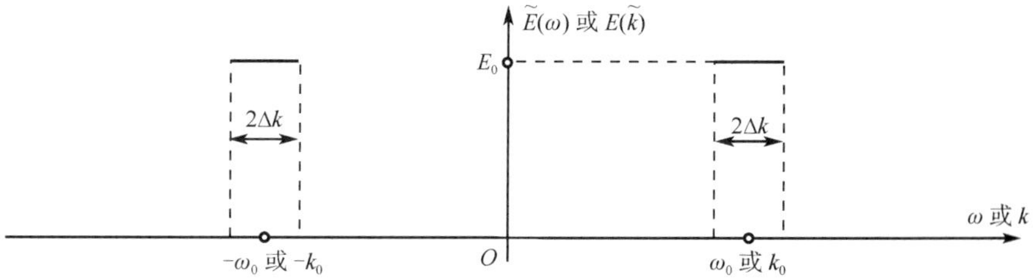

（a）光脉冲频谱和波谱振幅谱

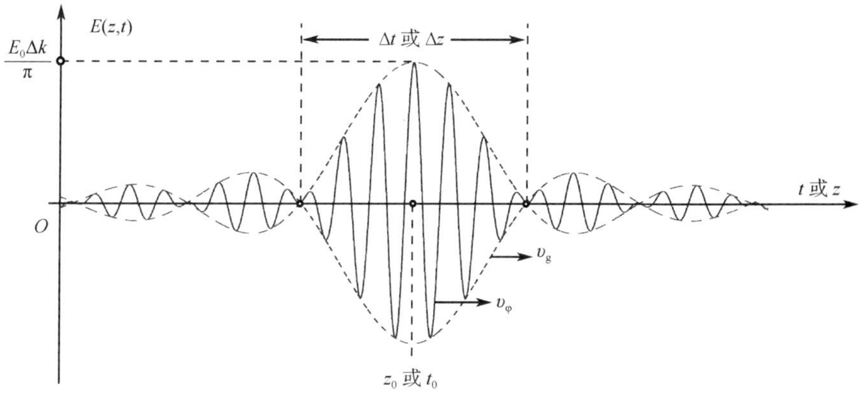

（b）时间光脉冲和空间光脉冲

实线：$E(z,t) = \cos(\omega_0 t - k_0 z)$

虚线：$E_a(z,t) = \frac{E_0\Delta k}{\pi}\mathrm{sinc}(\Delta\omega t - \Delta k z)$

图 2-19　光脉冲和频谱图

2. 高斯谱分布

在式（2-319）中，如果波谱分布为高斯分布，即

$$\tilde{E}(k) = E_0 \mathrm{e}^{-a(k-k_0)^2},\quad -\infty < k < +\infty \tag{2-331}$$

式中，a 为实常数，E_0 为波谱最大值，如图 2-20（a）所示。将式（2-331）代入式（2-320），有

$$E_a(z,t) = \frac{E_0}{2\pi}\int_{-\infty}^{+\infty} \mathrm{e}^{-a(k-k_0)^2 - \mathrm{j}\left[(k-k_0)\left(z - \left.\frac{\mathrm{d}\omega}{\mathrm{d}k}\right|_{k_0} t\right)\right]}\mathrm{d}k \tag{2-332}$$

对式（2-332）的被积函数指数项进行配平方，并利用积分关系

$$\int_{-\infty}^{+\infty} \mathrm{e}^{-x^2}\mathrm{d}x = \sqrt{\pi} \tag{2-333}$$

得到

$$E_a(z,t)=\frac{E_0}{2\sqrt{\pi a}}e^{-\frac{1}{4a}\left(z-\left.\frac{d\omega}{dk}\right|_{k_0}t\right)^2} \tag{2-334}$$

代入式（2-319），有

$$E(z,t)=\frac{E_0}{2\sqrt{\pi a}}e^{-\frac{1}{4a}\left(z-\left.\frac{d\omega}{dk}\right|_{k_0}t\right)^2}\cos(\omega_0 t-k_0 z) \tag{2-335}$$

由此可以看出，在 $\tilde{E}(k)$ 为高斯分布的情况下，调制波包络也是高斯分布。当

$$z-\left.\frac{d\omega}{dk}\right|_{k_0}t=C \tag{2-336}$$

即为常数时，对应于波包的等振幅面，其波包群速度为

$$\upsilon_g=\frac{dz}{dt}=\left.\frac{d\omega}{dk}\right|_{k_0} \tag{2-337}$$

与式（2-325）的形式相同。

对于高斯波包的波包宽度，可采用信号与系统中高斯脉冲信号宽度的定义。取振幅极大值点与振幅下降到 e^{-1} 之间距离的 2 倍为波包宽度。由式（2-335）可得

$$\Delta t=\frac{4\sqrt{a}}{\upsilon_g},\quad \Delta z=4\sqrt{a} \tag{2-338}$$

对于波谱宽度，由式（2-331）可得

$$\Delta k=\frac{2}{\sqrt{a}} \tag{2-339}$$

求频谱宽度，需要取式（2-317）的前两项，并代入式（2-331），得到波包的频谱分布为

$$\tilde{E}(\omega)=E_0 e^{-\frac{a}{(\upsilon_g)^2}(\omega-\omega_0)^2},\quad -\infty<\omega<+\infty \tag{2-340}$$

由此可求得频谱宽度为

$$\Delta\omega=\frac{2\upsilon_g}{\sqrt{a}} \tag{2-341}$$

将式（2-338）的第一式与式（2-341）相乘，得到时域与频域带宽积为

$$\Delta t\Delta\omega=8 \tag{2-342}$$

同样，空间域与波谱域带宽积为

$$\Delta z\Delta k=8 \tag{2-343}$$

图 2-20（b）为高斯波包式（2-335）的计算波形。

对于高斯谱分布，由于频谱、波谱和波包没有明显的分界，波包宽度的定义也可采用其他定义方式，例如，取极大值的 1/2 处所对应的两点之间的间隔，或者采用波数的方差定义。但不论怎样定义，在无色散的情况下，时域与频域带宽积均为大于或等于 2π 的常数。

以上讨论的均匀谱分布和高斯谱分布，都是假定频率 ω 和波数 k 为线性关系，即取泰勒级数展开式（2-317）的前两项，在此条件下，波包传播的群速度与相速度相同，波包传播过程中波形不会发生变化。当取泰勒级数的前三项时，频率 ω 和波数 k 为非线性关系，此方法也可用于对波包传播进行讨论。但是，由于二阶导数项的存在，群速度不再等于相速度。另外，时域与频域带宽积也不再是常数，而是坐标的函数，所以波包在传播过程中幅度不断减

小，波包宽度不断展宽，出现脉冲展宽效应，且不论群速度随频率的增大是增大还是减小，这种脉冲展宽效应都存在。光纤通信中光脉冲传播存在脉冲展宽就是一个实例。对于介质存在色散的情况，详见后面章节的讨论。

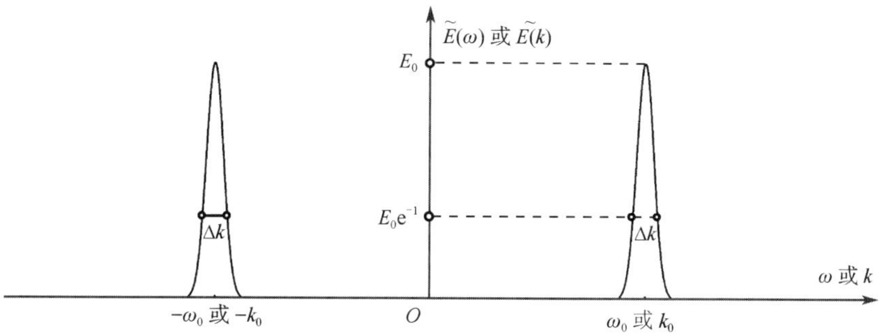

（a）高斯谱分布

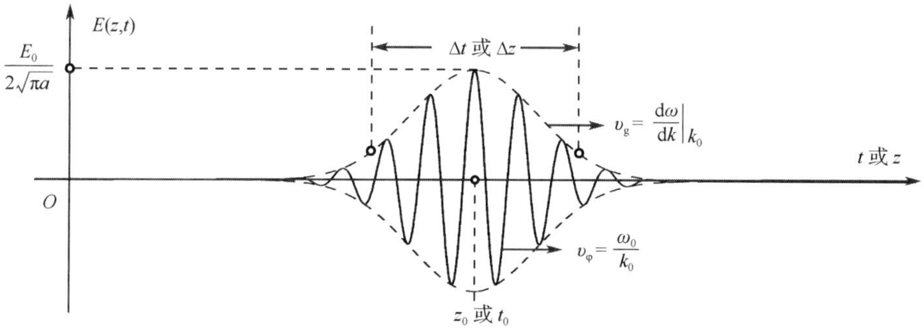

（b）光脉冲

实线：$E(z,t)=\cos(\omega_0 t-k_0 z)$；

虚线：$E_a(z,t)=\dfrac{E_0}{2\sqrt{\pi a}}e^{-\frac{1}{4a}(z-v_g t)^2}$

图 2-20　高斯谱分布及光脉冲

参 考 文 献

[1] 马科斯. 波恩，埃米尔. 沃尔夫. 光学原理，7 版. 杨葭荪，译. 北京：电子工业出版社，2009.
[2] ДМ 布列霍夫斯基赫. 分层介质中的波. 北京：科学出版社，1960.
[3] FAWWAZ T U LABY. 应用电磁学基础，4 版. 尹华杰译. 北京：人民邮电出版社，2007.
[4] 梁昆淼. 数学物理方法，2 版. 北京：人民教育出版社，1978.
[5] 郭敦仁. 数学物理方法. 北京：人民教育出版社，1979.
[6] 张克潜，李德杰. 微波与光电子学中的电磁理论. 北京：电子工业出版社，2001.
[7] 季家镕. 高等光学教程——光学的基本电磁理论. 北京：科学出版社，2007.
[8] 郑玉祥，陈良尧. 近代光学. 北京：电子工业出版社，2011.
[9] 赵凯华. 光学. 北京：高等教育出版社，2004.
[10] 潘仲英. 电磁波、天线与电波传播. 北京：机械工业出版社，2003.

[11] JOHN LEKNER，Theory of reflection of electromagnetic and particle waves. Martinus Nijhoff Publishers，Dordrechet，1987.
[12] 郭硕鸿. 电动力学. 北京：人民教育出版社，1979.
[13] 石顺祥，张海兴，刘劲松. 物理光学与应用光学. 西安：西安电子科技大学出版社，2008.
[14] 廖延彪. 偏振光学. 北京：科学出版社，2003.
[15] J A KONG. Electromagnetic wave theory. Wiley，1986.
[16] 葛德彪，魏兵. 电磁波理论. 北京：科学出版社，2013.
[17] 龚中麟. 近代电磁理论. 北京：北京大学出版社，2010.
[18] 林强，叶兴浩. 现代光学基础与前沿. 北京：科学出版社，2010.
[19] F S 克劳福德. 波动学（伯克利物理教程）第三卷. 北京：科学出版社，1981.
[20] 曹建章，张正阶，李景镇. 电磁场与电磁波理论基础. 北京：科学出版社，2011.
[21] 曹建章，徐平，李景镇. 薄膜光学与薄膜技术基础. 北京：科学出版社，2014.
[22] 万伟，王季立. 微波技术与天线. 西安：西北工业大学出版社，1986.
[23] 廖承恩. 微波技术基础. 西安：西安电子大学出版社，1994.
[24] 石顺祥，刘继芳，孙艳玲. 光的电磁理论——光波的传播与控制. 西安：西安电子科技大学出版社，2006.
[25] E WOLF. 光的相干与偏振理论导论. 北京：北京大学出版社，2014.
[26] 黄志洵. 超光速研究新进展. 北京：国防工业出版社，2002.
[27] 陆军. 学电磁理论. 北京：科学出版社，2005.
[28] 余成波，陶红艳，张莲，等. 信号与系统，2 版. 北京：清华大学出版社，2007.
[29] 张德丰. MATLAB 实用数值分析. 北京：清华大学出版社，2012.
[30] 张昱，周琦敏，等. 信号与系统实验教程. 北京：人民邮电出版社，2005.

第 3 章　平面光波的反射与透射

平面光波入射到光学性质不同的两介质分界面时，光波会产生反射和透射，反射光和透射光的振幅、相位、传播方向和偏振态发生改变。振幅、相位和偏振态的变化遵循菲涅耳（Fresnel）公式；光波传播方向的改变遵循反射定律和折射定律，也称为斯内尔（Snell）定律。下面分别讨论理想介质与理想介质、理想介质与理想导体、理想介质与导电介质、理想介质与平面对称各向异性介质分界平面的反射与透射。

3.1　理想介质与理想介质分界面的反射与透射

单色平面光波斜入射到两介质分界面，电场强度矢量可以在垂直于传播方向的横平面内任意取向。由 2.7 节的讨论可知，不论是线偏振光、圆偏振光还是椭圆偏振光，电场强度矢量可分解为两个相互垂直的线偏振光的叠加，因此可把任意取向的电场强度矢量分解为垂直于入射面和在入射面内的两个分量（平面光波传播方向与分界面法向构成的平面称为入射面）。垂直于入射面的线偏振称为 S 波偏振，平行于入射面的线偏振称为 P 波偏振。平面光波斜入射的反射与透射需要对 S 波偏振和 P 波偏振分别进行讨论。

3.1.1　S 波偏振

如图 3-1 所示，假设理想介质 1 的折射率为 n_1，理想介质 2 的折射率为 n_2，两介质分界面为 XY 平面，两介质分界面法向为 Z 轴方向。

假设入射平面光波传播方向的单位矢量为 $\mathbf{k}_0^{\mathrm{i}}$，S 波偏振，电场强度复振幅矢量 $\tilde{\mathbf{E}}_{\mathrm{i}}$ 指向 Y 轴方向，磁场强度复振幅矢量 $\tilde{\mathbf{H}}_{\mathrm{i}}$ 在 XZ 平面内，$\tilde{\mathbf{E}}_{\mathrm{i}} \times \tilde{\mathbf{H}}_{\mathrm{i}}$ 沿 $\mathbf{k}_0^{\mathrm{i}}$ 方向，满足右手法则。$\mathbf{r}$ 为等相位平面上任意一点的位置矢量，入射平面光波波矢量与介质分界面法向的夹角记为 θ_1，θ_1 称为入射角。

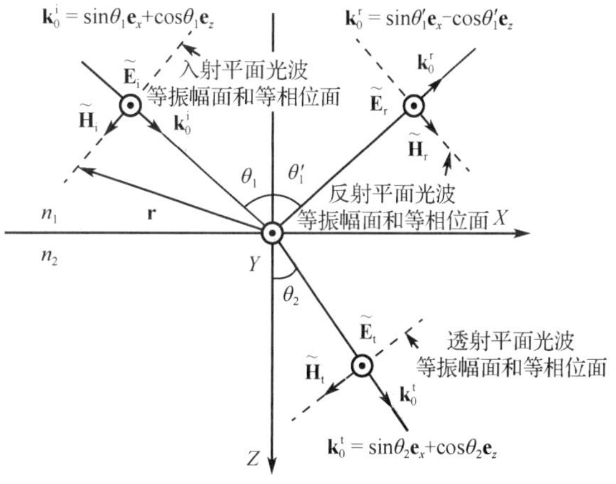

图 3-1　S 波偏振

反射波平面光波传播方向的单位矢量为 $\mathbf{k}_0^{\mathrm{r}}$，电场强度复振幅矢量 $\tilde{\mathbf{E}}_{\mathrm{r}}$ 沿 Y 轴方向，磁场强度复振幅矢量 $\tilde{\mathbf{H}}_{\mathrm{r}}$ 在 XZ 平面内，$\tilde{\mathbf{E}}_{\mathrm{r}} \times \tilde{\mathbf{H}}_{\mathrm{r}}$ 沿 $\mathbf{k}_0^{\mathrm{r}}$ 方向。反射平面光波波矢量与介质分界面法向夹角记为 θ_1'，θ_1' 称为反射角。

透射平面光波传播方向的单位矢量为 $\mathbf{k}_0^{\mathrm{t}}$，电场强度复振幅矢量 $\tilde{\mathbf{E}}_{\mathrm{t}}$ 沿 Y 轴方向，磁场强度复振幅矢量 $\tilde{\mathbf{H}}_{\mathrm{t}}$ 在 XZ 平面内，$\tilde{\mathbf{E}}_{\mathrm{t}} \times \tilde{\mathbf{H}}_{\mathrm{t}}$ 沿 $\mathbf{k}_0^{\mathrm{t}}$ 方向。透射平面光波波矢量与介质分界面法向的夹角记为 θ_2，θ_2 称为透射角或称为折射角。

根据式（2-39），可写出入射平面光波的电场和磁场强度复振幅矢量表达式为

$$\begin{cases}\tilde{\mathbf{E}}_\mathrm{i}(\mathbf{r})=\mathbf{e}_y\tilde{E}_{0\mathrm{i}}\mathrm{e}^{-\mathrm{j}\frac{\omega}{c}n_1\mathbf{k}_0^\mathrm{i}\cdot\mathbf{r}}\\ \tilde{\mathbf{H}}_\mathrm{i}(\mathbf{r})=\sqrt{\dfrac{\varepsilon_0}{\mu_0}}n_1\mathbf{k}_0^\mathrm{i}\times\mathbf{e}_y\tilde{E}_{0\mathrm{i}}\mathrm{e}^{-\mathrm{j}\frac{\omega}{c}n_1\mathbf{k}_0^\mathrm{i}\cdot\mathbf{r}}\end{cases}\tag{3-1}$$

式中，$\tilde{E}_{0\mathrm{i}}$ 是入射平面光波电场复振幅，ω 为单色光波圆频率。将入射波传播方向的单位矢量 $\mathbf{k}_0^\mathrm{i}$ 写成分量形式，有

$$\mathbf{k}_0^\mathrm{i}=\sin\theta_1\mathbf{e}_x+\cos\theta_1\mathbf{e}_z\tag{3-2}$$

等相位面上任意一点的位置矢量为

$$\mathbf{r}=x\mathbf{e}_x+y\mathbf{e}_y+z\mathbf{e}_z\tag{3-3}$$

将以上两式代入式（3-1），得到

$$\begin{cases}\tilde{\mathbf{E}}_\mathrm{i}(\mathbf{r})=\mathbf{e}_y\tilde{E}_{0\mathrm{i}}\mathrm{e}^{-\mathrm{j}\frac{\omega}{c}n_1(x\sin\theta_1+z\cos\theta_1)}\\ \tilde{\mathbf{H}}_\mathrm{i}(\mathbf{r})=(-\cos\theta_1\mathbf{e}_x+\sin\theta_1\mathbf{e}_z)\sqrt{\dfrac{\varepsilon_0}{\mu_0}}n_1\tilde{E}_{0\mathrm{i}}\mathrm{e}^{-\mathrm{j}\frac{\omega}{c}n_1(x\sin\theta_1+z\cos\theta_1)}\end{cases}\tag{3-4}$$

同理，可写出反射平面光波与透射平面光波的电场和磁场强度复振幅矢量表达式为

$$\begin{cases}\tilde{\mathbf{E}}_\mathrm{r}(\mathbf{r})=\mathbf{e}_y\tilde{E}_{0\mathrm{r}}\mathrm{e}^{-\mathrm{j}\frac{\omega}{c}n_1(x\sin\theta_1'-z\cos\theta_1')}\\ \tilde{\mathbf{H}}_\mathrm{r}(\mathbf{r})=(\cos\theta_1'\mathbf{e}_x+\sin\theta_1'\mathbf{e}_z)\sqrt{\dfrac{\varepsilon_0}{\mu_0}}n_1\tilde{E}_{0\mathrm{r}}\mathrm{e}^{-\mathrm{j}\frac{\omega}{c}n_1(x\sin\theta_1'-z\cos\theta_1')}\end{cases}\tag{3-5}$$

$$\begin{cases}\tilde{\mathbf{E}}_\mathrm{t}(\mathbf{r})=\mathbf{e}_y\tilde{E}_{0\mathrm{t}}\mathrm{e}^{-\mathrm{j}\frac{\omega}{c}n_2(x\sin\theta_2+z\cos\theta_2)}\\ \tilde{\mathbf{H}}_\mathrm{t}(\mathbf{r})=(-\cos\theta_2\mathbf{e}_x+\sin\theta_2\mathbf{e}_z)\sqrt{\dfrac{\varepsilon_0}{\mu_0}}n_2\tilde{E}_{0\mathrm{t}}\mathrm{e}^{-\mathrm{j}\frac{\omega}{c}n_2(x\sin\theta_2+z\cos\theta_2)}\end{cases}\tag{3-6}$$

式中，$\tilde{E}_{0\mathrm{r}}$ 和 $\tilde{E}_{0\mathrm{t}}$ 是反射和透射平面光波电场复振幅入射光、反射光和透射光频率 ω 不变。

根据边界条件式（1-403）和式（1-404），电场强度矢量和磁场强度矢量切向分量连续，即

$$\begin{cases}\tilde{E}_{1\mathrm{t}}=\tilde{E}_{2\mathrm{t}}\\ \tilde{H}_{1\mathrm{t}}=\tilde{H}_{2\mathrm{t}}\end{cases}\tag{3-7}$$

注意，此式下标“t”表示切向分量。S 波偏振电场强度矢量垂直于入射面沿 Y 轴方向，属于切向分量；磁场强度矢量在入射面内，既有 X 分量，又有 Z 分量，X 分量属于切向分量。因此，有

$$\begin{cases}[\tilde{E}_\mathrm{i}(\mathbf{r})+\tilde{E}_\mathrm{r}(\mathbf{r})]_{z=0}=[\tilde{E}_\mathrm{t}(\mathbf{r})]_{z=0}\\ [\tilde{H}_{\mathrm{i}x}(\mathbf{r})+\tilde{H}_{\mathrm{r}x}(\mathbf{r})]_{z=0}=[\tilde{H}_{\mathrm{t}x}(\mathbf{r})]_{z=0}\end{cases}\tag{3-8}$$

将式（3-4）～式（3-6）给出的电场强度复振幅矢量和磁场强度复振幅矢量的切向分量表达式代入边界条件式（3-8），得到

$$\begin{cases}\tilde{E}_{0\mathrm{i}}\mathrm{e}^{-\mathrm{j}\frac{\omega}{c}n_1x\sin\theta_1}+\tilde{E}_{0\mathrm{r}}\mathrm{e}^{-\mathrm{j}\frac{\omega}{c}n_1x\sin\theta_1'}=\tilde{E}_{0\mathrm{t}}\mathrm{e}^{-\mathrm{j}\frac{\omega}{c}n_2x\sin\theta_2}\\ -n_1\cos\theta_1\tilde{E}_{0\mathrm{i}}\mathrm{e}^{-\mathrm{j}\frac{\omega}{c}n_1x\sin\theta_1}+n_1\cos\theta_1'\tilde{E}_{0\mathrm{r}}\mathrm{e}^{-\mathrm{j}\frac{\omega}{c}n_1x\sin\theta_1'}=-n_2\cos\theta_2\tilde{E}_{0\mathrm{t}}\mathrm{e}^{-\mathrm{j}\frac{\omega}{c}n_2x\sin\theta_2}\end{cases}\tag{3-9}$$

对任意的 x，要使式（3-9）成立，必须使三个指数满足相位匹配条件，即

$$n_1\sin\theta_1 = n_1\sin\theta_1' = n_2\sin\theta_2 \tag{3-10}$$

由此得到，斯内尔反射定律和折射定律为

$$\theta_1 = \theta_1' \tag{3-11}$$

$$n_1\sin\theta_1 = n_2\sin\theta_2 \tag{3-12}$$

反射定律用于确定反射光波的传播方向，折射定律用于确定透射光波的传播方向。

考虑到式（3-10），式（3-9）可化简为

$$\begin{cases}\tilde{E}_{0\mathrm{i}} + \tilde{E}_{0\mathrm{r}} = \tilde{E}_{0\mathrm{t}} \\ n_1\cos\theta_1[\tilde{E}_{0\mathrm{i}} - \tilde{E}_{0\mathrm{r}}] = n_2\cos\theta_2\tilde{E}_{0\mathrm{t}}\end{cases} \tag{3-13}$$

联立求解式（3-13），得到 S 波偏振反射系数和透射系数的表达式为

$$\tilde{r}_{\mathrm{S}} = \frac{\tilde{E}_{0\mathrm{r}}}{\tilde{E}_{0\mathrm{i}}} = \frac{n_1\cos\theta_1 - n_2\cos\theta_2}{n_1\cos\theta_1 + n_2\cos\theta_2} \tag{3-14}$$

$$\tilde{t}_{\mathrm{S}} = \frac{\tilde{E}_{0\mathrm{t}}}{\tilde{E}_{0\mathrm{i}}} = \frac{2n_1\cos\theta_1}{n_1\cos\theta_1 + n_2\cos\theta_2} \tag{3-15}$$

这两个系数被称为 S 波偏振菲涅耳反射系数和透射系数，二者满足关系

$$\tilde{t}_{\mathrm{S}} = 1 + \tilde{r}_{\mathrm{S}} \tag{3-16}$$

反射系数 $\tilde{r}_{\mathrm{S}}$ 反映入射光波与反射光波振幅和相位之间的关系，透射系数 $\tilde{t}_{\mathrm{S}}$ 反映入射光波与透射光波振幅和相位之间的关系。

在垂直入射的情况下，$\theta_1 = \theta_2 = 0$，则式（3-14）和式（3-15）可化简为

$$\tilde{r}_{\mathrm{S}} = \frac{n_1 - n_2}{n_1 + n_2} \tag{3-17}$$

$$\tilde{t}_{\mathrm{S}} = \frac{2n_1}{n_1 + n_2} \tag{3-18}$$

对于 S 波偏振，引入介质界面两侧光学有效导纳

$$\zeta_1 = n_1\cos\theta_1,\quad \zeta_2 = n_2\cos\theta_2 \tag{3-19}$$

则式（3-14）和式（3-15）可改写为

$$\tilde{r}_{\mathrm{S}} = \frac{\zeta_1 - \zeta_2}{\zeta_1 + \zeta_2} \tag{3-20}$$

$$\tilde{t}_{\mathrm{S}} = \frac{2\zeta_1}{\zeta_1 + \zeta_2} \tag{3-21}$$

显然，引入光学有效导纳后，S 波斜入射的反射系数和透射系数公式与垂直入射的公式形式完全相同。需要注意，此处光学有效导纳并不具有导纳的量纲，因为在反射系数和透射系数表达式中，分子和分母消去了共同因子 $\sqrt{\varepsilon_0/\mu_0}$。

3.1.2　P 波偏振

与 S 波偏振相同，假设入射平面光波、反射平面光波和透射平面光波传播方向的单位矢量分别为 $\mathbf{k}_0^{\mathrm{i}}$、$\mathbf{k}_0^{\mathrm{r}}$ 和 $\mathbf{k}_0^{\mathrm{t}}$。在 P 波偏振情况下，入射波磁场强度复振幅矢量 $\tilde{\mathbf{H}}_{\mathrm{i}}$、反射波磁场强度复振幅矢量 $\tilde{\mathbf{H}}_{\mathrm{r}}$ 和透射波磁场强度复振幅矢量 $\tilde{\mathbf{H}}_{\mathrm{t}}$ 均沿 Y 轴方向，而入射波电场强度复振幅矢量 $\tilde{\mathbf{E}}_{\mathrm{i}}$、反射波电场强度复振幅矢量 $\tilde{\mathbf{E}}_{\mathrm{r}}$ 和透射波电场强度复振幅矢量 $\tilde{\mathbf{E}}_{\mathrm{t}}$ 均在 XZ 平面内，且

$\tilde{\mathbf{E}}_i \times \tilde{\mathbf{H}}_i$ 沿 $\mathbf{k}_0^i$ 方向，$\tilde{\mathbf{E}}_r \times \tilde{\mathbf{H}}_r$ 沿 $\mathbf{k}_0^r$ 方向，$\tilde{\mathbf{E}}_t \times \tilde{\mathbf{H}}_t$ 沿 $\mathbf{k}_0^t$ 方向。入射角为 θ_1，反射角为 θ_1'，折射角为 θ_2，如图 3-2 所示。

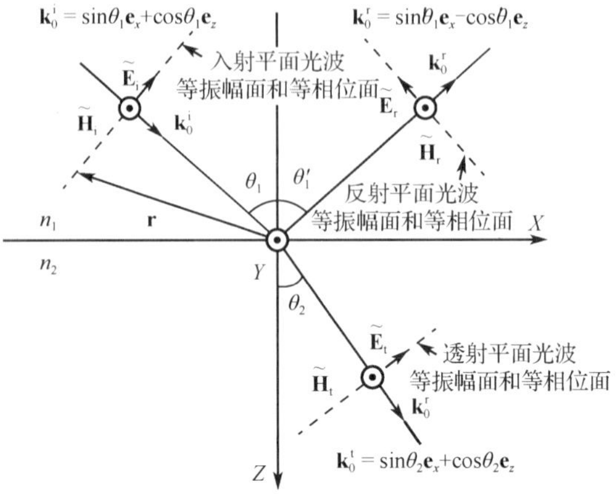

图 3-2　P 波偏振

根据式（2-39），并将式（3-2）和式（3-3）代入其中，可写出入射平面光波的电场和磁场强度复振幅矢量表达式为

$$\begin{cases}\tilde{\mathbf{E}}_i(\mathbf{r}) = (\mathbf{e}_x\cos\theta_1 - \mathbf{e}_z\sin\theta_1)\tilde{E}_{0i}\mathrm{e}^{-\mathrm{j}\frac{\omega}{c}n_1(x\sin\theta_1 + z\cos\theta_1)} \\ \tilde{\mathbf{H}}_i(\mathbf{r}) = \mathbf{e}_y\sqrt{\dfrac{\varepsilon_0}{\mu_0}}n_1\tilde{E}_{0i}\mathrm{e}^{-\mathrm{j}\frac{\omega}{c}n_1(x\sin\theta_1 + z\cos\theta_1)}\end{cases} \tag{3-22}$$

反射光波与透射光波电场强度和磁场强度复振幅矢量表达式为

$$\begin{cases}\tilde{\mathbf{E}}_r(\mathbf{r}) = (-\mathbf{e}_x\cos\theta_1' - \mathbf{e}_z\sin\theta_1')\tilde{E}_{0r}\mathrm{e}^{-\mathrm{j}\frac{\omega}{c}n_1(x\sin\theta_1' - z\cos\theta_1')} \\ \tilde{\mathbf{H}}_r(\mathbf{r}) = \mathbf{e}_y\sqrt{\dfrac{\varepsilon_0}{\mu_0}}n_1\tilde{E}_{0r}\mathrm{e}^{-\mathrm{j}\frac{\omega}{c}n_1(x\sin\theta_1' - z\cos\theta_1')}\end{cases} \tag{3-23}$$

$$\begin{cases}\tilde{\mathbf{E}}_t(\mathbf{r}) = (\mathbf{e}_x\cos\theta_2 - \mathbf{e}_z\sin\theta_2)\tilde{E}_{0t}\mathrm{e}^{-\mathrm{j}\frac{\omega}{c}n_2(x\sin\theta_2 + z\cos\theta_2)} \\ \tilde{\mathbf{H}}_t(\mathbf{r}) = \mathbf{e}_y\sqrt{\dfrac{\varepsilon_0}{\mu_0}}n_2\tilde{E}_{0t}\mathrm{e}^{-\mathrm{j}\frac{\omega}{c}n_2(x\sin\theta_2 + z\cos\theta_2)}\end{cases} \tag{3-24}$$

根据边界条件式（3-7）有

$$\begin{cases}[\tilde{E}_{ix}(\mathbf{r}) + \tilde{E}_{rx}(\mathbf{r})]_{z=0} = [\tilde{E}_{tx}(\mathbf{r})]_{z=0} \\ [\tilde{H}_i(\mathbf{r}) + \tilde{H}_r(\mathbf{r})]_{z=0} = [\tilde{H}_t(\mathbf{r})]_{z=0}\end{cases} \tag{3-25}$$

将式（3-22）～式（3-24）给出的电场强度矢量和磁场强度矢量切向分量代入式（3-25），得到

$$\begin{cases}\cos\theta_1\tilde{E}_{0i}\mathrm{e}^{-\mathrm{j}\frac{\omega}{c}n_1x\sin\theta_1} - \cos\theta_1'\tilde{E}_{0r}\mathrm{e}^{-\mathrm{j}\frac{\omega}{c}n_1x\sin\theta_1'} = \cos\theta_2\tilde{E}_{0t}\mathrm{e}^{-\mathrm{j}\frac{\omega}{c}n_2x\sin\theta_2} \\ n_1\tilde{E}_{0i}\mathrm{e}^{-\mathrm{j}\frac{\omega}{c}n_1x\sin\theta_1} + n_1\tilde{E}_{0r}\mathrm{e}^{-\mathrm{j}\frac{\omega}{c}n_1x\sin\theta_1'} = n_2\tilde{E}_{0t}\mathrm{e}^{-\mathrm{j}\frac{\omega}{c}n_2x\sin\theta_2}\end{cases} \tag{3-26}$$

同样，对任意的 x，要使式（3-26）成立，必须使三个指数相位满足相位匹配条件

$$n_1\sin\theta_1 = n_1\sin\theta_1' = n_2\sin\theta_2 \tag{3-27}$$

由此得到反射定律和折射定律

$$\theta_1=\theta_1',\quad n_1\sin\theta_1=n_2\sin\theta_2 \tag{3-28}$$

比较式（3-28）与式（3-11）和式（3-12）可知，不论是S波偏振还是P波偏振，平面光波在两介质分界面反射和透射，反射平面光波和透射平面光波传播方向的改变都遵循反射定律和折射定律。

利用式（3-27），式（3-26）可化简为

$$\begin{cases}\cos\theta_1(\tilde{E}_{0\mathrm{i}}-\tilde{E}_{0\mathrm{r}})=\cos\theta_2\tilde{E}_{0\mathrm{t}}\\ n_1(\tilde{E}_{0\mathrm{i}}+\tilde{E}_{0\mathrm{r}})=n_2\tilde{E}_{0\mathrm{t}}\end{cases} \tag{3-29}$$

联立求解式（3-29），得到P波偏振菲涅耳反射系数和透射系数的表达式为

$$\tilde{r}_{\mathrm{P}}=\frac{\tilde{E}_{0\mathrm{r}}}{\tilde{E}_{0\mathrm{i}}}=\frac{n_2\cos\theta_1-n_1\cos\theta_2}{n_2\cos\theta_1+n_1\cos\theta_2} \tag{3-30}$$

$$\tilde{t}_{\mathrm{P}}=\frac{\tilde{E}_{0\mathrm{t}}}{\tilde{E}_{0\mathrm{i}}}=\frac{2n_1\cos\theta_1}{n_2\cos\theta_1+n_1\cos\theta_2} \tag{3-31}$$

在P波偏振的情况下，二者满足关系

$$\tilde{t}_{\mathrm{P}}=(1-\tilde{r}_{\mathrm{P}})\frac{\cos\theta_1}{\cos\theta_2} \tag{3-32}$$

需要注意的是，反射系数r_{P}与反射波电场和磁场的方向选取有关，相差一个负号。

对于P波偏振反射与透射，引入介质界面两侧光学有效导纳

$$\zeta_1=\frac{n_1}{\cos\theta_1},\quad \zeta_2=\frac{n_2}{\cos\theta_2} \tag{3-33}$$

则式（3-30）和式（3-31）可改写为

$$\tilde{r}_{\mathrm{P}}=-\frac{\zeta_1-\zeta_2}{\zeta_1+\zeta_2} \tag{3-34}$$

$$\tilde{t}_{\mathrm{P}}=\frac{2\zeta_1}{\zeta_1+\zeta_2}\frac{\cos\theta_1}{\cos\theta_2} \tag{3-35}$$

需要注意的是，在P波偏振的情况下，用光学有效导纳表示的透射系数与垂直入射情况下的透射系数公式相差因子$\cos\theta_1/\cos\theta_2$。

3.2　理想介质与理想导体分界面的反射与透射

3.2.1　S波偏振

如图3-3（a）所示，理想介质的折射率为n_1，电导率$\sigma_1=0$；理想导体的电导率$\sigma_2\to\infty$。两介质分界面为XY平面，两介质分界面的法向沿Z轴方向。假设入射平面光波、反射平面光波传播方向的单位矢量为$\mathbf{k}_0^{\mathrm{i}}$和$\mathbf{k}_0^{\mathrm{r}}$，S波偏振，入射平面光波和反射平面光波电场强度复振幅矢量$\tilde{\mathbf{E}}_{\mathrm{i}}$和$\tilde{\mathbf{E}}_{\mathrm{r}}$均沿$Y$轴方向，入射平面光波和反射平面光波磁场强度复振幅矢量$\tilde{\mathbf{H}}_{\mathrm{i}}$和$\tilde{\mathbf{H}}_{\mathrm{r}}$在$XZ$平面内，且$\tilde{\mathbf{E}}_{\mathrm{i}}\times\tilde{\mathbf{H}}_{\mathrm{i}}$沿$\mathbf{k}_0^{\mathrm{i}}$方向，$\tilde{\mathbf{E}}_{\mathrm{r}}\times\tilde{\mathbf{H}}_{\mathrm{r}}$沿$\mathbf{k}_0^{\mathrm{r}}$方向。入射角为$\theta_1$，反射角等于入射角。

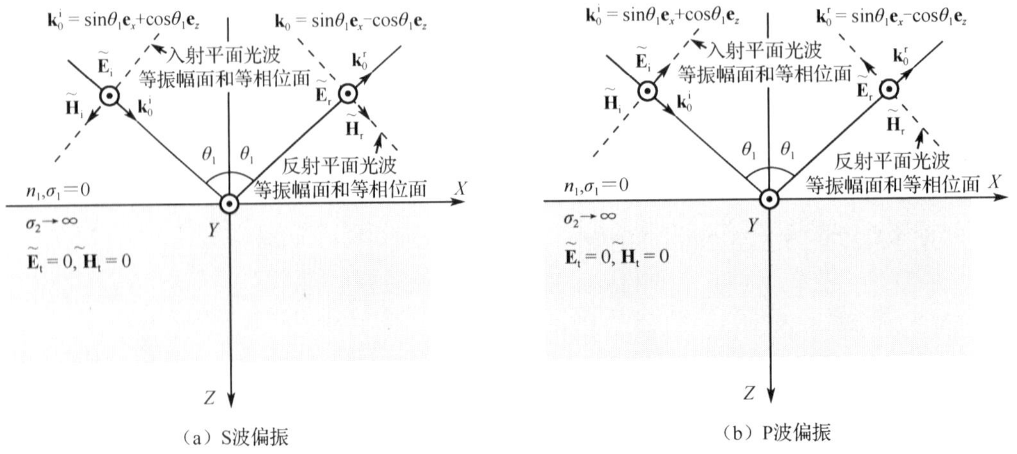

图 3-3 平面光波斜入射到理想介质与理想导体分界面

由式（1-407）可知，理想导体内电场和磁场为零，即 $\tilde{\mathbf{E}}_\mathrm{t}=0$，$\tilde{\mathbf{H}}_\mathrm{t}=0$。理想介质中的入射波和反射波满足反射定律［见式（3-11）］，由式（3-4）和式（3-5）可写出理想介质中入射平面光波和反射平面光波的电场强度和磁场强度复振幅矢量表达式为

$$\begin{cases}\tilde{\mathbf{E}}_\mathrm{i}(\mathbf{r})=\mathbf{e}_y\tilde{E}_{0\mathrm{i}}\mathrm{e}^{-\mathrm{j}\frac{\omega}{c}n_1(x\sin\theta_1+z\cos\theta_1)}\\ \tilde{\mathbf{H}}_\mathrm{i}(\mathbf{r})=(-\cos\theta_1\mathbf{e}_x+\sin\theta_1\mathbf{e}_z)\sqrt{\dfrac{\varepsilon_0}{\mu_0}}n_1\tilde{E}_{0\mathrm{i}}\mathrm{e}^{-\mathrm{j}\frac{\omega}{c}n_1(x\sin\theta_1+z\cos\theta_1)}\end{cases} \tag{3-36}$$

$$\begin{cases}\tilde{\mathbf{E}}_\mathrm{r}(\mathbf{r})=\mathbf{e}_y\tilde{E}_{0\mathrm{r}}\mathrm{e}^{-\mathrm{j}\frac{\omega}{c}n_1(x\sin\theta_1-z\cos\theta_1)}\\ \tilde{\mathbf{H}}_\mathrm{r}(\mathbf{r})=(\cos\theta_1\mathbf{e}_x+\sin\theta_1\mathbf{e}_z)\sqrt{\dfrac{\varepsilon_0}{\mu_0}}n_1\tilde{E}_{0\mathrm{r}}\mathrm{e}^{-\mathrm{j}\frac{\omega}{c}n_1(x\sin\theta_1-z\cos\theta_1)}\end{cases} \tag{3-37}$$

由于理想导体内电场切向分量为零，由式（1-408）有

$$\tilde{E}_{1\mathrm{t}}=\tilde{E}_{2\mathrm{t}}=0 \tag{3-38}$$

理想介质中电场切向分量 $\tilde{E}_{1\mathrm{t}}$ 为入射平面光波电场 Y 分量和反射平面光波电场 Y 分量相加，将式（3-36）和式（3-37）给出的电场分量代入式（3-38），得到

$$\tilde{E}_{1\mathrm{t}}=[\tilde{E}_\mathrm{i}(\mathbf{r})+\tilde{E}_\mathrm{r}(\mathbf{r})]_{z=0}=(\tilde{E}_{0\mathrm{i}}+\tilde{E}_{0\mathrm{r}})\mathrm{e}^{-\mathrm{j}\frac{\omega}{c}n_1x\sin\theta_1}=0 \tag{3-39}$$

即

$$\tilde{E}_{0\mathrm{i}}+\tilde{E}_{0\mathrm{r}}=0 \tag{3-40}$$

则反射系数和透射系数为

$$\tilde{r}_\mathrm{s}=\frac{\tilde{E}_{0\mathrm{r}}}{\tilde{E}_{0\mathrm{i}}}=-1 \tag{3-41}$$

$$\tilde{t}_\mathrm{s}=\frac{\tilde{E}_{0\mathrm{t}}}{\tilde{E}_{0\mathrm{i}}}=\frac{\tilde{E}_{2\mathrm{t}}}{\tilde{E}_{0\mathrm{i}}}=0 \tag{3-42}$$

下面讨论理想介质中的合成时变电磁场。将入射波电场强度与反射波电场强度复振幅叠加，再乘以时间因子 $\mathrm{e}^{\mathrm{j}\omega t}$，然后取实部，得到

$$\begin{aligned} E_y(\mathbf{r};t) &= \mathrm{Re}\left[(\tilde{E}_{\mathrm{i}}(\mathbf{r})+\tilde{E}_{\mathrm{r}}(\mathbf{r}))\mathrm{e}^{\mathrm{j}\omega t}\right] \\ &= 2\,|\,\tilde{E}_{0\mathrm{i}}\,|\sin\left(\frac{\omega}{c}n_1 z\cos\theta_1\right)\sin\left(\omega t-\frac{\omega}{c}n_1 x\sin\theta_1\right) \end{aligned} \tag{3-43}$$

式中，假定 $\tilde{E}_{0\mathrm{i}}=|\,\tilde{E}_{0\mathrm{i}}\,|$。

将入射波磁场强度与反射波磁场强度复振幅矢量的 X 分量和 Z 分量分别进行叠加，再乘以时间因子 $\mathrm{e}^{\mathrm{j}\omega t}$，并取实部，得到

$$\begin{aligned} H_x(\mathbf{r};t) &= \mathrm{Re}\left[(H_{\mathrm{i}x}(\mathbf{r})+H_{\mathrm{r}x}(\mathbf{r}))\mathrm{e}^{\mathrm{j}\omega t}\right] \\ &= -2\sqrt{\frac{\varepsilon_0}{\mu_0}}n_1\cos\theta_1\,|\,\tilde{E}_{0\mathrm{i}}\,|\cos\left(\frac{\omega}{c}n_1 z\cos\theta_1\right)\cos\left(\omega t-\frac{\omega}{c}n_1 x\sin\theta_1\right) \end{aligned} \tag{3-44}$$

$$\begin{aligned} H_z(\mathbf{r};t) &= \mathrm{Re}[(\tilde{H}_{\mathrm{i}z}(\mathbf{r})+\tilde{H}_{\mathrm{r}z}(\mathbf{r}))\mathrm{e}^{\mathrm{j}\omega t}] \\ &= 2\sqrt{\frac{\varepsilon_0}{\mu_0}}n_1\sin\theta_1\,|\,\tilde{E}_{0\mathrm{i}}\,|\sin\left(\frac{\omega}{c}n_1 z\cos\theta_1\right)\sin\left(\omega t-\frac{\omega}{c}n_1 x\sin\theta_1\right) \end{aligned} \tag{3-45}$$

由式（3-43）～式（3-45）可以看出，在 S 波偏振的情况下，电场和磁场沿 Z 轴方向为驻波，沿 X 轴方向为行波，所以理想介质中的光波为行驻波。电场和磁场等相位面为垂直于 X 轴的 YZ 平面，而等振幅面为垂直于 Z 轴的 XY 平面，二者相互垂直，属于非均匀平面光波。

电场和磁场等相位面方程为

$$\phi(x)=\omega t-\frac{\omega}{c}n_1 x\sin\theta_1 \tag{3-46}$$

当 $\phi(x)$ 取常数时，该方程对应于垂直于 X 轴的平面。等相位面方程两边对时间求导数，得到

$$\upsilon_{\phi x}=\frac{\mathrm{d}x}{\mathrm{d}t}=\frac{c}{n_1\sin\theta_1}>\frac{c}{n_1}=\upsilon_{\phi} \tag{3-47}$$

由此可见，理想介质中行波的相速度大于理想介质中平面波的相速度，称这种波为“快波”。

如果平面光波垂直入射到理想导体，即 $\theta_1=0$，式（3-43）～式（3-45）化简为

$$\begin{cases} E_y(\mathbf{r};t)=2\left|\tilde{E}_{0\mathrm{i}}\right|\sin\left(\dfrac{\omega}{c}n_1 z\right)\sin\omega t \\ H_x(\mathbf{r};t)=-2\sqrt{\dfrac{\varepsilon_0}{\mu_0}}n_1\,|\,\tilde{E}_{0\mathrm{i}}\,|\cos\left(\dfrac{\omega}{c}n_1 z\right)\cos\omega t \\ H_z(\mathbf{r};t)=0 \end{cases} \tag{3-48}$$

此式表明，在垂直入射的情况下，理想介质中入射光波与反射光波叠加沿 Z 轴方向形成驻波，电场分量 E_y 与磁场分量 H_x 的相位相差 π/2。

3.2.2 P 波偏振

如图 3-3（b）所示，$\mathbf{k}_0^{\mathrm{i}}$ 和 $\mathbf{k}_0^{\mathrm{r}}$ 为入射平面光波和反射平面光波传播单位矢量，P 波偏振，电场强度复振幅矢量 $\tilde{\mathbf{E}}_{\mathrm{i}}$ 和 $\tilde{\mathbf{E}}_{\mathrm{r}}$ 在 XY 平面内，磁场强度复振幅矢量 $\tilde{\mathbf{H}}_{\mathrm{i}}$ 和 $\tilde{\mathbf{H}}_{\mathrm{r}}$ 沿 Y 轴方向，$\tilde{\mathbf{E}}_{\mathrm{i}}\times\tilde{\mathbf{H}}_{\mathrm{i}}$ 沿 $\mathbf{k}_0^{\mathrm{i}}$ 方向，$\tilde{\mathbf{E}}_{\mathrm{r}}\times\tilde{\mathbf{H}}_{\mathrm{r}}$ 沿 $\mathbf{k}_0^{\mathrm{r}}$ 方向。入射角为 θ_1，反射角等于入射角。

理想导体内电场和磁场为零，即 $\tilde{\mathbf{E}}_{\mathrm{t}}=0$，$\tilde{\mathbf{H}}_{\mathrm{t}}=0$。理想介质中入射光波和反射光波满足反射定律［见式（3-28)］，由式（3-22）和式（3-23）可写出入射平面光波和反射平面光波

的电场强度和磁场强度复振幅矢量表达式为

$$\begin{cases}\tilde{\mathbf{E}}_{\mathrm{i}}(\mathbf{r})=(\mathbf{e}_x\cos\theta_1-\mathbf{e}_z\sin\theta_1)\tilde{E}_{0\mathrm{i}}\mathrm{e}^{-\mathrm{j}\frac{\omega}{c}n_1(x\sin\theta_1+z\cos\theta_1)}\\ \tilde{\mathbf{H}}_{\mathrm{i}}(\mathbf{r})=\mathbf{e}_y\sqrt{\dfrac{\varepsilon_0}{\mu_0}}n_1\tilde{E}_{0\mathrm{i}}\mathrm{e}^{-\mathrm{j}\frac{\omega}{c}n_1(x\sin\theta_1+z\cos\theta_1)}\end{cases}\tag{3-49}$$

$$\begin{cases}\tilde{\mathbf{E}}_{\mathrm{r}}(\mathbf{r})=(-\mathbf{e}_x\cos\theta_1-\mathbf{e}_z\sin\theta_1)\tilde{E}_{0\mathrm{r}}\mathrm{e}^{-\mathrm{j}\frac{\omega}{c}n_1(x\sin\theta_1-z\cos\theta_1)}\\ \tilde{\mathbf{H}}_{\mathrm{r}}(\mathbf{r})=\mathbf{e}_y\sqrt{\dfrac{\varepsilon_0}{\mu_0}}n_1\tilde{E}_{0\mathrm{r}}\mathrm{e}^{-\mathrm{j}\frac{\omega}{c}n_1(x\sin\theta_1-z\cos\theta_1)}\end{cases}\tag{3-50}$$

入射平面光波的电场切向 X 分量与反射平面光波的电场切向 X 分量相加，满足切向为零的边界条件式（3-38），有

$$\tilde{E}_{1x}=[\tilde{E}_{\mathrm{i}x}(\mathbf{r})+\tilde{E}_{\mathrm{r}x}(\mathbf{r})]_{z=0}=(\tilde{E}_{0\mathrm{i}}-\tilde{E}_{0\mathrm{r}})\cos\theta_1\mathrm{e}^{-\mathrm{j}\frac{\omega}{c}n_1x\sin\theta_1}\tag{3-51}$$

即

$$\tilde{E}_{0\mathrm{i}}-\tilde{E}_{0\mathrm{r}}=0\tag{3-52}$$

则反射系数和透射系数为

$$\tilde{r}_{\mathrm{P}}=\frac{\tilde{E}_{0\mathrm{r}}}{\tilde{E}_{0\mathrm{i}}}=1\tag{3-53}$$

$$\tilde{t}_{\mathrm{P}}=\frac{\tilde{E}_{0\mathrm{t}}}{\tilde{E}_{0\mathrm{i}}}=\frac{\tilde{E}_{2\mathrm{t}}}{\tilde{E}_{0\mathrm{i}}}=0\tag{3-54}$$

同样，假定 $\tilde{E}_{0\mathrm{i}}=|\tilde{E}_{0\mathrm{i}}|$，将入射波电场强度与反射波电场强度复振幅相加，乘以时间因子 $\mathrm{e}^{\mathrm{j}\omega t}$，然后取实部，得到时变电场 X 分量和 Z 分量的表达式为

$$\begin{aligned}E_x(\mathbf{r};t)&=\mathrm{Re}[(\tilde{E}_{\mathrm{i}x}(\mathbf{r})+\tilde{E}_{\mathrm{r}x}(\mathbf{r}))\mathrm{e}^{\mathrm{j}\omega t}]\\&=2\cos\theta_1|\tilde{E}_{0\mathrm{i}}|\sin\left(\frac{\omega}{c}n_1z\cos\theta_1\right)\sin\left(\omega t-\frac{\omega}{c}n_1x\sin\theta_1\right)\end{aligned}\tag{3-55}$$

$$\begin{aligned}E_z(\mathbf{r};t)&=\mathrm{Re}[(\tilde{E}_{\mathrm{i}z}(\mathbf{r})+\tilde{E}_{\mathrm{r}z}(\mathbf{r}))\mathrm{e}^{\mathrm{j}\omega t}]\\&=-2\sin\theta_1|\tilde{E}_{0\mathrm{i}}|\cos\left(\frac{\omega}{c}n_1z\cos\theta_1\right)\cos\left(\omega t-\frac{\omega}{c}n_1x\sin\theta_1\right)\end{aligned}\tag{3-56}$$

将入射波磁场强度与反射波磁场强度复振幅的 Y 分量相加，乘时间因子 $\mathrm{e}^{\mathrm{j}\omega t}$，然后取实部得到

$$\begin{aligned}H_y(\mathbf{r};t)&=\mathrm{Re}\left[(H_{\mathrm{i}}(\mathbf{r})+H_{\mathrm{r}}(\mathbf{r}))\mathrm{e}^{\mathrm{j}\omega t}\right]\\&=2\sqrt{\frac{\varepsilon_0}{\mu_0}}n_1|\tilde{E}_{0\mathrm{i}}|\cos\left(\frac{\omega}{c}n_1z\cos\theta_1\right)\cos\left(\omega t-\frac{\omega}{c}n_1x\sin\theta_1\right)\end{aligned}\tag{3-57}$$

如果平面光波垂直入射到理想导体，即 $\theta_1=0$，则式（3-55）～式（3-57）可化简为

$$\begin{cases}E_x(\mathbf{r};t)=2|\tilde{E}_{0\mathrm{i}}|\sin\left(\dfrac{\omega}{c}n_1z\right)\sin(\omega t)\\ E_z(\mathbf{r};t)=0\\ H_y(\mathbf{r};t)=2\sqrt{\dfrac{\varepsilon_0}{\mu_0}}n_1|\tilde{E}_{0\mathrm{i}}|\cos\left(\dfrac{\omega}{c}n_1z\right)\cos(\omega t)\end{cases}\tag{3-58}$$

在 P 波偏振的情况下，电场和磁场沿 Z 轴方向为驻波，沿 X 轴方向为行波，理想介质中的光波为行驻波，P 波偏振行波相速度与 S 波偏振行波相速度相同。电场和磁场等相位面为垂直于 X 轴的 YZ 平面，而等振幅面为垂直于 Z 轴的 XY 平面，二者相互垂直，属于非均匀平面光波。在垂直入射的情况下，电场分量 E_x 与磁场分量 H_y 形成驻波。

3.3　理想介质与导电介质分界面的反射与透射

3.3.1　S 波偏振

理想介质与导电介质分界面的反射与透射，不同于理想介质与理想导体分界面的反射与透射。导电介质的电导率 σ 取有限值，介电常数 $\tilde{\varepsilon}_c$ 为复数，折射率 $\tilde{N}$ 也为复数，因而，导电介质中电场和磁场不为零。如图 3-4（a）所示，假设理想介质的折射率为 n_1，导电介质的复折射率为 $\tilde{N}_2$，相对磁导率 $\mu_{2r} \approx 1$。两介质分界面为 XY 平面，两介质分界面法向为 Z 轴方向。假设入射平面光波、反射平面光波传播方向的单位矢量分别为 $\mathbf{k}_0^i$ 和 $\mathbf{k}_0^r$。S 波偏振，入射平面光波电场强度复振幅矢量 $\tilde{\mathbf{E}}_i$ 和反射平面光波电场强度复振幅矢量 $\tilde{\mathbf{E}}_r$ 均指向 Y 轴方向，磁场强度复振幅矢量 $\tilde{\mathbf{H}}_i$ 和 $\tilde{\mathbf{H}}_r$ 在 XZ 平面内，$\tilde{\mathbf{E}}_i \times \tilde{\mathbf{H}}_i$ 沿 $\mathbf{k}_0^i$ 方向，$\tilde{\mathbf{E}}_r \times \tilde{\mathbf{H}}_r$ 沿 $\mathbf{k}_0^r$ 方向。入射角为 θ_1，反射角为 θ_1'，折射角为 θ_2。

假定导电介质中的透射波也具有平面光波的形式，传播方向的单位矢量为 $\mathbf{k}_0^t$，电场强度复振幅矢量 $\tilde{\mathbf{E}}_t$ 指向 Y 轴方向，磁场强度复振幅矢量 $\tilde{\mathbf{H}}_t$ 在 XY 平面内，$\tilde{\mathbf{E}}_t \times \tilde{\mathbf{H}}_t$ 沿 $\mathbf{k}_0^t$ 方向。

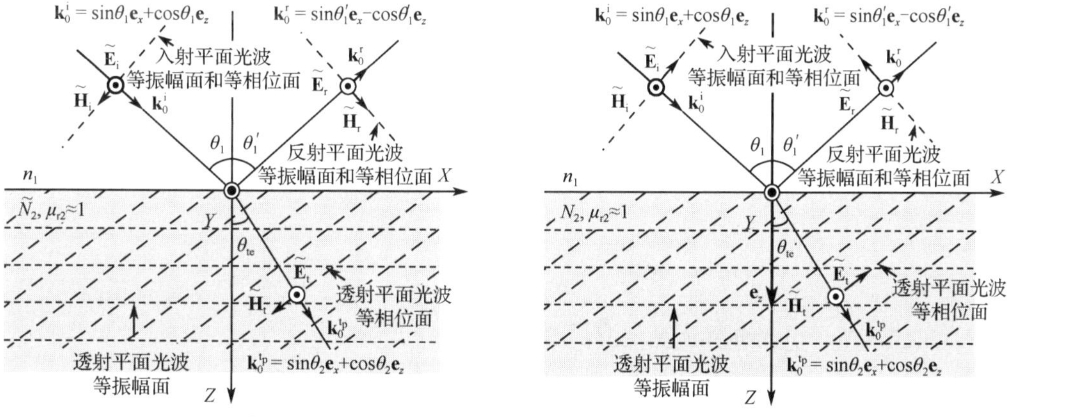

图 3-4　平面光波斜入射到理想介质与导电介质分界面

理想介质中入射平面光波、反射平面光波的形式与式（3-4）、式（3-5）完全相同。对于导电介质中平面光波的形式，由式（2-73）和式（2-74）有

$$\begin{cases} \tilde{\mathbf{E}}_t(\mathbf{r}) = \mathbf{e}_y \tilde{E}_{0t} \mathrm{e}^{-\mathrm{j}\frac{\omega}{c}\tilde{N}_2(x\sin\theta_2 + z\cos\theta_2)} \\ \tilde{\mathbf{H}}_t(\mathbf{r}) = (-\cos\theta_2 \mathbf{e}_x + \sin\theta_2 \mathbf{e}_z)\sqrt{\dfrac{\varepsilon_0}{\mu_0}}\tilde{N}_2 \tilde{E}_{0t} \mathrm{e}^{-\mathrm{j}\frac{\omega}{c}\tilde{N}_2(x\sin\theta_2 + z\cos\theta_2)} \end{cases} \tag{3-59}$$

假设理想介质与导电介质分界面自由电流面密度 $\tilde{\mathbf{J}}_S = 0$，则电场强度复振幅矢量和磁场

强度复振幅矢量的切向分量满足连续边界条件式（3-7）。将式（3-4）、式（3-5）和式（3-59）代入式（3-8），有

$$\begin{cases}\tilde{E}_{0i}e^{-j\frac{\omega}{c}n_1x\sin\theta_1}+\tilde{E}_{0r}e^{-j\frac{\omega}{c}n_1x\sin\theta_1'}=\tilde{E}_{0t}e^{-j\frac{\omega}{c}\tilde{N}_2x\sin\theta_2}\\-n_1\cos\theta_1\tilde{E}_{0i}e^{-j\frac{\omega}{c}n_1x\sin\theta_1}+n_1\cos\theta_1'\tilde{E}_{0r}e^{-j\frac{\omega}{c}n_1x\sin\theta_1'}=-\tilde{N}_2\cos\theta_2\tilde{E}_{0t}e^{-j\frac{\omega}{c}\tilde{N}_2x\sin\theta_2}\end{cases}\tag{3-60}$$

对于任意的 x，要使式（3-60）成立，必须使三个指数满足复相位匹配条件，即

$$n_1\sin\theta_1=n_1\sin\theta_1'=\tilde{N}_2\sin\theta_2\tag{3-61}$$

由此得到，斯内尔反射定律和折射定律为

$$\theta_1=\theta_1'\tag{3-62}$$

$$n_1\sin\theta_1=\tilde{N}_2\sin\theta_2\tag{3-63}$$

显然，理想介质与导电介质分界面的反射仍然遵循反射定律，而折射定律在形式上也成立。

考虑到复相位匹配条件，式（3-60）可化简为

$$\begin{cases}\tilde{E}_{0i}+\tilde{E}_{0r}=\tilde{E}_{0t}\\n_1\cos\theta_1(\tilde{E}_{0i}-\tilde{E}_{0r})=\tilde{N}_2\cos\theta_2\tilde{E}_{0t}\end{cases}\tag{3-64}$$

联立求解，得到 S 波偏振反射系数和透射系数表达式为

$$\tilde{r}_S=\frac{\tilde{E}_{0r}}{\tilde{E}_{0i}}=\frac{n_1\cos\theta_1-\tilde{N}_2\cos\theta_2}{n_1\cos\theta_1+\tilde{N}_2\cos\theta_2}\tag{3-65}$$

$$\tilde{t}_S=\frac{\tilde{E}_{0t}}{\tilde{E}_{0i}}=\frac{2n_1\cos\theta_1}{n_1\cos\theta_1+\tilde{N}_2\cos\theta_2}\tag{3-66}$$

同样，二者满足关系

$$\tilde{t}_S=1+\tilde{r}_S\tag{3-67}$$

在垂直入射情况下，$\theta_1=\theta_2=0$，式（3-65）和式（3-66）可化简为

$$\tilde{r}_S=\frac{n_1-\tilde{N}_2}{n_1+\tilde{N}_2}\tag{3-68}$$

$$\tilde{t}_S=\frac{2n_1}{n_1+\tilde{N}_2}\tag{3-69}$$

对于 S 波偏振，引入分界面两侧复光学有效导纳

$$\zeta_1=n_1\cos\theta_1,\quad \tilde{\zeta}_2=\tilde{N}_2\cos\theta_2\tag{3-70}$$

则式（3-65）和式（3-66）可改写为

$$\tilde{r}_S=\frac{\zeta_1-\tilde{\zeta}_2}{\zeta_1+\tilde{\zeta}_2}\tag{3-71}$$

$$\tilde{t}_S=\frac{2\zeta_1}{\zeta_1+\tilde{\zeta}_2}\tag{3-72}$$

下面简单讨论透射平面光波的特性。将式（2-67）代入式（3-63），整理得到[1,5,6]

$$\begin{aligned}\sin\theta_2&=\frac{n_1}{\tilde{N}_2}\sin\theta_1=\frac{n_1}{n_2-j\alpha_2}\sin\theta_1\\&=\frac{n_1n_2}{n_2^2+\alpha_2^2}\sin\theta_1+j\frac{n_1\alpha_2}{n_2^2+\alpha_2^2}\sin\theta_1\end{aligned}\tag{3-73}$$

式中，$\tilde{N}_2 = n_2 - \mathrm{j}\alpha_2$，$n_2$ 为导电介质的折射率，α_2 为导电介质的消光系数。理想介质的折射率 n_1 为实数，$\sin\theta_1$ 为实数；导电介质的折射率为复数。要满足折射定律在形式上成立，必有 $\sin\theta_2$ 为复数，θ_2 也为复数，因而 $\cos\theta_2$ 也为复数，从而有

$$\begin{aligned}\cos\theta_2 &= \sqrt{1-\sin^2\theta_2} = \sqrt{1-\left(\frac{n_1}{n_2-\mathrm{j}\alpha_2}\right)^2\sin^2\theta_1} \\ &= \sqrt{1-\frac{n_1^2(n_2^2-\alpha_2^2)}{(n_2^2+\alpha_2^2)^2}\sin^2\theta_1 - \mathrm{j}\frac{2n_1^2 n_2\alpha_2}{(n_2^2+\alpha_2^2)^2}\sin^2\theta_1}\end{aligned} \tag{3-74}$$

令

$$\cos\theta_2 = |\rho_c|\mathrm{e}^{\mathrm{j}\varphi_c} = |\rho_c|(\cos\varphi_c + \mathrm{j}\sin\varphi_c) \tag{3-75}$$

式中，模 $|\rho_c|$、$\cos\varphi_c$ 和 $\sin\varphi_c$ 均为实数。将式（3-74）和式（3-75）两边平方，并令实部、虚部分别相等，得到

$$\begin{cases}|\rho_c|^2\cos 2\varphi_c = 1-\dfrac{n_1^2(n_2^2-\alpha_2^2)}{(n_2^2+\alpha_2^2)^2}\sin^2\theta_1 \\ |\rho_c|^2\sin 2\varphi_c = -\dfrac{2n_1^2 n_2\alpha_2}{(n_2^2+\alpha_2^2)^2}\sin^2\theta_1\end{cases} \tag{3-76}$$

将式（3-73）和式（3-75）代入式（3-59），并令

$$\begin{cases}\mathbf{p} = p_x\mathbf{e}_x + p_z\mathbf{e}_z = n_1\sin\theta_1\mathbf{e}_x + |\rho_c|(n_2\cos\varphi_c + \alpha_2\sin\varphi_c)\mathbf{e}_z \\ q = |\rho_c|(\alpha_2\cos\varphi_c - n_2\sin\varphi_c)\end{cases} \tag{3-77}$$

得到电场强度复振幅矢量为

$$\tilde{\mathbf{E}}_\mathrm{t}(\mathbf{r}) = \mathbf{e}_y\tilde{E}_{0\mathrm{t}}\mathrm{e}^{-\frac{\omega}{c}qz}\mathrm{e}^{-\mathrm{j}\frac{\omega}{c}(xp_x+zp_z)} \tag{3-78}$$

同理可得磁场强度复振幅矢量为

$$\tilde{\mathbf{H}}_\mathrm{t}(\mathbf{r}) = (-p_z\mathbf{e}_x + p_x\mathbf{e}_z + \mathrm{j}q\mathbf{e}_x)\sqrt{\frac{\varepsilon_0}{\mu_0}}\tilde{E}_{0\mathrm{t}}\mathrm{e}^{-\frac{\omega}{c}qz}\mathrm{e}^{-\mathrm{j}\frac{\omega}{c}(xp_x+zp_z)} \tag{3-79}$$

为了便于比较，可把式（3-78）和式（3-79）的空间相位因子写成与理想介质中平面波空间相位因子相同的形式。令

$$\sin\theta_\mathrm{te} = \frac{p_x}{\sqrt{p_x^2+p_z^2}},\quad \cos\theta_\mathrm{te} = \frac{p_z}{\sqrt{p_x^2+p_z^2}} \tag{3-80}$$

$$n_{2\mathrm{e}} = \sqrt{p_x^2+p_z^2} \tag{3-81}$$

$$\mathbf{k}_0^{\mathrm{t_p}} = \sin\theta_\mathrm{te}\mathbf{e}_x + \cos\theta_\mathrm{te}\mathbf{e}_z \tag{3-82}$$

式中，θ_te 为导电介质中的折射角，$n_{2\mathrm{e}}$ 为导电介质的等效折射率，$\mathbf{k}_0^{\mathrm{t_p}}$ 为导电介质中平面光波传播方向的单位矢量，如图 3-4（a）所示。由此可将式（3-78）和式（3-79）重写为

$$\begin{cases}\tilde{\mathbf{E}}_\mathrm{t}(\mathbf{r}) = \mathbf{e}_y\tilde{E}_{0\mathrm{t}}\mathrm{e}^{-\frac{\omega}{c}qz}\mathrm{e}^{-\mathrm{j}\frac{\omega}{c}n_{2\mathrm{e}}(x\sin\theta_\mathrm{te}+z\cos\theta_\mathrm{te})} \\ \tilde{\mathbf{H}}_\mathrm{t}(\mathbf{r}) = (-p_z\mathbf{e}_x + p_x\mathbf{e}_z + \mathrm{j}q\mathbf{e}_x)\sqrt{\dfrac{\varepsilon_0}{\mu_0}}\tilde{E}_{0\mathrm{t}}\mathrm{e}^{-\frac{\omega}{c}qz}\mathrm{e}^{-\mathrm{j}\frac{\omega}{c}n_{2\mathrm{e}}(x\sin\theta_\mathrm{te}+z\cos\theta_\mathrm{te})}\end{cases} \tag{3-83}$$

由式（1-396）得到导电介质中平均坡印廷矢量为

$$\mathbf{S}_{\mathrm{av}} = \mathrm{Re}\left[\frac{1}{2}\tilde{\mathbf{E}}_{\mathrm{t}} \times \tilde{\mathbf{H}}_{\mathrm{t}}^{*}\right] = \frac{1}{2}\sqrt{\frac{\varepsilon_0}{\mu_0}}\,|\,\tilde{E}_{0\mathrm{t}}{}^{2}\,|\, n_{2\mathrm{e}} \mathrm{e}^{-2\frac{\omega}{c}qz} \mathbf{k}_0^{\mathrm{t_p}} \tag{3-84}$$

该式与导电介质中均匀平面光波的平均坡印廷矢量式（2-118）的形式相同。

由以上讨论可以看出，导电介质中的平面光波属于非均匀平面波，等振幅面沿 Z 轴方向，等相位面沿 $\mathbf{k}_0^{\mathrm{t_p}}$ 方向，能量传播方向与等相位面方向相同。导电介质的折射率 n_2 并不能真实反映光波的折射，折射定律式（3-63）仅是形式上成立；消光系数 α_2 也不能真实反映光波的衰减。导电介质中的折射角 θ_{te} 由等效折射率 $n_{2\mathrm{e}}$ 决定，光波的衰减由因子 $2\omega q/c$ 决定，而 $n_{2\mathrm{e}}$ 和 $2\omega q/c$ 是由理想介质中的折射率 n_1、入射角 θ_1、导电介质折射率 n_2 和消光系数 α_2 共同决定的。

3.3.2　P 波偏振

如图 3-4（b）所示，对于 P 波偏振，假设入射平面光波、反射平面光波传播方向的单位矢量分别为 $\mathbf{k}_0^{\mathrm{i}}$ 和 $\mathbf{k}_0^{\mathrm{r}}$，入射平面光波电场强度复振幅矢量 $\tilde{\mathbf{E}}_{\mathrm{i}}$ 和反射平面光波电场强度复振幅矢量 $\tilde{\mathbf{E}}_{\mathrm{r}}$ 在 XZ 平面内，磁场强度复振幅矢量 $\tilde{\mathbf{H}}_{\mathrm{i}}$ 和 $\tilde{\mathbf{H}}_{\mathrm{r}}$ 沿 Y 轴方向，$\tilde{\mathbf{E}}_{\mathrm{i}} \times \tilde{\mathbf{H}}_{\mathrm{i}}$ 沿 $\mathbf{k}_0^{\mathrm{i}}$ 方向，$\tilde{\mathbf{E}}_{\mathrm{r}} \times \tilde{\mathbf{H}}_{\mathrm{r}}$ 沿 $\mathbf{k}_0^{\mathrm{r}}$ 方向。入射角为 θ_1，反射角为 θ_1'。

假定导电介质中的透射波也具有平面光波的形式，传播方向的单位矢量为 $\mathbf{k}_0^{\mathrm{t}}$，电场强度复振幅矢量 $\tilde{\mathbf{E}}_{\mathrm{t}}$ 在 XY 平面内，磁场强度复振幅矢量 $\tilde{\mathbf{H}}_{\mathrm{t}}$ 指向 Y 轴方向，$\tilde{\mathbf{E}}_{\mathrm{t}} \times \tilde{\mathbf{H}}_{\mathrm{t}}$ 沿 $\mathbf{k}_0^{\mathrm{t}}$ 方向。

理想介质中入射平面光波、反射平面光波的形式与式（3-22）、式（3-23）完全相同。对于导电介质中平面光波的形式，由式（2-73）和式（2-74）有

$$\begin{cases} \tilde{\mathbf{E}}_{\mathrm{t}}(\mathbf{r}) = (\mathbf{e}_x \cos\theta_2 - \mathbf{e}_z \sin\theta_2)\tilde{E}_{0\mathrm{t}} \mathrm{e}^{-\mathrm{j}\frac{\omega}{c}\tilde{N}_2(x\sin\theta_2 + z\cos\theta_2)} \\ \tilde{\mathbf{H}}_{\mathrm{t}}(\mathbf{r}) = \mathbf{e}_y \sqrt{\frac{\varepsilon_0}{\mu_0}}\tilde{N}_2 \tilde{E}_{0\mathrm{t}} \mathrm{e}^{-\mathrm{j}\frac{\omega}{c}\tilde{N}_2(x\sin\theta_2 + z\cos\theta_2)} \end{cases} \tag{3-85}$$

假设理想介质与导电介质分界面的自由电流面密度 $\tilde{\mathbf{J}}_{\mathrm{S}} = 0$，则电场强度复振幅矢量和磁场强度复振幅矢量切向分量满足连续边界条件式（3-7）。将式（3-22）、式（3-23）和式（3-85）代入式（3-25），有

$$\begin{cases} \cos\theta_1 \tilde{E}_{0\mathrm{i}} \mathrm{e}^{-\mathrm{j}\frac{\omega}{c}n_1 x\sin\theta_1} - \cos\theta_1' \tilde{E}_{0\mathrm{r}} \mathrm{e}^{-\mathrm{j}\frac{\omega}{c}n_1 x\sin\theta_1'} = \cos\theta_2 \tilde{E}_{0\mathrm{t}} \mathrm{e}^{-\mathrm{j}\frac{\omega}{c}\tilde{N}_2 x\sin\theta_2} \\ n_1 \tilde{E}_{0\mathrm{i}} \mathrm{e}^{-\mathrm{j}\frac{\omega}{c}n_1 x\sin\theta_1} + n_1 \tilde{E}_{0\mathrm{r}} \mathrm{e}^{-\mathrm{j}\frac{\omega}{c}n_1 x\sin\theta_1'} = \tilde{N}_2 \tilde{E}_{0\mathrm{t}} \mathrm{e}^{-\mathrm{j}\frac{\omega}{c}\tilde{N}_2 x\sin\theta_2} \end{cases} \tag{3-86}$$

同样，对任意的 x，要使式（3-86）成立，必须使三个指数相位满足复相位匹配条件

$$n_1 \sin\theta_1 = n_1 \sin\theta_1' = \tilde{N}_2 \sin\theta_2 \tag{3-87}$$

由此得到反射定律和折射定律

$$\theta_1 = \theta_1', \quad n_1 \sin\theta_1 = \tilde{N}_2 \sin\theta_2 \tag{3-88}$$

利用式（3-87），式（3-86）可化简为

$$\begin{cases} \cos\theta_1(\tilde{E}_{0\mathrm{i}} - \tilde{E}_{0\mathrm{r}}) = \cos\theta_2 \tilde{E}_{0\mathrm{t}} \\ n_1(\tilde{E}_{0\mathrm{i}} + \tilde{E}_{0\mathrm{r}}) = \tilde{N}_2 \tilde{E}_{0\mathrm{t}} \end{cases} \tag{3-89}$$

联立求解得到 P 波偏振情况下菲涅耳反射系数和透射系数的表达式为

$$\tilde{r}_{\mathrm{p}} = \frac{\tilde{E}_{0\mathrm{r}}}{\tilde{E}_{0\mathrm{i}}} = \frac{\tilde{N}_2 \cos\theta_1 - n_1 \cos\theta_2}{\tilde{N}_2 \cos\theta_1 + n_1 \cos\theta_2} \tag{3-90}$$

$$\tilde{t}_{\mathrm{P}}=\frac{\tilde{E}_{0\mathrm{t}}}{\tilde{E}_{0\mathrm{i}}}=\frac{2n_1\cos\theta_1}{\tilde{N}_2\cos\theta_1+n_1\cos\theta_2} \tag{3-91}$$

在 P 波偏振情况下，二者同样满足关系式（3-32）。

对于 P 波偏振，引入介质界面两侧复光学有效导纳

$$\zeta_1=\frac{n_1}{\cos\theta_1},\quad \tilde{\zeta}_2=\frac{\tilde{N}_2}{\cos\theta_2} \tag{3-92}$$

则式（3-90）和式（3-91）可改写为

$$\tilde{r}_{\mathrm{P}}=-\frac{\zeta_1-\tilde{\zeta}_2}{\zeta_1+\tilde{\zeta}_2} \tag{3-93}$$

$$\tilde{t}_{\mathrm{P}}=\frac{2\zeta_1}{\zeta_1+\tilde{\zeta}_2}\frac{\cos\theta_1}{\cos\theta_2} \tag{3-94}$$

将式（3-73）和式（3-75）代入式（3-85），并利用式（3-77）、式（3-80）和式（3-81），得到电场强度和磁场强度复振幅矢量为

$$\begin{cases}\tilde{\mathbf{E}}_{\mathrm{t}}(\mathbf{r})=\dfrac{1}{\tilde{N}_2}(p_z\mathbf{e}_x-p_x\mathbf{e}_z-\mathrm{j}q\mathbf{e}_x)\tilde{E}_{0\mathrm{t}}\mathrm{e}^{-\frac{\omega}{c}qz}\mathrm{e}^{-\mathrm{j}\frac{\omega}{c}n_{2\mathrm{e}}(x\sin\theta_{\mathrm{te}}+z\cos\theta_{\mathrm{te}})}\\ \tilde{\mathbf{H}}_{\mathrm{t}}(\mathbf{r})=\mathbf{e}_y\sqrt{\dfrac{\varepsilon_0}{\mu_0}}\tilde{N}_2\tilde{E}_{0\mathrm{t}}\mathrm{e}^{-\frac{\omega}{c}qz}\mathrm{e}^{-\mathrm{j}\frac{\omega}{c}n_{2\mathrm{e}}(x\sin\theta_{\mathrm{te}}+z\cos\theta_{\mathrm{te}})}\end{cases} \tag{3-95}$$

式中，θ_{te} 见图 3-4（b）。

由式（1-396）得到导电介质中平均坡印廷矢量为

$$\begin{aligned}\mathbf{S}_{\mathrm{av}}&=\mathrm{Re}\left[\frac{1}{2}\tilde{\mathbf{E}}_{\mathrm{t}}\times\tilde{\mathbf{H}}_{\mathrm{t}}^*\right]\\&=\frac{1}{2}\sqrt{\frac{\varepsilon_0}{\mu_0}}\frac{n_2^2-\alpha_2^2}{n_2^2+\alpha_2^2}n_{2\mathrm{e}}|\tilde{E}_{0\mathrm{t}}|^2\mathrm{e}^{-2\frac{\omega}{c}qz}\mathbf{k}_0^{\mathrm{t_p}}+\frac{1}{2}\sqrt{\frac{\varepsilon_0}{\mu_0}}\frac{2qn_2\alpha_2}{n_2^2+\alpha_2^2}|\tilde{E}_{0\mathrm{t}}|^2\mathrm{e}^{-2\frac{\omega}{c}qz}\mathbf{e}_z\end{aligned} \tag{3-96}$$

式中，$\mathbf{k}_0^{\mathrm{t_p}}$ 见图 3-4（b）。

与 S 波偏振相比较，在 P 波偏振情况下，平均坡印廷矢量 $\mathbf{S}_{\mathrm{av}}$ 包含两项：第一项与等相位面的方向相同，第二项与等振幅面的方向相同。表明光波能量不仅沿 $\mathbf{k}_0^{\mathrm{t_p}}$ 方向流动，而且沿 $\mathbf{e}_z$ 方向流动，这是非均匀平面波的又一特点，如图 3-4（b）所示。

当光波从理想介质入射到导电介质分界面时，透射波不论是 S 波偏振还是 P 波偏振，都是等相位面和等振幅面存在一夹角 θ_{te} 的非均匀平面波；对于 P 波偏振，还出现双方向能量传播。因此，导电介质中的非均匀平面光波不具有严格的横波特性。这就给研究层状导电介质的光波传播反射与透射的计算带来困难，使得在斜入射情况下，层状导电介质反射与透射问题的计算不具有层状理想介质反射与透射计算的数学形式。

3.4 理想介质与平面对称各向异性介质分界面的反射与透射

前面几节讨论的是各向同性介质分界面光波的反射和透射问题。本节简单讨论具有水平旋转对称的各向异性介质的反射。对于非寻常光，3.1 节的方法不适用，因此本节采用另一种方法。这种方法针对折射率随 z 而变化的特点，在 S 波偏振情况下，电场分量可分离变量，而在 P 波偏振情况下，磁场也可分离变量。因此，这种方法也适用于非均匀介质的情况。

3.4.1 平面对称各向异性介质中麦克斯韦方程的分量形式

当介质相对介电常数取式（1-120）所给出的张量形式时，麦克斯韦方程可改写为

$$\begin{cases}\nabla\times\tilde{\mathbf{H}}=\mathrm{j}\omega\varepsilon_0\overline{\overline{\varepsilon}}_{\mathrm{r}}^{(1)}\cdot\tilde{\mathbf{E}}\\ \nabla\times\tilde{\mathbf{E}}=-\mathrm{j}\omega\tilde{\mathbf{B}}\\ \nabla\cdot\tilde{\mathbf{B}}=0\\ \nabla\cdot(\varepsilon_0\overline{\overline{\varepsilon}}_{\mathrm{r}}^{(1)}\cdot\tilde{\mathbf{E}})=0\end{cases}\tag{3-97}$$

利用式（1-120），式（3-97）中的各式可写成分量形式，有

$$\begin{cases}\dfrac{\partial\tilde{H}_z}{\partial y}-\dfrac{\partial\tilde{H}_y}{\partial z}=\mathrm{j}\omega\varepsilon_0 n_{\mathrm{o}}^2\tilde{E}_x\\ \dfrac{\partial\tilde{H}_x}{\partial z}-\dfrac{\partial\tilde{H}_z}{\partial x}=\mathrm{j}\omega\varepsilon_0 n_{\mathrm{o}}^2\tilde{E}_y\\ \dfrac{\partial\tilde{H}_y}{\partial x}-\dfrac{\partial\tilde{H}_x}{\partial y}=\mathrm{j}\omega\varepsilon_0 n_{\mathrm{e}}^2\tilde{E}_z\end{cases}\tag{3-98}$$

$$\begin{cases}\dfrac{\partial\tilde{E}_z}{\partial y}-\dfrac{\partial\tilde{E}_y}{\partial z}=-\mathrm{j}\omega\mu_0\tilde{H}_x\\ \dfrac{\partial\tilde{E}_x}{\partial z}-\dfrac{\partial\tilde{E}_z}{\partial x}=-\mathrm{j}\omega\mu_0\tilde{H}_y\\ \dfrac{\partial\tilde{E}_y}{\partial x}-\dfrac{\partial\tilde{E}_x}{\partial y}=-\mathrm{j}\omega\mu_0\tilde{H}_z\end{cases}\tag{3-99}$$

$$\frac{\partial\tilde{H}_x}{\partial x}+\frac{\partial\tilde{H}_y}{\partial y}+\frac{\partial\tilde{H}_z}{\partial z}=0\tag{3-100}$$

$$\frac{\partial(n_{\mathrm{o}}^2\tilde{E}_x)}{\partial x}+\frac{\partial(n_{\mathrm{o}}^2\tilde{E}_y)}{\partial y}+\frac{\partial(n_{\mathrm{e}}^2\tilde{E}_z)}{\partial z}=0\tag{3-101}$$

式中，n_{o} 和 n_{e} 分别为单轴晶体寻常光折射率和非寻常光折射率。

3.4.2 磁场反射系数和透射系数

由麦克斯韦方程的分量形式［见式（3-98）和式（3-99）］可以看出，如果电场强度复振幅已知，而磁场强度复振幅用电场强度复振幅表达，则关于磁场边界条件切向分量连续出现电场分量对 z 和 x 求导数，问题变得很复杂。为了简单起见，在 P 波偏振介质非均匀情况下，可采用磁场强度复振幅已知，电场强度复振幅用磁场强度复振幅表达，并由此求得磁场反射系数和透射系数。

根据式（2-40），并利用式（3-22）～式（3-24），可写出入射平面光波、反射平面光波和透射平面光波的表达式为

$$\begin{cases}\tilde{\mathbf{E}}_{\mathrm{i}}(\mathbf{r})=\sqrt{\dfrac{\mu_0}{\varepsilon_0}}\dfrac{1}{n_1}[\mathbf{e}_x\cos\theta_1-\mathbf{e}_z\sin\theta_1]\tilde{H}_{0\mathrm{i}}\mathrm{e}^{-\mathrm{j}\frac{\omega}{c}n_1(x\sin\theta_1+z\cos\theta_1)}\\ \tilde{\mathbf{H}}_{\mathrm{i}}(\mathbf{r})=\mathbf{e}_y\tilde{H}_{0\mathrm{i}}\mathrm{e}^{-\mathrm{j}\frac{\omega}{c}n_1(x\sin\theta_1+z\cos\theta_1)}\end{cases}\tag{3-102}$$

$$\begin{cases}\tilde{\mathbf{E}}_{\mathrm{r}}(\mathbf{r})=\sqrt{\dfrac{\mu_0}{\varepsilon_0}}\dfrac{1}{n_1}[-\mathbf{e}_x\cos\theta_1'-\mathbf{e}_z\sin\theta_1']\tilde{H}_{0\mathrm{r}}\mathrm{e}^{-\mathrm{j}\frac{\omega}{c}n_1(x\sin\theta_1'-z\cos\theta_1')}\\ \tilde{\mathbf{H}}_{\mathrm{r}}(\mathbf{r})=\mathbf{e}_y\tilde{H}_{0\mathrm{r}}\mathrm{e}^{-\mathrm{j}\frac{\omega}{c}n_1(x\sin\theta_1'-z\cos\theta_1')}\end{cases}\tag{3-103}$$

$$\begin{cases}\tilde{\mathbf{E}}_{\mathrm{t}}(\mathbf{r})=\sqrt{\dfrac{\mu_0}{\varepsilon_0}}\dfrac{1}{n_2}(\mathbf{e}_x\cos\theta_2-\mathbf{e}_z\sin\theta_2)\tilde{H}_{0\mathrm{t}}\mathrm{e}^{-\mathrm{j}\frac{\omega}{c}n_2(x\sin\theta_2+z\cos\theta_2)}\\ \tilde{\mathbf{H}}_{\mathrm{t}}(\mathbf{r})=\mathbf{e}_y\tilde{H}_{0\mathrm{t}}\mathrm{e}^{-\mathrm{j}\frac{\omega}{c}n_2(x\sin\theta_2+z\cos\theta_2)}\end{cases}\tag{3-104}$$

利用电场和磁场切向分量连续边界条件

$$\begin{cases}[\tilde{E}_{\mathrm{i}x}(\mathbf{r})+\tilde{E}_{\mathrm{r}x}(\mathbf{r})]_{z=0}=[\tilde{E}_{\mathrm{t}x}(\mathbf{r})]_{z=0}\\ [\tilde{H}_{\mathrm{i}}(\mathbf{r})+\tilde{H}_{\mathrm{r}}(\mathbf{r})]_{z=0}=[\tilde{H}_{\mathrm{t}}(\mathbf{r})]_{z=0}\end{cases}\tag{3-105}$$

求解可得磁场表达的反射系数和透射系数为

$$\tilde{r}_{\mathrm{P,H}}=\frac{\tilde{H}_{0\mathrm{r}}}{\tilde{H}_{0\mathrm{i}}}=\frac{n_2\cos\theta_1-n_1\cos\theta_2}{n_2\cos\theta_1+n_1\cos\theta_2}\tag{3-106}$$

$$\tilde{t}_{\mathrm{P,H}}=\frac{\tilde{H}_{0\mathrm{t}}}{\tilde{H}_{0\mathrm{i}}}=\frac{2n_2\cos\theta_1}{n_2\cos\theta_1+n_1\cos\theta_2}=\frac{n_2}{n_1}\frac{2n_1\cos\theta_1}{n_2\cos\theta_1+n_1\cos\theta_2}\tag{3-107}$$

与式（3-30）和式（3-31）相比较，可以看出，磁场反射系数与电场反射系数的表达式相同，而透射系数的表达式相差因子 n_2/n_1。但通常反射系数和透射系数都是以电场的复振幅比给出的，所以仅需令以电场强度复振幅表示的透射系数乘以因子 n_2/n_1，便是以磁场强度复振幅表示的透射系数，反射系数相同。

3.4.3　S 波偏振

如图 3-5 所示，假设介质 1 为各向同性线性理想介质，折射率为 n_1。介质 2 为各向异性的单轴晶体，光轴垂直于界面，寻常光折射率为 n_o，非寻常光折射率为 n_e。注意，此处取光轴垂直于界面是考虑到与介电常数的张量形式一致。

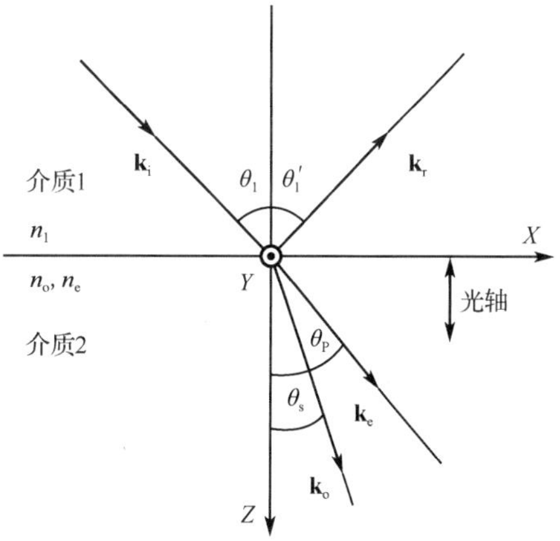

图 3-5　各向异性单轴晶体光路图

对于 S 波偏振，入射平面光波传播方向为 $\mathbf{k}_\mathrm{i}$，电场强度复振幅矢量 $\tilde{\mathbf{E}}_\mathrm{i}$ 沿 Y 轴方向，磁场强度复振幅矢量 $\tilde{\mathbf{H}}_\mathrm{i}$ 在 XZ 平面内，入射角为 θ_1。反射平面光波传播方向为 $\mathbf{k}_\mathrm{r}$，$\tilde{\mathbf{E}}_\mathrm{r}$ 沿 Y 轴方向，$\tilde{\mathbf{H}}_\mathrm{r}$ 在 XZ 平面内，反射角为 θ_1'。各向异性介质中光波电场强度复振幅矢量垂直于入射面，仅有 Y 分量，即 $\tilde{\mathbf{E}}_2=\{0,\tilde{E}_{2y},0\}$，而磁场强度复振幅矢量具有 X 分量和 Z 分量，即 $\tilde{\mathbf{H}}_2=\{\tilde{H}_{2x},0,\tilde{H}_{2z}\}$，因此各向异性介质中的麦克斯韦方程分量形式［见式（3-98）和式（3-99）］可化简为

$$\frac{\partial\tilde{H}_{2x}}{\partial z}-\frac{\partial\tilde{H}_{2z}}{\partial x}=\mathrm{j}\omega\varepsilon_0 n_\mathrm{o}^2\tilde{E}_{2y}\tag{3-108}$$

$$\frac{\partial \tilde{E}_{2y}}{\partial z} = \mathrm{j}\omega\mu_0 \tilde{H}_{2x}, \quad \frac{\partial \tilde{E}_{2y}}{\partial x} = -\mathrm{j}\omega\mu_0 \tilde{H}_{2z} \tag{3-109}$$

联立式（3-108）和式（3-109）求解，消去 $\tilde{H}_{2x}$ 和 $\tilde{H}_{2z}$，得到关于 $\tilde{E}_{2y}$ 的二阶偏微分方程为

$$\frac{\partial^2 \tilde{E}_{2y}}{\partial z^2} + \frac{\partial^2 \tilde{E}_{2y}}{\partial x^2} + \frac{\omega^2}{c^2} n_o^2 \tilde{E}_{2y} = 0 \tag{3-110}$$

式中，$c = \dfrac{1}{\sqrt{\varepsilon_0 \mu_0}}$ 为真空中的光速。

对于折射率仅为空间变量 z 的函数，即 $n_o = n_o(z_i \omega)$，或者在折射率 n_o 为常数的情况，二阶偏微分方程（3-110）可分离变量。设

$$\tilde{E}_{2y}(x,z) = \mathrm{e}^{-\mathrm{j}k_{ox}x} \tilde{E}(z) \tag{3-111}$$

代入式（3-110）得到

$$\frac{\mathrm{d}^2 \tilde{E}}{\mathrm{d}z^2} + \left(\frac{\omega^2}{c^2} n_o^2 - k_{ox}^2 \right) \tilde{E}(z) = 0 \tag{3-112}$$

式中，k_{ox} 为在单轴晶体中 o 光波矢量在 X 轴方向的分量。

令

$$k_o^2 = \frac{\omega^2}{c^2} n_o^2, \quad k_{oz}^2 = k_o^2 - k_{ox}^2 \tag{3-113}$$

有

$$\frac{\mathrm{d}^2 \tilde{E}(z)}{\mathrm{d}z^2} + k_{oz}^2 \tilde{E}(z) = 0 \tag{3-114}$$

式中，k_o 为 o 光波数矢量 $\mathbf{k}_o$ 的大小，k_{oz} 为波数矢量 $\mathbf{k}_o$ 垂直于分界面的分量。

式（3-114）是关于 $\tilde{E}(z)$ 的二阶齐次常微分方程，求解可得

$$\tilde{E}(z) = \tilde{E}_{0t} \mathrm{e}^{-\mathrm{j}k_{oz}z} + \tilde{E}'_{0t} \mathrm{e}^{\mathrm{j}k_{oz}z} \tag{3-115}$$

式中，$\tilde{E}_{0t}$ 和 $\tilde{E}'_{0t}$ 分别为介质 2 中电场在 $z=0$ 处的透射复振幅和反射复振幅。由于在介质 2 中仅有透射波，而无反射波，即 $\tilde{E}'_{0t} = 0$，代入式（3-111）有

$$\tilde{E}_{2y}(x,z) = \tilde{E}_{0t} \mathrm{e}^{-\mathrm{j}(k_{ox}x + k_{oz}z)} \tag{3-116}$$

又

$$\begin{aligned} \mathbf{k}_o &= k_{ox}\mathbf{e}_x + k_{oz}\mathbf{e}_z = k_o(\sin\theta_s \mathbf{e}_x + \cos\theta_s \mathbf{e}_z) \\ &= \frac{\omega}{c} n_o (\sin\theta_s \mathbf{e}_x + \cos\theta_s \mathbf{e}_z) \end{aligned} \tag{3-117}$$

式中，θ_S 为 S 波偏振透射角。将式（3-117）代入式（3-116），得到介质 2 中的电场强度复振幅为

$$\tilde{E}_{2y}(x,z) = \tilde{E}_{0t} \mathrm{e}^{-\mathrm{j}\frac{\omega}{c} n_o (x\sin\theta_s + z\cos\theta_s)} \tag{3-118}$$

在介质 1 中既有入射波，也有反射波。由式（3-4）和式（3-5），得到介质 1 中的电场强度复振幅为

$$\tilde{E}_{1y}(x,z) = \tilde{E}_{0i} \mathrm{e}^{-\mathrm{j}\frac{\omega}{c} n_1 (x\sin\theta_1 + z\cos\theta_1)} + \tilde{E}_{0r} \mathrm{e}^{-\mathrm{j}\frac{\omega}{c} n_1 (x\sin\theta'_1 - z\cos\theta'_1)} \tag{3-119}$$

式中，$\tilde{E}_{0i}$ 和 $\tilde{E}_{0r}$ 为介质 1 中电场在 $z=0$ 处入射波和反射波的复振幅。

假设入射波电场强度复振幅大小为 $\tilde{E}_{0i} = 1$，则式（3-119）和式（3-118）中的系数 $\tilde{E}_{0r}$ 和 $\tilde{E}_{0t}$

表示 S 波偏振反射系数 $\tilde{r}_S$ 和透射系数 $\tilde{t}_S$。因此，可重写式（3-119）和式（3-118）如下：

$$\tilde{E}_{1y}(x,z)=\mathrm{e}^{-\mathrm{j}\frac{\omega}{c}n_1(x\sin\theta_1+z\cos\theta_1)}+\tilde{r}_S\mathrm{e}^{-\mathrm{j}\frac{\omega}{c}n_1(x\sin\theta_1'-z\cos\theta_1')} \tag{3-120}$$

$$\tilde{E}_{2y}(x,z)=\tilde{t}_S\mathrm{e}^{-\mathrm{j}\frac{\omega}{c}n_o(x\sin\theta_s+z\cos\theta_s)} \tag{3-121}$$

在分界面上，电场和磁场切向分量连续，由式（3-109）有

$$\tilde{E}_{1y}\Big|_{z=0}=\tilde{E}_{2y}\Big|_{z=0} \tag{3-122}$$

$$\tilde{H}_{1x}\Big|_{z=0}=\tilde{H}_{2x}\Big|_{z=0},\quad \frac{\partial\tilde{E}_{1y}}{\partial z}\Big|_{z=0}=\frac{\partial\tilde{E}_{2y}}{\partial z}\Big|_{z=0} \tag{3-123}$$

将式（3-120）和式（3-121）代入边界条件，得到

$$\mathrm{e}^{-\mathrm{j}\frac{\omega}{c}n_1x\sin\theta_1}+\tilde{r}_S\mathrm{e}^{-\mathrm{j}\frac{\omega}{c}n_1x\sin\theta_1'}=\tilde{t}_S\mathrm{e}^{-\mathrm{j}\frac{\omega}{c}n_ox\sin\theta_s} \tag{3-124}$$

$$n_1\cos\theta_1\mathrm{e}^{-\mathrm{j}\frac{\omega}{c}n_1x\sin\theta_1}-n_1\cos\theta_1'\tilde{r}_S\mathrm{e}^{-\mathrm{j}\frac{\omega}{c}n_1x\sin\theta_1'}=n_o\cos\theta_S\tilde{t}_S\mathrm{e}^{-\mathrm{j}\frac{\omega}{c}n_ox\sin\theta_s} \tag{3-125}$$

对于任意的 x，要使两等式成立，必须满足相位匹配条件

$$n_1\sin\theta_1=n_1\sin\theta_1'=n_o\sin\theta_S \tag{3-126}$$

此式即晶体中 S 波偏振斯内尔反射和折射定律

$$\theta_1=\theta_1',\quad n_1\sin\theta_1=n_o\sin\theta_S \tag{3-127}$$

因此，有

$$\begin{cases}1+\tilde{r}_S=\tilde{t}_S\\ 1-\tilde{r}_S=\dfrac{n_o\cos\theta_S}{n_1\cos\theta_1}\tilde{t}_S\end{cases} \tag{3-128}$$

求解可得

$$\tilde{r}_S=\frac{n_1\cos\theta_1-n_o\cos\theta_S}{n_1\cos\theta_1+n_o\cos\theta_S} \tag{3-129}$$

$$\tilde{t}_S=\frac{2n_1\cos\theta_1}{n_1\cos\theta_1+n_o\cos\theta_S} \tag{3-130}$$

由此可以看出，o 光反射系数和透射系数与各向同性介质情况下的反射系数和透射系数的形式相同。

3.4.4　P 波偏振

对于 P 波偏振，磁场强度复振幅矢量垂直于入射面，仅有 Y 分量，即 $\tilde{\mathbf{H}}_2=\{0,\tilde{H}_{2y},0\}$，而电场强度复振幅矢量在 XZ 平面内，具有 X 分量和 Z 分量，即 $\tilde{\mathbf{E}}_2=\{\tilde{E}_{2x},0,\tilde{E}_{2z}\}$。因此麦克斯韦方程分量形式［见式（3-98）和式（3-99）］可化简为

$$-\frac{\partial\tilde{H}_{2y}}{\partial z}=\mathrm{j}\omega\varepsilon_0n_o^2\tilde{E}_{2x},\quad \frac{\partial\tilde{H}_{2y}}{\partial x}=\mathrm{j}\omega\varepsilon_0n_e^2\tilde{E}_{2z} \tag{3-131}$$

$$\frac{\partial\tilde{E}_{2x}}{\partial z}-\frac{\partial\tilde{E}_{2z}}{\partial x}=-\mathrm{j}\omega\mu_0\tilde{H}_{2y} \tag{3-132}$$

联立式（3-131）和式（3-132）求解，消去 $\tilde{E}_{2x}$ 和 $\tilde{E}_{2z}$，得到关于 $\tilde{H}_{2y}$ 的二阶偏微分方程为

$$\frac{\partial}{\partial z}\left(\frac{1}{n_{\rm o}^2}\frac{\partial \tilde{H}_{2y}}{\partial z}\right)+\frac{1}{n_{\rm e}^2}\frac{\partial^2 \tilde{H}_{2y}}{\partial x^2}+\frac{\omega^2}{c^2}\tilde{H}_{2y}=0 \tag{3-133}$$

对于折射率仅为空间变量 z 的函数，即 $n_{\rm o}=n_{\rm o}(z,\omega)$ 和 $n_{\rm e}=n_{\rm e}(z,\omega)$，或者折射率 $n_{\rm o}$ 和 $n_{\rm e}$ 为常数的情况，二阶偏微分方程（3-133）可分离变量。设

$$\tilde{H}_{2y}(x,z)={\rm e}^{-{\rm j}k_{\rm ex}x}\tilde{H}(z) \tag{3-134}$$

代入式（3-133）得到

$$\frac{\partial}{\partial z}\left(\frac{1}{n_{\rm o}^2}\frac{\partial \tilde{H}}{\partial z}\right)+\frac{1}{n_{\rm e}^2}\left(\frac{\omega^2}{c^2}n_{\rm e}^2-k_{\rm ex}^2\right)\tilde{H}=0 \tag{3-135}$$

式中，$k_{\rm ex}$ 为在单轴晶体中 e 光波矢量在 X 轴方向的分量。

假设 $n_{\rm o}$ 为常数，则式（3-135）可化简为

$$\frac{\partial^2 \tilde{H}}{\partial z^2}+\frac{n_{\rm o}^2}{n_{\rm e}^2}\left(\frac{\omega^2}{c^2}n_{\rm e}^2-k_{\rm ex}^2\right)\tilde{H}=0 \tag{3-136}$$

令

$$k_{\rm e}^2=\frac{\omega^2}{c^2}n_{\rm e}^2,\quad k_{\rm ez}^2=k_{\rm e}^2-k_{\rm ex}^2,\quad k_{\rm P}^2=\frac{n_{\rm o}^2}{n_{\rm e}^2}(k_{\rm e}^2-k_{\rm ex}^2) \tag{3-137}$$

有

$$\frac{{\rm d}^2\tilde{H}}{{\rm d}z^2}+k_{\rm P}^2\tilde{H}=0 \tag{3-138}$$

式中，$k_{\rm e}$ 为 e 光波数矢量 $\mathbf{k}_{\rm e}$ 的大小，$k_{\rm ez}$ 为波数矢量 $\mathbf{k}_{\rm e}$ 垂直于界面的分量。

式（3-138）是关于 $\tilde{H}(z)$ 的二阶齐次常微分方程，求解可得

$$\tilde{H}(z)=\tilde{H}_{0{\rm t}}{\rm e}^{-{\rm j}k_{\rm P}z}+\tilde{H}'_{0{\rm t}}{\rm e}^{{\rm j}k_{\rm P}z} \tag{3-139}$$

式中，$\tilde{H}_{0{\rm t}}$ 和 $\tilde{H}'_{0{\rm t}}$ 分别为介质 2 中磁场在 $z=0$ 处的透射复振幅和反射复振幅。由于在介质 2 中仅有透射波，而无反射波，即 $\tilde{H}'_{0{\rm t}}=0$，代入式（3-134），则有

$$\tilde{H}_{2y}(x,z)=\tilde{H}_{0{\rm t}}{\rm e}^{-{\rm j}(k_{\rm ex}x+k_{\rm P}z)} \tag{3-140}$$

又

$$\begin{aligned}\mathbf{k}_{\rm e}&=k_{\rm ex}\mathbf{e}_x+k_{\rm ez}\mathbf{e}_z=k_{\rm e}(\sin\theta_{\rm P}\mathbf{e}_x+\cos\theta_{\rm P}\mathbf{e}_z)\\&=\frac{\omega}{c}n_{\rm e}(\sin\theta_{\rm P}\mathbf{e}_x+\cos\theta_{\rm P}\mathbf{e}_z)\end{aligned} \tag{3-141}$$

代入式（3-140），并利用式（3-137），得到介质 2 中的磁场强度复振幅为

$$\tilde{H}_{2y}(x,z)=\tilde{H}_{0{\rm t}}{\rm e}^{-{\rm j}\frac{\omega}{c}(n_{\rm e}\sin\theta_{\rm P}x+n_{\rm o}\cos\theta_{\rm P}z)} \tag{3-142}$$

在介质 1 中既有入射波，也有反射波。由式（3-102）和式（3-103），可写出介质 1 中的磁场强度复振幅为

$$\tilde{H}_{1y}(x,z)=\tilde{H}_{0{\rm i}}{\rm e}^{-{\rm j}\frac{\omega}{c}n_1(x\sin\theta_1+z\cos\theta_1)}+\tilde{H}_{0{\rm r}}{\rm e}^{-{\rm j}\frac{\omega}{c}n_1(x\sin\theta'_1-z\cos\theta'_1)} \tag{3-143}$$

式中，$\tilde{H}_{0{\rm i}}$ 和 $\tilde{H}_{0{\rm r}}$ 为介质 1 中磁场在 $z=0$ 处入射波和反射波的复振幅。

假设入射波磁场强度复振幅大小为 $\tilde{H}_{0{\rm i}}=1$，则式（3-143）和式（3-142）中的系数 $\tilde{H}_{0{\rm r}}$ 和 $\tilde{H}_{0{\rm t}}$ 就表示 P 波反射系数 $\tilde{r}_{\rm P}$ 和透射系数 $(n_{\rm e}/n_1)\tilde{t}_{\rm P}$［见式（3-107）］。因此，可重写式（3-143）和式（3-142）如下：

$$\tilde{H}_{1y}(x,z)=\mathrm{e}^{-\mathrm{j}\frac{\omega}{c}n_1(x\sin\theta_1+z\cos\theta_1)}+\tilde{r}_{\mathrm{P}}\mathrm{e}^{-\mathrm{j}\frac{\omega}{c}n_1(x\sin\theta_1'-z\cos\theta_1')} \tag{3-144}$$

$$\tilde{H}_{2y}(x,z)=\frac{n_{\mathrm{e}}}{n_1}\tilde{t}_{\mathrm{P}}\mathrm{e}^{-\mathrm{j}\frac{\omega}{c}(n_{\mathrm{e}}\sin\theta_{\mathrm{P}}x+n_{\mathrm{o}}\cos\theta_{\mathrm{P}}z)} \tag{3-145}$$

在分界面上，电场和磁场切向分量连续，由式（3-131）有

$$\tilde{H}_{1y}\Big|_{z=0}=\tilde{H}_{2y}\Big|_{z=0} \tag{3-146}$$

$$\tilde{E}_{1x}\Big|_{z=0}=\tilde{E}_{2x}\Big|_{z=0},\quad \frac{1}{n_1^2}\frac{\partial\tilde{H}_{1y}}{\partial z}\bigg|_{z=0}=\frac{1}{n_{\mathrm{o}}^2}\frac{\partial\tilde{H}_{2y}}{\partial z}\bigg|_{z=0} \tag{3-147}$$

将式（3-144）和式（3-145）代入边界条件，得到

$$\mathrm{e}^{-\mathrm{j}\frac{\omega}{c}n_1x\sin\theta_1}+\tilde{r}_{\mathrm{P}}\mathrm{e}^{-\mathrm{j}\frac{\omega}{c}n_1x\sin\theta_1'}=\frac{n_{\mathrm{e}}}{n_1}\tilde{t}_{\mathrm{P}}\mathrm{e}^{-\mathrm{j}\frac{\omega}{c}n_{\mathrm{e}}\sin\theta_{\mathrm{P}}x} \tag{3-148}$$

$$n_{\mathrm{o}}\cos\theta_1\mathrm{e}^{-\mathrm{j}\frac{\omega}{c}n_1x\sin\theta_1}-n_{\mathrm{o}}\cos\theta_1'\tilde{r}_{\mathrm{P}}\mathrm{e}^{-\mathrm{j}\frac{\omega}{c}n_1x\sin\theta_1'}=n_{\mathrm{e}}\cos\theta_{\mathrm{P}}\tilde{t}_{\mathrm{P}}\mathrm{e}^{-\mathrm{j}\frac{\omega}{c}n_{\mathrm{e}}\sin\theta_{\mathrm{P}}x} \tag{3-149}$$

对于任意的 x，要使以上两等式成立，必须满足相位匹配条件

$$n_1\sin\theta_1=n_1\sin\theta_1'=n_{\mathrm{e}}\sin\theta_{\mathrm{P}} \tag{3-150}$$

此式即 P 波偏振斯内尔反射和折射定律

$$\theta_1=\theta_1',\quad n_1\sin\theta_1=n_{\mathrm{e}}\sin\theta_{\mathrm{P}} \tag{3-151}$$

因此，有

$$\begin{cases}1+\tilde{r}_{\mathrm{P}}=\dfrac{n_{\mathrm{e}}}{n_1}\tilde{t}_{\mathrm{P}}\\[2ex] 1-\tilde{r}_{\mathrm{P}}=\dfrac{n_{\mathrm{e}}\cos\theta_{\mathrm{P}}}{n_{\mathrm{o}}\cos\theta_1}\tilde{t}_{\mathrm{P}}\end{cases} \tag{3-152}$$

求解可得

$$\tilde{r}_{\mathrm{P}}=\frac{n_{\mathrm{o}}\cos\theta_1-n_1\cos\theta_{\mathrm{P}}}{n_{\mathrm{o}}\cos\theta_1+n_1\cos\theta_{\mathrm{P}}} \tag{3-153}$$

$$\tilde{t}_{\mathrm{P}}=\frac{2n_1n_{\mathrm{o}}\cos\theta_1}{n_{\mathrm{e}}n_{\mathrm{o}}\cos\theta_1+n_1n_{\mathrm{e}}\cos\theta_{\mathrm{P}}} \tag{3-154}$$

如果式（3-145）采用式（3-140）的形式，即

$$\tilde{H}_{2y}(x,z)=\frac{n_{\mathrm{e}}}{n_1}\tilde{t}_{\mathrm{P}}\mathrm{e}^{-\mathrm{j}\left(\frac{\omega}{c}n_{\mathrm{e}}\sin\theta_{\mathrm{P}}x+k_{\mathrm{P}}z\right)} \tag{3-155}$$

在式（3-140）中，用 k_{1x} 代替 $k_{\mathrm{e}x}$，得到反射系数和透射系数公式为

$$\tilde{r}_{\mathrm{P}}=\frac{n_{\mathrm{o}}n_{\mathrm{e}}\cos\theta_1-n_1(n_{\mathrm{e}}^2-n_1^2\sin^2\theta_1)^{1/2}}{n_{\mathrm{e}}n_{\mathrm{o}}\cos\theta_1+n_1(n_{\mathrm{e}}^2-n_1^2\sin^2\theta_1)^{1/2}} \tag{3-156}$$

$$\tilde{t}_{\mathrm{P}}=\frac{2n_1n_{\mathrm{o}}\cos\theta_1}{n_{\mathrm{e}}n_{\mathrm{o}}\cos\theta_1+n_1(n_{\mathrm{e}}^2-n_1^2\sin^2\theta_1)^{1/2}} \tag{3-157}$$

在单轴晶体中 o 光折射率 n_{o} 不依赖波的传播方向，因此，当介质 1 中平面光波的入射角 θ_1、介质的折射率 n_1 和晶体中 o 光折射率 n_{o} 已知时，由 S 波偏振折射定律［见式（3-127）］就可得到 o 光在晶体中的透射角 θ_{S}，这与平面光波在各向同性介质中传播相同，o 光反射系数和透射系数的计算也是如此。但是，对于单轴晶体中的 e 光，由于折射率 n_{e} 不仅随透射角变化，而且随入射角变化，所以当已知介质 1 的入射角 θ_1 和折射率 n_1 时，由 P 波偏振折射定律［见

式（3-151）］不能确定 e 光在晶体中的透射角 θ_P，P 波偏振折射定律式（3-151）仅是满足边界条件的结果，没有实际应用价值。

3.5 反射系数和透射系数随入射角的变化

反射系数和透射系数描述的是反射波复振幅、透射波复振幅与入射波复振幅之比随入射角变化的关系，这种关系不仅反映了反射和透射光波电场强度矢量振幅和相位的变化，而且反映了偏振态的变化，其特性在实际应用中极为广泛。下面简要介绍一些重要概念，并给出实例加以讨论。

3.5.1 全反射与隐失波

1．光疏介质到光密介质（$n_1<n_2$）

对于两种各向同性理想均匀介质分界面的反射与透射，如果入射介质的折射率 n_1 小于透射介质的折射率 n_2，即 $n_1<n_2$，亦即光从光疏介质入射到光密介质，由于正弦函数在第一象限是增函数，由斯内尔定律式（3-12）或式（3-28）可知，透射角小于入射角，即 $\theta_2<\theta_1$，由式（3-14）、式（3-15）、式（3-30）和式（3-31）可以判断，入射角取值在 0～90° 的范围时，S 波偏振反射系数 $\tilde{r}_S$ 和 P 波偏振反射系数 $\tilde{r}_P$、S 波偏振透射系数 $\tilde{t}_S$ 和 P 波偏振透射系数 $\tilde{t}_P$ 均为实数，计算实例如图 3-6（a）所示。

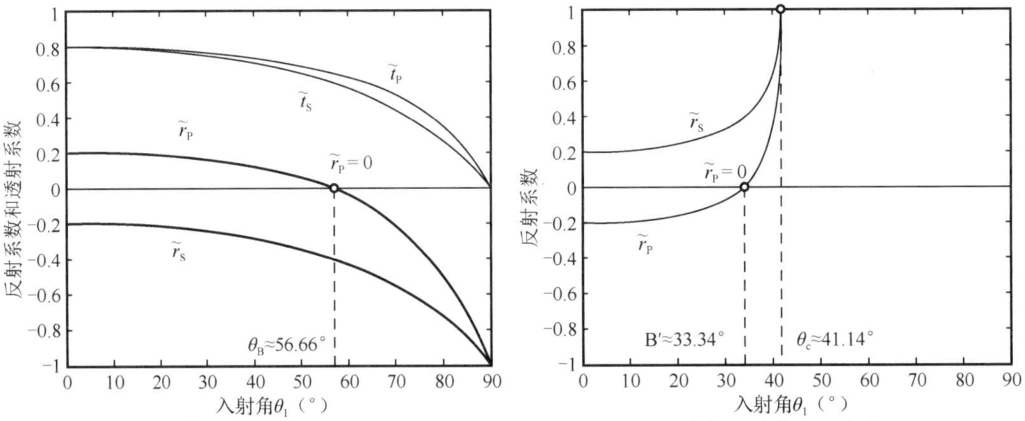

（a）$n_1=1.0$，$n_2=1.52$　　（b）$n_1=1.52$，$n_2=1.0$

图 3-6　反射系数和透射系数随入射角的变化曲线

2．光密介质到光疏介质（$n_1>n_2$）

如果入射介质的折射率 n_1 大于透射介质的折射率 n_2，即 $n_1>n_2$，由斯内尔定律［见式（3-12）或式（3-28）］可知，透射角大于入射角，即 $\theta_2>\theta_1$。当 $\theta_1=\theta_c$ 时，透射角 $\theta_2=90°$，由式（3-12）或式（3-28）有

$$\sin\theta_c=\frac{n_2}{n_1} \tag{3-158}$$

式中，θ_c 称为临界角。

将 $\theta_2 = 90^\circ$ 代入式（3-6）和式（3-24），得到

S 波偏振：

$$\begin{cases} \tilde{\mathbf{E}}_t(\mathbf{r}) = \mathbf{e}_y \tilde{E}_{0t} \mathrm{e}^{-\mathrm{j}\frac{\omega}{c}n_2 x} \\ \tilde{\mathbf{H}}_t(\mathbf{r}) = \mathbf{e}_z \sqrt{\dfrac{\varepsilon_0}{\mu_0}} n_2 \tilde{E}_{0t} \mathrm{e}^{-\mathrm{j}\frac{\omega}{c}n_2 x} \end{cases} \tag{3-159}$$

P 波偏振：

$$\begin{cases} \tilde{\mathbf{E}}_t(\mathbf{r}) = -\mathbf{e}_z \tilde{E}_{0t} \mathrm{e}^{-\mathrm{j}\frac{\omega}{c}n_2 x} \\ \tilde{\mathbf{H}}_t(\mathbf{r}) = \mathbf{e}_y \sqrt{\dfrac{\varepsilon_0}{\mu_0}} n_2 \tilde{E}_{0t} \mathrm{e}^{-\mathrm{j}\frac{\omega}{c}n_2 x} \end{cases} \tag{3-160}$$

式（3-159）和式（3-160）表明，对于 S 波偏振，磁场仅有 Z 分量，电场沿 Y 轴方向，由坡印廷定理可知，波沿 X 轴正方向传播，没有沿 Z 轴方向传播的波；而对于 P 波偏振，电场仅有 $-Z$ 分量，磁场沿 Y 轴方向，波沿 X 轴正方向传播，也没有沿 Z 轴方向传播的波，这种波被称为表面波，如图 3-7 所示。

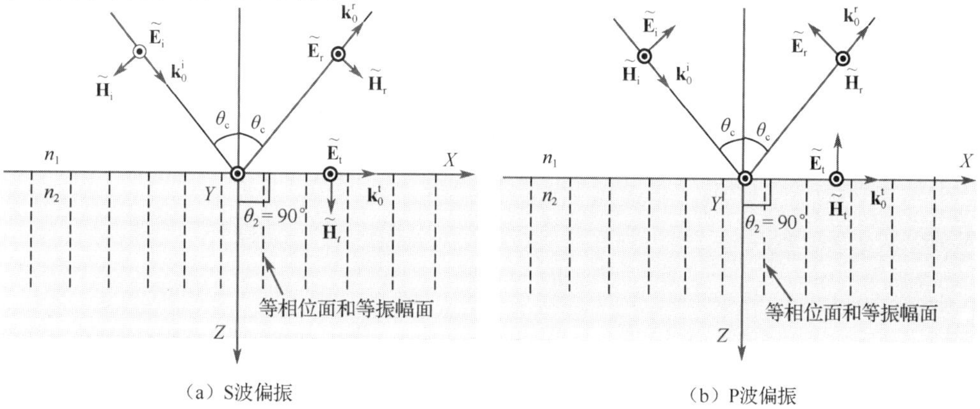

图 3-7　表面波的等相位面（$n_1 > n_2$，$\theta_1 = \theta_c$）

在临界入射情况下，由式（3-14）和式（3-30）可知，$\tilde{r}_S = \tilde{r}_P = 1$，表明无论是 S 波偏振还是 P 波偏振，当 $\theta_1 = \theta_c$ 时，产生全反射，因此，临界角也称为全反射角。$\tilde{r}_S$ 和 $\tilde{r}_P$ 计算实例如图 3-6（b）所示。

但是，在 $n_1 > n_2$ 的情况下，当 $\theta_1 = \theta_c$ 时，$\theta_2 = 90^\circ$，由式（3-15）和式（3-31）可知，透射系数 $\tilde{t}_S = 2$，$\tilde{t}_P = 2n_1/n_2$，$\tilde{r}_S$ 和 $\tilde{t}_S$ 满足关系式（3-16），而 $\tilde{r}_P$ 和 $\tilde{t}_P$ 并不满足关系式（3-32）。

实际上，在 $n_1 > n_2$ 的情况下，当入射角大于临界角，即 $\theta_1 > \theta_c$ 时，因为

$$\sin\theta_1 > \frac{n_2}{n_1} \tag{3-161}$$

显然，斯内尔折射定律式（3-12）或式（3-28）不再成立。要使斯内尔折射定律式（3-12）或式（3-28）仍然成立，可取透射角为复角。令

$$\theta_2 = \theta' + \mathrm{j}\theta'' \tag{3-162}$$

由此，有

$$\begin{cases} \cos(\theta' + \mathrm{j}\theta'') = \cos\theta' \cosh\theta'' - \mathrm{j}\sin\theta' \sinh\theta'' \\ \sin(\theta' + \mathrm{j}\theta'') = \sin\theta' \cosh\theta'' + \mathrm{j}\cos\theta' \sinh\theta'' \end{cases} \tag{3-163}$$

且

$$\sin^2\theta_2 + \cos^2\theta_2 = 1 \tag{3-164}$$

由斯内尔折射定律得到

$$\sin\theta_2 = \sin\theta'\cosh\theta'' + \mathrm{j}\cos\theta'\sinh\theta'' = \frac{n_1}{n_2}\sin\theta_1 \tag{3-165}$$

而

$$\cos\theta_2 = \sqrt{1-\sin^2\theta_2} = \sqrt{1-\frac{n_1^2}{n_2^2}\sin^2\theta_1} = \pm\mathrm{j}\sqrt{\frac{n_1^2}{n_2^2}\sin^2\theta_1 - 1} \tag{3-166}$$

因此，有

$$\cos\theta'\cosh\theta'' - \mathrm{j}\sin\theta'\sinh\theta'' = \pm\mathrm{j}\sqrt{\frac{n_1^2}{n_2^2}\sin^2\theta_1 - 1} \tag{3-167}$$

令式（3-165）和式（3-167）两边的实部和虚部分别相等，式（3-167）右边取负号（衰减波），有

$$\begin{cases} \sin\theta'\cosh\theta'' = \dfrac{n_1}{n_2}\sin\theta_1 \\ \sin\theta'\sinh\theta'' = \sqrt{\dfrac{n_1^2}{n_2^2}\sin^2\theta_1 - 1} \end{cases} \tag{3-168}$$

以上两式两边取平方，然后相减，再利用关系

$$\cosh^2\theta'' - \sinh^2\theta'' = 1 \tag{3-169}$$

求解得到

$$\begin{cases} \sin^2\theta' = 1, \quad \theta' = 90^\circ \\ \sinh\theta'' = \sqrt{\dfrac{n_1^2}{n_2^2}\sin^2\theta_1 - 1}, \quad \cosh\theta'' = \dfrac{n_1}{n_2}\sin\theta_1 \end{cases} \tag{3-170}$$

代入式（3-163）有

$$\begin{cases} \cos\theta_2 = \cos\left(\dfrac{\pi}{2} + \mathrm{j}\theta''\right) = -\mathrm{j}\sqrt{\dfrac{n_1^2}{n_2^2}\sin^2\theta_1 - 1} \\ \sin\theta_2 = \sin\left(\dfrac{\pi}{2} + \mathrm{j}\theta''\right) = \dfrac{n_1}{n_2}\sin\theta_1 \end{cases} \tag{3-171}$$

将式（3-171）代入 S 波偏振透射平面波的表达式（2-6），得到

S 波偏振：

$$\begin{cases} \tilde{\mathbf{E}}_\mathrm{t}(\mathbf{r}) = \mathbf{e}_y \tilde{E}_{0\mathrm{t}} \mathrm{e}^{-\frac{\omega}{c}\alpha z} \mathrm{e}^{-\mathrm{j}\frac{\omega}{c} n_1 x \sin\theta_1} \\ \tilde{\mathbf{H}}_\mathrm{t}(\mathbf{r}) = \left(\mathrm{j}\sinh\theta''\mathbf{e}_x + \dfrac{n_1}{n_2}\sin\theta_1\mathbf{e}_z\right)\sqrt{\dfrac{\varepsilon_0}{\mu_0}} n_2 \tilde{E}_{0\mathrm{t}} \mathrm{e}^{-\frac{\omega}{c}\alpha z} \mathrm{e}^{-\mathrm{j}\frac{\omega}{c} n_1 x \sin\theta_1} \end{cases} \tag{3-172}$$

将式（3-171）代入 P 波偏振透射平面波的表达式［即式（3-24)］，得到

P 波偏振：

$$\begin{cases} \tilde{\mathbf{E}}_\mathrm{t}(\mathbf{r}) = \left(-\mathrm{j}\sinh\theta''\mathbf{e}_x - \dfrac{n_1}{n_2}\sin\theta_1\mathbf{e}_z\right)\tilde{E}_{0\mathrm{t}} \mathrm{e}^{-\frac{\omega}{c}\alpha z} \mathrm{e}^{-\mathrm{j}\frac{\omega}{c} n_1 x \sin\theta_1} \\ \tilde{\mathbf{H}}_\mathrm{t}(\mathbf{r}) = \mathbf{e}_y \sqrt{\dfrac{\varepsilon_0}{\mu_0}} n_2 \tilde{E}_{0\mathrm{t}} \mathrm{e}^{-\frac{\omega}{c}\alpha z} \mathrm{e}^{-\mathrm{j}\frac{\omega}{c} n_1 x \sin\theta_1} \end{cases} \tag{3-173}$$

式中，记

$$\alpha = n_2 \sinh\theta'' \tag{3-174}$$

分析式（3-172）和式（3-173），可得如下结论。

① 当入射角大于临界角，即 $\theta_1 > \theta_c$ 时，不论是 S 波偏振还是 P 波偏振，透射波为非均匀平面光波，光波沿 X 轴正方向传播，振幅沿 Z 轴正方向衰减，其衰减常数为 α，与导电介质中的消光系数相对应。αz 等于常数，为等振幅面；$n_1 x\sin\theta_1$ 等于常数，为等相位面，如图 3-8 所示。这种存在于介质 2 中沿平行于界面传播而在垂直于界面方向衰减的非均匀平面波被称为隐失波（也称倏逝波）。由此看出，透射复角的实部反映的是光波的传播方向，而透射复角的虚部反映的是光波的衰减。

② 当 $\theta_1 = \theta_c$ 时，由式（3-159）和式（3-160）可知，S 波偏振和 P 波偏振表面波等相位面的传播速度为 $\upsilon_\varphi = c/n_2$；而当 $\theta_1 > \theta_c$ 时，由式（3-172）和式（3-173）可知，S 波偏振和 P 波偏振隐失波等相位面的传播速度为 $\upsilon_\varphi = c/n_1\sin\theta_1$，由于 $n_1\sin\theta_1 > n_2$，所以隐失波的等相位面传播速度慢，并随入射角而变化。由此得出结论，临界角入射表面波的传播速度最快，且在 Z 轴方向没有能量的衰减。

③ 当 $\theta_1 > \theta_c$ 时，不论是 S 波偏振还是 P 波偏振，其平均坡印廷矢量为

$$\mathbf{S}_{\text{av}} = \frac{1}{2}\text{Re}[\tilde{\mathbf{E}}_t \times \tilde{\mathbf{H}}_t^*] = \frac{1}{2}\sqrt{\frac{\varepsilon_0}{\mu_0}} n_1 \sin\theta_1 |\tilde{E}_{0t}|^2 \, \text{e}^{-2\frac{\omega}{c}\alpha z} \mathbf{e}_x \tag{3-175}$$

与导电介质中平均坡印廷矢量式（2-118）和式（2-150）相比较，可以看出，理想介质中的隐失波具有导电介质中光波传播的特性，S 波偏振电场强度矢量的 $\mathbf{e}_y$ 分量和磁场强度矢量的 $\mathbf{e}_z$ 分量与光波传播方向垂直，而 P 波偏振电场强度矢量的 $-\mathbf{e}_z$ 分量和磁场强度矢量的 $\mathbf{e}_y$ 分量与光波传播方向垂直，光波传播具有横波性，如图 3-8 所示。

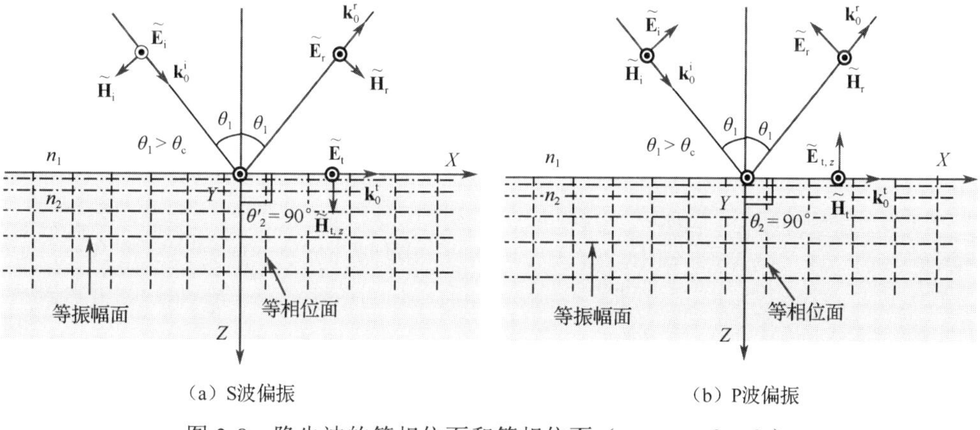

图 3-8　隐失波的等相位面和等相位面（$n_1 > n_2$，$\theta_1 > \theta_c$）

3.5.2　全透射

当菲涅耳反射系数 $\tilde{r}_S = 0$ 和 $\tilde{r}_P = 0$ 时，对应的入射角 θ_1 定义为布儒斯特角，记为 θ_B。对于 S 波偏振，令式（3-14）的分子为零有

$$n_1 \cos\theta_B = n_2 \cos\theta_2 \tag{3-176}$$

令该式两边平方，再利用式（3-12）得到

$$1 - \frac{n_2^2}{n_1^2} = 0 \tag{3-177}$$

显然，无解。结果表明斜入射的 S 波偏振不存在布儒斯特角，也即不存在 S 波偏振反射为零的入射角。

对于 P 波偏振，令 $\tilde{r}_{\mathrm{P}}=0$，即式（3-30）的分子为零，并利用式（3-28）得到

$$\sin\theta_{\mathrm{B}}=\sqrt{\frac{1}{1+n_1^2/n_2^2}} \tag{3-178}$$

或者

$$\tan\theta_{\mathrm{B}}=\frac{n_2}{n_1} \tag{3-179}$$

另一方面，将式（3-28）代入 P 波偏振反射系数公式（3-30），再利用三角函数关系

$$\frac{\sin\alpha-\sin\beta}{\sin\alpha+\sin\beta}=\frac{\tan\frac{1}{2}(\alpha-\beta)}{\tan\frac{1}{2}(\alpha+\beta)} \tag{3-180}$$

可得

$$\tilde{r}_{\mathrm{P}}=\frac{\sin 2\theta_{\mathrm{B}}-\sin 2\theta_2}{\sin 2\theta_{\mathrm{B}}+\sin 2\theta_2}=\frac{\tan(\theta_{\mathrm{B}}-\theta_2)}{\tan(\theta_{\mathrm{B}}+\theta_2)} \tag{3-181}$$

欲使 $\tilde{r}_{\mathrm{P}}=0$，$\tan\pi/2\to\infty$，必有

$$\theta_{\mathrm{B}}+\theta_2=\frac{\pi}{2} \tag{3-182}$$

式（3-179）和式（3-182）就是布儒斯特定律，是由布儒斯特（D.Brewster）在 1815 年发现的。布儒斯特定律表明，当任意偏振状态的入射光以布儒斯特角 θ_{B} 入射时，反射光与透射光垂直，且反射光的电场强度矢量属于完全线偏振光。

由以上两点可知，当入射光波的电场强度矢量为任意偏振方向时，可分解为 S 波偏振分量和 P 波偏振分量之矢量和；光波以布儒斯特角 θ_{B} 入射到理想介质表面时，P 波偏振分量全部透入第二种介质，而反射波仅包含 S 波偏振分量，这种现象称为全透射。计算实例如图 3-6 所示。由于任意偏振方向的光波以布儒斯特角入射时，反射光波仅包含 S 波偏振分量，椭圆偏振光或圆偏振光经反射后将成为线偏振光，所以布儒斯特角 θ 也称为偏振角。

虽然上述讨论是针对各向同性理想介质而言的，但对于吸收介质、非均匀介质和各向异性介质也可以进行讨论。对于导电的吸收介质，不论是 S 波偏振还是 P 波偏振，均不存在布儒斯特角。对于非均匀介质，既存在临界角，也存在布儒斯特角。对于各向异性介质，由式（3-129）和式（3-153）可以看出，o 光与 e 光存在临界角。而由式（3-153）可以得到 e 光的布儒斯特角为

$$\theta_{\mathrm{B}}=\arcsin\left[\frac{n_{\mathrm{e}}^2(n_1^2-n_{\mathrm{o}}^2)}{n_1^2n_1^2-n_{\mathrm{o}}^2n_{\mathrm{e}}^2}\right]^{1/2} \tag{3-183}$$

或者

$$\theta_{\mathrm{B}}=\arctan\left[\frac{n_{\mathrm{e}}^2(n_1^2-n_{\mathrm{o}}^2)}{n_1^2(n_1^2-n_{\mathrm{e}}^2)}\right]^{1/2} \tag{3-184}$$

3.5.3　反射系数振幅和相位随入射角变化

当光波入射到两种各向同性理想介质分界面时，反射系数和透射系数随入射角的变化而变化，反射系数和透射系数是入射角的函数。不论是 S 波偏振还是 P 波偏振，光波通过界面不仅改变入射波的振幅，也改变入射波的相位和偏振态。一般情况下，菲涅耳反射系数为复值，写成模和幅角的形式反映振幅和相位的变化更为方便，因此，可令

$$\tilde{r}_S = |\tilde{r}_S| e^{j\delta_s}, \quad \tilde{r}_P = |\tilde{r}_P| e^{j\delta_P} \tag{3-185}$$

式中，$|\tilde{r}_S|$ 和 $|\tilde{r}_P|$ 分别为 S 波偏振反射系数的模和 P 波偏振反射系数的模，而 δ_S 和 δ_P 分别为 S 波偏振反射系数的相位和 P 波偏振反射系数的相位。$|\tilde{r}_S|\sim\theta_1$ 图和 $|\tilde{r}_P|\sim\theta_1$ 图称为反射系数的振幅图，$\delta_S\sim\theta_1$ 图和 $\delta_P\sim\theta_1$ 图称为反射系数的相位图。

下面以光波从空气（$n_1=1.0$）入射到玻璃（$n_2=1.52$）和光波从玻璃（$n_1=1.52$）入射到空气（$n_2=1.0$）为例，分析 S 波偏振反射系数和 P 波偏振反射系数的振幅和相位随入射角的变化特性。

1．光疏介质到光密介质（$n_1<n_2$）

如图 3-9 所示为 S 波偏振反射系数的振幅图（$|\tilde{r}_S|\sim\theta_1$）和相位图（$|\delta_S|\sim\theta_1$），计算采用式（3-14）。由图可见，光从空气入射到玻璃表面，反射系数的振幅 $|\tilde{r}_S|$ 随入射角的增大而增大，垂直入射 $\theta_1=0$，反射系数 $|\tilde{r}_S|\approx 0.206$，掠入射 $\theta_1=90^\circ$，反射系数 $|\tilde{r}_S|=1$；而入射角 θ_1 在大 0～90° 的范围内，相位变化始终为180°。

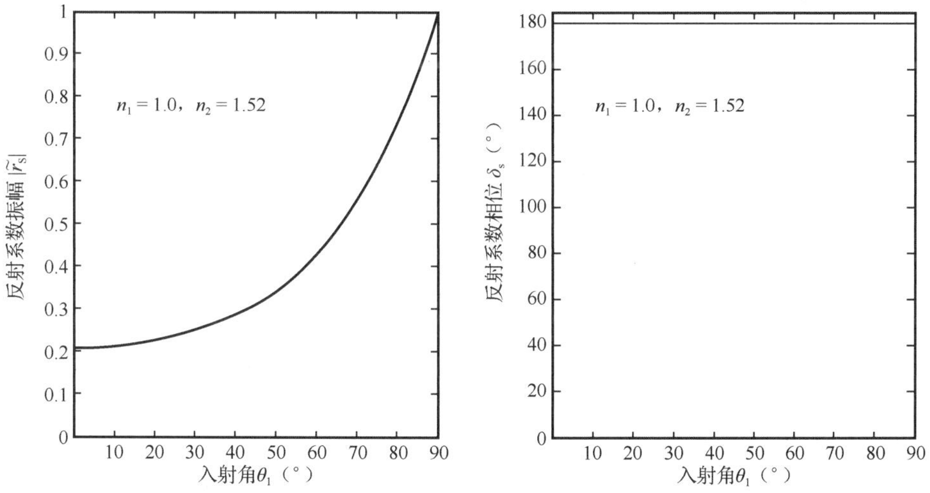

（a）振幅图　　（b）相位图

图 3-9　S 波偏振反射系数振幅和相位图（$n_1<n_2$）

如图 3-10 所示为 P 波偏振反射系数的振幅图（$|\tilde{r}_P|\sim\theta_1$）和相位图（$\delta_P\sim\theta_1$），计算采用式（3-30）。由图可见，当 $\theta_1=\theta_B=56.66^\circ$ 时，$|\tilde{r}_P|=0$，表明反射光波中仅有 S 波偏振，没有 P 波偏振，产生全偏振现象。入射角 θ_1 在 0～θ_B 的范围内，反射系数的振幅 $|\tilde{r}_P|$ 随入射角增大而减小，相位 $\delta_P=0$；入射角 θ_1 在 θ_B～90° 的范围内，反射系数振幅 $|\tilde{r}_P|$ 随入射角增大而增大，相位 $\delta_P=180^\circ$。垂直入射 $\theta_1=0$，反射系数 $|\tilde{r}_P|\approx 0.206$，掠入射 $\theta_1=90^\circ$，反射系数 $|\tilde{r}_P|=1$。

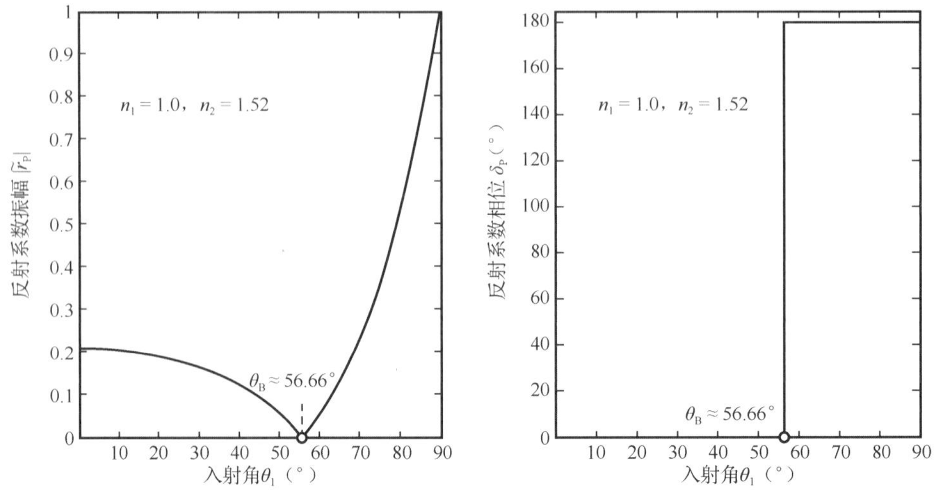

（a）振幅图　　（b）相位图

图 3-10　P 波偏振反射系数振幅图和相位图（$n_1<n_2$）

2．光密介质到光疏介质（$n_1>n_2$）

如图 3-11 所示为 S 波偏振反射系数的振幅图（$|\tilde{r}_S|\sim\theta_1$）和相位图（$\delta_S\sim\theta_1$），相位变化采用反余弦计算。由于光密介质到光疏介质存在临界角 θ_c，图中采用分段计算。入射角 θ_1 在 $0\sim\theta_c$ 范围，采用式（3-14）；θ_1 在 $\theta_c\sim90°$ 范围，采用下式

$$\tilde{r}_S=\frac{n_1\cos\theta_1+\mathrm{j}n_2\sqrt{\dfrac{n_1^2}{n_2^2}\sin^2\theta_1-1}}{n_1\cos\theta_1-\mathrm{j}n_2\sqrt{\dfrac{n_1^2}{n_2^2}\sin^2\theta_1-1}}\tag{3-186}$$

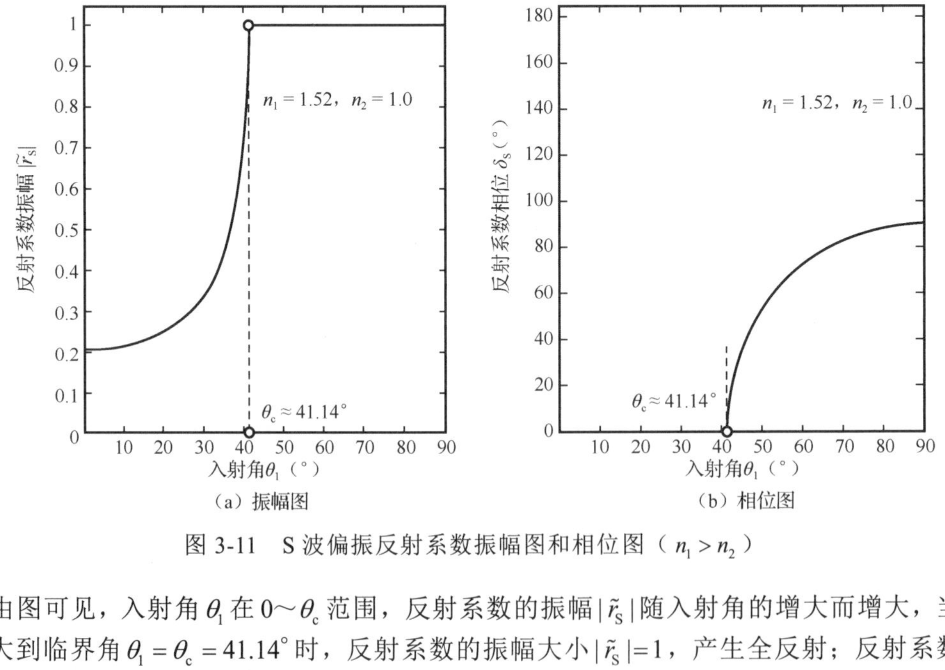

（a）振幅图　　（b）相位图

图 3-11　S 波偏振反射系数振幅图和相位图（$n_1>n_2$）

由图可见，入射角 θ_1 在 $0\sim\theta_c$ 范围，反射系数的振幅 $|\tilde{r}_S|$ 随入射角的增大而增大，当入射角增大到临界角 $\theta_1=\theta_c=41.14°$ 时，反射系数的振幅大小 $|\tilde{r}_S|=1$，产生全反射；反射系数的相

位在 0～θ_c 范围，$\delta_S=0$。入射角 θ_1 在 θ_c～90° 范围，反射系数的振幅大小 $|\tilde{r}_S|=1$，仍为全反射，而相位变化为曲线。

如图 3-12 所示为 P 波偏振反射系数的振幅图（$|\tilde{r}_P|\sim\theta_1$）和相位图（$\delta_P\sim\theta_1$），相位变化采用反余弦计算。图中采用分段计算，入射角 θ_1 在 0～θ_c 范围，采用式（3-30）；θ_1 在 θ_c～90° 的范围，采用下式

$$\tilde{r}_P=\frac{n_2\cos\theta_1+jn_1\sqrt{\dfrac{n_1^2}{n_2^2}\sin^2\theta_1-1}}{n_2\cos\theta_1-jn_1\sqrt{\dfrac{n_1^2}{n_2^2}\sin^2\theta_1-1}} \tag{3-187}$$

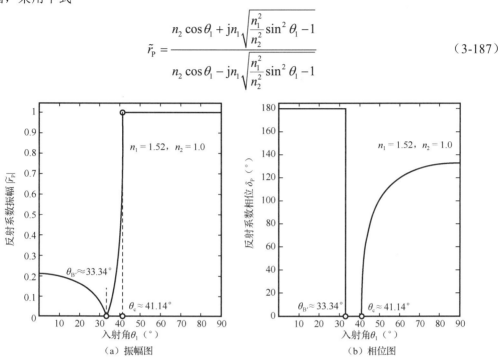

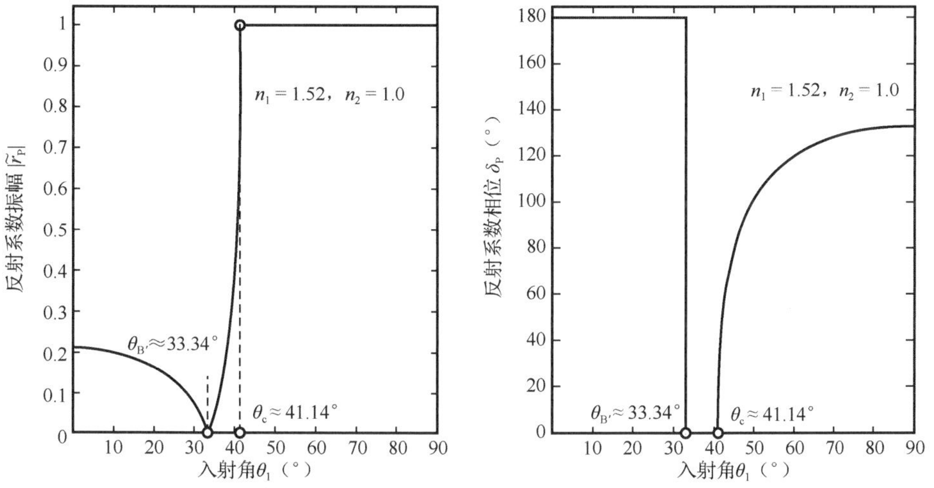

（a）振幅图　　（b）相位图

图 3-12　P 波偏振反射系数振幅图和相位图（$n_1>n_2$）

由图可见，当 $\theta_1=\theta_{B'}=33.34°$，$|\tilde{r}_P|=0$，表明反射光波中仅有要 S 波偏振，而没有 P 波偏振，产生全偏振现象。θ_1 在 0～$\theta_{B'}$ 范围，反射系数的振幅大小 $|\tilde{r}_P|$ 随入射角的增大而减小，相位 $\delta_P=180°$。θ_1 在 $\theta_{B'}$～θ_c 范围，反射系数振幅大小 $|\tilde{r}_P|$ 随入射角的增大而增大，相位 $\delta_P=0$。当入射角 $\theta_1=\theta_c=41.14°$，产生全反射，$|\tilde{r}_P|=1$。θ_1 在 θ_c～90° 范围，仍为全反射，$|\tilde{r}_P|=1$，相位变化为曲线。

3.6　斯托克斯倒逆关系

菲涅耳反射系数 $\tilde{r}$［见（式（3-14）、式（3-30）］和透射系数 $\tilde{t}$［见式（3-15）、式（3-31）］反映了光波从介质 1 入射到介质 2 时，两介质分界面振幅、相位和偏振态的变化。当光波从介质 2 入射到介质 1 时，反射系数和透射系数分别记为 $\tilde{r}'$ 和 $\tilde{t}'$，那么，$\tilde{r}$、$\tilde{r}'$、$\tilde{t}$ 和 $\tilde{t}'$ 之间存在什么关系？英国数学家斯托克斯（G.G.Stokes,1819—1903）在菲涅耳反射系数和透射系数公式出现以前，利用光的可逆性原理巧妙地解决了这个问题，但这并不是一个严格的证明，从菲涅耳公式出发却可以严格地证明斯托克斯倒逆关系。下面，首先给出斯托克斯由光波可逆性原理得到的倒逆关系，然后利用菲涅耳反射和透射系数给出证明。

1. 可逆性原理

如图 3-13（a）所示，设光波从介质 1 入射到介质 2，入射光波复振幅为 $\tilde{E}_{0i}$，界面反射系数和透射系数分别为 $\tilde{r}$ 和 $\tilde{t}$，根据反射系数和透射系数的定义，可知反射光波复振幅为 $\tilde{r}\tilde{E}_{0i}$，透射光波复振幅为 $\tilde{t}\tilde{E}_{0i}$。当复振幅为 $\tilde{r}\tilde{E}_{0i}$ 的光波逆着原来的反射光从介质 1 入射到两介质分界面时，在分界面产生反射光 $\tilde{r}\tilde{r}\tilde{E}_{0i}$ 和透射光 $\tilde{t}\tilde{r}\tilde{E}_{0i}$；而当复振幅为 $\tilde{t}\tilde{E}_{0i}$ 的光逆着原来的透射光从介质 2 入射到两介质分界面时，产生反射光 $\tilde{r}'\tilde{t}\tilde{E}_{0i}$ 和透射光 $\tilde{t}'\tilde{t}\tilde{E}_{0i}$，如图 3-13（b）所示。

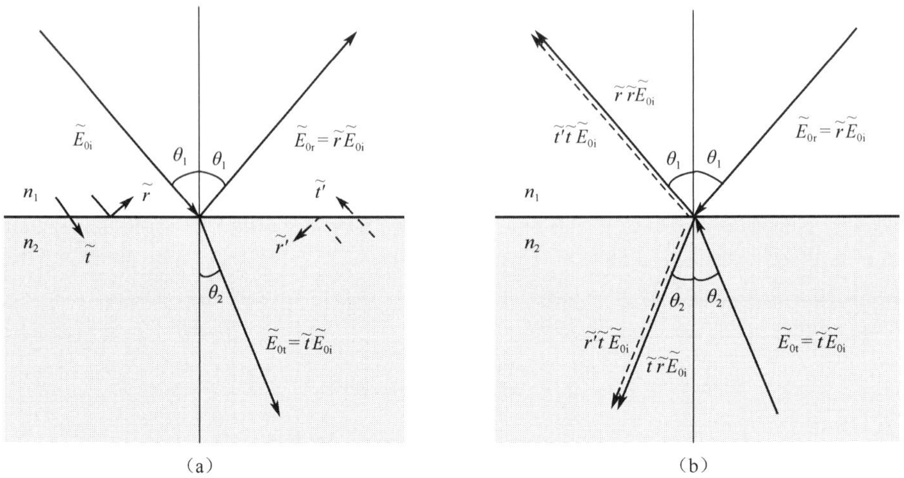

图 3-13　斯托克斯倒逆关系示意图

根据光的可逆性原理，有

$$\begin{cases}\tilde{r}\tilde{r}\tilde{E}_{0i}+\tilde{t}'\tilde{t}\tilde{E}_{0i}=\tilde{E}_{0i}\\ \tilde{r}'\tilde{t}\tilde{E}_{0i}+\tilde{t}\tilde{r}\tilde{E}_{0i}=0\end{cases}\tag{3-188}$$

即

$$\begin{cases}\tilde{r}^2+\tilde{t}'\tilde{t}=1\\ \tilde{r}'=-\tilde{r}\end{cases}\tag{3-189}$$

式（3-189）称为斯托克斯倒逆关系。此关系对 S 波偏振和 P 波偏振均适用。

2. 严格证明

菲涅耳反射系数式（3-14）和式（3-30）是入射角 θ_1 的函数，透射角 θ_2 由斯内尔折射定律确定。在相同的条件下，如果光反方向入射，光从介质 2 入射到分界面，入射介质的折射率为 n_2，透射介质的折射率为 n_1，入射角为 θ_2，透射角为 θ_1，则由式（3-14）有

$$\tilde{r}'_S(\theta_2)=\frac{n_2\cos\theta_2-n_1\cos\theta_1}{n_2\cos\theta_2+n_1\cos\theta_1}=-\frac{n_1\cos\theta_1-n_2\cos\theta_2}{n_1\cos\theta_1+n_2\cos\theta_2}=-\tilde{r}_S(\theta_1)\tag{3-190}$$

同理，由式（3-30）可得

$$\tilde{r}'_P(\theta_2)=-\tilde{r}_P(\theta_1)\tag{3-191}$$

在相同条件下，如果入射光反方向入射，由式（3-15）有

$$\tilde{t}'_S(\theta_2)=\frac{2n_2\cos\theta_2}{n_2\cos\theta_2+n_1\cos\theta_1}\tag{3-192}$$

$$\tilde{t}_S(\theta_1)\tilde{t}'_S(\theta_2)=\frac{4n_1n_2\cos\theta_1\cos\theta_2}{(n_1\cos\theta_1+n_2\cos\theta_2)^2} \tag{3-193}$$

而

$$\tilde{r}_S^2(\theta_1)=\frac{(n_1\cos\theta_1-n_2\cos\theta_2)^2}{(n_1\cos\theta_1+n_2\cos\theta_2)^2} \tag{3-194}$$

令式（3-193）与式（3-194）相加，得到

$$\tilde{r}_S^2(\theta_1)+\tilde{t}_S(\theta_1)\tilde{t}'_S(\theta_2)=1 \tag{3-195}$$

同理，可得

$$\tilde{r}_P^2(\theta_1)+\tilde{t}_P(\theta_1)\tilde{t}'_P(\theta_2)=1 \tag{3-196}$$

3.7　反射率和透射率

反射系数和透射系数分别表示反射波和透射波及电场振幅与入射波的电场振幅之比。但实际上，反射率和透射率是实验室可以直接测量的量，因此，有必要推导出反射率和透射率公式。反射率定义为反射波能量流与入射波能量流之比，透射率定义为透射波能量流与入射波能量流之比，分别记为 R 和 T。平面光波电磁能量流密度是平均坡印廷矢量 $\mathbf{S}_{av}$，其物理意义为单位时间通过垂直于传播方向的单位面积的能量。

3.7.1　理想介质与理想介质分界面的反射率和透射率

1. S 波偏振

如图 3-14 所示，设平面光波沿一圆柱体入射到两理想介质的分界面上，圆柱与平面界面相交的截面面积为 A。入射、反射和透射波的电场强度复振幅分别为 $\tilde{E}_{0i}$、$\tilde{E}_{0r}$ 和 $\tilde{E}_{0t}$。根据式（2-60）和式（2-62），可写出入射、反射和透射光波平均能量流密度矢量的大小为

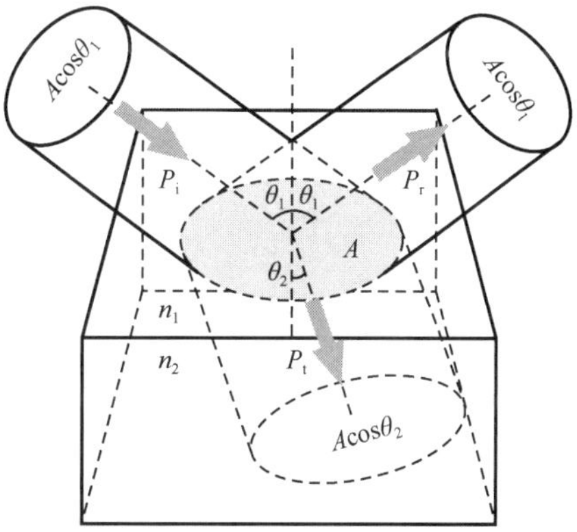

图 3-14　入射、反射和透射能量流

$$S_{av,i}=\frac{1}{2}\sqrt{\frac{\varepsilon_0}{\mu_0}}n_1|\tilde{E}_{0i}|^2 \tag{3-197}$$

$$S_{av,r}=\frac{1}{2}\sqrt{\frac{\varepsilon_0}{\mu_0}}n_1|\tilde{E}_{0r}|^2 \tag{3-198}$$

$$S_{av,t}=\frac{1}{2}\sqrt{\frac{\varepsilon_0}{\mu_0}}n_2|\tilde{E}_{0t}|^2 \tag{3-199}$$

式中，n_1 和 n_2 分别为介质 1 和介质 2 的折射率。与之相对应的入射、反射和透射平均能量流为

$$P_i=S_{av,i}A_i=\frac{1}{2}\sqrt{\frac{\varepsilon_0}{\mu_0}}n_1|\tilde{E}_{0i}|^2\ A\cos\theta_1 \tag{3-200}$$

$$P_r=S_{av,r}A_r=\frac{1}{2}\sqrt{\frac{\varepsilon_0}{\mu_0}}n_1|\tilde{E}_{0r}|^2\ A\cos\theta_1 \tag{3-201}$$

$$P_t=S_{av,t}A_t=\frac{1}{2}\sqrt{\frac{\varepsilon_0}{\mu_0}}n_2|\tilde{E}_{0t}|^2\ A\cos\theta_2 \tag{3-202}$$

根据反射率和透射率的定义，有

$$R_{\mathrm{S}}=\frac{P_{\mathrm{r}}}{P_{\mathrm{i}}}=\frac{|\tilde{E}_{0\mathrm{r}}|^2}{|\tilde{E}_{0\mathrm{i}}|^2}\frac{\cos\theta_1}{\cos\theta_1}=\frac{|\tilde{E}_{0\mathrm{r}}|^2}{|\tilde{E}_{0\mathrm{i}}|^2}=|\tilde{r}_{\mathrm{S}}|^2=\left|\frac{\zeta_1-\zeta_2}{\zeta_1+\zeta_2}\right|^2 \tag{3-203}$$

$$T_{\mathrm{S}}=\frac{P_{\mathrm{t}}}{P_{\mathrm{i}}}=\frac{|\tilde{E}_{0\mathrm{t}}|^2}{|\tilde{E}_{0\mathrm{i}}|^2}\left(\frac{n_2\cos\theta_2}{n_1\cos\theta_1}\right)=|\tilde{t}_{\mathrm{S}}|^2\left(\frac{n_2\cos\theta_2}{n_1\cos\theta_1}\right)=\left|\frac{2\zeta_1}{\zeta_1+\zeta_2}\right|^2\left(\frac{n_2\cos\theta_2}{n_1\cos\theta_1}\right) \tag{3-204}$$

在理想介质无吸收的情况下，入射波、反射波和透射波满足能量守恒定律，即入射的能量流等于反射能量流和透射能量流之和，有

$$P_{\mathrm{i}}=P_{\mathrm{r}}+P_{\mathrm{t}} \tag{3-205}$$

将式（3-200）～式（3-202）代入式（3-205），得到

$$\frac{1}{2}\sqrt{\frac{\varepsilon_0}{\mu_0}}n_1|\tilde{E}_{0\mathrm{i}}|^2 A\cos\theta_1=\frac{1}{2}\sqrt{\frac{\varepsilon_0}{\mu_0}}n_1|\tilde{E}_{0\mathrm{r}}|^2 A\cos\theta_1+\frac{1}{2}\sqrt{\frac{\varepsilon_0}{\mu_0}}n_2|\tilde{E}_{0\mathrm{t}}|^2 A\cos\theta_2 \tag{3-206}$$

利用式（3-203）和式（3-204），可得

$$R_{\mathrm{S}}+T_{\mathrm{S}}=1 \tag{3-207}$$

2．P 波偏振

对于 P 波偏振，有

$$R_{\mathrm{P}}=\frac{P_{\mathrm{r}}}{P_{\mathrm{i}}}=\frac{|\tilde{E}_{0\mathrm{r}}|^2}{|\tilde{E}_{0\mathrm{i}}|^2}\frac{\cos\theta_1}{\cos\theta_1}=\frac{|\tilde{E}_{0\mathrm{r}}|^2}{|\tilde{E}_{0\mathrm{i}}|^2}=|\tilde{r}_{\mathrm{P}}|^2=\left|\frac{\zeta_1-\zeta_2}{\zeta_1+\zeta_2}\right|^2 \tag{3-208}$$

$$T_{\mathrm{P}}=\frac{P_{\mathrm{t}}}{P_{\mathrm{i}}}=\frac{|\tilde{E}_{0\mathrm{t}}|^2}{|\tilde{E}_{0\mathrm{i}}|^2}\left(\frac{n_2\cos\theta_2}{n_1\cos\theta_1}\right)=|\tilde{t}_{\mathrm{P}}|^2\left(\frac{n_2\cos\theta_2}{n_1\cos\theta_1}\right)=\left|\frac{2\zeta_1}{\zeta_1+\zeta_2}\right|^2\left(\frac{n_2\cos\theta_1}{n_1\cos\theta_2}\right) \tag{3-209}$$

$$R_{\mathrm{P}}+T_{\mathrm{P}}=1 \tag{3-210}$$

对于任意偏振态入射的光波，光波电场强度矢量可分解为 S 波偏振分量和 P 波偏振分量，计算不同入射角的反射率，就要分别计算 R_{S} 和 R_{P}。图 3-15（a）给出的是与图 3-9 和图 3-10 相对应的由空气到玻璃反射率的变化曲线，图中 $R=(R_{\mathrm{S}}+R_{\mathrm{P}})/2$。图 3-15（b）给出的是与图 3-11 和图 3-12 相对应的由玻璃到空气反射率的变化曲线。由图 3-15 可以看出，R_{S} 随入射角的增大单调增大，而 R_{P} 先下降，经过布儒斯特角（此时 $R_{\mathrm{P}}=0$），然后再上升。当入射角 $\theta_1\to 90^\circ$ 或 $\theta_1\geqslant\theta_{\mathrm{c}}$ 时，S 波偏振分量和 P 波偏振分量的反射率为 1。

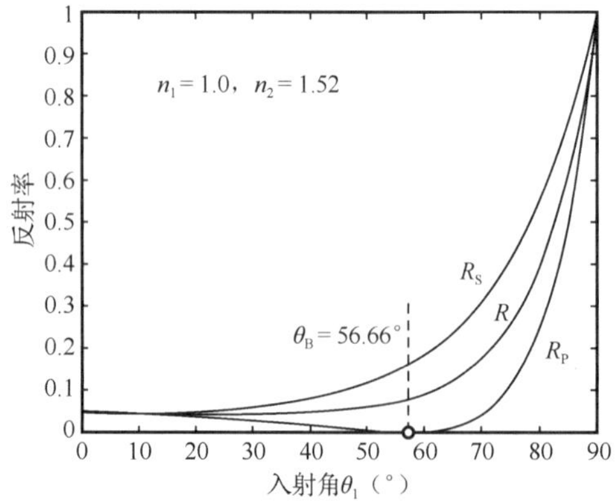

（a）$n_1<n_2$

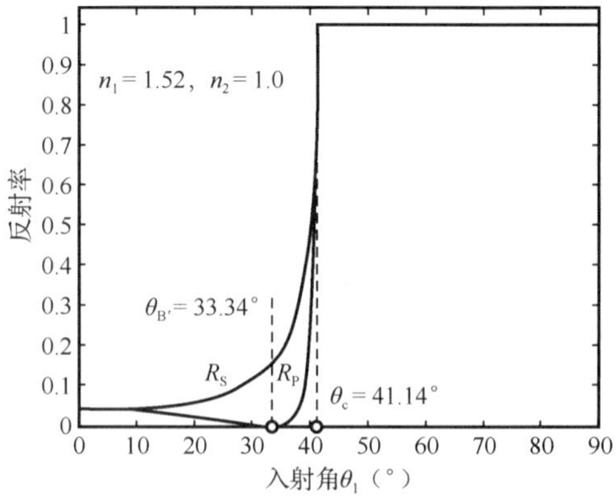

（b）$n_1>n_2$

图 3-15　反射率随入射角的变化曲线

3.7.2　理想介质与导电介质分界面的反射率和透射率

1．反射率随入射角变化

对于理想介质与理想导体分界面的反射率的计算，由于理想介质中入射波和反射波的平均能量流密度与式（3-197）和式（3-198）相同，入射波和反射波满足反射定律，因此反射率 R_S 与式（3-203）的形式相同，R_P 与式（3-208）的形式相同。由 3.2 节的讨论可知，不论是斜入射还是垂直入射，$\tilde{r}_S=-1$，$\tilde{r}_P=1$，因此，理想介质与理想导体分界面的反射率恒为 1，即

$$\begin{cases} R_S=|\tilde{r}_S|^2=1 \\ R_P=|\tilde{r}_P|^2=1 \end{cases} \tag{3-211}$$

根据能量守恒定律有

$$T_S=0,\quad T_P=0 \tag{3-212}$$

但是，对于导电介质，如金属导体，由于电导率 σ 为有限值，当平面光波从理想介质入射到金属导体表面时，在金属导体中存在透射波，由 3.3 节的讨论可知，虽然斜入射时金属导体内平面光波的等相位面与等振幅面不重合，但入射光波和反射光波满足反射定律，折射定律在形式上仍然成立。在理想介质中入射平面光波和反射平面光波的平均能量流密度与式（3-197）和式（3-198）相同，所以，理想介质与导电介质分界面反射率的计算形式仍然与式（3-203）和式（3-208）相同。对于 S 波偏振，将式（3-65）代入式（3-203），有

$$R_S=|\tilde{r}_S|^2=\left|\frac{n_1\cos\theta_1-\tilde{N}_2\cos\theta_2}{n_1\cos\theta_1+\tilde{N}_2\cos\theta_2}\right|^2 \tag{3-213}$$

对于 P 波偏振，将式（3-90）代入式（3-208），有

$$R_P=|\tilde{r}_P|^2=\left|\frac{\tilde{N}_2\cos\theta_1-n_1\cos\theta_2}{\tilde{N}_2\cos\theta_1+n_1\cos\theta_2}\right|^2 \tag{3-214}$$

式中，n_1 为理想介质的折射率，$\tilde{N}_2=n_2-\mathrm{j}\alpha_2$ 为金属导体的复折射率，θ_1 为入射角，θ_2 为复透射角，$\cos\theta_2$ 见式（3-74）。

依据式（3-213）和式（3-214），图 3-16 给出金属银膜和铝膜反射率随入射角的变化曲线。当光波波长 $\lambda=550\text{nm}$ 时，银的复折射率实测值为 $\tilde{N}_2=0.055-\mathrm{j}3.32$；铝的复折射率实测值为 $\tilde{N}_2=0.76-\mathrm{j}5.32$。由图可以看出，反射率 R_S 是入射角的增函数；而 R_P 随入射角的增大，先减小再增大，存在极小点，但反射率 R_P 不为零，表明金属表面反射时不会产生全偏振现象。由于 P 波偏振反射率极小点对应的入射角与布儒斯特角有相似性，因此此入射角也称为准布儒斯特角。

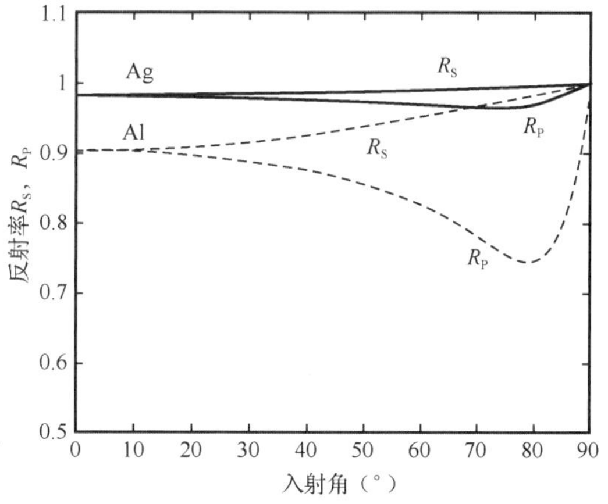

图 3-16　金属银膜和铝膜的反射率随入射角的变化曲线

2. 反射率随波长变化

当入射光为单色光时，反射率仅随入射角变化。如果入射光是复色光，由于介质折射率随光波波长而变化，反射率也随入射光波长而变化。在可见光波段，理想介质的折射率可近似取常数，而金属导体的折射率和消光系数变化较大，因此，反射率计算需要考虑折射率和消光系数随波长的变化。

表 3-1 是可见光波段银膜、铝膜和金膜的实测光学常数。图 3-17（a）是根据表 3-1 中的数据进行插值得到的银膜、铝膜和金膜的折射率和消光系数曲线。

表 3-1　可见光波段银膜、铝膜和金膜的实测光学常数[25]

λ(nm)		400	450	500	550	600	650	700	750	800	850	900	950
Ag	n	0.075	0.055	0.050	0.055	0.060	0.070	0.075	0.080	0.090	0.100	0.105	0.110
	α	1.93	2.42	2.87	3.32	3.75	4.20	4.62	5.05	5.45	5.85	6.22	6.56
Al	n	0.40	0.49	0.62	0.76	0.97	1.24	1.55	1.80	1.99	2.08	1.96	1.75
	α	3.92	4.32	4.80	5.32	6.00	6.60	7.00	7.12	7.05	7.15	7.70	8.50
Au	n	1.45	1.40	0.84	0.34	0.23	0.19	0.17	0.16	0.16	0.17	0.18	0.19
	α		1.88	1.84	2.37	2.97	3.50	3.97	4.42	4.84	5.30	5.72	6.10

假设入射介质为空气，折射率 $n_1=1.0$，垂直入射，$\theta_1=\theta_2=0^\circ$。根据式（3-213）和式（3-214）得到

$$R_S = R_P = \left|\frac{n_1-\tilde{N}_2(\lambda)}{n_1+\tilde{N}_2(\lambda)}\right|^2 = \left|\frac{n_1-n_2(\lambda)+\mathrm{j}\alpha_2(\lambda)}{n_1+n_2(\lambda)-\mathrm{j}\alpha_2(\lambda)}\right|^2 \tag{3-215}$$

根据此式计算得到银膜、铝膜和金膜的反射率随波长的变化曲线如图 3-17（b）所示。为了便于比较，图 3-18 给出了几种常用金属膜表面反射率的实测曲线。由图 3-17（b）和图 3-18 可见，在可见光波段，银膜、铝膜和金膜反射率的计算值和实测值一致。

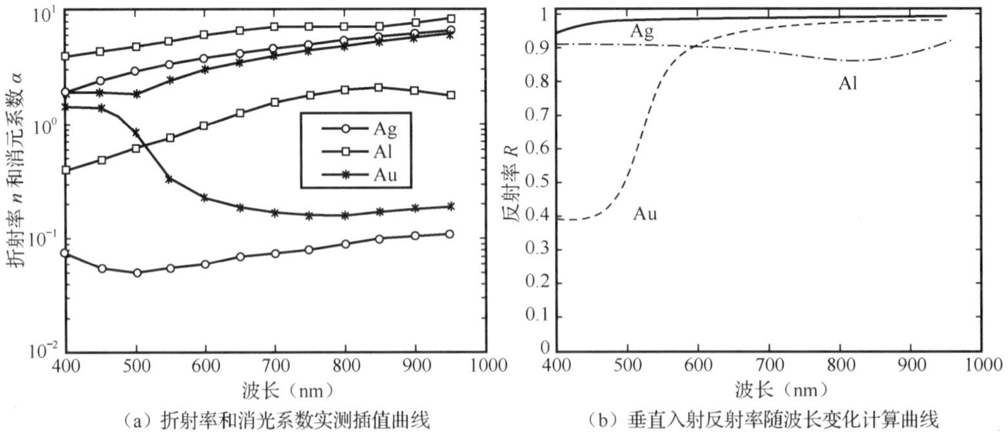

（a）折射率和消光系数实测插值曲线　（b）垂直入射反射率随波长变化计算曲线

图 3-17　银膜、铝膜和金膜光学常数及垂直入射反射率的变化曲线

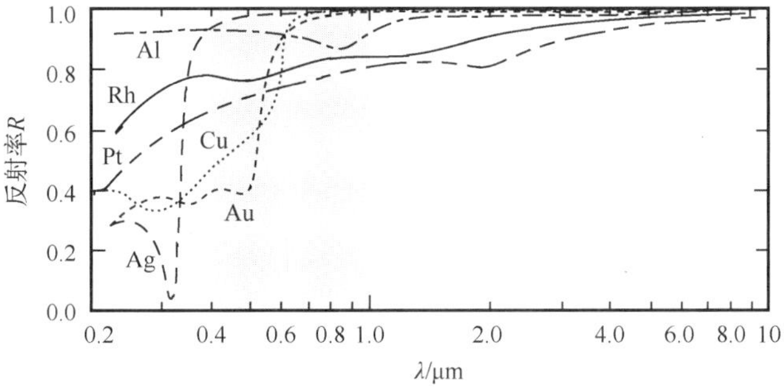

图 3-18　金属膜表面反射率实测曲线[27]

以上并未涉及理想介质与导电介质分界面透射率的计算，对于 S 波偏振直接计算透射率，由式（3-84）和式（3-197）可知，形式与式（3-203）相同，仅需将 θ_2 用 θ_{te} 替代，折射率 n_2 用等效折射率 n_{2e} 替代即可。而对于 P 波偏振，由式（3-96）和式（3-197）可知，其形式与式（3-209）完全不同。所以，对理想介质与导电介质透射率的计算，可采用能量守恒定律得到。

对于导电介质与导电介质分界面的反射与透射问题，在入射平面光波、反射平面光波和透射平面光波为均匀平面波的情况下，其反射系数公式和透射系数公式与理想介质分界面的反射系数和透射系数的形式相同，仅需将折射率用复折射率替代即可。但在入射平面光波、反射平面光波和透射平面光波为非均匀平面波的情况下，即使是单界面反射系数和透射系数的计算也很复杂，需要进行研究。

3.8　牛顿隐失波实验和反射波古斯-亨兴位移

由 3.5.1 节的讨论可知，平面光波从光密介质入射到光疏介质分界面时，如果入射角大于临界角，即 $\theta_1 > \theta_c$，不管是 S 波偏振还是 P 波偏振，两介质的分界面都将产生全反射，介质 2 中的透射平面光波称为隐失波，即非均匀平面光波，见式（3-172）和式（3-173）。又由式（3-175）可知，隐失波的平均坡印廷矢量沿 X 轴方向，表明没有沿 Z 轴方向能量的流动。但由式（3-172）和式（3-173）可得，沿 Z 轴方向隐失波的瞬时能流并不为零。假设 $\tilde{E}_{0t} = |\tilde{E}_{0t}|$，令式（3-172）和式（3-173）乘以时间因子 $e^{j\omega t}$，然后取实部，代入式（1-389），可得 S 波偏振和 P 波偏振瞬时能流密度矢量为

$$\mathbf{S} = \sqrt{\frac{\varepsilon_0}{\mu_0}} n_2 |\tilde{E}_{0t}|^2 e^{-2\frac{\omega}{c}\alpha z} \left\{ \begin{aligned} & \mathbf{e}_x \frac{1}{2}\frac{n_1}{n_2}\sin\theta_1 + \mathbf{e}_x \frac{1}{2}\frac{n_1}{n_2}\sin\theta_1 \cos\left[2\left(\omega t - \frac{\omega}{c} n_1 x \sin\theta_1\right)\right] \\ & + \mathbf{e}_z \frac{1}{2}\sinh\theta'' \sin\left[2\left(\omega t - \frac{\omega}{c} n_1 x \sin\theta_1\right)\right] \end{aligned} \right\} \tag{3-216}$$

此式中的第三项表明，在介质分界面下方每一点 z 处也都存在沿 Z 轴方向偏振沿 X 轴方向传播的波动，等振幅面沿 Z 轴方向指数衰减。定义振幅衰减到 e^{-1} 倍时的 z 值为隐失波的有效穿透深度，由式（3-172）有

$$\delta_z = \frac{c}{\omega\alpha} \tag{3-217}$$

在微波和电磁场理论中，有效穿透深度被称为趋肤深度。将式（3-174）和式（3-170）代入

式（3-217），得到

$$\delta_z = \frac{c}{\omega\sqrt{n_1^2 \sin^2\theta_1 - n_2^2}} = \frac{\lambda}{2\pi n_1}\frac{1}{\sqrt{\sin^2\theta_1 - \sin^2\theta_c}} \tag{3-218}$$

式中，λ 为真空中的波长。

除此之外，S 波偏振磁场强度复振幅矢量出现虚部分量［见式（3-172）］，而 P 波偏振电场强度复振幅矢量出现虚部分量［见式（3-173）］。由此表明，S 波偏振磁场强度复振幅矢量在 X 轴方向产生相移，P 波偏振电场强度复振幅矢量在 X 轴方向产生相移，因而导致反射波在 X 轴方向产生相移。

下面介绍测量这两种物理现象的物理实验。

1．牛顿隐失波实验[8, 9]

牛顿曾用直角棱镜和凸透镜观察隐失波的存在，如图 3-19（a）所示。假设玻璃棱镜的折射率 $n_1 = 1.52$，空气折射率 $n_2 = 1.0$，光线从直角棱镜底部以 45° 角入射到玻璃与空气的分界面，入射角大于临界角 $\theta_c = 41.14°$，产生全反射。当凸透镜远离直角棱镜底面时，可由反射光方向观察到完整的全反射光斑。可是，当凸透镜逐渐靠近直角棱镜底部时，两者之间的空气间隙越来越小，间隙厚度小于 4λ（λ 为入射光波长），由反射光方向可观察到光斑的变化，间隙越小，这种变化越明显。当凸透镜与直角棱镜点接触时，接触点处的边界条件遭到破坏，全反射消失，反射光出现黑斑点，表明接触点未发生全反射。由此可以看出，隐失波可以穿过光疏介质而进入另一种光密介质，这种现象称为光学隧道效应。光学隧道显微镜就是光学隧道效应的典型应用。

另一种观察隐失波存在的实验装置如图 3-19（b）所示，将直角棱镜底面浸在含有荧光素的液体中，当入射光线以大于临界角入射到玻璃与液体的分界面时，由于隐失波的存在，与直角棱镜底面相接触的液体表面出现绿色的荧光，而光束没有射到的地方不会出现荧光，由此表明隐失波存在于液体中。

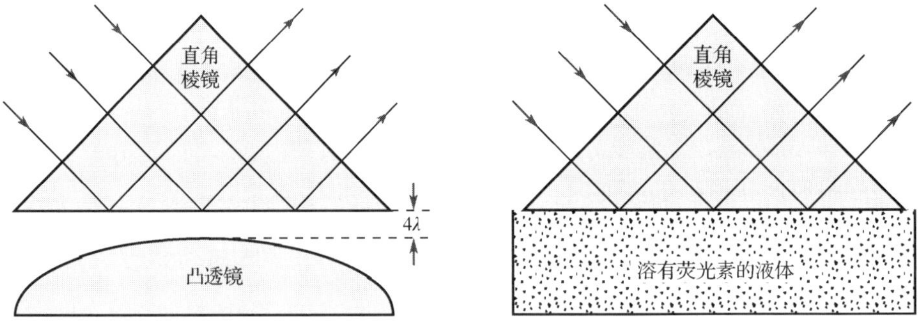

（a）牛顿实验　　（b）荧光素实验

图 3-19　隐失波测量实验

2．反射波古斯-亨兴位移[5,6]

由图 3-11 和图 3-12 可以看出，对于光从光密介质入射到光疏介质，即 $n_1 > n_2$，不论是 S 波偏振还是 P 波偏振，当入射角大于临界角（$\theta_1 > \theta_c$）时，都将产生全反射。反射系数的振幅 $|\tilde{r}_S| = |\tilde{r}_P| = 1$，反射系数的相位 δ_S 和 δ_P 随入射角 θ_1 而变化。根据式（3-185），可将反射系

数写成

$$\begin{cases}\tilde{r}_{\mathrm{S}}=\mathrm{e}^{\mathrm{j}\delta_{\mathrm{S}}(\theta_1)}=\mathrm{e}^{\mathrm{j}2\phi_{\mathrm{S}}(\theta_1)}=-\mathrm{e}^{\mathrm{j}2\left(\phi_{\mathrm{S}}(\theta_1)-\frac{\pi}{2}\right)}\\ \tilde{r}_{\mathrm{P}}=\mathrm{e}^{\mathrm{j}\delta_{\mathrm{P}}(\theta_1)}=\mathrm{e}^{\mathrm{j}2\phi_{\mathrm{P}}(\theta_1)}=-\mathrm{e}^{\mathrm{j}2\left(\phi_{\mathrm{P}}(\theta_1)-\frac{\pi}{2}\right)}\end{cases}\tag{3-219}$$

式中，将 $\delta_{\mathrm{S}}(\theta_1)$ 改写成 $2\left(\phi_{\mathrm{S}}(\theta_1)-\dfrac{\pi}{2}\right)$，是为了下面推导的结果便于与式（3-43）～式（3-45）进行比较。将 $\delta_{\mathrm{P}}(\theta_1)$ 改写成 $2\left(\phi_{\mathrm{P}}(\theta_1)-\dfrac{\pi}{2}\right)$，是为了便于与式（3-55）～式（3-57）进行比较。

对于 S 波偏振，将介质 1 中的入射平面光波电场强度复振幅矢量与反射平面光波电场强度复振幅矢量相加，并利用

$$\tilde{E}_{0\mathrm{r}}=\tilde{E}_{0\mathrm{i}}\tilde{r}_{\mathrm{S}}=-\tilde{E}_{0\mathrm{i}}\mathrm{e}^{\mathrm{j}2\left(\phi_{\mathrm{S}}(\theta_1)-\frac{\pi}{2}\right)}\tag{3-220}$$

由式（3-4）和式（3-5），可得介质 1 中合成电场强度复振幅矢量 Y 分量为

$$\begin{aligned}\tilde{E}_y(\mathbf{r})&=\tilde{E}_{\mathrm{i}y}(\mathbf{r})+\tilde{E}_{\mathrm{r}y}(\mathbf{r})\\&=-2\mathrm{j}\tilde{E}_{0\mathrm{i}}\sin\left(\frac{\omega}{c}n_1z\cos\theta_1+\phi_{\mathrm{S}}(\theta_1)-\frac{\pi}{2}\right)\mathrm{e}^{\mathrm{j}\left(-\frac{\omega}{c}n_1x\sin\theta_1+\phi_{\mathrm{S}}(\theta_1)-\frac{\pi}{2}\right)}\end{aligned}\tag{3-221}$$

令此式乘以时间因子 $\mathrm{e}^{\mathrm{j}\omega t}$，并假设 $\tilde{E}_{0\mathrm{i}}=|\tilde{E}_{0\mathrm{i}}|$，取实部，得到介质 1 中合成电场强度 Y 分量的瞬时表达式为

$$E_y(\mathbf{r};t)=2|\tilde{E}_{0\mathrm{i}}|\sin\left(\frac{\omega}{c}n_1z\cos\theta_1+\phi_{\mathrm{S}}(\theta_1)-\frac{\pi}{2}\right)\sin\left(\omega t-\frac{\omega}{c}n_1x\sin\theta_1+\phi_{\mathrm{S}}(\theta_1)-\frac{\pi}{2}\right)\tag{3-222}$$

同理，可得介质 1 中合成磁场强度 X 分量和 Z 分量的瞬时表达式为

$$H_x(\mathbf{r};t)=-2\sqrt{\frac{\varepsilon_0}{\mu_0}}n_1\cos\theta_1|\tilde{E}_{0\mathrm{i}}|\cos\left(\frac{\omega}{c}n_1z\cos\theta_1+\phi_{\mathrm{S}}(\theta_1)-\frac{\pi}{2}\right)\cos\left(\omega t-\frac{\omega}{c}n_1x\sin\theta_1+\phi_{\mathrm{S}}(\theta_1)-\frac{\pi}{2}\right)\tag{3-223}$$

$$H_z(\mathbf{r};t)=2\sqrt{\frac{\varepsilon_0}{\mu_0}}n_1\sin\theta_1|\tilde{E}_{0\mathrm{i}}|\sin\left(\frac{\omega}{c}n_1z\cos\theta_1+\phi_{\mathrm{S}}(\theta_1)-\frac{\pi}{2}\right)\sin\left(\omega t-\frac{\omega}{c}n_1x\sin\theta_1+\phi_{\mathrm{S}}(\theta_1)-\frac{\pi}{2}\right)\tag{3-224}$$

对于 P 波偏振，由式（3-22）和式（3-23），可得到介质 1 中合成电场强度 X 分量和 Z 分量的瞬时表达式为

$$E_x(\mathbf{r};t)=2\cos\theta_1|\tilde{E}_{0\mathrm{i}}|\sin\left(\frac{\omega}{c}n_1z\cos\theta_1+\phi_{\mathrm{P}}(\theta_1)\right)\sin\left(\omega t-\frac{\omega}{c}n_1x\sin\theta_1+\phi_{\mathrm{P}}(\theta_1)\right)\tag{3-225}$$

$$\tilde{E}_z(\mathbf{r};t)=-2\sin\theta_1\tilde{E}_{0\mathrm{i}}\cos\left(\frac{\omega}{c}n_1z\cos\theta_1+\phi_{\mathrm{P}}(\theta_1)\right)\cos\left(\omega t-\frac{\omega}{c}n_1x\sin\theta_1+\phi_{\mathrm{P}}(\theta_1)\right)\tag{3-226}$$

磁场强度 Y 分量的瞬时表达式为

$$H_y(\mathbf{r};t)=2\sqrt{\frac{\varepsilon_0}{\mu_0}}n_1|\tilde{E}_{0\mathrm{i}}|\cos\left(\frac{\omega}{c}n_1z\cos\theta_1+\phi_{\mathrm{P}}(\theta_1)\right)\cos\left(\omega t-\frac{\omega}{c}n_1x\sin\theta_1+\phi_{\mathrm{P}}(\theta_1)\right)\tag{3-227}$$

由式（3-222）～式（3-227）可以看出，不论是 S 波偏振还是 P 波偏振，在 $\theta_1>\theta_{\mathrm{c}}$ 的情况下，全反射合成电场和磁场沿 Z 轴方向为驻波，沿 X 轴方向为行波，介质 1 中的光波为行驻波，这与理想导体表面产生全反射的情况完全相同。S 波偏振见式（3-43）、式（3-44）和式（3-45），P 波偏振见式（3-55）、式（3-56）和式（3-57）。但与理想导体表面产生全反射又有

不同，理想导体表面产生全反射，介质 1 中电场和磁场在导体表面为驻波波腹点或波节点；而理想介质与理想介质的分界面产生全反射，介质表面既不是波腹点，也不是波节点，驻波因子和行波因子都产生相同的相位移动，说明光波入射点与反射点产生偏移。这种相位移动称为古斯-亨兴（Goos-Hänchen）位移，简称 GH 位移。1947 年物理学家古斯-亨兴首先通过实验证实了位移的存在，因此而得名。对于 S 波偏振，产生的相位移动为$\phi_S(\theta_1)-\pi/2$，而 P 波偏振产生的相位移动为$\phi_P(\theta_1)$，由此也说明 S 波偏振和 P 波偏振产生的古斯-亨兴位移是不同的，位移导致产生两束光，而不是入射的一束光。1971 年，马格特（Maget）用实验证实了两束光的存在。

对于 S 波偏振，比较式（3-43）和式（3-222），取相同相位点相对应，可得纵向和横向位移为

$$\begin{cases} \Delta z = \dfrac{c}{\omega}\dfrac{\dfrac{\pi}{2}-\phi_S(\theta_1)}{n_1\cos\theta_1} \\ 2\Delta x = 2\dfrac{c}{\omega}\dfrac{\phi_S(\theta_1)-\dfrac{\pi}{2}}{n_1\sin\theta_1} \end{cases} \tag{3-228}$$

位移的几何意义如图 3-20（a）所示。

对于 P 波偏振，同理可得

$$\begin{cases} \Delta z = -\dfrac{c}{\omega}\dfrac{\phi_P(\theta_1)}{n_1\cos\theta_1} \\ 2\Delta x = 2\dfrac{c}{\omega}\dfrac{\phi_P(\theta_1)}{n_1\sin\theta_1} \end{cases} \tag{3-229}$$

需要强调的是，如果$\Delta z>0$，入射光线的入射点在 Z 轴左边，$\Delta x<0$，而反射光线的出射点在 Z 轴右边；如果$\Delta z<0$，入射光线的入射点在 Z 轴右边，$\Delta x>0$，而反射光线的出射点在 Z 轴左边。如果$\Delta z<0$，也可将波节点选择在相位等于 π 的位置，这样反射光线始终在 Z 轴右边。

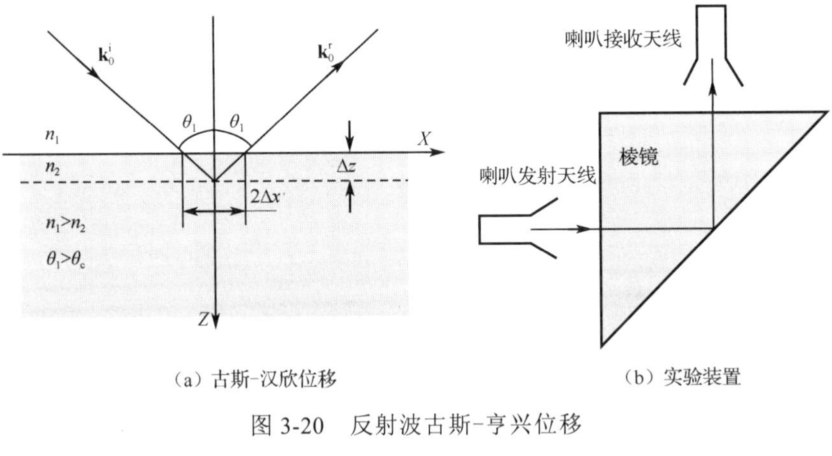

（a）古斯-汉欣位移　　（b）实验装置

图 3-20　反射波古斯-亨兴位移

由于光波频率很高，约为$10^{12}\sim10^{16}$Hz，在此光频范围产生的位移约为$10^{-4}\sim10^{-8}$m，所以光波频段产生的古斯-亨兴位移很小，单次全反射不易观察。1972 年，里德（Read）用波长为 1cm（频率约为10^{10}Hz）的微波，观察古斯-亨兴位移，其实验装置如图 3-20（b）

所示。将线偏振微波通过喇叭天线以 45° 角入射到棱镜底面，棱镜放置于空气中，棱镜折射率 $n=1.685$，临界角为 $\theta_c=36.4^\circ$。首先使铝箔与棱镜底面接触，用喇叭天线接收反射微波，由于棱镜与铝箔的分界面不会产生全反射，因而没有古斯-亨兴位移出现。然后，移去铝箔，在相同条件下再次测量，由于棱镜与空气的分界面产生全反射，反射微波出现古斯-亨兴位移。

3.9　应用实例

由以上关于平面光波在理想介质与理想介质分界面的反射与透射讨论可知，当入射介质折射率 n_1 大于透射介质折射率 n_2，不论是 S 波偏振还是 P 波偏振，当入射角大于临界角，$\theta_1>\theta_c$，都将产生全反射，透射介质中存在隐失波。另外，不管是光疏到光密，还是光密到光疏，当入射角等于布儒斯特角 $\theta_1=\theta_B$，反射光出现全偏振 S 波，P 波全透射。这些物理原理在许多光学领域都有应用。例如，利用隐失波的隧道效应研制成功的光学扫描隧道显微镜，光纤通信利用光的全反射，以及在薄膜光学常数测量中，用布儒斯特角方法测量薄膜折射率，利用隐失波反演光学常数的全反射衰减法和利用反射系数相位差反演光学常数的椭圆偏振方法等。下面简单介绍几个典型应用。

3.9.1　光在光纤波导中的传播

光纤是 20 世纪最重要的发明之一。利用光纤传递光信号改变了人类通信的模式，并为现代高速宽带 Internet 的实现奠定了基础。这一概念是由华人科学家高琨于 1966 年提出的，他因此获得 2009 年诺贝尔物理学奖。由此，高琨先生被称为光纤通信之父。

光纤通信之父——高琨
（Charles K.Kao）

光纤也称为光纤波导或介质波导。光信号在光纤中传播的基本原理是利用光在两介质的分界面产生全反射。最简单的光纤是阶跃型光纤（简记为 SI），其构成如图 3-21（a）所示。阶跃型光纤由三部分构成：纤芯、包层和保护层。纤芯和包层是折射率分别为 n_1 和 n_2 的均匀纯净介质，纤芯是光密介质，包层是光疏介质，$n_1>n_2$。光从空气（$n_0=1.0$）以 Φ_0 角入射到光纤纤芯端面，然后以临界角 θ_c 入射到纤芯与包层的分界面产生全反射。根据斯内尔折射定律有

$$\sin\Phi_0=n_1\sin\left(\frac{\pi}{2}-\theta_c\right)=n_1\cos\theta_c \tag{3-230}$$

又因为纤芯和包层的分界面满足全反射条件

$$n_1\sin\theta_c=n_2 \tag{3-231}$$

由此可将式（3-230）化简为

$$\sin\Phi_0=n_1\sqrt{1-\sin^2\theta_c}=\sqrt{n_1^2-n_2^2} \tag{3-232}$$

式中，Φ_0 是纤芯与包层分界面产生全反射所对应的光纤端面最小入射角，通常称为孔径角。光纤端面入射角小于 Φ_0 的光线在纤芯与包层分界面都将产生全反射，所以 Φ_0 表征光纤的收光能力。

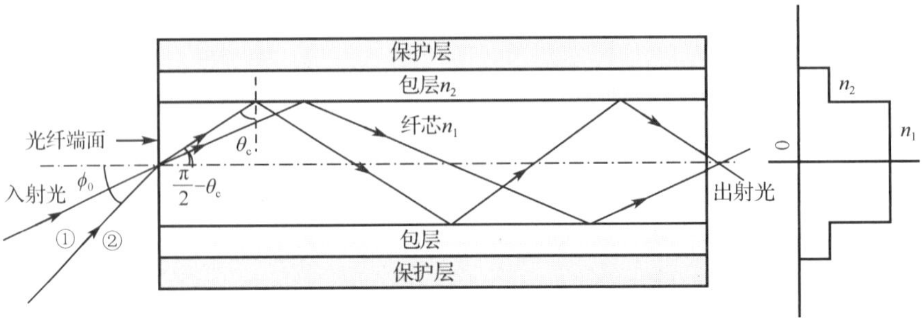

（a）阶跃型光纤的构成及折射率分布

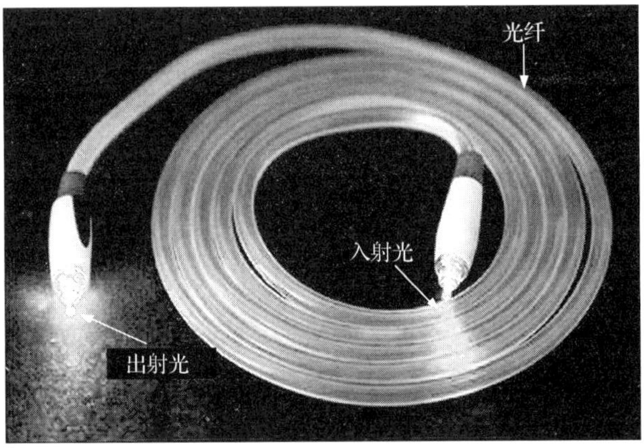

（b）实际光纤测试照片

图 3-21　光在光纤中的传播

光学上，显微镜物镜的通光能力用数值孔径来描述，简记为N.A.。光纤的通光能力也采用数值孔径来描述，定义

$$\text{N.A.}=\sin\Phi_0=\sqrt{n_1^2-n_2^2} \tag{3-233}$$

为光纤的数值孔径。如果令

$$\Delta=\frac{n_1-n_2}{n_1} \tag{3-234}$$

表示光纤纤芯和包层的相对折射率差，在 $n_1\approx n_2$ 的条件下，式（3-233）可化简为

$$\text{N.A.}\approx\sqrt{2n_1(n_1-n_2)}=n_1\sqrt{2\Delta} \tag{3-235}$$

图 3-21（b）给出了光纤入射光和出射光的测试照片。

光纤的发明为光的应用带来了广阔的空间，也极大地改变了光学各不同领域的面貌，并使许多应用性学科取得突破性进展。

3.9.2　扫描近场光学显微镜

显微镜一直是探秘微观世界最主要的工具之一，广泛应用于化学、物理学、医学和生物学等领域。1982 年，宾宁（G.Binning）和罗雷尔（H.Rohrer）在 IBM 位于瑞士苏黎世的苏黎世实验室研制成功了世界上第一台扫描隧道显微镜（Scanning Tunneling Microscope，STM）。其原理就是量子力学中的隧道效应，通过探测固体样品表面原子中的电子隧道电流来判断样品表面原子的形貌，可以获得样品表面横向 0.1nm 和纵向 0.01nm 的分辨率。由此，宾宁和罗雷尔获得了 1986 年诺贝尔物理学奖。

扫描隧道显微镜的发明者——德国物理学家格尔德·宾宁（G. Binning）和瑞士物理学家海因里希·罗雷尔（H.Rohrer）

在扫描隧道显微镜的技术支持下，出现了不同工作方式的扫描近场光学显微镜（Scannning Near-field Optical Microscope，SNOM），根据成像原理的不同可分为透射式、全内反射式（隐失波）和外反射式三种。首先，1989 年雷迪克（R.C.Reddick）等人利用全内反射的隐失波研制成功突破光学分辨极限的光子扫描隧道显微镜（Photon Scanning Tunneling Microscope，PSTM）。之后，1991 年，贝尔实验室的贝齐格（E.Betzig）等人对扫描近场光学显微镜做了两大改进：一是采用单模光纤探针代替玻璃毛细管探针；二是采用激光探测探针和样品表面间的切变力变化进行反馈控制，以保证探针和样品之间达到纳米数量级的距离。这两项关键技术的改进，使扫描近场光学显微镜实用化成为可能。

三种扫描近场光学显微镜的成像原理如图 3-22 所示。图 3-22（a）为透射式成像，成像要求样品为透明薄膜、半透明薄膜或切片，如半导体薄膜或生物切片等。入射光照射薄膜样品，采用光纤探针接收透射光，可得到样品表面的形貌信息图像。为了保证接收光信号的强度，探针接收孔径一般要求大于 20nm，其分辨率约为 20～50nm。

图 3-22（b）所示为全内反射式成像。薄膜样品置于球面透镜或直角棱镜表面，薄膜样品折射率小于玻璃折射率，入射光以大于临界角（$\theta_1 > \theta_c$）入射到玻璃与薄膜样品分界面，在薄膜样品中产生隐失波。光纤探针接收薄膜表面的隐失波，由此可得到薄膜样品表面的形貌信息图像。此外，还可以得到薄膜样品的微观光学特性，分辨率可达纳米量级。在此成像方式下，要求薄膜样品的厚度小于入射光波长。

外反射式与透射式和全内反射式不同，采用的是无孔金属探针，其成像原理如图 3-22（c）所示。入射光斜入射到薄膜样品表面，将无孔金属探针置于样品的近场区域，可检测到样品表面经过样品调制的散射光。外反射式成像原理用于一种更为新型的扫描近场光学显微镜，由于采用金属无孔探针，分辨率有较大提高，主要用于微电子和磁光学等不透明薄膜样品表面的成像检测及光谱研究。

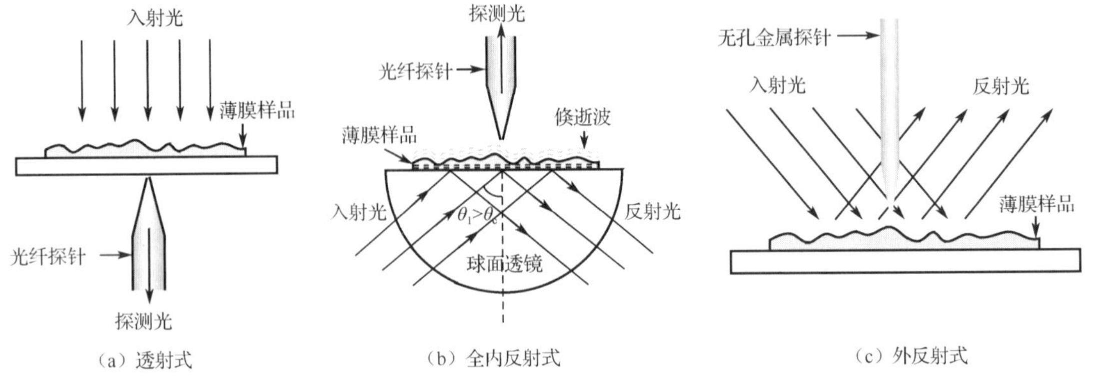

图 3-22 扫描近场光学显微镜原理图

扫描近场光学显微镜可在空气、液体等各种环境下进行无损伤观测和原位探测，结合荧光和光谱探测技术，对生物样品具有超分辨成像能力，因而已广泛用于单分子、单分子膜层、纳米微结构和生物样品的研究。除此之外，利用材料的光致变色特性，近场光学显微技术还可以用于光存储；利用低温技术，近场光学显微镜可以探测和区分几十纳米量子线的光发射，以及单个或多个量子阱的发射谱等。

3.9.3 薄膜光学常数测量——布儒斯特角方法

布儒斯特角方法是阿贝（Abeles）在 1949 年提出的，所以又称为阿贝方法。布儒斯特角方法是基于 P 波偏振平面光波以某一角度 θ_B 同时入射到空白基板表面与膜层表面时，两表面的反射率相同，这个角称为膜层布儒斯特角。

如图 3-23 所示，基板一半镀膜一半未镀膜，入射介质为空气（$n_0=1.0$），基板折射率为 n_G，膜层折射率为 n_1。当 P 波偏振光由空气以 θ_B 同时入射到基板表面和膜层表面时，如果膜层表面 P 波偏振反射为零，根据式（3-30），必有

$$\tilde{r}_P=\frac{n_1\cos\theta_B-\cos\theta_{1B}}{n_1\cos\theta_B+\cos\theta_{1B}}=\frac{\tan(\theta_B-\theta_{1B})}{\tan(\theta_B+\theta_{1B})}=0 \tag{3-236}$$

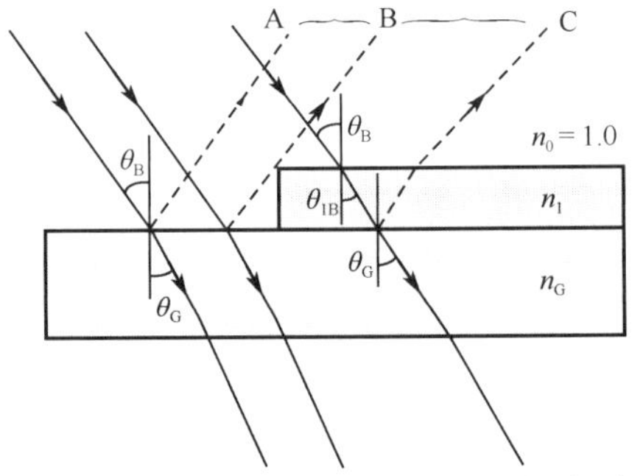

图 3-23 布儒斯特角方法测量薄膜折射率原理图

即

$$\theta_B+\theta_{1B}=\frac{\pi}{2} \tag{3-237}$$

式中，θ_{1B} 为膜层内折射角。又，θ_B 和 θ_{1B} 满足斯内尔折射定律

$$\sin\theta_B=n_1\sin\theta_{1B} \tag{3-238}$$

而

$$\sin\theta_{1B}=\sin\left(\frac{\pi}{2}-\theta_B\right)=\cos\theta_B \tag{3-239}$$

代入式（3-238）得

$$n_1=\tan\theta_B \tag{3-240}$$

在以膜层布儒斯特角入射的条件下，空白基板表面 P 波反射系数为

$$\tilde{r}_P' = \frac{\tan(\theta_B - \theta_G)}{\tan(\theta_B + \theta_G)} \tag{3-241}$$

而膜层与基底介质界面 P 波反射系数为

$$\tilde{r}_P'' = \frac{\tan(\theta_{1B} - \theta_G)}{\tan(\theta_{1B} + \theta_G)} \tag{3-242}$$

利用式（3-237），式（3-242）变为

$$\tilde{r}_P'' = \frac{\tan(\theta_{1B} - \theta_G)}{\tan(\theta_{1B} + \theta_G)} = \frac{\tan\left(\frac{\pi}{2} - \theta_B - \theta_G\right)}{\tan\left(\frac{\pi}{2} - \theta_B + \theta_G\right)} = \frac{\tan(\theta_B - \theta_G)}{\tan(\theta_B + \theta_G)} \tag{3-243}$$

显然，式（3-241）与式（3-243）的形式完全相同，表明当薄膜表面以布儒斯特角 θ_B 入射时，空白基板表面 AB 段与薄膜表面 BC 段的光强相等，这就是布儒斯特角方法测量膜层折射率的依据。布儒斯特角方法测量膜层折射率，入射光波长可以任意选择，且测量与膜厚无关，当膜层光学厚度为四分之一波长时最为灵敏，缺点是无法测量膜层厚度。

参 考 文 献

[1] 马科斯·波恩，埃米尔·沃尔夫. 光学原理，7 版. 杨葭荪，译. 北京：电子工业出版社，2009.

[2] Д М 布列霍夫斯基赫. 分层介质中的波. 北京：科学出版社，1960.

[3] FAWWAZ TULABY. 应用电磁学基础，4 版. 尹华杰译. 北京：人民邮电出版社，2007.

[4] EUGENE HECHT. 光学，4 版. 张存林，改编. 北京：高等教育出版社，2005.

[5] 张克潜，李德杰. 微波与光电子学中的电磁理论. 北京：电子工业出版社，2001.

[6] 季家镕. 高等光学教程——光学的基本电磁理论. 北京：科学出版社，2007.

[7] 郑玉祥，陈良尧. 近代光学. 北京：电子工业出版社，2011.

[8] 田芊，廖延彪，孙利群. 工程光学. 北京：清华大学出版社，2006.

[9] 陈军. 光学电磁理论. 北京：科学出版社，2005.

[10] 赵凯华. 光学. 北京：高等教育出版社，2004.

[11] 潘仲英. 电磁波、天线与电波传播. 北京：机械工业出版社，2003.

[12] JOHN LEKNER. Theory of Reflection of Electromagnetic and Particle Waves，Martinus Nijhoff Publishers. Dordrechet，1987.

[13] 郁道银，谈恒英. 工程光学. 北京：机械工业出版社，2002.

[14] 石顺祥，张海兴，刘劲松. 物理光学与应用光学. 西安：西安电子科技大学出版社，2008.

[15] 廖延彪. 偏振光学. 北京：科学出版社，2003.

[16] 葛德彪，魏兵. 电磁波理论. 北京：科学出版社，2013.

[17] 章志鸣，沈元华，陈惠芬. 光学. 北京：高等教育出版社，1995.

[18] 林强，叶兴浩. 现代光学基础与前沿. 北京：科学出版社，2010.

[19] 钟锡华. 现代光学基础. 北京：北京大学出版社，2003.

[20] 曹建章，张正阶，李景镇. 电磁场与电磁波理论基础. 北京：科学出版社，2011.
[21] 曹建章，徐平，李景镇. 薄膜光学与薄膜技术基础. 北京：科学出版社，2014.
[22] 欧攀. 高等光学仿真（MATLAB 版）——光波导，激光. 北京：北京航空航天大学出版社，2011.
[23] 王省富. 复变函数. 北京：国防工业出版社，1982.
[24] 西安交通大学高等数学教研室编. 复变函数，2 版. 北京：人民教育出版社，1981.
[25] 四川矿业学院数学教研室. 数学手册. 北京：科学出版社，1978.
[26] 钟迪生. 真空镀膜——光学材料的选择与应用. 北京：辽宁大学出版社，2001.
[27] DOBROWOLSKI J A. Optical properties of films and coatings, Handbook of Optics. McGraw-hill, New York, 1995:21-42.
[28] 赵梓森. 光纤数字通信. 北京：人民邮电出版社，1991.
[29] 王雨三，张中华，林殿阳. 光电子学原理与应用. 哈尔滨：哈尔滨工业大学出版社，2002.
[30] 郑光昭. 光信息科学与技术应用. 北京：电子工业出版社，2002.
[31] G Binning H Rohrer. Scanning tunneling microscopy, Helv Phys. Acta.,1982,55:726-735.
[32] DWPOHL. Optical stethoscopy: image recording with resolution $\lambda/20$, Appl. Phys. Lett.,1984,44(7):651-53.
[33] M Y MAHMOUD, G BASSOU, L SALOMON, et al. Near-field study with a photon scanning tunneling microscope: comparison between dielectric nanostructure and metallic nanostructure, Materials Science and Engineering B, 2007,142:37-45.
[34] BETZIG E, TRAUTMAN J K, HARRIS T D, et al. Breaking the diffraction barrier: optical microscopy on a nanometric scale. Science, 1991, 251(5000):1468-1470.
[35] BETZIG E, TRAUTMAN J K. Near-field optics: microscopy, spectroscopy, and surface, modification beyond the diffraction limit. Science, 1992, 257(5067):189-195.
[36] 吴云良. 扫描近场光学显微镜若干关键技术研究. 中国科学技术大学博士学位论文，2010.
[37] 吴才章. 近场光学理论和非探针近场光学显微镜关键技术研究. 华中科技大学博士学位论文，2005.
[38] 刘晟. 近场扫描光学显微镜的改进与应用. 清华大学硕士学位论文，2004.
[39] 支绍韬. 基于环形孔径的超分辨光学显微成像方法与系统研究. 浙江大学硕士学位论文，2012.
[40] 李银丽. 多功能扫描探针显微镜的研制和应用. 大连理工大学博士学位论文，2005.

第 4 章　几何光学

当光波在光学系统中传播时，如果光学元件的有效尺寸远大于光波波长，则光波的波动特性并不明显。在此情况下，光波传播可近似简化为几何线的传播，几何线的方向代表光波传播的方向，这些线被称为“光线”，而把光线描述光的传播称为几何光学。在非均匀介质中，光线传播满足程函方程、光线方程、光线拉格朗日方程和光线哈密顿方程。在均匀介质中，光线传播满足光的直线传播定律、光的反射和折射定律、光的独立传播定律。

本章从麦克斯韦方程出发，讨论非均匀介质中光线满足的程函方程和光线方程；从费马原理出发，讨论均匀介质中光线传播满足的三个基本定律；以及由费马原理得到光线拉格朗日方程和光线哈密顿方程。本章也将介绍成像的基本概念，其中包括：平面镜成像、平面折射成像、球面折射成像、球面反射成像和薄透镜成像。在此基础上，讨论共轴球面光学系统成像，包括：逐次成像、 $y-nu$ 光线追踪成像、基点基面法成像、矩阵法成像，以及光阑和精确光线追踪成像。

4.1　几何光学基本原理

4.1.1　程函方程

在均匀理想介质中，光波为平面波，光波传播的方向为坡印廷矢量的方向，方向不变，可把光波传播看作沿几何直线传播。由式（2-39）可知，平面光波的等相位面为

$$\phi(\mathbf{r})=\frac{\omega}{c}n\mathbf{k}_0\cdot\mathbf{r}=C\ （常数）\tag{4-1}$$

式中，$\mathbf{k}_0$ 为平面光波传播方向的单位矢量。光学中把折射率与几何距离的乘积称为光程，通常用 S 表示，所以平面光波传播的光程函数为

$$S(\mathbf{r})=n\mathbf{k}_0\cdot\mathbf{r}\tag{4-2}$$

由此可以看出，均匀理想介质中等相位面为平面，光程也为平面。

但是，在非均匀理想介质中，光波传播为非平面光波，且光波传播方向在不断改变，可把光波传播看作沿曲线传播。假设光沿曲线 l 传播，如图 4-1 所示，已知非均匀介质的折射率为 $n(\mathbf{r})=n(x,y,x)$，则光程可表示为积分形式

$$S(\mathbf{r})=\int n(\mathbf{r})\mathbf{l}_0(\mathbf{r})\cdot\mathrm{d}\mathbf{r}=\int n(\mathbf{r})\mathrm{d}l\tag{4-3}$$

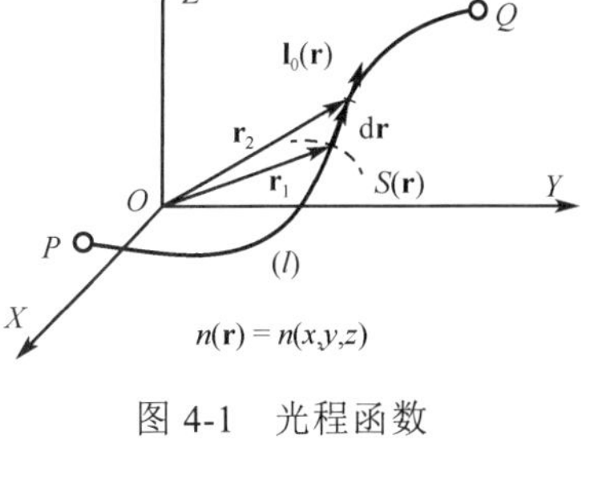

图 4-1　光程函数

式中，$\mathbf{l}_0(\mathbf{r})$ 为光线 (l) 上 $\mathbf{r}$ 点处的切向单位矢量，与均匀平面光波传播方向的单位矢量 $\mathbf{k}_0$ 相对应；$\mathrm{d}l=|\mathrm{d}\mathbf{r}|$ 为线微分元的长度。该式表明，光程由折射率和光线的传播路径确定。当折射率给定之后，光在非均匀介质中传播，其路径是不知道的，也就是说光程函数未知。光程作为描述光在非均匀介质中传播的函数可以由麦

克斯韦方程得到，下面从麦克斯韦方程和非均匀介质中的复矢量亥姆霍兹方程出发，推导光程函数满足的微分方程。

在无源各向同性线性非均匀理想介质中，假设介质的介电常数 $\varepsilon(\mathbf{r})=\varepsilon_0\varepsilon_r(\mathbf{r})$，磁导率 $\mu=\mu_0\mu_r\approx\mu_0$（光学介质），折射率 $n=\sqrt{\mu_r\varepsilon_r}=n(\mathbf{r})$。在折射率缓变的情况下，取近似

$$\begin{cases}\nabla\left(\dfrac{\tilde{\mathbf{E}}\cdot\nabla\varepsilon_r(\mathbf{r})}{\varepsilon_r(\mathbf{r})}\right)\approx 0\\ \nabla\dfrac{1}{\varepsilon_r(\mathbf{r})}\times(\nabla\times\tilde{\mathbf{H}})\approx 0\end{cases}\tag{4-4}$$

由式（1-216）和式（1-217），得到电场复振幅矢量和磁场复振幅矢量满足变系数复矢量亥姆霍兹方程

$$\nabla^2\tilde{\mathbf{E}}+\frac{\omega^2}{c^2}n^2(\mathbf{r})\tilde{\mathbf{E}}=0\tag{4-5}$$

$$\nabla^2\tilde{\mathbf{H}}+\frac{\omega^2}{c^2}n^2(\mathbf{r})\tilde{\mathbf{H}}=0\tag{4-6}$$

与常系数复矢量亥姆霍兹方程（2-1）和方程（2-2）相类比，选择变系数复矢量亥姆霍兹方程的解的形式为

$$\tilde{\mathbf{E}}(\mathbf{r})=\tilde{\mathbf{E}}_0(\mathbf{r})\mathrm{e}^{-\mathrm{j}\frac{\omega}{c}S(\mathbf{r})}\tag{4-7}$$

$$\tilde{\mathbf{H}}(\mathbf{r})=\tilde{\mathbf{H}}_0(\mathbf{r})\mathrm{e}^{-\mathrm{j}\frac{\omega}{c}S(\mathbf{r})}\tag{4-8}$$

与均匀理想介质中平面波解不同的是，$\tilde{\mathbf{E}}_0(\mathbf{r})$ 和 $\tilde{\mathbf{H}}_0(\mathbf{r})$ 不再是常矢量，而是位置 $\mathbf{r}$ 的函数；均匀平面光波的光程 $n\mathbf{k}_0\cdot\mathbf{r}$ 由光程函数 $S(\mathbf{r})$ 替代。

利用矢量恒等式

$$\nabla\times(\varphi\mathbf{A})=\varphi\nabla\times\mathbf{A}+\nabla\varphi\times\mathbf{A}\tag{4-9}$$

对式（4-7）和式（4-8）分别进行旋度运算，有

$$\nabla\times\tilde{\mathbf{E}}(\mathbf{r})=\mathrm{e}^{-\mathrm{j}\frac{\omega}{c}S(\mathbf{r})}\left[\nabla\times\tilde{\mathbf{E}}_0(\mathbf{r})-\mathrm{j}\frac{\omega}{c}\nabla S\times\tilde{\mathbf{E}}_0(\mathbf{r})\right]\tag{4-10}$$

$$\nabla\times\tilde{\mathbf{H}}(\mathbf{r})=\mathrm{e}^{-\mathrm{j}\frac{\omega}{c}S(\mathbf{r})}\left[\nabla\times\tilde{\mathbf{H}}_0(\mathbf{r})-\mathrm{j}\frac{\omega}{c}\nabla S\times\tilde{\mathbf{H}}_0(\mathbf{r})\right]\tag{4-11}$$

另一方面，变系数复矢量亥姆霍兹方程的解满足麦克斯韦方程（1-159）（$\tilde{\mathbf{J}}_V=0$）和方程（1-160）。将式（4-8）代入式（1-160），式（4-7）代入式（1-159），有

$$\nabla\times\tilde{\mathbf{E}}=-\mathrm{j}\omega\mu_0\tilde{\mathbf{H}}_0(\mathbf{r})\mathrm{e}^{-\mathrm{j}\frac{\omega}{c}S(\mathbf{r})}\tag{4-12}$$

$$\nabla\times\tilde{\mathbf{H}}=\mathrm{j}\omega\varepsilon_0 n^2(\mathbf{r})\tilde{\mathbf{E}}_0(\mathbf{r})\mathrm{e}^{-\mathrm{j}\frac{\omega}{c}S(\mathbf{r})}\tag{4-13}$$

比较式（4-10）和式（4-12），式（4-11）和式（4-13），得到

$$\nabla S(\mathbf{r})\times\tilde{\mathbf{E}}_0(\mathbf{r})-\mu_0 c\tilde{\mathbf{H}}_0(\mathbf{r})=\frac{c}{\mathrm{j}\omega}\nabla\times\tilde{\mathbf{E}}_0(\mathbf{r})=\frac{1}{\mathrm{j}k_0}\nabla\times\tilde{\mathbf{E}}_0(\mathbf{r})\tag{4-14}$$

$$\nabla S(\mathbf{r})\times\tilde{\mathbf{H}}_0(\mathbf{r})+\varepsilon_0 cn^2(\mathbf{r})\tilde{\mathbf{E}}_0(\mathbf{r})=\frac{c}{\mathrm{j}\omega}\nabla\times\tilde{\mathbf{H}}_0(\mathbf{r})=\frac{1}{\mathrm{j}k_0}\nabla\times\tilde{\mathbf{H}}_0(\mathbf{r})\tag{4-15}$$

式中，$c\approx 3.0\times10^8\,\mathrm{m/s}$ 真空中的光速，ω 为光波圆频率，k_0 为真空中的波数。

对于几何光学近似，通常认为 $\omega=2\pi f\to\infty$（频率 f 约为 $10^{12}\sim10^{16}\,\mathrm{Hz}$），或者 $k_0=2\pi/\lambda\to\infty$，

$\lambda \to 0$（真空中波长 λ 约为$10^{-4} \sim 10^{-8}$ m）。由此，式（4-14）和式（4-15）最右边项可以忽略，化简得到

$$\nabla S(\mathbf{r}) \times \tilde{\mathbf{E}}_0(\mathbf{r}) = \mu_0 c \tilde{\mathbf{H}}_0(\mathbf{r}) \tag{4-16}$$

$$\nabla S(\mathbf{r}) \times \tilde{\mathbf{H}}_0(\mathbf{r}) = -\varepsilon_0 c n^2(\mathbf{r}) \tilde{\mathbf{E}}_0(\mathbf{r}) \tag{4-17}$$

式（4-16）和式（4-17）表明，光程函数 $S(\mathbf{r})$ 的梯度 $\nabla S(\mathbf{r})$、$\tilde{\mathbf{E}}_0(\mathbf{r})$ 和 $\tilde{\mathbf{H}}_0(\mathbf{r})$ 三者两两互相垂直。

将式（4-16）代入式（4-17），并利用矢量恒等式

$$\mathbf{A} \times (\mathbf{B} \times \mathbf{C}) = \mathbf{B}(\mathbf{A} \cdot \mathbf{C}) - \mathbf{C}(\mathbf{A} \cdot \mathbf{B}) \tag{4-18}$$

得到

$$\nabla S(\mathbf{r})[\nabla S(\mathbf{r}) \cdot \tilde{\mathbf{E}}_0(\mathbf{r})] - \tilde{\mathbf{E}}_0(\mathbf{r})[\nabla S(\mathbf{r}) \cdot \nabla S(\mathbf{r})] = -n^2(\mathbf{r}) \tilde{\mathbf{E}}_0(\mathbf{r}) \tag{4-19}$$

由于 $\nabla S(\mathbf{r})$ 与 $\tilde{\mathbf{E}}_0(\mathbf{r})$ 垂直，$\nabla S(\mathbf{r}) \cdot \tilde{\mathbf{E}}_0(\mathbf{r}) = 0$，因此，上式可化简为

$$[\nabla S(\mathbf{r})]^2 = n^2(\mathbf{r}) \tag{4-20}$$

两边开平方，有

$$|\nabla S(\mathbf{r})| = n(\mathbf{r}) \tag{4-21}$$

另外，也可以把式（4-21）化为一阶二次偏微分方程形式。由于

$$|\nabla S(\mathbf{r})| = \sqrt{\left(\frac{\partial S}{\partial x}\right)^2 + \left(\frac{\partial S}{\partial y}\right)^2 + \left(\frac{\partial S}{\partial z}\right)^2} \tag{4-22}$$

式（4-21）两边平方，得到

$$\left(\frac{\partial S}{\partial x}\right)^2 + \left(\frac{\partial S}{\partial y}\right)^2 + \left(\frac{\partial S}{\partial z}\right)^2 = n^2(\mathbf{r}) \tag{4-23}$$

式（4-21）和式（4-23）就是描述线性各向同性非均匀理想介质中光线传播的程函方程，它是光线理论的第一个基本方程。该方程表明，在光线传播介质中的每一点，光程函数梯度的大小等于该点处的折射率。

对于均匀介质，折射率 $n(\mathbf{r})$ 为常数，光程函数的梯度为常数，则光线的轨迹为直线，程函方程（4-21）描述的就是平面光波。

4.1.2　光线方程

在均匀各向同性理想介质中，光线的方向就是平面光波的法线方向。假设平面光波的法线单位矢量为

$$\mathbf{k}_0 = \cos\alpha \mathbf{e}_x + \cos\beta \mathbf{e}_y + \cos\gamma \mathbf{e}_z \tag{4-24}$$

式中，$\{\cos\alpha, \cos\beta, \cos\gamma\}$ 为单位矢量方向余弦。由此平面光波光程函数式（4-2）可改写为

$$S(\mathbf{r}) = n[x\cos\alpha + y\cos\beta + z\cos\gamma] \tag{4-25}$$

对式（4-25）求梯度，有

$$\nabla S(\mathbf{r}) = n\mathbf{k}_0 \tag{4-26}$$

这就是均匀各向同性理想介质中的光线方程，$n\mathbf{k}_0$ 称为光线矢量。

同样，对于非均匀各向同性理想介质，光程函数 $S(\mathbf{r})$ 描述的是光在非均匀介质中传播所对应的几何波面，也称几何波阵面。几何波面上任意一点的法向单位矢量为

$$\mathbf{l}_0(\mathbf{r})=\frac{\nabla S(\mathbf{r})}{|\nabla S(\mathbf{r})|}=\frac{\nabla S(\mathbf{r})}{n(\mathbf{r})} \tag{4-27}$$

另一方面，假设几何波面 $S(\mathbf{r})$ 上一点的法向为 $\mathrm{d}\mathbf{r}$，如图 4-1 所示，则法向单位矢量又可表示为

$$\mathbf{l}_0(\mathbf{r})=\frac{\mathrm{d}\mathbf{r}}{\mathrm{d}l} \tag{4-28}$$

令式（4-27）和式（4-28）相等，得到

$$n(\mathbf{r})\frac{\mathrm{d}\mathbf{r}}{\mathrm{d}l}=\nabla S(\mathbf{r}) \tag{4-29}$$

令式（4-29）两边对 l 求方向导数，有

$$\frac{\mathrm{d}}{\mathrm{d}l}\left[n(\mathbf{r})\frac{\mathrm{d}\mathbf{r}}{\mathrm{d}l}\right]=\frac{\mathrm{d}}{\mathrm{d}l}\nabla S(\mathbf{r}) \tag{4-30}$$

下面对式（4-30）右边项进行化简。由于光程函数梯度可表示为

$$\nabla S(\mathbf{r})=\mathbf{l}_0\frac{\mathrm{d}S(\mathbf{r})}{\mathrm{d}l} \tag{4-31}$$

因此梯度的大小也可写成

$$\frac{\mathrm{d}S(\mathbf{r})}{\mathrm{d}l}=\mathbf{l}_0\cdot\nabla S(\mathbf{r}) \tag{4-32}$$

则式（4-30）右边项可化简为

$$\begin{aligned}\frac{\mathrm{d}}{\mathrm{d}l}\nabla S(\mathbf{r})&=\left[\frac{\partial}{\partial x}\left[\frac{\mathrm{d}S(\mathbf{r})}{\mathrm{d}l}\right]\mathbf{e}_x+\frac{\partial}{\partial y}\left[\frac{\mathrm{d}S(\mathbf{r})}{\mathrm{d}l}\right]\mathbf{e}_y+\frac{\partial}{\partial z}\left[\frac{\mathrm{d}S(\mathbf{r})}{\mathrm{d}l}\right]\mathbf{e}_z\right]\\&=\mathbf{l}_0\cdot\left[\frac{\partial\nabla S(\mathbf{r})}{\partial x}\mathbf{e}_x+\frac{\partial\nabla S(\mathbf{r})}{\partial y}\mathbf{e}_y+\frac{\partial\nabla S(\mathbf{r})}{\partial z}\mathbf{e}_z\right]\\&=\mathbf{l}_0\cdot\nabla[\nabla S(\mathbf{r})]\end{aligned} \tag{4-33}$$

将式（4-27）代入上式，得到

$$\frac{\mathrm{d}}{\mathrm{d}l}\nabla S(\mathbf{r})=\frac{1}{n(\mathbf{r})}\nabla S(\mathbf{r})\cdot\nabla[\nabla S(\mathbf{r})] \tag{4-34}$$

又

$$\nabla[\nabla S(\mathbf{r})]^2=2\nabla S(\mathbf{r})\cdot\nabla[\nabla S(\mathbf{r})] \tag{4-35}$$

所以，有

$$\frac{\mathrm{d}}{\mathrm{d}l}\nabla S(\mathbf{r})=\frac{1}{2n(\mathbf{r})}\nabla[\nabla S(\mathbf{r})]^2 \tag{4-36}$$

将式（4-20）代入上式，最后化简得到

$$\frac{\mathrm{d}}{\mathrm{d}l}\nabla S(\mathbf{r})=\nabla n(\mathbf{r}) \tag{4-37}$$

将此式代入式（4-30），有

$$\frac{\mathrm{d}}{\mathrm{d}l}\left[n(\mathbf{r})\frac{\mathrm{d}\mathbf{r}}{\mathrm{d}l}\right]=\nabla n(\mathbf{r}) \tag{4-38}$$

这就是非均匀各向同性理想介质中光线传播所满足的微分方程，它是光线理论的第二个基本方程。

虽然程函方程和光线方程都可以描述光线传播，但对于程函方程和光线方程的求解非常

困难。因此，仍需要进一步进行简化，这就是利用费马原理得到的光线拉格朗日方程和光线哈密顿方程。

4.1.3 费马原理

光程概念的引入对几何光学的重要意义体现在费马原理中。费马原理指出，光线在非均匀各向同性理想介质中的两点 P 和 Q 间传播，光程取极值，用数学语言表述，即为

$$S(\mathbf{r}) = \int_{\substack{P \\ (l)}}^{Q} n(\mathbf{r})\mathrm{d}l = \text{极值} \tag{4-39}$$

或者用光程函数的变分表示为

$$\delta[S(\mathbf{r})] = \delta\left[\int_{\substack{P \\ (l)}}^{Q} n(\mathbf{r})\mathrm{d}l\right] = 0 \tag{4-40}$$

即光程函数的变分为零。变分为零包含四种情况：光程取极小值，光程取极大值，光程取恒定值，光程取拐点值。

由费马原理可推导出均匀各向同性理想介质中几何光学三大定律。光在均匀各向同性理想介质中沿直线传播是费马原理的直接推论，也就是光的直线传播定律。下面利用费马原理推导反射和折射定律。

1. 反射定律

反射定律的推导是利用光程取极小值。如图 4-2（a）所示，假设光线从介质 1 中的 P 点发出，经两介质的分界面反射光线到达 Q 点，入射角为 θ_1，反射角为 θ_1'。要使光程为极小，对于均匀介质，必有光线经过的路径最短。假设分界面反射点为 M，由图可知，光线经过路径 $\overline{PMQ}$ 的光程为

$$S(x) = n_1\overline{PM} + n_1\overline{MQ} = n_1\sqrt{x^2 + h_1^2} + n_1\sqrt{(d-x)^2 + h_2^2} \tag{4-41}$$

根据费马原理，实际光线经过的路径，光程取极小值，必有

$$\frac{\mathrm{d}S(x)}{\mathrm{d}x} = n_1\frac{x}{\sqrt{x^2 + h_1^2}} - n_1\frac{d-x}{\sqrt{(d-x)^2 + h_2^2}} = 0 \tag{4-42}$$

又

$$\sin\theta_1 = \frac{x}{\sqrt{x^2 + h_1^2}},\quad \sin\theta_1' = \frac{d-x}{\sqrt{(d-x)^2 + h_2^2}} \tag{4-43}$$

则有

$$\sin\theta_1 = \sin\theta_1' \tag{4-44}$$

此即

$$\theta_1 = \theta_1' \tag{4-45}$$

这就是由费马原理导出的斯内尔反射定律。

2. 折射定律

折射定律的推导也是利用光程取极小值。如图 4-2（b）所示，两均匀各向同性理想介质，折射率分别为 n_1 和 n_2。假设光线从介质 1 的 P 点发出，经两介质分界面的 M' 点折射到介质 2

的 Q 点，光线入射角为 θ_1，折射角为 θ_2。由图可知，从 P 点到 Q 点的光程为

$$S(x)=n_1\overline{PM'}+n_2\overline{M'Q}=n_1\sqrt{x^2+h_1^2}+n_2\sqrt{(d-x)^2+h_2^2} \tag{4-46}$$

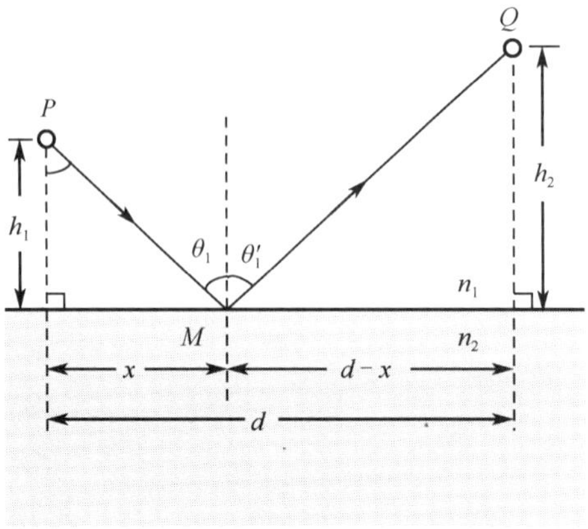

（a）光线的反射

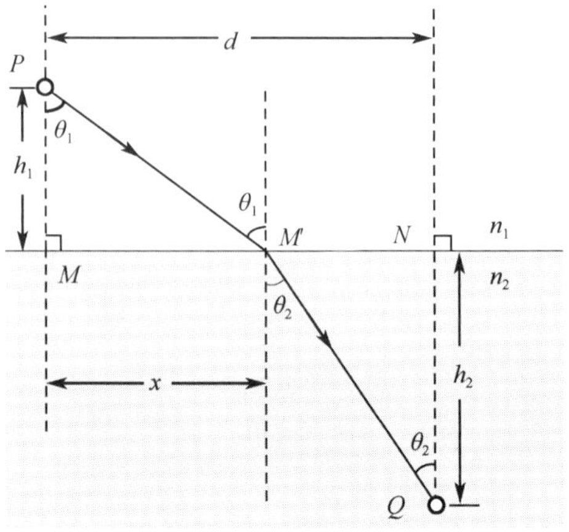

（b）光线的折射

图 4-2　光线的反射与折射

根据费马原理，实际光线经过的路径，光程取极小值，必有

$$\frac{\mathrm{d}S(x)}{\mathrm{d}x}=n_1\frac{x}{\sqrt{x^2+h_1^2}}-n_2\frac{d-x}{\sqrt{(d-x)^2+h_2^2}}=0 \tag{4-47}$$

即

$$n_1\frac{x}{\sqrt{x^2+h_1^2}}=n_2\frac{d-x}{\sqrt{(d-x)^2+h_2^2}} \tag{4-48}$$

又

$$\sin\theta_1=\frac{x}{\sqrt{x^2+h_1^2}},\quad \sin\theta_2=\frac{d-x}{\sqrt{(d-x)^2+h_2^2}} \tag{4-49}$$

则有

$$n_1\sin\theta_1=n_2\sin\theta_2 \tag{4-50}$$

这就是斯内尔折射定律。

3．光程取恒定值

如图 4-3（a）所示为椭球面反射镜，P 和 Q 为椭球面的两个焦点。光线从焦点 P 发出，经椭球面反射必聚焦于焦点 Q，且光线反射满足反射定律。对于椭球面上任意一反射点，由于光线经过两个焦点的路程相等，因而光程也相等，即

$$n\cdot\overline{PMQ}=n\cdot\overline{PM'Q} \tag{4-51}$$

所以椭球面反射光程取恒定值。

4．光程取极大值

如图 4-3（b）所示为球面反射镜，P 和 Q 为球面外的两点。光线从 P 点发出，经球面 M 点反射到达 Q 点，在 M 点光线反射满足反射定律。在球面上满足反射定律的入射光线和反射光

线经过的路程最长，因而光程取极大值。为了验证这一点，以 P 和 Q 为焦点，过 M 点作椭球面，球面与椭球面相切于 M 点。然后在球面上另取一点 C，假设光线从 P 点出发，经 C 点到达 Q 点。作 $\overline{QC}$ 的延长线交椭球面于 C' 点，由于椭球面上光线经过两个焦点的路程相等，所以光线经 M 点反射到达 Q 点的光线路程大于光线经球面上其他任一点 C 反射到达 Q 点的光线路程，因而经球面反射点 M 的光程取极大值，即

$$n\cdot\overline{PMQ} > n\cdot\overline{PCQ} \tag{4-52}$$

根据费马原理，光线经 C 点反射并不是实际的光线，也不满足反射定律。

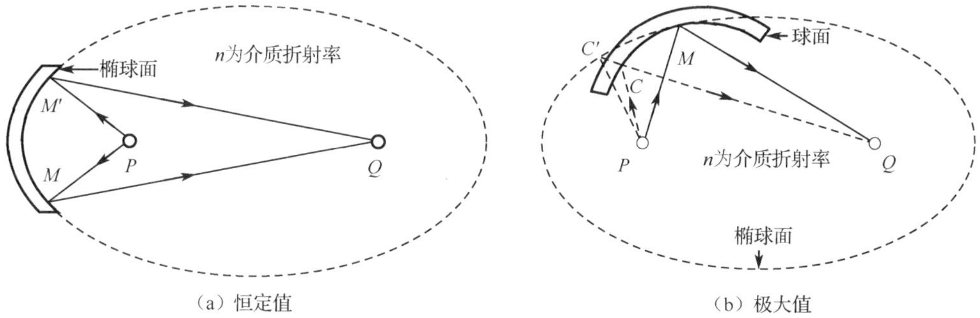

图 4-3　光程取恒定值和极大值

对于非均匀各向同性理想介质，可出现光程取拐点值的情况。

4.2　光线拉格朗日方程

4.2.1　直角坐标系下的光线拉格朗日方程

在直角坐标系下，线微分元 $\mathbf{dr}$ 的大小为

$$\mathrm{d}l = \sqrt{(\mathrm{d}x)^2 + (\mathrm{d}y)^2 + (\mathrm{d}z)^2} = \mathrm{d}z\sqrt{1 + \dot{x}^2 + \dot{y}^2} \tag{4-53}$$

式中，$\dot{x}$ 和 $\dot{y}$ 分别为 x 和 y 对 z 的导数，即

$$\dot{x} = \frac{\mathrm{d}x}{\mathrm{d}z},\quad \dot{y} = \frac{\mathrm{d}y}{\mathrm{d}z} \tag{4-54}$$

将式（4-53）代入费马原理变分式（4-40）有

$$\delta\left[\int_P^Q n(x,y,z)\sqrt{1+\dot{x}^2+\dot{y}^2}\,\mathrm{d}z\right] = 0 \tag{4-55}$$

与经典力学拉格朗日函数相比较，可定义光线拉格朗日函数为

$$L(x,y,z,\dot{x},\dot{y}) = n(x,y,z)\sqrt{1+\dot{x}^2+\dot{y}^2} \tag{4-56}$$

采用与经典力学得到拉格朗日运动方程相同的方法，可得到与费马原理变分式（4-55）等价的光线拉格朗日微分方程为

$$\frac{\mathrm{d}}{\mathrm{d}z}\left(\frac{\partial L}{\partial \dot{x}}\right) - \frac{\partial L}{\partial x} = 0 \tag{4-57}$$

$$\frac{\mathrm{d}}{\mathrm{d}z}\left(\frac{\partial L}{\partial \dot{y}}\right) - \frac{\partial L}{\partial y} = 0 \tag{4-58}$$

光线拉格朗日方程是描述光线在非均匀各向同性理想介质中光线方程的一种形式，与光线方程（4-38）是一致的，但求解更为方便。下面证明可由光线拉格朗日方程导出光线方程。

将式（4-56）代入方程（4-57）和方程（4-58），得到

$$\frac{\mathrm{d}}{\mathrm{d}z}\left[\frac{n(x,y,z)\dot{x}}{\sqrt{1+\dot{x}^2+\dot{y}^2}}\right]-\sqrt{1+\dot{x}^2+\dot{y}^2}\,\frac{\partial n(x,y,z)}{\partial x}=0 \tag{4-59}$$

$$\frac{\mathrm{d}}{\mathrm{d}z}\left[\frac{n(x,y,z)\dot{y}}{\sqrt{1+\dot{x}^2+\dot{y}^2}}\right]-\sqrt{1+\dot{x}^2+\dot{y}^2}\,\frac{\partial n(x,y,z)}{\partial y}=0 \tag{4-60}$$

将以上两式的两边同除以$\sqrt{(1+\dot{x}+\dot{y})}$，并利用式（4-53），式（4-59）和式（4-60）化简为

$$\frac{\mathrm{d}}{\mathrm{d}l}\left[n(x,y,z)\frac{\mathrm{d}x}{\mathrm{d}l}\right]=\frac{\partial n(x,y,z)}{\partial x} \tag{4-61}$$

$$\frac{\mathrm{d}}{\mathrm{d}l}\left[n(x,y,z)\frac{\mathrm{d}y}{\mathrm{d}l}\right]=\frac{\partial n(x,y,z)}{\partial y} \tag{4-62}$$

式（4-61）和式（4-62）就是光线方程（4-38）的x分量和y分量方程。

为了导出光线方程的z分量方程，将式（4-53）改写为

$$\frac{\mathrm{d}z}{\mathrm{d}l}=\frac{\sqrt{(\mathrm{d}l)^2-(\mathrm{d}x)^2-(\mathrm{d}y)^2}}{\mathrm{d}l}=\sqrt{1-\left(\frac{\mathrm{d}x}{\mathrm{d}l}\right)^2-\left(\frac{\mathrm{d}y}{\mathrm{d}l}\right)^2} \tag{4-63}$$

然后将式（4-63）代入光线方程（4-38）左边的z分量进行运算，有

$$\begin{aligned}\frac{\mathrm{d}}{\mathrm{d}l}\left[n(x,y,z)\frac{\mathrm{d}z}{\mathrm{d}l}\right]&=\frac{\mathrm{d}}{\mathrm{d}l}\left[n(x,y,z)\sqrt{1-\left(\frac{\mathrm{d}x}{\mathrm{d}l}\right)^2-\left(\frac{\mathrm{d}y}{\mathrm{d}l}\right)^2}\right]\\&=\frac{\left[1-\left(\frac{\mathrm{d}x}{\mathrm{d}l}\right)^2-\left(\frac{\mathrm{d}y}{\mathrm{d}l}\right)^2\right]\frac{\mathrm{d}n(x,y,z)}{\mathrm{d}l}-n(x,y,z)\left(\frac{\mathrm{d}x}{\mathrm{d}l}\frac{\mathrm{d}^2x}{\mathrm{d}l^2}+\frac{\mathrm{d}y}{\mathrm{d}l}\frac{\mathrm{d}^2y}{\mathrm{d}l^2}\right)}{\sqrt{1-\left(\frac{\mathrm{d}x}{\mathrm{d}l}\right)^2-\left(\frac{\mathrm{d}y}{\mathrm{d}l}\right)^2}}\end{aligned} \tag{4-64}$$

用$\frac{\mathrm{d}x}{\mathrm{d}l}$乘以式（4-61）两边，用$\frac{\mathrm{d}y}{\mathrm{d}l}$乘以式（4-62）两边，得到

$$n(x,y,z)\frac{\mathrm{d}x}{\mathrm{d}l}\frac{\mathrm{d}^2x}{\mathrm{d}l^2}=\frac{\mathrm{d}x}{\mathrm{d}l}\frac{\partial n(x,y,z)}{\partial x}-\left(\frac{\mathrm{d}x}{\mathrm{d}l}\right)^2\frac{\mathrm{d}n(x,y,z)}{\mathrm{d}l} \tag{4-65}$$

$$n(x,y,z)\frac{\mathrm{d}y}{\mathrm{d}l}\frac{\mathrm{d}^2y}{\mathrm{d}l^2}=\frac{\mathrm{d}y}{\mathrm{d}l}\frac{\partial n(x,y,z)}{\partial y}-\left(\frac{\mathrm{d}y}{\mathrm{d}l}\right)^2\frac{\mathrm{d}n(x,y,z)}{\mathrm{d}l} \tag{4-66}$$

令式（4-65）和式（4-66）相加，将结果代入式（4-64），并利用方向导数公式

$$\frac{\mathrm{d}n(x,y,z)}{\mathrm{d}l}=\frac{\partial n(x,y,z)}{\partial x}\frac{\mathrm{d}x}{\mathrm{d}l}+\frac{\partial n(x,y,z)}{\partial y}\frac{\mathrm{d}y}{\mathrm{d}l}+\frac{\partial n(x,y,z)}{\partial z}\frac{\mathrm{d}z}{\mathrm{d}l} \tag{4-67}$$

和式（4-63），最后得到光线z分量方程为

$$\frac{\mathrm{d}}{\mathrm{d}l}\left[n(x,y,z)\frac{\mathrm{d}z}{\mathrm{d}l}\right]=\frac{\partial n(x,y,z)}{\partial z} \tag{4-68}$$

4.2.2 球坐标系下的光线拉格朗日方程

1. 折射率球对称分布光线拉格朗日方程

假设一球面透镜，折射率为球对称分布，如图 4-4 所示。折射率函数 $n(\mathbf{r})$ 与 θ、φ 无关，可表示为

$$n(\mathbf{r}) = n(r) \tag{4-69}$$

式中，r 为位置矢量的大小。在球坐标系下，线微分元 $\mathrm{d}\mathbf{r}$ 为

$$\mathrm{d}\mathbf{r} = \mathrm{d}r\mathbf{e}_r + r\mathrm{d}\theta\mathbf{e}_\theta + r\sin\theta\mathrm{d}\varphi\mathbf{e}_\varphi \tag{4-70}$$

其大小为

$$\begin{aligned} \mathrm{d}l &= \left[(\mathrm{d}r)^2 + r^2(\mathrm{d}\theta)^2 + r^2\sin^2\theta(\mathrm{d}\varphi)^2\right]^{1/2} \\ &= \left[1 + r^2\left(\frac{\mathrm{d}\theta}{\mathrm{d}r}\right)^2 + r^2\sin^2\theta\left(\frac{\mathrm{d}\varphi}{\mathrm{d}r}\right)^2\right]^{1/2}\mathrm{d}r \end{aligned} \tag{4-71}$$

记

$$\dot{\theta} = \frac{\mathrm{d}\theta}{\mathrm{d}r},\quad \dot{\varphi} = \frac{\mathrm{d}\varphi}{\mathrm{d}r} \tag{4-72}$$

则球坐标系下的拉格朗日函数可写成

$$L(r,\theta,\varphi,\dot{\theta},\dot{\varphi}) = n(r)[1 + r^2(\dot{\theta})^2 + r^2\sin^2\theta(\dot{\varphi})^2]^{1/2} \tag{4-73}$$

由此可得与费马原理变分式

$$\delta\left[\int_P^Q L(r,\theta,\varphi,\dot{\theta},\dot{\varphi})\mathrm{d}r\right] = 0 \tag{4-74}$$

等价的球坐标系下光线拉格朗日方程为

$$\frac{\mathrm{d}}{\mathrm{d}r}\left(\frac{\partial L}{\partial\dot{\theta}}\right) - \frac{\partial L}{\partial\theta} = 0 \tag{4-75}$$

$$\frac{\mathrm{d}}{\mathrm{d}r}\left(\frac{\partial L}{\partial\dot{\varphi}}\right) - \frac{\partial L}{\partial\varphi} = 0 \tag{4-76}$$

由式（4-73）可知，拉格朗日函数与 φ 无关，因而有

$$\frac{\partial L}{\partial\varphi} = 0 \tag{4-77}$$

将式（4-73）代入方程（4-76）后积分，可得

$$\frac{\partial L}{\partial\dot{\varphi}} = \frac{n(r)r^2\sin^2\theta\dot{\varphi}}{[1 + r^2(\dot{\theta})^2 + r^2\sin^2\theta(\dot{\varphi})^2]^{1/2}} = C\text{（常数）} \tag{4-78}$$

式（4-78）是关于 $\dot{\theta}$ 和 $\dot{\varphi}$ 的一阶二次微分方程，适用于折射率为球对称分布的透镜内的任意一点，当已知折射率分布 $n(r)$ 时，就可以进行求解。不过通过常数 C 的选择可以看出光线分布的特征。假如选取常数 $C = 0$，则存在两种情况：① $\theta = 0$，对应于坐标系的 Z 轴，显然不能反映折射率球对称分布透镜内的其他点。② $\theta \neq 0$，$\dot{\varphi} = 0$，即 $\varphi = C$（常数），表明折射率球对称分布透镜内的光线轨迹位于 $\varphi = C$（常数）的平面内，光线轨迹为通过球心的平面曲线。为了说明这一点，下面从光线方程出发给予证明。

将式（4-28）代入光线方程（4-38），有

$$\frac{\mathrm{d}}{\mathrm{d}l}[n(r)\mathbf{l}_0(\mathbf{r})]=\nabla n(r) \tag{4-79}$$

式中，$\mathbf{l}_0(\mathbf{r})$ 为 $\mathbf{r}$ 处光线切向方向的单位矢量。又由球坐标系下标量函数的梯度表达式

$$\nabla u=\frac{\partial u}{\partial r}\mathbf{e}_r+\frac{1}{r}\frac{\partial u}{\partial \theta}\mathbf{e}_\theta+\frac{1}{r\sin\theta}\frac{\partial u}{\partial \varphi}\mathbf{e}_\varphi \tag{4-80}$$

可知

$$\nabla n(r)=\frac{\mathrm{d}n}{\mathrm{d}r}\mathbf{e}_r=\frac{\mathrm{d}n}{\mathrm{d}r}\frac{\mathbf{r}}{r} \tag{4-81}$$

于是

$$\begin{aligned}\frac{\mathrm{d}}{\mathrm{d}l}[\mathbf{r}\times(n(r)\mathbf{l}_0(\mathbf{r}))]&=\frac{\mathrm{d}\mathbf{r}}{\mathrm{d}l}\times(n(r)\mathbf{l}_0(\mathbf{r}))+\mathbf{r}\times\frac{\mathrm{d}[n(r)\mathbf{l}_0(\mathbf{r})]}{\mathrm{d}l}\\&=\mathbf{l}_0(\mathbf{r})\times(n(r)\mathbf{l}_0(\mathbf{r}))+\mathbf{r}\times\frac{\mathbf{r}}{r}\frac{\mathrm{d}n(r)}{\mathrm{d}r}\end{aligned} \tag{4-82}$$

因为两平行矢量的矢积为零，即

$$\mathbf{l}_0(\mathbf{r})\times(n(r)\mathbf{l}_0(\mathbf{r}))=0,\quad \mathbf{r}\times\left[\frac{\mathbf{r}}{r}\frac{\mathrm{d}n(r)}{\mathrm{d}r}\right]=0 \tag{4-83}$$

所以，有

$$\frac{\mathrm{d}}{\mathrm{d}l}[\mathbf{r}\times(n(r)\mathbf{l}_0(\mathbf{r}))]=0 \tag{4-84}$$

积分可得

$$\mathbf{r}\times(n(r)\mathbf{l}_0(\mathbf{r}))=\mathbf{C}\text{（常矢量）} \tag{4-85}$$

其常矢量大小为

$$n(r)r\sin\psi=C\text{（常数）} \tag{4-86}$$

式中，ψ 为位置矢量 $\mathbf{r}$ 与光线在该点处的切向方向 $\mathbf{l}_0(\mathbf{r})$ 间的夹角，如图 4-5 所示。

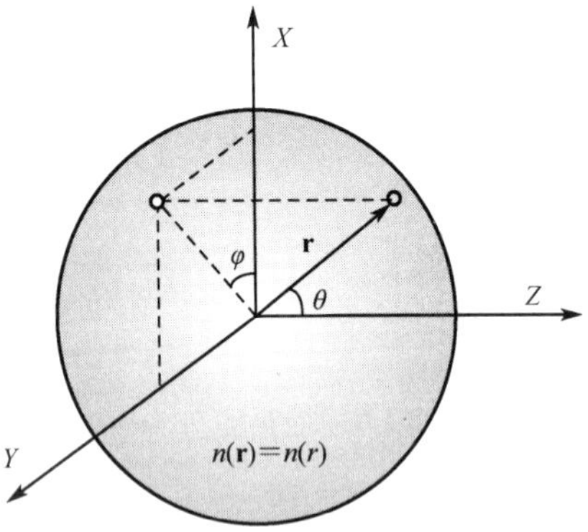

图 4-4　折射率球对称分布

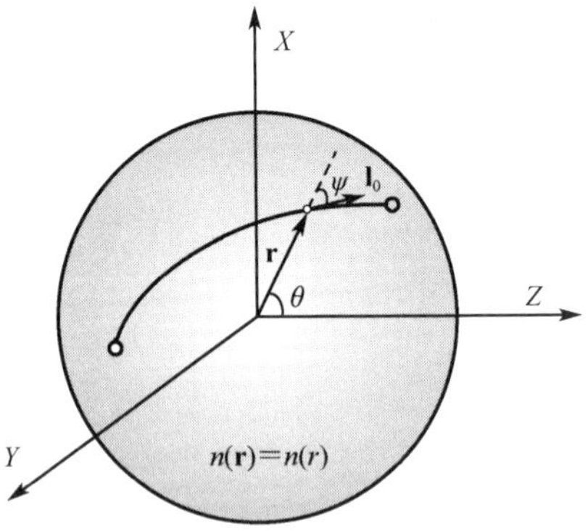

图 4-5　位置矢量与光线切向方向的夹角

式（4-85）表明，折射率为球对称分布的透镜内的所有光线轨迹都是通过球心的平面曲线。

2. 麦克斯韦“鱼眼”透镜

由于折射率为球对称分布的透镜内的光线轨迹为通过球心的平面曲线，因此光线拉格朗日函数可按极坐标进行化简。

在极坐标系下，φ为常数，线微分元为

$$\mathrm{d}\mathbf{r} = \mathrm{d}r\mathbf{e}_r + r\mathrm{d}\theta\mathbf{e}_\theta \tag{4-87}$$

其大小为

$$\mathrm{d}l = [(\mathrm{d}r)^2 + r^2(\mathrm{d}\theta)^2]^{1/2} = [1 + r^2(\dot{\theta})^2]^{1/2}\mathrm{d}r \tag{4-88}$$

式中，$\dot{\theta}$见式（4-72）。由此可写出极坐标系下的拉格朗日函数为

$$L(r,\theta,\dot{\theta}) = n(r)[1 + r^2(\dot{\theta})^2]^{1/2} \tag{4-89}$$

由式（4-89）可知，在极坐标系下的拉格朗日函数与θ无关，因而有

$$\frac{\partial L}{\partial \theta} = 0 \tag{4-90}$$

由球坐标系下的拉格朗日方程（4-75），可得

$$\frac{\partial L}{\partial \dot{\theta}} = \frac{n(r)r^2\dot{\theta}}{[1 + r^2(\dot{\theta})^2]^{1/2}} = C\text{（常数）} \tag{4-91}$$

此式是关于$\dot{\theta}$的一阶二次微分方程，若已知$n(r)$分布，就可以求解得到平面光线轨迹方程。

假设球面透镜折射率分布函数$n(r)$为

$$n(r) = \frac{n(0)}{1 + \dfrac{r^2}{a^2}} \tag{4-92}$$

式中，a为球面透镜的半径，$n(0)$为球心处的折射率。将具有式（4-92）形式的，折射率呈球对称分布的介质球称为麦克斯韦“鱼眼”透镜。

将式（4-92）代入式（4-91），整理得到

$$\dot{\theta} = \frac{\mathrm{d}\theta}{\mathrm{d}r} = \frac{C\left(1 + \dfrac{r^2}{a^2}\right)}{r\left[n^2(0)r^2 - C^2\left(1 + \dfrac{r^2}{a^2}\right)^2\right]^{1/2}} \tag{4-93}$$

两边对r积分，有

$$\theta = \int \frac{C\left(1 + \dfrac{r^2}{a^2}\right)\mathrm{d}r}{r\left[n^2(0)r^2 - C^2\left(1 + \dfrac{r^2}{a^2}\right)^2\right]^{1/2}} \tag{4-94}$$

令

$$\rho = \frac{r}{a},\quad m = \frac{C}{n(0)a} \tag{4-95}$$

则有

$$\theta = \int \frac{m(1 + \rho^2)\mathrm{d}\rho}{\rho\left[\rho^2 - m^2(1 + \rho^2)^2\right]^{1/2}} \tag{4-96}$$

积分结果为

$$\theta = \arcsin\left[\frac{m}{\sqrt{1 - 4m^2}}\frac{\rho^2 - 1}{\rho}\right] + \alpha \tag{4-97}$$

式中，α 为积分常数。

将式（4-95）代入式（4-97），两边取正弦，得到

$$\sin(\theta-\alpha)=\frac{C}{\sqrt{n^2(0)a^2-4C^2}}\frac{r^2-a^2}{ar} \tag{4-98}$$

此式就是麦克斯韦“鱼眼”透镜中光线的极坐标方程。下面对方程（4-98）所描述的透镜特性进行简单讨论。

（1）麦克斯韦“鱼眼”透镜中的光线轨迹是一个圆。

为了得到光线轨迹的圆方程，可将方程（4-98）变换到直角坐标系下，如图 4-6 所示，由图可知

$$z=r\cos\theta,\quad \rho=r\sin\theta \tag{4-99}$$

根据三角函数公式有

$$\sin(\theta-\alpha)=\sin\theta\cos\alpha-\cos\theta\sin\alpha \tag{4-100}$$

将式（4-99）和式（4-100）代入方程（4-98），整理可得

$$(z+b\sin\alpha)^2+(\rho-b\cos\alpha)^2=a^2+b^2 \tag{4-101}$$

式中

$$b=\frac{a\sqrt{n^2(0)a^2-4C^2}}{2C} \tag{4-102}$$

由此可以看出，在折射率为球对称分布的透镜内，任意取 $\varphi=C$(常数)的平面，光线轨迹在 $\varphi=C$(常数)的平面内是半径为 $\sqrt{a^2+b^2}$，圆心为 $(-b\sin\alpha,b\cos\alpha)$ 的圆，图中记作 (l)，圆心随 α 的取值不同而变化。

（2）麦克斯韦“鱼眼”透镜的每一点都可理想成像。

由方程（4-98）得到

$$\frac{r^2-a^2}{r\sin(\theta-\alpha)}=\frac{a\sqrt{n^2(0)a^2-4C^2}}{C} \tag{4-103}$$

显然式（4-103）右边项与 r 和 θ 无关，也即与位置 r 和 θ 的选取无关。不妨选择光线从点 $P(r_0,\theta_0)$ 发出，在相同圆上的点必满足方程

$$\frac{r^2-a^2}{r\sin(\theta-\alpha)}=\frac{r_0^2-a^2}{r_0\sin(\theta_0-\alpha)} \tag{4-104}$$

当 $r=a^2/r_0$，$\theta=\pi+\theta_0$ 时，无论 α 取何值，等式恒成立，记 $r=a^2/r_0$，$\theta=\pi+\theta_0$，则点 $Q(a^2/r_0,\pi+\theta_0)$ 就是像点。由此说明，在折射率为球对称分布的球表面或球内任意一点 $P(r_0,\theta_0)$ 发出的所有光线都相交于像点 $Q(a^2/r_0,\pi+\theta_0)$，这就是麦克斯韦“鱼眼”的理想成像。图 4-7 给出的是球面上点 $P(a,\pi)$ 发出的光线成像于点 $Q(a,0)$ 的情况。

麦克斯韦“鱼眼”透镜在理论上具有奇特性，但并不具有实用价值。因为对于一束平行光或透镜外任意一点入射到透镜表面的光，经“鱼眼”透镜后将沿不同的方向射出，而不具有共同的焦点，如图 4-8（a）所示。如果将麦克斯韦“鱼眼”透镜制作成半球形，则可以使半球面上由顶点发出的光束变成平行光束，如图 4-8（b）所示。或者平行光束垂直入射到半球形“鱼眼”透镜的端平面，平行光束将会聚于半球形“鱼眼”透镜的顶点。

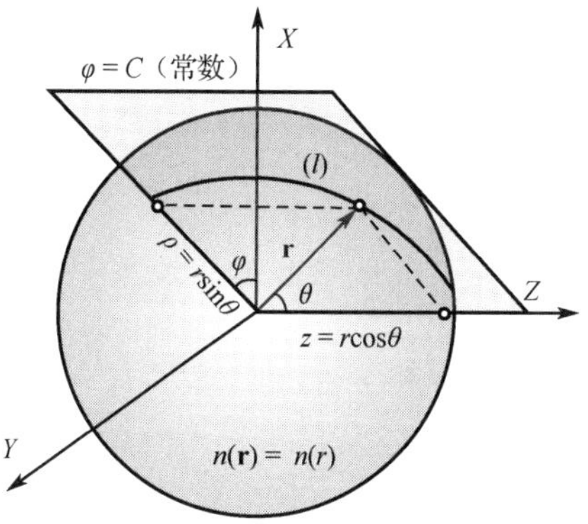

图 4-6　光线圆方程的直角坐标表示

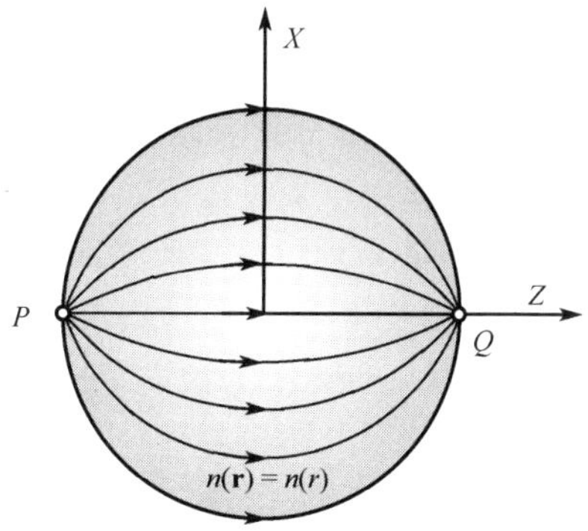

图 4-7　麦克斯韦“鱼眼”透镜成像

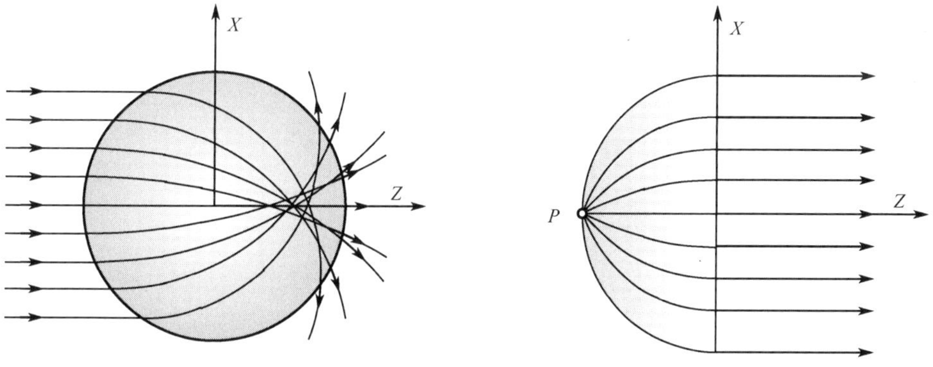

（a）发散　（b）准直

图 4-8　麦克斯韦“鱼眼”透镜的发散和准直特性

4.3　光线哈密顿方程

4.3.1　光线哈密顿方程

在经典分析力学中，描述力学体系的拉格朗日方程一般是具有 n 个独立变量的二阶微分方程组，对于多数力学问题的求解都比较困难。而采用哈密顿方程来描述力学体系，可将具有 n 个独立变量的拉格朗日方程组化为具有 $2n$ 个独立变量的一阶微分方程组，在数学上二者完全等价。同样，光线方程也可以用哈密顿方程描述。

为了将光线拉格朗日方程化为光线哈密顿方程，可引入类似于力学中的广义动量。定义光线广义动量为

$$p_x = \frac{\partial L}{\partial \dot{x}},\quad p_y = \frac{\partial L}{\partial \dot{y}} \tag{4-105}$$

式中，L 为拉格朗日函数，参见式（4-56）；$\dot{x}$ 和 $\dot{y}$ 参见式（4-54）。

将式（4-56）代入式（4-105），并利用式（4-53），有

$$p_x = \frac{n(x,y,z)\dot{x}}{(1+\dot{x}+\dot{y})^{1/2}} = n(x,y,z)\frac{\mathrm{d}x}{\mathrm{d}l} \tag{4-106}$$

$$p_y = \frac{n(x,y,z)\dot{y}}{(1+\dot{x}+\dot{y})^{1/2}} = n(x,y,z)\frac{\mathrm{d}y}{\mathrm{d}l} \tag{4-107}$$

式中，$\mathrm{d}x/\mathrm{d}l$ 和 $\mathrm{d}y/\mathrm{d}l$ 分别表示在点 (x,y,z) 处光线沿 X 轴和 Y 轴的方向余弦。介质的折射率与方向余弦的乘积定义为光学方向余弦，所以光线广义动量就是光学方向余弦。

由光线拉格朗日函数，按照经典分析力学的方法，可定义光线哈密顿函数为

$$H(x,y,z,p_x,p_y) = p_x\dot{x} + p_y\dot{y} - L(x,y,z,\dot{x},\dot{y}) \tag{4-108}$$

式中，x、y、p_x 和 p_y 为独立变量。对式（4-108）求关于 p_x 和 p_y 的偏导数，有

$$\frac{\partial H}{\partial p_x} = \dot{x} + p_x\frac{\partial \dot{x}}{\partial p_x} + p_y\frac{\partial \dot{y}}{\partial p_x} - \frac{\partial L}{\partial \dot{x}}\frac{\partial \dot{x}}{\partial p_x} - \frac{\partial L}{\partial \dot{y}}\frac{\partial \dot{y}}{\partial p_x} \tag{4-109}$$

$$\frac{\partial H}{\partial p_y} = \dot{y} + p_x\frac{\partial \dot{x}}{\partial p_y} + p_y\frac{\partial \dot{y}}{\partial p_y} - \frac{\partial L}{\partial \dot{x}}\frac{\partial \dot{x}}{\partial p_y} - \frac{\partial L}{\partial \dot{y}}\frac{\partial \dot{y}}{\partial p_y} \tag{4-110}$$

将式（4-105）和式（4-56）代入上式得到

$$\frac{\partial H}{\partial p_x} = \frac{\mathrm{d}x}{\mathrm{d}z} \tag{4-111}$$

$$\frac{\partial H}{\partial p_y} = \frac{\mathrm{d}y}{\mathrm{d}z} \tag{4-112}$$

又由式（4-108），且两边对 x 和 y 求偏导数有

$$\frac{\partial H}{\partial x} = -\frac{\partial L}{\partial x},\quad \frac{\partial H}{\partial y} = -\frac{\partial L}{\partial y} \tag{4-113}$$

将拉格朗日方程（4-57）和式（4-105）的第一式代入式（4-113）的第一式，将拉格朗日方程（4-58）和式（4-105）的第二式代入式（4-113）的第二式，得到

$$\frac{\partial H}{\partial x} = -\frac{\mathrm{d}p_x}{\mathrm{d}z} \tag{4-114}$$

$$\frac{\partial H}{\partial y} = -\frac{\mathrm{d}p_y}{\mathrm{d}z} \tag{4-115}$$

一阶偏微分方程（4-111）、方程（4-112）、方程（4-114）和方程（4-115）就构成光线哈密顿方程组。当给定非均匀介质的折射率分布函数 $n(x,y,z)$ 时，就可从哈密顿方程出发建立光线方程。

利用 $\dot{x}$、$\dot{y}$ 和 p_x、p_y 之间的关系，可以化简光学哈密顿函数 $H(x,y,z,p_x,p_y)$。将拉格朗日函数式（4-56）代入 p_x 和 p_y 的定义式（4-105），有

$$\begin{cases} p_x = \dfrac{n(x,y,z)\dot{x}}{\sqrt{1+\dot{x}^2+\dot{y}^2}} \\ p_y = \dfrac{n(x,y,z)\dot{y}}{\sqrt{1+\dot{x}^2+\dot{y}^2}} \end{cases} \tag{4-116}$$

求解 $\dot{x}$ 和 $\dot{y}$，得到

$$\begin{cases} \dot{x} = \dfrac{p_x}{\sqrt{n^2(x,y,z)-p_x^2-p_y^2}} \\ \dot{y} = \dfrac{p_y}{\sqrt{n^2(x,y,z)-p_x^2-p_y^2}} \end{cases} \tag{4-117}$$

将式（4-117）代入哈密顿函数式（4-108），并利用拉格朗日函数式（4-56），有

$$\begin{aligned}H(x,y,z,p_x,p_y) &= p_x\dot{x}+p_y\dot{y}-L(x,y,z,\dot{x},\dot{y})\\ &= -\sqrt{n^2(x,y,z)-p_x^2-p_y^2}\end{aligned} \tag{4-118}$$

显然，与拉格朗日函数一样，当给定光学元件的折射率分布 $n(x,y,z)$ 之后，就可得到光学哈密顿函数表达式。光线哈密顿方程（4-111）、方程（4-112）、方程（4-114）和方程（4-115）完全等价于光线方程（4-38），下面给予证明。

将哈密顿函数式（4-118）代入光线哈密顿方程（4-111）和方程（4-112），有

$$\begin{cases}\dfrac{\mathrm{d}x}{\mathrm{d}z}=\dfrac{\partial H}{\partial p_x}=\dfrac{p_x}{\sqrt{n^2(x,y,z)-p_x^2-p_y^2}}\\[2ex] \dfrac{\mathrm{d}y}{\mathrm{d}z}=\dfrac{\partial H}{\partial p_y}=\dfrac{p_y}{\sqrt{n^2(x,y,z)-p_x^2-p_y^2}}\end{cases} \tag{4-119}$$

再将哈密顿函数式（4-118）代入光线哈密顿方程（4-114）和方程（4-115），有

$$\begin{cases}\dfrac{\mathrm{d}p_x}{\mathrm{d}z}=-\dfrac{\partial H}{\partial x}=\dfrac{n(x,y,z)}{\sqrt{n^2(x,y,z)-p_x^2-p_y^2}}\dfrac{\partial n}{\partial x}\\[2ex] \dfrac{\mathrm{d}p_y}{\mathrm{d}z}=-\dfrac{\partial H}{\partial y}=\dfrac{n(x,y,z)}{\sqrt{n^2(x,y,z)-p_x^2-p_y^2}}\dfrac{\partial n}{\partial y}\end{cases} \tag{4-120}$$

将式（4-117）代入式（4-53），得到

$$\frac{\mathrm{d}l}{\mathrm{d}z}=\frac{n(x,y,z)}{\sqrt{n^2(x,y,z)-p_x^2-p_y^2}} \tag{4-121}$$

代入式（4-120）有

$$\begin{cases}\dfrac{\mathrm{d}p_x}{\mathrm{d}z}=\dfrac{\mathrm{d}l}{\mathrm{d}z}\dfrac{\partial n}{\partial x}\\[2ex] \dfrac{\mathrm{d}p_y}{\mathrm{d}z}=\dfrac{\mathrm{d}l}{\mathrm{d}z}\dfrac{\partial n}{\partial y}\end{cases} \tag{4-122}$$

化简得到

$$\begin{cases}\dfrac{\mathrm{d}p_x}{\mathrm{d}l}=\dfrac{\partial n}{\partial x}\\[2ex] \dfrac{\mathrm{d}p_y}{\mathrm{d}l}=\dfrac{\partial n}{\partial y}\end{cases} \tag{4-123}$$

又由式（4-119）有

$$\begin{cases}\dfrac{\mathrm{d}x}{\mathrm{d}z}=\dfrac{p_x}{n(x,y,z)}\dfrac{\mathrm{d}l}{\mathrm{d}z}\\[2ex] \dfrac{\mathrm{d}y}{\mathrm{d}z}=\dfrac{p_y}{n(x,y,z)}\dfrac{\mathrm{d}l}{\mathrm{d}z}\end{cases} \tag{4-124}$$

化简得到

$$\begin{cases}p_x=n(x,y,z)\dfrac{\mathrm{d}x}{\mathrm{d}l}\\[2ex] p_y=n(x,y,z)\dfrac{\mathrm{d}y}{\mathrm{d}l}\end{cases} \tag{4-125}$$

式（4-125）是光线广义动量的另一种表达形式。将式（4-125）代入式（4-123），得到光线方程的 x 分量和 y 分量方程为

$$\begin{cases}\dfrac{\mathrm{d}}{\mathrm{d}l}\left[n(x,y,z)\dfrac{\mathrm{d}x}{\mathrm{d}l}\right]=\dfrac{\partial n}{\partial x}\\[2ex]\dfrac{\mathrm{d}}{\mathrm{d}l}\left[n(x,y,z)\dfrac{\mathrm{d}y}{\mathrm{d}l}\right]=\dfrac{\partial n}{\partial y}\end{cases}\tag{4-126}$$

为了导出光线方程的 z 分量方程，将式（4-121）改写为

$$\frac{\mathrm{d}z}{\mathrm{d}l}=\frac{\sqrt{n^2(x,y,z)-p_x^2-p_y^2}}{n(x,y,z)}\tag{4-127}$$

然后代入光线方程（4-38）左边的 z 分量进行运算，有

$$\begin{aligned}\frac{\mathrm{d}}{\mathrm{d}l}\left[n(x,y,z)\frac{\mathrm{d}z}{\mathrm{d}l}\right]&=\frac{\mathrm{d}}{\mathrm{d}l}\left[\sqrt{n^2(x,y,z)-p_x^2-p_y^2}\right]\\&=\frac{n(x,y,z)\dfrac{\mathrm{d}n(x,y,z)}{\mathrm{d}l}-p_x\dfrac{\mathrm{d}p_x}{\mathrm{d}l}-p_y\dfrac{\mathrm{d}p_y}{\mathrm{d}l}}{\sqrt{n^2(x,y,z)-p_x^2-p_y^2}}\end{aligned}\tag{4-128}$$

令式（4-125）两边对 l 求方向导数，有

$$\begin{cases}\dfrac{\mathrm{d}p_x}{\mathrm{d}l}=\dfrac{\mathrm{d}n(x,y,z)}{\mathrm{d}l}\dfrac{\mathrm{d}x}{\mathrm{d}l}+n(x,y,z)\dfrac{\mathrm{d}^2x}{\mathrm{d}l^2}\\[2ex]\dfrac{\mathrm{d}p_y}{\mathrm{d}l}=\dfrac{\mathrm{d}n(x,y,z)}{\mathrm{d}l}\dfrac{\mathrm{d}y}{\mathrm{d}l}+n(x,y,z)\dfrac{\mathrm{d}^2y}{\mathrm{d}l^2}\end{cases}\tag{4-129}$$

将式（4-125）和式（4-129）代入式（4-128），有

$$\begin{aligned}&\frac{\mathrm{d}}{\mathrm{d}l}\left[n(x,y,z)\frac{\mathrm{d}z}{\mathrm{d}l}\right]\\&=\frac{n(x,y,z)\dfrac{\mathrm{d}n(x,y,z)}{\mathrm{d}l}\left[1-\left(\dfrac{\mathrm{d}x}{\mathrm{d}l}\right)^2-\left(\dfrac{\mathrm{d}y}{\mathrm{d}l}\right)^2\right]-n^2(x,y,z)\left[\dfrac{\mathrm{d}x}{\mathrm{d}l}\dfrac{\mathrm{d}^2x}{\mathrm{d}l^2}+\dfrac{\mathrm{d}y}{\mathrm{d}l}\dfrac{\mathrm{d}^2y}{\mathrm{d}l^2}\right]}{\sqrt{n^2(x,y,z)-p_x^2-p_y^2}}\end{aligned}\tag{4-130}$$

用 $\dfrac{\mathrm{d}x}{\mathrm{d}l}$ 乘以方程组（4-126）第一式的两边，用 $\dfrac{\mathrm{d}y}{\mathrm{d}l}$ 乘以式（4-106）右边两式，得到与式（4-65）和式（4-66）相同的结果。将式（4-65）与式（4-66）相加，并利用方向导数式（4-67）得到

$$\begin{aligned}&n(x,y,z)\left[\frac{\mathrm{d}x}{\mathrm{d}l}\frac{\mathrm{d}^2x}{\mathrm{d}l^2}+\frac{\mathrm{d}y}{\mathrm{d}l}\frac{\mathrm{d}^2y}{\mathrm{d}l^2}\right]\\&=\frac{\mathrm{d}n(x,y,z)}{\mathrm{d}l}\left[1-\left(\frac{\mathrm{d}x}{\mathrm{d}l}\right)^2-\left(\frac{\mathrm{d}y}{\mathrm{d}l}\right)^2\right]-\frac{\partial n(x,y,z)}{\partial z}\frac{\mathrm{d}z}{\mathrm{d}l}\end{aligned}\tag{4-131}$$

将式（4-131）代入式（4-130），并利用式（4-127），最后得到光线方程的 z 分量方程为

$$\frac{\mathrm{d}}{\mathrm{d}l}\left[n(x,y,z)\frac{\mathrm{d}z}{\mathrm{d}l}\right]=\frac{\partial n(x,y,z)}{\partial z}\tag{4-132}$$

4.3.2 径向变折射率透镜光学特性

径向变折射率透镜也称为自聚焦透镜（selfoc）。由于径向变折射率透镜具有数值孔径大、焦距短、直径小、聚焦光斑小和成像分辨率高等优点，已广泛应用于光纤通信、光纤传感和光信息处理等光学领域，且在宇航、国防和医学等领域也有很多应用。

1．直角坐标系下径向变折射率透镜中的光线方程

在直角坐标系下，假设光线上任意一点的方向余弦为

$$\mathbf{l}_0(\mathbf{r})=\frac{\mathrm{d}\mathbf{r}}{\mathrm{d}l}=\frac{\mathrm{d}x}{\mathrm{d}l}\mathbf{e}_x+\frac{\mathrm{d}y}{\mathrm{d}l}\mathbf{e}_y+\frac{\mathrm{d}z}{\mathrm{d}l}\mathbf{e}_z=\cos\alpha\mathbf{e}_x+\cos\beta\mathbf{e}_y+\cos\gamma\mathbf{e}_z \tag{4-133}$$

由式（4-125）、式（4-126）和式（4-132）可写出光学方向余弦为

$$\begin{cases}p_x=n(x,y,z)\cos\alpha\\ p_y=n(x,y,z)\cos\beta\\ p_z=n(x,y,z)\cos\gamma\end{cases} \tag{4-134}$$

式中，α、β 和 γ 分别为光线在点 $\mathbf{r}$ 处的切向方向与 X、Y 和 Z 轴之间的夹角。将式（4-134）两边平方，并相加，得到

$$p_x^2+p_y^2+p_z^2=n^2(x,y,z) \tag{4-135}$$

此式通常称为径向变折射率透镜的检验公式。

由式（4-126）和式（4-132）也可写出用光学方向余弦表示的光线方程为

$$\begin{cases}\dfrac{\mathrm{d}p_x}{\mathrm{d}l}=\dfrac{\mathrm{d}}{\mathrm{d}l}\left[n(x,y,z)\dfrac{\mathrm{d}x}{\mathrm{d}l}\right]=\dfrac{\partial n}{\partial x}\\ \dfrac{\mathrm{d}p_y}{\mathrm{d}l}=\dfrac{\mathrm{d}}{\mathrm{d}l}\left[n(x,y,z)\dfrac{\mathrm{d}y}{\mathrm{d}l}\right]=\dfrac{\partial n}{\partial y}\\ \dfrac{\mathrm{d}p_z}{\mathrm{d}l}=\dfrac{\mathrm{d}}{\mathrm{d}l}\left[n(x,y,z)\dfrac{\mathrm{d}z}{\mathrm{d}l}\right]=\dfrac{\partial n}{\partial z}\end{cases} \tag{4-136}$$

对于径向变折射率透镜，折射率与 z 无关，仅是 x 和 y 的函数，如图 4-9 所示。由于 $n(\mathbf{r})=n(x,y)$，因此光线方程（4-136）第三式的最右边项为

$$\frac{\partial n(x,y)}{\partial z}=0 \tag{4-137}$$

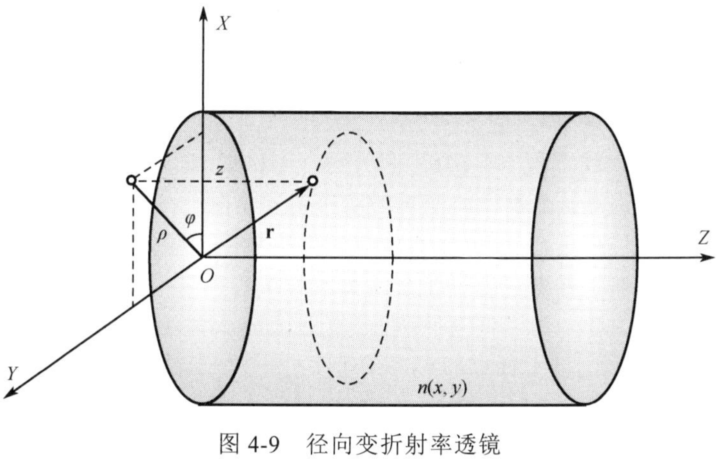

图 4-9 径向变折射率透镜

由式（4-136）的第三式积分得到

$$p_z = n(x,y)\frac{\mathrm{d}z}{\mathrm{d}l} = n(x,y)\cos\gamma = p_z(0)\ （常数） \tag{4-138}$$

式中，$p_z(0)$ 表示 $z=0$ 处的光学方向余弦值。此式表明，在径向变折射率透镜中，Z 轴方向的光学方向余弦为不变量，通常称为光轴不变量。

由式（4-138）可得光线上线微分元的长度为

$$\mathrm{d}l = \frac{n(x,y)}{p_z(0)}\mathrm{d}z \tag{4-139}$$

然后，将式（4-139）代入式（4-136）的第一式，有

$$\frac{\mathrm{d}p_x}{\mathrm{d}l} = \frac{p_z^2(0)}{n(x,y)}\frac{\mathrm{d}^2x}{\mathrm{d}z^2} = \frac{\partial n}{\partial x} \tag{4-140}$$

也即

$$\frac{\mathrm{d}^2x}{\mathrm{d}z^2} = \frac{n(x,y)}{p_z^2(0)}\frac{\partial n}{\partial x} = \frac{1}{2p_z^2(0)}\frac{\partial n^2(x,y)}{\partial x} \tag{4-141}$$

将式（4-139）代入式（4-140），得到

$$\frac{\mathrm{d}p_x}{\mathrm{d}z} = p_z(0)\frac{\mathrm{d}^2x}{\mathrm{d}z^2} \tag{4-142}$$

同理，将式（4-139）代入式（4-136）的第二式，有

$$\frac{\mathrm{d}^2y}{\mathrm{d}z^2} = \frac{1}{2p_z^2(0)}\frac{\partial n^2(x,y)}{\partial y} \tag{4-143}$$

和

$$\frac{\mathrm{d}p_y}{\mathrm{d}z} = p_z(0)\frac{\mathrm{d}^2y}{\mathrm{d}z^2} \tag{4-144}$$

式（4-141）和式（4-143）就是径向变折射率透镜光线方程的二阶微分形式。

对式（4-142）和式（4-144）积分，有

$$p_x = p_z(0)\frac{\mathrm{d}x}{\mathrm{d}z} \tag{4-145}$$

$$p_y = p_z(0)\frac{\mathrm{d}y}{\mathrm{d}z} \tag{4-146}$$

式（4-145）和式（4-146）为 X 轴方向和 Y 轴方向的光学方向余弦与轴向不变量之间的关系。由式（4-145）、式（4-146）和式（4-138）也可以得到检验式（4-135）。

2．柱坐标系下径向变折射率透镜中的光线方程

径向变折射率透镜光线方程（4-141）和方程（4-143）是光线轨迹满足的基本方程，但在直角坐标系下求解很困难。由于径向变折射率透镜通常制作成一个圆柱体，如图 4-9 所示，为了求解方便，可采用柱坐标 (ρ,φ,z)，相对应的坐标单位矢量为 $(\mathbf{e}_\rho,\mathbf{e}_\varphi,\mathbf{e}_z)$。

在柱坐标系下，光线上任意一点的位置矢量表示为

$$\mathbf{r} = \rho\mathbf{e}_\rho + z\mathbf{e}_z \tag{4-147}$$

式中，$\rho = \mathbf{r}\cdot\mathbf{e}_\rho$，$z = \mathbf{r}\cdot\mathbf{e}_z$，对于任意的 $\mathbf{r}$，恒有 $\mathbf{r}\cdot\mathbf{e}_\varphi = 0$。在柱坐标系下，线微分元表示为

$$\mathrm{d}\mathbf{r} = \mathrm{d}\rho\mathbf{e}_\rho + \rho\mathrm{d}\varphi\mathbf{e}_\varphi + \mathrm{d}z\mathbf{e}_z \tag{4-148}$$

在柱坐标系下，单位矢量 $\mathbf{e}_\rho$ 和 $\mathbf{e}_\varphi$ 随坐标点变化，而 $\mathbf{e}_z$ 为常矢量，三者满足右手关系。

假设在柱坐标系下，Z 轴为光轴。由于折射率为径向分布，$n(\mathbf{r}) = n(\rho)$，折射率与 φ 和 z 无关，由柱坐标系下标量函数的梯度表达式

$$\nabla u = \frac{\partial u}{\partial \rho}\mathbf{e}_\rho + \frac{1}{\rho}\frac{\partial u}{\partial \varphi}\mathbf{e}_\varphi + \frac{\partial u}{\partial z}\mathbf{e}_z \tag{4-149}$$

有

$$\nabla n(\mathbf{r}) = \frac{\mathrm{d}n(\rho)}{\mathrm{d}\rho}\mathbf{e}_\rho \tag{4-150}$$

另外，将柱坐标系下的位置矢量式（4-147）代入光线方程（4-38）的左边，有

$$\begin{aligned}\frac{\mathrm{d}}{\mathrm{d}l}\left[n(\rho)\frac{\mathrm{d}\mathbf{r}}{\mathrm{d}l}\right] &= \frac{\mathrm{d}}{\mathrm{d}l}\left[n(\rho)\frac{\mathrm{d}(\rho\mathbf{e}_\rho + z\mathbf{e}_z)}{\mathrm{d}l}\right] \\ &= \frac{\mathrm{d}}{\mathrm{d}l}\left[n(\rho)\left(\frac{\mathrm{d}\rho}{\mathrm{d}l}\mathbf{e}_\rho + \rho\frac{\mathrm{d}\mathbf{e}_\rho}{\mathrm{d}l} + \frac{\mathrm{d}z}{\mathrm{d}l}\mathbf{e}_z\right)\right]\end{aligned} \tag{4-151}$$

展开式（4-151）右边前两项，有

$$\frac{\mathrm{d}}{\mathrm{d}l}\left[n(\rho)\frac{\mathrm{d}\rho}{\mathrm{d}l}\mathbf{e}_\rho\right] = \frac{\mathrm{d}n(\rho)}{\mathrm{d}l}\left(\frac{\mathrm{d}\rho}{\mathrm{d}l}\mathbf{e}_\rho\right) + n(\rho)\frac{\mathrm{d}\rho}{\mathrm{d}l}\frac{\mathrm{d}\mathbf{e}_\rho}{\mathrm{d}l} + n(\rho)\frac{\mathrm{d}^2\rho}{\mathrm{d}l^2}\mathbf{e}_\rho \tag{4-152}$$

$$\frac{\mathrm{d}}{\mathrm{d}l}\left[n(\rho)\rho\frac{\mathrm{d}\mathbf{e}_\rho}{\mathrm{d}l}\right] = \rho\frac{\mathrm{d}n(\rho)}{\mathrm{d}l}\frac{\mathrm{d}\mathbf{e}_\rho}{\mathrm{d}l} + n(\rho)\frac{\mathrm{d}\rho}{\mathrm{d}l}\frac{\mathrm{d}\mathbf{e}_\rho}{\mathrm{d}l} + n(\rho)\rho\frac{\mathrm{d}^2\mathbf{e}_\rho}{\mathrm{d}l^2} \tag{4-153}$$

由于

$$\begin{cases}\dfrac{\mathrm{d}\mathbf{e}_\rho}{\mathrm{d}\varphi} = \mathbf{e}_\varphi, \quad \dfrac{\mathrm{d}\mathbf{e}_\varphi}{\mathrm{d}\varphi} = -\mathbf{e}_\rho \\ \dfrac{\mathrm{d}\mathbf{e}_\rho}{\mathrm{d}l} = \dfrac{\mathrm{d}\mathbf{e}_\rho}{\mathrm{d}\varphi}\dfrac{\mathrm{d}\varphi}{\mathrm{d}l}, \quad \dfrac{\mathrm{d}\mathbf{e}_\varphi}{\mathrm{d}l} = \dfrac{\mathrm{d}\mathbf{e}_\varphi}{\mathrm{d}\varphi}\dfrac{\mathrm{d}\varphi}{\mathrm{d}l}\end{cases} \tag{4-154}$$

式（4-152）和式（4-153）可改写为

$$\frac{\mathrm{d}}{\mathrm{d}l}\left[n(\rho)\frac{\mathrm{d}\rho}{\mathrm{d}l}\mathbf{e}_\rho\right] = \frac{\mathrm{d}n(\rho)}{\mathrm{d}l}\left(\frac{\mathrm{d}\rho}{\mathrm{d}l}\mathbf{e}_\rho\right) + n(\rho)\frac{\mathrm{d}\rho}{\mathrm{d}l}\frac{\mathrm{d}\varphi}{\mathrm{d}l}\mathbf{e}_\varphi + n(\rho)\frac{\mathrm{d}^2\rho}{\mathrm{d}l^2}\mathbf{e}_\rho \tag{4-155}$$

$$\frac{\mathrm{d}}{\mathrm{d}l}\left[n(\rho)\rho\frac{\mathrm{d}\mathbf{e}_\rho}{\mathrm{d}l}\right] = \rho\frac{\mathrm{d}n(\rho)}{\mathrm{d}l}\frac{\mathrm{d}\varphi}{\mathrm{d}l}\mathbf{e}_\varphi + n(\rho)\frac{\mathrm{d}\rho}{\mathrm{d}l}\frac{\mathrm{d}\varphi}{\mathrm{d}l}\mathbf{e}_\varphi - n(\rho)\rho\left(\frac{\mathrm{d}\varphi}{\mathrm{d}l}\right)^2\mathbf{e}_\rho + n(\rho)\rho\frac{\mathrm{d}^2\varphi}{\mathrm{d}l^2}\mathbf{e}_\varphi \tag{4-156}$$

将式（4-155）和式（4-156）代入式（4-151），并令其与式（4-150）相等，整理得到

$$\begin{aligned}&\left[\frac{\mathrm{d}}{\mathrm{d}l}\left[n(\rho)\frac{\mathrm{d}\rho}{\mathrm{d}l}\right] - n(\rho)\rho\left(\frac{\mathrm{d}\varphi}{\mathrm{d}l}\right)^2\right]\mathbf{e}_\rho + \\ &\left[\frac{\mathrm{d}}{\mathrm{d}l}\left[n(\rho)\rho\frac{\mathrm{d}\varphi}{\mathrm{d}l}\right] + n(\rho)\frac{\mathrm{d}\rho}{\mathrm{d}l}\frac{\mathrm{d}\varphi}{\mathrm{d}l}\right]\mathbf{e}_\varphi + \\ &\left[\frac{\mathrm{d}}{\mathrm{d}l}\left[n(\rho)\frac{\mathrm{d}z}{\mathrm{d}l}\right]\right]\mathbf{e}_z = \frac{\mathrm{d}n(\rho)}{\mathrm{d}\rho}\mathbf{e}_\rho\end{aligned} \tag{4-157}$$

令式（4-157）两边的对应项相等，有

$$\begin{cases} \mathbf{e}_\rho\text{分量：} & \dfrac{\mathrm{d}}{\mathrm{d}l}\left[n(\rho)\dfrac{\mathrm{d}\rho}{\mathrm{d}l}\right]-n(\rho)\rho\left(\dfrac{\mathrm{d}\varphi}{\mathrm{d}l}\right)^2=\dfrac{\mathrm{d}n(\rho)}{\mathrm{d}\rho} \\ \mathbf{e}_\varphi\text{分量：} & \dfrac{\mathrm{d}}{\mathrm{d}l}\left[n(\rho)\rho\dfrac{\mathrm{d}\varphi}{\mathrm{d}l}\right]+n(\rho)\dfrac{\mathrm{d}\rho}{\mathrm{d}l}\dfrac{\mathrm{d}\varphi}{\mathrm{d}l}=0 \\ \mathbf{e}_z\text{分量：} & \dfrac{\mathrm{d}}{\mathrm{d}l}\left[n(\rho)\dfrac{\mathrm{d}z}{\mathrm{d}l}\right]=0 \end{cases} \tag{4-158}$$

这就是柱坐标系下径向变折射率透镜所满足的光线方程。下面求解方程组（4-158）。

首先，对方程组（4-158）的第三式直接积分，得到

$$n(\rho)\frac{\mathrm{d}z}{\mathrm{d}l}=p_z(0) \tag{4-159}$$

这就是 $z=0$ 处的光学方向余弦值，与式（4-138）相同。根据光学方向余弦定义式（4-134），也可以把沿 Z 轴方向的光学方向余弦改写成

$$p_z(0)=n(\rho_0,0)\cos\gamma_0=n_0\cos\gamma_0 \tag{4-160}$$

式中，$n(\rho_0,0)=n_0$ 表示光线在入射点 $\rho=\rho_0$，$z=0$ 处透镜端面的折射率；而 $\cos\gamma_0$ 为入射光线在 Z 轴方向的方向余弦；γ_0 为入射角与 Z 轴之间的夹角。

将式（4-160）代入式（4-159），有

$$\mathrm{d}l=\frac{n(\rho)}{n_0\cos\gamma_0}\mathrm{d}z \tag{4-161}$$

将此式代入方程组（4-158）的第二式，消去 $n(\rho)$，有

$$\frac{\mathrm{d}}{\mathrm{d}l}\left[\rho\frac{\mathrm{d}\varphi}{\mathrm{d}z}\right]+\frac{\mathrm{d}\rho}{\mathrm{d}l}\frac{\mathrm{d}\varphi}{\mathrm{d}z}=0 \tag{4-162}$$

式（4-162）进一步可化简为

$$\frac{\mathrm{d}}{\mathrm{d}l}\left[\rho^2\frac{\mathrm{d}\varphi}{\mathrm{d}z}\right]=0 \tag{4-163}$$

直接对此式进行积分，有

$$\rho^2\frac{\mathrm{d}\varphi}{\mathrm{d}z}=C\text{（常数）} \tag{4-164}$$

为了求得 X 轴和 Y 轴方向的光学方向余弦，考虑直角坐标与柱坐标之间的坐标变换

$$\begin{cases} x=\rho\cos\varphi \\ y=\rho\sin\varphi \end{cases} \tag{4-165}$$

对 z 求导数，有

$$\begin{cases} \dfrac{\mathrm{d}x}{\mathrm{d}z}=\dfrac{\mathrm{d}\rho}{\mathrm{d}z}\cos\varphi-\rho\sin\varphi\dfrac{\mathrm{d}\varphi}{\mathrm{d}z} \\ \dfrac{\mathrm{d}y}{\mathrm{d}z}=\dfrac{\mathrm{d}\rho}{\mathrm{d}z}\sin\varphi+\rho\cos\varphi\dfrac{\mathrm{d}\varphi}{\mathrm{d}z} \end{cases} \tag{4-166}$$

将式（4-166）和式（4-164）代入式（4-145）和式（4-146），得到用柱坐标表示的 X 轴和 Y 轴方向的光学方向余弦为

$$p_x=p_z(0)\left[\frac{\mathrm{d}\rho}{\mathrm{d}z}\cos\varphi-\frac{C}{\rho}\sin\varphi\right] \tag{4-167}$$

$$p_y = p_z(0)\left[\frac{d\rho}{dz}\sin\varphi + \frac{C}{\rho}\cos\varphi\right] \tag{4-168}$$

Z 轴方向的光学方向余弦为常数，见式（4-138）和式（4-160）。

将式（4-165）、式（4-167）和式（4-168）代入求和项 $xp_y - yp_x$ 中，得到

$$\begin{aligned} xp_y - yp_x &= \rho\cos\varphi p_z(0)\left[\frac{d\rho}{dz}\sin\varphi + \frac{C}{\rho}\cos\varphi\right] - \\ &\rho\sin\varphi p_z(0)\left[\frac{d\rho}{dz}\cos\varphi - \frac{C}{\rho}\sin\varphi\right] \\ &= Cp_z(0)\left[\sin^2\varphi + \cos^2\varphi\right] = Cp_z(0) \end{aligned} \tag{4-169}$$

由于 $Cp_z(0)$ 为常数，可令

$$Cp_z(0) = xp_y - yp_x = x_0 p_y(0) - y_0 p_x(0) \tag{4-170}$$

式中，x_0 和 y_0 为光线在透镜端面入射点的直角坐标；$p_x(0)$、$p_y(0)$ 和 $p_z(0)$ 分别为入射光线在入射点处的光学方向余弦，由式（4-134）有

$$\begin{cases} p_x(0) = n(x_0, y_0, 0)\cos\alpha_0 \\ p_y(0) = n(x_0, y_0, 0)\cos\beta_0 \\ p_z(0) = n(x_0, y_0, 0)\cos\gamma_0 \end{cases} \tag{4-171}$$

式中，$n(x_0, y_0, 0)$ 为点 $(x_0, y_0, 0)$ 处的折射率；$\{\cos\alpha_0, \cos\beta_0, \cos\gamma_0\}$ 为入射光线方向余弦，而 α_0、β_0 和 γ_0 为入射光线与 X 轴、Y 轴和 Z 轴之间的夹角。由此可见，常数 C 可由入射光线的初始条件确定，与光线的光学方向余弦无关，反映的是径向变折射率透镜的特性。通常把常数 C 称为倾斜不变量。

为了得到径向变折射率透镜中光线的轨迹，对式（4-164）积分，得到

$$\varphi = \varphi_0 + C\int_{z_0}^{z} \frac{1}{\rho^2} dz \tag{4-172}$$

另外，在柱坐标系下，由式（4-148）可写出线微分元 $d\mathbf{r}$ 的大小为

$$dl = \sqrt{(d\rho)^2 + \rho^2(d\varphi)^2 + (dz)^2} = dz\sqrt{1 + \left(\frac{d\rho}{dz}\right)^2 + \rho^2\left(\frac{d\varphi}{dz}\right)^2} \tag{4-173}$$

将此式代入式（4-139），有

$$\sqrt{1 + \left(\frac{d\rho}{dz}\right)^2 + \rho^2\left(\frac{d\varphi}{dz}\right)^2} = \frac{n(\rho)}{p_z(0)} \tag{4-174}$$

再将式（4-164）代入式（4-174），有

$$\frac{dz}{d\rho} = \pm\frac{p_z(0)}{\sqrt{n^2(\rho) - \frac{C^2 p_z^2(0)}{\rho^2} - p_z^2(0)}} \tag{4-175}$$

积分得到

$$z = z_0 \pm p_z(0)\int_{\rho_0}^{\rho} \frac{d\rho}{\sqrt{n^2(\rho) - \frac{C^2 p_z^2(0)}{\rho^2} - p_z^2(0)}} \tag{4-176}$$

式（4-172）和式（4-176）就是柱坐标系下径向变折射率透镜中的光线轨迹积分方程。若已

知折射率分布和入射光线的初始条件，就可得到光线轨迹的解析形式。

3．径向变折射率透镜中的子午光线

通过光轴（Z 轴）的平面称为子午面，而位于子午面内的光线称为子午光线。在柱坐标系下，通过光轴（Z 轴）的平面对应于 $\varphi=$ 常数的平面，也即子午光线满足

$$\frac{\mathrm{d}\varphi}{\mathrm{d}z}=0 \tag{4-177}$$

由式（4-164）可知，子午光线对应的常数 $C=0$。由此可将式（4-176）化简为

$$z=z_0\pm p_z(0)\int_{\rho_0}^{\rho}\frac{\mathrm{d}\rho}{\sqrt{n^2(\rho)-p_z^2(0)}} \tag{4-178}$$

此式就是描述径向变折射率透镜中子午光线的积分方程，式中“+”表示光线沿 Z 轴正方向传播，“−”表示光线沿 Z 轴负方向传播。若已知入射光线的初始条件和透镜折射率分布，就可积分得到子午光线的解析形式。下面给出子午光线的求解实例。

1）子午光线初始条件的确定

由式（4-170）可知，要使 $C=0$，必有

$$x_0 p_y(0)-y_0 p_x(0)=0 \tag{4-179}$$

由此可确定入射光线在透镜端面的入射点和入射角。首先考虑两种特殊情况：

① $x_0=0$，$z_0=0$，$p_x(0)=0$。由式（4-171）可知，$p_x(0)=0$ 对应于 $\alpha_0=\pi/2$，表明入射光线在 YZ 平面内，光线子午面为 YZ 平面。若给定入射角 β_0 或 γ_0，由关系

$$\cos^2\alpha_0+\cos^2\beta_0+\cos^2\gamma_0=1 \tag{4-180}$$

就可确定入射角 γ_0 或 β_0。

② $y_0=0$，$z_0=0$，$p_y(0)=0$。由式（4-171）可知，$p_y(0)=0$ 对应于 $\beta_0=\pi/2$，表明入射光线在 XZ 平面内，光线子午面为 XZ 平面。若给定入射角 α_0 或 γ_0，就可确定入射角 γ_0 或 α_0。

对于一般的情况，$x_0\neq 0$，$y_0\neq 0$，$z_0=0$，给定入射角 γ_0，由关系式（4-179）和式（4-180）就可确定入射角 α_0 和 β_0。

2）折射率为平方分布

假设径向变折射率分布形式为平方分布，即

$$n^2(\rho)=n^2(0)[1-(a\rho)^2] \tag{4-181}$$

或者

$$n(\rho)=n(0)[1-(a\rho)^2]^{1/2} \tag{4-182}$$

在 $a\rho\ll 1$ 的条件下，对式（4-182）进行泰勒展开，取二阶项，近似有

$$n(\rho)\approx n(0)\left[1-\frac{1}{2}(a\rho)^2\right] \tag{4-183}$$

式（4-183）也称为抛物线分布。式中，a 反映的是径向变折射率透镜的特性，通常称为聚焦常数。

另外，不失一般性，假设光线入射点选 $\rho_0=0$，$z_0=0$，光线沿 Z 轴正方向，式（4-178）取“+”号。将式（4-181）代入式（4-178），并利用式（4-160），有

$$z = p_z(0)\int_0^{\rho}\frac{\mathrm{d}\rho}{\sqrt{n^2(\rho)-p_z^2(0)}} = \frac{\cos\gamma_0}{a}\int_0^{\rho}\frac{\mathrm{d}\rho}{\sqrt{\frac{\sin^2\gamma_0}{a^2}-\rho^2}} \tag{4-184}$$

积分可得

$$z = \frac{\cos\gamma_0}{a}\arcsin\frac{a\rho}{\sin\gamma_0} \tag{4-185}$$

两边取正弦，有

$$\rho = \frac{1}{a}\sin\gamma_0\sin\frac{az}{\cos\gamma_0} \tag{4-186}$$

由此可见，径向折射率为平方分布的透镜中，光线轨迹为正弦曲线，振幅与入射角 γ_0 和透镜聚焦常数 a 有关，且不同入射角对应于不同的周期，聚焦常数 a 不同，周期也不相同。根据正弦函数周期的定义，周期满足关系

$$\frac{az}{\cos\gamma_0} = 2m\pi,\quad m = 1,2,\cdots \tag{4-187}$$

则有

$$z = 2m\pi\frac{\cos\gamma_0}{a},\quad m = 1,2,\cdots \tag{4-188}$$

当 $m=1$ 时，对应的最小周期为

$$z_1 = 2\pi\frac{\cos\gamma_0}{a} \tag{4-189}$$

图 4-10 给出光线入射点选 $\rho_0 = 0$，$z_0 = 0$，$\gamma_0 = 45^\circ$ 和 $\gamma_0 = 60^\circ$，折射率为径向平方分布的透镜中子午光线轨迹的计算曲线。由图可见，光线在同一点以不同入射角入射，子午光线的振幅和周期不同，在透镜内或经过透镜的光线不可能聚焦于一点，必然产生像差。

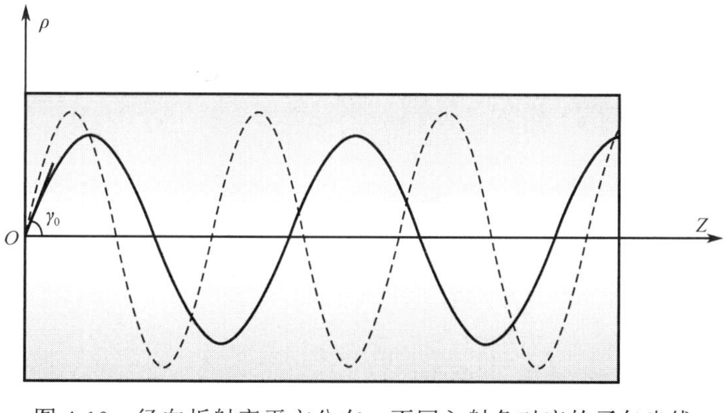

图 4-10　径向折射率平方分布，不同入射角对应的子午光线

3）折射率为双曲正割型分布

假设径向变折射率分布形式为双曲正割型分布，即

$$\begin{aligned} n^2(\rho) &= n^2(0)\mathrm{sech}^2(a\rho) \\ &= n^2(0)\left[1-(a\rho)^2+\frac{2}{3}(a\rho)^4+\cdots\right] \end{aligned} \tag{4-190}$$

取 $\rho_0 = 0$，$z_0 = 0$，光线沿 Z 轴正方向，式（4-178）取“+”号。将式（4-190）代入式（4-178），

并利用式（4-160），有

$$z=p_z(0)\int_0^{\rho}\frac{\mathrm{d}\rho}{\sqrt{n^2(0)\mathrm{sech}^2(a\rho)-p_z^2(0)}}=\frac{1}{a}\int_0^{\rho}\frac{\mathrm{d}(a\rho)}{\sqrt{\frac{\mathrm{sech}^2(a\rho)}{\cos^2\gamma_0}-1}} \tag{4-191}$$

下面求式（4-191）。利用双曲正割与双曲余弦的关系

$$\mathrm{sech}(a\rho)=\frac{1}{\mathrm{ch}(a\rho)} \tag{4-192}$$

式（4-191）变为

$$z=\frac{1}{a}\int_0^{\rho}\frac{\mathrm{d}(a\rho)}{\sqrt{\frac{\mathrm{sech}^2(a\rho)}{\cos^2\gamma_0}-1}}=\frac{1}{a}\int_0^{\rho}\frac{\mathrm{ch}(a\rho)\cos\gamma_0\mathrm{d}(a\rho)}{\sqrt{1-\mathrm{ch}^2(a\rho)\cos^2\gamma_0}} \tag{4-193}$$

由微分关系

$$\mathrm{d}[\mathrm{sh}(a\rho)]=\mathrm{ch}(a\rho)\mathrm{d}(a\rho) \tag{4-194}$$

有

$$\mathrm{d}[\cos\gamma_0\mathrm{sh}(a\rho)]=\cos\gamma_0\mathrm{ch}(a\rho)\mathrm{d}(a\rho) \tag{4-195}$$

又由双曲正弦与双曲余弦的关系

$$\mathrm{ch}^2(a\rho)-\mathrm{sh}^2(a\rho)=1 \tag{4-196}$$

有

$$1-\cos^2\gamma_0\mathrm{ch}^2(a\rho)=\sin^2\gamma_0-\cos^2\gamma_0\mathrm{sh}^2(a\rho) \tag{4-197}$$

将式（4-195）和式（4-197）代入式（4-193），有

$$z=\frac{1}{a}\int_0^{\rho}\frac{\mathrm{d}[\cos\gamma_0\mathrm{sh}(a\rho)]}{\sqrt{\sin^2\gamma_0-\cos^2\gamma_0\mathrm{sh}^2(a\rho)}} \tag{4-198}$$

令

$$u=\cos\gamma_0\mathrm{sh}(a\rho),\quad b=\sin\gamma_0 \tag{4-199}$$

将式（4-198）化为标准式

$$z=\frac{1}{a}\int\frac{\mathrm{d}u}{\sqrt{b^2-u^2}} \tag{4-200}$$

查表可得

$$z=\frac{1}{a}\arcsin\left[\frac{\cos\gamma_0\mathrm{sh}(a\rho)}{\sin\gamma_0}\right] \tag{4-201}$$

注意，积分结果利用了 $\mathrm{sh}(0)=0$。令式（4-201）两边取正弦，再取反双曲正弦，最后得到

$$\rho=\frac{1}{a}\mathrm{asinh}[\tan\gamma_0\sin(az)] \tag{4-202}$$

此式就是径向折射率为双曲正割分布的透镜中光线的轨迹方程。由于正弦函数 $\sin(az)$ 是周期为 $2\pi/a$ 的函数，所以透镜中的子午光线也以 $2\pi/a$ 为周期变化。另外，由于周期与入射角无关，因而对于任意入射角 γ_0，光线都将聚焦于同一点。图 4-11 给出光线入射点选 $\rho_0=0$，$z_0=0$，$\gamma_0=30^\circ$、$\gamma_0=45^\circ$ 和 $\gamma_0=60^\circ$，径向折射率为双曲正割分布的透镜中子午光线轨迹的计算曲线。

径向折射率为双曲正割分布的透镜子午光线的聚焦特性与入射光线的方向无关，这种特

性称为透镜的自聚焦。实际上，径向折射率为双曲正割分布的透镜不仅对入射点在光轴上的子午光线有聚焦作用，而且对于入射点在光轴外的子午光线也有聚焦作用。因此，径向折射率为双曲正割分布的透镜可以对一个紧贴透镜端面的物体成像。

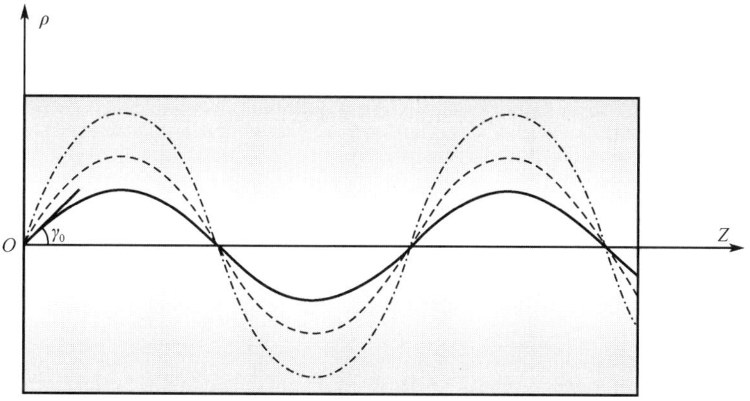

图 4-11　径向折射率双曲正割分布不同入射角对应的子午光线

另外，径向折射率为双曲正割分布的透镜与梯度折射率光纤（也称为自聚焦光纤）具有类似的特性，所以上述讨论也适用于梯度折射率光纤。由于光线在梯度折射率光纤中沿正弦曲线传播没有反射损耗，相比反射型光纤，这无疑是一大优点，因此梯度折射率光纤目前被广泛使用。

4．径向折射率为平方分布的透镜中光线方程的傍轴近似

在傍轴近似条件下，对柱坐标系下的光线方程（4-158）还可以进行化简。为了方便讨论，下面仅研究子午光线。假设光轴沿 Z 轴，在傍轴近似条件下，光线上 x、y 坐标随 z 的变化很小，即有

$$\dot{x} \ll 1, \quad \dot{y} \ll 1 \tag{4-203}$$

由式（4-53）得到

$$\mathrm{d}l \approx \mathrm{d}z \tag{4-204}$$

对于子午光线，由式（4-177）有

$$\frac{\mathrm{d}\varphi}{\mathrm{d}l} \approx \frac{\mathrm{d}\varphi}{\mathrm{d}z} = 0 \tag{4-205}$$

将此式代入光线方程（4-158）的 $\mathbf{e}_\rho$ 分量，得到

$$\frac{\mathrm{d}}{\mathrm{d}z}\left[n(\rho)\frac{\mathrm{d}\rho}{\mathrm{d}z}\right] = \frac{\mathrm{d}n(\rho)}{\mathrm{d}\rho} \tag{4-206}$$

假设径向变折射率透镜的折射率分布取式（4-183）的形式。将式（4-183）代入式（4-206），得到

$$\frac{\mathrm{d}n(\rho)}{\mathrm{d}z}\frac{\mathrm{d}\rho}{\mathrm{d}z} + n(\rho)\frac{\mathrm{d}^2\rho}{\mathrm{d}z^2} = -n(0)a^2\rho \tag{4-207}$$

由于径向折射率分布 $n(\rho)$ 与 z 无关，即 $\mathrm{d}n/\mathrm{d}z = 0$，式（4-207）可化简为

$$n(\rho)\frac{\mathrm{d}^2\rho}{\mathrm{d}z^2} = -n(0)a^2\rho \tag{4-208}$$

在傍轴近似条件下，假设折射率分布函数的二阶项

$$\frac{1}{2}(a\rho)^2 \ll 1 \tag{4-209}$$

式（4-208）左边项的 $n(\rho) \approx n(0)$，由此取近似，有

$$\frac{\mathrm{d}^2\rho}{\mathrm{d}z^2} + a^2\rho = 0 \tag{4-210}$$

这就是傍轴近似条件下径向变折射率透镜中子午光线轨迹所满足的微分方程，其通解为

$$\rho = A\cos(az) + B\sin(az) \tag{4-211}$$

求导可得

$$\frac{\mathrm{d}\rho}{\mathrm{d}z} = -aA\sin(az) + aB\cos(az) \tag{4-212}$$

式（4-211）和式（4-212）就是傍轴近似条件下描述径向折射率为平方分布的透镜中，子午光线的轨迹方程和切线斜率方程，其中积分常数 A 和 B 需要由初始条件确定。

假设光线起始点和起始点的斜率为

$$\rho\big|_{z=0} = \rho_0,\quad \left.\frac{\mathrm{d}\rho}{\mathrm{d}z}\right|_{z=0} = \tan\gamma_0 \tag{4-213}$$

代入式（4-211）和式（4-212）并联立求解，得到

$$A = \rho_0,\quad B = \frac{\tan\gamma_0}{a} \tag{4-214}$$

由此得到子午光线轨迹方程为

$$\begin{cases} \rho = \rho_0\cos(az) + \dfrac{\tan\gamma_0}{a}\sin(az) \\ \dfrac{\mathrm{d}\rho}{\mathrm{d}z} = -a\rho_0\sin(az) + \tan\gamma_0\cos(az) \end{cases} \tag{4-215}$$

为了清楚和方便比较起见，可将轨迹方程（4-215）的第一式化为余弦形式。令

$$D = \sqrt{\rho_0^2 + \frac{\tan^2\gamma_0}{a^2}},\quad \cos\phi_0 = \frac{\rho_0}{D},\quad \sin\phi_0 = \frac{\tan\gamma_0/a}{D} \tag{4-216}$$

则有

$$\rho = D\cos(az - \phi_0) \tag{4-217}$$

比较式（4-186）和式（4-217）可知，对于径向折射率为平方分布的透镜，在傍轴光线的情况下，虽然光线仍为周期余弦曲线，但周期与入射角无关，仅与聚焦常数有关，表明傍轴光线在径向折射率为平方分布的透镜中仍然可以近似聚焦。

4.3.3 轴向变折射率透镜光学特性

对于均匀球面透镜，轴向变折射率透镜既可以做成很大的透镜，也可以做成微小透镜阵列；并且由于折射率分布是 z 的函数，给光学设计带来了方便。因此，轴向变折射率透镜在应用光学领域受到极大的重视。例如，轴向变折射率透镜在施密特校正板、准直透镜、摄影物镜、望远镜、消除像差和光盘拾光头等实际应用中都起到重要作用。

在直角坐标系下，假设光轴沿 Z 轴方向，轴向变折射率透镜的折射率分布可表示为

$$n(\mathbf{r}) = n(z) \tag{4-218}$$

显然，轴向变折射率透镜的折射率仅是 z 的函数，与 x 和 y 无关，等折射率面平行于 XY 平面，透镜中心平面为 XY 平面，如图 4-12 所示。

因轴向变折射率透镜的折射率分布是 z 的函数，必有

$$\frac{\partial n(z)}{\partial x}=0,\quad \frac{\partial n(z)}{\partial z}=0 \tag{4-219}$$

将此式代入光线方程（4-136）的第一式和第二式，有

$$\begin{cases}\dfrac{\mathrm{d}p_x}{\mathrm{d}l}=\dfrac{\mathrm{d}}{\mathrm{d}l}\left[n(z)\dfrac{\mathrm{d}x}{\mathrm{d}l}\right]=0\\[2ex]\dfrac{\mathrm{d}p_y}{\mathrm{d}l}=\dfrac{\mathrm{d}}{\mathrm{d}l}\left[n(z)\dfrac{\mathrm{d}y}{\mathrm{d}l}\right]=0\end{cases} \tag{4-220}$$

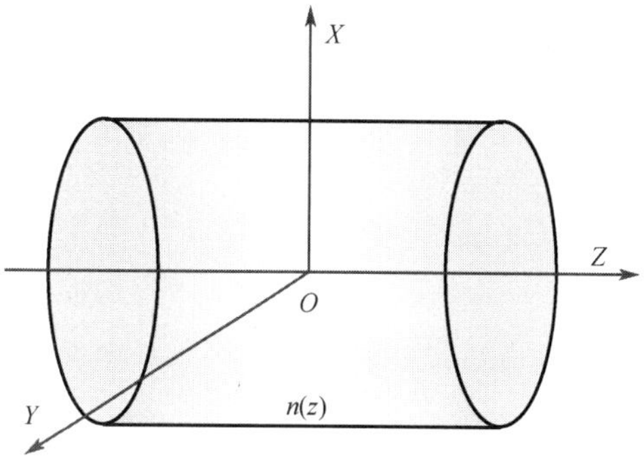

图 4-12　轴向变折射率透镜

积分得到

$$\begin{cases}p_x=n(z)\dfrac{\mathrm{d}x}{\mathrm{d}l}=p_x(0)(\text{常数})\\[2ex]p_y=n(z)\dfrac{\mathrm{d}y}{\mathrm{d}l}=p_y(0)(\text{常数})\end{cases} \tag{4-221}$$

将式（4-121）代入 Z 轴方向的光学方向余弦，有

$$p_z=n(z)\frac{\mathrm{d}z}{\mathrm{d}l}=\sqrt{n^2(z)-p_x^2(0)-p_y^2(0)} \tag{4-222}$$

由此可以看出，轴向变折射率透镜在 X 轴方向和 Y 轴方向的光学方向余弦为常数，Z 轴方向的光学方向余弦为 z 的函数，且与 X 轴方向和 Y 轴方向的光学方向余弦有关。

由式（4-221）有

$$\begin{cases}\mathrm{d}x=p_x(0)\dfrac{\mathrm{d}l}{n(z)}\\[2ex]\mathrm{d}y=p_y(0)\dfrac{\mathrm{d}l}{n(z)}\end{cases} \tag{4-223}$$

又由式（4-222）有

$$\mathrm{d}l=\frac{n(z)}{\sqrt{n^2(z)-p_x^2(0)-p_y^2(0)}}\mathrm{d}z \tag{4-224}$$

将此式代入式（4-223），得到

$$\begin{cases}\mathrm{d}x=\dfrac{p_x(0)}{\sqrt{n^2(z)-p_x^2(0)-p_y^2(0)}}\mathrm{d}z\\[2ex]\mathrm{d}y=\dfrac{p_y(0)}{\sqrt{n^2(z)-p_x^2(0)-p_y^2(0)}}\mathrm{d}z\end{cases} \tag{4-225}$$

积分得到

$$\begin{cases}x=x_0+p_x(0)\displaystyle\int_{z_0}^{z}\dfrac{\mathrm{d}z}{\sqrt{n^2(z)-p_x^2(0)-p_y^2(0)}}\\[2ex]y=y_0+p_y(0)\displaystyle\int_{z_0}^{z}\dfrac{\mathrm{d}z}{\sqrt{n^2(z)-p_x^2(0)-p_y^2(0)}}\end{cases} \tag{4-226}$$

式（4-226）就是描述轴向变折射率透镜中光线轨迹的积分方程。当轴向折射率 $n(z)$ 已知时，

求积分就可得到光线轨迹的解析形式。

在傍轴近似情况下，取 $\mathrm{d}l \approx \mathrm{d}z$，对式（4-223）积分可得

$$\begin{cases} x = x_0 + p_x(0)\displaystyle\int_{z_0}^{z} \frac{\mathrm{d}z}{n(z)} \\ y = y_0 + p_y(0)\displaystyle\int_{z_0}^{z} \frac{\mathrm{d}z}{n(z)} \end{cases} \tag{4-227}$$

在直角坐标系下，假设在轴向变折射率透镜光线上任意取三点，三点处的光学方向余弦分别为

$$\begin{cases} \mathbf{p}_1 = p_x(0)\mathbf{e}_x + p_y(0)\mathbf{e}_y + p_{z1}(z)\mathbf{e}_z \\ \mathbf{p}_2 = p_x(0)\mathbf{e}_x + p_y(0)\mathbf{e}_y + p_{z2}(z)\mathbf{e}_z \\ \mathbf{p}_3 = p_x(0)\mathbf{e}_x + p_y(0)\mathbf{e}_y + p_{z3}(z)\mathbf{e}_z \end{cases}$$

三个矢量的混合积为

$$\mathbf{p}_1 \cdot (\mathbf{p}_2 \times \mathbf{p}_3) = \begin{vmatrix} p_x(0) & p_y(0) & p_{z1}(z) \\ p_x(0) & p_y(0) & p_{z2}(z) \\ p_x(0) & p_y(0) & p_{z3}(z) \end{vmatrix}$$

由于行列式两列元素成比例，因而行列式为零。由此表明，轴向变折射率透镜中的光线轨迹在一平面内。

由式（4-221）可知，轴向变折射率透镜中光线上每一点在 X 轴和 Y 轴方向的光学方向余弦为常数，因而有

$$p_x^2 + p_y^2 = p_x^2(0) + p_y^2(0) = C^2\text{（常数）}$$

又由式（4-222）有

$$n^2(z) - p_z^2 = n^2(z)\left[1 - \left(\frac{\mathrm{d}z}{\mathrm{d}l}\right)^2\right] = p_x^2(0) + p_y^2(0) = C^2\text{（常数）} \tag{4-228}$$

假设轴向变折射率透镜中光线上每一点的切线方向与 Z 轴的夹角为 γ，则有

$$\frac{\mathrm{d}z}{\mathrm{d}l} = \cos\gamma$$

代入式（4-228），得到

$$n^2(z)\sin^2\gamma = C^2\text{（常数）}$$

两边开平方，有

$$n(z)\sin\gamma = C\text{（常数）} \tag{4-229}$$

这就是轴向变折射率透镜中光线满足的折射定律。与均匀介质分界面光传播满足的折射定律的形式完全相同。

将式（4-221）和式（4-227）代入求和项 $xp_y - yp_x$ 中，得到

$$xp_y - yp_x = x_0 p_y(0) - y_0 p_x(0) \tag{4-230}$$

式中，x_0 和 y_0 为光线在透镜端面入射点的直角坐标，$p_x(0)$ 和 $p_y(0)$ 分别为入射光线在入射点处的 X 轴方向和 Y 轴方向的光学方向余弦。式（4-230）表明，轴向变折射率透镜具有和径向变折射率透镜相同的倾斜不变特性。

对于端面为平面的轴向变折射率透镜来说，由式（4-227）不难看出 x 和 y 随 z 的变化，积分项是相同的，因而轴向变折射率透镜中的光线为不同入射点 (x_0, y_0) 相对应的平行光线。如果将轴向变折射率透镜制成平板型，则轴向变折射率透镜就不具有聚焦作用。要使轴向变折射率透镜具有聚焦、发散或准直作用，需要将轴向变折射率透镜的端面制成球面或非球面。

4.4　成像的基本概念

任何物体都可发射或反射电磁波，包括可见光和红外光等，通常几何光学仅涉及可见光，但其原理适用于电磁辐射的所有波长。发射光波的物体称为初级光源，反射光波的物体称为次级光源。对于一个有限大小的物体，不论作为初级光源还是作为次级光源，都可以看成由分布在物体表面的发出球面光波的点光源构成。几何光学用光线描述光波的传播，物体发光可看成由分布在物体表面的发射光线的点构成，这些点称为物点，人眼看到的物体就是通过物点发出的光线而观察到物体。例如，一个人能看到另一个人的面部，是因为人面部的每个点作为物点可以发射光线，如图 4-13 所示。

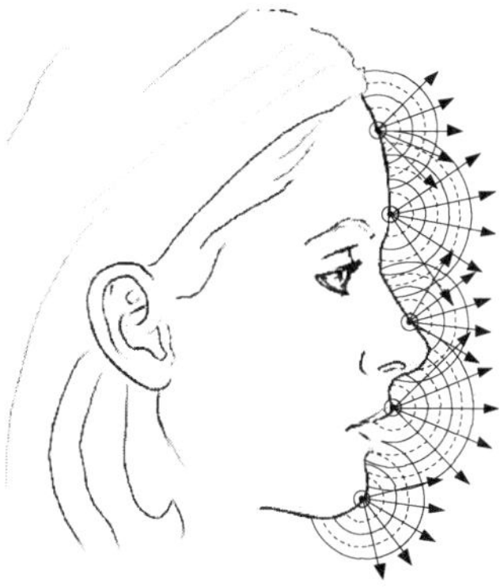

图 4-13　物点发射的球面波和光线

当某物点发射的光线经一光学系统（人眼也是一个光学系统）聚焦于另一点时，这一点就是与物点相对应的像点。从光线的角度看，这一成像过程就是物点发出的发散光线经光学系统后会聚于像点，然后离开像点继续发散，所以像点就是物点的复制，如图 4-14（a）所示。物点发出的发散光线经光学系统后，可以是会聚光线，也可以是发散光线。光线会聚于一点形成的像为实像；光线发散但反向延长线交于一点，这个点称为虚像点，如图 4-14（b）所示。下面讨论基本光学系统的几何成像原理。

4.4.1　平面反射镜成像

1．平面镜成虚像

平板玻璃表面镀银膜或铝膜就可构成平面反射镜（简称为平面镜），如图 4-15（a）所示。平面镜是最简单的成像系统，其成像原理是光的反射定律。选取直角坐标系，平面镜的反射面为 XY 平面，Z 轴垂直于镜面，物点 P 放置于 Z 轴上的 z 处，物点 P 发出的光线在镜面产生反射，假设入射光线与镜面法线的夹角为 θ_i，反射光线与镜面法线的夹角为 θ_r，根据反射定律，入射角等于反射角。但在几何光学中，符号规则规定，以垂直于平面镜的 Z 轴为准，角度变化逆时针度量为正，顺时针度量为负，所以 θ_i 取负值，θ_r 取正值，由此反射定律可写成

$$\theta_\mathrm{i} = -\theta_\mathrm{r} \tag{4-231}$$

平面镜的反射光线是发散光线，而反射光线的反向延长线交于点 P'，表明平面反射镜成虚像，如图 4-15（b）所示。

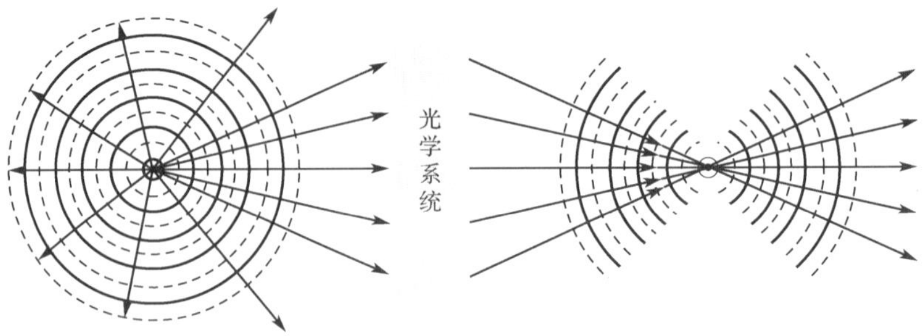

（a）实像点

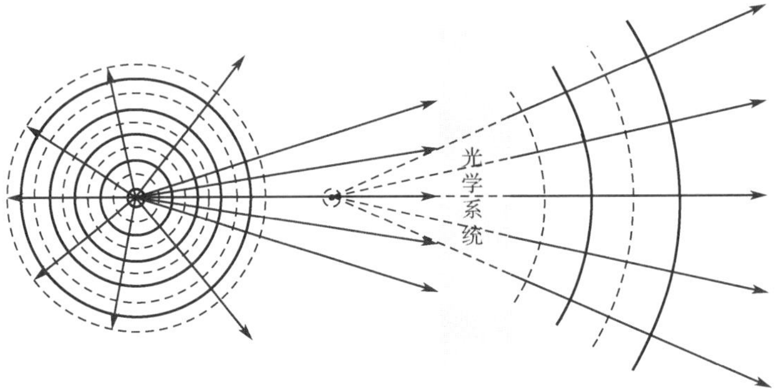

（b）虚像点

图 4-14　物点通过光学系统成像

（a）平板玻璃反射镜

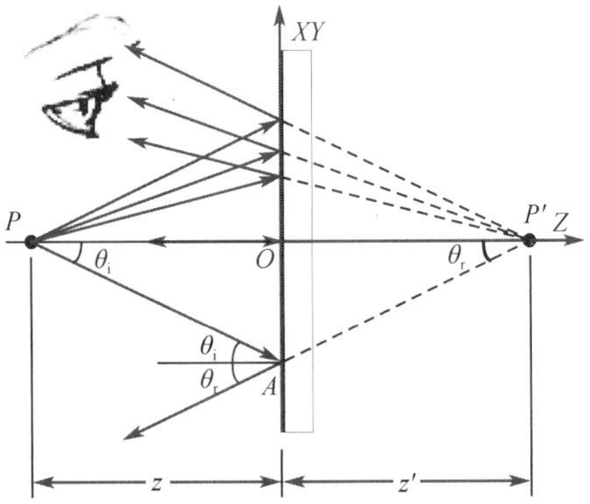

（b）成像关系

图 4-15　平面反射镜成像

2．平面镜成像物距等于像距

对于平面镜，物点 P 发出的垂直于镜面的光线以相反方向反射回到物点，表明像点也在 Z 轴上，其像点坐标为 z'。由于三角形 ΔOAP 与三角形 $\Delta OAP'$ 全等，所以物距与像距相等，即

$$-z = z' \tag{4-232}$$

几何光学关于距离的符号规则规定：光线从左向右传播，选择反射镜面为原点，距离从原点向左测量取负值，距离从原点向右测量取正值。所以，图中标注的物距 z 本身隐含取负值，而像距 z' 取正值。

3．平面镜的横向放大率

为了描述物与像的对应关系，几何光学把镜面“前”摆放物的空间称为物空间，而把镜面“后”成像的空间称为像空间。物空间和像空间的物点和像点是一对共轭点，物空间的物点有且仅有像空间的一个像点与之对应。换句话说，一个镜面的物空间的任何一点都对应了像空间的一个共轭点。另外，对于有限大小的物体，为了简单起见，几何光学通常用带箭头的线表示物和像，实线表示实物和实像，虚线表示虚物和虚像，箭头向上表示正立的物和像，箭头向下表示倒立的物和像。

如图 4-16（a）所示，在平面镜前放置一物体，其高为 y，平面镜成像，像高为 y'。由于物距等于像距，光线入射角等于反射角，物空间直角三角形 ΔABO 与像空间直角三角形 $\Delta A'B'O$ 全等，所以像高 y' 等于物高 y。通常把像高与物高的比值定义为横向放大率，用 β 表示，即

$$\beta = \frac{y'}{y} \tag{4-233}$$

显然，平面镜的横向放大率为 1。几何光学规定，如果物或像在光轴（图中 Z 轴）上方（Y 轴正方向），取 $y>0$ 或 $y'>0$；如果物或像在光轴下方（Y 轴负方向），取 $y<0$ 或 $y'<0$。$\beta>0$ 表示正立的像，$\beta<0$ 表示倒立的像。由此可以判断，平面反射镜成正立的像。

4．平面镜的镜像特性

平面镜成像具有镜像特性。如图 4-16（b）所示，把符合右手法则的直角坐标系作为物，由于靠近镜面的物点形成靠近镜面的像，所以镜面物空间的右手坐标系在像空间看起来是一个左手坐标系，这就是平面镜的镜像特性。

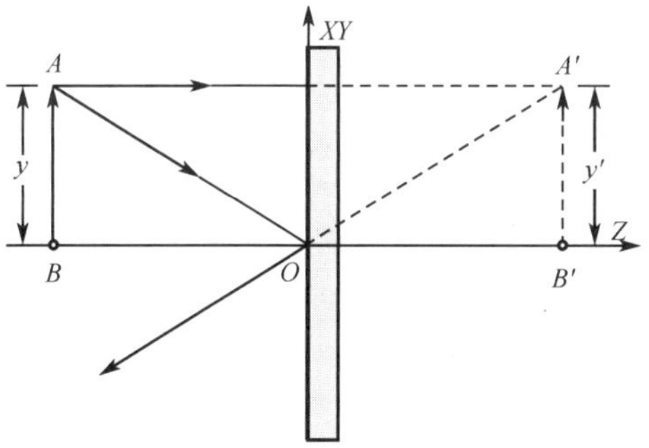

（a）放大率

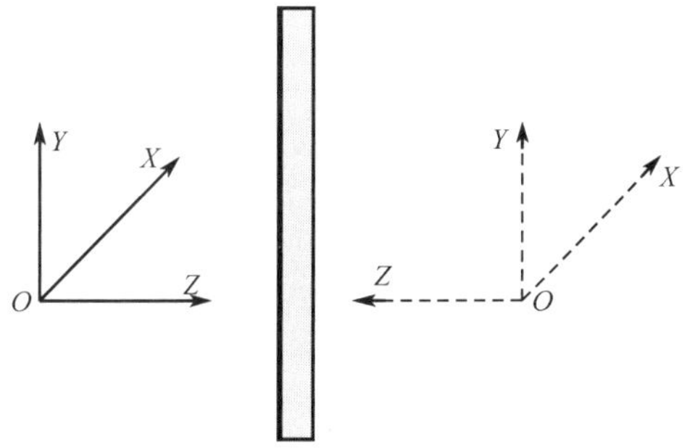

（b）镜像关系

图 4-16　平面镜的放大率和镜像关系

5．平面镜的视场

平面镜成像的范围与镜面大小和人眼睛所处位置有关，通常把人眼能看到的物空间范围称为视场。如图 4-17（a）所示，物点 P 通过镜面 DE 成像，作镜面边缘点 E 和 D 的反射光线，反射光线的反向延长线的交点 P' 即为像点，两条反射光线之间的空间就是人眼能看到像点的

范围，称为可见区。由此可见，镜面就像一个窗口，通过窗口仅能看到“镜后”物空间有限的范围。为了确定视场的范围，假设在平面镜前放置一物平面 AB，如图 4-17（b）所示，人眼位于 Z 轴上的 P 点，P' 点为人眼对应的像点，平面镜和物平面对称放置。由于镜面边缘点 D 和 E 的限制，物平面上光线能到达眼睛的反射光线最远点为 A 和 B，而人眼所能看到的物空间范围就是物平面 AB 所对应的像面 $A'B'$，所以 AB 就是平面镜的视场。根据相似三角形定理，由图 4-17（b）可知，视场与眼睛的位置和镜面大小的关系为

$$AB = A'B' = \frac{DE \times QP'}{OP'} = \frac{DE \times PQ'}{OP} \tag{4-234}$$

该式表明，在平面镜尺寸一定，人眼到平面镜的距离一定的情况下，物平面距离镜面越远，视场范围越大。在平面镜尺寸一定，物平面到镜面距离一定的情况下，人眼距离镜面越近，看到的视场范围越大。

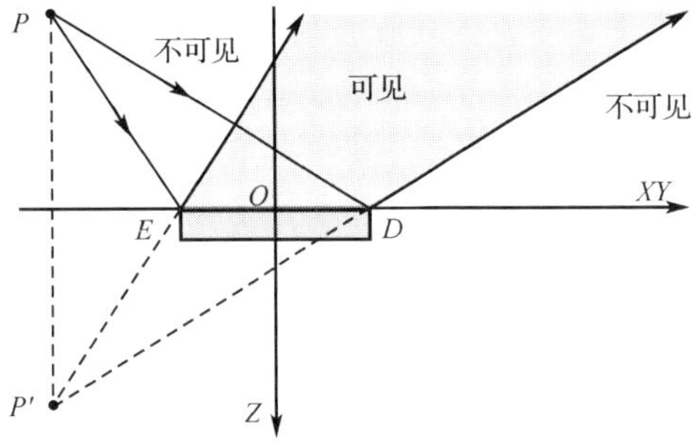

（a）可见区

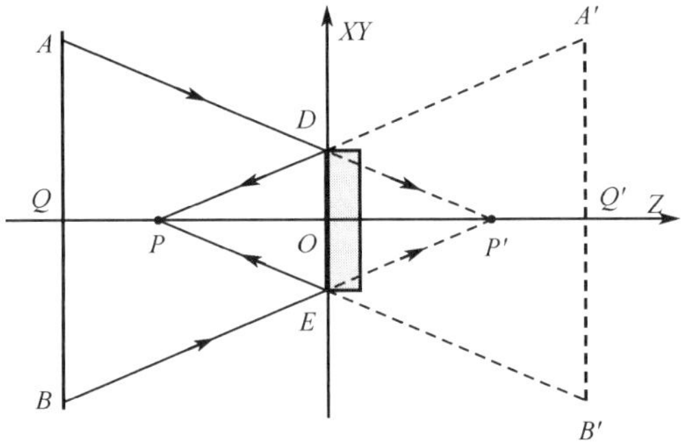

（b）视场的确定

图 4-17　平面镜的视场

4.4.2　平面折射成像

由两个折射率不同的均匀介质分界面构成的平面折射系统也是简单平面成像光学系统，其成像原理是光的折射定律。例如，空气-玻璃界面、空气-水界面和水-玻璃界面等。

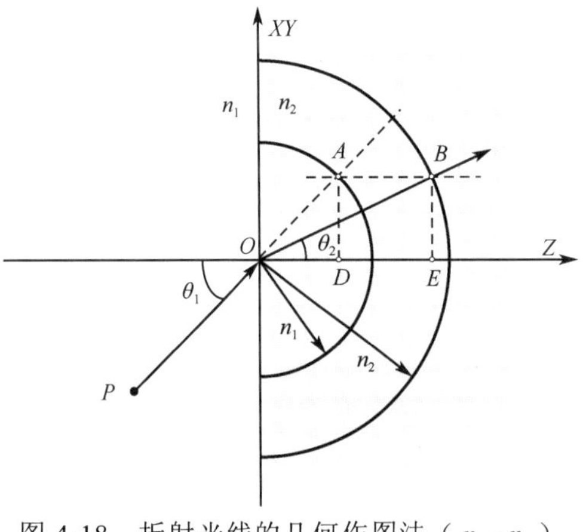

图 4-18　折射光线的几何作图法（$n_1 < n_2$）

1．折射光线作图法

平面折射成像与平面镜成像一样，可以通过几条折射光线的交点确定像的位置。图 4-18 所示为确定折射光线的作图方法。假设两介质的折射率分别为 n_1 和 n_1，$n_2 > n_1$，位于介质 1 中的物点 P 发出光线入射到界面上的 O 点，入射角为 θ_1，折射光线满足折射定律

$$n_1 \sin\theta_1 = n_2 \sin\theta_2 \tag{4-235}$$

式中，θ_2 为光线在介质 2 中的折射角，通过作图可以求得 θ_2。以入射点 O 为圆心，以 n_1 为半径画圆（作图时可将半径乘以一个比例因子进行放大），入射光线的延长线交半径为 n_1 的圆于 A 点，再过 A 点作 Z 轴的垂线，交 Z 轴于 D 点，垂线 AD 就是 $n_1 \sin\theta_1$。再以 n_2 为半径画圆，通过 A 点作 Z 轴的平行线，交以 n_2 为半径的圆于

B 点，作垂线 BE，则 $BE = n_2 \sin\theta_2$，且 $AD = BE$，满足折射定律式（4-235）。连接点 O 和点 B，OB 就是介质 2 中的折射光线。对于 $n_2 < n_1$，上述作图方法同样适用。

2．平面折射成像存在像差

平面折射成像可通过折射光线确定像点的位置，而折射光线既可由上述作图法得到，也可通过计算得到，下面给出计算实例。如图 4-19 所示，介质 1 为空气，折射率 $n_1 = 1.0$，介质 2 为玻璃，折射率 $n_2 = 1.5$，$n_2 > n_1$。在介质 2 中物点 P 发出光线，经玻璃与空气的分界面产生折射。图中给出了入射角分别为 $\pm5^\circ$、$\pm15^\circ$、$\pm25^\circ$ 和 $\pm35^\circ$ 的入射光线和折射光线的计算结果（为了清楚起见，图沿横向做了拉伸处理），图中虚线为折射光线的反向延长线。由图可见，对称折射光线的反向延长线两两相交于 Z 轴，但不同入射角并不相交于一点，入射角越大，分散程度越大，表明平面折射成像存在像差。

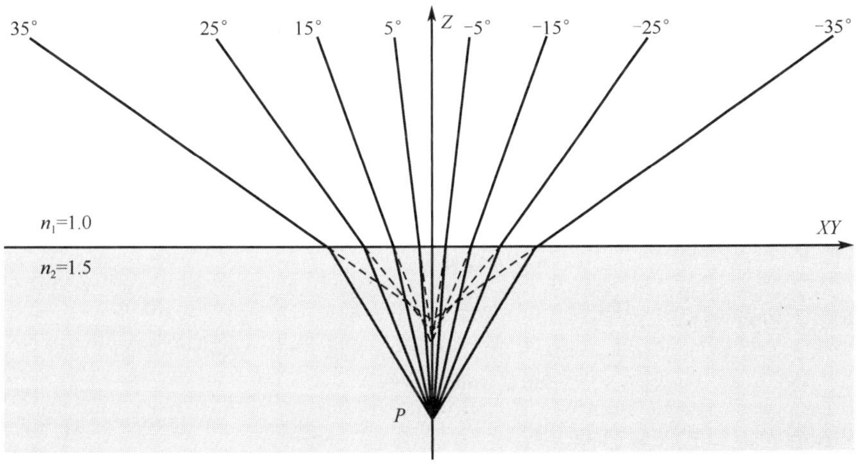

图 4-19　平面折射光线的像差

3．平面折射成像小角度（傍轴）近似

虽然平面折射成像存在像差，但透过平板玻璃可以看到清晰的像，当观察水面下的物体时，也可以看到物体的像，这些都是折射光线成像。实际上，人眼看到的像仅仅是小角度入射光线折射产生的像，因为小角度入射光线产生的折射光线近似相交于一点，这一点就是人眼看到的像点。

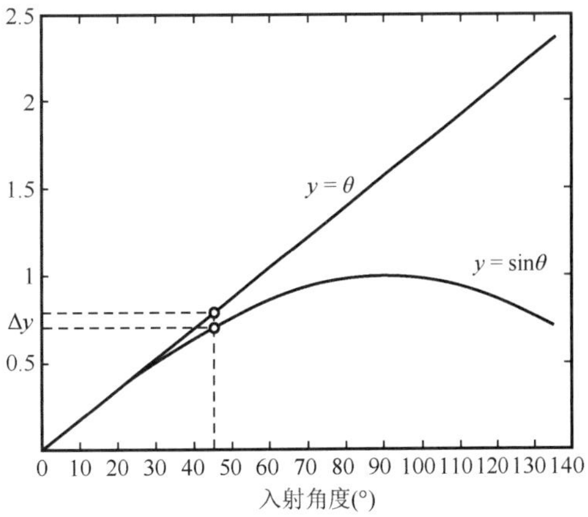

图 4-20　正弦函数曲线与直线的误差比较

平面折射成像存在像差的原因是，折射光线满足的折射定律中的正弦函数 $\sin\theta$ 为非线性函数。图 4-20 给出了正弦函数 $y = \sin\theta$ 和直线 $y = \theta$ 的计算结果（为了便于比较，图中的角度坐标将弧度坐标转换成度）。可以明显看出，入射角 θ 越大，正弦函数与直线的偏离程度越大，即误差越大。但在小角度 θ 的情况下，正弦函数与直线非常接近。由此可将正弦函数在 $\theta = 0$ 处按级数展开，有

$$\sin\theta = \theta - \frac{\theta^3}{3!} + \frac{\theta^5}{5!} - \cdots \tag{4-236}$$

取一级近似，则折射定律式（4-235）化简为

$$n_1\theta_1 = n_2\theta_2 \tag{4-237}$$

例如，取角度 $\theta = 0.2618\text{rad}(15^\circ)$，计算得到 $\sin(0.2618) = 0.2588$，角度与角度正弦的差值为 $\Delta y = 0.003$，相对误差为 1.14%。如果入射角度小于 15°，误差会更小。

在小角度近似条件下，根据折射定律式（4-237），平面折射光线的作图可以简化。如图 4-21（a）所示，在 Z 轴上取点 D，坐标为 $z = n_1$；取点 E，坐标为 $z = n_2$，通过点 D 和点 E 作平行于折射面的平行线。入射光线的延长线交过点 D 的 Z 轴垂线于点 A，通过点 A 作 Z 轴的平行线，交过点 E 的 Z 轴垂线于点 B，连接 OB 即为小角度近似条件下的折射光线。在小角度近似条件下，折射光线的反向延长线都将严格相交于一点，不存在像差。

4．平面折射成像小角度条件下的物像关系

在小角度近似条件下，物距和像距的关系可通过简单的几何关系得到。如图 4-21（b）所示，入射介质的折射率为 n_1，折射介质的折射率为 n_2，并假设 $n_1 > n_2$。物点 P 发出光线，经折射成像于点 P'，物距为 z，像距为 z'。注意，为了清楚起见，图中入射光线和折射光线沿横向均进行了拉伸放大。由图可知，直角三角形 ΔPOA 满足关系

$$\tan\theta_1 \approx \theta_1 = \frac{y}{-z} \tag{4-238}$$

而直角三角形 $\Delta P'OA$ 满足关系

$$\tan\theta_2 \approx \theta_2 = \frac{y}{-z'} \tag{4-239}$$

将此二式代入折射定律式（4-237），有

$$z' = \frac{n_2}{n_1} z \tag{4-240}$$

这就是小角度近似条件下的物距和像距之间的关系，也是折射定律的另一种形式。

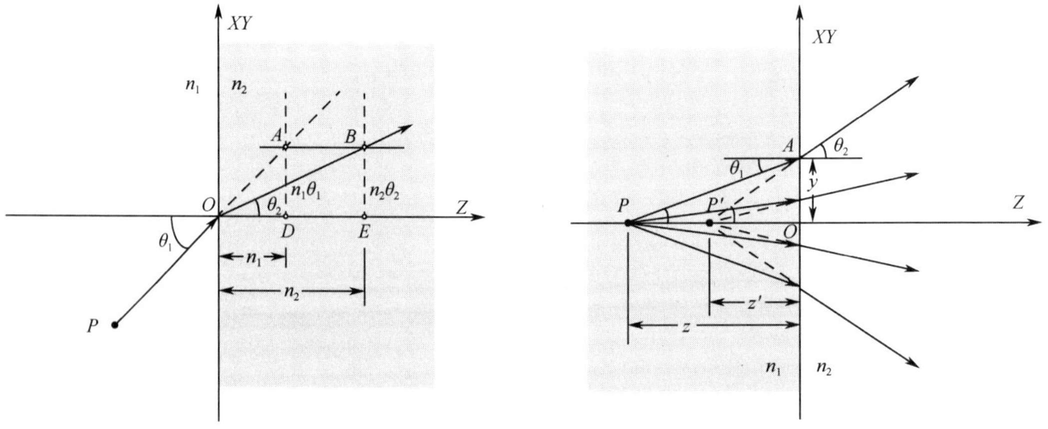

（a）几何作图法（$n_1 < n_2$）　　（b）物像关系（$n_1 > n_2$）

图 4-21　小角度入射条件下折射光线的几何作图法和物像关系

5．平面折射成像的横向放大率

如图 4-22（a）所示，介质 1 的折射率为 n_1，介质 2 的折射率为 n_2，物 AB 放置于介质 1 中，物距为 z，物高为 y。物经过平面折射成像，从物的顶点 A 作平行于 Z 轴的入射光线，再通过点 A 作斜入射光线 AO。在小角度情况下，由直角三角形 ΔABO 可得

$$y = -z\tan\theta_1 \approx -z\theta_1 \tag{4-241}$$

对于垂直入射，折射光线也平行于 Z 轴。对于斜入射光线，根据折射定律式（4-237），可作斜入射光线对应的折射光线，其折射角为 θ_2。两折射光线的反向延长线相交于点 A'，$A'B'$ 即为物 AB 的像。由直角三角形 $\Delta A'B'O$ 可得

$$y' = -z'\tan\theta_2 \approx -z'\theta_2 \tag{4-242}$$

式中，z' 为像距。

将式（4-241）和式（4-242）代入横向放大率的定义式（4-233），有

$$\beta = \frac{y'}{y} = \frac{z'\theta_2}{z\theta_1} \tag{4-243}$$

将折射定律式（4-237）代入上式，得到

$$\beta = \frac{y'}{y} = \frac{z'n_1}{zn_2} \tag{4-244}$$

由式（4-240）可以判断，平面折射成像的横向放大率为 1。

6．平板玻璃（厚玻璃板）成像

如图 4-22（b）所示，假设入射介质的折射率为 n_1，玻璃的折射率为 n_2，玻璃厚度为 d，折射介质的折射率为 n_3。物点 P_1 在入射介质中，相对于玻璃的第一折射面，物距为 z_1，由式（4-240）可知，像距为

$$z_1' = \frac{n_2}{n_1}z_1 \tag{4-245}$$

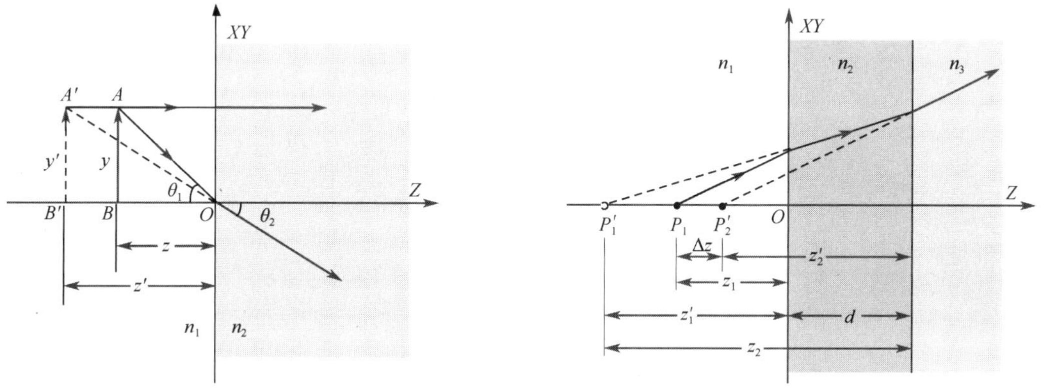

（a）平面折射成像的横向放大率　　（b）平板玻璃成像

图 4-22　平面折射成像的横向放大率及平板玻璃成像

如果把玻璃的第一折射面所成的像作为第二折射面的物，其物距为

$$z_2 = z_1' - d \tag{4-246}$$

式中，相对于第二折射面，z_2 取负值，而玻璃厚度 d 取正值。对于第二折射面，应用物像关

系式（4-240）有

$$z_2' = \frac{n_3}{n_2} z_2 = \frac{n_3}{n_2} z_1' - \frac{n_3}{n_2} d \tag{4-247}$$

将式（4-246）代入上式，得到

$$z_2' = \frac{n_3}{n_1} z_1 - \frac{n_3}{n_2} d \tag{4-248}$$

此式就是在小角度入射情况下计算玻璃板像距的公式。

由图 4-22（b）也可以看出，人眼通过玻璃板看到物体的像，物与像存在位移。位移大小为

$$\Delta z = (z_2' + d) - z_1 = \left(\frac{n_3}{n_1} - 1\right) z_1 + \left(1 - \frac{n_3}{n_2}\right) d \tag{4-249}$$

如果玻璃板周围为空气，即 $n_1 = n_3 = 1.0$，则式（4-249）化简为

$$\Delta z = \left(1 - \frac{1}{n_2}\right) d \tag{4-250}$$

显然，物像位移仅与玻璃的折射率和玻璃厚度有关。假设玻璃的折射率为 $n_2 = 1.5$，则 $\Delta z = d/3$，表明物像位移是玻璃厚度的三分之一，位移方向靠近玻璃板，也就是说，人眼看到的像比物近。

4.4.3 球面反射镜成像

几何光学的主要内容均涉及球面成像，应用极为广泛，原因包括：①球面易于加工；②在球面曲率半径较大的情况下，球面可以提供适当的成像质量；③从数学的角度讲，球面是绝大多数光学表面很好的一级近似，可以用简单的数学方法进行处理。

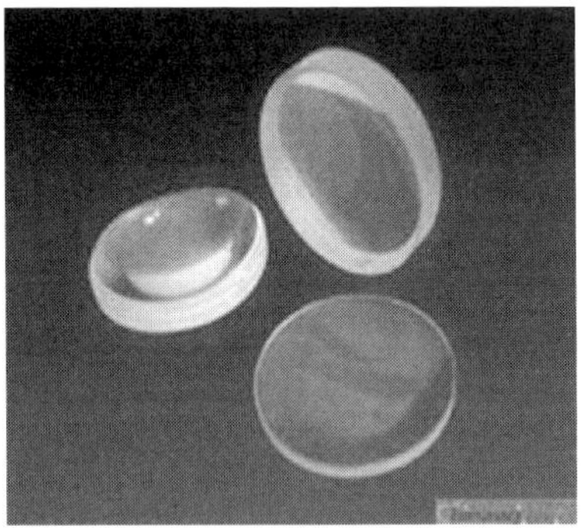

图 4-23　球面镜

球面有“凸”和“凹”之分，向外弯曲的球面称为凸球面，向内弯曲的球面称为凹球面，图 4-23 所示为球面镜。球面具有轴对称性，所以由球面构成的光学系统也具有轴对称性。一般情况下，构成光学系统的所有球面的球心和开孔的圆心都在同一条直线上，这条直线通常称为光轴。

球面镜成像的基本原理是光的反射定律，但反射光线并不相交于一点，如图 4-24 所示。图 4-24（a）为凹球面镜反射光线，图 4-24（b）为凸球面镜反射光线，由图可以看出，在入射角差别较大的情况下，以光轴对称入射角相同的两反射光线相交，不同入射角的反射光线或反射光线的反向延长线并不相交于一点。但球面镜确实可以成清晰的像，如汽车的后视镜就是球面反射镜。球面镜成像和平板折射成像相同，人眼看到的像是小角度入射光线所成的像，这些小角度入射光线通常称为傍轴光线或近轴光线。在不考虑像差的情况下，认为傍轴光线可交于同一点。

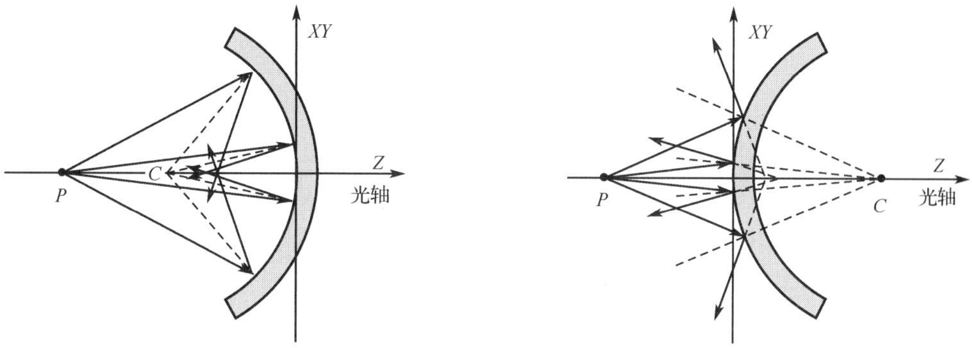

（a）凹球面镜　　　　（b）凸球面镜

图 4-24　球面镜反射光线

1．球面镜傍轴光线作图法

由于傍轴光线接近光轴，光线之间彼此很接近，为了克服画图困难，常采用横向拉伸处理，这样就使得球面看起来近似于平面。如图 4-25 所示，球面镜顶点 O 与光轴（Z 轴）相交，过球面顶点 O 作切平面，图中对应 XY 平面。球面镜傍轴光线作图是以 XY 平面为反射面，而不是以球面为反射面，但入射角和反射角的度量必须是以球面镜的法线为准。物点 P 发出光线，相交切平面于点 A，连接点 A 与球心点 C 即为球面镜的法线，入射光线与法线夹角为 θ_i，以法线为准，由反射定律作反射光线 AP'，反射角为 θ_r，$\theta_r = -\theta_i$［见式（4-231）］。由于沿光轴入射光线沿原路返回，所以两条光线的相交点 P' 就是与物点对应的像点。

虽然用切平面替代反射球面，入射光线和反射光线以球面法线为准，但这样作出的所有光轴上物点 P 的傍轴反射光线都交于一点。所以通常仅需要作一条傍轴光线，其与光轴光线就可确定像的位置。

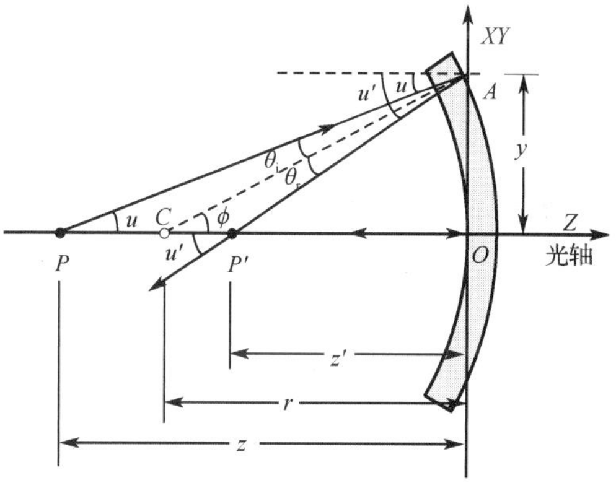

图 4-25　球面镜傍轴反射光线

2．球面镜成像的物像关系

为了便于推导球面镜成像的物像关系，可选择用入射光线与光轴之间的夹角 u 和法线与光轴的夹角 ϕ 来表示入射角和反射角。根据图 4-25，利用三角形外角关系，有

$$\begin{cases} u - \theta_i = \phi \\ u' = \phi + \theta_r \end{cases} \tag{4-251}$$

式中，u 称为入射光线倾角，u' 称为反射光线倾角。需要强调的是，此处入射角和反射角是以法线为准度量的，而 u 和 u' 是以光轴为准度量的。

利用傍轴条件下的反射定律式（4-231），令式（4-251）的两式相加，得到

$$u + u' = 2\phi \tag{4-252}$$

倾角 u 和 u' 可分别由物距 z 和像距 z' 表示，在傍轴近似条件下有

$$u \approx \tan u = \frac{y}{-z} \tag{4-253}$$

$$u' \approx \tan u' = \frac{y}{-z'} \tag{4-254}$$

而ϕ可表示为

$$\phi \approx \tan \phi = \frac{y}{-r} \tag{4-255}$$

式中，r为球面镜的半径。将式（4-253）～式（4-255）代入式（4-252），得到

$$\frac{1}{z} + \frac{1}{z'} = \frac{2}{r} \tag{4-256}$$

此式就是球面镜物像关系方程，适用于所有球面镜成像的情况。

3．球面镜的焦点和焦距

如果物在距球面镜无穷远处，即物距$z \to -\infty$，物面上的所有入射傍轴光线可以看作平行光线，由式（4-256）可知，其像距为$r/2$，对应的像点称为球面镜的像方焦点，通常标记作F'。另一方面，按光路可逆性原理，如果在$r/2$处放置一物点，则必成像于无穷远处，这一物点称为球面镜的物方焦点，通常标记作F。显然，球面镜的物方焦点和像方焦点在物理上是同一个点。物方焦点距离球面镜顶点的距离为物方焦距，记作f；像方焦点距离球面镜顶点的距离为像方焦距，记作f'。由式（4-256）有

$$f = f' = \frac{r}{2} \tag{4-257}$$

4．球面镜像位置的确定和球面镜的横向放大率

对于有限大小的物体，球面镜成像可由两条特殊光线加以确定，一条是经过球面镜曲率中心的光线，一条是通过焦点的光线。如图 4-26（a）所示，从物的顶点A作平行于光轴的入射光线，反射光线必经过焦点F'。另外，从物的顶点A作通过焦点F的入射光线，经球面镜反射后为平行于光轴的光线。两光线相交于点A'，点A'就是点A的像。像点A'还可以通过第三条光线进行检验，从物点A作通过曲率中心C的光线，由于通过曲率中心的光线其入射角和反射角均为0，所以通过曲率中心的光线必经过像点A'（图中未画出）。

从物点A作经过球面顶点O的入射光线和反射光线，可以确定球面镜的横向放大率β。如图 4-26（b）所示，由于入射角等于反射角，所以直角三角形ΔAOB相似于直角三角形$\Delta A'OB'$，有

$$\beta = \frac{y'}{y} = -\frac{z'}{z} \tag{4-258}$$

对于球面镜来说，按几何光学符号约定规则，比值y'/y为负值，而比值z'/z为正值，所以在z'/z前面加负号，由此也表明凹球面镜成倒立的实像。另外，$|z'|<|z|$，成缩小的像；$|z'|>|z|$，成放大的像。

5．球面镜轴外物点成像

沿光轴把一个有限大小的物体放置于无穷远处，物体每一点发出的光线都可看成平行于光轴的光线，物体成像于光轴的焦点。但是，如果无穷远处放置的是无限大物体，那么就必然存在轴外物点。轴外物点发出的平行光线与光轴存在一个夹角，如果夹角很小，在傍轴近

似条件下，反射光线仍相交于一点，且这一点位于经过焦点 F' 的平面上，这个平面称为焦平面。作经过球面镜曲率中心 C 的斜入射平行光线，然后再作通过焦点 $F(F')$ 垂直于光轴的直线（即垂直于 Z 轴的焦平面），交点即为无穷远处轴外物点的像在焦平面上的位置，如图 4-27 所示。

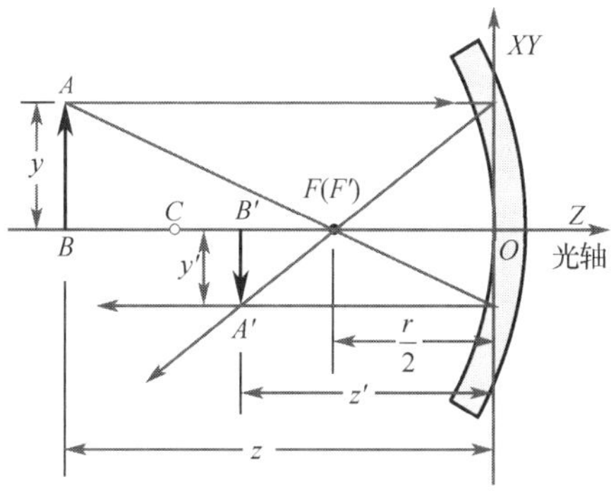

（a）球面镜像位置和大小的确定

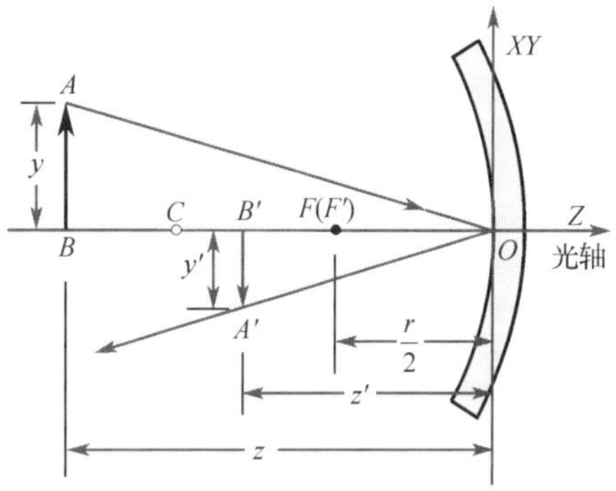

（b）横向放大率

图 4-26　球面镜像位置的确定和横向放大率

4.4.4　球面折射成像

与平面折射成像相同，球面折射成像的成像原理也是利用光通过两介质分界面满足折射定律，而分析方法则与球面反射镜的分析方法类似。

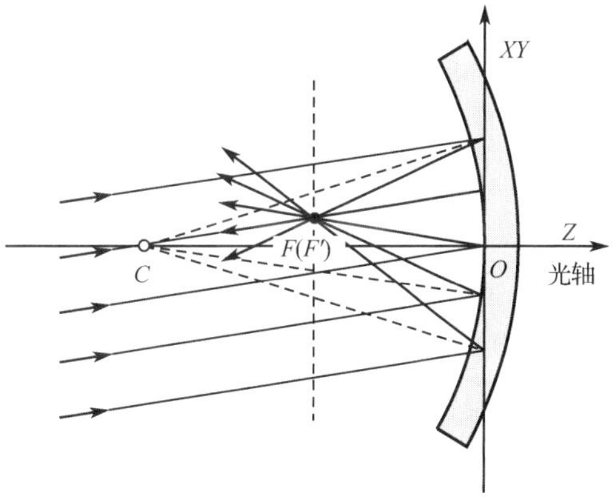

图 4-27　无穷远轴外物点成像

球面折射光线作图法如图 4-28（a）所示，物点 P 置于折射率为 n_1 的介质中，球的折射率为 n_2。物点 P 发出光线，与球面相交于点 E，然后以点 E 为圆心，分别以 n_1 和 n_2 为半径画圆（作图时半径可以同乘以一个比例因子进行放大），作入射光线 PE 延长线，与半径为 n_1 的圆相交于点 A。通过点 A 作平行于球面法线 CE 的平行线，与半径为 n_2 的圆相交于点 B，连接 EB 即为折射光线。由于球面具有轴向对称性，通过作图不难发现，光轴上物点 P 发出的光线在同一锥面上的折射光线可相交于一点，但不同锥面的折射光线并不相交。

1．球面折射傍轴光线作图法

与平面折射成像相同，球面折射成像也是小角度光线成像，因此，可将傍轴入射光线入射点处的球面看作平面，而入射角仍由球面的法线确定。如图 4-28（b）所示，光轴上物点 P 发出光线，与 XY 平面相交于点 E。然后作垂直于光轴的两个平面，距离 XY 平面分别为 n_1 和 n_2。距离为 n_1 的平面与入射光线的延长线相交于点 A，过点 A 作平行于球面法线 CE 的平行线，该平行线与距离为 n_2 的平面相交于点 B，连接 EB 即为傍轴近似条件下的折射光线。由于光轴上物点 P 沿光轴发出的光线不发生折射，所以任意一条傍轴折射光线与光轴的交点就是与物点 P 相对应的像点。

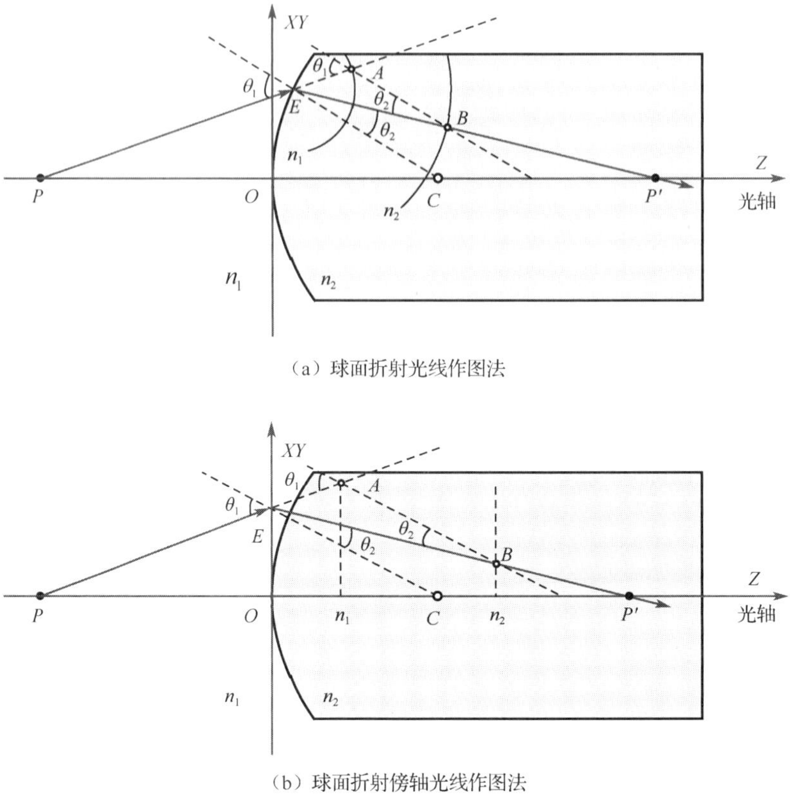

图 4-28　球面折射光线

2．球面折射成像的物像关系

如图 4-29 所示，用入射光线与光轴之间的夹角 u_1 和法线与光轴的夹角 ϕ 来表示入射角和反射角。利用三角形外角关系有

$$\begin{cases}\theta_1 = u_1 - \phi \\ -\phi = \theta_2 - u_2\end{cases} \tag{4-259}$$

将此式代入傍轴近似条件下的折射定律式（4-237），有

$$n_2u_2 - n_1u_1 = (n_2 - n_1)\phi \tag{4-260}$$

又

$$u_1 \approx \tan u_1 = \frac{y}{-z_1} \tag{4-261}$$

$$u_2 \approx \tan u_2 = -\frac{y}{z_2} \tag{4-262}$$

$$\phi \approx \tan\phi = -\frac{y}{r} \tag{4-263}$$

按几何光学符号规则，图 4-29 中的 u_1 取正值，y 取正值，z_1 取负值，所以比值 y/z_1 前面加“-”号。u_2 取负值，y 取正值，z_2 取正值，所以比值 y/z_2 前面加“-”号。ϕ 取负值，r 取正值，所以比值 y/r 前加“-”号。

将式（4-261）～式（4-263）代入式（4-260），得到

$$\frac{n_2}{z_2}-\frac{n_1}{z_1}=\frac{n_2-n_1}{r} \tag{4-264}$$

此式就是球面折射成像在傍轴近似条件下的物像关系方程。

式（4-264）右边项是一个与物距和像距无关的量，仅与两介质的折射率和球面半径有关，在几何光学中定义为光焦度，通常用 Φ 表示，即

$$\Phi=\frac{n_2-n_1}{r} \tag{4-265}$$

光焦度 Φ 的单位为 m^{-1}。球面折射光焦度 Φ 表征该球面的聚光本领，$|\Phi|$ 越大，聚光本领越大。若 $\Phi>0$，对于平行于光轴的入射光线，折射光线是会聚的；若 $\Phi<0$，对于平行于光轴的入射光线，折射光线是发散的；若 $\Phi=0$，必有 $r\to\infty$，球面折射变为平面折射，平行光线垂直入射，折射光线也是平行光线，所以平面折射的光焦度为零。

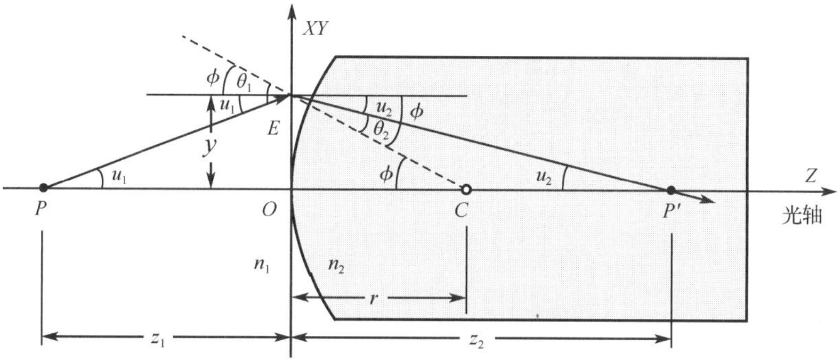

图 4-29　球面折射成像物像关系

3．球面折射成像的焦点和焦距

当光轴上物点位于无穷远处时，即物距 $z_1\to-\infty$，由式（4-264）可得像的位置为

$$f'=z_2=\frac{n_2 r}{n_2-n_1} \tag{4-266}$$

f' 就是像方焦距，像方焦点记作 F'。如果像位于无穷远处，即像距 $z_2\to+\infty$，由式（4-264）可得物点的位置为

$$f=z_1=-\frac{n_1 r}{n_2-n_1} \tag{4-267}$$

f 就是物方焦距，物方焦点记作 F。

比较式（4-266）和式（4-267）可知，球面折射成像与球面反射镜成像不同，球面折射成像的物方焦点和像方焦点的位置不同，两者之间的关系为

$$\frac{f}{n_1}=-\frac{f'}{n_2} \tag{4-268}$$

4．利用焦点和球面曲率中心确定像的大小和位置

对于轴上物点，像的位置仅需一条光线就可以确定。如图 4-30（a）所示，任意作一条轴上物点 P 发出的光线 PE，交 XY 平面于点 E，再过像方焦点 F' 作光轴的垂线（即焦平面），然后过球面曲率中心 C 作入射光线的平行线，该平行线与焦平面相交于点 D，连接 E 和 D 即

为折射光线。对于球面反射镜轴上物点成像，此方法也同样适用。

利用两个焦点和球面曲率中心可以确定有限大小物体的像的大小。如图 4-30（b）所示，从物体顶点 A 作平行于光轴的入射光线，交 XY 平面于点 E，折射光线必经过像方焦点。另外，从物体顶点 A 作经过物方焦点的入射光线，交 XY 平面于点 D，折射光线必平行于光轴。同一点 A 发出的两条光线相交于点 A'，点 A' 就是点 A 的像。通过点 A 作通过球面曲率中心的光线也必经过像点，因为通过曲率中心的光线入射角为 0，折射角也为 0。

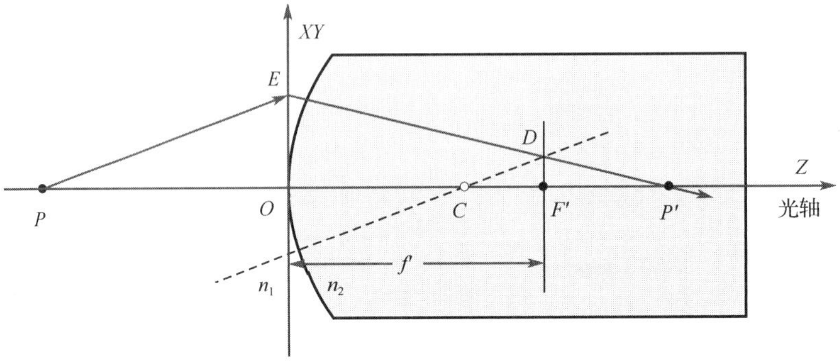

（a）利用焦平面和球面曲率中心确定光轴上物点像的位置

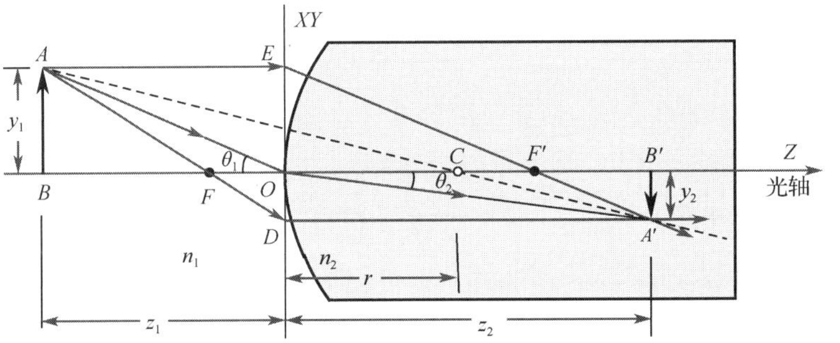

（b）利用两个焦点和球面曲率中心确定像的位置和大小

图 4-30　利用焦点和球面曲率中心确定像的位置和大小

5．球面折射成像的横向放大率

利用经过球面曲率中心的光线可以确定像的横向放大率。如图 4-30（b）所示，直角三角形 ΔABC 与直角三角形 $\Delta A'B'C$ 相似，从而有横向放大率 β 为

$$\beta = \frac{y_2}{y_1} = -\frac{z_2 - r}{-z_1 + r} = \frac{z_2 - r}{z_1 - r} \tag{4-269}$$

式中，由于 $z_2 - r$ 取正值，$-z_1 + r$ 取正值，而 y_2 取负值，所以等式前面加“-”号。

横向放大率也可以利用经过球面顶点的折射光线加以确定。在图 4-30（b）中，过球面顶点的傍轴光线 AO 经球面折射也必经过像点 A'。在傍轴近似条件下有

$$\theta_1 \approx \tan\theta_1 = \frac{y_1}{z_1}, \quad \theta_2 \approx \tan\theta_2 = \frac{y_2}{z_2} \tag{4-270}$$

将式（4-270）代入横向放大率定义式，并利用傍轴近似条件下的折射定律式（4-237），得到

$$\beta = \frac{y_2}{y_1} = \frac{n_1 z_2}{n_2 z_1} \tag{4-271}$$

由式（4-269）可知，当球的曲率半径 $r \to \infty$ 时，球面折射变为平面折射，显然横向放大率为 1。由式（4-271）可知，对于物空间和像空间的一对共轭平面，横向放大率是与物高 y 无关的常数，表明在物空间和像空间的共轭平面内几何图像具有相似性。

4.4.5　薄透镜成像

透镜是由两个折射球面构成的，一般选择透镜介质为玻璃，如图 4-31 所示。

图 4-31　透镜

1. 薄透镜物像关系方程

假设透镜的两折射球面 S_1 和 S_2 的曲率半径分别为 r_1 和 r_2，两球面曲率中心共轴，球面顶点之间的距离（即透镜厚度）为 d，透镜折射率记作 n_L，透镜两侧介质的折射率分别为 n_1 和 n_2，如图 4-32 所示。

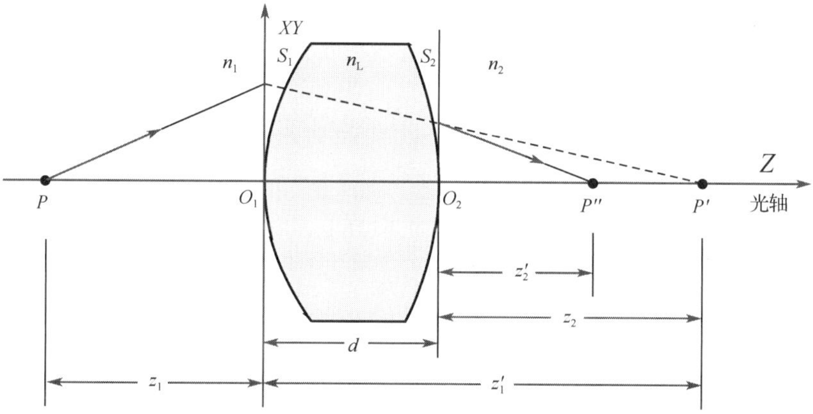

图 4-32　透镜成像

依据单折射球面成像公式（4-264），物点 P 经球面 S_1 折射成像，其物像关系满足

$$\frac{n_L}{z_1'} - \frac{n_1}{z_1} = \frac{n_L - n_1}{r_1} = \Phi_1 \tag{4-272}$$

式中，z_1 为以顶点 O_1 为度量的物距，z_1' 为以顶点 O_1 为度量的像距；Φ_1 为折射球面 S_1 的光焦度。

以折射球面 S_1 的像作为折射球面 S_2 的物，应用单折射球面成像公式（4-264），有

$$\frac{n_2}{z_2'} - \frac{n_L}{z_2} = \frac{n_2 - n_L}{r_2} = \Phi_2 \tag{4-273}$$

式中，z_2 为以顶点 O_2 为度量的物距，z_2' 为以顶点 O_2 为度量的像距；Φ_2 为折射球面 S_2 的光焦度。

由于

$$z_2 = z_1' - d \tag{4-274}$$

因此式（4-264）可改写为

$$\frac{n_2}{z_2'}-\frac{n_L}{z_1'-d}=\frac{n_2-n_L}{r_2}=\Phi_2 \tag{4-275}$$

比较式（4-272）和式（4-275）可以看出，由于式（4-275）左边第二项的分母与透镜厚度 d 有关，所以两个方程很难组合在一起。

如果透镜很薄，即透镜厚度 d 与物距和像距相比很小，那么，在忽略透镜厚度的情况下，可认为透镜的两个顶点重合，近似有

$$z_2 \approx z_1' \tag{4-276}$$

则式（4-275）化简为

$$\frac{n_2}{z_2'}-\frac{n_L}{z_2}=\frac{n_2-n_L}{r_2}=\Phi_2 \tag{4-277}$$

令式（4-272）和式（4-277）相加，并利用式（4-276）得到

$$\frac{n_2}{z_2'}-\frac{n_1}{z_1}=\frac{n_L-n_1}{r_1}+\frac{n_2-n_L}{r_2}=\Phi_1+\Phi_2=\Phi \tag{4-278}$$

式中，Φ 为薄透镜光焦度。显然，Φ 为折射球面 S_1 的光焦度 Φ_1 与折射球面 S_2 的光焦度 Φ_2 之和，即

$$\Phi=\Phi_1+\Phi_2=\frac{n_L-n_1}{r_1}+\frac{n_2-n_L}{r_2} \tag{4-279}$$

为了与球面折射成像公式（4-264）一致，在忽略透镜厚度的情况下，可将像距 z_2' 改写成 z_2，则式（4-278）改写成

$$\frac{n_2}{z_2}-\frac{n_1}{z_1}=\Phi \tag{4-280}$$

此式就是傍轴近似条件下的薄透镜物像关系方程。

2．薄透镜的焦距和高斯公式

当物点位于无穷远时，即物距 $z_1 \to -\infty$，入射光线平行于光轴，由式（4-280）可得像的位置为

$$f'=z_2=\frac{n_2}{\Phi} \tag{4-281}$$

如果像位于无穷远处，即像距 $z_2 \to +\infty$，由式（4-280）可得物点的位置为

$$f=z_1=-\frac{n_1}{\Phi} \tag{4-282}$$

将式（4-281）和式（4-282）代入式（4-280），有

$$\frac{f'}{z_2}+\frac{f}{z_1}=1 \tag{4-283}$$

此式就是用焦距表示的薄透镜物像关系，称为薄透镜成像的高斯公式。

3．磨镜公式

如果透镜两侧的介质为空气，则 $n_1=n_2=1.0$，由式（4-279）有

$$\Phi=(n_L-1.0)\left(\frac{1}{r_1}-\frac{1}{r_2}\right) \tag{4-284}$$

由式（4-282）和式（4-281）有

$$f = -\frac{1}{\Phi} = -\frac{1}{(n_{\mathrm{L}} - 1.0)\left(\frac{1}{r_1} - \frac{1}{r_2}\right)} \tag{4-285}$$

$$f' = \frac{1}{\Phi} = \frac{1}{(n_{\mathrm{L}} - 1.0)\left(\frac{1}{r_1} - \frac{1}{r_2}\right)} \tag{4-286}$$

式（4-285）和式（4-286）给出了薄透镜焦距与折射率和曲率半径之间的关系，表明薄透镜置于同一空气介质中时，物方焦距和像方焦距数值相等，符号相反；物方焦点和像方焦点对称地位于透镜两侧。通常把式（4-285）和式（4-286）称为磨镜公式。

由式（4-285）和式（4-286）可知，$f' = -f$，代入式（4-283），高斯公式变为

$$\frac{1}{z_2} - \frac{1}{z_1} = \frac{1}{f'} \tag{4-287}$$

4．薄透镜成像作图法

若薄透镜光焦度 $\Phi > 0$（$f' > 0$），则为会聚透镜；若薄透镜光焦度 $\Phi < 0$（$f' < 0$），则为发散透镜。两种透镜的折射率均大于两侧介质的折射率，会聚透镜的特点是中央厚，边缘薄，所以又称凸透镜；发散透镜的特点是中央薄，边缘厚，所以又称为凹透镜。透镜的基本形状有 10 种，如图 4-33（1）～（5）和图 4-33（7）～（11）所示。作图时为了简便起见，通常采用符号表示薄透镜，如图 4-33（6）和（12）所示。

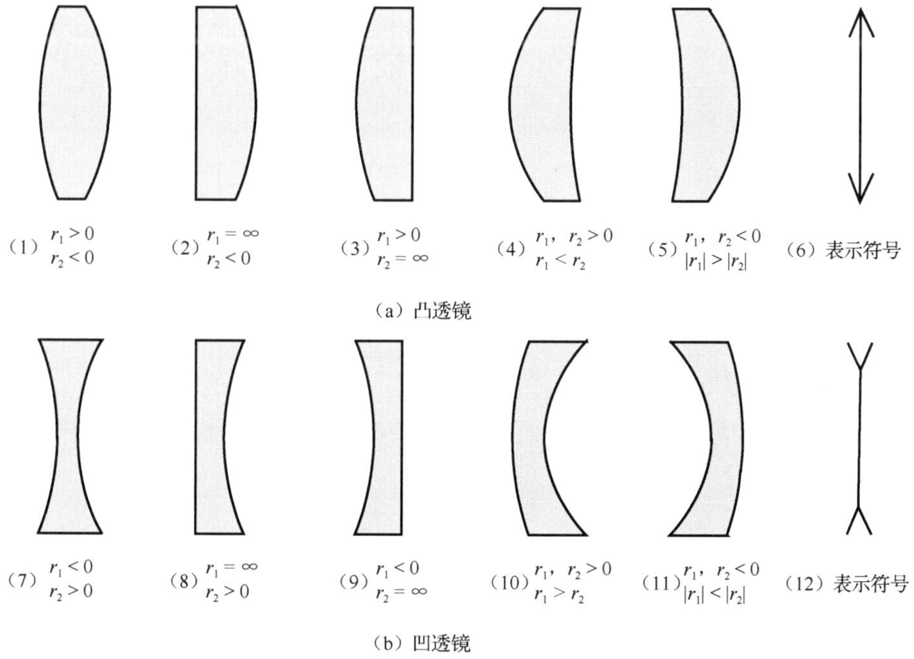

图 4-33　透镜的基本形状及表示符号

对于轴外物点，在傍轴近似条件下，薄透镜成像作图仅需要三条特殊光线，如图 4-34 所示。

① 从物点发出的平行于光轴的光线，经薄透镜会聚于像方焦点 F' 。从物点发出的任意光线，经薄透镜会聚于像方焦平面。

② 从物点发出的经物方焦点 F 的光线，经薄透镜后为平行于光轴的平行光线。物方焦平面上任意一点发出的光线，经薄透镜后也为平行光线，但不平行于光轴。

③ 物点发出的经光心（薄透镜两个顶点的近似重合点称为光心）的光线不发生偏折。

选择三条特殊光线中的两条，就可以对傍轴物体成像，图 4-34（a）为凸透镜成像，图 4-34（b）为凹透镜成像。

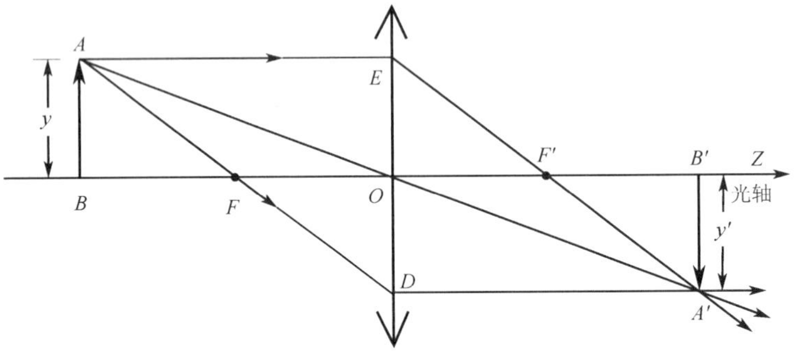

（a）凸透镜

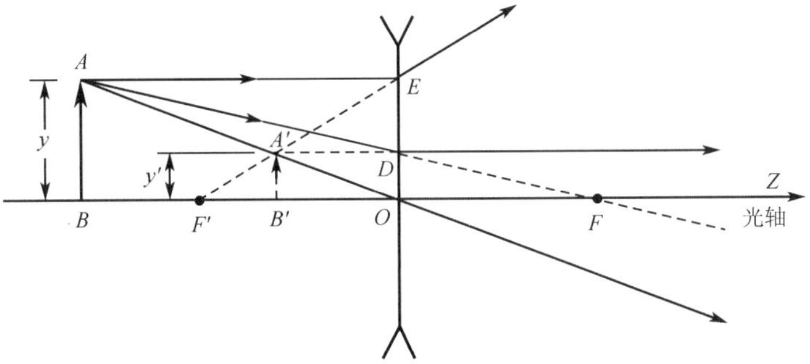

（b）凹透镜

图 4-34　薄透镜成像作图法

5．薄透镜物像方程的牛顿公式

薄透镜高斯公式是表示物距、像距和透镜焦距之间关系的一种形式，另一种形式是薄透镜物像关系的牛顿公式。如图 4-35 所示，以两个焦点为准，引入变量 x 和 x' 。x 为物方焦点到物的距离，左边为负，右边为正。x' 为像方焦点到像的距离，左边为负，右边为正。图中物方焦距和像方焦距仍以顶点 O 为准度量，顶点左边为负，顶点右边为正。经过物方焦点的光线构成两个相似三角形，$\Delta ABF \backsim \Delta DOF$ ，有

$$-\frac{y'}{y}=\frac{f}{x} \tag{4-288}$$

式中，y' 取负值，f 取负值，x 取负值，比值 f/x 取正值，所以 y'/y 前面加“-”号。又由 $\Delta EOF' \backsim \Delta F'B'A'$ 有

$$-\frac{y'}{y}=\frac{x'}{f'} \tag{4-289}$$

将式（4-288）代入式（4-289），两式相等，得到

$$xx'=ff' \tag{4-290}$$

此式就是常用的薄透镜物像方程的牛顿公式。

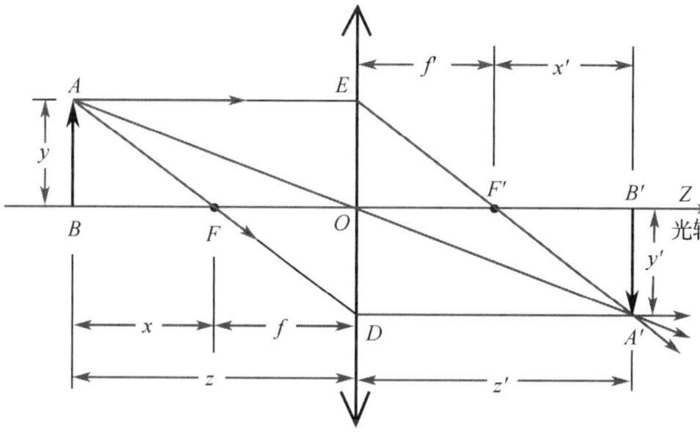

图 4-35　薄透镜物像方程的牛顿公式

6．薄透镜成像的放大率

前面给出了平面镜反射成像、平面折射成像、球面反射镜成像和球面折射成像在傍轴近似条件下的横向放大率计算公式。除此之外，光学系统还可定义轴向放大率和角放大率。

1）横向放大率

横向放大率也称径向放大率或垂轴放大率。在傍轴近似条件下，横向放大率为像高与物高之比，由图 4-35 可知，$\Delta ABO \backsim \Delta A'B'O$，$\Delta ABF \backsim \Delta ODF$，$\Delta A'B'F' \backsim \Delta OEF'$，因而有

$$\beta=\frac{y'}{y}=\frac{z'}{z}=-\frac{f}{x}=-\frac{x'}{f'} \tag{4-291}$$

式中，根据符号规则规定，比值 y'/y 取负值，所以比值 f/x 和 x'/f' 前加“−”号。

2）轴向放大率

当物平面沿光轴移动很小的距离 $\mathrm{d}x$ 时，像平面相应地移动 $\mathrm{d}x'$，比值 $\mathrm{d}x'/\mathrm{d}x$ 称为光学系统的轴向放大率，通常用 α 表示，即

$$\alpha=\frac{\mathrm{d}x'}{\mathrm{d}x} \tag{4-292}$$

对式（4-290）进行微分，有

$$x'\mathrm{d}x+x\mathrm{d}x'=0 \tag{4-293}$$

由此得到

$$\alpha=\frac{\mathrm{d}x'}{\mathrm{d}x}=-\frac{x'}{x} \tag{4-294}$$

3）角放大率

如图 4-36 所示，轴上物点 B 发出任一光线 BE，BE 与光轴的夹角为 u，经薄透镜折射后，折射光线 EB' 与光轴的夹角为 u'，定义 $\tan u$ 与 $\tan u'$ 之比为光学系统的角放大率，用 γ 表示，即

$$\gamma=\frac{\tan u'}{\tan u} \tag{4-295}$$

在傍轴近似条件下，取近似有

$$\tan u'\approx u',\quad \tan u\approx u \tag{4-296}$$

另外，由图 4-36 有

$$\tan u'=-\frac{h}{z'},\quad \tan u=-\frac{h}{z} \tag{4-297}$$

式中，按符号规则规定，u' 取负值，而比值 h/z' 取正值，所以前面加“-”号；u 取正值，而比值 h/z 取负值，所以前面也加“-”号。

将式（4-297）代入式（4-295），得到

$$\gamma=\frac{\tan u'}{\tan u}\approx\frac{u'}{u}=\frac{z}{z'} \tag{4-298}$$

此式表明，傍轴近似条件下，角放大率 γ 仅与物距 z 和像距 z' 有关，与透镜的焦距无关，所以轴上物点的角放大率与傍轴光线的角放大率相同。

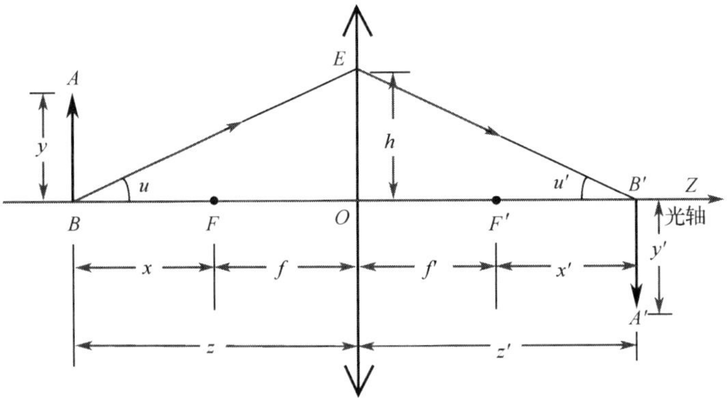

图 4-36　薄透镜成像的角放大率

4）放大率之间的关系

将横向放大率式（4-291）代入轴向放大率式（4-294），有

$$\alpha=-\frac{f'}{f}\beta^2 \tag{4-299}$$

当光学系统置于同一介质中，即 $n_1=n_2$，则透镜焦距 $f=-f'$，上式化简为

$$\alpha=\beta^2 \tag{4-300}$$

比较横向放大率式（4-291）和角放大率式（4-298），可知

$$\gamma=\frac{1}{\beta} \tag{4-301}$$

令式（4-300）和式（4-301）两边相乘，有

$$\alpha\gamma=\beta \tag{4-302}$$

7．轴外物点成像

沿光轴把一个有限大小的物体放置于无穷远处，物体每一点发出的光线都可看成平行于光轴的光线，物体成像于光轴的焦点。但是，如果无穷远处放置的是无限大物体，那么就必

然存在轴外物点。轴外物点发出的平行光线与光轴存在一个夹角，如果夹角很小，在傍轴近似条件下，经薄透镜的透射光线仍相交于一点，且这一点位于经过焦点 F' 的平面上，这一点就是像点，如图 4-37（a）所示。相反，如果物点位于过物方焦点 F 的平面上，经薄透镜的透射光线为平行光线，即像点位于无穷远处，如图 4-37（b）所示。

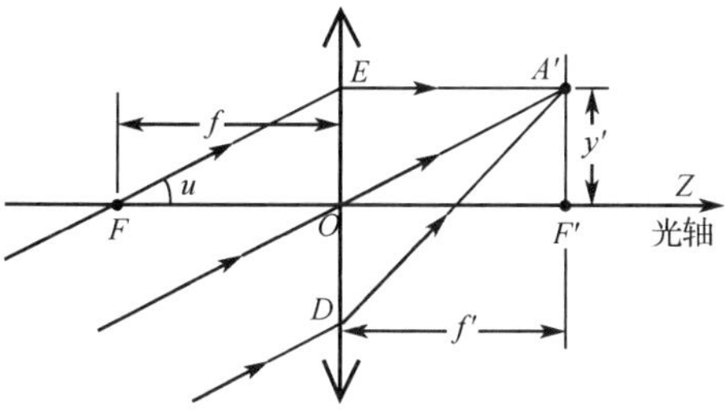

（a）物无穷远

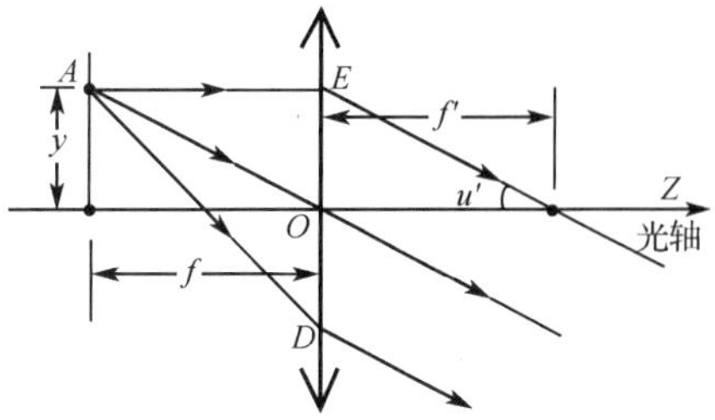

（b）像无穷远

图 4-37　轴外物点成像

假设无穷远处物点发出的光线与光轴夹角为 u，由图 4-37（a）可知，像高为

$$y' = -f\tan u \tag{4-303}$$

另外，成像在无穷远处，由图 4-37（b）可知，其物高为

$$y = -f'\tan u' \tag{4-304}$$

4.5　共轴球面光学系统成像

4.4 节介绍了球面镜反射成像和球面折射成像的基本概念，而实际的光学系统成像是由许多共轴球面折射成像元件构成的，如图 4-38 所示。对于这样的复杂光学系统成像，在傍轴近似条件下，可以对每一个球面折射逐次用成像公式，也可利用共轴球面系统的特征点和面求整个系统的物像关系，还可以用 $y-nu$ 射线追踪方法。下面分别介绍这三种方法。

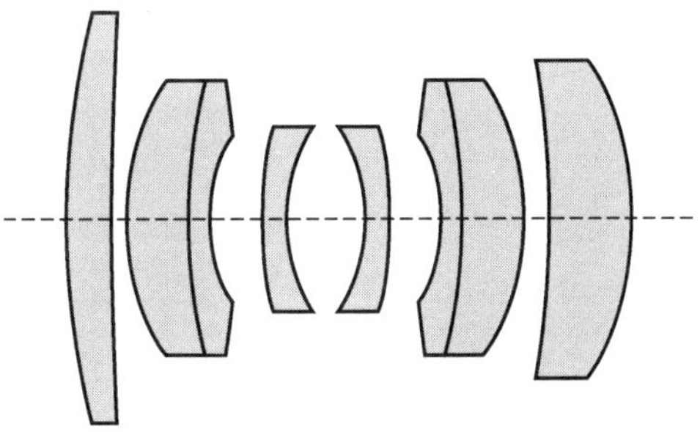

图 4-38　复杂光学系统

4.5.1　逐次成像

如图 4-39 所示为多个球面折射成像，介质 1 中的物 A_1B_1 经球面 S_1 折射在介质 2 中成像为 A_2B_2；然后把介质 2 中的像 A_2B_2 作为物，经球面 S_2 折射在介质 3 中成像为 A_3B_3，依次类推，直到最后一个球面为止。在傍轴近似条件下，对每个球面折射可列出物像关系和横向放大率，由式（4-264）和式（4-271）有

$$\frac{n_2}{z_1'} - \frac{n_1}{z_1} = \frac{n_2 - n_1}{r_1}, \quad \frac{n_3}{z_2'} - \frac{n_2}{z_2} = \frac{n_3 - n_2}{r_2}, \quad \cdots \tag{4-305}$$

和

$$\beta_1 = \frac{y_2}{y_1} = \frac{n_1 z_1'}{n_2 z_1}, \quad \beta_2 = \frac{y_3}{y_2} = \frac{n_2 z_2'}{n_3 z_2}, \quad \cdots \tag{4-306}$$

总的横向放大率为单个球面折射成像横向放大率的乘积 $\beta=\beta_1\beta_2\cdots$。

由式（4-305）和式（4-306）可以看出，虽然通过单个球面折射物像关系可求出中间像的大小和位置，但因为公式中包含物距和像距，且逐次成像过程中顶点发生变化，很难把中间量消去，所以逐次成像并不实用。

4.5.2　拉格朗日-亥姆霍兹定理

如图 4-39 所示，由轴上物点 B_1 发出任意一条入射光线，通过折射球面 S_1、S_2 和 S_3 等逐次作出折射光线，令入射光线和折射光线与光轴的夹角分别为 u_1、u_2 和 u_3 等。在傍轴近似条件下，对于折射球面 S_1，有

$$u_1\approx\tan u_1=\frac{h}{-z_1},\quad u_2\approx\tan u_2=-\frac{h}{z_1'} \tag{4-307}$$

两式相比，有

$$u_1z_1=u_2z_1' \tag{4-308}$$

将此式代入折射球面横向放大率式（4-271），得到

$$y_1n_1u_1=y_2n_2u_2 \tag{4-309}$$

需要强调的是，式（4-308）中的 z_1' 对应于式（4-271）中的 z_2。式（4-309）就是拉格朗日-亥姆霍兹定理，该式表明在傍轴近似条件下，乘积 ynu 经每个球面折射都不变，所以也称为拉格朗日-亥姆霍兹不变量。

推而广之，可得共轴球面光学系统拉格朗日-亥姆霍兹定理为

$$y_1n_1u_1=y_2n_2u_2=\cdots=y_kn_ku_k \tag{4-310}$$

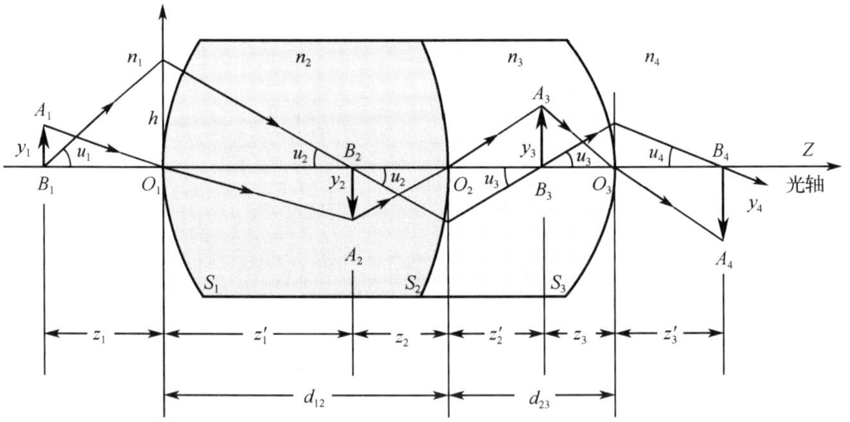

图 4-39　逐次成像

4.5.3　*y–nu* 光线追踪

由拉格朗日-亥姆霍兹定理式（4-310）可以看出，对于共轴球面光学系统成像，在傍轴近似条件下，ynu 是一个不变量，这就意味着逐次成像可以利用变量 y 和 u 进行光线追踪，而不必利用复杂的球面折射成像关系。另外，利用 y 和 u 进行光线追踪得到的光线追踪方程是一个线性方程，易于计算机编程，给设计带来方便。所以，$y-nu$ 光线追踪是一种有效的共轴球面系统成像方法。

1. 符号规则

假设一般的共轴球面光学系统由 k 个球面折射构成，如图 4-40 所示。为了讨论和编程方便起见，对符号进行以下约定。

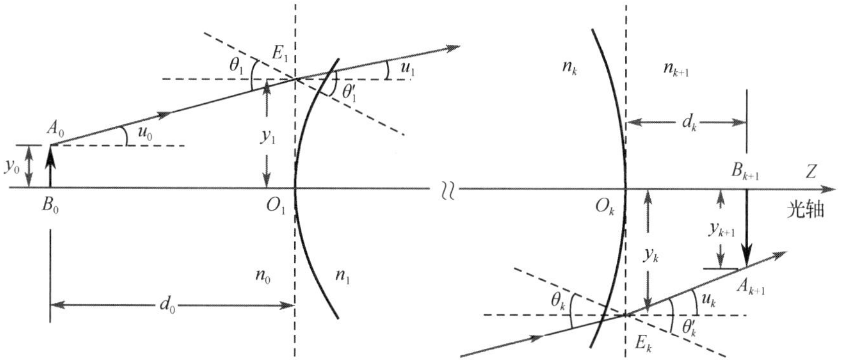

图 4-40　光线追踪符号规则

（1）k 个球面顺序排列，用下标 $j=1,2,\cdots,k$，表示，如 O_j 为第 j 个球面的顶点，n_j 为第 j 个球面对应的折射率。物表面下标记作 $j=0$，像表面下标记作 $j=k+1$。n_0 表示物空间折射率，n_{k+1} 表示像空间折射率。

（2）相邻两个球面顶点之间的距离记作 $d_j(j=1,2,\cdots,k-1)$。物到第一个球面顶点 O_1 的距离记作 d_0，第 k 个球面顶点到像的距离记作 d_k。注意，物面到球面顶点的距离为 d_0，取正值，球面顶点到物面的距离为 $-d_0$，所以并不表示前面所表示的物距 z。同样 d_k 也不等同于像距 z'。

（3）光线在每个球面发生折射，其光线倾角 u 的下标与折射球面相对应，记作 $u_j(j=1,2,\cdots,k)$，物面发出的光线倾角记作 u_0。倾角 u 以光轴开始度量，逆时针方向旋转取正值，顺时针方向旋转取负值。

（4）光线在每个球面的交点的横向坐标记作 $y_j(j=1,2,\cdots,k)$。交点在 Z 轴上方 y_j 取正值，交点在 Z 轴下方 y_j 取负值。

（5）光线在每个球面的入射角和折射角记作 θ_j 和 $\theta_j'(j=1,2,\cdots,k)$。角度以平行于光轴的平行线度量，逆时针方向取正值，顺时针方向取负值。

2. 光线追踪方程

追踪一条穿过共轴球面光学系统的光线由两部分构成：① 计算因折射导致光线倾角的变化；② 计算光线从一个折射球面传播到下一个折射球面交点横坐标的变化。

如图 4-41（a）所示，从第 $j-1$ 个球面到第 j 个球面，折射球面交点横坐标的变化为

$$y_j - y_{j-1} = \delta y = d_{j-1}\tan u_{j-1} \approx d_{j-1}u_{j-1} \tag{4-311}$$

移项后得到

$$y_j = y_{j-1} + d_{j-1}u_{j-1} \tag{4-312}$$

式（4-312）表明，在已知两球面之间距离 d_{j-1} 的情况下，由第 $j-1$ 个折射球面的光线交点横坐标 y_{j-1} 和光线倾角 u_{j-1} 计算可得第 j 个折射球面的交点横坐标 y_j。

对于第 j 个球面倾角 u_j 的确定，需要利用在傍轴近似条件下的折射定律。如图 4-41（b）所示，对于第 j 个折射球面，由式（4-237）有

$$n_{j-1}\theta_j = n_j\theta'_j \tag{4-313}$$

式中，入射角 θ_{j-1} 和折射角 θ_j 可以用倾角代替。由图 4-41（b）有

$$\begin{cases}\theta_j = u_{j-1} - \phi_j \\ \theta'_j = u_j - \phi_j\end{cases} \tag{4-314}$$

ϕ_j 为第 j 个折射球面过球面曲率中心法线与光轴之间的夹角。根据式（4-263）有

$$\phi_j = -\frac{y_j}{r_j} = -c_j y_j \tag{4-315}$$

式中，r_j 为第 j 个折射球面的曲率半径，c_j 为 r_j 的倒数。由于 ϕ_j 取负值，y_j 取正值，r_j 取正值，所以比值 y_j/r_j 前加"-"号。

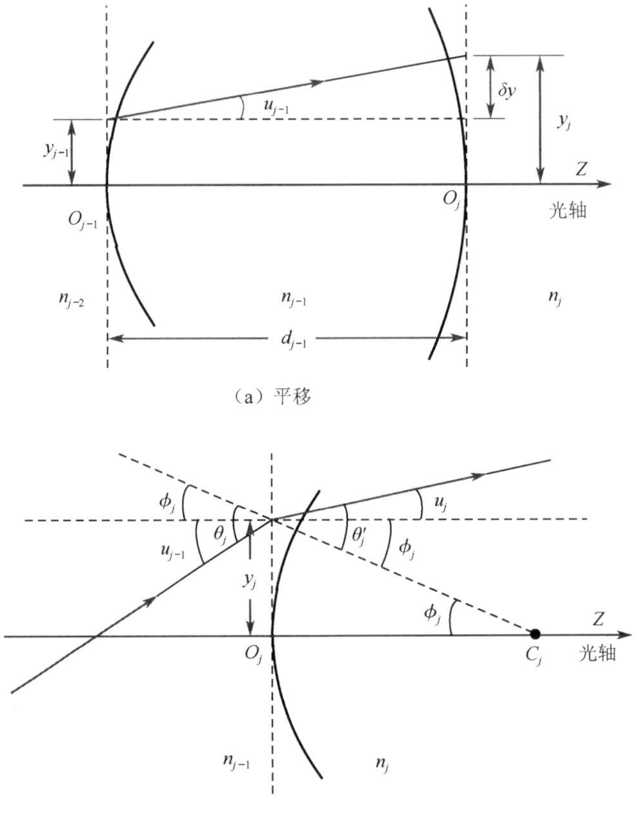

图 4-41 光线平移和折射

将式（4-315）代入式（4-314），有

$$\begin{cases}\theta_j = u_{j-1} + c_j y_j \\ \theta'_j = u_j + c_j y_j\end{cases} \tag{4-316}$$

将此式代入式（4-313），有

$$n_j u_j = n_{j-1}u_{j-1} - (n_j - n_{j-1})c_j y_j \tag{4-317}$$

利用球面光焦度式（4-265），式（4-317）也可简写为

$$n_j u_j = n_{j-1}u_{j-1} - \Phi_j y_j \tag{4-318}$$

式中，Φ_j 为第 j 个球面的光焦度。由式（4-265）和式（4-266）有

$$\Phi_j = (n_j - n_{j-1})c_j = \frac{n_j - n_{j-1}}{r_j} = \frac{n_j}{f_j'} \tag{4-319}$$

式中，f_j' 为第 j 个球面的像方焦距。

式（4-312）和式（4-318）就是 $y-nu$ 光线追踪方程组，应用式（4-312）可求得 y_j，而由式（4-318）可求得 u_j。

3．确定像的位置和大小

与球面折射成像和薄透镜成像相同，对于共轴球面光学系统成像，仅需要两条光线就可以确定像点的位置，其中一条光线就是光轴本身，也称为轴上光线。对于轴上物点要确定像点的位置，还需要再用光线追踪方程计算轴上物点发出的斜光线经过光学系统后光线与光轴的交点，此交点即为像的位置。但是对于物点是位于无穷远处还是有限距离处，光线追踪起始点的取值有所不同。如果物点位于光轴有限距离处，很自然地选取 $y_0=0$，光线倾角可任意选取，在傍轴近似条件下，如取 $u_0=0.1\text{rad}$。如果物点位于光轴无穷远处，很自然地令光线倾角取 $u_0=0$，而光线与第 1 个球面的交点横坐标 y_1 可任意选取，如取 $y_1=1$。这样，就可以利用初始值进行光线追踪，最后计算得到光线在第 k 个球面的交点横坐标 y_k 和光线倾角 u_k，如图 4-42（a）所示。由此可求得光线与光轴的交点到球面顶点 O_k 的距离为

$$d_k = -\frac{y_k}{u_k} \tag{4-320}$$

无论最后一个球面的出射光线是在光轴之上还是在光轴之下，也不论倾角取正值还是负值，式（4-320）都成立。当 d_k 为负值时，像为虚像。

通过追踪发自物体顶端的入射光线，可确定光线与像平面的交点，此交点到光轴的距离就是像的大小，如图 4-42（b）所示。对于初始值的选取，也需要根据物点位于有限距离处还是位于无穷远处。如果物体位于无穷远处，则物的大小由光线进入系统的倾角确定，物高 y_0 可任意取值。借助于入射光线与第 1 个球面交点的横坐标 y_1，最为简单的取值是 $y_1=0$，即选择入射光线经过第 1 个折射球面的顶点。如果物体位于有限距离处，则物体顶端发出的入射光线倾角可任意选取，如取 $u_0=0$，而物的大小由真实物体的高度 y_0 确定。初始值给定之后，由光线追踪方程可确定最后第 k 个球面光线的倾角 u_k 和光线与第 k 个球面交点的横坐标 y_k，如图 4-42（b）所示。由此可得，像的大小为

$$y_{k+1} = y_k + u_k d_k \tag{4-321}$$

由于光线倾角沿顺时针方向，u_k 取负值，式中第二项取“+”号。

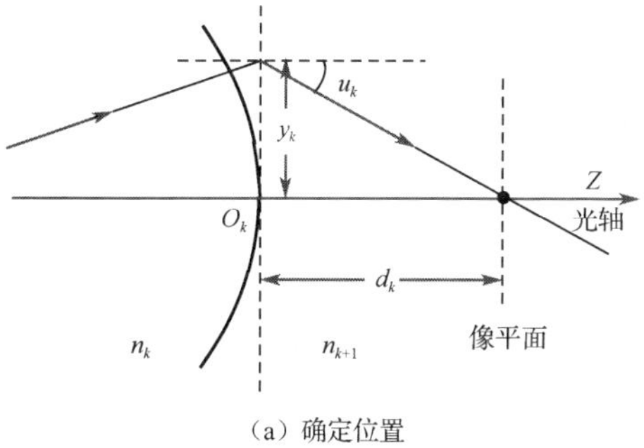

（a）确定位置

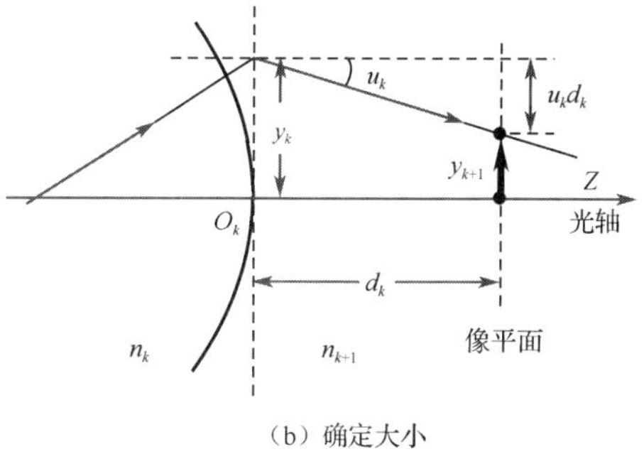

（b）确定大小

图 4-42　确定像的位置和大小

4．球面反射镜 y–nu 光线追踪

$y-nu$ 光线追踪不仅适用于球面折射成像，而且适用于球面反射镜成像。实际上，对于仅有单侧折射率的球面反射镜，要使得 $y-nu$ 光线追踪也适用于球面反射镜，需要将其看成一个具有双侧折射率的球面“折射”。如图 4-43 所示，球面反射镜满足反射定律

$$-\theta_j = \theta'_j \tag{4-322}$$

式中，入射角 θ_j 为顺时针方向，取负值，θ'_j 为逆时针方向，取正值，所以 θ_j 前加“-”号。用光线倾角 u_{j-1} 和 u_j 表示入射角和反射角，由图可知

$$\begin{cases}\phi_j = u_{j-1} - \theta_j \\ u_j = \phi_j + \theta'_j\end{cases} \tag{4-323}$$

而

$$\phi_j = \frac{y_j}{-r_j} \tag{4-324}$$

将式（4-323）和式（4-324）代入式（4-322），得到

$$u_j = -u_{j-1} - \frac{2y_j}{r_j} \tag{4-325}$$

此式两边同乘以 n_j，有

$$n_j u_j = -n_j u_{j-1} - \frac{2n_j y_j}{r_j} \tag{4-326}$$

这就是反射镜所满足的 $y-nu$ 光线追踪方程。显然，与式（4-318）相比，如果记

$$n_j = -n_{j-1},\quad 2n_j = n_j - n_{j-1} \tag{4-327}$$

则式（4-326）就与式（318）具有相同的形式。由式（4-257）可得球面反射镜的光焦度为

$$\varPhi_j = \frac{n_j - n_{j-1}}{r_j} = \frac{2n_j}{r_j} = \frac{n_j}{f'_j} \tag{4-328}$$

另一方面，光线交点横坐标追踪方程（4-312）也具有相同形式，在反射光线向左传播的情况下，除了折射率取负值，式（4-312）中两球面间距 d_{j-1} 也取负值。最后一个球面与像平面之间的距离仍由式（4-320）确定，不过此时 d_k 取负值为实像。

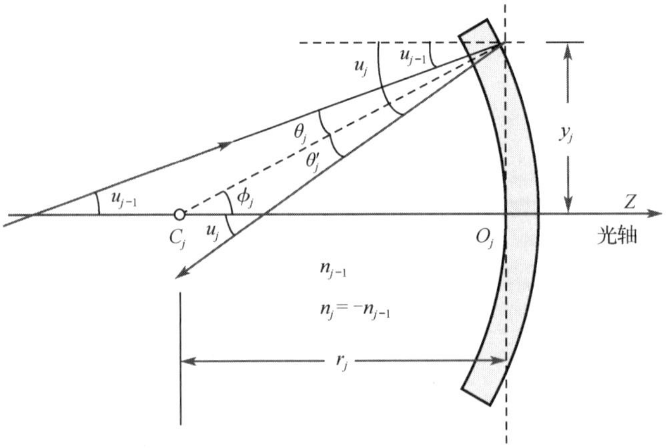

图 4-43　球面镜反射符号规则

4.5.4　基点和基面法

对于任意复杂的共轴球面光学系统成像，都可以借助于由 $y-nu$ 光线追踪方程编写的程序求解出物像关系。但共轴球面光学系统成像作为一个整体，需要采用基点和基面法。所谓基点和基面法，就是在共轴球面光学系统中建立起一些特殊的点和面，称为系统的基点和基面，这些点和面是描述整个系统物像关系的点和面，而不需要再考虑每个球面的折射和反射，可将其等效为一个单球面折射或单个薄透镜的情况。描述共轴球面光学系统的基点和基面包括：主点和主平面、主焦点和焦平面，以及节点。

1．主点和主平面、主焦点和焦距

为了便于理解，下面以厚透镜为例引入主点和主平面、主焦点和焦平面的概念。

对于薄透镜，在忽略透镜厚度的情况下，由式（4-280）和式（4-279）可知，薄透镜的光焦度为两个折射球面光焦度之和，即 $\Phi=\Phi_1+\Phi_2$，物方焦距和像方焦距分别由式（4-285）和式（4-286）给出。根据薄透镜焦点和焦距的定义，物方焦距和像方焦距都以薄透镜的光心为公共点度量，所以薄透镜光心就可定义为薄透镜的主点，通过光心垂直于光轴的平面就是薄透镜的主平面，由此可将薄透镜本身看作一个垂直于光轴的折射平面。

对于厚透镜，由式（4-272）和式（4-273）可知，透镜光焦度不等于两个折射球面光焦度之和，即 $\Phi\neq\Phi_1+\Phi_2$。但厚透镜也存在垂直于光轴的折射平面，如图 4-44（a）所示，当平行光线穿过透镜时，通过作图法不难验证，出射光线都将会聚于一点 F'，这一点就是厚透镜的像方焦点，称为像方主焦点，过点 F' 垂直于光轴的平面即为像方焦平面。平行入射光线的延长线和过 F' 点的出射光线反向延长线的交点都落在垂直于光轴的平面 $\mathscr{H}'$ 上，该平面称为像方主平面（或第二主平面），交点 H' 称为像方主点（或第二主点）。像方主点 H' 到像方主焦点 F' 的距离为厚透镜的像方主焦距，也称为像方等效焦距，记作 f'。

按照单折射球面焦距的定义，将顶点 O_2 到像方主焦点 F' 的距离定义为像方焦距，或称为后焦距，记作 $f_{o'}$。由此可写出顶点 O_2 到像方主平面 $\mathscr{H}'$ 的距离为

$$l_{H'}=f_{o'}-f' \tag{4-329}$$

式中，$f_{o'}$ 和 $l_{H'}$ 以顶点 O_2 为基准点，而 f' 以像方主点 H' 为基准点。符号规则是基准点左边取负值，右边取正值，所以 $l_{H'}$ 取负值。

为了定义物方主焦点，假设在光轴上的 F 点发出的光线，经过厚透镜的出射光线平行于光轴，如图 4-44（b）所示，则 F 就是物方主焦点，过焦点 F 垂直于光轴的平面就是物方焦平面。通过作图法不难验证，出射平行光线的反向延长线和点 F 发出的入射光线的延长线的交点都落在垂直于光轴的平面 $\mathscr{H}$ 上，该平面称为物方主平面（或第一主平面），交点 H 称为物方主点（或第一主点）。物方主点 H 到物方主焦点 F 的距离为厚透镜的物方主焦距，也称为物方等效焦距，记作 f。

将顶点 O_1 到物方主焦点 F 的距离定义为物方焦距，或称为前焦距，记作 f_o。由此可写出顶点 O_1 到物方主平面 $\mathscr{H}$ 的距离为

$$l_H=f_o-f \tag{4-330}$$

式中，f_o 和 l_H 以顶点 O_1 度量，而 f 以物方主点 H 度量，所以 l_H 取正值。

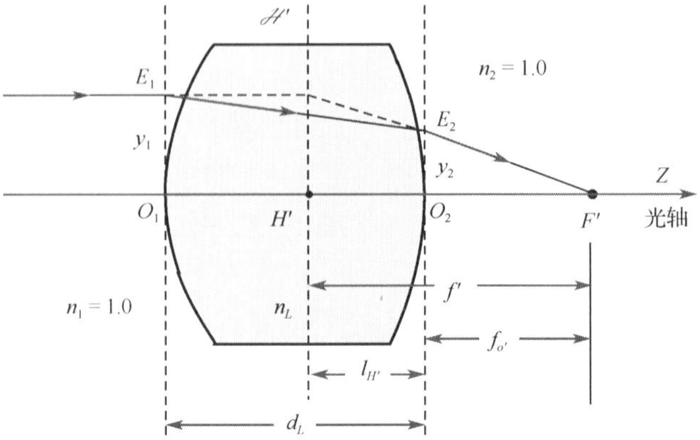

（a）像方主点及主平面

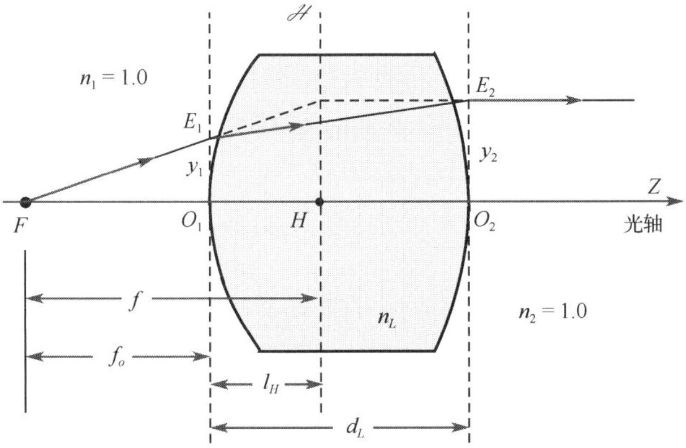

（b）物方主点及主平面

图 4-44 厚透镜主点、主平面和焦距的定义

2．物像关系

由上述分析可以看出，厚透镜与薄透镜不同，在傍轴近似条件下，薄透镜仅用一个点和通过该点垂直于光轴的平面就可以描述其物像关系，物方焦点和像方焦点属于共点度量。厚透镜则需要两个点和两个面：物方主点和物方主平面，像方主点和像方主平面。物方主焦距以物方主点度量，像方主焦距以像方主点度量，二者属于不共点度量。实际上，对于任意一个共轴球面光学系统，在傍轴近似条件下，由射影几何变换可以证明存在一对垂直于光轴的共轭面[1]，即物方主平面和像方主平面，两主平面上的横向放大率为 1。这两个共轭面和与之对应的共轭点把共轴球面光学系统作为一个整体进行描述，当物方主点和像方主点、物方主焦距和像方主焦距给定之后，采用类似于薄透镜成像的作图法可以得到物像关系，也可以采用类似于薄透镜的成像公式来描述物像关系。下面介绍共轴球面光学系统基于主点、主平面和焦距的作图法及物像关系方程。

如图 4-45 所示，假设共轴球面光学系统的物方主点为 H，物方主焦距为 f，像方主点为 H'，像方主焦距为 f'。首先，采用作图法求物 AB 的像的位置及大小。

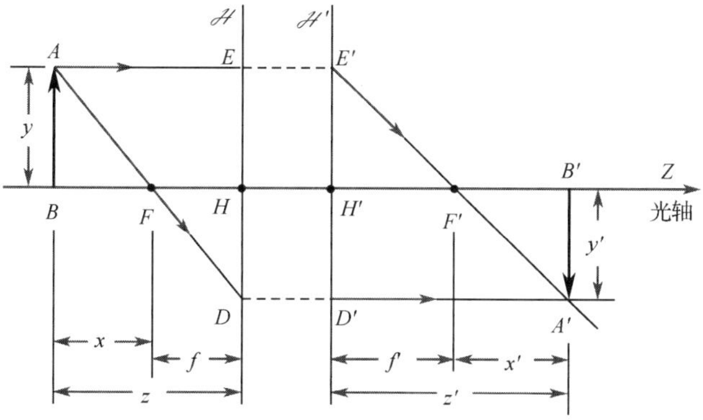

图 4-45　共轴球面光学系统的物像关系

① 由轴外物点 A 作平行于光轴的入射光线 AE，交物方主平面 $\mathscr{H}$ 于点 E，过点 E 作光轴的平行线交像方主平面 $\mathscr{H}'$ 于点 E'，点 E' 和像方主焦点 F' 的连线就是入射光线 AE 的共轭光线。

② 由轴外物点 A 作过物方主焦点 F 的入射光线 AD，交物方主平面 $\mathscr{H}$ 于点 D，过点 D 作光轴的平行线交像方主平面 $\mathscr{H}'$ 于点 D'，过点 D' 作平行于光轴的出射光线 $D'A'$，光线 $E'F'$ 的延长线与光线 $D'A'$ 的交点 A' 就是物点 A 的像点。

③ 物点 B 发出的沿光轴的光线不发生改变，与过像点 A' 垂直于光轴的平面相交于点 B'，$A'B'$ 即为物 AB 的像。

另外，由图 4-45 可以看出，$\Delta ABF \backsim \Delta DHF$，$\Delta A'B'F' \backsim \Delta E'H'F'$，且

$$\begin{cases} AB = E'H' = y, \quad DH = A'B' = y' \\ FB = z - f = x, \quad HF = f \\ F'B' = z' - f' = x', \quad H'F' = f' \end{cases} \tag{4-331}$$

由三角形的相似性可得

$$\begin{cases} \dfrac{y'}{y} = -\dfrac{f}{x} = -\dfrac{f}{z-f} \\ \dfrac{y'}{y} = -\dfrac{x'}{f'} = -\dfrac{z'-f'}{f'} \end{cases} \tag{4-332}$$

令式（4-332）两边相等，得到

$$\frac{f'}{z'} + \frac{f}{z} = 1 \tag{4-333}$$

$$xx' = ff' \tag{4-334}$$

式（4-333）为共轴球面光学系统成像的高斯公式，式（4-334）为牛顿公式。显然，与薄透镜成像的高斯公式和牛顿公式完全相同。由此可以看出，在傍轴近似条件下，给定共轴球面光学系统的主点和主焦点，物像关系同样满足高斯公式和牛顿公式。

由式（4-332）可得共轴球面光学系统的横向放大率为

$$\beta = \frac{y'}{y} = -\frac{f}{x} = -\frac{x'}{f'} \tag{4-335}$$

又由牛顿公式（4-334）有

$$x' = \frac{ff'}{x} \tag{4-336}$$

两边各加 f'，得到

$$x' + f' = \frac{ff'}{x} + f' = \frac{f'}{x}(x + f) \tag{4-337}$$

由式（4-331）可知，$z' = x' + f'$，$z = x + f$，则式（4-337）变为

$$\frac{f'}{x} = \frac{z'}{z} \tag{4-338}$$

将式（4-338）代入式（4-335），得到横向放大率的另一种形式为

$$\beta = -\frac{z'f}{zf'} = -\frac{x'z}{xz'} \tag{4-339}$$

除此之外，还可以证明角放大率 γ 与式（4-298）的形式相同，拉格朗日-亥姆霍兹定理与式（4-310）的形式相同。

3．物方主焦点 f 和像方主焦点 f′ 之间的关系

如图 4-46 所示，轴上物点 A 经共轴球面光学系统成像于光轴上点 A'，由于物方主平面和像方主平面的横向放大率为 1，$HE = H'E' = h$，由此可得

$$-z\tan u = -z'\tan u' \tag{4-340}$$

式中，因 h 取正值，z 取负值，u' 取负值，所以等式两边加“-”号。或者将式（4-340）改写成

$$-(x + f)\tan u = -(x' + f')\tan u' \tag{4-341}$$

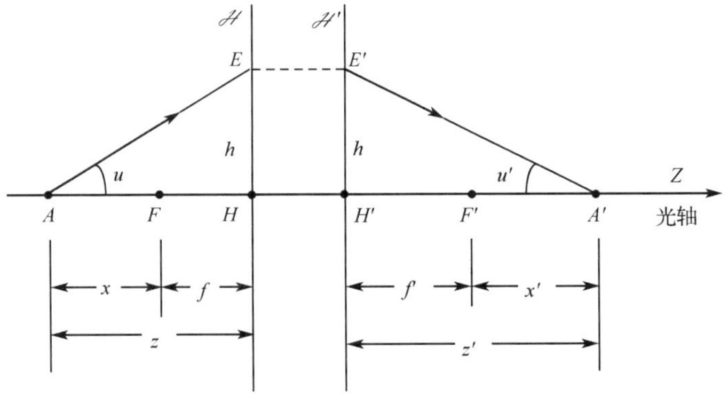

图 4-46 物方主焦距与像方主焦距之间的关系

另外，由式（4-335）有

$$x = -f\frac{y}{y'}, \quad x' = -f'\frac{y'}{y} \tag{4-342}$$

将此式代入式（4-341），化简得到

$$yf\tan u = -y'f'\tan u' \tag{4-343}$$

这是描述共轴球面光学系统物像关系的另一种形式，它表明物高、物方主焦距和入射光线倾角正切的乘积与像高、像方主焦距和出射光线倾角正切的乘积反向相等，对任意倾角入射光线都成立。

在傍轴近似条件下，式（4-343）化简为

$$yfu=-y'f'u' \tag{4-344}$$

将此式与拉格朗日-亥姆霍兹定理［见式（4-310）］相比较，有

$$\frac{n}{f}=-\frac{n'}{f'} \tag{4-345}$$

式中，n为物方空间折射率，n'为像方空间折射率。该式表明，共轴球面光学系统物方折射率与物方主焦距之比等于像方折射率与像方主焦距之比取负值。由此也说明，如果共轴球面光学系统物空间和像空间的折射率不相等，则系统物方主焦距与像方主焦距不相等。

当把共轴球面光学系统置于同一介质中时，$n=n'$，则有

$$f=-f' \tag{4-346}$$

此式表明，共轴球面光学系统的物方主焦距与像方主焦距的绝对值相等，符号相反。

4．节点

对于薄透镜，经过光心的光线不发生偏折，角放大率$\gamma=1$，由此也可将薄透镜的光心定义为薄透镜的节点，这样薄透镜的主点和节点属于同一点。对于厚透镜或复杂共轴球面光学系统，也存在角放大率$\gamma=1$的点。如图 4-47（a）所示，入射光线的倾角为u_1，经厚透镜出射光线的倾角为u_2，$u_2=u_1$，光线不改变方向。入射光线的延长线与光轴的交点称为物方节点（或第一节点），记作N，过节点N与光轴垂直的平面$\mathscr{N}$为物方节点平面。出射光线的反向延长线与光轴的交点称为像方节点（或第二节点），记作N'，过节点N'与光轴垂直的平面$\mathscr{N}'$为像方节点平面。由此可以看出，与薄透镜不同，厚透镜或复杂共轴球面光学系统存在两个节点，除光轴外，入射光线经过共轴球面系统都将产生偏折。

已知厚透镜或共轴球面光学系统的物方主焦点和像方主焦点，就可以求得物方节点和像方节点的位置。假设球面顶点O_2到像方节点N'的距离为$l_{N'}$，节点N'到焦点F'的距离为$f_{N'}$，由图 4-47 和图 4-44（a）可知，$l_{N'}$与$f_{N'}$、$f_{o'}$的关系为

$$l_{N'}=f_{o'}-f_{N'} \tag{4-347}$$

式中，$f_{o'}$和$l_{N'}$以顶点O_2度量，而$f_{N'}$以像方节点N'度量，所以$l_{N'}$取负值。

假设顶点O_1到物方节点N的距离为l_N，节点N到焦点F的距离为f_N，由图 4-47 和图 4-44（b）可知，l_N与f_N、f_o的关系为

$$l_N=f_o-f_N \tag{4-348}$$

式中，f_o和l_N以顶点O_1度量，而f_N以物方节点N度量，所以l_N取正值。

式（4-347）和式（4-348）给出的是节点位置的计算公式，式（4-329）和式（4-330）给出的是主点位置的计算公式，两者之间通过物方焦距f_o和像方焦距$f_{o'}$相联系。实际上，f_N和像方主焦距f'，$f_{N'}$和物方主焦距f也存在关系。如图 4-47（b）所示，作过物方节点N的入射光线EN平行于过焦点F的入射光线AD，交物方焦平面于点E，由于经过节点的光线的角放大率为 1，所以经像方节点N'出射的光线$N'E'$与入射光线EN平行，并交像方焦平面于点E'。由图可知，直角三角形$\Delta N'F'E'$与直角三角形ΔFHD全等，则有

$$f_{N'}=-f \tag{4-349}$$

同理，有

$$f_N=-f' \tag{4-350}$$

将以上两式代入式（4-347）和式（4-348），得到

$$l_N = f_o + f' \tag{4-351}$$

$$l_{N'} = f_{o'} + f \tag{4-352}$$

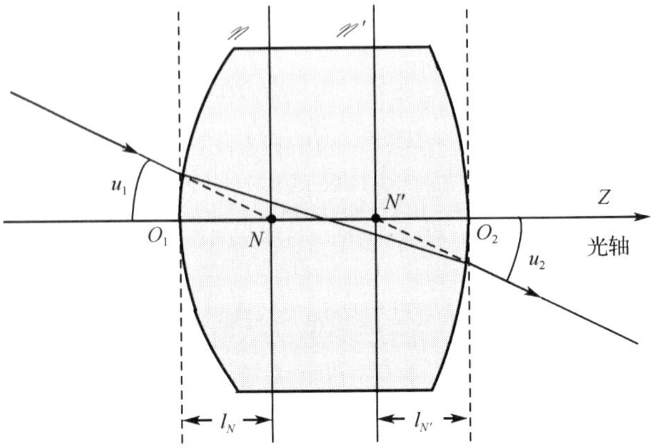

（a）节点的定义

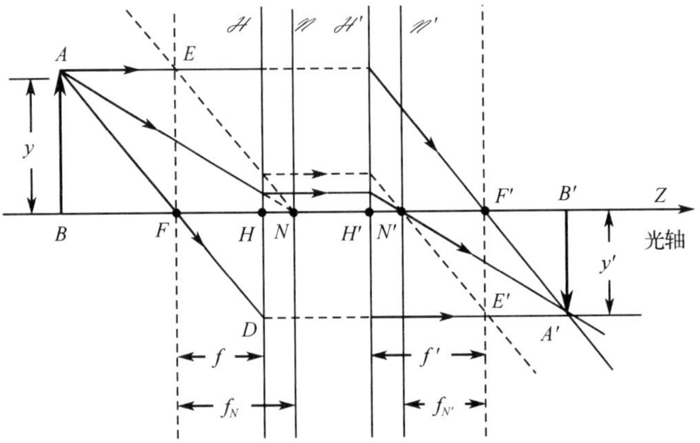

（b）节点的位置

图 4-47　厚透镜的节点及位置

将共轴球面光学系统置于同一介质中时，物方折射率等于像方折射率，$f = -f'$，比较式（4-330）和式（4-351）、式（4-329）和式（4-352），有

$$l_H = l_N，\quad l_{H'} = l_{N'} \tag{4-353}$$

表明主平面和节点平面重合。如果物方折射率和像方折射率不相等，则主点和节点相分离，节点将向折射率大的一侧偏移。

5. 组合共轴球面光学系统的基点

一个共轴球面光学系统可以是包含平面折射、球面折射、平面反射、球面反射、薄透镜或厚透镜光学元件的组合，通常也称为光具组。已知单个光学元件的主点和焦距，就可以求得组合光学系统的主点和焦距。下面以两个组合为例给予讨论，对于多个组合的问题，既可采用正切计算法，也可以两两组合进行计算。

如图 4-48 所示，假设有两个共轴球面光学系统进行组合，第一个共轴球面光学系统的主

点为 H_1 和 H_1'，对应的主焦点为 F_1 和 F_1'，焦距为 f_1 和 f_1'；第二个共轴球面光学系统的主点为 H_2 和 H_2'，对应的主焦点为 F_2 和 F_2'，焦距为 f_2 和 f_2'。焦点 F_1' 与焦点 F_2 之间的距离记作 Δ，Δ 以 F_1' 点度量，F_2 在 F_1' 右边 Δ 取正值，F_2 在 F_1' 左边 Δ 取负值，Δ 称为系统光学间隔。主点 H_1' 与主点 H_2 之间的距离为 d，以 H_1' 点度量，右边取正值，左边取负值。

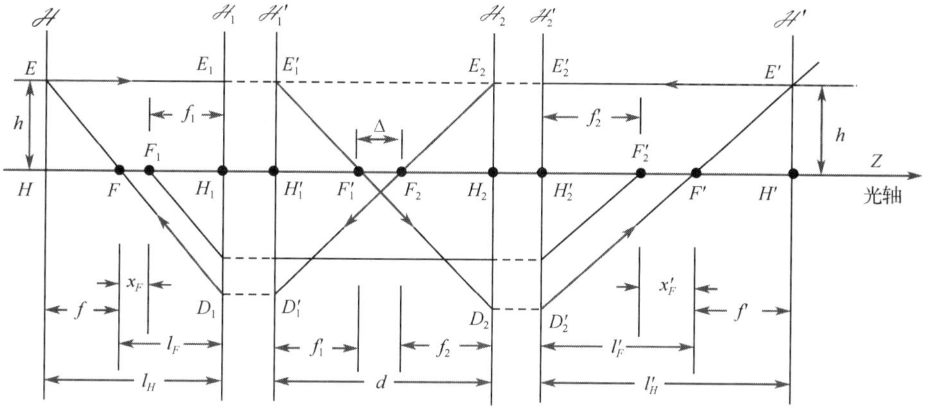

图 4-48　组合共轴球面光学系统的基点

自物空间作平行于光轴的入射光线 EE_1，经第一共轴球面光学系统折射后，出射光线过主焦点 F_1'，折射光线与第二共轴球面光学系统的主平面 $\mathscr{H}_2$ 交于点 D_2。利用单个共轴球面系统物像关系式（4-333），可求得经第二共轴球面光学系统后的折射光线 $D_2'F'$，其交点 F' 就是两个组合共轴球面光学系统的像方主焦点。根据主平面的定义［见图 4-44（a)］，入射光线 EE_1 的延长线与光线 $D_2'F'$ 的延长线的交点 E' 必位于组合共轴球面光学系统的像方主平面上，过交点 E' 作垂直于光轴的平面 $\mathscr{H}'$，$\mathscr{H}'$ 就是组合共轴球面系统的像方主平面，其交点 H' 就是组合系统的像方主点。$H'F'$ 即为组合系统的像方主焦距，记作 f'，图中 $f'<0$。

同理，自像空间作平行于光轴的光线 $E'E_2'$，经两共轴球面光学系统后，可求得组合共轴球面光学系统的物方主平面 $\mathscr{H}$、物方主点 H。物方主焦点为 F，物方主点 H 到物方主焦点 F 的距离 HF 为物方主焦距，记作 f，图中 $f>0$。

组合共轴球面光学系统的像方主点 H' 和像方主焦点 F' 以第二共轴球面光学系统的像方主点 H_2' 度量。H_2' 到像方主焦点 F' 的距离记作 l_F'，H_2' 到像方主点 H' 的距离记作 l_H'。F_2' 到 F' 的距离记作 x_F'，以 F_2' 度量，图中 $x_F'>0$。物方主点 H 和物方主焦点 F 以第一共轴球面光学系统的物方主点 H_1 度量。H_1 到物方主焦点 F 的距离记作 l_F，H_1 到物方主点 H 的距离记作 l_H。F_1 到 F 的距离记作 x_F，以 F_1 度量，图中 $x_F<0$。

由图 4-48 可知，对于第二共轴球面光学系统，过第一共轴球面光学系统的像方主焦点 F_1' 的入射光线为 $F_1'D_2$，经第二共轴球面光学系统的折射光线为 $D_2'F'$，点 F_1' 为物点，点 F' 为像点。根据共轴球面光学系统物像关系的牛顿公式（4-334），可求得 x_F'。在牛顿公式中，x 以焦点 F_2 度量（比较图 4-45），而 Δ 以焦点 F_1' 度量，所以取 $x=-\Delta$，$x'=x_F'$，代入式（4-334），得到

$$x_F' = -\frac{f_2 f_2'}{\Delta} \tag{4-354}$$

对于第一共轴球面光学系统，点 F_2 为物点，点 F 为像点，由牛顿公式（4-334）有

$$x_F = \frac{f_1 f_1'}{\Delta} \tag{4-355}$$

由于

$$\begin{cases} l_F' = x_F' + f_2' \\ l_F = x_F + f_1 \end{cases} \tag{4-356}$$

将式（4-354）和式（4-355）代入式（4-356），得到

$$\begin{cases} l_F' = f_2'\left(1 - \dfrac{f_2}{\Delta}\right) \\ l_F = f_1\left(1 + \dfrac{f_1'}{\Delta}\right) \end{cases} \tag{4-357}$$

这就是组合共轴球面光学系统主焦距的位置计算公式。

由图 4-48 可知，$\Delta E_1'H_1'F_1' \sim \Delta D_2H_2F_1'$，$\Delta E'H'F' \sim \Delta D_2'H_2'F'$，从而有

$$\frac{f_1'}{\Delta - f_2} = -\frac{h}{H_2D_2} = -\frac{h}{H_2'D_2'} = \frac{-f'}{f_2' + x_F'} \tag{4-358}$$

化简得到

$$f_1'f_2' + f_1'x_F' = f' f_2 - f'\Delta \tag{4-359}$$

将式（4-354）代入式（4-359），得到

$$f' = -\frac{f_1'f_2'}{\Delta} \tag{4-360}$$

同理，$\Delta E_2H_2F_2 \sim \Delta D_1'H_1'F_2$，$\Delta EHF \sim \Delta D_1H_1F$，有

$$\frac{-f_2}{\Delta + f_1'} = -\frac{h}{H_1'D_1'} = -\frac{h}{H_1D_1} = \frac{f}{-f_1 - x_F} \tag{4-361}$$

将式（4-355）代入并化简，得到

$$f = \frac{f_1 f_2}{\Delta} \tag{4-362}$$

式（4-360）和式（4-362）就是组合共轴球面光学系统的焦距计算公式。

若系统光学间隔 Δ 用间距 d 表示，则有

$$\Delta = d - f_1' + f_2 \tag{4-363}$$

代入式（4-360）和式（4-362），有

$$\frac{1}{f'} = \frac{1}{f_2'} - \frac{f_2}{f_1'f_2'} - \frac{d}{f_1'f_2'} \tag{4-364}$$

$$\frac{1}{f} = \frac{1}{f_1} - \frac{f_1'}{f_1f_2} + \frac{d}{f_1f_2} \tag{4-365}$$

若将两共轴球面光学系统置于同一介质中，由式（4-346）可知，$f_1' = -f_1$，$f_2' = -f_2$，代入以上两式，有

$$\frac{1}{f'} = \frac{1}{f_1'} + \frac{1}{f_2'} - \frac{d}{f_1'f_2'} \tag{4-366}$$

$$\frac{1}{f} = \frac{1}{f_1} + \frac{1}{f_2} + \frac{d}{f_1f_2} \tag{4-367}$$

通常用光焦度 Φ 表示像方主焦距，由式（4-286）有

$$\Phi = \frac{1}{f'},\quad \Phi_1 = \frac{1}{f_1'},\quad \Phi_2 = \frac{1}{f_2'} \tag{4-368}$$

则式（4-366）可改写为

$$\Phi = \Phi_1 + \Phi_2 - d\Phi_1\Phi_2 \tag{4-369}$$

利用式（4-363）、式（4-360）和式（4-362），可将式（4-357）化简为

$$\begin{cases} l_F' = f'\left(1 - \dfrac{d}{f_1'}\right) \\ l_F = f\left(1 + \dfrac{d}{f_2}\right) \end{cases} \tag{4-370}$$

由图 4-48 可知，主点位置 l_H' 和 l_H 可表示为

$$\begin{cases} l_H' = l_F' - f' \\ l_H = l_F - f \end{cases} \tag{4-371}$$

将式（4-357）、式（4-360）、式（4-362）和式（4-363）代入式（4-371），得到

$$\begin{cases} l_H' = -f'\dfrac{d}{f_1'} \\ l_H = f\dfrac{d}{f_2} \end{cases} \tag{4-372}$$

此式就是主点位置的计算公式。

6．厚透镜的基点

厚透镜有两个折射球面，可看作两个共轴球面光学系统的组合，已知两个折射球面的主点和焦点以及透镜厚度。利用上述组合共轴球面光学系统基点的求解方法，可确定厚透镜的基点和基面。

首先，需要证明单折射球面的物方主点和像方主点重合。由于主平面横向放大率 $\beta = 1$，由式（4-271）有

$$\beta = \frac{nl_H'}{n_L l_H} = 1 \tag{4-373}$$

式中，n 为物方空间介质的折射率，n_L 为球介质的折射率，l_H 为球面顶点到物方主点的距离，l_H' 为球面顶点到像方主点的距离。由此得到

$$nl_H' = n_L l_H \tag{4-374}$$

又因主平面上物像关系满足单折射球面物像关系式（4-264），因而有

$$\frac{n_L}{l_H'} - \frac{n}{l_H} = \frac{n_L - n}{r} \tag{4-375}$$

两边同乘以 $l_H l_H'$，得到

$$n_L l_H - nl_H' = \frac{n_L - n}{r} l_H l_H' \tag{4-376}$$

利用式（4-374），必有

$$\frac{n_L - n}{r} l_H l_H' = 0 \tag{4-377}$$

因为 $n_L - n/r \neq 0$，所以 $l_H = 0$ 或者 $l_H' = 0$。又因 $l_H = 0$ 必须满足式（4-374），所以 l_H 和 l_H' 皆为

零。由此说明，单折射球面的物方主点和像方主点重合。

依据图 4-48 画出厚透镜的基点图，如图 4-49 所示。需要强调的是，图 4-48 是推导公式用图，实际焦点和基点的位置由计算结果确定。假设厚透镜两折射球面的半径分别为 r_1（$r_1>0$）和 r_2（$r_2<0$），透镜厚度为 d，透镜折射率为 n_L。透镜置于空气中，$n_1=1.0$，$n_1'=n_2=n_L$，$n_2'=1.0$。由单折射球面焦距公式［即式（4-266）和式（4-267）］，可写出两折射球面的物方焦距和像方焦距为

$$f_1=-\frac{r_1}{n_L-1},\quad f_1'=\frac{n_Lr_1}{n_L-1} \tag{4-378}$$

$$f_2=\frac{n_Lr_2}{n_L-1},\quad f_2'=-\frac{r_2}{n_L-1} \tag{4-379}$$

又由式（4-281）和式（4-282），可写出两折射球面的光焦度为

$$\Phi_1=\frac{n_L}{f_1'}=-\frac{1}{f_1}=\frac{n_L-1}{r_1} \tag{4-380}$$

$$\Phi_2=\frac{1}{f_2'}=-\frac{n_L}{f_2}=\frac{1-n_L}{r_2} \tag{4-381}$$

将 f_1' 和 f_2 代入光学间隔式（4-363）有

$$\Delta=d-\frac{n_Lr_1}{n_L-1}+\frac{n_Lr_2}{n_L-1}=\frac{d(n_L-1)+n_L(r_2-r_1)}{n_L-1} \tag{4-382}$$

将 f_1'、f_2' 和 Δ 代入式（4-360），得到厚透镜的像方主焦距为

$$f'=-\frac{f_1'f_2'}{\Delta}=\frac{n_Lr_1r_2}{(n_L-1)[d(n_L-1)+n_L(r_2-r_1)]} \tag{4-383}$$

将 f_1'、f_2' 和 Δ 代入式（4-362），可知 $f=-f'$。

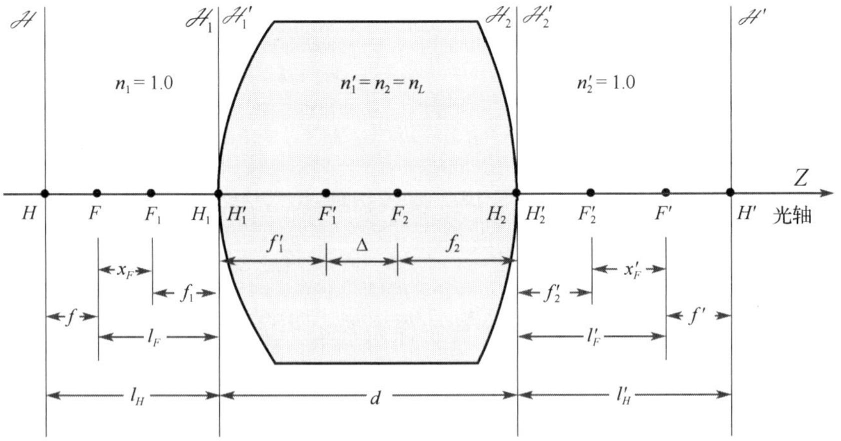

图 4-49　厚透镜的基点

如果用 Φ 表示厚透镜的光焦度，将式（4-380）和式（4-381）代入式（4-383），则有

$$\begin{aligned}\Phi&=\frac{1}{f'}=\frac{d(n_L-1)(n_L-1)+n_L(n_L-1)(r_2-r_1)}{n_Lr_1r_2}\\&=\Phi_1+\Phi_2-\frac{d}{n_L}\Phi_1\Phi_2\end{aligned} \tag{4-384}$$

此式表明，厚透镜光焦度不等于两折射球面光焦度之和。

将 f_1' 和 f_2 代入式（4-370），得到主焦点的位置为

$$\begin{cases} l_F' = f'\left(1-\dfrac{(n_L-1)d}{n_L r_1}\right) = f'\left(1-\dfrac{d}{n_L}\Phi_1\right) \\ l_F = f\left(1+\dfrac{(n_L-1)d}{n_L r_2}\right) = f\left(1-\dfrac{d}{n_L}\Phi_2\right) \end{cases} \tag{4-385}$$

将 f_1'、f_2 和式（4-383）代入式（4-372），得到厚透镜主点的位置为

$$\begin{cases} l_H' = -\dfrac{dr_2}{d(n_L-1)+n_L(r_2-r_1)} \\ l_H = -\dfrac{dr_1}{d(n_L-1)+n_L(r_2-r_1)} \end{cases} \tag{4-386}$$

下面利用上述厚透镜基点公式，对不同类型透镜的基点进行讨论。

① 双凸透镜

对于双凸透镜，$r_1>0$，$r_2<0$，则 $n_L r_1 r_2/(n_L-1)<0$，由式（4-383）可知，像方主焦距 f' 与

$$L=\frac{1}{d-\dfrac{n_L(r_1-r_2)}{(n_L-1)}}$$

异号。当 $d<n_L(r_1-r_2)/(n_L-1)$ 时，$L<0$，$f'>0$。由式（4-386）可知，$l_H>0$，$l_H'<0$，表明两主点位于透镜内部，如图 4-50（a）中（1）所示。如果 $d>n_L(r_1-r_2)/(n_L-1)$，则 $L>0$，$f'<0$，$l_H<0$，$l_H'>0$，表明两主点位于透镜外部。

② 平凸透镜

对于平凸透镜，$r_1>0$，$r_2=\infty$，式（4-383）化简为

$$f'=\frac{r_1}{(n_L-1)} \tag{4-387}$$

显然，$f'>0$。由式（4-386）有

$$l_H'=-\frac{d}{n_L},\quad l_H=0 \tag{4-388}$$

该式表明物方主点与球面顶点重合，像方主点在透镜内部，如图 4-50（a）中（2）所示。

③ 正弯月形透镜

对于正弯月形透镜，$r_1>0$，$r_2>0$，$r_1<r_2$。由式（4-383）可知，$f'>0$。由式（4-386）有

$$l_H'<0,\quad l_H<0 \tag{4-389}$$

此式表明，物方主点位于与之相对应的球面顶点左侧，像方主点也位于与之相对应的球面顶点左侧，如图 4-50（a）中（3）所示。

④ 双凹透镜

对于双凹透镜，$r_1<0$，$r_2>0$。由式（4-383）可知，不论 r_1、r_2 和 d 取何值，恒有 $f'<0$。又由式（4-386）有

$$l_H'<0,\quad l_H>0 \tag{4-390}$$

表明双凹透镜的物方主点在球面顶点右侧，像方主点在球面顶点左侧，如图 4-50（b）中（4）所示。

⑤ 平凹透镜

对于平凹透镜，$r_1<0$，$r_2=\infty$。由式（4-383）有

$$f'=\frac{r_1}{(n_L-1)} \tag{4-391}$$

表明恒有 $f'<0$。由式（4-386）有

$$l'_H=-\frac{d}{n_L},\quad l_H=0 \tag{4-392}$$

该式表明，物方主点与球面顶点重合，像方主点在平面左侧，如图 4-50（b）中（5）所示。

⑥ 负弯月形透镜

对于负弯月形透镜，$r_1>0$，$r_2>0$，$r_1>r_2$。当

$$d-\frac{n_L(r_1-r_2)}{(n_L-1)}<0$$

时，由式（4-383）可知，$f'<0$。由式（4-386）有

$$l'_H>0,\quad l_H>0 \tag{4-393}$$

此式表明，物方主点位于与之相对应的球面顶点右侧，像方主点也位于与之相对应的球面顶点右侧，如图 4-50（b）中（6）所示。

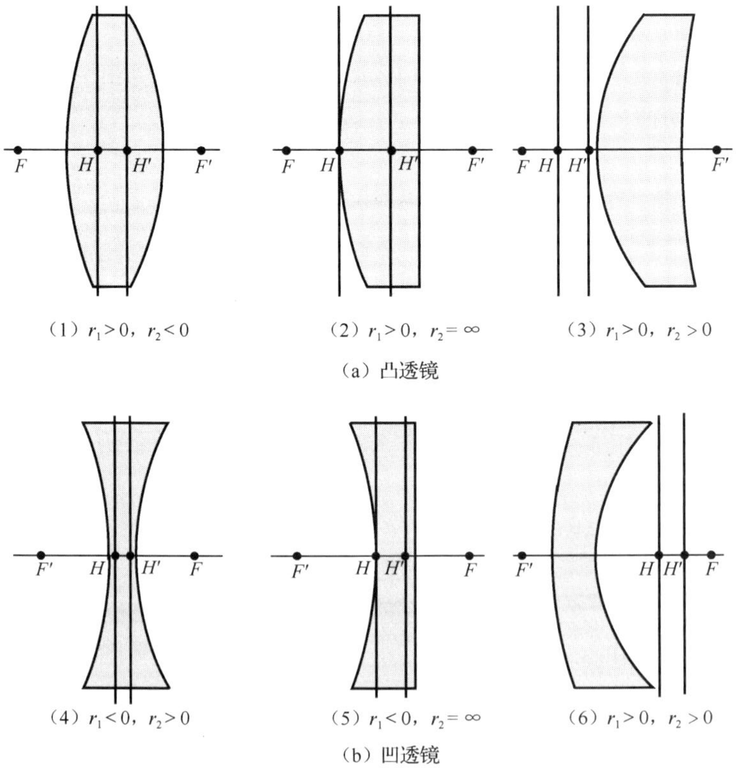

图 4-50　不同类型透镜的基点示意图

7．薄透镜组的基点

对于单个薄透镜，由于其厚度可忽略，即取 $d=0$，由式（4-386）有

$$l'_H=0,\quad l_H=0 \tag{4-394}$$

该式表明，薄透镜的两个主点与球面顶点重合。由式（4-383）可知，薄透镜的焦距为

$$f'=\frac{1}{(n_L-1)\left(\dfrac{1}{r_1}-\dfrac{1}{r_2}\right)}=-f \tag{4-395}$$

此式即为薄透镜焦距公式（4-286）。

由式（4-384）可以得到薄透镜的光焦度为两个折射球面的光焦度之和，即

$$\Phi=\Phi_1+\Phi_2=\frac{n_L-1.0}{r_1}+\frac{1.0-n_L}{r_2} \tag{4-396}$$

该式与式（4-279）相同。

与逐次成像法和 $y-nu$ 光线追踪法相比较，基点和基面法在由薄透镜组成的共轴球面光学系统设计中更为实用和方便，下面给出几个薄透镜组合实例。

① 惠更斯目镜

惠更斯目镜由两个平凸透镜组成，如图 4-51 所示，靠近物方的透镜称为场镜，靠近眼睛的透镜称为接目镜，统称为惠更斯目镜。场镜焦距 $f_1'=3a$，接目镜焦距 $f_2'=a$，两镜间隔 $d=2a$。

由此可知，光学间隔 $\Delta=-2a$，由式（4-360）得到系统的像方主焦距为

$$f'=\frac{3}{2}a$$

由式（4-372）得到系统的主点位置为

$$l'_H=-a,\quad l_H=3a$$

显然，焦点 F_1' 和 F_2' 与物方主点 H 重合，焦点 F_2 与像方主点 H' 重合。

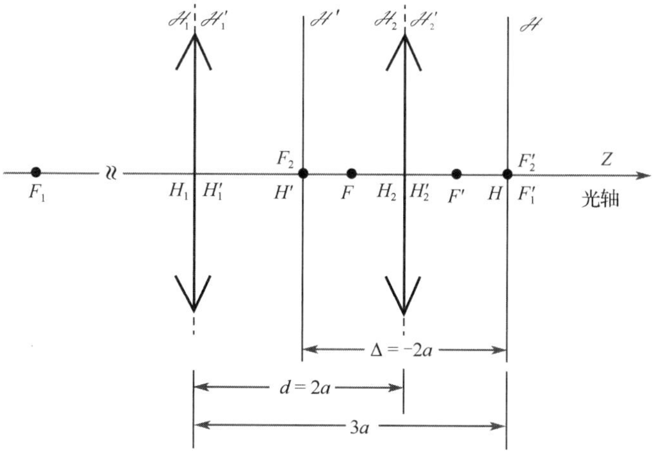

图 4-51　惠更斯目镜

② 望远系统

望远系统由两个薄透镜组成，如图 4-52 所示。两透镜焦距分别为 f_1' 和 f_2'，且 $f_1'>f_2'$，

两镜间隔 $d = f_1' + f_2'$，组合透镜系统的光学间隔 $\Delta = 0$。

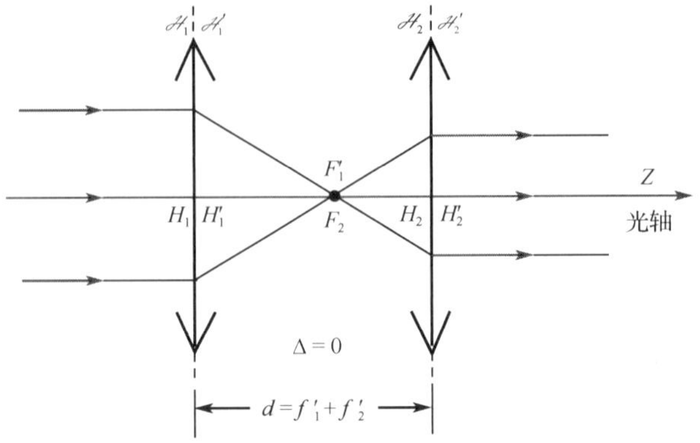

图 4-52　望远系统

由式（4-360）和式（4-362）可知，组合透镜系统的像方主焦距和物方主焦距为

$$f' = -\infty,\quad f = +\infty$$

另外，由式（4-372）可得透镜系统的物方主点和像方主点的位置为

$$l_H' = +\infty,\quad l_H = -\infty$$

结果表明，组合透镜系统的焦距为无穷大，主平面也位于无穷远处，因而该系统又称为无焦系统。两透镜构成的无焦系统，由于 $f_1' > f_2'$，出射光束的宽度比入射光束窄；相反，如果 $f_1' < f_2'$，则出射光束比入射光束宽。利用两透镜的光束宽度变换作用，可将激光器发出的细光束变换为较宽的激光束，该方法在激光技术中被广泛应用。

4.5.5　矩阵方法

光线经过共轴球面光学系统，在两个相邻折射球面间，光线传播的变化反映在两个方面：① 光线横向高度 y 的变化；② 光线倾角 u 的变化。4.5.3 节讨论的 $y - nu$ 光线追踪针对 y 和 u 在傍轴近似条件下建立了两个光线追踪方程，式（4-312）追踪两相邻折射球面光线高度的变化，光线倾角不变；式（4-318）追踪单折射球面光线倾角的变化，光线高度不变。实际上，光线横向高度变化方程（4-312）和光线倾角变化方程（4-318）都可以表达成矩阵形式，因而可以采用矩阵计算方法进行光线追踪。因为 MATLAB 软件采用的是矩阵计算，矩阵方法显得更为有效和方便。

1. 光线平移矩阵和光线折射矩阵

为了简化运算，将式（4-312）和式（4-318）中的变量 u_j 改为 $\alpha_j = n_j u_j$，变量 d_j 改为 $T_j = d_j / n_j$，α_j 称为约简倾角，T_j 称为约简厚度。

由约简变量，式（4-312）可改写为

$$\begin{cases} y_j = y_{j-1} + T_{j-1}\alpha_{j-1} \\ \alpha_{j-1} = \alpha_{j-1} \end{cases} \tag{4-397}$$

此方程组追踪两相邻球面光线高度的变化，倾角不变。如果将方程组（4-397）写成矩阵形式，有

$$\begin{bmatrix} y_j \\ \alpha_{j-1} \end{bmatrix} = \begin{bmatrix} 1 & T_{j-1} \\ 0 & 1 \end{bmatrix} \begin{bmatrix} y_{j-1} \\ \alpha_{j-1} \end{bmatrix} \tag{4-398}$$

令

$$\mathbf{Y}_j = \begin{bmatrix} y_j \\ \alpha_{j-1} \end{bmatrix},\quad \mathbf{M}_{j-1} = \begin{bmatrix} 1 & T_{j-1} \\ 0 & 1 \end{bmatrix},\quad \mathbf{Y}_{j-1} = \begin{bmatrix} y_{j-1} \\ \alpha_{j-1} \end{bmatrix} \tag{4-399}$$

则式（4-398）可简记为

$$\mathbf{Y}_j = \mathbf{M}_{j-1}\mathbf{Y}_{j-1} \tag{4-400}$$

式中，$\mathbf{Y}_j$ 是由顶点为 O_j 的折射球面的光线高度 y_j 和顶点为 O_{j-1} 的折射球面的光线倾角 α_{j-1} 构成的列向量，$\mathbf{Y}_{j-1}$ 是由顶点为 O_{j-1} 的折射球面的光线高度 y_{j-1} 和顶点为 O_{j-1} 的折射球面的光线倾角 α_{j-1} 构成的列向量。$\mathbf{M}_{j-1}$ 为顶点为 O_{j-1} 的折射球面到顶点为 O_j 的折射球面的约简厚度构成的 2×2 矩阵，各参数的几何意义参见图 4-41（a）。由于矩阵方程（4-398）仅追踪两相邻球面光线高度的变化，倾角保持不变，因而对应的矩阵 $\mathbf{M}_{j-1}$ 称为光线平移矩阵。

同理，式（4-318）可改写为

$$\begin{cases} y_j = y_j \\ \alpha_j = \alpha_{j-1} - \Phi_j y_j \end{cases} \tag{4-401}$$

写成矩阵形式，有

$$\begin{bmatrix} y_j \\ \alpha_j \end{bmatrix} = \begin{bmatrix} 1 & 0 \\ -\Phi_j & 1 \end{bmatrix} \begin{bmatrix} y_j \\ \alpha_{j-1} \end{bmatrix} \tag{4-402}$$

记

$$\mathbf{Y}'_j = \begin{bmatrix} y_j \\ \alpha_j \end{bmatrix},\quad \mathbf{N}_j = \begin{bmatrix} 1 & 0 \\ -\Phi_j & 1 \end{bmatrix} \tag{4-403}$$

则式（4-402）可简记为

$$\mathbf{Y}'_j = \mathbf{N}_j\mathbf{Y}_j \tag{4-404}$$

式中，$\mathbf{Y}'_j$ 是由顶点为 O_j 的折射球面的光线高度 y_j 和光线倾角 α_j 构成的列向量；$\mathbf{N}_j$ 是由顶点 O_j 对应的折射球面的光焦度构成的 2×2 矩阵，各参数的几何意义参见图 4-41（b）。由于矩阵方程（4-402）仅追踪两相邻球面光线倾角的变化，光线高度保持不变，因而对应的矩阵 $\mathbf{N}_j$ 称为光线折射矩阵。

2. 成像矩阵

对于由 k 个折射球面组成的共轴球面光学成像系统，如图 4-40 所示，假设第 1 个折射球面前方物空间的入射光线列向量为 $\mathbf{Y}_0$，式（4-400）可得在第 1 个折射球面光线平移产生的列向量为

$$\mathbf{Y}_1 = \mathbf{M}_0\mathbf{Y}_0 \tag{4-405}$$

根据式（4-404），可得经第 1 个折射球面折射产生的列向量为

$$\mathbf{Y}'_1 = \mathbf{N}_1\mathbf{Y}_1 \tag{4-406}$$

将式（4-405）代入式（4-406），$\mathbf{Y}'_1$ 即为第 1 个折射球面像空间的列向量，即

$$\mathbf{Y}'_1 = \mathbf{N}_1\mathbf{M}_0\mathbf{Y}_0 \tag{4-407}$$

依次类推，对于第 k 个折射球面，可得像空间的列向量为

$$\mathbf{Y}_{k+1} = \mathbf{M}_k\mathbf{N}_k\cdots\mathbf{M}_j\mathbf{N}_j\cdots\mathbf{M}_1\mathbf{N}_1\mathbf{M}_0\mathbf{Y}_0 \tag{4-408}$$

需要强调的是，第 k 个折射球面，光线平移 $k+1$ 次，光线折射 k 次，所以式（4-408）右边第一个矩阵为最后平移矩阵 $\mathbf{M}_k$。令

$$\mathbf{R}=\mathbf{M}_k\mathbf{N}_k\cdots\mathbf{M}_j\mathbf{N}_j\cdots\mathbf{M}_1\mathbf{N}_1\mathbf{M}_0 \tag{4-409}$$

则式（4-408）可简写为

$$\mathbf{Y}_{k+1}=\mathbf{R}\mathbf{Y}_0 \tag{4-410}$$

此式表明，物空间列向量 $\mathbf{Y}_0$ 通过矩阵 $\mathbf{R}$ 与像空间列向量 $\mathbf{Y}_{k+1}$ 相联系，因而把矩阵 $\mathbf{R}$ 称为成像矩阵。

矩阵方程（4-410）和 $y-nu$ 光线追踪方程（4-312）和方程（4-318）相比较，用 MATLAB 软件编程计算更为简单。当已知共轴球面光学系统的折射球面间距 d_j 和折射率 n_j 时，给定物空间初始值物高 y_o 和倾角 u_0，由矩阵方程求解可得像空间的像高 y_{k+1} 和倾角 u_k，确定像的位置与 $y-nu$ 光线追踪方法相同，详见 4.5.3 节第 3 部分的讨论。

3．系统矩阵

成像矩阵 $\mathbf{R}$ 与物空间平移矩阵 $\mathbf{M}_0$ 和像空间平移矩阵 $\mathbf{M}_k$ 有关，即与物空间和像空间的参数有关。因此，$\mathbf{R}$ 并不能完全代表由 k 个折射球面组成的共轴球面光学成像系统的特性。根据式（4-409），可定义

$$\mathbf{S}=\mathbf{N}_k\mathbf{M}_{k-1}\cdots\mathbf{M}_j\mathbf{N}_j\cdots\mathbf{M}_1\mathbf{N}_1 \tag{4-411}$$

矩阵 $\mathbf{S}$ 是第 k 个折射球面平移矩阵和折射矩阵的乘积，反映的是由 k 个折射球面组成的共轴球面光学成像系统的特性，与物空间和像空间的参数无关，因此称为系统矩阵。由此也可以看出，任何一个共轴球面光学系统都可以用一个 2×2 矩阵描述其特性。可令

$$\mathbf{S}=\begin{bmatrix}A & B\\ C & D\end{bmatrix} \tag{4-412}$$

式中，矩阵元素 A、B、C 和 D 称为系统的高斯常数，由系统参数确定，也可由实验测定。

由式（4-399）和式（4-403）可知，平移矩阵和折射矩阵的行列式为 1，即

$$|\mathbf{M}_{j-1}|=\begin{vmatrix}1 & T_{j-1}\\ 0 & 1\end{vmatrix}=1,\quad |\mathbf{N}_j|=\begin{vmatrix}1 & 0\\ -\Phi_j & 1\end{vmatrix}=1 \tag{4-413}$$

根据矩阵（方阵）相乘的性质，矩阵乘积的行列式等于各矩阵行列式的乘积，从而有

$$|\mathbf{S}|=|\mathbf{N}_k||\mathbf{M}_{k-1}|\cdots|\mathbf{M}_j||\mathbf{N}_j|\cdots|\mathbf{M}_1||\mathbf{N}_1|=1 \tag{4-414}$$

也即

$$|\mathbf{S}|=\begin{vmatrix}A & B\\ C & D\end{vmatrix}=AD-BC=1 \tag{4-415}$$

这就是傍轴近似条件下，共轴球面光学系统矩阵表示所必须满足的条件。

薄透镜是最简单的共轴球面光学系统。假设透镜折射率为 n_L，两球面曲率半径分别为 r_1 和 r_2。由于薄透镜厚度近似为 $d=0$，即 $T=d/n_L=0$，则系统矩阵为

$$\begin{aligned}\mathbf{S}=\mathbf{N}_2\mathbf{M}_1\mathbf{N}_1&=\begin{bmatrix}1 & 0\\ -\Phi_2 & 1\end{bmatrix}\begin{bmatrix}1 & 0\\ 0 & 1\end{bmatrix}\begin{bmatrix}1 & 0\\ -\Phi_1 & 1\end{bmatrix}\\ &=\begin{bmatrix}1 & 0\\ -\Phi_2 & 1\end{bmatrix}\begin{bmatrix}1 & 0\\ -\Phi_1 & 1\end{bmatrix}=\begin{bmatrix}1 & 0\\ -(\Phi_1+\Phi_2) & 1\end{bmatrix}=\begin{bmatrix}1 & 0\\ -\Phi & 1\end{bmatrix}\end{aligned} \tag{4-416}$$

式中，Φ_1 和 Φ_2 为两个折射球面的光焦度，Φ 为薄透镜的光焦度。由式（4-416）可以看出，

薄透镜系统矩阵与光线折射矩阵的形式相同。

对于厚透镜，$d \neq 0$，系统矩阵为

$$\begin{aligned}\mathbf{S} = \mathbf{N}_2\mathbf{M}_1\mathbf{N}_1 &= \begin{bmatrix} 1 & 0 \\ -\Phi_2 & 1 \end{bmatrix}\begin{bmatrix} 1 & T_1 \\ 0 & 1 \end{bmatrix}\begin{bmatrix} 1 & 0 \\ -\Phi_1 & 1 \end{bmatrix} \\ &= \begin{bmatrix} 1 & T_1 \\ -\Phi_2 & 1-\Phi_2 T_1 \end{bmatrix}\begin{bmatrix} 1 & 0 \\ -\Phi_1 & 1 \end{bmatrix} = \begin{bmatrix} 1-\Phi_1 T_1 & T_1 \\ \Phi_1\Phi_2 T_1 - \Phi_2 - \Phi_1 & 1-\Phi_2 T_1 \end{bmatrix}\end{aligned} \tag{4-417}$$

4．系统矩阵的特性

假设一共轴球面光学系统的系统矩阵为 $\mathbf{S}$，物空间光线高度为 y_1，光线约简倾角为 α_1，像空间光线高度为 y_2，光线约简倾角为 α_2，则系统成像满足

$$\begin{bmatrix} y_2 \\ \alpha_2 \end{bmatrix} = \begin{bmatrix} A & B \\ C & D \end{bmatrix}\begin{bmatrix} y_1 \\ \alpha_1 \end{bmatrix} \tag{4-418}$$

下面根据式（4-418）对系统矩阵参数的意义进行讨论。

① $D = 0$

由式（4-418）可得

$$\alpha_2 = C y_1 \tag{4-419}$$

此式表明，同一物点 y_1 发出的不同倾角的输入光线，其输出光线倾角 α_2 相同。由此可以判断，过入射点作垂直于光轴的平面为物方焦平面，其交点为物方主焦点 F，如图 4-53（a）所示。

在 $D = 0$ 的情况下，根据系统矩阵满足的条件式（4-415），必有

$$BC = -1 \tag{4-420}$$

② $A = 0$

由式（4-418）可得

$$y_2 = B\alpha_1 \tag{4-421}$$

此式表明，物空间同一倾角 u_1 发出的平行光线，其输出光线交于一点 y_2。由此可以判断，过点 y_2 作垂直于光轴的平面为像方焦平面，其交点为像方主焦点 F'，如图 4-53（b）所示。

在 $A = 0$ 的情况下，系统矩阵同样满足条件式（4-420）。

③ $B = 0$

由式（4-418）得到

$$y_2 = A y_1 \tag{4-422}$$

该式表明，物空间同一点 y_1 发出的光线都将会聚于像空间同一点 y_2，物空间过 y_1 垂直于光轴的平面与像空间过 y_2 垂直于光轴的平面为物像空间的共轭平面，如图 4-53（c）所示。

在 $B = 0$ 的情况下，矩阵元 A 也代表了光学系统的横向放大率，即

$$\beta = A = \frac{y_2}{y_1} \tag{4-423}$$

由系统矩阵满足的条件式（4-415）有

$$AD = 1 \tag{4-424}$$

④ $C = 0$

由式（4-418）得到

$$\alpha_2 = D\alpha_1 \tag{4-425}$$

该式表明，光学系统将倾角为 u_1 的平行光线变换为倾角为 u_2 的平行光线，如图 4-53（d）所

示。这样的系统就是无焦系统（见图 4-52）。

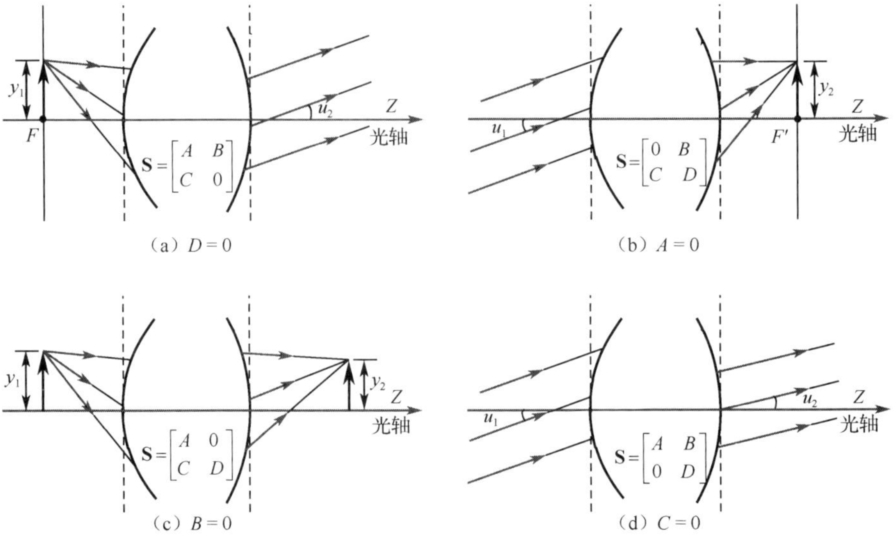

图 4-53 系统矩阵参数的意义

根据约简倾角的定义，由式（4-425）有

$$D=\frac{\alpha_2}{\alpha_1}=\frac{n_2u_2}{n_1u_1} \tag{4-426}$$

又由角放大率的定义式（4-298）有

$$\gamma=\frac{u_2}{u_1}=D\frac{n_1}{n_2} \tag{4-427}$$

由此可以看出，在 $C=0$ 的情况下，D 与光学系统的角放大率相关。

在 $C=0$ 的情况下，系统矩阵仍满足条件式（4-424）。

例 1 如图 4-54 所示，一厚透镜两折射球面顶点之间的距离 $d=2.8\text{cm}$，透镜玻璃折射率为 $n_L=1.6$，两球面半径分别为 $r_1=2.4\text{cm}$ 和 $r_2=-2.4\text{cm}$，透镜两边的介质为空气，折射率 $n_1=n_2'=1.0$，放置于光轴上的物体高度为 $y_1=2\text{cm}$，物体距第 1 个球面顶点的距离为 $z=8\text{cm}$，利用矩阵方法求像的位置及大小。

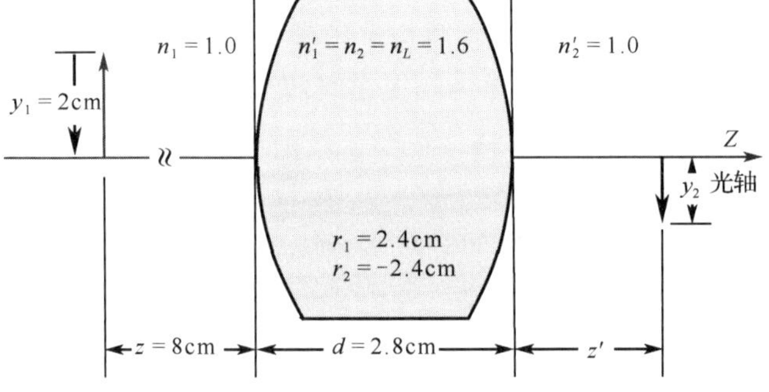

图 4-54 例 1 图——厚透镜成像

解 由式（4-272）可知，光焦度 Φ_1 为

$$\Phi_1 = \frac{n_L - n_1}{r_1} = \frac{1.6-1.0}{0.024} = 25(\mathrm{D})$$

光焦度的单位为 m^{-1}，记作 D，称为屈光度。

由式（4-273）可知，光焦度 Φ_2 为

$$\Phi_2 = \frac{n_2 - n_L}{-r_2} = \frac{1.0-1.6}{-0.024} = 25(\mathrm{D})$$

透镜约简厚度为

$$T_1 = \frac{d}{n_L} = \frac{0.028}{1.6} = 0.0175(\mathrm{m})$$

将数值代入厚透镜系统矩阵式（4-417），有

$$\mathbf{S} = \begin{bmatrix} 1-\Phi_1 T_1 & T_1 \\ \Phi_1\Phi_2 T_1 - \Phi_2 - \Phi_1 & 1-\Phi_2 T_1 \end{bmatrix} = \begin{bmatrix} 0.5626 & 0.0175 \\ -39.0625 & 0.5625 \end{bmatrix}$$

根据式（4-409），可写出成像矩阵为

$$\mathbf{R} = \begin{bmatrix} 1 & \dfrac{z'}{1.0} \\ 0 & 1 \end{bmatrix} \mathbf{S} \begin{bmatrix} 1 & \dfrac{0.08}{1.0} \\ 0 & 1 \end{bmatrix} = \begin{bmatrix} 1 & z' \\ 0 & 1 \end{bmatrix} \begin{bmatrix} 0.5625 & 0.0175 \\ -39.0625 & 0.5625 \end{bmatrix} \begin{bmatrix} 1 & 0.08 \\ 0 & 1 \end{bmatrix}$$

$$= \begin{bmatrix} 1 & z' \\ 0 & 1 \end{bmatrix} \begin{bmatrix} 0.5625 & 0.0625 \\ -39.0625 & -2.5625 \end{bmatrix} = \begin{bmatrix} 0.5625-39.0625z' & 0.0625-2.5625z' \\ -39.0625 & -2.5625 \end{bmatrix}$$

令

$$\begin{bmatrix} A & B \\ C & D \end{bmatrix} = \begin{bmatrix} 0.5625-39.0625z' & 0.0625-2.5625z' \\ -39.0625 & -2.5625 \end{bmatrix}$$

根据系统矩阵的性质，为了保持物像关系，矩阵元素 $B=0$，即

$$0.0625 - 2.5625z' = 0$$

则有

$$z' = \frac{0.0625}{2.5625} \approx 2.44(\mathrm{cm})$$

又由式（4-423）和式（4-424），得到横向放大率为

$$\beta = A = \frac{y_2}{y_1} = \frac{1}{D} = \frac{1}{-2.5625} \approx -0.39$$

像的大小为

$$y_2 = -0.39 \times y_1 = -0.39 \times 2.0 = -0.78(\mathrm{cm})$$

式中，负号表明成倒立的像。

通过此例可以看出，在给定共轴球面光学系统参数的情况下，首先求系统矩阵 **S**，即求 A、B、C 和 D，然后根据物空间和像空间参数求成像矩阵 **R**，而成像矩阵同样具有系统矩阵的特性，由此可得到像的位置和大小。如果系统矩阵参数 A、B、C 和 D 由实验得到，同样可以由成像矩阵求解，也可以将物空间和像空间的参数用列向量表示，其求解矩阵方程为

$$\begin{bmatrix} y_2 \\ \alpha_2 \end{bmatrix} = \begin{bmatrix} A & B \\ C & D \end{bmatrix} \begin{bmatrix} y_1 \\ \alpha_1 \end{bmatrix} \tag{4-428}$$

与 y-nu 光线追踪法、基点基面法相比较，矩阵法不仅可用于光学系统成像，还适用于光波的传输、衍射的计算，以及激光谐振腔的设计和光波偏振态的描述等。矩阵法因此已成为光学的一个独立分支——矩阵光学。

4.6 光 阑

除了平面镜，4.4 节和 4.5 节讨论的共轴球面光学系统成像都必须满足傍轴近似的条件，所以对于一个由共轴球面构成的几何光学成像仪器，为了获得比较理想的像，需要将物面发出的参与成像的光束限制在傍轴的范围内，这样就需要在光学成像仪器中设置限制非傍轴光线通过的圆孔屏，这个圆孔屏称为光阑。在几何光学中，光阑分为两大类：孔径光阑和视场光阑。孔径光阑是限制入射光束的孔径，而视场光阑决定成像平面视场的大小。孔径光阑和视场光阑对成像质量以及像的亮度、分辨率和像差等都有影响，因此光阑也是光学设计的基础。

4.6.1 孔径光阑、入射光瞳和出射光瞳

由于共轴球面光学系统是由透镜、棱镜、反射镜或带圆孔的屏构成的，每个光学元件都存在边缘或夹持边框，这些边缘或边框也能够限制非傍轴光线的通过，所以一个共轴球面光学系统可能有多个光阑。光轴上物点 A 发出的光线经过光学系统时，每个光阑对光束的限制各不相同，其中对光束限制最多的光阑，也是决定通过光学系统光束孔径的光阑，这个光阑称为孔径光阑，也称为有效光阑。被孔径光阑限制的边缘光线与光轴的夹角，物方称为入射孔径角，记作 φ_0；像方称为出射孔径角，记作 φ_0'。如果光学系统仅由单个薄透镜构成，那么薄透镜本身就是孔径光阑，如图 4-55 所示。

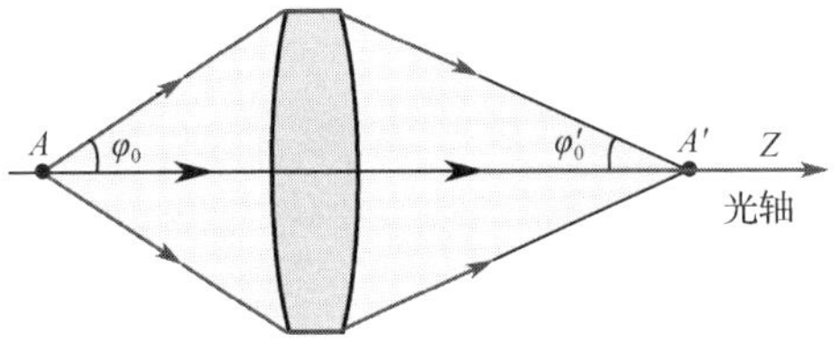

图 4-55 孔径光阑和孔径角

一般情况下，光学系统有多个光阑，为了确定孔径光阑，就需要判断是哪个光阑起限制光束的作用。如图 4-56（a）所示，光学系统仅由光阑 QQ' 和薄透镜 MM' 构成，光阑放置在薄透镜前方的物空间，比较物点 A 发出的光线通过光学系统的张角可知，光阑 QQ' 对光束的限制最多，因而光阑 QQ' 便是光学系统的孔径光阑，其入射孔径角为 φ_0，出射孔径角为 φ_0'。孔径光阑在物空间的像称为入射光瞳（简称入瞳）。由于光阑 QQ' 前面没有成像元件，所以光阑 QQ' 本身也是入射光瞳。孔径光阑在像空间的像称为出射光瞳（简称出瞳）。显然，光阑边缘点 Q 在像空间成虚像于 P 点，边缘点 Q' 在像空间成虚像于 P' 点，虚像 PP' 就是出射光瞳。

如果光阑放置于薄透镜后方的像空间，如图 4-56（b）所示，首先需要将透镜边缘点和光阑边缘点在物空间成像，才能确定哪个限制光束多。透镜边缘点 M 和 M' 在物空间的像就是点 M 和点 M' 本身，所以 $\angle MAM'$ 是与透镜边缘点相对应的通光孔径。光阑边缘点 Q 在物空间成虚像于 P 点，边缘点 Q' 在物空间成虚像于 P' 点，光阑对应的通光孔径 $\angle PAP'$ 比透镜边缘对应的通光孔径 $\angle MAM'$ 小，限制光束多，所以光阑为孔径光阑，虚像 PP' 就是入射光瞳。光阑 QQ' 在像空间的像就是光阑本身，所以光阑也是出射光瞳。

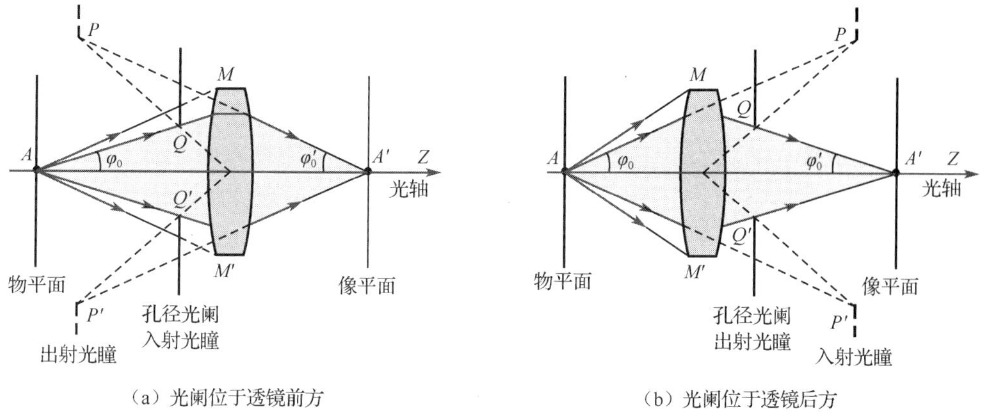

图 4-56　孔径光阑、入射光瞳和出射光瞳

对于具有更多光阑的共轴球面光学系统，首先将各光阑在系统的物空间成像，然后由光轴上任一物点 *A* 到像的边缘点引连线，可以看出哪个光阑的通光孔径最小，最小的就是孔径光阑。而孔径光阑在其前方物空间成像，其像就是入射光瞳；孔径光阑在其后方像空间成像，其像为出射光瞳。

显然，光学系统入射光瞳决定了进入系统成像的最大光束孔径，并且是成像物体物面上各点发出的成像光束的公共入口，而出射光瞳是物面上各点发出的成像光束经光学系统后的公共出口。入射光瞳经光学系统成像就是出射光瞳，二者对于光学系统是共轭关系。如果孔径光阑在光学系统的像空间，则孔径光阑本身就是出射光瞳。反之，如果孔径光阑在光学系统的物空间，则孔径光阑本身就是入射光瞳。

应该指出的是，光学系统的孔径光阑是对一定位置的物体而言的，当物体位置发生变化时，孔径光阑也会发生变化。如图 4-57（a）所示，光阑放置于透镜前方的物空间，物点 *A* 在无穷远处，平行光入射，光阑 *QQ′* 的边缘对入射光起限制作用，因而光阑是孔径光阑，也是入射光瞳。当物点 *A* 移至距透镜有限远处时，如图 4-57（b）所示，透镜 *MM′* 的边缘对入射光束起限制作用，那么透镜就是孔径光阑。由于系统仅由光阑和透镜构成，透镜在物空间和像空间成像就是其本身，所以入射光瞳、出射光瞳和孔径光阑重合在一起。

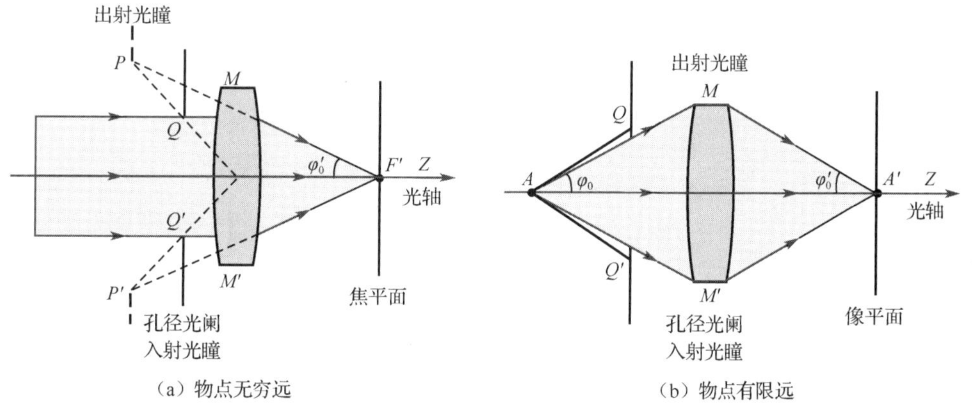

图 4-57　孔径光阑随光轴上物点的位置变化而变化

4.6.2　视场光阑、入射窗和出射窗

当物面上物点发出的光束通过光学系统时，构成系统的光阑和光学元件不仅限制入射光束，也限制光束成像面的大小，把起限制成像面大小的光阑称为视场光阑。

首先引入主光线的概念。由于入射光瞳是孔径光阑在其前方物空间所成的像，而出射光瞳是孔径光阑在其后方像空间所成的像，三者共轭，因此通过孔径光阑中心的光线，也通过入射光瞳中心和出射光瞳中心，这样的光线称为主光线。

为了简单起见，考虑无穷远处的物点成像，确定视场光阑。如图 4-58 所示，光学系统由薄透镜 MM' 和光阑 QQ' 构成，光阑孔径大于透镜孔径。光轴上无穷远处的物点发出平行光线，透镜 MM' 的边缘对入射平行光起限制作用，因而透镜是孔径光阑。透镜在物空间成像和在像空间成像仍是透镜本身，所以透镜既是入射光瞳，也是出射光瞳。对于无穷远的轴外物点发出的平行光线，当主光线与光轴夹角达到某一角度 ω_0 时，光线可以通过孔径光阑，但被光阑 QQ' 遮挡而不能在焦面上成像，称 ω_0 为光学系统的物空间视场角，相对应的光阑 QQ' 称为视场光阑。视场光阑 QQ' 在其前方物空间成像，Q 点成虚像于 P 点，Q' 点成虚像于 P' 点，PP' 称为光学系统的入射窗。当光学系统的入射光瞳很小时，可以作入射窗边的缘点 P 到入射光瞳中心的连线，与光轴的夹角 ω_P 近似等于物空间视场角 ω_0。但如果入射光瞳较大，则 ω_0 与 ω_P 的偏差比较大，图中 $\omega_0 > \omega_P$。

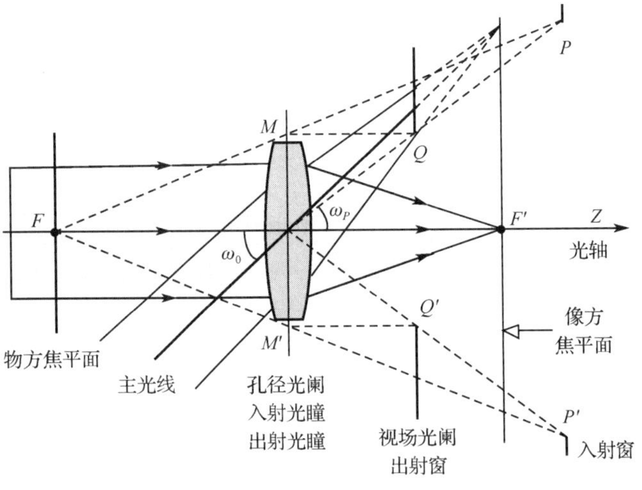

图 4-58　视场光阑和视场角

视场光阑在其后的像空间成像，该像称为出射窗，作像的边缘点与出射光瞳中心的连线，夹角称为像空间视场角，记作 ω_0'。图 4-58 中的视场光阑 QQ' 在像空间成像就是光阑本身，所以 QQ' 也是出射窗，而 ω_P 等于像空间视场角 ω_0'。

由以上讨论可知，入射窗是视场光阑在其前方物空间所成的像，而出射窗是视场光阑在其后方像空间所成的像。对于同一个光学系统，入射窗、出射窗和视场光阑三者共轭。另外，应该指出的是，视场光阑与孔径光阑的位置有关，当光学系统的孔径光阑的位置发生改变时，原来的视场光阑就可能被其他光学元件或光阑所替代。

4.6.3 光阑的矩阵计算方法

对于一个复杂共轴球面光学成像系统，利用前面介绍的方法找到系统的孔径光阑、入射光瞳、出射光瞳以及视场光阑、入射窗和出射窗显然是很困难的，但矩阵方法仍然有效。

孔径光阑是共轴球面光学系统对轴上物点发出的光线限制最多的光阑或透镜边缘，由此也决定了一条轴上物点发出的光线通过光学系统时的最大倾角，这个最大倾角可以用矩阵法追踪光线来完成。

矩阵法求解共轴球面光学系统成像问题由成像矩阵 $\mathbf{R}$ 来描述。输入物空间列向量 $\mathbf{Y}_0$ 后，就可得到像空间列向量 $\mathbf{Y}_{k+1}$，成像方程见式（4-410）。由此可以推断，从物空间开始顺序对系统的每个折射球面进行成像，可得每个折射球面光线穿过的最大高度，比较每个折射球面得到的输入倾角，最小者即为系统最大输入孔径角 α_0，对应的元件就是孔径光阑。根据式（4-409），可写出顺序成像的矩阵为

$$\mathbf{G}=\mathbf{M}_{j-1}\mathbf{N}_{j-1}\cdots\mathbf{M}_1\mathbf{N}_1\mathbf{M}_0,\quad j=1,2,\cdots \tag{4-429}$$

式中，j 表示折射球面的顺序，如图 4-40 所示。由于矩阵 $\mathbf{G}$ 是一个不完全的成像矩阵，也不代表系统矩阵 $\mathbf{S}$，所以称为传递矩阵。对于如图 4-59 所示的包含光阑的共轴球面光学系统，可将光阑厚度视为零，则两折射球面曲率半径为无穷大的薄透镜，经过光阑的平移矩阵和折射矩阵皆为单位阵。

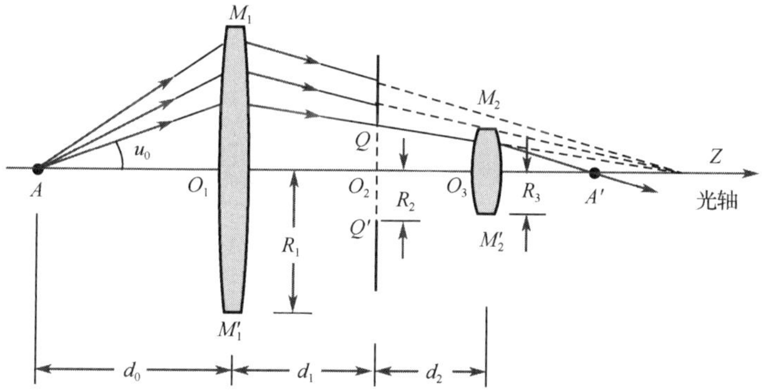

图 4-59　孔径光阑的矩阵计算方法

令传递矩阵

$$\mathbf{G}=\begin{bmatrix} g_{11} & g_{12} \\ g_{21} & g_{22} \end{bmatrix},\quad j=1,2,\cdots \tag{4-430}$$

如果系统的输入列向量 $\mathbf{Y}_0$ 和第 j 个折射球面对应的列向量 $\mathbf{Y}_j$ 为

$$\mathbf{Y}_0=\begin{bmatrix} y_0 \\ \alpha_0 \end{bmatrix},\quad \mathbf{Y}_j=\begin{bmatrix} y_j \\ \alpha_j \end{bmatrix},\quad j=1,2,\cdots \tag{4-431}$$

则有

$$\begin{bmatrix} y_j \\ \alpha_j \end{bmatrix}=\begin{bmatrix} g_{11} & g_{12} \\ g_{21} & g_{22} \end{bmatrix}\begin{bmatrix} y_0 \\ \alpha_0 \end{bmatrix},\quad j=1,2,\cdots \tag{4-432}$$

孔径光阑是对轴上物点而言的，即 $y_0=0$，由式（4-432）有

$$y_j=g_{12}\alpha_0,\quad j=1,2,\cdots \tag{4-433}$$

式中，y_j 是光线刚好穿过第 j 个折射球面的光线高度，令

$$|y_j| = R_j, \quad j = 1,2,\cdots \tag{4-434}$$

式中，R_j 为第 j 个折射球面的通光半径，如图 4-59 所示。将式（4-434）代入式（4-433），得到

$$\alpha_0 = \frac{R_j}{|g_{12}|}, \quad j = 1,2,\cdots \tag{4-435}$$

假如物空间为空气，即 $n_0 = 1.0$，则有

$$\alpha_0 = n_0 u_0 = u_0 \tag{4-436}$$

由此可以看出，对每个折射球面求传递矩阵 $\mathbf{G}$，然后求比值 $R_j / |g_{12}|$，最小者即为系统的入射孔径角 φ_0，相对应的透镜或光阑即为孔径光阑。

例 2 共轴球面光学系统由三个薄透镜构成，其焦距分别为 $f_1' = 64\text{cm}$、$f_2' = 20\text{cm}$、$f_3' = 20\text{cm}$，三个透镜的通光半径分别为 $R_1 = 5.0\text{cm}$、$R_2 = 2.0\text{cm}$、$R_3 = 5.0\text{cm}$，透镜之间的距离为 $d_1 = d_2 = 40\text{cm}$，物高 $y_0 = 8\text{cm}$，物距 $d_0 = 320\text{cm}$。系统置于空气中，$n_0 = n_1 = n_2 = 1.0$。求系统入射孔径角 φ_0 和孔径光阑。

解 从物到第 1 个折射球面，$j = 1$，由式（4-429）可得传递矩阵为

$$\mathbf{G} = \mathbf{M}_0 = \begin{bmatrix} 1 & T_0 \\ 0 & 1 \end{bmatrix} = \begin{bmatrix} 1 & \dfrac{d_0}{n_0} \\ 0 & 1 \end{bmatrix} = \begin{bmatrix} 1 & 320 \\ 0 & 1 \end{bmatrix}$$

由此可知，$g_{12} = 320$，代入式（4-435），得到

$$\alpha_0 = \frac{R_1}{|g_{12}|} = \frac{5.0}{320} = 0.015625$$

$j = 2$，传递矩阵为

$$\mathbf{G} = \mathbf{M}_1\mathbf{N}_1\mathbf{M}_0 = \begin{bmatrix} 1 & \dfrac{d_1}{n_1} \\ 0 & 1 \end{bmatrix} \begin{bmatrix} 1 & 0 \\ -\varPhi_1 & 1 \end{bmatrix} \begin{bmatrix} 1 & \dfrac{d_0}{n_0} \\ 0 & 1 \end{bmatrix}$$

$$= \begin{bmatrix} 1 & 40 \\ 0 & 1 \end{bmatrix} \begin{bmatrix} 1 & 0 \\ -\dfrac{1}{64} & 1 \end{bmatrix} \begin{bmatrix} 1 & 320 \\ 0 & 1 \end{bmatrix} = \begin{bmatrix} 0.375 & 160 \\ -0.015625 & -4 \end{bmatrix}$$

可知 $g_{12} = 160$，从而得到

$$\alpha_0 = \frac{R_2}{|g_{12}|} = \frac{2.0}{160} = 0.0125$$

$j = 3$，传递矩阵为

$$\mathbf{G} = \mathbf{M}_2\mathbf{N}_2\mathbf{M}_1\mathbf{N}_1\mathbf{M}_0 = \begin{bmatrix} 1 & \dfrac{d_2}{n_2} \\ 0 & 1 \end{bmatrix} \begin{bmatrix} 1 & 0 \\ -\varPhi_2 & 1 \end{bmatrix} \begin{bmatrix} 1 & \dfrac{d_1}{n_1} \\ 0 & 1 \end{bmatrix} \begin{bmatrix} 1 & 0 \\ -\varPhi_1 & 1 \end{bmatrix} \begin{bmatrix} 1 & \dfrac{d_0}{n_0} \\ 0 & 1 \end{bmatrix}$$

$$= \begin{bmatrix} 1 & 40 \\ 0 & 1 \end{bmatrix} \begin{bmatrix} 1 & 0 \\ -\dfrac{1}{20} & 1 \end{bmatrix} \begin{bmatrix} 1 & 40 \\ 0 & 1 \end{bmatrix} \begin{bmatrix} 1 & 0 \\ -\dfrac{1}{64} & 1 \end{bmatrix} \begin{bmatrix} 1 & 320 \\ 0 & 1 \end{bmatrix} = \begin{bmatrix} -1 & -320 \\ -0.034375 & -12 \end{bmatrix}$$

可知 $g_{12} = -320$，从而得到

$$\alpha_0 = \frac{R_3}{|g_{12}|} = \frac{5.0}{320} = 0.015625$$

比较可知，透镜 2 为孔径光阑，入射孔径角为

$$\varphi_0 = \alpha_0 = 0.0125$$

孔径光阑确定之后，确定入射光瞳和出射光瞳的位置需要追踪一条主光线。因为入射光瞳是孔径光阑在其前面的光学系统的成像，所以光线需要反向追踪。假设孔径光阑位于第 j 个折射面，根据式（4-429），去掉物空间平移矩阵 $\mathbf{M}_0$，即可写出从第 1 个折射面到第 j 个折射面的正向传递矩阵为

$$\mathbf{G} = \mathbf{M}_j\mathbf{N}_j \cdots \mathbf{M}_1\mathbf{N}_1, \quad j = 1,2,\cdots \tag{4-437}$$

正向光线追踪矩阵方程为

$$\begin{bmatrix} y_j \\ \alpha_{j-1} \end{bmatrix} = \mathbf{G}\begin{bmatrix} y_1 \\ \alpha_0 \end{bmatrix}, \quad j = 1,2,\cdots \tag{4-438}$$

要实现反向光线追踪，仅需令式（4-438）两边乘以 $\mathbf{G}$ 的逆矩阵 $\mathbf{G}^{-1}$，得到

$$\begin{bmatrix} y_1 \\ \alpha_0 \end{bmatrix} = \mathbf{G}^{-1}\begin{bmatrix} y_j \\ \alpha_{j-1} \end{bmatrix}, \quad j = 1,2,\cdots \tag{4-439}$$

由于矩阵 $\mathbf{G}$ 的行列式 $|\mathbf{G}| = 1$，根据逆矩阵求法，很容易得到

$$\mathbf{G}^{-1} = \begin{bmatrix} g_{22} & -g_{12} \\ -g_{21} & g_{11} \end{bmatrix} \tag{4-440}$$

代入式（4-439）有

$$\begin{bmatrix} y_1 \\ \alpha_0 \end{bmatrix} = \begin{bmatrix} g_{22} & -g_{12} \\ -g_{21} & g_{11} \end{bmatrix}\begin{bmatrix} y_j \\ \alpha_{j-1} \end{bmatrix}, \quad j = 1,2,\cdots \tag{4-441}$$

这就是光线反向追踪矩阵方程。

对于主光线，如图 4-60 所示，光线经过孔径光阑 QQ' 的中心，$y_j = 0$，主光线与光轴的夹角记作 $\bar{u}_Q$，简约倾角记作 $\alpha_{j-1} = \bar{\alpha}_Q$。入射光线的延长线过入射光瞳 PP' 的中心，入射光线的倾角记作 $\bar{u}_0$，简约倾角记作 $\bar{\alpha}_0$，入射光线在第 1 个折射面的光线高度记作 $\bar{y}_1$。由此可写出孔径光阑 QQ' 主光线反向追踪矩阵方程为

$$\begin{bmatrix} \bar{y}_1 \\ \bar{\alpha}_0 \end{bmatrix} = \begin{bmatrix} g_{22} & -g_{12} \\ -g_{21} & g_{11} \end{bmatrix}\begin{bmatrix} 0 \\ \bar{\alpha}_Q \end{bmatrix} \tag{4-442}$$

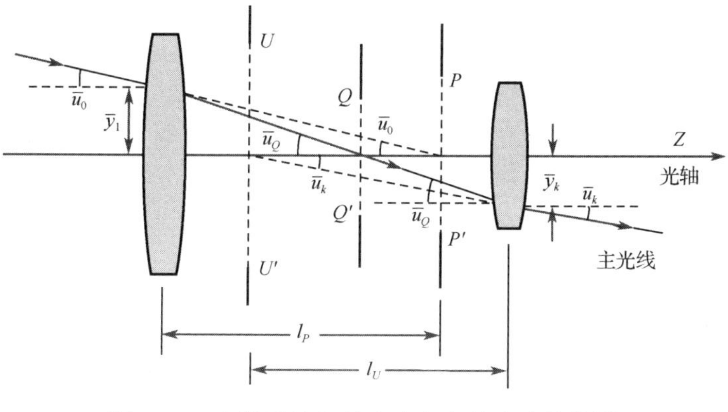

图 4-60　光学系统入射光瞳和出射光瞳的位置

由图 4-60 可以看出，在傍轴近似条件下，入射光瞳的位置为

$$l_P = -\frac{\bar{y}_1}{\bar{u}_0} \tag{4-443}$$

式中，由于倾角 $\bar{u}_0$ 取负值，l_P 取正值，所以 $\frac{\bar{y}_1}{\bar{u}_0}$ 前加“－”号。

由矩阵方程（4-442）有

$$\bar{y}_1 = -g_{12}\bar{\alpha}_Q, \quad \bar{\alpha}_0 = g_{11}\bar{\alpha}_Q \tag{4-444}$$

代入式（4-443）得到

$$l_P = \frac{\bar{\alpha}_0}{\bar{u}_0}\frac{g_{12}}{g_{11}} = n_0\frac{g_{12}}{g_{11}} \tag{4-445}$$

定义入射光瞳放大率 β_Q 为主光线在孔径光阑处的简约倾角与物空间该光线的简约倾角的比值，即

$$\beta_Q = \frac{\bar{\alpha}_Q}{\bar{\alpha}_0} = \frac{1}{g_{11}} \tag{4-446}$$

对于出射光瞳，因为出射光瞳是孔径光阑在其后面的光学系统的成像，所以光线是正向追踪。根据式（4-429），可写出从第 j 个折射面到第 k 个折射面的正向传递矩阵为

$$\mathbf{G} = \mathbf{N}_k\mathbf{M}_{k-1}\cdots\mathbf{M}_j \tag{4-447}$$

由图 4-60 可知，在傍轴近似条件下，出射光瞳的位置为

$$l_U = -\frac{\bar{y}_k}{\bar{u}_k} \tag{4-448}$$

式中，$\bar{y}_k$ 取负值，$\bar{u}_k$ 取负值，l_U 标注取负值，所以 $\frac{\bar{y}_k}{\bar{u}_k}$ 前加“－”号。

对于主光线，出射光线的延长线过出射光瞳 UU' 的中心，出射光线的倾角记作 $\bar{u}_k$，简约倾角记作 $\bar{\alpha}_k$，出射光线在第 k 个折射面的光线高度记作 $\bar{y}_k$。由此可写出自孔径光阑 QQ'，主光线正向追踪矩阵方程为

$$\begin{bmatrix}\bar{y}_k\\ \bar{\alpha}_k\end{bmatrix} = \begin{bmatrix}g_{11} & g_{12}\\ g_{21} & g_{22}\end{bmatrix}\begin{bmatrix}0\\ \bar{\alpha}_Q\end{bmatrix} \tag{4-449}$$

求解矩阵方程得到

$$\bar{y}_k = g_{12}\bar{\alpha}_Q, \quad \bar{\alpha}_k = g_{22}\bar{\alpha}_Q \tag{4-450}$$

代入式（4-448）得到

$$l_U = -\frac{\bar{\alpha}_k}{\bar{u}_k}\frac{g_{12}}{g_{22}} = -n_k\frac{g_{12}}{g_{22}} \tag{4-451}$$

定义出射光瞳放大率 β_U 为主光线在孔径光阑处的简约倾角与像空间该光线的简约倾角的比值，即

$$\beta_U = \frac{\bar{\alpha}_Q}{\bar{\alpha}_k} = \frac{1}{g_{22}} \tag{4-452}$$

需要强调的是，入射光瞳的反向光线追踪传递矩阵和出射光瞳的正向光线追踪传递矩阵采用了相同的矩阵符号，但两者的矩阵元素是完全不同的。

例 3 确定例 2 所描述的光学系统的入射光瞳和出射光瞳的位置。

解 透镜 2 为孔径光阑，由式（4-437）可写出从第 1 个折射面到孔径光阑的传递矩阵为

$$\mathbf{G}=\mathbf{M}_1\mathbf{N}_1=\begin{bmatrix}1 & \dfrac{d_1}{n_1}\\ 0 & 1\end{bmatrix}\begin{bmatrix}1 & 0\\ -\Phi_1 & 1\end{bmatrix}=\begin{bmatrix}1 & 40\\ 0 & 1\end{bmatrix}\begin{bmatrix}1 & 0\\ -\dfrac{1}{64} & 1\end{bmatrix}$$

$$=\begin{bmatrix}0.375 & 40\\ -0.015625 & 1\end{bmatrix}=\begin{bmatrix}g_{11} & g_{12}\\ g_{21} & g_{22}\end{bmatrix}$$

由此可知，$g_{12}=40$，$g_{11}=0.375$，假设物空间为空气，$n_0=1.0$，代入式（4-445），得到入射光瞳的位置为

$$l_P=n_0\frac{g_{12}}{g_{11}}=1.0\times\frac{40}{0.375}\approx 106.7\text{cm}$$

入射光瞳的大小为

$$R_P=\left|\beta_Q\right|R_2=\frac{R_2}{\left|g_{11}\right|}=\frac{2.0}{0.375}\approx 5.33$$

对于出射光瞳，由式（4-447）可写出从孔径光阑到透镜 3 的正向传递矩阵为

$$\mathbf{G}=\mathbf{N}_3\mathbf{M}_2=\begin{bmatrix}1 & 0\\ -\Phi_3 & 1\end{bmatrix}\begin{bmatrix}1 & \dfrac{d_2}{n_2}\\ 0 & 1\end{bmatrix}=\begin{bmatrix}1 & 0\\ -\dfrac{1}{20} & 1\end{bmatrix}\begin{bmatrix}1 & 40\\ 0 & 1\end{bmatrix}$$

$$=\begin{bmatrix}1 & 40\\ -0.05 & -1\end{bmatrix}=\begin{bmatrix}g_{11} & g_{12}\\ g_{21} & g_{22}\end{bmatrix}$$

假设像空间为空气，即 $n_k=1.0$，将 $g_{12}=40$，$g_{22}=-1$ 代入式（4-451），得到出射光瞳的位置为

$$l_U=-n_k\frac{g_{12}}{g_{22}}=-1.0\times\frac{40}{-1.0}=40\text{cm}$$

l_U 取正值，表明出射光瞳在透镜 3 的像空间。

出射光瞳的大小为

$$R_U=\left|\beta_U\right|R_2=\frac{R_2}{\left|g_{22}\right|}=\frac{2.0}{\left|-1\right|}=2.0\text{cm}$$

对于视场光阑的确定，需要建立轴外物点光线矩阵方程，方法是相同的。确定入射窗和出射窗也需要利用入射窗、出射窗和视场光阑三者共轭的特性，通过追踪一条主光线可确定入射窗和出射窗的位置，利用入射窗放大率和出射窗放大率可确定入射窗和出射窗的大小。

4.7　精确光线追踪

傍轴近似是取线性项的一级近似，通常也称为一级光学。但对于实际共轴球面光学系统，孔径光阑的孔径必须足够大，孔径边缘的光线并不满足傍轴近似的条件，除此之外，物体和视场也不会太小，视场光线也不能当作傍轴光线处理。因此，从物面上发出的所有成像光线并不都相交于傍轴成像的像点，结果导致要么像变得模糊，要么像的大小和位置发生变化。所以在傍轴近似条件下设计共轴球面光学成像系统不能满足高像质的要求，必须采用精确光线追踪成像。

精确光线追踪与傍轴条件下的光线追踪不同，体现在三个方面：第一，对于共轴球面光学系统，由式（4-313）可知，第 j 个折射球面在傍轴近似条件下的折射定律近似为

$$n_{j-1}\theta_j = n_j\theta'_j \tag{4-453}$$

而对于精确光线追踪，折射定律为

$$n_{j-1}\sin\theta_j = n_j\sin\theta'_j \tag{4-454}$$

第二，傍轴近似条件下光线平移是在两个球面的顶点平面之间平移，而精确光线追踪是在两个球面之间平移。第三，傍轴近似条件下光线追踪是二维平面追踪，精确光线追踪是三维空间追踪。

精确光线追踪与傍轴光线追踪的过程是相同的，即在两球面之间建立平移方程，而在两介质球面的分界面建立折射方程。

4.7.1 平移方程

如图4-61所示，平移光线VW从球面$j-1$上的点$V(x_{j-1},y_{j-1},z_{j-1})$到球面$j$上的点$W(x_j,y_j,z_j)$。已知点$V(x_{j-1},y_{j-1},z_{j-1})$和点$V(x_{j-1},y_{j-1},z_{j-1})$处的光线的方向余弦

$$L_{j-1}=\cos\alpha_{j-1},\quad M_{j-1}=\cos\beta_{j-1},\quad N_{j-1}=\cos\gamma_{j-1} \tag{4-455}$$

求解球面j上的点$W(x_j,y_j,z_j)$。求解需分两步，首先求解平移光线VW与球面j过顶点O_j的切平面的交点$S(\xi,\eta)$，交点$S(\xi,\eta)$相对于顶点O_j坐标系的Z坐标$z=0$。然后求解平面交点$S(\xi,\eta)$到球面交点$W(x_j,y_j,z_j)$的距离Δ。

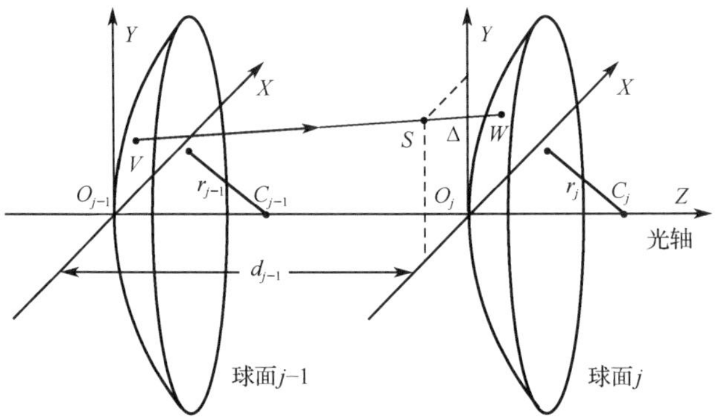

图4-61　光线精确平移

假设两球面顶点之间的距离为d_{j-1}，则从点$V(x_{j-1},y_{j-1},z_{j-1})$到平面交点$S(\xi,\eta)$的长度为

$$D=\frac{d_{j-1}-z_{j-1}}{\cos\gamma_{j-1}}=\frac{d_{j-1}-z_{j-1}}{N_{j-1}} \tag{4-456}$$

式中，z_{j-1}是相对于顶点O_{j-1}坐标系中的Z坐标。由此可写出点$S(\xi,\eta)$的坐标为

$$\begin{cases}\xi = x_{j-1}+D\cos\alpha_{j-1}=x_{j-1}+DL_{j-1}\\ \eta = y_{j-1}+D\cos\beta_{j-1}=y_{j-1}+DM_{j-1}\end{cases} \tag{4-457}$$

另外，在顶点O_j坐标系中，球面j的圆心在Z轴上，因此球面上每一点都满足球面方程

$$x_j^2+y_j^2+(z_j-r_j)^2=r_j^2 \tag{4-458}$$

式中，r_j为第j个球面的半径。展开式（4-458），可化简为

$$c_j(x_j^2+y_j^2+z_j^2)-2z_j=0 \tag{4-459}$$

式中，$c_j = 1/r_j$ 为球面 j 的曲率。

球面 j 上点 W 的坐标可用点 S 的坐标和间距 Δ 表示为

$$\begin{cases} x_j = \xi + \Delta\cos\alpha_{j-1} = \xi + \Delta L_{j-1} \\ y_j = \eta + \Delta\cos\beta_{j-1} = \eta + \Delta M_{j-1} \\ z_j = \Delta\cos\gamma_{j-1} = \Delta N_{j-1} \end{cases} \tag{4-460}$$

将式（4-460）代入式（4-459），并利用方向余弦之间的关系

$$\cos^2\alpha_{j-1} + \cos^2\beta_{j-1} + \cos^2\gamma_{j-1} = L_{j-1}^2 + M_{j-1}^2 + N_{j-1}^2 = 1 \tag{4-461}$$

得到

$$c_j\Delta^2 - 2\Delta[N_{j-1} - c_j(\xi L_{j-1} + \eta M_{j-1})] + c_j(\xi^2 + \eta^2) = 0 \tag{4-462}$$

这是一个关于未知量 Δ 的二次方程。记

$$G = N_{j-1} - c_j(\xi L_{j-1} + \eta M_{j-1}),\quad F = c_j(\xi^2 + \eta^2) \tag{4-463}$$

则式（4-462）化为二次方程的标准形式

$$c_j\Delta^2 - 2G\Delta + F = 0 \tag{4-464}$$

其解为

$$\Delta = \frac{G \pm \sqrt{G^2 - c_jF}}{c_j} \tag{4-465}$$

将式（4-457）和式（4-465）代入式（4-460），便可得到平移光线在球面 j 的交点坐标，因此式（4-460）就是两球面之间的光线平移方程。

对于平移光线接近顶点的情况，$\xi \to 0$，$\eta \to 0$，显然有 $\Delta \to 0$。由式（4-463）可知，$F \to 0$，$G \to N_{j-1}$，代入式（4-465），有

$$\Delta = \frac{N_{j-1} \pm N_{j-1}}{c_j} \tag{4-466}$$

由此可以看出，$\Delta \to 0$，式（4-466）中只能取"－"号，因而式（4-465）也只能取"－"号。

对于平面折射的情况，$c_j \to 0$，式（4-465）不可用，需要对式（4-465）进行变形。令分子分母同乘以 $G + \sqrt{G^2 - c_jF}$，有

$$\Delta = \frac{F}{G + \sqrt{G^2 - c_jF}} \tag{4-467}$$

4.7.2　折射方程

求解光线平移方程之后，光线在球面 j 上的点 $W(x_j, y_j, z_j)$ 是已知的，连接球面曲率中心点 C_j 与点 W 并延长，则 C_jW 的方向为球面在点 W 的法线方向。法线和入射光线构成的平面为入射面，入射角为入射面内法线与入射光线之间的夹角，记作 θ_j，折射光线与法线的夹角记作 θ_j'，如图 4-62 所示。由图可知，θ_j 为 ΔSWC_j 的外角，根据余弦定理有

$$E^2 = \Delta^2 + r_j^2 - 2\Delta r_j\cos(180^\circ - \theta_j) = \Delta^2 + r_j^2 + 2\Delta r_j\cos\theta_j \tag{4-468}$$

式中，$E = SC_j$，r_j 为球面半径。又因 $E = SC_j$ 是直角三角形 ΔSO_jC_j 的斜边，因而有

$$E^2 = \xi^2 + \eta^2 + r_j^2 \tag{4-469}$$

式（4-468）和式（4-469）相等，并利用式（4-463）得到

$$\cos\theta_j = \frac{\xi^2+\eta^2-\Delta^2}{2\Delta r_j} = \frac{F-c_j\Delta^2}{2\Delta} \tag{4-470}$$

将式（4-467）代入上式，化简得到

$$\cos\theta_j = G - c_j\Delta = \sqrt{G^2-c_jF} \tag{4-471}$$

由折射定律式（4-454）得到

$$\cos\theta_j' = \sqrt{1-\sin^2\theta_j'} = \sqrt{1-\left(\frac{n_{j-1}}{n_j}\right)^2(1-\cos^2\theta_j)} \tag{4-472}$$

需要强调的是，当取 $n_j=-n_{j-1}$ 时，式（4-472）也适用于反射的情况，即反射角的余弦等于入射角的余弦。

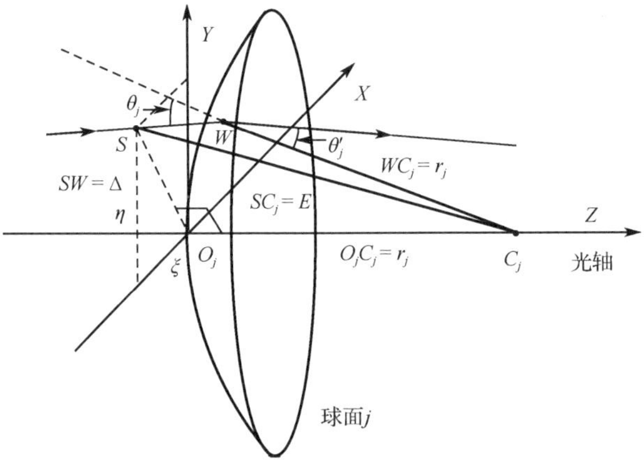

图 4-62　球面折射

对于精确射线追踪，已知点 $V(x_{j-1},y_{j-1},z_{j-1})$ 处光线的方向余弦，根据式（4-455），将方向余弦表示成单位矢量的形式，有

$$\begin{aligned}\mathbf{k}_{0,j-1} &= \cos\alpha_{j-1}\mathbf{e}_x+\cos\beta_{j-1}\mathbf{e}_y+\cos\gamma_{j-1}\mathbf{e}_z \\ &= L_{j-1}\mathbf{e}_x+M_{j-1}\mathbf{e}_y+N_{j-1}\mathbf{e}_z\end{aligned} \tag{4-473}$$

式中，$\mathbf{k}_{0,j-1}$ 为入射光线方向的单位矢量。折射光线方向的单位矢量记作

$$\begin{aligned}\mathbf{k}_{0,j} &= \cos\alpha_j\mathbf{e}_x+\cos\beta_j\mathbf{e}_y+\cos\gamma_j\mathbf{e}_z \\ &= L_j\mathbf{e}_x+M_j\mathbf{e}_y+N_j\mathbf{e}_z\end{aligned} \tag{4-474}$$

通过球面折射精确光线作图法［见图 4-28（a）］，可得入射光线和折射光线之间的关系如图 4-63（a）所示，其中 WA 为入射光线延长线，$WA=n_{j-1}$，WB 为作图法得到的折射光线，$WB=n_j$，矢量 $\overrightarrow{BA}$ 平行于球心 C_j 与入射点 W 的连线，单位矢量记作 $\mathbf{e}_{\mathrm{r}_j}$。将入射光线和折射光线投影到 $\mathbf{e}_{\mathrm{r}_j}$ 方向，得到

$$\overrightarrow{BA} = (n_j\cos\theta_j' - n_{j-1}\cos\theta_j)\mathbf{e}_{\mathrm{r}_j} \tag{4-475}$$

另外，根据矢量加法有

$$n_{j-1}\mathbf{k}_{0,j-1} = n_j\mathbf{k}_{0,j} + \overrightarrow{BA} = n_j\mathbf{k}_{0,j} + (n_j\cos\theta_j' - n_{j-1}\cos\theta_j)\mathbf{e}_{\mathrm{r}_j} \tag{4-476}$$

如图 4-63（b）所示，在顶点 O_j 坐标系，入射点 W 的位置矢量为

$$\mathbf{r}_j = x_j \mathbf{e}_x + y_j \mathbf{e}_y + z_j \mathbf{e}_z \tag{4-477}$$

又，根据矢量加法有

$$\mathbf{r}_j = r_j \mathbf{e}_z + r_j \mathbf{e}_{\mathrm{r}_j} \tag{4-478}$$

将式（4-477）代入式（4-478），求解可得

$$\mathbf{e}_{\mathrm{r}_j} = c_j x_j \mathbf{e}_x + c_j y_j \mathbf{e}_y + (c_j z_j - 1)\mathbf{e}_z \tag{4-479}$$

将式（4-473）、式（4-474）和式（4-479）代入式（4-476），然后令两边相同分量相等得到

$$\begin{cases} L_j = \dfrac{n_{j-1}}{n_j} L_{j-1} - \left(\cos\theta'_j - \dfrac{n_{j-1}}{n_j}\cos\theta_j\right) c_j x_j \\ M_j = \dfrac{n_{j-1}}{n_j} M_{j-1} - \left(\cos\theta'_j - \dfrac{n_{j-1}}{n_j}\cos\theta_j\right) c_j y_j \\ N_j = \dfrac{n_{j-1}}{n_j} N_{j-1} - \left(\cos\theta'_j - \dfrac{n_{j-1}}{n_j}\cos\theta_j\right)\left(c_j z_j - 1\right) \end{cases} \tag{4-480}$$

式（4-480）就是折射光线方向余弦的计算公式。

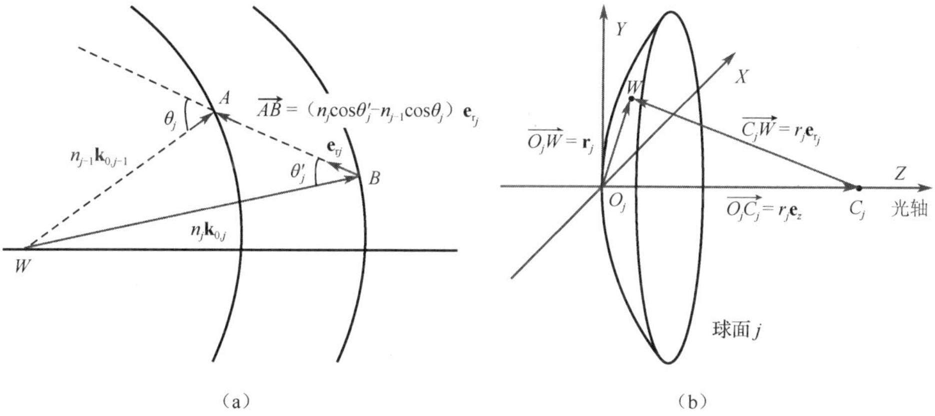

图 4-63 精确光线作图确定光线矢量的方向

精确光线追踪与 y-nu 光线追踪过程相同，对于共轴球面光学系统成像，追踪一条光线需要每个折射面交替使用平移方程（4-460）和折射方程（4-480）。

几何光学是光学成像系统设计的理论基础，借助于几何光学可近似描述光学成像系统的主要性能。随着科学技术的发展，光学成像系统的种类越来越多，应用也越来越广泛，理论基础也涉及很多方面。

参考文献

[1] 马科斯·波恩，埃米尔·沃尔夫. 光学原理. 7 版. 杨葭荪，译. 北京：电子工业出版社，2009.

[2] 刘德森. 变折射率介质理论及其技术实践. 重庆：西南师范大学出版社. 北京：2005.

[3] 郑玉祥，陈良尧. 近代光学. 北京：电子工业出版社，2011.

[4] 季家镕. 高等光学教程——光学的基本电磁理论. 北京：科学出版社，2007.
[5] 林强，叶兴浩. 现代光学基础与前沿. 北京：科学出版社，2010.
[6] AJOY GHATAK. Optics. Tata McGraw-Hill Publishing Company Limited, 2009.
[7] MHFREEMAN, Cchull. OPTICS. 北京：世界图书出版公司，2005.
[8] RICHARD DITTEON. 现代几何光学. 詹涵箐译. 长沙：湖南大学出版社，2004.
[9] 田芊，廖延彪，孙利群. 工程光学. 北京：清华大学出版社，2006.
[10] 钟锡华. 现代光学基础. 北京：北京大学出版社，2003.
[11] 赵凯华. 光学. 北京：高等教育出版社，2004.
[12] 郁道银，谈恒英. 工程光学. 北京：机械工业出版社，2002.
[13] 章志鸣，沈元华，陈惠芬. 光学. 北京：高等教育出版社，1995.
[14] EUGENE HECHT. 光学. 4 版. 张存林，改编. 北京：高等教育出版社，2005.
[15] 张克潜，李德杰. 微波与光电子学中的电磁理论. 北京：电子工业出版社，2001.
[16] 周衍柏. 理论力学教程. 北京：人民教育出版社，1979.
[17] 吴迪光. 变分法. 北京：高等教育出版社，1987.
[18] 朱光明，曹建章. 高斯射线束合成地震记录. 西安：西北工业大学出版社，1993.
[19] 周素梅. 变折射率球透镜的研制及其光学特性的研究. 西南师范大学硕士学位论文，2003.
[20] 吕昊. 梯度折射率球透镜的制备及其光学性能研究. 长春理工大学博士学位论文，2009.
[21] 李景镇. 光学手册（上）. 西安：陕西科学技术出版社，2010.
[22] 董孝义. 光波电子学. 天津：南开大学出版社，1987.
[23] 姚启钧原著，华东师大《光学》教材编写组改编，郑一善校. 光学教程. 北京：人民教育出版社，1981.
[24] 石顺祥，张海兴，刘劲松. 物理光学与应用光学. 西安：西安电子科技大学出版社，2000.
[25] 竺庆春，陈时胜译. 矩阵光学导论. 上海：上海科学技术文献出版社，1991.
[26] 北京大学数学力学系，几何与代数教研室代数小组编. 高等代数. 北京：高等教育出版社，1978.
[27] 恒云鹏. 线性代数. 北京：国防工业出版社，1982.

第5章 干涉光学

几何光学描述光波传播，既不考虑光波的振幅信息，也不考虑光波的相位信息，因而几何光学不反映光波的波动特性。实际上，当光源发出的光波经分束后再叠加时，由于光束之间振幅和相位存在相关，叠加的结果在空间会出现光强极大和光强极小的分布，这种现象反映了光波的波动特性，称为光的干涉。

干涉根据分束方法的不同，分为分振幅干涉和分波阵面干涉；根据参与叠加的光束数量，分为双光束干涉和多光束干涉；根据光源的单色性，分为单色光干涉和准单色光干涉；根据波形特征分为平面波干涉、柱面波干涉和球面波干涉；按光源类型可分为点光源干涉、线光源干涉和面光源干涉；按光波矢量特性可分为标量波干涉和偏振光干涉等。

本章从波的叠加原理出发，首先讨论干涉的基本概念，包括双光束平面波干涉、双光束柱面波干涉和双光束球面波干涉；以及分波阵面双光束干涉和光源的空间相干性，分振幅双光束干涉、干涉条纹的定域性、双光束干涉仪及光源的时间相干性。其次，讨论多光束干涉，包括多光束干涉光强反射率和光强透射率，多光束干涉光的传输特性、多光束干涉仪及多光束干涉光刻。最后，给出干涉应用实例——萨尼亚克（Sagnac）空间调制型干涉成像光谱仪。

5.1 线性叠加原理

在线性理想介质中，当两列（或多列）光波在介质中传播时，传播互不影响，各自独立进行，这就是光波的独立传播定律。从数学的角度讲，描述光波在线性理想介质中传播的是二阶线性常系数偏微分方程，光波电场强度矢量满足式（2-1），其解为平面单色光波［见式（2-41）］。假设两列（或多列）不同频率、不同偏振方向的平面单色光波的电场强度矢量满足式（2-1），则两列（或多列）平面单色光波叠加后仍然满足式（2-1）。这就是在线性理想介质中光波传播所满足的线性叠加原理。相反，根据傅里叶变换的观点，在线性理想介质中传播的非单色光波，都可分解为不同频率单色平面光波的叠加，表明单色平面光波在线性理想介质中独立传播。所以波的独立传播定律与波的线性叠加实质是相同的。

如图5-1所示，两列单色平面光波在介质折射率为 n 的空间传播，其频率分别为 ω_1 和 ω_2，波传播的单位矢量分别为 $\mathbf{k}_{01}$ 和 $\mathbf{k}_{02}$，由式（2-41）可写出两列平面光波电场强度矢量的余弦形式为

$$\mathbf{E}_1 = \mathbf{E}_{01}\cos\left(\omega_1 t - \frac{\omega_1}{c} n\mathbf{k}_{01}\cdot\mathbf{r} + \varphi_{01}\right) \tag{5-1}$$

$$\mathbf{E}_2 = \mathbf{E}_{02}\cos\left(\omega_2 t - \frac{\omega_2}{c} n\mathbf{k}_{02}\cdot\mathbf{r} + \varphi_{02}\right) \tag{5-2}$$

式中，$\mathbf{E}_{01}$ 和 $\mathbf{E}_{02}$ 分别为两列波的电场振幅矢量，φ_{01} 和 φ_{02} 分别为两列波的初相位。在空间每个点的光振动满足线性叠加原理，有

$$\mathbf{E} = \mathbf{E}_1 + \mathbf{E}_2 \tag{5-3}$$

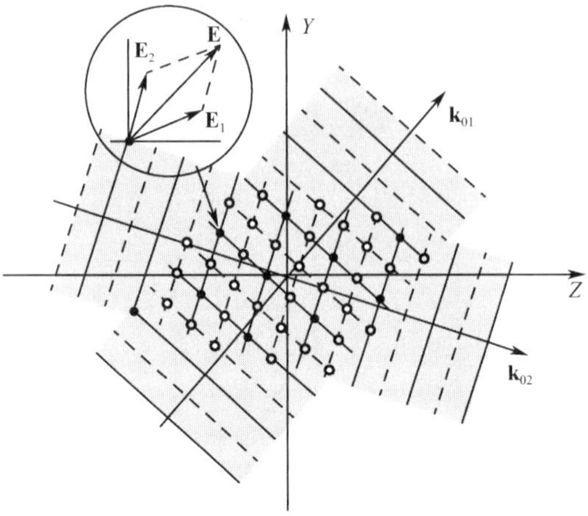

图 5-1　两列单色平面光波叠加

对于非单色光波，根据傅里叶变换，可把非单色光波看成无穷多个不同频率单色平面光波的叠加，也即空间每个点的合成电场强度矢量 **E** 可表示为

$$\mathbf{E}=\sum_{i=1}^{\infty}\mathbf{E}_i \tag{5-4}$$

式中，$\mathbf{E}_i(i=1,2,\cdots)$ 具有的形式为

$$\mathbf{E}_i=\mathbf{E}_{0i}\cos\left(\omega_i t-\frac{\omega_i}{c}n\mathbf{k}_{0i}\cdot\mathbf{r}+\varphi_{0i}\right) \tag{5-5}$$

实际上，任意二阶常系数微分方程反映的物理本质是介质或系统具有线性性质，而波在线性介质中传输必然满足线性叠加原理。例如，信号在线性系统中传输满足线性叠加原理，机械波在线性理想介质中传播也满足线性叠加原理。但是，线性叠加原理的适用是有条件的，除了介质或系统具有线性性质，还有波的强度。然而，当光的强度非常强时，即使介质具有线性，光波在介质中传播也不满足叠加原理，这种现象称为光的非线性效应，研究光的非线性效应的学科称为非线性光学。激光出现之后，非线性光学得到快速发展。

5.2　双光束干涉

对于光波而言，由于光波频率很高，约为 $10^{12}\sim10^{16}\,\mathrm{Hz}$，因此检测光的振幅变化是不切实际的。通常检测的是光强 I 的变化，如光电管、热辐射计、感光胶片、人的眼睛等。讨论光的干涉现象也是检测光的强度变化，下面由两列平面光波叠加给出双光束干涉光强的一般表达式。对于柱面光波和球面光波，在不考虑振幅衰减因子的情况下，与平面光波得到的光强表达式的形式完全相同。

5.2.1　两列平面光波的干涉

光强就是平均坡印廷矢量的大小。根据平均坡印廷矢量的定义式（1-391），并由单一平面光波光强的定义式（2-62），可写出两列平面光波叠加后的光强表达式为

$$I=\sqrt{\frac{\varepsilon_0}{\mu_0}}n\frac{1}{\tau}\int_0^{\tau}\mathbf{E}\cdot\mathbf{E}\mathrm{d}t \tag{5-6}$$

式中，积分表示在时间间隔 τ 内求时间平均，n 为介质折射率，$\mathbf{E}$ 为两列单色平面光波叠加后的电场强度矢量。

根据式（5-3），并将式（5-1）和式（5-2）代入其中，有

$$\begin{aligned}\mathbf{E}\cdot\mathbf{E} &= (\mathbf{E}_1+\mathbf{E}_2)\cdot(\mathbf{E}_1+\mathbf{E}_2)=\mathbf{E}_1\cdot\mathbf{E}_1+2\mathbf{E}_1\cdot\mathbf{E}_2+\mathbf{E}_2\cdot\mathbf{E}_2\\ &= E_{01}^2\cos^2\left(\omega_1 t-\frac{\omega_1}{c}n\mathbf{k}_{01}\cdot\mathbf{r}+\varphi_{01}\right)+\\ &\quad 2\mathbf{E}_{01}\cdot\mathbf{E}_{02}\cos\left(\omega_1 t-\frac{\omega_1}{c}n\mathbf{k}_{01}\cdot\mathbf{r}+\varphi_{01}\right)\cos\left(\omega_2 t-\frac{\omega_2}{c}n\mathbf{k}_{02}\cdot\mathbf{r}+\varphi_{02}\right)+\\ &\quad E_{02}^2\cos^2\left(\omega_2 t-\frac{\omega_2}{c}n\mathbf{k}_{02}\cdot\mathbf{r}+\varphi_{02}\right)\end{aligned}\tag{5-7}$$

将式（5-7）中的余弦相乘项的时间相位因子与空间相位因子分离，并利用三角函数关系

$$\cos(\alpha-\beta)=\cos\alpha\cos\beta+\sin\alpha\sin\beta\tag{5-8}$$

有

$$\begin{aligned}&\cos\left(\omega_1 t-\frac{\omega_1}{c}n\mathbf{k}_{01}\cdot\mathbf{r}+\varphi_{01}\right)\cos\left(\omega_2 t-\frac{\omega_2}{c}n\mathbf{k}_{02}\cdot\mathbf{r}+\varphi_{02}\right)\\ &=\cos\omega_1 t\cos\omega_2 t\cos\left(\frac{\omega_1}{c}n\mathbf{k}_{01}\cdot\mathbf{r}-\varphi_{01}\right)\cos\left(\frac{\omega_2}{c}n\mathbf{k}_{02}\cdot\mathbf{r}-\varphi_{02}\right)+\\ &\quad\sin\omega_1 t\cos\omega_2 t\sin\left(\frac{\omega_1}{c}n\mathbf{k}_{01}\cdot\mathbf{r}-\varphi_{01}\right)\cos\left(\frac{\omega_2}{c}n\mathbf{k}_{02}\cdot\mathbf{r}-\varphi_{02}\right)+\\ &\quad\cos\omega_1 t\sin\omega_2 t\cos\left(\frac{\omega_1}{c}n\mathbf{k}_{01}\cdot\mathbf{r}-\varphi_{01}\right)\sin\left(\frac{\omega_2}{c}n\mathbf{k}_{02}\cdot\mathbf{r}-\varphi_{02}\right)+\\ &\quad\sin\omega_1 t\sin\omega_2 t\sin\left(\frac{\omega_1}{c}n\mathbf{k}_{01}\cdot\mathbf{r}-\varphi_{01}\right)\sin\left(\frac{\omega_2}{c}n\mathbf{k}_{02}\cdot\mathbf{r}-\varphi_{02}\right)\end{aligned}\tag{5-9}$$

式（5-6）在时间间隔 τ 内求时间平均，即对式（5-7）的每一项求时间平均。利用积分关系

$$\int\cos^2 u\mathrm{d}u=\frac{1}{2}u+\frac{1}{4}\sin 2u+C\tag{5-10}$$

$$\int\sin mu\sin nu\mathrm{d}u=-\frac{\sin(m+n)u}{2(m+n)}+\frac{\sin(m-n)u}{2(m-n)}+C\tag{5-11}$$

$$\int\cos mu\cos nu\mathrm{d}u=\frac{\sin(m+n)u}{2(m+n)}+\frac{\sin(m-n)u}{2(m-n)}+C\tag{5-12}$$

$$\int\sin mu\cos nu\mathrm{d}u=-\frac{\cos(m+n)u}{2(m+n)}-\frac{\cos(m-n)u}{2(m-n)}+C\tag{5-13}$$

得到

$$\begin{aligned}&\frac{1}{\tau}\int_0^\tau\cos^2\left(\omega_1 t-\frac{\omega_1}{c}n\mathbf{k}_{01}\cdot\mathbf{r}+\varphi_{01}\right)\mathrm{d}t\\ &=\frac{1}{2}+\frac{1}{\tau\omega_1}\frac{1}{4}\left[\sin 2\left(\omega_1\tau-\frac{\omega_1}{c}n\mathbf{k}_{01}\cdot\mathbf{r}+\varphi_{01}\right)-\sin 2\left(-\frac{\omega_1}{c}n\mathbf{k}_{01}\cdot\mathbf{r}+\varphi_{01}\right)\right]\end{aligned}\tag{5-14}$$

对于光波而言，ω_1 的取值为 $10^{12}\sim10^{16}$ 量级，$1/\omega_1\to0$，所以式（5-14）右边第二项与右边第一项相比较很小，可忽略，于是有

$$\frac{1}{\tau}\int_0^\tau \cos^2\left(\omega_1 t-\frac{\omega_1}{c}n\mathbf{k}_{01}\cdot\mathbf{r}+\varphi_{01}\right)\mathrm{d}t=\frac{1}{2} \tag{5-15}$$

同理，可得

$$\frac{1}{\tau}\int_0^\tau \cos^2\left(\omega_2 t-\frac{\omega_2}{c}n\mathbf{k}_{02}\cdot\mathbf{r}+\varphi_{02}\right)\mathrm{d}t=\frac{1}{2} \tag{5-16}$$

对式（5-9）右边每一项进行积分，有

$$\begin{aligned}&\frac{1}{\tau}\int_0^\tau \cos\omega_1 t\cos\omega_2 t\cos\left(\frac{\omega_1}{c}n\mathbf{k}_{01}\cdot\mathbf{r}-\varphi_{01}\right)\cos\left(\frac{\omega_2}{c}n\mathbf{k}_{02}\cdot\mathbf{r}-\varphi_{02}\right)\mathrm{d}t\\&=\frac{1}{\tau}\cos\left(\frac{\omega_1}{c}n\mathbf{k}_{01}\cdot\mathbf{r}-\varphi_{01}\right)\cos\left(\frac{\omega_2}{c}n\mathbf{k}_{02}\cdot\mathbf{r}-\varphi_{02}\right)\left[\frac{\sin(\omega_1+\omega_2)\tau}{2(\omega_1+\omega_2)}+\frac{\sin(\omega_1-\omega_2)\tau}{2(\omega_1-\omega_2)}\right]\end{aligned} \tag{5-17}$$

$$\begin{aligned}&\frac{1}{\tau}\int_0^\tau \sin\omega_1 t\cos\omega_2 t\sin\left(\frac{\omega_1}{c}n\mathbf{k}_{01}\cdot\mathbf{r}-\varphi_{01}\right)\cos\left(\frac{\omega_2}{c}n\mathbf{k}_{02}\cdot\mathbf{r}-\varphi_{02}\right)\mathrm{d}t\\&=\frac{1}{\tau}\sin\left(\frac{\omega_1}{c}n\mathbf{k}_{01}\cdot\mathbf{r}-\varphi_{01}\right)\cos\left(\frac{\omega_2}{c}n\mathbf{k}_{02}\cdot\mathbf{r}-\varphi_{02}\right)\\&\left[\frac{1}{2(\omega_1+\omega_2)}-\frac{\cos(\omega_1+\omega_2)\tau}{2(\omega_1+\omega_2)}+\frac{1}{2(\omega_1-\omega_2)}-\frac{\cos(\omega_1-\omega_2)\tau}{2(\omega_1-\omega_2)}\right]\end{aligned} \tag{5-18}$$

$$\begin{aligned}&\frac{1}{\tau}\int_0^\tau \cos\omega_1 t\sin\omega_2 t\cos\left(\frac{\omega_1}{c}n\mathbf{k}_{01}\cdot\mathbf{r}-\varphi_{01}\right)\sin\left(\frac{\omega_2}{c}n\mathbf{k}_{02}\cdot\mathbf{r}-\varphi_{02}\right)\mathrm{d}t\\&=\frac{1}{\tau}\cos\left(\frac{\omega_1}{c}n\mathbf{k}_{01}\cdot\mathbf{r}-\varphi_{01}\right)\sin\left(\frac{\omega_2}{c}n\mathbf{k}_{02}\cdot\mathbf{r}-\varphi_{02}\right)\\&\left[\frac{1}{2(\omega_2+\omega_1)}-\frac{\cos(\omega_2+\omega_1)\tau}{2(\omega_2+\omega_1)}+\frac{1}{2(\omega_2-\omega_1)}-\frac{\cos(\omega_2-\omega_1)\tau}{2(\omega_2-\omega_1)}\right]\end{aligned} \tag{5-19}$$

$$\begin{aligned}&\frac{1}{\tau}\int_0^\tau \sin\omega_1 t\sin\omega_2 t\sin\left(\frac{\omega_1}{c}n\mathbf{k}_{01}\cdot\mathbf{r}-\varphi_{01}\right)\sin\left(\frac{\omega_2}{c}n\mathbf{k}_{02}\cdot\mathbf{r}-\varphi_{02}\right)\mathrm{d}t\\&=\frac{1}{\tau}\sin\left(\frac{\omega_1}{c}n\mathbf{k}_{01}\cdot\mathbf{r}-\varphi_{01}\right)\sin\left(\frac{\omega_2}{c}n\mathbf{k}_{02}\cdot\mathbf{r}-\varphi_{02}\right)\left[-\frac{\sin(\omega_1+\omega_2)\tau}{2(\omega_1+\omega_2)}+\frac{\sin(\omega_1-\omega_2)\tau}{2(\omega_1-\omega_2)}\right]\end{aligned} \tag{5-20}$$

将式（5-17）～式（5-20）的积分结果相加，取近似

$$\frac{\sin(\omega_1+\omega_2)\tau}{2(\omega_1+\omega_2)}\to 0,\quad \frac{1}{2(\omega_1+\omega_2)}\to 0,\quad \frac{\cos(\omega_1+\omega_2)\tau}{2(\omega_1+\omega_2)}\to 0 \tag{5-21}$$

并利用三角函数关系式（5-8）和关系

$$\sin(\alpha-\beta)=\sin\alpha\cos\beta-\cos\alpha\sin\beta \tag{5-22}$$

整理得到式（5-9）的积分结果为

$$\begin{aligned}&\frac{1}{\tau}\int_0^\tau \cos\left(\omega_1 t-\frac{\omega_1}{c}n\mathbf{k}_{01}\cdot\mathbf{r}+\varphi_{01}\right)\cos\left(\omega_2 t-\frac{\omega_2}{c}n\mathbf{k}_{02}\cdot\mathbf{r}+\varphi_{02}\right)\mathrm{d}t\\&=\frac{1}{\tau}\frac{\sin(\omega_1-\omega_2)\tau}{2(\omega_1-\omega_2)}\cos\left[\left(\frac{\omega_1}{c}n\mathbf{k}_{01}-\frac{\omega_2}{c}n\mathbf{k}_{02}\right)\mathbf{r}+\varphi_{02}-\varphi_{01}\right]+\\&\frac{1}{\tau}\left[\frac{1}{2(\omega_1-\omega_2)}-\frac{\cos(\omega_1-\omega_2)\tau}{2(\omega_1-\omega_2)}\right]\sin\left[\left(\frac{\omega_1}{c}n\mathbf{k}_{01}-\frac{\omega_2}{c}n\mathbf{k}_{02}\right)\mathbf{r}+\varphi_{02}-\varphi_{01}\right]\end{aligned} \tag{5-23}$$

在两列平面光波频率相同的情况下，即 $\omega_1=\omega_2=\omega$，式（5-23）化简为

$$\begin{aligned}&\frac{1}{\tau}\int_0^{\tau}\cos\left(\omega_1 t-\frac{\omega_1}{c}n\mathbf{k}_{01}\cdot\mathbf{r}+\varphi_{01}\right)\cos\left(\omega_2 t-\frac{\omega_2}{c}n\mathbf{k}_{02}\cdot\mathbf{r}+\varphi_{02}\right)\mathrm{d}t\\&=\frac{1}{2}\cos\left[\frac{\omega}{c}n(\mathbf{k}_{01}-\mathbf{k}_{02})\cdot\mathbf{r}+\varphi_{02}-\varphi_{01}\right]\end{aligned}\tag{5-24}$$

将式（5-7）代入式（5-6），再将式（5-15）、式（5-16）和式（5-24）代入式（5-6），得到

$$I=\frac{1}{2}\sqrt{\frac{\varepsilon_0}{\mu_0}}nE_{01}^2+\frac{1}{2}\sqrt{\frac{\varepsilon_0}{\mu_0}}nE_{02}^2+\sqrt{\frac{\varepsilon_0}{\mu_0}}n\mathbf{E}_{01}\cdot\mathbf{E}_{02}\cos\left[\frac{\omega}{c}n(\mathbf{k}_{01}-\mathbf{k}_{02})\cdot\mathbf{r}+\varphi_{02}-\varphi_{01}\right]\tag{5-25}$$

由式（2-62）可知，两列单色平面光波对应的光强为

$$I_1=\frac{1}{2}\sqrt{\frac{\varepsilon_0}{\mu_0}}nE_{01}^2,\quad I_2=\frac{1}{2}\sqrt{\frac{\varepsilon_0}{\mu_0}}nE_{02}^2\tag{5-26}$$

又假设两列平面光波光矢量之间的夹角 $\theta\neq 90^\circ$，于是有

$$\sqrt{\frac{\varepsilon_0}{\mu_0}}n\mathbf{E}_{01}\cdot\mathbf{E}_{02}=\sqrt{\frac{\varepsilon_0}{\mu_0}}nE_{01}E_{02}\cos\theta=2\sqrt{I_1I_2}\cos\theta\tag{5-27}$$

将式（5-26）和式（5-27）代入式（5-25），得到

$$I=I_1+I_2+2\sqrt{I_1I_2}\cos\theta\cos\left[\frac{\omega}{c}n(\mathbf{k}_{01}-\mathbf{k}_{02})\cdot\mathbf{r}+\varphi_{02}-\varphi_{01}\right]\tag{5-28}$$

如果令

$$\begin{aligned}\delta(\mathbf{r})&=\frac{\omega}{c}n(\mathbf{k}_{01}-\mathbf{k}_{02})\cdot\mathbf{r}+\varphi_{02}-\varphi_{01}\\&=\frac{2\pi}{\lambda}(\mathbf{k}_{01}-\mathbf{k}_{02})\cdot\mathbf{r}+\varphi_{02}-\varphi_{01}\end{aligned}\tag{5-29}$$

式中，λ 为光波波长，波数 $k=2\pi/\lambda=\omega n/c$ ［见式（1-186）和式（1-187）］。将式（5-29）代入式（5-28），有

$$I=I_1+I_2+2\sqrt{I_1I_2}\cos\theta\cos\delta\tag{5-30}$$

此式表明，两平面光波叠加后的光强并不等于两列平面光波的强度之和，存在交叉项 $2\sqrt{I_1I_2}\cos\theta\cos\delta$，该项反映的是两列平面光波的干涉效应，通常称为干涉项，δ 称为空间相位差，$\varphi_{02}-\varphi_{01}$ 为初始相位差。如果初始相位差 $\varphi_{02}-\varphi_{01}$ 恒定，当空间相位差取

$$\delta(\mathbf{r})=2m\pi,\quad m=0,\pm1,\pm2,\cdots\tag{5-31}$$

时，光强在空间分布取极大值，有

$$I_{\mathrm{M}}=I_1+I_2+2\sqrt{I_1I_2}\cos\theta\tag{5-32}$$

而当空间相位差取

$$\delta(\mathbf{r})=(2m+1)\pi,\quad m=0,\pm1,\pm2,\cdots\tag{5-33}$$

时，光强在空间的分布取极小值，有

$$I_{\mathrm{m}}=I_1+I_2-2\sqrt{I_1I_2}\cos\theta\tag{5-34}$$

由此可见，两列光波叠加产生干涉在空间出现明、暗相间的条纹分布，亮条纹称为相长干涉，暗条纹称为相消干涉。

如图 5-2（a）所示，假设两平面光波波矢量与 Y 轴垂直，可写出 $\mathbf{k}_{01}$ 和 $\mathbf{k}_{02}$ 对应的方向余弦为

$$\begin{cases}\mathbf{k}_{01}=\cos\alpha_1\mathbf{e}_x+\cos\dfrac{\pi}{2}\mathbf{e}_y+\cos\gamma_1\mathbf{e}_z\\ \mathbf{k}_{02}=\cos\alpha_2\mathbf{e}_x+\cos\dfrac{\pi}{2}\mathbf{e}_y+\cos\gamma_2\mathbf{e}_z\end{cases}\tag{5-35}$$

又

$$\alpha_1=\gamma_1+\frac{\pi}{2},\quad \alpha_2=\frac{\pi}{2}-\gamma_2\tag{5-36}$$

式（5-35）可改写为

$$\begin{cases}\mathbf{k}_{01}=-\sin\gamma_1\mathbf{e}_x+\cos\gamma_1\mathbf{e}_z\\ \mathbf{k}_{02}=\sin\gamma_2\mathbf{e}_x+\cos\gamma_2\mathbf{e}_z\end{cases}\tag{5-37}$$

将式（5-37）代入式（5-29）得到

$$\delta(x,z)=\frac{2\pi}{\lambda}[-(\sin\gamma_1+\sin\gamma_2)x+(\cos\gamma_1-\cos\gamma_2)z]+\varphi_{02}-\varphi_{01}\tag{5-38}$$

空间相位分布 $\delta(x,z)$ 与 y 无关，表明干涉条纹是严格平行于 Y 轴的直条纹。观察屏固定不动，z 的取值为常数，空间相位 $\delta(x,z)$ 仅随 x 变化。两边取差分，有

$$\Delta\delta(x,z)=-\frac{2\pi}{\lambda}(\sin\gamma_1+\sin\gamma_2)\Delta x\tag{5-39}$$

由式（5-31）和式（5-33）可知，相邻两极大值或极小值之间的相位变化为 2π，将 $\Delta\delta(x,z)=-2\pi$ 代入式（5-39），得到条纹间距为

$$\Delta x=\frac{\lambda}{\sin\gamma_1+\sin\gamma_2}\tag{5-40}$$

条纹沿 X 轴方向呈周期性分布，条纹间距也即空间周期，其倒数为空间频率，记作 ν_x，常用单位为 mm^{-1}。将式（5-40）取倒数，有

$$\nu_x=\frac{\sin\gamma_1+\sin\gamma_2}{\lambda}\tag{5-41}$$

假设两列平面光波波长相同（即频率相同），$\lambda=100\mu\text{m}$，平面光波分别沿 $\mathbf{k}_{01}$ 和 $\mathbf{k}_{02}$ 方向传播，其对应的方向余弦为

$$\begin{cases}\mathbf{k}_{01}=\cos\dfrac{7\pi}{12}\mathbf{e}_x+\cos\dfrac{\pi}{2}\mathbf{e}_y+\cos\dfrac{\pi}{12}\mathbf{e}_z\\ \mathbf{k}_{02}=\cos\dfrac{\pi}{3}\mathbf{e}_x+\cos\dfrac{\pi}{2}\mathbf{e}_y+\cos\dfrac{\pi}{6}\mathbf{e}_z\end{cases}$$

偏振方向相同，$\mathbf{E}_{01}\parallel\mathbf{E}_{02}$，$\theta=0$，初始相位差 $\varphi_{02}-\varphi_{01}=0$。两列光波光强相等，$I_1=I_2=1\text{W}\cdot\text{m}^{-2}$，观测屏放置在 $z=100\text{cm}$ 处，观察屏的大小为 $2\text{mm}\times2\text{mm}$。根据式（5-28）进行计算仿真，其干涉光强分布和干涉条纹如图 5-2（b）所示。

由上述讨论可知，在得到干涉公式（5-30）的过程中，假定了两个条件：① 两列光波的频率相同；② 两列光波的光矢量夹角 $\theta\neq90^\circ$，也即两列光波的光矢量存在平行分量；③ 除此之外，要得到稳定的明暗相间的光强分布，还必须满足初始相位差恒定且不随时间变化的条件，即 $\varphi_{02}-\varphi_{01}=$ 常数。这就是两束光波产生干涉的必要条件，满足干涉条件的光波称为相干光波，相应的光源称为相干光源。

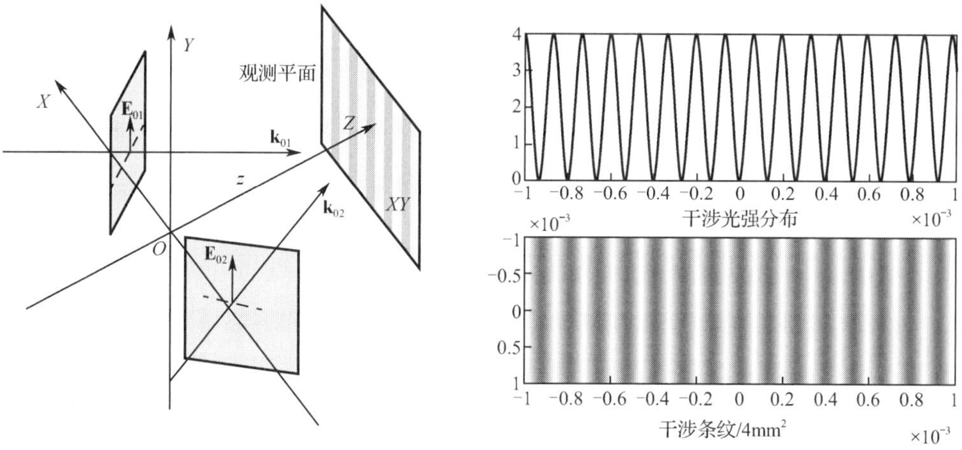

（a）仿真原理　　（b）光强分布及干涉图

图 5-2　两列平面光波的干涉

为了表征干涉效应的明显程度，通常用条纹可见度（或称为条纹对比度）来描述，其定义为

$$V=\frac{I_{\mathrm{M}}-I_{\mathrm{m}}}{I_{\mathrm{M}}+I_{\mathrm{m}}} \tag{5-42}$$

当干涉光强 $I_{\mathrm{m}}=0$ 时，$V=1$，两束光完全相干，条纹最清晰；当 $I_{\mathrm{M}}=I_{\mathrm{m}}$ 时，$V=0$，两束光完全不相干，无干涉条纹；当 $I_{\mathrm{M}}\neq I_{\mathrm{m}}\neq 0$ 时，$0<V<1$，两束光部分相干，条纹清晰度介于完全相干和完全不相干之间。

5.2.2　两列柱面光波和两列球面光波的干涉

1．柱面光波

对于理想线光源，由式（2-162）可写出两列相同频率柱面光波的标量电场的余弦形式为

$$\begin{cases} E_1=\dfrac{E_{01}}{\sqrt{\rho_1}}\cos(\omega t-k\rho_1+\varphi_{01}) \\ E_2=\dfrac{E_{02}}{\sqrt{\rho_2}}\cos(\omega t-k\rho_2+\varphi_{02}) \end{cases} \tag{5-43}$$

式中，ω 为光波圆频率，k 为光波波数。ρ_1 和 ρ_2 分别为两柱面光波波面到线光源的径向距离，φ_{01} 和 φ_{02} 分别为两列光波的初相位。在垂直于光波传播方向的平面内赋予标量电场特定方向，并假定两列光波光振动的方向相同，然后将式（5-43）代入式（5-6）求两列柱面光波叠加后的光强，在不考虑振幅衰减因子 $1/\sqrt{\rho}$ 的情况下，可得

$$I=I_1+I_2+2\sqrt{I_1I_2}\cos[k(\rho_1-\rho_2)+\varphi_{02}-\varphi_{01}] \tag{5-44}$$

式中，I_1 和 I_2 分别为两列柱面光波的光强，空间相位差为

$$\delta(\rho)=k(\rho_1-\rho_2)+\varphi_{02}-\varphi_{01} \tag{5-45}$$

由此可见，两列柱面光波干涉与两列平面光波干涉的光强分布具有相同的形式，区别仅在于平面光波空间相位因子反映的是两列光波方向的不同，而柱面光波空间相位因子反映的是两列光波的空间等相位面相交点到光源距离的不同。两列柱面光波产生干涉同样必须满足

频率相同、光矢量振动方向相同和初始相位差恒定的必要条件。

2．球面光波

对于理想点光源，由式（2-174）可写出两列相同频率球面光波的标量电场的余弦形式为

$$\begin{cases} E_1 = \dfrac{E_{01}}{r_1}\cos(\omega t - kr_1 + \varphi_{01}) \\ E_2 = \dfrac{E_{02}}{r_2}\cos(\omega t - kr_2 + \varphi_{02}) \end{cases} \tag{5-46}$$

式中，ω 为光波圆频率，k 为光波波数。r_1 和 r_2 分别为两球面光波波面到点光源的径向距离，φ_{01} 和 φ_{02} 分别为两列光波的初相位。在垂直于光波传播方向的平面内赋予标量电场特定方向，并假定两列光波的光振动方向相同，然后将式（5-46）代入式（5-6）求两列球面光波叠加后的光强，在不考虑振幅衰减因子 $1/r$ 的情况下，可得

$$I = I_1 + I_2 + 2\sqrt{I_1 I_2}\cos[k(r_1 - r_2) + \varphi_{02} - \varphi_{01}] \tag{5-47}$$

式中，I_1 和 I_2 分别为两列球面光波的光强，空间相位差为

$$\delta(r) = k(r_1 - r_2) + \varphi_{02} - \varphi_{01} \tag{5-48}$$

球面光波与柱面光波干涉的光强分布具有完全相同的形式。下面对两点光源产生干涉的情况进行简单讨论。

如图 5-3（a）所示，假设两点光源相距 d，位于 X 轴的 $S_1(d/2,0,0)$ 和 $S_2(-d/2,0,0)$ 处，两点光源光强相等，$I_1 = I_2 = I_0$，初始相位差为零，$\varphi_{02} - \varphi_{01} = 0$，式（5-47）化简为

$$I = 4I_0\cos^2\frac{\delta}{2} \tag{5-49}$$

由式（5-48）可知，当

$$r_1 - r_2 = (2m)\frac{\lambda}{2}, \quad m = 0, \pm1, \pm2, \cdots \tag{5-50}$$

时，空间相位满足相干加强的条件式（5-31）；而当

$$r_1 - r_2 = (2m+1)\frac{\lambda}{2}, \quad m = 0, \pm1, \pm2, \cdots \tag{5-51}$$

时，空间相位满足干涉相消的条件式（5-33）。

因为 r_1 和 r_2 随空间坐标点变化，所以干涉条纹也在空间变化。式（5-50）所描绘的曲线形状就是干涉条纹的形状。对于 XY 平面内任一点 $P(x,y)$，有

$$r_1 = \sqrt{\left(x - \frac{d}{2}\right)^2 + y^2}, \quad r_2 = \sqrt{\left(x + \frac{d}{2}\right)^2 + y^2} \tag{5-52}$$

代入式（5-50），并记 $\Delta = m\lambda$，有

$$\sqrt{\left(x - \frac{d}{2}\right)^2 + y^2} - \sqrt{\left(x + \frac{d}{2}\right)^2 + y^2} = \Delta \tag{5-53}$$

移项得到

$$\sqrt{\left(x - \frac{d}{2}\right)^2 + y^2} = \Delta + \sqrt{\left(x + \frac{d}{2}\right)^2 + y^2} \tag{5-54}$$

两边平方，整理后得到

$$2xd+\Delta^2=-2\Delta\sqrt{\left(x+\frac{d}{2}\right)^2+y^2} \tag{5-55}$$

两边再平方，整理可得

$$\frac{x^2}{\Delta^2/4}-\frac{y^2}{(d^2-\Delta^2)/4}=1 \tag{5-56}$$

显然，式（5-56）表明，在 XY 平面内，给定光波波长 λ，对于每一个 m 取值，式（5-56）对应于以两个点光源为焦点、以 X 轴为轴线的双曲线，即干涉条纹为双曲线。对于任意空间点，式（5-50）对应于以两个点光源为焦点、以 X 轴为轴线的空间双叶双曲面，因此光强分布也为空间双叶双曲面。

取 $d=1\text{cm}$，$\lambda=100\mu\text{m}$，$\mathbf{E}_{01}\parallel\mathbf{E}_{02}$，$\theta=0$，两列光波初始相位差 $\varphi_{02}-\varphi_{01}=0$。两列光波的光强相等，$I_0=I_1=I_2=1(\text{W}/\text{m}^2)$，观测屏放置在 $z=0$ 处，观察屏的大小为 $2\text{mm}\times2\text{mm}$。根据式（5-47）或式（5-49）进行计算仿真，其干涉条纹如图 5-3（b）所示。文献[3]给出了 XY 平面内两点光源电场叠加后的实测图（图片由美国密西西比州立大学光学工程提供），实测图验证了干涉条纹为双曲线，也间接证明了标量电场解的近似合理性。

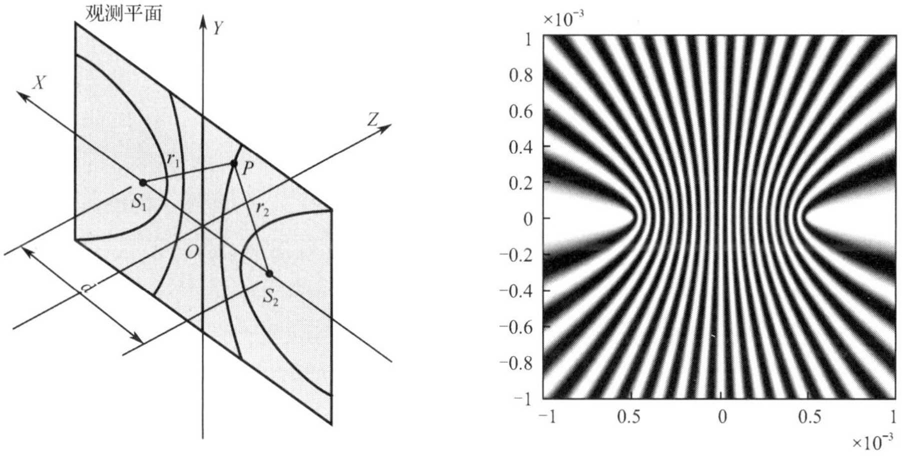

（a）仿真原理　　（b）干涉图（4mm^2）

图 5-3　两列球面光波的干涉

5.2.3　获得相干光的方法

由光的微观辐射理论可知，普通光源的发光方式主要是自发辐射。每个原子作为一个独立的发光中心，电子在能级之间跳跃发出光子——即有限长光波波列（约 10^{-8} s），由于电子在能级之间跳跃是随机的，彼此之间无关，因而不同原子、不同能级产生的波列之间或同一原子、不同能级（或相同能级先后）产生的波列之间没有固定的相位关系，这样的光波不满足相干条件，所以叠加不会产生干涉现象。由此看来，两个普通光源发出的光不会产生干涉，比如两盏白炽灯发出的光波同时照射到同一平面，其光强等于两盏灯光强之和，观察不到干涉条纹。即使是同一盏白炽灯的两个不同部分发出的光也不会产生干涉，所以普通光源是非相干光源。

20 世纪 60 年代出现了一种新型光源——激光器。激光器产生的激光具有很好的相干性，是一种相干光源。另外，快速光电接收器件的出现，使接收器的时间响应常数由 0.1s 缩短到微秒、纳秒甚至皮秒量级，可以在很短暂的时间内观测干涉现象，甚至可以实现两个独立激光光源的干涉。但是，即使接收器的响应时间缩短到皮秒，仍很难观测到普通光源的干涉条纹。

在光学干涉实验中，为了获得相干光，通常的做法是把光源发出的一列光波分成两束或多束，这样就可以使光束之间的初始相位差恒定，然后再将分束光进行叠加，即可得到稳定的干涉条纹。分束方法有两种：分波阵面法和分振幅法。分波阵面法是将光波波列的等相位面的每一点都看作发射光波的次光源，在其波面上取其两部分或多个部分，再进行叠加，如杨氏干涉实验。分振幅法是利用光在两介质分界面的反射，将入射光振幅分解为若干部分，再进行叠加，如迈克耳孙干涉仪。下面分别讨论分波阵面干涉和分振幅干涉。

5.3 分波阵面双光束干涉

5.3.1 杨氏双缝干涉

英国物理学家托马斯·杨（1773—1829），光的波动学说奠基人之一

1801 年，托马斯·杨为了证明光具有波动性，巧妙而简单地建立了光干涉的实验装置，如图 5-4（a）所示。单色光源发出的光波经开有小孔 S_0 的屏，根据惠更斯原理，小孔 S_0 出射球面波。在距离 S_0 不远处放置一开有小孔 S_1 和 S_2 的屏，且 S_0 到 S_1 和 S_2 的距离相等，小孔 S_1 和 S_2 同样发出相位相同的球面波，因而在距离 D 处的观测屏可观测到稳定的干涉条纹。托马斯·杨把其中一个小孔 S_1（或 S_2）遮挡起来，干涉条纹立即消失，证明干涉条纹确实源于干涉效应。不仅在实验上证明了光的干涉现象，还用叠加原理对光的干涉进行了解释，并根据实测条纹间隔计算得到入射光的波长。这就是著名的杨氏干涉实验，对建立光的波动学说起到了决定性的作用，具有重要的历史意义。

为了使干涉条纹更亮，通常把杨氏实验中的小孔用狭缝代替，如图 5-4（b）所示。假设单色平面光波照射狭缝 S_0，狭缝 S_0 作为次波源出射柱面光波，然后柱面光波经相距 d 的两狭缝 S_1 和 S_2 分波阵面，出射两列等相位的柱面光波，在距狭缝 D 处放置观测屏，可观测到两列柱面光波叠加产生的干涉条纹。下面推导杨氏双缝干涉光强在直角坐标系的表达式。

杨氏双缝干涉的几何关系如图 5-5（a）所示。取双缝屏坐标 $z=0$，单缝屏距双缝屏的距离为 l，观测屏距双缝屏的距离为 D。单缝 S_0 到双缝 S_1 和 S_2 的距离分别为 ρ_{01} 和 ρ_{02}。缝 S_1 到观测屏任意一点 P 的径向距离为 ρ_1，缝 S_2 到观测屏 P 点的径向距离为 ρ_2。假设实验放置于空气中，$n=1.0$，入射光为单色平面光波，线光源 S_0 出射柱面光波的初相位为 φ_0，则线光源 S_1 和 S_2 出射柱面光波的初相位分别为

$$\varphi_{01}=\varphi_0+\frac{2\pi}{\lambda}\rho_{01},\quad \varphi_{02}=\varphi_0+\frac{2\pi}{\lambda}\rho_{02} \tag{5-57}$$

从而得到初始相位差为

$$\varphi_{02}-\varphi_{01}=\frac{2\pi}{\lambda}(\rho_{02}-\rho_{01}) \tag{5-58}$$

此式表明，次波线光源 S_1 与 S_2 之间的初始相位差与次波线光源 S_0 的初始相位 φ_0 无关，由此可保证两束光的初始相位差恒定。

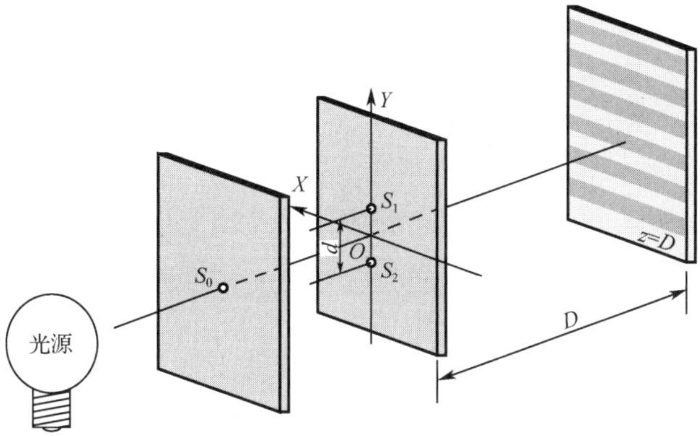

（a）杨氏双孔干涉

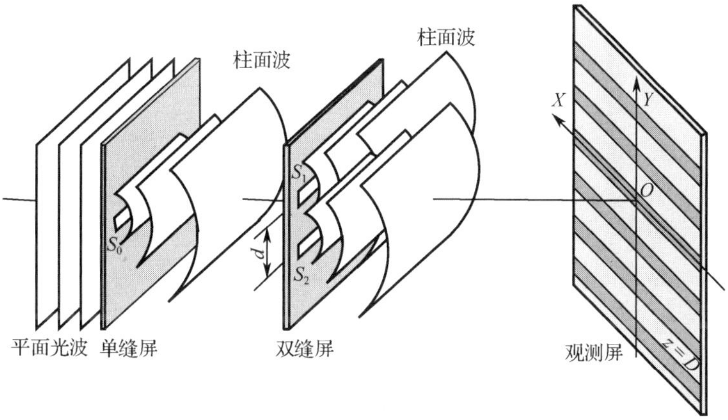

（b）杨氏双缝干涉

图 5-4　杨氏干涉实验原理

由图 5-5（a）中的几何关系，可写出次波线光源 S_1 和 S_2 到观测屏 $P(x,y,D)$ 点的距离为

$$\begin{cases} \rho_1 = S_1P = \sqrt{x^2 + \left(y + \dfrac{d}{2}\right)^2 + D^2} \\ \rho_2 = S_2P = \sqrt{x^2 + \left(y - \dfrac{d}{2}\right)^2 + D^2} \end{cases} \tag{5-59}$$

在傍轴近似和远场近似条件下，有

$$y^2 \ll D^2\text{（傍轴近似），}\quad d^2 \ll D^2\text{（远场近似）} \tag{5-60}$$

利用泰勒展开，取线性近似，则式（5-59）可近似为

$$\begin{cases} \rho_1 \approx D + \dfrac{x^2 + \left(y + \dfrac{d}{2}\right)^2}{2D} \\ \rho_2 \approx D + \dfrac{x^2 + \left(y - \dfrac{d}{2}\right)^2}{2D} \end{cases} \tag{5-61}$$

于是，有

$$\rho_1-\rho_2\approx\frac{yd}{D} \tag{5-62}$$

如果 $\rho_{01}=\rho_{02}$，则两光束的初始相位差 $\varphi_{02}-\varphi_{01}=0$。将式（5-62）代入式（5-45），得到两束光在点 P 的空间相位差为

$$\delta(x,y)=\frac{2\pi}{\lambda}\frac{d}{D}y \tag{5-63}$$

由于 $\rho_{01}=\rho_{02}$，两次波源 S_1 和 S_2 处的初始光强相等，令 $I_1=I_2=I_0$，代入式（5-44），有

$$I=2I_0\left[1+\cos\left(\frac{2\pi}{\lambda}\frac{d}{D}y\right)\right]=4I_0\cos^2\left(\frac{\pi}{\lambda}\frac{d}{D}y\right) \tag{5-64}$$

这就是在傍轴和远场近似条件下得到的两光束干涉光强随 y 变化的表达式。光强分布仅与坐标 y 有关，而与 x 无关，表明干涉条纹是平行于 Y 轴的直条纹。

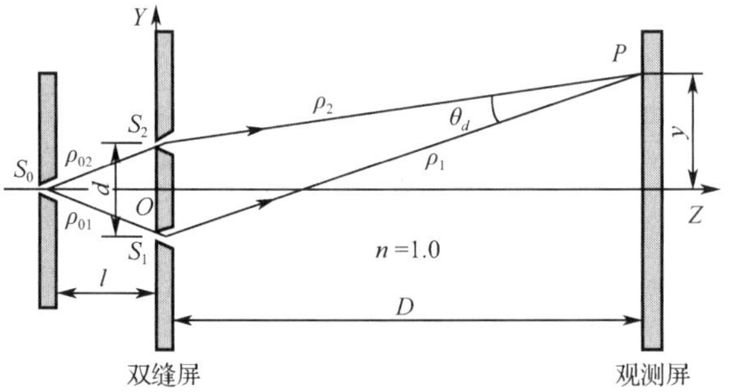

（a）几何关系

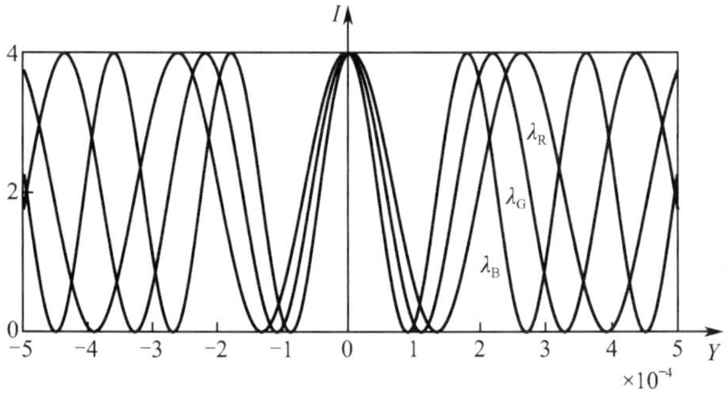

（b）光强分布

图 5-5　杨氏双缝干涉

由式（5-31）可知，当

$$\delta(x,y)=\frac{2\pi}{\lambda}\frac{d}{D}y=2m\pi,\quad m=0,\pm1,\pm2,\cdots \tag{5-65}$$

时，干涉光强取极大值。由此得到干涉极大对应的位置为

$$y_{\mathrm{M}}=\frac{m\lambda D}{d},\quad m=0,\pm1,\pm2,\cdots \tag{5-66}$$

式中，m 称为干涉条纹的级次。

由式（5-33）可知，当

$$\delta(x,y)=\frac{2\pi}{\lambda}\frac{d}{D}y=(2m+1)\pi,\quad m=0,\pm1,\pm2,\cdots \tag{5-67}$$

时，干涉光强取极小值。由此得到干涉极小对应的位置为

$$y_{\mathrm{m}}=\left(m+\frac{1}{2}\right)\frac{\lambda D}{d},\quad m=0,\pm1,\pm2,\cdots \tag{5-68}$$

由式（5-66）或式（5-68）可得两相邻亮条纹或两相邻暗条纹的间距为

$$\Delta y=\frac{\lambda D}{d} \tag{5-69}$$

干涉条纹沿 Y 轴方向呈周期性分布，其间距也即空间周期。令式（5-69）取倒数，得到 Y 轴方向的空间频率为

$$\nu_y=\frac{d}{\lambda D} \tag{5-70}$$

通常把观测屏上交于 P 点的两光束之间的夹角 θ_{d} 称为相干光束会聚角，在傍轴和远场近似条件下，近似有

$$\theta_{\mathrm{d}}\approx\frac{d}{D} \tag{5-71}$$

由此可将条纹间距表示为

$$\Delta y=\frac{\lambda}{\theta_{\mathrm{d}}} \tag{5-72}$$

由上述讨论可知，杨氏双缝干涉条纹间距与 λ 和 D 成正比，与 d 成反比，与干涉级次 m 无关。当 λ、D 和 d 选定之后，干涉条纹等间距分布，且光波波长 λ 越短，干涉条纹间距越小，条纹分布也越密集；光波波长 λ 越长，干涉条纹间距越大，条纹分布也越稀疏。当 $m=0$ 时，所有波长的中心干涉条纹重合，所以白光干涉中心仍为白光，两边干涉条纹按波长依次排开，短波长在内，长波长在外，图 5-5（b）给出了三种光波波长干涉光强的计算曲线，取红光 $\lambda_{\mathrm{R}}=650\mathrm{nm}$，绿光 $\lambda_{\mathrm{G}}=550\mathrm{nm}$，蓝光 $\lambda_{\mathrm{B}}=450\mathrm{nm}$。双缝间距 $d=0.1\mathrm{cm}$，双缝与观测屏的距离 $D=40\mathrm{cm}$。变量 y 的取值范围限制在 $-0.05\mathrm{cm}\leqslant y\leqslant+0.05\mathrm{cm}$，两光束光强取 $I_1=I_2=I_0=1.0$。

如果 $\rho_{01}\neq\rho_{02}$，如图 5-6 所示，令

$$\Delta\rho_0=\rho_{02}-\rho_{01} \tag{5-73}$$

则 $\varphi_{02}-\varphi_{01}\neq0$，由式（5-58）有

$$\varphi_{02}-\varphi_{01}=\frac{2\pi}{\lambda}\Delta\rho_0 \tag{5-74}$$

将式（5-74）和式（5-62）代入式（5-45），有

$$\delta(x,y)=\frac{2\pi}{\lambda}\left(\frac{d}{D}y+\Delta\rho_0\right) \tag{5-75}$$

由此得到，干涉极大的位置为

$$y_{\mathrm{M}}=(m\lambda-\Delta\rho_0)\frac{D}{d},\quad m=0,\pm1,\pm2,\cdots \tag{5-76}$$

干涉极小的位置为

$$y_{\mathrm{m}}=\left[\left(m+\frac{1}{2}\right)\lambda-\Delta\rho_0\right]\frac{D}{d},\quad m=0,\pm1,\pm2,\cdots \tag{5-77}$$

由式（5-76）或式（5-77）可以看出，当 $\rho_{01} \neq \rho_{02}$ 时，即 $\Delta\rho_0 \neq 0$，干涉条纹的位置将发生移动。对于中央亮条纹，$m=0$，假设单缝次波源 S_0 向下移动 δ_s，由于 $\rho_{02} > \rho_{01}$，$\Delta\rho_0 > 0$，为了保持中央条纹零光程差的条件，必须满足

$$\rho_{01} + \rho_1 - \rho_{02} - \rho_2 = 0 \tag{5-78}$$

或者

$$\rho_1 - \rho_2 = \rho_{02} - \rho_{01} \tag{5-79}$$

此式表明，当单缝次波源 S_0 向下移动时，$\delta_s < 0$，$\rho_{02} > \rho_{01}$，必有 $\rho_1 - \rho_2 > 0$，也即干涉条纹向上移动。令干涉条纹移动距离（位移）为 δ_y，$\delta_y > 0$，在傍轴近似条件下有

$$\rho_{02} - \rho_{01} \approx -\frac{d\delta_s}{l},\quad \rho_1 - \rho_2 \approx \frac{d\delta_y}{D} \tag{5-80}$$

代入式（5-79），得到

$$\delta_y = -\frac{D}{l}\delta_s \tag{5-81}$$

这就是杨氏双缝干涉条纹位移 δ_y 与线光源位移 δ_s 之间的关系，式中负号表示干涉条纹的移动方向与光源移动方向相反。

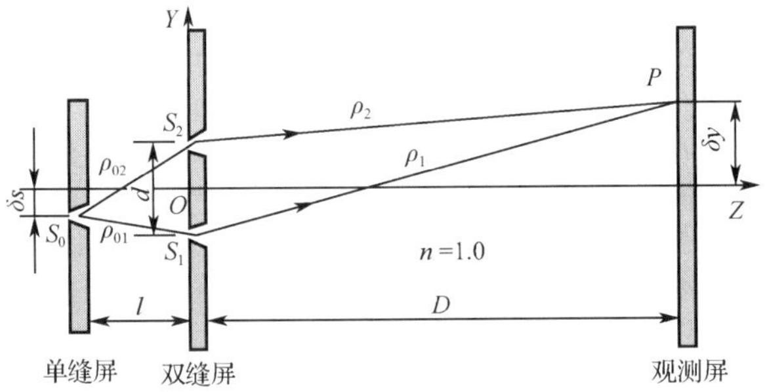

图 5-6　光源位移与干涉条纹移动的关系

上述讨论没有涉及柱面光波振幅衰减因子 $1/\sqrt{\rho}$，两束光光强相等，$I_1 = I_2 = I_0$。如果考虑振幅衰减因子，光强 I_1 和 I_2 在观测屏上随 y 在变化，且 $I_1 \neq I_2$，由此引起干涉条纹光强分布随 $|y|$ 的增加而逐渐减小，所以实际观测到的双缝干涉条纹中间最亮，两边干涉条纹逐渐变暗，在傍轴近似条件下，这种变化很小，可不予考虑。但是，分波阵面干涉次波源衍射效应比较明显，实质上分波阵面干涉是两个次波源衍射场的干涉，干涉条纹的不等亮度正是由于衍射因子的调制所致。

5.3.2　菲涅耳双面镜双光束干涉

菲涅耳双面镜双光束干涉属于分波阵面干涉，具有杨氏双缝干涉的特点，其实验原理如图 5-7 所示。菲涅耳双面镜由两平面高反射镜 M_1 和 M_2 构成，两镜面之间存在很小的夹角 ϕ。单缝次光源 S_0 发射柱面光波，经两镜面反射波面分成两束光，在观测屏可观测到干涉条纹。根据几何光学反射镜成像，S_0 在镜面 M_1 成虚像 S_1，在镜面 M_2 成虚像 S_2，$S_0A = S_1A$，$S_0B = S_2B$，因而有 $S_0A + AP = \rho_1$，$S_0B + BP = \rho_2$。假设双面镜置于空气中，$n = 1.0$，两束光的空间相位差为 $2\pi(\rho_1 - \rho_2)/\lambda$，与杨氏双缝干涉相同，因此可将双面镜干涉看作由双缝 S_1 和 S_2 产生的干涉。

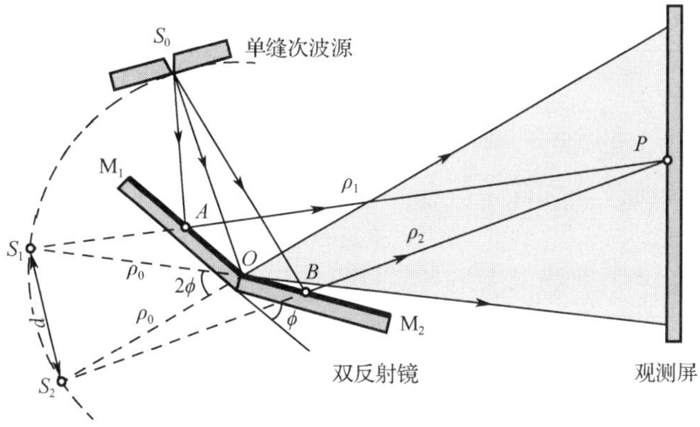

图 5-7　菲涅耳双面镜双光束干涉

两镜面交线为 OO'（垂直于纸面，O' 未显示），入射光线 S_0O 经两镜面交线反射，其反向延长线分别为 OS_1 和 OS_2，根据几何关系，$S_0O = OS_1 = OS_2 = \rho_0$，由此可写出两虚光源间距为

$$d = 2\rho_0 \sin\phi \approx 2\rho_0\phi \tag{5-82}$$

由于双面镜的夹角 ϕ 可以很小，两虚光源的间距就可以很小，所以双面镜双光束干涉可以获得较宽的条纹间距。需要强调的是，双面镜双光束干涉，如果观测屏与两虚光源平行放置，则条纹间距等间隔分布，条纹间距的计算与双缝干涉条纹的计算公式（5-69）相同；如果观测屏与两虚光源不平行，由于“双缝”到观测屏的距离发生变化，条纹间距不等间隔分布，从上到下线性变化，因此在傍轴近似条件下，式（5-69）可用于近似计算条纹间隔。

5.3.3　菲涅耳双棱镜双光束干涉

菲涅耳双棱镜双光束干涉原理如图 5-8 所示。狭缝光源 S_0 发射柱面光波，照射到双棱镜底面，双棱镜底面与斜面的夹角为 α，α 很小（通常 $\alpha < 20'$）。狭缝 S_0 与双棱镜两斜面的交线平行，且狭缝与双棱镜的交线垂直于 Z 轴。根据几何光学作图，S_0 经双棱镜成虚像 S_1 和 S_2，这样就可把双棱镜干涉看作虚光源 S_1 和 S_2 产生的干涉，与杨氏双缝干涉完全相同。

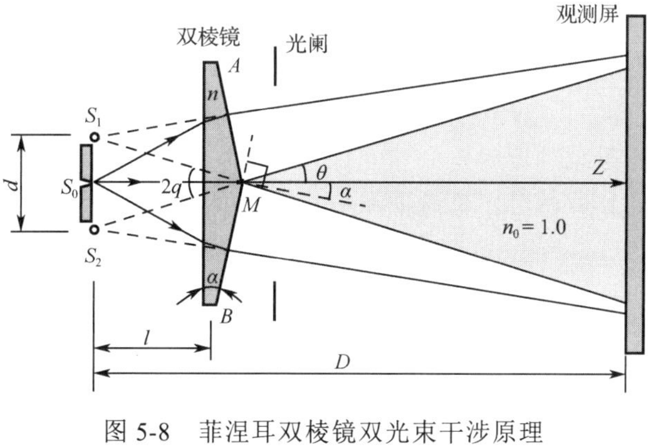

图 5-8　菲涅耳双棱镜双光束干涉原理

对于斜面 BM，入射光线 S_0M 的入射角为 α，折射角为 $\theta+\alpha$，根据折射定律有

$$n\sin\alpha = n_0\sin(\theta+\alpha) = \sin(\theta+\alpha) \tag{5-83}$$

式中，n 为双棱镜折射率，双棱镜置于空气中，$n_0 = 1.0$。在入射角 α 很小的情况下，折射角

$\theta+\alpha$ 也必然很小，对式（5-83）取近似有

$$n\alpha=\theta+\alpha \tag{5-84}$$

求解得到

$$\theta=(n-1)\alpha \tag{5-85}$$

在傍轴近似条件下，两狭缝虚光源 S_1 和 S_2 之间的间隔为

$$d\approx 2\theta l=2l(n-1)\alpha \tag{5-86}$$

当已知入射单色光波长 λ，双棱镜夹角 α 和双棱镜折射率 n，单缝光源 S_0 到双棱镜底面的距离 l 以及双棱镜底面到观测屏的距离 D，代入式（5-69），可求得干涉条纹间距 Δy。如果测量得到干涉条纹间距 Δy，代入式（5-69）也可得到干涉光波长。

5.3.4　劳埃德镜双光束干涉

劳埃德镜也属于分波阵面双光束干涉，如图 5-9 所示。单缝次光源发射柱面光波，柱面等相位面的一部分直接照射到观测屏，而另一部分掠入射到平面反射镜 M，然后照射到观测屏，两光束叠加产生干涉。狭缝次光源 S_1 通过反射镜边缘点 A 和 B 成像，相交于点 S_2，S_2 就是 S_1 的虚像。由此可以把劳埃德镜干涉看作狭缝次光源 S_1 和虚光源 S_2 构成的双光束干涉，与杨氏双缝干涉完全相同。

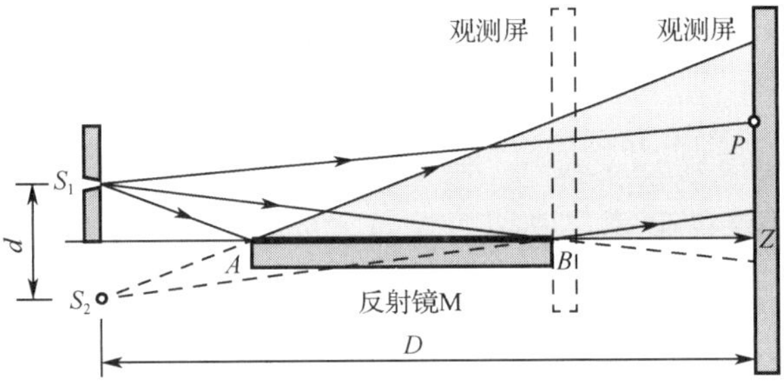

图 5-9　劳埃德镜双光束干涉

劳埃德镜双光束干涉与杨氏双缝干涉的不同之处在于：① 劳埃德镜双光束干涉仅有单边条纹，$y\geqslant 0$。当观测屏离开反射镜放置时，入射光与反射光的相交区域 $y>0$，劳埃德镜不存在零级（$m=0$）干涉条纹，也不存在 $m<0$ 的干涉条纹。当观测屏紧靠反射镜边缘点 B 放置时，对应于 B 点，$y=0$，可观测到零级干涉条纹。② 对于反射镜 M，不论是玻璃反射镜、金属反射镜还是介质膜高反射镜，当光掠入射时，反射光与入射光相位存在 π 的突变，杨氏双缝干涉中心为亮纹，而劳埃德镜干涉中心为暗纹。由此可将式（5-45）改写为

$$\delta(\rho)=k(\rho_1-\rho_2)+\pi \tag{5-87}$$

相对应的光程差为

$$\rho_1-\rho_2=\left(m+\frac{1}{2}\right)\lambda,\quad m>0 \tag{5-88}$$

而式（5-64）可改写成

$$I=4I_0\sin^2\left(\frac{\pi}{\lambda}\frac{d}{D}y\right) \tag{5-89}$$

为了使劳埃德镜干涉出现双边条纹，可在直达光束的光路上放置一个云母薄片，以改变与反射光束之间的光程差。劳埃德镜干涉装置简单易行，在从 X 射线到无线电波的整个电磁

波谱范围都有广泛的应用。对于 X 射线干涉，反射镜可用晶体代替；对于可见光干涉，反射镜可以是普通玻璃；对于微波，反射镜可以是金属线屏蔽网；对于无线电波，反射镜可以是湖面、海面或电离层等。

5.4　光源的空间相干性

前面讨论的分波阵面双光束干涉都是对于单色光波和理想线光源而言的。实际上，任何光源发射的光波并不是严格的单色光波，其波谱都有一定的宽度 $\Delta\lambda$ [见式（2-297）]，相应的波列长度为有限长。另外，实际光源都有一定的宽度，并非理想线光源。光源的非单色性和有限宽度导致干涉条纹的可见度 V 下降，甚至出现不相干叠加的结果，这就是光源的相干性问题。光波非单色性反映的是光波的时间相干性，而光源的有限宽度反映的是光波的空间相干性。除此之外，干涉条纹可见度还与两相干光束的振幅比和夹角有关。下面分别进行讨论。

5.4.1　双光束干涉光强分布与条纹可见度的关系

将式（5-32）和式（5-34）代入条纹可见度定义式（5-42），有

$$V=\frac{I_{\mathrm{M}}-I_{\mathrm{m}}}{I_{\mathrm{M}}+I_{\mathrm{m}}}=\frac{2\sqrt{I_1 I_2}\cos\theta}{I_1+I_2} \tag{5-90}$$

又由双光束干涉光强分布式（5-30）得到

$$I=(I_1+I_2)\left(1+\frac{2\sqrt{I_1 I_2}\cos\theta}{I_1+I_2}\cos\delta\right) \tag{5-91}$$

将式（5-90）代入上式，得到

$$I=(I_1+I_2)(1+V\cos\delta) \tag{5-92}$$

式中，I_1+I_2 为两光束光强非相干叠加。相干叠加体现在余弦项 $V\cos\delta$，其中干涉条纹可见度 V 反映的是干涉光强在空间的起伏程度。由此表明，V 是描述时空相干性的重要物理量。

将式（5-26）代入式（5-90），有

$$V=\frac{2\dfrac{E_{01}}{E_{02}}\cos\theta}{1+\left(\dfrac{E_{01}}{E_{02}}\right)^2}\quad \text{或}\quad V=\frac{2\dfrac{E_{02}}{E_{01}}\cos\theta}{1+\left(\dfrac{E_{02}}{E_{01}}\right)^2} \tag{5-93}$$

该式表明，两相干光束振幅比 $E_{01}\cos\theta/E_{02}$ 或 $E_{02}\cos\theta/E_{01}$ 越大，条纹可见度越高。需要强调的是，即使两相干光束的振幅 E_{01} 和 E_{02} 都很大，但平行分量 $E_{01}\cos\theta$ 或 $E_{02}\cos\theta$ 仍然很小，振幅比也很小，因而条纹可见度也很小。所以两相干光束光矢量之间的夹角 θ 必须很小，这也是相干光束必须满足的基本条件。

5.4.2　扩展光源的干涉条纹可见度

在如图 5-5（a）所示的杨氏双缝干涉中，假定光源 S_0 为单色理想线光源，将式（5-66）代入式（5-64），有 $I_{\mathrm{M}}=4I_0$；而将式（5-68）代入式（5-64），得到 $I_{\mathrm{m}}=0$；由式（5-42）可得 $V=1$，表明单色理想线光源完全相干。当光源是具有一定宽度的扩展光源时，可以把有限

宽度扩展光源的干涉看作许多理想线光源的非相干叠加。由式（5-81）可知，线光源位移δs，必然使干涉条纹位移δy，这样许多理想线光源之间非相干叠加的结果使条纹可见度V降低，甚至$V=0$。下面分析扩展光源对条纹可见度V的影响。

1. 两理想线光源双缝干涉

假设两非相干理想线光源S_{01}和S_{02}关于Z轴对称分布，如图 5-10（a）所示，S_{01}到Z轴的距离为$-|\delta s|$，S_{02}到Z轴的距离为$+|\delta s|$。在傍轴近似条件下，由式（5-80）可知，对于图 5-10（a）中的理想线光源S_{01}有

$$\Delta\rho_0=\rho_{02}-\rho_{01}\approx\frac{d}{l}|\delta s| \tag{5-94}$$

由式（5-75）可写出相对应的空间相位为

$$\delta_{01}(x,y)=\frac{2\pi}{\lambda}\left(\frac{d}{D}y+\frac{d}{l}|\delta s|\right) \tag{5-95}$$

对于图 5-10（a）中的理想线光源S_{02}有

$$\rho_{02}-\rho_{01}\approx-\frac{d}{l}|\delta s| \tag{5-96}$$

由式（5-75）可写出相对应的空间相位为

$$\delta_{02}(x,y)=\frac{2\pi}{\lambda}\left(\frac{d}{D}y-\frac{d}{l}|\delta s|\right) \tag{5-97}$$

假设$I_1=I_2=I_0$，将式（5-95）代入式（5-44），得到理想线光源S_{01}的双缝干涉在观测屏P点的光强为

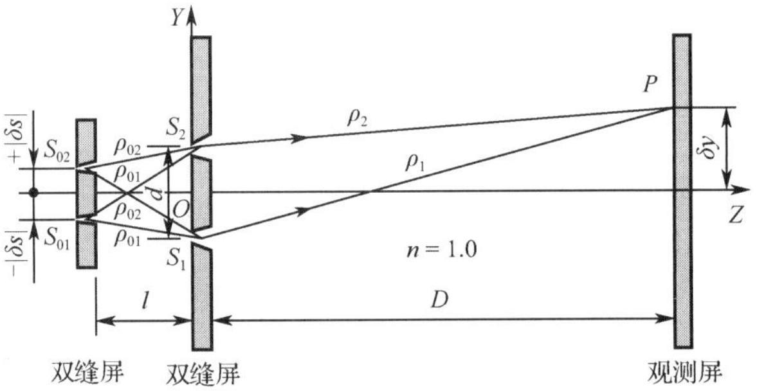

（a）几何关系

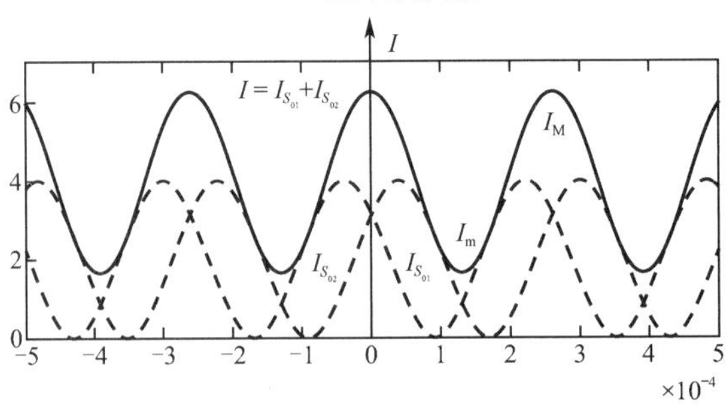

（b）干涉条纹光强分布

图 5-10　两理想线光源双缝干涉

$$I_{S_{01}}=2I_0\left[1+\cos\frac{2\pi}{\lambda}\left(\frac{d}{D}y+\frac{d}{l}|\delta s|\right)\right] \tag{5-98}$$

将式（5-97）代入式（5-44），得到理想线光源 S_{02} 产生的双缝干涉在观测屏 P 点的光强为

$$I_{S_{02}}=2I_0\left[1+\cos\frac{2\pi}{\lambda}\left(\frac{d}{D}y-\frac{d}{l}|\delta s|\right)\right] \tag{5-99}$$

由此可写出两理想线光源 S_{01} 和 S_{02} 非相干叠加的光强为

$$\begin{aligned}I&=2I_0\left[2+\cos\frac{2\pi}{\lambda}\left(\frac{d}{D}y+\frac{d}{l}|\delta s|\right)+\cos\frac{2\pi}{\lambda}\left(\frac{d}{D}y-\frac{d}{l}|\delta s|\right)\right]\\&=4I_0\left[1+\cos\left(\frac{2\pi}{\lambda}\cdot\frac{d}{l}|\delta s|\right)\cos\left(\frac{2\pi}{\lambda}\cdot\frac{d}{D}y\right)\right]\end{aligned} \tag{5-100}$$

与式（5-92）相比较，可令

$$V=\left|\cos\left(\frac{2\pi}{\lambda}\cdot\frac{d}{l}|\delta s|\right)\right| \tag{5-101}$$

此式表明，在单色光波情况下，两理想线光源双缝干涉非相干叠加的条纹可见度随 $|\delta s|$、d 和 l 的余弦变化，与单个理想线光源双缝干涉的条纹可见度（$V=1$）明显不同，仅当

$$|\delta s|=\frac{m}{2}\cdot\frac{l\lambda}{d},\quad m=0,1,2,\cdots \tag{5-102}$$

时，$V=1$，条纹可见度与单个理想线光源双缝干涉的条纹可见度相同。根据式（5-98）、式（5-99）和式（5-100），图 5-10（b）给出光强分布计算曲线。取光波波长 $\lambda=650\text{nm}$，双缝间距 $d=1\text{mm}$，$|\delta s|=1\text{mm}$，$l=10\text{mm}$，$D=40\text{cm}$，$I_1=I_2=I_0=1.0$，变量 y 的取值范围限制在 $-0.05\text{cm}\leqslant y\leqslant+0.05\text{cm}$。由图可见，对于单个理想线光源 S_{01} 和 S_{02}，条纹可见度 $V=1$。但由于 S_{01} 在 Z 轴下方，零级干涉条纹向 Y 轴正向偏移，而 S_{02} 在 Z 轴上方，零级干涉条纹向 Y 轴负向偏移。正是由于两个理想线光源干涉条纹的偏移，导致非相干叠加光强分布 $V\neq1$，条纹可见度降低。

2．扩展线光源双缝干涉

如图 5-11（a）所示为扩展线光源双缝干涉的几何关系。为了与观测屏上的 XY 坐标轴区分，光源面上采用 $X'Y'$ 坐标轴。非相干扩展线光源 S_0 的宽度为 b，中心位于 X' 轴上，平面光源强度均匀分布，假设其线密度为 I_0（注意，为了简单起见，此处线密度与光强采用相同记号）。对于 y' 处的理想线光源强度为 $I_0\text{d}y'$［图 5-11（a）中的坐标 y' 对应于图 5-6 中的 δs］，在双缝处次波光强不变，$I_1=I_2=I_0\text{d}y'$，由式（5-44）、式（5-45）、式（5-75）和式（5-80）可写出观测屏 P 点的光强为

$$\text{d}I=2I_0\left[1+\cos\frac{2\pi}{\lambda}\left(\frac{d}{D}y-\frac{d}{l}y'\right)\right]\text{d}y' \tag{5-103}$$

于是，非相干扩展线光源双缝干涉在观测屏 P 点叠加产生的光强分布为

$$I=\int_{-b/2}^{b/2}2I_0\left[1+\cos\frac{2\pi}{\lambda}\left(\frac{d}{D}y-\frac{d}{l}y'\right)\right]\text{d}y' \tag{5-104}$$

积分得到

$$I=2I_0b\left[1+\frac{\lambda}{\pi}\cdot\frac{l}{bd}\sin\frac{\pi}{\lambda}\cdot\frac{bd}{l}\cos\frac{2\pi}{\lambda}\cdot\frac{d}{D}y\right] \tag{5-105}$$

与式（5-92）相比较，可令

$$V=\left|\frac{\sin\frac{\pi}{\lambda}\cdot\frac{bd}{l}}{\frac{\pi}{\lambda}\cdot\frac{bd}{l}}\right|=\left|\operatorname{sinc}\left(\frac{\pi}{\lambda}\cdot\frac{bd}{l}\right)\right| \tag{5-106}$$

显然，V 具有抽样函数 $\operatorname{sinc}(x)$［或者记作 $\operatorname{Sa}(x)$］的特性。图 5-12 给出了 V 随 b 变化的曲线，计算取 $\lambda=650\text{nm}$，$l=1\text{cm}$，$d=1\text{mm}$，$D=40\text{cm}$，b 的取值范围为 0～0.025mm。由此可以看出，可见度 V 随光源宽度 b 的增大，出现一系列极大值点和零值点，并逐渐衰减为零。

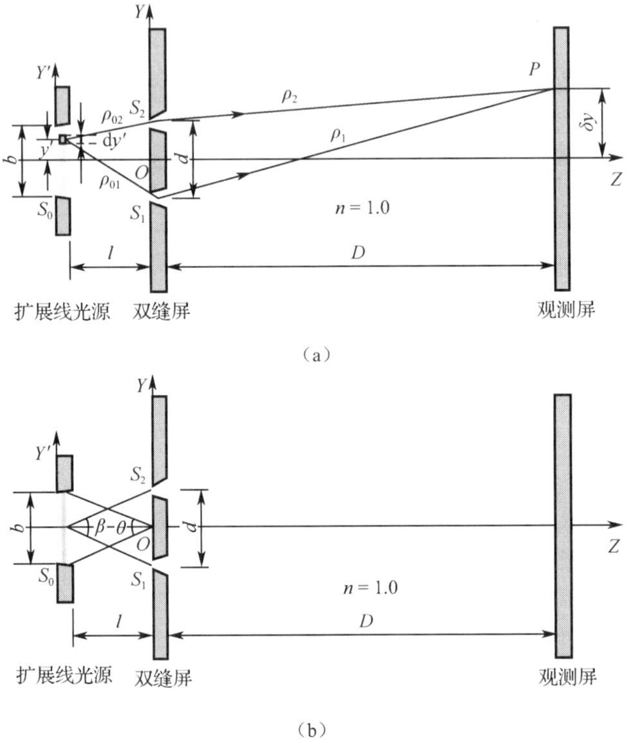

图 5-11　非相干扩展线光源双缝干涉

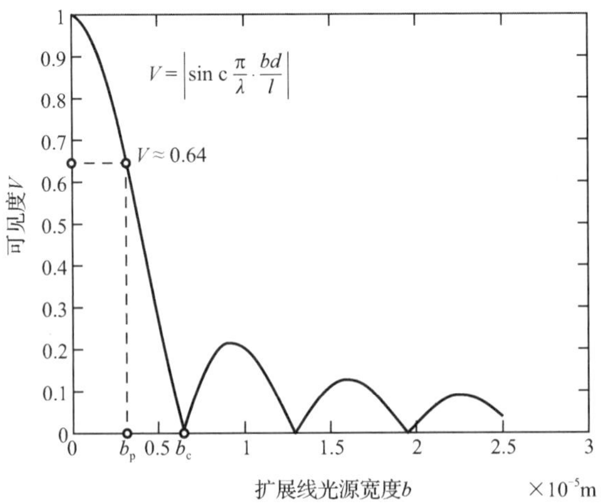

图 5-12　条纹可见度随扩展线光源宽度的变化

为了描述方便起见，在傍轴近似条件下，可定义

$$\beta \approx \frac{d}{l}, \quad \theta \approx \frac{b}{l} \tag{5-107}$$

如图 5-11（b）所示。由此，式（5-106）可简写为

$$V = \left|\text{sinc}\left(\frac{\pi}{\lambda}\beta b\right)\right| \tag{5-108}$$

根据抽样函数的特性，当

$$b = m\frac{\lambda}{\beta}, \quad m = 1,2,\cdots \tag{5-109}$$

时，可见度 $V = 0$，表明扩展线光源双缝干涉没有相干性。当 $m = 1$ 时，定义

$$b_{\text{c}} = \frac{\lambda}{\beta} \tag{5-110}$$

为扩展线光源双缝干涉临界宽度（或称为极限宽度）。式（5-110）表明，在双缝间隔 d 和光源到双缝的距离 l 给定的情况下，光源波长越长，临界宽度越宽。在光源波长给定的情况下，临界宽度与双缝间隔 d 成反比，而与光源到双缝的距离 l 成正比。d 大，临界宽度 b_{c} 小；d 小，临界宽度 b_{c} 大；l 大，临界宽度 b_{c} 大；l 小，临界宽度 b_{c} 小。

当扩展线光源宽度取 $b = b_{\text{c}}/2$ 时，由式（5-108）计算可得 $V \approx 0.64$，观测屏干涉条纹仍较明显，称此宽度为许可宽度，记作 b_{p}。如果取许可宽度 $b_{\text{p}} = b_{\text{c}}/4$，计算可得 $V \approx 0.90$。

3. 扩展点光源双孔干涉

上述讨论针对的是线光源双缝干涉，次波源柱面波面在 Y 轴方向受限。对于扩展点光源双孔干涉，次波源球面波面在 X 轴和 Y 轴方向都受到限制，因而数学处理相对较复杂。下面在傍轴和远场近似条件下，分别讨论方形扩展点光源双孔干涉和圆形扩展点光源双孔干涉。

1）方形扩展点光源

方形扩展点光源双孔干涉的几何关系如图 5-13（a）所示，非相干方形扩展点光源 S_0 位于 $X'Y'$ 平面，在 X' 轴方向的宽度为 b_x，在 Y' 轴方向的宽度为 b_y，在 X' 轴和 Y' 轴方向对称分布。假设平面光源强度均匀分布，其面密度为 I_0，光源面上任一点 $Q(x',y',-l)$ 处的点光源强度为 $I_0\text{d}x'\text{d}y'$，在双孔 S_1 和 S_2 处次波光强不变，$I_1 = I_2 = I_0\text{d}x'\text{d}y'$，则由式（5-47）可写出方形面光源 S_0 上任意一点 $Q(x',y',-l)$ 处的点光源 $I_0\text{d}x'\text{d}y'$ 通过双孔 S_1 和 S_2 在观测屏 P 点的干涉光强为

$$\text{d}I = 2I_0(1+\cos[k(r_1 - r_2) + \varphi_{02} - \varphi_{01}])\text{d}x'\text{d}y' \tag{5-111}$$

而方形扩展点光源 S_0 在观测屏 P 点的非相干叠加光强为

$$\begin{aligned} I &= \iint\limits_{(S_0)} 2I_0(1+\cos[k(r_1 - r_2) + \varphi_{02} - \varphi_{01}])\text{d}x'\text{d}y' \\ &= \int_{-b_y/2}^{+b_y/2}\int_{-b_x/2}^{+b_x/2} 2I_0(1+\cos[k(r_1 - r_2) + \varphi_{02} - \varphi_{01}])\text{d}x'\text{d}y' \end{aligned} \tag{5-112}$$

下面，在傍轴和远场近似条件下化简并计算积分式（5-112）。由图 5-13（a）给出的几何关系可写出次波源 $S_1(0,-d/2,0)$ 和 $S_2(0,d/2,0)$ 到观测屏 $P(x,y,D)$ 的距离为

$$
\begin{cases}
r_1 = S_1P = \sqrt{x^2 + \left(y + \dfrac{d}{2}\right)^2 + D^2} \\
r_2 = S_2P = \sqrt{x^2 + \left(y - \dfrac{d}{2}\right)^2 + D^2}
\end{cases}
\tag{5-113}
$$

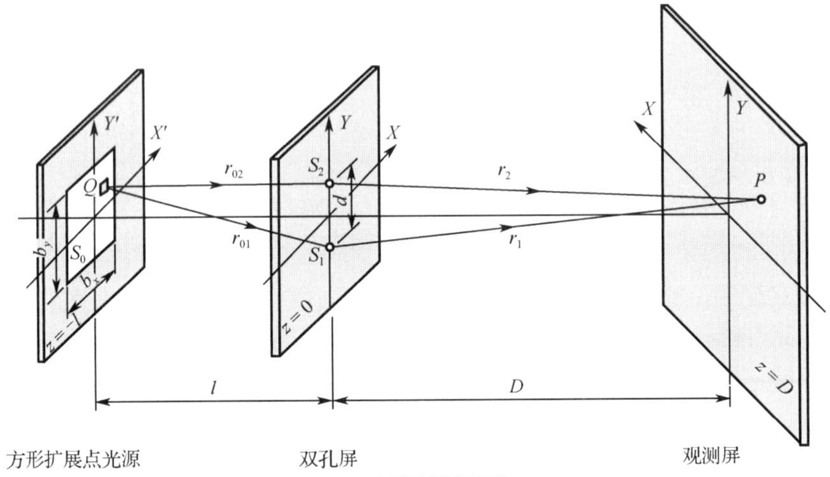

（a）方形扩展点光源

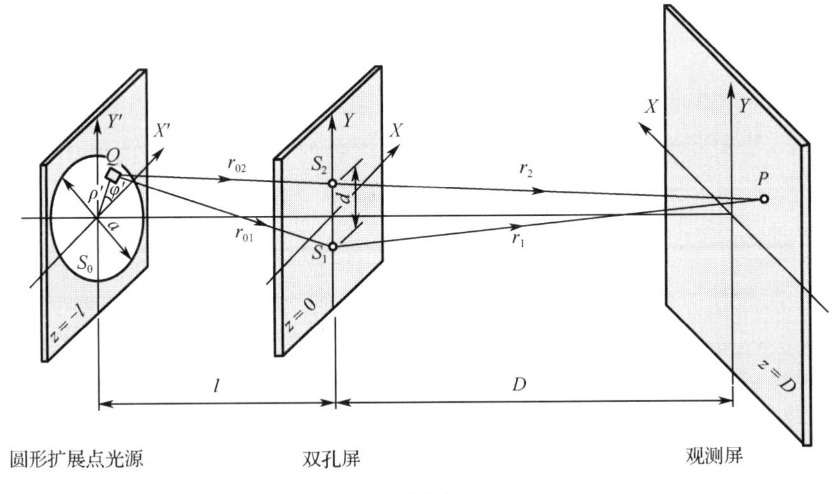

（b）圆形扩展点光源

图 5-13　非相干扩展点光源双孔干涉

利用傍轴近似和远场近似条件［见式（5-60）］，取线性近似，则式（5-113）可近似为

$$
\begin{cases}
r_1 \approx D + \dfrac{x^2 + \left(y + \dfrac{d}{2}\right)^2}{2D} \\
r_2 \approx D + \dfrac{x^2 + \left(y - \dfrac{d}{2}\right)^2}{2D}
\end{cases}
\tag{5-114}
$$

于是有

$$r_1 - r_2 = \frac{yd}{D} \tag{5-115}$$

此式与双缝干涉式（5-62）完全相同，表明在傍轴和远场近似条件下，两球面次波源 S_1 和 S_2 双孔干涉在观测屏产生的干涉条纹与 x 无关，条纹是直条纹。

假设实验装置放置于空气中，$n=1.0$，入射光为单色球面光波，点 $Q(x',y',-l)$ 处的点光源 $I_0\mathrm{d}x'\mathrm{d}y'$ 发射球面光波的初相位为 φ_0，则双孔 S_1 和 S_2 出射球面光波的初相位分别为

$$\varphi_{01} = \varphi_0 + \frac{2\pi}{\lambda} r_{01}, \quad \varphi_{02} = \varphi_0 + \frac{2\pi}{\lambda} r_{02} \tag{5-116}$$

两式相减，得到初始相位差为

$$\varphi_{02} - \varphi_{01} = \frac{2\pi}{\lambda}(r_{02} - r_{01}) \tag{5-117}$$

由图 5-13（a）给出的几何关系可写出 $Q(x',y',-l)$ 到次波源 $S_1(0,-d/2,0)$ 和 $S_2(0,d/2,0)$ 的的距离为

$$\begin{cases} r_{01} = QS_1 = \sqrt{x'^2 + \left(y' + \dfrac{d}{2}\right)^2 + (-l)^2} \\ r_{02} = QS_2 = \sqrt{x'^2 + \left(y' - \dfrac{d}{2}\right)^2 + (-l)^2} \end{cases} \tag{5-118}$$

在傍轴近似和远场近似条件下，有

$$x'^2 \ll l^2,\ y'^2 \ll l^2\text{（傍轴近似）},\quad d^2 \ll l^2\text{（远场近似）} \tag{5-119}$$

将式（5-118）进行泰勒展开，取线性近似有

$$r_{01} = l + \frac{x'^2 + \left(y' + \dfrac{d}{2}\right)^2}{2l}, \quad r_{02} = l + \frac{x'^2 + \left(y' - \dfrac{d}{2}\right)^2}{2l} \tag{5-120}$$

代入式（5-117），得到

$$\varphi_{02} - \varphi_{01} = -\frac{2\pi}{\lambda}\frac{d}{l}y' \tag{5-121}$$

将式（5-115）和式（5-121）代入式（5-112），有

$$I = \int_{-b_y/2}^{+b_y/2}\int_{-b_x/2}^{+b_x/2} 2I_0\left(1 + \cos\left[\frac{2\pi}{\lambda}\frac{yd}{D} - \frac{2\pi}{\lambda}\frac{d}{l}y'\right]\right)\mathrm{d}x'\mathrm{d}y' \tag{5-122}$$

积分得到非相干方形扩展点光源双孔干涉在观测屏 P 点叠加产生的光强分布为

$$I = 2I_0 b_x b_y\left[1 + \frac{\lambda}{\pi}\frac{l}{b_y d}\sin\frac{\pi}{\lambda}\frac{b_y d}{l}\cos\frac{2\pi}{\lambda}\frac{d}{D}y\right] \tag{5-123}$$

由此可定义干涉条纹可见度为

$$V = \left|\frac{\sin\dfrac{\pi}{\lambda}\dfrac{b_y d}{l}}{\dfrac{\pi}{\lambda}\dfrac{b_y d}{l}}\right| = \left|\operatorname{sinc}\left(\frac{\pi}{\lambda}\beta b_y\right)\right| \tag{5-124}$$

显然，在傍轴近似和远场近似条件下，方形扩展点光源双孔干涉条纹可见度与扩展线光源双缝干涉条纹可见度完全相同，光强分布形式也一致，区别仅在于系数不同而已。

2）圆形扩展点光源

对于圆形扩展点光源双孔干涉，几何关系如图 5-13（b）所示。非相干圆形扩展点光源 S_0 位于 $X'Y'$ 平面，直径为 a，圆心位于坐标轴原点。假设平面光源强度均匀分布，其面密度为 I_0，光源面上任意一点 $Q(\rho',\varphi',-l)$ 处的点光源强度为 $I_0\rho'\mathrm{d}\rho'\mathrm{d}\varphi'$，在双孔 S_1 和 S_2 处次波光强不变，$I_1=I_2=I_0\rho'\mathrm{d}\rho'\mathrm{d}\varphi'$。由直角坐标与极坐标之间的关系，有

$$y'=\rho'\sin\varphi' \tag{5-125}$$

将式（5-125）代入式（5-122），得到非相干圆形扩展点光源 S_0 通过双孔 S_1 和 S_2 在观测屏 P 点的干涉光强为

$$I=\int_0^{a/2}\int_0^{2\pi}2I_0\left(1+\cos\left[\frac{2\pi}{\lambda}\frac{yd}{D}-\frac{2\pi}{\lambda}\frac{d}{l}\rho'\sin\varphi'\right]\right)\rho'\mathrm{d}\rho'\mathrm{d}\varphi' \tag{5-126}$$

为了计算方便起见，记

$$\psi=\frac{2\pi}{\lambda}\frac{yd}{D},\quad \zeta=\frac{2\pi}{\lambda}\frac{d}{l} \tag{5-127}$$

则式（5-126）可简写为

$$I=\int_0^{a/2}\int_0^{2\pi}2I_0[1+\cos(\psi-\zeta\rho'\sin\varphi')]\rho'\mathrm{d}\rho'\mathrm{d}\varphi' \tag{5-128}$$

利用三角函数两角和公式，有

$$\cos[\psi-\zeta\rho'\sin\varphi']=\cos\psi\cos(\zeta\rho'\sin\varphi')+\sin\psi\sin(\zeta\rho'\sin\varphi') \tag{5-129}$$

又根据双重三角函数与贝塞尔函数的关系[29]

$$\cos(x\sin\theta)=J_0(x)+2J_2(x)\cos(2\theta)+\cdots+2J_{2m}(x)\cos(2m\theta)+\cdots \tag{5-130}$$

$$\sin(x\sin\theta)=2J_1(x)\sin\theta+2J_3(x)\sin(3\theta)+\cdots+2J_{2m+1}(x)\sin[(2m+1)\theta]+\cdots \tag{5-131}$$

将式（5-129）展开有

$$\begin{aligned}&\cos[\psi-\zeta\rho'\sin\varphi']\\&=\cos\psi[J_0(\zeta\rho')+2J_2(\zeta\rho')\cos(2\varphi')+\cdots+2J_{2m}(\zeta\rho')\cos(2m\varphi')+\cdots]+\\&\quad\sin\psi[2J_1(\zeta\rho')\sin(\varphi')+2J_3(\zeta\rho')\sin(3\varphi')+\cdots+2J_{2m+1}(\zeta\rho')\sin[(2m+1)\varphi']+\cdots]\end{aligned} \tag{5-132}$$

式（5-128）的第一项积分，得到

$$\int_0^{a/2}\int_0^{2\pi}2I_0\rho'\mathrm{d}\rho'\mathrm{d}\varphi'=\frac{1}{2}\pi I_0a^2 \tag{5-133}$$

将式（5-132）代入式（5-128），第二项积分为

$$\begin{aligned}&2I_0\int_0^{a/2}\cos\psi\rho'\mathrm{d}\rho'\int_0^{2\pi}[J_0(\zeta\rho')+2J_2(\zeta\rho')\cos(2\varphi')+\cdots+2J_{2m}(\zeta\rho')\cos(2m\varphi')+\cdots]\mathrm{d}\varphi'+\\&2I_0\int_0^{a/2}\sin\psi\rho'\mathrm{d}\rho'\int_0^{2\pi}[2J_1(\zeta\rho')\sin(\varphi')+2J_3(\zeta\rho')\sin(3\varphi')+\cdots+2J_{2m+1}(\zeta\rho')\sin[(2m+1)\varphi']+\cdots]\mathrm{d}\varphi'\end{aligned} \tag{5-134}$$

由于

$$\begin{cases}\displaystyle\int_0^{2\pi}\cos 2m\varphi'\mathrm{d}\varphi'=\frac{1}{2m}\sin 2m\varphi'\Big|_0^{2\pi}=0\\ \displaystyle\int_0^{2\pi}\sin(2m+1)\varphi'\mathrm{d}\varphi'=-\frac{1}{2m+1}\cos(2m+1)\varphi'\Big|_0^{2\pi}=0\end{cases} \tag{5-135}$$

第二项对 φ' 积分，式（5-134）化简为

$$4\pi I_0\cos\psi\int_0^{a/2}J_0(\zeta\rho')\rho'\mathrm{d}\rho' \tag{5-136}$$

令式（5-133）与式（5-136）相加，得到

$$I=\frac{1}{2}\pi I_0a^2+4\pi I_0\cos\psi\int_0^{a/2}J_0(\zeta\rho')\rho'\mathrm{d}\rho' \tag{5-137}$$

根据贝塞尔函数的递推关系[30]

$$\frac{\mathrm{d}}{\mathrm{d}x}[xJ_1(x)]=xJ_0(x) \tag{5-138}$$

对 ρ' 积分，得到

$$I=\frac{1}{2}\pi I_0a^2+2\pi I_0\frac{a}{\zeta}J_1\left(\frac{\zeta a}{2}\right)\cos\psi \tag{5-139}$$

将式（5-127）代入式（5-139），整理得到非相干圆形扩展点光源双孔干涉在观测屏 P 点叠加产生的光强分布为

$$I=\frac{1}{2}\pi I_0a^2\left(1+2\frac{J_1\left(\frac{\pi}{\lambda}\frac{da}{l}\right)}{\frac{\pi}{\lambda}\frac{da}{l}}\cos\frac{2\pi}{\lambda}\frac{yd}{D}\right) \tag{5-140}$$

与式（5-92）相比较，可定义干涉条纹可见度为

$$V=2\left|\frac{J_1\left(\frac{\pi}{\lambda}\frac{da}{l}\right)}{\frac{\pi}{\lambda}\frac{da}{l}}\right|=2\left|\frac{J_1\left(\frac{\pi}{\lambda}\beta a\right)}{\frac{\pi}{\lambda}\beta a}\right| \tag{5-141}$$

图 5-14 给出了 V 随光源直径 a 的变化曲线，计算取 $\lambda=650\text{nm}$，$l=1\text{cm}$，$d=1\text{mm}$，$D=40\text{cm}$，a 变化取值范围为 0～0.025mm。根据第一类一阶贝塞尔函数 $J_1(x)$ 的特性，第一个零点出现在 $x=3.832$ 处，则当

$$a_c\approx1.22\frac{\lambda}{\beta} \tag{5-142}$$

时，可见度 $V=0$。a_c 即为圆形扩展点光源双孔干涉临界直径。比较式(5-110)和式(5-142)可知，圆形扩展点光源的临界直径比方形扩展点光源的临界宽度大。当 $a_p=a_c/2$ 时，$V\approx0.61$，可见圆形扩展点光源在许可直径 a_p 处与方形扩展点光源在许可宽度 b_p 处的可见度大小基本相同。如果取许可直径 $a_p=a_c/4$，计算可得 $V\approx0.89$。

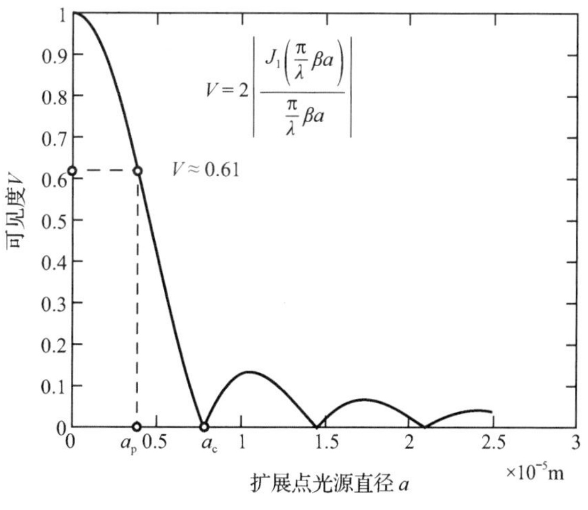

图 5-14　圆形扩展点光源条纹可见度随光源直径的变化

5.4.3 扩展光源的空间相干性

由 5.4.2 节的讨论可以看出，不论是扩展线光源还是扩展点光源，可见度V随光源线度的变化都具有基本相同的特点，临界宽度b_c和a_c与光波波长λ成正比，与β成反比，本质上反映的是光源空间相干性。对于扩展线光源，由式（5-110）有

$$b_c\beta = \lambda \tag{5-143}$$

通常把此式称为空间相干性反比公式，β称为相干孔径角。该式表明，在光源波长λ确定的情况下，光源临界宽度b_c与相干孔径角β的乘积为常数，这一常数就是光波波长λ。光源临界宽度b_c越小，相干孔径角β就越大，反映了光源的空间相干性越好。反之，光源的临界宽度b_c越大，相干孔径角β就越小，光源的空间相干性越差。空间相干性可用图 5-15 进行直观解释，当光源线度b_c和光源波长λ给定之后，双缝S_1和S_2位于相干孔径角β的边缘，对应于$V=0$，双缝次波源光波不相干。当双缝S_1'和S_2'位于相干孔径角β之外时（l不变），$\beta'>\beta$，空间相干性反比公式不成立，式（5-106）中的变量$\pi bd/\lambda l$大于临界点，可见度V很小，双缝次波源光波也不相干。当双缝S_1''和S_2''位于孔径角β之内时（l不变），$\beta''<\beta$，相干性公式也不成立，变量$\pi bd/\lambda l$小于临界点，双缝次波源光波部分相干，$0<V<1$。当双缝对光源中心的张角$\beta''=\beta/2$时，$V\approx 0.64$，可明显观测到干涉条纹。

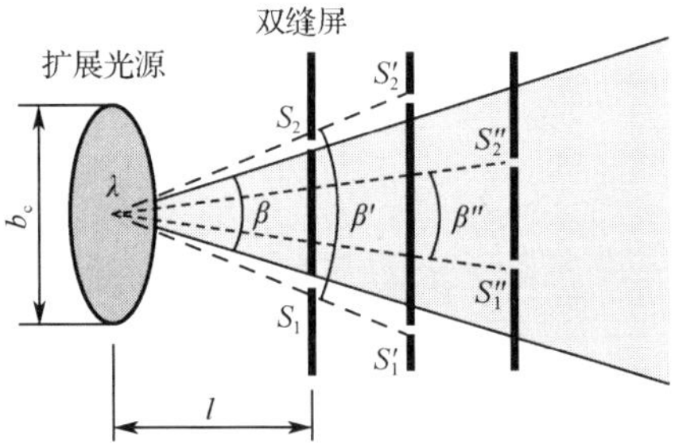

图 5-15　光源相干孔径角

对于方形扩展点光源，描述空间相干性的公式与式（5-143）相同；但对于圆形扩展点光源，由式（5-142）得到描述空间相干性的公式为

$$a_c\beta \approx 1.22\lambda \tag{5-144}$$

显然，在光源线度相同的情况下，$b_c=a_c$，圆形扩展点光源的相干孔径角β要大，空间相干性更好。

另一方面，也可用相干面积来描述光源空间相干性。由式(5-106)、式(5-124)和式(5-141)可以看出，光源线度b和双缝间距d的变化对于可见度V具有对等性，由此将式（5-107）代入式（5-143），有

$$d_0\theta = \lambda \tag{5-145}$$

此式是描述空间相干性的另一种形式。式中，θ称为光源孔径角［见图 5-11（b）］，而d_0为恰好不发生干涉时双缝S_1和S_2之间的距离，称为横向相干宽度。该式表明在光源波长λ确定的情况下，横向相干宽度d_0与光源孔径角θ的乘积为常数λ。

对于扩展线光源，式（5-145）表明，在给定光源波长λ和光源线度b_c的情况下，双缝S_1和S_2位于横向相干宽度d_0内（l不变），双缝次波光源部分相干，$0<V<1$。

对于方形扩展点光源双孔干涉，假设在两个方向的横向相干宽度相同，即 $d_x = d_y = d_0$，则可定义空间相干面积为

$$A_c = d_x d_y = d_0^2 = \left(\frac{\lambda}{\theta}\right)^2 \tag{5-146}$$

此式表明，在给定光源波长 λ 和光源线度 b_c 的情况下，双孔 S_1 和 S_2 位于横截面 A_c 内（l 不变），双孔次波光源部分相干，$0<V<1$。

对于圆形扩展点光源双孔干涉，由式（5-142）可知，其横向相干直径为

$$d_0 = 1.22\frac{\lambda}{\theta} \tag{5-147}$$

相干面积为

$$A_c = \pi\left(\frac{d_0}{2}\right)^2 = \pi\left(0.61\frac{\lambda}{\theta}\right)^2 \tag{5-148}$$

例 1　计算太阳光在地球表面的横向相干直径 d_0 和相干面积 A_c。

在地面利用阳光进行双孔干涉实验，为了获得较好的干涉条纹可见度，就需要根据扩展点光源双孔干涉空间相干性公式（5-147）进行计算。已知地球表面观测太阳的视角 $\theta \approx 10^{-2}\,\text{rad}$，干涉光波波长取可见光中心波长 $\lambda \approx 550\text{nm}$，由式（5-147）得到横向相干直径为

$$d_0 = 1.22\frac{\lambda}{\theta} = 1.22\times\frac{550\times10^{-9}}{10^{-2}} = 67.1\mu\text{m}$$

由式（4-148）得到相干面积为

$$A_c = \pi\left(0.61\frac{\lambda}{\theta}\right)^2 = \pi\left(0.61\times\frac{550\times10^{-9}}{10^{-2}}\right)^2 \approx 3.54\times10^{-3}\,\text{mm}^2$$

由此可以看出，虽然太阳距离地球很远，即 l 很大，但太阳作为扩展点光源的面积很大，即直径 a 很大，导致光源孔径角 θ 较大，而相干直径 d_0 和相干面积 A_c 很小。为了增大相干面积 A_c，可利用杨氏双孔干涉的原理，在双孔 S_1 和 S_2 前放置一狭缝 S_0 的减小光源孔径角 θ。例如，狭缝宽度 $b=0.1\text{mm}$，狭缝到双孔的距离 $l=50\text{cm}$，则 $\theta=2\times10^{-4}\,\text{rad}$，计算可得 $d_0 = 3.355\text{mm}$，$A_c \approx 2.81\text{mm}^2$。当双孔 S_1 和 S_2 的间距 $d = d_0/2 \approx 1.7\text{mm}$ 时，$V \approx 0.64$，实验中可观测到比较清晰的干涉条纹。

例 2　迈克耳孙测星干涉仪。

利用双孔干涉可以测量星体角直径，也即光源孔径角 θ，其原理是在已知星体光源光波波长 λ 的情况下，改变双孔间距 d，直至干涉条纹消失，则对应的 d_0 满足空间相干性公式（5-145），由此可得光源孔径角 θ。但是，由于星体角直径较大，横向相干直径 d_0 很小，所以双孔间距很小，调节范围也很小。为了提高测量精确度，就需要增大横向相干直径 d_0。1920 年迈克耳孙巧妙地解决了测角高精度与增大横向相干直径的矛盾。迈克耳孙测星干涉仪的原理如图 5-16 所示，双孔 S_1 和 S_2 的间隔为 d，双孔间隔很小并固定不动，双孔右侧放置一透镜（焦距为 f）使其干涉条纹在观测屏上成像。为了实现增大横向相干直径并易于调节，迈克耳孙在双孔左侧对称放置了 4 个平面高反射镜 M_1、M_3 和 M_2、M_4，其中 M_3 和 M_4 固定不动，M_1 和 M_2 的间隔可以横向连动调节。M_1、M_3、M_2 和 M_4 镜面与光轴的夹角均为 45°。孔 S_1 通过平面高反射镜 M_3 和 M_1 成像于 S_1'，孔 S_2 通过平面高反射镜 M_4 和 M_2 成像于 S_2'。这样就把原来的 S_1 和 S_2 双孔干涉扩展为 S_1' 和 S_2' 双孔干涉，把原来双孔 S_1 和 S_2 之间的间隔 d 扩展为 S_1' 和 S_2' 之间的

间隔 d'，而双孔 S_1' 和 S_2' 的相干性与双孔 S_1 和 S_2 的相干性完全相同。

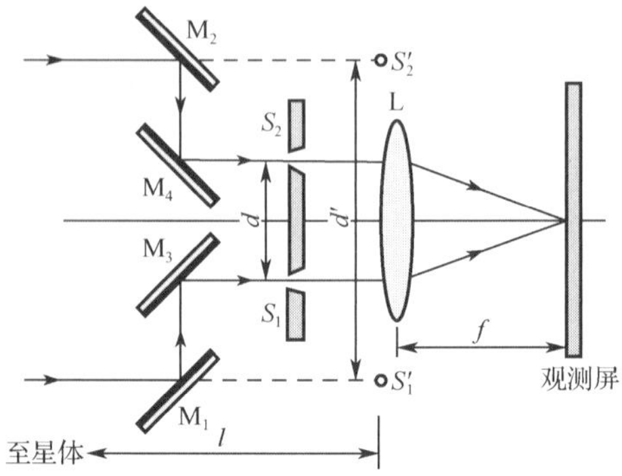

图 5-16　迈克耳孙测星干涉仪

可将星体看作孔径角为 θ 的圆形扩展点光源，星体发射的平行于光轴的光线经 M_1 和 M_3 反射到达 S_1，经 M_2 和 M_4 反射到达 S_2，调节 M_1 和 M_2 之间的横向距离，也即调节双孔 S_1' 和 S_2' 之间的距离，直至干涉条纹消失，此时双孔 S_1' 和 S_2' 之间的距离就是横向相干直径 d_0'。

1920 年 12 月的一个寒冷夜晚，迈克耳孙用自己研制的干涉仪测量了猎户座上方“参宿四”星的光源孔径角 θ。当双孔 S_1' 和 S_2' 之间的距离调节到 $d_0' = 3.07\text{m}$ 时，双孔干涉条纹消失，根据式（5-147），可得“参宿四”星的光源孔径角为

$$\theta = 1.22\frac{\lambda}{d_0'} = 1.22\times\frac{550\times10^{-9}}{3.07} \approx 2.19\times10^{-7}\,\text{rad}$$

迈克耳孙测星干涉仪在光学领域具有特殊的意义，是现代许多相关光学实验的先导。近年来，在迈克耳孙测星干涉仪原理的基础上，建造了一些其他测星干涉仪，并应用于光学天文学和射电天文学[31]。

5.5　分振幅双光束干涉

5.5.1　平行平板分振幅双光束干涉的基本概念

分振幅干涉是利用光学平板或薄膜介质的两个分界面的反射与透射，把一束光分割成两束光从而产生干涉。如图 5-17 所示，上半空间入射介质的折射率为 n_0，平板介质的折射率为 n_1，下半空间介质（在薄膜光学中称为基底介质）的折射率为 n_g。假设入射光为单色平面光波，波传播的单位矢量为 $\mathbf{k}_0$，平面光波入射到平行平板表面，入射角为 θ_0，折射角为 θ_1。入射光束在平板第一分界面将光分为两束平面光波，一束为反射平面光波；一束为透射平面光波。透射平面光波经平板第二分界面反射，再经过平板第一分界面透射。假设反射平面光波的传播单位矢量为 $\mathbf{k}_{01}$，透射平面光波的波传播单位矢量为 $\mathbf{k}_{02}$，根据理想介质与理想介质分界面的反射定律和折射定律［见式（3-11）、式（3-12）和式（3-28）］可知，第一，分割的两束平面光波波矢量平行，即 $\mathbf{k}_{01} = \mathbf{k}_{02}$。第二，对于入射平面光波不论是 S 波偏振还是 P 波偏振，经分界面反射和透射后，两束光的电场强度矢量方向相同或相反。第三，两束光起始于“同一点”，相位差恒定，因此，两束光满足两列平面光波干涉的条件，光强分布满足式（5-30），即

$$I = I_1 + I_2 + 2\sqrt{I_1 I_2}\cos\delta(\mathbf{r}) \tag{5-149}$$

式中，I_1 为第一分界面反射光束的光强，I_2 为第二分界面反射光束的光强，$\delta(\mathbf{r})$ 为两束平面光波的空间相位差。将 $\mathbf{k}_{01}=\mathbf{k}_{02}$ 代入空间相位差公式（5-29），有

$$\delta(\mathbf{r})=\frac{\omega}{c}n_0(\mathbf{k}_{01}-\mathbf{k}_{02})\cdot\mathbf{r}+\varphi_{02}-\varphi_{01}=\varphi_{02}-\varphi_{01} \tag{5-150}$$

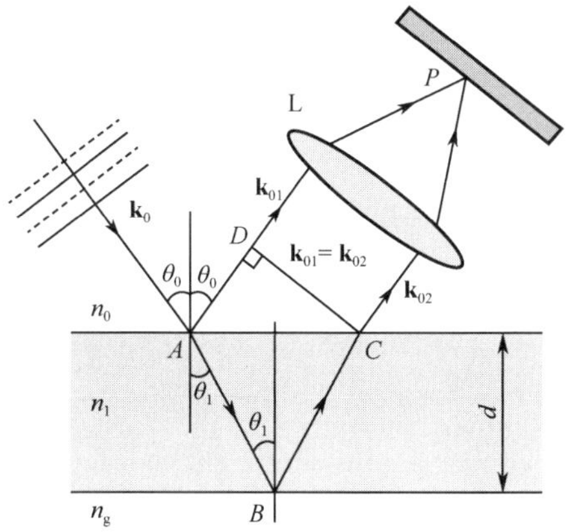

图 5-17　平行平板分振幅双光束干涉

显然，平行平板产生的两束平面光波的空间相位与 $\mathbf{r}$ 无关，仅与两光束的初始相位差 $\varphi_{02}-\varphi_{01}$ 有关，表明两束平面光波产生的干涉条纹定域在无穷远处，通过透镜 L 可将干涉条纹成像于透镜 L 的焦平面——即观测屏。

对于平行平板分振幅干涉，两列平面光波的初始相位差也就是两束光到达观测点 P 的相位差。如图 5-17 所示，第一分界面反射光束和第二分界面反射光束在第一分界面 A 点分割时并无相位差，第一分界面反射光束从 D 点到观测点 P 和第二分界面反射光束从 C 点到观测点 P 也没有产生相位差，所以两束光的相位差来自第一分界面反射光束经路程 AD 和第二分界面反射光束经路程 ABC 不同而产生的光程差。记两束光的光程差为 Δ，则空间相位式（5-150）可改写为

$$\delta(\mathbf{r})=\varphi_{02}-\varphi_{01}=\frac{2\pi}{\lambda}\Delta \tag{5-151}$$

式中，λ 为真空中的波长。由图 5-17 的几何关系可知，两束光的光程差为

$$\Delta=2n_1AB-n_0AD=\frac{2d}{\cos\theta_1}(n_1-n_0\sin\theta_1\sin\theta_0) \tag{5-152}$$

将折射定律

$$n_0\sin\theta_0=n_1\sin\theta_1 \tag{5-153}$$

代入式（5-152），得到

$$\Delta=2n_1d\cos\theta_1=2d\sqrt{n_1^2-n_0^2\sin^2\theta_0} \tag{5-154}$$

代入式（5-151），有

$$\delta(\mathbf{r})=\frac{4\pi}{\lambda}n_1d\cos\theta_1=\frac{4\pi}{\lambda}d\sqrt{n_1^2-n_0^2\sin^2\theta_0} \tag{5-155}$$

式（5-149）和式（5-155）就是描述平行平板分振幅双光束干涉的基本公式，与分波阵面双光束干涉公式的形式完全相同。但是，比较可知，平行平板分振幅双光束干涉具有如下特点：① 平行平板分振幅双光束干涉空间相位随入射角 θ_0 变化，干涉条纹定域在无穷远处。分波

阵面双光束干涉空间相位与空间坐标 y 和观测坐标 $z=D$ 有关，干涉条纹随空间坐标而变化，条纹定域在相干空间的每一点。② 在光波波长 λ 和平板厚度 d 给定的情况下，且 n_0 和 n_1 已知，空间相位随入射角 θ_0 变化，入射角相同，干涉条纹级次相同，这种干涉称为等倾干涉。③ 平行平板分振幅双光束干涉存在附加光程差的问题。由 3.5.3 节的讨论可知，不论是 S 波偏振还是 P 波偏振，反射平面光波在两介质分界面存在相位变化，这个相位变化引起附加光程差，相位变化需要由菲涅耳反射系数公式确定。在实际应用中，无论是 $n_0<n_1$， $n_g<n_1$，还是 $n_0>n_1$， $n_g>n_1$，近似取平板两分界面的反射平面光波存在 $\lambda/2$ 或 $-\lambda/2$ 的附加光程差。因而式（5-154）改写为

$$\Delta = 2n_1 d\cos\theta_1 + \frac{\lambda}{2} \tag{5-156}$$

当没有附加光程差时，由式（5-149）可知，空间相位 $\delta(\mathbf{r})$ 满足

$$\delta(\mathbf{r}) = \frac{4\pi}{\lambda} n_1 d\cos\theta_1 = 2m\pi,\quad m=0,1,2,\cdots \tag{5-157}$$

干涉光强为极大，相应的光程差为

$$\Delta = 2n_1 d\cos\theta_1 = m\lambda,\quad m=0,1,2,\cdots \tag{5-158}$$

而空间相位 $\delta(\mathbf{r})$ 满足

$$\delta(\mathbf{r}) = \frac{4\pi}{\lambda} n_1 d\cos\theta_1 = (2m+1)\pi,\quad m=0,1,2,\cdots \tag{5-159}$$

时，干涉光强为极小，相应的光程差为

$$\Delta = 2n_1 d\cos\theta_1 = \left(m+\frac{1}{2}\right)\lambda,\quad m=0,1,2,\cdots \tag{5-160}$$

如果考虑附加光程差，干涉极大相应的光程差满足

$$\Delta = 2n_1 d\cos\theta_1 + \frac{\lambda}{2} = m\lambda,\quad m=1,2,\cdots \tag{5-161}$$

干涉极小相应的光程差为

$$\Delta = 2n_1 d\cos\theta_1 + \frac{\lambda}{2} = \left(m+\frac{1}{2}\right)\lambda,\quad m=0,1,2,\cdots \tag{5-162}$$

式（5-158）和式（5-162）相同，表明存在附加光程差时的干涉极小与无附加光程差时的干涉极大相同，条纹亮暗情况正好相反。

5.5.2 等倾干涉

1. 反射光等倾干涉

上述讨论是针对平面光波入射平行平板分振幅双光束干涉，其结果同样适用于球面波点光源。根据傅里叶变换理论，球面波可以展开成平面波的叠加[32]，平面波也可以展开成球面波的叠加。因此，点光源发射的球面波可展开成无穷多个不同传播矢量 $\mathbf{k}_0^i(i=1,2,\cdots)$ 平面光波的叠加，如图 5-18（a）所示，不同传播矢量 $\mathbf{k}_0^i(i=1,2,\cdots)$ 对应于不同的入射角 θ_0^i，所以点光源球面光波平行平板分振幅干涉与平面光波平行平板分振幅干涉本质是相同的，都属于分振幅双光束干涉。对于扩展点光源，光源面上的每一点可看作点光源，发射球面光波，因而扩展点光源平行平板分振幅双光束干涉也属于分振幅双光束干涉，干涉条纹是每个点光源产生的分振幅双光束干涉结果的叠加。

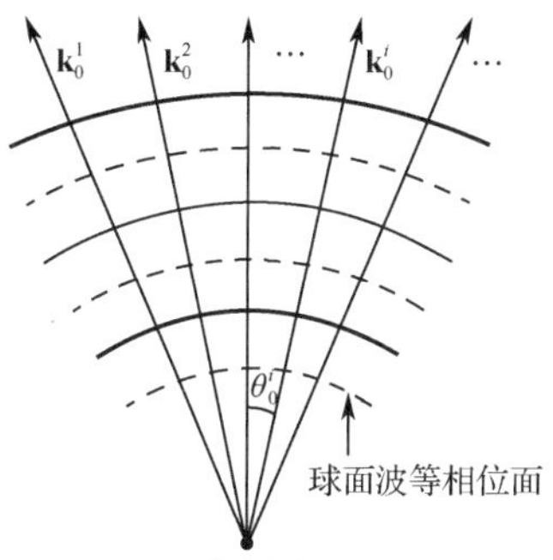

（a）球面波分解为平面波

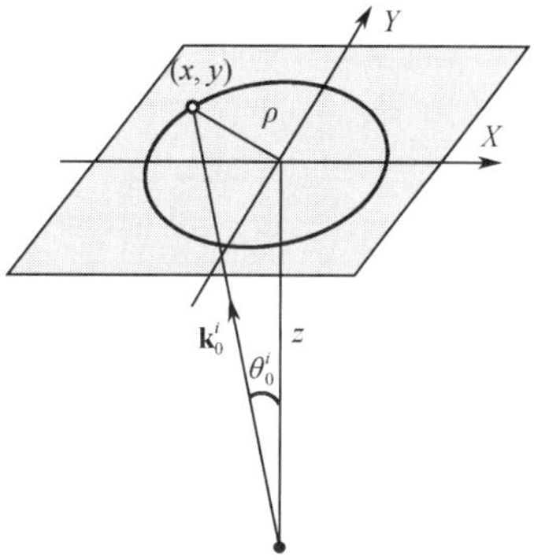

（b）入射角θ_0^i的计算

图 5-18　球面波与平面波的关系及入射角 θ_0^i 的计算

点光源发射球面波，等相位面为球面，球面波展开为平面波，相对应的平面光波传播矢量 $\mathbf{k}_0^i(i=1,2,\cdots)$ 在空间分布具有球对称辐射特性。相同入射角 θ_0^i 对应的波传播矢量线在空间构成一个锥面，锥面在空间与垂直于对称轴的平面相截为圆，如图 5-18（b）所示，所以平行平板分振幅双光束干涉条纹为同心圆。

由图 5-18（b）可确定平面光波传播矢量 $\mathbf{k}_0^i$ 相对应的入射角 θ_0^i 为

$$\theta_0^i=\tan^{-1}\frac{\rho}{z}=\tan^{-1}\frac{\sqrt{x^2+y^2}}{z} \tag{5-163}$$

对于给定的 z 值，式（5-163）给出了 θ_0^i 与空间坐标 (x,y) 之间的关系。将此式代入式（5-155），由式（5-149）可进行干涉仿真计算。

如图 5-19（a）所示为平行平板分振幅双光束干涉实验原理图。S_0 为扩展点光源，光源面上的每一点发射球面光波，将球面光波看作无穷多个不同传播矢量平面光波的叠加，入射到分光板 G，经 G 反射后入射到折射率为 n_1、厚度为 d 的均匀平板表面，经平板上、下界面反射的两束平行光再次入射到分光板 G，其透射平行光经薄透镜 L 聚焦在焦平面上成像。由于平行平板厚度不变，在观测屏上观测到的是等倾干涉条纹。图 5-19（b）是依据式（5-149）、式（5-155）和式（5-163）计算得到的点光源干涉光强分布及干涉条纹仿真结果。计算参数取值：入射单色光波长 $\lambda=632.8\text{nm}$，入射介质的折射率 $n_0=1.0$，$n_g=1.0$，平板介质的折射率 $n_1=1.52$，平板厚度 $d=0.02\text{mm}$，$I_1=I_2=I_0=1.0$，$z=10\text{cm}$，x 的取值范围为 $-5\text{cm}\leqslant x\leqslant+5\text{cm}$，$y$ 的取值范围为 $-5\text{cm}\leqslant y\leqslant+5\text{cm}$。计算中没有考虑附加光程差 $\lambda/2$。实际上，将式（5-163）中的 z 改为薄透镜的焦距 f，正好就是薄透镜轴外物点成像公式（4-303），所以式（5-149）的计算结果也是干涉条纹通过薄透镜成像的结果。

为了便于比较，图 5-20（b）给出方形扩展点光源干涉的仿真结果。图 5-20（a）为方形扩展点光源入射角 θ_0^i 的计算，方形扩展点光源的大小取 $-1.0\text{mm}\leqslant x'\leqslant+1.0\text{mm}$，$-1.0\text{mm}\leqslant y'\leqslant+1.0\text{mm}$，其他参数取值与点光源干涉相同。对于扩展点光源的计算，透镜的作用就相当于把 (x',y') 处的点放置于 $(0,0)$ 处，所以扩展点光源照明下产生的干涉条纹是扩展点光源的每个点产生干涉条纹的非相干叠加，干涉条纹要明亮得多。由此也说明等倾干涉与光源的大小无关，空间相干性非常好，这也就是薄膜光学中不考虑光源大小的原因。

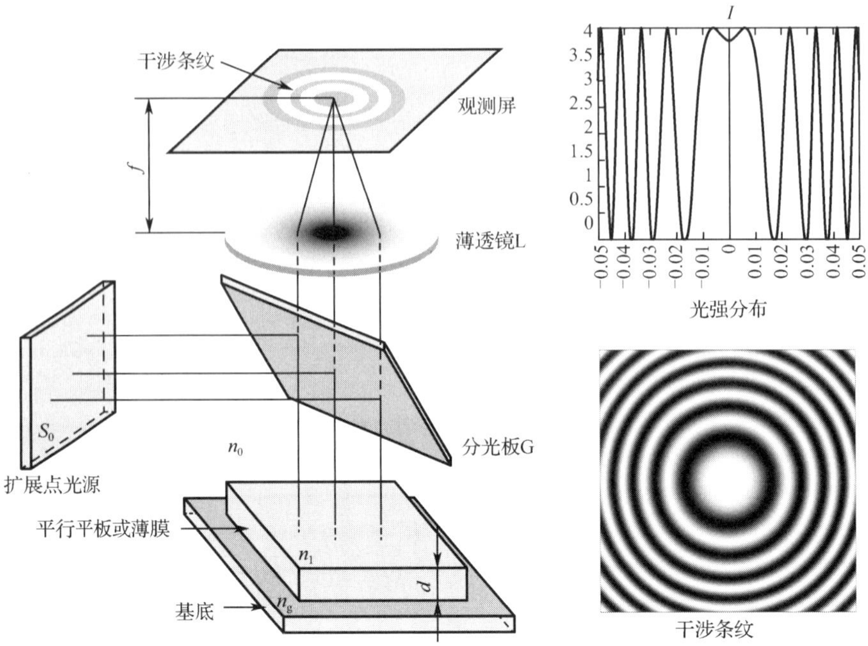

（a）实验原理图　（b）点光源干涉光强分布及干涉条纹仿真结果

图 5-19　平行平板分振幅双光束干涉

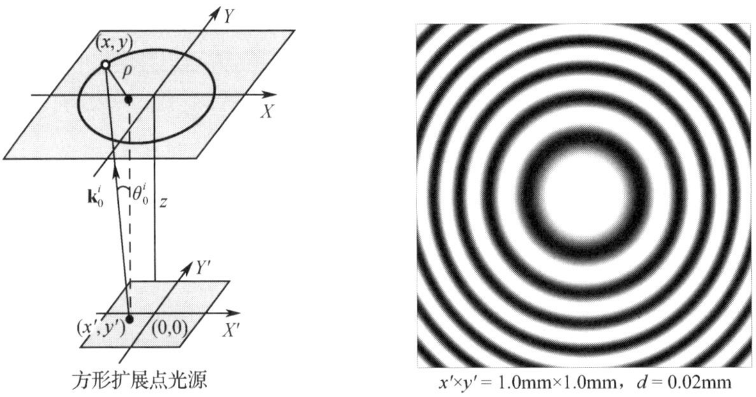

（a）方形扩展点光源入射角θ_0^i的计算　（b）扩展点光源干涉条纹

图 5-20　扩展点光源反射等倾干涉

下面对等倾干涉条纹的特点加以分析。

1）等倾干涉圆条纹的级次

当入射角 $\theta_0 = 0$ 时，折射角 $\theta_1 = 0$，由式（5-154）或式（5-156）可知，等倾干涉圆条纹中心的光程差最大，又由式（5-158）或式（5-161）可以判断，等倾干涉圆条纹中心的干涉条纹的级次 m 最高。假设等倾干涉圆条纹中心的干涉级次为 m_0，在考虑附加光程差的情况下，由式（5-161）有

$$\Delta_0 = 2n_1 d + \frac{\lambda}{2} = m_0 \lambda \qquad (5\text{-}164)$$

求解可得

$$m_0 = \frac{\Delta_0}{\lambda} = \frac{2n_1 d}{\lambda} + \frac{1}{2} \tag{5-165}$$

由式（5-165）可以看出，通常情况下，m_0 并不是一个整数，意味着中心亮点并不一定是干涉最大，如图 5-19（b）的光强分布曲线所示。由此可把 m_0 改写成

$$m_0 = m_1 + \varepsilon \tag{5-166}$$

式中，m_1 是与中心亮点相邻的第一个亮纹的级次，m_1 取整数，$0 < \varepsilon < 1$。

2）等倾干涉圆条纹的半径

当入射角 $\theta_0 \neq 0$ 时，随着入射角的增大，折射角 θ_1 也增大，由于余弦函数在 0～90° 是减函数，所以等倾干涉圆条纹中心的级次最高，中心向外干涉亮纹级次依次递减，这是等倾干涉的一个特点。

在实际测量过程中，通常把中心亮点外第一条亮纹的级次 m_1 记作第一环，依次递增。由此可列出干涉条纹记号与干涉级次之间的关系为

干涉条纹级次：$m_0, m_1, m_1-1, m_1-2, \cdots, m_N$

干涉条纹记号：$0,1,2,3,\cdots,N$

写成等式，有

$$m_N + N = m_1 + 1 \tag{5-167}$$

式中，m_N 为第 N 个干涉亮纹相对应的级次。将此式代入式（5-161），得到第 N 个干涉圆条纹对应的光程差为

$$\Delta_N = 2n_1 d\cos\theta_{1N} + \frac{\lambda}{2} = m_N\lambda = (m_1 + 1 - N)\lambda \tag{5-168}$$

式中，θ_{1N} 为第 N 个干涉圆条纹对应的折射角，其入射角为 θ_{0N}，二者满足折射定律

$$n_0 \sin\theta_{0N} = n_1 \sin\theta_{1N} \tag{5-169}$$

又由于中心亮点光程差满足式（5-164），将式（5-166）代入式（5-164）有

$$\Delta_0 = 2n_1 d + \frac{\lambda}{2} = m_0\lambda = (m_1 + \varepsilon)\lambda \tag{5-170}$$

由此得到

$$m_1 = \frac{2n_1 d}{\lambda} + \frac{1}{2} - \varepsilon \tag{5-171}$$

将 m_1 代入式（5-168），得到

$$2n_1 d(1 - \cos\theta_{1N}) = (N - 1 + \varepsilon)\lambda \tag{5-172}$$

一般情况下，入射角 θ_{0N} 很小，因而折射角 θ_{1N} 也很小，折射定律式（5-169）可近似为

$$n_0\theta_{0N} \approx n_1\theta_{1N} \tag{5-173}$$

而 $\cos\theta_{1N}$ 可近似为

$$\cos\theta_{1N} \approx 1 - \frac{\theta_{1N}^2}{2} \tag{5-174}$$

将以上两式代入式（5-172）得到

$$\theta_{0N} \approx \frac{1}{n_0}\sqrt{\frac{n_1\lambda}{d}}\sqrt{N - 1 + \varepsilon} \tag{5-175}$$

依据式（5-163），取 $z = f$，可得第 N 条亮纹的半径为

$$r_N = f\tan\theta_{0N} \approx f\theta_{0N} \approx \frac{f}{n_0}\sqrt{\frac{n_1\lambda}{d}}\sqrt{N-1+\varepsilon} \tag{5-176}$$

由此可以看出，r_N 与 $\sqrt{d}$ 成反比，表明平行平板的厚度越厚，产生的干涉圆条纹半径越小；薄透镜焦距 f 越大，干涉圆条纹半径越大；干涉圆条纹级次越小，干涉圆条纹半径越大；入射光波长 λ 越长，圆条纹半径越大；入射光波长 λ 越短，圆条纹半径越小。

3）等倾干涉圆条纹的间距

令式（5-176）两边平方，有

$$r_N^2 \approx \frac{f^2}{n_0^2}\frac{n_1\lambda}{d}(N-1+\varepsilon) \tag{5-177}$$

r_{N+1}^2 与 r_N^2 相减得到

$$r_{N+1}^2 - r_N^2 = \frac{f^2}{n_0^2}\frac{n_1\lambda}{d} \tag{5-178}$$

由此可定义条纹间距 Δr_N 为

$$\Delta r_N = r_{N+1} - r_N = \frac{f^2}{n_0^2}\frac{n_1\lambda}{d}\frac{1}{r_{N+1}+r_N} \tag{5-179}$$

取近似

$$r_{N+1} + r_N \approx 2r_N \tag{5-180}$$

并将式（5-176）代入式（5-179）得到

$$\Delta r_N \approx \frac{f^2}{n_0^2}\frac{n_1\lambda}{d}\frac{1}{2r_N} = \frac{f}{2n_0}\sqrt{\frac{n_1\lambda}{d}}\frac{1}{\sqrt{N-1+\varepsilon}} \tag{5-181}$$

此式表明，条纹级次高，N 小，条纹间距大；条纹级次低，N 大，条纹间距小，干涉条纹内疏外密。平行平板越厚，d 大，条纹间距小；平行平板越薄，d 小，条纹间距大。入射光波长 λ 越大，条纹间距越大；波长 λ 越小，条纹间距越小。

2．透射光等倾干涉

平行平板分振幅双光束干涉可以利用平板两分界面反射平面光波产生干涉，也可以利用平板两分界面透射平面光波产生干涉。两列透射平面光波产生干涉的原理如图 5-21 所示，假设入射光为一单色平面光波，波传播单位矢量为 $\mathbf{k}_0$，平面光波入射到平行平板表面，入射角为 θ_0，折射角为 θ_1。透射平面光波在平板第二分界面 B 处将光分为两束，一束为透射平面光波，一束为反射平面光波。反射平面光波再经平板第一分界面反射，然后在平板第二分界面透射。假设两列透射平面光波，波传播单位矢量分别为 $\mathbf{k}_{01}$ 和 $\mathbf{k}_{02}$，根据理想介质与理想介质分界面反射定律和折射定律可知，分割的两束透射平面光波波传播的方向相同，即 $\mathbf{k}_{01} = \mathbf{k}_{02}$，所以两列透射平面光波的初始相位差也就是两束光到达观测点 P 的相位差。

由图 5-21 可知，两透射平面光波在分界面的 B 点分割时并无相位差，透射光束从 E 点到观测点 P 和透射光束从 D 点到观测点 P 也没有产生相位差，两束光的相位差来自透射光束经路程 BE 和透射光束经路程 BCD 不同而产生的光程差，由此可写出两束光的光程差为

$$\Delta = 2n_1 BC - n_g BE = \frac{2d}{\cos\theta_1}(n_1 - n_g\sin\theta_g\sin\theta_1) \tag{5-182}$$

将折射定律

$$n_0\sin\theta_0 = n_1\sin\theta_1 = n_g\sin\theta_g \tag{5-183}$$

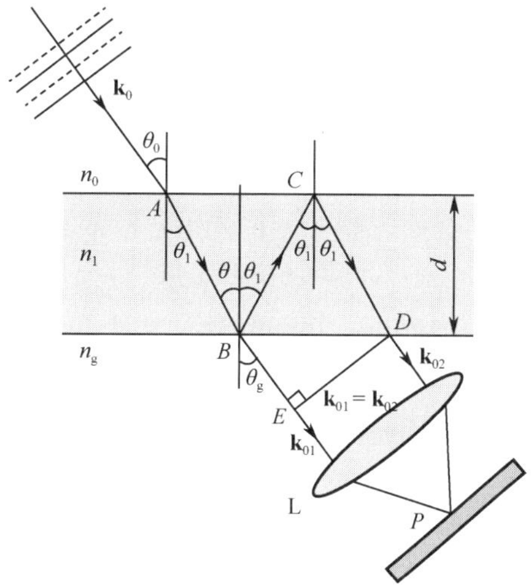

图 5-21　透射光等倾干涉

代入式（5-182），得到

$$\Delta = 2n_1 d\cos\theta_1 = 2d\sqrt{n_1^2 - n_0^2\sin^2\theta_0} \tag{5-184}$$

显然，在不考虑附加光程差的情况下，透射光等倾干涉的光程差与反射光等倾干涉的光程差公式（5-154）完全相同。但是，需要强调的是，不论是 $n_0 < n_1$，$n_g < n_1$，还是 $n_0 > n_1$，$n_g > n_1$，反射光等倾干涉在平行平板内经历一次反射，而透射光等倾干涉在平行平板内经历两次反射，光程差恰好为 $\lambda/2$，相位差为 π，所以反射光等倾干涉和透射光等倾干涉的干涉条纹是互补的。反射光干涉条纹是亮条纹，则对应的透射干涉条纹恰好是暗条纹，反之亦然。另外，不论是反射等倾干涉还是透射等倾干涉，条纹可见度与平行平板的反射系数紧密相关，如果反射等倾干涉的条纹可见度高，那么透射等倾干涉的条纹可见度低，反之亦然。在理想平板介质和理想基底介质情况下，反射等倾干涉条纹和透射等倾干涉条纹两者满足能量守恒。薄膜光学的理论就是建立在平行平板（也可称为薄膜）分振幅平面光波干涉的基础上的，因此平行平板等倾干涉可看作薄膜光学中的单层膜干涉。

5.5.3　等厚干涉

在日常生活中，等厚干涉是很常见的光学干涉现象。如水面油膜、肥皂泡膜、金属表面氧化膜等，在阳光或灯光照射下呈现出五彩斑斓的花纹，这些都是等厚干涉现象。等厚干涉也属于双光束分振幅干涉，观察和解释等厚干涉现象的经典实验装置有两种：楔形平板干涉装置和牛顿环干涉装置，下面分别进行讨论。

1. 楔形平板干涉

如图 5-22（a）所示，折射率为 n_1、夹角为 α 的楔形平板置于折射率为 n_0 的介质中，点光源 S_0 发射球面光波照射到楔形平板表面。根据傅里叶理论，球面光波可分解为无穷多个不同传播方向平面光波的叠加，这样就可把球面光波的入射分解为不同传播方向平面光波的入射。图中给出了三个不同传播方向 $\mathbf{k}_0^1$、$\mathbf{k}_0^2$ 和 $\mathbf{k}_0^3$ 平面光波的入射，每一列平面光波经楔形平板分振幅产生具有固定相位差的双光束，$\mathbf{k}_0^1$ 对应的双光束为 $\mathbf{k}_{01}^1$ 和 $\mathbf{k}_{02}^1$，$\mathbf{k}_0^2$ 对应的双光束为 $\mathbf{k}_{01}^2$ 和 $\mathbf{k}_{02}^2$，$\mathbf{k}_0^3$ 对应的双光束为 $\mathbf{k}_{01}^3$ 和 $\mathbf{k}_{02}^2$。一般而言，对于 $\mathbf{k}_0^i$，对应的双光束为 $\mathbf{k}_{01}^i$ 和 $\mathbf{k}_{02}^i$。假定

双光束偏振方向相同，由式（5-28）可写出分振幅双光束干涉光强叠加为

$$I_i = I_1^i + I_2^i + 2\sqrt{I_1^i I_2^i}\cos\left[\frac{\omega}{c}n_1(\mathbf{k}_{01}^i - \mathbf{k}_{02}^i)\cdot\mathbf{r} + \varphi_{02}^i - \varphi_{01}^i\right] \tag{5-185}$$

式中，I_1^i 和 I_2^i 分别为光束 $\mathbf{k}_{01}^i$ 和 $\mathbf{k}_{02}^i$ 对应的光强；φ_{02}^i 和 φ_{01}^i 分别为光束 $\mathbf{k}_{02}^i$ 和 $\mathbf{k}_{01}^i$ 对应的初相位。由于分振幅均起始于楔形平板的表面，初始相位差恒定，双光束叠加具有固定的相位差，因而对应于每一列平面光波均产生干涉，干涉条纹无定域性，充满整个空间。又由于平面光波 $\mathbf{k}_0^i$ 为点光源 S_0 发射的球面光波分解得到的，分解得到的平面光波彼此间也必然具有固定的相位差，所以不同方向平面光波叠加也必然产生干涉，其光强分布为

$$I = \sum_i I_i = \sum_i\left\{I_1^i + I_2^i + 2\sqrt{I_1^i I_2^i}\cos\left[\frac{\omega}{c}n_1(\mathbf{k}_{01}^i - \mathbf{k}_{02}^i)\cdot\mathbf{r} + \varphi_{02}^i - \varphi_{01}^i\right]\right\} \tag{5-186}$$

由此也说明，点光源产生的分振幅干涉条纹也无定域性。但是，由式（5-186）可以看出，对于点光源，利用上式分析楔形平板双光束干涉仍很困难的。

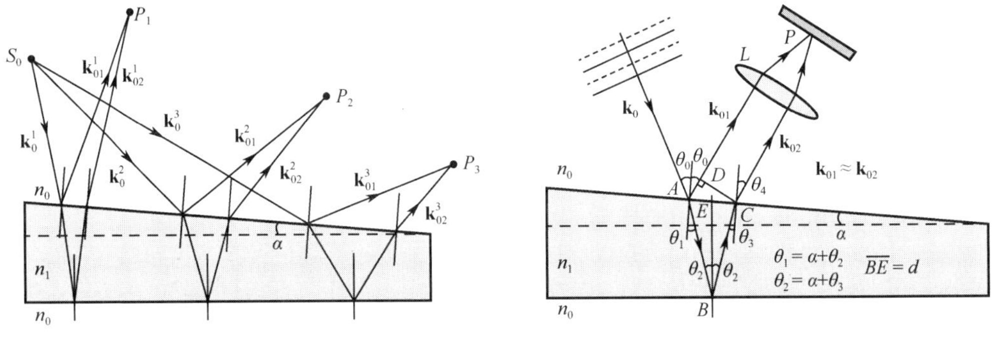

（a）点源球面光波　　（b）平面光波

图 5-22　楔形平板分振幅双光束干涉

为了便于观察和解释楔形平板分振幅双光束干涉，通常将点光源发射的球面光波经透镜变为平行光束，可将其看作平面光波。平面光波近似垂直入射到楔形平板的表面，实验装置及原理如图 5-23 所示。

由图 5-22（a）可以看出，在楔形平板夹角 α 很小的情况下，入射角也很小（对应于 $\mathbf{k}_0^1$），楔形平板分振幅得到的双光束反射平面光波 $\mathbf{k}_{01}^1$ 和 $\mathbf{k}_{02}^1$ 近似平行，即 $\mathbf{k}_{01}^1 \approx \mathbf{k}_{02}^1$，则式（5-185）可近似为

$$I_1 = I_{01}^1 + I_{02}^1 + 2\sqrt{I_{01}^1 I_{02}^1}\cos(\varphi_{02}^1 - \varphi_{01}^1) \tag{5-187}$$

显然，式（5-187）与平行平板双光束干涉式（5-149）和式（5-150）的形式完全相同。由此可写出两束光的空间相位差为

$$\delta(\mathbf{r}) = \varphi_{02}^1 - \varphi_{01}^1 = \frac{2\pi}{\lambda}\Delta \tag{5-188}$$

由图 5-22（b）（注意，图中横向进行了拉伸放大）可写出两束光的光程差为

$$\Delta = n_1(AB + BC) - n_0 AD \tag{5-189}$$

由余弦定理可得

$$\begin{cases}(AE)^2 = (AB)^2 + d^2 - 2(AB)d\cos\theta_2 \\ (EC)^2 = (BC)^2 + d^2 - 2(BC)d\cos\theta_2\end{cases} \tag{5-190}$$

而

$$AD = AC\sin\theta_0 \tag{5-191}$$

在入射角 θ_0 很小的情况下，根据折射定律，折射角 θ_1 也很小，因而 θ_2 很小。取近似，有

$$\begin{cases} AE \approx AB - d \\ EC \approx BC - d \end{cases} \tag{5-192}$$

$$AD \approx 0 \tag{5-193}$$

将式（5-192）和式（5-193）代入式（5-189），有

$$\Delta \approx 2n_1 d + n_1(AE + EC) = 2n_1 d + n_1 AC \tag{5-194}$$

又由于 θ_2 很小，可取近似 $AC \approx 0$，得到

$$\Delta \approx 2n_1 d \tag{5-195}$$

代入式（5-188），两束光的空间相位差为

$$\delta(\mathbf{r}) = \varphi_{02}^1 - \varphi_{01}^1 = \frac{4\pi}{\lambda} n_1 d \tag{5-196}$$

由此可以看出，楔形平板双光束干涉相位差随平板厚度 d 的变化而变化，相同厚度处的相位差是不变的，所以称为等厚干涉。

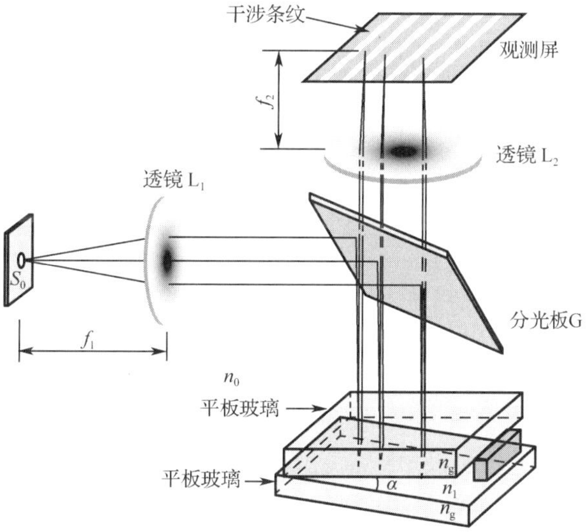

图 5-23　楔形平板等厚干涉装置及原理

为了便于仿真计算，建立如图 5-24（a）所示的坐标系，楔形平板长为 L，夹角为 α，厚度变化随坐标的变化关系为

$$d = h + (L - x)\tan\alpha \tag{5-197}$$

代入式（5-195），有

$$\Delta = 2n_1[h + (L - x)\tan\alpha] \tag{5-198}$$

如果不考虑楔形平板两表面反射的附加光程 $\lambda/2$，当光程差 Δ 取

$$\Delta = 2n_1[h + (L - x)\tan\alpha] = m\lambda \tag{5-199}$$

时，干涉光强取极大值。由此求解可得干涉极大对应的位置为

$$x_{\mathrm{M}} = L + \frac{h}{\tan\alpha} - \frac{m\lambda}{2n_1\tan\alpha} \tag{5-200}$$

当光程差Δ取

$$\Delta = 2n_1[h + (L - x)\tan\alpha] = (2m+1)\frac{\lambda}{2} \tag{5-201}$$

时，干涉光强取极小值。由此可得干涉极小对应的位置为

$$x_m = L + \frac{h}{\tan\alpha} - \frac{(2m+1)}{2n_1\tan\alpha}\frac{\lambda}{2} \tag{5-202}$$

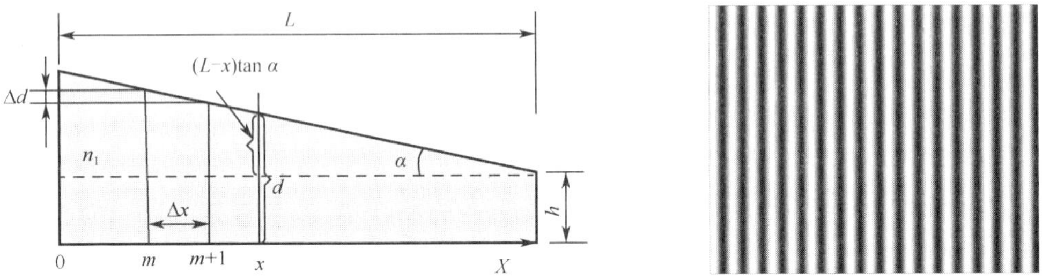

（a）楔形平板厚度变化与坐标的关系

（b）干涉条纹

图 5-24 楔形平板等厚干涉

由式（5-200）和式（5-202）可得两相邻亮条纹或暗条纹之间的水平间隔为

$$\Delta x = \frac{\lambda}{2n_1\tan\alpha} \approx \frac{\lambda}{2n_1\alpha} \tag{5-203}$$

两相邻亮条纹或暗条纹之间的垂直间隔为

$$\Delta d = \Delta x\tan\alpha = \frac{\lambda}{2n_1} \tag{5-204}$$

式（5-203）表明，条纹水平间隔与楔形平板折射率 n_1、夹角 α 和干涉光波长有关。折射率 n_1 越大，条纹水平间隔越小，条纹越密；反之，折射率 n_1 越小，条纹水平间隔大，条纹越疏。入射光波长越长，条纹水平间隔越大，条纹越疏；入射光波长越短，条纹水平间隔小，条纹越密。夹角 α 越小，条纹水平间隔越大，条纹越疏；夹角 α 越大，条纹水平间隔越小，条纹越密。条纹垂直间隔 Δd 与夹角 α 无关，与折射率 n_1 成反比，与波长成正比。折射率 n_1 大，垂直间隔 Δd 小；折射率 n_1 小，纵向厚度差 Δd 大。对于空气劈尖，$n_1 = 1.0$，垂直间隔为 $\lambda/2$。

图 5-24(b)是楔形平板干涉条纹的仿真结果。计算参数取值：折射率 $n_1 = 1.52$，$L = 0.1\text{mm}$，$h = 0.1\text{mm}$，$\lambda = 632.8\text{nm}$，$\alpha = 1^\circ$，$I_0 = I_{01}^1 = I_{02}^1 = 1.0$。计算中没有考虑附加光程差 $\lambda/2$。

2. 牛顿环干涉

牛顿环干涉装置就是将一曲率半径 R 较大的平凸透镜置于一平板玻璃上，在透镜与平板玻璃之间形成厚度 d 变化的空气薄层，如图 5-25（a）所示。设透镜与平板玻璃的接触点为 O，显然等厚线是以 O 为圆心、以 r 为半径的同心圆，由此可以推断在光垂直入射的情况下，等厚干涉条纹是以 O 为中心的同心圆环，称为牛顿环。最早观察到牛顿环干涉条纹的是玻意耳（Boyle）和胡克（Hooke），牛顿后来用相同的实验装置对干涉条纹的半径进行了测量和分析并加以描述，故称为牛顿环（Newton ring）。牛顿环实验与牛顿对光的本质认识有关，因而也具有历史意义。

由图 5-25（a）可知，等厚线半径 r 与透镜曲率半径 R 的关系为

$$r^2 = R^2 - (R-d)^2 = 2Rd - d^2 = 2Rd\left(1-\frac{d}{2R}\right) \tag{5-205}$$

由于 $R \gg d$，$d/2R \ll 1$，因此

$$d \approx \frac{r^2}{2R} \tag{5-206}$$

代入光程差公式（5-195），有

$$\Delta \approx n_1 \frac{r^2}{R} \tag{5-207}$$

由于平凸透镜与平板玻璃在 O 点相接触，接触点存在附加光程差 $\lambda/2$，因此中心干涉点为暗点。由此可将式（5-207）改写为

$$\Delta \approx n_1 \frac{r^2}{R} - \frac{\lambda}{2} \tag{5-208}$$

式中，取附加光程差为 $-\lambda/2$，是为了使得到的公式更为简单。当光程差 Δ 取

$$\Delta \approx n_1 \frac{r^2}{R} - \frac{\lambda}{2} = m\lambda, \quad m = 0,1,2,\cdots \tag{5-209}$$

时，对应于干涉亮条纹。求解可得 m 级亮条纹（或环）的半径为

$$r_M = \sqrt{\left(m+\frac{1}{2}\right)\frac{\lambda R}{n_1}} \tag{5-210}$$

当光程差 Δ 取

$$\Delta \approx n_1 \frac{r^2}{R} - \frac{\lambda}{2} = (2m-1)\frac{\lambda}{2}, \quad m = 0,1,2,\cdots \tag{5-211}$$

时，对应于干涉暗条纹。求解可得 m 级暗环的半径为

$$r_m = \sqrt{\frac{m\lambda R}{n_1}} \tag{5-212}$$

对于空气薄层，$n_1 = 1.0$，式（5-212）可简写为

$$r_m = \sqrt{m\lambda R} \tag{5-213}$$

由式（5-213）不难看出，牛顿环干涉条纹半径 r_m 与入射光波长 λ、平凸透镜半径 R 和干涉级次 m 乘积的平方根成正比。牛顿环中心为暗点，级次最低，$m = 0$。级次 m 越大，干涉条纹半径 r_m 越大；入射光波长越长，干涉条纹半径 r_m 越大；球面曲率半径 R 越大，干涉条纹半径 r_m 也越大。由于 r_m 与 λ、R 和 m 是平方根关系，牛顿环干涉条纹内疏外密，这是与等倾干涉条纹具有的共同特点。

图 5-25（b）是牛顿环干涉条纹的仿真结果。计算参数取值：折射率 $n_1 = 1.0$，$R = 0.5\text{m}$，$\lambda = 632.8\text{nm}$，$I_0 = I_{01}^1 = I_{02}^1 = 1.0$，$x$ 的取值范围为 $-0.2\text{cm} < x < +0.2\text{cm}$，$y$ 的取值范围为 $-0.2\text{cm} < y < +0.2\text{cm}$，计算中附加光程差取 $-\lambda/2$。

3．等厚干涉的应用

等厚干涉条纹反映的是薄膜两个表面之间厚度的变化，干涉条纹的形状、数目、间距及条纹的移动，可演化出多种测量装置，用来测量光学元件表面的质量、光洁度和局部误差等。利用测量折射率或条纹间距的变化，也可间接测量液体浓度、磁致伸缩系数、微位移和真空室温等。下面给出两个应用实例。

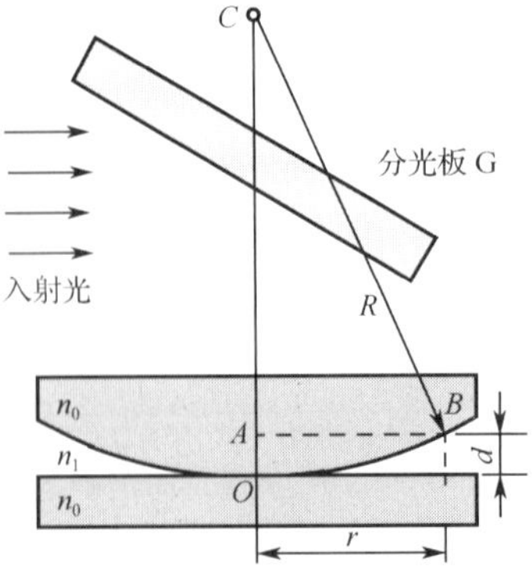

（a）牛顿环干涉装置原理

（b）反射光干涉条纹

图 5-25　牛顿环干涉

例 3　利用楔形平板等厚干涉测量细丝的直径。

如图 5-26（a）所示，将细丝夹在两平板玻璃的一端，另一端相接触，于是在两平板玻璃间形成楔形空气薄层。在平行光束照射下，楔形空气层产生平行直条纹，玻璃板相交棱线处为暗纹。由式（5-204）可知，对于空气薄层，$n_1=1.0$，两相邻暗纹的垂直间隔为

$$\Delta d=\frac{\lambda}{2} \tag{5-214}$$

假设从玻璃板相交棱线到细丝处总共有 N 条暗纹，光的波长 λ 已知，则细丝直径为

$$D=N\frac{\lambda}{2} \tag{5-215}$$

例 4　利用牛顿环等厚干涉测量液体折射率。

如图 5-26（b）所示，首先将牛顿环装置放置于玻璃容器内，平行光束入射到牛顿环平凸透镜上表面，空气层折射率 $n_1=1.0$，由式（5-212）可写出第 m 级暗纹半径的平方为

$$r_m^2=m\lambda R \tag{5-216}$$

由此可写出第 i 级和第 j 级暗纹直径的平方为

$$D_i^2=4i\lambda R,\quad D_j^2=4j\lambda R \tag{5-217}$$

两式相减得到

$$R=\frac{D_i^2-D_j^2}{4(i-j)\lambda} \tag{5-218}$$

式中，D_i 和 D_j 是观测量，对应于空气薄层牛顿环干涉暗纹第 i 级和第 j 级干涉环的直径，可用读数显微镜进行测量。

D_i 和 D_j 测量完成后，在玻璃容器内倒入待测液体，牛顿环薄层为液体，假设折射率为 n_1，同理，由式（5-212）可得

$$R=\frac{n_1(D_i'^2-D_j'^2)}{4(i-j)\lambda} \tag{5-219}$$

式中，D_i' 和 D_j' 对应于液体薄层牛顿环干涉暗纹第 i 级和第 j 级干涉环的直径。

令式（5-219）与式（5-218）相等，有

$$n_1 = \frac{D_i^2 - D_j^2}{D_i'^2 - D_j'^2} \tag{5-220}$$

由此可见，分别测量空气薄层和液体薄层牛顿环干涉条纹第 i 级和第 j 级暗纹的直径，即可求的液体的折射率 n_1。

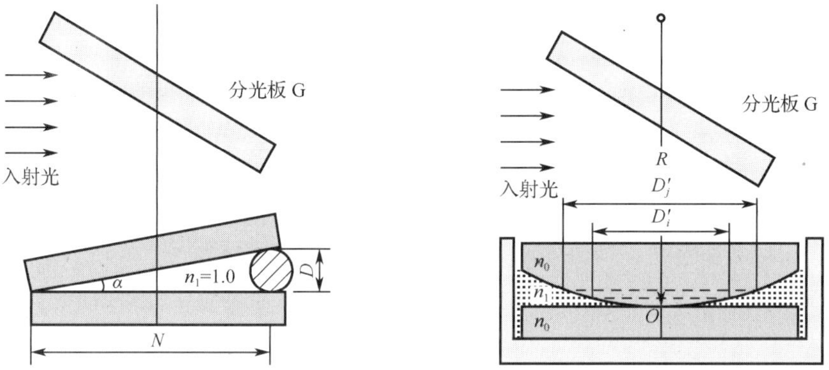

（a）楔形平板等厚干涉测量细丝直径　（b）牛顿环等厚干涉测量液体折射率

图 5-26　等厚干涉测量细丝直径和折射率

如果在相同条件下，改变液体浓度，测量不同浓度牛顿环干涉条纹第 i 级和第 j 级暗纹的直径，作折射率与液体浓度变化的散点图，通过拟合即可得到折射率与浓度的拟合关系曲线，由此也可间接测量液体浓度。

5.5.4　等厚干涉光源的空间相干性及干涉条纹的定域性

1．等厚干涉光源的空间相干性

等倾干涉条纹定域在无穷远处，平行光束垂直照射下的等厚干涉条纹也近似定域在无穷远处，但是等倾干涉空间相干性好，而等厚干涉条纹可见度与光源大小有关，空间相干性差。如图 5-27 所示，扩展点光源 S_0 放置在透镜 L_1 的焦平面上，S_0 面上不同点发射的球面光波经透镜 L_1 变为不同方向的平行光束，当这些平行光束经分光板反射后照射在楔形平板表面时（见图 5-23），由于入射角不同，必然造成干涉条纹的移动，非相干叠加的结果使等厚干涉条纹可见度下降，这与等倾干涉是完全不同的。对于等厚干涉空间相干性的描述，可在式(5-196)中引入两个点光源到楔形平板表面的初始相位差，然后对扩展点光源进行非相干积分叠加，其结果与式（5-124）相同。因此，式（5-124）可用于近似描述等厚干涉空间相干性，几何量的对应关系为 $d \to \alpha$，$l \to f_1$，b_y 为光源的线度大小。

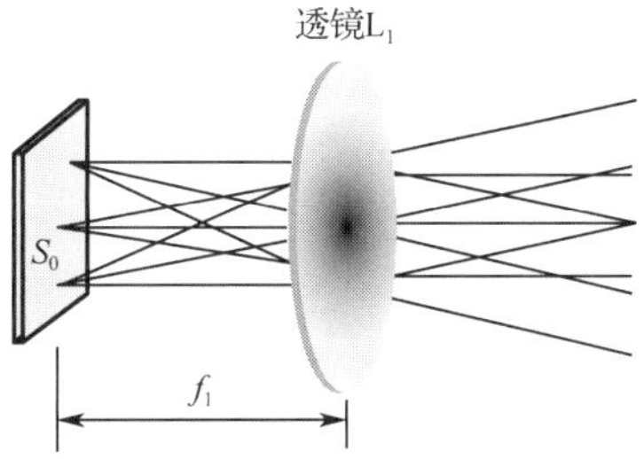

图 5-27　扩展点光源经透镜变为平行光束

2．干涉条纹的定域性

干涉条纹的定域性实际上也是干涉条纹的空间相干性问题。对于无界空间的平面光波、柱面光波和球面光波，如果参与叠加的两列波满足干涉的条件，在整个空间都可以产生干涉，干涉条纹充满整个空间，则这种干涉称为非定域干涉。两列平面光波干涉的仿真计算实例可参见图 5-2，两列球面光波干涉的仿真计算实例可参见图 5-3。非定域干涉在空间任意放置观测屏，都可以观测到干涉条纹。但是，对于分波阵面和分振幅双光束干涉，由于参与干涉叠加的两束光受到干涉装置的“限制”，使得干涉条纹出现定域性。对于扩展线光源双缝干涉和扩展点光源双孔干涉，干涉条纹的定域性通过相干孔径角 β 来描述（见图 5-15）。分振幅等倾干涉条纹定域在无穷远处，平行光束照射下的等厚干涉条纹也定域在无穷远处。从成像的角度讲，观察非定域干涉条纹不需要聚焦，通过放置观测屏即可看到，这种干涉条纹也称为实干涉条纹；而把需要聚焦元件才能看到的干涉条纹称为虚干涉条纹。杨氏双缝干涉、扩展线光源双缝干涉和扩展点光源双孔干涉条纹都是实干涉条纹，而等倾干涉条纹和等厚干涉条纹是虚干涉条纹。

对于等厚干涉，如果采用任意放置的扩展点光源直接照射，确定干涉条纹的定域性变得较为困难。如图 5-28（a）所示，S_0 为放置于劈尖上方的扩展点光源，假设光源 S_0 均匀分布，S_0 上任意一点发射的球面光波在空间产生干涉，其光强分布由式（5-186）确定，即

$$I=\sum_i\left\{I_1^i+I_2^i+2\sqrt{I_1^iI_2^i}\cos\left[\frac{\omega}{c}n_1(\mathbf{k}_{01}^i(x',y')-\mathbf{k}_{02}^i(x',y'))\cdot\mathbf{r}+\varphi_{02}^i(x',y')-\varphi_{01}^i(x',y')\right]\right\}\quad(5\text{-}221)$$

式中，(x',y') 表示光源 S_0 面上点光源的坐标。由式（5-221）确定的光强分布是无定域性的实干涉条纹或虚干涉条纹。图 5-28（a）劈尖左上方定域区域为实干涉条纹，右下方定域区域为虚干涉条纹。

当光源 S_0 面上所有点源进行非相干叠加时，其光强的空间分布为

$$I=\sum_i\left\{I_1^i+I_2^i+2\sqrt{I_1^iI_2^i}\iint\limits_{(S_0)}\cos\left[\frac{\omega}{c}n_1(\mathbf{k}_{01}^i(x',y')-\mathbf{k}_{02}^i(x',y'))\cdot\mathbf{r}+\varphi_{02}^i(x',y')-\varphi_{01}^i(x',y')\right]\mathrm{d}x'\mathrm{d}y'\right\}$$

（5-222）

非相干叠加的结果使得干涉条纹出现在空间的某个区域，这就是等厚干涉的定域性，如图 5-28（b）所示。定域区域的空间范围称为定域深度，定域区域条纹可见度最大的曲面称为定域中心面。由此可以看出，确定等厚干涉条纹的定域区域，本质上是等厚干涉的空间相干性问题。虽然许多学者对于等厚干涉定域性问题进行了研究，但仍然没有一个很好的解决办法。

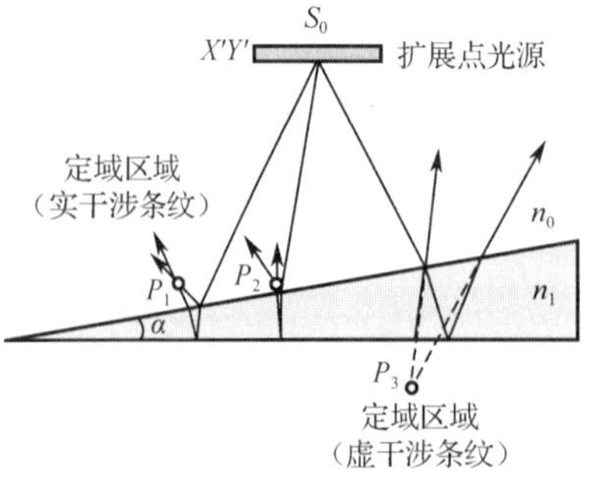

（a）

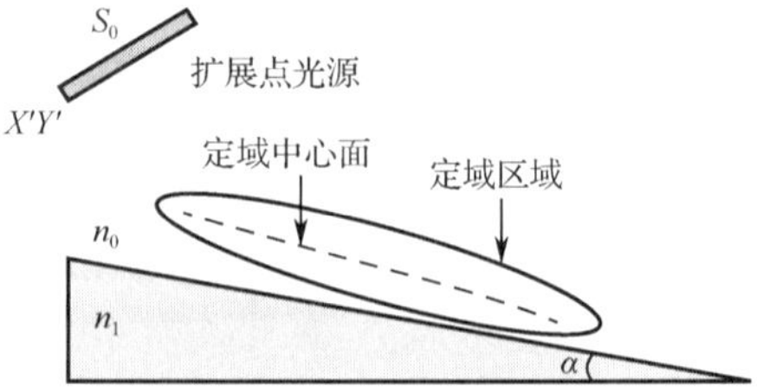

（b）

图 5-28　等厚干涉的定域性

5.6　双光束干涉仪

利用光的干涉原理，可以制作出多种类型的物理测量仪器，这些仪器统称为干涉仪。干涉仪根据双光束干涉和多光束干涉又可分为双光束干涉仪和多光束干涉仪，经典的双光束干涉仪包括：迈克耳孙干涉仪、泰曼-格林干涉仪、傅里叶变换光谱仪等。法布里-珀罗干涉仪属多光束干涉仪，薄膜光学中的各种滤光片也属于多光束干涉仪。

20 世纪 70 年代末，光纤技术的成熟使光的干涉应用更为广泛，在世界范围内形成了光纤传感的研究热潮，并与光纤通信并驾齐驱，成为衡量一个国家信息化程度的重要标志。光纤传感采用光干涉原理，不仅可以具有传统干涉仪的功能，而且光电技术的发展以及数据采集和计算机数据处理能力的提高，使干涉仪的测量精度更高，应用领域更加广泛，已成为物理量精密测量的关键技术。下面介绍几种典型的双光束干涉仪，多光束法布里-珀罗干涉仪将在 5.8 节中介绍。

5.6.1　迈克耳孙干涉仪

1. 经典迈克耳孙干涉仪

迈克耳孙（Michelson）干涉仪是 1881 年迈克耳孙为研究“以太”是否存在而设计的精密光学仪器，是一种典型的双光束干涉仪。1887 年，迈克耳孙和莫雷使用这种干涉仪进行了著名的迈克耳孙-莫雷实验，证实了以太不存在，为狭义相对论的基本假设提供了实验依据。迈克耳孙干涉仪不仅可用来测定微小长度、折射率、光波波长和光速等，也是现代光学仪器（如傅里叶光谱仪等）的重要组成部分，对光学和近代物理学的发展具有重要意义。由于迈克耳孙发明了精密测量的光学仪器并利用这些仪器所完成了光谱学和基本度量学研究，迈克耳孙于 1907 年获诺贝尔物理学奖。

波兰裔美籍物理学家
迈克耳孙（Michelson）
（1852—1931）

1）迈克耳孙干涉仪的结构及特点

图 5-29（a）所示为实验用迈克耳孙干涉仪。图 5-29（b）为迈克耳孙干涉仪的结构及原理图，S_0 为扩展点光源，M_1 和 M_2 为平面高反射镜，分别放置于垂直轴和水平轴（轴也称为臂）上，反射镜 M_1 可沿垂直方向移动。在两轴相交处放置中性分光板 G，G 与两轴成 45° 角。G′ 是相位补偿板，与 G 平行放置在水平轴上，G′ 与 G 厚度相同，折射率相同。

扩展点光源 S_0 上每一点发射球面光波，照射到中性分光板 G 上，被分解为反射光线 1 和透射光线 2（图中仅画出两条光线）。光线 1 和光线 2 分别入射到平面高反射镜 M_1 和 M_2，M_1 的反射光线为 1′，M_2 的反射光线为 2′。由于光线 1 和光线 2 垂直入射到 M_1 和 M_2 表面，反射光线 1′ 与入射光线 1 重合，反射光线 2′ 与入射光线 2 重合，但为了表示清楚，图中将入射光线和反射光线分开画。反射光线 1′ 经中性分光板 G 透射，而反射光线 2′ 经补偿板 G′ 透射，然后再经中性分光板 G 反射，这样形成的两光束起始于分光板的同一点 P，因而满足干涉条件，经透镜聚焦可在观测屏观测到干涉条纹。需要强调的是，补偿板 G′ 的作用是为了使两束干涉光在干涉仪光路中的光程相等。从起点 P 算起，光束 1 和光束 1′ 两次经过分光板 G，如果没有补偿板 G′，则光束 2 和光束 2′ 不经过分光板，这样就造成两束干涉光的光程不相等。因此，需要在水平轴上放置与分光板厚度相同、折射率相同的补偿板，使两路光的光程相等。如果扩展点光源的单色性好，没有补偿板仍可观测到干涉条纹，如果光源的单色性较差，如复色光源白炽灯，补偿板则是不可或缺的。

（a）实验用干涉仪

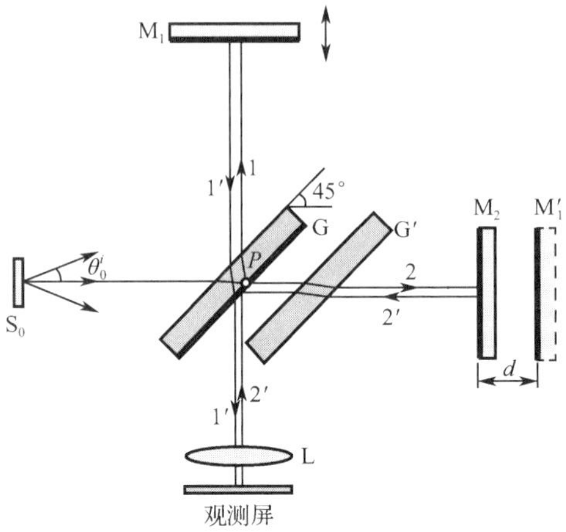

（b）结构及原理

图 5-29　迈克耳孙干涉仪

2）迈克耳孙干涉仪等倾干涉

由图 5-29（b）可以看出，当平面高反射镜 M_1 和 M_2 相互垂直时，M_1 在水平方向的像 M_1' 正好与 M_2 平行，这样就可把迈克耳孙干涉仪产生的干涉等效为平行平板分振幅双光束干涉，平板折射率 $n_1=1.0$（空气），平板厚度为 d（干涉仪臂长差）。所以当平面镜 M_1 和 M_2 相互垂直时，迈克耳孙干涉仪产生的干涉属于等倾干涉。

如图 5-30 所示为迈克耳孙干涉仪等倾干涉光路图。因为补偿板 G′ 并不改变光线的方向，为了图示清楚，图中未画出补偿板。假设扩展点光源 S_0 发射的光线与水平轴的夹角为 θ_0^i，由几何关系可知，光线在平面高反射镜 M_1 和 M_2 表面的入射角和反射角均为 θ_0^i，由于不发生折射，θ_0^i 也即折射角。根据平行平板分振幅双光束光程差公式（5-154），可写出迈克耳孙干涉仪等倾干涉光程差为

$$\Delta = 2d\cos\theta_0^i \tag{5-223}$$

对应的相位差为

$$\delta(\mathbf{r}) = \frac{4\pi}{\lambda}d\cos\theta_0^i \tag{5-224}$$

由于分光板采用中性分光，两束干涉光强度近似相等，即 $I_{1'}^i = I_{2'}^i = I_0$，由式（5-149）可写出点光源干涉光强分布为

$$I = 2I_0\left[1+\cos\left(\frac{4\pi}{\lambda}d\cos\theta_0^i\right)\right] = 4I_0\cos^2\left(\frac{2\pi}{\lambda}d\cos\theta_0^i\right) \tag{5-225}$$

对于扩展点光源，干涉光强分布为不同点光源光强分布的非相干叠加，叠加结果使干涉条纹亮度增加，但并不改变光强分布的形态。

迈克耳孙干涉仪等倾干涉条纹具有平行平板等倾干涉条纹的特点，干涉条纹为同心圆，条纹内疏外密，中心级次高，边缘级次低。当平面高反射镜 M_1 沿轴移动时，臂长差 d 增大或减小，由平行平板等倾干涉中心条纹级次式（5-165）可知，d 增大，条纹级次增高，d 减小，

条纹级次降低。当 d 由大变小时，对于任意一级干涉条纹，干涉极大必须满足

$$\Delta = 2d\cos\theta_0^i = m\lambda,\quad m = 0,1,2,\cdots \tag{5-226}$$

由于 $\cos\theta_0^i$ 在 $0\to 90^\circ$ 为减函数，所以 θ_0^i 由小变大，干涉条纹向外扩展。当 d 增大 $\lambda/2$ 时，中心条纹向外“长出”一个。同理，当 d 由小变大时，干涉条纹向中心收缩，d 减小 $\lambda/2$，中心条纹“陷入”一个，中心条纹也由亮变暗，或由暗变亮。

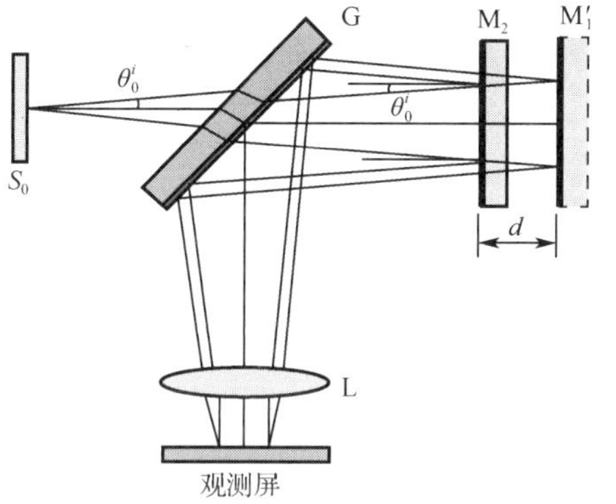

图 5-30　迈克耳孙干涉仪等倾干涉光路图

对于迈克耳孙干涉仪等倾干涉，取 $n_0=1.0$，$n_1=1.0$，由式（5-176）可知，第 N 个亮纹的半径为

$$r_N \approx f\sqrt{\frac{\lambda}{d}}\sqrt{N-1+\varepsilon} \tag{5-227}$$

由式（5-181）可写出条纹间距为

$$\Delta r_N \approx \frac{f}{2}\sqrt{\frac{\lambda}{d}}\frac{1}{\sqrt{N-1+\varepsilon}} \tag{5-228}$$

图 5-31 为迈克耳孙干涉仪等倾干涉条纹实验测量结果，光源为单色钠光灯。图 5-31 中自（a）到（c）臂长差 d 由大变为零，图 5-31（a）的中心为亮点，图 5-31（b）的中心为暗点，图 5-31（c）中 $d=0$，干涉消失，出现亮的背景。M_1 继续移动，臂长差 d 由小变大，图 5-31（d）的中心为暗点，图 5-31（e）的中心为亮点。图 5-31（a）（e）的干涉条纹外面出现亮的背景，是由于光源的单色性较差，外围光线光程差太大导致两列光波不相遇而导致的。

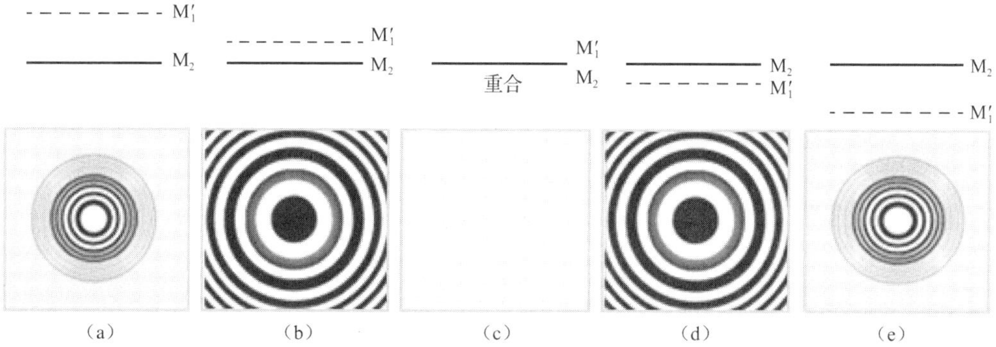

图 5-31　迈克耳孙干涉仪等倾干涉条纹

3）迈克耳孙干涉仪等厚干涉

当调节迈克耳孙干涉仪反射镜 M_1 的角度，使 M_1 的像 M_1' 与 M_2 不平行，形成空气“楔形平板”，将产生等厚干涉。图 5-32 给出了干涉仪臂长差 d 变化时，等厚干涉条纹的变化。图 5-32（a）和（e）由于干涉仪臂长差 d 较大，以致光程差太大从而导致两列光波不相遇，出现亮的背景。图 5-32（b）和（d）中的干涉条纹出现弯曲，原因是采用扩展点光源照射，由式（5-224）可知，除了厚度 d 变化，反映球面波的特性角 θ_0^i 也在变化，因而导致干涉条纹出现弯曲。图 5-32（c）由于臂长差 d 较小，且中心入射角 θ_0^i 也较小，因此干涉条纹近乎直条纹。

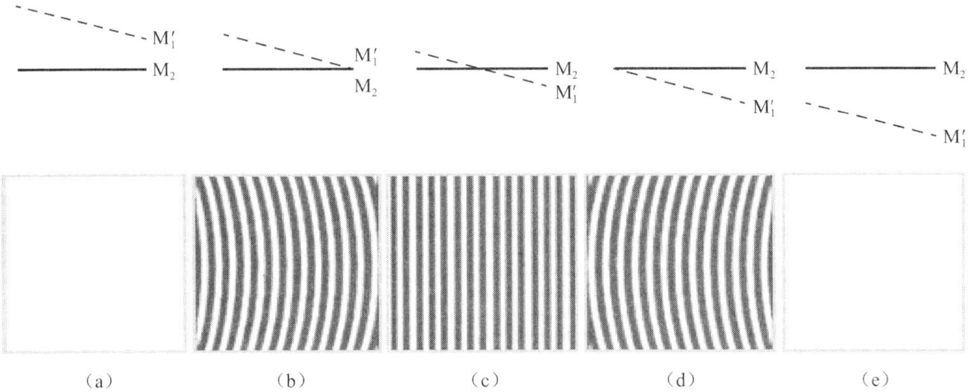

图 5-32 迈克耳孙干涉仪等厚干涉条纹

假设 M_1' 和 M_2 之间的夹角为 α，空气折射率 $n_1 = 1.0$，由式（5-203）可写出干涉条纹的水平间隔为

$$\Delta x \approx \frac{\lambda}{2\alpha} \tag{5-229}$$

由式（5-204）可写出干涉条纹的垂直间隔为

$$\Delta d = \frac{\lambda}{2} \tag{5-230}$$

利用迈克耳孙干涉仪等厚干涉进行调节和精密测量时，通常需要确定 M_1' 和 M_2 是否相交或交线的位置，显然通过迈克耳孙干涉仪两臂位置和角度的读数很难确定，需要根据干涉条纹的形状和变化来进行推断。大致有以下三种情况。

（1）当垂直方向移动 M_1 时，M_1' 和 M_2 之间的厚度 d 发生变化，干涉条纹发生平行移动，条纹间距不变。如果 d 增大或减小 $\lambda/2$，干涉条纹改变一个级次，$\delta m = 1$。由此可根据干涉条纹的移动数量推算 d 的变化量。如果移动 M_1，条纹移动数量为 ΔN，那么，厚度的变化量为

$$\Delta d = \Delta N \frac{\lambda}{2} \tag{5-231}$$

观测条纹移动量可用于长度测量和位移测量。

（2）根据条纹的间距判断 M_1' 和 M_2 之间夹角的大小。调节 M_1 与垂直轴之间的夹角或调节 M_2 与水平轴之间的夹角，则 M_1' 和 M_2 之间的夹角 α 随之改变。由式（5-229）可知，夹角 α 大，条纹水平间距小，条纹细而密；夹角 α 小，条纹水平间距大，条纹粗而疏。

（3）如果采用复色光源白炽灯，迈克耳孙干涉仪只有在厚度 d 很小、夹角 α 很小的情况下，才能观测到等厚干涉条纹。由于采用白光照射，不同波长的光干涉条纹水平间距不同，

由式（5-229）可知，波长长，水平间距大；波长短，水平间距小，因而出现彩色干涉条纹。当厚度 $d=0$ 时，由式（5-199）可知，取 $h=0$，$L=x$，相对应的干涉条纹级次 $m=0$，干涉条纹对应的正好是 M_1' 和 M_2 的交线。由于存在 $\lambda/2$ 的附加光程差，$m=0$ 对应的干涉条纹为非单色暗条纹。在单色光精密测量中，通常首先采用复色光源非单色暗条纹来确定 M_1 的位置。

2. 泰曼-格林干涉仪

泰曼-格林（Twyman-Green）干涉仪与迈克耳孙干涉仪的不同之处在于采用单色平行光束照射，其结构原理如图 5-33 所示。单色点光源 S_0 放置于透镜 L_1 的焦点处，使透镜 L_1 的出射光束为平行光束，等相位面为平面，平面光波记作 w_0。反射镜 M_1 和 M_2 分别放置于垂直轴和水平轴上。平面光波 w_0 经分光板 G 反射入射到反射镜 M_1 表面，M_1 的反射光波也为平面光波，记作 w_1。平面光波 w_0 经分光板 G 透射，再经反射镜 M_2 反射，其反射也为平面光波，记作 w_2。两列平面光波 w_1 和 w_2 经透镜 L_2 聚焦产生干涉。对于单色平面光波照射，根据平行平板厚度 d 满足等厚干涉极大和干涉极小的条件，平行平板干涉可为均匀分布的暗场，也可为均匀分布的亮场。如果改变 M_1 的角度，使 M_1 在水平轴的像 M_1' 与 M_2 的夹角为 α（图中虚线），那么，M_1' 和 M_2 构成楔形平板干涉，等厚干涉条纹为直条纹。如果把反射镜 M_2 变为球面反射镜（图中点画线），那么 M_1' 和 M_2 构成牛顿环干涉，等厚干涉条纹为同心圆。

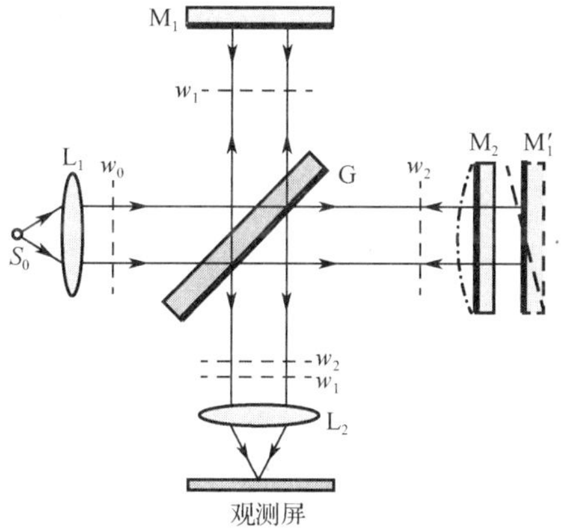

图 5-33　泰曼-格林干涉仪

由此可以看出，通过改变反射镜的角度、位置和形状，可以得到不同的干涉场。除此之外，也可以在其中一个光路上放置透射光学元件，或者将其中一个光路置于某种场分布中，如温度场、密度场、电场或磁场等，这样也可以改变两路光的光程差。通常把经过放置光学元件或置于某种场分布中的光称为测试光或传感光，而把另一路光称为参考光。测试光和参考光产生干涉，根据干涉条纹的变化可以测量光学元件的质量、光学元件的折射率、温度场的温度变化、气体或固体的密度大小等。由于光干涉测量具有精度高、灵敏度高、空间分辨率高、可进行非接触实时性观测等优点，因而得到了广泛的应用和研究。

3. 傅里叶变换光谱仪

傅里叶变换光谱仪（Fourier Transform Spectroscope，FTS）也称傅里叶分光干涉仪。所谓光谱仪是用于测定光源发光强度随光波波长的变化。传统的光谱仪均为色散型，如棱镜光谱仪、光栅光谱仪和法布里-珀罗分光仪。色散型光谱仪是把各种波长的光按其波长长短在空间上分开，然后分别进行测量。迈克耳孙干涉仪是把光谱分布转化为余弦积分，为光谱仪的设计提供了新的途径。

傅里叶变换光谱仪原理图如图 5-34 所示，其核心部分仍是迈克耳孙干涉仪。待测复色点光源 S_0 放置于透镜 L_1 的焦点上，透镜 L_1 的出射光束为平行光束。假设光源光强分布为 $I_0(\lambda)$，中性分光板 G 的反射率和透射率相等且不随光波长 λ 变化，平面高反射镜 M_1 和 M_2 的反射率等于 1。透镜 L_1 出射的平行光束可看作无穷多个相同方向不同波长的平面光波的叠加，由单色平面光波分振幅双光束干涉式（5-149）和空间相位式（5-151），可写出对应于波长 λ 的平面光波干涉光强分布为

$$I(\lambda,x)=2AI_0(\lambda)\left[1+\cos\left(\frac{2\pi}{\lambda}x\right)\right] \tag{5-232}$$

式中，A 为与中性分光板和补偿板的反射率与透射率有关的常数；x 为臂长差，即 $d=x$。为了与傅里叶变换相一致，根据式（1-186）和式（1-187），将波长 λ 用波数 k 替代，即取 $k=2\pi/\lambda$，则式（5-232）改写为

$$I(k,x)=2AI_0(k)[1+\cos(kx)] \tag{5-233}$$

对于任意臂长差 x，透镜 L_2 聚焦在光电转换器表面的总光强为不同波数平面光波干涉光强的非相干叠加，即

$$I(x)=2A\int_0^{\infty}I_0(k)[1+\cos(kx)]\mathrm{d}k \tag{5-234}$$

此式表明，迈克耳孙干涉仪双光束分振幅干涉把复色点光源 S_0 随波数 k 变化（也即波长 λ）的光谱 $I_0(k)$ 转化为随臂长差 x 变化的干涉谱 $I(x)$。这种转化非常巧妙，给光谱测量提供了简单易行的方法。

式（5-234）可分解为两项，其中第一项为

$$I_1(x)=2A\int_0^{\infty}I_0(k)\mathrm{d}k \tag{5-235}$$

显然，第一项积分与臂长差 x 无关，说明当移动反射镜 M_2 时，光电转换器得到的电信号存在直流成分，通过滤波器可以把直流成分滤掉。当臂长差 x 变化时，光电转换器得到的交流成分即为干涉光强的第二项

$$I_2(x)=2A\int_0^{\infty}I_0(k)\cos(kx)\mathrm{d}k \tag{5-236}$$

光电转换器得到的交流电信号再经模-数（A/D）转换器，即可变为数字信号存储于计算机中。

为了得到光谱 $I_0(k)$，对 $I_2(x)$ 进行傅里叶变换，有

$$I_0(k)=\int_{-\infty}^{+\infty}I_2(x)\mathrm{e}^{-\mathrm{j}kx}\mathrm{d}x \tag{5-237}$$

此式表明，根据观测得到的 $I_2(x)$，通过傅里叶变换就可得到复色光源 S_0 的光谱 $I_0(k)$。

干涉光强 $I_2(x)$ 的分布具有对称性，对称点为臂长差 $x=d=0$，所以在进行光谱测量之前，需要利用非单色暗条纹确定 M_1 的位置。

傅里叶变换光谱仪不仅可以测量光源的发射光谱，也可以测量物质的吸收光谱。与传统色散型光谱仪相比具有分辨率高、信噪比高、灵敏度高、精度高、光通量大、工作波段宽、扫描速度快、动态测量和重复性好等优点。因此，傅里叶变换光谱仪已成为红外光谱检测和

分析的最佳选择。近年来，随着对受控核聚变、短波段辐射定标、光刻技术、分子转动能级和同位素结构分析、等离子体诊断、同步辐射特性研究的深入，紫外-真空紫外和软 X 射线傅里叶变换光谱仪已成为最前沿的研究方向之一[41,42,43,44]。

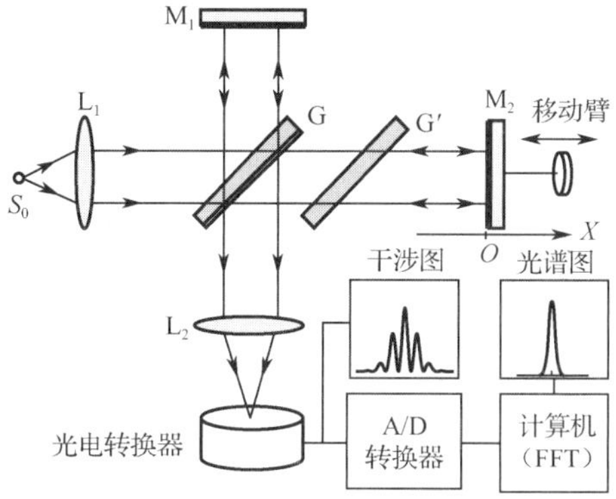

图 5-34　傅里叶变换光谱仪原理图

4. 光纤迈克耳孙干涉仪

如图 5-35 所示为光纤迈克耳孙干涉仪的结构原理图。激光器输出的激光耦合到光纤，激光在光纤中传输，经 3dB 光耦合器分成等强度、相位差为π/2 的两束光，一束进入参考臂光纤，一束进入传感臂光纤。参考臂光纤和传感臂光纤的端面镀有高反射膜 M_1 和 M_2，光经 M_1 和 M_2 反射再次通过光耦合器，形成双光束干涉。干涉光经光电探测器转换为电信号，经采样存储于计算机中。当测量某种物理量而移动传感臂时，参考臂光纤和传感臂光纤中的两路光的相位差会发生变化，由此引起干涉光强的变化。利用干涉光强变化与待测物理量变化之间的关系就可确定待测物理量。

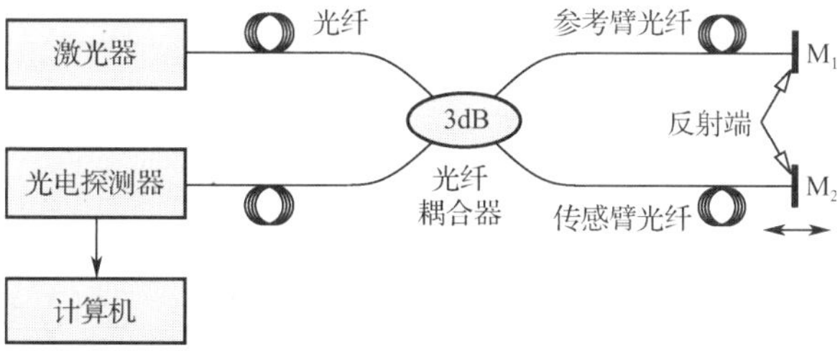

图 5-35　光纤迈克耳孙干涉仪结构原理图

光纤迈克耳孙干涉仪干涉光强随光程变化的关系可表示为

$$I = I_0\left(1+\cos\frac{4\pi}{\lambda}\Delta\right) \tag{5-238}$$

式中，I_0 为参考臂和传感臂光纤的入射光强，Δ 为两臂光程差。

迈克耳孙干涉仪使得测量物理量的微小变化变得很简单，而光纤具有抗电磁干扰、耐腐蚀、电绝缘性好、防爆、体积小、重量轻、可绕行好等特点，两者相结合构成光纤迈克耳孙干涉仪。光纤迈克耳孙干涉仪属于光纤传感技术，而光纤传感技术是 20 世纪 70 年代伴随光纤通信技术发展起来的，它是以光波为载体、光纤为传输介质，感知和传输外界被测信号的新型传感技术，可以检测温度、压力、角位移、电压、电流、声音和磁场等多种物理量，在航天、航海、石油开采、电力传输、核工业、医疗和科学研究等众多领域得到广泛应用。

5.6.2 马赫-曾德尔干涉仪

1．经典马赫-曾德尔干涉仪[1]

马赫-曾德尔（Mach-Zehnder）干涉仪的结构原理如图 5-36 所示。G_1 和 G_2 为中性分光板，M_1 和 M_2 为平面高反射镜。G_1、G_2、M_1 和 M_2 分别放置于四边形的四个顶点。G_1 和 G_2 以 45° 角平行放置，M_1 以 45° 角放置，M_2 与 M_1 存在小的夹角 α。点光源 S_0 放置于透镜 L_1 的焦点上，透镜 L_1 将点光源 S_0 发射的球面光波变为平行光束，其波阵面为平面。平面光波经中性分光板 G_1 分为两束平面光波，一束透过 G_1 入射到平面反射镜 M_1，另一束经 G_1 反射入射到平面反射镜 M_2。假设 M_1 的反射平面波阵面为 w_1，M_2 的反射平面波阵面为 w_2，w_1' 为 w_1 通过 G_2 所成的虚像。平面波阵面 w_2 与虚波阵面 w_1' 之间的夹角 α 正好就是反射镜 M_2 与 M_1 之间的夹角 α，所以马赫-曾德尔干涉仪属于楔形平板等厚干涉。由此可写出等厚干涉相位差为

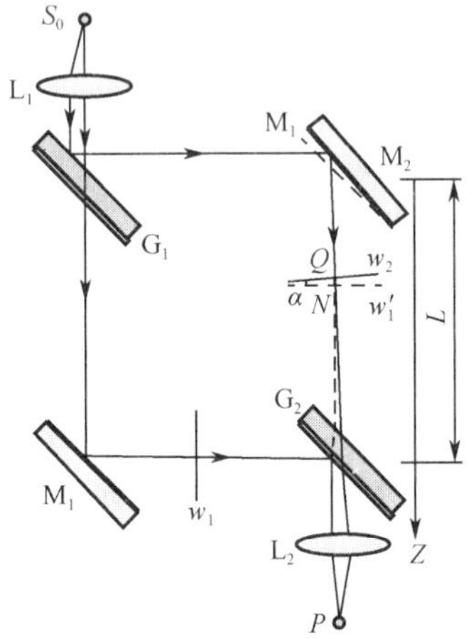

图 5-36 马赫-曾德尔干涉仪结构原理图

$$\delta = \frac{2\pi}{\lambda} nd \tag{5-239}$$

式中，n 为 M_2 与 G_2 之间介质的折射率，$d = \overline{QN}$ 为 Q 点到波阵面 w_2 之间的垂直距离，也即楔形平板的厚度。由等厚干涉极大满足的条件式（5-199），可知光程差满足

$$\Delta = nd = m\lambda \tag{5-240}$$

出现干涉极大。光程差满足

$$\Delta = nd = (2m+1)\frac{\lambda}{2} \tag{5-241}$$

出现干涉极小。

式（5-240）是假定 G_1M_1 光路和 M_2G_2 光路处于同一种介质中时的光程差。如果把光路 G_1M_1 和 M_2G_2 分别放置于相互分离的介质区域，光路 G_1M_1 通常称为参考光路，介质的折射率为 n，光路 M_2G_2 称为测量光路，介质非均匀，折射率为 $n' = n'(x,y,z)$，那么，在忽略 x 和 y 变化影响的情况下，两光路中心点之间的光程差为

$$\Delta = \int_0^L n'(x,y,z)\mathrm{d}z - nL = \int_0^L [n'(x,y,z) - n]\mathrm{d}z \tag{5-242}$$

式中，L 为反射镜 M_2 和中性分光板 G_2 之间的中心距离，并假定中性分光板 G_1 与反射镜 M_1 之间的中心距离也等于 L。

在两光路介质相同的情况下，由式（5-240）可知，零级干涉条纹的光程差为零。所以式（5-242）就是折射率变化引起的中心零级干涉条纹的移动量 $\Delta m(x,y)$。由式（5-240）有

$$\Delta m(x,y) = \frac{1}{\lambda}\int_0^L [n'(x,y,z) - n]\mathrm{d}z \tag{5-243}$$

通过测量 $\Delta m(x,y)$，然后求解式（5-243），可得 $n'(x,y,z) - n$。

经典马赫-曾德尔干涉仪是一种大型光学仪器，在研究空气动力学气体的折射率变化、可控热核反应等离子体的密度分布，以及测量光学元件、制备光学信息处理空间滤波器等许多方面都有极重要的应用。

2. 光纤马赫-曾德尔干涉仪

光纤马赫-曾德尔干涉仪（MZI）由两个 2×2 3dB 光纤耦合器代替经典马赫-曾德尔干涉仪的两个中性分光板 G_1 和 G_2，光传输介质用光纤代替，其结构原理如图 5-37 所示。光纤耦合器 1 的端1和端 2 为干涉仪的输入端，光纤耦合器 2 的端1′和端 2′为干涉仪的输出端。

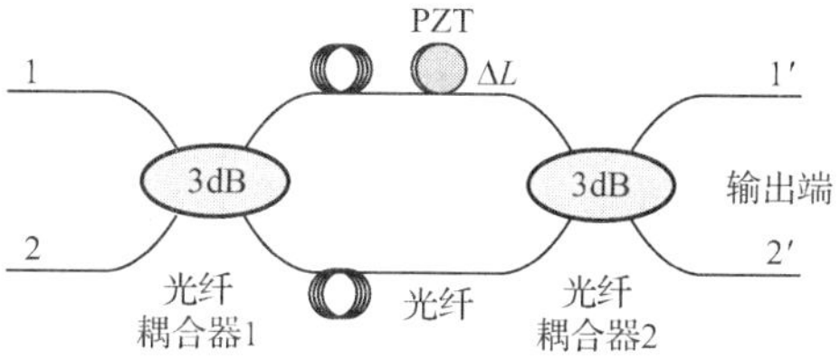

图 5-37　光纤马赫-曾德尔干涉仪结构原理图

对于由单模光纤制备的无损耗 2×2 光纤耦合器，依据能量守恒，可得描述其特性的传输矩阵为[53]

$$\mathbf{S}=\begin{bmatrix}\sqrt{1-a} & -\mathrm{j}\sqrt{a}\\ -\mathrm{j}\sqrt{a} & \sqrt{1-a}\end{bmatrix}$$

式中，a 为光纤耦合器的分光比。

对于弱导光纤，光波传播的主模近似为平面光波，其电场强度复振幅可表示为[20,54]

$$\tilde{E}=\tilde{E}_0\mathrm{e}^{-\mathrm{j}knz}$$

式中，$k=2\pi/\lambda$ 为真空中的波数，n 为光纤折射率。

假设光纤耦合器 1 的端1和端 2 输入电场强度分别为 $\tilde{E}_1$ 和 $\tilde{E}_2$，光纤耦合器 2 的端1′和端 2′输出电场强度分别为 $\tilde{E}_3$ 和 $\tilde{E}_4$，依据传输矩阵方法有

$$\begin{bmatrix}\tilde{E}_3\\ \tilde{E}_4\end{bmatrix}=\begin{bmatrix}\sqrt{1-a} & -\mathrm{j}\sqrt{a}\\ -\mathrm{j}\sqrt{a} & \sqrt{1-a}\end{bmatrix}\begin{bmatrix}\mathrm{e}^{-\mathrm{j}kn(L+\Delta L)} & 0\\ 0 & \mathrm{e}^{-\mathrm{j}knL}\end{bmatrix}\begin{bmatrix}\sqrt{1-a} & -\mathrm{j}\sqrt{a}\\ -\mathrm{j}\sqrt{a} & \sqrt{1-a}\end{bmatrix}\begin{bmatrix}\tilde{E}_1\\ \tilde{E}_2\end{bmatrix} \tag{5-244}$$

式中，$L+\Delta L$ 和 L 分别为光纤上、下两臂的空间几何长度，ΔL 为两臂长度差。

在单端输入的情况下，$\tilde{E}_1\neq 0$、$\tilde{E}_2=0$，假设分光比 $a=0.5$，由式（5-244）可得

$$\begin{bmatrix}\tilde{E}_3\\ \tilde{E}_4\end{bmatrix}=\frac{\tilde{E}_1}{2}\begin{bmatrix}(\mathrm{e}^{-\mathrm{j}kn(L+\Delta L)}-\mathrm{e}^{-\mathrm{j}knL})\\ -\mathrm{j}(\mathrm{e}^{-\mathrm{j}kn(L+\Delta L)}+\mathrm{e}^{-\mathrm{j}knL})\end{bmatrix} \tag{5-245}$$

因而有

$$\begin{cases}\tilde{E}_3\tilde{E}_3^*=\dfrac{1}{2}[1-\cos(kn\Delta L)]\tilde{E}_1\tilde{E}_1^*\\ \tilde{E}_4\tilde{E}_4^*=\dfrac{1}{2}[1+\cos(kn\Delta L)]\tilde{E}_1\tilde{E}_1^*\end{cases} \tag{5-246}$$

又由光强的定义式（2-63），可取

$$I_1=\tilde{E}_1\tilde{E}_1^*,\quad I_3=\tilde{E}_3\tilde{E}_3^*,\quad I_4=\tilde{E}_4\tilde{E}_4^* \tag{5-247}$$

代入式（5-246）有

$$\begin{cases} I_3 = \dfrac{I_1}{2}[1-\cos(kn\Delta L)] \\ I_4 = \dfrac{I_1}{2}[1+\cos(kn\Delta L)] \end{cases} \tag{5-248}$$

这就是描述光纤马赫-曾德尔干涉仪双光束干涉两输出端的光强表达式。下面对式（5-248）的第二式进行简单讨论。

1）ΔL 变化

由式（5-248）可以看出，单端输出光强 I_4 随光程差 $\Delta = n\Delta L$ 变化，当

$$\Delta = n\Delta L = m\lambda, \quad m = 0,1,2,\cdots \tag{5-249}$$

时，干涉光强为极大。当

$$\Delta = n\Delta L = \left(m+\frac{1}{2}\right)\lambda, \quad m = 0,1,2,\cdots \tag{5-250}$$

时，干涉光强为极小。

光程差的变化可通过以下方法获得：在参考臂上增加压电陶瓷环（PZT），把光纤环绕在压电陶瓷环上，根据压电陶瓷环的逆电压效应，可使绕在压电陶瓷环上的光纤产生几何长度变化（即 ΔL ）。如果将传感臂（或称为测量臂）放置于温度场中，温度的变化也会引起光纤长度和折射率的变化。通过调节压电陶瓷环电压，可以抵消因温度变化产生的光程差的变化，由此可达到测量温度的目的。

2）λ 变化

假设光源为非单色光源，光波波长 λ 满足极大值的条件

$$\delta = kn\Delta L = \frac{2\pi}{\lambda} n\Delta L = 2m\pi, \quad m = 0,1,2,\cdots \tag{5-251}$$

对式（5-251）两边求微分，可得两相邻极大之间的波长间隔（也称为相邻透射峰）为

$$|\Delta\lambda| = \frac{\lambda^2}{n\Delta L} \tag{5-252}$$

该式表明，光纤马赫-曾德尔干涉仪两相邻极大之间的波长间隔与干涉级次 m 无关，与 λ^2 成正比，与光纤两臂间的光程差 $n\Delta L$ 成反比。因此光纤马赫-曾德尔干涉仪可用于梳状滤波。

利用式（1-189），可得光波频率间隔为

$$|\Delta f| = \frac{c}{n\Delta L} \tag{5-253}$$

式中，c 为真空中的光速［注意，式（5-252）中的 λ 为真空中的波长］。$|\Delta f|$ 称为光纤马赫-曾德尔干涉仪的自由光谱范围，记作 SFR。式（5-253）表明，光纤马赫-曾德尔干涉仪的自由光谱范围与光纤两臂间的光程差 $n\Delta L$ 成反比，通过调节光程差 $n\Delta L$ 可调节光纤马赫-曾德尔干涉仪的自由光谱范围。

光纤马赫-曾德尔干涉仪由于结构简单，易于和其他元件兼容，在光纤通信中被广泛用于密集波分复用（DWDM）、光波波长变换、光交叉复用、量子密钥分发、频率非简并纠缠态光场测量、自发布里渊散射测量等。在光纤传感方面，利用光纤马赫-曾德尔干涉仪的两臂光程差的调节，还可以对电压、应力应变、磁场、折射率、微振动和微位移等进行测量。

5.6.3　萨尼亚克干涉仪

1．经典萨尼亚克干涉仪

萨尼亚克干涉仪是法国物理学家萨尼亚克（G.Sagnác）在 1910 年设计的，其基本原理如图 5-38（a）所示。激光经中性分光板 G 分为反射光束和透射光束，反射光束经平面高反射镜 M_1、M_2 和 M_3 反射，再经分光板 G 反射到达光电转换器。透射光束经 M_3、M_2 和 M_1 反射，再经分光板 G 透射到达光电转换器。这两束光经三个反射镜反射形成传播方向相反的闭合光路，两束光的光程相等。根据双光束干涉原理，两束光光程差为零，在光电转换器得到的是明亮的背景光，观测不到光强的变化。但是，当把干涉仪安装在一个垂直于干涉仪平面的旋转轴上，并以角速度 Ω 旋转时，两束传播方向相反的光束达到光电转换器时将产生光程差，这就是萨尼亚克效应。

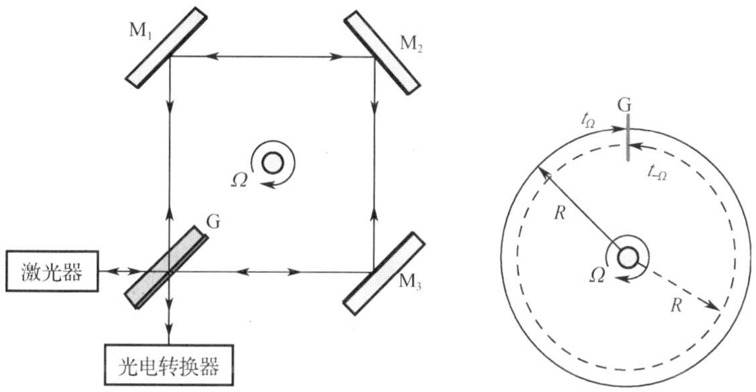

（a）方形光路　　（b）环形光路

图 5-38　萨尼亚克干涉仪原理

萨尼亚克效应产生于环形光路中，环形光路可以是三角形、方形或圆形等。当环形光路相对于惯性系静止时，由于两束光沿环形光路行进的路程相同，因此时间也相同。为了讨论方便，假设环形光路是一个半径为 R 的圆，如图 5-38（b）所示，当 $\Omega=0$ 时，不存在萨尼亚克效应，两束光沿环路行进一周的时间均为

$$t=\frac{2\pi R}{c} \tag{5-254}$$

式中，c 为光速。

当 $\Omega\neq 0$ 时，存在萨尼亚克效应，两束光沿环路行进的时间不同，因而两束光在转动坐标系中的速度不同。根据伽利略速度合成原理，顺时针和逆时针方向两束光的速度分别为

$$\begin{cases}\upsilon_{\Omega}=c-\Omega R\\ \upsilon_{-\Omega}=c+\Omega R\end{cases} \tag{5-255}$$

式中，ΩR 为圆运动的线速度。假设顺时针光束行进时间为 t_{Ω}，逆时针光束行进时间为 $t_{-\Omega}$，圆环的周长为 $L=2\pi R$，则两束光行进的时间分别为

$$\begin{cases} t_\Omega = \dfrac{2\pi R}{\upsilon_\Omega} = \dfrac{2\pi R}{c-\Omega R} \\ t_{-\Omega} = \dfrac{2\pi R}{\upsilon_{-\Omega}} = \dfrac{2\pi R}{c+\Omega R} \end{cases} \tag{5-256}$$

两束光行进的时间差为

$$\Delta t = t_\Omega - t_{-\Omega} = \frac{4\pi\Omega R^2}{c^2-\Omega^2R^2} = \frac{4\pi\Omega R^2}{c^2\left(1-\dfrac{\Omega^2R^2}{c^2}\right)} \tag{5-257}$$

式中，$\Omega^2R^2/c^2 \ll 1$，属于二阶小量，可忽略，取近似得到

$$\Delta t \approx \frac{4\pi\Omega R^2}{c^2} \tag{5-258}$$

圆环面积 $A=\pi R^2$，式（5-258）可改写为

$$\Delta t \approx \frac{4\Omega A}{c^2} \tag{5-259}$$

假设光传输介质的折射率 $n=1$，则两束光沿环路行进的光程差为

$$\Delta = c\Delta t = \frac{4\Omega A}{c} \tag{5-260}$$

该式虽然是对圆环形光路推导出来的，但适用于任意环形光路。

由式（5-260）可写出萨尼亚克干涉仪双光束干涉光强的表达式为

$$I = \frac{I_0}{2}\left[1+\cos\left(\frac{2\pi}{\lambda}\Delta\right)\right] = \frac{I_0}{2}\left[1+\cos\left(\frac{8\pi}{\lambda}\frac{\Omega A}{c}\right)\right] \tag{5-261}$$

式中，I_0 为输入光强，A 为环形光路的面积，Ω 为环形干涉仪绕垂直轴旋转角速度。该式表明，萨尼亚克干涉仪干涉光强随旋转角速度 Ω 和干涉仪环形光路面积 A 而变化，其典型的应用就是光纤陀螺仪，用于导航系统中测量转动角速度。

2．光纤萨尼亚克干涉仪

光纤萨尼亚克干涉仪是将经典萨尼亚克干涉仪的三个反射镜 M_1、M_2 和 M_3 形成的环路用光纤环代替，其原理如图 5-39 所示。激光经中性分光板 G 分为反射光束和透射光束，反射光束经透镜 L_1 聚焦到光纤端 1 作为顺时针方向入射光，透射光束经透镜 L_2 聚焦到光纤端 2 作为逆时针方向入射光，顺时针和逆时针传输的两束光再经中性分光板 G 反射和透射到达光电转换器产生干涉。为了便于理解，图 5-39 采用中性分光板分光，实际上，图中虚线框部分可用分光比 $a=0.5$ 的 2×2 光纤耦合器替代。

假设光纤环的半径为 R，光纤环的匝数为 N，光纤环顺时针以角速度 Ω 旋转，由式（5-260）可写出顺时针和逆时针传输的两路光的光程差为

$$\Delta = \frac{4\Omega NA}{c} \tag{5-262}$$

式中，A 为单匝光纤环的面积。同样，由式（5-261）可写出光纤萨尼亚克干涉仪双光束干涉光强的表达式为

$$I = \frac{I_0}{2}\left[1+\cos\left(\frac{8\pi}{\lambda}\frac{\Omega NA}{c}\right)\right] \tag{5-263}$$

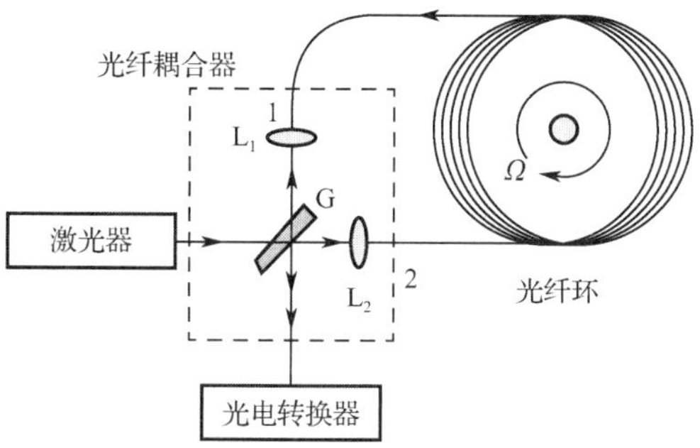

图 5-39　光纤萨尼亚克干涉仪原理图

经典萨尼亚克干涉仪由于受干涉环面积的限制，相位调制范围较小，因而测量精度较低。光纤萨尼亚克干涉仪干涉环可由多匝光纤环构成（长度可达几千米），干涉环面积可以很大，相位调制范围也很大，使得测量精度大大提高。

5.7　光源的时间相干性

5.7.1　时间相干性的基本概念

根据原子发光的量子理论，光源辐射光波是不连续的，光是由光子构成的，每个光子是一个有限长波列，也称光量子或波包。光不仅在发射时一次放出一个光量子，而且也以单个光量子进行传播，光源发射的光子彼此间不存在相位关系。因此，光源发射的光波是否会产生干涉效应，涉及光源两个方面的特性：空间特性和时间特性。从宏观的角度看，如果把光源面上每点看作理想点光源，发射有限长波列的球面波，则理想点光源不存在空间相干性问题，因为理想点光源发射的球面光波波面上各点次波源总是相干的。但是对于扩展点光源，光源面上各点发射的光波不具有固定的相位关系，相位不满足干涉条件，因而扩展光源存在空间相干性问题。另一方面，光源面上各点发射的光波在时间和空间上是有限长波列，而不是理想情况下的无限长波列，因而存在时间相干性问题。时间相干性可用迈克耳孙干涉仪干涉进行说明。

如图 5-40 所示，假设点光源发出一时间长度为τ、空间长度为L的波列，经中性分光板反射和透射分为两束光，分别入射到反射镜 M_1 和 M_2，然后经 M_1 和 M_2 反射，再经分光板透射和反射，形成分振幅两束干涉光。如果两束光的光程差$2d$小于波列长度L，即

$$2d < L \tag{5-264}$$

则两列波存在重叠部分，能够产生干涉，如图 5-40（a）所示。当两束光的光程差为零时，即

$$2d = 0 \tag{5-265}$$

两列波完全重合，也产生干涉，如图 5-40（b）所示。而当两束光的光程差$2d$大于波列长度L时，即

$$2d > L \tag{5-266}$$

分振幅产生的两束光不再重叠，干涉消失，如图 5-40（c）所示。迈克耳孙干涉仪等厚干涉条纹图 5-32（a）和（e）中的干涉消失就是这个原因。

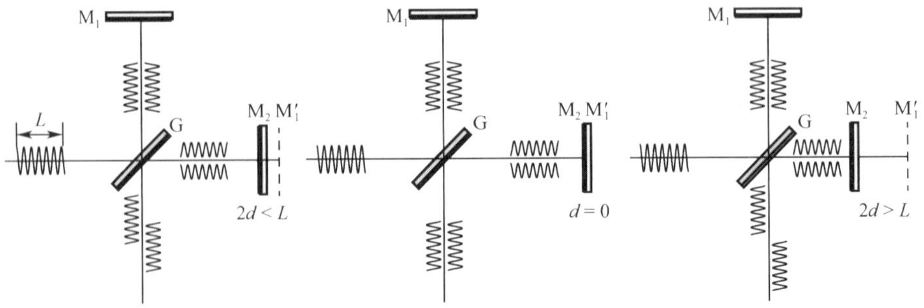

（a）$2d<L$　（b）$d=0$　（c）$2d>L$

图 5-40　波列长度与光程差

5.7.2　时间相干性的描述

1．抽样函数波谱

如果光源发射的光波为无限长波列，则在频域对应于一点 f_0，波谱域对应于一点 λ_0，这样的光波称为单色光波，f_0 为单色光波的频率，λ_0 为单色光波的波长。如果光源发射的光波为有限长波列，且波列长度完全相同，则光源的时间相干性就可以用波列的时间长度 τ 和空间长度 L 描述［见图 2-18（a）］，τ 称为相干时间，L 称为相干长度。但是，有限长波列在频域和波谱域对应的谱是无限宽的［见图 2-18（b）］，这样的光波称为非单色光波。因此，波列长度有限与光波非单色性是光源时间特性的不同表述，两种表述是完全等效的。图 5-41 给出相干长度和波谱关系的计算曲线，其中波列长度分别取 $L=2500\text{nm}, 4500\text{nm}, 10000\text{nm}$，空移值 $L_0=10000\text{nm}$，光波波长 $\lambda_0=632.8\text{nm}$，$E_0=1.0\times10^{-6}$，计算依据式（2-285）和式（2-287）。比较图 5-41（a）、（b）和（c）可知，波列长度 L 越长，波谱曲线波带半宽度 $\Delta\lambda$ 越窄，由此也表明光源的单色性越好，时间相干性越好。

假设光波在折射率为 n 的均匀介质中传播，可写出相干长度 L 与相干时间的关系为

$$L=\upsilon\tau=\frac{c}{n}\tau \tag{5-267}$$

式中，υ 为光在介质中的传播速度，c 为真空中的光速。

有限长波列由式（2-285）表示，由式（2-289）和式（2-291）得到其波谱振幅谱为

$$|\tilde{E}(k)|=\frac{E_0}{2}G_L(k-k_0)=\frac{E_0L}{2}\sin c\left[\frac{(k-k_0)L}{2}\right] \tag{5-268}$$

根据抽样函数的特性可知

$$\sin c\left[\frac{(k-k_0)L}{2}\right]=0,\quad \frac{(k-k_0)L}{2}=m\pi\ (m=\pm1,\pm2,\cdots) \tag{5-269}$$

显然，波谱与频谱式（2-287）具有相同的形式。比较式（5-269）与式（2-292）可知，波谱与频谱零点完全对应。

由式（2-292），并利用关系 $\omega=2\pi f$，可得与零点 m 相对应的频带半宽度为

$$\Delta f\big|_m=f-f_0=\frac{m}{\tau} \tag{5-270}$$

又由关系式$\nu = 1/\lambda$，可得零点 m 对应的谱线半宽度和波带半宽度的关系为

$$\Delta \nu\big|_m = -\frac{\Delta\lambda\big|_m}{\lambda^2} \tag{5-271}$$

将式（5-270）和式（5-271）代入式（2-300），取绝对值，得到

$$L = \frac{m\lambda^2}{\Delta\lambda\big|_m} \tag{5-272}$$

这就是反映相干长度 L 和波带半宽度 $\Delta\lambda\big|_m$ 之间的反比关系。

另一方面，式（2-299）两边对波长 λ 和频率 f 求微分，有

$$\frac{\upsilon}{\Delta f} = \frac{\lambda^2}{\Delta\lambda} \tag{5-273}$$

将式（5-267）和式（5-273）代入式（5-272），得到

$$\tau = \frac{m}{\Delta f\big|_m} \tag{5-274}$$

此式是反映相干时间 τ 和频带半宽度 $\Delta f\big|_m$ 之间的反比关系。

式（5-272）和式（5-274）表明，波列长度越长，波谱和频谱越窄；反之，波谱和频谱越宽，波列长度越短。实际应用中，判断光源的时间相干性，可通过测量光源光谱的半宽度，然后代入式（5-272），即可近似得到波列的长度。

例 5　利用波带半宽度 $\Delta\lambda\big|_m$ 计算波列长度 L。

解　取 $\lambda = 632.8\text{nm}$，零点 $m=1$，由图 5-41（a）给出的计算曲线，得到波带半宽度

$$\Delta\lambda\big|_1 = 688.5\text{nm} - 632.8\text{nm} = 55.7\text{nm}$$

代入式（5-272），计算得到

$$L \approx 7189\text{nm}$$

$m=2$，得到

$$\Delta\lambda\big|_2 = 755.5\text{nm} - 632.8\text{nm} = 122.7\text{nm}\,,\quad L \approx 6527\text{nm}$$

$m=3$，得到

$$\Delta\lambda\big|_3 = 836.5\text{nm} - 632.8\text{nm} = 203.7\text{nm}\,,\quad L \approx 5897\text{nm}$$

$m=8$，得到

$$\Delta\lambda\big|_8 = 1803\text{nm} - 632.8\text{nm} = 1170.2\text{nm}\,,\quad L \approx 2737\text{nm}$$

由此可以看出，利用波带半宽度 $\Delta\lambda\big|_m$ 计算波列长度 L，波带半宽度取值越大，波列长度的计算误差越小。由于波谱振幅随波长的增大而减小，必存在零点 m，使计算波列长度与实际波列长度近似相等。

2．高斯函数波谱

抽样函数波谱是对光波波列时间相干性较理想化的描述。实际光源发射的光子由于能量的损失会引起波列振幅的衰减，受原子间无规则热运动而产生多普勒效应，以及原子间相互干扰产生的无规则调制，因此光源发射的光子用波包描述更为合适。但由波包定义波列长度已经不具有简单明确的意义，必须给出确定其宽度的判断标准。

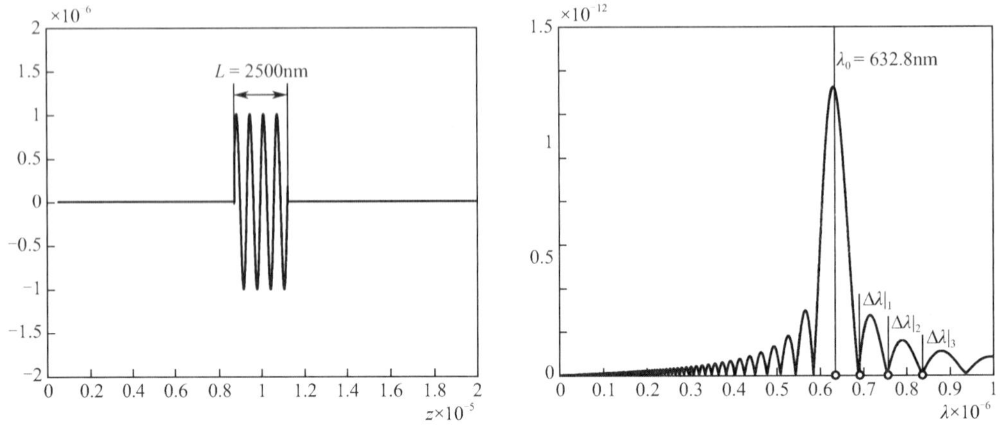

（a）$L = 2500\text{nm}$, $L_0 = 10000\text{nm}$, $\lambda_0 = 632.8\text{nm}$

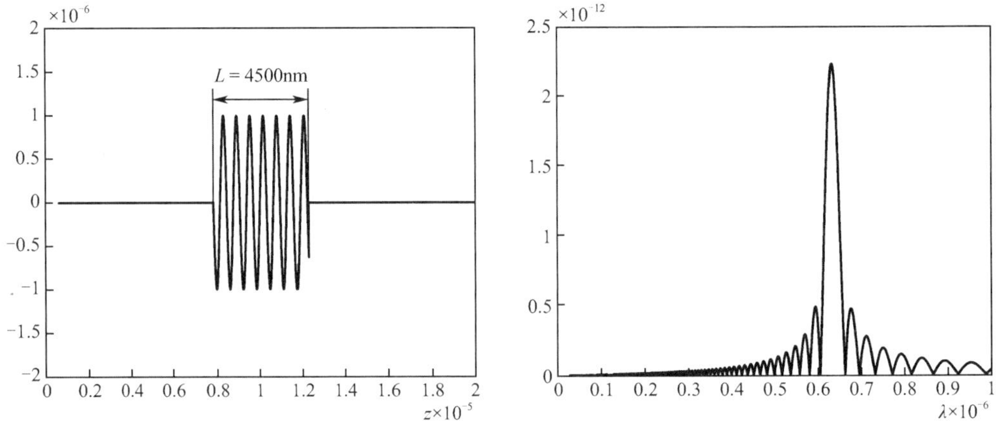

（b）$L = 4500\text{nm}$, $L_0 = 10000\text{nm}$, $\lambda_0 = 632.8\text{nm}$

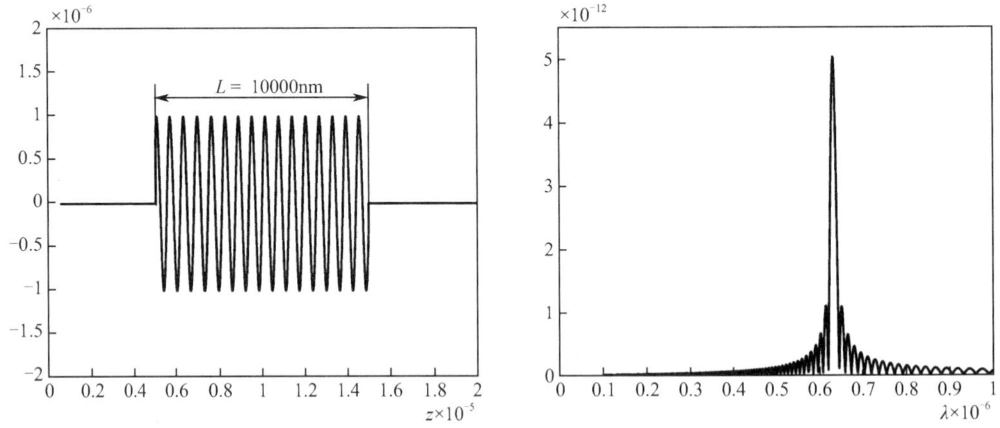

（c）$L = 10000\text{nm}$, $L_0 = 10000\text{nm}$, $\lambda_0 = 632.8\text{nm}$

图 5-41 波列长度与波谱关系的计算曲线-抽样函数波谱

实际应用中，通常采用高斯波包来描述实际光源发射的光子，高斯波包宽度和波谱宽度的定义可参见式(2-338)和式(2-339)。根据式(2-335)，取 $t=0$，$E_0 = 1.0\times10^{-6}$，$a = 1.0\times10^{-12}$，

$\lambda_0 = 632.8\text{nm}$，$z_0 = 10000\text{nm}$，$z = 0\sim20000\text{nm}$，空间域高斯波包计算结果如图 5-42（a）所示。根据式（2-331），计算与图 5-42（a）相对应的波谱振幅谱，结果如图 5-42（b）所示。

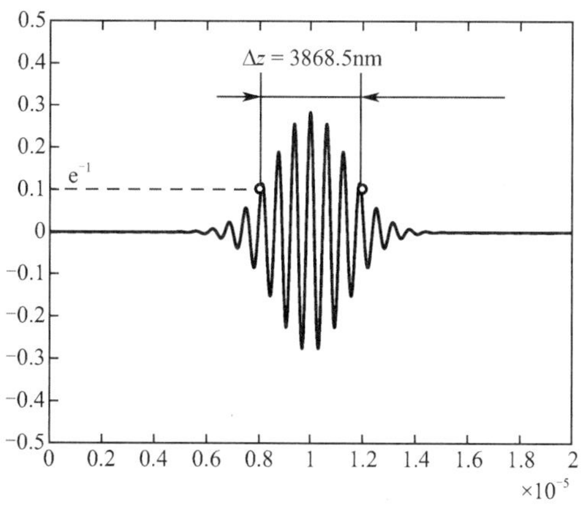

（a）高斯函数波包

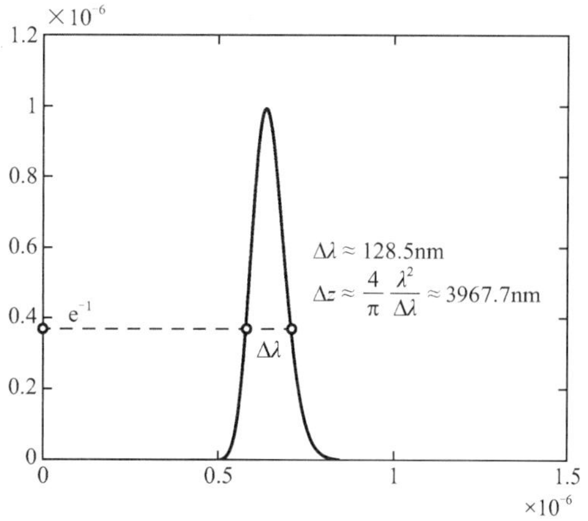

（b）高斯函数波谱

图 5-42　波包与波谱关系的计算曲线——高斯函数波谱

对式（2-295）两边取微分，有

$$\Delta k = 2\pi\Delta \nu \tag{5-275}$$

将式（2-297）代入式（5-275），并利用 $\nu = 1/\lambda$，取绝对值，有

$$\Delta k = 2\pi\frac{\Delta\lambda}{\lambda^2} \tag{5-276}$$

将式（5-276）代入式（2-343），得到

$$\Delta z = \frac{4}{\pi}\frac{\lambda^2}{\Delta\lambda} \tag{5-277}$$

这就是空间域高斯波包宽度 Δz 和波带宽度 $\Delta\lambda$ 的反比关系。

对式（2-293）两边取微分，有

$$\Delta\omega = 2\pi\Delta f \tag{5-278}$$

代入式（2-342），得到

$$\Delta t = \frac{4}{\pi}\frac{1}{\Delta f} \tag{5-279}$$

此式就是时间域高斯波包宽度 Δt 和频带宽度 Δf 之间的反比关系。

例 6　利用式（5-277）计算高斯波包宽度 Δz。

解　取 $\lambda = 632.8\text{nm}$，根据高斯波带宽度的定义，由图 5-42（b）给出的计算曲线，得到波带宽度

$$\Delta\lambda = (7.035176 - 5.750144)\times10^{-7}\,\text{nm} \approx 128.5\text{nm}$$

代入式（5-277），计算得到

$$\Delta z = \frac{4}{\pi}\frac{\lambda^2}{\Delta\lambda} = \frac{4}{\pi}\frac{632.8\times632.8}{128.5} \approx 3967.7\text{nm}$$

根据高斯波包宽度的定义，由图 5-42（a）得到高斯波包宽度为

$$\Delta z = 11934.24\text{nm} - 8065.761\text{nm} \approx 3868.5\text{nm}$$

显然，由波带半宽度计算得到的波包宽度与理论计算给出的波包宽度近似相等，表明用高斯波包描述光子更为精确。

5.7.3 光谱与条纹可见度的关系

光源的大小影响条纹的可见度。同样，光源的非单色性也影响条纹的可见度。在干涉实验中，对于非单色光源，每一种波长的光都将产生干涉，实际观测到的干涉条纹是不同波长的光干涉光强的叠加。由于波长的变化引起光程差的变化，因此，除零级干涉条纹外，不同波长的光的干涉条纹会产生位移，位移量随光程差的增大而增大，叠加的结果使条纹的可见度下降。下面讨论均匀光谱和高斯光谱与条纹可见度的关系。

1. 均匀光谱

假设光源光谱均匀分布，谱半宽度为 Δk （相应的波长半宽度为 $\Delta\lambda$ ），谱密度 $I_0(k)$ 在 $[k_0-\Delta k, k_0+\Delta k]$ 为常数（为了形式上的统一，谱密度和光强采用相同记号），如图 5-43（a）所示。依据式（5-149）和式（5-151），并假设双光束干涉光强相等，即 $I_1=I_2=I_0\mathrm{d}k$ ，可写出元波数 dk 宽度内光谱分量产生的干涉光强为

$$\mathrm{d}I=2I_0\mathrm{d}k(1+\cos k\Delta) \tag{5-280}$$

式中， $I_0\mathrm{d}k$ 为在 dk 宽度内光源的光强。由此可写出在 $2\Delta k$ 宽度内光波产生的干涉总光强为

$$I=2I_0\int_{k_0-\Delta k}^{k_0+\Delta k}(1+\cos k\Delta)\mathrm{d}k \tag{5-281}$$

积分得到

$$I=4I_0\Delta k\left[1+\frac{\sin\Delta k\Delta}{\Delta k\Delta}\cos k_0\Delta\right] \tag{5-282}$$

与式（5-92）比较可知，条纹可见度为

$$V=\left|\frac{\sin\Delta k\Delta}{\Delta k\Delta}\right|=|\sin\mathrm{c}(\Delta k\Delta)| \tag{5-283}$$

利用式（5-276）得到

$$V=\left|\sin\mathrm{c}\left(2\pi\frac{\Delta\lambda}{\lambda^2}\Delta\right)\right| \tag{5-284}$$

根据抽样函数的特性有

$$\left|\sin\mathrm{c}\left(2\pi\frac{\Delta\lambda}{\lambda^2}\Delta\right)\right|=0,\quad 2\pi\frac{\Delta\lambda}{\lambda^2}\Delta=m\pi,\quad m=1,2,\cdots \tag{5-285}$$

由此得到零点的位置

$$\Delta\big|_{V=0}=\frac{m}{2}\frac{\lambda^2}{\Delta\lambda},\quad m=1,2,\cdots \tag{5-286}$$

图 5-43（b）给出可见度 V 随光程差 Δ 的变化曲线，计算取 $\lambda=632.8\mathrm{nm}$ ，波长半宽度取 $\Delta\lambda=100\mathrm{nm}, 200\mathrm{nm}, 300\mathrm{nm}$ ，光程差 Δ 取 $0\sim\pi\times10^{-6}$ 。由图可见，对于非单色光源，条纹可见度 V 对波长半宽度 $\Delta\lambda$ 的变化非常敏感。 $\Delta\lambda$ 越小， V 随光程差 Δ 变化越缓慢，相干性越好； $\Delta\lambda$ 越大， V 随光程差 Δ 变化越快，相干性越差。

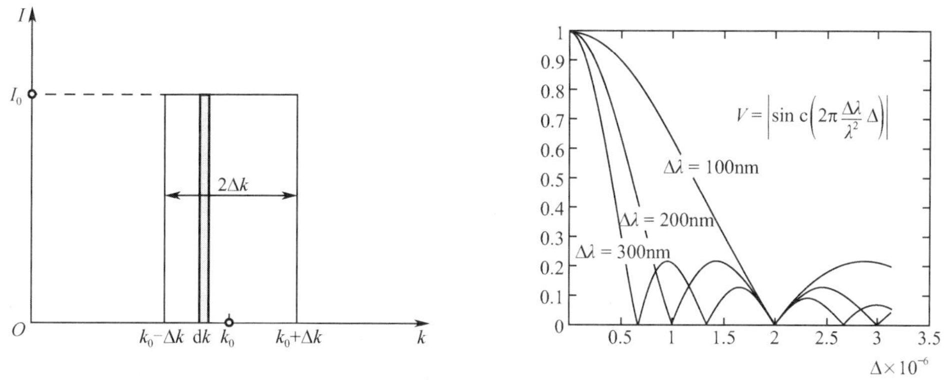

（a）均匀谱　　（b）可见度曲线

图 5-43　均匀谱及可见度曲线

2. 高斯光谱

假设光源光谱为高斯分布，其谱密度为

$$I_0(k)=I_0(k_0)\mathrm{e}^{-a(k-k_0)^2},\quad -\infty<k<+\infty \tag{5-287}$$

式中，$I_0(k_0)$ 谱密度最大值，a 为常数，如图 5-44（a）所示。假设双光束干涉光强相等，$I_1=I_2=I_0(k)\mathrm{d}k$，依据式（5-149）和式（5-151），可写出双光束干涉光强为

$$\mathrm{d}I=2I_0(k)\mathrm{d}k(1+\cos k\Delta) \tag{5-288}$$

对非单色光源所有波长成分（$k=2\pi/\lambda$）进行积分，得到总光强分布为

$$I=2\int_{-\infty}^{+\infty}I_0(k)(1+\cos k\Delta)\mathrm{d}k \tag{5-289}$$

由于光谱分布以 k_0 为中心，积分需要坐标变换。令

$$\zeta=k-k_0 \tag{5-290}$$

并记

$$I_0(\zeta)=I_0(k_0+\zeta) \tag{5-291}$$

代入式（5-289），有

$$I=2\int_{-\infty}^{+\infty}I_0(\zeta)[1+\cos(k_0+\zeta)\Delta]\mathrm{d}\zeta \tag{5-292}$$

利用三角函数关系，有

$$\cos(k_0+\zeta)\Delta=\cos k_0\Delta\cos\zeta\Delta-\sin k_0\Delta\sin\zeta\Delta \tag{5-293}$$

代入式（5-292），得到

$$\begin{aligned}I&=2\int_{-\infty}^{+\infty}I_0(\zeta)\mathrm{d}\zeta+2\int_{-\infty}^{+\infty}I_0(\zeta)\cos k_0\Delta\cos\zeta\Delta\mathrm{d}\zeta-2\int_{-\infty}^{+\infty}I_0(\zeta)\sin k_0\Delta\sin\zeta\Delta\mathrm{d}\zeta\\&=2\int_{-\infty}^{+\infty}I_0(\zeta)\mathrm{d}\zeta+\left(2\int_{-\infty}^{+\infty}I_0(\zeta)\cos\zeta\Delta\mathrm{d}\zeta\right)\cos k_0\Delta-\left(2\int_{-\infty}^{+\infty}I_0(\zeta)\sin\zeta\Delta\mathrm{d}\zeta\right)\sin k_0\Delta\end{aligned} \tag{5-294}$$

令

$$A=2\int_{-\infty}^{+\infty}I_0(\zeta)\mathrm{d}\zeta \tag{5-295}$$

$$B = 2\int_{-\infty}^{+\infty} I_0(\zeta)\cos\zeta\Delta \mathrm{d}\zeta \tag{5-296}$$

$$C = 2\int_{-\infty}^{+\infty} I_0(\zeta)\sin\zeta\Delta \mathrm{d}\zeta \tag{5-297}$$

则式（5-294）化简为

$$I = A + B\cos k_0\Delta - C\sin k_0\Delta \tag{5-298}$$

这就是高斯谱分布双光束干涉总光强分布公式，光强 I 随光程差 Δ 变化。但是，A、B 和 C 是关于含参量光程差 Δ 的积分，求解很困难。为了得到条纹可见度与光程差的近似关系，需要对积分 A、B 和 C 做如下假定：在高斯光谱半宽度 Δk 或波长半宽度 $\Delta\lambda$ 很窄的情况下，即 $\Delta k \ll k_0$，或 $\Delta\lambda \ll \lambda_0$，积分 A、B 和 C 与 $\cos k_0\Delta$ 和 $\sin k_0\Delta$ 相比较，A、B 和 C 是关于光程差 Δ 的缓变函数，可近似为与 Δ 无关的常数。由此可利用式（5-298）求光强的极大值 I_M 和极小值 I_m，再利用可见度定义式（5-42）可求得可见度函数。

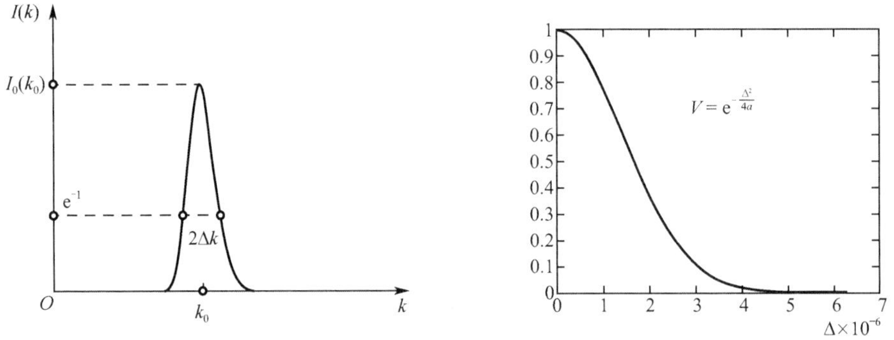

（a）高斯谱　　（b）可见度曲线

图 5-44　高斯谱及可见度曲线

在上述假定的基础上，令式（5-298）对光程差 Δ 求导数，得到

$$\frac{\mathrm{d}I}{\mathrm{d}\Delta} = -Bk_0\sin k_0\Delta - Ck_0\cos k_0\Delta \tag{5-299}$$

取极值，有

$$Bk_0\sin k_0\Delta + Ck_0\cos k_0\Delta = 0 \tag{5-300}$$

即

$$\tan k_0\Delta = -\frac{C}{B} \tag{5-301}$$

由此得到

$$\begin{cases} \sin k_0\Delta = -\dfrac{C}{\sqrt{B^2+C^2}}, & \cos k_0\Delta = \dfrac{B}{\sqrt{B^2+C^2}} \\ \sin k_0\Delta = \dfrac{C}{\sqrt{B^2+C^2}}, & \cos k_0\Delta = -\dfrac{B}{\sqrt{B^2+C^2}} \end{cases} \tag{5-302}$$

将式（5-302）代入式（5-298），有

$$\begin{cases} I_M = A + \sqrt{B^2+C^2} \\ I_m = A - \sqrt{B^2+C^2} \end{cases} \tag{5-303}$$

代入可见度定义式（5-42），得到可见度函数为

$$V=\frac{I_{\mathrm{M}}-I_{\mathrm{m}}}{I_{\mathrm{M}}+I_{\mathrm{m}}}=\frac{\sqrt{B^2+C^2}}{A} \tag{5-304}$$

实际上，式（5-298）可直接化为式（5-92）的形式，也得到可见度函数式（5-304）。由式（5-298）有

$$I=A\left[1+\frac{\sqrt{B^2+C^2}}{A}\left(\frac{B}{\sqrt{B^2+C^2}}\cos k_0\Delta-\frac{C}{\sqrt{B^2+C^2}}\sin k_0\Delta\right)\right] \tag{5-305}$$

令

$$\cos\phi=\frac{B}{\sqrt{B^2+C^2}},\quad \sin\phi=\frac{C}{\sqrt{B^2+C^2}} \tag{5-306}$$

或者

$$\tan\phi=\frac{C}{B} \tag{5-307}$$

利用三角函数关系，并将式（5-304）代入式（5-305），式（5-305）化简为

$$I=A[1+V\cos(k_0\Delta+\phi)] \tag{5-308}$$

对于高斯光谱分布，$I_0(\zeta)$ 具有对称性，因而积分 $C=0$，式（5-304）化简为

$$V=\frac{|B|}{A} \tag{5-309}$$

将式（5-290）代入式（5-287），有

$$I_0(\zeta)=I_0(k_0)\mathrm{e}^{-a\zeta^2},\quad -\infty<\zeta<+\infty \tag{5-310}$$

代入式（5-295），并利用对称性，有

$$A=4I_0(k_0)\int_0^{+\infty}\mathrm{e}^{-a\zeta^2}\mathrm{d}\zeta \tag{5-311}$$

利用积分公式

$$\int_0^{+\infty}\mathrm{e}^{-a^2x^2}\mathrm{d}x=\frac{\sqrt{\pi}}{2a} \tag{5-312}$$

有

$$A=4I_0(k_0)\int_0^{+\infty}\mathrm{e}^{-a\zeta^2}\mathrm{d}\zeta=2I_0(k_0)\sqrt{\frac{\pi}{a}} \tag{5-313}$$

将式（5-310）代入式（5-296）和式（5-297），并利用对称性得到

$$B=2I_0(k_0)\int_{-\infty}^{+\infty}\mathrm{e}^{-a\zeta^2}\cos\zeta\Delta\mathrm{d}\zeta \tag{5-314}$$

$$C=2I_0(k_0)\int_{-\infty}^{+\infty}\mathrm{e}^{-a\zeta^2}\sin\zeta\Delta\mathrm{d}\zeta \tag{5-315}$$

由于积分 $C=0$，所以积分 B 也可以写成

$$B=B+\mathrm{j}C=2I_0(k_0)\int_{-\infty}^{+\infty}\mathrm{e}^{-a\zeta^2}\mathrm{e}^{\mathrm{j}\zeta\Delta}\mathrm{d}\zeta \tag{5-316}$$

配平方得到

$$B = 2I_0(k_0)\mathrm{e}^{-\frac{\Delta^2}{4a}}\int_{-\infty}^{+\infty}\mathrm{e}^{-\left(\sqrt{a}\zeta - \mathrm{j}\frac{\Delta}{2\sqrt{a}}\right)}\mathrm{d}\zeta \tag{5-317}$$

令

$$\xi = \sqrt{a}\zeta - \mathrm{j}\frac{\Delta}{2\sqrt{a}} \tag{5-318}$$

代入式（5-317），并利用对称性得到

$$B = \frac{4I_0(k_0)}{\sqrt{a}}\mathrm{e}^{-\frac{\Delta^2}{4a}}\int_{0}^{+\infty}\mathrm{e}^{-\xi^2}\mathrm{d}\xi \tag{5-319}$$

再由式（5-312）可得

$$B = 2I_0(k_0)\sqrt{\frac{\pi}{a}}\mathrm{e}^{-\frac{\Delta^2}{4a}} \tag{5-320}$$

将式（5-313）和式（5-320）代入式（5-309），得到高斯光谱分布对应的可见度函数为

$$V = \mathrm{e}^{-\frac{\Delta^2}{4a}} \tag{5-321}$$

图 5-44（b）给出了可见度V随光程差Δ的变化曲线，计算取$a = 1.0\times10^{-12}$，光程差变化Δ取 0～$2\pi\times10^{-6}$。比较均匀谱分布可见度曲线和高斯谱分布可见度曲线，可以看出高斯谱分布的时间干涉性要好得多。

高斯谱分布可见度曲线在实际应用中可用于反演光源谱密度曲线。由式（5-313）可知，积分A为一常数，由式（5-309）可知干涉条纹可见度曲线V与积分$|B|$的形态完全相同，将可见度曲线代入式（5-296）进行傅里叶逆变换，就可得到光源谱密度分布函数$I_0(k)$。但是，一般情况下，由式（5-304）可知，可见度曲线仅可确定$\sqrt{B^2+C^2}$，B和C不可分离，因此也不能利用式(5-296)进行傅里叶逆变换。要得到B和C，除可见度曲线外，可利用式(5-301)，测量干涉条纹的位置，确定比率C/B。迈克耳孙在 1891 年对大量光谱线绘制了可见度随光程差的变化曲线，成功推断出一些简单光谱线的结构，并被后来多光束干涉方法所证实。迈克耳孙在观测光谱线可见度曲线时发现，镉红线（643.8nm）最接近单色光，其可见度曲线相当于高斯谱分布，波长半宽度仅为$\Delta\lambda \approx 0.0013\mathrm{nm}$，因而能观测到光程差超过$5.0\times10^5$个波长（约 32.19cm）的变化[1]。

比较扩展线光源空间相干性反比公式（5-143）与抽样函数谱分布的时间相干性反比公式（5-274），圆形扩展点光源空间相干性公式（5-144）与高斯函数谱分布的时间相干性反比公式（5-279），不难看出，光源空间相干性和光源时间相干性具有对等性。但是，这种相干性的描述较为粗略。在经典相干理论中，可采用复相干函数和复相干度进行定量描述，因为复相干函数与干涉条纹的可见度有直接关系，通过实验测量干涉条纹的可见度，可方便地确定光的相干性。

5.8 多光束干涉

前面几节讨论了分波阵面和分振幅双光束干涉。实际上，当一束平面光波入射到透明平行平板或薄膜时，光波将在平行平板或薄膜两分界面之间发生多次反射和透射，形成分振幅多次反射光和多次透射光，这些光产生干涉，称为多光束分振幅干涉，简称为多光束干涉。

5.8.1　多光束干涉光强反射率和光强透射率

如图 5-45（a）所示，一平行平板放置于折射率为 n_0 的介质中，平行平板的折射率为 n_1，几何厚度为 d_1。不考虑偏振方向，假设从入射介质到平行平板分界面 1 的透射系数为 $\tilde{t}_{01}$、反射系数为 $\tilde{r}_{01}$；平行平板到入射介质分界面 1 的透射系数为 $\tilde{t}_{10}$、反射系数为 $\tilde{r}_{10}$。同样，平行平板到透射介质分界面 2 的透射系数为 $\tilde{t}_{10}$、反射系数为 $\tilde{r}_{10}$；透射介质到平行平板分界面 2 的透射系数为 $\tilde{t}_{01}$、反射系数为 $\tilde{r}_{01}$。假设入射平面光波的电场初始复振幅为 $\tilde{E}_0$，平面光波入射角为 θ_0，透射角为 θ_1，由式（5-155）和式（5-184）可写出两相邻反射平面光波和两相邻透射平面光波的相位差为

$$\delta=\frac{4\pi}{\lambda}n_1 d_1\cos\theta_1 \tag{5-322}$$

令

$$\delta=2\delta_1 \tag{5-323}$$

则

$$\delta_1=\frac{2\pi}{\lambda}n_1 d_1\cos\theta_1 \tag{5-324}$$

由图 5-45（b）可写出多次反射平面光波复振幅和多次透射平面光波复振幅为

$$\text{反射：}\begin{cases}(1)\quad \tilde{E}_{\mathrm{r}_1}=\tilde{E}_0\tilde{r}_{01}\\ (2)\quad \tilde{E}_{\mathrm{r}_2}=\tilde{E}_0\tilde{t}_{01}\tilde{r}_{10}\tilde{t}_{10}\mathrm{e}^{-\mathrm{j}2\delta_1}=\tilde{E}_0\tilde{t}_{01}\tilde{t}_{10}\tilde{r}_{10}\mathrm{e}^{-\mathrm{j}2\delta_1}\cdot 1\\ (3)\quad \tilde{E}_{\mathrm{r}_3}=\tilde{E}_0\tilde{t}_{01}\tilde{r}_{10}\tilde{r}_{10}\tilde{r}_{10}\tilde{t}_{10}\mathrm{e}^{-\mathrm{j}4\delta_1}=\tilde{E}_0\tilde{t}_{01}\tilde{t}_{10}\tilde{r}_{10}\mathrm{e}^{-\mathrm{j}2\delta_1}\cdot(\tilde{r}_{10})^2\mathrm{e}^{-\mathrm{j}2\delta_1}\\ (4)\quad \tilde{E}_{\mathrm{r}_4}=\tilde{E}_0\tilde{t}_{01}\tilde{r}_{10}\tilde{r}_{10}\tilde{r}_{10}\tilde{r}_{10}\tilde{r}_{10}\tilde{t}_{10}\mathrm{e}^{-\mathrm{j}6\delta_1}=\tilde{E}_0\tilde{t}_{01}\tilde{t}_{10}\tilde{r}_{10}\mathrm{e}^{-\mathrm{j}2\delta_1}\cdot(\tilde{r}_{10})^4\mathrm{e}^{-\mathrm{j}4\delta_1}\\ \ \vdots\qquad\vdots\end{cases} \tag{5-325}$$

$$\text{透射：}\begin{cases}(1')\quad \tilde{E}_{\mathrm{t}_1}=\tilde{E}_0\tilde{t}_{01}\tilde{t}_{10}\mathrm{e}^{-\mathrm{j}\delta_1}\\ (2')\quad \tilde{E}_{\mathrm{t}_2}=\tilde{E}_0\tilde{t}_{01}\tilde{r}_{10}\tilde{r}_{10}\tilde{t}_{10}\mathrm{e}^{-\mathrm{j}3\delta_1}=\tilde{E}_0\tilde{t}_{01}\tilde{t}_{10}\mathrm{e}^{-\mathrm{j}\delta_1}\cdot(\tilde{r}_{10})^2\mathrm{e}^{-\mathrm{j}2\delta_1}\\ (3')\quad \tilde{E}_{\mathrm{t}_3}=\tilde{E}_0\tilde{t}_{01}\tilde{r}_{10}\tilde{r}_{10}\tilde{r}_{10}\tilde{r}_{10}\tilde{t}_{10}\mathrm{e}^{-\mathrm{j}5\delta_1}=\tilde{E}_0\tilde{t}_{01}\tilde{t}_{10}\mathrm{e}^{-\mathrm{j}\delta_1}\cdot(\tilde{r}_{10})^4\mathrm{e}^{-\mathrm{j}4\delta_1}\\ \ \vdots\qquad\vdots\end{cases} \tag{5-326}$$

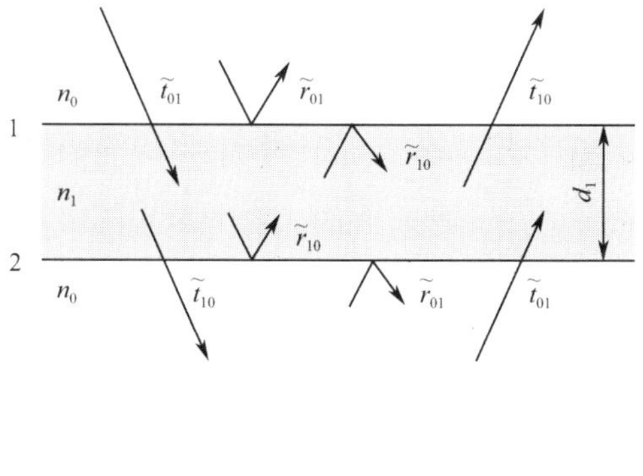

（a）平行平板两界面的反射与透射系数

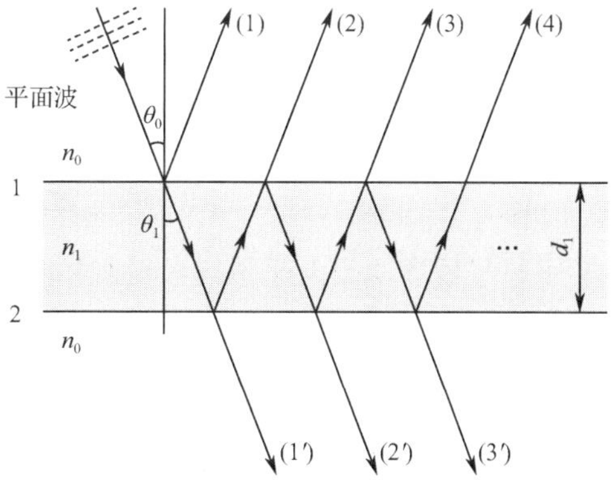

（b）平行平板的多次反射与透射

图 5-45　平面光波在平行平板中的反射与透射

1．光强反射率

由式（5-325），并利用等比级数求和公式，可写出多次反射平面光波叠加复振幅为

$$\begin{aligned}\tilde{E}_{\mathrm{r}} &= \sum_{i=1}^{\infty}\tilde{E}_{\mathrm{r}_i} = \tilde{E}_0[\tilde{r}_{01} + \tilde{t}_{01}\tilde{t}_{10}\tilde{r}_{10}\mathrm{e}^{-\mathrm{j}2\delta_1}\cdot 1 + \tilde{t}_{01}\tilde{t}_{10}\tilde{r}_{10}\mathrm{e}^{-\mathrm{j}2\delta_1}\cdot(\tilde{r}_{10})^2\mathrm{e}^{-\mathrm{j}2\delta_1} + \tilde{t}_{01}\tilde{t}_{10}\tilde{r}_{10}\mathrm{e}^{-\mathrm{j}2\delta_1}\cdot(\tilde{r}_{10})^4\mathrm{e}^{-\mathrm{j}4\delta_1} + \cdots]\\ &= \tilde{E}_0\{\tilde{r}_{01} + \tilde{t}_{01}\tilde{t}_{10}\tilde{r}_{10}\mathrm{e}^{-\mathrm{j}2\delta_1}[1 + (\tilde{r}_{10})^2\mathrm{e}^{-\mathrm{j}2\delta_1} + (\tilde{r}_{10})^4\mathrm{e}^{-\mathrm{j}4\delta_1} + \cdots]\}\\ &= \tilde{E}_0\left[\tilde{r}_{01} + \frac{\tilde{t}_{01}\tilde{t}_{10}\tilde{r}_{10}\mathrm{e}^{-\mathrm{j}2\delta_1}}{1-(\tilde{r}_{10})^2\mathrm{e}^{-\mathrm{j}2\delta_1}}\right] = \tilde{E}_0\left[\frac{\tilde{r}_{01} + (\tilde{t}_{01}\tilde{t}_{10} - \tilde{r}_{01}\tilde{r}_{10})\tilde{r}_{10}\mathrm{e}^{-\mathrm{j}2\delta_1}}{1-(\tilde{r}_{10})^2\mathrm{e}^{-\mathrm{j}2\delta_1}}\right]\end{aligned} \tag{5-327}$$

不论是S波偏振还是P波偏振，在理想介质情况下，利用斯托克斯倒逆关系式（3-189）有

$$\begin{cases}\tilde{r}_{01}^2 + \tilde{t}_{01}\tilde{t}_{10} = 1\\ \tilde{r}_{10} = -\tilde{r}_{01}\end{cases} \tag{5-328}$$

代入式（5-327），得到

$$\tilde{E}_{\mathrm{r}} = \tilde{E}_0\left[\frac{\tilde{r}_{01}(1-\mathrm{e}^{-\mathrm{j}2\delta_1})}{1-(\tilde{r}_{01})^2\mathrm{e}^{-\mathrm{j}2\delta_1}}\right] \tag{5-329}$$

记

$$\tilde{r}_{01} = |\tilde{r}_{01}|\mathrm{e}^{\mathrm{j}\varphi_{01}},\quad \tilde{r}_{01}^* = |\tilde{r}_{01}|\mathrm{e}^{-\mathrm{j}\varphi_{01}} \tag{5-330}$$

根据光强定义式（2-63），并将式（5-329）和式（5-330）代入式（2-63），可得多次反射叠加后的光强为

$$\begin{aligned}I_{\mathrm{r}} &= \tilde{E}_{\mathrm{r}}\tilde{E}_{\mathrm{r}}^* = \tilde{E}_0\tilde{E}_0^*\left[\frac{\tilde{r}_{01}(1-\mathrm{e}^{-\mathrm{j}2\delta_1})}{1-(\tilde{r}_{01})^2\mathrm{e}^{-\mathrm{j}2\delta_1}}\right]\left[\frac{\tilde{r}_{01}(1-\mathrm{e}^{-\mathrm{j}2\delta_1})}{1-(\tilde{r}_{01})^2\mathrm{e}^{-\mathrm{j}2\delta_1}}\right]^*\\ &= I_0\frac{2|\tilde{r}_{01}|^2(1-\cos 2\delta_1)}{1-2|\tilde{r}_{01}|^2\cos 2(\delta_1-\varphi_{01}) + |\tilde{r}_{01}|^4}\end{aligned} \tag{5-331}$$

分母配平方，并利用三角函数关系

$$2\sin^2\alpha = 1-\cos 2\alpha \tag{5-332}$$

式（5-331）可化简为

$$I_{\mathrm{r}} = I_0\frac{4|\tilde{r}_{01}|^2\sin^2\delta_1}{(1-|\tilde{r}_{01}|^2)^2 + 4|\tilde{r}_{01}|^2\sin^2(\delta_1-\varphi_{01})} \tag{5-333}$$

由式（3-203）和式（3-208）可得

$$R_1 = \tilde{r}_{01}\tilde{r}_{01}^* = |\tilde{r}_{01}|^2\quad （注：R_1 \neq \tilde{r}_{01}^2） \tag{5-334}$$

R_1 为界面1的反射率。将式（5-334）代入式（5-333），得到

$$I_{\mathrm{r}} = I_0\frac{4R_1\sin^2\delta_1}{(1-R_1)^2 + 4R_1\sin^2(\delta_1-\varphi_{01})} \tag{5-335}$$

这就是平行平板多次反射平面光波叠加后的光强表达式。式中，I_0 为入射平面光波的光强，φ_{01} 为反射系数 $\tilde{r}_{01}$ 的相位。

3.7.1节给出的反射率和透射率是以平均能流定义的，而反射率和透射率也可采用光强来定义。把反射光强与入射光强的比值定义为光强反射率，记作 $\mathcal{R}$；把透射光强与入射光强的比值定义为光强透射率，记作 $\mathcal{T}$。由此，式（5-335）可用光强反射率表示为

$$\mathcal{R} = \frac{I_{\mathrm{r}}}{I_0} = \frac{4R_1\sin^2\delta_1}{(1-R_1)^2 + 4R_1\sin^2(\delta_1-\varphi_{01})} \tag{5-336}$$

2. 光强透射率

由式（5-326）可写出多次透射平面光波叠加复振幅为

$$\begin{aligned}\tilde{E}_{\mathrm{t}} &= \sum_{i=1}^{\infty}\tilde{E}_{\mathrm{t}_i} = \tilde{E}_0[\tilde{t}_{01}\tilde{t}_{10}\mathrm{e}^{-\mathrm{j}\delta_1} + \tilde{t}_{01}\tilde{t}_{10}\mathrm{e}^{-\mathrm{j}\delta_1}\cdot(\tilde{r}_{10})^2\mathrm{e}^{-\mathrm{j}2\delta_1} + \tilde{t}_{01}\tilde{t}_{10}\mathrm{e}^{-\mathrm{j}\delta_1}\cdot(\tilde{r}_{10})^4\mathrm{e}^{-\mathrm{j}4\delta_1} + \cdots] \\ &= \tilde{E}_0\frac{\tilde{t}_{01}\tilde{t}_{10}\mathrm{e}^{-\mathrm{j}\delta_1}}{1-(\tilde{r}_{10})^2\mathrm{e}^{-\mathrm{j}2\delta_1}}\end{aligned} \tag{5-337}$$

根据光强定义式（2-63），并利用式（5-332），可得多次透射叠加后的光强为

$$\begin{aligned}I_{\mathrm{t}} &= \tilde{E}_{\mathrm{t}}\tilde{E}_{\mathrm{t}}^* = \tilde{E}_0\tilde{E}_0^*\left[\frac{\tilde{t}_{01}\tilde{t}_{10}\mathrm{e}^{-\mathrm{j}\delta_1}}{1-(\tilde{r}_{01})^2\mathrm{e}^{-\mathrm{j}2\delta_1}}\right]\left[\frac{\tilde{t}_{01}\tilde{t}_{10}\mathrm{e}^{-\mathrm{j}\delta_1}}{1-(\tilde{r}_{01})^2\mathrm{e}^{-\mathrm{j}2\delta_1}}\right]^* \\ &= I_0\frac{\tilde{t}_{01}\tilde{t}_{10}\tilde{t}_{01}^*\tilde{t}_{10}^*}{(1-|\tilde{r}_{01}|^2)^2+4|\tilde{r}_{01}|^2\sin^2(\delta_1-\varphi_{01})}\end{aligned} \tag{5-338}$$

式（5-328）两边取共轭，有

$$\begin{cases}\tilde{r}_{01}^{*2}+\tilde{t}_{01}^*\tilde{t}_{10}^* = 1 \\ \tilde{r}_{10}^* = -\tilde{r}_{01}^*\end{cases} \tag{5-339}$$

将式（5-328）和式（5-339）代入式（5-338），有

$$\begin{aligned}I_{\mathrm{t}} &= I_0\frac{(1-\tilde{r}_{01}^2)(1-\tilde{r}_{01}^{*2})}{(1-|\tilde{r}_{01}|^2)^2+4|\tilde{r}_{01}|^2\sin^2(\delta_1-\varphi_{01})} \\ &= I_0\frac{(1-|\tilde{r}_{01}|^2)^2+4|\tilde{r}_{01}|^2\sin^2\varphi_{01}}{(1-|\tilde{r}_{01}|^2)^2+4|\tilde{r}_{01}|^2\sin^2(\delta_1-\varphi_{01})}\end{aligned} \tag{5-340}$$

将式（5-334）代入上式，得到光强透射率为

$$\mathscr{T} = \frac{I_{\mathrm{t}}}{I_0} = \frac{(1-R_1)^2+4R_1\sin^2\varphi_{01}}{(1-R_1)^2+4R_1\sin^2(\delta_1-\varphi_{01})} \tag{5-341}$$

这就是理想介质情况下平行平板多次透射平面光波叠加后的光强透射率。

3. 光强反射率与光强透射率之间的关系

一般情况下，反射系数 $\tilde{r}_{01}$ 的相位 $\varphi_{01}\neq 0$，或 $\varphi_{01}\neq\pi$，由式（5-336）和式（5-341）可知，光强反射率与光强透射率之和不等于 1，即

$$\mathscr{R}+\mathscr{T}\neq 1 \tag{5-342}$$

由于反射系数 $\tilde{r}_{01}$ 的相位 $\varphi_{01}=\varphi_{01}(\theta_0)$ 随入射角 θ_0 而变化，所以光强反射率 $\mathscr{R}$ 和光强透射率 $\mathscr{T}$ 也随入射角 θ_0 而变化。

如果反射系数 $\tilde{r}_{01}$ 的相位 $\varphi_{01}=0$，或 $\varphi_{01}=\pi$，则光强反射率和光强透射率化简为

$$\mathscr{R} = \frac{4R_1\sin^2\delta_1}{(1-R_1)^2+4R_1\sin^2\delta_1} \tag{5-343}$$

$$\mathscr{T} = \frac{(1-R_1)^2}{(1-R_1)^2+4R_1\sin^2\delta_1} \tag{5-344}$$

这就是著名的艾里（Airy）公式。艾里公式的光强反射率和光强透射率满足

$$\mathscr{R}+\mathscr{T} = 1 \tag{5-345}$$

以上给出的平行平板多光束干涉光强反射率 $\mathscr{R}$ 和光强透射率 $\mathscr{T}$ 都与介质界面反射率 R_1 和相位 φ_{01} 有关，这也是平行平板多光束干涉与平行平板双光束干涉的本质区别。介质界面反

射率 R_1 的改变是通过介质表面镀膜来实现的，可以镀介质高反射膜，也可以镀金属高反射膜。对于介质高反射膜，在小角度入射的情况下，可近似取 $\varphi_{01}=\pi$，艾里公式成立。但对于金属高反射膜，薄膜存在吸收，斯托克斯定理不成立，且相位 $\varphi_{01}\neq 0$，$\varphi_{01}\neq\pi$，所以式（5-336）和式（5-341）不成立，艾里公式［见式（343）和式（344）］也不成立。

但是，对于金属高反射膜，多次透射叠加光强公式（5-338）仍是成立的。为了给出金属高反射膜多光束干涉光强透射率，通常在式（5-338）中引入金属膜的吸收。由式（5-338）可知光强透射率为

$$\mathcal{T}\approx\frac{\tilde{t}_{01}\tilde{t}_{10}\tilde{t}_{01}^{*}\tilde{t}_{10}^{*}}{(1-|\tilde{r}_{01}|^{2})^{2}+4|\tilde{r}_{01}|^{2}\sin^{2}(\delta_{1}-\varphi_{01})}\tag{5-346}$$

存在吸收的情况下，金属膜满足能量守恒

$$R_1+T_1+A_1=1\tag{5-347}$$

式中，R_1 为金属膜的反射率，T_1 为金属膜的透射率，A_1 为金属膜的吸收率。把金属膜看作等效界面，根据式（3-204）和式（3-209），在垂直入射的情况下或者小角度入射的情况下，根据膜系透射定理，透射与光的传播方向无关，可取近似[1]

$$\frac{n_0}{n_1}T_1\approx\tilde{t}_{01}\tilde{t}_{01}^{*}=|\tilde{t}_{01}|^{2},\quad \frac{n_1}{n_0}T_1=\tilde{t}_{10}\tilde{t}_{10}^{*}=|\tilde{t}_{10}|^{2}\tag{5-348}$$

将 $R_1=|\tilde{r}_{01}|^2$ 以及式（5-347）和式（5-348）代入式（5-346）得到

$$\mathcal{T}\approx\left(1-\frac{A_1}{1-R_1}\right)^{2}\frac{1}{1+\dfrac{4R_1}{(1-R_1)^2}\sin^{2}(\delta_1-\varphi_{01})}\tag{5-349}$$

这就是在近似垂直入射的情况下，平行平板两界面镀金属膜多光束干涉光强透射率公式。由此可以看出，金属膜吸收的影响使光强透射率 $\mathcal{T}$ 的极大值 $\mathcal{T}_{\max}<1$。在斜入射的情况下，因为金属膜反射系数和透射系数对于S波偏振和P波偏振不相同，所以平行平板两界面镀金属膜多光束干涉仍需要进行理论方面的研究。

5.8.2 多光束干涉光的传输特性

平行平板分振幅多光束干涉与平行平板分振幅双光束干涉相同，都属于等倾干涉，干涉条纹定域在无穷远处，观测干涉条纹需要利用透镜聚焦，如图5-46所示。对于理想点光源和扩展点光源，根据傅里叶变换理论，球面波可以展开成平面波的叠加，平行平板分振幅多光束等倾干涉条纹为同心圆环。但平行平板分振幅多光束干涉与平行平板分振幅双光束干涉又有不同，光强透射率 $\mathcal{T}$ 不仅与相位差 δ_1 有关，还与界面反射率 R_1 和反射系数 $\tilde{r}_{01}$ 的相位 φ_{01} 有关，改变反射率 R_1 可改变干涉条纹的锐度，所以平行平板多光束干涉产生的干涉条纹可以非常精细。通常令

$$F=\frac{4R_1}{(1-R_1)^2}\tag{5-350}$$

则式（5-341）可简写为

$$\mathcal{T}=\frac{1}{1+F\sin^{2}\delta_1}\quad（假定\ \varphi_{01}=0\ 或\ \pi）\tag{5-351}$$

当平行平板选定之后，光学厚度 n_1d_1 取定值，平行平板两分界面的反射率 R_1 可以通过镀膜来改变（虽然迈克耳孙干涉仪的两臂都为高反射镜，但属于双光束干涉）。界面反射率 R_1 越大，

光强透射率 $\mathcal{T}$ 的透射带宽度 ε 越窄，如图 5-47 所示，因此，F 也称为锐度系数或精细度系数。

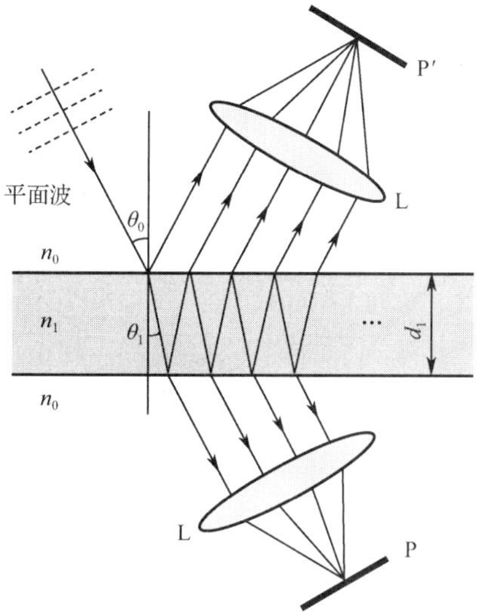

图 5-46　平行平板分振幅多光束等倾干涉

在入射平面光波入射角 θ_0 一定的情况下，光强透射率 $\mathcal{T}$ 随相位差 δ_1 和入射光波长 λ 的变化反映的是平行平板多光束干涉纵向传输特性，也就是滤波特性。对于单色点光源和扩展点光源，入射光波长 λ 取定值，光强透射率 $\mathcal{T}$ 随入射角 θ_0 的变化反映的是平行平板多光束干涉横向空间分布特性。入射角 θ_0 由图 5-18 确定，光强透射率 $\mathcal{T}$ 随 θ_0 变化产生同心圆干涉条纹（见图 5-50）。下面讨论平行平板多光束干涉光强透射率 $\mathcal{T}$ 随相位差 δ_1 和波长 λ 变化的纵向传输特性，干涉条纹横向空间分布特性将在 5.8.3 节进行讨论。

1．光强透射率随相位差 δ_1 的变化

由式（5-351）不难看出，在 F 一定的情况下，光强透射率 $\mathcal{T}$ 是关于相位差 δ_1 的周期函数，周期为 π。当 $\sin^2\delta_1 = 0$ 时，

$$\delta_1 = \frac{2\pi}{\lambda} n_1 d_1 \cos\theta_1 = m\pi, \quad m = 0,1,2,\cdots \tag{5-352}$$

光强透射率取极大值，记作 $\mathcal{T}_0$，有

$$\mathcal{T}_{\max} = \mathcal{T}_0 = 1 \tag{5-353}$$

该式表明光强透射率极大值与界面反射率 R_1 无关，$\mathcal{T}_{\max} = 1$。

当 $\sin^2\delta_1 = 1$ 时，

$$\delta_1 = \frac{2\pi}{\lambda} n_1 d_1 \cos\theta_1 = \left(m + \frac{1}{2}\right)\pi, \quad m = 0,1,2,\cdots \tag{5-354}$$

光强透射率取极小值，有

$$\mathcal{T}_{\min} = \frac{1}{1+F} = \left(\frac{1-R_1}{1+R_1}\right)^2 \tag{5-355}$$

该式表明，平行平板多光束干涉光强透射率极小值与界面反射率 R_1 有关，R_1 越大，$\mathcal{T}_{\min}$ 越小，当 $R_1 \to 1$ 时，$\mathcal{T}_{\min} \to 0$。

图 5-47 给出光强透射率 $\mathcal{T}$ 随相位差 δ_1 变化的计算曲线。计算取界面反射率 $R_1 = 0.048$，

0.27，0.64，0.87，由式（5-350）求得相对应的 $F \approx 0.2$，2.0，20，206。由图可见，界面反射率 R_1 越大，锐度系数 F 越大，光强透射率的透射带宽度 ε 越窄。

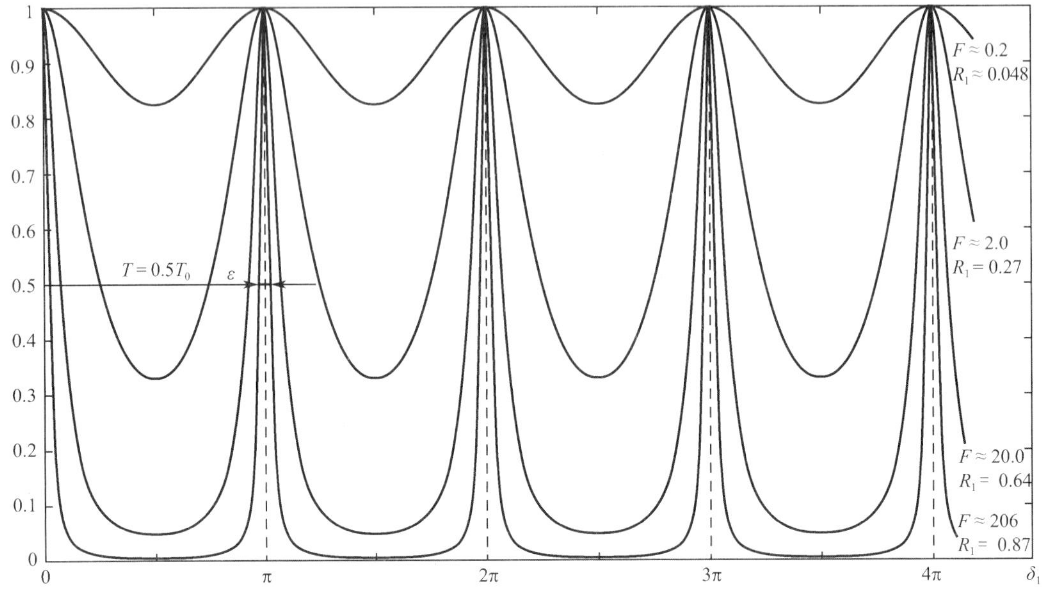

图 5-47　多光束干涉光强透射率随相位差 δ_1 变化的计算曲线

为了描述透射带宽度的大小，通常定义透射带宽度（也称为条纹宽度）ε 为

$$\mathscr{T} = \frac{1}{2}\mathscr{T}_{\max} = \frac{1}{2} \tag{5-356}$$

两点之间的相位差，如图 5-47 所示。将式（5-356）代入式（5-351），有

$$F\sin^2\delta_1 = 1 \tag{5-357}$$

光强透射率极大值一半处（即 $\mathscr{T} = 1/2$）对应的相位为

$$\delta_1 = m\pi \pm \frac{\varepsilon}{2} \tag{5-358}$$

代入式（5-357），求解得到

$$\varepsilon = 2\arcsin\frac{1}{\sqrt{F}} \tag{5-359}$$

该式表明，F 越大，ε 越小，即透射带宽度越窄，这就是把 F 称为锐度系数的原因。当界面反射率 $R_1 \to 1$，$F \to \infty$ 时，式（5-359）可近似为

$$\varepsilon \approx \frac{2}{\sqrt{F}} = \frac{1-R_1}{\sqrt{R_1}} \tag{5-360}$$

透射带的锐度也可用透射带精细度（也称为条纹精细度）来描述，记作 $\mathscr{F}$。透射带精细度定义为两相邻透射带之间的间隔 π 与透射带宽度 ε 的比值，即

$$\mathscr{F} = \frac{\pi}{\varepsilon} \approx \frac{\pi\sqrt{R_1}}{1-R_1} \tag{5-361}$$

2. 光强透射率随入射光波长 λ 的变化

由式（5-324）可知，相位差 δ_1 与入射光波长 λ、平行平板光学厚度 n_1d_1 和透射角 θ_1 有关，

所以 $\mathscr{T} \propto \delta_1$ 曲线描述平行平板多光束干涉仅具有数学形式上的意义。当平行平板给定之后，光学厚度 n_1d_1 取定值，在入射角 θ_0 一定的情况下，相位厚度仅随入射光波长 λ 变化，因而光强透射率 $\mathscr{T}$ 也仅随波长变化。图 5-48 给出光强透射率 $\mathscr{T}$ 随相对波数（即入射光波长）λ/λ_0 变化的计算曲线。计算取界面反射率 $R_1 = 0.87$，相对应 $F \approx 206$，垂直入射 $\theta_0 = \theta_1 = 0$，平行平板光学厚度取 $n_1d_1 = \lambda_0/2$（薄膜），$\lambda_0 = 632.8\text{nm}$，相对波数 λ/λ_0 的取值范围为 0.01~1.4。由图可见，平行平板多光束干涉具有梳状滤波特性，所以平行平板多光束干涉也称为多通道带通滤波器，在薄膜光学中称为多通道带通滤光片。在垂直入射的情况下，取 $\varphi_{01} = 0$，由式（5-352）可得通带中心波长的位置满足

$$\frac{2\pi}{\lambda}n_1d_1 = m\pi, \quad m = 0,1,2,\cdots \tag{5-362}$$

即

$$\lambda = \frac{2n_1d_1}{m}, \quad m = 0,1,2,\cdots \tag{5-363}$$

该式表明，$m = 0$，中心波长的位置 $\lambda \to \infty$；$m = \infty$，中心波长的位置 $\lambda = 0$。$m = 1$，对应的通带宽度最宽。通带宽度也称为滤波带宽，用波长带宽表示为 $\Delta\lambda_{0.5}$。波长带宽通常也用 $\Delta\lambda_{0.5}/\lambda$ 来表示，称为通带半宽度。对式（5-324）两边微分，取正值，有

$$\Delta\lambda = \frac{\Delta\delta_1}{2\pi n_1d_1}\lambda^2 \tag{5-364}$$

将式（5-363）代入上式，有

$$\Delta\lambda = \frac{\Delta\delta_1}{m\pi}\lambda \tag{5-365}$$

取 $\Delta\delta_1 = \varepsilon$，将式（5-360）代入式（5-365），得到波长带宽为

$$\Delta\lambda_{0.5} = \frac{1-R_1}{m\pi\sqrt{R_1}}\lambda \tag{5-366}$$

该式表明，多通道滤波波长带宽 $\Delta\lambda_{0.5}$ 与干涉级次 m 成反比，干涉级次越高，$\Delta\lambda_{0.5}$ 越窄，干涉级次越低，$\Delta\lambda_{0.5}$ 越宽；$\Delta\lambda_{0.5}$ 与入射光波长成正比，波长越长，$\Delta\lambda_{0.5}$ 越宽，波长越短，$\Delta\lambda_{0.5}$ 越窄；$\Delta\lambda_{0.5}$ 还与反射率 R_1 成反比，反射率越低，$\Delta\lambda_{0.5}$ 越宽，反射率越高，$\Delta\lambda_{0.5}$ 越窄。

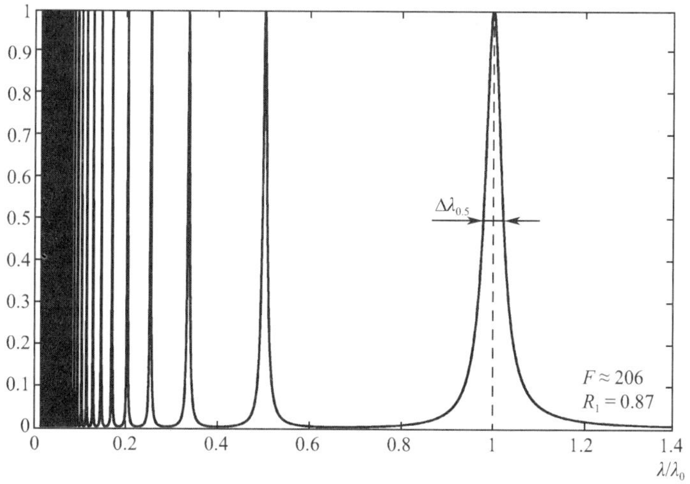

图 5-48　多光束干涉光强透射率 $\mathscr{T}$ 随相对波数 λ/λ_0 变化的计算曲线

需要注意的是，滤波波长带宽 $\Delta\lambda_{0.5}$ 与光源光谱波长半宽度 $\Delta\lambda$ 是完全不同的概念。滤波波长带宽 $\Delta\lambda_{0.5}$ 是光通过平行平板后的通带宽度，描述的是平行平板多光束干涉效应引起的滤波作用，而光源光谱波长半宽度是描述光源发光的非单色性。

5.8.3 多光束干涉仪

1. 经典法布里-珀罗多光束干涉仪

法国物理学家
法布里（C. Fabry，1867—1945）（左图）
珀罗（A. Pérot，1863—1925）（右图）

法布里-珀罗多光束干涉仪是由法国物理学家法布里（C. Fabry）和珀罗（A. Pérot）于 1897 年发明的。研制多光束干涉仪的起因是一个电学测量问题，希望测量两个相距为微米或更小间隔的金属表面之间火花放电通过的情况。1894 年，法布里已经发展了多光束干涉理论，于是利用两个镀有银膜的平面玻璃板进行了多光束干涉实验，立刻证明是可行的，并给出高精度测量结果。现在，法布里-珀罗干涉仪作为科学研究的精密光学仪器，已得到广泛的应用，尤其是在光谱学和天体物理学研究中，法布里-珀罗干涉仪已成为必不可少的重要仪器。

1）法布里-珀罗干涉仪构成原理

法布里-珀罗干涉仪主要由两块平行放置的玻璃平板 G_1 和 G_2 组成，如图 5-49 所示。为了提高玻璃内表面的反射率，玻璃内表面镀有银膜或铝膜，或多层介质膜（图中黑粗线），且薄膜表面平整度一般要求在 $0.001\lambda\sim0.05\lambda$ 的范围内。为了减小反射光的干扰，两块玻璃平板的外表面加工成与内表面成小楔角 α 的斜面，外表面也保持彼此平行。如果两玻璃平板之间的间隔可以调节，则这种干涉装置称为法布里-珀罗干涉仪；如果在两玻璃平板之间放置一间隔圈使两玻璃平板之间的间隔固定不变，则这种干涉装置称为法布里-珀罗标准具。

2）法布里-珀罗干涉仪透射干涉条纹及其特点

法布里-珀罗多光束干涉仪属于等倾干涉，干涉条纹为同心圆环。如图 5-49 所示，扩展点光源 S_0 照射，光源面上各点发射球面波，球面光波被看作无穷多个不同传播矢量平面光波的叠加，平面光波传播矢量与 Z 轴的夹角为 θ_0^i。在不考虑玻璃平板楔角 α 的情况下，如果光源面上各点发出的光线与 Z 轴的夹角 $\theta_0^i=0$，经两玻璃平板多次反射，然后透射光经透镜聚焦在观测屏上的一点，那么这一点就是圆心，如图 5-49 中虚线所示。如果光源面上各点发出的光线与 Z 轴的夹角 $\theta_0^i\neq0$，经两玻璃平板多次反射，出射平行光束与 Z 轴的夹角也为 θ_0^i（即使玻璃平板外表面存在楔角 α，在外表面平行的情况下，出射光束与 Z 轴的夹角仍为 θ_0^i），根据轴外物点成像公式（4-303），透射光经透镜聚焦在观测屏上的一点。由于点光源发出的光线在一个圆锥面上都具有相同的夹角 θ_0^i，因而观测屏上得到的干涉条纹是同心圆环，如图 5-49 中实线所示。

如果法布里-珀罗干涉仪玻璃平板 G_1 和 G_2 内表面镀金属高反射膜，式（5-349）成立的条件是入射光垂直入射或近似垂直入射，所以法布里-珀罗干涉仪玻璃平板 G_1 的前面需要放置透镜，扩展点光源放置在透镜焦平面上，将点光源发射的光束变为平行光束。

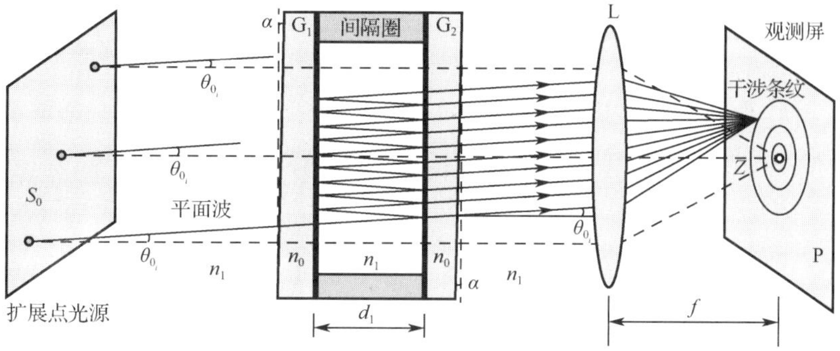

图 5-49　法布里-珀罗干涉仪原理图

依据式（5-351）、式（5-350）和式（5-163），计算得到单色点光源法布里-珀罗多光束干涉仪透射干涉条纹的仿真结果如图 5-50 所示。计算参数取值：单色光波长 $\lambda = 632.8\text{nm}$；玻璃平板折射率 $n_0 = 1.52$，玻璃平板的间隔为空气，折射率 $n_1 = 1.0$，间隔厚度 $d_1 = 0.1\text{mm}$；透镜焦距 $f = z = 20\text{cm}$；观测屏幕 X 轴方向取值范围 $-3\text{cm} \leqslant x \leqslant +3\text{cm}$，$Y$ 轴方向取值范围 $-3\text{cm} \leqslant y \leqslant +3\text{cm}$。图 5-50（a）对应于 $R_1 = 0.27$，图 5-50（b）对应于 $R_1 = 0.64$，图 5-50（c）对应于 $R_1 = 0.87$。由图可见，反射率 R_1 取值越大，干涉条纹越精细，与图 5-47 所示光强透射率随相位差变化的计算结果一致。

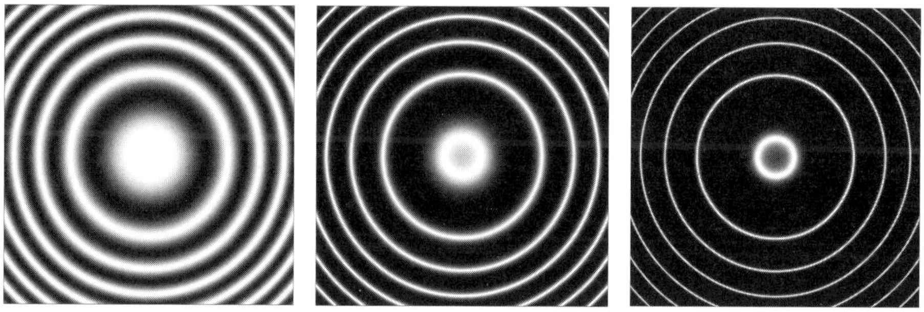

（a）$R_1 = 0.27$　　（b）$R_1 = 0.64$　　（c）$R_1 = 0.87$

图 5-50　法布里-珀罗干涉仪透射干涉条纹仿真结果

由图 5-50 可以看出，法布里-珀罗干涉仪透射干涉条纹与平行平板双光束等倾干涉条纹具有类似的特点。下面对法布里-珀罗多光束等倾干涉条纹的特点加以分析[1]。

① 干涉条纹的级次

当入射角 $\theta_0^i = 0$，折射角 $\theta_1 = 0$ 时，由式（5-324）可知，干涉圆环中心的相位差 δ_1 最大，在反射系数 $\tilde{r}_{01}$ 的相位 $\varphi_{01} = 0$ 或 $\varphi_{01} = \pi$ 的情况下，干涉条纹中心对应的干涉级次满足

$$\delta_1 = \frac{2\pi}{\lambda} n_1 d_1 = m_0 \pi \tag{5-367}$$

求解可得

$$m_0 = \frac{2n_1 d_1}{\lambda} \tag{5-368}$$

通常情况下 m_0 并不是一个整数，意味着中心亮点并不一定是干涉最大［见图 5-51（b）］，所以可把 m_0 改写成

$$m_0 = m_1 + \varepsilon \tag{5-369}$$

式中，m_1 是与中央亮点相邻的第一个亮纹的级次，m_1 取整数，$0<\varepsilon<1$。

② 干涉条纹的圆半径

在反射系数 $\tilde{r}_{01}$ 的相位 $\varphi_{01}=0$ 或 $\varphi_{01}=\pi$ 的情况下，由干涉条纹级次 m 与干涉条纹记号 N 的关系式（5-167），可写出第 N 个干涉环对应的相位差为

$$\delta_{1N}=\frac{2\pi}{\lambda}n_1 d_1\cos\theta_{1N}=m_N\pi=(m_1+1-N)\pi \tag{5-370}$$

式中，θ_{1N} 为第 N 个干涉环对应的折射角，入射角为 θ_{0N}，二者满足折射定律

$$n_0\sin\theta_{0N}=n_1\sin\theta_{1N} \tag{5-371}$$

又由式（5-367）和式（5-369）有

$$m_1=\frac{2n_1d_1}{\lambda}-\varepsilon \tag{5-372}$$

将式（5-372）代入式（5-370），得到

$$2n_1d_1(1-\cos\theta_{1N})=(N-1+\varepsilon)\lambda \tag{5-373}$$

一般情况下，入射角 θ_{0N} 很小，因而折射角 θ_{1N} 也很小，折射定律式（5-371）可近似为

$$n_0\theta_{0N}\approx n_1\theta_{1N} \tag{5-374}$$

而 $\cos\theta_{1N}$ 可近似为

$$\cos\theta_{1N}\approx 1-\frac{\theta_{1N}^2}{2} \tag{5-375}$$

将以上两式代入式（5-373），得到

$$\theta_{0N}=\frac{1}{n_0}\sqrt{\frac{n_1\lambda}{d_1}}\sqrt{N-1+\varepsilon} \tag{5-376}$$

依据式（5-163），$\theta_0^i=\theta_{0N}$，取 $z=f$，可得第 N 个亮纹的半径为

$$r_N=f\tan\theta_{0N}\approx f\theta_{0N}\approx\frac{f}{n_0}\sqrt{\frac{n_1\lambda}{d_1}}\sqrt{N-1+\varepsilon} \tag{5-377}$$

此式与平行平板双光束干涉条纹半径式（5-176）相同。但是，对于法布里-珀罗多光束等倾干涉，此式不能用于解释非单色光源干涉条纹的半径大小。因为对于复色光照射，平行平板双光束等倾干涉同一级次干涉条纹的排列顺序为短波长在内，长波长在外，与计算结果相符合；而法布里-珀罗多光束等倾干涉式（5-377）不符合计算结果，双色光计算结果如图 5-51 所示，同一级次干涉条纹的排列顺序为短波长在外，长波长在内。这一点也可以根据相位厚度的变化给出解释。

假设光源发射双色光，波长分别为 λ 和 $\lambda+\delta\lambda$，$\delta\lambda$ 为波长差。对于相同级次干涉条纹两波长对应的折射角分别为 θ_1 和 θ_1'，由式（5-324）可写出同级次干涉条纹干涉极大满足的相位条件为

$$\delta_1=\frac{2\pi}{\lambda}n_1d_1\cos\theta_1=\frac{2\pi}{\lambda+\delta\lambda}n_1d_1\cos\theta_1'=m\pi,\quad m=0,1,2,\cdots \tag{5-378}$$

两边消去 π，可得

$$m=\frac{2n_1d_1}{\lambda}\cos\theta_1=\frac{2n_1d_1}{\lambda+\delta\lambda}\cos\theta_1' \tag{5-379}$$

由于余弦函数在 0～90° 为减函数，式（5-379）表明，对于短波长 λ，θ_1 大，即干涉条纹的半径大；对于长波长 $\lambda+\delta\lambda$，θ_1' 小，即干涉条纹的半径小。但式（5-379）并不适用于对平行平板双光束干涉条纹半径的解释，这种差别源于平行平板双光束干涉与法布里-珀罗多光束干涉

的数学描述存在差别。

③ 干涉条纹的间距

式（5-377）两边平方，得到

$$r_N^2 \approx \frac{f^2}{n_0^2}\frac{n_1\lambda}{d_1}(N-1+\varepsilon) \tag{5-380}$$

r_{N+1}^2 与 r_N^2 相减，得到

$$r_{N+1}^2 - r_N^2 = \frac{f^2}{n_0^2}\frac{n_1\lambda}{d_1} \tag{5-381}$$

条纹间距 Δr_N 为

$$\Delta r_N = r_{N+1} - r_N = \frac{f^2}{n_0^2}\frac{n_1\lambda}{d_1}\frac{1}{r_{N+1}+r_N} \tag{5-382}$$

取近似

$$r_{N+1} + r_N \approx 2r_N \tag{5-383}$$

再将式（5-377）代入式（5-382），得到

$$\Delta r_N \approx \frac{f}{2n_0}\sqrt{\frac{n_1\lambda}{d_1}}\frac{1}{\sqrt{N-1+\varepsilon}} \tag{5-384}$$

此式与平行平板双光束干涉条纹间距式（5-181）相同。

除了对同级次干涉条纹半径随光波长变化不能解释，计算结果证明，式（5-377）和式（5-384）仍可以对法布里-珀罗多光束等倾干涉的其他参数进行解释。由式（5-377）可知，r_N 与 $\sqrt{d_1}$ 成反比，表明平行平板的间隔厚度越厚，产生的干涉圆环半径越小；r_N 与 f 成正比，表明透镜焦距 f 越大，干涉圆环半径越大；干涉圆环级次越小，N 大，圆环半径越大。由式（5-384）可知，条纹级次高，N 小，条纹间距大；条纹级次低，N 大，条纹间距小，表明干涉条纹内疏外密。平行平板间隔厚度越厚，d_1 越大，条纹间距越小，平行平板间隔厚度越薄，d_1 越小，条纹间距越大。

3）法布里-珀罗干涉仪性能参数

① 分辨本领

如果法布里-珀罗干涉仪采用非单色扩展点光源，对于同一级次的干涉条纹，不同波长干涉条纹从长波长到短波长依次排开，由于干涉条纹存在一定的宽度，这样就会出现两相邻级次干涉条纹的交叠，造成彼此之间用人眼难以区分。图 5-51 给出两波长干涉条纹及光强分布曲线。计算参数取值：非单色光波长 $\lambda_1 = 630.5\text{nm}$，$\lambda_2 = 632.8\text{nm}$，波长差 $\Delta\lambda = 2.3\text{nm}$；玻璃板折射率 $n_0 = 1.52$，玻璃板间隔为空气，折射率 $n_1 = 1.0$，间隔厚度 $d_1 = 0.1\text{mm}$；透镜焦距 $f = z = 20\text{cm}$；界面反射率 $R_1 = 0.64$；观测屏幕 X 轴方向取值范围 $-3\text{cm} \leqslant x \leqslant +3\text{cm}$，$Y$ 轴方向取值范围 $-3\text{cm} \leqslant y \leqslant +3\text{cm}$。图 5-51（a）为干涉条纹，图 5-51（b）为干涉条纹径向光强分布曲线。由图 5-51（a）可以看出，人眼能够辨别出波长 λ_1 和 λ_2 对应的两组干涉圆环。如果 λ_1 和 λ_2 之间的波长差取值逐渐减小，虽然由光强分布曲线仍然可以看出双峰光强分布，但人眼分辨干涉条纹存在一个最小波长差 $\Delta\lambda$，这个最小波长差就是法布里-珀罗干涉仪的分辨本领。通常法布里-珀罗干涉仪的分辨本领定义为波长 λ 与最小波长差 $\Delta\lambda$ 的比值，记作 $\mathscr{R}$，即

$$\mathscr{R} = \frac{\lambda}{\Delta\lambda} \tag{5-385}$$

下面推导分辨本领的具体表达式。在干涉级次 m 一定的情况下，由式（5-352）可得

$$2n_1d_1\cos\theta_1 = m\lambda \tag{5-386}$$

此式两边微分，有

$$-2n_1d_1\sin\theta_1\Delta\theta = m\Delta\lambda \tag{5-387}$$

对于单色光 λ，式（5-324）两边求微分，有

$$\Delta\delta_1 = -\frac{2\pi}{\lambda}n_1d_1\sin\theta_1\Delta\theta \tag{5-388}$$

将式（5-387）和式（5-388）代入式（5-385）,有

$$\mathscr{R} = \frac{m\pi}{\Delta\delta_1} \tag{5-389}$$

式中，$\Delta\delta_1$ 为单色光干涉条纹的透射带相位宽度。如果双色光 λ_1 和 λ_2 的干涉条纹之间的相位厚度变化正好等于单色光干涉条纹透射带相位宽度 $\Delta\delta_1=\varepsilon$，如图 5-52 所示，则认为人眼刚好可以分辨两波长干涉条纹，这就是瑞利判据。由此，将式（5-360）代入式（5-389），得到

$$\mathscr{R} = m\pi\frac{\sqrt{R_1}}{1-R_1} = \frac{2\pi n_1d_1\cos\theta_1}{\lambda}\frac{\sqrt{R_1}}{1-R_1} \tag{5-390}$$

此式表明，干涉条纹级次越高，分辨本领越高，即 $\mathscr{R}$ 越大，也就是干涉条纹中间分辨本领高，边缘分辨本领低，如图 5-51（a）所示；反射率 R_1 越大，分辨本领也越高。

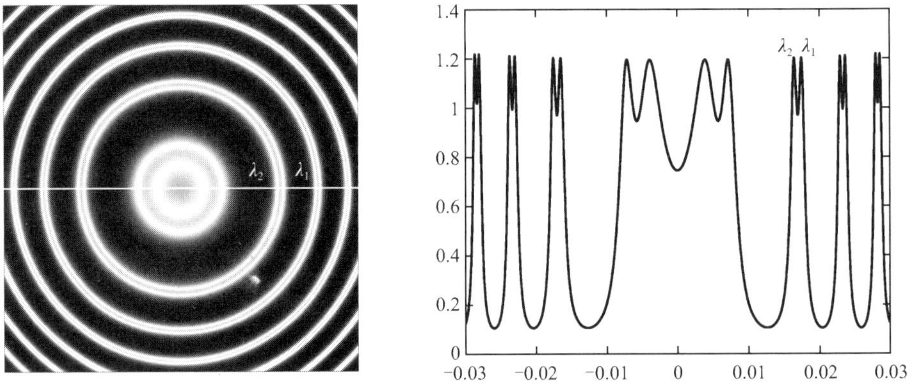

（a）干涉条纹　　（b）径向光强分布曲线

图 5-51　两波长干涉条纹及径向光强分布曲线

将式（5-361）代入式（5-390），可得分辨本领 $\mathscr{R}$ 与条纹精细度 $\mathscr{F}$ 的关系为

$$\mathscr{R} = m\mathscr{F} \tag{5-391}$$

显然，分辨本领 $\mathscr{R}$ 与条纹精细度 $\mathscr{F}$ 成正比，表明法布里-珀罗干涉仪的条纹精细度越高，仪器分辨本领也越高。

例 7　法布里-珀罗干涉仪的玻璃板间隔为空气，折射率 $n_1=1.0$，间隔厚度 $d_1=0.1\text{mm}$，界面反射率 $R_1=0.99$，试求在 $\lambda=550\text{nm}$ 邻近的最小波长间隔和分辨本领。

解　在入射角 $\theta_0^i\approx 0$ 的情况下，折射角 $\theta_1\approx 0$，由式（5-386）可近似计算干涉条纹的最高级次为

$$m_1 \approx \frac{2n_1d_1}{\lambda} = \frac{2\times 0.0001}{550\times 10^{-9}} \approx 3.64\times 10^2$$

将 R_1 和 m_1 代入式（5-390），得到最高分辨本领

$$\mathscr{R} = m_1 \pi \frac{\sqrt{R_1}}{1-R_1} = 3.64\times10^2 \times \pi \frac{\sqrt{0.99}}{1-0.99} \approx 1.1\times10^5$$

由定义式（5-385），可得最小波长间隔

$$\Delta\lambda = \frac{\lambda}{\mathscr{R}} = \frac{550\times10^{-9}}{1.1\times10^5} \approx 5\times10^{-3}\,\text{nm}$$

如果取间隔厚度 $d_1 = 2\text{cm}$，计算可得 $m_1 \approx 7.27\times10^4$，$\mathscr{R} \approx 2.3\times10^7$，$\Delta\lambda \approx 2.4\times10^{-5}\,\text{nm}$。

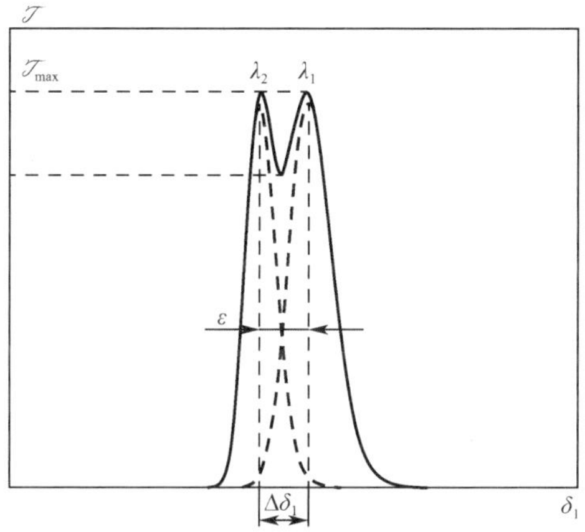

图 5-52　两波长干涉条纹分辨判断标准

由此可以看出，法布里-珀罗干涉仪的分辨率极高，常用于光谱学超精细结构的分析和测量。例如，用法布里-珀罗干涉仪观测塞曼效应导致的谱线分裂和纳光在外磁场作用下产生的谱线分裂，其波长差约为 $\Delta\lambda \approx 1.0\times10^{-4}\,\text{nm}$。

② 自由光谱范围

由上述讨论可以看出，法布里-珀罗干涉仪多光束干涉在非单色光照射下，同级次干涉条纹按光波波长依次顺序排开，短波长半径大，长波长半径小。因此，存在波长差 $\Delta\lambda_f$，使波长 $\lambda+\Delta\lambda_f$ 的第 m 级干涉条纹与波长 λ 的第 $m+1$ 级干涉条纹重叠，根据式（5-386）有

$$(m+1)\lambda = m(\lambda+\Delta\lambda_f) \tag{5-392}$$

求解得到

$$\Delta\lambda_f = \frac{\lambda}{m} \tag{5-393}$$

在入射角很小的情况下，可近似取 $\cos\theta_1 \approx 1$，然后将式（5-386）代入式（5-393），有

$$\Delta\lambda_f \approx \frac{\lambda^2}{2n_1 d_1} \tag{5-394}$$

式中，$\Delta\lambda_f$ 称为法布里-珀罗干涉仪的自由光谱范围，也称为法布里-珀罗标准具常数。$\Delta\lambda_f$ 描述的是法布里-珀罗干涉仪分光的重要参数。式（5-394）表明，长波长的自由光谱范围宽，短波长的自由光谱范围窄；间隔光学厚度 $n_1 d_1$ 越大，自由光谱范围越窄；间隔光学厚度 $n_1 d_1$ 越小，自由光谱范围越宽。

③ 角色散

法布里-珀罗干涉仪用作分光仪器，除了可用自由光谱范围 $\Delta\lambda_f$ 来描述其分光本领，角色

散也是描述分光的重要参数。角色散是指单位波长间隔经分光仪器后所分开的角度，定义为 $\mathrm{d}\theta/\mathrm{d}\lambda$。不考虑间隔材料的色散，对式（5-386）两边求微分，取绝对值得到

$$\left|\frac{\mathrm{d}\theta_1}{\mathrm{d}\lambda}\right| = \frac{\cot\theta_1}{\lambda} \tag{5-395}$$

因为 θ_1 在 0～90° 范围 $\cot\theta_1$ 为减函数，所以入射角 θ_0 越小，也即 θ_1 越小，仪器的角色散越大。表明法布里-珀罗干涉仪中心干涉条纹分开的角度最大，法布里-珀罗干涉仪用作光谱分析仪正是利用了这一特点。该式还表明，法布里-珀罗干涉仪角色散与内表面反射率 R_1 和间隔光学厚度 n_1d_1 无关。

4）法布里-珀罗干涉仪测量微小波长差

法布里-珀罗干涉仪具有极高的分辨本领，可以将两个波长差很小的光波分开，分别测量两波长干涉圆条纹的直径，可方便求得两波长对应的微小空间频率差 $\Delta\nu$（也称为波数差）。测量微小空间频率差 $\Delta\nu$，需要确定干涉环中心点的级次，由式（5-369）可知，干涉环中心点的级次由 ε 确定。对于不同波长产生的干涉条纹，ε 不同，所以测量两个波长对应的微小空间频率差 $\Delta\nu$ 就是测量两波长之间的 ε 的差别。

对于单色光 λ_1，由式（5-377）可知，干涉条纹序号为 N 的圆环直径为

$$D_N \approx \frac{2f}{n_0}\sqrt{\frac{n_1\lambda_1}{d_1}}\sqrt{N-1+\varepsilon_1} \tag{5-396}$$

干涉条纹序号为 M 的圆环直径为

$$D_M \approx \frac{2f}{n_0}\sqrt{\frac{n_1\lambda_1}{d_1}}\sqrt{M-1+\varepsilon_1} \tag{5-397}$$

式（5-396）和式（5-397）两边平方，然后相除，得到

$$\frac{D_M^2}{D_N^2} = \frac{M-1+\varepsilon_1}{N-1+\varepsilon_1} \tag{5-398}$$

求解可得

$$\varepsilon_1 = \frac{D_N^2(M-1) - D_M^2(N-1)}{D_M^2 - D_N^2} \tag{5-399}$$

同理，对于单色光 λ_2，由干涉条纹序号 N' 和 M' 对应的干涉圆环直径平方之比可得

$$\varepsilon_2 = \frac{D_{N'}^2(M'-1) - D_{M'}^2(N'-1)}{D_{M'}^2 - D_{N'}^2} \tag{5-400}$$

由此可以看出，通过测量两波长 λ_1 和 λ_2 干涉条纹的直径和序号，就可求得干涉条纹级次的小数部分 ε_1 和 ε_2。

在反射系数 $\tilde{r}_{01}$ 的相位 $\varphi_{01}=0$ 或 $\varphi_{01}=\pi$ 的情况下，或者在垂直入射的情况下，两波长 λ_1 和 λ_2 的反射系数 $\tilde{r}_{01}$ 的相位 φ_{01} 相等。根据式（5-386），可写出两波长 λ_1 和 λ_2（空间频率为 $\nu_1=1/\lambda_1$ 和 $\nu_2=1/\lambda_2$）对应的中央干涉点（$\theta_1=0$）的级次满足

$$2n_1d_1\nu_1 = m_1+\varepsilon_1 \tag{5-401}$$

$$2n_1d_1\nu_2 = m_1+\varepsilon_2 \tag{5-402}$$

两式相减，可得

$$\Delta\nu = \nu_2-\nu_1 = \frac{\varepsilon_2-\varepsilon_1}{2n_1d_1} \tag{5-403}$$

由此可以看出，通过测量法布里-珀罗干涉间隔光学厚度 n_1d_1 以及 ε_1 和 ε_2，就可得到两波长 λ_1 和 λ_2 对应的空间频率差 $\Delta\nu$。

将式（5-403）用波长表示，有

$$\Delta\lambda=\lambda_2-\lambda_1=\frac{\lambda_1\lambda_2}{2n_1d_1}(\varepsilon_2-\varepsilon_1)\approx\frac{\lambda^2}{2n_1d_1}(\varepsilon_2-\varepsilon_1) \tag{5-404}$$

由于 λ_1 和 λ_2 相差很小，式中取近似 $\lambda^2\approx\lambda_1\lambda_2$。

需要强调的是，由于式（5-377）不能用于对非单色光源干涉条纹半径大小的解释，所以式（5-403）和式（5-404）仅是一种近似计算。

5）法布里-珀罗干涉仪用于激光器谐振腔

气体激光器由两个反射镜 M_1、M_2 和气体放电管组成，如图 5-53（b）所示。M_1 和 M_2 构成激光谐振腔，置于充有激光物质的放电管中，激光物质也称为激活介质。激光工作物质在激励源光波（也称为泵浦光）作用下，通过辉光放电发光，其频谱曲线如图 5-53（a）所示。谐振腔可看作由 M_1 和 M_2 构成的法布里-珀罗干涉仪，其激光输出满足多光束干涉条件，因而输出频谱具有梳状特性，也即选频特性，如图 5-53（c）所示。

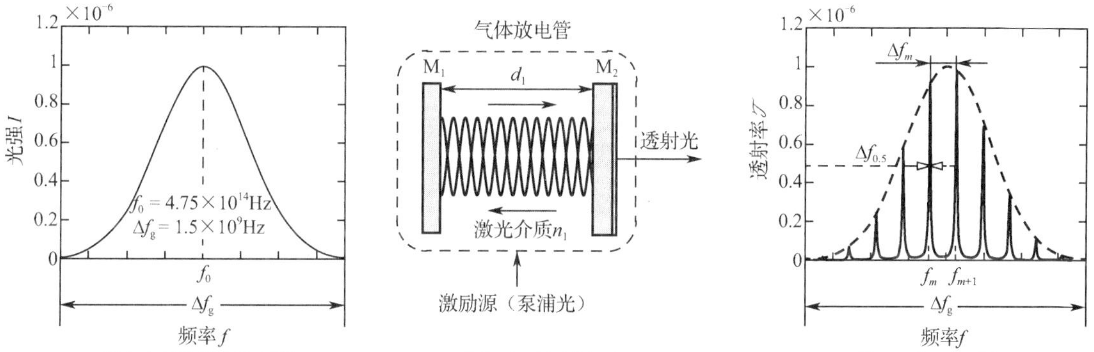

（a）激光介质发射光波频谱　（b）法布里-珀罗谐振腔　（c）激光器输出光波频谱

图 5-53　法布里-珀罗谐振腔选频功能

在激光理论中，通常把激光的每一种输出频率 f_m 称为纵模频率，每一种输出频率的频带宽度 $\Delta f_{0.5}$ 称为单模线宽，相邻两个纵模频率 f_m 和 f_{m+1} 之间的频率间隔 Δf_m 称为纵模间隔。在不考虑激光工作物质对激光输出频率影响的情况下，激光器的频率特性可由法布里-珀罗干涉仪理论给出解释。

① 纵模频率 f_m

实际上，激光器输出的纵模频率 f_m 就是满足法布里-珀罗干涉仪多光束干涉产生亮条纹所对应的一系列频率。在垂直入射的条件下，由式（5-386）和式（2-299）可写出激光器输出的频率满足

$$f_m=m\frac{c}{2n_1d_1},\quad m=1,2,3,\cdots \tag{5-405}$$

式中，c 为真空中的光速，d_1 为谐振腔的腔长（两反射镜之间的间隔），n_1 为激光介质的折射率，m 为干涉级次。

与式（5-405）相对应的波长为

$$\lambda_m = \frac{2n_1 d_1}{m}, \quad m = 1, 2, 3, \cdots \tag{5-406}$$

显然，式（5-406）与式（5-363）完全相同。

② 纵模频率间隔 Δf_m

由式（5-405）可得纵模间隔为

$$\Delta f_m = f_{m+1} - f_m = \frac{c}{2n_1 d_1} \tag{5-407}$$

显然，纵模间隔与激光介质的折射率 n_1、谐振腔腔长 d_1 成反比，腔长越长，纵模间隔越小。

③ 单模频率线宽 $\Delta f_{0.5}$

在垂直入射的情况下，对式（5-324）两边微分，有

$$\Delta\delta_1 = -\frac{2\pi}{\lambda^2} n_1 d_1 \Delta\lambda \tag{5-408}$$

当 $\Delta\delta_1 = \varepsilon$ 时，相对应的 $\Delta\lambda$ 定义为单模波长线宽，记作 $\Delta\lambda_{0.5}$。将式（5-360）代入式（5-408），并取绝对值，得到

$$\Delta\lambda_{0.5} = \frac{\lambda^2}{2\pi n_1 d_1} \frac{1-R_1}{\sqrt{R_1}} \tag{5-409}$$

对式（2-299）两边求微分，有

$$-\frac{c}{\lambda^2}\Delta\lambda = \Delta f \tag{5-410}$$

将式（5-409）代入式（5-5-410），得到单模频率线宽为

$$\Delta f_{0.5} = \frac{c}{2\pi n_1 d_1} \frac{1-R_1}{\sqrt{R_1}} \tag{5-411}$$

该式表明，谐振腔两反射镜 M_1 和 M_2 的反射率越高，单模线宽越窄；谐振腔腔长越长，单模线宽越窄。如果激光器是单模输出，那么单模线宽描述的就是激光器输出光波的单色性，单模线宽越窄，激光单色性就越好。

例 8 一氦氖激光器，腔长 $d_1 = 1\text{m}$，两反射镜 M_1 和 M_2 的反射率 $R_1 = 0.78$，激光介质的折射率 $n_1 \approx 1$，光谱频率宽度 $\Delta f_g = 1.5\times10^9\,\text{Hz}$，中心频率为 $f_0 = 4.75\times10^{14}\,\text{Hz}$。试求单模波长线宽 $\Delta\lambda_{0.5}$、单模频率线宽 $\Delta f_{0.5}$、纵模频率间隔 Δf_m 和纵模谱线数目。

解 由式（2-299）可得中心波长为

$$\lambda_0 = \frac{c}{f_0} = \frac{3.0\times10^8}{4.75\times10^{14}} \approx 632\text{nm}$$

由式（5-409）得到

$$\Delta\lambda_{0.5} = \frac{\lambda_0^2}{2\pi n_1 d_1}\frac{1-R_1}{\sqrt{R_1}} = \frac{(632\times10^{-9})^2}{2\pi\times1.0\times1.0}\frac{1-0.78}{\sqrt{0.78}} \approx 1.58\times10^{-5}\,\text{nm}$$

由式（5-411）得到单模频率线宽为

$$\Delta f_{0.5} = \frac{c}{2\pi n_1 d_1}\frac{1-R_1}{\sqrt{R_1}} = \frac{3.0\times10^8}{2\pi\times1.0\times1.0}\frac{1-0.78}{\sqrt{0.78}} \approx 1.19\times10^7\,\text{Hz}$$

由式（5-407）得到纵模频率间隔为

$$\Delta f_m = \frac{c}{2n_1 d_1} = \frac{3.0\times10^8}{2\times1.0\times1.0} = 1.5\times10^8\,\text{Hz}$$

纵模谱线数目为

$$N=\frac{\Delta f_{\mathrm{g}}}{\Delta f_{m}}=\frac{1.5\times10^{9}}{1.5\times10^{8}}=10$$

上述计算结果示于图 5-53（a）和（c）。

由式（5-407）可知，纵模间隔 Δf_m 与谐振腔腔长 d_1 成反比。在光谱频率宽度 Δf_{g} 不变的情况下，如果要减小激光输出纵模数目 N，可减小谐振腔腔长 d_1。例如，如果 $d_1=10\text{cm}$，纵模间隔 $\Delta f_m=1.5\times10^9\,\text{Hz}$，则 $N=1$，输出激光仅有一个纵模，这种激光器称为单模（或单频）激光器。$N>1$ 的激光器称为多模激光器。激光技术中通常也采用改变谐振腔腔长的方法来控制激光器输出的纵模数。

2. 陆末-格尔克干涉仪

由式（5-360）可知，平行平板多光束干涉条纹透射带宽度 ε 完全由两平行平板内表面反射率 R_1 决定，反射率越高，干涉条纹透射带宽度越窄，条纹分辨率越高。为了提高平行平板内表面的反射率，需要在平行平板内表面镀膜。对于金属膜，由于存在吸收，会使干涉条纹的强度大大减小；此外，在紫外区域，金属膜的反射率很低（见图 3-18）。为了克服这一困难，1903 年陆末（Lummer）和格尔克（Gehrcke）应用近临界角入射，设计出陆末-格尔克多光束干涉仪，其原理如图 5-54 所示。陆末-格尔克干涉仪主要由一块平行平板玻璃或晶体石英板构成，平行平板的一端固定有一直角棱镜，平行平板和直角棱镜折射率均为 n_1，平行平板的几何厚度为 d_1，平板上下介质为空气，折射率为 n_0。平面光波垂直入射到直角棱镜的端面，经直角棱镜斜面反射进入平行平板。平行平板内平面光波的入射角为 θ_1，θ_1 接近临界角，因而平行平板两边透射平面光波的透射角 θ_0 接近于 90°，两边透射平行光束经透镜 L 聚焦在焦平面上形成干涉条纹。当入射角 θ_1 接近于临界角 θ_{c} 时，不论是 S 波偏振还是 P 波偏振，由图 3-15（b）可知，玻璃或晶体石英表面的反射率 $R_1\approx1$，所以陆末-格尔克干涉仪具有很高的条纹分辨率。用石英晶体板制作的陆末-格尔克干涉仪曾专门用于研究紫外光谱线精细结构，但在研制出适用于法布里-珀罗干涉仪紫外反射薄膜和反射阶梯光栅之后，陆末-格尔克干涉仪就很少使用。

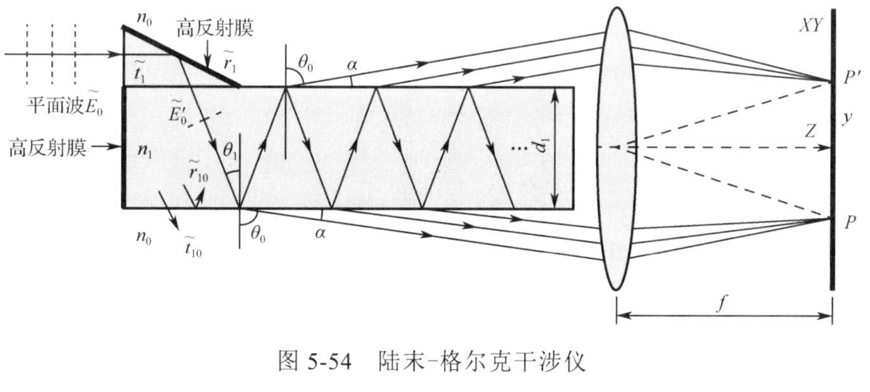

图 5-54　陆末-格尔克干涉仪

对于平面光波入射，由式（5-184）可知，陆末-格尔克干涉仪相邻两透射平面光波的相位差为

$$\delta=\frac{4\pi}{\lambda}n_1d_1\cos\theta_1=\frac{4\pi d_1}{\lambda}\sqrt{n_1^2-n_0^2\sin^2\theta_0}\tag{5-412}$$

由于陆末-格尔克干涉仪的入射平面光波不是直接入射到平行平板表面，而是通过棱镜斜面反射再入射到平行平板内的，所以陆末-格尔克干涉仪的入射平面光波初始复振幅与图 5-45（b）有所不同，需要做近似处理。假设棱镜端面的透射系数为$\tilde{t}_1$（区别于平板透射系数$\tilde{t}_{01}$），棱镜斜面反射系数为$\tilde{r}_1$，入射平面光波的电场初始复振幅为$\tilde{E}_0$，经棱镜端面透射和棱镜斜面反射后的电场复振幅记作$\tilde{E}_0'$。根据振幅反射系数的定义，有

$$\tilde{E}_0' = \tilde{t}_1\tilde{r}_1\tilde{E}_0 \tag{5-413}$$

对于S波偏振和P波偏振，在小角度入射的情况下，由图3-6可知，$\tilde{t}_1$的模近似为常数，相位为零；棱镜斜面镀高反射膜，$\tilde{r}_1$的模$|\tilde{r}_1|\approx 1$，不论是金属高反射膜还是介质高反射膜，相位近似为常数。因而在小角度入射的情况下，平板内入射平面光波复振幅$\tilde{E}_0'$的模$|\tilde{E}_0'|$近似为常数，相位近似为常数，由此可将电场复振幅$\tilde{E}_0'$简写为

$$\tilde{E}_0' = \tilde{t}_1\tilde{E}_0 \tag{5-414}$$

与图 5-45（a）相似，假设平板到空气的透射系数为$\tilde{t}_{10}$（相对应空气到平板的透射系数为$\tilde{t}_{01}$），平板内上、下分界面的反射系数为$\tilde{r}_{10}$，如图 5-54 所示。由此可写出聚焦于P点的平行光束复振幅分别为

$$\begin{cases}\tilde{t}_{10}\tilde{E}_0' = \tilde{t}_{10}\tilde{t}_1\tilde{E}_0\\ \tilde{r}_{10}\tilde{r}_{10}\tilde{t}_{10}\tilde{E}_0'\mathrm{e}^{-\mathrm{j}\delta} = \tilde{t}_{10}(\tilde{r}_{10})^2\tilde{E}_0'\mathrm{e}^{-\mathrm{j}\delta} = \tilde{t}_{10}(\tilde{r}_{10})^2\tilde{t}_1\tilde{E}_0\mathrm{e}^{-\mathrm{j}\delta}\\ \tilde{r}_{10}\tilde{r}_{10}\tilde{r}_{10}\tilde{r}_{10}\tilde{t}_{10}\tilde{E}_0'\mathrm{e}^{-\mathrm{j}2\delta} = \tilde{t}_{10}[(\tilde{r}_{10})^2]^2\tilde{E}_0'\mathrm{e}^{-\mathrm{j}2\delta} = \tilde{t}_{10}[(\tilde{r}_{10})^2]^2\tilde{t}_1\tilde{E}_0\mathrm{e}^{-\mathrm{j}2\delta}\\ \tilde{r}_{10}\tilde{r}_{10}\tilde{r}_{10}\tilde{r}_{10}\tilde{r}_{10}\tilde{r}_{10}\tilde{t}_{10}\tilde{E}_0'\mathrm{e}^{-\mathrm{j}3\delta} = \tilde{t}_{10}[(\tilde{r}_{10})^2]^3\tilde{E}_0'\mathrm{e}^{-\mathrm{j}3\delta} = \tilde{t}_{10}[(\tilde{r}_{10})^2]^3\tilde{t}_1\tilde{E}_0\mathrm{e}^{-\mathrm{j}3\delta}\\ \vdots\\ \underbrace{\tilde{r}_{10}\tilde{r}_{10}\tilde{r}_{10}\tilde{r}_{10}\tilde{r}_{10}\tilde{r}_{10}}_{2m}\tilde{t}_{10}\tilde{E}_0'\mathrm{e}^{-\mathrm{j}m\delta} = \tilde{t}_{10}[(\tilde{r}_{10})^2]^m\tilde{E}_0'\mathrm{e}^{-\mathrm{j}m\delta} = \tilde{t}_{10}[(\tilde{r}_{10})^2]^m\tilde{t}_1\tilde{E}_0\mathrm{e}^{-\mathrm{j}m\delta}\end{cases} \tag{5-415}$$

P点的m束平行光叠加，并利用等比级数求和公式，得到P点的叠加复振幅为

$$\begin{aligned}\tilde{E}_{\mathrm{t}_P} &= \tilde{t}_{10}\tilde{t}_1\tilde{E}_0 + \tilde{t}_{10}(\tilde{r}_{10})^2\tilde{t}_1\tilde{E}_0\mathrm{e}^{-\mathrm{j}\delta} + \tilde{t}_{10}[(\tilde{r}_{10})^2]^2\tilde{t}_1\tilde{E}_0\mathrm{e}^{-\mathrm{j}2\delta} + \cdots + \tilde{t}_{10}[(\tilde{r}_{10})^2]^m\tilde{t}_1\tilde{E}_0\mathrm{e}^{-\mathrm{j}m\delta}\\ &= \tilde{t}_{10}\tilde{t}_1\tilde{E}_0\{1 + (\tilde{r}_{10})^2\mathrm{e}^{-\mathrm{j}\delta} + [(\tilde{r}_{10})^2]^2\mathrm{e}^{-\mathrm{j}2\delta} + \cdots + [(\tilde{r}_{10})^2]^m\mathrm{e}^{-\mathrm{j}m\delta}\}\\ &= \tilde{t}_{10}\tilde{t}_1\tilde{E}_0\frac{1-[(\tilde{r}_{10})^2]^{m+1}\mathrm{e}^{-\mathrm{j}(m+1)\delta}}{1-(\tilde{r}_{10})^2\mathrm{e}^{-\mathrm{j}\delta}}\end{aligned} \tag{5-416}$$

假设平行光束数$m\to\infty$，由于$|\tilde{r}_{10}|<1$，$[|\tilde{r}_{10}|^2]^{m+1}\to 0$，因此

$$\tilde{E}_{\mathrm{t}_P} = \frac{\tilde{t}_{10}\tilde{t}_1\tilde{E}_0}{1-(\tilde{r}_{10})^2\mathrm{e}^{-\mathrm{j}\delta}} \tag{5-417}$$

记

$$\tilde{r}_{10} = |\tilde{r}_{10}|\mathrm{e}^{\mathrm{j}\varphi_{10}^r},\quad \tilde{t}_{10} = |\tilde{t}_{10}|\mathrm{e}^{\mathrm{j}\varphi_{10}^t},\quad \tilde{t}_1 = |\tilde{t}_1|\mathrm{e}^{\mathrm{j}\varphi_1^t} \tag{5-418}$$

根据光强定义式（2-63），并利用式（5-332），得到多次透射叠加后的光强为

$$\begin{aligned}I_{\mathrm{t}_P} &= \tilde{E}_{\mathrm{t}_P}\tilde{E}_{\mathrm{t}_P}^* = \tilde{E}_0\tilde{E}_0^*\left[\frac{\tilde{t}_{10}\tilde{t}_1}{1-(\tilde{r}_{10})^2\mathrm{e}^{-\mathrm{j}\delta}}\right]\left[\frac{\tilde{t}_{10}\tilde{t}_1}{1-(\tilde{r}_{10})^2\mathrm{e}^{-\mathrm{j}\delta}}\right]^*\\ &= I_0\frac{\tilde{t}_{10}\tilde{t}_{10}^*\tilde{t}_1\tilde{t}_1^*}{(1-|\tilde{r}_{10}|^2)^2 + 4|\tilde{r}_{10}|^2\sin^2\left(\dfrac{\delta}{2}-\varphi_{10}^r\right)}\end{aligned} \tag{5-419}$$

式中，$I_0 = \tilde{E}_0\tilde{E}_0^*$为入射光强。将式（5-334）代入上式，得到

$$I_{t_P}=I_0\frac{\tilde{t}_{10}\tilde{t}_{10}^{*}\tilde{t}_1\tilde{t}_1^{*}}{(1-R_1)^2+4R_1\sin^2\left(\dfrac{\delta}{2}-\varphi_{10}^r\right)} \tag{5-420}$$

显然，式（5-419）和式（5-338）的形式相同，但是，对 $\tilde{t}_{10}\tilde{t}_{10}^{*}\tilde{t}_1\tilde{t}_1^{*}$ 求近似存在困难，因为 $\tilde{t}_{10}$ 和 $\tilde{t}_1$ 不对应于同一透射点。文献[1]做了相同点处理，取近似为

$$\tilde{t}_{10}\tilde{t}_{10}^{*}\tilde{t}_1\tilde{t}_1^{*}\approx T_1^2=1-R_1^2 \tag{5-421}$$

由此得到 P 点的光强透射率为

$$\mathcal{T}_P=\frac{I_{t_P}}{I_0}\approx\frac{(1-R_1)^2}{(1-R_1)^2+4R_1\sin^2\left(\dfrac{\delta}{2}-\varphi_{10}^r\right)}=\frac{1}{1+F\sin^2\left(\dfrac{\delta}{2}-\varphi_{10}^r\right)} \tag{5-422}$$

式中，F 参见式（5-350）。由式（5-422）可以看出，式（5-422）与式（5-344）的形式完全相同，差别仅在于式（5-422）中的 R_1 为近临界入射的反射率。

同理，可写出聚焦于 P' 点的平行光束复振幅为

$$\begin{cases}\tilde{r}_{10}\tilde{t}_{10}\tilde{E}_0'=\tilde{r}_{10}\tilde{t}_{10}\tilde{t}_1\tilde{E}_0\\ \tilde{r}_{10}\tilde{r}_{10}\tilde{r}_{10}\tilde{t}_{10}\tilde{E}_0'\mathrm{e}^{-\mathrm{j}\delta}=\tilde{t}_{10}(\tilde{r}_{10})^3\tilde{E}_0'\mathrm{e}^{-\mathrm{j}\delta}=\tilde{t}_{10}(\tilde{r}_{10})^3\tilde{t}_1\tilde{E}_0\mathrm{e}^{-\mathrm{j}\delta}\\ \tilde{r}_{10}\tilde{r}_{10}\tilde{r}_{10}\tilde{r}_{10}\tilde{r}_{10}\tilde{t}_{10}\tilde{E}_0'\mathrm{e}^{-\mathrm{j}2\delta}=\tilde{t}_{10}(\tilde{r}_{10})^5\tilde{E}_0'\mathrm{e}^{-\mathrm{j}2\delta}=\tilde{t}_{10}(\tilde{r}_{10})^5\tilde{t}_1\tilde{E}_0\mathrm{e}^{-\mathrm{j}2\delta}\\ \tilde{r}_{10}\tilde{r}_{10}\tilde{r}_{10}\tilde{r}_{10}\tilde{r}_{10}\tilde{r}_{10}\tilde{r}_{10}\tilde{t}_{10}\tilde{E}_0'\mathrm{e}^{-\mathrm{j}3\delta}=\tilde{t}_{10}(\tilde{r}_{10})^7\tilde{E}_0'\mathrm{e}^{-\mathrm{j}3\delta}=\tilde{t}_{10}(\tilde{r}_{10})^7\tilde{t}_1\tilde{E}_0\mathrm{e}^{-\mathrm{j}3\delta}\\ \qquad\vdots\\ \underbrace{\tilde{r}_{10}\tilde{r}_{10}\tilde{r}_{10}\tilde{r}_{10}\tilde{r}_{10}\tilde{r}_{10}}_{2m-1}\tilde{t}_{10}\tilde{E}_0'\mathrm{e}^{-\mathrm{j}m\delta}=\tilde{t}_{10}(\tilde{r}_{10})^{2m-1}\tilde{E}_0'\mathrm{e}^{-\mathrm{j}(m-1)\delta}=\tilde{t}_{10}(\tilde{r}_{10})^{2m-1}\tilde{t}_1\tilde{E}_0\mathrm{e}^{-\mathrm{j}(m-1)\delta}\end{cases} \tag{5-423}$$

P' 点的 m 束平行光叠加，得到 P' 点的叠加复振幅为

$$\begin{aligned}\tilde{E}_{t_{P'}}&=\tilde{r}_{10}\tilde{t}_{10}\tilde{t}_1\tilde{E}_0[1+(\tilde{r}_{10})^2\mathrm{e}^{-\mathrm{j}\delta}+(\tilde{r}_{10})^4\mathrm{e}^{-\mathrm{j}2\delta}+\cdots+(\tilde{r}_{10})^{2(m-1)}\mathrm{e}^{-\mathrm{j}(m-1)\delta}]\\&=\tilde{r}_{10}\tilde{t}_{10}\tilde{t}_1\tilde{E}_0\frac{1-(\tilde{r}_{10})^{2m}\mathrm{e}^{-\mathrm{j}m\delta}}{1-(\tilde{r}_{10})^2\mathrm{e}^{-\mathrm{j}\delta}}\end{aligned} \tag{5-424}$$

假设平行光束数 $m\to\infty$，由于 $|\tilde{r}_{10}|<1$，$[|\tilde{r}_{10}|]^{2m}\to 0$，因此

$$\tilde{E}_{t_{P'}}=\frac{\tilde{r}_{10}\tilde{t}_{10}\tilde{t}_1\tilde{E}_0}{1-(\tilde{r}_{10})^2\mathrm{e}^{-\mathrm{j}\delta}} \tag{5-425}$$

根据光强定义式（2-63），并将式（5-418）、式（5-334）和式（5-421）代入式（2-63），得到多次透射叠加后 P' 点的光强为

$$\begin{aligned}I_{P'}&=\tilde{E}_{t_{P'}}\tilde{E}_{t_{P'}}^{*}=\tilde{E}_0\tilde{E}_0^{*}\left[\frac{\tilde{r}_{10}\tilde{t}_{10}\tilde{t}_1}{1-(\tilde{r}_{10})^2\mathrm{e}^{-\mathrm{j}\delta}}\right]\left[\frac{\tilde{r}_{10}\tilde{t}_{10}\tilde{t}_1}{1-(\tilde{r}_{10})^2\mathrm{e}^{-\mathrm{j}\delta}}\right]\\&\approx I_0\left[\frac{R_1(1-R_1)^2}{(1-R_1)^2+4R_1\sin^2\left(\dfrac{\delta}{2}-\varphi_{10}^r\right)}\right]=I_0\left[\frac{R_1}{1+F\sin^2\left(\dfrac{\delta}{2}-\varphi_{10}^r\right)}\right]\end{aligned} \tag{5-426}$$

由此得到 P' 点的光强透射率为

$$\mathcal{T}_{P'}=\frac{I_{P'}}{I_0}=\frac{R_1}{1+F\sin^2\left(\dfrac{\delta}{2}-\varphi_{10}^r\right)}=R_1\mathcal{T}_P \tag{5-427}$$

由式（5-422）和式（5-427）可知，观测屏对称位置 P 和 P' 的角位置相同，因而干涉条纹上

下对称，其在观测屏的空间位置y可由轴外物点成像确定，即

$$y = f\tan(90^\circ - \theta_0) = f\tan\alpha \approx f\alpha \tag{5-428}$$

3．非线性迈克耳孙干涉仪

非线性迈克耳孙干涉仪也称为法布里-珀罗型光学梳状滤波器，或称为迈克耳孙 G-T（Gires-Tournois）干涉型梳状滤波器。非线性迈克耳孙干涉仪是将标准迈克耳孙干涉仪的单臂或双臂的平面高反射镜用 G-T 干涉仪替代，由于 G-T 干涉仪属于多光束干涉，其反射特性的相位变化具有非线性和周期性，这种具有非线性和周期变化的相位对迈克耳孙双光束干涉进行调制，输出的是梳状分离谱，因而非线性迈克耳孙干涉仪也称为迈克耳孙 G-T 干涉型梳状滤波器。非线性迈克耳孙干涉仪有很多特殊的应用，如光纤通信中的多信道光学梳状滤波器等。

迈克耳孙 G-T 干涉型梳状滤波器根据放置 G-T 干涉仪的多少，又可分为单腔、双腔和多腔迈克耳孙干涉型梳状滤波器。也就是说，如果单臂采用 G-T 干涉仪，则称为单 G-T 腔迈克耳孙干涉型梳状滤波器；如果双臂采用 G-T 干涉仪，则称为双 G-T 腔迈克耳孙干涉型梳状滤波器。如果迈克耳孙干涉仪的双臂高反射镜用多个串联放置的 G-T 干涉仪替代，则称为多 G-T 腔迈克耳孙干涉型梳状滤波器。下面首先讨论 G-T 干涉仪的反射特性，然后讨论双 G-T 腔迈克耳孙干涉型梳状滤波器。

1）G-T 干涉仪的反射特性

如图 5-55（a）所示为 G-T 干涉仪原理图。假设一平行平板放置于折射率为n_0的介质中，平行平板的折射率为n_1，几何厚度为d_1。平行平板两面镀膜，假设上表面从入射介质到平板的反射系数为$\tilde{r}_{01}$，透射系数为$\tilde{t}_{01}$；从平板到入射介质的反射系数为$\tilde{r}_{10}$，透射系数为$\tilde{t}_{10}$。下表面镀高反射膜，反射系数为$\tilde{r}_2$，透射系数为$\tilde{t}_2$。假设入射平面光波电场的初始复振幅为$\tilde{E}_0$，平面光波入射角为θ_0，透射角为θ_1，由式（5-155）可写出两相邻反射平面光波的相位差为

$$\delta_{\mathrm{G}} = \frac{4\pi}{\lambda} n_1 d_1 \cos\theta_1 \tag{5-429}$$

由此可写出多次反射平面光波的复振幅分别为

$$\begin{cases} \tilde{E}_1 = \tilde{E}_0 \tilde{r}_{01} \\ \tilde{E}_2 = \tilde{E}_0 \tilde{t}_{01} \tilde{r}_2 \tilde{t}_{10} \mathrm{e}^{-\mathrm{j}\delta_{\mathrm{G}}} = \tilde{E}_0 \tilde{t}_{01} \tilde{t}_{10} \tilde{r}_2 \mathrm{e}^{-\mathrm{j}\delta_{\mathrm{G}}} \cdot 1 \\ \tilde{E}_3 = \tilde{E}_0 \tilde{t}_{01} \tilde{r}_2 \tilde{r}_{10} \tilde{r}_2 \tilde{t}_{10} \mathrm{e}^{-\mathrm{j}2\delta_{\mathrm{G}}} = \tilde{E}_0 \tilde{t}_{01} \tilde{t}_{10} \tilde{r}_2 \mathrm{e}^{-\mathrm{j}\delta_{\mathrm{G}}} \cdot \tilde{r}_2 \tilde{r}_{10} \mathrm{e}^{-\mathrm{j}\delta_{\mathrm{G}}} \\ \tilde{E}_4 = \tilde{E}_0 \tilde{t}_{01} \tilde{r}_2 \tilde{r}_{10} \tilde{r}_2 \tilde{r}_{10} \tilde{r}_2 \tilde{t}_{10} \mathrm{e}^{-\mathrm{j}3\delta_{\mathrm{G}}} = \tilde{E}_0 \tilde{t}_{01} \tilde{t}_{10} \tilde{r}_2 \mathrm{e}^{-\mathrm{j}\delta_{\mathrm{G}}} \cdot (\tilde{r}_2)^2 (\tilde{r}_{10})^2 \mathrm{e}^{-\mathrm{j}2\delta_{\mathrm{G}}} \\ \quad\vdots \end{cases} \tag{5-430}$$

将多次反射平面光波复振幅进行叠加，并利用等比级数求和公式，由于$|\tilde{r}_{10}|<1$，当$m\to\infty$，$|\tilde{r}_{10}|^m \to 0$时，有

$$\begin{aligned} \tilde{E}_{\mathrm{r_G}} &= \sum_{i=1}^{\infty} \tilde{E}_i = \tilde{E}_0 [\tilde{r}_{01} + \tilde{t}_{01} \tilde{t}_{10} \tilde{r}_2 \mathrm{e}^{-\mathrm{j}\delta_{\mathrm{G}}} (1 + \tilde{r}_2 \tilde{r}_{10} \mathrm{e}^{-\mathrm{j}\delta_{\mathrm{G}}} + (\tilde{r}_2)^2 (\tilde{r}_{10})^2 \mathrm{e}^{-\mathrm{j}2\delta_{\mathrm{G}}} + \cdots)] \\ &= \tilde{E}_0 \left[\tilde{r}_{01} + \frac{\tilde{t}_{01} \tilde{t}_{10} \tilde{r}_2 \mathrm{e}^{-\mathrm{j}\delta_{\mathrm{G}}}}{1 - \tilde{r}_2 \tilde{r}_{10} \mathrm{e}^{-\mathrm{j}\delta_{\mathrm{G}}}} \right] \end{aligned} \tag{5-431}$$

利用式（5-328），式（5-431）可简写为

$$\tilde{E}_{r_G}=\tilde{E}_0\left[\frac{\tilde{r}_{01}+\tilde{r}_2 e^{-j\delta_G}(\tilde{t}_{01}\tilde{t}_{10}+\tilde{r}_{01}^2)}{1+\tilde{r}_2\tilde{r}_{01}e^{-j\delta_G}}\right]=\tilde{E}_0\left[\frac{\tilde{r}_{01}+\tilde{r}_2 e^{-j\delta_G}}{1+\tilde{r}_2\tilde{r}_{01}e^{-j\delta_G}}\right] \tag{5-432}$$

记

$$\tilde{r}_2=|\tilde{r}_2|e^{j\varphi_2}=e^{j\varphi_2} \tag{5-433}$$

对于高反射膜，可取近似$\varphi_2\approx\pi$，$\tilde{r}_2=-1$（一般而言，φ_{02}是波长或频率的非线性函数），因而，有

$$\tilde{E}_{r_G}=\tilde{E}_0\left[\frac{\tilde{r}_{01}-e^{-j\delta_G}}{1-\tilde{r}_{01}e^{-j\delta_G}}\right] \tag{5-434}$$

由此可定义 G-T 干涉仪的反射系数为

$$\tilde{r}_G=\frac{\tilde{E}_{r_G}}{\tilde{E}_0}=\frac{\tilde{r}_{01}-e^{-j\delta_G}}{1-\tilde{r}_{01}e^{-j\delta_G}} \tag{5-435}$$

取近似$\varphi_{01}\approx\pi$，则

$$\tilde{r}_{01}=|\tilde{r}_{01}|e^{j\varphi_{01}}=|\tilde{r}_{01}|e^{j\pi}=-|\tilde{r}_{01}| \tag{5-436}$$

代入式（5-435），得到

$$\tilde{r}_G=\frac{-|\tilde{r}_{01}|-e^{-j\delta_G}}{1+|\tilde{r}_{01}|e^{-j\delta_G}}=-\frac{|\tilde{r}_{01}|+e^{-j\delta_G}}{1+|\tilde{r}_{01}|e^{-j\delta_G}} \tag{5-437}$$

将$\tilde{r}_G$写成模和幅角的形式，令

$$\tilde{r}_G=|\tilde{r}_G|e^{j\Theta} \tag{5-438}$$

由式（5-437）计算可得

$$|\tilde{r}_G|=\sqrt{\tilde{r}_G\tilde{r}_G^*}=1 \tag{5-439}$$

又由式（5-437）可得

$$\tilde{r}_G=-\frac{(2|\tilde{r}_{01}|+(1+|\tilde{r}_{01}|^2)\cos\delta_G-j(1-|\tilde{r}_{01}|^2)\sin\delta_G)}{(1+|\tilde{r}_{01}|\cos\delta_G)^2+|\tilde{r}_{01}|^2\sin^2\delta_G} \tag{5-440}$$

则幅角为

$$\Theta=\tan^{-1}\frac{-(1-|\tilde{r}_{01}|^2)\sin\delta_G}{2|\tilde{r}_{01}|+(1+|\tilde{r}_{01}|^2)\cos\delta_G}=\tan^{-1}\frac{-(1-R_1)\sin\delta_G}{2\sqrt{R_1}+(1+R_1)\cos\delta_G} \tag{5-441}$$

式中，$|\tilde{r}_{01}|^2=R_1$，R_1为上分界面的反射率。

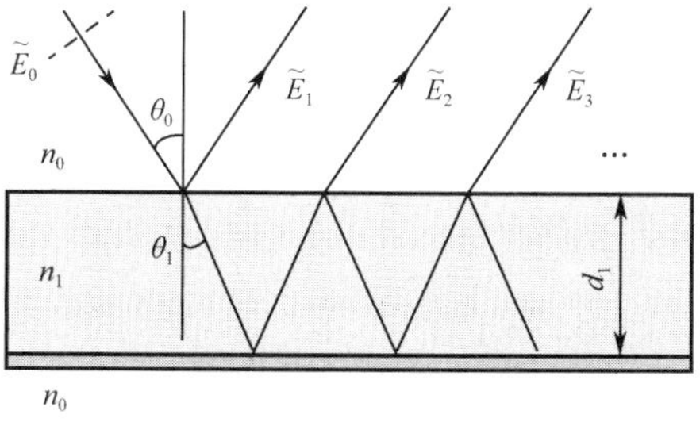

（a）G-T干涉仪原理

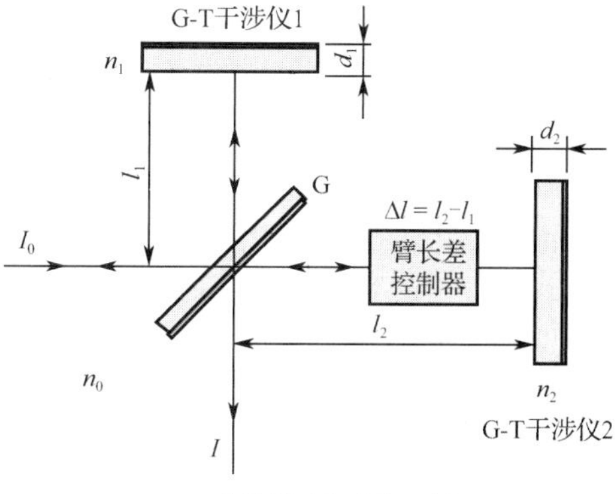

（b）非线性迈克耳孙干涉仪

图 5-55　法布里-珀罗型光学梳状滤波器结构原理

图 5-56（a）是依据式（5-441）计算得到的 G-T 干涉仪相位随频率的变化曲线。计算取值 $n_1=1.52$，$d_1=1.5\text{mm}$，$R_1=0.18$，频率取值范围 $f=1.93\times10^{14}\sim1.933\times10^{14}\,\text{Hz}$。在垂直入射的情况下，$\theta_1=0$，式（5-429）用频率表示为

$$\delta_G=\frac{4\pi f}{c}n_1d_1 \tag{5-442}$$

当相位 $\Theta=0$，$\tan\Theta=0$ 时，由式（5-441）可知，相位满足

$$\delta_G=\frac{4\pi f}{c}n_1d_1=m\pi,\quad m=1,2,\cdots \tag{5-443}$$

则频率满足

$$f_m=m\frac{c}{4n_1d_1},\quad m=1,2,\cdots \tag{5-444}$$

由于 f_m 与反射率 R_1 无关，所以在给定 n_1 和 d_1 的情况下，改变 R_1 就可改变相位在两个频点之间的非线性特性。显然，两频点间的相位为非线性变化，但由于非线性不具有对称性，因此调节相位也不具有对称性。

由于没有考虑上、下界面反射膜相位的非线性特性，所以式（5-441）的相位计算本身是一种近似结果。许多国内外文献采用了如下的近似计算公式[72,73,74,75,76]

$$\Theta=-2\tan^{-1}\left[\frac{(1-R_1)\sin\delta_G}{(1+R_1)\cos\delta_G}\right]=-2\tan^{-1}\left[\frac{1-R_1}{1+R_1}\tan\delta_G\right] \tag{5-445}$$

取与图 5-56（a）相同的参数，计算结果如图 5-56（b）所示。

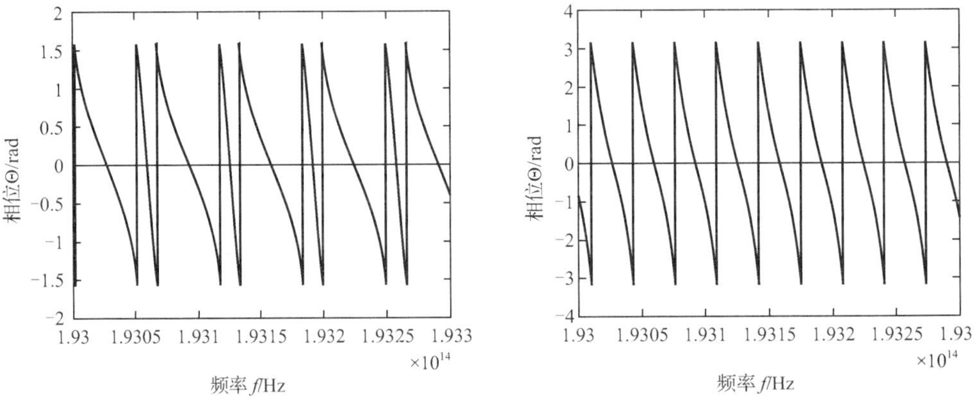

（a）式（5-443）的计算结果　　（b）式（5-447）的计算结果

图 5-56　G-T 干涉仪反射系数相位随光波频率的变化曲线

2）非线性迈克耳孙干涉仪的传输特性

非线性迈克耳孙干涉仪如图 5-55（b）所示，它是将标准迈克耳孙干涉仪的两臂平面高反射镜用 G-T 干涉仪替代。G-T 干涉仪 1 的平板折射率为 n_1，几何厚度为 d_1，上界面反射率为 R_1；G-T 干涉仪 2 的平板折射率为 n_2，几何厚度为 d_2，上界面反射率为 R_2；迈克耳孙干涉仪的两臂臂长差 $\Delta l=l_2-l_1$。根据双光束干涉相位差式（5-150），可写出非线性迈克耳孙干涉仪两光束的相位差为

$$\delta=(\varphi_{02}+\Theta_2)-(\varphi_{01}+\Theta_1)=(\varphi_{02}-\varphi_{01})+(\Theta_2-\Theta_1) \tag{5-446}$$

将式（5-151）和式（5-154）代入上式，得到

$$\delta = \frac{4\pi}{\lambda} n_0 \Delta l + (\Theta_2 - \Theta_1) \tag{5-447}$$

式中，n_0 为放置迈克耳孙干涉仪的空间折射率。

由于 G-T 干涉仪反射系数的模 $|\tilde{r}_{G_1}| = |\tilde{r}_{G_2}| = 1$，所以两臂反射光光强相等。由式（5-149）可得两束光叠加后的光强为

$$I = \frac{I_0}{2}\cos^2\frac{\delta}{2} = \frac{I_0}{2}\cos^2\left[\frac{2\pi}{\lambda} n_0 \Delta l + \left(\frac{\Theta_2 - \Theta_1}{2}\right)\right] \tag{5-448}$$

式中，I_0 为入射光强。

图 5-57（a）是依据式（5-447）和式（5-445）计算得到的非线性迈克耳孙干涉仪的相位 δ 随频率 f 的变化曲线，图 5-57（b）是依据式（5-448）计算得到的非线性迈克耳孙干涉仪光强 I 随频率 f 的变化曲线。计算取值 $n_0 = n_1 = n_2 = 1.0$，$\Delta l = d_1 = d_2 = 1.49896\text{mm}$ [74]，$R_1 = 0.6$，$R_2 = 0.12$，$I_0 = 1.0$，频率取值范围 $f = 1.93 \times 10^{14} \sim 1.933 \times 10^{14}\,\text{Hz}$，通道间隔为 100GHz。

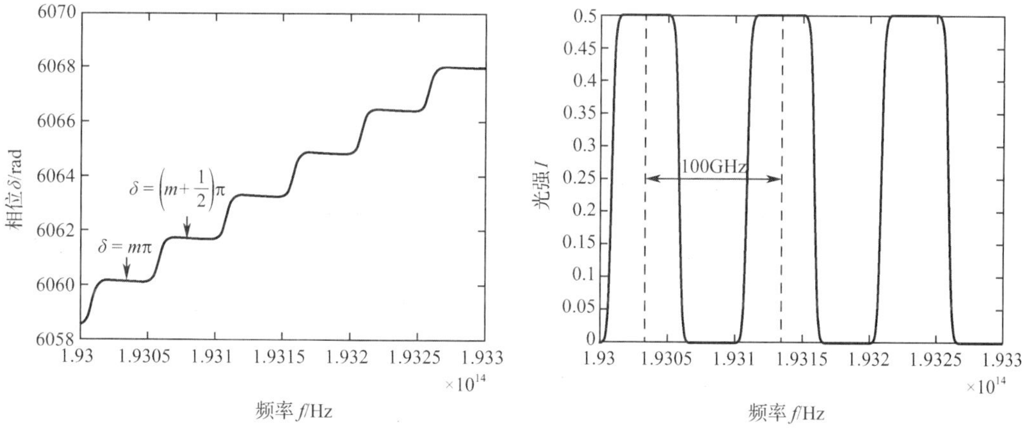

（a）相位随频率变化　　（b）光强随频率变化

图 5-57　非线性迈克耳孙干涉仪相位和光强随频率的变化曲线

由图 5-57（b）不难看出，非线性迈克耳孙干涉仪梳状滤波器具有畸变小、信道隔离度高、宽平坦带宽和一致性好等优点。除此之外，非线性迈克耳孙干涉仪梳状滤波器结构简单，性能稳定，可用作光网络不同周期和带宽的光学梳状滤波器。

4．光纤法布里-珀罗传感器[83~89]

光纤传感技术是随着光导纤维及光纤通信技术的发展而迅速发展起来的一种以光为载体、光纤为传输介质，感知和传输被测信号的新型传感技术。光纤传感技术的研究始于 20 世纪 70 年代，由于它具有一些突出的优点而受到普遍关注。目前已证明光纤传感可应用于位移、振动、转动、压力、应力、应变、速度、电场、磁场、温度、声场、流量、液位、浓度等 70 多个物理量的测量，其优点在于适用范围广、灵活性强和灵敏度高，且易于实现远距离测量等。

光纤法布里-珀罗（Fabry-Perot）传感器（FFPI）的研制始于 20 世纪 80 年代早期，主要应用于温度、应变和复合材料超声波压力传感器中。在此基础上，20 世纪 90 年代开始，光纤法布里-珀罗传感器开始进行商业性开发，人们研制出很多实用传感器并得到广泛应用。至

今光纤法布里-珀罗传感器仍是传感器技术研究的热点之一。

1）光纤法布里-珀罗传感器的结构形式

根据光纤法布里-珀罗传感器组成结构的不同，可将光纤法布里-珀罗传感器分为三种。① 本征型：即将阶跃型单模光纤分为三段，*A*、*C* 段端面镀高反射膜，然后与 *B* 段熔接，如图 5-58（a）所示；*B* 段光纤长度为 l，即为法布里-珀罗腔腔长。② 非本征型：选择两条阶跃型单模光纤，或者一条阶跃型单模光纤，另一条为多模光纤，然后将两光纤端面镀膜。镀膜后将两光纤准直密封在中空管中，如图 5-58（b）所示。光纤两端面间为空气，折射率为 $n_0=1.0$，两端面间隔为 l，即为法布里-珀罗腔腔长。③ 线性复合腔型：如图 5-58（c）所示，两端面镀膜光纤用导管粘连，导管中为空气，折射率 $n_0=1.0$，导管长度为 l。

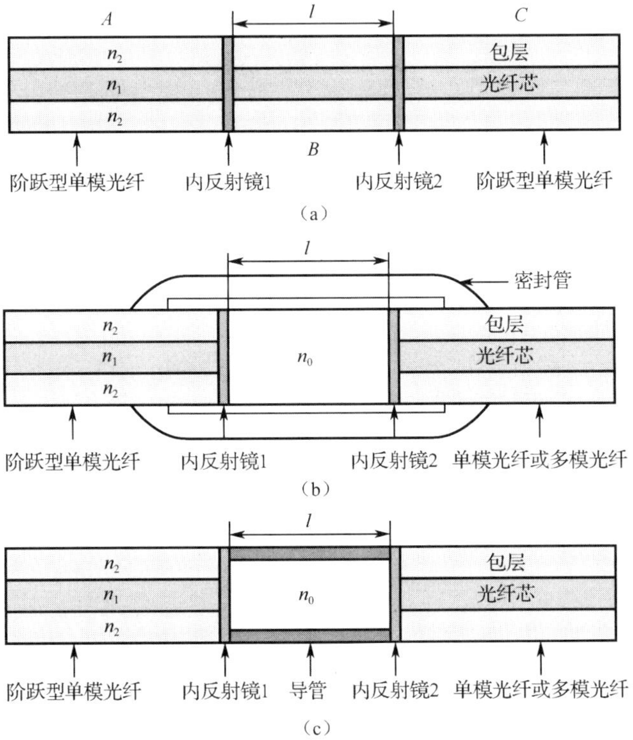

图 5-58 光纤法布里-珀罗传感器的组成结构

2）单模光纤基模的平面波形式[20,54,90]

只能传播一种模式的光纤称为单模光纤。单模光纤只能传输最低阶模——基模，也称为主模或线偏振模。主模记作 HE_{11}，线偏振模记作 LP_{01}。单模光纤的带宽一般在几十千兆赫兹以上，比梯度多模光纤高 1～2 个数量级，比阶跃多模光纤高 3 个数量级以上。

单模光纤的线偏振模 LP_{01} 在直角坐标系下的场分布为

$$\begin{cases}\tilde{E}_{1x}=0\\ \tilde{E}_{1y}=\tilde{E}_0 J_0\left(\dfrac{u}{a}\rho\right)\mathrm{e}^{-\mathrm{j}k_z z}\\ \tilde{E}_{1z}=\mathrm{j}\dfrac{u}{ak_1}\tilde{E}_0 J_1\left(\dfrac{u}{a}\rho\right)\sin\varphi\mathrm{e}^{-\mathrm{j}k_z z}\\ \tilde{H}_{1x}=-\sqrt{\dfrac{\varepsilon_0}{\mu_0}}n_1\tilde{E}_0 J_0\left(\dfrac{u}{a}\rho\right)\mathrm{e}^{-\mathrm{j}k_z z}\\ \tilde{H}_{1y}=0\\ \tilde{H}_{1z}=-\mathrm{j}\dfrac{1}{\omega\mu_0}\dfrac{u}{a}\tilde{E}_0 J_1\left(\dfrac{u}{a}\rho\right)\cos\varphi\mathrm{e}^{-\mathrm{j}k_z z}\end{cases} \tag{5-449}$$

式中，$\{\rho,\varphi,z\}$ 为柱坐标；a 为光纤纤芯半径；k_1 为光纤纤芯介质中的波数，$k_1=k_0 n_1=2\pi n_1/\lambda$，$k_0$ 为真空中的波数，λ 为真空中的波长，n_1 为光纤纤芯的折射率；k_z 为沿 Z 轴正方向纤芯中的相位常数。$J_0(u\rho/a)$ 和 $J_1(u\rho/a)$ 分别为第一类零阶和一阶贝塞尔函数，其中 u 为光纤径向归一化相位常数，有

$$u=a\sqrt{k_0^2 n_1^2-k_z^2} \tag{5-450}$$

由式（5-449）不难看出，光纤中线偏振模 LP_{01} 为非均匀平面光波。在弱导光纤中，光波可近似看作沿 Z 轴正方向传播，因此，$k_z\approx k_1$，由式（5-450）有

$$u\to 0,\quad \frac{u}{a}\to 0 \tag{5-451}$$

而

$$J_0\left(\frac{u}{a}\rho\right)\to 1,\quad J_1\left(\frac{u}{a}\rho\right)\to 0 \tag{5-452}$$

代入式（5-449），有

$$\tilde{E}_z\to 0,\quad \tilde{H}_z\to 0 \tag{5-453}$$

由此可得

$$\begin{cases}\tilde{E}_{1y}=\tilde{E}_0\mathrm{e}^{-\mathrm{j}k_z z}\\ \tilde{H}_{1x}=-\sqrt{\dfrac{\varepsilon_0}{\mu_0}}n_1\tilde{E}_0\mathrm{e}^{-\mathrm{j}k_z z}\end{cases} \tag{5-454}$$

该式表明，弱导光纤纤芯内的光波场近似于无界空间中的平面光波，这就是光纤法布里–珀罗多光束干涉的理论依据。

3）光纤法布里–珀罗干涉的光强反射率

假设光纤内两个反射镜的反射系数不相等，内反射镜 1 的反射系数为 $\tilde{r}_{01}$，内反射镜 2 的反射系数为 $\tilde{r}_2$，并记

$$\tilde{r}_{01}=|\tilde{r}_{01}|\mathrm{e}^{\mathrm{j}\varphi_{01}},\quad \tilde{r}_2=|\tilde{r}_2|\mathrm{e}^{\mathrm{j}\varphi_2} \tag{5-455}$$

在不考虑光纤端面透射光衍射的情况下，由式（5-432）可得光纤法布里–珀罗多光束干涉的光强为

$$
\begin{aligned}
I_{\mathrm{r}} &= \tilde{E}_{\mathrm{r}}\tilde{E}_{\mathrm{r}}^{*} = \tilde{E}_{0}\tilde{E}_{0}^{*}\left[\frac{\tilde{r}_{01}+\tilde{r}_{2}\mathrm{e}^{-\mathrm{j}\delta}}{1+\tilde{r}_{2}\tilde{r}_{01}\mathrm{e}^{-\mathrm{j}\delta}}\right]\left[\frac{\tilde{r}_{01}+\tilde{r}_{2}\mathrm{e}^{-\mathrm{j}\delta}}{1+\tilde{r}_{2}\tilde{r}_{01}\mathrm{e}^{-\mathrm{j}\delta}}\right]^{*} \\
&= I_{0}\frac{R_1+R_2+2\sqrt{R_1R_2}\cos(\delta+\varphi_{01}-\varphi_2)}{1+R_1R_2+2\sqrt{R_1R_2}\cos(\delta-\varphi_{01}-\varphi_2)}
\end{aligned}
\tag{5-456}
$$

式中，$R_1=|\tilde{r}_{01}|^2$，$R_2=|\tilde{r}_2|^2$。由此可得光纤法布里-珀罗多光束干涉的光强反射率为

$$
\mathcal{R}=\frac{I_{\mathrm{r}}}{I_0}=\frac{R_1+R_2+2\sqrt{R_1R_2}\cos(\delta+\varphi_{01}-\varphi_2)}{1+R_1R_2+2\sqrt{R_1R_2}\cos(\delta-\varphi_{01}-\varphi_2)} \tag{5-457}
$$

式中，δ 为两相邻反射平面光波的相位差。垂直入射的情况下，由式（5-429）有

$$
\delta=\frac{4\pi}{\lambda}n_1 l\text{（本征型）}\quad\text{或}\quad\delta=\frac{4\pi}{\lambda}n_0 l\text{（非本征型）} \tag{5-458}
$$

如果近似取 $\varphi_{01}=\varphi_2=\pi$，则式（5-457）化简为

$$
\mathcal{R}=\frac{R_1+R_2+2\sqrt{R_1R_2}\cos\delta}{1+R_1R_2+2\sqrt{R_1R_2}\cos\delta} \tag{5-459}
$$

假如光纤端面不镀膜，两端面反射率较小（玻璃表面最大反射率 $R\approx0.043$），则 $R_1R_2\ll1$，式（5-459）可近似为

$$
\mathcal{R}\approx R_1+R_2+2\sqrt{R_1R_2}\cos\delta \tag{5-460}
$$

显然，式（5-460）就是与式（5-149）相对应的双光束干涉公式。如果 $R_1=R_2=R$，则式（5-460）进一步化简为

$$
\mathcal{R}\approx2R(1+\cos\delta)=4R\cos^2\frac{\delta}{2} \tag{5-461}
$$

图 5-59 是依据式（5-459）给出的两条光强反射率随相位 δ 的变化曲线，高反射率曲线取 $R_1=R_2=0.90$，低反射率曲线取 $R_1=0.12, R_2=0.24$。由图可以看出，光纤内两端面反射率 R_1 和 R_2 越小，光强反射率 $\mathcal{R}$ 越接近余弦变化；光纤内两端面反射率 R_1 和 R_2 越高，光强反射率 $\mathcal{R}$ 反射带越宽，透射带越窄。

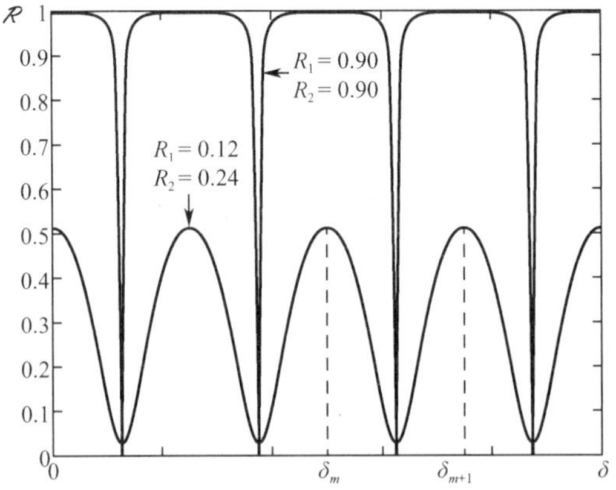

图 5-59 光纤法布里-珀罗多光束干涉的反射率

4）光纤法布里-珀罗干涉相位解调方法

光纤法布里-珀罗传感器的检测量主要有两个：强度 $\mathcal{R}$ 的变化和相位 δ 的变化。强度变化对应的传感器结构简单，成本也较低，光源采用单色激光光源，外部物理量变化引起光纤

内两反射面的光程差变化，由此引起光强反射率 $\mathcal{R}$ 变化。强度的解调方法是通过测量传感器输出光强反射率的改变，再转换为相应物理量的变化。但是由于光强变化易受外界干扰，此方法不具有实用价值。

相位变化对应的传感器采用复色白光源（宽带光源），测量系统与光强无关，传感器的检测量是腔长 l 的变化［见式（5-458）］。由于相位变化与光强无关，抗干扰能力较强，因此该方法得到广泛应用。但是，由于采用的是频谱分析技术，其灵敏度比较低，且动态响应速度慢。因此，相位解调算法仍是研究热点，研究人员提出了许多改进算法，如傅里叶变换法、二峰值波长法、波长跟踪法、互相关法和最小均方误差方法等。下面介绍相位解调的基本原理。

相位解调是一种基于波长变化的解调算法。复色光通过光纤耦合器到 F-P 传感器，传感器的反射光经光纤耦合器到光谱仪，然后进行信号处理，如图 5-60 所示。

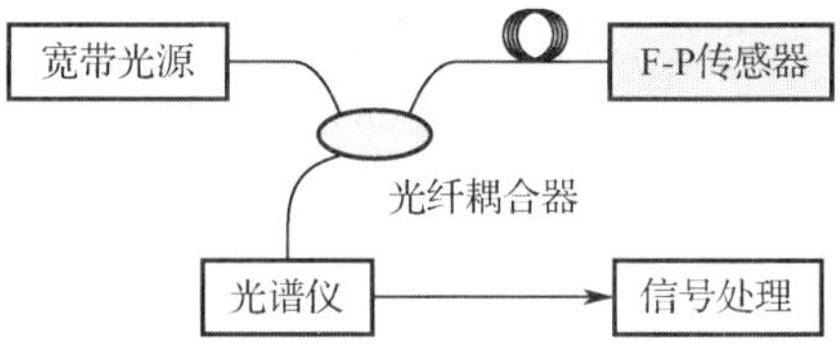

图 5-60　相位解调原理图

假设宽带光源光强呈均匀分布，在法布里-珀罗传感器两端面反射率较低的情况下，由光谱仪得到的光强反射率近似为余弦曲线，如图 5-59 所示。由式（5-461）可知，当相位 δ 满足

$$\frac{\delta_m}{2} = m\pi, \quad m = 1, 2, \cdots \tag{5-462}$$

时，对应的光强反射率为极大值。取相邻两极大值，并将式（5-458）代入上式，有

$$\delta_m = \frac{4\pi}{\lambda_m} n_0 l = 2m\pi, \quad \delta_{m+1} = \frac{4\pi}{\lambda_{m+1}} n_0 l = 2(m+1)\pi \tag{5-463}$$

求解可得

$$l = \frac{1}{2n_0} \frac{\lambda_m \lambda_{m+1}}{\lambda_m - \lambda_{m+1}} \tag{5-464}$$

这就是相位解调得到的腔长 l 与极大值波长 λ_m 和 λ_{m+1} 之间的关系表达式。该式表明，通过光谱仪检测相位极大值对应的波长 λ_m 和 λ_{m+1}，即可得到腔长 l。由于相位变化与光强无关，所以相位解调得到的腔长 l 的精确度和测量稳定性都较好。

5.8.4　多光束干涉光刻

光刻技术作为一种精密微细表面加工技术，已广泛应用于微电子学、二元光学、光子晶体、集成光学和纳米技术等领域。但是，传统光刻技术存在生产成本高、制备工艺复杂、效率低和刻蚀面积小等缺点，阻碍了纳米技术在工业领域的应用。因此，需要寻求新的光刻技术以解决纳米制造中的技术难题，这就是近年来提出的多光束干涉光刻技术。多光束干涉光刻技术的优点在于不用昂贵的光学镜头，无须采用掩膜，制备相对简单且廉价，曝光范围大，能以低成本高效率实现简单和复杂的纳米或微米周期性表面结构。

1. 光刻的基本概念

传统光刻的一般工艺过程如图 5-61 所示，可分为六个步骤：① 在基片上镀膜，并加工成所需要的形状；② 把光刻胶通过旋涂机的喷嘴滴到基片上，旋涂机高速运转，光刻胶便在基片上成膜；③ 在光刻胶膜表面粘覆掩膜，并进行曝光；④ 显影，即溶解掉光刻胶曝光的部分；⑤ 刻蚀；⑥ 除去光刻胶，即可得到刻蚀结果。

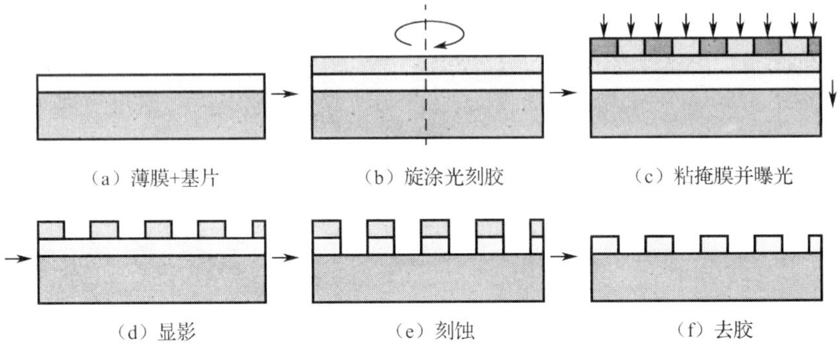

图 5-61　传统光刻的一般工艺过程

2. 干涉光刻的主要类型[94～108]

干涉光刻的分类有多种方法。按曝光波长可分为可见光、深紫外、真空紫外、极紫外、X 射线等；按分束的方法可分为分波前干涉光刻和分振幅干涉光刻；按参与干涉光束的数目可分为双光束、三光束、四光束和五光束等；按曝光次数可分为单次曝光光刻和多次曝光光刻；按是否使用掩膜可分为无掩膜干涉光刻和有掩膜干涉光刻。

表面等离子体激元（SPP）干涉光刻也属于干涉光刻的一种，其原理是由外部光波诱导金属表面自由电子集体振荡，从而形成一种沿金属导体表面传播的电荷疏密波。表面等离子体激元的突出特点之一是可将光波能量聚集在纳米空间范围，当表面等离子体激元与光波形成共振时可实现近场光增强效应。将这种近场光增强效应应用于多光束干涉光刻中可以获得对比度较高的纳米尺度阵列图形。尤其是多棱锥镜耦合下的 SPP 干涉光刻具有大面积、无掩膜光刻的优点，使低成本制作周期性纳米结构成为可能。

全息光刻技术也是利用多束相干光在空间会聚产生干涉，形成空间干涉图案。由于空间干涉区域放置有感光介质，干涉图案就记录在感光介质上。感光介质感光程度的不同，使介质的折射率产生周期性变化，从而在介质中形成周期性变化的有序结构。

3. 多光束干涉光刻的基本原理

实际上，多光束干涉就是多个激光束干涉。激光束为高斯光束［见式（2-199）］，但在傍轴和远场近似条件下，由于球面曲率半径 $R(z)\to\infty$，高斯光束等相位面为平面［见式（2-211）］，因此多光束干涉可将激光束近似为平面光波。

考虑 N 列平面光波干涉。由式（2-27）和式（2-39）可写出第 m 列平面光波的电场强度复振幅为

$$\tilde{\mathbf{E}}_m(\mathbf{r})=\tilde{\mathbf{E}}_{0m}\mathrm{e}^{-\mathrm{j}(k\mathbf{k}_{0m}\cdot\mathbf{r}+\varphi_{0m})}=\tilde{\mathbf{E}}_{0m}\mathrm{e}^{-\mathrm{j}\left(\frac{\omega}{c}n\mathbf{k}_{0m}\cdot\mathbf{r}+\varphi_{0m}\right)}\tag{5-465}$$

式中，$\mathbf{r}=x\mathbf{e}_x+y\mathbf{e}_y+z\mathbf{e}_z$ 为空间位置矢量；$\mathbf{k}_{0m}$ 为平面光波传播方向单位矢量，如图 5-62 所示；

$k=2\pi/\lambda=\omega n/c$ 为波数，λ 为介质中的波长，n 为光刻介质的折射率；$\tilde{\mathbf{E}}_{0m}$ 为第 m 列平面光波的初始复振幅，φ_{0m} 为第 m 列平面光波的初相位。

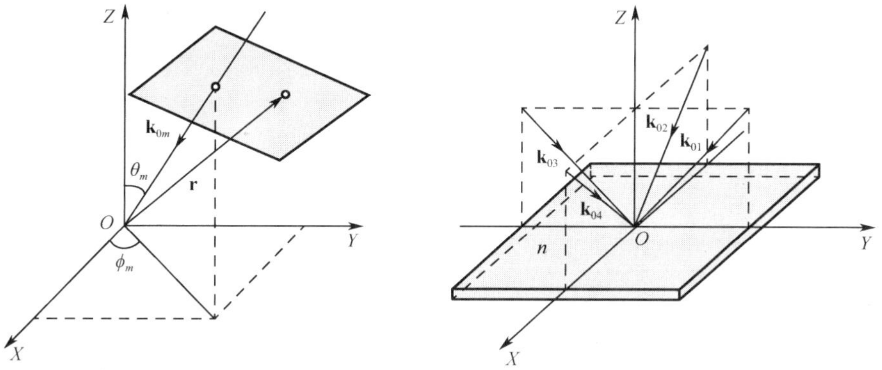

（a）单束光入射　　（b）四束光入射

图 5-62　空间直角坐标系与入射光波方向之间的关系

在直角坐标系下，将初始复振幅写成分量形式，有

$$\tilde{\mathbf{E}}_{0m}=\tilde{E}_{x0m}\mathbf{e}_x+\tilde{E}_{y0m}\mathbf{e}_y+\tilde{E}_{z0m}\mathbf{e}_z \tag{5-466}$$

如果记传播方向单位矢量 $\mathbf{k}_{0m}$ 与 Z 轴的夹角为 θ_m（正方向间的夹角为 $\pi-\theta_m$），单位矢量 $\mathbf{k}_{0m}$ 在 XY 平面上的投影与 X 轴的夹角为 ϕ_m，则传播方向单位矢量 $\mathbf{k}_{0m}$ 可表示为

$$\mathbf{k}_{0m}=\sin\theta_m\cos\phi_m\mathbf{e}_x+\sin\theta_m\sin\phi_m\mathbf{e}_y-\cos\theta_m\mathbf{e}_z \tag{5-467}$$

当 N 束光在空间相遇时，叠加光波的电场强度复振幅为

$$\tilde{\mathbf{E}}(\mathbf{r})=\sum_{m=1}^{N}\tilde{\mathbf{E}}_m(\mathbf{r})=\sum_{m=1}^{N}\tilde{\mathbf{E}}_{0m}\mathrm{e}^{-\mathrm{j}(k\mathbf{k}_{0m}\cdot\mathbf{r}+\varphi_{0m})} \tag{5-468}$$

由此可写出空间干涉场的光强分布为

$$\begin{aligned}I(\mathbf{r})=\tilde{\mathbf{E}}\cdot\tilde{\mathbf{E}}^*&=\left(\sum_{m=1}^{N}\tilde{\mathbf{E}}_{0m}\mathrm{e}^{-\mathrm{j}(k\mathbf{k}_{0m}\cdot\mathbf{r}+\varphi_{0m})}\right)\cdot\left(\sum_{m=1}^{N}\tilde{\mathbf{E}}_{0m}^*\mathrm{e}^{\mathrm{j}(k\mathbf{k}_{0m}\cdot\mathbf{r}+\varphi_{0m})}\right)\\&=\sum_{m=1}^{N}(\tilde{\mathbf{E}}_{0m}\cdot\tilde{\mathbf{E}}_{0m}^*)+\sum_{m=1}^{N}\sum_{n=1,n\neq m}^{N}(\tilde{\mathbf{E}}_{0m}\cdot\tilde{\mathbf{E}}_{0n}^*)\mathrm{e}^{-\mathrm{j}[k(\mathbf{k}_{0m}-\mathbf{k}_{0n})\cdot\mathbf{r}+\varphi_{0m}-\varphi_{0n}]}\end{aligned} \tag{5-469}$$

这就是 N 束光干涉光强的空间分布。式中第一项为干涉场的背景项，第二项为干涉项。此式不仅适用于多光束干涉光刻，也适用于全息光刻。

根据式（5-466）有

$$\tilde{\mathbf{E}}_{0m}\cdot\tilde{\mathbf{E}}_{0n}^*=\mathbf{E}^*{}_{0m}\cdot\tilde{\mathbf{E}}_{0n} \tag{5-470}$$

另外，根据式（5-467）有

$$\mathbf{k}_{0m}-\mathbf{k}_{0n}=-(\mathbf{k}_{0n}-\mathbf{k}_{0m}) \tag{5-471}$$

将式（5-469）中的干涉项复指数形式用三角函数形式替代，并将式（5-470）和式（5-471）代入式（5-469），令

$$I_{mn}=\tilde{E}_{x0m}\tilde{E}_{x0n}+\tilde{E}_{y0m}\tilde{E}_{y0n}+\tilde{E}_{z0m}\tilde{E}_{z0n} \tag{5-472}$$

$$\delta_{mn}=k\begin{bmatrix}(\sin\theta_m\cos\phi_m-\sin\theta_n\cos\phi_n)x\\+(\sin\theta_m\sin\phi_m-\sin\theta_n\sin\phi_n)y\\-(\cos\theta_m-\cos\theta_n)z\end{bmatrix}+(\varphi_{0m}-\varphi_{0n}) \tag{5-473}$$

则式（5-469）可写成余弦形式为

$$I(\mathbf{r})=\sum_{m=1}^{N}I_{mm}+2\sum_{m=1}^{N}\sum_{n=m+1}^{N}I_{mn}\cos\delta_{mn} \tag{5-474}$$

下面讨论双光束、三光束和六光束干涉的情况。

① $N=2$

由式（5-474）得到

$$I(\mathbf{r})=I_{11}+I_{22}+2I_{12}\cos\delta_{12} \tag{5-475}$$

由式（5-473）有

$$\delta_{12}=k\begin{bmatrix}(\sin\theta_1\cos\phi_1-\sin\theta_2\cos\phi_2)x\\+(\sin\theta_1\sin\phi_1-\sin\theta_2\sin\phi_2)y\\-(\cos\theta_1-\cos\theta_2)z\end{bmatrix}+(\varphi_{01}-\varphi_{02}) \tag{5-476}$$

在 y 和 z 取常数的情况下，对式（5-476）两边取差分，有

$$\Delta\delta_{12}=k(\sin\theta_1\cos\phi_1-\sin\theta_2\cos\phi_2)\Delta x \tag{5-477}$$

干涉极大满足的条件为

$$\delta_{12}=2m\pi,\quad m=0,\pm1,\pm2,\cdots \tag{5-478}$$

两相邻极大（或极小）相位变化为 $\Delta\delta_{12}=2\pi$，代入式（5-477），得到 X 轴方向干涉条纹间距为

$$\Delta x=\frac{\lambda}{|\sin\theta_1\cos\phi_1-\sin\theta_2\cos\phi_2|} \tag{5-479}$$

同理可得 Y 轴和 Z 轴方向干涉条纹间距分别为

$$\Delta y=\frac{\lambda}{|\sin\theta_1\sin\phi_1-\sin\theta_2\sin\phi_2|} \tag{5-480}$$

$$\Delta z=\frac{\lambda}{|\cos\theta_1-\cos\theta_2|} \tag{5-481}$$

在 XY 平面上观测干涉条纹，$z=0$，取 $I_{11}=I_{22}=I_{12}=I_0$，$\varphi_{01}-\varphi_{02}=0$（初相位 φ_{0m} 和 φ_{0n} 的选取可以使干涉条纹在 XY 平面上平行移动），则式（5-475）可化简为

$$I(\mathbf{r})=2I_0(1+\cos\delta_{12}) \tag{5-482}$$

而

$$\delta_{12}=k[(\sin\theta_1\cos\phi_1-\sin\theta_2\cos\phi_2)x+(\sin\theta_1\sin\phi_1-\sin\theta_2\sin\phi_2)y] \tag{5-483}$$

取入射光波长 $\lambda=632.8\text{nm}$，$n=1.0$，$\theta_1=\theta_2=\pi/3$，$\phi_1=\pi/4$，$\phi_2=5\pi/4$，由式（5-467）可写出双光束传播方向单位矢量为

$$1:\begin{cases}\mathbf{k}_{01}=\sin\dfrac{\pi}{3}\cos\dfrac{\pi}{4}\mathbf{e}_x+\sin\dfrac{\pi}{3}\sin\dfrac{\pi}{4}\mathbf{e}_y-\cos\dfrac{\pi}{3}\mathbf{e}_z\\ \mathbf{k}_{02}=\sin\dfrac{\pi}{3}\cos\dfrac{5\pi}{4}\mathbf{e}_x+\sin\dfrac{\pi}{3}\sin\dfrac{5\pi}{4}\mathbf{e}_y-\cos\dfrac{\pi}{3}\mathbf{e}_z\end{cases} \tag{5-484}$$

取 $\theta_1=\theta_2=\pi/3$，$\phi_1=3\pi/4$，$\phi_2=-\pi/4$，双光束传播方向单位矢量为

$$2:\begin{cases}\mathbf{k}_{03}=\sin\dfrac{\pi}{3}\cos\dfrac{3\pi}{4}\mathbf{e}_x+\sin\dfrac{\pi}{3}\sin\dfrac{3\pi}{4}\mathbf{e}_y-\cos\dfrac{\pi}{3}\mathbf{e}_z\\ \mathbf{k}_{04}=\sin\dfrac{\pi}{3}\cos\left(-\dfrac{\pi}{4}\right)\mathbf{e}_x+\sin\dfrac{\pi}{3}\sin\left(-\dfrac{\pi}{4}\right)\mathbf{e}_y-\cos\dfrac{\pi}{3}\mathbf{e}_z\end{cases} \tag{5-485}$$

取 $I_0=0.5$，观测屏大小为 $3\mu m\times 3\mu m$。依据式（5-482）和式（5-483），仿真得到的单次曝光双光束干涉条纹如图 5-63（a）和（b）所示，图 5-63（a）对应于传播方向单位矢量式（5-484），图 5-63（b）对应于传播方向单位矢量式（5-485）。由式（5-479）和式（5-480）计算得到与图 5-63（a）对应的条纹间距为 $\Delta x\approx 516.7\text{nm}$，$\Delta y\approx 516.7\text{nm}$，两个方向的条纹数约为 6。与图 5-63（b）对应的条纹间距和图 5-63（a）相同。

图 5-63（a）和图 5-63（b）是双光束在 XY 平面上单独产生的干涉条纹，也称为单次曝光。如果在 XY 平面的相同区域曝光两次，就是两次曝光四光束干涉，仿真结果如图 5-63（c）所示。

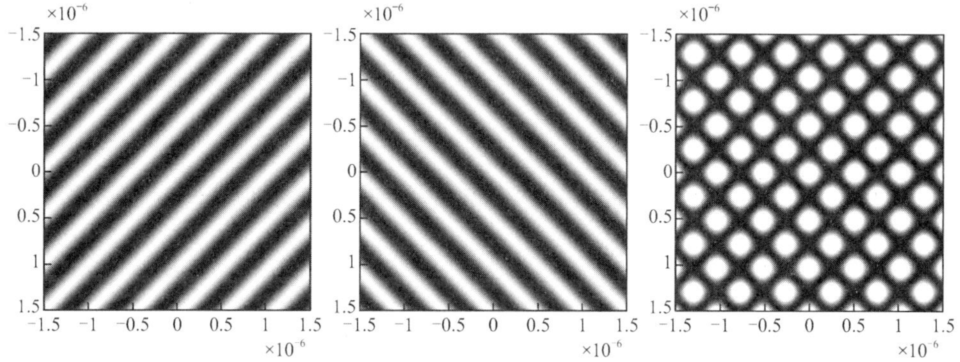

（a）单次曝光双光束干涉条纹1　（b）单次曝光双光束干涉条纹2　（c）两次曝光四光束干涉条纹

图 5-63　单次曝光双光束干涉和两次曝光四光束干涉条纹

② $N=3$

由式（5-474）得到

$$I(\mathbf{r})=I_{11}+I_{22}+I_{33}+2I_{12}\cos\delta_{12}+2I_{13}\cos\delta_{13}+2I_{23}\cos\delta_{23} \tag{5-486}$$

由式（5-473）有

$$\delta_{12}=k\begin{bmatrix}(\sin\theta_1\cos\phi_1-\sin\theta_2\cos\phi_2)x\\+(\sin\theta_1\sin\phi_1-\sin\theta_2\sin\phi_2)y\\-(\cos\theta_1-\cos\theta_2)z\end{bmatrix}+(\varphi_{01}-\varphi_{02}) \tag{5-487}$$

$$\delta_{13}=k\begin{bmatrix}(\sin\theta_1\cos\phi_1-\sin\theta_3\cos\phi_3)x\\+(\sin\theta_1\sin\phi_1-\sin\theta_3\sin\phi_3)y\\-(\cos\theta_1-\cos\theta_3)z\end{bmatrix}+(\varphi_{01}-\varphi_{03}) \tag{5-488}$$

$$\delta_{23}=k\begin{bmatrix}(\sin\theta_2\cos\phi_2-\sin\theta_3\cos\phi_3)x\\+(\sin\theta_2\sin\phi_2-\sin\theta_3\sin\phi_3)y\\-(\cos\theta_2-\cos\theta_3)z\end{bmatrix}+(\varphi_{02}-\varphi_{03}) \tag{5-489}$$

式（5-486）～式（5-489）就是三光束干涉计算公式。

在 XY 平面上观测干涉条纹，$z=0$，取 $I_{11}=I_{22}=I_{33}=I_0$，$I_{12}=I_{13}=I_{23}=I_0$，$\varphi_{01}-\varphi_{02}=0$，$\varphi_{01}-\varphi_{03}=0$，$\varphi_{02}-\varphi_{03}=0$，则式（5-486）化简为

$$I(\mathbf{r})=I_0[3+2(\cos\delta_{12}+\cos\delta_{13}+\cos\delta_{23})] \tag{5-490}$$

而

$$\delta_{12}=k\begin{bmatrix}(\sin\theta_1\cos\phi_1-\sin\theta_2\cos\phi_2)x\\+(\sin\theta_1\sin\phi_1-\sin\theta_2\sin\phi_2)y\end{bmatrix} \tag{5-491}$$

$$\delta_{13} = k\begin{bmatrix}(\sin\theta_1\cos\phi_1 - \sin\theta_3\cos\phi_3)x \\ +(\sin\theta_1\sin\phi_1 - \sin\theta_3\sin\phi_3)y\end{bmatrix} \tag{5-492}$$

$$\delta_{23} = k\begin{bmatrix}(\sin\theta_2\cos\phi_2 - \sin\theta_3\cos\phi_3)x \\ +(\sin\theta_2\sin\phi_2 - \sin\theta_3\sin\phi_3)y\end{bmatrix} \tag{5-493}$$

取入射光波长 $\lambda = 632.8\text{nm}$，$n = 1.0$，$\theta_1 = \theta_2 = \theta_3 = \pi/3$，$\phi_1 = 0$，$\phi_2 = 2\pi/3$，$\phi_3 = 4\pi/3$，由式（5-467）可写出三光束传播方向单位矢量为

$$\begin{cases}\mathbf{k}_{01} = \sin\dfrac{\pi}{3}\cos 0^\circ\mathbf{e}_x + \sin\dfrac{\pi}{3}\sin 0^\circ\mathbf{e}_y - \cos\dfrac{\pi}{3}\mathbf{e}_z \\ \mathbf{k}_{02} = \sin\dfrac{\pi}{3}\cos\dfrac{2\pi}{3}\mathbf{e}_x + \sin\dfrac{\pi}{3}\sin\dfrac{2\pi}{3}\mathbf{e}_y - \cos\dfrac{\pi}{3}\mathbf{e}_z \\ \mathbf{k}_{03} = \sin\dfrac{\pi}{3}\cos\dfrac{4\pi}{3}\mathbf{e}_x + \sin\dfrac{\pi}{3}\sin\dfrac{4\pi}{3}\mathbf{e}_y - \cos\dfrac{\pi}{3}\mathbf{e}_z\end{cases} \tag{5-494}$$

取 $I_0 = 0.5$，观测屏大小为 $3\mu\text{m}\times 3\mu\text{m}$。依据式（5-490）～式（5-494），仿真得到的单次曝光三光束干涉条纹如图 5-64 所示。

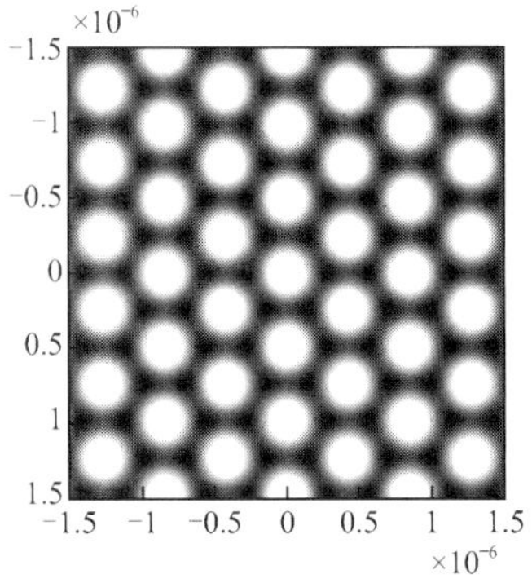

图 5-64　单次曝光三光束干涉条纹

③ $N = 6$

由式（5-474）得到

$$\begin{aligned}I(\mathbf{r}) = {} & I_{11} + I_{22} + I_{33} + I_{44} + I_{55} + I_{66} + \\ & 2I_{12}\cos\delta_{12} + 2I_{13}\cos\delta_{13} + 2I_{14}\cos\delta_{14} + 2I_{15}\cos\delta_{15} + 2I_{16}\cos\delta_{16} + \\ & 2I_{23}\cos\delta_{23} + 2I_{24}\cos\delta_{24} + 2I_{25}\cos\delta_{25} + 2I_{26}\cos\delta_{26} + \\ & 2I_{34}\cos\delta_{34} + 2I_{35}\cos\delta_{35} + 2I_{36}\cos\delta_{36} + \\ & 2I_{45}\cos\delta_{45} + 2I_{46}\cos\delta_{46} + \\ & 2I_{56}\cos\delta_{56}\end{aligned} \tag{5-495}$$

在 XY 平面上观测干涉条纹，$z = 0$，并取 $I_{mm} = I_0(m = 1,2,\cdots,6)$，$I_{mn} = I_0(m,n = 1,2,\cdots,6, m \neq n)$，$\varphi_{0m} = 0(m = 1,2,\cdots,6)$，则式（5-495）化简为

$$I(\mathbf{r}) = 2I_0\begin{pmatrix}3 + (\cos\delta_{12} + 2\cos\delta_{13} + 2\cos\delta_{14} + 2\cos\delta_{15} + 2\cos\delta_{16}) \\ +(\cos\delta_{23} + 2\cos\delta_{24} + 2\cos\delta_{25} + 2\cos\delta_{26}) \\ +(\cos\delta_{34} + 2\cos\delta_{35} + 2\cos\delta_{36}) + (\cos\delta_{45} + 2\cos\delta_{46}) + \cos\delta_{56}\end{pmatrix} \tag{5-496}$$

假设入射光波长 $\lambda = 632.8\text{nm}$，$n = 1.0$，六光束干涉角度参数 θ_m 和 ϕ_m 的取值如表 5-1 所示，取 $I_0 = 0.5$，观测屏大小为 $6\mu\text{m}\times 6\mu\text{m}$。依据式（5-496）和式（5-473），仿真得到的单次

曝光六光束干涉条纹如图 5-65 所示，图 5-65（a）对应于表 5-1 第 1 组的 θ_m 和 ϕ_m，图 5-65（b）对应于表 5-1 第 2 组的 θ_m 和 ϕ_m，图 5-65（c）对应于表 5-1 第 3 组的 θ_m 和 ϕ_m。

表 5-1 六光束干涉角度参数 θ_m 和 ϕ_m

光束编号		1	2	3	4	5	6
第 1 组	θ_m	$\pi/3$	$\pi/3$	$\pi/3$	$\pi/3$	$\pi/3$	$\pi/3$
	ϕ_m	$\pi/3$	$2\pi/3$	π	$4\pi/3$	$5\pi/3$	2π
第 2 组	θ_m	$\pi/3$	$\pi/6$	$\pi/3$	$\pi/6$	$\pi/3$	$\pi/6$
	ϕ_m	$\pi/3$	$2\pi/3$	π	$4\pi/3$	$5\pi/3$	2π
第 3 组	θ_m	$\pi/3$	$\pi/4$	$\pi/3$	$\pi/4$	$\pi/3$	$\pi/4$
	ϕ_m	$\pi/3$	$2\pi/3$	π	$4\pi/3$	$5\pi/3$	2π

（a）第1组　　　　　　　（b）第2组　　　　　　　（c）第3组

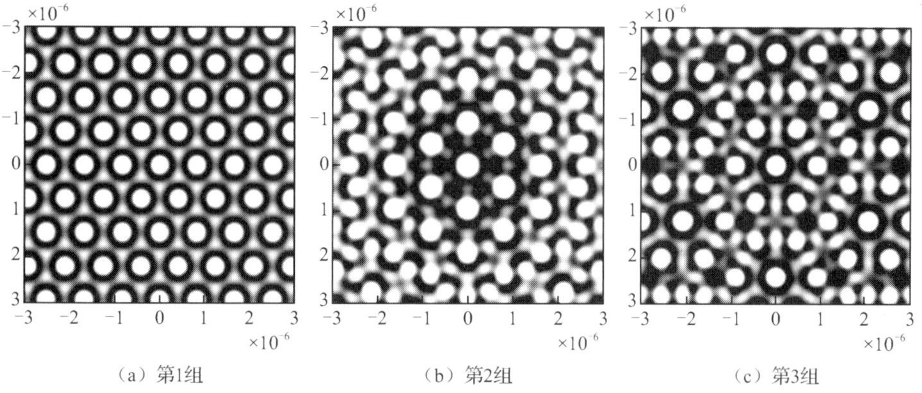

图 5-65 单次曝光六光束干涉条纹

4．多光束干涉光刻的实现方法[91,92, 110]

干涉光刻系统的实现方法可分为两类：波前分割法和振幅分割法。

如图 5-66 所示为一种波前分割双光束干涉多次曝光系统原理。入射平面光波波前分为两部分，一部分直接照射在涂有光刻胶的硅膜上，入射角为 θ_1；另一部分入射到高反射镜 M，反射后照射在涂有光刻胶的硅片上，入射角为 θ_2，两光束在光刻胶表面曝光产生干涉。基片放置在可绕垂直轴旋转的平台上，第一次曝光后，旋转台转动 90°，再进行第二次曝光。由此得到两次曝光四光束干涉条纹，仿真结果如图 5-63（c）所示。

如图 5-67 所示为一种振幅分割双光束干涉多次曝光系统原理。激光束经中性分光镜 G 分为振幅相等的反射光束 1 和透射光束 2。反射光束 1 经高反射镜 M_1 反射，再经准直透镜 L_1 变为平面光波，入射角为 θ_1。透射光束 2 经高反射镜 M_2 反射，再经准直透镜 L_2 变为平面光波，入射角为 θ_2。两列平面光波在光刻胶表面曝光产生干涉。

需要强调的是，一般光刻工艺需要在光刻胶表面粘贴掩膜，然后用平面光波照射，光刻胶记录的是掩膜曝光的图案，如图 5-61（c）和（d）所示。干涉光刻无须掩膜，采用多光束照射，光刻胶记录的是曝光干涉图案。图 5-66 和图 5-67 给出的就是无掩膜双光束干涉光刻系统原理。

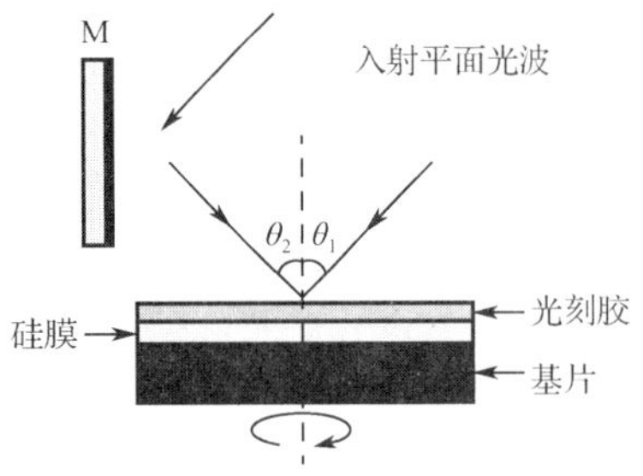

图 5-66　波前分割双光束干涉多次曝光系统原理

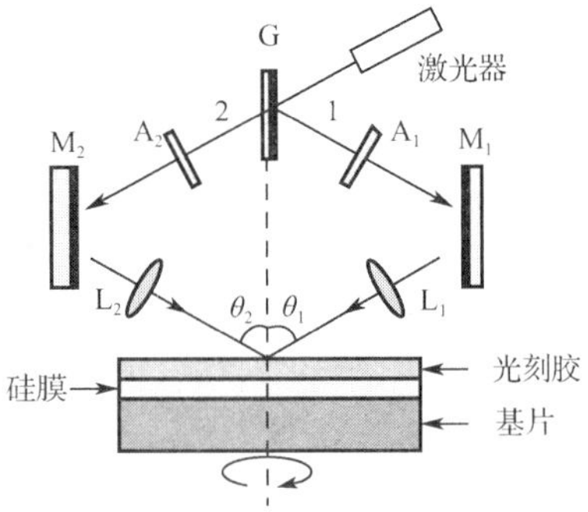

图 5-67　振幅分割双光束干涉多次曝光系统原理

5．多光束 SPP 干涉的实现方法[105, 106]

光激励 SPP 干涉主要有两种实现方法：光栅耦合和多棱锥镜耦合。对于光栅耦合，金属光栅周期必须满足 SPP 共振条件，由此导致金属光栅的加工难度大，制备成本也较高。多棱锥镜加工相对容易，成本也较低，因此采用多棱锥镜耦合方式是可供选择的一种实用光激励方式。多棱锥镜耦合 SPP 干涉光刻系统原理如图 5-68（a）所示，用金属膜代替金属光栅，平面光波沿 Z 轴方向入射到棱锥镜的表面，折射光以等入射角 θ_m 入射到棱锥镜底部，在棱锥镜底部产生干涉，由此引起金属膜表面自由电子疏密振荡。由于金属膜很薄，自由电子振荡传递到光刻胶引起曝光，从而实现干涉光刻。

图 5-68（b）给出了 12 棱锥镜耦合仿真干涉图。取金属膜表面坐标 $z=0$，入射光波长 $\lambda=632.8\text{nm}$，观测屏大小为 $6\mu\text{m}\times6\mu\text{m}$，多棱锥镜折射率 $n=1.52$，棱锥镜内光束入射角均等，$\theta_m=\pi/3(m=1,2,\cdots,12)$，光强相等，$I_{mn}=I_0(m,n=1,2,\cdots,12)$，$\varphi_{0m}=0(m=1,2,\cdots,12)$，由式（5-474）可得

$$I(\mathbf{r})=2I_0\left(6+\sum_{m=1}^{12}\sum_{n=m+1}^{12}\cos\delta_{mn}\right) \tag{5-497}$$

式中，相位 $\delta_{mn}(m,n=1,2,\cdots,12)$ 的计算由式（5-473）确定。

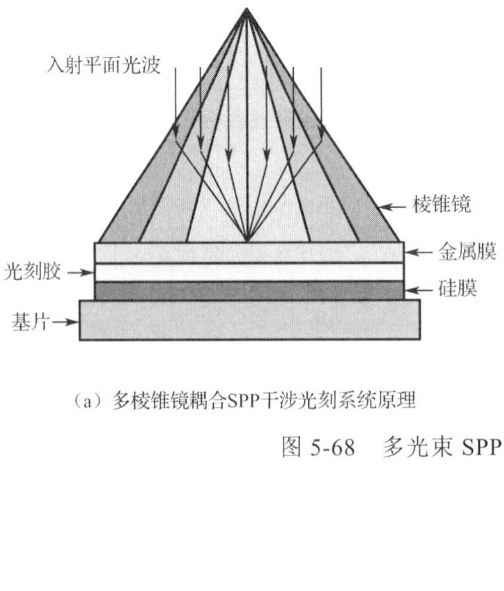

（a）多棱锥镜耦合SPP干涉光刻系统原理

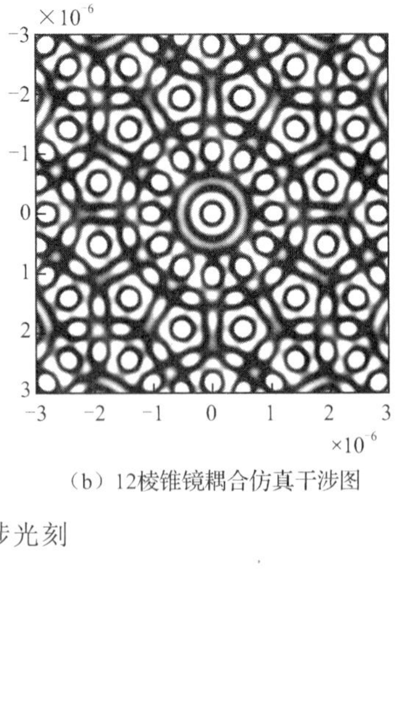

（b）12棱锥镜耦合仿真干涉图

图 5-68　多光束 SPP 干涉光刻

6．激光全息光刻的实现方法[108,112,113]

多光束干涉光刻不仅可以制备二维周期性微纳结构，而且也是制作三维微纳光子结构的重要手段。激光全息光刻作为多光束干涉光刻技术，已成为众多领域的研究热点，在飞机制造、汽车工业、建筑设计、医疗、三维光子晶体制备、纳米印刷技术和磁性随机存储等领域有广阔的应用前景。

多光束全息干涉系统原理如图 5-69 所示。在空间放置折射率为 n（n 为常数）的立方体感光介质，多光束（图中给出四束光入射）在感光介质中产生干涉，干涉花纹就记录在感光介质中。由于干涉强度的不同，感光介质的感光程度也不相同，使感光介质的折射率发生周期性变化（n 为空间坐标 x、y、z 的周期函数），因而在感光介质中形成空间周期性变化的有序结构。

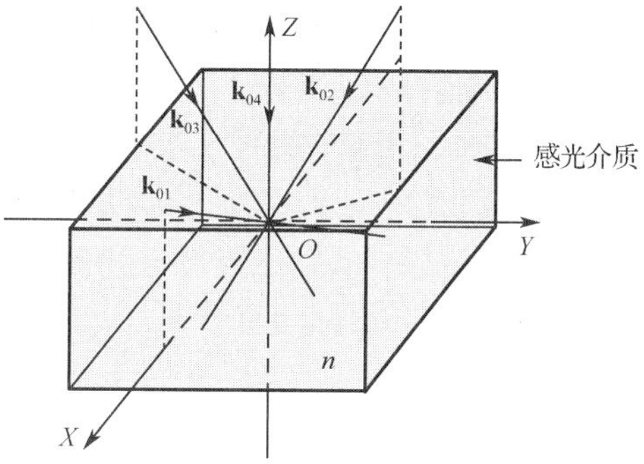

图 5-69　多光束全息干涉系统原理

图 5-70 给出多光束全息干涉仿真结果。图 5-70（a）为三光束全息干涉，入射光波长 $\lambda = 632.8\text{nm}$，感光介质的折射率取 $n = 1.62$，三光束方向角 $\theta_m = \pi/3\ (m = 1,2,3)$，$\phi_1 = 0$，$\phi_2 = 2\pi/3$，$\phi_3 = 4\pi/3$，光强相等 $I_{mn} = I_0\ (m,n = 1,2,3)$，$\varphi_{0m} = 0\ (m = 1,2,3)$，感光介质的体积为 $4\mu\text{m} \times 4\mu\text{m} \times 4\mu\text{m}$。光强计算依据式（5-474），相位计算依据式（5-473）。对于三维计算，与二维计算的不同之处在于相位因子 δ_{mn} 中的 $z \neq 0$。

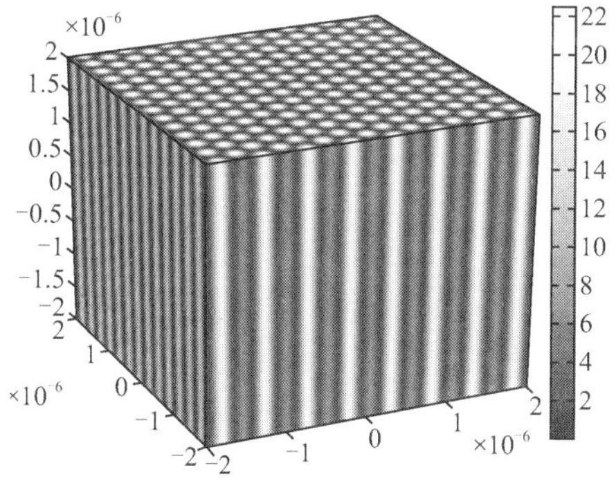
（a）三光束

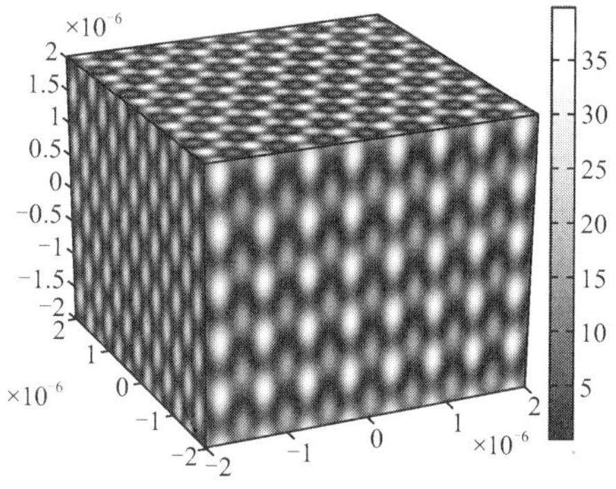
（b）四光束

图 5-70　多光束全息干涉仿真结果

图 5-70（b）为四光束全息干涉，在图 5-70（a）所示的三光束全息干涉的基础上，增加垂直入射光束，如图 5-69 所示，方向角 $\theta_4 = 0$，$\phi_4 = 0$，$\varphi_{04} = 0$，光强相等 $I_{mn} = I_0\ (m,n = 1,2,3,4)$。为了使干涉图清晰，计算过程中两个干涉图光强计算值倍乘了一个增强系数。由图可见，三光束可用来制备二维光子晶体，四光束可用来制备三维光子晶体。

如果感光介质存在损耗，电导率 $\sigma \neq 0$，在假定等相位面和等振幅面重合的情况下，可引入复折射率 $\tilde{N} = n - \mathrm{j}\alpha$，$n$ 和 α 分别为损耗介质的折射率和消光系数［见式（2-72）］，多光束全息仿真计算是完全相同的。

5.9　干涉应用实例[64,114,115]

2007 年 10 月 24 日，我国成功发射了首颗嫦娥一号月球探测卫星。卫星配置了八种科学探测设备，干涉成像光谱仪是其中之一，与 X 射线谱仪和γ射线谱仪共同用于分析月球表面有用元素成分以及物质类型含量及分布。干涉成像光谱仪采用的是萨尼亚克（Sagnac）空间调制型干涉成像原理，该项目由中国科学院西安光学精密机械研究所科学家赵葆常领导的科研团队完成。

国际上第一台上星的干涉型成像光谱仪是美国强力小卫星所搭载的干涉成像光谱仪，在诸多类型的成像光谱仪中选择萨尼亚克空间调制型干涉成像光谱仪，其主要原因是萨尼亚克干涉成像采用共光路原理，具有很强的航天环境适应性。其次，嫦娥一号卫星是我国首个探月卫星，希望获得任一波长的强度信息，仅干涉型成像光谱仪具有这一功能[64]。

1．实体型萨尼亚克干涉仪及剪切原理

如图 5-71（a）所示，五角棱镜 $ABCDE$，$\angle A=90^\circ$，$\angle B=288^\circ$，$\angle E=112.5^\circ$，沿$\angle A$的平分线 AF 将棱镜切开，在切割面镀中性分光膜，棱镜 BC 面和 DE 面镀高反射膜，然后再粘贴在一起，这就是实体型萨尼亚克干涉仪。与经典迈克耳孙干涉仪［见图 5-29（b）］和经典萨尼亚克干涉仪相比较［见图 5-38（a）］，虽然都属于分振幅双光束干涉，但这种结构是一种共光路干涉仪，两束光经受力学条件和温度环境都是相同的，所以对航天环境具有很强的适应性，这也是选择实体型萨尼亚克干涉仪的原因。

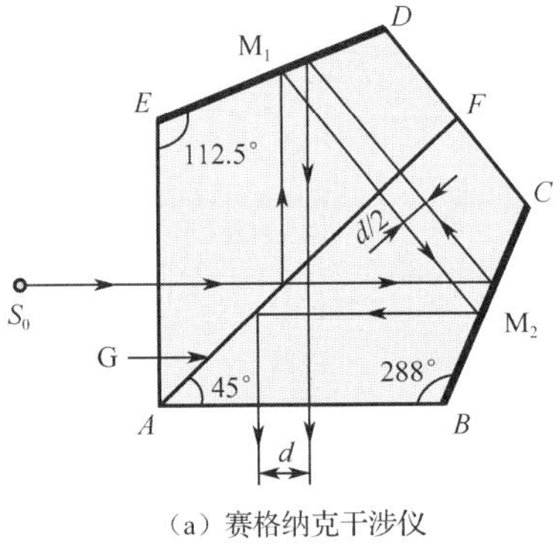

（a）赛格纳克干涉仪

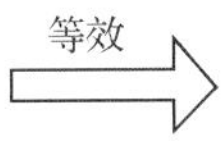

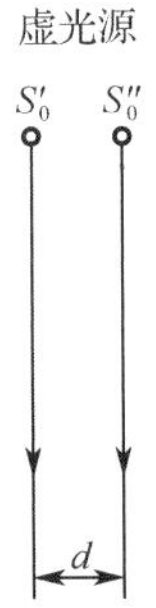

（b）剪切成两个相干虚光源

图 5-71　萨尼亚克干涉仪及剪切原理

对于迈克耳孙干涉仪，等效为两个平面反射镜 M_1' 和 M_2 之间的干涉，M_1' 为 M_1 在 M_2 中的像，d 为两反射镜之间的层间厚度［见图 5-29（b）］。迈克耳孙测星干涉仪的双孔 S_1 和 S_2 经反射镜 M_1、M_3 和 M_2、M_4 成像于 S_1' 和 S_2'，由此 S_1 和 S_2 双孔干涉扩展为 S_1' 和 S_2' 双孔干涉［见图 5-16］。同样，对于实体型萨尼亚克干涉仪，光源 S_0 经两反射镜 M_1 和 M_2 成像于 S_0' 和 S_0''，入射光束经中性分光膜 G 反射和透射分为两束相干光，等效为虚光源 S_0' 和 S_0'' 双光束干涉，如图 5-71（b）所示，两束相干光之间的间隔 d 称为实体型萨尼亚克干涉仪的剪切量。这种具有横向剪切性质的萨尼亚克干涉仪最初由日本的吉原邦夫教授在 1967 年提出，思想非常巧妙。

2. 萨尼亚克（Sagnac）空间调制型傅里叶变换光谱仪构成原理[64, 114, 115]

萨尼亚克干涉仪光源 S_0 可以位于有限距离处，也可以位于无穷远处。当萨尼亚克干涉仪用于空间调制型傅里叶变换光谱仪时，光源取有限距离。萨尼亚克空间调制型傅里叶变换光谱仪的结构原理如图 5-72（a）所示，系统大致可分为三个部分：① 前置望远光学系统。由于在航天对地观测中，光源（目标）总是位于无穷远处，所以在萨尼亚克干涉仪前面必须有一个前置望远光学系统，对目标进行成像，也是第一次成像，目标成像于前置望远光学系统的像方焦平面上。在前置望远光学系统像方焦点处放置一狭缝，狭缝作为萨尼亚克干涉仪的光源 S_0。对于后续光学系统二次成像，由于狭缝限制像面的大小，所以狭缝是一个视场光阑。② 萨尼亚克干涉仪。萨尼亚克干涉仪的作用是将单缝光源转换为双缝干涉虚光源 S_0' 和 S_0''，如图 5-72（b）所示。单缝光源 S_0 和双缝虚光源 S_0' 和 S_0'' 构成杨氏双缝干涉［见图 5-5（a）和图 5-10（a）］。③ 干涉成像系统。由于虚光源 S_0' 和 S_0'' 构成的双缝干涉属于扩展线光源双缝干涉，干涉存在空间相干性问题（见 5.4.2 节）。为了提高干涉条纹可见度，干涉成像系统在双缝虚光源前面加了傅里叶透镜，双缝位于透镜的物方焦平面上，使双缝的柱面光波转换为平面光波。傅里叶透镜后面共轴放置一平凸柱面透镜，狭缝的长度方向与平凸柱面透镜母线垂直，且傅里叶透镜与平凸柱面透镜像方共焦。平凸柱面透镜的作用是把傅里叶透镜出射的平面波压缩在一条焦线上，在面阵 CCD 上对应于一列。面阵 CCD 位于傅里叶透镜和平凸柱面透镜两者的共焦面上。面阵 CCD 垂直于飞行方向称为行，与空间方向对应；面阵 CCD 沿飞行方向称为列，对应于干涉图方向。

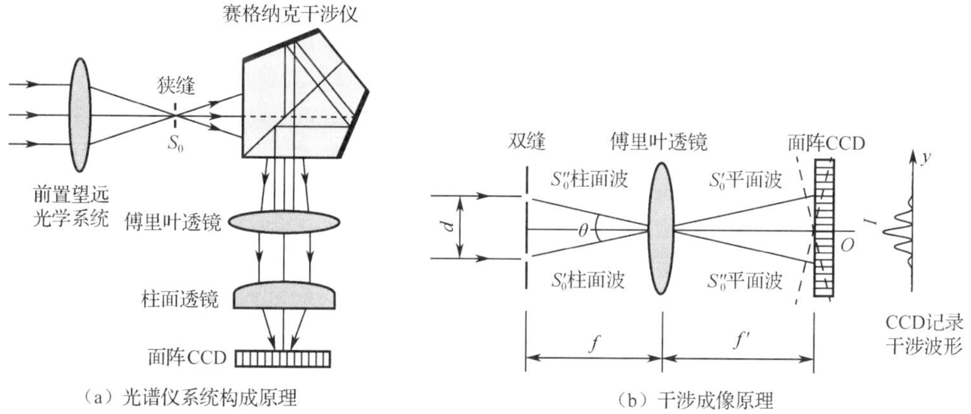

图 5-72　萨尼亚克空间调制型傅里叶变换光谱仪原理

在面阵 CCD 干涉图方向记录的就是干涉强度分布曲线，去掉直流成分，由式（5-236）有

$$I(y)=2\int_0^{\infty} I_0(k)\cos(ky)\mathrm{d}k \tag{5-498}$$

式中，$I(y)$ 为干涉光强分布，$I_0(k)$ 为光谱强度分布，k 为波数。对式（5-498）进行傅里叶变换，有

$$I_0(k)=\int_{-\infty}^{+\infty} I(y)\mathrm{e}^{-\mathrm{j}kx}\mathrm{d}x \tag{5-499}$$

由此根据观测得到的 $I(y)$，通过傅里叶变换就可得到复色光源 S_0 的光谱 $I_0(k)$。

嫦娥一号月球探测卫星的一个主要表征点就是 CCD 立体相机获取月球表面的图像。

2007 年 11 月 26 日我国政府向世界发布了第一幅月面照片，如图 5-73 所示。照片由 8 轨图像拼接而成，是位于月球东经 83° ～57° ，南纬 70° ～54° 的区域，宽 280km，长 460km。

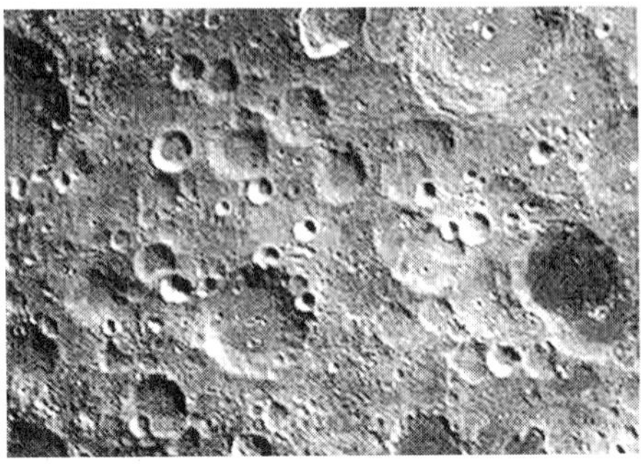

图 5-73 干涉成像光谱仪获取的第一幅月面图像[115]

空间调制干涉型傅里叶变换光谱仪，由于没有动件，所以有时候也称为静态干涉像光谱仪。通过合理地选择干涉仪的分光方式，这种成像光谱仪能够使入射狭缝宽度和形状与仪器光谱分辨力无关[117]。在空间分辨力允许的情况下，具有较高的能量利用率和探测灵敏度；同时，也具有可靠性和稳定性好、体积小、重量轻、光谱线性度好、光谱范围宽等优点，适合搭载于飞机和卫星等飞行器上。但是，空间调制干涉型傅里叶变换光谱仪存在狭缝，通常会使进入光谱仪的光能量不够强。为了使光谱仪既具有高稳定性，又具有高灵敏度，20 世纪 90 年代中期提出了一种新型成像光谱仪——大孔径静态成像光谱仪（LASIS）。这种光谱仪不需要狭缝，是一种高通量干涉成像光谱仪。目前，由于这种光谱仪对运动平台（如飞机和卫星等）有极高的要求，所以大孔径静态成像光谱仪的原理仍是研究热点。

参 考 文 献

[1] 马科斯 • 波恩，埃米尔 • 沃尔夫. 光学原理. 7 版. 杨葭荪，译. 北京：电子工业出版社，2009.

[2] LEONARD MAND, EMIL WOLF. Optical coherence and quantum optics. Cambridge University Press, 1995.

[3] EUGENE HECHT. 光学. 4 版. 张存林，改编. 北京：高等教育出版社，2005.

[4] MASUD MANSURIPUR. Classical optics and its application. Cambridge University Press, 2009.

[5] ARVIND S MARATHAY. Elements of optical coherence theory. Wiley, 1982.

[6] AJOY GHATAK. Optics. Tata McGraw-Hill Publishing Company Limited, 2009.

[7] M H FREEMAN, C C Hull. Optics. Elsevier, 2005.

[8] 郑玉祥，陈良尧. 近代光学. 北京：电子工业出版社，2011.

[9] 季家镕. 高等光学教程——光学的基本电磁理论. 北京：科学出版社，2007.

[10] 林强，叶兴浩. 现代光学基础与前沿. 北京：科学出版社，2010.

[11] 刘思敏，许京军，郭儒. 相干光学原理及应用. 天津：南开大学出版社，2001.

[12] 是度芳，李承芳，张国平，等. 现代光学导论. 武汉：湖北科学技术出版社，2003.

[13] 田芊，廖延彪，孙利群. 工程光学. 北京：清华大学出版社，2006.
[14] 钟锡华. 现代光学基础. 北京：北京大学出版社，2003.
[15] 赵凯华. 光学. 北京：高等教育出版社，2004.
[16] 郁道银，谈恒英. 工程光学. 北京：机械工业出版社，2002.
[17] 章志鸣，沈元华，陈惠芬. 光学. 北京：高等教育出版社，1995.
[18] 姚启钧原著，华东师大《光学》教材编写组改编. 光学教程. 北京：人民教育出版社，1981.
[19] 石顺祥，张海兴，刘劲松. 物理光学与应用光学. 西安：西安电子科技大学出版社，2000.
[20] 张克潜，李德杰. 微波与光电子学中的电磁理论. 北京：电子工业出版社，2001.
[21] 苏金明，王永利. MATLAB 7.0 实用指南（上、下册）. 北京：电子工业出版社，2005.
[22] 吴学科，吴次男，宋洪庆. 基于 MATLAB 的双点光源干涉现象的模拟. 贵阳：贵州大学学报（自然科学版），2007，24（1）：46-49.
[23] 王敏. 双相干点光源的空间干涉. 物理实验，2015，35（5）：43-46.
[24] 于建强，袁景和. 双相干点光源干涉的一般分析. 大学物理，2006，25（9）：59-62.
[25] 汪胡桢. 解析几何（现代工程数学手册，第 I 卷，第五篇）. 武汉：华中工学院出版社，1985.
[26] E H 威切曼. 量子物理学（伯克利物理教程第四卷）. 北京：科学出版社，1978.
[27] 谢建平，明海. 近代光学基础. 合肥：中国科学技术大学出版社，1990.
[28] 廖延彪. 光学原理与应用. 北京：电子工业出版社，2006.
[29] 谢省宗，邴凤山. 特殊函数（现代工程数学手册，第一（卷）. 武汉：华中工学院出版社，1985.
[30] 郭敦仁. 数学物理方程. 北京：人民教育出版社，1979.
[31] J T ARMSTRONG, D J HUTTER, K J JOHNSTON, et al. Stellar optical interferometry in the 1990s. Physics Today, 48(5), 1995,42.
[32] Л М 布列霍夫斯基赫. 分层介质中的波. 杨训仁，译. 北京：科学出版社，1960.
[33] 李百芳，孙宝良，赵喆. 牛顿环的工作原理及其在测量液体折射率中的应用. 物理通报，2014 年 6 月.
[34] 王洁. 基于等厚干涉原理测量 NaCl 溶液浓度. 浙江海洋学院学报（自然科学版），2008，27（6）.
[35] 吴庆春，丁鸣. 劈尖干涉法测量磁致伸缩系数. 南京工程学院学报（自然科学版），2015，13（1）.
[36] 沈树仁. 薄膜干涉问题的一些分歧. 大学物理，1992，11（8）.
[37] 刘金龙. 劈尖干涉条纹定域的解析研究. 物理与工程，2008，18（4）.
[38] 周杰，徐满平. 扩展光源与干涉条纹的定域问题. 嘉应学院学报，2006，24（3）.
[39] 蔡怀宇，李光耀，黄战华. 基于两步相移干涉的微表面形貌检测系统. 激光技术，2016，40（1）.
[40] 熊秉衡，王正荣，王虹，等. 泰曼-格林干涉仪的一种变形及其应用. 激光杂志，2000，21（4）.
[41] THORNE A. Fourier transform spectrometry in the vacuum ultraviolet: application and

progress. Phy.Scr., 1995, T65:31-35.
[42] HOWELLS M R, FRANK K, HUSSIAN Z, et al. Toward a soft x-ray fourier transform spectrometer. Nucl.Instr.& meth.(A), 1994,347(1):182-191.
[43] 李志刚，王淑荣，李福田. 紫外-真空紫外傅里叶变换光谱仪. 光学学报，2001，21（4）.
[44] 李志刚，王淑荣，李福田. 软 X 射线傅里叶变换光谱仪原理及结构特性研究. 仪器仪表学报，2001，22（2）.
[45] 刘勇，李保生，刘艳，等，王安. 光纤傅里叶变换光谱分析装置. 光谱学与光谱分析，2006，（10）.
[46] 刘勇，巫建东，朱灵，朱震，等. 光纤傅里叶变换光谱仪光谱复原技术研究. 光学学报，2009，29（6）.
[47] 王安，朱灵，张龙，等. 全光纤傅里叶变换光谱仪的关键技术研究. 光谱学与光谱分析，2009，29（7）.
[48] 李昭莹. 基于干涉原理的微纳米测量系统研究. 北京交通大学硕士学位论文，2012.
[49] 杨明. 基于光纤迈克耳孙干涉原理的应变测试系统设计. 南京航空航天大学硕士学位论文，2007.
[50] 叶全意，苏守宝，杨娟，等. 自由光谱范围可调谐的 Mach-Zehnder 全光纤干涉仪. 光通信技术，2015，5.
[51] 尚玉峰，吴重庆，刘学，等. 光纤 Mach-Zehnder 空间干涉系统的实验研究. 大学物理，2004，23（4）.
[52] 黄涛. 光纤 Mach-Zehnder 干涉仪及其相位补偿的研究. 北京交通大学硕士学位论文，2006.
[53] J H Franz,V K JAIN. 光通信器件与系统. 徐宏杰，何珺，蒋剑良，等译. 北京：电子工业出版社，2002.
[54] 曹建章，张正阶，李景镇. 电磁场与电磁波理论基础. 北京：科学出版社，2010.
[55] 刘小宝，唐志列，廖常俊，等. 双非对称 Mach-Zehnder 干涉仪量子密钥分发系统误码率的研究. 量子电子学报，2006，23（2）.
[56] 商娅娜，王东，闫智辉，等. 利用非平衡光纤 Mach-Zehnder 干涉仪探测非简并纠缠态光场. 物理学报，2008，57（6）.
[57] 刘勇峰，姚寿铨. 50GHz 光纤梳状滤波器的研制. 上海大学学报（自然科学版），2005，11（2）.
[58] 潘炜，张晓霞，罗斌，等. Sagnac 干涉仪与光纤环形激光器. 大学物理，2000，19（9）.
[59] 周星炜，王占斌，袁一方，等. 基于 Sagnac 干涉仪的旋转角度测量系统. 传感器技术，2005，24（9）.
[60] 刘树俊. Sagnac 干涉仪的若干问题和光源控制研究. 浙江大学硕士学位论文，2013.
[61] 谭诗荣. 基于光纤 Sagnac 干涉仪的光纤传感器. 北京工业大学硕士学位论文，2007.
[62] 吴光，周春源，曾和平. 光纤 Sagnac 干涉仪中单光子干涉及路由控制. 物理学报，2004，53（3）.
[63] 卞庞. 利用波分复用技术消除瑞利散射噪声的双波长 Sagnac 干涉仪的研究. 复旦大

学博士学位论文，2014.
[64] 赵葆常，杨建峰，薛彬，等. 实体 Sagnac 干涉仪的设计. 光子学报，2009，38（3）.
[65] 周志良，付强，相里斌. Sagnac 干涉仪的几何参量计算. 光子学报，2009，38（3）.
[66] 唐远河，张淳民，陈光德，等. 星载超广角改形 Sagnac 干涉仪的自推扫探测大气风场. 自然科学进展，2006，16（11）.
[67] 尚旭东，于丽，冯雪冬，等. 光孤子振幅压缩态的产生及检测. 光电子 •激光，2008，19（6）.
[68] 阿瑟 • 贝赛. 现代物理概念. 何瑁，等译. 上海：上海科学技术出版社，1984.
[69] 张国华. 普通光源的时空相干度分析. 物理通报，2011.
[70] 孔艳，朱益清，朱拓. 时间相干性的进一步精确描述. 江南大学学报（自然科学版），2003，2（4）.
[71] 郭振华. F-P 多光束干涉仪的发明者——法布里和珀罗. 物理学史和物理学家，2004，33（4）.
[72] DINGEL B B, IZUTSU M. Multifunction optical filter with a michelson-gires-tournois interferometer for wavelength-division-multiplexed network system applications. Opt. Lett., 1998,23(4):1099-1101.
[73] 邵永红，姜耀亮，郑权，等. 法布里-珀罗型光学梳状滤波器的设计. 中国激光，2004，31（1）.
[74] 张娟，王昌，杨小伟. 迈克耳孙 Gires-Tournois 干涉仪型梳状滤波器的奇偶周期特性分析. 中国激光，2009，36（3）.
[75] 李琳，赵岭，高侃，等. 用于多信道色散补偿的复合腔 G-T 干涉仪设计. 光电子 •激光，2002，13（8）.
[76] 伍树东，陈莲，范建强，等. 非对称型光学交错梳状滤波器. 光学学报，2008，28（1）.
[77] LI WEI, JOHN W Y LIT. Design of periodic bandpass filters based on a multi-reflector gires-tournois resonator for DWDM system, Optics Communications 255(2005)209-217.
[78] JUAN ZHANG, SEN GUO, XUE LI. General iir optical notch filter based on michelson gires-tournois interferometer, Optics Communications285(2012)491-496.
[79] C H HSIEH, C W LEE, S Y HUANG, et al. Flat-top and low-dispersion interleavers using gires-tournois etalons as phase dispersive mirrors in a michelson interferometer, Optics Communications237(2004)285-293.
[80] XUEWEN SHU, KAT SUGDEN, IAN BENNION, All-fiber michelson-gires-tournois interferometer as multi-passband filter, IEEE LTIMC 2004-Lightwave Technologies in Instrumentation & Measurement Conference, Palisades, New York,USA,19-20 October 2004.
[81] HOVIK V BAGHDASARYAN, TAMARA M KNYAZYAN, SUREN S BERBERYAN, et al. Gires-tournois interferometer correct analysis using the method of single expression, ICTON2002,70-73.
[82] 黄章勇编著. 光纤通信用——新型光无源器件. 北京：北京邮电大学出版社，2003.
[83] 郑安贵. 基于频移干涉技术的光纤 F-P 传感器复用方法研究. 武汉理工大学硕士学位论文，2014.

[84] 刘鹏飞. 光纤法布里-珀罗干涉仪传感器的加工技术研究. 北京理工大学硕士学位论文，2016.
[85] 周昌学. 光纤 F-P 传感器频分波分复用方法研究. 重庆大学硕士学位论文，2006.
[86] 温晓东. 基于干涉原理的光纤传感器设计与特性研究. 北京交通大学博士学位论文，2016.
[87] 张佩. 基于光纤 F-P 传感器的动态解调算法的研究. 武汉理工大学硕士学位论文，2013.
[88] 黄民双. 基于端面镀膜的 Fabry-Perot 光纤传感器研究. 光电工程，2002，29（1）.
[89] 张驰，严珺凡，施斌，等. 光纤法布里-珀罗传感器技术及其工程应用. 传感器与微系统，2014，33（7）.
[90] 赵梓森. 光纤数字通信. 北京：人民邮电出版社，1991.
[91] 张锦. 激光干涉光刻技术. 四川大学博士学位论文，2003.
[92] 于淼. 激光干涉光刻纳米阵列的研究. 长春理工大学硕士学位论文，2012.
[93] 曹建章，徐平，李景镇. 薄膜光学与薄膜技术基础. 北京：科学出版社，2014.
[94] 刘国强，张锦，周崇喜. 三光束激光干涉光刻的实现方法. 强激光与粒子束，2011，23（12）.
[95] 张伟，刘维萍，顾小勇，等. 多光束激光干涉光刻图样. 强激光与粒子束，2011，23（12）.
[96] 王大鹏，车英. MATLAB 对激光干涉纳米阵列的仿真与研究. 长春理工大学学报（自然科学版），2012，35（2）.
[97] 刘娟，冯伯儒，张锦. 成像干涉光刻技术及其频域分析. 光电工程，2004，31（10）.
[98] 陈欣，赵青，方亮，等. 激光干涉光刻法制作 100nm 掩膜. 强激光与粒子束，2011，23（3）.
[99] 陈林森，解剑锋，陆志伟，等. 具有存储功能的衍射图像光刻系统的研制. 光学学报，2005，25（3）.
[100] 张锦，冯伯儒，刘娟. 掩膜投影成像干涉光刻研究. 光电工程，2006，33（2）.
[101] 张锦，冯伯儒，郭永康，等. 用于大面积周期性图形制造的激光干涉光刻. 光电工程，2001，28（6）.
[102] 张锦，冯伯儒，郭永康. 振幅分割无掩膜激光干涉光刻的实现方法. 光电工程，2004，31（2）.
[103] 胡进，董晓轩，浦东林，等. 基于闪耀光栅图形化实现高分辨率干涉光刻. 光学精密工程，2015，23（12）.
[104] 姜兆华，张伟，吴宾初，等. 应用激光. 2010，30（5）.
[105] 郑宇，杨黠，李群华，等. 多束 SPP 干涉成像模拟研究. 四川理工学院学报（自然科学版），2010，23（1）.
[106] 金凤泽，方亮，张志友，等. 表面等离激元体干涉制备纳米光子晶体的模拟分析. 光学学报，2009，29（4）.
[107] 郑宇，杜惊雷. 多束表面等离子体干涉场的模拟研究. 激光技术，2013，37（1）.
[108] 王霞，吕浩，赵秋玲，等. 激光全息光刻技术在微纳光子结构制备中的应用进展. 光谱学与光谱分析，2016，36（1）.

[109] 冯伯儒，张锦，郭永康. 波前分割无掩膜激光干涉光刻的实现方法. 光电工程，2004，31（2）.

[110] 贺海东，郝敬宾，赵恩兰，等. 双尺度织构的激光光刻工艺. 强激光与粒子束，2013，25（11）.

[111] 叶镇. 多光束全息光刻制作纳米阵列图形的研究. 长春理工大学硕士学位论文，2016.

[112] X WANG, J F XU, H M SU, et al. Three-dimensional photonic crystals fabricated by visible light holographic lithography, appl. Phys.Lett., 2003,82(14),2212-2214.

[113] YONGCHUN ZHONG, LIJUN WU, HUIMIN SU, et al. Fabrication of photonic crystals with tunable surface orientation by holographic lithography, Opt. Express, 2006, 14(15), 6837-6843.

[114] 赵葆常，杨建峰，常凌颖，等. 嫦娥一号卫星成像光谱仪光学系统设计与在轨评估. 光子学报，2009，38（3）.

[115] 赵葆常，杨建峰，贺应红，等. 探月光学. 光子学报，2009，38（3）.

[116] 简小华，张淳民，赵葆常. 研究干涉图处理与光谱复原的一种新方法. 物理学报，2007，56（2）.

[117] 杜述松，王咏梅，王英鉴. 空间应用干涉成像光谱仪的研究. 光学仪器，2008，30（3）.

[118] 金锡哲，禹秉熙. Sagnac 型干涉成像光谱仪外场干涉成像光谱实验. 遥感学报，2004，8（1）.

[119] YOSHIHARA K, KITEDE, Holographic spectra using a triangle path interferometer, japanese journal of applied physics, 1967(6),116.

[120] 张雷，钟兴，金光，等. 高分辨率傅里叶变换透镜. 光学精密工程，2007，15（9）.

[121] 温玉玲，兰旭君，杨虎，等. 柱透镜的位相变换作用. 山西师范大学学报（自然科学版），2013，27（2）.

[122] 殷蔚. 傅里叶变换透镜设计. 重庆大学硕士学位论文，2009.

第 6 章　衍射光学——标量理论

光的干涉反映的是光的波动特性，同样，衍射反映的也是光的波动特性。当光在传播过程中遇到障碍物时，如圆孔、方孔、单缝、多缝和直边等，在障碍物的边缘会发生偏离直线传播的现象，称为光的衍射。

衍射根据处理方法的不同，分为标量衍射理论和矢量衍射理论；根据入射光波波形的不同，分为球面波衍射、平面波衍射和高斯波束衍射；根据光传输介质的不同，分为各向同性介质中的衍射和各向异性介质中的衍射；根据衍射屏与观测屏距离远近的不同，分为菲涅耳衍射与夫琅和费衍射；根据近似方法的不同，菲涅耳衍射又分为积分法和半波带法。

本章在标量理论的基础上仅讨论光在各向同性介质中的衍射问题。首先介绍惠更斯-菲涅耳原理的基本概念，在此基础上进一步讨论基尔霍夫衍射理论，并给出球面波衍射积分公式和平面波衍射积分公式，以及在傍轴和距离近似条件下的菲涅耳衍射积分与夫琅和费衍射积分公式。利用夫琅和费衍射积分公式，以矩孔、圆孔和椭圆孔为例讨论夫琅和费衍射的特点，并利用夫琅和费圆孔衍射，讨论光学成像系统的分辨本领。紧接着讨论单缝和多缝夫琅和费衍射，以及巴比涅原理。对于菲涅耳衍射，用积分法讨论直边、矩孔、单缝和圆孔菲涅耳衍射，用半波带法讨论圆孔和直边菲涅耳衍射，并给出波带片的特性及应用。最后讨论衍射光栅，包括平面衍射光栅、闪耀光栅、光栅光谱仪、完全相干照明情况下光学显微镜的分辨本领和泽尼克相衬成像。

6.1　标量衍射理论概述

1865 年麦克斯韦确立了光的电磁理论。光波是电磁波，光波在介质中传播满足麦克斯韦方程。因此，对于光波衍射光强分布的计算，必须依据麦克斯韦方程并在一定的边界条件下进行求解。又因为光波场是矢量场，所以严格的光波衍射理论是矢量波衍射理论。但是，19 世纪 60 年代之前，光波场作为标量场的波动学说已经建立，光波衍射遵循惠更斯-菲涅耳原理。1882 年，基尔霍夫在麦克斯韦方程的基础上，把光波场看作标量场，建立了基尔霍夫标量衍射理论，成功地把惠更斯-菲涅耳原理用数学形式表示出来。由于基尔霍夫假设的边界条件违背势场定理，使其在理论上不自洽。1895 年索末菲给出了满足势场定理的衍射积分公式，称为瑞利-索末菲衍射积分公式。另外，傅里叶变换的角谱衍射理论也是用标量衍射理论讨论光波衍射的一种方法，与瑞利-索末菲衍射积分公式具有等价性。这就是光波标量衍射理论。实际上，对于大多数光波衍射问题，标量衍射理论在满足条件：① 衍射孔径远大于光波波长，② 衍射孔径远离观测点的情况下，得到的计算结果与实际观测结果符合得很好，因而标量衍射理论仍被广泛采用。

6.1.1 惠更斯-菲涅耳原理

1. 菲涅耳衍射积分

格里马尔迪（F. M. Grimaldi，1618—1663）在去世后的 1665 年被报道首先描述了光的衍射现象。格里马尔迪观察光波衍射的实验装置如图 6-1（a）所示，光源（非相干光源）发射的光照射到开有孔的不透明屏幕，在屏幕后一定距离的平面上观察光强分布。当时以牛顿为首的光的微粒派占据统治地位，根据微粒学说，光沿直线传播（几何光学的观点），观测平面的光强分布应该是轮廓分明，在 AA' 区域光强分布均匀，在点 A 和 A' 处具有分明的边界。可是格里马尔迪的观测结果表明，边界点 A 和 A' 处的光强分布是渐变的，而不是突变的。这种现象用光的微粒学说无法解释。

惠更斯在 1678 年出版的《光论》（*Traité*）一书中阐述了光的波动原理，即惠更斯原理。惠更斯认为：光同声波一样，是以球面波的形式传播的。波面上（等相位面）的每一点都可以看作发射次波的波源，各自发射球面次波，这些球面次波的包络面就是下一时刻新的波面，如图 6-1（b）所示。惠更斯原理正确地解释了光的反射定律、折射定律和双折射现象，应用惠更斯原理可以确定光波从某个时刻到另一时刻的传播。然而衍射现象涉及观测平面不同方向的光强分布，惠更斯原理并未涉及光强，也没有提出波长的概念，且惠更斯原理认为光波同声波一样是纵波。所以惠更斯原理并不能解释光波衍射。尽管如此，惠更斯原理为光的波动说开创了先河，并被菲涅耳传承和发展。

荷兰物理学家、数学家和天文学家

克里斯蒂安·惠更斯（Christian. Huygens，1629—1695）

法国物理学家、土木工程师

奥古斯汀·让·菲涅耳（Augustin-Jean Fresnel，1788—1827）

光的波动说奠基人

1815 年菲涅耳向巴黎科学院提交了第一篇论文《光的衍射》。在论文中，对微粒说提出了批评，给出了他的衍射理论及其实验根据，用子波相干叠加补充了惠更斯原理。1816 年菲涅耳又提交了关于反射光栅和半波带法的论文。关于如何解释光的衍射问题，1818 年巴黎科学院举行了一次大型的科学辩论。当时参加评奖的有五位委员，其中三位是微粒说的信奉者：毕奥（Jean-Baptiste Biot，1774—1862）、拉普拉斯（Pierre-Simon Laplace，1749—1827）和泊松（Siméon-Denis Poisson，1781—1840）。举行辩论会的目的是为了彰显微粒说的统治地位，然而事与愿违，出人意料的是初出茅庐的法国年轻工程师菲涅耳将惠更斯原理和相干叠加原理相结合，将定性的惠更斯原理发展为半定量的原理，给出了菲涅耳积分，成功地解释了光波的衍射。这就是著名的惠更斯-菲涅耳原理。下面给出惠更斯-菲涅耳原理的数学形式。

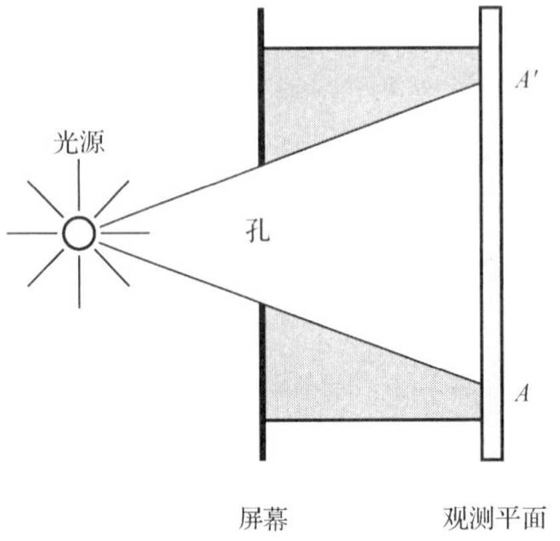

（a）观测光波衍射的实验装置

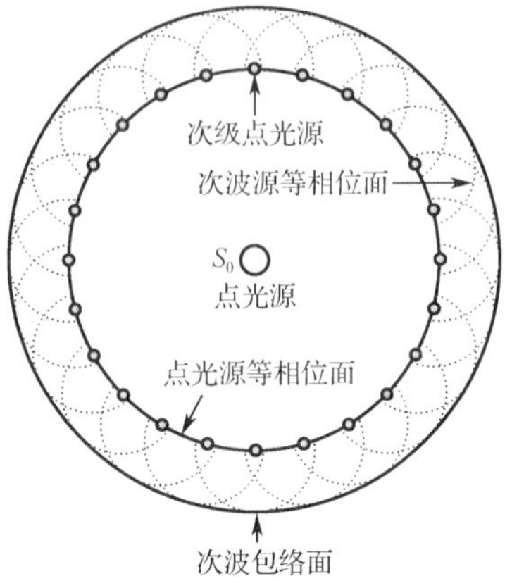

（b）惠更斯原理示意图

图 6-1　观测光波衍射的实验装置及惠更斯原理示意图

如图 6-2（a）所示，点光源 S_0 发射单色球面光波，S 是半径为 R 的波面（等相位面）。假设光波为标量波，由式（2-173）可写出波面 S 上的电场强度复振幅为

$$\tilde{E}(R)=\frac{\tilde{E}_0}{R}\mathrm{e}^{-\mathrm{j}kR} \tag{6-1}$$

式中，k 为波数，$\tilde{E}_0$ 为距离点光源 S_0 单位距离处的复振幅。

为了解释光波衍射现象，菲涅耳对惠更斯原理的球面次波做了如下假设：① 球面次波为单色光波，频率与光源发射的光波频率相同；② 球面次波为相干光波；③ 球面次波为非均匀球面波，振幅随方向而变化。根据以上三点假设，在波面 S 上任取一点 Q，把 Q 点作为次波源，发射球面次波，由此可写出波面 Q 点处面元 $\mathrm{d}S$ 对空间点 P 处电场强度复振幅的贡献为

$$\mathrm{d}\tilde{E}(P)=\tilde{C}K(\phi)\tilde{E}(R)\frac{\mathrm{e}^{-\mathrm{j}kr}}{r}\mathrm{d}S=\tilde{C}K(\phi)\frac{\tilde{E}_0}{R}\mathrm{e}^{-\mathrm{j}kR}\frac{\mathrm{e}^{-\mathrm{j}kr}}{r}\mathrm{d}S \tag{6-2}$$

式中，r 为波面上 Q 点到空间点 P 的距离；ϕ 为波面 Q 点处的法向与 QP 连线的夹角，称为衍射角；$K(\phi)$ 为倾斜因子，描述波面上次级波源复振幅随方向的变化，$\phi=0$，$K(0)$ 取最大值，$\phi=\pi/2$ 或 $\phi>\pi/2$，$K(\pi/2)=0$，表明球面次波不存在后向传播；$\tilde{C}$ 为复比例系数。又由相干叠加原理，由式（6-2）可写出波面 S 上球面次波对空间点 P 的电场强度复振幅贡献为

$$\tilde{E}(P)=\tilde{C}\frac{\tilde{E}_0}{R}\mathrm{e}^{-\mathrm{j}kR}\iint_{(S)}K(\phi)\frac{\mathrm{e}^{-\mathrm{j}kr}}{r}\mathrm{d}S \tag{6-3}$$

这就是菲涅耳衍射积分公式。

2．菲涅耳半波带法求积分[1, 11]

对于式（6-3）积分的计算，菲涅耳采用半波带法。如图 6-2（b）所示，以空间点 P 为圆心，作半径分别为

$$r_0,\ r_0+\frac{\lambda}{2},\ r_0+2\frac{\lambda}{2},\ \cdots,r_0+m\frac{\lambda}{2},\ \cdots \tag{6-4}$$

的球面，并与波面 S 相交于 $Q_0,Q_1,Q_2,\cdots,Q_m,\cdots$。$Q_0Q_1,Q_1Q_2,Q_2Q_3,\cdots,Q_mQ_{m+1}\cdots$ 称为半波带。

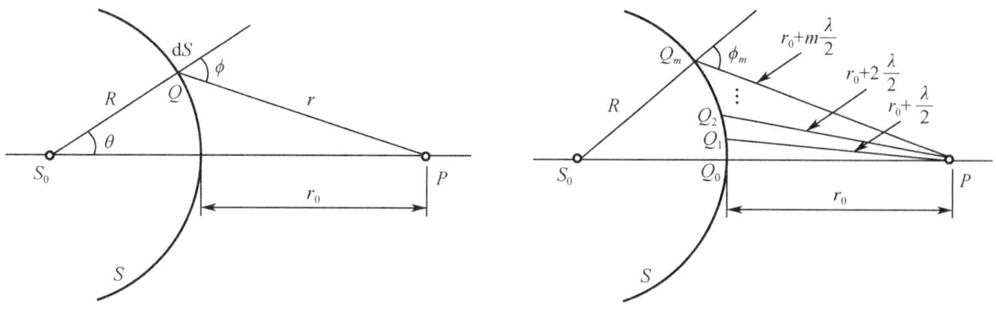

（a）菲涅耳衍射积分　（b）菲涅耳半波带法

图 6-2　惠更斯-菲涅耳原理

在 $R \gg \lambda$、$r_0 \gg \lambda$ 的条件下，假设相同半波带上的点倾斜因子为常数，记作 K_m。根据余弦定理，由图 6-2（a）可写出

$$r^2 = R^2 + (R + r_0)^2 - 2R(R + r_0)\cos\theta \tag{6-5}$$

两边求微分，有

$$2r\mathrm{d}r = 2R(R + r_0)\sin\theta\mathrm{d}\theta \tag{6-6}$$

在球坐标系下，面元 dS 可表示为

$$\mathrm{d}S = R^2 \sin\theta\mathrm{d}\theta\mathrm{d}\varphi \tag{6-7}$$

将式（6-6）代入上式，有

$$\mathrm{d}S = \frac{R}{(R + r_0)} r\mathrm{d}r\mathrm{d}\varphi \tag{6-8}$$

式中，φ 为球坐标系下的方位角。

对第 m 个半波带求积分。由式（6-3）有

$$\tilde{E}_m(P) = \tilde{C}\frac{2\pi\tilde{E}_0}{R + r_0}K_m(\phi_m)\mathrm{e}^{-\mathrm{j}kR}\int_{r_0+(m-1)\frac{\lambda}{2}}^{r_0+m\frac{\lambda}{2}} \mathrm{e}^{-\mathrm{j}kr}\mathrm{d}r \tag{6-9}$$

积分得到

$$\tilde{E}_m(P) = \tilde{C}\frac{2\pi\mathrm{j}\tilde{E}_0}{k}K_m(\phi_m)\frac{\mathrm{e}^{-\mathrm{j}k(R+r_0)}}{R + r_0}\mathrm{e}^{-\mathrm{j}mk\frac{\lambda}{2}}\left[1 - \mathrm{e}^{\mathrm{j}k\frac{\lambda}{2}}\right] \tag{6-10}$$

将波数 $k = 2\pi/\lambda$ 代入上式，得到

$$\tilde{E}_m(P) = \tilde{C}\mathrm{j}\lambda\tilde{E}_0K_m(\phi_m)\frac{\mathrm{e}^{-\mathrm{j}k(R+r_0)}}{R + r_0}\mathrm{e}^{-\mathrm{j}m\pi}[1 - \mathrm{e}^{\mathrm{j}\pi}] \tag{6-11}$$

又

$$\mathrm{e}^{-\mathrm{j}m\pi}[1 - \mathrm{e}^{\mathrm{j}\pi}] = \cos m\pi[1 - \cos\pi] = 2(-1)^m \tag{6-12}$$

因此式（6-11）化简为

$$\tilde{E}_m(P) = \tilde{C}(-1)^m 2\lambda\mathrm{j}\tilde{E}_0K_m(\phi_m)\frac{\mathrm{e}^{-\mathrm{j}k(R+r_0)}}{R + r_0} \tag{6-13}$$

假设最大半波带半径为 r_M，由此可得 M 个半波带相干叠加的电场强度复振幅为

$$\tilde{E}(P) = \sum_{m=1}^{M}\tilde{E}_m(P) = \tilde{C}2\mathrm{j}\tilde{E}_0\lambda\frac{\mathrm{e}^{-\mathrm{j}k(R+r_0)}}{R + r_0}\sum_{m=1}^{M}(-1)^m K_m(\phi_m) \tag{6-14}$$

设 $\tilde{C}=|\tilde{C}|\mathrm{e}^{\mathrm{j}\varphi_c}$， $\tilde{E}_0=|\tilde{E}_0|\mathrm{e}^{\mathrm{j}\varphi_a}$， $K_m(\phi_m)$ 为实数，令式（6-14）乘以时间因子 $\mathrm{e}^{\mathrm{j}\omega t}$，取实部，得到瞬时标量电场强度为

$$E(P,t)=\frac{2\lambda|\tilde{C}||\tilde{E}_0|}{R+r_0}\left[\sum_{m=1}^{M}(-1)^{m+1}K_m(\phi_m)\right]\sin[\omega t-k(R+r_0)+\varphi_a+\varphi_c] \tag{6-15}$$

令

$$E_m(P,t)=\frac{2\lambda|\tilde{C}||\tilde{E}_0|}{R+r_0}K_m(\phi_m)\sin[\omega t-k(R+r_0)+\varphi_a+\varphi_c] \tag{6-16}$$

由于 $0<K_m(\phi_m)<1\,(m=1,2,\cdots,M)$，对于固定的空间点 r_0，式（6-15）可简写为

$$E(P,t)=\sum_{m=1}^{M}(-1)^{m+1}E_m=E_1-E_2+E_3-\cdots\pm E_M \tag{6-17}$$

式中，最后一项，M 取奇数时为“+”，M 取偶数时为“−”。显然，式（6-17）为交错级数，可用舒斯特方法近似求和。

首先需要改写式（6-17）的形式。当 M 取奇数时，式（6-17）可改写成

$$\begin{aligned}E(P,t)=&\frac{E_1}{2}+\left(\frac{E_1}{2}-E_2+\frac{E_3}{2}\right)+\left(\frac{E_3}{2}-E_4+\frac{E_5}{2}\right)+\cdots+\\&\left(\frac{E_{M-2}}{2}-E_{M-1}+\frac{E_M}{2}\right)+\frac{E_M}{2}\end{aligned} \tag{6-18}$$

也可改写成

$$\begin{aligned}E(P,t)=&E_1-\frac{E_2}{2}-\left(\frac{E_2}{2}-E_3+\frac{E_4}{2}\right)-\left(\frac{E_4}{2}-E_5+\frac{E_6}{2}\right)-\cdots-\\&\left(\frac{E_{M-3}}{2}-E_{M-2}+\frac{E_{M-1}}{2}\right)-\frac{E_{M-1}}{2}+E_M\end{aligned} \tag{6-19}$$

式（6-18）和式（6-19）中的括号项的一般形式为

$$\frac{E_{m-1}}{2}-E_m+\frac{E_{m+1}}{2} \tag{6-20}$$

当

$$\frac{E_{m-1}}{2}-E_m+\frac{E_{m+1}}{2}<0,\quad 即\quad E_m>\frac{E_{m-1}}{2}+\frac{E_{m+1}}{2} \tag{6-21}$$

或者

$$\frac{E_{m-1}}{2}-E_m+\frac{E_{m+1}}{2}>0,\quad 即\quad E_m<\frac{E_{m-1}}{2}+\frac{E_{m+1}}{2} \tag{6-22}$$

时，不等式（6-21）和不等式（6-22）作为级数求和的两个判断条件，所得结果相同，故可以任意选择。选择不等式（6-21），由式（6-18）有

$$E(P,t)<\frac{E_1}{2}+\frac{E_M}{2} \tag{6-23}$$

由式（6-19）有

$$E(P,t)>E_1-\frac{E_2}{2}-\frac{E_{M-1}}{2}+E_M \tag{6-24}$$

假设中心两相邻半波带和边缘两相邻半波带的标量电场强度近似相等，即在式（6-24）中取近似

$$E_1\approx E_2,\quad E_{M-1}\approx E_M \tag{6-25}$$

则式（6-24）近似为

$$E(P,t) > \frac{E_1}{2} + \frac{E_M}{2} \tag{6-26}$$

比较式（6-23）和式（6-26），得到

$$E(P,t) \approx \frac{E_1}{2} + \frac{E_M}{2} \quad （M取奇数） \tag{6-27}$$

同理，当 M 取偶数时，式（6-17）可改写成

$$\begin{aligned} E(P,t) = & \frac{E_1}{2} + \left(\frac{E_1}{2} - E_2 + \frac{E_3}{2}\right) + \left(\frac{E_3}{2} - E_4 + \frac{E_5}{2}\right) + \cdots + \\ & \left(\frac{E_{M-3}}{2} - E_{M-2} + \frac{E_{M-1}}{2}\right) + \frac{E_{M-1}}{2} - E_M \end{aligned} \tag{6-28}$$

也可改写成

$$\begin{aligned} E(P,t) = & E_1 - \frac{E_2}{2} - \left(\frac{E_2}{2} - E_3 + \frac{E_4}{2}\right) - \left(\frac{E_4}{2} - E_5 + \frac{E_6}{2}\right) - \cdots - \\ & \left(\frac{E_{M-2}}{2} - E_{M-1} + \frac{E_M}{2}\right) - \frac{E_M}{2} \end{aligned} \tag{6-29}$$

由条件式（6-21）可以判定，式（6-28）满足不等式

$$E(P,t) < \frac{E_1}{2} + \frac{E_{M-1}}{2} - E_M \tag{6-30}$$

式（6-29）满足不等式

$$E(P,t) > E_1 - \frac{E_2}{2} - \frac{E_M}{2} \tag{6-31}$$

取近似 $E_1 \approx E_2$， $E_{M-1} \approx E_M$，比较式（6-30）和式（6-31），近似有

$$E(P,t) \approx \frac{E_1}{2} - \frac{E_M}{2} \quad （M取偶数） \tag{6-32}$$

如果波面 S 上最后一个半波带 $\phi_M = \pi/2$，菲涅耳假定倾斜因子 $K_M(\pi/2) = 0$，由式（6-16）可知， $E_M = 0$，则式（6-27）和式（6-32）近似为

$$E(P,t) \approx \frac{E_1}{2} \tag{6-33}$$

该式表明，在 $K_M(\pi/2) = 0$ 的情况下，与空间点 P 相对应的最后一个半波带不论是奇数还是偶数，空间点 P 相干叠加的标量电场强度等于第一个半波带标量电场强度的一半。

由菲涅耳半波带法理论得到的结果与实验结果完全一致。泊松在 1818 年根据菲涅耳理论推断，如果在点源 S_0 和空间点 P 的连线上放置一小圆盘，在空间点 P 会出现一个亮斑。当时，泊松是法国科学院菲涅耳获奖论文审查委员会的一名委员，认为这个结论与实验将产生矛盾，由此可驳倒菲涅耳理论。可是，委员会的另一个委员阿拉戈做了这个实验，发现菲涅耳理论是正确的，在小圆盘后面的空间点 P 出现亮斑，并由此把这个亮斑称为泊松亮斑。这个实验使光的微粒说和光的波动说之间的长期论战以波动说获胜而暂告结束。下面用菲涅耳理论解释圆盘衍射。

如图 6-3 所示，在点光源 S_0 和空间点 P 的连线上垂直放置不透光的小圆盘，用来遮挡第一个半波带。由式（6-17）可写出空间点 P 的瞬时标量电场强度为

$$E(P,t) = -E_2 + E_3 - \cdots \pm E_M \tag{6-34}$$

采用舒斯特方法求和。首先，M 取奇数，把式（6-34）改写成式（6-18）和式（6-19）的形式，然后利用判断条件式（6-21）。M 取偶数，把式（6-34）改写成式（6-28）和式（6-29）的形式，然后利用判断条件式（6-21）。在 $K_M(\pi/2)=0$ 的情况下，$E_M=0$，可得

$$E(P,t)\approx -\frac{E_2}{2} \tag{6-35}$$

由式（6-33）可知，没有圆盘时，$E(P,t)\approx E_1/2$。又 $E_1\approx E_2$，所以空间点 P 的光强与没有圆盘时的光强近似相等，P 点为亮斑。

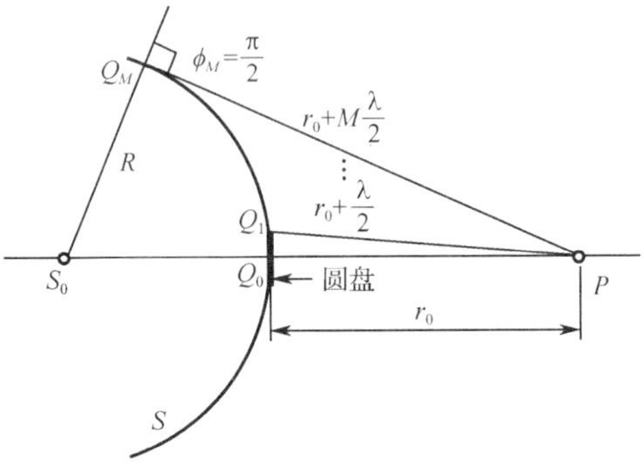

图 6-3　圆盘衍射的解释

6.1.2　基尔霍夫衍射理论——球面波衍射

尽管惠更斯-菲涅耳原理完美地解释了圆盘衍射的泊松亮斑，然而它并不是一种严格的数学理论产物。菲涅耳没有给出倾斜因子 $K(\phi)$ 的具体函数形式，其假设完全是依靠直觉，比例系数 $\tilde{C}$ 的含义也不清楚，所以惠更斯-菲涅耳原理只能算是半定量的原理。针对惠更斯-菲涅耳原理的不足，基尔霍夫和索末菲根据一般的标量波动理论推导出衍射公式，给出了菲涅耳衍射公式中倾斜因子 $K(\phi)$ 的具体函数形式和比例系数 $\tilde{C}$。

德国物理学家
古斯塔夫·罗伯特·基尔霍夫
（Gustav Robert Kirchhoff，
1824—1887）

1. 标量亥姆霍兹方程

光波是电磁波，由麦克斯韦方程可得在无源均匀线性各向同性理想介质中，时谐电磁场电场强度复振幅矢量 $\tilde{\mathbf{E}}$ 和磁场强度复振幅矢量 $\tilde{\mathbf{H}}$ 满足复矢量亥姆霍兹方程［见式（1-183）和式（1-184）］，即

$$\begin{cases}\nabla^2\tilde{\mathbf{E}}+k^2\tilde{\mathbf{E}}=0\\ \nabla^2\tilde{\mathbf{H}}+k^2\tilde{\mathbf{H}}=0\end{cases} \tag{6-36}$$

式中，k 为波数［见式（1-185）］。

光波在无源均匀线性各向同性理想介质中传播必须满足复矢量亥姆霍兹方程［见式(6-36)］，然而即使在点源情况下，在球坐标系下求解分量方程仍十分复杂［见式(2-167)］，为此需要对光波在无源均匀线性各向同性理想介质中的传播进行近似求解。近似的方法就是假设电场强度为标量，且满足标量亥姆霍兹方程［见式（2-155）］，即

$$\nabla^2 \tilde{E} + k^2 \tilde{E} = 0 \tag{6-37}$$

这就是基尔霍夫标量衍射理论的出发点。

需要强调的是，1864 年 12 月麦克斯韦在《电磁场的电动力学理论》著作中提出了完整描述电磁场的方程——麦克斯韦方程。基尔霍夫在麦克斯韦方程的基础上建立了标量衍射理论，时间是 1882 年。惠更斯提出的球面次波概念是在 1678 年，菲涅耳衍射公式是在 1815 年提出的，衍射公式中用到了亥姆霍兹方程（6-37）在点源情况下的解——球面波①。所以光波作为标量波是惠更斯最先提出的，并由菲涅耳给出点源的解形式。不同的是惠更斯和菲涅耳把光波与声波进行类比，认为光波是纵波。由此可以看出，标量衍射理论应该是惠更斯和菲涅耳首先提出的。

2. 格林定理

设 $\tilde{U}(x,y,z)$ 和 $\tilde{G}(x,y,z)$ 为空间变量的复值函数，S 为空间闭曲面，闭曲面 S 包围的空间体积为 V。若在 S 面内和 S 面上，$\tilde{U}(x,y,z)$ 和 $\tilde{G}(x,y,z)$ 均为单值连续，并具有单值连续的一阶和二阶偏导数，则有

$$\begin{aligned}\iiint\limits_{(V)} (\tilde{G}\nabla^2\tilde{U} - \tilde{U}\nabla^2\tilde{G})\mathrm{d}V &= \oiint\limits_{(S)} (\tilde{G}\nabla\tilde{U} - \tilde{U}\nabla\tilde{G})\cdot \mathrm{d}\mathbf{S} \\ &= \oiint\limits_{(S)} \left(\tilde{G}\frac{\partial \tilde{U}}{\partial n} - \tilde{U}\frac{\partial \tilde{G}}{\partial n}\right)\mathrm{d}S\end{aligned} \tag{6-38}$$

这就是格林定理（也称为第二格林公式）。式中，$\mathrm{d}\mathbf{S} = \mathbf{n}\mathrm{d}S$ 为微分面元，$\mathrm{d}S$ 为面元的大小，$\mathbf{n}$ 是面元 $\mathrm{d}\mathbf{S}$ 外法向单位矢量，$\partial/\partial n$ 为外法向偏导数，几何关系如图 1-1（b）所示。

格林定理可以由矢量分析和场论中的高斯散度定理（也称为奥斯特罗格拉茨基公式）证明。假设 V 是由分片光滑的闭曲面 S 所围成的有界闭区域，矢量场 $\mathbf{F}$ 在区域 V 上有连续的一阶偏导数，则

$$\iiint\limits_{(V)} \nabla\cdot\mathbf{F}\mathrm{d}V = \oiint\limits_{(S)} \mathbf{F}\cdot\mathrm{d}\mathbf{S} \tag{6-39}$$

令

$$\mathbf{F} = \tilde{G}\nabla\tilde{U} - \tilde{U}\nabla\tilde{G} \tag{6-40}$$

并利用矢量恒等式

$$\nabla\cdot(\varphi\mathbf{A}) = \varphi\nabla\cdot\mathbf{A} + \mathbf{A}\cdot\nabla\varphi \tag{6-41}$$

取 $\mathbf{A} = \nabla\tilde{U}$，$\varphi = \tilde{G}$ 有

$$\nabla\cdot(\tilde{G}\nabla\tilde{U}) = \tilde{G}\nabla^2\tilde{U} + \nabla\tilde{U}\cdot\nabla\tilde{G} \tag{6-42}$$

取 $\mathbf{A} = \nabla\tilde{G}$，$\varphi = \tilde{U}$ 有

$$\nabla\cdot(\tilde{U}\nabla\tilde{G}) = \tilde{U}\nabla^2\tilde{G} + \nabla\tilde{G}\cdot\nabla\tilde{U} \tag{6-43}$$

将式（6-42）和式（6-43）代入式（6-39）的左边，将式（6-40）代入式（6-39）的右边，便可得到式（6-38）。

① 菲涅耳 1827 年去世，格林在 1828 年提出格林函数和格林定理，而菲涅耳给出的球面波解就是亥姆霍兹方程对应的格林函数解。

3．基尔霍夫衍射定理

应用格林定理求解光波衍射问题，需要将标量电场强度与其中一个复值函数相对应，而另一个复值函数作为已知条件可供选择。

现假定待求标量电场强度 $\tilde{E}$ 与复值函数 $\tilde{U}$ 相对应，$\tilde{E}$ 满足标量亥姆霍兹方程（6-37）。选择复值函数 $\tilde{G}$，同样满足亥姆霍兹方程

$$\nabla^2\tilde{G}+k^2\tilde{G}=0 \tag{6-44}$$

式中，k 为波数。

如果两个复函数 $\tilde{E}$ 和 $\tilde{G}$ 同时满足亥姆霍兹方程，则格林定理积分式（6-38）可以简化。令方程（6-37）两边乘以 $\tilde{G}$，方程（6-44）两边乘以 $\tilde{E}$ 有

$$\tilde{G}\nabla^2\tilde{E}+k^2\tilde{G}\tilde{E}=0 \tag{6-45}$$

$$\tilde{E}\nabla^2\tilde{G}+k^2\tilde{E}\tilde{G}=0 \tag{6-46}$$

式（6-45）与式（6-46）相减得到

$$\tilde{G}\nabla^2\tilde{E}-\tilde{E}\nabla^2\tilde{G}=-k^2(\tilde{G}\tilde{E}-\tilde{E}\tilde{G})=0 \tag{6-47}$$

代入格林定理积分式（6-38），有

$$\oiint_{(S)}\left(\tilde{G}\frac{\partial\tilde{E}}{\partial n}-\tilde{E}\frac{\partial\tilde{G}}{\partial n}\right)\mathrm{d}S=0 \tag{6-48}$$

由此可以看出，在 $\tilde{E}$ 和 $\tilde{G}$ 都满足亥姆霍兹方程的条件下，对标量电场强度 $\tilde{E}$ 的求解简化为求封闭面 S 的面积分。

通过封闭面面积分式（6-48）求解标量电场强度 $\tilde{E}$，需要给定复值函数 $\tilde{G}$ 的具体函数形式。实际上，方程（6-37）相对应的格林函数满足方程

$$\nabla^2\tilde{G}+k^2\tilde{G}=-\delta(\mathbf{r}-\mathbf{r}') \tag{6-49}$$

由式（2-172）可知（取 $\tilde{A}=1$），在无源区域（$\delta(\mathbf{r}-\mathbf{r}')=0$）格林函数的解形式为

$$\tilde{G}=\frac{1}{r}\mathrm{e}^{-\mathrm{j}kr} \tag{6-50}$$

式中，r 为空间点到点光源的距离。显然，式（6-50）可作为复函数 $\tilde{G}$ 的选择形式。

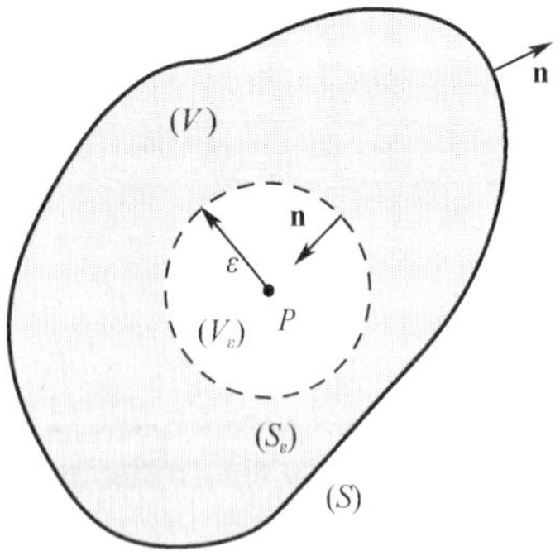

图 6-4 基尔霍夫积分定理

现假设空间点 P 为观测点，S 为包围点 P 的任意闭曲面，如图 6-4 所示。将式（6-50）代入面积分式（6-48）进行积分。由于在 S 面内 $\tilde{G}$ 必须满足单值连续，并具有单值连续的一阶和二阶偏导数，而格林函数 $\tilde{G}$ 在 P 点处 $r=0$，函数无界，因此函数 $\tilde{G}$ 在 P 点奇异。为了排除这种奇异性，以 P 点为球心，以 ε 为半径作一小球面 S_ε，对应的球体体积为 V_ε。由此，格林定理中的体积为介于闭曲面 S 和球面 S_ε 之间的体积，记作 V'，有

$$V'=V-V_\varepsilon \tag{6-51}$$

格林定理中的闭曲面变为由闭曲面 S 和球面 S_ε 构成的复合闭曲面，记作 S'，有

$$S'=S+S_\varepsilon \tag{6-52}$$

去掉奇异点后，$\tilde{E}$ 和 $\tilde{G}$ 在体积 V' 内和与之对应的闭曲面 S' 上满足格林定理的条件。因此，闭曲面积分式（6-48）变为

$$\oiint_{(S')}\left(\tilde{G}\frac{\partial \tilde{E}}{\partial n}-\tilde{E}\frac{\partial \tilde{G}}{\partial n}\right)\mathrm{d}S=\oiint_{(S)}\left(\tilde{G}\frac{\partial \tilde{E}}{\partial n}-\tilde{E}\frac{\partial \tilde{G}}{\partial n}\right)\mathrm{d}S+\oiint_{(S_\varepsilon)}\left(\tilde{G}\frac{\partial \tilde{E}}{\partial n}-\tilde{E}\frac{\partial \tilde{G}}{\partial n}\right)\mathrm{d}S=0 \tag{6-53}$$

或者写成

$$\oiint_{(S_\varepsilon)}\left(\tilde{G}\frac{\partial \tilde{E}}{\partial n}-\tilde{E}\frac{\partial \tilde{G}}{\partial n}\right)\mathrm{d}S=-\oiint_{(S)}\left(\tilde{G}\frac{\partial \tilde{E}}{\partial n}-\tilde{E}\frac{\partial \tilde{G}}{\partial n}\right)\mathrm{d}S \tag{6-54}$$

下面分别计算闭曲面 S_ε 和闭曲面 S 上的积分。

在闭曲面 S_ε 上，$r=\varepsilon$，代入式（6-50），有

$$\tilde{G}=\frac{1}{\varepsilon}\mathrm{e}^{-\mathrm{j}k\varepsilon} \tag{6-55}$$

又由于闭曲面 S_ε 外法向单位矢量 **n** 与位置矢量 **r** 的方向相反，因而有

$$\frac{\partial \tilde{G}}{\partial n}=\mathbf{n}\cdot\mathbf{e}_r\frac{\partial \tilde{G}}{\partial \varepsilon}=-\frac{\partial \tilde{G}}{\partial \varepsilon} \tag{6-56}$$

将式（6-55）代入式（6-56），得到

$$\frac{\partial \tilde{G}}{\partial n}=-\frac{\partial}{\partial \varepsilon}\left(\frac{1}{\varepsilon}\mathrm{e}^{-\mathrm{j}k\varepsilon}\right)=\left(\frac{1}{\varepsilon}+\mathrm{j}k\right)\frac{\mathrm{e}^{-\mathrm{j}k\varepsilon}}{\varepsilon} \tag{6-57}$$

于是，有

$$\oiint_{(S_\varepsilon)}\left(\tilde{G}\frac{\partial \tilde{E}}{\partial n}-\tilde{E}\frac{\partial \tilde{G}}{\partial n}\right)\mathrm{d}S=\oiint_{(S_\varepsilon)}\left[\frac{1}{\varepsilon}\mathrm{e}^{-\mathrm{j}k\varepsilon}\frac{\partial \tilde{E}}{\partial n}-\tilde{E}\left(\frac{1}{\varepsilon}+\mathrm{j}k\right)\frac{\mathrm{e}^{-\mathrm{j}k\varepsilon}}{\varepsilon}\right]\mathrm{d}S \tag{6-58}$$

在球坐标系下，取 $R=\varepsilon$，由式（6-7），面元 $\mathrm{d}S$ 可表为

$$\mathrm{d}S=\varepsilon^2\sin\theta\mathrm{d}\theta\mathrm{d}\varphi \tag{6-59}$$

当 $\varepsilon\to 0$ 时，由于 $\tilde{E}$ 单值连续，且具有单值连续的一阶和二阶偏导数，可取

$$\tilde{E}=\tilde{E}(P),\quad \frac{\partial \tilde{E}}{\partial n}=\left.\frac{\partial \tilde{E}}{\partial n}\right|_P \tag{6-60}$$

将式（6-59）和式（6-60）代入式（6-58），积分得到

$$\begin{aligned}&\int_0^{\pi}\int_0^{2\pi}\left[\frac{1}{\varepsilon}\mathrm{e}^{-\mathrm{j}k\varepsilon}\left.\frac{\partial \tilde{E}}{\partial n}\right|_P-\tilde{E}(P)\left(\frac{1}{\varepsilon}+\mathrm{j}k\right)\frac{\mathrm{e}^{-\mathrm{j}k\varepsilon}}{\varepsilon}\right]\varepsilon^2\sin\theta\mathrm{d}\theta\mathrm{d}\varphi\\&=\lim_{\varepsilon\to 0}4\pi\left[\mathrm{e}^{-\mathrm{j}k\varepsilon}\left.\frac{\partial \tilde{E}}{\partial n}\right|_P\varepsilon-\tilde{E}(P)(1+\mathrm{j}k\varepsilon)\mathrm{e}^{-\mathrm{j}k\varepsilon}\right]\\&=-4\pi\tilde{E}(P)\end{aligned} \tag{6-61}$$

将式（6-61）代入式（6-54），得到

$$\tilde{E}(P)=\frac{1}{4\pi}\oiint_{(S)}\left(\tilde{G}\frac{\partial \tilde{E}}{\partial n}-\tilde{E}\frac{\partial \tilde{G}}{\partial n}\right)\mathrm{d}S=\frac{1}{4\pi}\oiint_{(S)}\left[\left(\frac{\mathrm{e}^{-\mathrm{j}kr}}{r}\right)\frac{\partial \tilde{E}}{\partial n}-\tilde{E}\frac{\partial}{\partial n}\left(\frac{\mathrm{e}^{-\mathrm{j}kr}}{r}\right)\right]\mathrm{d}S \tag{6-62}$$

这就是基尔霍夫衍射定理。由于在声学中亥姆霍兹也曾给出同样的结果，所以也称为亥姆霍兹-基尔霍夫衍射定理。基尔霍夫衍射定理的物理意义在于：光波场空间任意一点 P 的标量电场强度复振幅 $\tilde{E}(P)$ 可以用包围该点的任意闭曲面 S 上各点的边界值 $\tilde{E}$ 和法向导数值 $\partial\tilde{E}/\partial n$ 的积分表示。

4．平面孔的基尔霍夫衍射公式

下面讨论基尔霍夫衍射定理应用于平面孔的衍射。

如图 6-5 所示为一不透明平面屏幕 DD'，其上开有透光孔径 AA'，平面孔为 S'。由点光源 S_0（任意放置）发射单色球面光波照射到屏幕和孔平面 S' 上。利用基尔霍夫积分定理求屏幕右侧空间任意点 P 的电场强度复振幅。

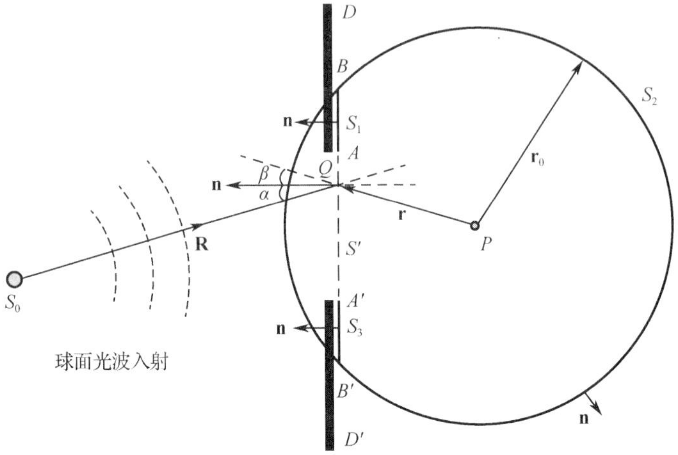

图 6-5　球面光波通过平面孔的衍射——点光源任意放置

首先，围绕点 P 作一闭曲面 S。S 由三部分构成：① 平面孔 S'；② 不透明屏幕背面部分 AB 和 $A'B'$，对应平面记作 S_1 和 S_3；③ 以点 P 为球心，以 r_0 为半径的部分球面，记作 S_2。由此可将闭曲面 S 表示为

$$S = S' + S_1 + S_2 + S_3 \tag{6-63}$$

由基尔霍夫积分定理，可写出点 P 的标量电场强度复振幅为

$$\tilde{E}(P) = \frac{1}{4\pi}\left(\iint_{(S')} + \iint_{(S_1)} + \iint_{(S_2)} + \iint_{(S_3)}\right)\left[\left(\frac{\mathrm{e}^{-\mathrm{j}kr}}{r}\right)\frac{\partial \tilde{E}}{\partial n} - \tilde{E}\frac{\partial}{\partial n}\left(\frac{\mathrm{e}^{-\mathrm{j}kr}}{r}\right)\right]\mathrm{d}S \tag{6-64}$$

积分计算需要确定在平面 S'、S_1 和 S_3 以及部分球面 S_2 上的标量电场强度复振幅 $\tilde{E}$ 和导数值 $\partial\tilde{E}/\partial n$。由此基尔霍夫做了如下假定：

（1）在平面孔 S' 上，$\tilde{E}$ 和 $\partial\tilde{E}/\partial n$ 由入射球面光波确定，平面孔对入射光波不产生影响。由式（6-1）可写出

$$\tilde{E}\Big|_{S'} = \frac{\tilde{E}_0}{R}\mathrm{e}^{-\mathrm{j}kR} \tag{6-65}$$

由于平面孔 S' 的法向 $\mathbf{n}$ 与径向矢量 $\mathbf{R}$ 不同向，根据球坐标系下的梯度公式，求 $\mathbf{n}$ 方向的方向导数，得到

$$\left.\frac{\partial\tilde{E}}{\partial n}\right|_{S'} = \mathbf{n}\cdot\nabla\tilde{E} = \mathbf{n}\cdot\mathbf{e}_R\frac{\partial\tilde{E}}{\partial R} = \cos\alpha\left(\frac{1}{R} + \mathrm{j}k\right)\frac{\tilde{E}_0}{R}\mathrm{e}^{-\mathrm{j}kR} \tag{6-66}$$

式中，$\mathbf{e}_R$ 为沿 $\mathbf{R}$ 方向的单位矢量。

（2）在不透明屏幕背面平面 S_1 和 S_3 上，取

$$\tilde{E}\Big|_{S_1} = 0,\quad \left.\frac{\partial\tilde{E}}{\partial n}\right|_{S_1} = 0 \tag{6-67}$$

$$\tilde{E}\Big|_{S_3}=0,\quad \frac{\partial \tilde{E}}{\partial n}\Big|_{S_3}=0 \tag{6-68}$$

以上两个假定都是不严格的。孔径边缘必定会对点光源发射的球面波前产生影响，因而式（6-65）和式（6-66）在边缘点仅是一种近似。另外，由于衍射效应电场会从边缘点 A 和 A' 扩展到屏幕背面几个波长的地方，因而在这些地方，式（6-67）和式（6-68）也不成立。但是，在孔径比光波波长大许多的情况下，这种影响可以忽略不计，基尔霍夫衍射公式的计算结果与实验符合得很好。

另外，从数学的角度讲，基尔霍夫给出的两个假设是矛盾的。因为如果 $\tilde{E}$ 是波动方程的解，$\tilde{E}|_S$ 和 $\partial\tilde{E}/\partial n|_S$ 在任一有限曲面 S 上等于 0，由 $\partial\tilde{E}/\partial n|_S=0$，利用亥姆霍兹方程和拉普拉斯方程可以证明，$\tilde{E}$ 在全空间为零。由此说明衍射屏右侧空间任意一点 $\tilde{E}(P)\equiv 0$，结论与实际情况不相符合。这在数学上被称为理论本身的不自洽。

由以上两条假定，式（6-64）可化简为

$$\begin{aligned}\tilde{E}(P)=&\frac{1}{4\pi}\iint_{(S')}\left[\left(\frac{e^{-jkr}}{r}\right)\frac{\partial\tilde{E}}{\partial n}-\tilde{E}\frac{\partial}{\partial n}\left(\frac{e^{-jkr}}{r}\right)\right]dS+\\&\frac{1}{4\pi}\iint_{(S_2)}\left[\left(\frac{e^{-jkr}}{r}\right)\frac{\partial\tilde{E}}{\partial n}-\tilde{E}\frac{\partial}{\partial n}\left(\frac{e^{-jkr}}{r}\right)\right]dS\end{aligned} \tag{6-69}$$

对于在部分球面 S_2 上的积分，由于球面 S_2 的外法向 $\mathbf{n}$ 与位置矢量 $\mathbf{r}_0$ 同向，由式（6-66）可知

$$\frac{\partial}{\partial n}\left(\frac{e^{-jkr}}{r}\right)\Big|_{r_0}=\frac{\partial}{\partial r}\left(\frac{e^{-jkr}}{r}\right)\Big|_{r_0}=-\left(\frac{1}{r_0}+jk\right)\frac{e^{-jkr_0}}{r_0} \tag{6-70}$$

在 $r_0\to\infty$ 的情况下，式（6-70）近似为

$$\lim_{r_0\to\infty}-\left(\frac{1}{r_0}+jk\right)\frac{e^{-jkr_0}}{r_0}\approx -jk\frac{e^{-jkr_0}}{r_0} \tag{6-71}$$

代入式（6-69）的第二个积分得到

$$\frac{1}{4\pi}\iint_{(S_2)}\left[\left(\frac{e^{-jkr}}{r}\right)\frac{\partial\tilde{E}}{\partial n}-\tilde{E}\frac{\partial}{\partial n}\left(\frac{e^{-jkr}}{r}\right)\right]dS\approx\frac{1}{4\pi}\iint_{(S_2)}\frac{e^{-jkr_0}}{r_0}\left(\frac{\partial\tilde{E}}{\partial n}+jk\tilde{E}\right)dS \tag{6-72}$$

根据立体角的概念，面元 dS 所张的立体角元为

$$d\Omega=\frac{\mathbf{r}_0\cdot\mathbf{n}dS}{r_0^3}=\frac{dS}{r_0^2} \tag{6-73}$$

积分式（6-72）可改写为

$$\frac{1}{4\pi}\iint_{(S_2)}\frac{e^{-jkr_0}}{r_0}\left(\frac{\partial\tilde{E}}{\partial n}+jk\tilde{E}\right)dS=\frac{1}{4\pi}\iint_{(\Omega)}e^{-jkr_0}r_0\left(\frac{\partial\tilde{E}}{\partial n}+jk\tilde{E}\right)d\Omega \tag{6-74}$$

式中，Ω 为部分球面 S_2 对点 P 所张的立体角，$\Omega<4\pi$。指数函数 e^{-jkr_0} 的模 $|e^{-jkr_0}|=1$，在 S_2 上有界。如果在球面 S_2 上 $\tilde{E}$ 和 $\partial\tilde{E}/\partial n$ 满足

$$\lim_{r_0\to\infty}r_0\left(\frac{\partial\tilde{E}}{\partial n}+jk\tilde{E}\right)=0 \tag{6-75}$$

则当 $r_0\to\infty$ 时，面积分式（6-74）为零，即

$$\frac{1}{4\pi}\iint_{(\Omega)} \mathrm{e}^{-\mathrm{j}kr_0} r_0\left(\frac{\partial \tilde{E}}{\partial n}+\mathrm{j}k\tilde{E}\right)\mathrm{d}\Omega = 0 \tag{6-76}$$

式（6-75）称为索末菲辐射条件。

在满足索末菲辐射条件下，点 P 标量电场强度复振幅的计算最后归结为求平面孔 S' 上的积分，由式（6-69）有

$$\tilde{E}(P)=\frac{1}{4\pi}\iint_{(S')}\left[\left(\frac{\mathrm{e}^{-\mathrm{j}kr}}{r}\right)\frac{\partial \tilde{E}}{\partial n}-\tilde{E}\frac{\partial}{\partial n}\left(\frac{\mathrm{e}^{-\mathrm{j}kr}}{r}\right)\right]\mathrm{d}S \tag{6-77}$$

在平面孔 S' 上，其法向 $\mathbf{n}$ 与 $\mathbf{r}$ 不同向，求 $\mathbf{n}$ 方向的方向导数得到

$$\frac{\partial}{\partial n}\left(\frac{\mathrm{e}^{-\mathrm{j}kr}}{r}\right)=\mathbf{n}\cdot\nabla\left(\frac{\mathrm{e}^{-\mathrm{j}kr}}{r}\right)=\mathbf{n}\cdot\mathbf{e}_{\mathrm{r}}\frac{\partial}{\partial r}\left(\frac{\mathrm{e}^{-\mathrm{j}kr}}{r}\right)=-\cos\beta\left(\frac{1}{r}+\mathrm{j}k\right)\frac{\mathrm{e}^{-\mathrm{j}kr}}{r} \tag{6-78}$$

式中，$\mathbf{e}_{\mathrm{r}}$ 为沿 $\mathbf{r}$ 方向的单位矢量。将式（6-65）、式（6-66）和式（6-78）代入式（6-77）得到

$$\begin{aligned}\tilde{E}(P)&=\frac{1}{4\pi}\iint_{(S')}\left[\left(\frac{\mathrm{e}^{-\mathrm{j}kr}}{r}\right)\frac{\partial \tilde{E}}{\partial n}-\tilde{E}\frac{\partial}{\partial n}\left(\frac{\mathrm{e}^{-\mathrm{j}kr}}{r}\right)\right]\mathrm{d}S\\&=\frac{\tilde{E}_0}{4\pi}\iint_{(S')}\frac{\mathrm{e}^{-\mathrm{j}kR}}{R}\left[\cos\alpha\left(\frac{1}{R}+\mathrm{j}k\right)+\cos\beta\left(\frac{1}{r}+\mathrm{j}k\right)\right]\frac{\mathrm{e}^{-\mathrm{j}kr}}{r}\mathrm{d}S\end{aligned} \tag{6-79}$$

在点光源 S_0 和观测点 P 远离屏幕的情况下，$R\gg\lambda$，$r\gg\lambda$，因此有

$$\frac{1}{R}\ll\frac{1}{\lambda},\quad \frac{1}{r}\ll\frac{1}{\lambda}\quad\left(k=\frac{2\pi}{\lambda}\right) \tag{6-80}$$

忽略 $1/R$ 和 $1/r$，并将 $k=2\pi/\lambda$ 代入式（6-79），有

$$\tilde{E}(P)\approx\frac{\mathrm{j}\tilde{E}_0}{\lambda}\iint_{(S')}\frac{\mathrm{e}^{-\mathrm{j}kR}}{R}\left(\frac{\cos\alpha+\cos\beta}{2}\right)\frac{\mathrm{e}^{-\mathrm{j}kr}}{r}\mathrm{d}S\quad\text{（球面波衍射）} \tag{6-81}$$

这就是菲涅耳-基尔霍夫衍射公式。需要说明的是，由于积分闭曲面开孔部分 S' 为平面，且点光源 S_0 任意放置，S' 平面不是等相位面，因此球面波因子 $\mathrm{e}^{-\mathrm{j}kR}/R$ 不能被提取到积分号外。

为了便于将式（6-81）与菲涅耳衍射积分式（6-3）进行比较，将点光源 S_0 和观测点 P 放置于对称轴上，如图 6-6 所示。选择闭曲面在开孔部分 S' 为球面，与球面波等相位面重合（忽略边缘效应），对应的球面半径为 R，S' 外法向 $\mathbf{n}$ 与位置矢量 $\mathbf{R}$ 的方向相反。

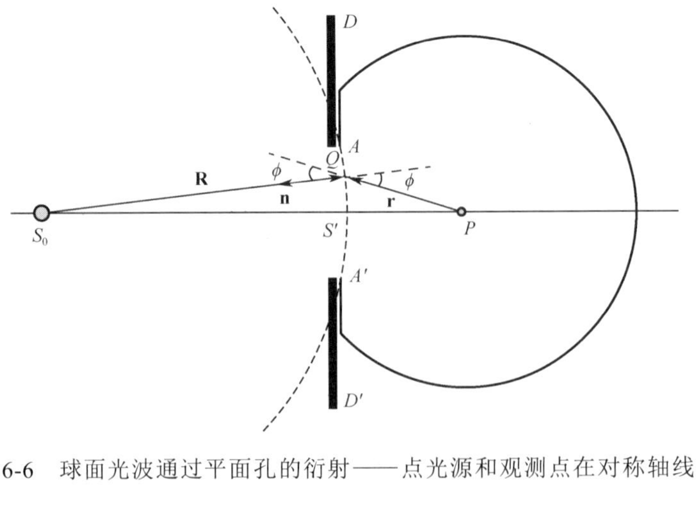

图 6-6 球面光波通过平面孔的衍射——点光源和观测点在对称轴线上

由图 6-6 可知，由于 S' 外法向 **n** 与位置矢量 **R** 方向相反，夹角为 π，对应于图 6-5 中 $\alpha=0$；S' 外法向 **n** 与位置矢量 **r** 的夹角为 ϕ，对应于图 6-5 中的 β。因此，在点光源 S_0 和观测点 P 同在对称轴上的情况下，式（6-81）可改写为

$$\tilde{E}(P)\approx\frac{\mathrm{j}\tilde{E}_0}{\lambda}\frac{\mathrm{e}^{-\mathrm{j}kR}}{R}\iint_{(S')}\left(\frac{1+\cos\phi}{2}\right)\frac{\mathrm{e}^{-\mathrm{j}kr}}{r}\mathrm{d}S \tag{6-82}$$

显然，式（6-82）与式（6-3）的形式完全相同，惠更斯-菲涅耳原理得到证明。比较可知，复比例系数 $\tilde{C}$ 和倾斜因子 $K(\phi)$ 为

$$\tilde{C}=\frac{\mathrm{j}}{\lambda},\quad K(\phi)=\frac{1+\cos\phi}{2} \tag{6-83}$$

由此可以看出，当 $\phi=0$ 时，$K(0)=1$，表明球面波面在对称轴上次波的贡献最大；当 $\phi=\pi/2$ 时，$K(\pi/2)=1/2$，而当 $\pi/2<\phi<\pi$ 时，$K(\phi)\neq0$。这一结果表明，菲涅耳关于次波假设 $\pi/2\leqslant\phi\leqslant\pi$，$K(\phi)=0$ 是错误的。

6.1.3　瑞利-索末菲衍射定理[1,2,4,7]

利用基尔霍夫衍射定理式（6-62）推导菲涅耳-基尔霍夫衍射公式（6-81）时，假定标量电场强度及其法向导数在不透明屏幕背面的 S_1 和 S_3 面上同时为零[见式(6-67)和式(6-68)]。从数学的角度讲这种做法是不合理的，因为波动方程的解如果在有限的面元上为零，必然导致解在全空间为零，也即屏幕后的场处处为零，所以用式（6-81）计算衍射场的分布在数学上是不自洽的。造成这种不自洽的原因是选择了自由空间亥姆霍兹方程的格林函数式(6-50)。为了解决基尔霍夫衍射积分在数学上的不自洽性，索末菲巧妙地选择半空间第一类和第二类格林函数代替自由空间亥姆霍兹方程的格林函数，从而避免了不透明屏幕背面标量电场强度及其法向导数同时为零的假设。

如图 6-7（a）和（b）所示，假设 P 为不透明屏幕右侧观测点，P' 为 P 的镜像点。在点 P 和点 P' 放置相同的点光源，两点光源共同构成屏幕右半空间的格林函数 $\tilde{G}$。

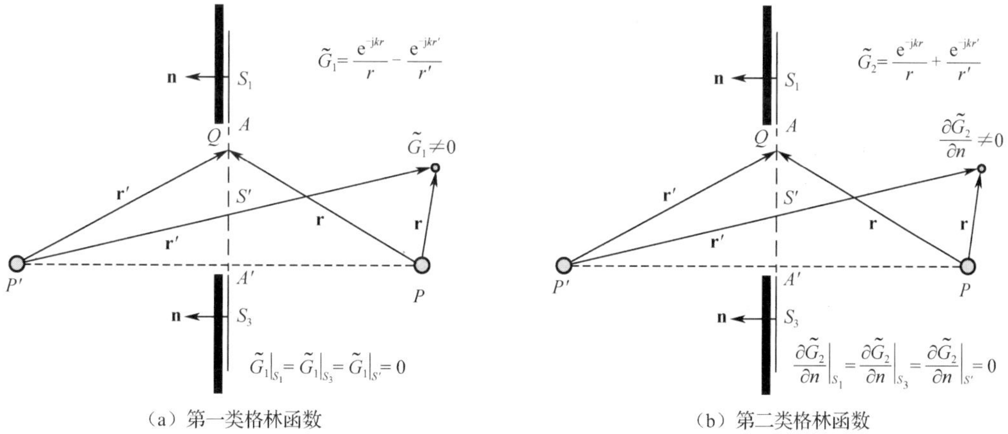

（a）第一类格林函数　　（b）第二类格林函数

图 6-7　右半空间格林函数

如果两点光源反相，令

$$\tilde{G}=\tilde{G}_1=\frac{\mathrm{e}^{-\mathrm{j}kr}}{r}-\frac{\mathrm{e}^{-\mathrm{j}kr'}}{r'} \tag{6-84}$$

$\tilde{G}_1$ 满足方程（6-49），称为半空间第一类格林函数。由于两点光源镜像对称，在整个屏幕平面上，$r = r'$，因此有

$$\tilde{G}_1 |_{S_1} = \tilde{G}_1 |_{S_3} = \tilde{G}_1 |_{S'} = 0 \tag{6-85}$$

在整个屏幕平面上，法向 $\mathbf{n}$ 与径向矢量 $\mathbf{r}$ 和 $\mathbf{r}'$ 不同向。根据球坐标系下的梯度公式，求 $\mathbf{n}$ 方向的方向导数，有

$$\begin{aligned}\frac{\partial \tilde{G}_1}{\partial n} &= \frac{\partial}{\partial n}\left(\frac{\mathrm{e}^{-\mathrm{j}kr}}{r} - \frac{\mathrm{e}^{-\mathrm{j}kr'}}{r'}\right) = \mathbf{n}\cdot\mathbf{e}_r \frac{\partial}{\partial r}\left(\frac{\mathrm{e}^{-\mathrm{j}kr}}{r}\right) - \mathbf{n}\cdot\mathbf{e}_{r'}\frac{\partial}{\partial r'}\left(\frac{\mathrm{e}^{-\mathrm{j}kr'}}{r'}\right) \\ &= -\cos\beta\left(\frac{1}{r}+\mathrm{j}k\right)\frac{\mathrm{e}^{-\mathrm{j}kr}}{r} - \cos\alpha\left(\frac{1}{r'}+\mathrm{j}k\right)\frac{\mathrm{e}^{-\mathrm{j}kr'}}{r'} \\ &= -2\cos\beta\left(\frac{1}{r}+\mathrm{j}k\right)\frac{\mathrm{e}^{-\mathrm{j}kr}}{r} \approx -2\mathrm{j}k\cos\beta\frac{\mathrm{e}^{-\mathrm{j}kr}}{r}, \quad (\alpha=\beta, \quad r=r')\end{aligned} \tag{6-86}$$

式中，由于 $r \gg \lambda$，因此忽略 $1/r$；取 $\mathbf{n}$ 与 $\mathbf{r}'$ 的夹角为 $\pi-\alpha$，$\mathbf{n}$ 与 $\mathbf{r}$ 的夹角为 β，如图 6-5 所示。由于 $r = r'$，则 $\alpha = \beta$。

由基尔霍夫衍射定理式（6-62）可知，在整个屏幕平面上，由于 $\tilde{G} = \tilde{G}_1 = 0$，因此在屏幕平面上的积分化简为

$$\tilde{E}(P) = \tilde{E}_{\mathrm{I}}(P) = \frac{1}{4\pi}\oiint_{(S)}\left(\tilde{G}_1\frac{\partial\tilde{E}}{\partial n} - \tilde{E}\frac{\partial\tilde{G}_1}{\partial n}\right)\mathrm{d}S = -\frac{1}{4\pi}\left(\iint_{(S_1)} + \iint_{(S')} + \iint_{(S_3)}\right)\tilde{E}\frac{\partial\tilde{G}_1}{\partial n}\mathrm{d}S \tag{6-87}$$

显然，被积函数与 $\partial\tilde{E}/\partial n$ 无关。要使在 S_1 和 S_3 平面上的积分为零，仅需要取

$$\tilde{E}|_{S_1} = 0, \quad \left.\frac{\partial\tilde{E}}{\partial n}\right|_{S_1} \neq 0 \tag{6-88}$$

$$\tilde{E}_{S_3} = 0, \quad \left.\frac{\partial\tilde{E}}{\partial n}\right|_{S_3} \neq 0 \tag{6-89}$$

这样选择就避免了基尔霍夫假设［见式（6-67）和式（6-68）］的不自洽性。

在平面 S' 上，$\tilde{E} \neq 0$。将式（6-86）代入式（6-87），得到

$$\tilde{E}_{\mathrm{I}}(P) = -\frac{1}{4\pi}\iint_{(S')}\tilde{E}\frac{\partial\tilde{G}_1}{\partial n}\mathrm{d}S = \frac{\mathrm{j}k}{2\pi}\iint_{(S')}\tilde{E}\cos\beta\frac{\mathrm{e}^{-\mathrm{j}kr}}{r}\mathrm{d}S \tag{6-90}$$

这就是第一类瑞利-索末菲衍射积分。

同理，如果两点光源同相，令

$$\tilde{G} = \tilde{G}_2 = \frac{\mathrm{e}^{-\mathrm{j}kr}}{r} + \frac{\mathrm{e}^{-\mathrm{j}kr'}}{r'} \tag{6-91}$$

$\tilde{G}_2$ 满足方程（6-49），称为半空间第二类格林函数。由于两点光源镜像对称，在整个屏幕平面上，$r = r'$，因而有

$$\tilde{G}_2 |_{S_1} = \tilde{G}_2 |_{S_3} = \tilde{G}_2 |_{S'} = 2\frac{\mathrm{e}^{-\mathrm{j}kr}}{r} \tag{6-92}$$

在整个屏幕平面上，求 $\mathbf{n}$ 方向的方向导数，有

$$\begin{aligned}\frac{\partial \tilde{G}_2}{\partial n} &= \frac{\partial}{\partial n}\left(\frac{e^{-jkr}}{r}+\frac{e^{-jkr'}}{r'}\right)=\mathbf{n}\cdot\mathbf{e}_r\frac{\partial}{\partial r}\left(\frac{e^{-jkr}}{r}\right)+\mathbf{n}\cdot\mathbf{e}_{r'}\frac{\partial}{\partial r'}\left(\frac{e^{-jkr'}}{r'}\right)\\ &=-\cos\beta\left(\frac{1}{r}+jk\right)\frac{e^{-jkr}}{r}+\cos\alpha\left(\frac{1}{r'}+jk\right)\frac{e^{-jkr'}}{r'}=0,\quad(\alpha=\beta,\quad r=r')\end{aligned} \tag{6-93}$$

由基尔霍夫衍射定理式（6-62）可知，在整个屏幕平面上，由于 $\partial\tilde{G}/\partial n=\partial\tilde{G}_2/\partial n=0$，在屏幕平面上的积分化简为

$$\tilde{E}(P)=\tilde{E}_{\mathrm{II}}(P)=\frac{1}{4\pi}\oiint_{(S)}\left(\tilde{G}_2\frac{\partial\tilde{E}}{\partial n}-\tilde{E}\frac{\partial\tilde{G}_2}{\partial n}\right)\mathrm{d}S=\frac{1}{4\pi}\left(\iint_{(S_1)}+\iint_{(S')}+\iint_{(S_3)}\right)\tilde{G}_2\frac{\partial\tilde{E}}{\partial n}\mathrm{d}S \tag{6-94}$$

被积函数与 $\tilde{E}$ 无关。要使在 S_1 和 S_3 平面上的积分为零，仅需要取

$$\tilde{E}\,|_{S_1}\neq 0,\quad \left.\frac{\partial\tilde{E}}{\partial n}\right|_{S_1}=0 \tag{6-95}$$

$$\tilde{E}_{S_3}\neq 0,\quad \left.\frac{\partial\tilde{E}}{\partial n}\right|_{S_3}=0 \tag{6-96}$$

这样选择就避免了基尔霍夫假设［见式（6-67）和式（6-68）］的不自洽性。

在平面 S' 上，$\partial\tilde{E}/\partial n\neq 0$。将式（6-92）代入式（6-94），得到

$$\tilde{E}_{\mathrm{II}}(P)=\frac{1}{4\pi}\iint_{(S')}\tilde{G}_2\frac{\partial\tilde{E}}{\partial n}\mathrm{d}S=\frac{1}{2\pi}\iint_{(S')}\frac{e^{-jkr}}{r}\frac{\partial\tilde{E}}{\partial n}\mathrm{d}S \tag{6-97}$$

这就是第二类瑞利-索末菲衍射积分。

从偏微分方程理论的角度讲，标量亥姆霍兹方程（6-37）与 $\tilde{E}\neq 0$ 的边界条件构成狄利克雷（Dirichlet）边值问题，瑞利-索末菲衍射积分式（6-90）就是狄利克雷边值问题的解。标量亥姆霍兹方程（6-37）与 $\partial\tilde{E}/\partial n\neq 0$ 的边界条件构成诺伊曼（Neumann）边值问题，瑞利-索末菲衍射积分式（6-97）就是诺伊曼边值问题的解。

6.1.4 基尔霍夫衍射公式与瑞利-索末菲衍射公式的比较

为了便于与菲涅耳-基尔霍夫衍射公式（6-81）进行比较，将式（6-65）和 $k=2\pi/\lambda$ 代入式（6-90），有

$$\tilde{E}_{\mathrm{I}}(P)=\frac{j\tilde{E}_0}{\lambda}\iint_{(S')}\cos\beta\frac{e^{-jkR}}{R}\frac{e^{-jkr}}{r}\mathrm{d}S \tag{6-98}$$

在式（6-66）中忽略 $1/R$，然后代入式（6-97），有

$$\tilde{E}_{\mathrm{II}}(P)=\frac{j\tilde{E}_0}{\lambda}\iint_{(S')}\cos\alpha\frac{e^{-jkR}}{R}\frac{e^{-jkr}}{r}\mathrm{d}S \tag{6-99}$$

如果记菲涅耳-基尔霍夫积分式（6-81）为 $\tilde{E}(P)=\tilde{E}_{\mathrm{J}}(P)$，比较可知

$$\tilde{E}_{\mathrm{J}}(P)=\frac{\tilde{E}_{\mathrm{I}}(P)+\tilde{E}_{\mathrm{II}}(P)}{2} \tag{6-100}$$

在傍轴近似条件下，α（称为入射角）和 β（称为衍射角）很小，$\cos\alpha\approx 1$，$\cos\beta\approx 1$，比较式（6-81）、式（6-90）和式（6-97）可知

$$\tilde{E}_{\mathrm{J}}(P)\approx\tilde{E}_{\mathrm{I}}(P)\approx\tilde{E}_{\mathrm{II}}(P) \tag{6-101}$$

沃夫（Wolf）和马钱德（Marchand）1964 年研究了平面屏幕圆孔衍射基尔霍夫衍射公式

和瑞利-索末菲衍射公式之间的差别。结果表明，在衍射孔径远大于光波波长和远场近似条件下，两种理论计算结果基本相同，表明式（6-101）是正确的。但在其他情况下，三者不能进行简单的比较。1974 年，赫特利（Heurtley）研究了圆孔衍射观测点在光轴上的变化情况，发现在衍射屏孔径边缘存在明显的差异。

另外，由于第一类瑞利-索末菲衍射积分边界条件式（6-85）和第二类瑞利-索末菲衍射积分边界条件式（6-92）都是在假定 $r = r'$ 的条件下得到的，所以瑞利-索末菲衍射积分仅适用于平面衍射屏。基尔霍夫衍射积分边界条件式（6-67）和式（6-68）并未受此限制，因而基尔霍夫衍射积分的应用范围更加广泛。

6.1.5 平面光波基尔霍夫衍射公式

式（6-81）、式（6-98）和式（6-99）给出的都是球面光波衍射公式。实际上，基尔霍夫衍射公式也适用于平面光波。

如图 6-8 所示，在平面 S' 上 $\tilde{E}$ 和 $\partial\tilde{E}/\partial n$ 由入射平面光波确定，平面孔对入射平面光波不产生影响。假定入射平面光波为标量波，不考虑平面光波的偏振特性，由式（2-27）可写出

$$\tilde{E}\,|_{S'} = \tilde{E}_0 \mathrm{e}^{-\mathrm{j}\mathbf{k}\cdot\mathbf{R}} = \tilde{E}_0 \mathrm{e}^{-\mathrm{j}k\mathbf{k}_0\cdot\mathbf{R}} \tag{6-102}$$

式中，$\tilde{E}_0$ 为电场强度复振幅的初始值；$\mathbf{R}$ 为位置矢量，k 为波数，$\mathbf{k}_0$ 为波矢量的单位矢量。需要强调的是，式（6-102）中平面光波等相位面上的位置矢量 $\mathbf{R}$ 与式（6-65）和式（6-66）中的径向矢量 $\mathbf{R}$ 采用了相同的符号，然而两者完全不同，应区别对待。

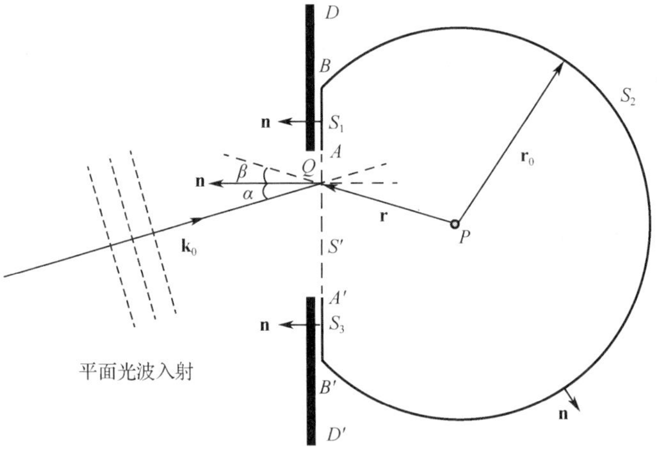

图 6-8 平面光波通过平面孔径的衍射——斜入射

由于平面 S' 的法向 $\mathbf{n}$ 与位置矢量 $\mathbf{R}$ 不同向，根据直角坐标系下的梯度公式，求 $\mathbf{n}$ 方向的方向导数，得到

$$\left.\frac{\partial\tilde{E}}{\partial n}\right|_{S'} = \mathbf{n}\cdot\nabla\tilde{E} = -\mathrm{j}k\mathbf{n}\cdot\mathbf{k}_0\tilde{E}_0\mathrm{e}^{-\mathrm{j}k\mathbf{k}_0\cdot\mathbf{R}} = \mathrm{j}k\tilde{E}_0\cos\alpha\,\mathrm{e}^{-\mathrm{j}k\mathbf{k}_0\cdot\mathbf{R}} \tag{6-103}$$

需要注意的是，对于平面光波入射，入射角为 α，位置矢量 $\mathbf{R}$ 不同，α 为常数。对于球面光波入射，径向矢量 $\mathbf{R}$ 不同，α 是变化的。

将式（6-102）、式（6-103）和式（6-78）代入式（6-77），并忽略式（6-78）中的 $1/r$，有

$$\tilde{E}(P)=\frac{\mathrm{j}\tilde{E}_0}{\lambda}\iint_{(S')}\mathrm{e}^{-\mathrm{j}k\mathbf{k}_0\cdot\mathbf{R}}\left(\frac{\cos\alpha+\cos\beta}{2}\right)\frac{\mathrm{e}^{-\mathrm{j}kr}}{r}\mathrm{d}S \quad \text{（平面光波衍射）} \tag{6-104}$$

显然，平面光波基尔霍夫衍射公式与球面光波基尔霍夫衍射公式的形式完全相同。

除了以上介绍的基尔霍夫标量衍射理论，还有一种更直接的求解光波衍射问题的标量方法，称为本征函数叠加方法，也称为角谱方法。由于这种方法的数学基础是傅里叶变换，因此也称为傅里叶变换方法。

6.2　基尔霍夫衍射公式的近似

以上给出的基尔霍夫衍射公式是描述衍射的一般数学积分形式。为了便于衍射的计算，首先需要建立直角坐标系下衍射屏和观测屏坐标之间的关系。如图 6-9 所示，假设衍射屏对应的坐标平面为 $X'Y'$，观测屏对应的坐标平面为 XY，两坐标平面彼此平行，Z 轴为光轴。两坐标平面之间的距离为 z'。衍射屏平面孔记作 S'，其上次波源点记作 $Q(x',y')$；观测屏平面上的场点记作 $P(x,y)$。点光源 S_0 位于光轴上，坐标为 $(0,0)$，点光源到衍射屏的距离为 z_0。其次，应用基尔霍夫衍射公式确定特定衍射问题的严格解很困难，因为被积函数形式复杂而得不到解析形式的积分结果，所以需要根据实际条件进行近似处理。近似处理涉及两个方面：傍轴近似和距离近似。

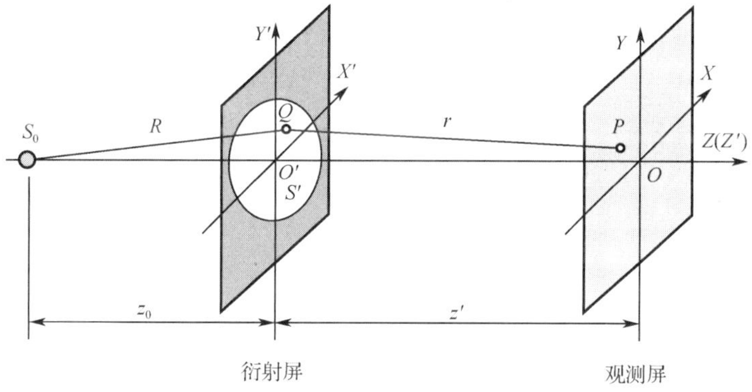

图 6-9　直角坐标系下衍射屏和观测屏坐标之间的关系

1．傍轴近似

从几何光学的观点看，一般光学系统中，对成像起主要作用的是与光学系统光轴夹角很小的傍轴光线。把点光源、衍射屏和观测屏看作一个光学系统，当衍射屏平面孔 S' 的大小和观测屏的成像范围都远小于点光源到衍射屏的距离 z_0 和开孔到观测屏的距离 z' 时，衍射光波可近似为傍轴光线。在傍轴近似条件下，可取

$$\cos\alpha=\cos\beta\approx 1 \quad (\alpha\to 0,\beta\to 0) \tag{6-105}$$

$$R\approx z_0,\quad r\approx z' \tag{6-106}$$

由此，式（6-81）可化简为

$$\tilde{E}(x,y)\approx\frac{\mathrm{j}\tilde{E}_0}{\lambda z_0 z'}\iint_{(S')}\mathrm{e}^{-\mathrm{j}k(R+r)}\mathrm{d}x'\mathrm{d}y' \quad \text{（球面波衍射）} \tag{6-107}$$

式（6-104）化简为

$$\tilde{E}(x,y)=\frac{\mathrm{j}\tilde{E}_0}{\lambda z'}\iint_{(S')}\mathrm{e}^{-\mathrm{j}k\mathbf{k}_0\cdot\mathbf{R}}\mathrm{e}^{-\mathrm{j}kr}\mathrm{d}x'\mathrm{d}y' \quad \text{（平面波衍射）} \tag{6-108}$$

需要强调的是，指数相位中的 R 和 r 不可用 z_0 和 z' 替代，因为 R 和 r 的微小变化会引起相位的很大变化。

2．距离近似

当观测屏放置于距衍射屏不同距离处时，衍射光斑是不同的，由此可把衍射现象分为近场衍射和远场衍射。近场衍射也称为菲涅耳衍射，远场衍射也称为夫琅和费衍射。用基尔霍夫衍射公式计算近场衍射和远场衍射时，可按点光源到衍射屏的距离和观测屏到衍射屏的距离对衍射公式进行化简。

（1）菲涅耳近似

由图 6-9 可知，在直角坐标系下，R 和 r 可表示为

$$R=(x'^2+y'^2+z_0^2)^{1/2}=z_0\left[1+\left(\frac{x'^2}{z_0}\right)^2+\left(\frac{y'}{z_0}\right)^2\right]^{1/2} \tag{6-109}$$

$$r=[(x-x')^2+(y-y')^2+z'^2]^{\frac{1}{2}}=z'\left[1+\left(\frac{x-x'}{z'}\right)^2+\left(\frac{y-y'}{z'}\right)^2\right]^{\frac{1}{2}} \tag{6-110}$$

按二项式展开定理

$$(1+x)^{\frac{1}{2}}=1+\frac{1}{2}x-\frac{1}{8}x^2+\cdots,\quad |x|<1 \tag{6-111}$$

取线性项，则式（6-109）可近似为

$$R\approx z_0\left(1+\frac{1}{2}\left(\frac{x'}{z_0}\right)^2+\frac{1}{2}\left(\frac{y'}{z_0}\right)^2\right)=z_0+\frac{x'^2+y'^2}{2z_0} \tag{6-112}$$

式（6-110）可近似为

$$\begin{aligned}r&\approx z'\left[1+\frac{1}{2}\left(\frac{x-x'}{z'}\right)^2+\frac{1}{2}\left(\frac{y-y'}{z'}\right)^2\right]\\&=z'+\frac{x^2+y^2}{2z'}+\frac{x'^2+y'^2}{2z'}-\frac{xx'+yy'}{z'}\end{aligned} \tag{6-113}$$

令式（6-112）与式（6-113）相加，有

$$R+r\approx z_0+z'+\frac{x^2+y^2}{2z'}+\frac{x'^2+y'^2}{2z_0}+\frac{x'^2+y'^2}{2z'}-\frac{xx'+yy'}{z'} \tag{6-114}$$

这就是菲涅耳近似，在这个区域内观测到的衍射称为菲涅耳衍射，即近场衍射。

为了书写简单起见，令

$$f(x',y')=\frac{x'^2+y'^2}{2z_0}+\frac{x'^2+y'^2}{2z'}-\frac{xx'+yy'}{z'} \tag{6-115}$$

则式（6-114）可简记为

$$R+r\approx z_0+z'+\frac{x^2+y^2}{2z'}+f(x',y') \tag{6-116}$$

将式（6-116）代入式（6-107）有

$$\tilde{E}(x,y) \approx \frac{\mathrm{j}\tilde{E}_0 \mathrm{e}^{-\mathrm{j}k\left(z_0+z'+\frac{x^2+y^2}{2z'}\right)}}{\lambda z' z_0} \iint\limits_{(S')} \mathrm{e}^{-\mathrm{j}k f(x',y')} \mathrm{d}x'\mathrm{d}y' \quad \text{（球面波衍射）} \tag{6-117}$$

将式（6-113）代入式（6-108）有

$$\tilde{E}(x,y) = \frac{\mathrm{j}\tilde{E}_0 \mathrm{e}^{-\mathrm{j}k\left(z'+\frac{x^2+y^2}{2z'}\right)}}{\lambda z'} \iint\limits_{(S')} \mathrm{e}^{-\mathrm{j}k\mathbf{k}_0\cdot\mathbf{R}} \mathrm{e}^{-\mathrm{j}k\left(\frac{x'^2+y'^2}{2z'}-\frac{xx'+yy'}{z'}\right)} \mathrm{d}x'\mathrm{d}y' \quad \text{（平面波衍射）} \tag{6-118}$$

（2）夫琅和费近似

当点光源到衍射屏和观测屏到衍射屏的距离很远时，关于 x' 和 y' 的二阶小量满足条件

$$k\frac{(x'^2+y'^2)_{\max}}{2z'} \ll 1, \quad k\frac{(x'^2+y'^2)_{\max}}{2z_0} \ll 1 \tag{6-119}$$

如果取 $\lambda = 632.8\mathrm{nm}$ ，则

$$\frac{(x'^2+y'^2)_{\max}}{2z'} \ll 10^{-7}(\mathrm{m}), \quad \frac{(x'^2+y'^2)_{\max}}{2z_0} \ll 10^{-7}(\mathrm{m}) \tag{6-120}$$

可忽略该项，则式（6-113）近似为

$$r \approx z' + \frac{x^2+y^2}{2z'} - \frac{xx'+yy'}{z'} \tag{6-121}$$

式（6-114）近似为

$$R + r \approx z_0 + z' + \frac{x^2+y^2}{2z'} - \frac{xx'+yy'}{z'} \tag{6-122}$$

这就是夫琅和费近似，在这个区域内观测到的衍射称为夫琅和费衍射，即远场衍射。

在夫琅和费近似条件下，式（6-117）化简为

$$\tilde{E}(x,y) \approx \frac{\mathrm{j}\tilde{E}_0 \mathrm{e}^{-\mathrm{j}k\left(z_0+z'+\frac{x^2+y^2}{2z'}\right)}}{\lambda z' z_0} \iint\limits_{(S')} \mathrm{e}^{\mathrm{j}k\frac{xx'+yy'}{z'}} \mathrm{d}x'\mathrm{d}y' \quad \text{（球面波衍射）} \tag{6-123}$$

式（6-118）近似为

$$\tilde{E}(x,y) = \frac{\mathrm{j}\tilde{E}_0 \mathrm{e}^{-\mathrm{j}k\left(z'+\frac{x^2+y^2}{2z'}\right)}}{\lambda z'} \iint\limits_{(S')} \mathrm{e}^{-\mathrm{j}k\mathbf{k}_0\cdot\mathbf{R}} \mathrm{e}^{\mathrm{j}k\left(\frac{xx'+yy'}{z'}\right)} \mathrm{d}x'\mathrm{d}y' \quad \text{（平面波衍射）} \tag{6-124}$$

由式（6-123）和式（6-124）不难看出，在远场近似条件下，球面波衍射演变为平面波衍射的形式。但是式（6-123）仅适用于垂直入射的情况，而式（6-124）对于垂直入射、斜入射均适用。

由于夫琅和费衍射可以得到解析解，且光学系统中最常见的衍射为夫琅和费衍射，而菲涅耳衍射需要近似求解，所以下面首先讨论夫琅和费衍射。

6.3　夫琅和费衍射

6.3.1　夫琅和费衍射装置

对于夫琅和费衍射，观测屏必须放置在远离衍射屏的地方。由于观测屏很远，波面 S' 上

各点次波源发出的球面次波可近似为平行光线，如图 6-10（a）所示，而在观测屏上观测到的点光波的复振幅可看作这些平行光线的叠加，衍射光斑定位于无穷远处。假设次波源发射的平行光线与 Z 轴夹角为 θ，如果在衍射屏后面放置一焦距为 f 的透镜 L_2，如图 6-10（b）所示，由于透镜的聚焦作用，与 Z 轴夹角为 θ 的平行光线将聚焦于观测屏上的点 P。所以实际中讨论夫琅和费衍射都需要在透镜焦平面上观测，如果是单色平面光波入射，则夫琅和费衍射采用图 6-10（b）所示的实验装置。

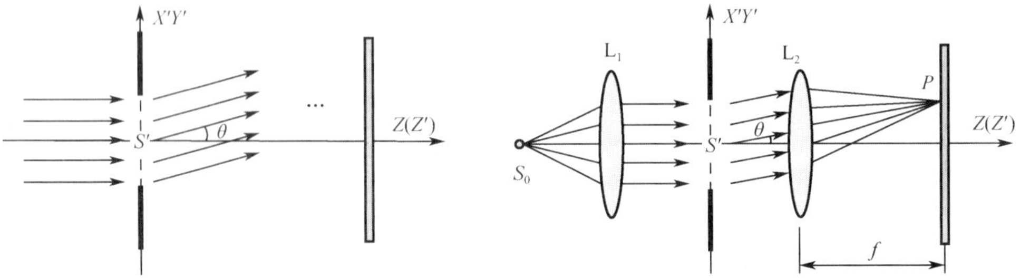

（a）观测屏离衍射屏近似无穷远　（b）夫琅和费衍射实验装置

图 6-10　夫琅和费衍射原理

对于单色平面光波入射，假设波矢量单位矢量 $\mathbf{k}_0$ 沿 Z 轴方向，则有

$$\mathbf{k}_0=\cos\alpha'\mathbf{e}_{x'}+\cos\beta'\mathbf{e}_{y'}+\cos\gamma'\mathbf{e}_{z'}=\cos\frac{\pi}{2}\mathbf{e}_{x'}+\cos\frac{\pi}{2}\mathbf{e}_{y'}+\cos0^\circ\mathbf{e}_{z'}=\mathbf{e}_{z'} \tag{6-125}$$

式中，$\{\cos\alpha',\cos\beta',\cos\gamma'\}$ 为波矢量单位矢量的方向余弦。在 $X'Y'$ 坐标平面上，$z'=0$，有

$$\mathbf{k}_0\cdot\mathbf{R}=x'\cos\alpha'+y'\cos\beta'+z'\cos\gamma'=z'=0 \tag{6-126}$$

在式（6-124）中，取衍射屏与观测屏之间的距离 $z'=f$，并将式（6-126）代入其中，则式（6-124）可简写为

$$\tilde{E}(x,y)=\frac{\mathrm{j}\tilde{E}_0\mathrm{e}^{-\mathrm{j}k\left(f+\frac{x^2+y^2}{2f}\right)}}{\lambda f}\iint\limits_{(S')}\mathrm{e}^{\mathrm{j}k\left(\frac{xx'+yy'}{f}\right)}\mathrm{d}x'\mathrm{d}y' \tag{6-127}$$

这就是垂直入射情况下夫琅和费衍射计算所依据的积分表达式。

6.3.2　夫琅和费矩孔衍射

如图 6-11（a）所示为矩孔衍射光路图，矩孔在 X' 轴上的宽度为 a，在 Y' 轴上的宽度为 b，矩孔中心为坐标原点。由式（6-127）可得

$$\begin{aligned}\tilde{E}(x,y)&=\frac{\mathrm{j}\tilde{E}_0\mathrm{e}^{-\mathrm{j}k\left(f+\frac{x^2+y^2}{2f}\right)}}{\lambda f}\int_{-b/2}^{+b/2}\mathrm{e}^{\mathrm{j}\frac{ky}{f}y'}\mathrm{d}y'\int_{-a/2}^{+a/2}\mathrm{e}^{\mathrm{j}\frac{kx}{f}x'}\mathrm{d}x'\\&=\frac{\mathrm{j}\tilde{E}_0ab\mathrm{e}^{-\mathrm{j}k\left(f+\frac{x^2+y^2}{2f}\right)}}{\lambda f}\frac{\sin\alpha}{\alpha}\frac{\sin\beta}{\beta}\end{aligned} \tag{6-128}$$

式中，记

$$\alpha=\frac{kax}{2f}=\frac{\pi ax}{\lambda f},\quad \beta=\frac{kby}{2f}=\frac{\pi by}{\lambda f} \tag{6-129}$$

由式（6-128）可得，观测屏上点 P 的光强为

$$I(x,y)=\tilde{E}\tilde{E}^*=I_0\left(\frac{\sin\alpha}{\alpha}\right)^2\left(\frac{\sin\beta}{\beta}\right)^2 \tag{6-130}$$

式中，记

$$I_0=\frac{(ab)^2\,|\,\tilde{E}_0\,|^2}{\lambda^2 f^2} \tag{6-131}$$

依据式（6-130），仿真得到的矩孔衍射图如图 6-11（b）所示。参数取值：$\lambda=632.8\text{nm}$，$a=1.0\text{mm}$，$b=2.0\text{mm}$，$f=1.5\text{m}$，$I_0=400.0$。观测屏取值范围：$x=-5\sim+5\text{mm}$，$y=-5\sim+5\text{mm}$。

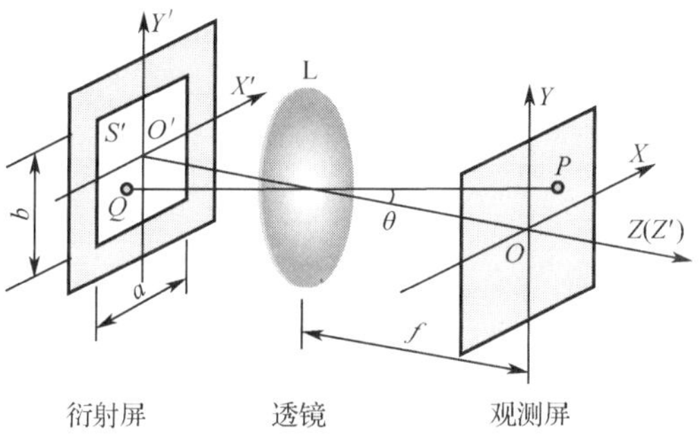

（a）矩孔衍射光路图

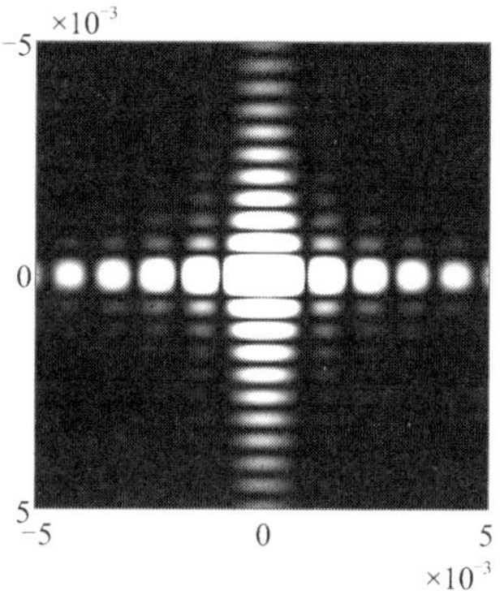

（b）矩孔衍射图

图 6-11　夫琅和费矩孔衍射

下面讨论矩孔衍射的特点。

1. 衍射光强分布

取 $y=0$，则 $\beta=0$，由于

$$\lim_{\beta\to 0}\frac{\sin\beta}{\beta}=1 \tag{6-132}$$

由式（6-130）可得 X 轴上的光强分布为

$$I(x)=I_0\left(\frac{\sin\alpha}{\alpha}\right)^2 \tag{6-133}$$

光强沿 X 轴的分布曲线如图 6-12 所示。

当 $\alpha=0$ 时，$x=0$，坐标原点取最大值 $I_M(0)=I_0$，即 $I_M(0)/I_0=1$。

当 $\alpha=m\pi(m=\pm1,\pm2,\cdots)$ 时，光强取极小值，$I_m(m\pi)=0$，光强为暗点，其位置为

$$x=m\frac{f\lambda}{a},\quad m=\pm1,\pm2,\cdots \tag{6-134}$$

由此可得 X 轴上两相邻暗点之间的间隔为

$$\Delta x=\frac{f\lambda}{a} \tag{6-135}$$

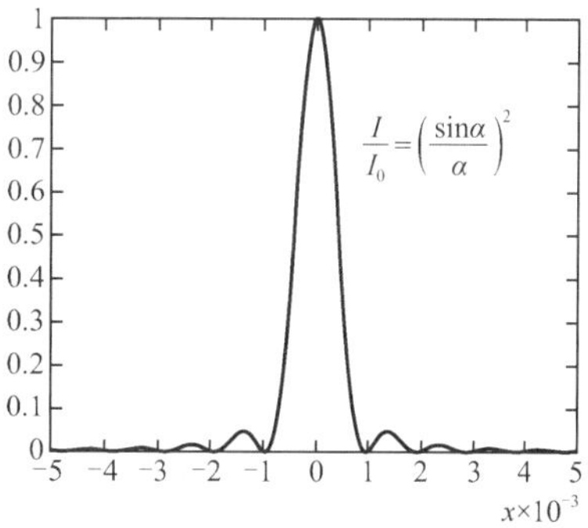

图 6-12　光强沿 X 轴的分布曲线

在两相邻暗点之间有一个光强次极大，次极大的位置由式（6-133）确定。式（6-133）

两边对 α 求导数，并令

$$\frac{\mathrm{d}I(x)}{\mathrm{d}\alpha}=I_0\frac{\mathrm{d}}{\mathrm{d}\alpha}\left(\frac{\sin\alpha}{\alpha}\right)^2=0 \tag{6-136}$$

得到

$$\tan\alpha=\alpha \tag{6-137}$$

这就是确定次极大位置的非线性方程。

同理，可得 Y 轴上的光强分布为

$$I(y)=I_0\left(\frac{\sin\beta}{\beta}\right)^2 \tag{6-138}$$

Y 轴上光强极小的位置为

$$y=m\frac{f\lambda}{b},\quad m=\pm1,\pm2,\cdots \tag{6-139}$$

Y 轴上两相邻暗点之间的间隔为

$$\Delta y=\frac{f\lambda}{b} \tag{6-140}$$

Y 轴上次极大的位置由方程

$$\tan\beta=\beta \tag{6-141}$$

确定。

表 6-1 给出了 10 个极小和次极大所对应的 α 值。

表 6-1　矩孔衍射光强分布极小和次极大

极　值	主极大	极　小	次极大	极　小	次极大	极　小	次极大	极　小	次极大	极　小
$(\sin\alpha/\alpha)^2$	1	0	0.04718	0	0.01694	0	0.00834	0	0.00503	0
α	0	π	4.493	2π	7.725	3π	10.90	4π	14.07	5π

由图 6-11（b）可以看出，在 X 轴和 Y 轴以外的 XOY 面内，也存在光强次极大和极小分布，但相对于 X 轴和 Y 轴的光强分布要小很多。

2．中央亮斑

矩孔衍射中央亮斑的大小可由 X 轴和 Y 轴上光强一级极小（$m=1$）的位置确定。由式（6-134）和式（6-139）可知，中央亮斑在 X 轴方向和 Y 轴方向的宽度为

$$\Delta x=\frac{2f\lambda}{a},\quad \Delta y=\frac{2f\lambda}{b} \tag{6-142}$$

由此可得中央亮斑的面积为

$$S=\Delta x\Delta y=\frac{4f^2\lambda^2}{ab} \tag{6-143}$$

该式表明，中央亮斑的面积与矩孔的面积成反比，在 λ 和 f 一定的情况下，衍射矩孔面积越小，中央亮斑面积越大。但是，由式（6-131）可知，衍射矩孔面积越小，中央亮斑光强 I_0 越小。

3．衍射图形状

由式（6-133）和式（6-138）可知，衍射图在 X 轴方向和 Y 轴方向的形状相同，不同的

是衍射矩孔的线度 a 和 b。在 λ 和 f 一定的情况下，由式（6-135）和式（6-140）可知，如果 $a<b$，则 X 轴方向的亮斑宽度大。由于图 6-11（b）中取 $b=2a$，因此 X 轴方向的亮斑宽度是 Y 轴方向亮斑宽度的 2 倍。

6.3.3　夫琅和费圆孔衍射

夫琅和费圆孔衍射的结构具有几何对称性，采用极坐标更为方便。如图 6-13（a）所示为夫琅和费圆孔衍射光路图，假设衍射孔半径为 a，衍射孔平面上任意一点 Q 对应的极坐标为 (ρ',φ')，极坐标与直角坐标的关系为

$$\begin{cases} x' = \rho'\cos\varphi' \\ y' = \rho'\sin\varphi' \end{cases} \tag{6-144}$$

同样，观测屏上任意一点 P 的极坐标为 (ρ,φ)，与直角坐标的关系为

$$\begin{cases} x = \rho\cos\varphi \\ y = \rho\sin\varphi \end{cases} \tag{6-145}$$

在极坐标系下，面元 $\mathrm{d}S'$ 的表达式为

$$\mathrm{d}S' = \rho'\mathrm{d}\rho'\mathrm{d}\varphi' \tag{6-146}$$

将式（6-144）～式（6-146）代入式（6-127），化简得到

$$\tilde{E}(\rho,\varphi) = \frac{\mathrm{j}\tilde{E}_0\mathrm{e}^{-\mathrm{j}k\left(f+\frac{\rho^2}{2f}\right)}}{\lambda f}\int_0^a\int_0^{2\pi}\mathrm{e}^{\mathrm{j}k\rho\rho'\frac{\cos(\varphi'-\varphi)}{f}}\rho'\mathrm{d}\rho'\mathrm{d}\varphi' \tag{6-147}$$

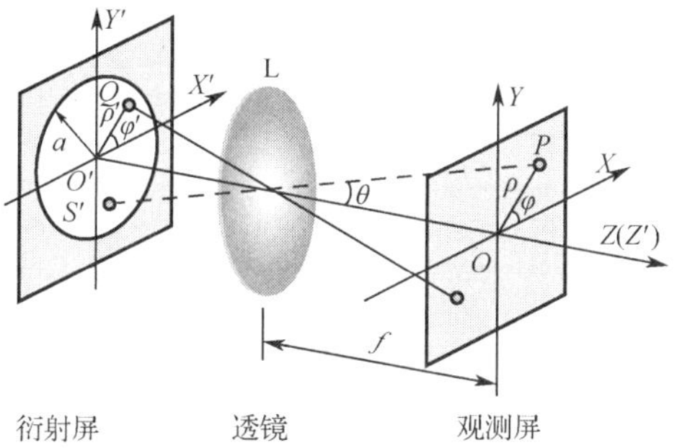

（a）圆孔衍射光路图

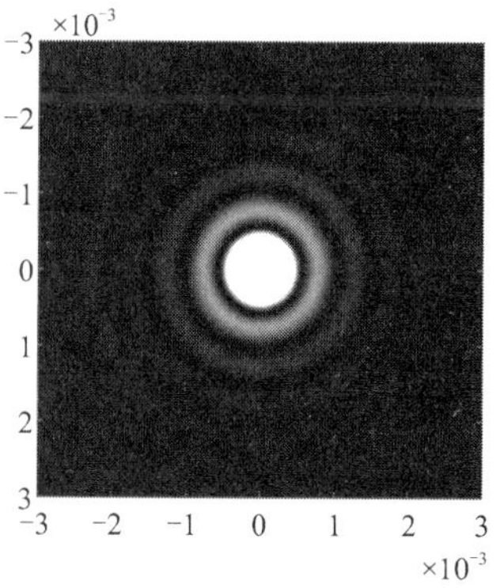

（b）圆孔衍射图

图 6-13　夫琅和费圆孔衍射

在傍轴近似条件下，取近似

$$\theta \approx \frac{\rho}{f} \tag{6-148}$$

式中，θ 是衍射方向与光轴之间的夹角，称为衍射角。将式（6-148）代入式（6-147），有

$$\tilde{E}(\rho,\varphi) = \frac{\mathrm{j}\tilde{E}_0\mathrm{e}^{-\mathrm{j}k\left(f+\frac{\rho^2}{2f}\right)}}{\lambda f}\int_0^a\rho'\mathrm{d}\rho'\int_0^{2\pi}\mathrm{e}^{\mathrm{j}k\rho'\theta\cos(\varphi'-\varphi)}\mathrm{d}\varphi' \tag{6-149}$$

积分变量为 φ'，而 φ 可看作常数。进行变量代换，令

$$\gamma = \varphi' - \varphi \tag{6-150}$$

则有

$$\begin{cases} \mathrm{d}\gamma = \mathrm{d}\varphi' \\ \varphi' = 0 \to \gamma = -\varphi \\ \varphi' = 2\pi \to \gamma = 2\pi - \varphi \end{cases} \tag{6-151}$$

由于被积函数 $\mathrm{e}^{\mathrm{j}k\rho'\theta\cos\gamma}$ 为 γ 的周期函数，由此可将积分式（6-149）化简为

$$\begin{aligned} \tilde{E}(\rho,\varphi) &= \frac{\mathrm{j}\tilde{E}_0 \mathrm{e}^{-\mathrm{j}k\left(f+\frac{\rho^2}{2f}\right)}}{\lambda f}\int_0^a \rho'\mathrm{d}\rho' \int_{-\varphi}^{2\pi-\varphi} \mathrm{e}^{\mathrm{j}k\rho'\theta\cos\gamma}\mathrm{d}\gamma \\ &= \frac{\mathrm{j}\tilde{E}_0 \mathrm{e}^{-\mathrm{j}k\left(f+\frac{\rho^2}{2f}\right)}}{\lambda f}\int_0^a \rho'\mathrm{d}\rho' \int_0^{2\pi} \mathrm{e}^{\mathrm{j}k\rho'\theta\cos\gamma}\mathrm{d}\gamma \end{aligned} \tag{6-152}$$

零阶贝塞尔函数的积分表达式为[25]

$$J_0(x) = \frac{1}{2\pi}\int_0^{2\pi} \mathrm{e}^{\mathrm{j}x\cos\phi}\mathrm{d}\phi \tag{6-153}$$

令式（6-152）与式（6-153）相比较，有

$$\tilde{E}(\rho,\varphi) = \frac{\mathrm{j}2\pi\tilde{E}_0 \mathrm{e}^{-\mathrm{j}k\left(f+\frac{\rho^2}{2f}\right)}}{\lambda f}\int_0^a J_0(k\rho'\theta)\rho'\mathrm{d}\rho' \tag{6-154}$$

令

$$x = k\rho'\theta \tag{6-155}$$

积分化为

$$\tilde{E}(\rho,\varphi) = \frac{\mathrm{j}2\pi\tilde{E}_0 \mathrm{e}^{-\mathrm{j}k\left(f+\frac{\rho^2}{2f}\right)}}{\lambda f(k\theta)^2}\int_0^{ka\theta} xJ_0(x)\mathrm{d}x \tag{6-156}$$

又由贝塞尔函数的积分性质[25]

$$\int xJ_0(x)\mathrm{d}x = xJ_1(x) \tag{6-157}$$

及 $J_1(0)=0$，比较可得式（6-156）的积分结果为

$$\tilde{E}(\rho,\varphi) = \frac{\mathrm{j}2\pi a^2\tilde{E}_0 \mathrm{e}^{-\mathrm{j}k\left(f+\frac{\rho^2}{2f}\right)}}{\lambda f}\frac{J_1(ka\theta)}{ka\theta} \tag{6-158}$$

由此可得观测屏上点 P 的光强为

$$I(\rho,\varphi) = \tilde{E}\tilde{E}^* = I_0\left[\frac{2J_1(ka\theta)}{ka\theta}\right]^2 \tag{6-159}$$

式中，记

$$I_0 = \frac{(\pi a^2)^2 |\tilde{E}_0|^2}{\lambda^2 f^2} \tag{6-160}$$

式（6-159）就是夫琅和费圆孔衍射光强的分布公式。该式首先是由艾里（G. B. Airy，1801—1892）在 1835 年推导出来的，所以也称艾里公式。

下面讨论夫琅和费圆孔衍射的特点。

1. 衍射图

由式（6-159）可知，在入射光波长λ和圆孔半径a给定的情况下，夫琅和费圆孔衍射的光强分布仅与衍射角θ有关，即与极径ρ有关［见式（6-148）］，与方位角φ无关，这表明夫琅和费圆孔衍射图是圆条纹。衍射图的仿真计算结果如图 6-13（b）所示，参数取值：$\lambda = 632.8\text{nm}$，$a = 1.0\text{mm}$，$f = 1.5\text{m}$，$I_0 = 30.0$。观测屏取值范围：$x = -3 \sim +3\text{mm}$，$y = -3 \sim +3\text{mm}$。

2. 极值特性

取$y = 0$，则$\rho = x$，依据式（6-159）可得沿X轴的光强分布曲线如图 6-14 所示。显然，圆孔衍射沿X轴的光强分布曲线与矩孔衍射沿X轴的光强分布曲线具有相同特点，但中央亮斑两旁光强次极大的相对值要小。

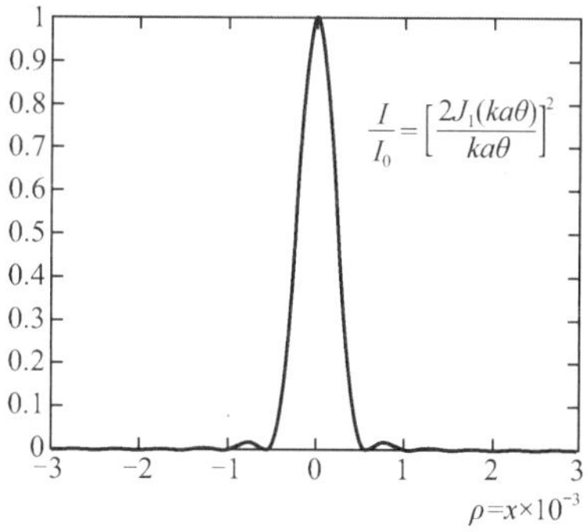

图 6-14　沿X轴的光强分布曲线

为了方便求光强暗环和次极大的位置，对式（6-159）进行化简。令

$$\zeta = ka\theta \tag{6-161}$$

则式（6-159）简写为

$$I(\zeta) = I_0 \left[\frac{2J_1(\zeta)}{\zeta}\right]^2 \tag{6-162}$$

利用整数阶贝塞尔函数的级数展开式[25]

$$J_1(x) = \sum_{k=0}^{\infty} \frac{(-1)^k}{k!(k+1)!} \left(\frac{x}{2}\right)^{2k+1} \tag{6-163}$$

式（6-162）可表示为

$$\frac{I(\zeta)}{I_0} = \left(1 - \frac{\zeta^2}{1!2!2^2} + \frac{\zeta^4}{2!3!2^4} + \cdots\right)^2 \tag{6-164}$$

当$\zeta = 0$时，由式（6-164）可知，$I(0) = I_0$，对应于中央亮斑的主极大。

当$J_1(\zeta) = 0$时，$I(\zeta) = 0$，ζ对应于衍射暗环的位置。

两相邻暗环之间存在一个衍射次极大，其位置需要通过求极值得到。根据贝塞尔函数的导数性质[25]

$$\frac{\mathrm{d}}{\mathrm{d}x}\left[\frac{J_m(x)}{x^m}\right] = -\frac{J_{m+1}(x)}{x^m} \tag{6-165}$$

对$J_1(\zeta)/\zeta$求导数[2,4,14]，有

$$\frac{\mathrm{d}}{\mathrm{d}\zeta}\left[\frac{J_1(\zeta)}{\zeta}\right] = -\frac{J_2(\zeta)}{\zeta} \tag{6-166}$$

由此得到极值条件为

$$J_2(\zeta) = 0 \tag{6-167}$$

这就是确定次极大位置的方程。表 6-2 给出了 7 个极小和次极大所对应的ζ值。

表 6-2　圆孔衍射光强分布的极小和次极大

极　值	主　极　大	极　小	次　极　大	极　小	次　极　大	极　小	次　极　大
$(2J_1(\zeta)/\zeta)^2$	1	0	0.0175	0	0.0042	0	0.0016
ζ	0	1.220π	1.635π	2.233π	2.679π	3.238π	3.699π

3．艾里斑

由图 6-13（b）和图 6-14 所示的光强分布曲线不难看出，圆孔衍射光能量主要集中在中央亮斑处，约占 83.78%，这个光斑称为艾里斑。艾里斑的半径记作 ρ_0，ρ_0 由第一个极小点的 ζ 值确定，即 $\zeta=1.220\pi$。由式（6-148）和式（6-161）有

$$\zeta = ka\theta = \frac{2\pi a}{\lambda}\cdot\frac{\rho_0}{f} = 1.22\pi \tag{6-168}$$

由此得到艾里斑的半径为

$$\rho_0 = 0.61\frac{f\lambda}{a} \tag{6-169}$$

如果记中央亮斑角半径为 θ_0，在旁轴近似条件下，有

$$\theta_0 \approx \frac{\rho_0}{f} = 0.61\frac{\lambda}{a} \tag{6-170}$$

艾里斑的面积为

$$S_0 = \pi\rho_0^2 = \frac{(0.61\pi\lambda f)^2}{\pi a^2} \tag{6-171}$$

此式表明，圆孔面积 πa^2 越小，艾里斑面积越大，衍射现象越明显。

6.3.4　夫琅和费椭圆孔衍射[33,34]

假设椭圆衍射孔长半轴为 a，短半轴为 b，衍射孔的椭圆方程为

$$\frac{x'^2}{a^2} + \frac{y'^2}{b^2} = 1 \tag{6-172}$$

如图 6-15（a）所示。

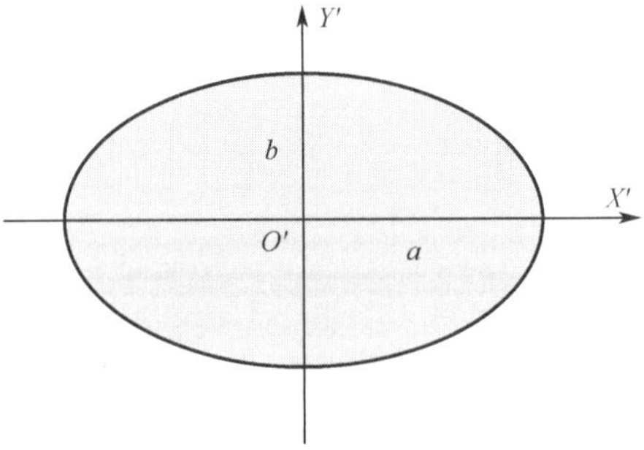

（a）椭圆孔

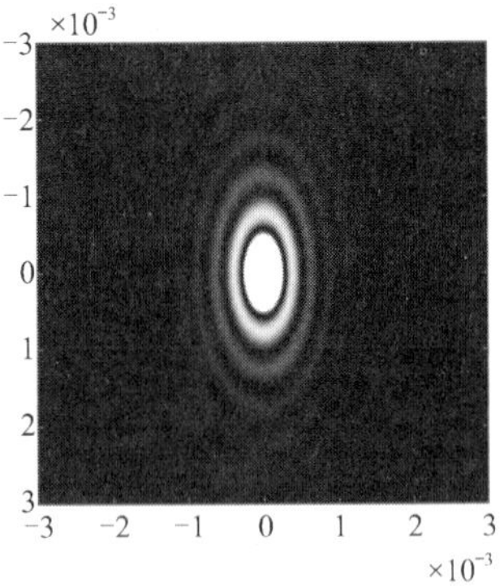

（b）椭圆孔衍射图

图 6-15　椭圆孔衍射

采用正交曲线坐标系。假设衍射孔平面上任意一点 Q 对应的曲线坐标为 (ρ',φ') ［注意，此处与极坐标式（6-144）采用了相同的记号］，曲线坐标与直角坐标的关系为

$$\begin{cases} x' = \rho' \cos\varphi' \\ y' = \dfrac{b}{a}\rho' \sin\varphi' \end{cases} \tag{6-173}$$

代入椭圆方程（6-172），有

$$\rho'^2 = a^2 \tag{6-174}$$

该式为在正交曲线坐标系下的圆方程，圆半径为 a。由此说明，通过坐标变换式（6-173）将椭圆孔衍射化为圆孔衍射，可令问题得到简化。

同样，观测屏上任意一点 P 的正交曲线坐标为 (ρ,φ) ［注意，此处与极坐标式（6-145）采用了相同的记号］，与直角坐标的关系为

$$\begin{cases} x = \rho \cos\varphi \\ y = \dfrac{a}{b}\rho \sin\varphi \end{cases} \tag{6-175}$$

在正交曲线坐标系下，面元 $\mathrm{d}S$ 的表达式为[35]

$$\mathrm{d}S' = |J|\,\mathrm{d}\rho'\mathrm{d}\varphi' \tag{6-176}$$

式中，J 为雅克比行列式，即

$$J = \begin{vmatrix} \dfrac{\partial x'}{\partial \rho'} & \dfrac{\partial x'}{\partial \varphi'} \\ \dfrac{\partial y'}{\partial \rho'} & \dfrac{\partial y'}{\partial \varphi'} \end{vmatrix} \tag{6-177}$$

将式（6-173）代入式（6-177），得到

$$J = \begin{vmatrix} \cos\varphi' & -\rho'\sin\varphi' \\ \dfrac{b}{a}\sin\varphi' & \dfrac{b}{a}\rho'\cos\varphi' \end{vmatrix} = \frac{b}{a}\rho' \tag{6-178}$$

由此得到面元 $\mathrm{d}S'$ 在正交曲线坐标系下的表达式为

$$\mathrm{d}S' = \frac{b}{a}\rho'\mathrm{d}\rho'\mathrm{d}\varphi' \tag{6-179}$$

将式（6-173）、式（6-175）和式（6-179）代入式（6-127），有

$$\tilde{E}(\rho,\varphi) = \frac{\mathrm{j}\tilde{E}_0 \mathrm{e}^{-\mathrm{j}k\left(f+\frac{x^2+y^2}{2f}\right)}}{\lambda f}\frac{b}{a}\int_0^a \rho'\mathrm{d}\rho' \int_0^{2\pi} \mathrm{e}^{\mathrm{j}k\rho'\theta\cos(\varphi'-\varphi)}\mathrm{d}\varphi' \tag{6-180}$$

式中，θ 的定义参见式（6-148）。

显然，积分式（6-180）与积分式（6-149）相同，进行变量代换［见式（6-150）］，然后利用零阶贝塞尔函数的积分表达式（6-153），式（6-180）化简为

$$\tilde{E}(\rho,\varphi) = \frac{\mathrm{j}2\pi\tilde{E}_0 \mathrm{e}^{-\mathrm{j}k\left(f+\frac{x^2+y^2}{2f}\right)}}{\lambda f}\frac{b}{a}\int_0^a J_0(k\rho'\theta)\rho'\mathrm{d}\rho' \tag{6-181}$$

再次进行变量代换［见式（6-155）］，然后利用贝塞尔函数的积分性质［见式（6-157）］，最后得到

$$\tilde{E}(\rho,\varphi)=\frac{\mathrm{j}2\pi ab\tilde{E}_0 \mathrm{e}^{-\mathrm{j}k\left(f+\frac{x^2+y^2}{2f}\right)}}{\lambda f}\frac{J_1(ka\theta)}{ka\theta} \tag{6-182}$$

由此得到观测屏上点 P 的光强为

$$I(\rho,\varphi)=\tilde{E}\tilde{E}^*=I_0\left[\frac{2J_1(ka\theta)}{ka\theta}\right]^2 \tag{6-183}$$

式中，记

$$I_0=\frac{(\pi ab)^2|\tilde{E}_0|^2}{\lambda^2 f^2} \tag{6-184}$$

式（6-183）就是夫琅和费椭圆孔衍射光强分布公式。

如图 6-15（b）所示为椭圆孔衍射仿真结果。参数取值：$\lambda=632.8\text{nm}$，长半轴 $a=2.0\text{mm}$，短半轴 $b=1.0\text{mm}$，$f=1.5\text{m}$，$I_0=50.0$。观测屏取值范围：$x=-3\sim+3\text{mm}$，$y=-3\sim+3\text{mm}$。仿真计算用到的 ρ 由式（6-175）得到

$$\rho=\sqrt{x^2+\left(\frac{b}{a}y\right)^2} \tag{6-185}$$

计算结果表明，椭圆孔衍射的衍射斑也为椭圆。衍射孔长短轴比例为 a/b，那么，衍射斑长短轴比例为 b/a。比较式（6-131）、式（6-160）和式（6-184）可知，在入射光波长和透镜焦距给定的情况下，对于不同形状的衍射孔，衍射斑中心的光强与衍射孔面积的平方［矩孔：$(ab)^2$；圆孔：$(\pi a^2)^2$；椭圆孔：$(\pi ab)^2$］成正比，与入射光强度$|\tilde{E}_0|^2$成正比。

6.3.5 光学成像系统的分辨本领

在 5.8.4 节讨论了光谱仪的分辨本领。光谱仪的分辨本领描述的是光谱仪分开两相邻谱线的能力，定义为$\lambda/\Delta\lambda$，$\Delta\lambda$为两相邻谱线的波长差［见式（5-385）］。在成像系统中，分辨本领是描述光学成像系统分开两相邻物点的像的能力。从几何光学的观点看，物面上每个物点成像对应于一个几何像点。从波动光学的观点看，由于光学成像系统由透镜和光阑等光学元件构成，通光孔径为圆孔径，必然存在衍射，所以实际物点的像变成一个有限大小的光斑，而不是一个几何点。由此造成光学成像系统分辨力下降，成像模糊了物平面上物点之间的细节。

光谱仪分辨本领的标准是瑞利判据［见式（5-388）和式（5-389）］。光学成像系统的分辨本领的标准也是瑞利判据。如图 6-16 所示，假设 S_1 和 S_2 为两个相邻单色非相干点光源，L 为透镜，透镜直径为 D。两点光源通过透镜光心光线之间的夹角为 α。点光源、透镜和观测屏之间的距离满足夫琅和费衍射的远场条件。点光源 S_1 和 S_2 通过透镜 L 成像，由于透镜孔径的衍射效应，在观测屏上出现两个衍射斑——艾里斑，其角间隔为 α。由式（6-170）可知，艾里斑的角半径为

$$\theta_0=1.22\frac{\lambda}{D} \tag{6-186}$$

当 $\alpha>\theta_0$ 时，两个艾里斑能完全分开，S_1 和 S_2 完全可以分辨，如图 6-16（a）所示；当 $\alpha<\theta_0$ 时，两个艾里斑重叠在一起，S_1 和 S_2 不可分辨，如图 6-16（c）所示；当 $\alpha=\theta_0$ 时，两个艾里斑部分重叠，但仍可看出是两个光斑，如图 6-16（b）所示。$\alpha=\theta_0$ 对应的 θ_0 称为最小分辨角，记作 α_e，其物理意义在于：当一个物点的像斑中央极大与另一个物点的像斑第一极小位置重

合时，认为光学成像系统恰好可以分辨两个物点。因此把式（6-186）作为光学成像系统的分辨极限，式（6-186）就是瑞利判据。

需要强调的是，瑞利判据是针对人眼而言的。虽然人眼分辨有差异，一般正常人眼对光强的最小分辨差别约为 26.5%，即中心光强是两边最大光强的 73.5%，如图 6-16（b）所示。对于光接收器，如乳胶底片、全息干版、光电管等其他传感器来说，光强的最小分辨差别可小于 26.5%，瑞利判据并不适用。但是，比较光学成像系统的像的分辨本领，瑞利判据仍可作为一个相对标准。

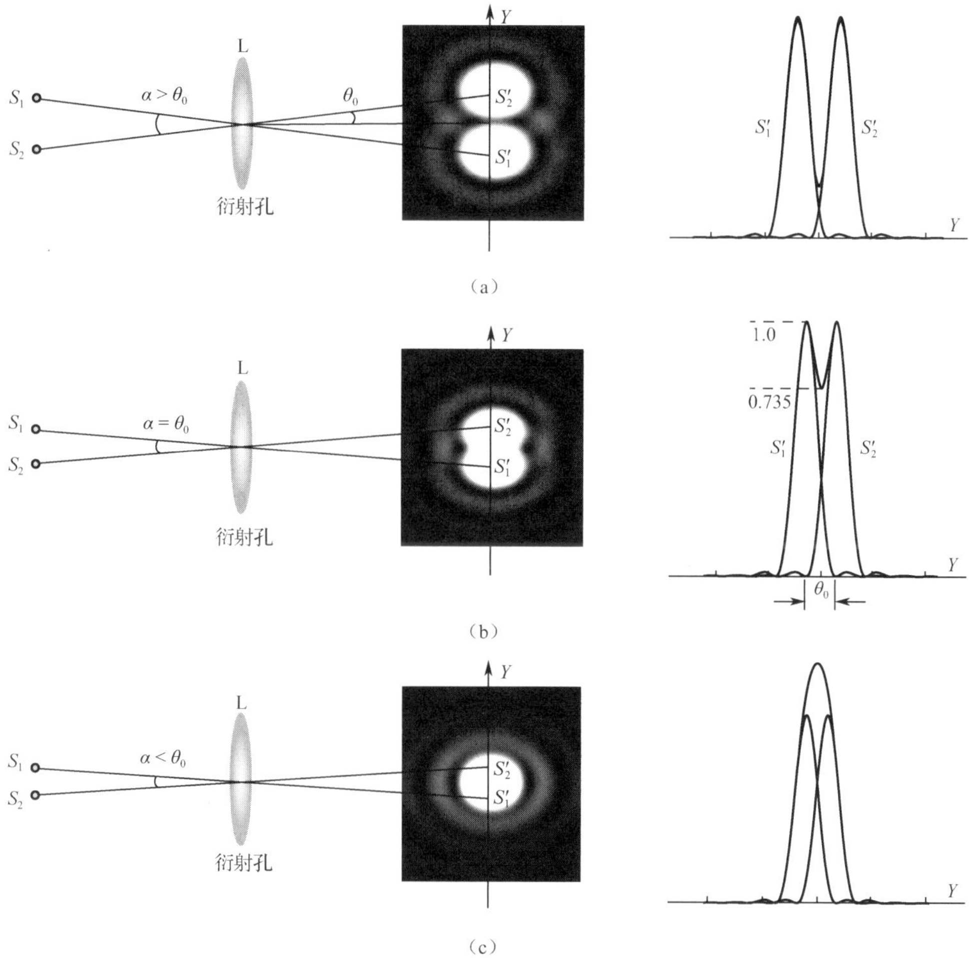

图 6-16　瑞利判据说明示意图

下面简单讨论几种光学成像系统的分辨本领。

1. 人眼的分辨本领

人眼成像可等效为凸透镜成像，而决定人眼分辨本领的是瞳孔的直径，记作 D_e，如图 6-17 所示。瞳孔直径可以自动调节，白昼 D_e 小，黑夜 D_e 大，其范围为 2～8mm。由此可根据 D_e 的大小，估算人眼的最小分辨角 α_e。假设入射单色光波波长 $\lambda=550\text{nm}$，$D_e\approx 2\text{mm}$，根据式（6-186）有

$$\alpha_e = \theta_0 = 1.22\frac{\lambda}{D_e} = 1.22\frac{550\times10^{-9}}{2\times10^{-3}} \approx 3.36\times10^{-4}\text{rad} = 1.16'$$

由实验测得人眼的最小分辨角约为$1'$（$1' \approx 2.9\times10^{-4}\text{rad}$），与计算结果基本相同。

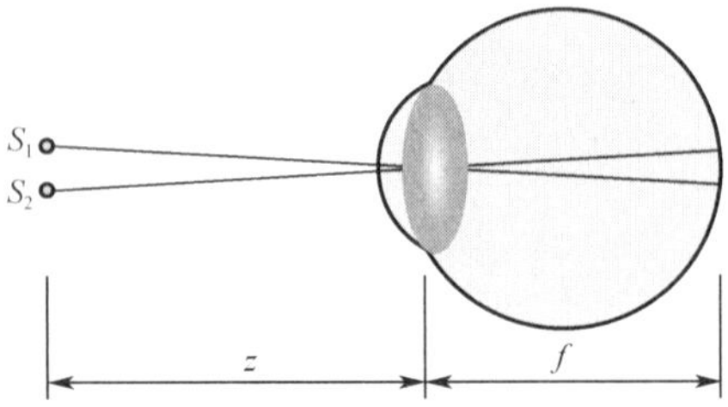

图 6-17　人的眼球简图

如果物点在视距 $z = 25\text{cm}$ 处，可近似计算两个物点的间距为

$$\Delta y = \alpha_e z \approx 25\times10^{-2}\times3.36\times10^{-4} = 0.084\text{mm}$$

由此说明，正常人眼可分辨位于明视距离处相间 0.084mm 的两条线。如果物点在 $z = 10\text{m}$ 处，则人眼可分辨的间距为

$$\Delta y = z\alpha_e \approx 10\times3.36\times10^{-4} = 3.36\text{mm}$$

以上给出的数据在生理光学中十分重要，如在助视光学仪器、影视技术、图像识别和图像扫描等场合，性能指标的设定均必须依据生理光学的这一基本数据。

例 1　估算人眼感光细胞密度[10]。

假设光波波长 $\lambda = 550\text{nm}$，瞳孔直径 $D_e \approx 4\text{mm}$，眼睛焦距 $f \approx 20\text{mm}$，由式（6-186）可得，艾里斑的角半径为

$$\theta_0 = 1.22\frac{\lambda}{D_e} = 1.22\frac{550\times10^{-9}}{4\times10^{-3}} \approx 1.68\times10^{-4}\text{rad}$$

艾里斑的半径为

$$r = f\theta_0 = 20\times10^{-3}\times1.68\times10^{-4} = 3.36\mu\text{m}$$

艾里斑的面积为

$$S = \pi r^2 = \pi\times3.36^2\mu\text{m}^2 \approx 3.5\times10^{-5}\text{mm}^2$$

由此可见，在人眼视网膜上 1mm^2 可容纳约 10^5 个艾里斑。在黑夜环境中，瞳孔放大，$D_e \approx 8\text{mm}$，艾里斑的线度减小一半，艾里斑的个数增加 4 倍，视网膜上感光细胞的密度约为 $4\times10^5/\text{mm}^2$，这也是估算人眼感光细胞密度的科学依据之一。

假设眼球半径为 $R = 10\text{mm}$，则人眼视网膜的面积约为

$$S \approx \frac{1}{3}\times(\text{半眼球面积}) = \frac{1}{3}\times\left(\frac{1}{2}\times4\pi R^2\right) = \frac{2}{3}\pi R^2 \approx 210\text{mm}^2$$

由此可得人眼视网膜上感光细胞的总数约为

$$N \approx 210\times4\times10^5 \approx 10^8$$

即人眼视网膜上约有 1 亿个感光细胞。

2. 望远镜的分辨本领

望远镜是一个无焦系统，观察对象是远物。望远镜由物镜和目镜组成，特点是物镜口径大，焦距长，物镜像方焦点与目镜物方焦点重合，其结构原理如图 6-18 所示。假设物镜焦距

为 f_o，目镜焦距为 f_e，望远镜的角放大率为

$$\gamma = \frac{f_o}{f_e} \tag{6-187}$$

该式的物理意义是：当物方两束夹角很小的平行光经物镜聚焦，再经目镜变成两束夹角被放大了 γ 倍的平行光，从而可提高人眼的分辨本领。

因为望远镜的孔径光阑是物镜，所以望远镜的角分辨本领取决于物镜孔径 D_o，其角分辨本领记作 α_m，由式（6-186）有

$$\alpha_m \approx 1.22\frac{\lambda}{D_o} \tag{6-188}$$

该式表明，望远镜物镜孔径 D_o 越大，角分辨本领越高，且由于衍射斑中心的光强与衍射孔面积的平方成正比，因此像的亮度也增加了。

望远镜的基本性能指标就是角放大率 γ 和角分辨本领 α_m，两者必须以人眼的角分辨本领 α_e 进行匹配，即望远镜的最小分辨角 α_m 经放大 γ 倍后正好等于人眼的最小分辨角 α_e。满足这一要求的角放大率称为有效放大率，记作 M_e，由式（6-186）和式（6-188）有

$$M_e = \frac{\alpha_e}{\alpha_m} = \frac{D_o}{D_e} \tag{6-189}$$

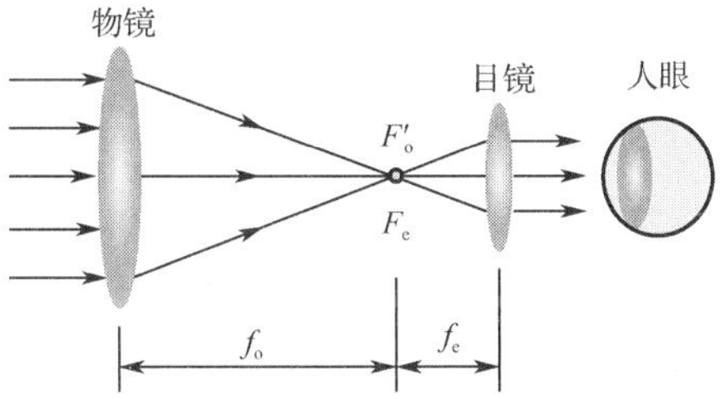

图 6-18　望远镜结构原理图

例 2　一天文光学望远镜的物镜孔径 $D_o = 2\text{m}$，假定单色光波长 $\lambda = 550\text{nm}$，由式（6-188）可得望远镜的最小分辨角为

$$\alpha_m \approx 1.22\frac{550\times10^{-9}}{2} = 3.355\times10^{-7}\,\text{rad} \approx 0.001'$$

取 $D_e = 2\text{mm}$，人眼的最小分辨角 $\alpha_e \approx 1'$。此望远镜比人眼的分辨本领大 1000 倍左右，或者说，此望远镜的有效放大率为 1000。设计望远镜时，应选取焦距比 $f_o/f_e = 1000$。

目前，世界上最大的光学望远镜是美国的哈勃太空望远镜。哈勃太空望远镜（Hubble Space Telescope，HST）是以著名天文学家、美国芝加哥大学天文学博士爱德温·哈勃命名的。哈勃太空望远镜于 1990 年 4 月在美国肯尼迪航天中心由“发现者”号航天飞机成功发射。

哈勃太空望远镜的结构简图如图 6-19(a)所示，运行轨道在大气层之上，距离地面 610km，环绕地球一周约需 97min，运行速度 8km/s，总重量 11t，总长 15.9m。光学结构长 6.4m，主透镜口径 2.4m，附加若干辅助透镜，焦距长 57.6m，望远镜的最小分辨角 $\alpha_m \approx 5\times10^{-7}\,\text{rad} \approx 1''$。

由于哈勃太空望远镜运行在地球的大气层之上，拍摄图像不会受到大气湍流的扰动影响，也没有大气散射造成的背景光，成功弥补了地面观测的不足，帮助天文学家解决了许多天文学上的基本问题，使得人类对天文物理有了更多的认识。此外，哈勃太空望远镜的超深空视场是天文学家目前能获得的最深入、也是最敏锐的太空光学影像。2016 年 5 月 21 日美国宇

航局（NASA）发布了哈勃太空望远镜拍摄到的有史以来最清晰的火星照片，如图 6-19（b）所示。美国宇航局公布的这张照片是一张真正的近距离火星照片，它铁锈色的表面、白色的极地冰冠以及漂浮的云彩都从照片中清晰可见。

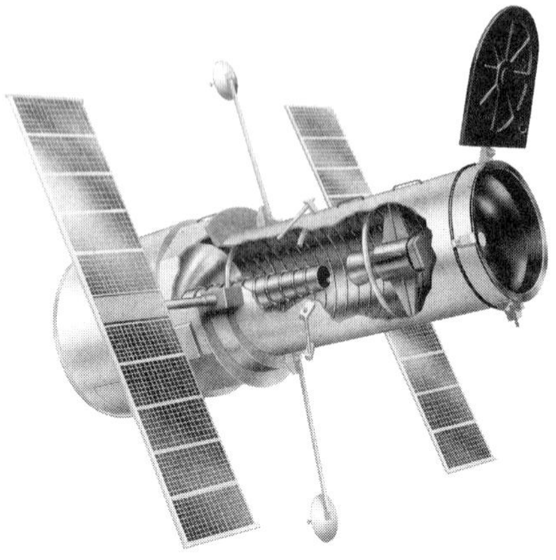

（a）哈勃太空望远镜结构简图（图片取自网络）

（b）火星照片（图片取自网络）

图 6-19　哈勃太空望远镜及其拍摄照片

3. 显微镜的分辨本领——完全不相干照明

上述关于人眼和望远镜分辨本领的讨论，假定两物点的光是不相干的，图像平面上观测得到的光强度是物点产生的光强度的非相干叠加。关于显微镜的分辨本领，情况要复杂得多。显微镜观测的物一般是不发光的，需要辅助照明系统。由于辅助照明系统孔径上的衍射，使得光源面上的每个点光源在显微镜物平面上产生一衍射斑，相邻衍射斑部分重叠，导致物平面上相邻物点的照射光部分相干。因此，显微镜观测一般不可能获得完全真实地反映物平面上结构细节变化的放大图像。针对不同类型的物体，人们研究出各种观测方法，用以显示特别的物质表面结构。

下面讨论完全不相干照明的情况。完全相干照明在 6.6 节中进行讨论。

讨论显微镜的分辨本领需要用到两个基本概念：齐明点和阿贝正弦定理。下面首先介绍这两个概念。

1）齐明点[36, 37]

由 4.4.4 节中的球面折射成像可知，单球面折射只能实现傍轴成像。但是，球面折射成像存在一对共轭点 (Q,Q')（需要注意的是，为了与几何光学符号统一，此处点源采用了与几何光学相同的记号），如图 6-20（a）所示，物点 Q 发出的所有光线经球面折射后，其反向延长线严格成像于 Q'，无须满足傍轴近似条件。这对共轭点称为球面透镜的齐明点，高倍显微镜的油浸物镜就工作在齐明点，如图 6-20（b）所示。由于样品不可能放入玻璃内的齐明点处，所以制作显微镜物镜时，首先将玻璃磨成半球状透镜，平面一侧朝向载物样品，且与之平行，然后在载物样品表面滴上油滴，油滴的折射率与玻璃相同，通过调节透镜与样品的距离，可使样品位于透镜齐明点 Q 处。

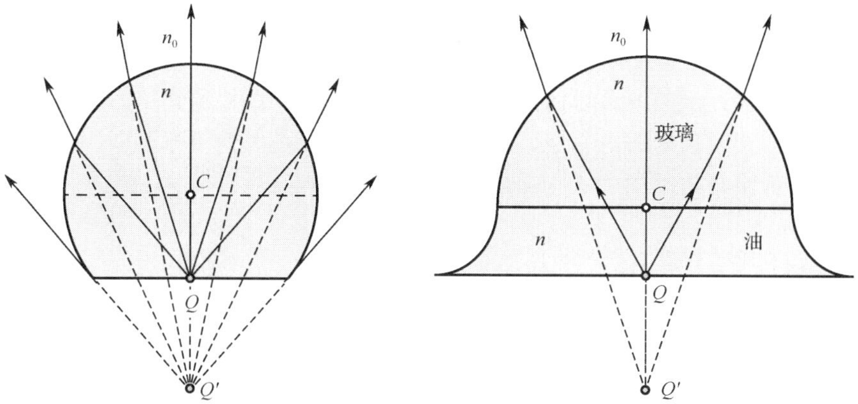

（a）齐明点　　（b）显微镜油浸物镜原理

图 6-20　球面折射的齐明点

与油浸物镜相比较，实际的显微镜物镜使用弯月形齐明透镜更为方便。如图 6-21（a）所示，样品放置于弯月形透镜内表面 S_1 的球心 C_1 处，即物点 Q，假设 C_1 点正好也是弯月形透镜外表面 S_2 的齐明点，则来自样品的光线在内表面 S_1 上不发生折射，而经过外表面 S_2 的折射光线的反向延长线依然精确交于一点 Q'，C_1 和 Q' 构成弯月形透镜的齐明点。

图 6-21（b）为两个弯月形齐明透镜组构成的显微镜物镜。两个齐明透镜的中心厚度相同，齐明透镜 1（内、外表面分别为 S_1 和 S_2）的像点正好是齐明透镜 2（内、外表面分别为 S_3 和 S_4）的物点。利用齐明透镜组可以减小光束的发散角，使之满足傍轴近似条件，以保证成像过程的精度和亮度。但是，齐明透镜组并不是越多越好，因为透镜组越多，色散现象越明显，会产生较大的色差，所以显微镜实际使用的齐明透镜组往往不多于两个。

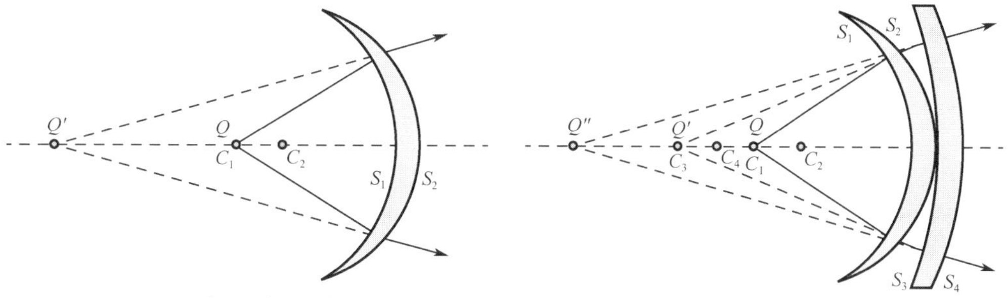

（a）弯月形齐明透镜　　（b）齐明透镜组

图 6-21　显微镜物镜

假设透镜的半径为 r，折射率为 n，透镜周围介质的折射率为 n_0，如图 6-22 所示。图中虚线为过球心垂直于光轴的平面，左半球为玻璃，右半球假想为液态油，两者的折射率相等。设计过程中，为了实现齐明点，物点 Q 到球心的距离必须满足条件

$$\overline{CQ} = \frac{n_0}{n} r = \text{常数} \tag{6-190}$$

由正弦定理有

$$\frac{\frac{n_0}{n} r}{\sin\theta} = \frac{r}{\sin u} \tag{6-191}$$

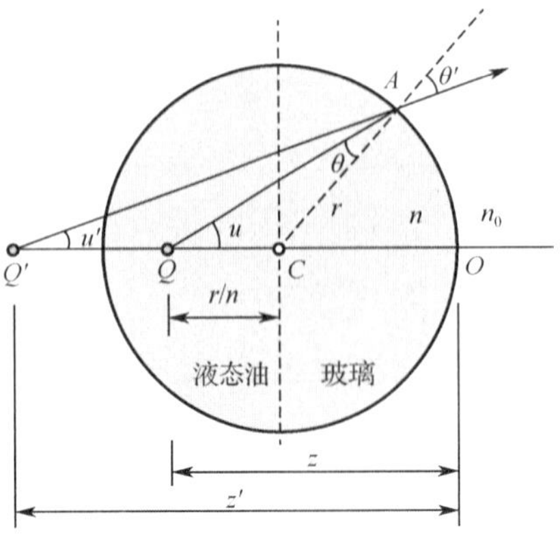

图 6-22　齐明点的物像关系

即

$$n_0 \sin u = n \sin\theta \tag{6-192}$$

又由斯内尔定律有

$$n_0 \sin\theta' = n \sin\theta \tag{6-193}$$

比较式（6-192）和式（6-193）得到

$$\theta' = u \tag{6-194}$$

由此得到

$$u = \angle CAQ \tag{6-195}$$

又 ΔACQ 与 $\Delta ACQ'$ 共用 $\angle ACQ$ 。根据相似三角形判定定理，可知

$$\Delta ACQ \simeq \Delta ACQ' \tag{6-196}$$

那么，必有

$$\frac{\overline{CQ}}{r} = \frac{r}{\overline{CQ'}} \tag{6-197}$$

即

$$\overline{CQ} \cdot \overline{CQ'} = r^2 \tag{6-198}$$

这就是齐明点物像关系的数学描述。

以 O 为顶点，由图 6-22 可知，Q' 的像距为

$$z' = -\overline{OQ'} = -(r + \overline{CQ'}) = -\left(r + \frac{r^2}{\overline{CQ}}\right) = -\left(r + \frac{r^2}{r/n}\right) = -(1+n)r = \text{常数} \tag{6-199}$$

物距为

$$z = -\overline{OQ} = -(r + \overline{CQ}) = -\left(r + \frac{r}{n}\right) = -\left(1 + \frac{1}{n}\right)r = \text{常数} \tag{6-200}$$

式（6-199）和式（6-200）中取“-”号，是依据第 4 章的约定，物和像在顶点 O 左侧，物距和像距取负值。

2）阿贝正弦定理[10]

以上给出的齐明点是光轴上的两个点，而显微镜的观测对象不是一个点物，是具有一定大小的物面，小物面能否严格成像？利用球的中心对称性，将光轴 QCO 绕球心转一小角度 α ，如图 6-23 所示。显然，与齐明点 (Q,Q') 在同一圆弧 $\overset{\frown}{QP}$ 和 $\overset{\frown}{Q'P'}$ 上的各点均为齐明点，由此说明，圆弧线 $\overset{\frown}{QP}$ 也能严格成像于 $\overset{\frown}{Q'P'}$ 。当角 α 很小时，圆弧近似为直线，即有 $\overset{\frown}{QP} \approx \overline{QP}$ ，$\overset{\frown}{Q'P'} \approx \overline{Q'P'}$，表明置于齐明点处的傍轴小物面可以宽光束严格成像，物像之间满足阿贝正弦定理，即

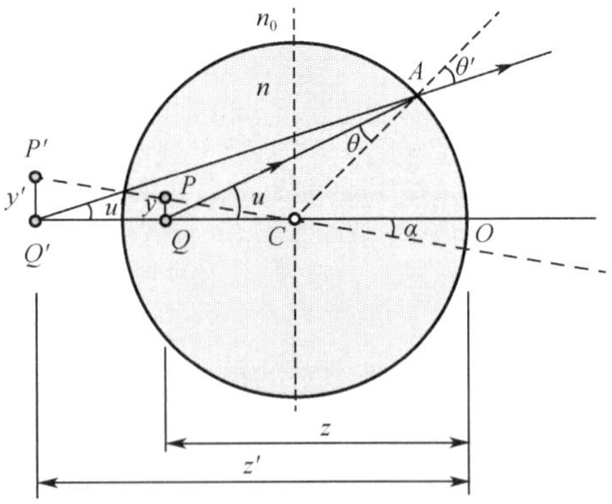

图 6-23　阿贝正弦定理

$$ny \sin u = n_0 y' \sin u' \tag{6-201}$$

式中，n 为物方折射率，y 为物高，u 为入射光线与光轴的夹角；n_0 为像方折射率，y' 为像高，u' 为折射光线延长线与光轴的夹角。

阿贝正弦定理是德国物理学家阿贝（Ernst Karl Abbe，1840—1905）在蔡司公司从事显

微镜的设计和研究期间，为了改善显微镜的成像质量发现的一个重要定理，发表于 1873 年。阿贝正弦定理是光学镜头设计的重要成像关系式，至今依然是光学设计的基本依据之一。下面给出阿贝正弦定理的证明。

在图 6-23 中，对于 ΔQCA 和 $\Delta ACQ'$，利用三角正弦定理有

$$\frac{\sin u}{r}=\frac{\sin\theta}{|z|-r},\quad \frac{\sin u'}{r}=\frac{\sin\theta'}{|z'|-|r|} \tag{6-202}$$

消去 r 得到

$$\frac{\sin u}{\sin u'}=\frac{\sin\theta}{\sin\theta'}\frac{|z'|-|r|}{|z|-r} \tag{6-203}$$

利用式（6-193），式（6-203）化简为

$$\frac{\sin u}{\sin u'}=\frac{n_0}{n}\frac{|z'|-|r|}{|z|-r} \tag{6-204}$$

又利用相似三角形定理有

$$\frac{|z'|-|r|}{|z|-r}=\frac{y'}{y} \tag{6-205}$$

代入式（6-204），得到

$$\frac{\sin u}{\sin u'}=\frac{n_0 y'}{ny} \tag{6-206}$$

这就是阿贝正弦定理式（6-201）。

阿贝正弦定理不仅适用于单透镜，也适用于复合透镜，它是小物面成像消除球差和彗差所必须满足的条件，因此也称为阿贝正弦条件。

令

$$w=\frac{\sin u'}{\sin u} \tag{6-207}$$

并利用横向放大率式（4-291），式（6-206）可改写为

$$\beta\cdot w=\frac{n}{n_0}=\text{常数} \tag{6-208}$$

此式表明，物像横向放大率 β 与物像光锥孔径角正弦值之比 w 的乘积为常数。换句话说，β 与 w 成反比，即如果像被放大，像的光锥孔径角则变小。

3）显微镜的分辨本领

显微镜由物镜和目镜构成，物镜边缘是显微镜系统的孔径光阑，限制显微镜的分辨本领。显微镜的结构特点是物镜孔径小、焦距短，它将处于齐明点邻近的小物面放大到中间像面上（实像），再经右侧目镜放大成虚像，供人眼观测。

显微镜物镜的成像原理如图 6-24 所示，物点 Q 位于光轴上，P 是小物面上的邻近物点，两物点之间的间距为 y。两物点通过物镜成像在中间像面上，由于孔径的衍射效应，在中间像面上出项两个艾里斑，其中心位置记作 Q' 和 P'，两者之间的间距为 y'。艾里斑的径向线度为 y_0。假设物点入射光线的最大孔径角为 u，对应的成像会聚角为 u'，θ_0 为两艾里斑对物镜光心张开的半角宽度。z 为物距，z' 为像距。

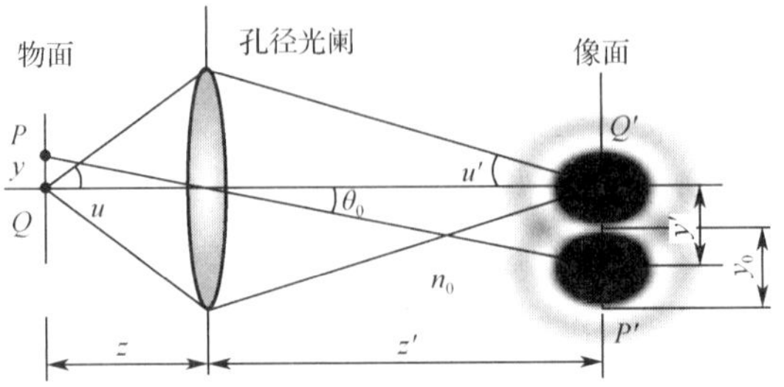

图 6-24　显微镜物镜的成像原理图

在 θ_0 很小的情况下，假设两艾里斑之间的间隔满足瑞利判据，由式（6-186）有

$$y' = y_0 \approx \theta_0 z' = 1.22\frac{\lambda}{D}z' \tag{6-209}$$

假设像方折射率为 n_0，真空中光的波长为 λ_0，则式（6-209）可改写为

$$y' = y_0 \approx 1.22\frac{\lambda_0}{n_0 D}z' \tag{6-210}$$

在 z' 很大的情况下，近似有

$$\sin u' \approx \tan u' = \frac{D/2}{z'} \tag{6-211}$$

代入式（6-210），有

$$y' \approx 0.61\frac{\lambda_0}{n_0 \sin u'} \tag{6-212}$$

由于显微镜物镜成像满足阿贝正弦条件，将式（6-201）代入上式，得到

$$y_{\mathrm{m}} = y = 0.61\frac{\lambda_0}{n\sin u} = 0.61\frac{\lambda_0}{\mathrm{N.A.}} \tag{6-213}$$

式中，$\mathrm{N.A.} = n\sin u$，称为显微镜物镜的数值孔径。y_{m} 为显微镜可分辨的最小线度。下面就提高显微镜的分辨本领做几点讨论。

① 由式（6-213）不难看出，增大数值孔径 N.A. 可提高显微镜分辨本领，途径是增大折射率 n 和入射孔径角 u，这就是显微镜采用浸油和广角镜头的原因。油的折射率 $n \approx 1.5$，取 $u \approx 90°$，数值孔径的最大值 $\mathrm{N.A.} \approx 1.5$，此时 $y_{\mathrm{m}} \approx 0.4\lambda_0$，由此说明，显微镜的最小分辨率不小于五分之二个波长。

② 除增大数值孔径外，选择短波长光源照明也可提高显微镜的分辨本领。例如，选择红光照明，$\lambda_0 \approx 700\mathrm{nm}$，则最小分辨率不小于 280nm；选择紫光照明，$\lambda_0 \approx 400\mathrm{nm}$，最小分辨率不小于 160nm。

③ 如果选择更短波长的电子束照射，便构成电子显微镜。电子具有极短的波长，$\lambda_e \approx 1\sim10^{-3}\mathrm{nm}$，电子束的发散角很小，$u \approx 10°$，根据式（6-213），取 $n = 1.0$，计算可得电子显微镜的最小分辨线度为

$$y_{\mathrm{m}} = 0.61\frac{\lambda_e}{n\sin u} \approx 3.5\lambda_e \tag{6-214}$$

由此可见，电子显微镜具有很高的分辨率，可分辨的最小线度达 $10^{-3}\mathrm{nm}$。因此，电子显微镜已是观测原子微观图像的有效手段。

光学显微镜的用途之一就是观测人体血液中红细胞和白细胞的数量和形态，以帮助对疾

病的诊断。图 6-25（a）所示为光学显微镜实物照片，图 6-25（b）为光学显微镜观测得到的红细胞照片，细胞形状是双凹圆盘状，正常细胞的直径约为 7μm 。

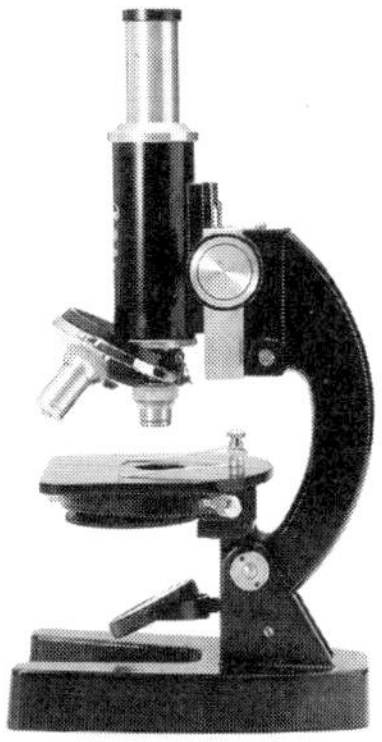

（a）光学显微镜（图片取自百度）

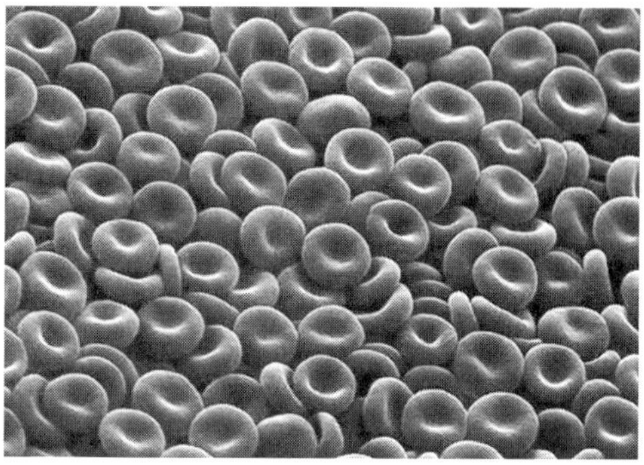

（b）红细胞照片（图片取自百度）

图 6-25　光学显微镜及观测红细胞照片

6.3.6　夫琅和费单缝和多缝衍射

1. 夫琅和费单缝衍射

1）点光源

6.3.2 节讨论了矩孔衍射。现假定矩孔在 X' 轴方向的尺寸比 Y' 轴方向大很多，即 $a \gg b$，则矩孔衍射演变为一个单缝衍射。如图 6-26（a）所示，单色点光源 S_0 放置在透镜 L_1 的物方焦点上，透镜 L_1 出射光波为单色平面光波，波传播单位矢量 $\mathbf{k}_0$ 沿 Z 轴方向。假设单缝沿 X' 轴方向为无限长，沿 Y' 轴方向缝宽为 b，缝中心线在 X' 轴上。由式（6-127）有

$$\begin{aligned}\tilde{E}(x,y) &= \frac{\mathrm{j}\tilde{E}_0 \mathrm{e}^{-\mathrm{j}k\left(f+\frac{x^2+y^2}{2f}\right)}}{\lambda f}\int_{-b/2}^{+b/2}\mathrm{e}^{\mathrm{j}\frac{ky}{f}y'}\mathrm{d}y'\int_{-\infty}^{+\infty}\mathrm{e}^{\mathrm{j}\frac{kx}{f}x'}\mathrm{d}x' \\ &= -\frac{\tilde{E}_0 b\mathrm{e}^{-\mathrm{j}k\left(f+\frac{x^2+y^2}{2f}\right)}}{\lambda f}\frac{\sin\beta}{\beta}\int_{-\infty}^{+\infty}\mathrm{e}^{\mathrm{j}\frac{kx}{f}x'}\mathrm{d}x'\end{aligned} \tag{6-215}$$

式中，β 参见式（6-129）。根据 δ 函数的傅里叶逆变换[38]

$$\delta(t) = \frac{1}{2\pi}\int_{-\infty}^{+\infty}\mathrm{e}^{\mathrm{j}\omega t}\mathrm{d}\omega \tag{6-216}$$

得到式（6-215）中的积分为

$$\int_{-\infty}^{+\infty}\mathrm{e}^{\mathrm{j}\frac{kx}{f}x'}\mathrm{d}x' = 2\pi\delta\left(\frac{kx}{f}\right) \tag{6-217}$$

代入式（6-215），有

$$\tilde{E}(x,y) = -\frac{2\pi\tilde{E}_0 b\mathrm{e}^{-\mathrm{j}k\left(f+\frac{x^2+y^2}{2f}\right)}}{\lambda f}\frac{\sin\beta}{\beta}\delta\left(\frac{k}{f}x\right) \tag{6-218}$$

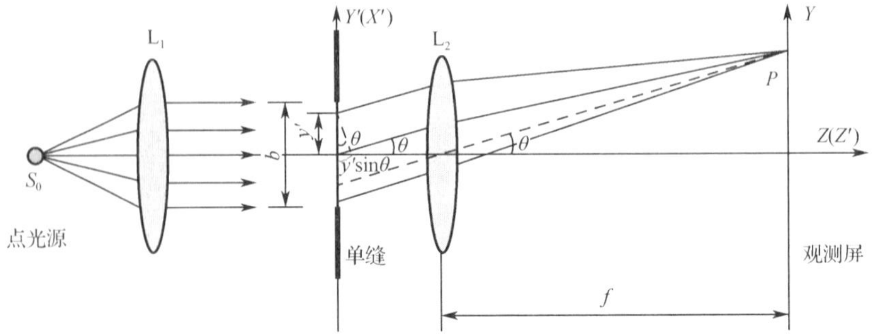

（a）点光源夫琅和费单缝衍射装置原理

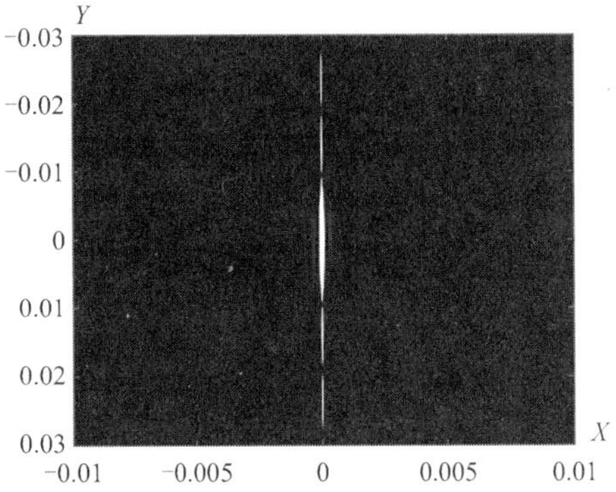

（b）点光源单缝衍射条纹

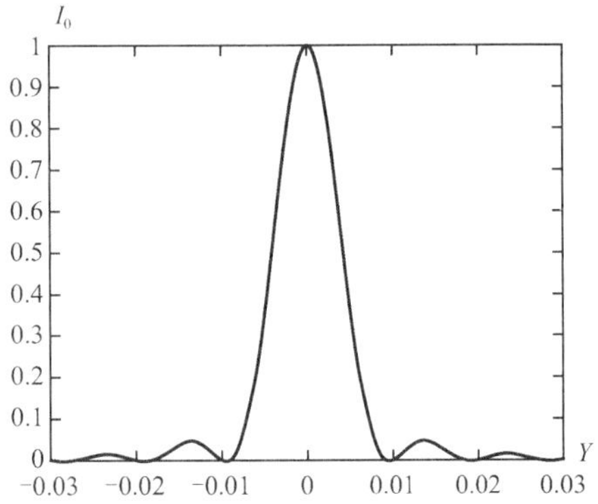

（c）点光源单缝衍射光强分布

图 6-26　点光源夫琅和费单缝衍射

又根据δ函数的尺度变换特性

$$\delta(ax)=\frac{1}{|a|}\delta(x) \tag{6-219}$$

及筛选特性

$$f(x)\delta(x-x_0)=f(x_0)\delta(x-x_0) \tag{6-220}$$

式（6-218）化简为

$$\tilde{E}(x,y)=-\tilde{E}_0 b\mathrm{e}^{-\mathrm{j}k\left(f+\frac{y^2}{2f}\right)}\frac{\sin\beta}{\beta}\delta(x) \tag{6-221}$$

由δ函数的定义

$$\delta(x)=\begin{cases}0, & x\neq 0\\ \infty, & x=0\end{cases} \tag{6-222}$$

可知，点光源单缝衍射观测屏上电场强度复振幅的分布仅沿Y轴方向，X轴方向分布为零。

由式（6-221）可得观测屏上的光强为

$$I(x,y)=\tilde{E}\tilde{E}^*=I_0\left(\frac{\sin\beta}{\beta}\right)^2\delta^2(x) \tag{6-223}$$

式中，记

$$I_0=|\tilde{E}_0|^2 b^2 \tag{6-224}$$

显然，单缝衍射条纹中心的光强与单缝线度的平方（即b^2）成正比，和矩孔、圆孔和椭圆孔衍射斑中心的光强与衍射孔面积的平方成正比是一致的。式（6-223）中的$\delta^2(x)$表明，光强仅分布在Y轴上。需要强调的是，在量纲上，δ函数可理解为单位长度上的“冲击”，冲击强度取 1，而不是无穷。

推导式（6-223）时取单缝为无限长，表达式出现δ函数。实际仿真计算中，为了使图像清晰，仍可采用矩孔衍射光强表达式（6-130），仅需取$a \gg b$即可。依据式（6-130），取$a = 5\text{cm}$，$b = 0.1\text{mm}$，$\lambda = 632.8\text{nm}$，$f = 1.5\text{m}$，$I_0 = 400.0$；观测屏范围：$x = -1 \sim +1\text{cm}$，$y = -3 \sim +3\text{cm}$，仿真结果如图 6-26（b）所示。单缝衍射沿Y轴的光强分布曲线如图 6-26（c）所示。

下面讨论点光源单缝衍射的特点。

① 单缝衍射因子和衍射角

在衍射理论中，通常把$(\sin\beta/\beta)^2$称为单缝衍射因子。因此，矩孔衍射的相对光强分布就是两个单缝衍射因子的乘积。

在$f \gg y$的情况下，由图 6-26（a），取近似

$$\frac{y}{f} = \tan\theta \approx \sin\theta \tag{6-225}$$

则式（6-129）可以改写为

$$\beta = \frac{\pi b}{\lambda}\sin\theta \tag{6-226}$$

式中，θ称为衍射角。

② 极值点

a）主极大

单色光照射时，$\theta = 0$，$\beta = 0$，对应于中央衍射位置。由于

$$\lim_{\beta \to 0}\frac{\sin\beta}{\beta} = 1 \tag{6-227}$$

由式（6-223）有

$$I(0,0) = I_0 \tag{6-228}$$

显然，单缝衍射条纹中央点的光强最大，中央为亮条纹，称为中央主极大。

b）极小

当$\beta = m\pi(m = \pm 1, \pm 2, \cdots)$时，$\sin\beta = 0$，$\beta \neq 0$，有

$$I(0,y) = 0 \tag{6-229}$$

对应于单缝衍射的极小点，也即暗点。将$\beta = m\pi(m = \pm 1, \pm 2, \cdots)$代入式（6-226），有

$$b\sin\theta = m\lambda, \quad m = \pm 1, \pm 2, \cdots \tag{6-230}$$

这就是单缝衍射暗点所满足的方程，m对应衍射条纹的级次。

c）次极大

除中央亮条纹外，在中央亮条纹两边还存在亮条纹，对应于两相邻暗点之间的次极大。对式（6-223）两边求微分，并令

$$\frac{\mathrm{d}I(x,y)}{\mathrm{d}\beta} = 0 \tag{6-231}$$

得到

$$\tan\beta = \beta \tag{6-232}$$

这就是确定次极大位置点的方程，其值如表 6-1 所示。

③ 条纹宽度

对式（6-230）两边求微分，有

$$\cos\theta\Delta\theta = \Delta m\frac{\lambda}{b} \tag{6-233}$$

由此可得相邻暗条纹（$\Delta m = 1$）之间的角宽度为

$$\Delta\theta = \frac{\lambda}{b\cos\theta} \tag{6-234}$$

在衍射角θ很小的情况下，$\cos\theta \approx 1$，相邻暗条纹的角宽度为

$$\Delta\theta \approx \frac{\lambda}{b} \tag{6-235}$$

对于中央亮条纹，角宽度记作$\Delta\theta_0$。由表6-1和图6-26（c）可知，$\Delta\theta_0$是$\Delta\theta$的2倍，即

$$\Delta\theta_0 \approx \frac{2\lambda}{b} \tag{6-236}$$

由式（6-235）不难看出，在光波波长λ一定的情况下，条纹角宽度$\Delta\theta$与缝宽b成反比。b小，$\Delta\theta$大，衍射现象显著；反之，b大，$\Delta\theta$小，衍射现象不显著。

④ 白光照射

由式（6-235）可知，在缝宽b一定时，条纹角宽度$\Delta\theta$与入射光波长λ成正比。白光照射时，除中央是白色亮条纹外，两边均为彩色条纹。对于同一衍射级次，波长长，衍射角大，衍射条纹在外；波长短，衍射角小，衍射条纹在内。所以对于同一衍射级次，单缝衍射条纹分布从内到外依次为紫、蓝、青、绿、黄、橙、红。

2）线光源

假设单缝衍射采用单色线光源照射，线光源放置于透镜L_1的物方焦平面上，其长度为l，并与X'轴平行，如图6-27（a）所示。为了应用式（6-124）计算线光源单缝衍射光强分布，可将线光源分解为无穷多个点光源，再将点光源的光强分布进行叠加。在线光源l上取一点光源S_0（与线光源相联系的坐标为s），由于S_0位于透镜L_1的焦平面上，L_1的出射光束为平面光波，对应的波传播单位矢量假设为$\mathbf{k}_0$，写成分量形式，有

$$\mathbf{k}_0 = \cos\alpha'\mathbf{e}_{x'} + \cos\beta'\mathbf{e}_{y'} + \cos\gamma'\mathbf{e}_{z'} \tag{6-237}$$

式中，$\{\cos\alpha', \cos\beta', \cos\gamma'\}$为波传播单位矢量的方向余弦。方向余弦可由经过透镜$L_1$光心的光线确定。由于线光源在$X'Z'$平面内，$\mathbf{k}_0$与$X'$轴的夹角为$\alpha'$，与$Y'$轴的夹角为$\beta'$，与$Z'$轴的夹角即为$\gamma'$，由图6-27（a）有

$$\cos\alpha' = \frac{s}{\sqrt{s^2 + f_1^2}},\quad \cos\beta' = \cos\frac{\pi}{2} = 0,\quad \cos\gamma' = \frac{f_1}{\sqrt{s^2 + f_1^2}} \tag{6-238}$$

狭缝平面上任意一点的位置矢量为

$$\mathbf{R} = x'\mathbf{e}_{x'} + y'\mathbf{e}_{y'} + z'\mathbf{e}_{z'} \tag{6-239}$$

在$X'Y'$平面上，$z' = 0$，则有

$$\mathbf{k}_0 \cdot \mathbf{R} = x'\cos\alpha' + y'\cos\beta' + z'\cos\gamma' = x'\cos\alpha' \tag{6-240}$$

在式（6-124）中取单缝衍射屏与观测屏之间的距离$z' = f_2$，并将式（6-240）代入式（6-124），得到

$$\tilde{E}(x,y)=\frac{\mathrm{j}\tilde{E}_0\mathrm{e}^{-\mathrm{j}k\left(f_2+\frac{x^2+y^2}{2f_2}\right)}}{\lambda f_2}\iint\limits_{(S')}\mathrm{e}^{-\mathrm{j}kx'\cos\alpha'}\mathrm{e}^{\mathrm{j}k\left(\frac{xx'+yy'}{f_2}\right)}\mathrm{d}x'\mathrm{d}y'$$
$$=\frac{\mathrm{j}\tilde{E}_0\mathrm{e}^{-\mathrm{j}k\left(f_2+\frac{x^2+y^2}{2f_2}\right)}}{\lambda f_2}\int_{-b/2}^{+b/2}\mathrm{e}^{\mathrm{j}\frac{ky}{f_2}y'}\mathrm{d}y'\int_{-\infty}^{+\infty}\mathrm{e}^{\mathrm{j}\left(\frac{kx}{f_2}-k\cos\alpha'\right)x'}\mathrm{d}x' \tag{6-241}$$

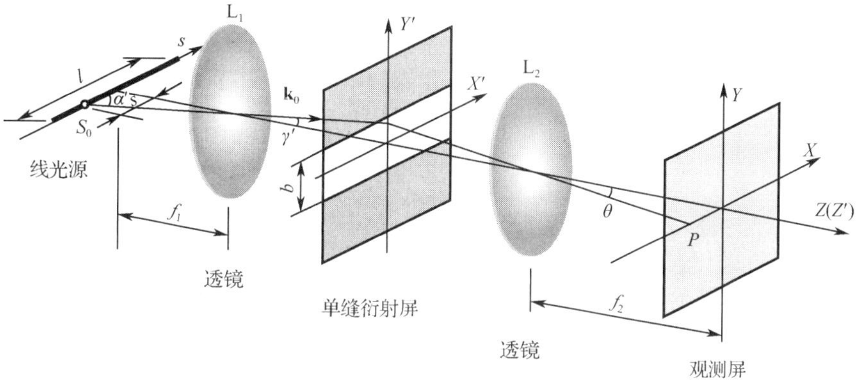

（a）线光源夫琅和费单缝衍射装置原理

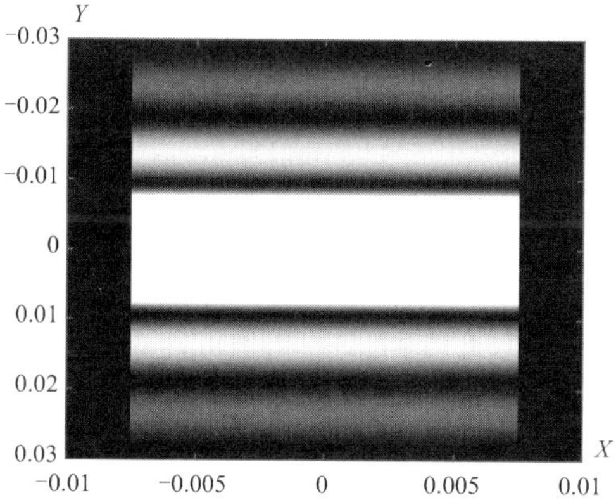

（b）线光源夫琅和费单缝衍射条纹

图 6-27　线光源夫琅和费单缝衍射

对式（6-241）进行积分，并应用式（6-216）有

$$\tilde{E}(x,y)=-\frac{2\pi\tilde{E}_0b\mathrm{e}^{-\mathrm{j}k\left(f_2+\frac{x^2+y^2}{2f_2}\right)}}{\lambda f_2}\frac{\sin\beta}{\beta}\delta\left(\frac{kx}{f_2}-k\cos\alpha'\right)$$
$$=-\frac{2\pi\tilde{E}_0b\mathrm{e}^{-\mathrm{j}k\left(f_2+\frac{x^2+y^2}{2f_2}\right)}}{\lambda f_2}\frac{\sin\beta}{\beta}\delta\left[\frac{k}{f_2}(x-f_2\cos\alpha')\right] \tag{6-242}$$

利用式（6-219）和式（6-220）有

$$\tilde{E}(x,y)=-\tilde{E}_0b\mathrm{e}^{-\mathrm{j}k\left(f_2+\frac{(f_2\cos\alpha')^2+y^2}{2f_2}\right)}\frac{\sin\beta}{\beta}\delta(x-f_2\cos\alpha') \tag{6-243}$$

由 δ 函数的定义

$$\delta(x-f_2\cos\alpha')=\begin{cases}0, & x-f_2\cos\alpha'\neq 0\\ \infty, & x-f_2\cos\alpha'=0\end{cases} \tag{6-244}$$

可知，线光源单缝衍射观测屏上电场强度复振幅分布沿 Y 轴方向为 $\sin\beta/\beta$。对于给定的 y，在满足条件

$$x-f_2\cos\alpha'=0 \tag{6-245}$$

的情况下，沿 X 轴方向的电场强度复振幅分布不变。

由式（6-243）可得观测屏上的光强为

$$I(x,y)=\tilde{E}\tilde{E}^*=I_0\left(\frac{\sin\beta}{\beta}\right)^2\delta^2(x-f_2\cos\alpha') \tag{6-246}$$

式中，$I_0=|\tilde{E}_0|^2b^2$。此式表明，在线光源分布均匀的情况下，线光源上的每一点 s 对应于一个 α'，由式（6-245）可确定观测屏上一点 x，过 x 点垂直于 X 轴方向上的光强分布相同，均为 $I_0(\sin\beta/\beta)^2$。在 X 轴方向上，衍射条纹的宽度由线光源的长度 l 确定。

比较式（6-223）和式（6-246）可以看出，线光源单缝衍射的特点与点光源单缝衍射的特点相同。

依据式（6-246）进行仿真计算，结果如图 6-27（b）所示。参数取值：$b=0.1\text{mm}$，$\lambda=632.8\text{nm}$，$f_1=1.0\text{m}$，$f_2=1.5\text{m}$，线光源长度 $l=1.0\text{cm}$，$I_0=20.0$。观测屏范围：$x=-1\sim+1\text{cm}$，$y=-3\sim+3\text{cm}$。

2．夫琅和费多缝衍射

1）点光源

点光源多缝衍射与点光源单缝衍射的原理完全相同，不同之处仅在于衍射屏为多缝。所谓多缝，是指在一块不透光的屏上刻有 N 条等间距、等宽度的通光狭缝，也称为一维光栅。如图 6-28（a）所示为点光源夫琅和费多缝衍射实验装置原理，衍射屏为刻有 N 条等间隔、等宽度的狭缝，缝间距为 d，遮光宽度为 a，缝宽为 b，$d=a+b$ 称为光栅空间周期，也称为光栅常数。

假设多缝衍射屏沿光轴对称放置，缝沿 X' 轴方向为无限长，Y' 轴与缝垂直，Y' 轴负方向上衍射屏边缘缝中心的坐标记作 $-y_0'$。由式（6-127）有

$$\begin{aligned}\tilde{E}(x,y)&=\frac{\mathrm{j}\tilde{E}_0\mathrm{e}^{-\mathrm{j}k\left(f+\frac{x^2+y^2}{2f}\right)}}{\lambda f}\iint_{(S')}\mathrm{e}^{\mathrm{j}k\left(\frac{xx'+yy'}{f}\right)}\mathrm{d}x'\mathrm{d}y'\\&=\frac{\mathrm{j}\tilde{E}_0\mathrm{e}^{-\mathrm{j}k\left(f+\frac{x^2+y^2}{2f}\right)}}{\lambda f}\left[\int_{-y_0'-b/2}^{-y_0'+b/2}\mathrm{e}^{\mathrm{j}\frac{ky}{f}y'}\mathrm{d}y'+\int_{-y_0'+d-b/2}^{-y_0'+d+b/2}\mathrm{e}^{\mathrm{j}\frac{ky}{f}y'}\mathrm{d}y'+\cdots+\int_{-y_0'+(N-1)d-b/2}^{-y_0'+(N-1)d+b/2}\mathrm{e}^{\mathrm{j}\frac{ky}{f}y'}\mathrm{d}y'\right]\int_{-\infty}^{+\infty}\mathrm{e}^{\mathrm{j}\frac{kx}{f}x'}\mathrm{d}x'\end{aligned} \tag{6-247}$$

由于

$$\int_{-y_0'-b/2}^{-y_0'+b/2}\mathrm{e}^{\mathrm{j}\frac{ky}{f}y'}\mathrm{d}y'=\mathrm{e}^{-\mathrm{j}\frac{ky}{f}y_0'}\int_{-b/2}^{+b/2}\mathrm{e}^{\mathrm{j}\frac{ky}{f}y'}\mathrm{d}y' \tag{6-248}$$

式（6-247）化简为

$$\tilde{E}(x,y)=\frac{\mathrm{j}\tilde{E}_0\mathrm{e}^{-\mathrm{j}k\left(f+\frac{x^2+y^2}{2f}\right)}\mathrm{e}^{-\mathrm{j}\frac{ky}{f}y_0}}{\lambda f}\left[\int_{-b/2}^{+b/2}\mathrm{e}^{\mathrm{j}\frac{ky}{f}y'}\mathrm{d}y'+\int_{d-b/2}^{d+b/2}\mathrm{e}^{\mathrm{j}\frac{ky}{f}y'}\mathrm{d}y'+\cdots+\int_{(N-1)d-b/2}^{(N-1)d+b/2}\mathrm{e}^{\mathrm{j}\frac{ky}{f}y'}\mathrm{d}y'\right]\int_{-\infty}^{+\infty}\mathrm{e}^{\mathrm{j}\frac{kx}{f}x'}\mathrm{d}x' \quad (6\text{-}249)$$

又利用积分

$$\int_{d-b/2}^{d+b/2}\mathrm{e}^{\mathrm{j}\frac{ky}{f}y'}\mathrm{d}y'=\mathrm{e}^{\mathrm{j}\frac{ky}{f}d}\int_{-b/2}^{+b/2}\mathrm{e}^{\mathrm{j}\frac{ky}{f}y'}\mathrm{d}y' \quad (6\text{-}250)$$

式（6-249）化简为

$$\tilde{E}(x,y)=\frac{\mathrm{j}\tilde{E}_0\mathrm{e}^{-\mathrm{j}k\left(f+\frac{x^2+y^2}{2f}\right)}\mathrm{e}^{-\mathrm{j}\frac{ky}{f}y_0}}{\lambda f}\left[1+\mathrm{e}^{\mathrm{j}\frac{ky}{f}d}+\mathrm{e}^{\mathrm{j}2\frac{ky}{f}d}+\cdots+\mathrm{e}^{\mathrm{j}\frac{ky}{f}(N-1)d}\right]\int_{-b/2}^{+b/2}\mathrm{e}^{\mathrm{j}\frac{ky}{f}y'}\mathrm{d}y'\int_{-\infty}^{+\infty}\mathrm{e}^{\mathrm{j}\frac{kx}{f}x'}\mathrm{d}x' \quad (6\text{-}251)$$

利用式（6-225），并记

$$\delta=\frac{2\pi}{\lambda}d\sin\theta \quad (6\text{-}252)$$

式（6-251）化简为

$$\tilde{E}(x,y)=\frac{\mathrm{j}\tilde{E}_0\mathrm{e}^{-\mathrm{j}k\left(f+\frac{x^2+y^2}{2f}\right)}\mathrm{e}^{-\mathrm{j}\frac{ky}{f}y_0}}{\lambda f}[1+\mathrm{e}^{\mathrm{j}\delta}+\mathrm{e}^{\mathrm{j}2\delta}+\cdots+\mathrm{e}^{\mathrm{j}(N-1)\delta}]\int_{-b/2}^{+b/2}\mathrm{e}^{\mathrm{j}\frac{ky}{f}y'}\mathrm{d}y'\int_{-\infty}^{+\infty}\mathrm{e}^{\mathrm{j}\frac{kx}{f}x'}\mathrm{d}x' \quad (6\text{-}253)$$

由于

$$1+\mathrm{e}^{\mathrm{j}\delta}+\mathrm{e}^{\mathrm{j}2\delta}+\cdots+\mathrm{e}^{\mathrm{j}(N-1)\delta}=\frac{1-\mathrm{e}^{\mathrm{j}N\delta}}{1-\mathrm{e}^{\mathrm{j}\delta}}=\frac{\mathrm{e}^{\mathrm{j}\frac{N}{2}\delta}\left(\mathrm{e}^{-\mathrm{j}\frac{N}{2}\delta}-\mathrm{e}^{\mathrm{j}\frac{N}{2}\delta}\right)}{\mathrm{e}^{\mathrm{j}\frac{\delta}{2}}\left(\mathrm{e}^{-\mathrm{j}\frac{\delta}{2}}-\mathrm{e}^{\mathrm{j}\frac{\delta}{2}}\right)}=\mathrm{e}^{\mathrm{j}\frac{N-1}{2}\delta}\frac{\sin\frac{N}{2}\delta}{\sin\frac{\delta}{2}} \quad (6\text{-}254)$$

因此，式（6-253）化简为

$$\tilde{E}(x,y)=\left[\frac{\mathrm{j}\tilde{E}_0\mathrm{e}^{-\mathrm{j}k\left(f+\frac{x^2+y^2}{2f}\right)}}{\lambda f}\int_{-b/2}^{+b/2}\mathrm{e}^{\mathrm{j}\frac{ky}{f}y'}\mathrm{d}y'\int_{-\infty}^{+\infty}\mathrm{e}^{\mathrm{j}\frac{kx}{f}x'}\mathrm{d}x'\right]\mathrm{e}^{-\mathrm{j}\frac{ky}{f}y_0}\mathrm{e}^{\mathrm{j}\frac{N-1}{2}\delta}\frac{\sin\frac{N}{2}\delta}{\sin\frac{\delta}{2}} \quad (6\text{-}255)$$

此式括号中的表达式就是单缝衍射电场强度复振幅的表达式，将式（6-221）代入上式，有

$$\tilde{E}(x,y)=-\tilde{E}_0 b\mathrm{e}^{-\mathrm{j}k\left(f+\frac{y^2}{2f}\right)}\mathrm{e}^{-\mathrm{j}\frac{ky}{f}y_0}\mathrm{e}^{\mathrm{j}\frac{N-1}{2}\delta}\frac{\sin\beta}{\beta}\frac{\sin\frac{N}{2}\delta}{\sin\frac{\delta}{2}}\delta(x) \quad (6\text{-}256)$$

显然，点源多缝衍射与单缝衍射相同，观测屏上电场强度复振幅分布仅沿 Y 轴方向，X 轴方向上的分布为零。

由式（6-256）可得观测屏的光强为

$$I(x,y)=\tilde{E}\tilde{E}^*=I_0\left(\frac{\sin\beta}{\beta}\right)^2\left(\frac{\sin\frac{N}{2}\delta}{\sin\frac{\delta}{2}}\right)^2\delta^2(x) \quad (6\text{-}257)$$

式中，I_0 参见式（6-224），β 参见式（6-226），与单缝衍射相同。

式（6-257）包含三个因子：一个是单缝衍射因子 $(\sin\beta/\beta)^2$；一个是因子 $[\sin(N\delta/2)/\sin(\delta/2)]^2$，由式（6-253）不难看出，它是 N 个等振幅、等相位差的多缝干涉因子；因子 $\delta^2(x)$ 表明点光源多缝衍射与点光源单缝衍射相同，光强仅分布在 Y 轴上。因此，多缝衍射同时具有等振幅、等相位差多光束干涉和单缝衍射的特征，或者说多缝衍射反映的是干涉和衍射的共同效应，可被视为等振幅、等相位差多光束干涉受单缝衍射的调制。

依据式

$$I(0,y)=I_0\left(\frac{\sin\beta}{\beta}\right)^2\left(\frac{\sin\frac{N}{2}\delta}{\sin\frac{\delta}{2}}\right)^2 \tag{6-258}$$

图 6-28（b）给出了一组夫琅和费多缝衍射沿 Y 轴的光强分布曲线。参数取值：$b=0.1\text{mm}$，$d=0.4\text{mm}$，$\lambda=632.8\text{nm}$，$f=1.5\text{m}$，$I_0=200.0$。y 的取值范围：$y=-3\sim+3\text{cm}$。由图可以看出，当 $N=1$ 时，由于 $\sin(N\delta/2)/\sin(\delta/2)=1$，光强分布曲线为单缝衍射光强分布曲线。$N=2$ 时，分别给出双光束干涉光强分布曲线和双缝衍射光强分布曲线，不难看出，双缝衍射实际上是双缝干涉受单缝衍射调制的结果。同样，$N=3$ 和 $N=4$ 也是多缝干涉受单缝衍射调制的结果。

与单缝衍射相同，为了使图像清晰，在实际仿真计算中，取缝长 $a\gg b$。如果缝长有限长，则式（6-257）可改写为

$$I(x,y)=I_0\left(\frac{\sin\alpha}{\alpha}\right)^2\left(\frac{\sin\beta}{\beta}\right)^2\left(\frac{\sin\frac{N}{2}\delta}{\sin\frac{\delta}{2}}\right)^2 \tag{6-259}$$

式中，α 和 β 参见式（6-129），I_0 参见式（6-131）。

依据式（6-259），取 $a=5\text{cm}$，$b=0.1\text{mm}$（$a\gg b$），$d=0.4\text{mm}$，$\lambda=632.8\text{nm}$，$f=1.5\text{m}$，$I_0=400.0$。观测屏范围：$x=-0.5\sim+0.5\text{cm}$，$y=-3\sim+3\text{cm}$。分别取 $N=1\sim4$，点光源夫琅和费多缝衍射条纹仿真结果如图 6-29（a）所示。

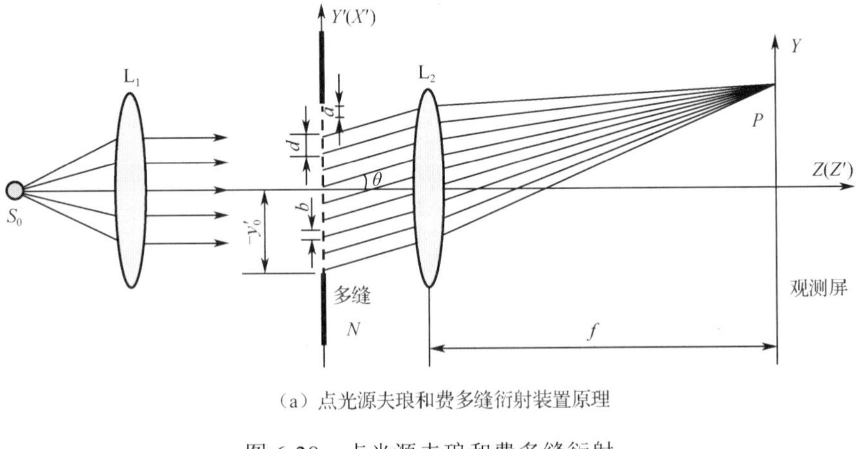

（a）点光源夫琅和费多缝衍射装置原理

图 6-28 点光源夫琅和费多缝衍射

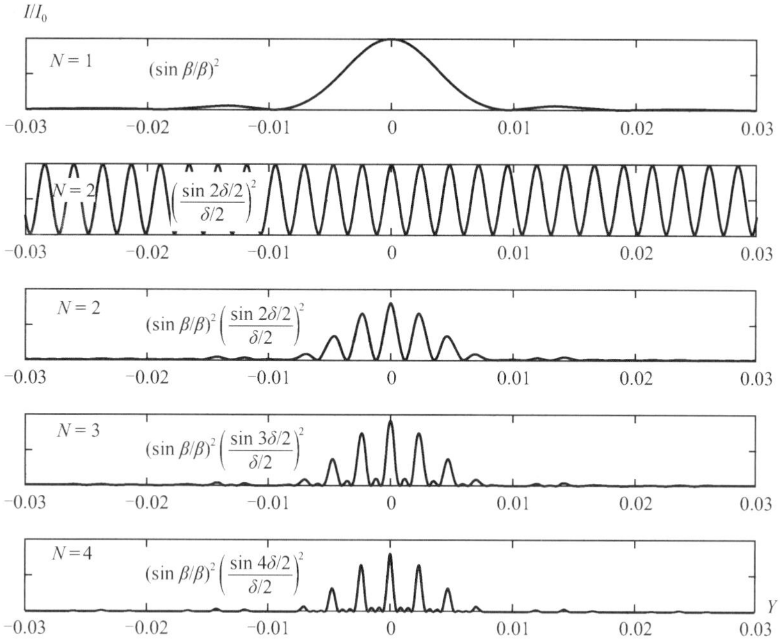

（b）点光源夫琅和费多缝衍射光强分布曲线

图 6-28　点光源夫琅和费多缝衍射（续）

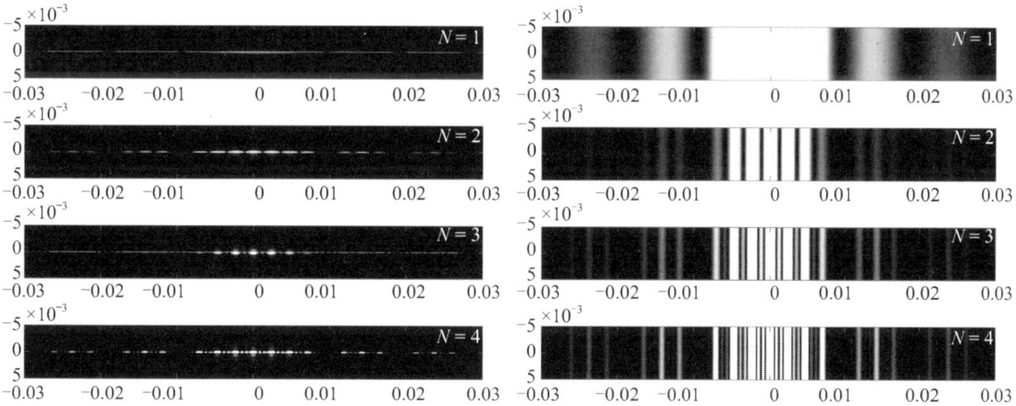

（a）点光源　　（b）线光源

图 6-29　夫琅和费多缝衍射条纹

下面对点光源夫琅和费多缝衍射的特点进行讨论。

① 多缝衍射光强分布极值点

a）主极大

当相位差取值

$$\delta = 2m\pi \quad m = 0, \pm 1, \pm 2, \cdots \tag{6-260}$$

或者

$$d\sin\theta = m\lambda, \quad m = 0, \pm 1, \pm 2, \cdots \tag{6-261}$$

时，多光束干涉因子取极大值，称为多缝衍射的主极大，m 为主极大的级次［见图 6-30（b）］。由于

$$\sin N\delta = N\cos^{N-1}\delta\sin\delta - \frac{N(N-1)(N-2)}{3!}\cos^{N-3}\delta\sin^3\delta + \cdots \tag{6-262}$$

因此，有

$$\lim_{\delta\to 2m\pi}\frac{\sin\frac{N}{2}\delta}{\sin\frac{\delta}{2}} = N \tag{6-263}$$

代入式（6-258），得到主极大的光强为

$$I_{\max}(0,y) = N^2 I_0\left(\frac{\sin\beta}{\beta}\right)^2 \tag{6-264}$$

由此可知，N 个狭缝衍射主极大处的光强是单缝衍射光强的 N^2 倍，其中零级主极大（$m=0$）光强最大，$I_{\max}(0,0) = N^2 I_0$。

b）极小

当

$$\frac{N\delta}{2} = (Nm+m')\pi,\quad m=0,\pm1,\pm2,\cdots;\ m'=\pm1,\pm2,\cdots,\pm(N-1) \tag{6-265}$$

且

$$\frac{\delta}{2} \neq (Nm+m')\pi,\quad m=0,\pm1,\pm2,\cdots;\ m'=\pm1,\pm2,\cdots,\pm(N-1) \tag{6-266}$$

时，多缝干涉因子为零，因而多缝衍射光强为零。将式（6-252）代入式（6-265），有

$$d\sin\theta = \left(m+\frac{m'}{N}\right)\lambda,\quad m=0,\pm1,\pm2,\cdots;\ m'=\pm1,\pm2,\cdots,\pm(N-1) \tag{6-267}$$

比较式（6-261）和式（6-267）可以看出，在两个主极大之间有 $N-1$ 个极小。图 6-30（c）标记出了对应于零级（$m=0$）主极大的零点。

对式（6-267）两边求微分，可得两相邻极小（$\Delta m'=1$）之间的角宽度为

$$\Delta\theta = \frac{\lambda}{Nd\cos\theta} \tag{6-268}$$

c）次极大

由图 6-30（c）可知，在相邻两个极小之间还必然存在一个极大，因为其强度比主极大小很多，所以称为次极大。在两个相邻主极大之间有 $N-1$ 个零点，必然有 $N-2$ 个次极大。次极大的位置可以通过对式（6-259）求极值得到：

$$\tan\frac{N}{2}\delta = N\tan\frac{\delta}{2} \tag{6-269}$$

这是一个非线性方程，可以进行数值求解。通常采用近似求解，其方程为

$$\sin^2\frac{N\delta}{2} = 1 \tag{6-270}$$

例如，在 $m=0$ 和 $m=1$ 主极大之间，满足方程（6-270）的根为

$$\frac{N\delta}{2} \approx \frac{3\pi}{2},\frac{5\pi}{2},\cdots,\frac{(2N-3)\pi}{2}$$

共 $N-2$ 个。在位置 $N\delta/2 \approx 3\pi/2$ 处，次极大的光强为

$$I \approx \frac{I_0}{\sin^2\frac{\delta}{2}} \approx \frac{I_0}{\left(\frac{\delta}{2}\right)^2} = N^2 I_0 \left(\frac{2}{3\pi}\right)^2 \approx 4.5\% I_{\max}$$

由此可以看出，在 0 级和 1 级主极大之间的次极大光强最大仅为零级主极大光强的 4.5%。当 N 很大时，次极大除光强很弱外，宽度也非常窄，因而与极小点构成衍射条纹暗的背景。

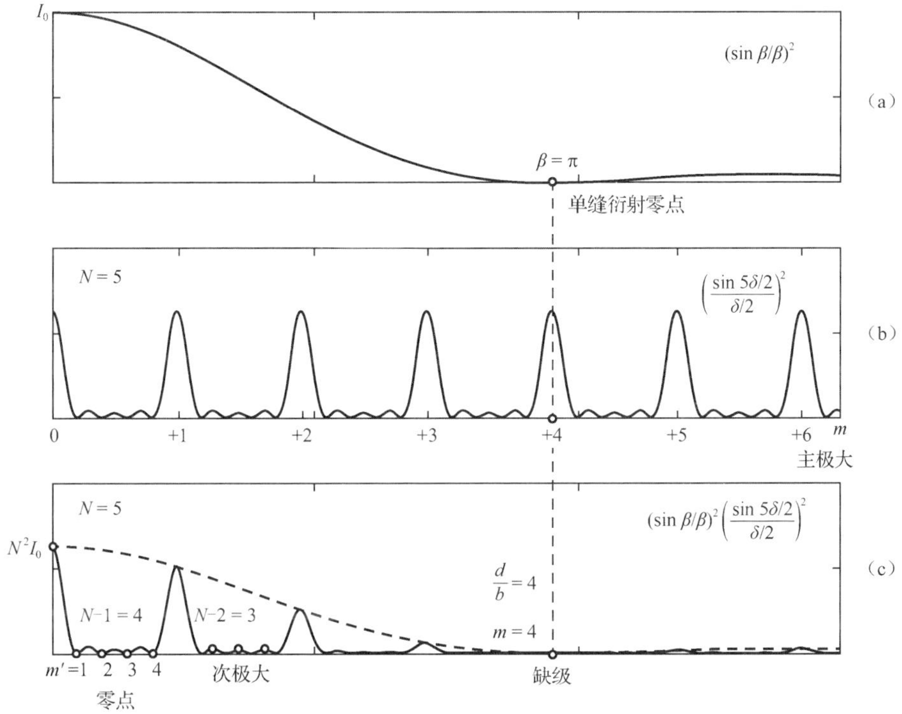

图 6-30　夫琅和费多缝衍射主极大、极小、次极大和缺级的说明图

② 多缝衍射主极大角宽度

由于主极大中心位置与邻近极小值之间的角宽度等于两相邻极小之间的角宽度，因此主极大的角宽度正好是两相邻极小之间角宽度的 2 倍，主极大角宽度记作 $\Delta\theta_{\rm m}$，由式（6-268）有

$$\Delta\theta_{\rm m} = 2\Delta\theta = \frac{2\lambda}{Nd\cos\theta} \tag{6-271}$$

此式表明，缝数 N 越大，主极大的角宽度越小。

③ 缺级

单缝衍射的零点满足式（6-230），为了与多缝衍射的主极大式（6-261）区分，零点记作 n，则有

$$b\sin\theta = n\lambda,\quad n=\pm1,\pm2,\cdots \tag{6-272}$$

当单缝衍射因子 $(\sin\beta/\beta)^2$ 的零点与多缝衍射干涉因子 $\sin^2(N\delta/2)/\sin^2(\delta/2)$ 的主极大重合时，多缝衍射的衍射角 θ 同时满足式（6-261）和式（6-272），两式相除，得到

$$m = \frac{d}{b}n \tag{6-273}$$

满足该式的主极大消失，多缝衍射主极大为零，造成缺级。如图 6-30 所示的曲线，取值

$d = 0.4\text{mm}$，$b = 0.1\text{mm}$，$d/b = 4$，因此主极大 $m = 4$ 缺级。

2）线光源

线光源多缝衍射与线光源单缝衍射的原理完全相同，仅需将图 6-27（a）中的单缝改为多缝即可。线光源多缝衍射的光强分布公式的推导过程与线光源单缝衍射光强分布公式的推导过程相同，由此可得

$$I(x,y) = I_0\left(\frac{\sin\beta}{\beta}\right)^2\left(\frac{\sin\dfrac{N}{2}\delta}{\sin\dfrac{\delta}{2}}\right)^2\delta^2(x - f_2\cos\alpha') \tag{6-274}$$

式中，I_0 参见式（6-224），β 参见式（6-226），δ 参见式（6-252），$\cos\alpha'$ 参见式（6-238），f_1 和 f_2 分别为透镜 L_1 和 L_2 的焦距。比较式（6-257）和式（6-274）可以看出，点光源多缝衍射的特点与线光源多缝衍射的特点完全相同。

图 6-29（b）是依据式（6-274）仿真计算的结果，参数取值：$\lambda = 632.8\text{nm}$，$b = 0.1\text{mm}$，$d = 0.4\text{mm}$，$f_1 = 1.0\text{m}$，$f_2 = 1.5\text{m}$，线光源长度 $l = 1.0\text{cm}$，$N = 1$～4。观测屏范围：$x = -0.5$～$+0.5\text{cm}$，$y = -3$～$+3\text{cm}$。

6.3.7 巴比涅原理

前面几节讨论了矩孔、圆孔和单缝夫琅和费衍射问题。如果将圆孔改为不透光的圆盘、将单缝改为不透光的窄带，其衍射特性仍然可以由菲涅耳-基尔霍夫衍射公式进行求解，但是应用巴比涅（Babinet）原理，可使问题大大简化。

两个衍射屏 Σ_1 和 Σ_2，一个屏的开孔部分正好与另一个屏的不透光部分相对应，这样的一对衍射屏称为互补衍射屏，如图 6-31 所示。

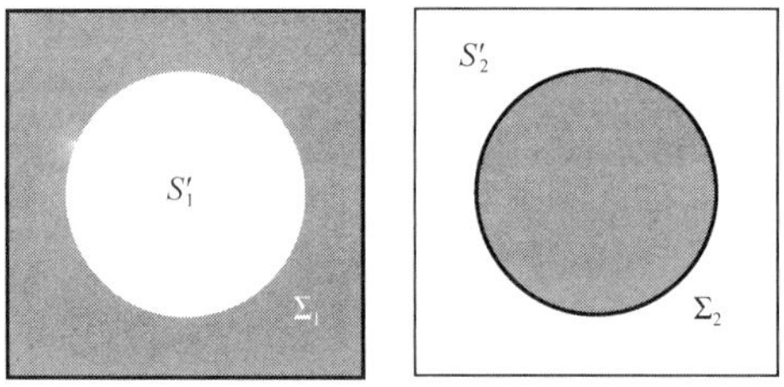

（a）透光屏　　（b）不透光屏

图 6-31　互补衍射屏

假设 $\tilde{E}_1(P)$ 和 $\tilde{E}_2(P)$ 分别为衍射屏 Σ_1 和 Σ_2 在观测点 P 的电场强度复振幅，$\tilde{E}(P)$ 为无衍射屏时点 P 的电场强度复振幅。衍射屏 Σ_1 的开孔平面为 S_1'，衍射屏 Σ_2 的透光平面为 S_2'，无遮挡时的平面 $S' = S_1' + S_2'$，根据式（6-107）［或式（6-108）］有

$$\tilde{E}_1(P) \approx \frac{\mathrm{j}\tilde{E}_0}{\lambda z'}\iint\limits_{(S_1')}\frac{\mathrm{e}^{-\mathrm{j}kR}}{R}\mathrm{e}^{-\mathrm{j}kr}\mathrm{d}x'\mathrm{d}y' \tag{6-275}$$

$$\tilde{E}_2(P) \approx \frac{\mathrm{j}\tilde{E}_0}{\lambda z'}\iint\limits_{(S_2')}\frac{\mathrm{e}^{-\mathrm{j}kR}}{R}\mathrm{e}^{-\mathrm{j}kr}\mathrm{d}x'\mathrm{d}y' \tag{6-276}$$

而

$$\tilde{E}(P)\approx\frac{\mathrm{j}\tilde{E}_0}{\lambda z'}\iint\limits_{(S')}\frac{\mathrm{e}^{-\mathrm{j}kR}}{R}\mathrm{e}^{-\mathrm{j}kr}\mathrm{d}x'\mathrm{d}y'=\frac{\mathrm{j}\tilde{E}_0}{\lambda z'}\iint\limits_{(S_1')}\frac{\mathrm{e}^{-\mathrm{j}kR}}{R}\mathrm{e}^{-\mathrm{j}kr}\mathrm{d}x'\mathrm{d}y'+\frac{\mathrm{j}\tilde{E}_0}{\lambda z'}\iint\limits_{(S_2')}\frac{\mathrm{e}^{-\mathrm{j}kR}}{R}\mathrm{e}^{-\mathrm{j}kr}\mathrm{d}x'\mathrm{d}y' \quad (6\text{-}277)$$

所以有

$$\tilde{E}(P)=\tilde{E}_1(P)+\tilde{E}_2(P) \quad (6\text{-}278)$$

该式表明，两个互补衍射屏在观测点 P 产生的衍射光波的电场强度复振幅等于光波自由传播时在该点的电场强度复振幅，这就是巴比涅原理。由于光波自由传播时，光波的电场强度复振幅容易计算，所以利用巴比涅原理可以方便地由一种衍射屏的衍射场求其互补衍射屏的衍射场。

由巴比涅原理可以得到如下两个结论：

① 若 $\tilde{E}_1(P)=0$，则 $\tilde{E}_2(P)=\tilde{E}(P)$，表示衍射屏 Σ_1 的衍射场为零的点，换成互补衍射屏 Σ_2 时，点 P 的电场强度复振幅与没有放置衍射屏时一样。

② 若 $\tilde{E}(P)=0$，则 $\tilde{E}_2(P)=-\tilde{E}_1(P)$，表示无衍射屏时 $\tilde{E}(P)=0$ 的点，换成衍射屏 Σ_1 和 Σ_2 时，点 P 的电场强度复振幅模相同，相位差 π，但光强 $I_2=|\tilde{E}_2|^2$ 和 $I_1=|\tilde{E}_1|^2$ 相等。也就是说，在无衍射屏时电场强度复振幅为零的点，在放置互补衍射屏时得到的光强分布相同。

利用巴比涅原理很容易由圆孔、单缝夫琅和费衍射得到圆盘和不透光窄带（如金属细丝）的夫琅和费衍射光强分布。例如，线光源直接照射观测屏，在观测屏得到一条亮线，其他地方的光强为零，即 $\tilde{E}(P)=0$。如果在线光源和观测屏之间放置一单缝衍射屏或不透光的窄带（金属丝），由巴比涅原理可知，除中央亮线外，单缝衍射条纹和不透光窄带衍射条纹相同，由此可按单缝衍射条纹间距计算不透光窄带衍射条纹间距，即

$$\Delta y=f\frac{\lambda}{b} \quad (6\text{-}279)$$

如果在观测屏上测量出 Δy，就可利用式（6-279）计算出窄带的宽度。激光细丝测径仪就是利用巴比涅原理测量细丝的直径。

6.4　菲涅耳衍射——积分法

一般情况下，夫琅和费衍射是指平面波衍射，而菲涅耳衍射既可以是平面波衍射，也可以是球面波衍射。与夫琅和费衍射相比较，菲涅耳衍射的计算要复杂得多，需要进行数值积分计算。下面通过直边、矩孔、单缝和圆孔菲涅耳衍射，介绍菲涅耳衍射的近似处理方法。

6.4.1　直边菲涅耳衍射

如图 6-32 所示，在 $X'Y'$ 平面放置一衍射屏，$y'>0$ 的半平面透光，$y'<0$ 的半平面不透光，直边沿 X' 轴。平面光波照射，波传播沿 Z' 轴方向，单位矢量为 $\mathbf{k}_0$。由式（6-118）和式（6-126）可写出在观测屏 P 点的电场强度复振幅积分表达式为

$$\begin{aligned}\tilde{E}(x,y)&=\frac{\mathrm{j}\tilde{E}_0\mathrm{e}^{-\mathrm{j}k\left(z'+\frac{x^2+y^2}{2z'}\right)}}{\lambda z'}\iint\limits_{(S')}\mathrm{e}^{-\mathrm{j}k\left(\frac{x'^2+y'^2}{2z'}-\frac{xx'+yy'}{z'}\right)}\mathrm{d}x'\mathrm{d}y'=\frac{\mathrm{j}\tilde{E}_0\mathrm{e}^{-\mathrm{j}kz'}}{\lambda z'}\iint\limits_{(S')}\mathrm{e}^{-\mathrm{j}k\left(\frac{(x'-x)^2+(y'-y)^2}{2z'}\right)}\mathrm{d}x'\mathrm{d}y'\\&=\frac{\mathrm{j}\tilde{E}_0\mathrm{e}^{-\mathrm{j}kz'}}{\lambda z'}\int_0^{+\infty}\mathrm{e}^{-\mathrm{j}k\frac{(y'-y)^2}{2z'}}\mathrm{d}y'\int_{-\infty}^{+\infty}\mathrm{e}^{-\mathrm{j}k\frac{(x'-x)^2}{2z'}}\mathrm{d}x'\end{aligned} \quad (6\text{-}280)$$

记式（6-280）中两个积分分别为

$$A(x)=\int_{-\infty}^{+\infty} \mathrm{e}^{-\mathrm{j}k\frac{(x'-x)^2}{2z'}}\mathrm{d}x' \tag{6-281}$$

$$B(y)=\int_{0}^{+\infty} \mathrm{e}^{-\mathrm{j}k\frac{(y'-y)^2}{2z'}}\mathrm{d}y' \tag{6-282}$$

引入新的变量

$$u=\sqrt{\frac{k}{2z'}}(x'-x) \tag{6-283}$$

$$\upsilon=\sqrt{\frac{k}{\pi z'}}(y'-y) \tag{6-284}$$

由于

$$\begin{cases} x'\to-\infty, & u\to-\infty \\ x'\to+\infty, & u\to+\infty \end{cases} \tag{6-285}$$

且

$$\mathrm{d}x'=\sqrt{\frac{2z'}{k}}\mathrm{d}u \tag{6-286}$$

积分式（6-281）可化简为

$$A(x)=\sqrt{\frac{2z'}{k}}\int_{-\infty}^{+\infty}\mathrm{e}^{-\mathrm{j}u^2}\mathrm{d}u=\sqrt{\frac{2z'}{k}}\left(\int_{-\infty}^{+\infty}\cos u^2\mathrm{d}u-\mathrm{j}\int_{-\infty}^{+\infty}\sin u^2\mathrm{d}u\right) \tag{6-287}$$

又

$$A(x)=\sqrt{\frac{2z'}{k}}\int_{-\infty}^{+\infty}\mathrm{e}^{-\mathrm{j}u^2}\mathrm{d}u=2\sqrt{\frac{2z'}{k}}\left(\int_{0}^{+\infty}\cos u^2\mathrm{d}u-\mathrm{j}\int_{0}^{+\infty}\sin u^2\mathrm{d}u\right) \tag{6-288}$$

由广义积分[43]

$$\int_{0}^{+\infty}\sin x^2\mathrm{d}x=\int_{0}^{+\infty}\cos x^2\mathrm{d}x=\frac{1}{2}\sqrt{\frac{\pi}{2}} \tag{6-289}$$

并将 $k=2\pi/\lambda$ 代入式（6-288），得到

$$A(x)=\sqrt{\frac{\lambda z'}{2}}(1-\mathrm{j}) \tag{6-290}$$

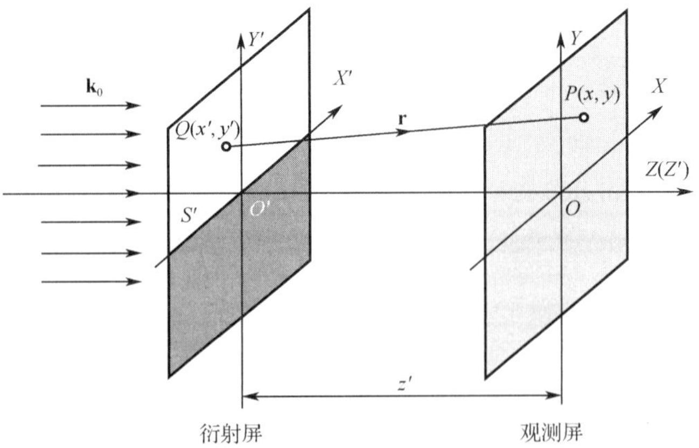

图 6-32　平面光波通过平面直边的菲涅耳衍射

另一方面，由于

$$\begin{cases} y' \to +\infty, \quad \upsilon \to +\infty \\ y' = 0, \quad \upsilon = -\sqrt{\dfrac{k}{\pi z'}}y \end{cases} \tag{6-291}$$

且

$$\mathrm{d}y' = \sqrt{\frac{\pi z'}{k}}\mathrm{d}\upsilon \tag{6-292}$$

因此积分式（6-282）化简为

$$\begin{aligned} B(y) &= \int_0^{+\infty} \mathrm{e}^{-\mathrm{j}k\frac{(y'-y)^2}{2z'}}\mathrm{d}y' = \sqrt{\frac{\pi z'}{k}} \int_{-\sqrt{\frac{k}{\pi z'}}y}^{+\infty} \mathrm{e}^{-\mathrm{j}\frac{\pi}{2}\upsilon^2}\mathrm{d}\upsilon \\ &= \sqrt{\frac{\pi z'}{k}}\left(\int_{-\sqrt{\frac{k}{\pi z'}}y}^{0} \mathrm{e}^{-\mathrm{j}\frac{\pi}{2}\upsilon^2}\mathrm{d}\upsilon + \int_0^{+\infty} \mathrm{e}^{-\mathrm{j}\frac{\pi}{2}\upsilon^2}\mathrm{d}\upsilon \right) \end{aligned} \tag{6-293}$$

根据积分式（6-289），可得式（6-293）中第二个积分

$$\int_0^{+\infty} \mathrm{e}^{-\mathrm{j}\frac{\pi}{2}\upsilon^2}\mathrm{d}\upsilon = \sqrt{\frac{2}{\pi}}\int_0^{+\infty} \mathrm{e}^{-\mathrm{j}t^2}\mathrm{d}t = \sqrt{\frac{2}{\pi}}\left(\int_0^{+\infty} \cos t^2\mathrm{d}t - \mathrm{j}\int_0^{+\infty} \sin t^2\mathrm{d}t \right) = \frac{1}{2}(1-\mathrm{j}) \tag{6-294}$$

而式（6-293）中第一个积分可化为

$$\int_{-\sqrt{\frac{k}{\pi z'}}y}^{0} \mathrm{e}^{-\mathrm{j}\frac{\pi}{2}\upsilon^2}\mathrm{d}\upsilon = \int_0^{\sqrt{\frac{k}{\pi z'}}y} \mathrm{e}^{-\mathrm{j}\frac{\pi}{2}\upsilon^2}\mathrm{d}\upsilon \tag{6-295}$$

令

$$w = \sqrt{\frac{k}{\pi z'}}y = \sqrt{\frac{2}{\lambda z'}}y \tag{6-296}$$

将式（6-294）和式（6-295）以及 $k = 2\pi/\lambda$ 代入式（6-293），有

$$B(y) = \sqrt{\frac{\lambda z'}{2}}\left[\int_0^{w} \mathrm{e}^{-\mathrm{j}\frac{\pi}{2}\upsilon^2}\mathrm{d}\upsilon + \frac{1}{2}(1-\mathrm{j}) \right] \tag{6-297}$$

记积分

$$F(w) = \int_0^{w} \mathrm{e}^{-\mathrm{j}\frac{\pi}{2}\upsilon^2}\mathrm{d}\upsilon = \int_0^{w} \cos\frac{\pi}{2}\upsilon^2\mathrm{d}\upsilon - \mathrm{j}\int_0^{w} \sin\frac{\pi}{2}\upsilon^2\mathrm{d}\upsilon \tag{6-298}$$

$$\begin{cases} C(w) = \displaystyle\int_0^{w} \cos\frac{\pi}{2}\upsilon^2\mathrm{d}\upsilon \\ D(w) = \displaystyle\int_0^{w} \sin\frac{\pi}{2}\upsilon^2\mathrm{d}\upsilon \end{cases} \tag{6-299}$$

则有

$$F(w) = C(w) - \mathrm{j}D(w) \tag{6-300}$$

该式称为菲涅耳积分，式（6-299）中的两式分别称为菲涅耳余弦积分和菲涅耳正弦积分（MATLAB 软件有数值求解菲涅耳余弦积分 $C(w)$ 和菲涅耳正弦积分 $D(w)$ 的调用函数 FresnelC 和 FresnelS）。由此可将积分式（6-297）简记为

$$B(y)=\sqrt{\frac{\lambda z'}{2}}\left\{\left[\frac{1}{2}+C(w)\right]-\mathrm{j}\left[\frac{1}{2}+D(w)\right]\right\} \tag{6-301}$$

将式（6-290）和式（6-301）代入式（6-280）有

$$\begin{aligned}\tilde{E}(x,y)&=\frac{\mathrm{j}\tilde{E}_0\mathrm{e}^{-\mathrm{j}kz'}}{2}\left\{\left[\frac{1}{2}+C(w)\right]-\mathrm{j}\left[\frac{1}{2}+D(w)\right]\right\}[1-\mathrm{j}]\\&=\frac{\mathrm{j}\tilde{E}_0\mathrm{e}^{-\mathrm{j}kz'}}{2}\{[C(w)-D(w)]-\mathrm{j}[1+C(w)+D(w)]\}\end{aligned} \tag{6-302}$$

由此可得观测点 P 的光强为

$$I(x,y)=\tilde{E}\tilde{E}^*=\frac{I_0}{4}\{[C(w)-D(w)]^2+[1+C(w)+D(w)]^2\} \tag{6-303}$$

式中，记

$$I_0=|\tilde{E}_0|^2$$

该式表明，光强仅与 y 有关，与 x 无关。也就是说，对于给定的 y， X 轴方向上任意一点的光强相同。

下面就直边衍射的特点进行讨论。

1. 菲涅耳积分

1）奇函数特性

图 6-33 给出了菲涅耳余弦和正弦积分数值曲线。由图可见，菲涅耳余弦积分 $C(w)$ 和菲涅耳正弦积分 $D(w)$ 均具有奇函数特性，即

$$\begin{cases}C(-w)=-C(w)\\D(-w)=-D(w)\end{cases} \tag{6-304}$$

因而，有

$$F(-w)=-F(-w) \tag{6-305}$$

由图 6-33 可以看出，当 $w=0$ 和 $w\to+\infty$ 时，菲涅耳积分值为

$$F(0)=0,\quad F(+\infty)=\frac{1}{2}(1-\mathrm{j}) \tag{6-306}$$

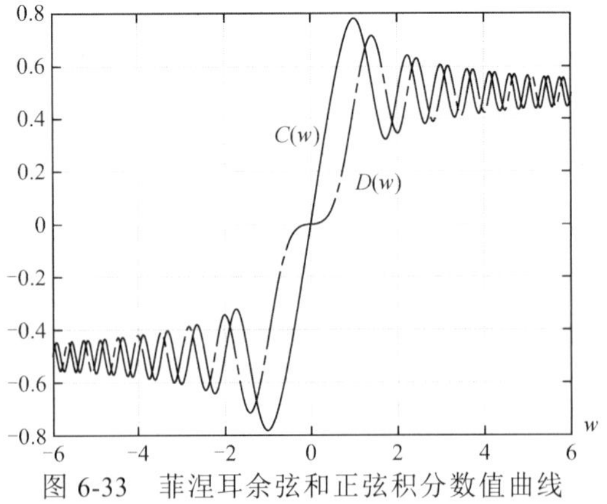

图 6-33　菲涅耳余弦和正弦积分数值曲线

2）考纽螺线

菲涅耳积分的值也可以通过几何图形来表示。以 $C(w)$ 为实轴， $D(w)$ 为虚轴，当 w 变化时，矢量 $F(w)$ 末端的轨迹形成考纽（A.Cornu）螺线，如图 6-34 所示。w 取值：$-5\leqslant w\leqslant+5$。

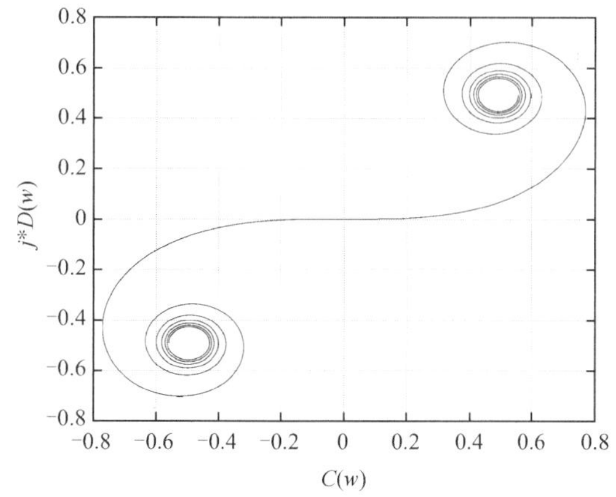

图 6-34　考纽螺线

考纽螺线在第二、第四象限具有反对称性。对式（6-299）求导数，有

$$\begin{cases}\dfrac{\mathrm{d}C(w)}{\mathrm{d}w}=\cos\dfrac{\pi}{2}w^2\\[2ex]\dfrac{\mathrm{d}D(w)}{\mathrm{d}w}=\sin\dfrac{\pi}{2}w^2\end{cases} \tag{6-307}$$

由此可得

$$(\mathrm{d}C)^2+(\mathrm{d}D)^2=\left[\left(\cos\frac{\pi}{2}w^2\right)^2+\left(\sin\frac{\pi}{2}w^2\right)^2\right](\mathrm{d}w)^2=(\mathrm{d}w)^2 \tag{6-308}$$

该式表明，$\mathrm{d}w$ 为考纽螺线线微分元的长度，w 表示从原点到曲线任意一点的长度。

2. 光强分布

依据式（6-303），图 6-35（a）给出了直边衍射光强分布曲线。参数取值：$\lambda=632.8\text{nm}$，$z'=0.5\text{m}$，$y=-3\sim+3\text{mm}$。图 6-35（b）为直边衍射条纹仿真结果，参数取值与图 6-35（a）相同。由图可见，在 XY 平面上，$y<0$，对应于衍射屏的不透光区域，光强不为零，但衍射较弱；$y=0$，对应于直边衍射屏的分界线，光强并不是最大；$y>0$，对应于衍射屏的透光区域，衍射现象明显，衍射条纹由强变弱，条纹宽度由宽变窄，光强由大变小，在离开衍射屏边缘的地方，光强相对值趋于定值 1，也就是入射平面波光强。

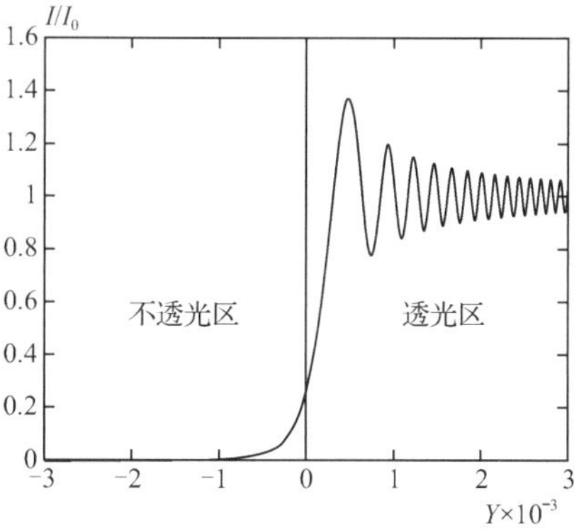

（a）直边衍射光强分布曲线

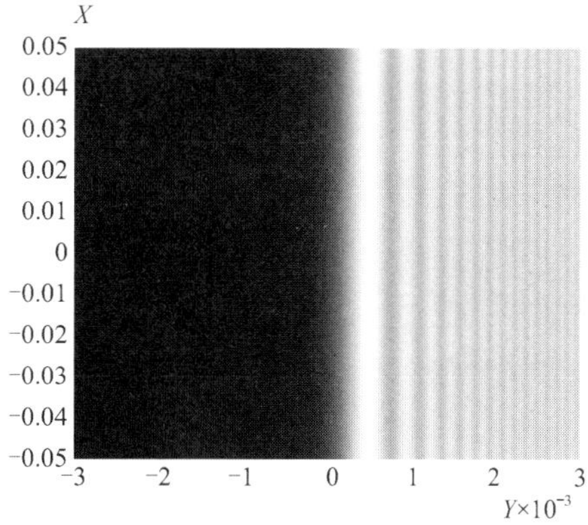

（b）直边衍射条纹仿真结果

图 6-35　直边衍射光强分布曲线和衍射条纹

6.4.2　矩孔和单缝菲涅耳衍射

1．矩孔菲涅耳衍射

如图 6-36 所示，在 $X'Y'$ 平面放置一矩孔衍射屏，矩孔在 X' 轴方向的宽度为 a，在 Y' 轴方向的宽度为 b，矩孔中心与坐标原点 O' 重合。平面光波照射，波沿 Z' 轴方向传播，单位矢量为 $\mathbf{k}_0$。与直边衍射式（6-280）相同，由式（6-118）和式（6-126）可写出在观测屏 P 点电场强度复振幅积分表达式为

$$\tilde{E}(x,y)=\frac{\mathrm{j}\tilde{E}_0\mathrm{e}^{-\mathrm{j}kz'}}{\lambda z'}\int_{-b/2}^{+b/2}\mathrm{e}^{-\mathrm{j}k\frac{(y'-y)^2}{2z'}}\mathrm{d}y'\int_{-a/2}^{+a/2}\mathrm{e}^{-\mathrm{j}k\frac{(x'-x)^2}{2z'}}\mathrm{d}x' \tag{6-309}$$

记式中两个积分分别为

$$A(x)=\int_{-a/2}^{+a/2}\mathrm{e}^{-\mathrm{j}k\frac{(x'-x)^2}{2z'}}\mathrm{d}x' \tag{6-310}$$

$$B(y)=\int_{-b/2}^{+b/2}\mathrm{e}^{-\mathrm{j}k\frac{(y'-y)^2}{2z'}}\mathrm{d}y' \tag{6-311}$$

引入新的变量

$$u=\sqrt{\frac{k}{\pi z'}}(x'-x),\quad \upsilon=\sqrt{\frac{k}{\pi z'}}(y'-y) \tag{6-312}$$

由于

$$\begin{cases}x'=-\dfrac{a}{2}, & u=-\sqrt{\dfrac{k}{\pi z'}}\left(\dfrac{a}{2}+x\right)=-w_x\\ x'=+\dfrac{a}{2}, & u=\sqrt{\dfrac{k}{\pi z'}}\left(\dfrac{a}{2}-x\right)=v_x\end{cases},\quad \begin{cases}y'=-\dfrac{b}{2}, & \upsilon=-\sqrt{\dfrac{k}{\pi z'}}\left(\dfrac{b}{2}+y\right)=-w_y\\ y'=+\dfrac{b}{2}, & \upsilon=\sqrt{\dfrac{k}{\pi z'}}\left(\dfrac{b}{2}-y\right)=v_y\end{cases} \tag{6-313}$$

且

$$\mathrm{d}x'=\sqrt{\frac{\pi z'}{k}}\mathrm{d}u=\sqrt{\frac{z'\lambda}{2}}\mathrm{d}u,\quad \mathrm{d}y'=\sqrt{\frac{\pi z'}{k}}\mathrm{d}\upsilon=\sqrt{\frac{z'\lambda}{2}}\mathrm{d}\upsilon \tag{6-314}$$

积分式（6-310）和式（6-311）化简为

$$A(x)=\sqrt{\frac{z'\lambda}{2}}\int_{-w_x}^{+v_x}\mathrm{e}^{-\mathrm{j}\frac{\pi}{2}u^2}\mathrm{d}u \tag{6-315}$$

$$B(y)=\sqrt{\frac{z'\lambda}{2}}\int_{-w_y}^{+v_y}\mathrm{e}^{-\mathrm{j}\frac{\pi}{2}\upsilon^2}\mathrm{d}\upsilon \tag{6-316}$$

为了便于计算菲涅耳积分数值，利用式（6-299），把积分式（6-315）化简为

$$\begin{aligned}A(x)&=\sqrt{\frac{z'\lambda}{2}}\int_{-w_x}^{+v_x}\mathrm{e}^{-\mathrm{j}\frac{\pi}{2}u^2}\mathrm{d}u=\sqrt{\frac{z'\lambda}{2}}\left(\int_0^{w_x}\mathrm{e}^{-\mathrm{j}\frac{\pi}{2}u^2}\mathrm{d}t+\int_0^{+v_x}\mathrm{e}^{-\mathrm{j}\frac{\pi}{2}u^2}\mathrm{d}u\right)\\&=\sqrt{\frac{z'\lambda}{2}}\{[C(w_x)+C(v_x)]-\mathrm{j}[D(w_x)+D(v_x)]\}\end{aligned} \tag{6-317}$$

积分式（6-316）化简为

$$B(y)=\sqrt{\frac{z'\lambda}{2}}\int_{-w_y}^{+v_y}\mathrm{e}^{-\mathrm{j}\frac{\pi}{2}\upsilon^2}\mathrm{d}\upsilon=\sqrt{\frac{z'\lambda}{2}}\left(\int_0^{w_y}\mathrm{e}^{-\mathrm{j}\frac{\pi}{2}\upsilon^2}\mathrm{d}\upsilon+\int_0^{+v_y}\mathrm{e}^{-\mathrm{j}\frac{\pi}{2}\upsilon^2}\mathrm{d}\upsilon\right)$$
$$=\sqrt{\frac{z'\lambda}{2}}\{[C(w_y)+C(v_y)]-\mathrm{j}[D(w_y)+D(v_y)]\} \tag{6-318}$$

将式（6-317）和式（6-318）代入式（6-309），有

$$\tilde{E}(x,y)=\frac{\mathrm{j}\tilde{E}_0\mathrm{e}^{-\mathrm{j}kz'}}{2}\left\{\begin{matrix}[C(w_x)+C(v_x)][C(w_y)+C(v_y)]-[D(w_x)+D(v_x)][D(w_y)+D(v_y)]\\-\mathrm{j}[[D(w_x)+D(v_x)][C(w_y)+C(v_y)]+[C(w_x)+C(v_x)][D(w_y)+D(v_y)]]\end{matrix}\right\} \tag{6-319}$$

由此可得观测点 P 的光强为

$$I(x,y)=\tilde{E}\tilde{E}^*=\frac{I_0}{4}\left\{\begin{matrix}[[C(w_x)+C(v_x)][C(w_y)+C(v_y)]-[D(w_x)+D(v_x)][D(w_y)+D(v_y)]]^2\\+[[D(w_x)+D(v_x)][C(w_y)+C(v_y)]+[C(w_x)+C(v_x)][D(w_y)+D(v_y)]]^2\end{matrix}\right\} \tag{6-320}$$

式中，$I_0=|\tilde{E}_0|^2$。

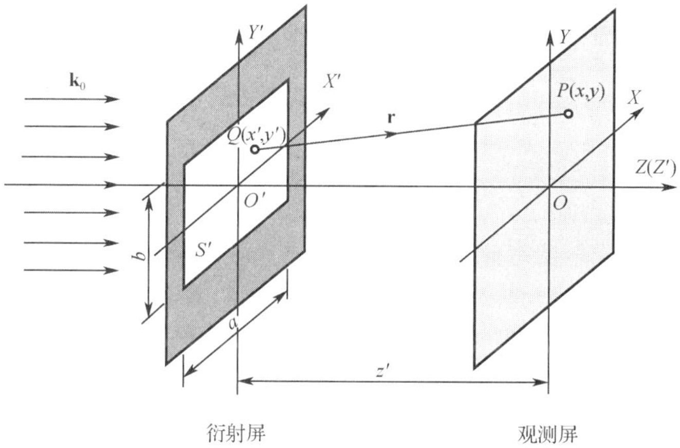

图 6-36 平面光波通过矩孔的菲涅耳衍射

依据式（6-320），图 6-37 给出了矩孔菲涅耳衍射条纹仿真结果。参数取值：$a=1\text{mm}$，$b=1\text{mm}$，$\lambda=632.8\text{nm}$，$I_0=5.0$。观测屏取值：$x=-3\sim+3\text{mm}$，$y=-3\sim+3\text{mm}$。图 6-37（a）中 $z'=0.3\text{m}$，图 6-37（b）中 $z'=0.5\text{m}$，图 6-37（c）中 $z'=1.0\text{m}$。由图可见，衍射条纹随衍射屏到观测屏距离的变化而变化，近场衍射条纹相对于远场衍射条纹要复杂得多，当观测距离取值较大时，矩孔菲涅耳衍射条纹与矩孔夫琅和费衍射条纹趋于相同[见图 6-11（b）]。

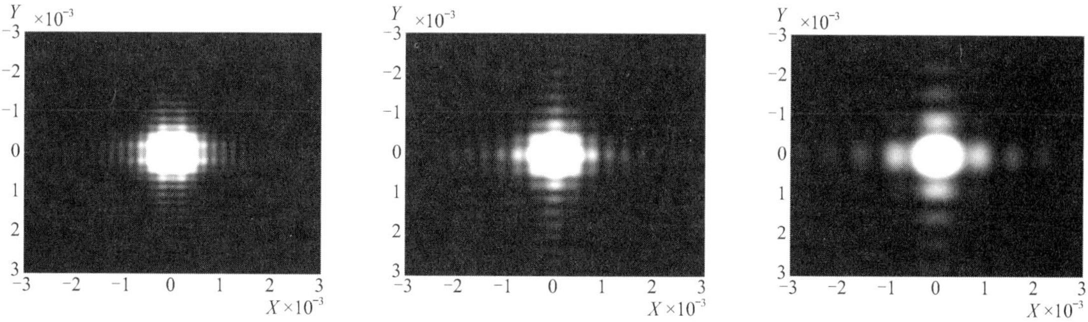

（a）$z'=0.3\text{m}$ （b）$z'=0.5\text{m}$ （c）$z'=1.0\text{m}$

图 6-37 矩孔菲涅耳衍射条纹仿真结果

2．单缝菲涅耳衍射

假设在 X' 轴方向矩孔宽度为无限长，即 $a\to\infty$，则矩孔菲涅耳衍射变为单缝菲涅耳衍射。由式（6-118）和式（6-126）可写出单缝衍射在观测屏 P 点的电场强度复振幅积分表达式为

$$\tilde{E}(x,y)=\frac{\mathrm{j}\tilde{E}_0\mathrm{e}^{-\mathrm{j}kz'}}{\lambda z'}\int_{-b/2}^{+b/2}\mathrm{e}^{-\mathrm{j}k\frac{(y'-y)^2}{2z'}}\mathrm{d}y'\int_{-\infty}^{+\infty}\mathrm{e}^{-\mathrm{j}k\frac{(x'-x)^2}{2z'}}\mathrm{d}x' \tag{6-321}$$

式中，两个积分分别对应于矩孔菲涅耳衍射积分式（6-318）和直边菲涅耳衍射积分式（6-290）。将式（6-318）和式（6-290）代入式（6-321）有

$$\begin{aligned}\tilde{E}(x,y)&=\frac{\mathrm{j}\tilde{E}_0\mathrm{e}^{-\mathrm{j}kz'}}{2}\{[C(w_y)+C(v_y)]-\mathrm{j}[D(w_y)+D(v_y)]\}[1-\mathrm{j}]\\&=\frac{\mathrm{j}\tilde{E}_0\mathrm{e}^{-\mathrm{j}kz'}}{2}\begin{Bmatrix}[C(w_y)+C(v_y)]-[D(w_y)+D(v_y)]\\-\mathrm{j}[[C(w_y)+C(v_y)]+[D(w_y)+D(v_y)]]\end{Bmatrix}\end{aligned} \tag{6-322}$$

由此可得观测点 P 的光强为

$$I(x,y)=\tilde{E}\tilde{E}^*=\frac{I_0}{4}\begin{Bmatrix}[C(w_y)+C(v_y)]-[D(w_y)+D(v_y)]^2\\+[[C(w_y)+C(v_y)]+[D(w_y)+D(v_y)]]^2\end{Bmatrix} \tag{6-323}$$

式中，$I_0=|\tilde{E}_0|^2$，w_y 和 v_y 参见式（6-313）。

依据式（6-323），图 6-38 给出了单缝菲涅耳衍射光强分布曲线。参数取值：$\lambda=632.8\text{nm}$，缝宽 $b=0.1\text{mm}$，$I_0=1.0$，$y=-2\sim+2\text{cm}$。图 6-38（a）中 $z'=0.1\text{m}$，图 6-38（b）中 $z'=0.5\text{m}$，图 6-38（c）中 $z'=1.0\text{m}$。由图可见，单缝菲涅耳衍射条纹随衍射屏到观测屏距离的变化而变化，距离近，中心光强强，距离远，中心光强弱；距离近，中心条纹窄，距离远，中心条纹宽。随着距离的增加，菲涅耳单缝衍射与单缝夫琅和费衍射条纹具有相同的特点［见图 6-26（c）］。菲涅耳单缝衍射与点光源夫琅和费单缝衍射的不同之处在于式（6-323）与 x 无关，而式（6-223）与 $\delta(x)$ 有关，这表明菲涅耳单缝衍射条纹在 X 轴方向相同，而夫琅和费单缝衍射条纹仅出现在观测屏 $x=0$ 的 Y 轴上。另外，线光源夫琅和费单缝衍射条纹在观测屏的 X 轴方向扩展，但宽度与线光源宽度有关，而菲涅耳单缝衍射条纹在观测屏的 X 轴方向与源无关。

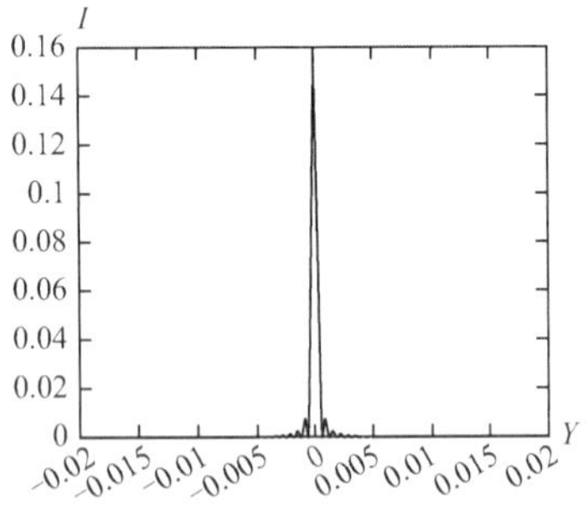

（a）$z'=0.1\text{m}$

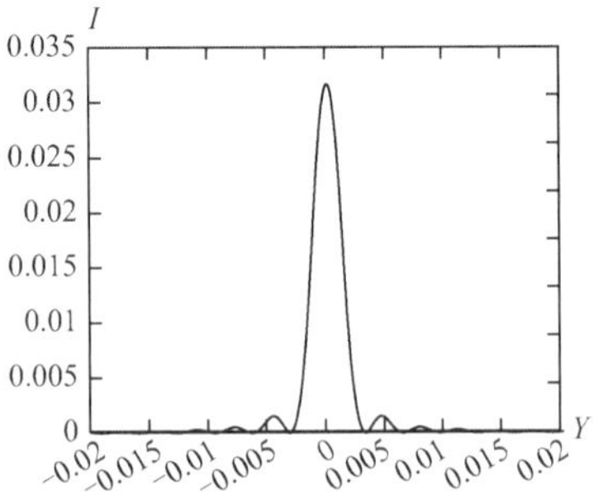

（b）$z'=0.5\text{m}$

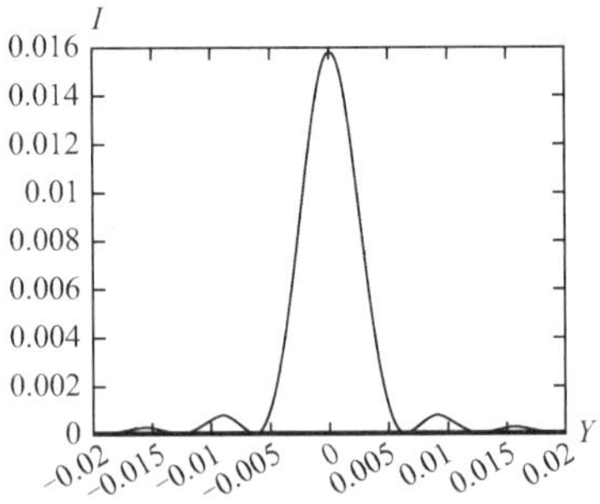

（c）$z'=1.0\text{m}$

图 6-38 单缝菲涅耳衍射光强分布曲线

6.4.3 圆孔菲涅耳衍射

球面光波菲涅耳圆孔衍射的积分计算很复杂。为了简单起见，仅考虑点光源和观测点在光轴上的情况。如图 6-39 所示，在 $X'Y'$ 平面放置一圆孔衍射屏，圆孔半径为 a，圆孔圆心与

坐标原点重合。在光轴上距离衍射屏为 z_0 的地方放置一点光源 S_0，点光源发射单色球面光波，考察球面光波经圆孔衍射在观测点 P 的光强分布。

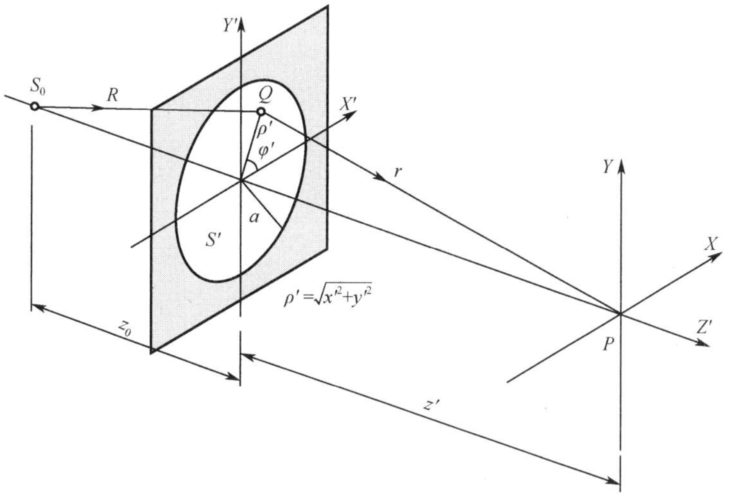

图 6-39　圆孔菲涅耳衍射

圆孔平面采用极坐标系。假设圆孔平面上任意一点 $Q(\rho',\varphi')$ 到点光源 $S_0(0,0)$ 的距离为 R， $Q(\rho',\varphi')$ 到观测点 $P(0,0)$ 的距离为 r 。在傍轴近似条件下，由式（6-81）和式（6-105）可写出观测屏 P 点的电场强度复振幅为

$$\tilde{E}(P)\approx\frac{\mathrm{j}\tilde{E}_0}{\lambda}\iint_{(S')}\frac{\mathrm{e}^{-\mathrm{j}k(R+r)}}{Rr}\mathrm{d}S=\frac{\mathrm{j}\tilde{E}_0}{\lambda}\int_0^{2\pi}\mathrm{d}\varphi'\int_0^a\frac{\mathrm{e}^{-\mathrm{j}k(R+r)}}{Rr}\rho'\mathrm{d}\rho' \tag{6-324}$$

由图可知

$$\rho'^2=R^2-z_0^2,\quad \rho'^2=r^2-z'^2 \tag{6-325}$$

取微分，有

$$\rho'\mathrm{d}\rho'=R\mathrm{d}R,\quad \rho'\mathrm{d}\rho'=r\mathrm{d}r \tag{6-326}$$

相加得到

$$\mathrm{d}(R+r)=\frac{R+r}{Rr}\rho'\mathrm{d}\rho' \tag{6-327}$$

又

$$\begin{cases}\rho'=0,\quad R+r=z_0+z'=L_1\\ \rho'=a,\quad R+r=\sqrt{a^2+z_0^2}+\sqrt{a^2+z'^2}=L_2\end{cases} \tag{6-328}$$

将式（6-327）代入式（6-324），有

$$\tilde{E}(P)\approx\frac{\mathrm{j}\tilde{E}_0}{\lambda}\int_0^{2\pi}\mathrm{d}\varphi'\int_{L_1}^{L_2}\frac{\mathrm{e}^{-\mathrm{j}k(R+r)}}{R+r}\mathrm{d}(R+r) \tag{6-329}$$

为了便于积分，傍轴条件下取近似

$$R+r\approx z_0+z'=L_1 \tag{6-330}$$

式（6-329）近似为

$$\tilde{E}(P)\approx\frac{\mathrm{j}\tilde{E}_0}{\lambda L_1}\int_0^{2\pi}\mathrm{d}\varphi'\int_{L_1}^{L_2}\mathrm{e}^{-\mathrm{j}kl}\mathrm{d}l \tag{6-331}$$

积分得到

$$\tilde{E}(P) \approx \frac{\mathrm{j}2\pi\tilde{E}_0}{\lambda L_1}\int_{L_1}^{L_2} \mathrm{e}^{-\mathrm{j}kl}\mathrm{d}l = \frac{\tilde{E}_0\mathrm{e}^{-\mathrm{j}kL_1}}{L_1}[1-\mathrm{e}^{-\mathrm{j}k(L_2-L_1)}] \tag{6-332}$$

记

$$k(L_2-L_1) = \frac{2\pi}{\lambda}(L_2-L_1) = \pi\frac{L_2-L_1}{\lambda/2} = m\pi \tag{6-333}$$

则式（6-332）简写为

$$\tilde{E}(P) \approx \frac{\tilde{E}_0\mathrm{e}^{-\mathrm{j}kL_1}}{L_1}(1-\mathrm{e}^{-\mathrm{j}m\pi}) \tag{6-334}$$

式中，复振幅因子 $\tilde{E}_0\mathrm{e}^{-\mathrm{j}kL_1}/L_1$ 正好就是点光源球面光波标量电场强度的复振幅表达式，$1/L_1$ 表示随径向距离的衰减［见式（2-173）］。

由式（6-334）可得点 P 的光强为

$$I(P) = \tilde{E}\tilde{E}^* = 4I_0\sin^2\frac{m\pi}{2} \tag{6-335}$$

式中，记

$$I_0 = \frac{|\tilde{E}_0|^2}{L_1^2} \tag{6-336}$$

式（6-335）表明，对于给定的点 P，当 m 为偶数时，即 L_2-L_1 是 $\lambda/2$ 的偶数倍，也即圆孔包含偶数个半波带，$I(P)=0$；当 m 为奇数时，即 L_2-L_1 是 $\lambda/2$ 的奇数倍，即圆孔包含奇数个半波带，$I(P)$ 取极大值。显然，用式（6-335）解释菲涅耳圆孔衍射与用菲涅耳半波带解释圆孔衍射是一致的。

6.5 菲涅耳衍射——半波带法

由 6.4 节的讨论可以看出，菲涅耳衍射积分法较为复杂，需要进行数值积分计算。通常菲涅耳衍射也可采用半定量近似处理方法，即菲涅耳半波带法，这种方法较为简单，物理概念清晰。半波带法又可分为标量代数加法和振幅矢量加法，振幅矢量加法也称为图解法。

6.5.1 标量代数加法——圆孔衍射

如图 6-40 所示，点光源 S_0 和观测点 P 的连线作为 Z 轴，圆孔衍射屏 DD' 的圆心过 Z 轴，且 $\overline{DD'}$ 垂直于 Z 轴，衍射屏圆孔的平面半径记作 ρ'_M。点光源 S_0 发射球面波，照射圆孔衍射屏 DD'，通过圆孔衍射屏的球面波面 S 的半径记作 R，球面顶点 Q_0 到观测屏点 P 的距离记作 r_0，衍射屏 DD' 到球面顶点 Q_0 的距离记作 h。

采用半波带法求菲涅耳积分。以 P 点为圆心，以

$$r_0,\quad r_1 = r_0+\frac{\lambda}{2},\quad r_2 = r_0+2\frac{\lambda}{2},\quad \cdots,\quad r_M = r_0+M\frac{\lambda}{2} \tag{6-337}$$

为半径作球面，与球面波面 S 相交于 Q_0，Q_1，Q_2，…，Q_M，圆弧 $\overset{\frown}{Q_0Q_1}$，$\overset{\frown}{Q_1Q_2}$，…，$\overset{\frown}{Q_{M-1}Q_M}$ 将球面 $\overset{\frown}{DQ_0D'}$ 分成 M 个环带，由于两相邻环带相差 $\lambda/2$，所以称为半波带。由式（6-17）可写出点 P 的瞬时标量电场强度为

$$E(P,t)=\sum_{m=1}^{M}(-1)^{m+1}E_m=E_1-E_2+E_3-\cdots\pm E_M \tag{6-338}$$

这就是标量代数加法。式中，最后一项，M 取奇数为“+”，M 取偶数为“−”。E_m 由式（6-16）给出，即

$$E_m(P,t)=\frac{2\lambda\,|\tilde{C}\,||\,\tilde{E}_0\,|}{R+r_0}K_m(\phi_m)\sin[\omega t-k(R+r_0)+\varphi_a+\varphi_c] \tag{6-339}$$

式中，$\tilde{C}=|\tilde{C}|\,\mathrm{e}^{\mathrm{j}\varphi_c}$，$\tilde{E}_0=|\tilde{E}_0|\,\mathrm{e}^{\mathrm{j}\varphi_a}$，$0<K_m(\phi_m)<1(m=1,2,\cdots,M)$。在 6.1.1 节中，利用舒斯特近似求和方法，得到级数的近似结果为

$$E(P,t)\approx\frac{E_1}{2}\pm\frac{E_M}{2}\quad\begin{cases}\text{“+”，}M\text{取奇数}\\ \text{“−”，}M\text{取偶数}\end{cases} \tag{6-340}$$

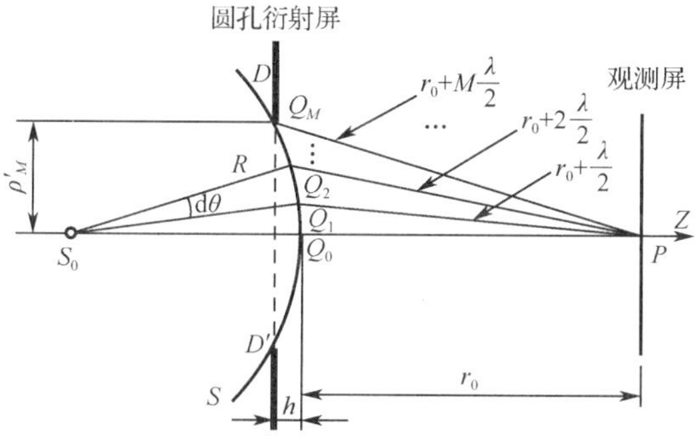

图 6-40　圆孔衍射半波带法

下面给出另一种近似求和方法，多数关于光学的教程中都采用这种方法求解菲涅耳衍射。这种近似方法假定观测点 P 的标量电场振幅 E_m 的变化主要由三个因素决定：半波带的面积 ΔS_m、半波带到观测点 P 的平均距离 $\bar{r}_m$ 和倾斜因子 $K_m(\phi_m)$。标量电场振幅 E_m 与三者的关系近似为

$$E_m(P,t)=C_0K_m(\phi_m)\frac{\Delta S_m}{\bar{r}_m} \tag{6-341}$$

式中，C_0 为与 m 无关的比例常数。

1．半波带面积 ΔS_m

如图 6-41 所示，点光源 S_0 发射球面波，波面半径为 R。以 P 点为圆心，以 $r_0+m\lambda/2$ 为半径在球面波面上作圆，圆上任意一点到 $\overline{S_0P}$ 的垂直距离记作 ρ'_m，ρ'_m 即球缺半径。由图可知，ρ'_m 为

$$\rho'_m=R\sin\theta_m \tag{6-342}$$

球缺的厚度记作 h_m。由此可写出球缺面积为（不包含底面）

$$S_m=2\pi Rh_m \tag{6-343}$$

另外，因为

$$\rho'_m=R^2-(R-h_m)^2=r_m^2-(r_0+h_m)^2 \tag{6-344}$$

求解方程（6-344），可得

$$h_m=\frac{r_m^2-r_0^2}{2(R+r_0)} \tag{6-345}$$

又由于

$$r_m = r_0 + m\frac{\lambda}{2} \tag{6-346}$$

两边平方，有

$$r_m^2 = r_0^2 + mr_0\lambda + m^2\left(\frac{\lambda}{2}\right)^2 \tag{6-347}$$

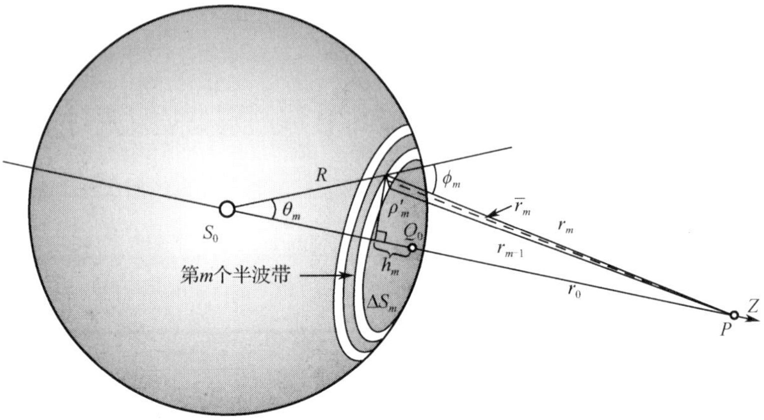

图 6-41 半波带的面积

将式（6-345）和式（6-347）代入式（6-343），得到

$$S_m = \frac{\pi R}{R + r_0}\left(mr_0\lambda + m^2\frac{\lambda^2}{4}\right) \tag{6-348}$$

由式（6-348）可直接写出与半径 r_{m-1} 对应的球缺面积为

$$S_{m-1} = \frac{\pi R}{R + r_0}\left((m-1)r_0\lambda + (m-1)^2\frac{\lambda^2}{4}\right) \tag{6-349}$$

令式（6-348）与式（6-349）相减，得到第 m 个半波带的面积为

$$\Delta S_m = S_m - S_{m-1} = \frac{\pi R\lambda}{R + r_0}\left[\left(r_0 + \left(m - \frac{1}{2}\right)\frac{\lambda}{2}\right)\right] \tag{6-350}$$

该式表明，半波带面积 ΔS_m 与 m 成正比，即波带序数 m 越大，对应的半波带面积越大。

2. 半波带到观测点 P 的平均距离 $\bar{r}_m$

由式（6-346）可知，r_{m-1} 和 r_m 是两个相邻半波带边缘到观测点 P 的距离，所以第 m 个半波带到点 P 的平均距离为

$$\bar{r}_m = \frac{r_m + r_{m-1}}{2} = r_0 + \left(m - \frac{1}{2}\right)\frac{\lambda}{2} \tag{6-351}$$

该式表明，半波带到观测点 P 的平均距离 $\bar{r}_m$ 也与 m 成正比。

3. 倾斜因子 $K_m(\phi_m)$

由式（6-83）可知，倾斜因子为

$$K_m(\phi_m) = \frac{1 + \cos\phi_m}{2} \tag{6-352}$$

4. E_m 的近似表示和级数求和

将式（6-350）～式（6-352）代入式（6-341），可得

$$E_m(P,t)=C_0\frac{\pi R\lambda}{R+r_0}\cdot\frac{1+\cos\phi_m}{2} \tag{6-353}$$

比较式（6-339）和式（6-353）可知，如果令

$$C_0=\frac{2|\tilde{C}||\tilde{E}|}{\pi R}\sin[\omega t-k(R+r_0)+\varphi_a+\varphi_c] \tag{6-354}$$

则两者形式完全相同。显然，对于给定的时间 t，C_0 为常数。

由式（6-353）不难看出，对于固定的观测点 P，半波带标量电场振幅 E_m 仅与倾角 ϕ_m 有关。由于 $\cos\phi_m$ 在 0～π/2 角度范围内是单调减函数，所以随着半波带序数 m 的增大，ϕ_m 增大，$\cos\phi_m$ 减小。将半波带电场振幅 E_m 由大到小排列，有

$$E_1>E_2>\cdots>E_M \tag{6-355}$$

在 0～π/2 角度范围内，$\cos\phi_m$ 可近似为 ϕ_m 的线性函数，则近似有

$$E_2\approx\frac{E_1+E_3}{2},\quad E_4\approx\frac{E_3+E_5}{2},\quad\cdots,\quad E_{2m}\approx\frac{E_{2m-1}+E_{2m+1}}{2},\quad\cdots \tag{6-356}$$

假设圆孔 DD'（见图 6-40）对点 P 共露出 M 个半波带，且 M 为奇数，将式（6-356）代入式（6-338）有

$$E(P,t)\approx\frac{E_1}{2}+\frac{E_M}{2}\ (M\text{取奇数}) \tag{6-357}$$

当 M 为偶数时，有

$$E(P,t)\approx\frac{E_1}{2}+\frac{E_{M-1}}{2}-E_M \tag{6-358}$$

当半波带数 M 较大时，可取 $E_{M-1}\approx E_M$，式（6-358）化简为

$$E(P,t)\approx\frac{E_1}{2}-\frac{E_M}{2}\quad (M\text{取偶数}) \tag{6-359}$$

式（6-357）和式（6-359）与舒斯特近似求和结果式（6-340）相同。

5. 半波带数 M 与圆孔半径 ρ_M 之间的关系

假设圆孔 DD' 对点 P 共露出 M 个半波带，由图 6-41 有

$$\rho_M'^2=r_M^2-(r_0+h_M)^2\approx r_M^2-r_0^2-2r_0h_M \tag{6-360}$$

由式（6-347）有

$$r_M^2=r_0^2+Mr_0\lambda+M^2\left(\frac{\lambda}{2}\right)^2 \tag{6-361}$$

将式（6-361）代入式（6-345），得到

$$h_M=\frac{Mr_0\lambda+M^2\left(\dfrac{\lambda}{2}\right)^2}{2(R+r_0)} \tag{6-362}$$

将式（6-361）和式（6-362）代入式（6-360），有

$$\rho_M'^2=\frac{RM\lambda}{R+r_0}\left(r_0+M\frac{\lambda}{4}\right) \tag{6-363}$$

一般情况下，$r_0 \gg M\lambda/4$，则式（6-363）可化简为

$$\rho_M'^2 \approx M\frac{Rr_0\lambda}{R+r_0} \tag{6-364}$$

或者

$$M \approx \frac{\rho_M'^2}{R\lambda}\left(1+\frac{R}{r_0}\right) \tag{6-365}$$

式（6-364）和式（6-365）就是圆孔半径 ρ_M' 与圆孔露出半波带数 M 之间的近似关系。

6．菲涅耳圆孔衍射的特点

根据式（6-357）、式（6-359）和式（6-364）可知，菲涅耳圆孔衍射具有如下特点。

（1）当点光源到衍射屏的距离确定之后，R 和 ρ_M' 取定值，由式（6-365）可知，圆孔露出的半波带数 M 随观测点 P 的变化而变化，即 M 随 r_0 变化。当 M 为奇数时，由式（6-357）可知，观测点 P 是亮点；当 M 为偶数时，由式（6-359）可知，观测点 P 是暗点。所以当观测屏前后移动（r_0 变化）时，点 P 的光强将呈现明暗交替的变化，这是典型的菲涅耳衍射现象。

在 R 和 ρ_M' 取定值的情况下，由式（6-365）可知，随着 r_0 增大，M 在减小。当 r_0 大到一定程度时，$R/r_0 \ll 1$，由式（6-365），取近似有

$$M_0 = M \approx \frac{\rho_M'^2}{R\lambda} \tag{6-366}$$

表明圆孔露出的半波带数 M 不再变化。该式确定的半波带数 M_0 称为菲涅耳数，它是描述圆孔衍射效应的重要参数。当满足 $R/r_0 \ll 1$ 的条件时，r_0 继续增大，观测点 P 不再出现明暗交替的变化，此时属于夫琅和费衍射。

（2）在 R 和 ρ_M 取定值的情况下，r_0 大，M 小；由式（6-353）可知，E_1 和 E_M 的差别很小，$E_1 \approx E_M$；又由式（6-359）可知，$E(P,t)\approx 0$（M取偶数），衍射效应显著。r_0 小，M 大，E_1 和 E_M 的差别很大，$E_1 \gg E_M$，$E(P,t)\approx E_1/2$（M 取奇数和偶数近似相同），衍射效应不显著。

（3）由式（6-365）可知，在 R 和 r_0 一定的情况下，圆孔对观测点 P 露出的半波带数 M 与圆孔半径 ρ_M' 有关，$M \propto \rho_M'^2$。ρ_M' 大，M 大，圆孔露出的半波带数多，衍射效应不显著；ρ_M' 小，M 小，圆孔露出的半波带数少，衍射效应显著。当圆孔半径趋于无限大时，$\rho_M' \to \infty$，$E_M \to 0$，由式（6-357）和式（6-359）有

$$E(P,t) \approx \frac{E_1}{2} \tag{6-367}$$

该式表明，当衍射孔很大时，在 Z 轴上的任一观测点 P 的光强不变，这正是光的直线传播规律所预期的结果。由此也说明，光的直线传播是对透射孔径较大情况下的近似。

另一方面，衍射孔趋于无限大，亦即波面无遮挡传播，由菲涅耳半波带近似得到的结果是点 P 电场振幅为 $E_1/2$，仅是第一个半波带在点 P 电场振幅 E_1 的一半。由此说明，如果衍射孔小到仅露出一个半波带时，观测点 P 的光强是无衍射屏时点 P 光强的 4 倍！

（4）在 R、r_0 和 ρ_M' 一定的情况下，由式（6-365）可以看出，波带数 M 与波长 λ 成反比关系，表明波长增大时，衍射孔露出的波带数 M 减小，由此说明长波长光波的衍射效应更为显著。

6.5.2　振幅矢量法

在复平面上，一个复数可用一个矢量表示。假设两个复数 $\tilde{r}_1$ 和 $\tilde{r}_2$，其复指数形式为

$$|\tilde{r}_1|\mathrm{e}^{\mathrm{j}\varphi_1} \quad 和 \quad |\tilde{r}_2|\mathrm{e}^{\mathrm{j}(\varphi_1+\varphi_2)} \tag{6-368}$$

用矢量表示如图 6-42 所示，其中 $|\tilde{r}_1|$ 和 $|\tilde{r}_2|$ 表示两矢量的模，而 φ_1 和 $\varphi_1+\varphi_2$ 分别表示两矢量的幅角。两复数的和（即矢量和）为

$$\tilde{r}=|\tilde{r}|\mathrm{e}^{\mathrm{j}\varphi}=\tilde{r}_1+\tilde{r}_2=|\tilde{r}_1|\mathrm{e}^{\mathrm{j}\varphi_1}+|\tilde{r}_2|\mathrm{e}^{\mathrm{j}(\varphi_1+\varphi_2)} \tag{6-369}$$

这就是振幅矢量加法。

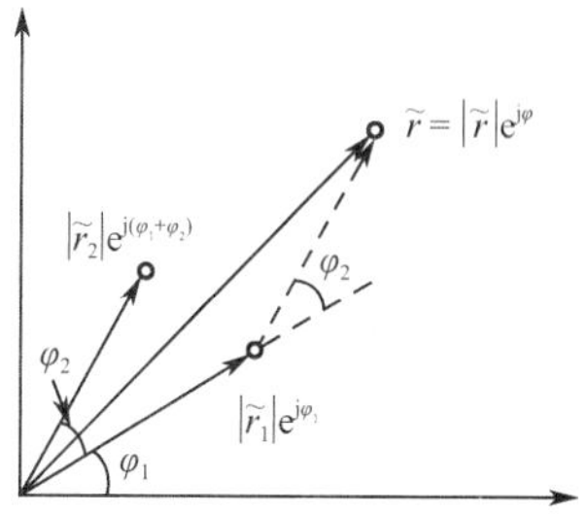

图 6-42　复数的矢量表示

1. 圆孔衍射

（1）整数个半波带

代数求和式（6-338）是交错级数，如果将每一项看作一个复数，记作 $\tilde{E}_m$，则式（6-338）可以写成

$$\tilde{E}(P,t)=\sum_{m=1}^{M}\tilde{E}_m=\sum_{m=1}^{M}E_m\mathrm{e}^{\mathrm{j}(m-1)\pi} \tag{6-370}$$

根据式（6-369）有

$$E(P,t)=|\tilde{E}(P,t)|,\quad E_m=|\tilde{E}_m| \tag{6-371}$$

将式（6-370）用矢量图表示为图 6-43。为了清楚起见，图中两相邻矢量彼此错开。由图可见，合成振幅矢量为

$$\tilde{E}(P,t)=\frac{1}{2}[\tilde{E}_1+\tilde{E}_M] \tag{6-372}$$

写成模的形式为

$$E(P,t)=\frac{1}{2}[E_1+(-1)^{M-1}E_M] \tag{6-373}$$

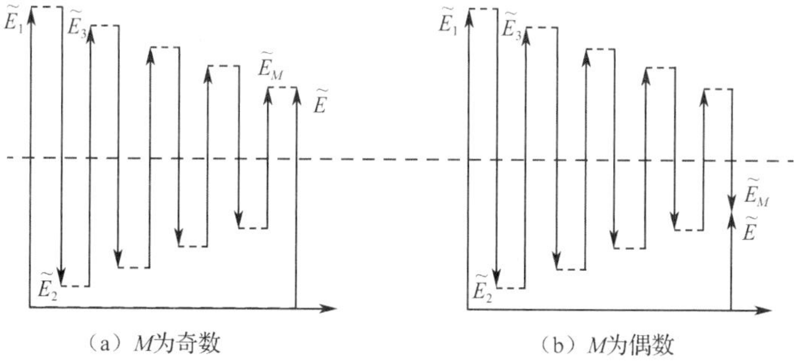

图 6-43　圆孔衍射的振幅矢量加法

（2）非整数个半波带

如果圆孔衍射露出波面是非整数个半波带，则不能用标量代数加法进行讨论，但仍可采用振幅矢量加法。具体做法是：将露出的波面按照划分半波带的方法进行细分，如图 6-44 所示，以观测点 P 为圆心，以

$$r_0,\quad r_0+\frac{\lambda}{2N},\quad r_0+2\frac{\lambda}{2N},\quad \cdots,\quad r_0+(m-1)\frac{\lambda}{2N} \tag{6-374}$$

为半径作球面。将露出的波面细分为 m 个微波带元，相邻微波带元到点 P 的光程差为 $\lambda/2N$，

对应的相位差为π/N，其中N为一个半波带等间隔划分数，当$m=N+1$时，正好是第一个半波带的半径$r_0+\lambda/2$；$m=2N+1$，对应的是第二个半波带的半径$r_0+2\lambda/2$，依次类推。

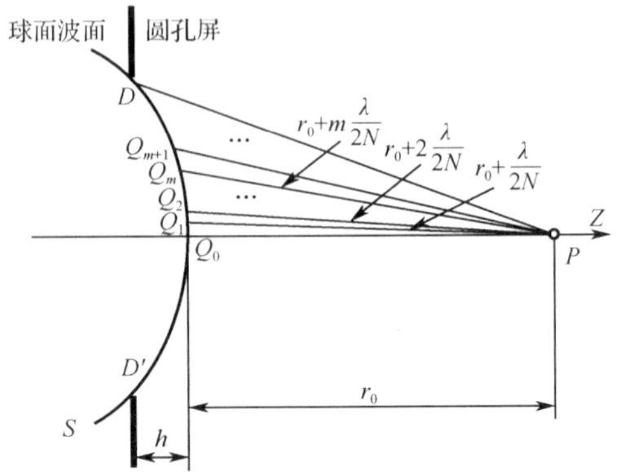

图 6-44 非整数个半波带的划分

由此，可将式（6-370）改写为

$$\tilde{E}(P,t)=\sum_{m=1}^{M}\tilde{E}_m=\sum_{m=1}^{M}E_m e^{j(m-1)\pi/N} \tag{6-375}$$

或者写成三角函数形式为

$$\tilde{E}(P,t)=\sum_{m=1}^{M}E_m\left[\cos\frac{(m-1)\pi}{N}+j\sin\frac{(m-1)\pi}{N}\right] \tag{6-376}$$

依据式（6-376），图 6-45（a）给出第一个半波带的振幅矢量图，取$N=15$，矢量图由15个小矢量构成，两相邻小矢量的夹角为$\pi/15$，小矢量的合成矢量正好是第一个半波带在观测点的振幅$\tilde{E}_1$。当$N\to\infty$时，两相邻小矢量的夹角趋于零，矢量图变为连续的半圆矢量，合成矢量为$\tilde{E}_1$，如图 6-45（b）所示。

如果圆孔衍射屏露出两个半波带，两个相邻半波带的矢量图为一个圆矢量。但由式（6-353）可知，振幅E_m与倾斜因子k_m有关，随着m的增大，每个微波带元的振幅E_m不断缩小［振幅的减小依据式（6-334）确定］，当圆孔衍射屏的半径$\rho_M\to\infty$时，整个波面对应的振幅矢量图为螺旋矢量，如图 6-45（c）所示。由图 6-45（a）和（c）可见，$E=E_1/2$，这就是半波带法得到的结果［见式（6-367）］。

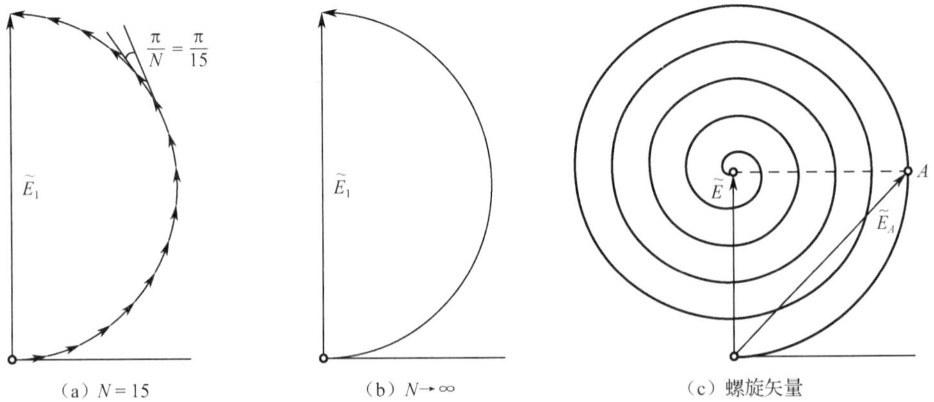

（a）$N=15$　（b）$N\to\infty$　（c）螺旋矢量

图 6-45 振幅矢量图

利用振幅螺旋矢量图，可以确定任意非整数个半波带的振幅。假设圆孔衍射屏露出 1/2 个半波带，波带边缘与中心点的光程差为 $\lambda/4$，相位差为 $\pi/2$。在螺旋矢量图上，四分之一圆的 A 点正好对应 1/2 个半波带的边缘，振幅矢量 $\tilde{E}_A$ 的大小就是观测点 P 处的振幅大小。由图可见，$E_A \approx \sqrt{2}E$。

2．直边衍射

菲涅耳圆孔衍射用半波带法近似处理是基于近似积分结果，即式（6-338）。对于菲涅耳直边衍射采用半波带法很难确定观测点的标量电场振幅，但仍可以依据式（6-302）给出振幅矢量图从而确定标量电场振幅。记

$$\frac{\mathrm{j}\tilde{E}_0\mathrm{e}^{-\mathrm{j}kz'}}{2} = \frac{|\tilde{E}_0|}{2}\mathrm{e}^{\mathrm{j}\left(\varphi_a+\frac{\pi}{2}-kz'\right)} \tag{6-377}$$

式中，$\tilde{E}_0 = |\tilde{E}_0|\mathrm{e}^{\mathrm{j}\varphi_a}$。由式（6-302）有

$$\tilde{E}(x,y) = E_r + \mathrm{j}E_i \tag{6-378}$$

式中，记

$$E_r = \frac{|E_0|}{2}\left\{\cos\left(\varphi_a+\frac{\pi}{2}-kz'\right)[C(w)-D(w)]+\sin\left(\varphi_a+\frac{\pi}{2}-kz'\right)[1+C(w)+D(w)]\right\} \tag{6-379}$$

$$E_i = \frac{|E_0|}{2}\left\{\sin\left(\varphi_a+\frac{\pi}{2}-kz'\right)[C(w)-D(w)]-\cos\left(\varphi_a+\frac{\pi}{2}-kz'\right)[1+C(w)+D(w)]\right\} \tag{6-380}$$

其中

$$w = \sqrt{\frac{k}{\pi z'}}y = \sqrt{\frac{2}{\lambda z'}}y \tag{6-381}$$

$$\begin{cases} C(w) = \displaystyle\int_0^w \cos\frac{\pi}{2}\upsilon^2\mathrm{d}\upsilon \\ D(w) = \displaystyle\int_0^w \sin\frac{\pi}{2}\upsilon^2\mathrm{d}\upsilon \end{cases} \tag{6-382}$$

式（6-378）就是菲涅耳直边衍射振幅矢量的表达式。利用数值求解积分 $C(w)$ 和 $D(w)$，依据式（6-378）得到标量电场振幅矢量图如图 6-46（a）所示，图中参数取值：$E_0 = 1.0$，$\lambda = 632.8\mathrm{nm}$，$\varphi_a = 0$，$z' = 0.5\mathrm{m}$，$-1.3\mathrm{mm} \leqslant y \leqslant +1.3\mathrm{mm}$。

另外，由式（6-378）得到标量电场振幅的大小为

$$E(x,y) = \sqrt{E_r^2 + E_i^2} \tag{6-383}$$

图 6-46（b）为由式（6-383）得到的标量电场振幅曲线，参数取值与图 6-46（a）相同。

为了清晰起见，图 6-46 中的坐标参数取值为 $-1.3\mathrm{mm} \leqslant y \leqslant +1.3\mathrm{mm}$。如果取 $-\infty \leqslant y \leqslant +\infty$，则 $y = -\infty$，对应于振幅矢量图 6-46（a）中的 O_- 点，对应于振幅曲线图 6-46（b）中的 $E = 0$；$y = +\infty$，对应于振幅矢量图 6-46（a）中的 O_+ 点，对应于振幅曲线图 6-46（b）中的 $E = 1$。由图 6-46（a）可见，菲涅耳直边衍射的振幅矢量图为考纽螺线矢量，考纽螺线矢量上的每一点与观测点 P 的坐标 y 一一对应，振幅曲线上 y 处的 E 值正好就是考纽螺线矢量上与 y 相对应的振幅矢量的大小。图 6-46 给出三个对应点，B 点（$y = -1.3\mathrm{mm}$）、A 点（$y = 0$）和 C 点（$y = 1.3\mathrm{mm}$）。

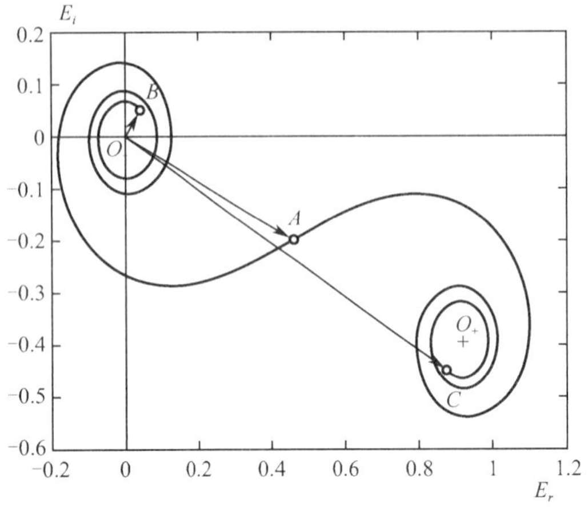

（a）振幅矢量图

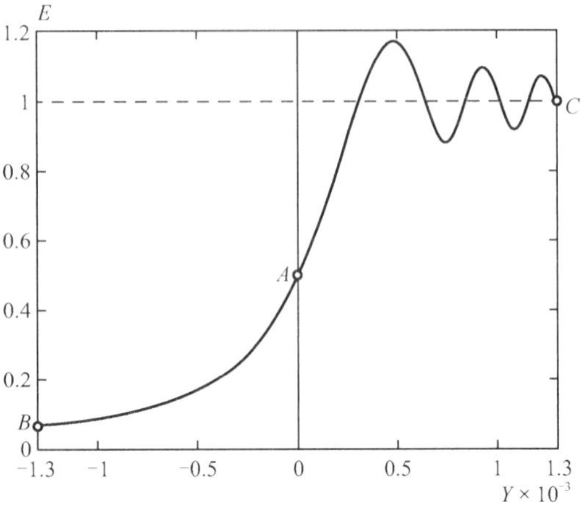

（b）振幅曲线

图 6-46 菲涅耳直边衍射

6.5.3 波带片

1. 经典菲涅耳波带片

由图 6-43 可以看出，菲涅耳圆孔衍射两相邻半波带在观测点的相位相反，因此，两相邻半波带的振幅在观测点叠加近似相互抵消。如果圆孔衍射屏露出 20 个半波带（偶数个半波带），由于相邻半波带的振幅在观测点叠加相互抵消，因此观测点为暗点。如果圆孔衍射仅露出一个半波带，观测点的振幅是自由传播时振幅的 2 倍。由此可以推断，可以制作一个衍射屏，仅露出奇数半波带，偶数半波带不透光，由式（6-338）近似有

$$E_{10}=E_1+E_3+\cdots+E_{19}\approx 10E_1 \tag{6-384}$$

由图 6-45 可知，光波自由传播时的振幅为

$$E=\frac{E_1}{2} \tag{6-385}$$

代入式（6-384），得到

$$E_{10}\approx 20E \tag{6-386}$$

由此可见，露出 10 个奇数半波带，观测点的电场振幅近似为光波自由传播时电场振幅的 20 倍。也就是说，偶数半波带不透光，10 个奇数半波带在观测点的光强是光自由传播时的 400 倍。这种露出奇数个半波带或偶数个半波带的特殊衍射屏（或称为光阑）称为菲涅耳波带片。由于它类似于透镜，具有聚光作用，因此也称为菲涅耳透镜。菲涅耳波带片如图 6-47 所示，图 6-47（a）为依据式（6-390）计算仿真的奇数波带片，图 6-47（b）为偶数波带片。图 6-47（c）为 X 射线波带片掩膜镀金后扫描电镜（SEM）的局部显微照片[50]，波带片最外环半波带宽度为 100nm，波带片厚度为 250nm。

（1）波带片对轴上物点的成像规律

由半波带数与衍射屏圆孔半径之间的关系式（6-364）有

$$\frac{R+r_0}{Rr_0}=\frac{M\lambda}{\rho_M'^2} \tag{6-387}$$

即

$$\frac{1}{R}+\frac{1}{r_0}=\frac{M\lambda}{\rho_M'^2} \qquad (6\text{-}388)$$

由式（6-364），当 $M=1$ 时，有

$$\rho_1'^2=\frac{Rr_0\lambda}{R+r_0} \qquad (6\text{-}389)$$

则

$$\rho_M'^2 \approx M\rho_1'^2 \qquad (6\text{-}390)$$

令

$$f_1'=\frac{\rho_M'^2}{M\lambda}=\frac{\rho_1'^2}{\lambda} \qquad (6\text{-}391)$$

则式（6-388）改写为

$$\frac{1}{R}+\frac{1}{r_0}=\frac{1}{f_1'} \qquad (6\text{-}392)$$

该式与薄透镜成像的高斯公式（4-287）很相似，所以称为波带片对轴上物点的成像公式，R 相当于物距，r_0 相当于像距，f_1' 为焦距。当 $R\to\infty$ 时，相当于平面光波入射，成像点 $r_0=f_1'$；当 $r_0\to\infty$ 时，相当于成像于无穷远处，物点位于 $R=f_1$。所以物方焦距等于像方焦距，即

$$f_1=f_1' \quad （不计正负号） \qquad (6\text{-}393)$$

由式（6-391）可知，波带片的焦距与波带数 M 无关，焦距与 $\rho_1'^2$ 成正比，与入射光波长 λ 成反比。

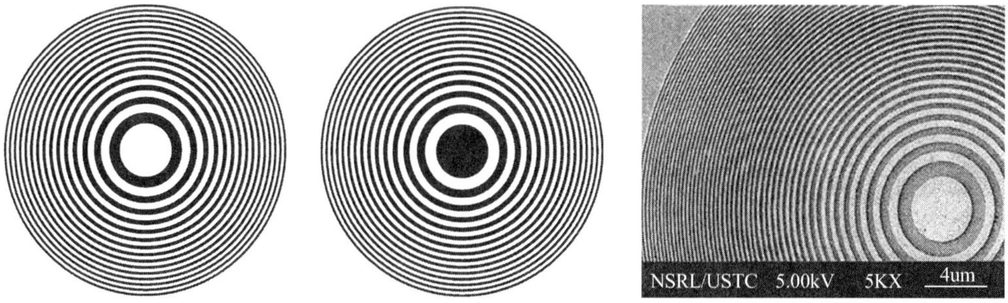

（a）奇数波带片　（b）偶数波带片　（c）X射线波带片扫描电镜显微照片[50]

图 6-47　菲涅耳波带片

（2）波带片的焦距

从波带片具有聚光作用看，波带片与普通透镜相似。但是，普通透镜是利用光的折射原理实现聚光，从物点发出的各光线到像点的光程相等；而波带片则是利用光的衍射原理实现聚光，从物点发出的光经波带片各半波带的衍射，到达像点的相位差为 2π 的整数倍，产生相干叠加，所以两者之间存在本质差别。这种差别表现在普通透镜只有一个焦点，而波带片存在多个焦点，即用一束平行光照射波带片时，除主焦点 f_1' 外，还有一系列光强较小的次焦点，相应的焦距可以表示为

$$f_m'=\frac{f_1'}{m}=\frac{1}{m}\frac{\rho_1'^2}{\lambda}, \quad m 取奇数 \qquad (6\text{-}394)$$

该焦距表达式可以用图 6-48 给予说明。假设焦点 F_1'（即观测点）的焦距为 f_1'，由于半波带是以 F_1' 为圆心划分的，相邻两半波带到 F_1' 的光程差为 $\lambda/2$，而奇数（或者偶数）半波带不透光，两相邻透光半波带的光程差为 λ，相位差为 2π。由图可知，焦距 f_1' 满足关系

$$\rho_M'^2 + f_1'^2 = \left(f_1' + M\frac{\lambda}{2}\right)^2 \tag{6-395}$$

同样，光轴上存在焦点 F_3'，焦距为 $f_3' = f_1'/3$，两相邻半波带到达 F_3' 的光程差为 $3\lambda/2$，焦距 f_3' 满足关系

$$\rho_M'^2 + f_3'^2 = \left(f_3' + M\frac{3\lambda}{2}\right)^2 \tag{6-396}$$

以此类推，有

$$\rho_M'^2 + f_m'^2 = \left(f_m' + M\frac{m\lambda}{2}\right)^2,\quad m\text{取奇数} \tag{6-397}$$

展开式（6-397），有

$$\rho_M'^2 = f_m' Mm\lambda + \left(M\frac{m\lambda}{2}\right)^2 \tag{6-398}$$

当 $f_m' \gg M\lambda/2$ 时（$M^2\lambda^2/4$ 表示球差），忽略二次项，近似有

$$f_m' \approx \frac{1}{m}\frac{\rho_M'^2}{M\lambda} = \frac{1}{m}\frac{\rho_1'^2}{\lambda} \tag{6-399}$$

由于波带片的衍射效应，必然存在相交于 F_1、F_3 和 F_5 等的衍射光束，满足式（6-399）。因此，波带片还存在与实焦点相对应的虚焦点，焦距计算公式仍为式（6-399）。

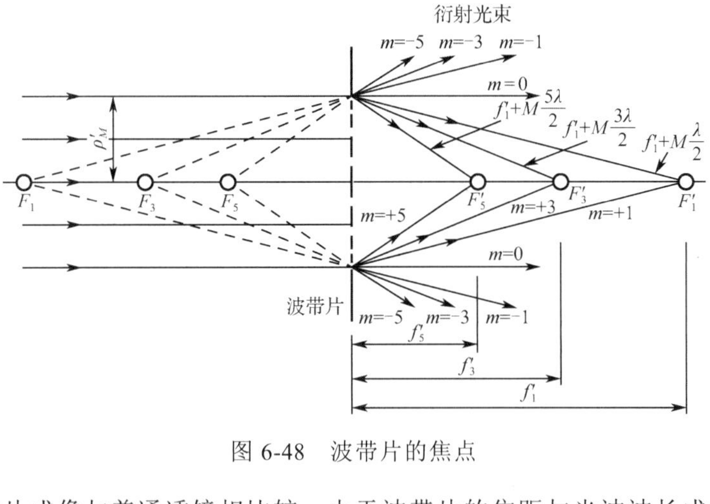

图 6-48　波带片的焦点

菲涅耳波带片成像与普通透镜相比较，由于波带片的焦距与光波波长成反比，因此波带片的色差比普通透镜大得多，这是波带片成像的主要缺点。但是，波带片成像适用的波段很宽，如用金属薄膜制作的波带片，由于透光带是空气，可以在紫外线到软 X 射线的波段内用作透镜，而普通玻璃透镜仅可在可见光波段内使用。

（3）波带片的衍射效率[44, 45, 46, 47]

由式（6-257）可知，多缝衍射的光强分布是多光束干涉受单缝衍射的调制结果，单缝衍射因子 $(\sin\beta/\beta)^2$ 决定主极大能量分布的大小，这就是多缝衍射的衍射效率。同样，菲涅耳波

带片也可以等效为多缝衍射，其衍射效率与多缝衍射具有相同的形式。

假设菲涅耳波带片的奇数带是透光带，依据式（6-390）可写出菲涅耳波带片的透射函数为

$$t(\rho')=\begin{cases}1, & 0<\rho'<\rho_1', \sqrt{2}\rho_1'<\rho'<\sqrt{3}\rho_1', \cdots \\ 0, & \rho_1'<\rho'<\sqrt{2}\rho_1', \sqrt{3}\rho_1'<\rho'<2\rho_1', \cdots\end{cases} \tag{6-400}$$

如图 6-49（a）所示。

为了便于利用周期函数的傅里叶级数展开，令

$$x=2\frac{\rho'^2}{\rho_1'}-\rho_1' \tag{6-401}$$

则式（6-400）可表示成周期函数

$$t(x)=\begin{cases}1, & -\rho_1'<x<\rho_1', 3\rho_1'<x<5\rho_1', \cdots \\ 0, & \rho_1'<x<3\rho_1', 5\rho_1'<x<7\rho_1', \cdots\end{cases} \tag{6-402}$$

周期为 $T_0=4\rho_1'$。周期延拓后，$t(x)$ 函数如图 6-49（b）所示。

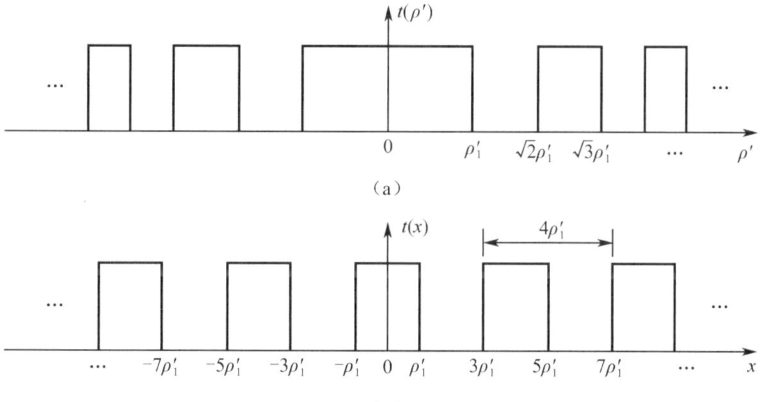

图 6-49　菲涅耳波带片的透射函数

将周期函数 $t(x)$ 展开成复指数形式的傅里叶级数，有

$$t(x)=\sum_{m=-\infty}^{+\infty}\tilde{c}_m \mathrm{e}^{\mathrm{j}m\frac{2\pi}{T_0}x}=\sum_{m=-\infty}^{+\infty}\tilde{c}_m \mathrm{e}^{\mathrm{j}m\frac{2\pi}{2\rho_1'}x} \tag{6-403}$$

傅里叶级数的系数为

$$\tilde{c}_m=\frac{1}{T_0}\int_{-\frac{T_0}{2}}^{\frac{T_0}{2}}t(x)\mathrm{e}^{-\frac{m\pi}{2\rho_1'}x}\mathrm{d}x=\frac{1}{4\rho_1'}\int_{-2\rho'}^{2\rho_1'}t(x)\mathrm{e}^{-\frac{m\pi}{2\rho_1'}x}\mathrm{d}x=\frac{1}{4\rho_1'}\int_{-\rho'}^{\rho_1'}\mathrm{e}^{-\frac{m\pi}{2\rho_1'}x}\mathrm{d}x=\frac{\sin\frac{m\pi}{2}}{m\pi} \tag{6-404}$$

式中，$m=0,\pm1,\pm2,\cdots$ 为衍射的级次，与单缝衍射的级次 m 相对应，如图 6-47 所示。

由式（6-404）可得菲涅耳波带片的透射率为

$$|\tilde{c}_m|^2=\frac{\sin^2\frac{m\pi}{2}}{(m\pi)^2} \tag{6-405}$$

由此可写出各级衍射的光强为

$$I_m = |\tilde{c}_m|^2 I_0 \tag{6-406}$$

式中，I_0 为入射光强。

衍射效率定义为各级衍射光强 I_m 与入射光强 I_0 的比值，记作 η_m，则有

$$\eta_m = \frac{I_m}{I_0} = |\tilde{c}_m|^2 \tag{6-407}$$

由式（6-405）可以得到各衍射级次的能量分布，即

$$\eta_m = |\tilde{c}_m|^2 = \begin{cases} 1/4, & m = 0 \\ 1/(m\pi)^2, & m = 奇数 \\ 0, & m = 偶数 \end{cases} \tag{6-408}$$

显然，$m=0$，$\eta_0 = 0.25$，菲涅耳波带片有 25% 的能量直接透过；$m=\pm1$，$\eta_{\pm1} \approx 10\%$，一级聚焦点的能量约为 10%；$m=\pm3$，$\eta_{\pm3} \approx 1\%$，三级聚焦点的能量约为 1%。

为了提高菲涅耳波带片的透射率，可以将不透光的半波带用相位相反的半波带替代，这种方法在理论上可使焦点处的光强增加 4 倍。

（4）波带片的分辨本领[47,51,52,53,54]

分辨本领是波带片成像的一个重要参考指标。为了得到波带片的分辨本领，如同夫琅和费圆孔衍射一样（见 6.3.3 节），需要讨论在观测屏任意一点的光强分布。

夫琅和费圆孔衍射是透射函数 $t(\rho')=1$ 的衍射，而夫琅和费波带片衍射是透射函数 $t(\rho')$ 为周期函数的衍射。如图 6-50 所示为夫琅和费波带片衍射光路图，假设波带片最外半波带的半径为 a，波带片透射函数为 $t(\rho')$，将式（6-126）、式（6-144）～式（6-146）代入式（6-124），有

$$\tilde{E}(\rho,\varphi) = \frac{\mathrm{j}\tilde{E}_0 \mathrm{e}^{-\mathrm{j}k\left(z'+\frac{\rho^2}{2z'}\right)}}{\lambda z'} \int_0^a \int_0^{2\pi} t(\rho') \mathrm{e}^{\mathrm{j}k\rho'\rho\frac{\cos(\varphi'-\varphi)}{z'}} \rho' \mathrm{d}\rho' \mathrm{d}\varphi' \tag{6-409}$$

由于径向积分是 $\rho' = 0 \sim a$，波带片透射函数 $t(\rho')$ 不能采用复指数形式展开式（6-403），$t(\rho')$ 需要采用三角形式的傅里叶级数。$t(x)$ 为偶周期函数，展开成傅里叶级数为

$$t(x) = \frac{a_0}{2} + \sum_{m=1}^{\infty} a_m \cos\left(m\frac{2\pi}{T_0}x\right) = \frac{a_0}{2} + \sum_{m=1}^{\infty} a_m \cos\left(\frac{m\pi}{2\rho_1'}x\right) \tag{6-410}$$

傅里叶级数的系数为

$$a_m = \frac{4}{T_0}\int_0^{\frac{T_0}{2}} t(x)\cos\left(\frac{m\pi}{2\rho_1'}x\right)\mathrm{d}x = \frac{1}{\rho_1'}\int_0^{\rho_1'} \cos\left(\frac{m\pi}{2\rho_1'}x\right)\mathrm{d}x = \frac{\sin\frac{m\pi}{2}}{\frac{m\pi}{2}}, \quad m = 0,1,2,\cdots \tag{6-411}$$

将式（6-411）和式（6-401）代入式（6-410），最后得到

$$t(\rho') = \frac{1}{2} + \sum_{m=1}^{\infty} \frac{\sin\frac{m\pi}{2}}{\frac{m\pi}{2}} \cos\left(\frac{m\pi\rho'^2}{\rho_1'^2} - \frac{m\pi}{2}\right) \tag{6-412}$$

取 $\lambda = 632.8\mathrm{nm}$，$\rho_1' \approx 0.46\mathrm{mm}$，$\rho'$ 的取值范围为 $0 \sim 1.5\mathrm{mm}$，式（6-412）的计算曲线如图 6-51 所示。

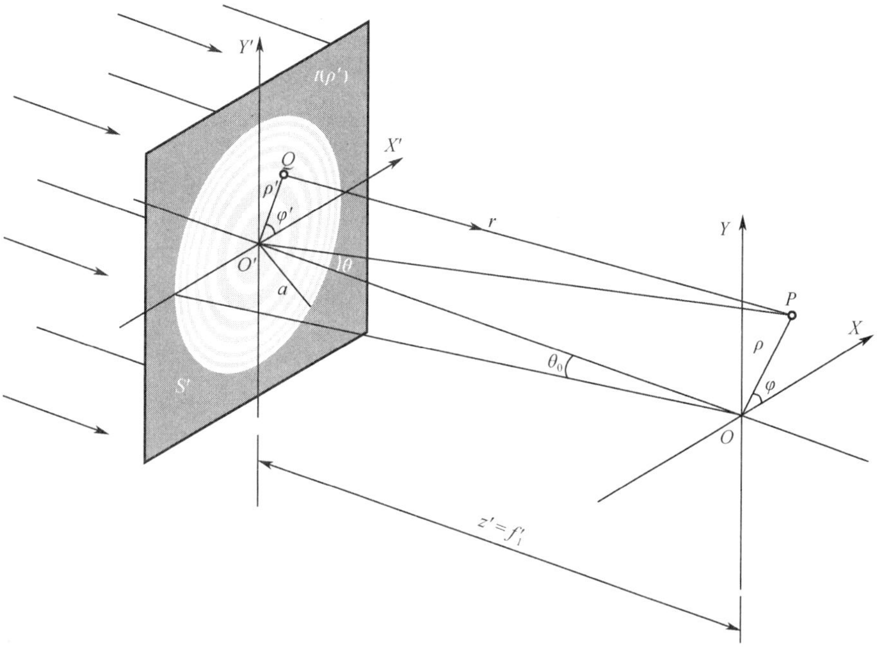

图 6-50　夫琅和费波带片衍射光路图

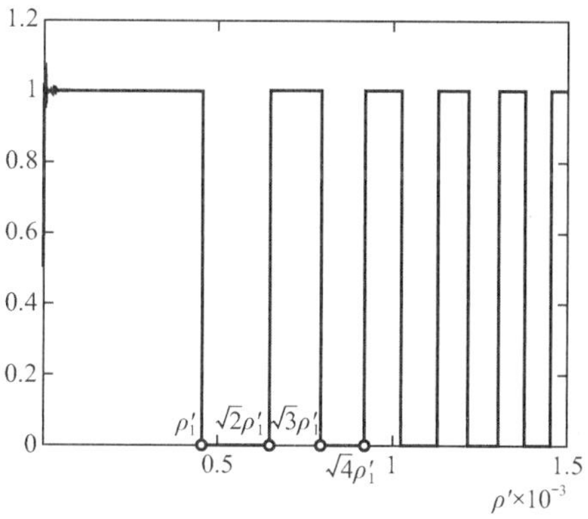

图 6-51　波带片透射函数曲线

取 $z'=f_1'$，且取近似

$$\theta \approx \sin\theta = \frac{\rho}{z'} = \frac{\rho}{f_1'} \tag{6-413}$$

代入式（6-409），得到

$$\tilde{E}(\rho,\varphi) = \frac{\mathrm{j}\tilde{E}_0 \mathrm{e}^{-\mathrm{j}k\left(f_1'+\frac{\rho^2}{2f_1'}\right)}}{\lambda f_1'} \int_0^a t(\rho')\rho'\mathrm{d}\rho' \int_0^{2\pi} \mathrm{e}^{\mathrm{j}k\rho'\theta\cos(\varphi'-\varphi)}\mathrm{d}\varphi' \tag{6-414}$$

进行变量代换，利用式（6-150）～式（6-153），式（6-413）化简为

$$\tilde{E}(\rho,\varphi) = \frac{\mathrm{j}2\pi\tilde{E}_0 \mathrm{e}^{-\mathrm{j}k\left(f_1'+\frac{\rho^2}{2f_1'}\right)}}{\lambda f_1'} \int_0^a t(\rho')J_0(k\rho'\theta)\rho'\mathrm{d}\rho' \tag{6-415}$$

将 $t(\rho')$ 用图 6-51 的曲线替代，积分式（6-415）化为分段积分，有

$$\tilde{E}(\rho,\varphi)=\frac{\mathrm{j}2\pi\tilde{E}_0\mathrm{e}^{-\mathrm{j}k\left(f_1'+\frac{\rho^2}{2f_1'}\right)}}{\lambda f_1'}\sum_{m=1}^{M}\left(\int_{\sqrt{m-1}\rho_1'}^{\sqrt{m}\rho_1'}J_0(k\rho'\theta)\rho'\mathrm{d}\rho'\right),\quad m\text{取奇数} \tag{6-416}$$

式中，M 为最大奇波带序数，半径为 $a=\sqrt{M}\rho_1'$。由式（6-157）有

$$\int_{\sqrt{m-1}\rho_1'}^{\sqrt{m}\rho_1'}J_0(k\rho'\theta)\rho'\mathrm{d}\rho'=\rho_1'^2\left[\frac{\sqrt{m}J_1(k\sqrt{m}\rho_1'\theta)-\sqrt{m-1}J_1(k\sqrt{m-1}\rho_1'\theta)}{k\rho_1'\theta}\right] \tag{6-417}$$

由此得到波带片夫琅和费衍射的电场强度复振幅为

$$\tilde{E}(\rho,\varphi)=\frac{\mathrm{j}2\pi\rho_1'^2\tilde{E}_0\mathrm{e}^{-\mathrm{j}k\left(f_1'+\frac{\rho^2}{2f_1'}\right)}}{\lambda f_1'}\sum_{m=1}^{M}\frac{\sqrt{m}J_1(k\sqrt{m}\rho_1'\theta)-\sqrt{m-1}J_1(k\sqrt{m-1}\rho_1'\theta)}{k\rho_1'\theta} \tag{6-418}$$

该式表明，波带片夫琅和费衍射的电场强度复振幅为奇数半波带电场强度复振幅的叠加，与菲涅耳圆孔衍射半波带标量叠加式（6-338）一致。

由式（6-418）可得菲涅耳波带片在观测屏上任意一点的光强分布为

$$I(\rho,\varphi)=\tilde{E}\tilde{E}^*=I_0\left[\sum_{m=1}^{M}\frac{2(\sqrt{m}J_1(k\sqrt{m}\rho_1'\theta)-\sqrt{m-1}J_1(k\sqrt{m-1}\rho_1'\theta))}{k\rho_1'\theta}\right]^2 \tag{6-419}$$

式中，记

$$I_0=\frac{(\pi\rho_1'^2)^2|\tilde{E}_0|^2}{(\lambda f_1')^2} \tag{6-420}$$

为了便于描述波带片的分辨本领，通常也可取近似

$$N\frac{2J_1(ka\theta)}{ka\theta}\approx\sum_{m=1}^{M}\frac{2(\sqrt{m}J_1(k\sqrt{m}\rho_1'\theta)-\sqrt{m-1}J_1(k\sqrt{m-1}\rho_1'\theta))}{k\rho_1'\theta} \tag{6-421}$$

式中，N 为奇半波带数，$N=(M+1)/2$。将式（6-421）代入式（6-418），有

$$\tilde{E}(\rho,\varphi)\approx\frac{\mathrm{j}\pi\rho_1'^2\tilde{E}_0\mathrm{e}^{-\mathrm{j}k\left(f_1'+\frac{\rho^2}{2f_1'}\right)}}{\lambda f_1'}N\left(\frac{2J_1(ka\theta)}{ka\theta}\right) \tag{6-422}$$

由此得到菲涅耳波带片在观测屏上任意一点的光强分布近似为

$$I(\rho,\varphi)=\tilde{E}\tilde{E}^*\approx N^2I_0\left(\frac{2J_1(ka\theta)}{ka\theta}\right)^2 \tag{6-423}$$

该式表明，菲涅耳波带片在观测屏上任意一点的光强近似为第 M 波带圆孔衍射光强的 N^2 倍。用同样的方法可以证明，对于偶数半波带的情况，式（6-423）仍然适用。

图6-52给出 $M=101$，$N=51$ 的菲涅耳波带片光强分布曲线，“叠加曲线”对应于式(6-419)的计算结果，“近似曲线”对应于式（6-423）的计算结果。参数取值：$\lambda=632.8\text{nm}$，$\rho_1'=0.46\text{mm}$，$f_1'=1.0\text{m}$，ρ 的取值范围为 $-0.3\sim0.3\text{mm}$。由图可见，菲涅耳波带片在焦平面上的光强分布为艾里斑图样，零级衍射中心光斑的强度分布两者相同。M 越大，近似程度越好。

与圆孔衍射相同，波带片衍射的光能主要集中在中央亮斑处，这个光斑也称为艾里斑。艾里斑的半径记作 ρ_0，ρ_0 由第一个极小点确定，由表6-2可知，第一极小点为

$$ka\theta=\frac{2\pi a}{\lambda}\frac{\rho_0}{f_1'}=1.22\pi \tag{6-424}$$

由此可得艾里斑的半径为

$$\rho_0 = 0.61\frac{f_1'\lambda}{a} \tag{6-425}$$

记

$$\text{N.A.} = \sin\theta_0 = \frac{a}{f_1'} \tag{6-426}$$

则式（6-425）改写为

$$\rho_0 = \frac{0.61\lambda}{\text{N.A.}} \tag{6-427}$$

N.A.称为波带片的数值孔径。

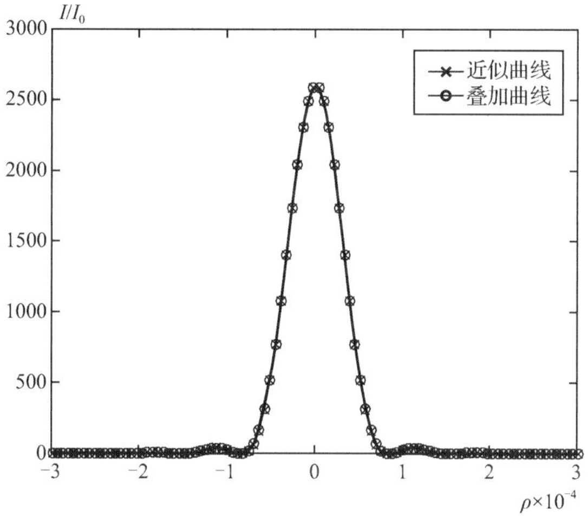

图 6-52　$M=101$ 波带片光强分布曲线

与透镜成像一样，菲涅耳波带片作为光学成像元件，其分辨本领（或称为空间分辨率）就是瑞利判据，即当两个物点的像斑相距 ρ_0 时，两个像点刚好可以辨认，ρ_0 为最小分辨距离，式（6-427）为菲涅耳波带片成像的分辨极限。

菲涅耳波带片的分辨本领也可以用波带片最外环半波带宽度 $\Delta\rho$ 表示。由式（6-391）有

$$\rho_M'^2 = M\lambda f_1' \tag{6-428}$$

分别取 M 和 $M-1$，由式（6-428）得到

$$\rho_M'^2 - \rho_{M-1}'^2 = M\lambda f_1' - (M-1)\lambda f_1' = \lambda f_1' \tag{6-429}$$

定义波带片最外环的宽度为

$$\Delta\rho = \rho_M - \rho_{M-1} \tag{6-430}$$

则有

$$\rho_M'^2 - \rho_{M-1}'^2 = \rho_M'^2 - (\rho_M - \Delta\rho)^2 = 2\rho_M\Delta\rho - (\Delta\rho)^2 \tag{6-431}$$

当 M 很大时，$\Delta\rho \ll \rho_M'$，忽略二次项，式（6-431）化简为

$$\rho_M'^2 - \rho_{M-1}'^2 \approx 2\rho_M\Delta\rho \tag{6-432}$$

代入式（6-429），得到

$$\Delta\rho = \frac{\lambda f_1'}{2\rho_M} \tag{6-433}$$

将式（6-433）代入式（6-426），并取 $a=\rho'_M$，有

$$\text{N.A.}=\frac{\lambda}{2\Delta\rho} \tag{6-434}$$

代入式（6-427），有

$$\rho_0=1.22\Delta\rho \tag{6-435}$$

此式表明，波带片的分辨本领是波带片最外环宽度的1.22倍。但是，通常情况下，由于像差和彗差等的存在，波带片的实际分辨本领要比理论计算值大。

（5）波带片的焦深和波长半宽度[47，51,52,53]

透镜或成像系统的焦深是指图像分辨率在焦平面或成像平面邻近光轴上的强度基本保持不变的范围或距离。由于波带片与圆透镜的分辨本领具有相同的描述形式，因此可采用圆透镜焦深的定义来定义波带片的焦深。如图 6-53 所示，对于波长为 λ 的平面波，波带片的焦深定义为

$$\Delta z'=\pm\frac{1}{2}\frac{\lambda}{(\text{N.A.})^2}=\pm\frac{2(\Delta\rho)^2}{\lambda} \tag{6-436}$$

图 6-53 给出波带片在焦平面、2 倍焦深平面和 4 倍焦深平面上光强的变化。

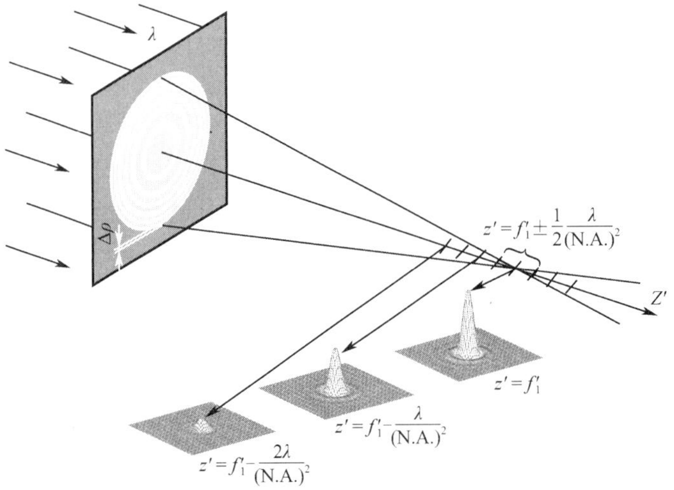

图 6-53　波带片的焦深

由式（6-428）和式（6-433）可得

$$f_1'=\frac{4M(\Delta\rho)^2}{\lambda} \tag{6-437}$$

对焦距取差分，有

$$\Delta f_1'=-\frac{4M(\Delta\rho)^2}{\lambda^2}\Delta\lambda \tag{6-438}$$

将式（6-437）代入上式，得到

$$\Delta f_1'=-f_1'\frac{\Delta\lambda}{\lambda} \tag{6-439}$$

该式表明，波带片的焦距变化 $\Delta f_1'$ 是由波长半宽度 $\Delta\lambda$ 引起的。为了避免波带片成像严重的色差，焦距差 $\pm\Delta f_1'/2$ 必须小于等于焦深，即

$$\pm\frac{f_1'}{2}\frac{\Delta\lambda}{\lambda}\leqslant\pm\frac{2(\Delta\rho)^2}{\lambda}\tag{6-440}$$

将式（6-437）代入上式，化简得到

$$\frac{\Delta\lambda}{\lambda}\leqslant\frac{1}{M}\tag{6-441}$$

该式表明，对于最大奇波带序数 $M=101$ 的波带片，光源的波长相对半宽度要求小于1%，这样才能满足较小色差的要求。也就是说，入射光必须是准单色光［准单色光的定义见式（2-302）］。

2. 新型波带片

与透镜相比，经典菲涅耳波带片具有很多优点。波带片轻便，可制成大面积且可折叠的；成像适用波段宽，不仅适用于远红外光、红外光、可见光，也适用于紫外光和 X 射线；在长程光通信、卫星激光通信、宇航技术和高分辨率软 X 射线显微术等方面得到了广泛应用。另外，经典菲涅耳波带片开创了人们利用衍射规律得到各种实际需要的衍射场分布，形成光学应用领域研究的许多新方向，出现许多新型波带片，如方形波带片、余弦环形波带片、全透明浮雕型波带片、台阶型波带片、全息透镜、摩尔波带片和光子筛等。下面简单介绍几种新型波带片。

（1）长条形和方形波带片

如果入射光是平面波，即 $R\to\infty$，则波带片半波带的划分不仅可以是圆形，也可以是长条形和方形，长条形波带片的仿真计算结果如图 6-54（a）所示，方形波带片的仿真计算结果如图 6-54（b）所示。长条形波带片的特点是衍射光在焦平面聚焦于一条垂直于波带片的直线上，而方形波带片的衍射光聚焦形成十字亮线。衍射式激光准直仪应用方形波带片形成十字亮线，可以在几十米、几百米甚至几千米范围内准直调节，对准误差小于10^{-5}。

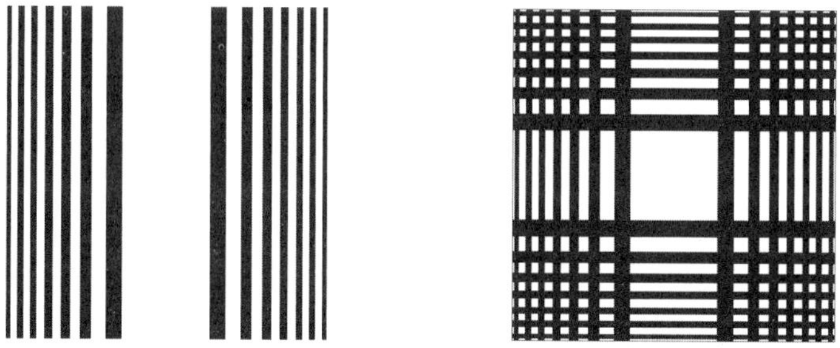

（a）长条形　　（b）方形

图 6-54　长条形和方形波带片

对于确定的入射光波长 λ 和给定的波带片焦距 f_1'，由式（6-428）可以确定波带片圆形半波带的半径 ρ_M'。同样，对于方形波带片也可利用式（6-428）确定 X 轴方向和 Y 轴方向各半波带边缘的位置，即

$$x_m'=\pm\sqrt{m\lambda f_1'}\tag{6-442}$$

$$y_m'=\pm\sqrt{m\lambda f_1'}\tag{6-443}$$

式中，f_1' 为波带片的主焦距，m 为半波带的序数。根据式（6-442）和式（6-443）可计算半波带的边缘位置，然后将奇数半波带或偶数半波带涂黑，即可得到方形波带片图。

（2）全透明浮雕型波带片

经典菲涅耳波带片存在两个明显的缺点：其一，经典菲涅耳波带片由于奇数半波带（或偶数半波带）透光，偶数半波带（或奇数半波带）不透光，使入射光的能量损失一半，使成像质量降低。其二，菲涅耳波带片存在许多衍射级，即存在许多焦点，也使透射光的能量进一步分散，从而造成成像质量下降。为了克服这两个缺点，出现了全透明浮雕型波带片和余弦环形波带片。

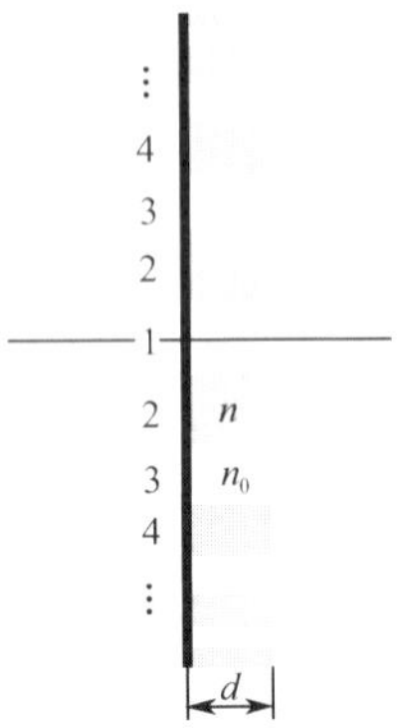

图 6-55　全透明浮雕型波带片

全透明浮雕型波带片如图 6-55 所示，奇数半波带透光，半波带介质为空气，折射率 $n_0=1.0$；偶数半波带也透光，透光介质的折射率为 n。为了满足相邻半波带相干加强的条件，光经过偶数半波带需要产生附加光程差 $\lambda/2$，即

$$(n-1)d=(2m+1)\frac{\lambda}{2},\quad m=0,1,2,\cdots \tag{6-444}$$

式中，d 为偶数半波带膜的厚度，$m=0$ 为膜的最小厚度。

全透明浮雕型波带片衍射光强的计算，可看作菲涅耳奇数波带片光强和菲涅耳偶数波带片光强的叠加。由于奇数波带片和偶数波带片光强的近似表达式相同，由式（6-423）可写出全透明浮雕型波带片在观测屏任意一点的光强近似表达式为

$$I(\rho,\varphi)\approx \underbrace{N^2I_0\left(\frac{2J_1(ka\theta)}{ka\theta}\right)^2}_{\text{奇数半波带}}+\underbrace{N^2I_0\left(\frac{2J_1(ka\theta)}{ka\theta}\right)^2}_{\text{偶数半波带}}=2N^2I_0\left(\frac{2J_1(ka\theta)}{ka\theta}\right)^2 \tag{6-445}$$

式中，N 为奇半波带数或偶半波带数，a 为波带片最外半波带半径。I_0 参见式（6-420）。

另外，由于全透明浮雕型波带片的光强分布与菲涅耳波带片具有相同的形式，因此，菲涅耳波带片的分辨本领［见式（6-427）和式（6-435）］、焦深［见式（6-436）］和波长半宽度［见式（6-441）］同样适用全透明浮雕型波带片。

菲涅耳波带片和全透明浮雕型波带片的透射函数 $t(\rho')$ 都属于阶跃型函数，制备这种波带片采用薄膜刻蚀技术，虽然光强无损失，但仍存在多个焦点。余弦环形波带片是通过平面波和球面波的干涉，在透光介质中形成余弦干涉条纹，因此余弦环形波带片的透射函数 $t(\rho')$ 呈余弦形式。余弦环形波带片具有优越的聚焦性能，平面波照射时，余弦环形波带片仅出现一个实焦点 F_1' 和一个虚焦点 F_1。

（3）光子筛[57, 58,59,60]

在可见光波段，与传统折射透镜相比，波带片成像没有明显的优势。但在极紫外光和 X 射线波段，波带片可以实现高分辨率成像。但是，由式（6-435）可知，波带片的分辨本领受限于波带片最外环半波带的宽度，为了得到更高的分辨率，就需要加工更小的波带片最外环半波带宽度。在现有微细加工技术水平下，线宽已经可以做到纳米量级，再通过减小线宽已然很困难。2001 年，德国科学家基普（L. Kipp）等人首次提出了光子筛（photon sieves）的概念，在结构上采用大量环形微孔代替菲涅耳圆环形半波带，如图 6-56（a）所示。与菲涅耳波带片相比较，在相同最外环最小尺寸下，光子筛获得了更小的分辨极限（即衍射斑），

突破了微细加工水平对分辨率的限制，并且可以降低次极大，减小聚焦光斑的旁瓣，如图 6-57 所示。

为了提高光子筛的分辨率，国内外学者还提出了许多新颖的光子筛结构。中国科学院光电技术研究所微细加工光学技术国家重点实验室的唐燕和何渝设计了准相位光子筛[59]，如图 6-56（b）所示。这种光子筛通过改变光子筛小孔直径与波带片半波带带宽的比例，使透光和不透光半波带上都分布有透光小孔并产生同相干涉，进一步降低了聚焦光斑的直径，也有效地抑制了旁瓣效应，准相位光子筛与普通光子筛的光强分布比较如图 6-58（a）所示[59]。另外，由于光子筛具有良好的聚焦性能，在 X 射线成像方面得到了广泛应用。中国科学院微电子所谢长青提出了螺旋光子筛，如图 6-56（c）所示，这种光子筛可产生 X 射线旋涡电场，从而提高 X 射线显微成像的分辨率。为了便于比较，文献[60]给出了螺旋波带片与螺旋光子筛的光强分布比较，如图 6-58（b）所示。

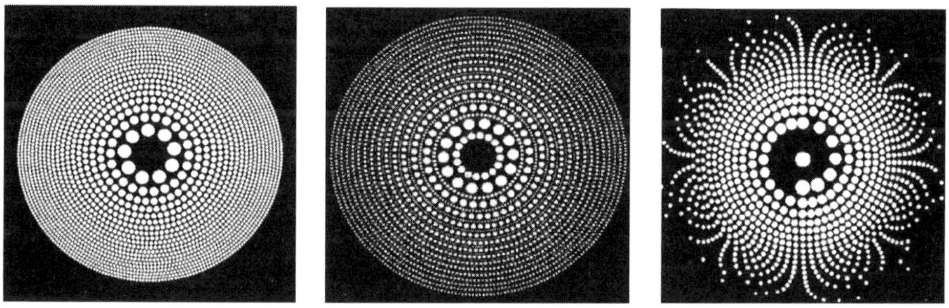

（a）光子筛[58]　　（b）准相位光子筛[59]　　（c）螺旋光子筛[60]

图 6-56　光子筛

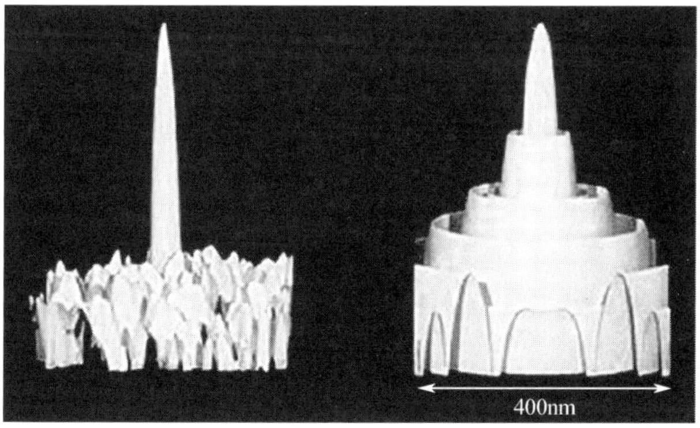

（a）光子筛　　（b）波带片

图 6-57　光子筛和波带片聚焦光斑比较[58]

3．波带片应用实例——X 射线显微镜[62,63, 64]

X 射线又称伦琴射线，是伦琴于 1895 年发现的。X 射线的波长为 0.006~12.5nm，是介于紫外线和γ射线的高频电磁波，对应的频率为 $2.4\times10^{16}\sim5.0\times10^{19}$ Hz。X 射线的穿透力很强，而且波长越短，穿透力越强。波长 $\lambda<0.1$nm（能量大于 1keV），属于硬 X 射线；波长 $\lambda>0.1$nm（能量小于 1keV），属于软 X 射线。

对 X 射线显微镜的研究起始于伦琴射线的发现。由于 X 射线波长很短，根据瑞利判据式（6-213），理论上 X 射线显微镜的分辨率可以比普通光学显微镜的分辨率高 2～4 个数量级。X 射线显微成像不能用普通玻璃透镜，取而代之的是菲涅耳波带片。由式（6-436）可知，波带片存在较大的焦深，这意味着一个厚的观测样品的所有深度都可以在焦点上成像。对生物细胞成像来说，X 射线足以穿透整个细胞组织（几十微米量级），完整地显示细胞三维图像。与电子显微镜相比，X 射线不需要固定、脱水、块染、脱水、渗透、包埋、超薄切片、片染等复杂的样品处理程序，也可在空气和潮湿的环境中工作。基于这些优点，X 射线显微术一直是研究热点。

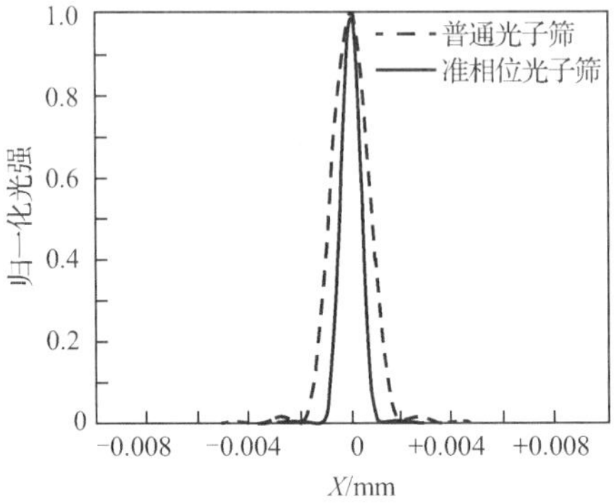

（a）准相位和普通光子筛光强分布比较[59]

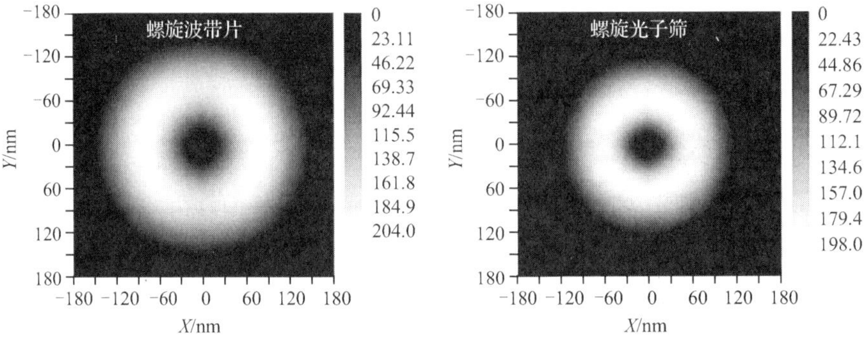

（b）螺旋波带片与螺旋光子筛焦点成像比较[60]

图 6-58 准相位光子筛与螺旋光子筛焦点光强分布

但是，由于菲涅耳波带片的分辨率与最外环半波带宽度成正比，与入射光波长无关［见式（6-435）］，因此波带片加工工艺水平是制约 X 射线显微镜分辨率的一个重要因素。另外，由式（6-399）可知，波带片的焦距与入射光波长成反比，因而波带片的色差比普通透镜大得多。为了减小波带片的色差，X 射线辐射源必须满足准单色性的条件式（6-441），这是制约 X 射线显微镜的另一个重要因素。受上述两个因素的影响，X 射线显微镜的分辨率始终没有超过光学显微镜，且电子显微镜及其显微分析技术已相当成熟，所有这些导致对 X 射线显微技术的研究一度处于停滞不前的状态。

近年来，随着 X 射线辐射源和微细加工技术的飞速发展，以及高分辨记录介质的出现，对 X 射线显微技术的研究又开始活跃起来，并取得很大的进展。2005 年，Chao W.L.等人制作出最外环半波带宽度为 15nm 的物镜波带片，用软 X 射线获得了透射式 X 射线显微镜具有小于 15nm 的空间分辨率[65]；2009 年，Chao W.L.等人又将分辨率提高到 12nm[66]。对于硬 X 射线，Chen Y.T.等人利用最外环半波带宽度为 30nm 的物镜波带片，使透射式 X 射线显微镜的分辨率达到 30nm[67]，这是目前硬 X 射线成像获得的最小分辨率。

X 射线显微镜与光学显微镜的成像原理基本相同。透射式 X 射线显微镜的构成原理如图 6-59 所示，X 射线辐射源发射的光束经聚焦波带片聚焦（也可采用锥形毛细聚光管）在观测样品上，透过样品的光再经显微波带片成像放大，最后到达探测器 CCD（CCD 分辨率可达 10nm）。如果将样品台置于制冷装置（氦气）中，并与转动机构相连，CCD 连接计算机采集图像数据，移动样品，透射式 X 射线显微镜可做断层扫描（CT），并从计算机屏幕上观察 CT 图像。

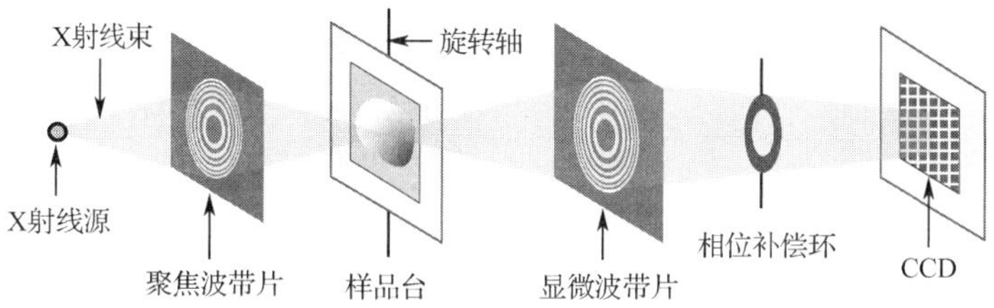

图 6-59　透射式 X 射线显微镜构成原理

X 射线显微镜的主要用途之一是研究生物细胞。当 X 射线穿过细胞时，不仅产生吸收，而且产生相位改变。如果不考虑样品产生的相位变化，细胞样品中不同的原子分布、厚度和密度对 X 射线的吸收不同，由此导致透射 X 射线强度分布不同，这种获取样品信息的方法称为吸收衬度（衬度也称为对比度）成像，或称为振幅衬度成像。如果不考虑样品的吸收，仅考虑 X 射线通过样品的相位变化，这种获取样品信息的方法则称为相位衬度成像，简称相衬法。相衬法是泽尼克（Zernike）在 1934 年发明的，用于光学显微镜，因而也称为泽尼克相衬法。泽尼克相衬法成像原理将在 6.6.4 节讨论。

软 X 射线（能量为100～1000eV）透射显微镜观测典型生物细胞中的有机物——蛋白质（碳含量52.5%，氧含量22.5%，氮含量16.5%，氢含量7.0%，硫含量1.5%），其吸收长度曲线如图 6-60 所示。由图可以看出，碳（C）的吸收边（284eV，$\lambda = 4.4$nm）和氧（O）的吸收边（543eV，$\lambda = 2.3$nm）之间，有机物蛋白质的吸收比水的吸收约大一个数量级，可认为水在该波段是透明的，也把这一能量段称为“水窗”。由此用软 X 射线观测含水生物样品，可避开氧的吸收干扰，清楚地看到主要由碳构成的有机分子的构造。图 6-61（a）为透射式 X 射线显微镜（TXM）采用振幅衬度成像观测得到的 Kupffer 细胞图像，由图可清晰地分辨出细胞核 N，细胞核膜 Me（也称为细胞隔膜）和囊泡 V 等。图 6-61（b）为 X 射线显微镜实物照片。

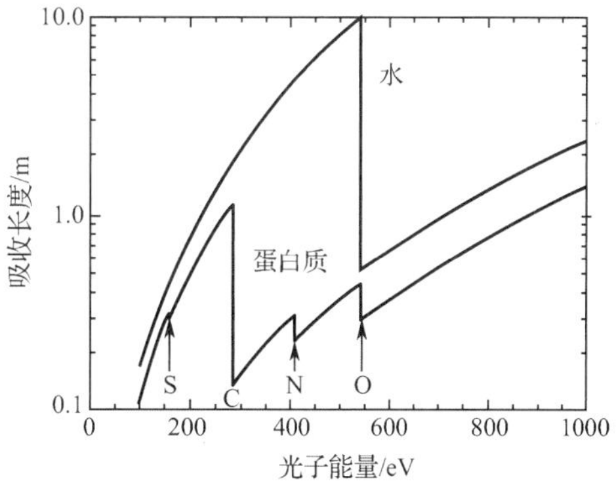

图 6-60　蛋白质和水的 X 射线吸收长度[68]

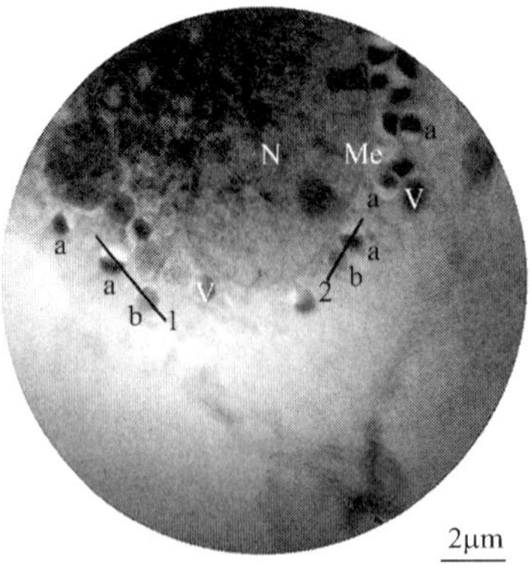

（a）Kupffer细胞X射线显微照片[70]

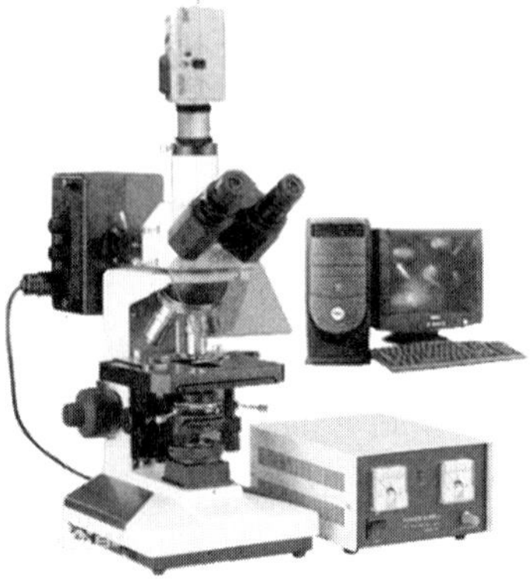

（b）X射线显微镜（图片取自百度图库）

图 6-61 Kupffer 细胞 X 射线显微照片和 X 射线显微镜

6.6 衍射光栅

广义地讲，具有周期性空间结构或光学性质的衍射屏，统称为衍射光栅。光栅按空间维度可分为一维光栅、二维光栅和三维光栅；按光的传输方式可分为透射式光栅和反射式光栅；按对入射光的调制作用可分为振幅光栅和相位光栅等。衍射光栅是一种应用非常广泛、非常重要的光学元件，除了在光谱仪中用于分光，还广泛用于计量、光通信、信息处理、光谱成像、传感器和耦合器等。

世界上最早的衍射光栅是夫琅和费在 1819 年制成的金属丝栅网。现在，光栅的制备是在平板玻璃或金属板上用专门的刻蚀机刻出一道道等宽度、等间隔、形状相同的刻痕。刻痕不透光，未刻处是透光的狭缝。光栅的刻痕一般很密，在光谱范围内，光栅刻痕的密度为 0.2～2400条/mm 。目前，在可见光和红外光波段，实验室研究常用的光栅刻痕密度是 600条/mm 、1200条/mm 和 2400条/mm ，一块光栅总刻痕数约为 5×10^4 条 。由此可见，制备光栅是一项十分精密的工作，不仅要求刻蚀机十分精密，对工作环境要求也十分高，环境必须满足防震和保持恒温等条件。由于制备光栅工艺复杂，且时间长、成本高，所以在光栅刻蚀完成后，可作为母光栅采用镀膜的办法进行复制。

光栅的一个重要用途是分光，即把复色光分为单色光。历史上，最早的光谱仪和光度计等分光仪器都采用棱镜。但由于棱镜仅适合可见光波段，对于红外光和紫外光很难找到合适的透光材料，而光栅分光的优点在于不受材料限制，能用于从远红外光到真空紫外光的全部波段。此外，随着光栅制备技术的提高，光栅产量不断增加，所以光栅分光已基本取代棱镜分光。下面首先讨论一维衍射光栅的分光作用。

6.6.1 平面衍射光栅

1. 光栅方程

由多缝衍射可知，衍射条纹的位置由式（6-261）确定，即

$$d\sin\theta = m\lambda,\quad m = 0,\pm1,\pm2,\cdots \qquad (6\text{-}446)$$

式中，d 为缝间距，称为光栅常数；θ 为衍射角，描述衍射条纹的位置；m 为对应于衍射角 θ

主极大的级次。式（6-446）被称为光栅方程。

式（6-446）仅适用于平面光波垂直入射的情况。对于斜入射的情况，光栅方程与入射平面光波方向余弦的角度有关。如图 6-62（a）所示，假设入射平面光波的波传播单位矢量 $\mathbf{k}_0$ 与 Y' 轴的夹角为 β'，与 X' 轴的夹角为 $\pi/2$，与 Z' 轴的夹角 $\gamma' = \pi/2 - \beta'$，在 $X'Y'$ 平面上，$z' = 0$，则有

$$\mathbf{k}_0 \cdot \mathbf{R} = x' \cos\frac{\pi}{2} + y' \cos\beta' + z' \cos\left(\frac{\pi}{2} - \beta'\right) = y' \cos\beta' \tag{6-447}$$

由

$$\beta' = \frac{\pi}{2} - \varphi \tag{6-448}$$

式（6-447）化简为

$$\mathbf{k}_0 \cdot \mathbf{R} = y' \cos\beta' = y' \sin\varphi \tag{6-449}$$

由此，线光源单缝衍射相位因子式（6-226）应改写成

$$\beta = \frac{\pi b}{\lambda}(\sin\theta - \sin\varphi) \tag{6-450}$$

而线光源多缝衍射相位因子式（6-252）应改写为

$$\delta = \frac{2\pi}{\lambda} d(\sin\theta - \sin\varphi) \tag{6-451}$$

当 $\delta = 2m\pi(m = 0, \pm1, \pm2, \cdots)$ 时

$$d(\sin\theta - \sin\varphi) = m\lambda, \quad m = 0, \pm1, \pm2, \cdots \tag{6-452}$$

这就是 $\beta' < 90^\circ$ 时斜入射的光栅方程。

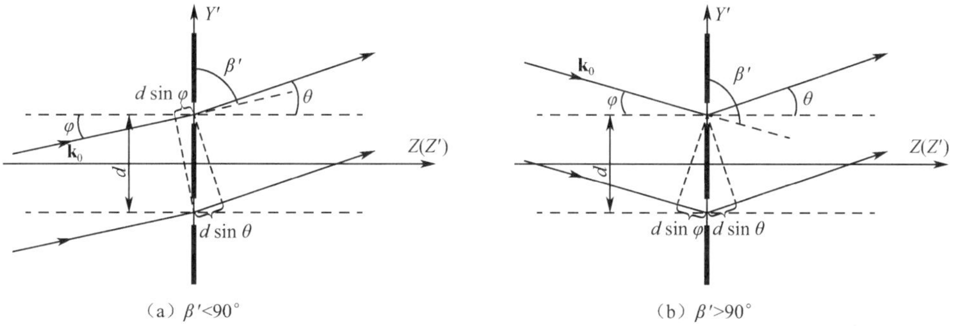

图 6-62　斜入射光栅方程与平面光波方向余弦的关系——平面透射光栅

对于图 6-62（b）所示的 $\beta' > 90^\circ$ 的情况，有

$$\beta = \frac{\pi b}{\lambda}(\sin\theta + \sin\varphi) \tag{6-453}$$

$$d(\sin\theta + \sin\varphi) = m\lambda, \quad m = 0, \pm1, \pm2, \cdots \tag{6-454}$$

由此可将衍射相位因子合写在一起，有

$$\beta = \frac{\pi b}{\lambda}(\sin\theta \pm \sin\varphi), \quad \begin{cases} \text{“+”}, & \beta' > 90^\circ \\ \text{“−”}, & \beta' < 90^\circ \end{cases} \tag{6-455}$$

将光栅方程合写在一起，有

$$d(\sin\theta \pm \sin\varphi) = m\lambda, \quad m = 0, \pm1, \pm2, \cdots \begin{cases} \text{“+”}, & \beta' > 90^\circ \\ \text{“−”}, & \beta' < 90^\circ \end{cases} \tag{6-456}$$

对于单缝衍射，由图 6-26（a）可知，单缝衍射边缘两光束的光程差为

$$\Delta_{衍} = b(\sin\theta \pm \sin\varphi) \tag{6-457}$$

由图 6-62 可知，$d\sin\varphi$ 表示入射平面光波到达两相邻狭缝的光程差，$d\sin\theta$ 表示两相邻狭缝衍射光波的光程差。所以多缝衍射两相邻狭缝双光束干涉的光程差为

$$\Delta_{干} = d(\sin\theta \pm \sin\varphi), \quad \begin{cases} \text{“+”}, & \beta' > 90^\circ \\ \text{“−”}, & \beta' < 90^\circ \end{cases} \tag{6-458}$$

同理，可得图 6-63 中两反射光栅的衍射相位因子为

$$\beta = \frac{\pi b}{\lambda}(\sin\theta \pm \sin\varphi), \quad \begin{cases} \text{“−”}, & \beta' > 90^\circ \\ \text{“+”}, & \beta' < 90^\circ \end{cases} \tag{6-459}$$

光栅方程为

$$d(\sin\theta \pm \sin\varphi) = m\lambda, \quad m = 0, \pm1, \pm2, \cdots \begin{cases} \text{“−”}, & \beta' > 90^\circ \\ \text{“+”}, & \beta' < 90^\circ \end{cases} \tag{6-460}$$

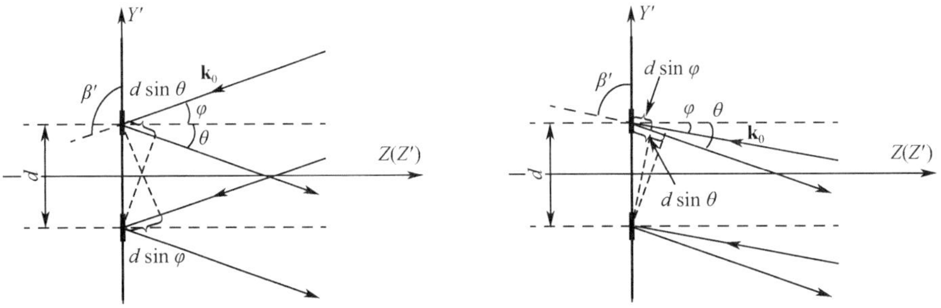

（a）$\beta' > 90^\circ$ （b）$\beta' < 90^\circ$

图 6-63 斜入射光栅方程与平面光波方向余弦的关系——平面反射光栅

2. 光栅的分光原理

由光栅方程（6-456）可以看出，在光栅常数 d 一定的情况下，多缝衍射条纹的位置（即衍射角 θ）随波长而变化。当复色光照射时，除零级（$m = 0$）衍射光外，同一级衍射条纹不同波长的光彼此错开，出现色散现象，这就是衍射光栅的分光原理。分光对应于不同波长的各级亮线称为光栅谱线，光栅谱线分开的程度随衍射级次 m 的增大而增大，而对于同一级次谱线，波长 λ 大，衍射角 θ 大；波长 λ 小，衍射角 θ 小。

比较式（6-446）和式（6-456）可知，垂直入射时，零级（$m = 0$）衍射条纹对应 $\theta = 0$；而斜入射时，零级（$m = 0$）衍射条纹对应 $\sin\theta \pm \sin\varphi = 0$，即 $\theta = \mp\varphi$。白光照射时，零级衍射条纹仍为白光，并不产生分光。当 $m \neq 0$ 时，$m > 0$ 对应的光栅谱线称为正级光谱，$m < 0$ 对应的光栅谱线称为负级光谱。对于给定的 φ，即平面光波入射角 β'，取最大衍射角 $\theta = \pi/2$，由式（6-456）可得最大光谱级次为

$$m_{\max} = \frac{d(1 \pm \sin\varphi)}{\lambda} \tag{6-461}$$

此式表明，平面光波入射角不同，衍射的最大级次不同。另外，对于透射光栅，$\beta' > 90^\circ$，衍射最大级次高；$\beta' < 90^\circ$，衍射最大级次低。对于反射光栅，正好相反。

6.6.2 闪耀光栅

由图 6-30 可以看出，夫琅和费多缝衍射光强分布主要集中在中央零级，而中央零级没有色散作用，不能用于分光。因而，光栅分光必须利用 $m > 0$。为了改变这种情况，瑞利在 1888 年首先指出，理论上有可能把能量从无用的零级主极大转移到高级光谱上去。伍德（Wood）在 1910 年解决了这个问题，成功地制备出形状可以控制的锯齿沟槽光栅，称为闪耀光栅（或定向光栅）。

1. 闪耀光栅的结构

由式（6-457）和式（6-458）可以看出，在入射角给定的情况下，平面衍射光栅单缝衍射光程差和双光束干涉光程差均由衍射角 θ 确定。令

$$\begin{cases} \Delta_{衍} = b(\sin\theta \pm \sin\varphi) = 0 \to \theta = \mp\varphi \\ \Delta_{干} = d(\sin\theta \pm \sin\varphi) = 0 \to \theta = \mp\varphi \end{cases} \tag{6-462}$$

显然，两个极大的方向一致，导致干涉零级主极大与衍射主极大重合。

为了将两个极大方向分开，需要令衍射光程差和干涉光程差由不同因素确定。采用的方法有两种：① 利用折射使衍射主极大改变方向；② 利用反射改变衍射主极大的方向。

如图 6-64（a）所示，在平板玻璃上刻蚀出锯齿沟槽构成透射型闪耀光栅。将每个锯齿沟槽看作一个透射“单缝”，两相邻锯齿的间隔为 d 。当平面光波照射光栅时，由于空气折射率低，玻璃折射率高，存在向锯齿厚的一方偏折的衍射光，两相邻光线之间无光程差，即 $\Delta_{衍} = 0$ ，这就是衍射主极大的方向。两相邻锯齿的衍射光又产生干涉，其主极大方向不变，从而使干涉零级主极大和衍射主极大的方向彼此分开。

在金属平板表面刻蚀出锯齿沟槽可构成反射型闪耀光栅，如图 6-64（b）所示。每个锯齿面可看作一个反射“单缝”，两相邻锯齿的间隔为 d 。当平面光波照射时，锯齿面产生衍射，其反射光线无光程差，即 $\Delta_{衍} = 0$ ，所以衍射主极大沿镜面反射方向，而锯齿面之间的双光束干涉主极大仍沿入射光方向，由此将干涉零级主极大和衍射主极大的方向彼此分开。

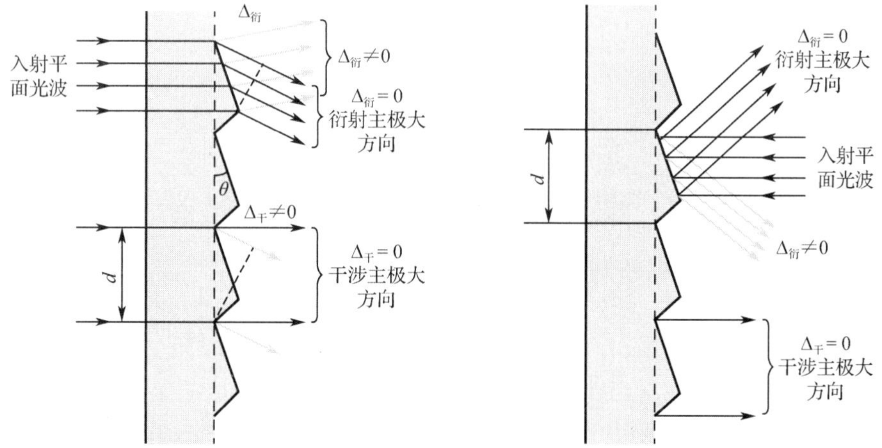

（a）透射型　　（b）反射型

图 6-64 闪耀光栅的结构

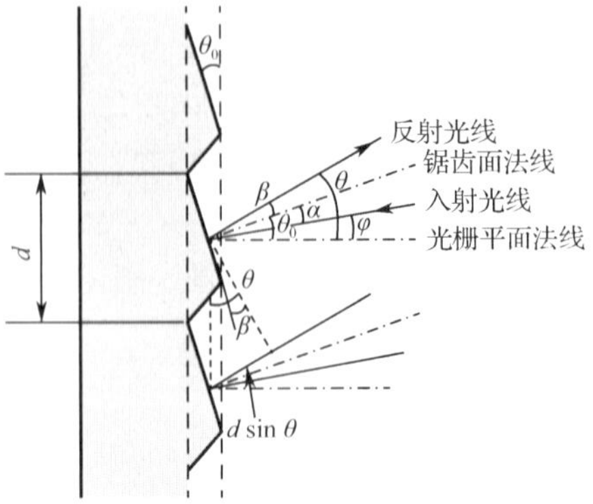

图 6-65 反射型闪耀光栅的角度关系

2. 闪耀光栅的原理

下面以反射型闪耀光栅为例，说明闪耀光栅的原理。如图 6-65 所示，假设锯齿槽面与光栅平面之间的夹角为 θ_0，θ_0 称为闪耀角，锯齿宽度为 d（光栅周期）。入射平面波与光栅平面法线的夹角为 φ，锯齿面的反射光线（也是衍射光线，$\Delta_{衍}=0$）与光栅平面法线的夹角为 θ，由式（6-460）可写出反射型闪耀光栅满足的光栅方程为

$$d(\sin\theta+\sin\varphi)=m\lambda,\quad m=0,\pm1,\pm2,\cdots \tag{6-463}$$

利用三角函数关系，式（6-463）可改写为

$$d(\sin\theta+\sin\varphi)=2d\sin\frac{\theta+\varphi}{2}\cos\frac{\theta-\varphi}{2}=m\lambda \tag{6-464}$$

又，由图 6-65 可以看出，角度满足如下关系：

$$\alpha=\theta_0-\varphi,\quad \beta=\theta-\theta_0 \tag{6-465}$$

因为衍射光线是锯齿面反射光线，必有 $\alpha=\beta$，即

$$\theta_0-\varphi=\theta-\theta_0 \tag{6-466}$$

或

$$\theta+\varphi=2\theta_0,\quad \theta-\varphi=2\alpha \tag{6-467}$$

将式（6-467）代入式（6-464），有

$$2d\sin\theta_0\cos\alpha=m\lambda \tag{6-468}$$

这就是第 m 级干涉主极大与衍射中央主极大（对应于闪耀角 θ_0）之间的关系，在给定 m、λ、d 和入射角 φ 的情况下，可确定 θ_0。该式表明，当 θ_0 确定之后，第 m 级干涉条纹正好落在与 θ_0 相对应的衍射中央主极大的地方，或者说把光能量集中到与 θ_0 相对应的方向。

如果平面光波沿槽面法线方向入射，则

$$\alpha=\beta=0 \tag{6-469}$$

由式（6-465）有

$$\varphi=\theta=\theta_0 \tag{6-470}$$

由此式（6-468）化简为

$$2d\sin\theta_0=m\lambda_m \tag{6-471}$$

该式称为主闪耀条件，波长 λ_m 称为光栅闪耀波长，m 称为闪耀的级次，满足此关系的 m 级干涉主极大闪耀到 θ_0 的方向。

假设一块闪耀光栅对 $m=1$ 的一级光谱闪耀，对应的波长记作 λ_b，则有

$$2d\sin\theta_0=\lambda_b \tag{6-472}$$

满足此关系的干涉一级主极大正好落在光栅中央主极大的方向。又由式（6-272）和式（6-273）可知，在反射光栅槽面宽度近似为光栅周期的情况下，即 $b\approx d$，除一级外，其他干涉主极大正好与衍射零点重合，造成其他光谱（包括零级）缺级，如图 6-66 所示，图中计算取 $d=0.4\text{mm}$，$b=0.399\text{mm}$。

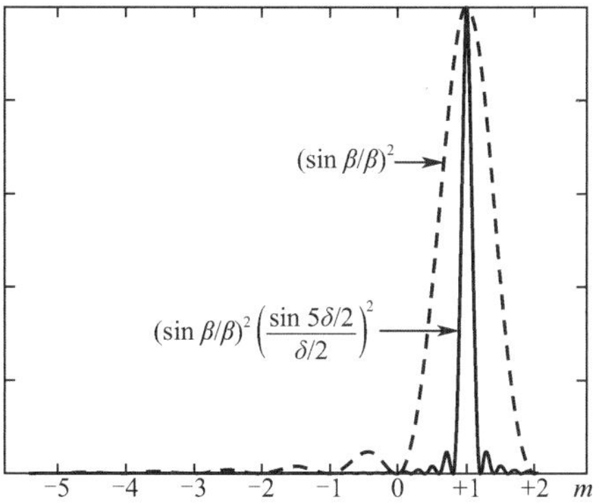

图 6-66　一级闪耀光栅的光强分布

由式（6-471）也可以看出，当 $m=1$ 时，正好是一级闪耀波长 λ_b。当 $m=2$ 时，$\lambda_2=\lambda_b/2$，依次类推，$m=3$ 时，$\lambda_3=\lambda_b/3$，等等，同样满足式（6-472）。所以对一级闪耀波长 λ_b 闪耀的光栅，也分别对 $\lambda_b/2$、$\lambda_b/3$ 等波长进行闪耀，$\lambda_b/2$ 和 $\lambda_b/3$ 分别称为二级和三级闪耀波长。通常光栅给出的闪耀波长都是指光垂直入射时的一级闪耀波长 λ_b。例如，1200条/mm 刻痕的闪耀光栅，当闪耀角 $\theta_0=9.5°$，由式（6-472）计算可得其闪耀波长为 $\lambda_b\approx 0.2751\mu m$。

6.6.3　光谱仪

1．光谱仪概述

光谱仪是一种利用光学色散原理制成的光学仪器，主要由三部分组成：光源和照明系统、分光系统和接收系统。

光源本身可以是研究的对象，如果光源作为辅助工具照射被研究的物质，则称为照明系统。一般而言，发射光谱学中的光源是研究对象，而吸收光谱学中被研究的物质需要辅助照明系统。照明系统是一种精心设计的聚光系统，用于最大限度地收集光源发出的光功率，以提高分光系统的光强度。

分光系统是光谱仪的核心部分，由准直光管、色散单元和暗箱组成。分光系统的原理如图 6-67 所示，点光源 S_0 发射的光经透镜 L_0 聚焦于狭缝 S。狭缝作为线光源放置于透镜 L_1 的焦平面上，透镜 L_1 出射的光变为平行光束，由此 S_0、L_0、S 和 L_1 构成准直光管。平行光入射到分光光栅 G，将一束复色光分解为不同波长的多束单色光，再经透镜 L_2 按波长顺序成像于其焦平面 P。整个分光系统放置于暗箱中，以避免杂散光的干扰。分光元件有三种：一是棱镜，相应的光谱仪称为棱镜光谱仪，现已很少使用；二是光栅，相应的光谱仪称为光栅光谱仪，目前得到广泛应用；三是傅里叶变换光谱仪，这是新一代的光谱仪，其原理如图 6-67 所示。

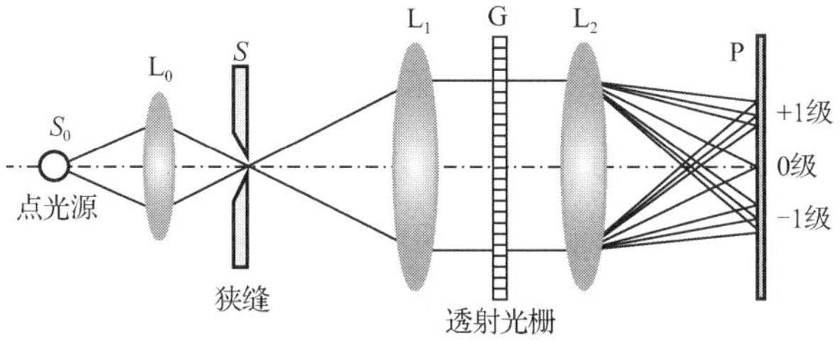

图 6-67　光谱仪光栅分光原理图

光谱仪的接收系统用于测量光谱成分的波长和强度，从而获得被研究物质的相应参数，如物质的化学成分和含量、物体的温度、星体运动的速度和质量等。目前接收系统有三类：一类是基于光化学作用的乳胶底片摄像系统，称为摄谱仪；第二类是基于光电作用的 CCD 等光电接收系统；第三类是基于人眼的目视系统，也称为看谱仪。

2．光栅摄谱仪结构原理[1, 11]

在光栅摄谱仪中，分光元件大多使用闪耀光栅。如图 6-68 所示是光栅摄谱仪的结构原理图，狭缝光源 S 放置于透镜 L_1 的焦平面上，狭缝的出射光经 L_1 变为平行光。平行光入射到闪耀光栅 G 的表面产生衍射，衍射谱线成像于望远镜 T 的焦平面 F 上。

图 6-69 是图 6-68 的改进型，称为利特罗（Littrow）自直准结构，其优点在于体积小，属于自准直设计，透镜 L 起着准直和会聚双重作用。狭缝光源紧挨着感光胶片，透镜靠近光栅，光栅相对入射光方向可转动一个小的角度。

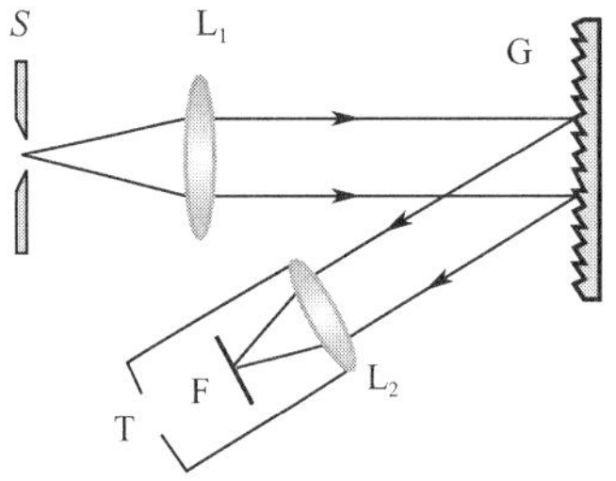

图 6-68 光栅摄谱仪结构原理

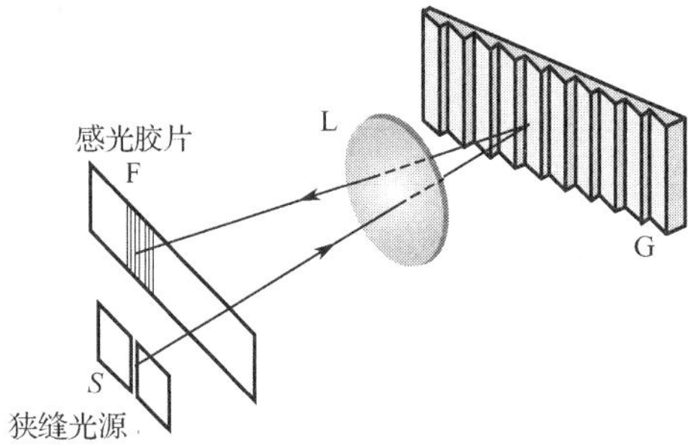

图 6-69 光栅摄谱仪——里特罗自准直结构

透镜聚焦会对衍射光线造成能量损失。为了避免这种损失，罗兰（Rowland）引进了柱面凹面光栅。柱面凹面光栅由柱面凹面高反射金属镜刻蚀而成，刻线在镜面某条弦上的投影是等间隔的。

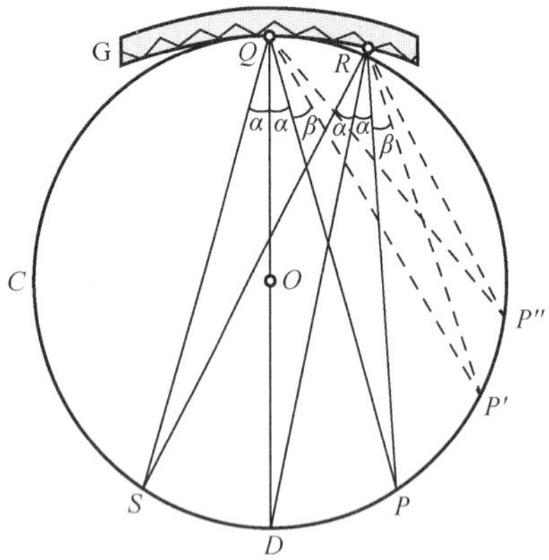

图 6-70 凹面光栅的聚焦作用

平面光栅的观测面为平面，而柱面光栅的观测面为曲面，通过几何关系可以确定狭缝光源 S 和观测面与光栅的位置关系。如图 6-70 所示，光栅 G 是以 D 为曲率中心的柱面，C 是以 $\overline{QD}$ 中点 O 为圆心、以 $\overline{QD}/2$ 为半径的圆，点 Q 为光栅面与圆 C 的切点。狭缝光源 S 平行于圆柱面 C 的母线放置，S 发出的光在光栅面产生衍射。假设入射光线 $\overline{SQ}$ 的衍射光线在圆 C 的交点为 P、P'、$P''\cdots$，其中点 P 对应于反射点，点 P、P'、$P''\cdots$ 即为光栅 G 衍射谱线的焦点，下面给出证明。

假设入射角 $\angle SQC=\alpha$，则 $\angle CQP=\alpha$，又由于 S、D 和 P 在圆 C 上，必有弧长 $\overset{\frown}{SC}$ 等于弧长 $\overset{\frown}{DP}$。另外，假设光栅 G 的曲率半径足够大，可把 S 发出的光在光栅面任意点 R 产生的衍射近似看作在圆 C 上的衍射。连接 $\overline{RD}$ 和 $\overline{RP}$，由于弧长相等且在同一个圆上，近似有 $\angle SRC=\alpha$，$\angle CRP=\alpha$，说明点 R 的反射光线也通过点 P，即点 P 为光栅 G 面上反射光线的焦点。

对于点 P'、$P''\cdots$，可以采用相同的方法证明。假设 β 为过 Q 点的任一衍射光线 $\overline{QP'}$ 与

反射光线 $\overline{QP}$ 的夹角，连接 $\overline{RP'}$，由于弧长相等且在同一个圆上，必有 $\angle PRP'=\beta$，说明点 R 具有和点 Q 相同谱序的衍射光线通过点 P'，即点 P' 为光栅 G 面上具有相同谱序的焦点。由此可见，如果狭缝光源 S 和光栅 G 位于同一圆柱面 C 上（圆柱面的直径等于光栅柱面的半径），那么，衍射光谱线也聚焦在圆柱面 C 上，这就是柱面凹面光栅的原理。下面介绍几种基于柱面凹面光栅原理设计的摄谱装置。

图 6-71 是罗兰利用柱面凹面光栅原理设计的一种摄谱装置，光栅 G 和感光胶片支架固定在一根横梁的两端，横梁的长度等于柱面光栅的曲率半径。横梁两端可沿相互垂直的两个固定导轨自由滑动。狭缝光源放置在两导轨交点的临近，使垂直照射到狭缝的光可沿 SG 前进。这样一来，狭缝光源 S、胶片支架和光栅 G 都位于以 PG 为直径的罗兰圆上，而点 P 接收到的衍射谱线的谱序（P、P'、P''……）取决于梁的位置。

如图 6-72 为利用柱面凹面光栅原理设计的另一种摄谱装置，称为帕邢（F.Paschen）装置。帕邢装置以圆形导轨作为罗兰圆，狭缝光源 S 和光栅 G 固定在圆轨上，环绕圆轨安装一排感光胶片架 P_0、P_{+1}、P_{-1}、P_{+2}、P_{-2}……这样可同时拍摄多个级次的光谱。与罗兰装置相比较，帕邢装置的优点在于可避免使用导轨动件。

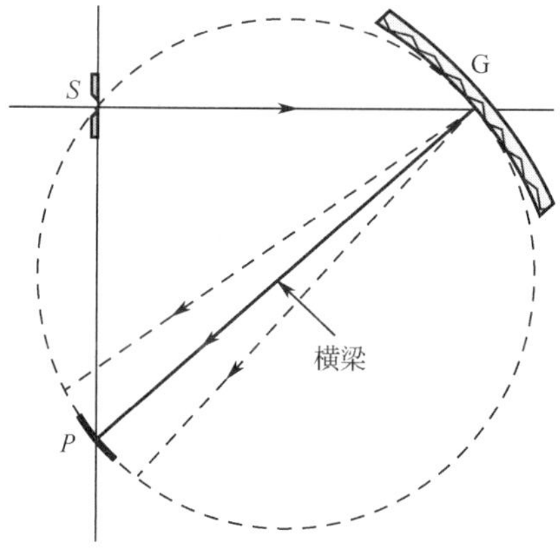

图 6-71 凹面光栅罗兰装置

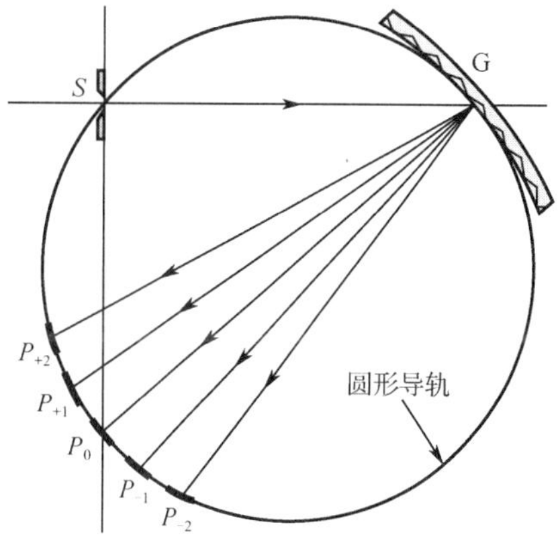

图 6-72 凹面光栅帕邢装置

柱面凹面光栅产生的光谱线与凹面反射镜成像具有同样的像差，主要是像散。但是，如果在平行光照射下使用凹面光栅，则光栅法线方向的像散为零，而整个可用光谱范围的像散也非常小。

3. 光栅光谱仪的特性

法布里-珀罗干涉仪用作分光，其性能指标主要包括：分辨本领、色散本领和自由光谱范围（见 5.8.4 节的讨论）。同样，光栅光谱仪的主要性能指标也是色散本领、分辨本领和自由光谱范围。下面分别进行讨论，为了便于比较，与法布里-珀罗干涉仪采用相同记号。

1）色散本领

色散本领是指光谱仪将同级主极大不同波长的光分开的程度，可用角色散和线色散表征。

a）角色散

角色散用 $\mathrm{d}\theta/\mathrm{d}\lambda$ 表示。由光栅方程（6-456），两边对波长 λ 求导，得到

$$\frac{\mathrm{d}\theta}{\mathrm{d}\lambda}=\frac{m}{d\cos\theta},\quad m=0,\pm1,\pm2,\cdots \tag{6-473}$$

该式表明，光栅的角色散与光谱级次 m 成正比，级次越高，角色散越大，不同波长的光被分得越开；与光栅刻痕密度 $1/d$ 成正比，刻痕密度越大，即光栅常数 d 越小，角色散越大。光谱仪通常用波长相差 0.1nm（或 1Å）的两条谱线分开的角距离表示仪器的角色散本领。

b）线色散

线色散用 $\mathrm{d}y/\mathrm{d}\lambda$ 表示。在衍射角 θ 较小的情况下，角间隔 $\mathrm{d}\theta$ 与线间隔 $\mathrm{d}y$ 的关系可近似为

$$\mathrm{d}y = f\mathrm{d}\theta \tag{6-474}$$

式中，f 为凹面镜的焦距。由式（6-473）有

$$\frac{\mathrm{d}y}{\mathrm{d}\lambda} = f\frac{\mathrm{d}\theta}{\mathrm{d}\lambda} = f\frac{m}{d\cos\theta}, \quad m = 0, \pm1, \pm2, \cdots \tag{6-475}$$

显然，在角色散相同的条件下，凹面镜的焦距越长，线色散越大。为了使不同波长的光分得开一些，光谱仪都采用长焦距凹面镜。

通常情况下，光栅光谱仪衍射光栅的光栅常数 d 很小，即光栅刻痕密度 $1/d$ 很大，所以光栅光谱仪的色分辨本领很大。另外，如果在 θ 较小的位置记录光栅光谱，$\cos\theta$ 可看作常数，对于给定的光谱级次 m，色散是均匀的。由式（6-473）和式（6-475）有

$$\frac{\mathrm{d}\theta}{\mathrm{d}\lambda} = \frac{m}{\mathrm{d}\cos\theta} = \text{常数}, \quad \frac{\mathrm{d}y}{\mathrm{d}\lambda} = f\frac{m}{d\cos\theta} = \text{常数} \tag{6-476}$$

由此说明，光栅的角色散和线色散与波长无关，衍射角与波长呈线性关系，这种光谱称为均匀光谱。均匀光谱对于光谱仪的波长标定十分方便。

2）分辨本领

色散本领表示相邻两条谱线分开的程度，但由于衍射效应，每一条光谱线都具有一定的宽度，当两相邻谱线靠得很近时，尽管角色散已经分开了，而两条谱线仍然部分重叠在一起，难以分辨。根据瑞利判据，存在可分辨的最小波长差 $\Delta\lambda$，当 $\lambda+\Delta\lambda$ 的第 m 级主极大落在 λ 的第 m 级主极大旁的第一极小值处时，两条谱线刚好可以分辨。由此可定义光谱仪的分辨本领为

$$\mathscr{R} = \frac{\lambda}{\Delta\lambda} \tag{6-477}$$

由式（6-268）可知每条谱线的角宽度为 $\Delta\theta$，由式（6-473）可得与之对应的波长差为

$$\Delta\lambda = \frac{\mathrm{d}\lambda}{\mathrm{d}\theta}\Delta\theta = \frac{d\cos\theta}{m}\frac{\lambda}{Nd\cos\theta} = \frac{\lambda}{mN} \tag{6-478}$$

代入式（6-477），分辨本领可改写为

$$\mathscr{R} = \frac{\lambda}{\Delta\lambda} = mN \tag{6-479}$$

式中，m 为谱线级次，N 为光栅刻痕总数。该式表明，光谱仪分辨本领与光栅常数 d 无关，仅与 m 和 N 有关，m 大，分辨率高；N 大，分辨率高。实际上，两条谱线能否分开，还与光谱仪的接收灵敏度、谱线的真实轮廓、光谱仪的照明状态和光学系统的像差等诸多因素有关。所以对光谱仪的实际分辨本领的描述要复杂得多，式（6-477）定义的分辨本领仅表示理论分辨率。

将式（6-479）与式（5-391）相比较可知，光栅光谱仪的分辨本领与法布里-珀罗干涉仪的分辨本领的形式完全相同，其中光栅刻痕总数 N 与干涉仪的条纹精细度 $\mathscr{F}$ 相对应。虽然二者的分辨本领都很高，但高分辨本领来自不同的途径。光栅光谱仪使用的光谱级次 m 并不高，主要是光栅刻痕总数 N 很大；而法布里-珀罗干涉仪条纹精细度 $\mathscr{F}$ 的取值并不是很大，但干涉级次 m 可以很高。

3）自由光谱范围

光谱仪的自由光谱范围是指光谱不重叠的区域，也称为色散范围。假设光谱不重叠范围为$\Delta\lambda$，根据光栅方程（6-456），有

$$m(\lambda+\Delta\lambda)=(m+1)\lambda \tag{6-480}$$

即

$$\Delta\lambda=\frac{\lambda}{m} \tag{6-481}$$

该式表明，与波长λ相对应的第m级衍射条纹，只要谱线宽度小于$\Delta\lambda=m/\lambda$，就不会发生与第$m-1$级或第$m+1$级衍射条纹重叠的现象。另外，由于色散范围与光栅常数无关，对于同级次光谱，其色散范围均相同。

需要强调的是，虽然光栅光谱仪自由光谱范围［见式（6-481）］与法布里-佩罗干涉仪自由光谱范围［见式（5-393）］的形式相同，但两者使用范围差别很大。因为光栅光谱仪都是在低级次下使用，其自由光谱范围很大，而法布里-珀罗干涉仪使用的干涉级次很高（一般为10^5量级），所以仅在很窄的光谱范围使用。

6.6.4　光学显微镜的分辨本领和泽尼克相衬法——完全相干照明

1．阿贝成像原理

6.3.5-3 节讨论了完全不相干照明的情况下，显微镜的分辨本领。现在讨论另一种极端情况，即完全相干照明情况下显微镜的分辨本领。完全不相干照明情况的讨论用到了阿贝正弦定理，而完全相干照明情况的讨论需要用到阿贝成像原理，这就是阿贝在蔡司公司从事显微镜设计和研究时，对显微镜设计理论做出的两个重要贡献。

德国物理学家、光学家、企业家阿贝（Ernst Karl Abbe，1840—1905）

阿贝成像原理认为，透镜成像过程可以分为两步：第一步是把显微物体看作一个衍射光栅，平面光波照射物体时，物体的衍射光在透镜像方焦面上形成物的空间频谱，这是光栅和透镜的变换作用；第二步是焦平面上的衍射光束进行相干叠加，在像平面上形成物体的像，这是多光束干涉的反变换作用。由此可见，阿贝成像过程本质上是两次傅里叶变换，阿贝成像原理也称为阿贝二次成像理论。下面以一维光栅为例，对阿贝成像原理给出解释。

把一维光栅看作物，阿贝二次成像的过程原理如图 6-73 所示。光栅 G 位于$X'Y'$平面，平面光波照射光栅$f(x',y')$，根据几何光学原理，在像距大于焦距（$z'=f'+z>f'$）的情况下，像平面XY可观测到光栅倒立的实像$f(x,y)$。阿贝二次成像认为成像可分为衍射和干涉两步：第一步，平面光波照射光栅$f(x',y')$，在透镜焦平面$\mathscr{F}'$上形成衍射条纹$F(\nu_{x'},\nu_{y'})$，如图 6-29（a）所示。如果把衍射光栅看作黑白相间的图像$f(m,n)$，其空间频谱$F(m,n)$如图 6-74（b）所示。相比之下，光栅衍射条纹$F(\nu_{x'},\nu_{y'})$就是黑白相间图像的空间频谱$F(m,n)$。由此说明，光栅在透镜焦平面上成像就是光栅的空间傅里叶变换。第二步，焦平面上的衍射条纹$F(\nu_{x'},\nu_{y'})$是相干光，在像平面上相干叠加得到光栅的像$f(x,y)$，就相当于黑白相间图像的频谱$F(m,n)$再经傅里叶逆变换，得到黑白相间的图像$f(m,n)$，如图 6-74（c）所示。

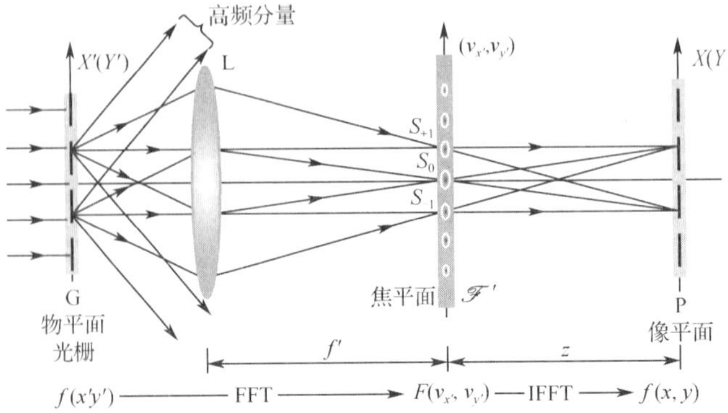

图 6-73 完全相干照明情况下阿贝二次成像过程原理图

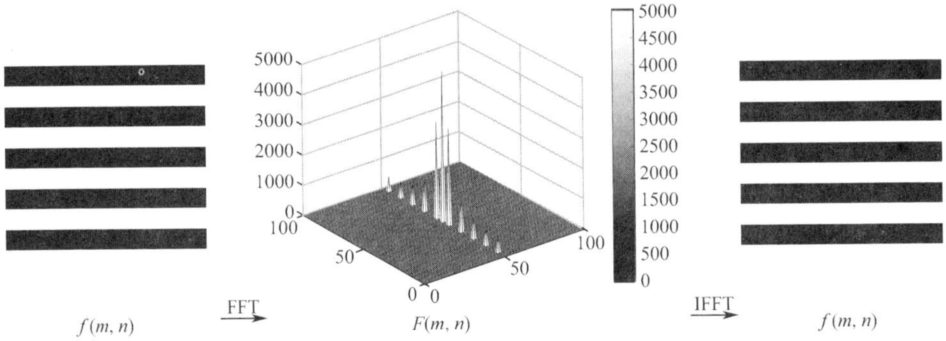

（a）原图像（100×100） （b）频谱（100×100） （c）反变换图像（100×100）

图 6-74 黑白相间图像的傅里叶变换

2．显微镜的分辨本领[1, 4, 10]

在完全非相干照明情况下，像平面上观测得到的光强分布是物点产生的光强度的非相干叠加，显微镜的分辨本领是依据艾里斑的第一极小点确定的，即式（6-168）。在完全相干照明情况下，像平面上的光强分布是电场强度复振幅相干叠加的结果。如图 6-24 所示，现假定物面上相邻物点 P 和 Q 是两个相干点光源，由式（6-158）可写出物点 Q 在像平面上以 Q' 为中心的衍射标量电场强度复振幅为

$$\tilde{E}_{Q'}(\rho,\varphi)=\frac{\mathrm{j}2\pi a^2\tilde{E}_0\mathrm{e}^{-\mathrm{j}k\left(f+\frac{\rho^2}{2f}\right)}}{\lambda f}\frac{J_1(ka\theta)}{ka\theta} \tag{6-482}$$

物点 P 在像平面以 P' 为中心的衍射电场强度复振幅可近似为

$$\tilde{E}_{P'}(\rho,\varphi)=\frac{\mathrm{j}2\pi a^2\tilde{E}_0\mathrm{e}^{-\mathrm{j}k\left(f+\frac{\rho^2}{2f}\right)}}{\lambda f}\frac{J_1[ka(\theta_0-\theta)]}{ka(\theta_0-\theta)} \tag{6-483}$$

式中，θ_0 为 Q' 和 P' 之间的平移角距离［见图 6-24］。在像平面上，衍射电场强度复振幅为物平面相邻两物点 Q 和 P 在像平面上衍射电场强度复振幅的叠加，即

$$\tilde{E}(\rho,\varphi)=\tilde{E}_{Q'}(\rho,\varphi)+\tilde{E}_{P'}(\rho,\varphi)=\frac{\mathrm{j}\pi a^2\tilde{E}_0\mathrm{e}^{-\mathrm{j}k\left(f+\frac{\rho^2}{2f}\right)}}{\lambda f}\left\{\frac{2J_1(ka\theta)}{ka\theta}+\frac{2J_1[ka(\theta_0-\theta)]}{ka(\theta_0-\theta)}\right\} \tag{6-484}$$

由此得到相邻两物点在像平面的衍射光强分布为

$$I(\rho,\varphi)=\tilde{E}\tilde{E}^*=\left\{\frac{2J_1(ka\theta)}{ka\theta}+\frac{2J_1[ka(\theta_0-\theta)]}{ka(\theta_0-\theta)}\right\}^2 I_0 \tag{6-485}$$

式中，I_0 参见式（6-160），a 对应于透镜的半径。

完全非相干照明情况下，像平面上光强极大点 Q' 和 P' 刚好被分辨的条件是对应于物点 Q 的衍射光强主极大与对应于物点 P 的衍射光强第一极小点重合，光强叠加结果如图 6-16（b）所示，极小点光强相对值为 $I/I_0 \approx 0.735$（在单缝情况下，$I/I_0 \approx 0.81$）。对于完全相干照明情况，仍可用 $I/I_0 \approx 0.735$ 来定义两相邻物点的分辨极限。

取平移角距离 θ_0 的临界值 $\theta_0 = 2\theta$，由式（6-485）可得，光强极小点对应的 θ 满足方程

$$\frac{I}{I_0}=\left\{\frac{4J_1(ka\theta)}{ka\theta}\right\}^2 \approx 0.735 \tag{6-486}$$

这是一个超越方程。令

$$x = ka\theta \tag{6-487}$$

则式（6-486）可改写为

$$\begin{cases} y = 0.735x^2 \\ y = [4J_1(x)]^2 \end{cases} \tag{6-488}$$

求解方程组（6-488）的根，如图 6-75 所示，其交点为

$$x = ka\theta \approx 2.4132 \tag{6-489}$$

由图 6-24 可知，像平面上光强极小点对应的临界分辨距离为

$$y' = \theta_0 z' = 2\theta z' \tag{6-490}$$

将式（6-489）代入，并取近似 $u' \approx a/z'$，有

$$y' = \frac{2.4132}{\pi}\frac{z'\lambda}{a} = \frac{2.4132}{\pi}\frac{\lambda}{u'} \approx 0.768\frac{\lambda}{u'} \tag{6-491}$$

假设像方折射率为 n_0，真空中光的波长为 λ_0，则式（6-491）改写为

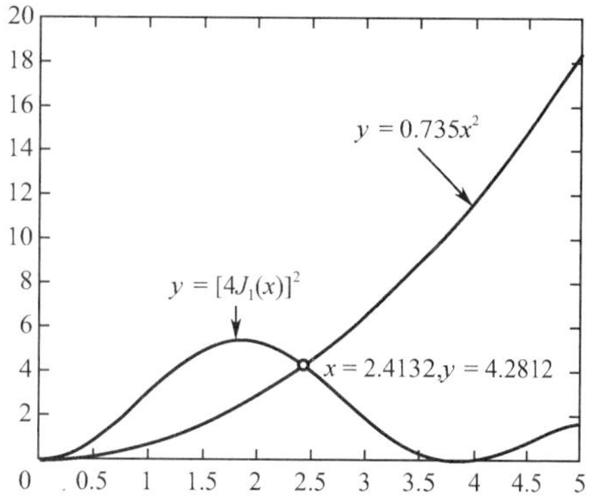

图 6-75　超越方程的根

$$y' \approx 0.768\frac{\lambda_0}{n_0 u'} \tag{6-492}$$

取近似 $\sin u' \approx u'$，利用阿贝正弦定理式（6-201）有

$$y_{\mathrm{m}} = y \approx 0.768\frac{\lambda_0}{n\sin u} = 0.768\frac{\lambda_0}{\mathrm{N.A.}} \tag{6-493}$$

式中，$\mathrm{N.A.} = n\sin u$ 为显微镜物镜的数值孔径。y_{m} 为在完全相干照明情况下，显微镜可分辨的最小线度。

式（6-496）与式（6-213）相比较可知，在给定入射光波长的情况下，不论是完全非相干照明还是完全相干照明，显微镜的分辨本领取决于物镜的数值孔径，但完全相干照明数值因子较大，因而分辨率差。需要强调的是，推导式（6-493）时，θ_0 的选取有任意性，因而数值因子有任意性。另外，数值因子和显微物体的形状、孔径的形状以及接收器的灵敏度有关系，因此式中数值因子是一个反映显微镜分辨本领的定性概念。

3．泽尼克相衬法

荷兰物理学家
泽尼克（Frits Frederik Zernike，1888—1966）

用显微镜观测的许多物体，其光学厚度是非均匀的，对入射光没有吸收，仅改变入射光的相位，这种仅改变入射光相位不改变振幅的物体称为相物体，如生物切片、晶体切片、凝聚态、薄膜和相位光栅等。

因为人眼只能辨别强度的差别，亦即振幅的变化，而不能识别相位的变化。也就是说，相物体由于透明度很高，几乎不可见，因而用普通显微镜无法观测相物体。观测相物体必须采用特殊的观测方法，如暗场法、纹影法、微分法和离焦法。但最有效的方法还是泽尼克于 1935 年提出的相衬法，其优点在于相衬法可产生一个与物体相位变化呈线性关系的强度分布。1953 年，泽尼克因此项发明获得诺贝尔物理学奖。

假设相物体位于 $X'Y'$ 平面，如图 6-73 所示，其透射函数为

$$t(x',y')=\mathrm{e}^{\mathrm{j}\phi(x',y')} \tag{6-494}$$

式中，$\phi(x',y')$ 是光通过相物体时引起的相位变化。在单色平面光波照射下，相物体不改变入射光的振幅，仅改变入射光的相位，其相位分布与光程的关系为

$$\phi(x',y')=\frac{2\pi}{\lambda}n(x',y')d(x',y') \tag{6-495}$$

如果相物体几何厚度均匀，即 d 为常数，折射率 $n=n(x',y')$，则这种相物体称为经络型相物体；如果折射率均匀，即 n 为常数，几何厚度 $d=d(x',y')$，则这种相物体称为浮雕型相物体。

将式（6-494）进行泰勒级数展开，有[72]

$$t(x',y')=\mathrm{e}^{\mathrm{j}\phi(x',y')}=1+\mathrm{j}\phi(x',y')-\frac{1}{2}\phi^2(x',y')-\mathrm{j}\frac{1}{6}\phi^3(x',y')+\cdots \tag{6-496}$$

假设相位变化很小，$\phi(x',y')\ll 1\mathrm{rad}$，忽略高次项，近似有

$$t(x',y')\approx 1+\mathrm{j}\phi(x',y')=1+\phi(x',y')\mathrm{e}^{\mathrm{j}\frac{\pi}{2}} \tag{6-497}$$

设沿 Z' 轴方向的入射平面光波为

$$\tilde{E}_\mathrm{i}=\tilde{E}_0\mathrm{e}^{-\mathrm{j}kz'} \tag{6-498}$$

式中，k 为波数，$k=2\pi/\lambda$，λ 为入射光波长，$\tilde{E}_0$ 为入射光波电场强度复振幅。平面光波通过透射函数式（6-497）的相物体后，在 $X'Y'$ 平面的透射光波电场强度复振幅为

$$\tilde{E}_\mathrm{t}=t(x',y')\tilde{E}_\mathrm{i}\Big|_{z'=0^+}=\tilde{E}_0 t(x',y')\approx\tilde{E}_0[1+\mathrm{j}\phi(x',y')] \tag{6-499}$$

根据阿贝二次成像理论，普通显微镜对相物体成像，在物镜焦平面上得到的是式（6-499）的频谱，利用 δ 函数的傅里叶变换性质

$$\delta(x,y)\leftrightarrow 1 \tag{6-500}$$

有

$$\mathscr{F}[\tilde{E}_\mathrm{t}]\approx\mathscr{F}\{\tilde{E}_0[1+\mathrm{j}\phi(x',y')]\}=\tilde{E}_0[\delta(\nu_x,\nu_y)+\mathrm{j}\Phi(\nu_x,\nu_y)] \tag{6-501}$$

式中，ν_x、ν_y 是在焦平面 X 轴方向和 Y 轴方向的空间频率，$\delta(\nu_x,\nu_y)$ 对应于 1 的频谱，$\Phi(\nu_{x'},\nu_{y'})$ 是 $\phi(x',y')$ 的频谱；$\mathscr{F}[\cdot]$ 表示傅里叶变换。

像平面的像是频谱面相干光波的干涉叠加，即傅里叶逆变换，由此得到像平面光波电场强度复振幅为

$$\tilde{E}_{\mathrm{t}}=\mathscr{F}^{-1}\{\mathscr{F}[\tilde{E}_{\mathrm{t}}]\}=\tilde{E}_0[1+\mathrm{j}\phi(x,y)] \tag{6-502}$$

$\mathscr{F}^{-1}\{\}$ 表示傅里叶反变换。由此可得像平面光强为

$$I(x,y)=\tilde{E}_{\mathrm{t}}\tilde{E}_{\mathrm{t}}^{*}\approx I_0[1+\phi^2(x,y)] \tag{6-503}$$

式中，$I_0=|\tilde{E}_0|^2$ 为入射光强。由于 $\phi^2(x,y)\ll 1$，所以，近似有

$$I(x,y)\approx I_0 \tag{6-504}$$

该式表明，用普通显微镜观测相物体，像平面近似为均匀强度的背景，相物体的像不可分辨。

泽尼克认为之所以观测不到相物体，是因为相物体透射函数式（6-497）的实部与虚部存在 π/2 的相差。实际上，平面光波通过透射函数式（6-497）的相物体产生衍射，其实部表示直接透射光，虚部表示衍射光。直接透射光在物镜焦平面上聚焦为轴上一点，如 S_0，对应于频域的直流成分，而衍射光分散在焦平面轴上焦点四周，如 S_{+1}，S_{-1}……对应于频域的交流成分，如图 6-73 所示。在焦平面上或频谱面上，由于直接透射光和衍射光是分离的，这样就可以在焦平面上放置一个相位滤波器（也称为相位板），使直流成分的相位相对于其他频率成分改变 ±π/2。

设相位滤波器的频域函数为

$$H(\nu_x,\nu_y)=\begin{cases}\pm\mathrm{j}=\mathrm{e}^{\pm\mathrm{j}\frac{\pi}{2}}, & \nu_x=0,\ \nu_y=0\\ 1, & \text{其他}\end{cases} \tag{6-505}$$

对式（6-501）进行滤波，有

$$\mathscr{F}[\tilde{E}_{\mathrm{t}}]=\tilde{E}_0[\pm\mathrm{j}\delta(\nu_x,\nu_y)+\mathrm{j}\Phi(\nu_x,\nu_y)] \tag{6-506}$$

进行傅里叶逆变换，得到像平面光波电场强度复振幅为

$$\tilde{E}_{\mathrm{t}}=\mathscr{F}^{-1}\{\mathscr{F}[\tilde{E}_{\mathrm{t}}]\}=\tilde{E}_0[\pm\mathrm{j}+\mathrm{j}\phi(x,y)] \tag{6-507}$$

相衬显微镜对相物体成像，忽略 $\phi^2(x,y)$ 项，由式（6-507）可得像面上光强分布近似为

$$I(x,y)=\tilde{E}_{\mathrm{t}}\tilde{E}_{\mathrm{t}}^{*}\approx I_0[1\pm 2\phi(x,y)] \tag{6-508}$$

由此可见，相衬显微镜像的光强分布与相物体的相位分布 $\phi(x,y)$ 成线性关系，相物体在像平面上是可见的。式（6-508）中取“+”，也即式（6-502）取“+”，相位值大，光强大，对应正相衬；式（6-508）中取“−”，也即式（6-502）取“−”，相位值大，光强小，对应负相衬。

4．相衬显微镜

相衬显微镜也称为相差显微镜，或称为相位显微镜。相衬显微镜与普通显微镜的基本结构相同，区别在于在显微镜物镜的像方焦平面处放置一相位板，如图 6-76 所示。相位板中心的相移为 ±π/2，对应于式（6-505），由此就可以在像平面上观测到相物体的像。

相衬显微镜可用于观测未染色的活细胞标本、生物切片标本、凝聚态和薄膜等。图 6-77（a）为上海光学仪器厂生产的 XSP-BM17 双目相衬显微镜实物照片，图 6-77（b）为用相衬显微镜观测得到的聚四氟乙烯（PTFE）表面活细胞荧光相衬显微照片。

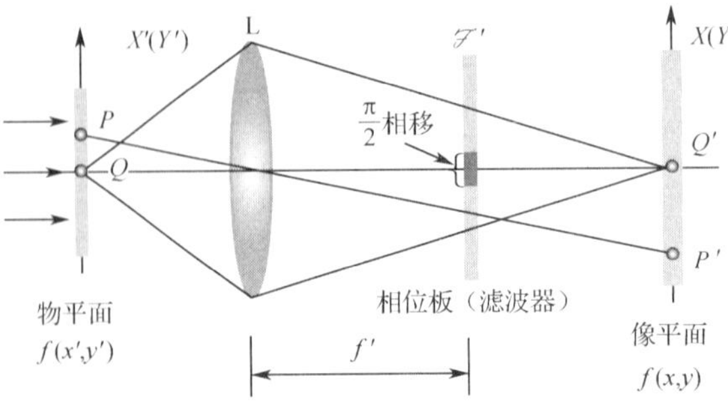

图 6-76 相衬显微镜原理图

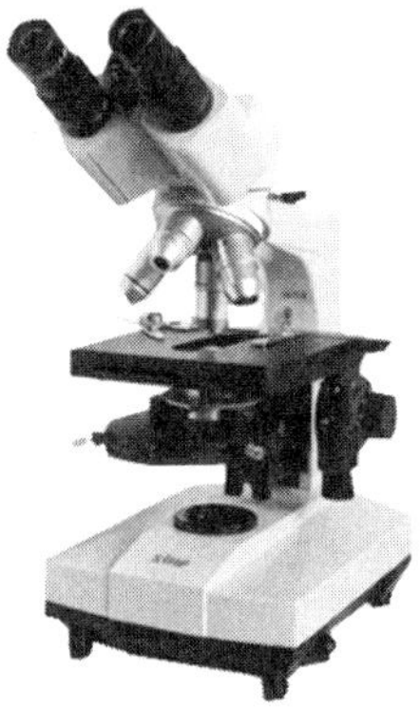
（a）相衬显微镜

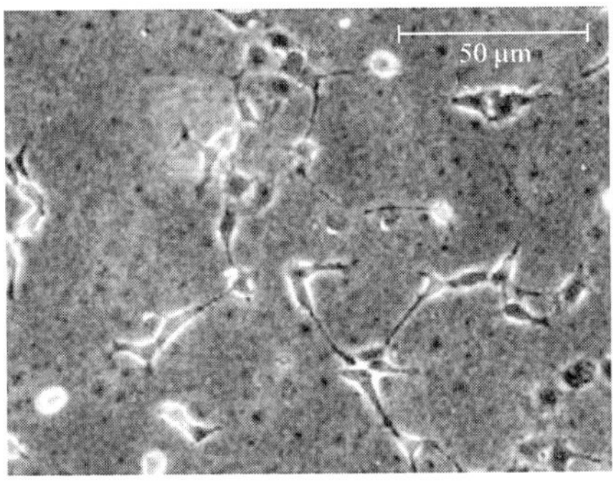

（b）聚四氟乙烯表面活细胞荧光相衬显微照片[75]

图 6-77 相衬显微镜及聚四氟乙烯（PTFE）表面活细胞荧光相衬图

参 考 文 献

[1] 马科斯·波恩，埃米尔·沃尔夫. 光学原理. 7 版. 杨葭荪，译. 北京：电子工业出版社，2009.

[2] 张克潜，李德杰. 微波与光电子学中的电磁理论. 北京：电子工业出版社，2001.

[3] 葛德彪，魏兵著. 电磁波理论. 北京：科学出版社，2011.

[4] 郑玉祥，陈良尧. 近代光学. 电子工业出版社，2011.

[5] 王仕璠. 信息光学理论与应用. 北京：北京邮电大学出版社，2004.

[6] JOSEPH W GOODMAN. 秦克诚，刘培森，陈家壁，等译. 傅里叶光学导论. 3 版. 北京：电子工业出版社，2011.

[7] 季家镕. 高等光学教程——光学的基本电磁理论. 北京：科学出版社，2007.

[8] 林强，叶兴浩. 现代光学基础与前沿. 北京：科学出版社，2010.

[9] 田芊，廖延彪，孙利群. 工程光学. 北京：清华大学出版社，2006.

[10] 钟锡华. 现代光学基础. 北京：北京大学出版社，2003.

[11] EUGENE HECHT. 光学. 4 版. 张存林，改编. 北京：高等教育出版社，2005.

[12] AJOY GHATAK, Optics, Tata McGraw-Hill Publishing Company Limited, 2009.

[13] 廖延彪. 光学原理与应用. 电子工业出版社，2006.

[14] 石顺祥，张海兴，刘劲松. 物理光学与应用光学. 西安：西安电子科技大学出版社，2000.
[15] 郁道银，谈恒英. 工程光学. 北京：机械工业出版社，2002.
[16] 章志鸣，沈元华，陈惠芬. 光学. 北京：高等教育出版社，1995.
[17] 姚启钧. 光学教程. 北京：人民教育出版社，1981.
[18] 罗腊春. 德高望重的惠更斯. 物理通报——物理学史与教育，2015.
[19] 方在庆，黄佳. 从惠更斯到爱因斯坦——对光本性的不懈探索. 科学（科学源流），2015，67（3）.
[20] 张瑶，罗玉辉，吴文良. 从惠更斯原理到索末菲衍射公式. 大理学院学报，2012，11（4）.
[21] 韩晋芳. 惠更斯及其科学思想. 内蒙古师大学报（自然科学（汉文）版），2001，30（4）.
[22] 熊建桂，赵心岭. 惠更斯-菲涅耳原理的建立和发展. 徐州师范学院学报（自然科学版），1993，11（3）.
[23] 吕永生. 论惠更斯-菲涅耳原理. 浙江师大学报（自然科学版），1997，20（2）.
[24] 罗凌霄. 惠更斯-菲涅耳原理的定量化. 西南民族大学学报（自然科学版），2004，30（5）.
[25] 梁昆. 数学物理方法. 2 版. 北京：人民教育出版社，1979.
[26] 刘鹏程. 电磁场解析方法. 北京：电子工业出版社，1995.
[27] 杨儒贵，陈达章，刘鹏程. 电磁理论. 西安：西安交通大学出版社，1991.
[28] 张之良，谢省宗. 偏微分方程（现代工程手册—第一卷　第十三篇）. 武汉：华中工学院出版社，1985.
[29] E WOLF, E W MARCHAND, Comparison of the kirchhoff and rayleigh-sommerfeld theories of diffraction at an aperture, J.Opt.Soc.Am.,54:587,1964.
[30] J C HEURTLEY, Scalar rayleigh-sommerfeld and kirchhoff diffraction integrals:a comparison of exact evaluations for axial points, J.Opt.Soc.Am.,63:1003,1973.
[31] 赵兰明. 光衍射行为的数值模拟研究. 哈尔滨师范大学硕士学位论文，2012.
[32] 徐永祥. 椭圆孔夫琅和费衍射的分析. 信息工程学院学报，1997，16（4）.
[33] 曹惠庆. 关于夫琅和费椭圆孔衍射积分的精确解. 大学物理，1995，14（4）.
[34] 戴兵. 一类椭圆与矩形围成图形的夫琅和费衍射. 纺织高校基础科学学报，2003，16（3）.
[35] 谢省宗. 曲线坐标系（现代工程手册——第一卷第十一篇）. 武汉：华中工学院出版社，1985.
[36] 蒋德瀚. 圆周对称点与物象齐明点. 甘肃高师学报，2007，12（5）.
[37] 李终相. 球面透镜齐明点及其应用. 物理教学，2015，37（12）.
[38] 罗汝梅编. 积分变换（现代工程数学手册（第 I 卷第十七篇））. 武汉：华中工学院出版社，1985.
[39] 王莉，杨会静，段芳芳. 用 MATLAB 模拟菲涅耳直边衍射. 唐山师范学院学报，2008，30（5）.
[40] 懒汉明，李荣基，阮志仁. 圆孔的菲涅耳衍射. 大学物理，2009，28（10）.
[41] 常山，桑志文，毛杰健，等. 单色点光源矩孔菲涅耳衍射光场的计算与模拟. 安徽

师范大学学报，2010，33（4）.
[42] 常山，吴波，桑志文，等. 点源圆孔衍射光场的计算. 江西科学，2009，27（6）.
[43] 陈文忠编. 无穷级数与广义积分（现代工程数学手册（第Ⅰ卷第九篇））. 武汉：华中工学院出版社，1985.
[44] 金国藩，严瑛白，邬敏贤. 二元光学. 北京：国防工业出版社，1998.
[45] 施文敏，龙品，徐大雄. 多重焦点波带透镜的衍射效率和分辨率分析. 光学学报，1994，14（3）.
[46] 陈锡坤，王志坚. 菲涅耳波带片的成像及其频谱性质的研究. 科技通报，1988，4（1）.
[47] 姚开勋. Fresnel 波带片的衍射场. 大学物理，1991.
[48] 郭永康. 波带片的衍射（一）. 大学物理，1984.
[49] 郭永康. 波带片的衍射（二）. 大学物理，1984.
[50] 柳龙华. X 射线显微成像纳米光学元件制作与应用研究. 中国科学技术大学博士学位论文，2009.
[51] D 阿特伍德. 软射线与极紫外辐射的原理和应用. 北京：科学出版社，2003.
[52] TAO LIU, QIANG LIU, SHUMING YANG, et al. Investigation of axial and transverse focal spot sizes of fresnel zone plates, Appl.Opt., Vol.56, No.3,3725-3729(2017).
[53] 张斌智. 波带片的设计及其衍射特性研究. 浙江大学博士学位论文，2010.
[54] FRANCISCO JOSE TORCAL-MILLA, LUIS MIGUEL SANCHEZ-BREA, Single-focus binary fresnel zone plate, Opt.Laser Tech.,97, 316-320 (2017).
[55] CAO Q, JAHNS J, Focusing analysis of the pinhole photon sieves: individual far-field model, J.Opt.Soc.Am.A, 19(12):2387-2393(2002).
[56] CAO Q, JAHNS J, Nonparaxial model for the focusing of high-numerical-aperture photon, J.Opt.Soc.Am.A, 20(6):1005-1012(2003).
[57] 程依光. 光子筛光学特性分析及应用研究. 中国科学院大学博士学位论文，2017.
[58] KIPP L, SKIBOWSKI M, JOHNSON R L, et al. Sharper images by focusing soft x-rays with photon sieves[J]. Nature, 2001, 414(6860):184-8.
[59] 唐燕，胡松，朱江平，等. 准相位型光子筛设计. 光学学报，2012,32(10):(1022007-1)-(1022007-5).
[60] CHANGQING XIE, XIAOLI ZHU, LINA SHI, et al. Spiral photon sieves apodized by digital prolate spheroidal window for the generation of hard-x-ray vortex, Opt.Lett., 2010, 35(11):1765-1767.
[61] 余建，李军，易涛，等. 螺旋光子筛用于相衬成像的模拟研究，光子学报，2014，43（5）：（0504002-1）-（0504002-6）.
[62] 徐向东，付绍军，张允武. X 射线显微术. 物理，1999，28（3）.
[63] 马礼敦. X 射线显微镜. 上海计量测试，2012，228.
[64] 杨云昊. 硬 X 射线显微和纳米 CT 技术在细胞成像中的应用. 中国科学技术大学硕士学位论文，2012.
[65] CHAO W L, HARTENECK B D, LIDDLE J A, et al. Soft X-ray Microscopy At Spatial Resolution Better Than 15nm, Nature, 2005, 435(7047):1210-1213.
[66] CHAO W L, KIM J, REKAWA S, et al. Hydrogen silsesquioxane double patterning

process for 12nm resolution x-ray zone plates, Journal of Vacuum & Technology B, 2009, 27(6):2606-2611.

[67] CHEN Y T, LO T N, CHU Y S, et al. Full-field hard x-ray microscopy below 30nm: a challenging nanofabrication achievement, Margaritondo, G Nanotechnology, 2008, 19(39): 395302.

[68] LE GROS M A, MCDERMOTT G, LARABELL C A, X-ray tomography of whole cells, curr. Opin. Struct. Biol., 2005,15(5):593-600.

[69] J THIEME, S GLEBER, G MITREA, et al. 软 X 射线显微术和光谱显微术. 光学精密工程，2007，15（12）.

[70] ANNE SAKDINAWAT, YANWEI LIU, Soft-x-ray microscopy using spiral zone plates, Opt. Lett., 2007,32(18):2635-2637.

[71] 童家明. 显微镜分辨本领表述的讨论. 青岛医学院学报，1989，25（1）.

[72] 西安交通大学高等数学教研室编. 复变函数，4 版. 高等教育出版社，2007.

[73] 肖海勇. 基于相差显微镜像的脑细胞活性无损检测方法的研究. 东北师范大学硕士学位论文，2011.

[74] 张慧. 基于相衬显微镜的组织光学性质刻画. 福建师范大学硕士学位论文，2013.

[75] Naoto Inukai, kazuaki Tanaka, et al, A convenient technique for live-cell observation on the surface of polytetrafluoroethylene with a phase-contrast microscope, Microscopy, 2017, 66(2):136-142.

第7章　衍射光学——矢量理论

光的标量衍射理论是把光波看作标量波，以标量亥姆霍兹方程为出发点，应用标量格林定理得到基尔霍夫标量衍射公式。光的矢量衍射理论建立在麦克斯韦方程的基础之上，出发点是矢量亥姆霍兹方程，应用矢量格林定理，可得到基尔霍夫矢量衍射公式。本章首先讨论两种形式的矢量衍射公式：用标量格林函数表示的平面衍射屏平面波入射的基尔霍夫矢量衍射公式；用张量格林函数表示的矢量衍射公式。然后，讨论一维介质光栅衍射的矢量严格耦合波方法和一维声光衍射的耦合波方法。最后，简单介绍声光衍射的应用实例——声光光纤水听器。

7.1　矢量衍射——标量格林函数形式

7.1.1　齐次矢量亥姆霍兹方程

标量衍射理论的出发点是假定光波在无源均匀各向同性线性理想介质中传播，电场强度复振幅满足标量亥姆霍兹方程（6-37），然后利用标量格林函数，得到基尔霍夫衍射积分式（6-62）。同样，对于矢量衍射，光波在无源均匀各向同性线性理想介质中，电场强度矢量和磁场强度矢量满足矢量亥姆霍兹方程（1-183）和方程（1-184），即

$$\begin{cases}\nabla^2\tilde{\mathbf{E}}+k^2\tilde{\mathbf{E}}=0\\ \nabla^2\tilde{\mathbf{H}}+k^2\tilde{\mathbf{H}}=0\end{cases}\tag{7-1}$$

式中，$k^2=\omega^2\varepsilon\mu$ 为波数，ω 为光波圆频率，ε 为介质介电常数，μ 为介质磁导率；$\tilde{\mathbf{E}}$ 为电场强度复振幅矢量，$\tilde{\mathbf{H}}$ 为磁场强度复振幅矢量。在无源区域，有

$$\begin{cases}\nabla\cdot\tilde{\mathbf{E}}=0\\ \nabla\cdot\tilde{\mathbf{H}}=0\end{cases}\tag{7-2}$$

在点源情况下，直接求解矢量亥姆霍兹方程（7-1），需要应用矢量格林定理。

7.1.2　矢量格林定理

假设 V 是由闭曲面 S 所包围的体积，复矢量 $\tilde{\mathbf{A}}$ 是在 V 内及 S 面上具有连续一阶和二阶导数的复矢量函数，则

$$\iiint\limits_{(V)}\nabla\cdot\tilde{\mathbf{A}}\mathrm{d}V=\oiint\limits_{(S)}\tilde{\mathbf{A}}\cdot\mathrm{d}\mathbf{S}=\oiint\limits_{(S)}\tilde{\mathbf{A}}\cdot\mathbf{n}\mathrm{d}S\tag{7-3}$$

式中，$\mathbf{n}$ 为闭曲面 S 的外法向单位矢量。式（7-3）称为高斯散度定理，描述的是复矢量 $\tilde{\mathbf{A}}$ 体积分与面积分之间的关系。

如果将 $\tilde{\mathbf{A}}$ 表示为

$$\tilde{\mathbf{A}}=\tilde{\mathbf{P}}\times\nabla\times\tilde{\mathbf{Q}}\tag{7-4}$$

式中，$\tilde{\mathbf{P}}$ 和 $\tilde{\mathbf{Q}}$ 也是在 V 内和 S 面上具有连续一阶和二阶导数的复矢量函数。将式（7-4）代入

式（7-3），有

$$\iiint_{(V)} \nabla\cdot(\tilde{\mathbf{P}}\times\nabla\times\tilde{\mathbf{Q}})\mathrm{d}V = \oiint_{(S)} (\tilde{\mathbf{P}}\times\nabla\times\tilde{\mathbf{Q}})\cdot\mathrm{d}\mathbf{S} \tag{7-5}$$

利用矢量恒等式

$$\nabla\cdot(\mathbf{A}\times\mathbf{B}) = \mathbf{B}\cdot(\nabla\times\mathbf{A}) - \mathbf{A}\cdot(\nabla\times\mathbf{B}) \tag{7-6}$$

有

$$\nabla\cdot(\tilde{\mathbf{P}}\times\nabla\times\tilde{\mathbf{Q}}) = \nabla\times\tilde{\mathbf{Q}}\cdot(\nabla\times\tilde{\mathbf{P}}) - \tilde{\mathbf{P}}\cdot(\nabla\times\nabla\times\tilde{\mathbf{Q}}) \tag{7-7}$$

代入式（7-5），有

$$\iiint_{(V)} [\nabla\times\tilde{\mathbf{Q}}\cdot(\nabla\times\tilde{\mathbf{P}}) - \tilde{\mathbf{P}}\cdot(\nabla\times\nabla\times\tilde{\mathbf{Q}})]\mathrm{d}V = \oiint_{(S)} (\tilde{\mathbf{P}}\times\nabla\times\tilde{\mathbf{Q}})\cdot\mathrm{d}\mathbf{S} \tag{7-8}$$

这就是第一矢量格林定理。

将式（7-8）中的 $\tilde{\mathbf{P}}$ 和 $\tilde{\mathbf{Q}}$ 交换位置，有

$$\iiint_{(V)} \nabla\times\tilde{\mathbf{P}}\cdot(\nabla\times\tilde{\mathbf{Q}}) - \tilde{\mathbf{Q}}\cdot(\nabla\times\nabla\times\tilde{\mathbf{P}})\mathrm{d}V = \oiint_{(S)} (\tilde{\mathbf{Q}}\times\nabla\times\tilde{\mathbf{P}})\cdot\mathrm{d}\mathbf{S} \tag{7-9}$$

由于

$$\nabla\times\tilde{\mathbf{P}}\cdot(\nabla\times\tilde{\mathbf{Q}}) = \nabla\times\tilde{\mathbf{Q}}\cdot(\nabla\times\tilde{\mathbf{P}}) \tag{7-10}$$

式（7-9）与式（7-8）相减，得到

$$\iiint_{(V)} [\tilde{\mathbf{P}}\cdot(\nabla\times\nabla\times\tilde{\mathbf{Q}}) - \tilde{\mathbf{Q}}\cdot(\nabla\times\nabla\times\tilde{\mathbf{P}})]\mathrm{d}V = \oiint_{(S)} (\tilde{\mathbf{Q}}\times\nabla\times\tilde{\mathbf{P}} - \tilde{\mathbf{P}}\times\nabla\times\tilde{\mathbf{Q}})\cdot\mathrm{d}\mathbf{S} \tag{7-11}$$

这就是第二矢量格林定理。

7.1.3　惠更斯-菲涅耳原理的数学表述形式

为了解释光波的衍射现象，惠更斯和菲涅耳认为光波是以球面波的形式传播的，波面上的每一点都可被看作发射次波的波源，各自发射球面次波，这些球面次波的包络面就是下一时刻新的波面。实际上，惠更斯-菲涅耳衍射原理可以用严格的电磁场理论来描述，下面给出其数学表述形式。

式（7-11）是涉及两个矢量场 $\tilde{\mathbf{P}}$ 和 $\tilde{\mathbf{Q}}$ 的积分方程，可选择其中一个为已知。首先求解电场强度矢量 $\tilde{\mathbf{E}}$，令

$$\begin{cases}\tilde{\mathbf{P}} = \tilde{\mathbf{E}}(\mathbf{r}) \\ \tilde{\mathbf{Q}} = \tilde{G}(\mathbf{r},\mathbf{r}')\mathbf{a} = \tilde{G}\mathbf{a}\end{cases} \tag{7-12}$$

而 $[\tilde{G}(\mathbf{r},\mathbf{r}')\mathbf{a}]$ 满足方程

$$\nabla^2[\tilde{G}(\mathbf{r},\mathbf{r}')\mathbf{a}] + k^2[\tilde{G}(\mathbf{r},\mathbf{r}')\mathbf{a}] = -\delta(\mathbf{r}-\mathbf{r}')\mathbf{a} \tag{7-13}$$

式中，$\mathbf{a}$ 为任意常矢量，是一个求解过程中的辅助矢量。在无源区域，$\delta(\mathbf{r}-\mathbf{r}')=0$，方程（7-13）的格林函数解为

$$\tilde{G}(\mathbf{r},\mathbf{r}') = \frac{1}{4\pi}\cdot\frac{\mathrm{e}^{-\mathrm{j}kR}}{R} \tag{7-14}$$

式中，$R=|\mathbf{r}-\mathbf{r}'|$ 为点源到空间点的距离，选择系数 $1/4\pi$ 是为了使基尔霍夫矢量衍射公式与基尔霍夫标量衍射公式的形式相同。

将式（7-12）代入式（7-11），有

$$\iiint_{(V)}\{\tilde{\mathbf{E}}\cdot[\nabla\times\nabla\times(\tilde{G}\mathbf{a})]-\tilde{G}\mathbf{a}\cdot(\nabla\times\nabla\times\tilde{\mathbf{E}})\}\mathrm{d}V$$
$$=\oiint_{(S)}[(\tilde{G}\mathbf{a})\times\nabla\times\tilde{\mathbf{E}}-\tilde{\mathbf{E}}\times\nabla\times(\tilde{G}\mathbf{a})]\cdot\mathrm{d}\mathbf{S} \tag{7-15}$$

下面对方程（7-15）进行化简。

利用矢量恒等式

$$\nabla\times\nabla\times\mathbf{A}=\nabla(\nabla\cdot\mathbf{A})-\nabla^2\mathbf{A} \tag{7-16}$$

有

$$\nabla\times\nabla\times\tilde{\mathbf{E}}=\nabla(\nabla\cdot\tilde{\mathbf{E}})-\nabla^2\tilde{\mathbf{E}} \tag{7-17}$$

$$\nabla\times\nabla\times(\tilde{G}\mathbf{a})=\nabla[\nabla\cdot(\tilde{G}\mathbf{a})]-\nabla^2(\tilde{G}\mathbf{a}) \tag{7-18}$$

利用矢量恒等式

$$\nabla\cdot(\varphi\mathbf{A})=\mathbf{A}\cdot\nabla\varphi+\varphi\nabla\cdot\mathbf{A} \tag{7-19}$$

取 $\varphi=\tilde{G}$， $\mathbf{a}=\mathbf{A}$， 有

$$\nabla\cdot(\tilde{G}\mathbf{a})=\mathbf{a}\cdot\nabla\tilde{G}+\tilde{G}\nabla\cdot\mathbf{a} \tag{7-20}$$

将式（7-1）和式（7-2）代入式（7-17），得到

$$\nabla\times\nabla\times\tilde{\mathbf{E}}=k^2\tilde{\mathbf{E}} \tag{7-21}$$

将式（7-20）和式（7-13）代入式（7-18），因 $\nabla\cdot\mathbf{a}=0$， 有

$$\nabla\times\nabla\times(\tilde{G}\mathbf{a})=\nabla(\mathbf{a}\cdot\nabla\tilde{G})+k^2(\tilde{G}\mathbf{a})+\delta(\mathbf{r}-\mathbf{r}')\mathbf{a} \tag{7-22}$$

将式（7-21）和式（7-22）代入式（7-15），得到

$$\iiint_{(V)}[\tilde{\mathbf{E}}\cdot\nabla(\mathbf{a}\cdot\nabla\tilde{G})+\delta(\mathbf{r}-\mathbf{r}')\mathbf{a}\cdot\tilde{\mathbf{E}}]\mathrm{d}V$$
$$=\oiint_{(S)}[(\tilde{G}\mathbf{a})\times\nabla\times\tilde{\mathbf{E}}-\tilde{\mathbf{E}}\times\nabla\times(\tilde{G}\mathbf{a})]\cdot\mathrm{d}\mathbf{S} \tag{7-23}$$

利用式（7-19），取 $\varphi=\mathbf{a}\cdot\nabla\tilde{G}$， $\mathbf{A}=\tilde{\mathbf{E}}$，且 $\nabla\cdot\tilde{\mathbf{E}}=0$， 有

$$\tilde{\mathbf{E}}\cdot\nabla(\mathbf{a}\cdot\nabla\tilde{G})=\nabla\cdot[(\mathbf{a}\cdot\nabla\tilde{G})\tilde{\mathbf{E}}]-(\mathbf{a}\cdot\nabla\tilde{G})\nabla\cdot\tilde{\mathbf{E}}=\nabla\cdot[(\mathbf{a}\cdot\nabla\tilde{G})\tilde{\mathbf{E}}] \tag{7-24}$$

代入式（7-23），化简得到

$$\iiint_{(V)}\{\nabla\cdot[(\mathbf{a}\cdot\nabla\tilde{G})\tilde{\mathbf{E}}]+\delta(\mathbf{r}-\mathbf{r}')\mathbf{a}\cdot\tilde{\mathbf{E}}\}\mathrm{d}V$$
$$=\oiint_{(S)}[(\tilde{G}\mathbf{a})\times\nabla\times\tilde{\mathbf{E}}-\tilde{\mathbf{E}}\times\nabla\times(\tilde{G}\mathbf{a})]\cdot\mathrm{d}\mathbf{S} \tag{7-25}$$

利用高斯定理式（7-3），取 $\mathbf{A}=(\mathbf{a}\cdot\nabla\tilde{G})\tilde{\mathbf{E}}$， 则有

$$\iiint_{(V)}\nabla\cdot[(\mathbf{a}\cdot\nabla\tilde{G})\tilde{\mathbf{E}}]\mathrm{d}V=\oiint_{(S)}(\mathbf{a}\cdot\nabla\tilde{G})\tilde{\mathbf{E}}\cdot\mathrm{d}\mathbf{S} \tag{7-26}$$

利用 δ 函数的取样特性式（1-369），有

$$\iiint_{(V)}\delta(\mathbf{r}-\mathbf{r}')\tilde{\mathbf{E}}(\mathbf{r})\mathrm{d}V=\tilde{\mathbf{E}}(\mathbf{r}') \tag{7-27}$$

有

$$\mathbf{a}\cdot\iiint_{(V)}[\delta(\mathbf{r}-\mathbf{r}')\tilde{\mathbf{E}}]\mathrm{d}V=\mathbf{a}\cdot\tilde{\mathbf{E}}(\mathbf{r}') \tag{7-28}$$

将式（7-26）和式（7-28）代入式（7-25），得到

$$\mathbf{a}\cdot\tilde{\mathbf{E}}(\mathbf{r}')=\oiint_{(S)}[(\tilde{G}\mathbf{a})\times\nabla\times\tilde{\mathbf{E}}(\mathbf{r})-\tilde{\mathbf{E}}(\mathbf{r})\times\nabla\times(\tilde{G}\mathbf{a})-(\mathbf{a}\cdot\nabla\tilde{G})\tilde{\mathbf{E}}(\mathbf{r})]\cdot\mathrm{d}\mathbf{S} \tag{7-29}$$

令式（7-29）两边交换符号 $\mathbf{r}'$ 和 $\mathbf{r}$，式（7-29）变为

$$\mathbf{a}\cdot\tilde{\mathbf{E}}(\mathbf{r})=\oiint_{(S')}[(\tilde{G}\mathbf{a})\times\nabla'\times\tilde{\mathbf{E}}(\mathbf{r}')-\tilde{\mathbf{E}}(\mathbf{r}')\times\nabla'\times(\tilde{G}\mathbf{a})-(\mathbf{a}\cdot\nabla'\tilde{G})\tilde{\mathbf{E}}(\mathbf{r}')]\cdot\mathrm{d}\mathbf{S}' \tag{7-30}$$

下面对式（7-30）右边进行化简。

利用矢量关系

$$\nabla'\times(\varphi\mathbf{A})=\varphi\nabla'\times\mathbf{A}+\nabla'\varphi\times\mathbf{A} \tag{7-31}$$

和 $\nabla'\times\mathbf{a}=0$，有

$$\nabla'\times(\tilde{G}\mathbf{a})=\tilde{G}\nabla'\times\mathbf{a}+\nabla'\tilde{G}\times\mathbf{a}=\nabla'\tilde{G}\times\mathbf{a} \tag{7-32}$$

则

$$\tilde{\mathbf{E}}\times\nabla'\times(\tilde{G}\mathbf{a})=\tilde{\mathbf{E}}\times\nabla'\tilde{G}\times\mathbf{a} \tag{7-33}$$

再利用矢量关系

$$\mathbf{A}\times(\mathbf{B}\times\mathbf{C})=\mathbf{B}(\mathbf{A}\cdot\mathbf{C})-\mathbf{C}(\mathbf{A}\cdot\mathbf{B}) \tag{7-34}$$

有

$$\tilde{\mathbf{E}}\times\nabla'\times(\tilde{G}\mathbf{a})=\tilde{\mathbf{E}}\times\nabla'\tilde{G}\times\mathbf{a}=\nabla'\tilde{G}(\tilde{\mathbf{E}}\cdot\mathbf{a})-\mathbf{a}(\tilde{\mathbf{E}}\cdot\nabla'\tilde{G}) \tag{7-35}$$

为了消掉式（7-30）两边的常矢量 $\mathbf{a}$，设 $\mathrm{d}\mathbf{S}'=\mathbf{n}\mathrm{d}S'$，$\mathbf{n}$ 为闭曲面 S' 外法向单位矢量，并将式（7-35）代入方程（7-30），有

$$\mathbf{a}\cdot\tilde{\mathbf{E}}(\mathbf{r})=\oiint_{(S')}\{[(\tilde{G}\mathbf{a})\times\nabla'\times\tilde{\mathbf{E}}]\cdot\mathbf{n}-\mathbf{a}\cdot\tilde{\mathbf{E}}(\nabla'\tilde{G}\cdot\mathbf{n})+(\tilde{\mathbf{E}}\cdot\nabla'\tilde{G})\mathbf{a}\cdot\mathbf{n}-\mathbf{a}\cdot\nabla'\tilde{G}(\tilde{\mathbf{E}}\cdot\mathbf{n})\}\mathrm{d}S' \tag{7-36}$$

利用矢量关系

$$\mathbf{A}\cdot(\mathbf{B}\times\mathbf{C})=\mathbf{B}\cdot(\mathbf{C}\times\mathbf{A})=\mathbf{C}\cdot(\mathbf{A}\times\mathbf{B}) \tag{7-37}$$

取 $\mathbf{n}=\mathbf{A}$，$\mathbf{B}=G\mathbf{a}$，$\mathbf{C}=\nabla'\times\tilde{\mathbf{E}}$，有

$$[(\tilde{G}\mathbf{a})\times(\nabla'\times\tilde{\mathbf{E}})]\cdot\mathbf{n}=\mathbf{n}\cdot[(\tilde{G}\mathbf{a})\times(\nabla'\times\tilde{\mathbf{E}})]=(\tilde{G}\mathbf{a})\cdot[(\nabla'\times\tilde{\mathbf{E}})\times\mathbf{n}] \tag{7-38}$$

又由[2]

$$\nabla'(\mathbf{A}\cdot\mathbf{B})=\mathbf{B}\times(\nabla'\times\mathbf{A})+\mathbf{A}\times(\nabla'\times\mathbf{B})+(\mathbf{B}\cdot\nabla')\mathbf{A}+(\mathbf{A}\cdot\nabla')\mathbf{B} \tag{7-39}$$

取 $\mathbf{n}=\mathbf{A}$，$\mathbf{B}=\tilde{\mathbf{E}}$，有

$$\nabla'(\mathbf{n}\cdot\tilde{\mathbf{E}})=\tilde{\mathbf{E}}\times(\nabla'\times\mathbf{n})+\mathbf{n}\times(\nabla'\times\tilde{\mathbf{E}})+(\tilde{\mathbf{E}}\cdot\nabla')\mathbf{n}+(\mathbf{n}\cdot\nabla')\tilde{\mathbf{E}} \tag{7-40}$$

因为法向单位矢量 $\mathbf{n}$ 与面元 $\mathrm{d}S'$ 相关，而 ∇' 是对被积函数的空间坐标 $\mathbf{r}'$ 求导数，因而 $\mathbf{n}$ 可作为常矢量处理，因此有

$$\nabla'\times\mathbf{n}=0,\quad(\tilde{\mathbf{E}}\cdot\nabla')\mathbf{n}=0 \tag{7-41}$$

又

$$\mathbf{n}\times(\nabla'\times\tilde{\mathbf{E}})=-(\nabla'\times\tilde{\mathbf{E}})\times\mathbf{n} \tag{7-42}$$

代入式（7-40），得到

$$(\nabla'\times\tilde{\mathbf{E}})\times\mathbf{n}=(\mathbf{n}\cdot\nabla')\tilde{\mathbf{E}}-\nabla'(\mathbf{n}\cdot\tilde{\mathbf{E}}) \tag{7-43}$$

将式（7-43）代入式（7-38），有

$$[(\tilde{G}\mathbf{a})\times(\nabla'\times\tilde{\mathbf{E}})]\cdot\mathbf{n}=(\tilde{G}\mathbf{a})\cdot[(\mathbf{n}\cdot\nabla')\tilde{\mathbf{E}}-\nabla'(\mathbf{n}\cdot\tilde{\mathbf{E}})] \tag{7-44}$$

代入式（7-36），得到

$$\mathbf{a}\cdot\tilde{\mathbf{E}}(\mathbf{r})=\mathbf{a}\cdot\oiint_{(S')}\{[(\mathbf{n}\cdot\nabla')\tilde{\mathbf{E}}-\nabla'(\mathbf{n}\cdot\tilde{\mathbf{E}})]\tilde{G}-\tilde{\mathbf{E}}(\nabla'\tilde{G}\cdot\mathbf{n})+(\tilde{\mathbf{E}}\cdot\nabla'\tilde{G})\mathbf{n}-\nabla'\tilde{G}(\tilde{\mathbf{E}}\cdot\mathbf{n})\}\mathrm{d}S' \tag{7-45}$$

显然，有

$$\tilde{\mathbf{E}}(\mathbf{r})=\oiint_{(S')}\{[(\mathbf{n}\cdot\nabla')\tilde{\mathbf{E}}-\nabla'(\mathbf{n}\cdot\tilde{\mathbf{E}})]\tilde{G}-\tilde{\mathbf{E}}(\nabla'\tilde{G}\cdot\mathbf{n})+(\tilde{\mathbf{E}}\cdot\nabla'\tilde{G})\mathbf{n}-\nabla'\tilde{G}(\tilde{\mathbf{E}}\cdot\mathbf{n})\}\mathrm{d}S' \quad (7\text{-}46)$$

这就是惠更斯-菲涅耳衍射原理电场强度矢量的表达式。

同样，如果令

$$\begin{cases}\tilde{\mathbf{P}}=\tilde{\mathbf{H}}(\mathbf{r})\\ \tilde{\mathbf{Q}}=\tilde{G}(\mathbf{r},\mathbf{r}')\mathbf{a}=\tilde{G}\mathbf{a}\end{cases} \quad (7\text{-}47)$$

利用矢量格林定理，可得惠更斯-菲涅耳衍射原理磁场强度矢量的表达式为

$$\tilde{\mathbf{H}}(\mathbf{r})=\oiint_{(S')}\{[(\mathbf{n}\cdot\nabla')\tilde{\mathbf{H}}-\nabla'(\mathbf{n}\cdot\tilde{\mathbf{H}})]\tilde{G}-\tilde{\mathbf{H}}(\nabla'\tilde{G}\cdot\mathbf{n})+(\tilde{\mathbf{H}}\cdot\nabla'\tilde{G})\mathbf{n}-\nabla'\tilde{G}(\tilde{\mathbf{H}}\cdot\mathbf{n})\}\mathrm{d}S' \quad (7\text{-}48)$$

7.1.4 基尔霍夫矢量衍射定理

取 $\mathbf{A}=\tilde{\mathbf{E}}$，$\varphi=\tilde{G}$，且 $\nabla'\cdot\tilde{\mathbf{E}}=0$，由式（7-19）有

$$(\tilde{\mathbf{E}}\cdot\nabla'\tilde{G})\mathbf{n}=[\nabla'\cdot(\tilde{G}\tilde{\mathbf{E}})]\mathbf{n}-\tilde{G}(\nabla'\cdot\tilde{\mathbf{E}})\mathbf{n}=[\nabla'\cdot(\tilde{G}\tilde{\mathbf{E}})]\mathbf{n} \quad (7\text{-}49)$$

代入式（7-46），得到

$$\tilde{\mathbf{E}}(\mathbf{r})=\oiint_{(S')}\{\tilde{G}(\mathbf{n}\cdot\nabla')\tilde{\mathbf{E}}+[\nabla'\cdot(\tilde{G}\tilde{\mathbf{E}})]\mathbf{n}-\tilde{G}\nabla'(\mathbf{n}\cdot\tilde{\mathbf{E}})-\tilde{\mathbf{E}}(\nabla'\tilde{G}\cdot\mathbf{n})-(\tilde{\mathbf{E}}\cdot\mathbf{n})\nabla'\tilde{G}\}\mathrm{d}S' \quad (7\text{-}50)$$

利用梯度关系

$$\nabla'(fg)=g\nabla'f+f\nabla'g \quad (7\text{-}51)$$

取 $f=\tilde{G}$，$g=(\mathbf{n}\cdot\tilde{\mathbf{E}})$，有

$$\nabla'[\tilde{G}(\mathbf{n}\cdot\tilde{\mathbf{E}})]=(\mathbf{n}\cdot\tilde{\mathbf{E}})\nabla'\tilde{G}+\tilde{G}\nabla'(\mathbf{n}\cdot\tilde{\mathbf{E}}) \quad (7\text{-}52)$$

即

$$\tilde{G}\nabla'(\mathbf{n}\cdot\tilde{\mathbf{E}})=\nabla'[\tilde{G}(\mathbf{n}\cdot\tilde{\mathbf{E}})]-(\mathbf{n}\cdot\tilde{\mathbf{E}})\nabla'\tilde{G} \quad (7\text{-}53)$$

将式（7-53）代入式（7-50），化简得到

$$\begin{aligned}\tilde{\mathbf{E}}(\mathbf{r})&=\oiint_{(S')}\{\tilde{G}(\mathbf{n}\cdot\nabla')\tilde{\mathbf{E}}+[\nabla'\cdot(\tilde{G}\tilde{\mathbf{E}})]\mathbf{n}-\nabla'[\tilde{G}(\mathbf{n}\cdot\tilde{\mathbf{E}})]-\tilde{\mathbf{E}}(\nabla'\tilde{G}\cdot\mathbf{n})\}\mathrm{d}S'\\&=\oiint_{(S')}[\tilde{G}(\mathbf{n}\cdot\nabla')\tilde{\mathbf{E}}-\tilde{\mathbf{E}}(\mathbf{n}\cdot\nabla'\tilde{G})]\mathrm{d}S'-\oiint_{(S')}\{\nabla'[\tilde{G}(\mathbf{n}\cdot\tilde{\mathbf{E}})]-[\nabla'\cdot(\tilde{G}\tilde{\mathbf{E}})]\mathbf{n}\}\mathrm{d}S'\end{aligned} \quad (7\text{-}54)$$

又由于[1]

$$(\mathbf{n}\times\nabla')\times(\tilde{G}\tilde{\mathbf{E}})=\nabla'[\tilde{G}(\mathbf{n}\cdot\tilde{\mathbf{E}})]-[\nabla'\cdot(\tilde{G}\tilde{\mathbf{E}})]\mathbf{n} \quad (7\text{-}55)$$

代入式（7-54），得到

$$\tilde{\mathbf{E}}(\mathbf{r})=\oiint_{(S')}[\tilde{G}(\mathbf{n}\cdot\nabla')\tilde{\mathbf{E}}-\tilde{\mathbf{E}}(\mathbf{n}\cdot\nabla'\tilde{G})]\mathrm{d}S'-\oiint_{(S')}(\mathbf{n}\times\nabla')\times(\tilde{G}\tilde{\mathbf{E}})\mathrm{d}S' \quad (7\text{-}56)$$

下面证明式（7-56）右边第二项闭合面的积分为零，即

$$\oiint_{(S')}(\mathbf{n}\times\nabla')\times(\tilde{G}\tilde{\mathbf{E}})\mathrm{d}S'=\oiint_{(S')}(\mathrm{d}\mathbf{S}'\times\nabla')\times(\tilde{G}\tilde{\mathbf{E}})=0 \quad (7\text{-}57)$$

为了便于应用斯托克斯定理[1]

$$\iint_{(S)}(\mathrm{d}\mathbf{S}\times\nabla)\times\mathbf{A}=\oint_{(L)}\mathrm{d}\mathbf{l}\times\mathbf{A} \quad (7\text{-}58)$$

将式（7-57）化简为

$$\oiint_{(S')}(\mathrm{d}\mathbf{S}'\times\nabla')\times(\tilde{G}\tilde{\mathbf{E}})=\iint_{(S_1')}(\mathrm{d}\mathbf{S}'\times\nabla')\times(\tilde{G}\tilde{\mathbf{E}})+\iint_{(S_2')}(\mathrm{d}\mathbf{S}'\times\nabla')\times(\tilde{G}\tilde{\mathbf{E}}) \tag{7-59}$$

式中，$S'=S_1'+S_2'$。S_1'是回路L_1'上的任意开曲面，S_2'是回路L_2'上的任意开曲面，L_1'和L_2'重合，如图 7-1 所示。

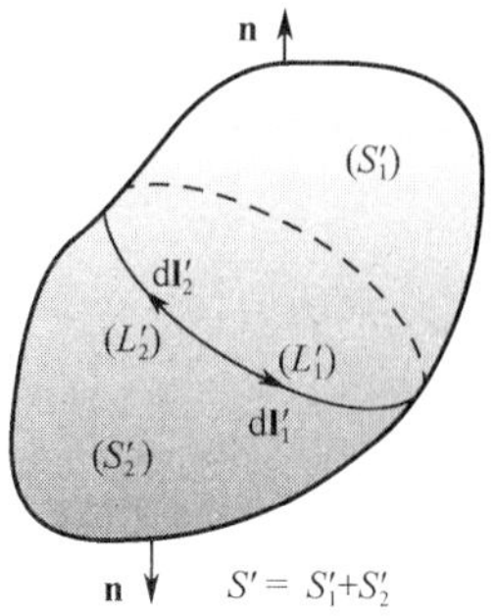

图 7-1　封闭面积分

依据斯托克斯定理，有

$$\iint_{(S_1')}(\mathrm{d}\mathbf{S}'\times\nabla')\times(\tilde{G}\tilde{\mathbf{E}})=\oint_{(L_1')}\mathrm{d}\mathbf{l}_1'\times(\tilde{G}\tilde{\mathbf{E}}) \tag{7-60}$$

$$\iint_{(S_2')}(\mathrm{d}\mathbf{S}'\times\nabla')\times(\tilde{G}\tilde{\mathbf{E}})=\oint_{(L_2')}\mathrm{d}\mathbf{l}_2'\times(\tilde{G}\tilde{\mathbf{E}}) \tag{7-61}$$

因为L_1'和L_2'重合，必有

$$\mathrm{d}\mathbf{l}_1'=-\mathrm{d}\mathbf{l}_2' \tag{7-62}$$

因而

$$\iint_{(S_2')}(\mathrm{d}\mathbf{S}'\times\nabla')\times(\tilde{G}\tilde{\mathbf{E}})=-\oint_{(L_1')}\mathrm{d}\mathbf{l}_1'\times(\tilde{G}\tilde{\mathbf{E}}) \tag{7-63}$$

将式（7-60）和式（7-63）代入式（7-59），即可证明式（7-57）成立。

将式（7-57）代入式（7-56），得到

$$\tilde{\mathbf{E}}(\mathbf{r})=\oiint_{(S')}[\tilde{G}(\mathbf{n}\cdot\nabla')\tilde{\mathbf{E}}-\tilde{\mathbf{E}}(\mathbf{n}\cdot\nabla'\tilde{G})]\mathrm{d}S' \tag{7-64}$$

根据方向导数的定义

$$\frac{\partial u}{\partial l}=\mathbf{l}_0\cdot\nabla u \tag{7-65}$$

式中，$\mathbf{l}_0$为长度矢量微元 $\mathrm{d}\mathbf{l}$ 的单位矢量。在式（7-64）中，$\tilde{\mathbf{E}}$和$\tilde{G}$的方向导数为

$$\frac{\partial\tilde{\mathbf{E}}(\mathbf{r}')}{\partial n}=(\mathbf{n}\cdot\nabla')\tilde{\mathbf{E}},\qquad\frac{\partial\tilde{G}(\mathbf{r},\mathbf{r}')}{\partial n}=\mathbf{n}\cdot\nabla'\tilde{G} \tag{7-66}$$

代入式（7-64），有

$$\tilde{\mathbf{E}}(\mathbf{r})=\oiint_{(S')}\left[\tilde{G}(\mathbf{r},\mathbf{r}')\frac{\partial\tilde{\mathbf{E}}(\mathbf{r}')}{\partial n}-\tilde{\mathbf{E}}(\mathbf{r}')\frac{\partial\tilde{G}(\mathbf{r},\mathbf{r}')}{\partial n}\right]\mathrm{d}S' \tag{7-67}$$

同理，由式（7-48），可得

$$\tilde{\mathbf{H}}(\mathbf{r})=\oiint_{(S')}\left[\tilde{G}(\mathbf{r},\mathbf{r}')\frac{\partial\tilde{\mathbf{H}}(\mathbf{r}')}{\partial n}-\tilde{\mathbf{H}}(\mathbf{r}')\frac{\partial\tilde{G}(\mathbf{r},\mathbf{r}')}{\partial n}\right]\mathrm{d}S' \tag{7-68}$$

式（7-67）和式（7-68）就是基尔霍夫矢量衍射定理。

7.1.5　平面衍射屏平面波入射的基尔霍夫矢量衍射公式

对于光波衍射问题，通常源区和衍射场是分开的两个区域，如图 7-2 所示。平面衍射屏位于 $X'Y'$ 平面，左侧为源区，右侧为衍射区，衍射屏开孔面为S'，边缘点为D、D'。用基尔霍夫矢量衍射定理式（7-67）分析平面屏开孔的衍射，将闭合面积分看作由衍射屏与半径r_0趋于无穷的球面构成的闭合面，在孔的尺寸大于入射光波长的情况下，需要做如下近似：① 开孔平面S'的场等于入射场；② 开孔以外衍射屏S_1'、S_2'和球面S_3'的场及其法向导数为零。由此闭曲面积分式（7-67）和式（7-68）近似为开曲面积分

$$\tilde{\mathbf{E}}(\mathbf{r}) \approx \iint_{(S')} \left[\tilde{G}(\mathbf{r},\mathbf{r}') \frac{\partial \tilde{\mathbf{E}}(\mathbf{r}')}{\partial n} - \tilde{\mathbf{E}}(\mathbf{r}') \frac{\partial \tilde{G}(\mathbf{r},\mathbf{r}')}{\partial n} \right] \mathrm{d}S' \tag{7-69}$$

$$\tilde{\mathbf{H}}(\mathbf{r}) \approx \iint_{(S')} \left[\tilde{G}(\mathbf{r},\mathbf{r}') \frac{\partial \tilde{\mathbf{H}}(\mathbf{r}')}{\partial n} - \tilde{\mathbf{H}}(\mathbf{r}') \frac{\partial \tilde{G}(\mathbf{r},\mathbf{r}')}{\partial n} \right] \mathrm{d}S' \tag{7-70}$$

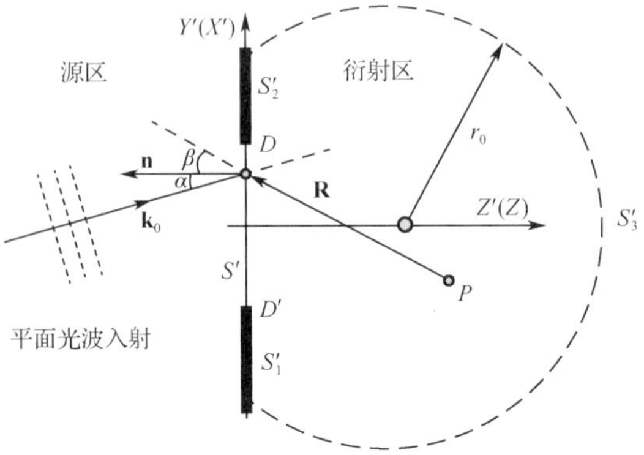

图 7-2　平面光波通过无限大开孔平面的衍射

下面在平面波入射情况下，对式（7-69）和式（7-70）进行化简。

由式（2-27）和式（2-30）可写出入射平面光波为

$$\begin{cases} \tilde{\mathbf{E}}(\mathbf{r}') = \tilde{\mathbf{E}}_0 \mathrm{e}^{-\mathrm{j}k\mathbf{k}_0 \cdot \mathbf{r}'} \\ \tilde{\mathbf{H}}(\mathbf{r}') = \tilde{\mathbf{H}}_0 \mathrm{e}^{-\mathrm{j}k\mathbf{k}_0 \cdot \mathbf{r}'} \end{cases} \tag{7-71}$$

式中，$\tilde{\mathbf{E}}_0$ 为电场强度复振幅矢量初始值，$\tilde{\mathbf{H}}_0$ 为磁场强度复振幅矢量初始值，两者的关系为

$$\tilde{\mathbf{H}}_0 = \frac{k}{\omega\mu} \mathbf{k}_0 \times \tilde{\mathbf{E}}_0 \tag{7-72}$$

$k = 2\pi/\lambda$ 为波数，$\mathbf{k}_0$ 为波传播方向单位矢量，写成方向余弦的形式为

$$\mathbf{k}_0 = \cos\alpha' \mathbf{e}_{x'} + \cos\gamma' \mathbf{e}_{y'} + \cos\gamma' \mathbf{e}_{z'} \tag{7-73}$$

式中，α'、β' 和 γ' 为 $\mathbf{k}_0$ 与坐标轴 X'、Y' 和 Z' 之间的夹角。$\mathbf{r}'$ 为平面波等相位面上任意一点的位置矢量，即

$$\mathbf{r}' = x'\mathbf{e}_{x'} + y'\mathbf{e}_{y'} + z'\mathbf{e}_{z'} \tag{7-74}$$

根据球坐标系下的梯度公式

$$\nabla u = \frac{\partial u}{\partial r}\mathbf{e}_r + \frac{1}{r}\frac{\partial u}{\partial \theta}\mathbf{e}_\theta + \frac{1}{r\sin\theta}\frac{\partial u}{\partial \varphi}\mathbf{e}_\varphi \tag{7-75}$$

利用式（7-65），对式（7-14）求法向导数，有

$$\frac{\partial \tilde{G}}{\partial n} = \mathbf{n} \cdot \nabla' \tilde{G} = \mathbf{n} \cdot \mathbf{e}_R \frac{\partial \tilde{G}}{\partial R} = -\left(\mathrm{j}k + \frac{1}{R} \right) \frac{1}{4\pi} \frac{\mathrm{e}^{-\mathrm{j}kR}}{R} (\mathbf{n} \cdot \mathbf{e}_R) \tag{7-76}$$

式中，$\mathbf{e}_R$ 为 $\mathbf{R} = \mathbf{r} - \mathbf{r}'$ 方向的单位矢量。

将式（7-76）代入式（7-69），有

$$\tilde{\mathbf{E}}(\mathbf{r}) = \iint_{(S')} \left[\left(\mathrm{j}k + \frac{1}{R} \right) (\mathbf{n} \cdot \mathbf{e}_R) \tilde{\mathbf{E}}(\mathbf{r}') + \frac{\partial \tilde{\mathbf{E}}(\mathbf{r}')}{\partial n} \right] \frac{1}{4\pi} \frac{\mathrm{e}^{-\mathrm{j}kR}}{R} \mathrm{d}S' \tag{7-77}$$

另外，对式（7-71）在直角坐标系下求方向导数，有

$$\frac{\partial \tilde{\mathbf{E}}(\mathbf{r}')}{\partial n} = \mathbf{n}\cdot\nabla\tilde{\mathbf{E}}(\mathbf{r}') = -\mathrm{j}k\mathbf{n}\cdot\mathbf{k}_0\tilde{\mathbf{E}}_0\mathrm{e}^{-\mathrm{j}k\mathbf{k}_0\cdot\mathbf{r}'} \tag{7-78}$$

由于光波频率很高，即 $kR = 2\pi R/\lambda \gg 1$，式（7-76）可近似为

$$\frac{\partial \tilde{G}}{\partial n} = -\left(1+\frac{1}{\mathrm{j}kR}\right)\frac{\mathrm{j}k}{4\pi}\frac{\mathrm{e}^{-\mathrm{j}kR}}{R}(\mathbf{n}\cdot\mathbf{e}_R) \approx -\frac{\mathrm{j}k}{4\pi}\frac{\mathrm{e}^{-\mathrm{j}kR}}{R}(\mathbf{n}\cdot\mathbf{e}_R) \tag{7-79}$$

将式（7-78）和式（7-79）代入式（7-69），得到

$$\tilde{\mathbf{E}}(\mathbf{r}) \approx \frac{\mathrm{j}\tilde{\mathbf{E}}_0}{\lambda}\iint_{(S')}\mathrm{e}^{-\mathrm{j}k\mathbf{k}_0\cdot\mathbf{r}'}\left[\frac{(\mathbf{n}\cdot\mathbf{e}_R)-(\mathbf{n}\cdot\mathbf{k}_0)}{2}\right]\frac{\mathrm{e}^{-\mathrm{j}kR}}{R}\mathrm{d}S' \tag{7-80}$$

由图 7-2 可以看出，衍射孔平面法向 $\mathbf{n}$ 与 $\mathbf{e}_R$ 和 $\mathbf{k}_0$ 夹角的余弦为

$$\mathbf{n}\cdot\mathbf{e}_R = \cos\beta,\quad \mathbf{n}\cdot\mathbf{k}_0 = \cos(\pi-\alpha) = -\cos\alpha \tag{7-81}$$

代入式（7-80），得到

$$\tilde{\mathbf{E}}(\mathbf{r}) \approx \frac{\mathrm{j}\tilde{\mathbf{E}}_0}{\lambda}\iint_{(S')}\mathrm{e}^{-\mathrm{j}k\mathbf{k}_0\cdot\mathbf{r}'}\left[\frac{\cos\alpha+\cos\beta}{2}\right]\frac{\mathrm{e}^{-\mathrm{j}kR}}{R}\mathrm{d}S' \tag{7-82}$$

显然，在平面波入射情况下，基尔霍夫矢量衍射公式与标量衍射公式的形式完全相同，标量衍射公式仅是矢量衍射公式的分量形式。需要强调的是，平面波衍射矢量公式（7-82）和平面波衍射标量公式（6-104）采用了不同的记号，其对应关系为 $\mathbf{r}'\to\mathbf{R}$， $R\to r$ 。另外，由于球面波不存在简单解析矢量形式，因而不存在球面波入射衍射矢量公式。

同理，可写出磁场强度矢量基尔霍夫衍射公式为

$$\tilde{\mathbf{H}}(\mathbf{r}) \approx \frac{\mathrm{j}\tilde{\mathbf{H}}_0}{\lambda}\iint_{(S')}\mathrm{e}^{-\mathrm{j}k\mathbf{k}_0\cdot\mathbf{r}'}\left[\frac{\cos\alpha+\cos\beta}{2}\right]\frac{\mathrm{e}^{-\mathrm{j}kR}}{R}\mathrm{d}S' \tag{7-83}$$

将式（7-72）代入上式，并利用 $k=\omega\sqrt{\mu\varepsilon}$ ，有

$$\tilde{\mathbf{H}}(\mathbf{r}) \approx \frac{\mathrm{j}\sqrt{\varepsilon}\mathbf{k}_0\times\tilde{\mathbf{E}}_0}{\sqrt{\mu}\lambda}\iint_{(S')}\mathrm{e}^{-\mathrm{j}k\mathbf{k}_0\cdot\mathbf{r}'}\left[\frac{\cos\alpha+\cos\beta}{2}\right]\frac{\mathrm{e}^{-\mathrm{j}kR}}{R}\mathrm{d}S' \tag{7-84}$$

7.1.6　基尔霍夫衍射公式的近似

矢量衍射理论的标量格林函数形式与标量衍射理论的标量格林函数形式没有差别，从数学的角度讲，取衍射屏开孔外的场为零，这种做法也是不合理的，原因是选择了自由空间矢量亥姆霍兹方程的格林函数式（7-14）。为了解决基尔霍夫矢量衍射积分式（7-82）的不自洽性，也可以按照与标量理论相同的方法讨论瑞利-索末菲矢量衍射定理。下面讨论基尔霍夫矢量衍射积分的近似计算问题。

如图 7-3 所示，设衍射屏的坐标平面为 $X'Y'$，观测屏的坐标平面为 XY ，两坐标平面彼此平行，距离为 z'，Z 轴为光轴。衍射屏孔平面记作 S'，孔平面上任意一点 Q 的位置矢量为 $\mathbf{r}'$，观测屏上任意一点 P 的位置矢量为 $\mathbf{r}$，距离矢量 $\mathbf{R}=\mathbf{r}-\mathbf{r}'$ 。

计算矢量衍射积分式（7-82），需要进行傍轴近似和距离近似。

1．傍轴近似

当衍射屏孔平面 S' 的大小和观测屏的成像范围都远小于孔平面到观测屏的距离 z' 时，衍射光波可近似为傍轴光线。在傍轴近似条件下，可取

$$\cos\alpha = \cos\beta = 1\quad(\alpha\to 0,\ \beta\to 0) \tag{7-85}$$

$$R = |\mathbf{r} - \mathbf{r}'| \approx z' \tag{7-86}$$

由此，式（7-82）可近似为

$$\tilde{\mathbf{E}}(\mathbf{r}) \approx \frac{\mathrm{j}\tilde{\mathbf{E}}_0}{\lambda z'} \iint\limits_{(S')} \mathrm{e}^{-\mathrm{j}k\mathbf{k}_0\cdot\mathbf{r}'} \mathrm{e}^{-\mathrm{j}kR} \mathrm{d}x'\mathrm{d}y' \tag{7-87}$$

因为指数相位中 R 的微小变化会引起相位很大的变化，所以式（7-82）指数相位中的 R 不能由 z' 替代。

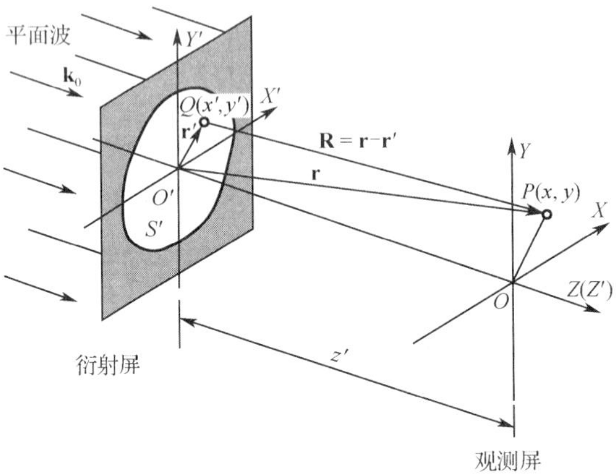

图 7-3 平面波入射衍射屏和观测屏坐标之间的关系

式（7-84）近似为

$$\tilde{\mathbf{H}}(\mathbf{r}) \approx \frac{\mathrm{j}\sqrt{\varepsilon}\mathbf{k}_0 \times \tilde{\mathbf{E}}_0}{\sqrt{\mu}\lambda z'} \iint\limits_{(S')} \mathrm{e}^{-\mathrm{j}k\mathbf{k}_0\cdot\mathbf{r}'} \mathrm{e}^{-\mathrm{j}kR} \mathrm{d}x'\mathrm{d}y' \tag{7-88}$$

2. 距离近似

1）菲涅耳近似

菲涅耳近似为近场衍射。由图 7-3 可知，在直角坐标系下，R 可表示为

$$R = [(x-x')^2 + (y-y')^2 + z'^2]^{1/2} = z'\left[1 + \left(\frac{x-x'}{z'}\right)^2 + \left(\frac{y-y'}{z'}\right)^2\right]^{1/2} \tag{7-89}$$

按二项式展开定理式（6-111）展开，取线性项，近似有

$$\begin{aligned} R &\approx z'\left[1 + \frac{1}{2}\left(\frac{x-x'}{z'}\right)^2 + \frac{1}{2}\left(\frac{y-y'}{z'}\right)^2\right] \\ &= z' + \frac{x^2+y^2}{2z'} + \frac{x'^2+y'^2}{2z'} - \frac{xx'+yy'}{z'} \end{aligned} \tag{7-90}$$

将式（7-90）代入式（7-87）和式（7-88），得到菲涅耳近似表达式为

$$\tilde{\mathbf{E}}(\mathbf{r}) \approx \frac{\mathrm{j}\tilde{\mathbf{E}}_0 \mathrm{e}^{-\mathrm{j}k\left(z' + \frac{x^2+y^2}{2z'}\right)}}{\lambda z'} \iint\limits_{(S')} \mathrm{e}^{-\mathrm{j}k\mathbf{k}_0\cdot\mathbf{r}'} \mathrm{e}^{-\mathrm{j}k\left(\frac{x'^2+y'^2}{2z'} - \frac{xx'+yy'}{z'}\right)} \mathrm{d}x'\mathrm{d}y' \tag{7-91}$$

$$\tilde{\mathbf{H}}(\mathbf{r}) \approx \frac{\mathrm{j}\sqrt{\varepsilon}\mathbf{k}_0 \times \tilde{\mathbf{E}}_0 \mathrm{e}^{-\mathrm{j}k\left(z' + \frac{x^2+y^2}{2z'}\right)}}{\sqrt{\mu}\lambda z'} \iint\limits_{(S')} \mathrm{e}^{-\mathrm{j}k\mathbf{k}_0\cdot\mathbf{r}'} \mathrm{e}^{-\mathrm{j}k\left(\frac{x'^2+y'^2}{2z'} - \frac{xx'+yy'}{z'}\right)} \mathrm{d}x'\mathrm{d}y' \tag{7-92}$$

2）夫琅和费近似

夫琅和费近似为远场衍射。当关于 x' 和 y' 的二阶小量满足条件

$$k\frac{(x'^2+y'^2)_{\max}}{2z'}\ll 1 \quad 即 \quad \frac{(x'^2+y'^2)_{\max}}{z'}\ll\frac{\lambda}{\pi} \tag{7-93}$$

忽略该项，式（7-90）可近似为

$$R\approx z'+\frac{x^2+y^2}{2z'}-\frac{xx'+yy'}{z'} \tag{7-94}$$

由此可写出夫琅和费衍射近似表达式为

$$\tilde{\mathbf{E}}(\mathbf{r})\approx\frac{\mathrm{j}\tilde{\mathbf{E}}_0\mathrm{e}^{-\mathrm{j}k\left(z'+\frac{x^2+y^2}{2z'}\right)}}{\lambda z'}\iint_{(S')}\mathrm{e}^{-\mathrm{j}k\mathbf{k}_0\cdot\mathbf{r}'}\mathrm{e}^{\mathrm{j}k\frac{xx'+yy'}{z'}}\mathrm{d}x'\mathrm{d}y' \tag{7-95}$$

$$\tilde{\mathbf{H}}(\mathbf{r})\approx\frac{\mathrm{j}\sqrt{\varepsilon}\mathbf{k}_0\times\tilde{\mathbf{E}}_0\mathrm{e}^{-\mathrm{j}k\left(z'+\frac{x^2+y^2}{2z'}\right)}}{\sqrt{\mu}\lambda z'}\iint_{(S')}\mathrm{e}^{-\mathrm{j}k\mathbf{k}_0\cdot\mathbf{r}'}\mathrm{e}^{\mathrm{j}k\frac{xx'+yy'}{z'}}\mathrm{d}x'\mathrm{d}y' \tag{7-96}$$

7.2　矢量衍射——张量格林函数形式

对于矢量衍射，也可以通过引入等效磁荷和等效磁流，并利用等效原理，得到矢量衍射的张量格林函数形式[1,3,4,7]。

7.2.1　等效形式的麦克斯韦方程和对偶原理

1．等效形式的麦克斯韦方程

自然界中至今尚未发现磁荷和磁流，电荷和电流是产生电磁场的唯一源。但是，在求解某些电磁场问题时，引入“等效磁荷”和“等效磁流”的假想概念还是很有效的。引入磁荷和磁流后，认为磁荷为磁场的散度源，磁流为电场的旋度源，与时谐形式的麦克斯韦方程（1-159）～方程（1-162）相比较，可写出由电荷和电流、磁荷和磁流共同产生的电磁场的麦克斯韦方程时谐形式为

$$\begin{cases}\nabla\times\tilde{\mathbf{H}}=\mathrm{j}\omega\tilde{\varepsilon}\tilde{\mathbf{E}}+\tilde{\mathbf{J}}_V & (7\text{-}97)\\ \nabla\times\tilde{\mathbf{E}}=-\mathrm{j}\omega\tilde{\mu}\tilde{\mathbf{H}}-\tilde{\mathbf{J}}_{\mathrm{m}} & (7\text{-}98)\\ \nabla\cdot\tilde{\mathbf{B}}=\tilde{\rho}_{\mathrm{m}} & (7\text{-}99)\\ \nabla\cdot\tilde{\mathbf{D}}=\tilde{\rho}_V & (7\text{-}100)\end{cases}$$

式中，$\tilde{\varepsilon}$ 为复介电常数，$\tilde{\mu}$ 为复磁导率［见式（1-112）和式（1-113）］；$\tilde{\mathbf{J}}_{\mathrm{m}}$ 为磁流体密度矢量，$\tilde{\rho}_{\mathrm{m}}$ 为磁荷体密度，$\tilde{\mathbf{J}}_{\mathrm{m}}$ 和 $\tilde{\rho}_{\mathrm{m}}$ 仅具有等效的意义。与式（1-163）相类比，磁流和磁荷满足磁流连续性方程

$$\nabla\cdot\tilde{\mathbf{J}}_{\mathrm{m}}=-\mathrm{j}\omega\tilde{\rho}_{\mathrm{m}} \tag{7-101}$$

需要强调的是，式（7-98）和式（7-101）引入的 $\tilde{\mathbf{J}}_{\mathrm{m}}$ 表示磁流，是由磁荷 $\tilde{\rho}_{\mathrm{m}}$ 的运动引起的，与介质磁化产生的束缚电流 $\tilde{\mathbf{J}}_{V_{\mathrm{bm}}}$［见式（1-84）］是完全不同的两个概念。

如果将电场和磁场分为两部分：一部分由电荷和电流产生，以 $\tilde{\mathbf{E}}^{\mathrm{e}}$ 和 $\tilde{\mathbf{H}}^{\mathrm{e}}$ 表示；另一部分

由磁荷和磁流产生，以 $\tilde{\mathbf{E}}^{\mathrm{m}}$ 和 $\tilde{\mathbf{H}}^{\mathrm{m}}$ 表示，则

$$\begin{cases}\tilde{\mathbf{E}} = \tilde{\mathbf{E}}^{\mathrm{e}} + \tilde{\mathbf{E}}^{\mathrm{m}} \\ \tilde{\mathbf{H}} = \tilde{\mathbf{H}}^{\mathrm{e}} + \tilde{\mathbf{H}}^{\mathrm{m}}\end{cases} \tag{7-102}$$

由于麦克斯韦方程是线性方程，将式（7-102）代入式（7-97）～式（7-100），电荷和电流产生的电磁场方程为

$$\begin{cases}\nabla\times\tilde{\mathbf{H}}^{\mathrm{e}} = \mathrm{j}\omega\tilde{\varepsilon}\tilde{\mathbf{E}}^{\mathrm{e}} + \tilde{\mathbf{J}}_V & (7\text{-}103) \\ \nabla\times\tilde{\mathbf{E}}^{\mathrm{e}} = -\mathrm{j}\omega\tilde{\mu}\tilde{\mathbf{H}}^{\mathrm{e}} & (7\text{-}104) \\ \nabla\cdot\tilde{\mathbf{B}}^{\mathrm{e}} = 0 & (7\text{-}105) \\ \nabla\cdot\tilde{\mathbf{D}}^{\mathrm{e}} = \tilde{\rho}_V & (7\text{-}106)\end{cases}$$

磁荷和磁流产生的电磁场方程为

$$\begin{cases}\nabla\times\tilde{\mathbf{H}}^{\mathrm{m}} = \mathrm{j}\omega\tilde{\varepsilon}\tilde{\mathbf{E}}^{\mathrm{m}} & (7\text{-}107) \\ \nabla\times\tilde{\mathbf{E}}^{\mathrm{m}} = -\mathrm{j}\omega\tilde{\mu}\tilde{\mathbf{H}}^{\mathrm{m}} - \tilde{\mathbf{J}}_{\mathrm{m}} & (7\text{-}108) \\ \nabla\cdot\tilde{\mathbf{B}}^{\mathrm{m}} = \tilde{\rho}_{\mathrm{m}} & (7\text{-}109) \\ \nabla\cdot\tilde{\mathbf{D}}^{\mathrm{m}} = 0 & (7\text{-}110)\end{cases}$$

式（7-103）～式（7-106）称为电性源麦克斯韦方程，而式（7-107）～式（7-110）称为磁性源麦克斯韦方程。

2. 对偶原理

电性源麦克斯韦方程和磁性源麦克斯韦方程的形式完全相同，其对应关系为

$$\begin{cases}\tilde{\mathbf{E}}^{\mathrm{e}} \to \tilde{\mathbf{H}}^{\mathrm{m}} \\ \tilde{\mathbf{H}}^{\mathrm{e}} \to -\tilde{\mathbf{E}}^{\mathrm{m}}\end{cases},\quad \begin{cases}\tilde{\varepsilon} \to \tilde{\mu} \\ \tilde{\mu} \to \tilde{\varepsilon}\end{cases},\quad \begin{cases}\tilde{\mathbf{J}}_V \to \tilde{\mathbf{J}}_{\mathrm{m}} \\ \tilde{\rho}_V \to \tilde{\rho}_{\mathrm{m}}\end{cases} \tag{7-111}$$

这种对应关系通常称为对偶原理或二重性原理。利用对偶原理，可以直接由电性源电荷和电流产生的电磁场直接导出分布特性相同的磁性源磁荷和磁流产生的电磁场，仅需要置换相应的参数，不需要重新推导和计算。也就是说，只要求出电性源麦克斯韦方程的解，就可根据对偶原理得到相同条件下磁性源麦克斯韦方程的解。

3. 等效边界条件

引入磁荷和磁流后，边界条件式（1-397）、式（1-398）、式（1-400）和式（1-401）改写为

$$\begin{cases}\mathbf{n}\times(\tilde{\mathbf{E}}_1 - \tilde{\mathbf{E}}_2) = -\tilde{\mathbf{J}}_{\mathrm{m}S} & (7\text{-}112) \\ \mathbf{n}\times(\tilde{\mathbf{H}}_1 - \tilde{\mathbf{H}}_2) = \tilde{\mathbf{J}}_S & (7\text{-}113) \\ \mathbf{n}\cdot(\tilde{\mathbf{D}}_1 - \tilde{\mathbf{D}}_2) = \tilde{\rho}_S & (7\text{-}114) \\ \mathbf{n}\cdot(\tilde{\mathbf{B}}_1 - \tilde{\mathbf{B}}_2) = \tilde{\rho}_{\mathrm{m}S} & (7\text{-}115)\end{cases}$$

式中，$\tilde{\mathbf{J}}_{\mathrm{m}S}$ 和 $\tilde{\rho}_{\mathrm{m}S}$ 分别为面磁流和面磁荷密度，$\tilde{\mathbf{J}}_S$ 和 $\tilde{\rho}_S$ 分别为面电流和面电荷密度；$\mathbf{n}$ 为介质分界面的法向单位矢量，由介质 2 指向介质 1，如图 1-12 所示。

与理想电导体分界面边界条件相对应，即式（1-408）～式（1-411），也存在理想磁导体边界条件，因为理想磁导体内部没有磁场和电场，因而与式（1-408）～式（1-411）相对应的理想磁导体表面边界条件为

$$\begin{cases}\mathbf{n}\times\tilde{\mathbf{E}}_1=-\tilde{\mathbf{J}}_{mS} & (7\text{-}116)\\ \mathbf{n}\times\tilde{\mathbf{H}}_1=0 & (7\text{-}117)\\ \mathbf{n}\cdot\tilde{\mathbf{D}}_1=0 & (7\text{-}118)\\ \mathbf{n}\cdot\tilde{\mathbf{B}}_1=\tilde{\rho}_{mS} & (7\text{-}119)\end{cases}$$

7.2.2　等效原理

1．唯一性定理

已知空间区域V内源$\tilde{\mathbf{J}}_V$和ρ_V的分布，且V的边界S面上的电场$\tilde{\mathbf{E}}$或磁场$\tilde{\mathbf{H}}$的切向分量已知，如图 7-4 所示，则区域V内的电磁场$\tilde{\mathbf{E}}$、$\tilde{\mathbf{H}}$的分布由麦克斯韦方程唯一确定，这就是唯一性定理。

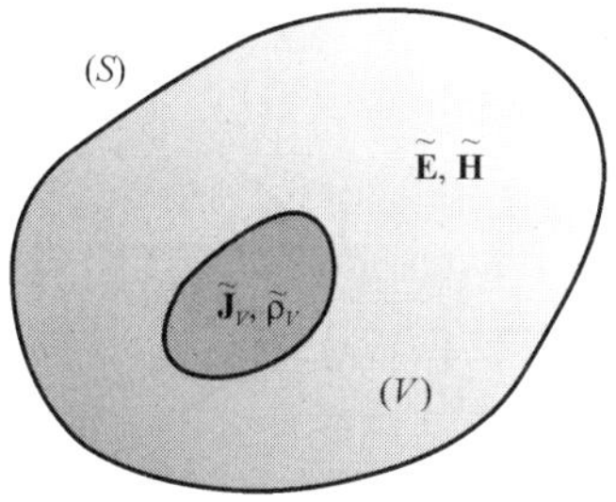

图 7-4　唯一性定理示意图

证明： 假设在区域V内存在两组解，$\tilde{\mathbf{E}}_1$、$\tilde{\mathbf{H}}_1$和$\tilde{\mathbf{E}}_2$、$\tilde{\mathbf{H}}_2$，令

$$\begin{cases}\delta\tilde{\mathbf{E}}=\tilde{\mathbf{E}}_2-\tilde{\mathbf{E}}_1\\ \delta\tilde{\mathbf{H}}=\tilde{\mathbf{H}}_2-\tilde{\mathbf{H}}_1\end{cases}\tag{7-120}$$

因为两个解都满足具有相同源$\tilde{\mathbf{J}}_V$和$\tilde{\mathbf{J}}_m$的麦克斯韦方程（7-97）和方程（7-98），因此二者之差满足无源麦克斯韦方程

$$\begin{cases}\nabla\times\delta\tilde{\mathbf{H}}=\mathrm{j}\omega\tilde{\varepsilon}\delta\tilde{\mathbf{E}} & (7\text{-}121)\\ \nabla\times\delta\tilde{\mathbf{E}}=-\mathrm{j}\omega\tilde{\mu}\delta\tilde{\mathbf{H}} & (7\text{-}122)\end{cases}$$

式（7-122）点乘$\delta\tilde{\mathbf{H}}^*$，得到

$$(\nabla\times\delta\tilde{\mathbf{E}})\cdot\delta\tilde{\mathbf{H}}^*=-\mathrm{j}\omega\tilde{\mu}\delta\tilde{\mathbf{H}}\cdot\delta\tilde{\mathbf{H}}^*=-\mathrm{j}\omega\tilde{\mu}\,|\,\delta\tilde{\mathbf{H}}\,|^2\tag{7-123}$$

式（7-121）取共轭，点乘$\delta\tilde{\mathbf{E}}$有

$$(\nabla\times\delta\tilde{\mathbf{H}}^*)\cdot\delta\tilde{\mathbf{E}}=-\mathrm{j}\omega\tilde{\varepsilon}^*\delta\tilde{\mathbf{E}}^*\cdot\delta\tilde{\mathbf{E}}=-\mathrm{j}\omega\tilde{\varepsilon}^*\,|\,\delta\tilde{\mathbf{E}}\,|^2\tag{7-124}$$

令式（7-123）与式（7-124）相减，并利用式（7-6）有

$$\nabla\cdot(\delta\tilde{\mathbf{E}}\times\delta\tilde{\mathbf{H}}^*)=-\mathrm{j}\omega\tilde{\mu}\,|\,\delta\tilde{\mathbf{H}}\,|^2+\mathrm{j}\omega\tilde{\varepsilon}^*\,|\,\delta\tilde{\mathbf{E}}\,|^2\tag{7-125}$$

此式取复共轭有

$$\nabla\cdot(\delta\tilde{\mathbf{E}}^*\times\delta\tilde{\mathbf{H}})=\mathrm{j}\omega\tilde{\mu}^*\,|\,\delta\tilde{\mathbf{H}}\,|^2-\mathrm{j}\omega\tilde{\varepsilon}\,|\,\delta\tilde{\mathbf{E}}\,|^2\tag{7-126}$$

令式（7-125）和式（7-126）相加，并利用式（1-112）和式（1-113），得到

$$\nabla\cdot(\delta\tilde{\mathbf{E}}\times\delta\tilde{\mathbf{H}}^*+\delta\tilde{\mathbf{E}}^*\times\delta\tilde{\mathbf{H}})=-2\mu_0\mu_i\omega\,|\,\delta\tilde{\mathbf{H}}\,|^2-2\varepsilon_0\varepsilon_i\omega\,|\,\delta\tilde{\mathbf{E}}\,|^2\tag{7-127}$$

令此式在区域V内积分，并利用高斯散度定理式（7-3），有

$$\oint\!\!\!\oint_{(S)}(\delta\tilde{\mathbf{E}}\times\delta\tilde{\mathbf{H}}^*+\delta\tilde{\mathbf{E}}^*\times\delta\tilde{\mathbf{H}})\cdot\mathrm{d}\mathbf{S}=-2\omega\iiint_{(V)}(\mu_0\mu_i\,|\,\delta\tilde{\mathbf{H}}\,|^2+\varepsilon_0\varepsilon_i\,|\,\delta\tilde{\mathbf{E}}\,|^2)\mathrm{d}V\tag{7-128}$$

又由于区域边界面S上电场$\tilde{\mathbf{E}}$或磁场$\tilde{\mathbf{H}}$的切向分量已知，必有$\tilde{\mathbf{E}}_1$、$\tilde{\mathbf{E}}_2$或$\tilde{\mathbf{H}}_1$、$\tilde{\mathbf{H}}_2$在边界面S上的切向分量相同，则有

$$\delta\tilde{\mathbf{E}}\times\mathrm{d}\mathbf{S}=0,\quad\delta\tilde{\mathbf{E}}^*\times\mathrm{d}\mathbf{S}=0,\quad\text{或}\quad\delta\tilde{\mathbf{H}}\times\mathrm{d}\mathbf{S}=0,\quad\delta\tilde{\mathbf{H}}^*\times\mathrm{d}\mathbf{S}=0\tag{7-129}$$

利用式（7-37）可得

$$\oint\!\!\!\oint_{(S)}(\delta\tilde{\mathbf{E}}\times\delta\tilde{\mathbf{H}}^*+\delta\tilde{\mathbf{E}}^*\times\delta\tilde{\mathbf{H}})\cdot\mathrm{d}\mathbf{S}=\oint\!\!\!\oint_{(S)}\delta\tilde{\mathbf{H}}^*\cdot(\mathrm{d}\mathbf{S}\times\delta\tilde{\mathbf{E}})+\delta\tilde{\mathbf{H}}\cdot(\mathrm{d}\mathbf{S}\times\delta\tilde{\mathbf{E}}^*)=0\tag{7-130}$$

则有

$$\iiint_{(V)} (\mu_0\mu_i \,|\,\delta\tilde{\mathbf{H}}\,|^2 + \varepsilon_0\varepsilon_i \,|\,\delta\tilde{\mathbf{E}}\,|^2)\mathrm{d}V = 0 \tag{7-131}$$

此式成立，必有

$$|\,\delta\tilde{\mathbf{E}}\,|^2 = 0, \quad |\,\delta\tilde{\mathbf{H}}\,|^2 = 0 \tag{7-132}$$

此式表明，在区域V内，处处满足$\tilde{\mathbf{E}}_2 = \tilde{\mathbf{E}}_1$，$\tilde{\mathbf{H}}_2 = \tilde{\mathbf{H}}_1$，即解为唯一。

唯一性定理的必要性和重要性在于，不管采用什么方法，只要找到满足麦克斯韦方程组及边界条件的解，这个解就是唯一的。因此，唯一性定理是求解电磁场问题的理论基础。

2．勒夫等效原理

在空间某区域外，把能在该区域产生相同场分布的两种源称为等效源。这样，实际源产生的电磁场分布可以用它的等效源来代替，即实际源电磁场边界问题的解可以用等效源的解代替，这就是电磁场的等效原理。研究电磁波衍射、辐射和散射问题时，等效原理是非常有用的。

如图 7-5（a）所示，电磁场的源位于空间区域V内，V的边界面为S，在S内电磁场不为零，$\tilde{\mathbf{E}} \neq 0$，$\tilde{\mathbf{H}} \neq 0$，$S$面外的电磁场分布为$\tilde{\mathbf{E}}$和$\tilde{\mathbf{H}}$。如果保持$S$面外的电磁场$\tilde{\mathbf{E}}$和$\tilde{\mathbf{H}}$不变，$S$面内的电磁场为零，即$\tilde{\mathbf{E}} = 0$，$\tilde{\mathbf{H}} = 0$，如图 7-5（b）所示。根据唯一性定理，在边界面S上应有面电流$\tilde{\mathbf{J}}_S$或面磁流$\tilde{\mathbf{J}}_{\mathrm{m}S}$，且

$$\begin{cases} \tilde{\mathbf{J}}_S = \mathbf{n} \times \tilde{\mathbf{H}} & (7\text{-}133) \\ \tilde{\mathbf{J}}_{\mathrm{m}S} = -\mathbf{n} \times \tilde{\mathbf{E}} & (7\text{-}134) \end{cases}$$

这样就可以保证在S面上$\tilde{\mathbf{E}}$和$\tilde{\mathbf{H}}$的切向分量相同，因而在S面外的场分布相同。这就是勒夫（Love）等效原理。

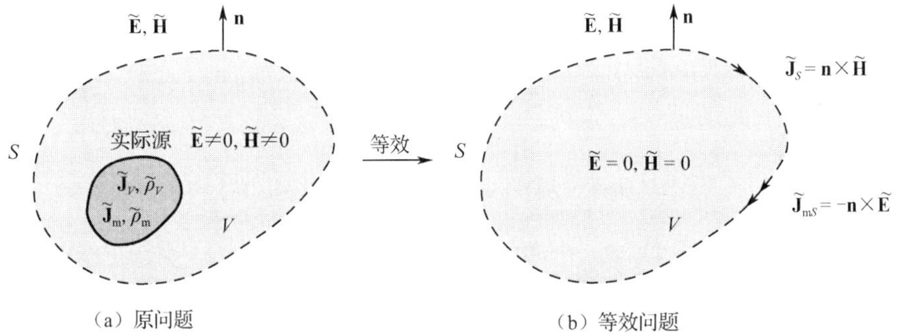

（a）原问题　　（b）等效问题

图 7-5　勒夫等效原理

3．镜像原理

镜像原理是根据唯一性定理，求解某些具有理想导体边界的电磁场边值问题的间接方法，适用于无界区域问题的情况，也称为镜像法。

镜像法的实质是用镜像源代替理想导体边界对场的影响。因为理想导体表面电场的切向分量为零，所以原问题的电流源与镜像虚设的电流源应保证在镜像面的边界上电场切向分量等于零。根据唯一性定理，由电流源和镜像电流源求出的解就是唯一解。

电流源由电流元构成，磁流源由磁流元构成。图 7-6 为与平面理想导体边界平行和垂直放置的电流元和磁流元的镜像元。图 7-6（a）为理想电导体（PEC）平面边界的镜像，由图

可以看出，与理想电导体边界平行放置的电流元，其镜像电流元应与其反向；与理想电导体边界垂直放置的电流元，其镜像电流元与其同向。对于磁流元，其镜像元的方向正好与镜像电流元的方向相反。图 7-6（b）为理想磁导体（PMC）平面边界的镜像，由图可见，磁导体边界与电导体边界的镜像电流元和磁流元的方向正好反向，即电导体边界镜像电流元反向，磁导体边界镜像电流元同向。

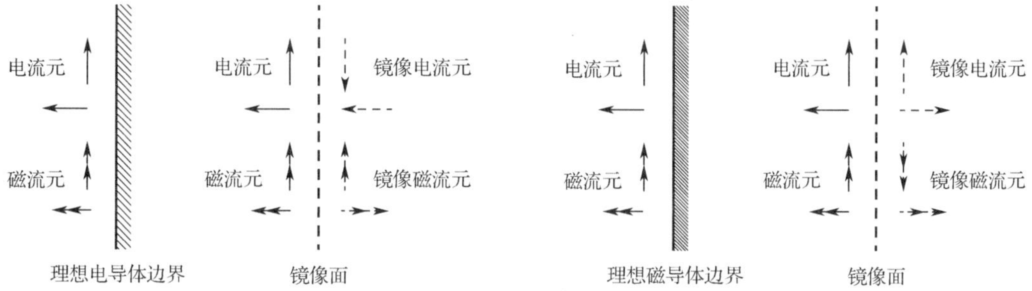

（a）PEC边界　　（b）PMC边界

图 7-6　理想导体平面镜像

7.2.3　非齐次亥姆霍兹方程的张量格林函数的解

1．非齐次亥姆霍兹方程

对于均匀无耗线性各向同性理想介质，式（7-104）两边取旋度，并将式（7-103）代入式（7-104），得到

$$\nabla\times\nabla\times\tilde{\mathbf{E}}^{\mathrm{e}}-k^2\tilde{\mathbf{E}}^{\mathrm{e}}=-\mathrm{j}\omega\mu\tilde{\mathbf{J}}_V \tag{7-135}$$

式（7-103）两边取旋度，并将式（7-104）代入式（7-103），得到

$$\nabla\times\nabla\times\tilde{\mathbf{H}}^{\mathrm{e}}-k^2\tilde{\mathbf{H}}^{\mathrm{e}}=\nabla\times\tilde{\mathbf{J}}_V \tag{7-136}$$

式中，$k^2=\omega^2\mu\varepsilon$ 为波数。式（7-135）和式（7-136）就是电性源情况下的非齐次亥姆霍兹方程。

2．张量格林函数及其非齐次亥姆霍兹方程的解

张量格林函数可以通过利用辅助函数磁矢量位 $\tilde{\mathbf{A}}$ 间接求解非齐次亥姆霍兹方程得到。考虑电性源的情况。根据式（1-301），磁场 $\tilde{\mathbf{H}}^{\mathrm{e}}$ 用磁矢量位 $\tilde{\mathbf{A}}$ 表示为

$$\tilde{\mathbf{H}}^{\mathrm{e}}=\frac{1}{\mu}\nabla\times\tilde{\mathbf{A}} \tag{7-137}$$

将式（7-137）代入式（7-103），有

$$\tilde{\mathbf{E}}^{\mathrm{e}}(\mathbf{r})=\frac{\mathrm{j}}{\omega\varepsilon}\tilde{\mathbf{J}}_V-\frac{\mathrm{j}}{\omega\varepsilon}\nabla\times\tilde{\mathbf{H}}^{\mathrm{e}}=\frac{\mathrm{j}}{\omega\varepsilon}\tilde{\mathbf{J}}_V-\frac{\mathrm{j}}{\omega\mu\varepsilon}\nabla\times\nabla\times\tilde{\mathbf{A}} \tag{7-138}$$

在洛伦兹规范条件下，有源均匀各向同性线性理想介质中的磁矢量位 $\tilde{\mathbf{A}}$ 满足波动方程（1-289），即

$$\nabla^2\tilde{\mathbf{A}}+k^2\tilde{\mathbf{A}}=-\mu\tilde{\mathbf{J}}_V \tag{7-139}$$

由式（1-375）可知，其解为

$$\tilde{\mathbf{A}}(\mathbf{r})=\mu\iiint_{(V)}\tilde{\mathbf{J}}_V(\mathbf{r}')G(\mathbf{r},\mathbf{r}')\mathrm{d}V' \tag{7-140}$$

式中，$G(\mathbf{r},\mathbf{r}')$为全空间格林函数［见式（7-14）］。

将式（7-140）代入式（7-138），有

$$\tilde{\mathbf{E}}^{\mathrm{e}}(\mathbf{r})=\frac{\mathrm{j}}{\omega\varepsilon}\tilde{\mathbf{J}}_V-\frac{\mathrm{j}}{\omega\mu\varepsilon}\nabla\times\left\{\nabla\times\left[\mu\iiint\limits_{(V)}\tilde{\mathbf{J}}_V(\mathbf{r}')G(\mathbf{r},\mathbf{r}')\mathrm{d}V'\right]\right\} \tag{7-141}$$

由于梯度算子∇是对$\mathbf{r}$求导数，而不是对源点$\mathbf{r}'$求导数，因此，式（7-141）可改写为

$$\tilde{\mathbf{E}}^{\mathrm{e}}(\mathbf{r})=\frac{\mathrm{j}}{\omega\varepsilon}\tilde{\mathbf{J}}_V-\frac{\mathrm{j}}{\omega\varepsilon}\iiint\limits_{(V)}\nabla\times\{\nabla\times[\tilde{\mathbf{J}}_V(\mathbf{r}')G(\mathbf{r},\mathbf{r}')]\}\mathrm{d}V' \tag{7-142}$$

利用矢量关系式（7-16）和式（7-19）有

$$\nabla\times\{\nabla\times[\tilde{\mathbf{J}}_V(\mathbf{r}')G(\mathbf{r},\mathbf{r}')]\}=\nabla[\tilde{\mathbf{J}}_V(\mathbf{r}')\cdot\nabla G(\mathbf{r},\mathbf{r}')]-\tilde{\mathbf{J}}_V(\mathbf{r}')\nabla^2G(\mathbf{r},\mathbf{r}') \tag{7-143}$$

代入式（7-142）得到

$$\tilde{\mathbf{E}}^{\mathrm{e}}(\mathbf{r})=\frac{\mathrm{j}}{\omega\varepsilon}\tilde{\mathbf{J}}_V-\frac{\mathrm{j}}{\omega\varepsilon}\iiint\limits_{(V)}\{\nabla[\tilde{\mathbf{J}}_V(\mathbf{r}')\cdot\nabla G(\mathbf{r},\mathbf{r}')]-\tilde{\mathbf{J}}_V(\mathbf{r}')\nabla^2G(\mathbf{r},\mathbf{r}')\}\mathrm{d}V' \tag{7-144}$$

利用式（7-39）有

$$\begin{aligned}\nabla[\tilde{\mathbf{J}}_V(\mathbf{r}')\cdot\nabla G(\mathbf{r},\mathbf{r}')]=&\nabla G(\mathbf{r},\mathbf{r}')\times\nabla\times\tilde{\mathbf{J}}_V(\mathbf{r}')+\tilde{\mathbf{J}}_V(\mathbf{r}')\times[\nabla\times\nabla G(\mathbf{r},\mathbf{r}')]+\\&(\nabla G(\mathbf{r},\mathbf{r}')\cdot\nabla)\tilde{\mathbf{J}}_V(\mathbf{r}')+(\tilde{\mathbf{J}}_V(\mathbf{r}')\cdot\nabla)\nabla G(\mathbf{r},\mathbf{r}')\end{aligned} \tag{7-145}$$

而

$$\begin{cases}\nabla G(\mathbf{r},\mathbf{r}')\times\nabla\times\tilde{\mathbf{J}}_V(\mathbf{r}')=0\\\nabla\times\nabla G(\mathbf{r},\mathbf{r}')=0\\(\nabla G(\mathbf{r},\mathbf{r}')\cdot\nabla)\tilde{\mathbf{J}}_V(\mathbf{r}')=0\end{cases} \tag{7-146}$$

化简得到

$$\nabla[\tilde{\mathbf{J}}_V(\mathbf{r}')\cdot\nabla G(\mathbf{r},\mathbf{r}')]=(\tilde{\mathbf{J}}_V(\mathbf{r}')\cdot\nabla)\nabla G(\mathbf{r},\mathbf{r}') \tag{7-147}$$

代入式（7-144）得到

$$\tilde{\mathbf{E}}^{\mathrm{e}}(\mathbf{r})=\frac{\mathrm{j}}{\omega\varepsilon}\tilde{\mathbf{J}}_V-\frac{\mathrm{j}}{\omega\varepsilon}\iiint\limits_{(V)}\{(\tilde{\mathbf{J}}_V(\mathbf{r}')\cdot\nabla)\nabla G(\mathbf{r},\mathbf{r}')-\tilde{\mathbf{J}}_V(\mathbf{r}')\nabla^2G(\mathbf{r},\mathbf{r}')\}\mathrm{d}V' \tag{7-148}$$

利用矢量与单位张量$\overline{\overline{\mathbf{I}}}$的关系，可将$\tilde{\mathbf{J}}_V(\mathbf{r}')$表示为

$$\tilde{\mathbf{J}}(\mathbf{r}')\cdot\overline{\overline{\mathbf{I}}}=\tilde{\mathbf{J}}(\mathbf{r}') \tag{7-149}$$

式中

$$\overline{\overline{\mathbf{I}}}=\begin{bmatrix}\mathbf{e}_x\mathbf{e}_x&0&0\\0&\mathbf{e}_y\mathbf{e}_y&0\\0&0&\mathbf{e}_z\mathbf{e}_z\end{bmatrix} \tag{7-150}$$

将式（7-149）和式（1-365）［即方程（7-13）］代入式（7-148），有

$$\begin{aligned}\tilde{\mathbf{E}}^{\mathrm{e}}(\mathbf{r})&=\frac{\mathrm{j}}{\omega\varepsilon}\tilde{\mathbf{J}}_V-\frac{\mathrm{j}}{\omega\varepsilon}\iiint\limits_{(V)}\{(\tilde{\mathbf{J}}_V(\mathbf{r}')\cdot\nabla)\nabla G(\mathbf{r},\mathbf{r}')+\tilde{\mathbf{J}}(\mathbf{r}')\cdot\overline{\overline{\mathbf{I}}}[k^2\tilde{G}(\mathbf{r},\mathbf{r}')+\delta(\mathbf{r}-\mathbf{r}')]\}\mathrm{d}V'\\&=\frac{\mathrm{j}}{\omega\varepsilon}\tilde{\mathbf{J}}_V-\frac{\mathrm{j}}{\omega\varepsilon}\iiint\limits_{(V)}\{\tilde{\mathbf{J}}_V(\mathbf{r}')\cdot[\nabla\nabla G(\mathbf{r},\mathbf{r}')+\overline{\overline{\mathbf{I}}}k^2\tilde{G}(\mathbf{r},\mathbf{r}')]+\tilde{\mathbf{J}}(\mathbf{r}')\delta(\mathbf{r}-\mathbf{r}')\}\mathrm{d}V'\\&=\frac{\mathrm{j}}{\omega\varepsilon}\tilde{\mathbf{J}}_V-\frac{\mathrm{j}}{\omega\varepsilon}\iiint\limits_{(V)}\tilde{\mathbf{J}}_V(\mathbf{r}')\cdot[\nabla\nabla G(\mathbf{r},\mathbf{r}')+\overline{\overline{\mathbf{I}}}k^2\tilde{G}(\mathbf{r},\mathbf{r}')]\mathrm{d}V'-\frac{\mathrm{j}}{\omega\varepsilon}\iiint\limits_{(V)}\tilde{\mathbf{J}}(\mathbf{r}')\delta(\mathbf{r}-\mathbf{r}')\mathrm{d}V'\end{aligned} \tag{7-151}$$

利用 δ 函数的筛选特性式（1-369）有

$$\frac{\mathrm{j}}{\omega\varepsilon}\iiint_{(V)}\tilde{\mathbf{J}}(\mathbf{r}')\delta(\mathbf{r}-\mathbf{r}')\mathrm{d}V' = \frac{\mathrm{j}}{\omega\varepsilon}\tilde{\mathbf{J}}(\mathbf{r}) \tag{7-152}$$

代入式（7-151），化简得到

$$\tilde{\mathbf{E}}^{\mathrm{e}}(\mathbf{r}) = -\mathrm{j}\omega\mu\iiint_{(V)}\tilde{\mathbf{J}}_V(\mathbf{r}')\cdot\left[\bar{\bar{\mathbf{I}}}\tilde{G}(\mathbf{r},\mathbf{r}')+\frac{1}{k^2}\nabla\nabla G(\mathbf{r},\mathbf{r}')\right]\mathrm{d}V' \tag{7-153}$$

令

$$\bar{\bar{\mathbf{G}}}(\mathbf{r},\mathbf{r}') = \left(\bar{\bar{\mathbf{I}}}+\frac{1}{k^2}\nabla\nabla\right)\tilde{G}(\mathbf{r},\mathbf{r}') \tag{7-154}$$

$\bar{\bar{\mathbf{G}}}(\mathbf{r},\mathbf{r}')$ 称为全空间张量格林函数。$\nabla\nabla$ 为张量微分算子，矩阵形式为

$$\nabla\nabla = \begin{vmatrix} \frac{\partial^2}{\partial x^2}\mathbf{e}_x\mathbf{e}_x & \frac{\partial^2}{\partial x\partial y}\mathbf{e}_x\mathbf{e}_y & \frac{\partial^2}{\partial x\partial z}\mathbf{e}_x\mathbf{e}_z \\ \frac{\partial^2}{\partial y\partial x}\mathbf{e}_y\mathbf{e}_x & \frac{\partial^2}{\partial y^2}\mathbf{e}_y\mathbf{e}_y & \frac{\partial^2}{\partial y\partial z}\mathbf{e}_y\mathbf{e}_z \\ \frac{\partial^2}{\partial z\partial x}\mathbf{e}_z\mathbf{e}_x & \frac{\partial^2}{\partial z\partial y}\mathbf{e}_z\mathbf{e}_y & \frac{\partial^2}{\partial z^2}\mathbf{e}_z\mathbf{e}_z \end{vmatrix} \tag{7-155}$$

由于张量格林函数 $\bar{\bar{\mathbf{G}}}(\mathbf{r},\mathbf{r}')$ 具有对称性，即 $\bar{\bar{\mathbf{G}}}_{ij} = \bar{\bar{\mathbf{G}}}_{ji}$，必有关系

$$\tilde{\mathbf{J}}_V(\mathbf{r}')\cdot\bar{\bar{\mathbf{G}}}(\mathbf{r},\mathbf{r}') = \bar{\bar{\mathbf{G}}}(\mathbf{r},\mathbf{r}')\cdot\tilde{\mathbf{J}}_V(\mathbf{r}') \tag{7-156}$$

代入式（7-153），有

$$\tilde{\mathbf{E}}^{\mathrm{e}}(\mathbf{r}) = -\mathrm{j}\omega\mu\iiint_{(V)}[\bar{\bar{\mathbf{G}}}(\mathbf{r},\mathbf{r}')\cdot\tilde{\mathbf{J}}_V(\mathbf{r}')]\mathrm{d}V' \tag{7-157}$$

这就是非齐次亥姆霍兹方程（7-135）在洛伦兹规范条件下的解，也是全空间张量格林函数的解。

7.2.4　矢量衍射的张量格林函数形式

1. 非齐次亥姆霍兹方程第二类张量格林函数的解

对于非齐次亥姆霍兹方程（7-135），也可以利用第二矢量格林定理式（7-11）进行求解。令

$$\begin{cases} \tilde{\mathbf{P}} = \tilde{\mathbf{E}}^{\mathrm{e}}(\mathbf{r}) \\ \tilde{\mathbf{Q}} = \bar{\bar{\mathbf{G}}}(\mathbf{r},\mathbf{r}')\cdot\mathbf{a} \end{cases} \tag{7-158}$$

式中，$\mathbf{a}$ 为任意常矢量。张量格林函数 $\bar{\bar{\mathbf{G}}}(\mathbf{r},\mathbf{r}')$ 满足方程

$$\nabla\times\nabla\times\bar{\bar{\mathbf{G}}}(\mathbf{r},\mathbf{r}') - k^2\bar{\bar{\mathbf{G}}}(\mathbf{r},\mathbf{r}') = \bar{\bar{\mathbf{I}}}\delta(\mathbf{r},\mathbf{r}') \tag{7-159}$$

右边项取“+”号，是为了使解的形式与式（7-157）相一致。将式（7-158）代入式（7-11）有

$$\begin{aligned} &\iiint_{(V)}\{\tilde{\mathbf{E}}^{\mathrm{e}}(\mathbf{r})\cdot[\nabla\times\nabla\times(\bar{\bar{\mathbf{G}}}(\mathbf{r},\mathbf{r}')\cdot\mathbf{a})] - [\bar{\bar{\mathbf{G}}}(\mathbf{r},\mathbf{r}')\cdot\mathbf{a}]\cdot[\nabla\times\nabla\times\tilde{\mathbf{E}}^{\mathrm{e}}(\mathbf{r})]\}\mathrm{d}V \\ &= \oiint_{(S)}\{[\bar{\bar{\mathbf{G}}}(\mathbf{r},\mathbf{r}')\cdot\mathbf{a}]\times\nabla\times\tilde{\mathbf{E}}^{\mathrm{e}}(\mathbf{r}) - \tilde{\mathbf{E}}^{\mathrm{e}}(\mathbf{r})\times\nabla\times[\bar{\bar{\mathbf{G}}}(\mathbf{r},\mathbf{r}')\cdot\mathbf{a}]\}\cdot\mathbf{n}\mathrm{d}S \end{aligned} \tag{7-160}$$

将式（7-135）和式（7-159）代入上式，得到

$$\begin{aligned}&\iiint\limits_{(V)}\{\tilde{\mathbf{E}}^{\mathrm{e}}(\mathbf{r})\cdot[k^2\bar{\bar{\mathbf{G}}}(\mathbf{r},\mathbf{r}')\cdot\mathbf{a}+\bar{\bar{\mathbf{I}}}\cdot\mathbf{a}\delta(\mathbf{r},\mathbf{r}')]-[\bar{\bar{\mathbf{G}}}(\mathbf{r},\mathbf{r}')\cdot\mathbf{a}]\cdot(k^2\tilde{\mathbf{E}}^{\mathrm{e}}-\mathrm{j}\omega\mu\tilde{\mathbf{J}}_V)\}\mathrm{d}V\\&=\oiint\limits_{(S)}\{[\bar{\bar{\mathbf{G}}}(\mathbf{r},\mathbf{r}')\cdot\mathbf{a}]\times\nabla\times\tilde{\mathbf{E}}^{\mathrm{e}}(\mathbf{r})-\tilde{\mathbf{E}}^{\mathrm{e}}(\mathbf{r})\times\nabla\times[\bar{\bar{\mathbf{G}}}(\mathbf{r},\mathbf{r}')\cdot\mathbf{a}]\}\cdot\mathbf{n}\mathrm{d}S\end{aligned}\tag{7-161}$$

由于

$$\begin{cases}\tilde{\mathbf{E}}^{\mathrm{e}}(\mathbf{r})\cdot[k^2\bar{\bar{\mathbf{G}}}(\mathbf{r},\mathbf{r}')\cdot\mathbf{a}]=[\bar{\bar{\mathbf{G}}}(\mathbf{r},\mathbf{r}')\cdot\mathbf{a}]\cdot k^2\tilde{\mathbf{E}}^{\mathrm{e}}\\ \iiint\limits_{(V)}\tilde{\mathbf{E}}^{\mathrm{e}}(\mathbf{r})\cdot\bar{\bar{\mathbf{I}}}\cdot\mathbf{a}\delta(\mathbf{r},\mathbf{r}')\mathrm{d}V=\iiint\limits_{(V)}\tilde{\mathbf{E}}^{\mathrm{e}}(\mathbf{r})\cdot\mathbf{a}\delta(\mathbf{r},\mathbf{r}')\mathrm{d}V=\tilde{\mathbf{E}}^{\mathrm{e}}(\mathbf{r}')\cdot\mathbf{a}\\ \mathrm{j}\omega\mu\iiint\limits_{(V)}[\bar{\bar{\mathbf{G}}}(\mathbf{r},\mathbf{r}')\cdot\mathbf{a}]\cdot\tilde{\mathbf{J}}_V\mathrm{d}V=\mathrm{j}\omega\mu\mathbf{a}\cdot\iiint\limits_{(V)}[\bar{\bar{\mathbf{G}}}(\mathbf{r},\mathbf{r}')\cdot\tilde{\mathbf{J}}_V]\mathrm{d}V\end{cases}\tag{7-162}$$

式（7-161）化简为

$$\begin{aligned}\tilde{\mathbf{E}}^{\mathrm{e}}(\mathbf{r}')\cdot\mathbf{a}=&-\mathrm{j}\omega\mu\mathbf{a}\cdot\iiint\limits_{(V)}[\bar{\bar{\mathbf{G}}}(\mathbf{r},\mathbf{r}')\cdot\tilde{\mathbf{J}}_V(\mathbf{r}')]\mathrm{d}V+\\&\oiint\limits_{(S)}\{[\bar{\bar{\mathbf{G}}}(\mathbf{r},\mathbf{r}')\cdot\mathbf{a}]\times\nabla\times\tilde{\mathbf{E}}^{\mathrm{e}}(\mathbf{r})-\tilde{\mathbf{E}}^{\mathrm{e}}(\mathbf{r})\times\nabla\times[\bar{\bar{\mathbf{G}}}(\mathbf{r},\mathbf{r}')\cdot\mathbf{a}]\}\cdot\mathbf{n}\mathrm{d}S\end{aligned}\tag{7-163}$$

又，依据矢量关系式（7-37）有

$$\mathbf{n}\cdot\{[\bar{\bar{\mathbf{G}}}(\mathbf{r},\mathbf{r}')\cdot\mathbf{a}]\times\nabla\times\tilde{\mathbf{E}}^{\mathrm{e}}(\mathbf{r})\}=-\mathbf{n}\times[\nabla\times\tilde{\mathbf{E}}^{\mathrm{e}}(\mathbf{r})]\cdot\bar{\bar{\mathbf{G}}}(\mathbf{r},\mathbf{r}')\cdot\mathbf{a}\tag{7-164}$$

$$\mathbf{n}\cdot\{\tilde{\mathbf{E}}^{\mathrm{e}}(\mathbf{r})\times\nabla\times[\bar{\bar{\mathbf{G}}}(\mathbf{r},\mathbf{r}')\cdot\mathbf{a}]\}=[\mathbf{n}\times\tilde{\mathbf{E}}^{\mathrm{e}}(\mathbf{r})]\cdot\nabla\times\bar{\bar{\mathbf{G}}}(\mathbf{r},\mathbf{r}')\cdot\mathbf{a}\tag{7-165}$$

代入式（7-163），并消去常矢量 $\mathbf{a}$，得到

$$\begin{aligned}\tilde{\mathbf{E}}^{\mathrm{e}}(\mathbf{r}')=&-\mathrm{j}\omega\mu\iiint\limits_{(V)}[\bar{\bar{\mathbf{G}}}(\mathbf{r},\mathbf{r}')\cdot\tilde{\mathbf{J}}_V(\mathbf{r}')]\mathrm{d}V\\&-\oiint\limits_{(S)}\{\mathbf{n}\times[\nabla\times\tilde{\mathbf{E}}^{\mathrm{e}}(\mathbf{r})]\cdot\bar{\bar{\mathbf{G}}}(\mathbf{r},\mathbf{r}')+[\mathbf{n}\times\tilde{\mathbf{E}}^{\mathrm{e}}(\mathbf{r})]\cdot\nabla\times\bar{\bar{\mathbf{G}}}(\mathbf{r},\mathbf{r}')\}\mathrm{d}S\end{aligned}\tag{7-166}$$

将式（7-104）代入上式，有

$$\begin{aligned}\tilde{\mathbf{E}}^{\mathrm{e}}(\mathbf{r}')=&-\mathrm{j}\omega\mu\iiint\limits_{(V)}[\bar{\bar{\mathbf{G}}}(\mathbf{r},\mathbf{r}')\cdot\tilde{\mathbf{J}}_V(\mathbf{r}')]\mathrm{d}V\\&-\oiint\limits_{(S)}\{-\mathrm{j}\omega\mu\bar{\bar{\mathbf{G}}}(\mathbf{r},\mathbf{r}')\cdot\mathbf{n}\times\tilde{\mathbf{H}}^{\mathrm{e}}(\mathbf{r})+\nabla\times\bar{\bar{\mathbf{G}}}(\mathbf{r},\mathbf{r}')\cdot[\mathbf{n}\times\tilde{\mathbf{E}}^{\mathrm{e}}(\mathbf{r})]\}\mathrm{d}S\end{aligned}\tag{7-167}$$

利用张量格林函数的对称性

$$\bar{\bar{\mathbf{G}}}(\mathbf{r}',\mathbf{r})=\bar{\bar{\mathbf{G}}}(\mathbf{r},\mathbf{r}')\tag{7-168}$$

式（7-167）两边交换符号 $\mathbf{r}$ 和 $\mathbf{r}'$，得到

$$\begin{aligned}\tilde{\mathbf{E}}^{\mathrm{e}}(\mathbf{r})=&-\mathrm{j}\omega\mu\iiint\limits_{(V)}[\bar{\bar{\mathbf{G}}}(\mathbf{r},\mathbf{r}')\cdot\tilde{\mathbf{J}}_V(\mathbf{r}')]\mathrm{d}V'\\&-\oiint\limits_{(S)}\{-\mathrm{j}\omega\mu\bar{\bar{\mathbf{G}}}(\mathbf{r},\mathbf{r}')\cdot\mathbf{n}\times\tilde{\mathbf{H}}^{\mathrm{e}}(\mathbf{r}')+\nabla\times\bar{\bar{\mathbf{G}}}(\mathbf{r},\mathbf{r}')\cdot[\mathbf{n}\times\tilde{\mathbf{E}}^{\mathrm{e}}(\mathbf{r}')]\}\mathrm{d}S'\end{aligned}\tag{7-169}$$

通常令张量格林函数满足下列两种边界条件：

$$\mathbf{n}\times\bar{\bar{\mathbf{G}}}(\mathbf{r},\mathbf{r}')\Big|_S=0\tag{7-170}$$

$$\mathbf{n}\times\nabla\times\bar{\bar{\mathbf{G}}}(\mathbf{r},\mathbf{r}')\Big|_S=0\tag{7-171}$$

满足边界条件式（7-170）的张量格林函数称为第一类张量格林函数，记作 $\bar{\bar{\mathbf{G}}}_1(\mathbf{r},\mathbf{r}')$；满足边

界条件式（7-171）的张量格林函数称为第二类张量格林函数，记作 $\bar{\bar{\mathbf{G}}}_2(\mathbf{r},\mathbf{r}')$。又

$$\nabla\times\bar{\bar{\mathbf{G}}}(\mathbf{r},\mathbf{r}')\cdot[\mathbf{n}\times\tilde{\mathbf{E}}^{\mathrm{e}}(\mathbf{r}')]=-\tilde{\mathbf{E}}^{\mathrm{e}}(\mathbf{r}')\cdot[\mathbf{n}\times\nabla\times\bar{\bar{\mathbf{G}}}(\mathbf{r},\mathbf{r}')] \tag{7-172}$$

将式（7-172）代入式（7-169），并利用边界条件式（7-171），最后得到

$$\tilde{\mathbf{E}}^{\mathrm{e}}(\mathbf{r})=-\mathrm{j}\omega\mu\iiint_{(V)}[\bar{\bar{\mathbf{G}}}_2(\mathbf{r},\mathbf{r}')\cdot\tilde{\mathbf{J}}_V(\mathbf{r}')]\mathrm{d}V'+\mathrm{j}\omega\mu\oiint_{(S)}\bar{\bar{\mathbf{G}}}_2(\mathbf{r},\mathbf{r}')\cdot[\mathbf{n}\times\tilde{\mathbf{H}}^{\mathrm{e}}(\mathbf{r}')]\mathrm{d}S' \tag{7-173}$$

这就是非齐次亥姆霍兹方程（7-135）的第二类张量格林函数的电场解。

在无源区域，$\tilde{\mathbf{J}}_V(\mathbf{r}')=0$，式（7-173）化简为

$$\tilde{\mathbf{E}}^{\mathrm{e}}(\mathbf{r})=\mathrm{j}\omega\mu\oiint_{(S)}\bar{\bar{\mathbf{G}}}_2(\mathbf{r},\mathbf{r}')\cdot[\mathbf{n}\times\tilde{\mathbf{H}}^{\mathrm{e}}(\mathbf{r}')]\mathrm{d}S' \tag{7-174}$$

利用对偶原理式（7-111），可得磁流源情况下无源区域麦克斯韦方程（7-107）～方程（7-110）的解为

$$\tilde{\mathbf{H}}^{\mathrm{m}}(\mathbf{r})=-\mathrm{j}\omega\varepsilon\oiint_{(S)}\bar{\bar{\mathbf{G}}}_2(\mathbf{r},\mathbf{r}')\cdot[\mathbf{n}\times\tilde{\mathbf{E}}^{\mathrm{m}}(\mathbf{r}')]\mathrm{d}S' \tag{7-175}$$

2. 矢量衍射的勒夫等效

根据勒夫等效原理，式（7-174）和式（7-175）中的磁场切向分量 $\mathbf{n}\times\tilde{\mathbf{H}}^{\mathrm{e}}$ 和电场切向分量 $\mathbf{n}\times\tilde{\mathbf{E}}^{\mathrm{m}}$ 可用等效面电流 $\tilde{\mathbf{J}}_S$ 和等效面磁流 $\tilde{\mathbf{J}}_{\mathrm{m}S}$ 表示，由式（7-133）和式（7-134）有

$$\tilde{\mathbf{E}}^{\mathrm{e}}(\mathbf{r})=\mathrm{j}\omega\mu\oiint_{(S)}\bar{\bar{\mathbf{G}}}_2(\mathbf{r},\mathbf{r}')\cdot\tilde{\mathbf{J}}_S\mathrm{d}S' \tag{7-176}$$

$$\tilde{\mathbf{H}}^{\mathrm{m}}(\mathbf{r})=\mathrm{j}\omega\varepsilon\oiint_{(S)}\bar{\bar{\mathbf{G}}}_2(\mathbf{r},\mathbf{r}')\cdot\tilde{\mathbf{J}}_{\mathrm{m}S}\mathrm{d}S' \tag{7-177}$$

式（7-176）和式（7-177）就是计算 S 面外电磁场分布的积分形式。

3. 矢量衍射的张量格林函数形式

衍射场是由等效面电流 $\tilde{\mathbf{J}}_S$ 和等效面磁流 $\tilde{\mathbf{J}}_{\mathrm{m}S}$ 共同产生的，需要进行叠加。根据式(7-107)，并将式（7-177）代入，有

$$\tilde{\mathbf{E}}^{\mathrm{m}}=-\frac{\mathrm{j}}{\omega\varepsilon}\nabla\times\tilde{\mathbf{H}}^{\mathrm{m}}=\oiint_{(S)}\nabla\times\bar{\bar{\mathbf{G}}}_2(\mathbf{r},\mathbf{r}')\cdot\tilde{\mathbf{J}}_{\mathrm{m}S}\mathrm{d}S' \tag{7-178}$$

令式（7-176）与式（7-178）相加，得到电场为

$$\tilde{\mathbf{E}}(\mathbf{r})=\tilde{\mathbf{E}}^{\mathrm{e}}+\tilde{\mathbf{E}}^{\mathrm{m}}=\oiint_{(S)}[\mathrm{j}\omega\mu\bar{\bar{\mathbf{G}}}_2(\mathbf{r},\mathbf{r}')\cdot\tilde{\mathbf{J}}_S+\nabla\times\bar{\bar{\mathbf{G}}}_2(\mathbf{r},\mathbf{r}')\cdot\tilde{\mathbf{J}}_{\mathrm{m}S}]\mathrm{d}S' \tag{7-179}$$

根据式（7-104），并将式（7-176）代入，有

$$\tilde{\mathbf{H}}^{\mathrm{e}}=-\frac{1}{\mathrm{j}\omega\mu}\nabla\times\tilde{\mathbf{E}}^{\mathrm{e}}=-\oiint_{(S)}\nabla\times\bar{\bar{\mathbf{G}}}_2(\mathbf{r},\mathbf{r}')\cdot\tilde{\mathbf{J}}_S\mathrm{d}S' \tag{7-180}$$

令式（7-177）与式（7-180）相加，得到磁场为

$$\tilde{\mathbf{H}}(\mathbf{r})=\tilde{\mathbf{H}}^{\mathrm{e}}+\tilde{\mathbf{H}}^{\mathrm{m}}=\oiint_{(S)}[\mathrm{j}\omega\varepsilon\bar{\bar{\mathbf{G}}}_2(\mathbf{r},\mathbf{r}')\cdot\tilde{\mathbf{J}}_{\mathrm{m}S}-\nabla\times\bar{\bar{\mathbf{G}}}_2(\mathbf{r},\mathbf{r}')\cdot\tilde{\mathbf{J}}_S]\mathrm{d}S' \tag{7-181}$$

式（7-179）和式（7-181）就是矢量衍射的张量格林函数形式。

7.2.5 矢量衍射的基尔霍夫近似

1．闭合面积分的基尔霍夫近似

对于光的衍射问题的计算，需要对式（7-179）和式（7-181）进行化简。通常衍射屏都是开有孔缝的平面，如图 7-7 所示，衍射屏放置在 $X'Y'$ 平面，衍射孔缝的边缘点为 D 和 D'，孔缝平面为 S'，屏面不透光部分记作 S_1' 和 S_2'。衍射屏把空间分为两个区域，根据勒夫等效原理，左侧是闭合面 S 构成的区域，S 面可以看作由衍射屏面和半径为 $r_0 \to \infty$ 的球面 S_3' 构成的，衍射屏面右侧为衍射区域。衍射屏两侧空间为均匀介质，介电常数为 ε，磁导率为 μ，介质相同，全空间为均匀介质 ε 和 μ。由此，式（7-179）和式（7-181）中的第二类张量格林函数 $\bar{\bar{\mathbf{G}}}_2(\mathbf{r},\mathbf{r}')$ 可以用全空间张量格林函数 $\bar{\bar{\mathbf{G}}}(\mathbf{r},\mathbf{r}')$ 计算。

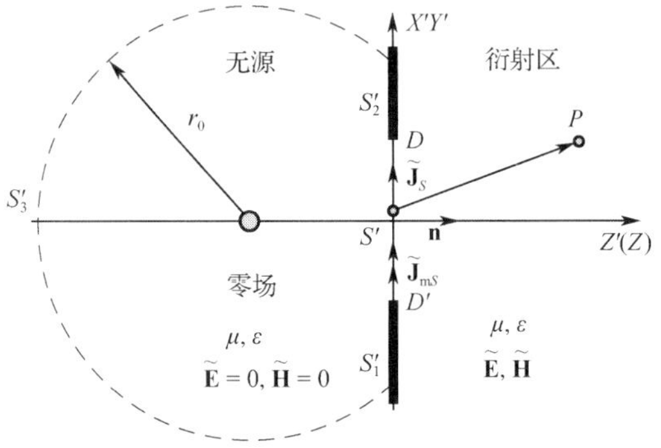

$S = S' + S_1' + S_2' + S_3'$

图 7-7 衍射的基尔霍夫近似

另外，在衍射屏孔缝尺寸大于入射光波长的情况下，采用基尔霍夫近似，孔缝平面的场近似为入射平面光波，即

$$\tilde{\mathbf{J}}_S\big|_{S'} = \mathbf{n}\times\tilde{\mathbf{H}}_{\mathrm{i}} \tag{7-182}$$

$$\tilde{\mathbf{J}}_{\mathrm{m}S}\big|_{S'} = -\mathbf{n}\times\tilde{\mathbf{E}}_{\mathrm{i}} \tag{7-183}$$

式中，$\tilde{\mathbf{E}}_{\mathrm{i}}$ 和 $\tilde{\mathbf{H}}_{\mathrm{i}}$ 分别为入射平面光波的电场强度复振幅和磁场强度复振幅。

孔缝外屏面的场近似为零，无穷大球面的场也为零，即

$$\tilde{\mathbf{J}}_S\big|_{S_1'} = \tilde{\mathbf{J}}_S\big|_{S_2'} = 0 \tag{7-184}$$

$$\tilde{\mathbf{J}}_{\mathrm{m}S}\big|_{S_1'} = \tilde{\mathbf{J}}_{\mathrm{m}S}\big|_{S_2'} = 0 \tag{7-185}$$

$$\tilde{\mathbf{J}}_S\big|_{S_3'} = \tilde{\mathbf{J}}_{\mathrm{m}S}\big|_{S_3'} = 0 \tag{7-186}$$

由此，可将式（7-179）和式（7-181）化简为

$$\tilde{\mathbf{E}}（\mathbf{r}）= \iint_{(S')} [\mathrm{j}\omega\mu\bar{\bar{\mathbf{G}}}(\mathbf{r},\mathbf{r}')\cdot\tilde{\mathbf{J}}_S + \nabla\times\bar{\bar{\mathbf{G}}}(\mathbf{r},\mathbf{r}')\cdot\tilde{\mathbf{J}}_{\mathrm{m}S}]\mathrm{d}S' \tag{7-187}$$

$$\tilde{\mathbf{H}}(\mathbf{r}) = \iint_{(S')} [\mathrm{j}\omega\varepsilon\bar{\bar{\mathbf{G}}}(\mathbf{r},\mathbf{r}')\cdot\tilde{\mathbf{J}}_{\mathrm{m}S} - \nabla\times\bar{\bar{\mathbf{G}}}(\mathbf{r},\mathbf{r}')\cdot\tilde{\mathbf{J}}_S]\mathrm{d}S' \tag{7-188}$$

式（7-187）和式（7-188）就是张量格林函数形式的基尔霍夫矢量衍射公式。

2. 理想导体屏的基尔霍夫近似

式（7-187）和式（7-188）中的被积函数包含两项，计算很复杂，仍需要进行化简。通常采用镜像原理进行化简。

1）衍射屏的材料可近似看作理想电导体（PEC）

如果把衍射屏孔缝也看作理想电导体，那么就可以采用镜像原理图 7-6（a）进行等效。如图 7-8 所示，图 7-8（a）为衍射屏面 S' 上的等效电流 $\tilde{\mathbf{J}}_S|_{S'}$ 和等效磁流 $\tilde{\mathbf{J}}_{mS}|_{S'}$，电磁流方向均平行于衍射屏。图 7-8（b）将衍射屏孔缝用理想电导体填充，衍射屏全屏为理想电导体，镜像电磁流置于理想电导体衍射屏面右侧。图 7-8（c）根据镜像原理，将理想电导体的影响用镜像电磁流代替。由镜像原理图 7-6 可知，理想导体屏用镜像面替代，在镜像面左侧放置镜像电流元和磁流元，与理想电导体平行放置的电流元，与其镜像电流元方向相反，大小相等；与理想电导体平行放置的磁流元，与其镜像磁流元方向相同，大小相等。图 7-8（d）由于电流元与镜像电流元大小相等，方向相反，在镜像面右侧空间产生的场相互抵消，即可认为在镜像面上无电流元。磁流元与镜像磁流元大小相等，方向相同，故在镜像面右侧空间产生的场相同，即可认为在镜像面上磁流元的大小加倍。由此等效后，孔缝平面的等效电磁流为

$$\begin{cases} \tilde{\mathbf{J}}_S\big|_{S'} = 0 & (7\text{-}189) \\ \tilde{\mathbf{J}}_{mS}\big|_{S'} = -2\mathbf{n}\times\tilde{\mathbf{E}}_i & (7\text{-}190) \end{cases}$$

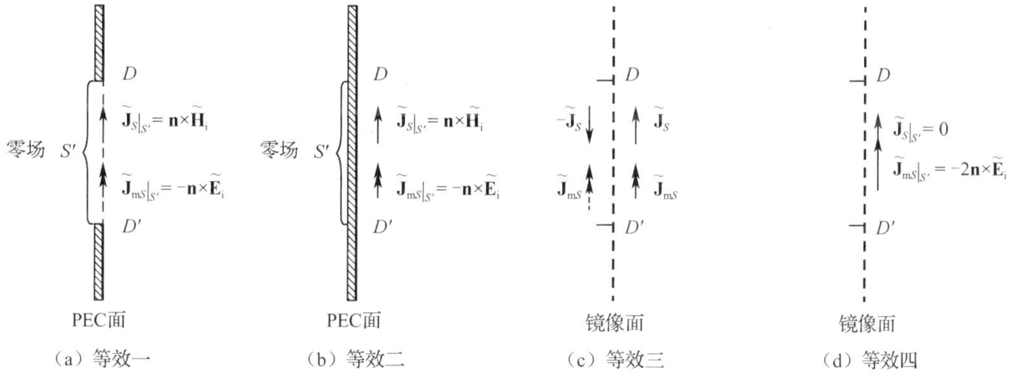

图 7-8 理想电导体（PEC）屏面上孔缝的等效电磁流

2）衍射屏的材料可近似看作理想磁导体（PMC）

对于将衍射屏孔缝看作是理想磁导体的情况，可用图 7-6（b）进行等效，如图 7-9 所示。等效后孔缝平面的等效电磁流为

$$\begin{cases} \tilde{\mathbf{J}}_S\big|_{S'} = 2\mathbf{n}\times\tilde{\mathbf{H}}_i & (7\text{-}191) \\ \tilde{\mathbf{J}}_{mS}\big|_{S'} = 0 & (7\text{-}192) \end{cases}$$

将式（7-191）和式（7-192）代入式（7-187），得到

$$\tilde{\mathbf{E}}(\mathbf{r}) = 2\mathrm{j}\omega\mu\iint_{(S')}\overline{\overline{\mathbf{G}}}(\mathbf{r},\mathbf{r}')\cdot(\mathbf{n}\times\tilde{\mathbf{H}}_i)\mathrm{d}S' \quad (\text{PMC}) \tag{7-193}$$

将式（7-189）和式（7-190）代入式（7-188），得到

$$\tilde{\mathbf{H}}(\mathbf{r}) = -2\mathrm{j}\omega\varepsilon\iint_{(S')}\overline{\overline{\mathbf{G}}}(\mathbf{r},\mathbf{r}')\cdot(\mathbf{n}\times\tilde{\mathbf{E}}_i)\mathrm{d}S' \quad (\text{PEC}) \tag{7-194}$$

式（7-193）是理想磁导体边界矢量衍射的近似计算公式，式（7-194）是理想电导体边界矢量衍射的近似计算公式。

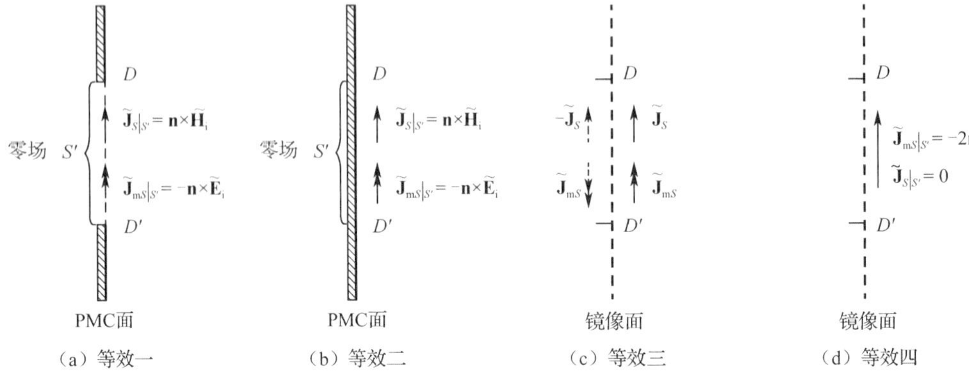

图 7-9 理想磁导体（PMC）屏面上孔缝的等效电磁流

3．傍轴近似

图 7-3 为衍射屏与观测屏坐标之间的关系。当衍射屏孔平面 S' 的大小和观测屏的成像范围远小于孔平面到观测屏的距离 z' 时，取近似 $R\approx z'$。由此，标量格林函数式（7-14）可近似为

$$\tilde{G}(\mathbf{r},\mathbf{r}')\approx\frac{1}{4\pi z'}\mathrm{e}^{-\mathrm{j}kR} \tag{7-195}$$

4．距离近似

1）菲涅耳近似

将菲涅耳近似式（7-90）代入式（7-195），有

$$\tilde{G}(\mathbf{r},\mathbf{r}')\approx\frac{1}{4\pi z'}\mathrm{e}^{-\mathrm{j}k\left(z'+\frac{x^2+y^2}{2z'}+\frac{x'^2+y'^2}{2z'}-\frac{xx'+yy'}{z'}\right)}=\frac{1}{4\pi z'}\mathrm{e}^{-\mathrm{j}k\left(z'+\frac{x'^2+y'^2}{2z'}\right)}\mathrm{e}^{-\mathrm{j}k\left(\frac{x^2+y^2}{2z'}-\frac{xx'+yy'}{z'}\right)} \tag{7-196}$$

代入式（7-155）求导数，由于式（7-196）中 $z=0$，因此关于 z 的偏导数为零，即

$$\frac{\partial^2\tilde{G}(\mathbf{r},\mathbf{r}')}{\partial x\partial z}=\frac{\partial^2\tilde{G}(\mathbf{r},\mathbf{r}')}{\partial z\partial x}=\frac{\partial^2\tilde{G}(\mathbf{r},\mathbf{r}')}{\partial y\partial z}=\frac{\partial^2\tilde{G}(\mathbf{r},\mathbf{r}')}{\partial z\partial y}=\frac{\partial^2\tilde{G}(\mathbf{r},\mathbf{r}')}{\partial z^2}=0 \tag{7-197}$$

对其他项求导数，有

$$\begin{aligned}\frac{\partial^2\tilde{G}(\mathbf{r},\mathbf{r}')}{\partial x^2}&=\frac{1}{4\pi z'}\mathrm{e}^{-\mathrm{j}k\left(z'+\frac{x'^2+y'^2}{2z'}\right)}\frac{\partial^2}{\partial x^2}\mathrm{e}^{-\mathrm{j}k\left(\frac{x^2+y^2}{2z'}-\frac{xx'+yy'}{z'}\right)}\\&=\frac{1}{4\pi z'}\mathrm{e}^{-\mathrm{j}k\left(z'+\frac{x'^2+y'^2}{2z'}\right)}\left[-\mathrm{j}k\left(\frac{1}{z'}\right)-k^2\left(\frac{x}{z'}-\frac{x'}{z'}\right)^2\right]\mathrm{e}^{-\mathrm{j}k\left(\frac{x^2+y^2}{2z'}-\frac{xx'+yy'}{z'}\right)}\end{aligned} \tag{7-198}$$

$$\begin{aligned}\frac{\partial^2\tilde{G}(\mathbf{r},\mathbf{r}')}{\partial y^2}&=\frac{1}{4\pi z'}\mathrm{e}^{-\mathrm{j}k\left(z'+\frac{x'^2+y'^2}{2z'}\right)}\frac{\partial^2}{\partial y^2}\mathrm{e}^{-\mathrm{j}k\left(\frac{x^2+y^2}{2z'}-\frac{xx'+yy'}{z'}\right)}\\&=\frac{1}{4\pi z'}\mathrm{e}^{-\mathrm{j}k\left(z'+\frac{x'^2+y'^2}{2z'}\right)}\left[-\mathrm{j}k\left(\frac{1}{z'}\right)-k^2\left(\frac{y}{z'}-\frac{y'}{z'}\right)^2\right]\mathrm{e}^{-\mathrm{j}k\left(\frac{x^2+y^2}{2z'}-\frac{xx'+yy'}{z'}\right)}\end{aligned} \tag{7-199}$$

$$\frac{\partial^2 \tilde{G}(\mathbf{r},\mathbf{r}')}{\partial x \partial y} = \frac{1}{4\pi z'} \mathrm{e}^{-\mathrm{j}k\left(z'+\frac{x'^2+y'^2}{2z'}\right)} \frac{\partial^2}{\partial x \partial y} \mathrm{e}^{-\mathrm{j}k\left(\frac{x^2+y^2}{2z'}-\frac{xx'+yy'}{z'}\right)}$$
$$= \frac{1}{4\pi z'} \mathrm{e}^{-\mathrm{j}k\left(z'+\frac{x'^2+y'^2}{2z'}\right)} \left[-k^2\left(\frac{x}{z'}-\frac{x'}{z'}\right)\left(\frac{y}{z'}-\frac{y'}{z'}\right)\right] \mathrm{e}^{-\mathrm{j}k\left(\frac{x^2+y^2}{2z'}-\frac{xx'+yy'}{z'}\right)} \tag{7-200}$$

$$\frac{\partial^2 \tilde{G}(\mathbf{r},\mathbf{r}')}{\partial y \partial x} = \frac{1}{4\pi z'} \mathrm{e}^{-\mathrm{j}k\left(z'+\frac{x'^2+y'^2}{2z'}\right)} \frac{\partial^2}{\partial y \partial x} \mathrm{e}^{-\mathrm{j}k\left(\frac{x^2+y^2}{2z'}-\frac{xx'+yy'}{z'}\right)}$$
$$= \frac{1}{4\pi z'} \mathrm{e}^{-\mathrm{j}k\left(z'+\frac{x'^2+y'^2}{2z'}\right)} \left[-k^2\left(\frac{y}{z'}-\frac{y'}{z'}\right)\left(\frac{x}{z'}-\frac{x'}{z'}\right)\right] \mathrm{e}^{-\mathrm{j}k\left(\frac{x^2+y^2}{2z'}-\frac{xx'+yy'}{z'}\right)} \tag{7-201}$$

在傍轴近似条件下，有

$$\left(\frac{x}{z'}-\frac{x'}{z'}\right)^2 = \frac{x^2}{z'^2} - 2\frac{xx'}{z'^2} + \frac{x'^2}{z'^2} \approx 0 \tag{7-202}$$

$$\left(\frac{y}{z'}-\frac{y'}{z'}\right)^2 = \frac{y^2}{z'^2} - 2\frac{yy'}{z'^2} + \frac{y'^2}{z'^2} \approx 0 \tag{7-203}$$

$$\left(\frac{x}{z'}-\frac{x'}{z'}\right)\left(\frac{y}{z'}-\frac{y'}{z'}\right) = \frac{xy}{z'^2} - \frac{x'y}{z'^2} - \frac{xy'}{z'^2} + \frac{x'y'}{z'^2} \approx 0 \tag{7-204}$$

由此，式（7-198）～式（7-201）化简为

$$\frac{\partial^2 \tilde{G}(\mathbf{r},\mathbf{r}')}{\partial x^2} \approx \frac{-\mathrm{j}k}{z'} \tilde{G}(\mathbf{r},\mathbf{r}') \tag{7-205}$$

$$\frac{\partial^2 \tilde{G}(\mathbf{r},\mathbf{r}')}{\partial y^2} \approx \frac{-\mathrm{j}k}{z'} \tilde{G}(\mathbf{r},\mathbf{r}') \tag{7-206}$$

$$\frac{\partial^2 \tilde{G}(\mathbf{r},\mathbf{r}')}{\partial x \partial y} = \frac{\partial^2 \tilde{G}(\mathbf{r},\mathbf{r}')}{\partial y \partial x} \approx 0 \tag{7-207}$$

令式（7-205）和式（7-206）乘以系数 $1/k^2 = \lambda^2/4\pi^2$，有

$$\frac{1}{k^2}\frac{\partial^2 \tilde{G}(\mathbf{r},\mathbf{r}')}{\partial x^2} \approx \frac{-\mathrm{j}\lambda}{2\pi z'} \tilde{G}(\mathbf{r},\mathbf{r}') \tag{7-208}$$

$$\frac{1}{k^2}\frac{\partial^2 \tilde{G}(\mathbf{r},\mathbf{r}')}{\partial y^2} \approx \frac{-\mathrm{j}\lambda}{2\pi z'} \tilde{G}(\mathbf{r},\mathbf{r}') \tag{7-209}$$

由于

$$\frac{\lambda}{z'} \ll 1 \tag{7-210}$$

因此

$$\left|\frac{-\mathrm{j}\lambda}{2\pi z'} \tilde{G}(\mathbf{r},\mathbf{r}')\right| \ll 1 \tag{7-211}$$

式（7-208）和式（7-209）可近似为零，即

$$\frac{1}{k^2}\frac{\partial^2 \tilde{G}(\mathbf{r},\mathbf{r}')}{\partial x^2} \approx 0, \quad \frac{1}{k^2}\frac{\partial^2 \tilde{G}(\mathbf{r},\mathbf{r}')}{\partial y^2} \approx 0 \tag{7-212}$$

由此可将张量格林函数近似为

$$\bar{\bar{\mathbf{G}}}(\mathbf{r},\mathbf{r}') = \bar{\bar{\mathbf{I}}}\tilde{G}(\mathbf{r},\mathbf{r}') \approx \bar{\bar{\mathbf{I}}}\frac{1}{4\pi z'} \mathrm{e}^{-\mathrm{j}k\left(z'+\frac{x^2+y^2}{2z'}+\frac{x'^2+y'^2}{2z'}-\frac{xx'+yy'}{z'}\right)} \tag{7-213}$$

并将此式以及

$$\omega=\frac{k}{\sqrt{\mu\varepsilon}}=\frac{2\pi}{\lambda\sqrt{\mu\varepsilon}} \tag{7-214}$$

代入式（7-193）和式（7-194），得到

$$\tilde{\mathbf{E}}(\mathbf{r})=\frac{\mathrm{j}}{\lambda z'}\sqrt{\frac{\mu}{\varepsilon}}\mathrm{e}^{-\mathrm{j}k\left(z'+\frac{x^2+y^2}{2z'}\right)}\iint_{(S')}(\mathbf{n}\times\tilde{\mathbf{H}}_{\mathrm{i}})\mathrm{e}^{-\mathrm{j}k\left(\frac{x'^2+y'^2}{2z'}-\frac{xx'+yy'}{z'}\right)}\mathrm{d}S' \quad (\mathrm{PMC}) \tag{7-215}$$

$$\tilde{\mathbf{H}}(\mathbf{r})=-\frac{\mathrm{j}}{\lambda z'}\sqrt{\frac{\varepsilon}{\mu}}\mathrm{e}^{-\mathrm{j}k\left(z'+\frac{x^2+y^2}{2z'}\right)}\iint_{(S')}(\mathbf{n}\times\tilde{\mathbf{E}}_{\mathrm{i}})\mathrm{e}^{-\mathrm{j}k\left(\frac{x'^2+y'^2}{2z'}-\frac{xx'+yy'}{z'}\right)}\mathrm{d}S' \quad (\mathrm{PEC}) \tag{7-216}$$

显然，式（7-215）和式（7-91）的形式完全相同，式（7-216）与式（7-92）的形式完全相同。

2）夫琅和费近似

将夫琅和费近似式（7-94）代入式（7-195），有

$$\tilde{G}(\mathbf{r},\mathbf{r}')\approx\frac{1}{4\pi z'}\mathrm{e}^{-\mathrm{j}k\left(z'+\frac{x^2+y^2}{2z'}-\frac{xx'+yy'}{z'}\right)}=\frac{\mathrm{e}^{-\mathrm{j}kz'}}{4\pi z'}\mathrm{e}^{-\mathrm{j}k\left(\frac{x^2+y^2}{2z'}-\frac{xx'+yy'}{z'}\right)} \tag{7-217}$$

由于夫琅和费近似标量格林函数式（7-217）和菲涅耳近似标量格林函数式（7-196）具有相同因子

$$\mathrm{e}^{-\mathrm{j}k\left(\frac{x^2+y^2}{2z'}-\frac{xx'+yy'}{z'}\right)} \tag{7-218}$$

近似结果为

$$\frac{1}{k^2}\nabla\nabla\tilde{G}(\mathbf{r},\mathbf{r}')\approx 0 \tag{7-219}$$

因此，张量格林函数近似为

$$\overline{\overline{\mathbf{G}}}(\mathbf{r},\mathbf{r}')=\overline{\overline{\mathbf{I}}}\tilde{G}(\mathbf{r},\mathbf{r}')\approx\overline{\overline{\mathbf{I}}}\frac{1}{4\pi z'}\mathrm{e}^{-\mathrm{j}k\left(z'+\frac{x^2+y^2}{2z'}-\frac{xx'+yy'}{z'}\right)} \tag{7-220}$$

将式（7-220）和式（7-214）代入式（7-193）和式（7-194），得到

$$\tilde{\mathbf{E}}(\mathbf{r})=\frac{\mathrm{j}}{\lambda z'}\sqrt{\frac{\mu}{\varepsilon}}\mathrm{e}^{-\mathrm{j}k\left(z'+\frac{x^2+y^2}{2z'}\right)}\iint_{(S')}(\mathbf{n}\times\tilde{\mathbf{H}}_{\mathrm{i}})\mathrm{e}^{\mathrm{j}k\left(\frac{xx'+yy'}{z'}\right)}\mathrm{d}S' \quad (\mathrm{PMC}) \tag{7-221}$$

$$\tilde{\mathbf{H}}(\mathbf{r})=-\frac{\mathrm{j}}{\lambda z'}\sqrt{\frac{\varepsilon}{\mu}}\mathrm{e}^{-\mathrm{j}k\left(z'+\frac{x^2+y^2}{2z'}\right)}\iint_{(S')}(\mathbf{n}\times\tilde{\mathbf{E}}_{\mathrm{i}})\mathrm{e}^{\mathrm{j}k\left(\frac{xx'+yy'}{z'}\right)}\mathrm{d}S' \quad (\mathrm{PEC}) \tag{7-222}$$

式（7-221）与式（7-95）的形式完全相同，式（7-222）与式（7-96）的形式完全相同。

在菲涅耳近似条件下，由式（7-187）和式（7-188）可得到与式（7-215）和式（7-216）相同的形式，差别仅需乘以1/2。同样，在夫琅和费近似条件下，由式（7-187）和式（7-188）可得到与式（7-221）和式（7-222）相同形式，差别仅需乘以1/2。因此，式（7-215）和式（7-216）可用于菲涅耳衍射电场强度矢量和磁场强度矢量的近似计算，式（7-221）和式（7-222）可用于夫琅和费衍射电场强度矢量和磁场强度矢量的近似计算。

7.3 矢量衍射的计算

比较式（6-118）与式（7-91）、式（7-215）可知，对于菲涅耳衍射，矢量衍射计算和标

量衍射计算是相同的。比较式（6-124）与式（7-95）、式（7-221）可知，对于夫琅和费衍射，矢量衍射计算与标量衍射计算也是相同的。下面给出单缝菲涅耳衍射和矩孔夫琅和费衍射的矢量衍射计算实例。

7.3.1　单缝菲涅耳衍射

1. S 波偏振

如图 7-10（a）所示，平面衍射屏放置于 $X'Y'$ 平面，单缝在 X' 轴方向为无线长，在 Y' 轴方向的缝宽度为 b，衍射屏关于 X' 轴对称放置。对于 S 波偏振，由式（2-39）和式（3-1）可写出入射平面光波的电场和磁场强度复振幅表达式为

$$\begin{cases}\tilde{\mathbf{E}}_{\mathrm{i}}(\mathbf{r}')=\mathbf{e}_{x'}\tilde{E}_0\mathrm{e}^{-\mathrm{j}k\mathbf{k}_0\cdot\mathbf{r}'}\\ \tilde{\mathbf{H}}_{\mathrm{i}}(\mathbf{r}')=\sqrt{\dfrac{\varepsilon}{\mu}}\mathbf{k}_0\times\mathbf{e}_{x'}\tilde{E}_0\mathrm{e}^{-\mathrm{j}k\mathbf{k}_0\cdot\mathbf{r}'}\end{cases}\tag{7-223}$$

式中，$\mathbf{k}_0$ 为入射平面光波传播单位矢量，$\mathbf{r}'$ 为等相位平面上任意一点的位置矢量，$\tilde{E}_0$ 为电场在 $r'=0$ 处的幅值，k 为波数。由图 7-10 可写出 $\mathbf{k}_0$ 和 $\mathbf{r}'$ 的分量形式为

$$\mathbf{k}_0=\cos\beta'\mathbf{e}_{y'}+\cos\gamma'\mathbf{e}_{z'}\tag{7-224}$$

$$\mathbf{r}'=x'\mathbf{e}_{x'}+y'\mathbf{e}_{y'}+z'\mathbf{e}_{z'}\tag{7-225}$$

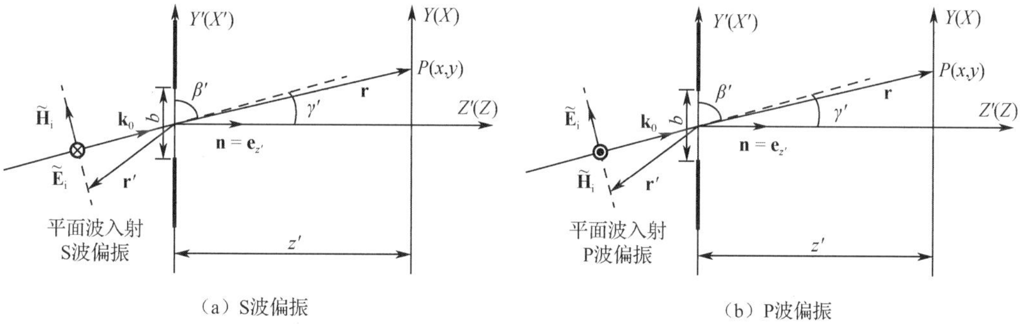

（a）S波偏振　　（b）P波偏振

图 7-10　单缝衍射

假设衍射屏的材料可近似看作理想磁导体（PMC）。将式（7-223）的第二式代入式（7-215），并利用

$$\mathbf{n}\times(\mathbf{k}_0\times\mathbf{e}_{x'})=-\mathbf{e}_{x'}\tag{7-226}$$

有

$$\tilde{\mathbf{E}}(\mathbf{r})=-\frac{\mathrm{j}\tilde{E}_0}{\lambda z'}\mathrm{e}^{-\mathrm{j}k\left(z'+\frac{x^2+y^2}{2z'}\right)}\mathbf{e}_{x'}\iint_{(S')}\mathrm{e}^{-\mathrm{j}k\mathbf{k}_0\cdot\mathbf{r}'}\mathrm{e}^{-\mathrm{j}k\left(\frac{x'^2+y'^2}{2z'}-\frac{xx'+yy'}{z'}\right)}\mathrm{d}S'\tag{7-227}$$

为了便于与标量单缝衍射相比较，考虑垂直入射的情况，即 $\mathbf{k}_0=\mathbf{e}_{z'}$，衍射屏坐标 $z'=0$，由式（7-224）和式（7-225）有

$$\mathbf{k}_0\cdot\mathbf{r}'=0\tag{7-228}$$

代入式（7-227），整理得到

$$\tilde{\mathbf{E}}(\mathbf{r})=-\frac{\mathrm{j}\tilde{E}_0\mathrm{e}^{-\mathrm{j}kz'}}{\lambda z'}\mathbf{e}_{x'}\int_{-b/2}^{+b/2}\mathrm{e}^{-\mathrm{j}k\frac{(y'-y)^2}{2z'}}\mathrm{d}y'\int_{-\infty}^{+\infty}\mathrm{e}^{-\mathrm{j}k\frac{(x'-x)^2}{2z'}}\mathrm{d}x'\tag{7-229}$$

与标量衍射积分式（6-321）比较可知，矢量衍射积分式（7-229）的不同之处在于，矢量衍射电场强度矢量的相位在观测屏滞后π，电场强度矢量的方向沿 $\mathbf{e}_{x'}$ 方向，与入射平面光的电场强度矢量的方向反向。

关于磁场的计算可采用式（7-216）。将式（7-223）的第一式代入式（7-216），在垂直入射情况下，得到

$$\tilde{\mathbf{H}}(\mathbf{r})=-\frac{\mathrm{j}\tilde{E}_0}{\lambda z'}\sqrt{\frac{\varepsilon}{\mu}}\mathrm{e}^{-\mathrm{j}kz'}\mathbf{e}_{y'}\int_{-b/2}^{+b/2}\mathrm{e}^{-\mathrm{j}k\frac{(y'-y)^2}{2z'}}\mathrm{d}y'\int_{-\infty}^{+\infty}\mathrm{e}^{-\mathrm{j}k\frac{(x'-x)^2}{2z'}}\mathrm{d}x' \tag{7-230}$$

显然，磁场的计算与电场相同。

矢量衍射光强为

$$I=\tilde{\mathbf{E}}\cdot\tilde{\mathbf{E}}^* \tag{7-231}$$

取相同参数，计算结果参见图 6-38。

2. P 波偏振

如图 7-10（b）所示，对于 P 波偏振，由式（2-39）和式（3-22）可写出入射平面光波的电场强度和磁场强度复振幅表达式为

$$\begin{cases}\tilde{\mathbf{E}}_{\mathrm{i}}(\mathbf{r})=(\mathbf{e}_{y'}\cos\gamma'-\mathbf{e}_{z'}\sin\gamma')\tilde{E}_0\mathrm{e}^{-\mathrm{j}k\mathbf{k}_0\cdot\mathbf{r}}\\ \tilde{\mathbf{H}}_{\mathrm{i}}(\mathbf{r})=-\mathbf{e}_{x'}\sqrt{\dfrac{\varepsilon}{\mu}}\tilde{E}_0\mathrm{e}^{-\mathrm{j}k\mathbf{k}_0\cdot\mathbf{r}}\end{cases} \tag{7-232}$$

将式（7-232）代入式（7-215）和式（7-216），在垂直入射情况下，化简得到

$$\tilde{\mathbf{E}}(\mathbf{r})=-\frac{\mathrm{j}\tilde{E}_0\mathrm{e}^{-\mathrm{j}kz'}}{\lambda z'}\mathbf{e}_{y'}\int_{-b/2}^{+b/2}\mathrm{e}^{-\mathrm{j}k\frac{(y'-y)^2}{2z'}}\mathrm{d}y'\int_{-\infty}^{+\infty}\mathrm{e}^{-\mathrm{j}k\frac{(x'-x)^2}{2z'}}\mathrm{d}x' \tag{7-233}$$

$$\tilde{\mathbf{H}}(\mathbf{r})=\frac{\mathrm{j}\tilde{E}_0\mathrm{e}^{-\mathrm{j}kz'}}{\lambda z'}\sqrt{\frac{\varepsilon}{\mu}}\mathbf{e}_{x'}\int_{-b/2}^{+b/2}\mathrm{e}^{-\mathrm{j}k\frac{(y'-y)^2}{2z'}}\mathrm{d}y'\int_{-\infty}^{+\infty}\mathrm{e}^{-\mathrm{j}k\frac{(x'-x)^2}{2z'}}\mathrm{d}x' \tag{7-234}$$

由式（7-233）和式（7-234）不难看出，在垂直入射情况下，观测屏电场强度矢量和磁场强度矢量与入射平面光波的电场强度矢量和磁场强度矢量反向。

需要强调的是，在垂直入射情况下，S 波偏振和 P 波偏振是相同的。但对于斜入射的情况，S 波偏振和 P 波偏振需要分别进行计算，数值积分更为复杂。

7.3.2 矩孔夫琅和费衍射

考虑垂直入射的情况。如图 7-11 所示，入射平面光波为

$$\begin{cases}\tilde{\mathbf{E}}_{\mathrm{i}}(\mathbf{r}')=\mathbf{e}_{x'}\tilde{E}_0\mathrm{e}^{-\mathrm{j}k\mathbf{k}_0\cdot\mathbf{r}'}\\ \tilde{\mathbf{H}}_{\mathrm{i}}(\mathbf{r}')=\sqrt{\dfrac{\varepsilon}{\mu}}\mathbf{e}_{y'}\tilde{E}_0\mathrm{e}^{-\mathrm{j}k\mathbf{k}_0\cdot\mathbf{r}'}\end{cases} \tag{7-235}$$

将式（7-235）的第二式代入式（7-221），将式（7-235）的第一式代入式（7-222），得到

$$\tilde{\mathbf{E}}(\mathbf{r})=-\frac{\mathrm{j}\tilde{E}_0}{\lambda z'}\mathrm{e}^{-\mathrm{j}k\left(z'+\frac{x^2+y^2}{2z'}\right)}\mathbf{e}_{x'}\iint_{(S')}\mathrm{e}^{-\mathrm{j}k\mathbf{k}_0\cdot\mathbf{r}'}\mathrm{e}^{\mathrm{j}k\left(\frac{xx'+yy'}{z'}\right)}\mathrm{d}S' \tag{7-236}$$

$$\tilde{\mathbf{H}}(\mathbf{r})=-\frac{\mathrm{j}\tilde{E}_0}{\lambda z'}\sqrt{\frac{\varepsilon}{\mu}}\mathrm{e}^{-\mathrm{j}k\left(z'+\frac{x^2+y^2}{2z'}\right)}\mathbf{e}_{y'}\iint_{(S')}\mathrm{e}^{-\mathrm{j}k\mathbf{k}_0\cdot\mathbf{r}'}\mathrm{e}^{\mathrm{j}k\left(\frac{xx'+yy'}{z'}\right)}\mathrm{d}S' \tag{7-237}$$

在垂直入射情况下，$\mathbf{k}_0=\mathbf{e}_{z'}$，衍射屏任意一点的位置矢量为

$$\mathbf{r}'=x'\mathbf{e}_{x'}+y'\mathbf{e}_{y'}+0\mathbf{e}_{z'}=x'\mathbf{e}_{x'}+y'\mathbf{e}_{y'} \tag{7-238}$$

因而，有

$$\mathbf{k}_0\cdot\mathbf{r}'=0 \tag{7-239}$$

由此，式（7-236）和式（7-237）化简为

$$\tilde{\mathbf{E}}(\mathbf{r})=-\frac{\mathrm{j}\tilde{E}_0}{\lambda z'}\mathrm{e}^{-\mathrm{j}k\left(z'+\frac{x^2+y^2}{2z'}\right)}\mathbf{e}_{x'}\int_{-b/2}^{+b/2}\mathrm{e}^{\mathrm{j}k\frac{y}{z'}y'}\mathrm{d}y'\int_{-a/2}^{+a/2}\mathrm{e}^{\mathrm{j}k\frac{x}{z'}x'}\mathrm{d}x' \tag{7-240}$$

$$\tilde{\mathbf{H}}(\mathbf{r})=-\frac{\mathrm{j}\tilde{E}_0}{\lambda z'}\sqrt{\frac{\varepsilon}{\mu}}\mathrm{e}^{-\mathrm{j}k\left(z'+\frac{x^2+y^2}{2z'}\right)}\mathbf{e}_{y'}\int_{-b/2}^{+b/2}\mathrm{e}^{\mathrm{j}k\frac{y}{z'}y'}\mathrm{d}y'\int_{-a/2}^{+a/2}\mathrm{e}^{\mathrm{j}k\frac{x}{z'}x'}\mathrm{d}x' \tag{7-241}$$

积分得到

$$\tilde{\mathbf{E}}(\mathbf{r})=-\frac{\mathrm{j}\tilde{E}_0ab}{\lambda z'}\mathrm{e}^{-\mathrm{j}k\left(z'+\frac{x^2+y^2}{2z'}\right)}\mathbf{e}_{x'}\frac{\sin\alpha}{\alpha}\frac{\sin\beta}{\beta} \tag{7-242}$$

$$\tilde{\mathbf{H}}(\mathbf{r})=-\frac{\mathrm{j}\tilde{E}_0ab}{\lambda z'}\sqrt{\frac{\varepsilon}{\mu}}\mathrm{e}^{-\mathrm{j}k\left(z'+\frac{x^2+y^2}{2z'}\right)}\mathbf{e}_{y'}\frac{\sin\alpha}{\alpha}\frac{\sin\beta}{\beta} \tag{7-243}$$

式中，记

$$\alpha=\frac{kax}{2z'}=\frac{\pi ax}{\lambda z'},\quad \beta=\frac{kby}{2z'}=\frac{\pi by}{\lambda z'} \tag{7-244}$$

对式（7-242）和式（7-243）取模，得到

$$\mathbf{E}(\mathbf{r})=\sqrt{\tilde{\mathbf{E}}\tilde{\mathbf{E}}^*}=\frac{|\tilde{E}_0|ab}{\lambda z'}\mathbf{e}_{x'}\frac{\sin\alpha}{\alpha}\frac{\sin\beta}{\beta} \tag{7-245}$$

$$\mathbf{H}(\mathbf{r})=\sqrt{\tilde{\mathbf{H}}\tilde{\mathbf{H}}^*}=\frac{|\tilde{E}_0|ab}{\lambda z'}\sqrt{\frac{\varepsilon}{\mu}}\mathbf{e}_{y'}\frac{\sin\alpha}{\alpha}\frac{\sin\beta}{\beta} \tag{7-246}$$

由式（7-242）可得光强分布为

$$I=\tilde{\mathbf{E}}\cdot\tilde{\mathbf{E}}^*=\frac{|\tilde{E}_0|^2(ab)^2}{(\lambda z')^2}\frac{\sin^2\alpha}{\alpha^2}\frac{\sin^2\beta}{\beta^2} \tag{7-247}$$

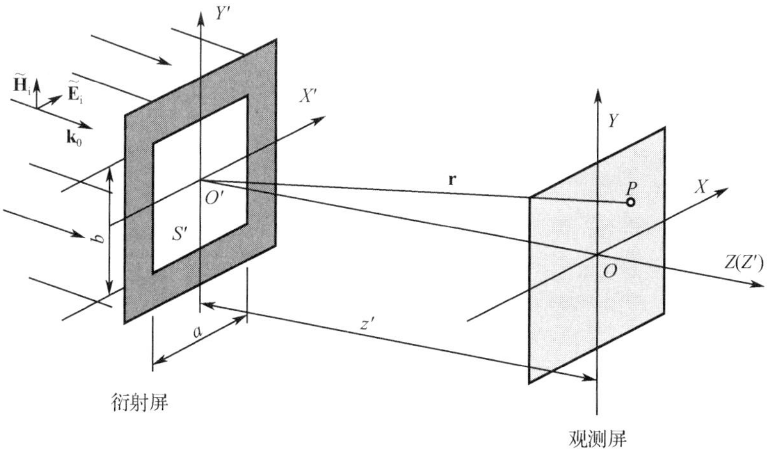

图 7-11　矩孔夫琅和费衍射

依据式（7-245）、式（7-246）和式（7-247），得到矩孔衍射场分布仿真结果如图 7-12 所

示。参数取值：$\lambda = 632.8\text{nm}$，$a = 1.0\text{mm}$，$b = 2.0\text{mm}$，$z' = 1.5\text{m}$，$|\tilde{E}_0| ab/\lambda z' = 1$，$\varepsilon = \varepsilon_0 = 1/36\pi\times10^{-9}\,\text{F/m}$，$\mu = \mu_0 = 4\pi\times10^{-7}\,\text{H/m}$。观测屏取值范围：$x = -5\sim+5\text{mm}$，$y = -5\sim+5\text{mm}$。

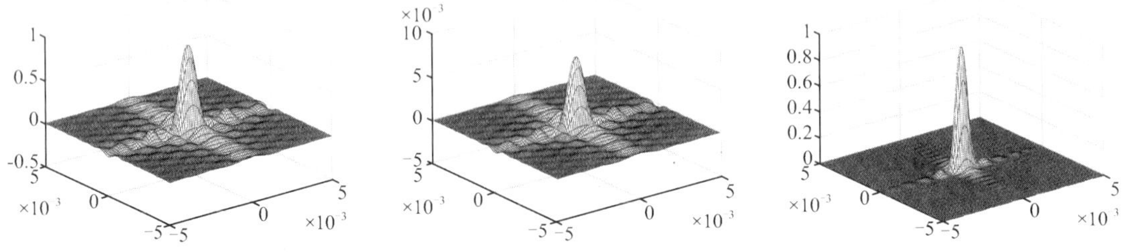

（a）电场分布　（b）磁场分布　（c）光强分布

图 7-12　矩孔衍射场分布仿真结果

7.4　一维介质光栅衍射的矢量严格耦合波方法

建立在格林函数基础上的标量衍射理论和矢量衍射理论是研究光栅衍射的基础。但是，该理论存在以下不足之处：① 假定衍射屏为无厚度的平面；② 衍射孔缝的尺寸远大于入射光的波长；③ 边界条件近似为理想导体边界条件；④ 傍轴近似；⑤ 对于一般的斜入射很难处理。随着光刻技术的不断发展，光栅的尺寸不断缩小，当光栅的特征尺寸与入射光波长接近时，建立在格林函数基础之上的标量衍射理论和矢量衍射理论不再适用，需要采用其他矢量衍射理论。本节介绍光栅衍射的矢量严格耦合波方法（Rigorous Coupled-Wave Analysis，RCWA）。矢量严格耦合波方法是 1981 年由 M. G. Moharam 首先提出的[12]，也称为傅里叶模法，现已广泛应用于周期光栅衍射特性的分析和计算。

7.4.1　S 波偏振

图 7-13 为一维周期矩形光栅二维剖面，光栅由入射介质和光栅介质两种均匀透明介质构成。假设入射介质为空气，介电常数和磁导率分别为 ε_0 和 μ_0，折射率为 $n_0 = 1.0$，光栅介质介电常数为 $\varepsilon = \varepsilon_0\varepsilon_r$，磁导率 $\mu = \mu_0$（$\mu_r = 1$），折射率 $n = \sqrt{\varepsilon_r}$。假定光栅在 Y 轴方向为无限长，在 X 轴方向为周期分布，光栅周期为 d，光栅槽宽为 b，脊宽为 a，光栅脊高为 h。光栅占空比定义为光栅槽宽与光栅周期的比值，记作 $\tau = b/d$。

1. 三个区域场的平面波表示

根据薄膜光学的观点，可将光栅分为三个区域：Ⅰ区为入射介质层，$z<0$；Ⅱ区为光栅层，$0<z<h$；Ⅲ区为基底，$z>h$。入射介质层和基底介质层相对于光栅层可认为是无穷大。对于 S 波偏振，以下均采用平面波的电场解式（2-39）。

1）折射率周期分布 $\varepsilon_r(x)$ 的傅里叶级数展开

可将周期矩形光栅视为相对介电常数 ε_r 随 x 变化的周期矩形函数 $\varepsilon_r(x)$，有

$$\varepsilon_r(x) = \varepsilon_r(x+d) \tag{7-248}$$

如图 7-14 所示。为简单起见，将 $\varepsilon_r(x) - n_0^2$ 展开成傅里叶级数的指数形式，即

$$\varepsilon_{\mathrm{r}}(x)-n_0^2=\sum_{l=-\infty}^{+\infty}\varepsilon_{\mathrm{r},l}\mathrm{e}^{-\mathrm{j}\frac{2\pi l}{d}x} \tag{7-249}$$

式中，$\varepsilon_{\mathrm{r},l}$ 为傅里叶级数的系数。由傅里叶级数正变换公式可得

$$\varepsilon_{\mathrm{r},l}=\frac{1}{d}\int_{-\frac{d}{2}}^{\frac{d}{2}}(\varepsilon_{\mathrm{r}}(x)-n_0^2)\mathrm{e}^{\mathrm{j}\frac{2\pi l}{d}x}\mathrm{d}x=\frac{(n^2-n_0^2)b}{d}\left(\frac{\sin\frac{\pi b}{d}l}{\frac{\pi b}{d}l}\right) \tag{7-250}$$

由此，式（7-249）可改写为

$$\varepsilon_{\mathrm{r}}(x)=\sum_{l=-\infty}^{+\infty}(n_0^2\delta[l]+\varepsilon_{\mathrm{r},l})\mathrm{e}^{-\mathrm{j}\frac{2\pi l}{d}x} \tag{7-251}$$

式中，$\delta[l]$ 为单位序列，其定义为

$$\delta[l]=\begin{cases}1, & l=0\\ 0, & l\neq 0\end{cases} \tag{7-252}$$

由式（7-250）和式（7-251）不难看出，周期矩形光栅相对介电常数的频谱为离散谱，其傅里叶变换对简记为

$$\varepsilon_{\mathrm{r}}(x)\ \leftrightarrow\ n_0^2\delta[l]+\varepsilon_{\mathrm{r},l} \tag{7-253}$$

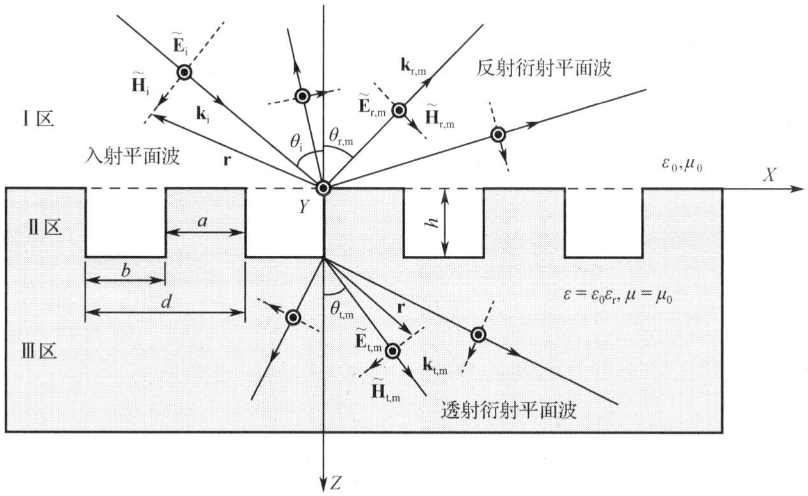

图 7-13　一维周期矩形光栅二维剖面图（S 波偏振）

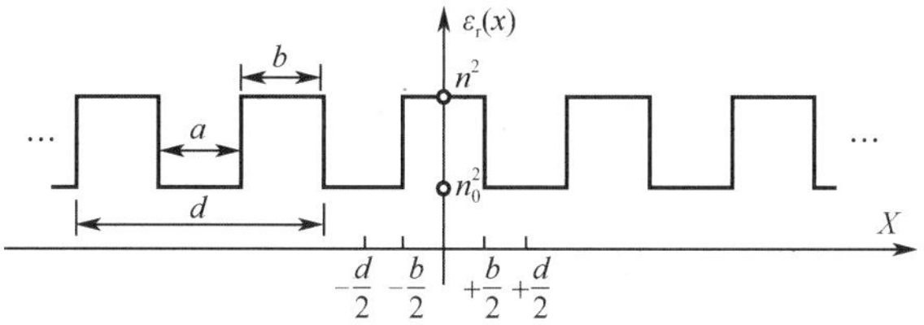

图 7-14　相对介电常数分布

2）入射平面波

对于 S 波偏振，入射平面光波电场强度矢量 $\tilde{\mathbf{E}}_{\mathrm{i}}$ 沿 $\mathbf{e}_y$ 方向，磁场强度矢量 $\tilde{\mathbf{H}}_{\mathrm{i}}$ 在入射面内，$\tilde{\mathbf{E}}_{\mathrm{i}}\times\tilde{\mathbf{H}}_{\mathrm{i}}$ 沿 $\mathbf{k}_{\mathrm{i}}$ 方向，如图 7-13 所示。由式（2-39）和式（3-1）可写出入射平面光波的电场强

度和磁场强度复振幅矢量为

$$\begin{cases}\tilde{\mathbf{E}}_{\mathrm{i}}(\mathbf{r})=\mathbf{e}_y\tilde{E}_{0\mathrm{i}}\mathrm{e}^{-\mathrm{j}k_1\mathbf{k}_{0\mathrm{i}}\cdot\mathbf{r}}=\mathbf{e}_y\tilde{E}_{0\mathrm{i}}\mathrm{e}^{-\mathrm{j}\frac{\omega}{c}n_0\mathbf{k}_{0\mathrm{i}}\cdot\mathbf{r}}\\ \tilde{\mathbf{H}}_{\mathrm{i}}(\mathbf{r})=\sqrt{\dfrac{\varepsilon_0}{\mu_0}}n_0\mathbf{k}_{0\mathrm{i}}\times\mathbf{e}_y\tilde{E}_{0\mathrm{i}}\mathrm{e}^{-\mathrm{j}k_1\mathbf{k}_{0\mathrm{i}}\cdot\mathbf{r}}=\sqrt{\dfrac{\varepsilon_0}{\mu_0}}n_0\mathbf{k}_{0\mathrm{i}}\times\mathbf{e}_y\tilde{E}_{0\mathrm{i}}\mathrm{e}^{-\mathrm{j}\frac{\omega}{c}n_0\mathbf{k}_{0\mathrm{i}}\cdot\mathbf{r}}\end{cases}\tag{7-254}$$

式中，$\mathbf{k}_{\mathrm{i}}=k_1\mathbf{k}_{0\mathrm{i}}$，$\mathbf{k}_{0\mathrm{i}}$ 为入射平面光波传播方向单位矢量，$k_1=\omega\sqrt{\mu_0\varepsilon_0}=\omega n_0/c$ 为入射介质中的波数，$\tilde{E}_{0\mathrm{i}}$ 是在 $\mathbf{r}=0$ 处电场的幅值。

由图 7-13 可以看出，将位置矢量 $\mathbf{r}$ 和波传播方向单位矢量 $\mathbf{k}_{0\mathrm{i}}$ 写成分量形式为

$$\mathbf{r}=x\mathbf{e}_x+y\mathbf{e}_y+z\mathbf{e}_z\tag{7-255}$$

$$\mathbf{k}_{0\mathrm{i}}=\sin\theta_{\mathrm{i}}\mathbf{e}_x+\cos\theta_{\mathrm{i}}\mathbf{e}_z\tag{7-256}$$

代入式（7-254），有

$$\begin{cases}\tilde{\mathbf{E}}_{\mathrm{i}}(\mathbf{r})=\mathbf{e}_y\tilde{E}_{0\mathrm{i}}\mathrm{e}^{-\mathrm{j}\frac{\omega}{c}n_0(x\sin\theta_{\mathrm{i}}+z\cos\theta_{\mathrm{i}})}\\ \tilde{\mathbf{H}}_{\mathrm{i}}(\mathbf{r})=(-\cos\theta_{\mathrm{i}}\mathbf{e}_x+\sin\theta_{\mathrm{i}}\mathbf{e}_z)\sqrt{\dfrac{\varepsilon_0}{\mu_0}}n_0\tilde{E}_{0\mathrm{i}}\mathrm{e}^{-\mathrm{j}\frac{\omega}{c}n_0(x\sin\theta_{\mathrm{i}}+z\cos\theta_{\mathrm{i}})}\end{cases}\tag{7-257}$$

3）反射衍射的平面波展开

入射平面光波入射到光栅后，会产生反射衍射和透射衍射光波。与 3.1 节讨论的平面光波在介质分界面的反射与透射处理方法相似，反射衍射可近似为无穷多个不同波矢 $\mathbf{k}_{\mathrm{r},m}$ ($-\infty<m<+\infty$)平面光波的叠加。由式（2-39）有

$$\begin{cases}\tilde{\mathbf{E}}_{\mathrm{r}}(\mathbf{r})=\sum\limits_{m=-\infty}^{+\infty}\mathbf{e}_y\tilde{E}_{0\mathrm{r},m}\mathrm{e}^{-\mathrm{j}\mathbf{k}_{\mathrm{r},m}\cdot\mathbf{r}}=\sum\limits_{m=-\infty}^{+\infty}\mathbf{e}_y\tilde{E}_{0\mathrm{r}m}\mathrm{e}^{-\mathrm{j}\frac{\omega}{c}n_0\mathbf{k}_{0\mathrm{r},m}\cdot\mathbf{r}}\\ \tilde{\mathbf{H}}_{\mathrm{r}}(\mathbf{r})=\sqrt{\dfrac{\varepsilon_0}{\mu_0}}n_0\sum\limits_{m=-\infty}^{+\infty}\mathbf{k}_{0\mathrm{r},m}\times\mathbf{e}_y\tilde{E}_{0\mathrm{r},m}\mathrm{e}^{-\mathrm{j}\mathbf{k}_{\mathrm{r},m}\cdot\mathbf{r}}=\sqrt{\dfrac{\varepsilon_0}{\mu_0}}n_0\sum\limits_{m=-\infty}^{+\infty}\mathbf{k}_{0\mathrm{r},m}\times\mathbf{e}_y\tilde{E}_{0\mathrm{r},m}\mathrm{e}^{-\mathrm{j}\frac{\omega}{c}n_0\mathbf{k}_{0\mathrm{r},m}\cdot\mathbf{r}}\end{cases}\tag{7-258}$$

式中，$\mathbf{k}_{\mathrm{r},m}=k_1\mathbf{k}_{0\mathrm{r},m}$，$\mathbf{k}_{0\mathrm{r},m}$ 为反射衍射平面光波传播方向单位矢量，$k_1=\omega\sqrt{\mu_0\varepsilon_0}=\omega n_0/c$ 为入射介质中的波数，$\tilde{E}_{0\mathrm{r},m}$ 为 $\mathbf{r}=0$ 处电场的幅值，m 为反射衍射平面波的级次。

由图 7-13 可以看出，反射波传播方向单位矢量 $\mathbf{k}_{0\mathrm{r},m}$ 写成分量形式为

$$\mathbf{k}_{0\mathrm{r},m}=\sin\theta_{\mathrm{r},m}\mathbf{e}_x-\cos\theta_{\mathrm{r},m}\mathbf{e}_z\tag{7-259}$$

将式（7-255）和式（7-259）代入式（7-258）有

$$\begin{cases}\tilde{\mathbf{E}}_{\mathrm{r}}(\mathbf{r})=\sum\limits_{m=-\infty}^{+\infty}\mathbf{e}_y\tilde{E}_{0\mathrm{r},m}\mathrm{e}^{-\mathrm{j}\frac{\omega}{c}n_0(x\sin\theta_{\mathrm{r},m}-z\cos\theta_{\mathrm{r},m})}\\ \tilde{\mathbf{H}}_{\mathrm{r}}(\mathbf{r})=\sqrt{\dfrac{\varepsilon_0}{\mu_0}}n_0\sum\limits_{m=-\infty}^{+\infty}(\cos\theta_{\mathrm{r},m}\mathbf{e}_x+\sin\theta_{\mathrm{r},m}\mathbf{e}_z)\tilde{E}_{0\mathrm{r},m}\mathrm{e}^{-\mathrm{j}\frac{\omega}{c}n_0(x\sin\theta_{\mathrm{r},m}-z\cos\theta_{\mathrm{r},m})}\end{cases}\tag{7-260}$$

4）透射衍射的平面波展开

同样，透射衍射可近似为无穷多个不同波矢 $\mathbf{k}_{\mathrm{t},m}$ ($-\infty<m<+\infty$)平面光波的叠加。由式（2-39）有

$$\begin{cases}\tilde{\mathbf{E}}_{\mathrm{t}}(\mathbf{r})=\sum\limits_{m=-\infty}^{+\infty}\mathbf{e}_y\tilde{E}_{0\mathrm{t},m}\mathrm{e}^{-\mathrm{j}\mathbf{k}_{\mathrm{t},m}\cdot\mathbf{r}}=\sum\limits_{m=-\infty}^{+\infty}\mathbf{e}_y\tilde{E}_{0\mathrm{t},m}\mathrm{e}^{-\mathrm{j}\frac{\omega}{c}n\mathbf{k}_{0\mathrm{t},m}\cdot\mathbf{r}}\\ \tilde{\mathbf{H}}_{\mathrm{t}}(\mathbf{r})=\sqrt{\dfrac{\varepsilon_0}{\mu_0}}n\sum\limits_{m=-\infty}^{+\infty}\mathbf{k}_{0\mathrm{t},m}\times\mathbf{e}_y\tilde{E}_{0\mathrm{t},m}\mathrm{e}^{-\mathrm{j}\mathbf{k}_{\mathrm{t},m}\cdot\mathbf{r}}=\sqrt{\dfrac{\varepsilon_0}{\mu_0}}n\sum\limits_{m=-\infty}^{+\infty}\mathbf{k}_{0\mathrm{t},m}\times\mathbf{e}_y\tilde{E}_{0\mathrm{t},m}\mathrm{e}^{-\mathrm{j}\frac{\omega}{c}n\mathbf{k}_{0\mathrm{t},m}\cdot\mathbf{r}}\end{cases}\tag{7-261}$$

式中，$\mathbf{k}_{t,m}=k_2\mathbf{k}_{0t,m}$，$\mathbf{k}_{0t,m}$ 为透射衍射平面光波传播方向单位矢量，$k_2=\omega\sqrt{\mu_0\varepsilon}=\omega n/c$ 为基底介质中的波数，$\tilde{E}_{0t,m}$ 为 $\mathbf{r}=0$ 处电场的幅值，m 为透射衍射平面波的级次。

由图 7-13 可以看出，位置矢量 $\mathbf{r}$ 和波传播方向单位矢量 $\mathbf{k}_{0t,m}$ 写成分量形式为

$$\mathbf{r}=x\mathbf{e}_x+y\mathbf{e}_y+(z-h)\mathbf{e}_z \tag{7-262}$$

$$\mathbf{k}_{0t,m}=\sin\theta_{t,m}\mathbf{e}_x+\cos\theta_{t,m}\mathbf{e}_z \tag{7-263}$$

代入式（7-261），有

$$\begin{cases}\tilde{\mathbf{E}}_t(\mathbf{r})=\sum\limits_{m=-\infty}^{+\infty}\mathbf{e}_y\tilde{E}_{0t,m}\mathrm{e}^{-\mathrm{j}\frac{\omega}{c}n[x\sin\theta_{t,m}+(z-h)\cos\theta_{t,m}]}\\ \tilde{\mathbf{H}}_t(\mathbf{r})=\sqrt{\dfrac{\varepsilon_0}{\mu_0}}n\sum\limits_{m=-\infty}^{+\infty}(-\cos\theta_{t,m}\mathbf{e}_x+\sin\theta_{t,m}\mathbf{e}_z)\tilde{E}_{0t,m}\mathrm{e}^{-\mathrm{j}\frac{\omega}{c}n[x\sin\theta_{t,m}+(z-h)\cos\theta_{t,m}]}\end{cases} \tag{7-264}$$

5）光栅区域水平场分量的平面波展开

为了满足电场和磁场在光栅上、下两边界（$z=0$ 和 $z=h$）切向分量连续的边界条件，与入射介质和基底介质相对应，将光栅区域电场切向分量 $\tilde{E}_y$ 和磁场切向分量 $\tilde{H}_x$ 也看成无穷多个不同波矢 $k_{x,m}\mathbf{e}_x$ $(-\infty<m<+\infty)$ 平面光波的叠加，有[22]

$$\tilde{E}_y=\sum_{m=-\infty}^{+\infty}\tilde{E}_{y,m}(z)\mathrm{e}^{-\mathrm{j}k_{x,m}x} \tag{7-265}$$

$$\tilde{H}_x=-\mathrm{j}\sqrt{\frac{\varepsilon_0}{\mu_0}}\sum_{m=-\infty}^{+\infty}\tilde{H}_{x,m}(z)\mathrm{e}^{-\mathrm{j}k_{x,m}x} \tag{7-266}$$

式中，$k_{x,m}$ 为波矢的 x 分量，$\tilde{E}_{y,m}(z)$ 为随 z 变化的电场幅值，$\tilde{H}_{x,m}(z)$ 为随 z 变化的磁场幅值。

与式（7-251）比较可知，式（7-265）和式（7-266）就是沿 X 轴方向周期函数傅里叶级数的指数形式，$\tilde{E}_{y,m}(z)$ 和 $-\mathrm{j}\sqrt{\frac{\varepsilon_0}{\mu_0}}\tilde{H}_{x,m}(z)$ 分别对应于电场 y 分量和磁场 x 分量离散谱，其傅里叶变换对简记为

$$\begin{cases}\tilde{E}_y\leftrightarrow\tilde{E}_{y,m}(z)\\ \tilde{H}_x\leftrightarrow-\mathrm{j}\sqrt{\dfrac{\varepsilon_0}{\mu_0}}\tilde{H}_{x,m}(z)\end{cases} \tag{7-267}$$

2．反射衍射平面波和透射衍射平面波波数的确定

1）弗洛凯定理[1,19,20]

在周期系统中，波的传输由于受周期性边界条件的影响，使波的振幅呈现周期性变化。法国数学家弗洛凯（Floquet）对无限大周期系统波的传输给出了一个普遍化的定理，称为弗洛凯定理。

弗洛凯定理：在周期系统中，对于一给定的传输模式，在稳态频率下，任一截面内的场分布与相距一个空间周期的另一截面内的场仅相差一复常数。

假设沿 X 轴方向呈周期性变化的电场强度复振幅 $\tilde{\mathbf{E}}(x,y,z)$ 在周期为 d 的周期系统中传输，弗洛凯定理用数学形式可表示为

$$\tilde{\mathbf{E}}(x,y,z)=\tilde{\mathbf{E}}(x+d,y,z)\mathrm{e}^{-\mathrm{j}\gamma d} \tag{7-268}$$

式中，γ 为一实常数，由波的传输模式确定。对式（7-268）两边取模，有

$$|\tilde{\mathbf{E}}(x,y,z)|=|\tilde{\mathbf{E}}(x+d,y,z)| \tag{7-269}$$

由此可见，周期系统中电场强度复振幅的模是沿 X 轴方向的周期函数，对其进行傅里叶级数展开，有

$$|\tilde{\mathbf{E}}(x,y,z)|=\sum_{l=-\infty}^{+\infty}\tilde{\mathbf{E}}_l(y,z)\mathrm{e}^{-\mathrm{j}\frac{2\pi l}{d}x} \tag{7-270}$$

式中，$\tilde{\mathbf{E}}_l(y,z)$ 为傅里叶级数的系数。由傅里叶级数正变换公式有

$$\tilde{\mathbf{E}}_l(y,z)=\frac{1}{d}\int_{x-\frac{d}{2}}^{x+\frac{d}{2}}|\tilde{\mathbf{E}}(x,y,z)|\mathrm{e}^{\mathrm{j}\frac{2\pi l}{d}x}\mathrm{d}x \tag{7-271}$$

由此可将周期系统中的电场强度复振幅 $\tilde{\mathbf{E}}(x,y,z)$ 表示为

$$\tilde{\mathbf{E}}(x,y,z)=|\tilde{\mathbf{E}}(x,y,z)|\mathrm{e}^{-\mathrm{j}\alpha}\mathrm{e}^{-\mathrm{j}\gamma x}=\sum_{l=-\infty}^{+\infty}\tilde{\mathbf{E}}_l(y,z)\mathrm{e}^{-\mathrm{j}\alpha}\mathrm{e}^{-\mathrm{j}\left(\gamma+\frac{2\pi l}{d}\right)x} \tag{7-272}$$

式中，α 为 $\tilde{\mathbf{E}}(x,y,z)$ 的初相位。可以看出，每个分量 $\tilde{\mathbf{E}}_l(y,z)\mathrm{e}^{-\mathrm{j}\alpha}$ 对应的传输常数为

$$\beta_l=\gamma+\frac{2\pi l}{d} \tag{7-273}$$

当 $l=0$ 时，记 $\beta_0=\gamma$，则式（7-273）改写为

$$\beta_l=\beta_0+\frac{2\pi l}{d} \tag{7-274}$$

式中，β_l 称为 l 次空间谐波沿 X 轴方向的波数。

2）$k_{x,m}$ 与入射角 θ_i 和衍射级次 m 之间的关系式

入射介质的场是入射平面光波与反射衍射平面光波的叠加，由式（7-257）和式（7-260）可写出入射介质中电场和磁场切向分量为

$$\begin{cases}\tilde{E}_{\mathrm{I}y}=\tilde{E}_{\mathrm{i}y}+\tilde{E}_{\mathrm{r}y}=\tilde{E}_{0\mathrm{i}}\mathrm{e}^{-\mathrm{j}\frac{\omega}{c}n_0(x\sin\theta_\mathrm{i}+z\cos\theta_\mathrm{i})}+\sum\limits_{m=-\infty}^{+\infty}\tilde{E}_{0\mathrm{r},m}\mathrm{e}^{-\mathrm{j}\frac{\omega}{c}n_0(x\sin\theta_{\mathrm{r},m}-z\cos\theta_{\mathrm{r},m})}\\ \tilde{H}_{\mathrm{I}x}=\tilde{H}_{\mathrm{i}x}+\tilde{H}_{\mathrm{r}x}=-\sqrt{\dfrac{\varepsilon_0}{\mu_0}}n_0\cos\theta_\mathrm{i}\tilde{E}_{0\mathrm{i}}\mathrm{e}^{-\mathrm{j}\frac{\omega}{c}n_0(x\sin\theta_\mathrm{i}+z\cos\theta_\mathrm{i})}+\sqrt{\dfrac{\varepsilon_0}{\mu_0}}n_0\sum\limits_{m=-\infty}^{+\infty}\cos\theta_{\mathrm{r},m}\tilde{E}_{0\mathrm{r},m}\mathrm{e}^{-\mathrm{j}\frac{\omega}{c}n_0(x\sin\theta_{\mathrm{r},m}-z\cos\theta_{\mathrm{r},m})}\end{cases} \tag{7-275}$$

基底介质仅存在透射衍射波，因此，由式（7-264）可写出基底介质中电场和磁场切向分量为

$$\begin{cases}\tilde{E}_{\mathrm{III}y}=\tilde{E}_{\mathrm{t}y}=\sum\limits_{m=-\infty}^{+\infty}\tilde{E}_{0\mathrm{t},m}\mathrm{e}^{-\mathrm{j}\frac{\omega}{c}n[x\sin\theta_{\mathrm{t},m}+(z-h)\cos\theta_{\mathrm{t},m}]}\\ \tilde{H}_{\mathrm{III}x}=\tilde{H}_{\mathrm{t}x}=-\sqrt{\dfrac{\varepsilon_0}{\mu_0}}n\sum\limits_{m=-\infty}^{+\infty}\cos\theta_{\mathrm{t},m}\tilde{E}_{0\mathrm{t},m}\mathrm{e}^{-\mathrm{j}\frac{\omega}{c}n[x\sin\theta_{\mathrm{t},m}+(z-h)\cos\theta_{\mathrm{t},m}]}\end{cases} \tag{7-276}$$

根据电场和磁场切向分量连续的边界条件有

$$\begin{cases}\tilde{E}_{\mathrm{I}y}\big|_{z=0}=\tilde{E}_y\big|_{z=0}\\ \tilde{H}_{\mathrm{I}x}\big|_{z=0}=\tilde{H}_x\big|_{z=0}\end{cases} \tag{7-277}$$

$$\begin{cases}\tilde{E}_{\mathrm{III}y}\big|_{z=h}=\tilde{E}_y\big|_{z=h}\\ \tilde{H}_{\mathrm{III}x}\big|_{z=h}=\tilde{H}_x\big|_{z=h}\end{cases} \tag{7-278}$$

将式（7-275）、式（7-265）和式（7-266）代入式（7-277），有

$$\begin{cases} \tilde{E}_{0\mathrm{i}}\mathrm{e}^{-\mathrm{j}\frac{\omega}{c}n_0 x\sin\theta_\mathrm{i}} + \sum_{m=-\infty}^{+\infty}\tilde{E}_{0\mathrm{r},m}\mathrm{e}^{-\mathrm{j}\frac{\omega}{c}n_0 x\sin\theta_{\mathrm{r},m}} = \sum_{m=-\infty}^{+\infty}\tilde{E}_{y,m}(0)\mathrm{e}^{-\mathrm{j}k_{x,m}x} \\ n_0\cos\theta_\mathrm{i}\tilde{E}_{0\mathrm{i}}\mathrm{e}^{-\mathrm{j}\frac{\omega}{c}n_0 x\sin\theta_\mathrm{i}} - n_0\sum_{m=-\infty}^{+\infty}\cos\theta_{\mathrm{r},m}\tilde{E}_{0\mathrm{r},m}\mathrm{e}^{-\mathrm{j}\frac{\omega}{c}n_0 x\sin\theta_{\mathrm{r},m}} = \mathrm{j}\sum_{m=-\infty}^{+\infty}\tilde{H}_{x,m}(0)\mathrm{e}^{-\mathrm{j}k_{x,m}x} \end{cases} \tag{7-279}$$

对于任意的 x，要使式（7-279）成立，必须使三个指数满足相位匹配条件，由弗洛凯定理有

$$\frac{\omega}{c}n_0\sin\theta_\mathrm{i} = \frac{\omega}{c}n_0\sin\theta_{\mathrm{r},m} + \frac{2\pi}{d}m = k_{x,m} + \frac{2\pi}{d}m \tag{7-280}$$

与单界面反射和透射相比较，可得反射衍射的“反射定律”为

$$n_0\sin\theta_\mathrm{i} = n_0\sin\theta_{\mathrm{r},m} + \frac{\lambda}{d}m,\quad -\infty < m < +\infty \tag{7-281}$$

“透射定律”为

$$k_{x,m} = \frac{\omega}{c}n_0\sin\theta_\mathrm{i} - \frac{2\pi}{d}m = \frac{\omega}{c}\left(n_0\sin\theta_\mathrm{i} - \frac{\lambda}{d}m\right),\quad -\infty < m < +\infty \tag{7-282}$$

这就是反射衍射沿 X 轴方向的波数 $k_{x,m}$ 与入射角 θ_i 和衍射级次 m 之间的关系式。

将式（7-276）、式（7-265）和式（7-266）代入式（7-278）有

$$\begin{cases} \sum_{m=-\infty}^{+\infty}\tilde{E}_{0\mathrm{t},m}\mathrm{e}^{-\mathrm{j}\frac{\omega}{c}nx\sin\theta_{\mathrm{t},m}} = \sum_{m=-\infty}^{+\infty}\tilde{E}_{y,m}(h)\mathrm{e}^{-\mathrm{j}k_{x,m}x} \\ n\sum_{m=-\infty}^{+\infty}\cos\theta_{\mathrm{t},m}\tilde{E}_{0\mathrm{t},m}\mathrm{e}^{-\mathrm{j}\frac{\omega}{c}nx\sin\theta_{\mathrm{t},m}} = \mathrm{j}\sum_{m=-\infty}^{+\infty}\tilde{H}_{x,m}(h)\mathrm{e}^{-\mathrm{j}k_{x,m}x} \end{cases} \tag{7-283}$$

对于任意的 x，要使式（7-283）成立，必须使两个指数满足相位匹配条件，因此有

$$k_{x,m} = \frac{\omega}{c}n\sin\theta_{\mathrm{t},m} \tag{7-284}$$

比较式（7-280）和式（7-284），可得反射衍射角 $\theta_{\mathrm{r},m}$ 和透射衍射角 $\theta_{\mathrm{t},m}$ 之间的关系为

$$n_0\sin\theta_{\mathrm{r},m} = n\sin\theta_{\mathrm{t},m} \tag{7-285}$$

3）入射介质中反射衍射角 $\theta_{\mathrm{r},m}$ 和基底介质中透射衍射角 $\theta_{\mathrm{t},m}$ 的计算

入射介质中，反射衍射波数的 y 分量为零，即 $k_{\mathrm{r},my}=0$，波数满足以下关系：

$$k_{\mathrm{r},m} = \sqrt{k_{\mathrm{r},mx}^2 + k_{\mathrm{r},mz}^2} = k_1 = \frac{\omega}{c}n_0 \tag{7-286}$$

而

$$k_{\mathrm{r},mx} = \frac{\omega}{c}n_0\sin\theta_{\mathrm{r},m},\quad k_{\mathrm{r},mz} = \frac{\omega}{c}n_0\cos\theta_{\mathrm{r},m} \tag{7-287}$$

依据式（7-281）计算反射衍射角，得到

$$\sin\theta_{\mathrm{r},m} = \sin\theta_\mathrm{i} - \frac{\lambda}{n_0 d}m\quad,\quad -\infty < m < +\infty \tag{7-288}$$

透射介质中，依然假定反射衍射波数的 y 分量为零，即 $k_{\mathrm{t},my}=0$，波数满足以下关系：

$$k_{\mathrm{t},m} = \sqrt{k_{\mathrm{t},mx}^2 + k_{\mathrm{t},mz}^2} = k_2 = \frac{\omega}{c}n \tag{7-289}$$

而

$$k_{\mathrm{t},mx} = \frac{\omega}{c}n\sin\theta_{\mathrm{t},m},\quad k_{\mathrm{t},mz} = \frac{\omega}{c}n\cos\theta_{\mathrm{t},m} \tag{7-290}$$

透射衍射角的计算依据式（7-284）和式（7-282）有

$$\sin\theta_{t,m}=\frac{n_0}{n}\sin\theta_i-\frac{\lambda}{nd}m\quad,\quad -\infty<m<+\infty \tag{7-291}$$

3．反射衍射和透射衍射的衍射效率

由式（7-260）可写出反射衍射第 m 级的电场强度复振幅和磁场强度复振幅为

$$\begin{cases}\tilde{\mathbf{E}}_{r,m}(\mathbf{r})=\mathbf{e}_y\tilde{E}_{0r,m}\mathrm{e}^{-\mathrm{j}\frac{\omega}{c}n_0(x\sin\theta_{r,m}-z\cos\theta_{r,m})}\\ \tilde{\mathbf{H}}_{r,m}(\mathbf{r})=\sqrt{\frac{\varepsilon_0}{\mu_0}}n_0(\cos\theta_{r,m}\mathbf{e}_x+\sin\theta_{r,m}\mathbf{e}_z)\tilde{E}_{0r,m}\mathrm{e}^{-\mathrm{j}\frac{\omega}{c}n_0(x\sin\theta_{r,m}-z\cos\theta_{r,m})}\end{cases} \tag{7-292}$$

根据式（2-59），可写出对应于反射衍射第 m 级的复坡印廷矢量为

$$\tilde{\mathbf{S}}_r=\frac{1}{2}\tilde{\mathbf{E}}_{r,m}\times\tilde{\mathbf{H}}^*_{r,m}=\frac{1}{2}\sqrt{\frac{\varepsilon_0}{\mu_0}}n_0\tilde{E}_{0r,m}\tilde{E}^*_{0r,m}(\sin\theta_{r,m}\mathbf{e}_x-\cos\theta_{r,m}\mathbf{e}_z) \tag{7-293}$$

平均坡印廷矢量为

$$\mathbf{S}_{r,av}=\mathrm{Re}[\tilde{\mathbf{S}}_r]=\frac{1}{2}\sqrt{\frac{\varepsilon_0}{\mu_0}}n_0\tilde{E}_{0r,m}\tilde{E}^*_{0r,m}(\sin\theta_{r,m}\mathbf{e}_x-\cos\theta_{r,m}\mathbf{e}_z) \tag{7-294}$$

平均坡印廷矢量的大小为反射衍射第 m 级的光强，即

$$I_{r,m}=|\mathbf{S}_{r,av}|=\frac{1}{2}\sqrt{\frac{\varepsilon_0}{\mu_0}}n_0\tilde{E}_{0r,m}\tilde{E}^*_{0r,m}=\frac{1}{2}\sqrt{\frac{\varepsilon_0}{\mu_0}}n_0|\tilde{E}_{0r,m}|^2 \tag{7-295}$$

由式（7-264）可写出透射衍射第 m 级的电场强度复振幅和磁场强度复振幅为

$$\begin{cases}\tilde{\mathbf{E}}_{t,m}(\mathbf{r})=\mathbf{e}_y\tilde{E}_{0t,m}\mathrm{e}^{-\mathrm{j}\frac{\omega}{c}n[x\sin\theta_{t,m}+(z-h)\cos\theta_{t,m}]}\\ \tilde{\mathbf{H}}_{t,m}(\mathbf{r})=\sqrt{\frac{\varepsilon_0}{\mu_0}}n(-\cos\theta_{t,m}\mathbf{e}_x+\sin\theta_{t,m}\mathbf{e}_z)\tilde{E}_{0t,m}\mathrm{e}^{-\mathrm{j}\frac{\omega}{c}n[x\sin\theta_{t,m}+(z-h)\cos\theta_{t,m}]}\end{cases} \tag{7-296}$$

对应于透射衍射第 m 级的复坡印廷矢量为

$$\tilde{\mathbf{S}}_t=\frac{1}{2}\tilde{\mathbf{E}}_{t,m}\times\tilde{\mathbf{H}}^*_{t,m}=\frac{1}{2}\sqrt{\frac{\varepsilon_0}{\mu_0}}n\tilde{E}_{0t,m}\tilde{E}^*_{0t,m}(\sin\theta_{t,m}\mathbf{e}_x+\cos\theta_{t,m}\mathbf{e}_z) \tag{7-297}$$

平均坡印廷矢量为

$$\mathbf{S}_{t,av}=\mathrm{Re}[\tilde{\mathbf{S}}_t]=\frac{1}{2}\sqrt{\frac{\varepsilon_0}{\mu_0}}n\tilde{E}_{0t,m}\tilde{E}^*_{0t,m}(\sin\theta_{t,m}\mathbf{e}_x+\cos\theta_{t,m}\mathbf{e}_z) \tag{7-298}$$

透射衍射第 m 级的光强为

$$I_{t,m}=|\mathbf{S}_{t,av}|=\frac{1}{2}\sqrt{\frac{\varepsilon_0}{\mu_0}}n\tilde{E}_{0t,m}\tilde{E}^*_{0t,m}=\frac{1}{2}\sqrt{\frac{\varepsilon_0}{\mu_0}}n|\tilde{E}_{0t,m}|^2 \tag{7-299}$$

由式（7-257）可写出入射平面光波的复坡印廷矢量为

$$\tilde{\mathbf{S}}_i=\frac{1}{2}\tilde{\mathbf{E}}_i\times\tilde{\mathbf{H}}^*_i=\frac{1}{2}\sqrt{\frac{\varepsilon_0}{\mu_0}}n_0\tilde{E}_{0i}\tilde{E}^*_{0i}(\sin\theta_i\mathbf{e}_x+\cos\theta_i\mathbf{e}_z) \tag{7-300}$$

平均坡印廷矢量为

$$\mathbf{S}_{i,av}=\mathrm{Re}[\tilde{\mathbf{S}}_i]=\frac{1}{2}\sqrt{\frac{\varepsilon_0}{\mu_0}}n_0\tilde{E}_{0i}\tilde{E}^*_{0i}(\sin\theta_i\mathbf{e}_x+\cos\theta_i\mathbf{e}_z) \tag{7-301}$$

入射平面光波的光强为

$$I_{\mathrm{i}}=|\mathbf{S}_{\mathrm{i,av}}|=\frac{1}{2}\sqrt{\frac{\varepsilon_0}{\mu_0}}n_0\tilde{E}_{0\mathrm{i}}\tilde{E}_{0\mathrm{i}}^{*}=\frac{1}{2}\sqrt{\frac{\varepsilon_0}{\mu_0}}n_0|\tilde{E}_{0\mathrm{i}}|^2 \tag{7-302}$$

根据衍射效率的定义式（6-407），可写出反射衍射效率为

$$\eta_{\mathrm{r},m}=\frac{I_{\mathrm{r},m}}{I_{\mathrm{i}}}=\frac{|\tilde{E}_{0\mathrm{r},m}|^2}{|\tilde{E}_{0\mathrm{i}}|^2} \tag{7-303}$$

透射衍射效率为

$$\eta_{\mathrm{t},m}=\frac{I_{\mathrm{t},m}}{I_{\mathrm{i}}}=\frac{n}{n_0}\frac{|\tilde{E}_{0\mathrm{t},m}|^2}{|\tilde{E}_{0\mathrm{i}}|^2} \tag{7-304}$$

对于 S 波偏振，根据反射率的定义式（3-203）和透射率的定义式（3-204），记

$$R_{\mathrm{S},m}=\frac{|\tilde{E}_{0\mathrm{r},m}|^2}{|\tilde{E}_{0\mathrm{i}}|^2},\qquad T_{\mathrm{S},m}=\frac{|\tilde{E}_{0\mathrm{t},m}|^2}{|\tilde{E}_{0\mathrm{i}}|^2}\left(\frac{n\cos\theta_{\mathrm{t},m}}{n_0\cos\theta_{\mathrm{i}}}\right) \tag{7-305}$$

用反射率和透射率表示，式（7-303）和式（7-304）可改写为

$$\eta_{\mathrm{r},m}=R_{\mathrm{S},m} \tag{7-306}$$

$$\eta_{\mathrm{t},m}=\frac{\cos\theta_{\mathrm{i}}}{\cos\theta_{\mathrm{t},m}}T_{\mathrm{S},m} \tag{7-307}$$

在各向同性均匀理想介质中，光波传播无能量损耗，因此满足能量守恒条件

$$\sum_{m=-\infty}^{+\infty}\eta_{\mathrm{r},m}+\eta_{\mathrm{t},m}=1 \tag{7-308}$$

4．耦合波方程组的建立

在光栅区域，波传播满足无源非均匀介质中的麦克斯韦方程，由式（1-160）和式（1-159）有

$$\nabla\times\tilde{\mathbf{E}}=-\mathrm{j}\omega\mu_0\tilde{\mathbf{H}} \tag{7-309}$$

$$\nabla\times\tilde{\mathbf{H}}=\mathrm{j}\omega\varepsilon_0\varepsilon_{\mathrm{r}}(x)\tilde{\mathbf{E}} \tag{7-310}$$

由于 S 波偏振入射，在光栅区域假定 $\tilde{E}_z=0$，$\tilde{H}_z\neq 0$，根据波导中电磁波传播模式的观点，这种形式的电磁波称为横电波，简称 TE 波或 TE 模。许多文献也因此将 S 波偏振称为 TE 偏振。

将麦克斯韦方程（7-309）和方程（7-310）写成分量形式，且取 $\tilde{E}_x=0$，$\tilde{E}_z=0$，$\tilde{H}_y=0$，有

$$\begin{cases}\dfrac{\partial\tilde{E}_y}{\partial z}=\mathrm{j}\omega\mu_0\tilde{H}_x\\[2ex]\dfrac{\partial\tilde{E}_y}{\partial x}=-\mathrm{j}\omega\mu_0\tilde{H}_z\end{cases} \tag{7-311}$$

$$\frac{\partial\tilde{H}_x}{\partial z}-\frac{\partial\tilde{H}_z}{\partial x}=\mathrm{j}\omega\varepsilon_0\varepsilon_{\mathrm{r}}(x)\tilde{E}_y \tag{7-312}$$

由式（7-311）的第二式可得

$$\frac{\partial\tilde{H}_z}{\partial x}=\frac{\mathrm{j}}{\omega\mu_0}\frac{\partial^2\tilde{E}_y}{\partial x^2} \tag{7-313}$$

将式（7-313）代入式（7-312），得到

$$\frac{\partial \tilde{H}_x}{\partial z}=\mathrm{j}\omega\varepsilon_0\varepsilon_{\mathrm{r}}(x)\tilde{E}_y+\frac{\mathrm{j}}{\omega\mu_0}\frac{\partial^2\tilde{E}_y}{\partial x^2} \tag{7-314}$$

对式（7-311）的第一式和式（7-314）两边进行 X 轴方向周期函数的傅里叶变换，利用傅里叶变换对式（7-253）、式（7-267）、式（7-265）和导数傅里叶变换的性质，有

$$\frac{\mathrm{d}\tilde{E}_{y,m}(z)}{\mathrm{d}z}=k_1\tilde{H}_{x,m}(z) \tag{7-315}$$

$$\frac{\mathrm{d}\tilde{H}_{x,m}(z)}{\mathrm{d}z}=\frac{k_{x,m}^2}{k_1}\tilde{E}_{y,m}(z)-k_1\{n_0^2\delta[m]+\varepsilon_{\mathrm{r},m}\}*\tilde{E}_{y,m}(z) \tag{7-316}$$

式中，“*”表示卷积，$k_1=\omega\sqrt{\mu_0\varepsilon_0}$ 为入射介质中的波数。利用卷积求和公式

$$\begin{cases}f_1[n]*f_2[n]=\sum\limits_{l=-\infty}^{+\infty}f_1[l]f_2[n-l]=\sum\limits_{l=-\infty}^{+\infty}f_2[l]f_1[n-l]\\ \delta[n]*f[n]=f[n]\end{cases} \tag{7-317}$$

将离散卷积写成求和形式，式（7-316）可改写成

$$\frac{\mathrm{d}\tilde{H}_{x,m}(z)}{\mathrm{d}z}=\frac{k_{x,m}^2}{k_1}\tilde{E}_{y,m}(z)-k_1n_0^2\tilde{E}_{y,m}(z)-k_1\sum_{l=-\infty}^{+\infty}\varepsilon_{\mathrm{r},(m-l)}\tilde{E}_{y,l}(z) \tag{7-318}$$

式（7-315）和式（7-318）就组成 S 波偏振情况下关于变量 z 的一阶耦合波常系数微分方程组。

令式（7-315）两边对 z 求导，有

$$\frac{\mathrm{d}^2\tilde{E}_{y,m}(z)}{\mathrm{d}z^2}=k_1\frac{\mathrm{d}\tilde{H}_{x,m}(z)}{\mathrm{d}z} \tag{7-319}$$

并将式（7-318）代入上式，得到

$$\frac{\mathrm{d}^2\tilde{E}_{y,m}(z)}{\mathrm{d}z^2}=k_{x,m}^2\tilde{E}_{y,m}(z)-k_1^2n_0^2\tilde{E}_{y,m}(z)-k_1^2\sum_{l=-\infty}^{+\infty}\varepsilon_{\mathrm{r},(m-l)}\tilde{E}_{y,l}(z) \tag{7-320}$$

这就是 S 波偏振情况下关于变量 z 的二阶耦合波常系数微分方程组。

5．耦合波方程的矩阵表示

令式（7-315）和式（7-318）两边同除以 k_1，有

$$\frac{\mathrm{d}\tilde{E}_{y,m}(z)}{\mathrm{d}(k_1z)}=\tilde{H}_{x,m}(z) \tag{7-321}$$

$$\frac{\mathrm{d}\tilde{H}_{x,m}(z)}{\mathrm{d}(k_1z)}=\left(\frac{k_{x,m}}{k_1}\right)^2\tilde{E}_{y,m}(z)-n_0^2\tilde{E}_{y,m}(z)-\sum_{l=-\infty}^{+\infty}\varepsilon_{\mathrm{r},(m-l)}\tilde{E}_{y,l}(z) \tag{7-322}$$

将电场强度复振幅序列 $\tilde{E}_{y,m}$ 和磁场强度复振幅序列 $\tilde{H}_{x,m}$ 用列向量表示为

$$\tilde{\mathbf{E}}_y=[\tilde{E}_{y,m}]_{m\times1},\quad -\infty<m<+\infty \tag{7-323}$$

$$\tilde{\mathbf{H}}_x=[\tilde{H}_{x,m}]_{m\times1},\quad -\infty<m<+\infty \tag{7-324}$$

另外，记

$$\mathbf{K}=[\mathrm{k}_{m,l}]_{m\times l},\quad -\infty<m<+\infty,\quad -\infty<l<+\infty \tag{7-325}$$

称 $\mathbf{K}$ 为波数平方矩阵，$\mathbf{K}$ 为对角阵，其矩阵元素为

$$\mathrm{k}_{m,l}=\begin{cases}\left(\dfrac{k_{x,m}}{k_1}\right)^2, & m=l\\ 0, & m\neq l\end{cases} \tag{7-326}$$

记

$$\mathbf{N}_0=[N_{0m,l}]_{m\times l},\quad -\infty<m<+\infty,\quad -\infty<l<+\infty \tag{7-327}$$

$$N_{0m,l}=\begin{cases}n_0^2, & m=l\\ 0, & m\neq l\end{cases} \tag{7-328}$$

称 $\mathbf{N}_0$ 为入射介质折射率矩阵，$\mathbf{N}_0$ 为对角阵。

记

$$\boldsymbol{\varepsilon}=[\varepsilon_{m,l}]_{m\times l},\quad -\infty<m<+\infty,\quad -\infty<l<+\infty \tag{7-329}$$

称 $\boldsymbol{\varepsilon}$ 为相对介电常数傅里叶系数矩阵，其矩阵元素为

$$\varepsilon_{m,l}=\varepsilon_{\mathrm{r},m-l}=\varepsilon_{\mathrm{r},l},\quad 0\leqslant m<+\infty,\quad 0\leqslant l<+\infty \tag{7-330}$$

例如，3×3 波数平方对角阵 $\mathbf{K}$ 为

$$\mathbf{K}=[\mathrm{k}_{m,l}]_{3\times3}=\begin{bmatrix}(k_{x,-1}/k_1)^2 & 0 & 0\\ 0 & (k_{x,0}/k_1)^2 & 0\\ 0 & 0 & (k_{x,1}/k_1)^2\end{bmatrix} \tag{7-331}$$

3×3 入射介质折射率矩阵 $\mathbf{N}_0$ 为

$$\mathbf{N}_0=[N_{0m,l}]_{3\times3}=\begin{bmatrix}n_0^2 & 0 & 0\\ 0 & n_0^2 & 0\\ 0 & 0 & n_0^2\end{bmatrix} \tag{7-332}$$

取 $-2\leqslant l\leqslant+2$，$-2\leqslant m\leqslant+2$，卷积和用矩阵形式表示为

$$\sum_{l=-2}^{+2}\varepsilon_{\mathrm{r},(m-l)}\tilde{E}_{y,l}(z)=\begin{bmatrix}\varepsilon_{\mathrm{r},0} & \varepsilon_{\mathrm{r},-1} & \varepsilon_{\mathrm{r},-2} & \varepsilon_{\mathrm{r},-3} & \varepsilon_{\mathrm{r},-4}\\ \varepsilon_{\mathrm{r},1} & \varepsilon_{\mathrm{r},0} & \varepsilon_{\mathrm{r},-1} & \varepsilon_{\mathrm{r},-2} & \varepsilon_{\mathrm{r},-3}\\ \varepsilon_{\mathrm{r},2} & \varepsilon_{\mathrm{r},1} & \varepsilon_{\mathrm{r},0} & \varepsilon_{\mathrm{r},-1} & \varepsilon_{\mathrm{r},-2}\\ \varepsilon_{\mathrm{r},3} & \varepsilon_{\mathrm{r},2} & \varepsilon_{\mathrm{r},1} & \varepsilon_{\mathrm{r},0} & \varepsilon_{\mathrm{r},-1}\\ \varepsilon_{\mathrm{r},4} & \varepsilon_{\mathrm{r},3} & \varepsilon_{\mathrm{r},2} & \varepsilon_{\mathrm{r},1} & \varepsilon_{\mathrm{r},0}\end{bmatrix}\begin{bmatrix}\tilde{E}_{y,-2}\\ \tilde{E}_{y,-1}\\ \tilde{E}_{y,0}\\ \tilde{E}_{y,1}\\ \tilde{E}_{y,2}\end{bmatrix},\quad m=-2,-1,0,+1,+2 \tag{7-333}$$

将矩阵 $\mathbf{K}$ 与矩阵 $\mathbf{N}_0$、矩阵 $\boldsymbol{\varepsilon}$ 相减，记作

$$\mathbf{A}_\mathrm{S}=\mathbf{K}-(\mathbf{N}_0+\boldsymbol{\varepsilon}) \tag{7-334}$$

由此可将方程（7-321）和方程（7-322）写成矩阵形式

$$\begin{bmatrix}\dfrac{\mathrm{d}\tilde{\mathbf{E}}_y}{\mathrm{d}z'}\\ \dfrac{\mathrm{d}\tilde{\mathbf{H}}_x}{\mathrm{d}z'}\end{bmatrix}=\begin{bmatrix}\mathbf{0} & \mathbf{I}\\ \mathbf{A}_\mathrm{S} & \mathbf{0}\end{bmatrix}\begin{bmatrix}\tilde{\mathbf{E}}_y\\ \tilde{\mathbf{H}}_x\end{bmatrix} \tag{7-335}$$

式中，记 $z'=k_1z$，$\mathbf{I}$ 为单位阵，$\mathbf{0}$ 为零矩阵。

令式（7-320）两边同除以 k_1^2，写成矩阵形式有

$$\frac{\mathrm{d}^2\tilde{\mathbf{E}}_y}{\mathrm{d}z'^2}=\mathbf{A}_\mathrm{S}\tilde{\mathbf{E}}_y \tag{7-336}$$

6．耦合波方程组的数值解法

二阶齐次矩阵微分方程（7-336）连同边界条件构成本征值问题，可以利用本征值方法进行求解。

1）本征值问题的解法

假设 $\mathbf{W}$ 为矩阵 $\mathbf{A}_S$ 的特征向量矩阵，即

$$\mathbf{W}=[w_{m,l}]_{m\times l}=[\mathbf{W}_l]_{1\times l}, \quad -\infty<m<+\infty, \quad -\infty<l<+\infty \tag{7-337}$$

式中，$\mathbf{W}_l$ 为矩阵 $\mathbf{A}_S$ 的第 l 个特征向量，即

$$\mathbf{W}_l=[w_{m,l}]_{m\times l}, \quad -\infty<m<+\infty \tag{7-338}$$

假设特征向量 $\mathbf{W}_l$ 对应的特征值为 λ_l（也称为本征值），则矩阵 $\mathbf{A}_S$ 和特征向量 $\mathbf{W}_l$ 满足方程

$$\mathbf{A}_S\mathbf{W}_l=\lambda_l\mathbf{W}_l \tag{7-339}$$

由此，式（7-336）的解向量可表示为

$$\tilde{\mathbf{E}}_y=\sum_{l=-\infty}^{+\infty}a_l(z')\mathbf{w}_l \tag{7-340}$$

将式（7-340）代入式（7-336），并利用式（7-339）得到

$$\frac{\mathrm{d}^2[a_l(z')]}{\mathrm{d}z'^2}-\lambda_l a_l(z')=0 \tag{7-341}$$

这就是关于 $a_l(z')$ 的本征方程，$a_l(z')$ 称为本征函数。本征方程为二阶常系数齐次微分方程，其特征方程为

$$q^2-\lambda_l=0 \tag{7-342}$$

特征根为

$$q_l=\pm\sqrt{\lambda_l} \tag{7-343}$$

要使方程（7-341）存在非零解，特征值 λ_l 的取值存在三种可能性：$\lambda_l<0$，$\lambda_l=0$，$\lambda_l>0$。在 $\lambda_l=0$ 和 $\lambda_l>0$ 的条件下，只能得到无意义的零解 $a_l(z')=0$，所以非零解的条件是

$$\lambda_l<0 \quad 或 \quad q_l=\pm\mathrm{j}\sqrt{|\lambda_l|} \tag{7-344}$$

在特征根已知的情况下，本征方程（7-341）的解可表示为

$$a_l(z')=c_l^+\mathrm{e}^{-q_l z'}+c_l^-\mathrm{e}^{+q_l z'} \tag{7-345}$$

式中，c_l^+ 和 c_l^- 为常系数。由于 $z'=k_1 z$，因此

$$a_l(z)=c_l^+\mathrm{e}^{-k_1 q_l z'}+c_l^-\mathrm{e}^{+k_1 q_l z'} \tag{7-346}$$

在 $\lambda_l<0$ 的条件下，由于本征函数 $a_l(z')$ 和本征函数 $a_{-l}(z')$ 是线性相关的，且由于 $l=0$，满足边界条件的解也为零解，所以仅取 $l=+1,+2,\cdots$ 即可。将式（7-346）代入式（7-340），有

$$\tilde{\mathbf{E}}_y=\sum_{l=1}^{+\infty}(c_l^+\mathrm{e}^{-k_1 q_l z}+c_l^-\mathrm{e}^{+k_1 q_l z})\mathbf{w}_l \tag{7-347}$$

写成分量形式为

$$\tilde{E}_{y,m}=\sum_{l=1}^{+\infty}w_{m,l}(c_l^+\mathrm{e}^{-k_1 q_l z}+c_l^-\mathrm{e}^{+k_1 q_l z}) \tag{7-348}$$

这就是二阶齐次矩阵微分方程（7-336）的解形式，也是求解一阶光栅耦合波方程组的出发点。

本征值问题的解具有鲜明的物理意义，在满足条件式（7-344）的情况下，式（7-348）的因子 $c_l^+\mathrm{e}^{-k_1 q_l z}$ 为沿 Z 轴正方向的平面波，$c_l^-\mathrm{e}^{+k_1 q_l z}$ 为沿 Z 轴负方向的平面波，因此式（7-348）为沿 Z 轴方向不同波数平面波的叠加。

2）光栅一阶耦合波方程组的解法

由以上讨论可知，矩阵 $\mathbf{A}_\mathrm{S}$ 是一个无穷大矩阵，实际计算中需要截断处理。同样，对于列向量 $\tilde{\mathbf{E}}_y$ 和 $\tilde{\mathbf{H}}_x$、矩阵 $\mathbf{K}$、$\mathbf{N}_0$ 和 $\boldsymbol{\varepsilon}$ 也需要截断处理。截断取的项数越多，计算结果越精确。

由式（7-348）可以确定光栅一阶耦合波方程组的解形式。由于

$$\mathrm{d}z' = k_1\mathrm{d}z,\quad \mathrm{d}[k_1(z-h)] = k_1\mathrm{d}z = \mathrm{d}z' \tag{7-349}$$

与平面波式（7-264）相匹配，可写出对应于电场分量的光栅一阶耦合波方程的解形式为

$$\tilde{E}_{y,m}(z) = \sum_{l=1}^{N} w_{m,l}[c_l^+\mathrm{e}^{-k_1q_lz} + c_l^-\mathrm{e}^{k_1q_l(z-h)}] \tag{7-350}$$

式中，求和上限 N 为截断最大项数。将此式代入方程（7-321），可得对应于磁场分量的解形式为

$$\tilde{H}_{x,m}(z) = \sum_{l=1}^{N} w_{m,l}q_l[-c_l^+\mathrm{e}^{-k_1q_lz} + c_l^-\mathrm{e}^{k_1q_l(z-h)}] \tag{7-351}$$

令

$$v_{m,l} = w_{m,l}q_l \tag{7-352}$$

代入式（7-351）有

$$\tilde{H}_{x,m}(z) = \sum_{l=1}^{N} v_{m,l}[-c_l^+\mathrm{e}^{-k_1q_lz} + c_l^-\mathrm{e}^{k_1q_l(z-h)}] \tag{7-353}$$

记

$$\mathbf{V} = [v_{m,l}]_{N\times N}\,,\qquad \mathbf{q} = [q_{m,l}]_{N\times N} \tag{7-354}$$

$\mathbf{q}$ 为对角阵，其矩阵元素为

$$q_{m,l} = \begin{cases} q_l, & m = l \\ 0, & m \neq l \end{cases} \tag{7-355}$$

则有

$$\mathbf{V} = \mathbf{W}\mathbf{q} = [w_{m,l}]_{N\times N}[q_{m,l}]_{N\times N} \tag{7-356}$$

由式（7-325）、式（7-327）、式（7-329）和式（7-330）可知，矩阵 $\mathbf{A}_\mathrm{S}$ 为已知实对称矩阵，可用 Jacobi 方法求矩阵 $\mathbf{A}_\mathrm{S}$ 的全部特征值 λ_l 和特征向量 $\mathbf{W}_l$，也即 q_l 和 $w_{m,l}$；由式（7-356）可求 $v_{m,l}$。对于式（7-350）和式（7-353）中系数 c_l^+ 和 c_l^- 的确定，需要利用电场和磁场切向连续的边界条件。

取 $z=0$，由式（7-350）有

$$\tilde{E}_{y,m}(0) = \sum_{l=1}^{N} w_{m,l}(c_l^+ + c_l^-\mathrm{e}^{-k_1q_lh}) \tag{7-357}$$

由式（7-353）有

$$\tilde{H}_{x,m}(0) = \sum_{l=1}^{N} v_{m,l}(-c_l^+ + c_l^-\mathrm{e}^{-k_1q_lh}) \tag{7-358}$$

将式（7-357）和式（7-358）代入边界条件式（7-279），并利用相位匹配条件式（7-280）有

$$\begin{cases} \tilde{E}_{0\mathrm{i}} + \sum\limits_{m=-\infty}^{+\infty} \tilde{E}_{0\mathrm{r},m} = \sum\limits_{m=-\infty}^{+\infty}\sum\limits_{l=1}^{N} w_{m,l}(c_l^+ + c_l^-\mathrm{e}^{-k_1q_lh}) \\ n_0\cos\theta_\mathrm{i}\tilde{E}_{0\mathrm{i}} - n_0\sum\limits_{m=-\infty}^{+\infty}\cos\theta_{\mathrm{r},m}\tilde{E}_{0\mathrm{r},m} = \mathrm{j}\sum\limits_{m=-\infty}^{+\infty}\sum\limits_{l=1}^{N} v_{m,l}(-c_l^+ + c_l^-\mathrm{e}^{-k_1q_lh}) \end{cases} \tag{7-359}$$

由于

$$\tilde{E}_{0\mathrm{i}} = \sum_{m=-\infty}^{+\infty} \tilde{E}_{0\mathrm{i}}\delta[m],\quad n_0\cos\theta_{\mathrm{i}}\tilde{E}_{0\mathrm{i}} = \sum_{m=-\infty}^{+\infty} n_0\cos\theta_{\mathrm{i}}\tilde{E}_{0\mathrm{i}}\delta[m] \tag{7-360}$$

因此式（7-359）可以化简为

$$\begin{cases} \tilde{E}_{0\mathrm{i}}\delta[m] + \tilde{E}_{0\mathrm{r},m} = \sum\limits_{l=1}^{N} w_{m,l}(c_l^+ + c_l^- \mathrm{e}^{-k_1 q_l h}) \\ \mathrm{j}(n_0\cos\theta_{\mathrm{i}}\tilde{E}_{0\mathrm{i}}\delta[m] - n_0\cos\theta_{\mathrm{r},m}\tilde{E}_{0\mathrm{r},m}) = \sum\limits_{l=1}^{N} v_{m,l}(c_l^+ - c_l^- \mathrm{e}^{-k_1 q_l h}) \end{cases} \tag{7-361}$$

记

$$\mathbf{Y}_{\mathrm{I}} = [Y_{\mathrm{I}m,l}]_{N\times N},\quad Y_{m,l} = \begin{cases} n_0\cos\theta_{r,m}, & m = l \\ 0, & m \neq l \end{cases} \tag{7-362}$$

$$\mathbf{R} = [\tilde{E}_{0\mathrm{r},m}]_{N\times 1} \tag{7-363}$$

$$\mathbf{X} = [X_{m,l}]_{N\times N},\quad X_{m,l} = \begin{cases} \mathrm{e}^{-k_1 q_l h}, & m = l \\ 0, & m \neq l \end{cases} \tag{7-364}$$

$$\mathbf{C}^+ = [c_l^+]_{N\times 1},\quad \mathbf{C}^- = [c_l^-]_{N\times 1} \tag{7-365}$$

由此，可将式（7-361）写成矩阵形式

$$\begin{bmatrix} \tilde{E}_{0\mathrm{i}}\boldsymbol{\delta}[m] \\ \mathrm{j}n_0\cos\theta_{\mathrm{i}}\tilde{E}_{0\mathrm{i}}\boldsymbol{\delta}[m] \end{bmatrix}_{2N\times 1} + \begin{bmatrix} \mathbf{I} \\ -\mathrm{j}\mathbf{Y}_{\mathrm{I}} \end{bmatrix}_{2N\times N} [\mathbf{R}]_{N\times 1} = \begin{bmatrix} \mathbf{W} & \mathbf{WX} \\ \mathbf{V} & -\mathbf{VX} \end{bmatrix}_{2N\times 2N} \begin{bmatrix} \mathbf{c}^+ \\ \mathbf{c}^- \end{bmatrix}_{2N\times 1} \tag{7-366}$$

式中，$\boldsymbol{\delta}[m]$为与单位序列$\delta[m]$对应的单位序列向量，参见式（7-252）。

取$z = h$，由式（7-350）有

$$\tilde{E}_{y,m}(h) = \sum_{l=1}^{N} w_{m,l}(c_l^+ \mathrm{e}^{-k_1 q_l h} + c_l^-) \tag{7-367}$$

由式（7-353）有

$$\tilde{H}_{x,m}(h) = \sum_{l=1}^{N} v_{m,l}(-c_l^+ \mathrm{e}^{-k_1 q_l h} + c_l^-) \tag{7-368}$$

将式（7-367）和式（7-368）代入边界条件式（7-283），并利用相位匹配条件式（7-284）有

$$\begin{cases} \tilde{E}_{0\mathrm{t},m} = \sum\limits_{l=1}^{N} w_{m,l}(c_l^+ \mathrm{e}^{-k_1 q_l h} + c_l^-) \\ \mathrm{j}n\cos\theta_{\mathrm{t},m}\tilde{E}_{0\mathrm{t},m} = \sum\limits_{l=1}^{N} v_{m,l}(c_l^+ \mathrm{e}^{-k_1 q_l h} - c_l^-) \end{cases} \tag{7-369}$$

记

$$\mathbf{T} = [\tilde{E}_{0\mathrm{t},m}]_{N\times 1} \tag{7-370}$$

$$\mathbf{Y}_{\mathrm{II}} = [Y_{\mathrm{II}m,l}]_{N\times N},\quad Y_{\mathrm{II}m,l} = \begin{cases} n\cos\theta_{\mathrm{t},m}, & m = l \\ 0, & m \neq l \end{cases} \tag{7-371}$$

则式（7-369）写成矩阵形式为

$$\begin{bmatrix} \mathbf{I} \\ \mathrm{j}\mathbf{Y}_{\mathrm{II}} \end{bmatrix}_{2N\times N} [\mathbf{T}]_{N\times 1} = \begin{bmatrix} \mathbf{WX} & \mathbf{W} \\ \mathbf{VX} & -\mathbf{V} \end{bmatrix}_{2N\times 2N} \begin{bmatrix} \mathbf{c}^+ \\ \mathbf{c}^- \end{bmatrix}_{2N\times 1} \tag{7-372}$$

求解矩阵方程（7-366）和方程（7-372），得到

$$\begin{bmatrix} -\mathbf{I} & \mathbf{0} & \mathbf{W} & \mathbf{WX} \\ \mathrm{j}\mathbf{Y}_{\mathrm{I}} & \mathbf{0} & \mathbf{V} & -\mathbf{VX} \\ \mathbf{0} & \mathbf{I} & -\mathbf{WX} & -\mathbf{W} \\ \mathbf{0} & \mathrm{j}\mathbf{Y}_{\mathrm{II}} & -\mathbf{VX} & \mathbf{V} \end{bmatrix} \begin{bmatrix} \mathbf{R} \\ \mathbf{T} \\ \mathbf{c}^{+} \\ \mathbf{c}^{-} \end{bmatrix} = \begin{bmatrix} \tilde{E}_{0\mathrm{i}}\delta[m] \\ \mathrm{j}n_0\cos\theta_{\mathrm{i}}\tilde{E}_{0\mathrm{i}}\delta[m] \\ \mathbf{0} \\ \mathbf{0} \end{bmatrix} \tag{7-373}$$

这就是 S 波偏振情况下，求解列向量 $\mathbf{R}$、$\mathbf{T}$、$\mathbf{c}^{+}$ 和 $\mathbf{c}^{-}$ 的矩阵方程。

求解矩阵方程（7-373），已知光栅参数：入射介质折射率 n_0，光栅介质折射率 n，光栅周期 d，光栅脊高 h，平面光波入射角 θ_{i}，入射电场强度复振幅初始值 $\tilde{E}_{0\mathrm{i}}$。数值求解过程：①由入射介质折射率 n_0 构造对角矩阵 $\mathbf{N}_0$；②由傅里叶级数系数式（7-250）构造矩阵 $\boldsymbol{\varepsilon}$；③由式（7-282）计算对角矩阵 $\mathbf{K}$；④由式（7-334）构造矩阵 $\mathbf{A}_{\mathrm{S}}$；⑤求解矩阵 $\mathbf{A}_{\mathrm{S}}$ 的特征矩阵 $\mathbf{W}$ 和特征向量 $\mathbf{W}_l$；⑥求解矩阵 $\mathbf{A}_{\mathrm{S}}$ 的特征值 λ_l；⑦由特征值 λ_l 构造对角矩阵 $\mathbf{X}$；⑧由式（7-288）构造对角矩阵 $\mathbf{Y}_{\mathrm{I}}$；⑨由式（7-291）构造矩阵 $\mathbf{Y}_{\mathrm{II}}$；⑩由式（7-356）构造矩阵 $\mathbf{V}$。由此可求解矩阵方程（7-373），得到列向量 $\mathbf{R}$ 和 $\mathbf{T}$，即得到 $\tilde{E}_{0\mathrm{r},m}$、$\tilde{E}_{0\mathrm{t},m}$。将 $\tilde{E}_{0\mathrm{r},m}$ 和 $\tilde{E}_{0\mathrm{t},m}$ 代入式（7-305），由式（7-306）和式（7-307）可计算反射和透射衍射效率。将 $\tilde{E}_{0\mathrm{r},m}$ 和 $\tilde{E}_{0\mathrm{t},m}$ 分别代入式（7-260）和式（7-264），可计算 S 波偏振情况下反射衍射光强分布和透射衍射光强分布。需要强调的是，计算过程中衍射级次 m 要对称取值。

7.4.2　P 波偏振

对于 P 波偏振，入射平面光波磁场强度复振幅矢量 $\tilde{\mathbf{H}}_{\mathrm{i}}$、反射衍射平面光波磁场强度复振幅矢量 $\tilde{\mathbf{H}}_{\mathrm{r},m}$ 和透射衍射平面光波磁场强度复振幅矢量 $\tilde{\mathbf{H}}_{\mathrm{t},m}$ 均沿 Y 轴方向，垂直于入射面。入射平面光波电场强度复振幅矢量 $\tilde{\mathbf{E}}_{\mathrm{i}}$、反射衍射平面光波电场强度复振幅矢量 $\tilde{\mathbf{E}}_{\mathrm{r},m}$ 和透射衍射平面光波电场强度复振幅矢量 $\tilde{\mathbf{E}}_{\mathrm{t},m}$ 均在 XZ 平面内，且 $\tilde{\mathbf{E}}_{\mathrm{i}}\times\tilde{\mathbf{H}}_{\mathrm{i}}$ 沿 $\mathbf{k}_{\mathrm{i}}$ 方向，$\tilde{\mathbf{E}}_{\mathrm{r},m}\times\tilde{\mathbf{H}}_{\mathrm{r},m}$ 沿 $\mathbf{k}_{\mathrm{r},m}$ 方向，$\tilde{\mathbf{E}}_{\mathrm{t},m}\times\tilde{\mathbf{H}}_{\mathrm{t},m}$ 沿 $\mathbf{k}_{\mathrm{t},m}$ 方向。入射角为 θ_{i}，反射衍射角为 $\theta_{\mathrm{r},m}$，透射衍射角为 $\theta_{\mathrm{t},m}$，如图 7-15 所示。

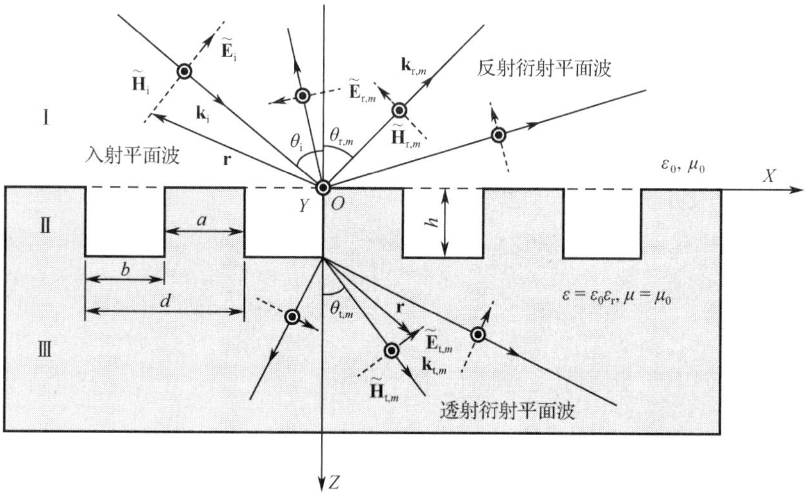

图 7-15　一维矩形光栅二维剖面图——P 波偏振

1. 三个区域场的平面波表示

1）折射率周期分布 $1/\varepsilon_r(x)$ 的傅里叶级数展开

周期矩形光栅的相对介电常数 $\varepsilon_r(x)$ 为周期函数，其倒数也必为周期函数，令

$$\alpha(x)=\frac{1}{\varepsilon_r(x)} \tag{7-374}$$

必有

$$\alpha(x)=\alpha(x+d) \tag{7-375}$$

如图 7-16 所示。将 $\alpha(x)-\dfrac{1}{n^2}$ 展开成傅里叶级数的指数形式，有

$$\alpha(x)-\frac{1}{n^2}=\sum_{l=-\infty}^{+\infty}\alpha_l \mathrm{e}^{-\mathrm{j}\frac{2\pi l}{d}x} \tag{7-376}$$

式中，α_l 为傅里叶级数的系数。由傅里叶级数正变换公式可得

$$\alpha_l=\frac{1}{d}\int_{-\frac{d}{2}}^{+\frac{d}{2}}\left[\alpha(x)-\frac{1}{n^2}\right]\mathrm{e}^{\mathrm{j}\frac{2\pi l}{d}x}\mathrm{d}x=\frac{\left(\dfrac{1}{n_0^2}-\dfrac{1}{n^2}\right)b}{d}\left(\frac{\sin\dfrac{\pi b}{d}l}{\dfrac{\pi b}{d}l}\right) \tag{7-377}$$

由此可将式（7-376）改写为

$$\alpha(x)=\sum_{l=-\infty}^{+\infty}\left(\frac{1}{n^2}\delta[l]+\alpha_l\right)\mathrm{e}^{-\mathrm{j}\frac{2\pi l}{d}x} \tag{7-378}$$

将周期函数 $\alpha(x)$ 的傅里叶变换对简记为

$$\alpha(x)\leftrightarrow\frac{1}{n^2}\delta[l]+\alpha_l \tag{7-379}$$

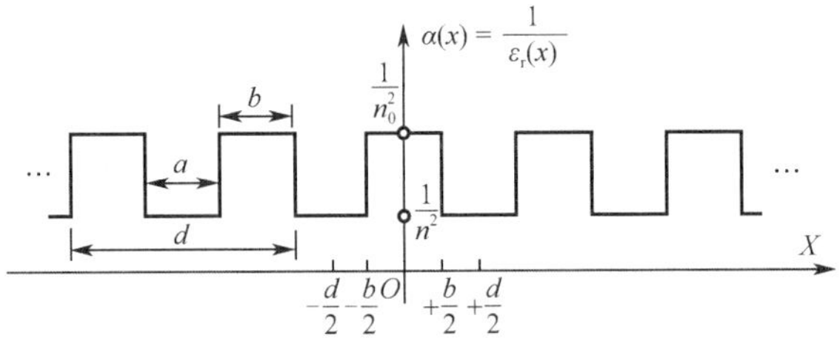

图 7-16 相对介电常数倒数的分布（$n>n_0$）

2）入射平面波

由式（2-39），并利用式（7-255）和式（7-256），可写出入射平面光波的电场强度和磁场强度复振幅矢量为

$$\begin{cases}\tilde{\mathbf{E}}_\mathrm{i}(\mathbf{r})=(\mathbf{e}_x\cos\theta_\mathrm{i}-\mathbf{e}_z\sin\theta_\mathrm{i})\tilde{E}_{0\mathrm{i}}\mathrm{e}^{-\mathrm{j}\frac{\omega}{c}n_0(x\sin\theta_\mathrm{i}+z\cos\theta_\mathrm{i})}\\ \tilde{\mathbf{H}}_\mathrm{i}(\mathbf{r})=\mathbf{e}_y\sqrt{\dfrac{\varepsilon_0}{\mu_0}}n_0\tilde{E}_{0\mathrm{i}}\mathrm{e}^{-\mathrm{j}\frac{\omega}{c}n_0(x\sin\theta_\mathrm{i}+z\cos\theta_\mathrm{i})}\end{cases} \tag{7-380}$$

3）反射衍射的平面波展开

反射衍射近似为无穷多个不同波矢 $\mathbf{k}_{\mathrm{r},m}$ $(-\infty<m<+\infty)$ 平面光波的叠加。由式（2-39），并利用式（7-255）和式（7-259）有

$$\begin{cases}\tilde{\mathbf{E}}_{\mathrm{r}}(\mathbf{r})=-\sum\limits_{m=-\infty}^{+\infty}(\mathbf{e}_x\cos\theta_{\mathrm{r},m}+\mathbf{e}_z\sin\theta_{\mathrm{r},m})\tilde{E}_{0\mathrm{r},m}\mathrm{e}^{-\mathrm{j}\frac{\omega}{c}n_0(x\sin\theta_{\mathrm{r},m}-z\cos\theta_{\mathrm{r},m})}\\ \tilde{\mathbf{H}}_{\mathrm{r}}(\mathbf{r})=\sqrt{\dfrac{\varepsilon_0}{\mu_0}}n_0\sum\limits_{m=-\infty}^{+\infty}\mathbf{e}_y\tilde{E}_{0\mathrm{r},m}\mathrm{e}^{-\mathrm{j}\frac{\omega}{c}n_0(x\sin\theta_{\mathrm{r},m}-z\cos\theta_{\mathrm{r},m})}\end{cases}\tag{7-381}$$

4）透射衍射的平面波展开

透射衍射近似为无穷多个不同波矢 $\mathbf{k}_{\mathrm{t},m}$ $(-\infty<m<+\infty)$ 平面光波的叠加。由式（2-39），并利用式（7-262）和式（7-263）有

$$\begin{cases}\tilde{\mathbf{E}}_{\mathrm{t}}(\mathbf{r})=\sum\limits_{m=-\infty}^{+\infty}(\mathbf{e}_x\cos\theta_{\mathrm{t},m}-\mathbf{e}_z\sin\theta_{\mathrm{t},m})\tilde{E}_{0\mathrm{t},m}\mathrm{e}^{-\mathrm{j}\frac{\omega}{c}n[x\sin\theta_{\mathrm{t},m}+(z-h)\cos\theta_{\mathrm{t},m}]}\\ \tilde{\mathbf{H}}_{\mathrm{t}}(\mathbf{r})=\mathbf{e}_y\sqrt{\dfrac{\varepsilon_0}{\mu_0}}n\sum\limits_{m=-\infty}^{+\infty}\tilde{E}_{0\mathrm{t},m}\mathrm{e}^{-\mathrm{j}\frac{\omega}{c}n[x\sin\theta_{\mathrm{t},m}+(z-h)\cos\theta_{\mathrm{t},m}]}\end{cases}\tag{7-382}$$

5）光栅区域水平场分量的平面波展开

在光栅上、下两边界（$z=0$ 和 $z=h$）磁场和电场的切向分量连续，与入射介质和基底介质相对应，将光栅区域电场切向分量 $\tilde{E}_x$、磁场切向分量 $\tilde{H}_y$ 和电场纵向分量 $\tilde{E}_z$ 也看成无穷多个不同波矢 $k_{x,m}\mathbf{e}_x$ $(-\infty<m<+\infty)$平面光波的叠加，有[22,31]

$$\tilde{E}_x=\sum_{m=-\infty}^{+\infty}\tilde{E}_{x,m}(z)\mathrm{e}^{-\mathrm{j}k_{x,m}x}\tag{7-383}$$

$$\tilde{E}_z=\sum_{m=-\infty}^{+\infty}\tilde{E}_{z,m}(z)\mathrm{e}^{-\mathrm{j}k_{x,m}x}\tag{7-384}$$

$$\tilde{H}_y=\mathrm{j}\sqrt{\frac{\varepsilon_0}{\mu_0}}\sum_{m=-\infty}^{+\infty}\tilde{H}_{y,m}(z)\mathrm{e}^{-\mathrm{j}k_{x,m}x}\tag{7-385}$$

式中，$k_{x,m}$ 是波矢的 x 分量，$\tilde{E}_{x,m}(z)$ 和 $\tilde{E}_{z,m}(z)$ 分别为随 z 变化的水平方向和垂直方向的电场幅值，$\tilde{H}_{y,m}(z)$ 为随 z 变化的磁场幅值。

与式（7-251）比较可知，式（7-383）、式（7-384）和式（7-385）就是沿 X 轴方向周期函数傅里叶级数的指数形式，$\tilde{E}_{x,m}(z)$、$\tilde{E}_{z,m}(z)$ 和 $\mathrm{j}\sqrt{\dfrac{\varepsilon_0}{\mu_0}}\tilde{H}_{y,m}(z)$ 分别对应于电场 x 分量、电场 z 分量和磁场 y 分量离散谱，其傅里叶变换对简记为

$$\begin{cases}\tilde{E}_x\leftrightarrow\tilde{E}_{x,m}(z)\\ \tilde{E}_z\leftrightarrow\tilde{E}_{z,m}(z)\\ \tilde{H}_y\leftrightarrow\mathrm{j}\sqrt{\dfrac{\varepsilon_0}{\mu_0}}\tilde{H}_{y,m}(z)\end{cases}\tag{7-386}$$

2．反射衍射平面波和透射衍射平面波波数的确定

1）$k_{x,m}$ 与入射角 θ_{i} 和衍射级次 m 之间的关系式

入射介质的场是入射平面光波与反射衍射平面光波的叠加，由式（7-380）和式（7-381）可写出入射介质电场和磁场的切向分量为

$$\begin{cases}\tilde{E}_{\mathrm{I}x}=\tilde{E}_{\mathrm{i}x}+\tilde{E}_{\mathrm{r}x}=\cos\theta_{\mathrm{i}}\tilde{E}_{0\mathrm{i}}\mathrm{e}^{-\mathrm{j}\frac{\omega}{c}n_0(x\sin\theta_{\mathrm{i}}+z\cos\theta_{\mathrm{i}})}-\sum\limits_{m=-\infty}^{+\infty}\cos\theta_{\mathrm{r},m}\tilde{E}_{0\mathrm{r},m}\mathrm{e}^{-\mathrm{j}\frac{\omega}{c}n_0(x\sin\theta_{\mathrm{r},m}-z\cos\theta_{\mathrm{r},m})}\\ \tilde{H}_{\mathrm{I}y}=\tilde{H}_{\mathrm{i}y}+\tilde{H}_{\mathrm{r}y}=\sqrt{\dfrac{\varepsilon_0}{\mu_0}}n_0\tilde{E}_{0\mathrm{i}}\mathrm{e}^{-\mathrm{j}\frac{\omega}{c}n_0(x\sin\theta_{\mathrm{i}}+z\cos\theta_{\mathrm{i}})}+\sqrt{\dfrac{\varepsilon_0}{\mu_0}}n_0\sum\limits_{m=-\infty}^{+\infty}\tilde{E}_{0\mathrm{r},m}\mathrm{e}^{-\mathrm{j}\frac{\omega}{c}n_0(x\sin\theta_{\mathrm{r},m}-z\cos\theta_{\mathrm{r},m})}\end{cases}\tag{7-387}$$

基底介质仅存在透射衍射波，由式（7-382）可写出基底介质中电场和磁场的切向分量为

$$\begin{cases}\tilde{E}_{\mathrm{III}x}=\tilde{E}_{\mathrm{t}x}=\sum\limits_{m=-\infty}^{+\infty}\cos\theta_{\mathrm{t},m}\tilde{E}_{0\mathrm{t},m}\mathrm{e}^{-\mathrm{j}\frac{\omega}{c}n[x\sin\theta_{\mathrm{t},m}+(z-h)\cos\theta_{\mathrm{t},m}]}\\ \tilde{H}_{\mathrm{III}y}=\tilde{H}_{\mathrm{t}y}=\sqrt{\dfrac{\varepsilon_0}{\mu_0}}n\sum\limits_{m=-\infty}^{+\infty}\tilde{E}_{0\mathrm{t},m}\mathrm{e}^{-\mathrm{j}\frac{\omega}{c}n[x\sin\theta_{\mathrm{t},m}+(z-h)\cos\theta_{\mathrm{t},m}]}\end{cases}\tag{7-388}$$

根据电场和磁场切向分量连续的边界条件有

$$\begin{cases}\tilde{E}_{\mathrm{I}x}\big|_{z=0}=\tilde{E}_{x}\big|_{z=0}\\ \tilde{H}_{\mathrm{I}y}\big|_{z=0}=\tilde{H}_{y}\big|_{z=0}\end{cases}\tag{7-389}$$

$$\begin{cases}\tilde{E}_{\mathrm{III}x}\big|_{z=h}=\tilde{E}_{x}\big|_{z=h}\\ \tilde{H}_{\mathrm{III}y}\big|_{z=h}=\tilde{H}_{y}\big|_{z=h}\end{cases}\tag{7-390}$$

将式（7-387）、式（7-383）和式（7-385）代入式（7-389），有

$$\begin{cases}\cos\theta_{\mathrm{i}}\tilde{E}_{0\mathrm{i}}\mathrm{e}^{-\mathrm{j}\frac{\omega}{c}n_0x\sin\theta_{\mathrm{i}}}-\sum\limits_{m=-\infty}^{+\infty}\cos\theta_{\mathrm{r},m}\tilde{E}_{0\mathrm{r},m}\mathrm{e}^{-\mathrm{j}\frac{\omega}{c}n_0x\sin\theta_{\mathrm{r},m}}=\sum\limits_{m=-\infty}^{+\infty}\tilde{E}_{x,m}(0)\mathrm{e}^{-\mathrm{j}k_{x,m}x}\\ n_0\tilde{E}_{0\mathrm{i}}\mathrm{e}^{-\mathrm{j}\frac{\omega}{c}n_0x\sin\theta_{\mathrm{i}}}+n_0\sum\limits_{m=-\infty}^{+\infty}\tilde{E}_{0\mathrm{r},m}\mathrm{e}^{-\mathrm{j}\frac{\omega}{c}n_0x\sin\theta_{\mathrm{r},m}}=\mathrm{j}\sum\limits_{m=-\infty}^{+\infty}\tilde{H}_{y,m}(0)\mathrm{e}^{-\mathrm{j}k_{x,m}x}\end{cases}\tag{7-391}$$

对于任意的x，要使式（7-391）成立，必须使三个指数满足相位匹配条件。由弗洛凯定理有

$$\frac{\omega}{c}n_0\sin\theta_{\mathrm{i}}=\frac{\omega}{c}n_0\sin\theta_{\mathrm{r},m}+\frac{2\pi}{d}m=k_{x,m}+\frac{2\pi}{d}m\tag{7-392}$$

与单界面反射和透射相比较，可得反射衍射的“反射定律”为

$$n_0\sin\theta_{\mathrm{i}}=n_0\sin\theta_{\mathrm{r},m}+\frac{\lambda}{d}m\quad,\quad -\infty<m<+\infty\tag{7-393}$$

“透射定律”为

$$k_{x,m}=\frac{\omega}{c}n_0\sin\theta_{\mathrm{i}}-\frac{2\pi}{d}m=\frac{\omega}{c}\left(n_0\sin\theta_{\mathrm{i}}-\frac{\lambda}{d}m\right)\quad,\quad -\infty<m<+\infty\tag{7-394}$$

这就是反射衍射沿X轴方向的波数$k_{x,m}$与入射角θ_{i}和衍射级次m之间的关系式。显然，P 波偏振与 S 波偏振的“反射定律”和“透射定律”相同。

将式（7-388）、式（7-383）和式（7-385）代入式（7-390）有

$$\begin{cases}\sum\limits_{m=-\infty}^{+\infty}\cos\theta_{\mathrm{t},m}\tilde{E}_{0\mathrm{t},m}\mathrm{e}^{-\mathrm{j}\frac{\omega}{c}nx\sin\theta_{\mathrm{t},m}}=\sum\limits_{m=-\infty}^{+\infty}\tilde{E}_{x,m}(h)\mathrm{e}^{-\mathrm{j}k_{x,m}x}\\ n\sum\limits_{m=-\infty}^{+\infty}\tilde{E}_{0\mathrm{t},m}\mathrm{e}^{-\mathrm{j}\frac{\omega}{c}nx\sin\theta_{\mathrm{t},m}}=\mathrm{j}\sum\limits_{m=-\infty}^{+\infty}\tilde{H}_{y,m}(h)\mathrm{e}^{-\mathrm{j}k_{x,m}x}\end{cases}\tag{7-395}$$

对于任意的x，要使式（7-395）成立，必须使两个指数满足相位匹配条件有

$$k_{x,m}=\frac{\omega}{c}n\sin\theta_{\mathrm{t},m}\tag{7-396}$$

比较式（7-392）和式（7-396），可得反射衍射角 $\theta_{\mathrm{r},m}$ 和透射衍射角 $\theta_{\mathrm{t},m}$ 之间的关系为

$$n_0 \sin\theta_{\mathrm{r},m} = n\sin\theta_{\mathrm{t},m} \tag{7-397}$$

此式与 S 波偏振式（7-285）也相同。

2）入射介质中反射衍射角 $\theta_{\mathrm{r},m}$ 和基底介质中透射衍射角 $\theta_{\mathrm{t},m}$ 的计算

反射衍射角的计算依据式（7-393）有

$$\sin\theta_{\mathrm{r},m} = \sin\theta_{\mathrm{i}} - \frac{\lambda}{n_0 d}m \quad , \quad -\infty < m < +\infty \tag{7-398}$$

透射衍射角的计算依据式（7-396）和式（7-394）有

$$\sin\theta_{\mathrm{t},m} = \frac{n_0}{n}\sin\theta_{\mathrm{i}} - \frac{\lambda}{nd}m \quad , \quad -\infty < m < +\infty \tag{7-399}$$

由此可以看出，不论是 S 波偏振还是 P 波偏振，都满足“反射定律”和“透射定律”，因而反射衍射角和透射衍射角的计算完全相同。

3．反射衍射和透射衍射的衍射效率

由式（7-381）可写出反射衍射第 m 级的电场强度复振幅和磁场强度复振幅为

$$\begin{cases} \tilde{\mathbf{E}}_{\mathrm{r},m}(\mathbf{r}) = -(\mathbf{e}_x \cos\theta_{\mathrm{r},m} + \mathbf{e}_z \sin\theta_{\mathrm{r},m})\tilde{E}_{0\mathrm{r},m}\mathrm{e}^{-\mathrm{j}\frac{\omega}{c}n_0(x\sin\theta_{\mathrm{r},m} - z\cos\theta_{\mathrm{r},m})} \\ \tilde{\mathbf{H}}_{\mathrm{r},m}(\mathbf{r}) = \sqrt{\dfrac{\varepsilon_0}{\mu_0}}n_0\mathbf{e}_y\tilde{E}_{0\mathrm{r},m}\mathrm{e}^{-\mathrm{j}\frac{\omega}{c}n_0(x\sin\theta_{\mathrm{r},m} - z\cos\theta_{\mathrm{r},m})} \end{cases} \tag{7-400}$$

根据式（2-59），可写出对应于反射衍射第 m 级的复坡印廷矢量为

$$\tilde{\mathbf{S}}_{\mathrm{r}} = \frac{1}{2}\tilde{\mathbf{E}}_{\mathrm{r},m} \times \tilde{\mathbf{H}}^*_{\mathrm{r},m} = \frac{1}{2}\sqrt{\frac{\varepsilon_0}{\mu_0}}n_0(\sin\theta_{\mathrm{r},m}\mathbf{e}_x - \cos\theta_{\mathrm{r},m}\mathbf{e}_z)\tilde{E}_{0\mathrm{r},m}\tilde{E}^*_{0\mathrm{r},m} \tag{7-401}$$

平均坡印廷矢量为

$$\mathbf{S}_{\mathrm{r,av}} = \mathrm{Re}[\tilde{\mathbf{S}}_{\mathrm{r}}] = \frac{1}{2}\sqrt{\frac{\varepsilon_0}{\mu_0}}n_0(\sin\theta_{\mathrm{r},m}\mathbf{e}_x - \cos\theta_{\mathrm{r},m}\mathbf{e}_z)\tilde{E}_{0\mathrm{r},m}\tilde{E}^*_{0\mathrm{r},m} \tag{7-402}$$

平均坡印廷矢量的大小为反射衍射第 m 级的光强，即

$$I_{\mathrm{r},m} = |\mathbf{S}_{\mathrm{r,av}}| = \frac{1}{2}\sqrt{\frac{\varepsilon_0}{\mu_0}}n_0\tilde{E}_{0\mathrm{r},m}\tilde{E}^*_{0\mathrm{r},m} = \frac{1}{2}\sqrt{\frac{\varepsilon_0}{\mu_0}}n_0\,|\tilde{E}_{0\mathrm{r},m}|^2 \tag{7-403}$$

由式（7-382）可写出透射衍射第 m 级的磁场强度复振幅和电场强度复振幅为

$$\begin{cases} \tilde{\mathbf{E}}_{\mathrm{t},m}(\mathbf{r}) = (\cos\theta_{\mathrm{t},m}\mathbf{e}_x - \sin\theta_{\mathrm{t},m}\mathbf{e}_z)\tilde{E}_{0\mathrm{t},m}\mathrm{e}^{-\mathrm{j}\frac{\omega}{c}n[x\sin\theta_{\mathrm{t},m} + (z-h)\cos\theta_{\mathrm{t},m}]} \\ \tilde{\mathbf{H}}_{\mathrm{t},m}(\mathbf{r}) = \mathbf{e}_y\sqrt{\dfrac{\varepsilon_0}{\mu_0}}n\tilde{E}_{0\mathrm{t},m}\mathrm{e}^{-\mathrm{j}\frac{\omega}{c}n[x\sin\theta_{\mathrm{t},m} + (z-h)\cos\theta_{\mathrm{t},m}]} \end{cases} \tag{7-404}$$

对应于透射衍射第 m 级的复坡印廷矢量为

$$\tilde{\mathbf{S}}_{\mathrm{t}} = \frac{1}{2}\tilde{\mathbf{E}}_{\mathrm{t},m} \times \tilde{\mathbf{H}}^*_{\mathrm{t},m} = \frac{1}{2}\sqrt{\frac{\varepsilon_0}{\mu_0}}n\tilde{E}_{0\mathrm{t},m}\tilde{E}^*_{0\mathrm{t},m}(\sin\theta_{\mathrm{t},m}\mathbf{e}_x + \cos\theta_{\mathrm{t},m}\mathbf{e}_z) \tag{7-405}$$

平均坡印廷矢量为

$$\mathbf{S}_{\mathrm{t,av}} = \mathrm{Re}[\tilde{\mathbf{S}}_{\mathrm{t}}] = \frac{1}{2}\sqrt{\frac{\varepsilon_0}{\mu_0}}n\tilde{E}_{0\mathrm{t},m}\tilde{E}^*_{0\mathrm{t},m}(\sin\theta_{\mathrm{t},m}\mathbf{e}_x + \cos\theta_{\mathrm{t},m}\mathbf{e}_z) \tag{7-406}$$

透射衍射第 m 级的光强为

$$I_{\mathrm{t},m}=|\mathbf{S}_{\mathrm{t,av}}|=\frac{1}{2}\sqrt{\frac{\varepsilon_0}{\mu_0}}n\tilde{E}_{0\mathrm{t},m}\tilde{E}^*_{0\mathrm{t},m}=\frac{1}{2}\sqrt{\frac{\varepsilon_0}{\mu_0}}n|\tilde{E}_{0\mathrm{t},m}|^2 \tag{7-407}$$

由式（7-380）可写出入射平面光波的复坡印廷矢量为

$$\tilde{\mathbf{S}}_{\mathrm{i}}=\frac{1}{2}\tilde{\mathbf{E}}_{\mathrm{i}}\times\tilde{\mathbf{H}}^*_{\mathrm{i}}=\frac{1}{2}\sqrt{\frac{\varepsilon_0}{\mu_0}}n_0(\sin\theta_{\mathrm{i}}\mathbf{e}_x+\cos\theta_{\mathrm{i}}\mathbf{e}_z)\tilde{E}_{0\mathrm{i}}\tilde{E}^*_{0\mathrm{i}} \tag{7-408}$$

平均坡印廷矢量为

$$\mathbf{S}_{\mathrm{i,av}}=\mathrm{Re}[\tilde{\mathbf{S}}_{\mathrm{i}}]=\frac{1}{2}\sqrt{\frac{\varepsilon_0}{\mu_0}}n_0(\sin\theta_{\mathrm{i}}\mathbf{e}_x+\cos\theta_{\mathrm{i}}\mathbf{e}_z)\tilde{E}_{0\mathrm{i}}\tilde{E}^*_{0\mathrm{i}} \tag{7-409}$$

入射平面光波的光强为

$$I_{\mathrm{i}}=|\mathbf{S}_{\mathrm{i,av}}|=\frac{1}{2}\sqrt{\frac{\varepsilon_0}{\mu_0}}n_0\tilde{E}_{0\mathrm{i}}\tilde{E}^*_{0\mathrm{i}}=\frac{1}{2}\sqrt{\frac{\varepsilon_0}{\mu_0}}n_0|\tilde{E}_{0\mathrm{i}}|^2 \tag{7-410}$$

根据衍射效率的定义式（6-407），可写出反射衍射效率为

$$\eta_{\mathrm{r},m}=\frac{I_{\mathrm{r},m}}{I_{\mathrm{i}}}=\frac{|\tilde{E}_{0\mathrm{r},m}|^2}{|\tilde{E}_{0\mathrm{i}}|^2} \tag{7-411}$$

透射衍射效率为

$$\eta_{\mathrm{t},m}=\frac{I_{\mathrm{t},m}}{I_{\mathrm{i}}}=\frac{n}{n_0}\frac{|\tilde{E}_{0\mathrm{t},m}|^2}{|\tilde{E}_{0\mathrm{i}}|^2} \tag{7-412}$$

对于 P 波偏振，根据反射率的定义式（3-208）和透射率的定义式（3-209），记

$$R_{\mathrm{P},m}=\frac{|\tilde{E}_{0\mathrm{r},m}|^2}{|\tilde{E}_{0\mathrm{i}}|^2},\qquad T_{\mathrm{P},m}=\frac{|\tilde{E}_{0\mathrm{t},m}|^2}{|\tilde{E}_{0\mathrm{i}}|^2}\left(\frac{n\cos\theta_{\mathrm{t},m}}{n_0\cos\theta_{\mathrm{i}}}\right) \tag{7-413}$$

用反射率和透射率表示，式（7-411）和式（7-412）可改写为

$$\eta_{\mathrm{r},m}=R_{\mathrm{P},m} \tag{7-414}$$

$$\eta_{\mathrm{t},m}=\frac{\cos\theta_{\mathrm{i}}}{\cos\theta_{\mathrm{t},m}}T_{\mathrm{P},m} \tag{7-415}$$

同样，对于 P 波偏振，在各向同性均匀理想介质中，光波传播无能量损耗，因此满足能量守恒条件式（7-308）。

需要说明的是，由于 S 波偏振和 P 波偏振的衍射效率表达式相同，因此采用了相同记号。

4．耦合波方程的建立

与 S 波偏振相同，在光栅区域，光波传播满足无源非均匀介质中的麦克斯韦方程（7-309）和方程（7-310）。对于 P 波偏振，在光栅区域假定 $\tilde{H}_z=0$，$\tilde{E}_z\neq 0$，根据波导中电磁波传播模式的观点，将这种形式的电磁波称为横磁波，简称 TM 波或 TM 模，所以 P 波偏振也可称为 TM 偏振。

将麦克斯韦方程（7-309）和方程（7-310）写成分量形式，并取 $\tilde{H}_x=0$，$\tilde{H}_z=0$，$\tilde{E}_y=0$ 有

$$\frac{\partial\tilde{H}_y}{\partial z}=-\mathrm{j}\omega\varepsilon_0\varepsilon_{\mathrm{r}}(x)\tilde{E}_x \tag{7-416}$$

$$\frac{\partial\tilde{H}_y}{\partial x}=\mathrm{j}\omega\varepsilon_0\varepsilon_{\mathrm{r}}(x)\tilde{E}_z \tag{7-417}$$

$$\frac{\partial \tilde{E}_x}{\partial z}-\frac{\partial \tilde{E}_z}{\partial x}=-\mathrm{j}\omega\mu_0\tilde{H}_y \tag{7-418}$$

式（7-417）可改写成

$$\frac{1}{\varepsilon_{\mathrm{r}}(x)}\frac{\partial \tilde{H}_y}{\partial x}=\mathrm{j}\omega\varepsilon_0\tilde{E}_z \tag{7-419}$$

对式（7-418）进行移项，得到

$$\frac{\partial \tilde{E}_x}{\partial z}=-\mathrm{j}\omega\mu_0\tilde{H}_y+\frac{\partial \tilde{E}_z}{\partial x} \tag{7-420}$$

对式（7-416）、式（7-419）和式（7-420）两边进行沿 X 轴方向周期函数的傅里叶变换，并利用傅里叶变换对式（7-253）、式（7-379）和傅里叶变换对式（7-386），式（7-384）和式（7-385）以及导数傅里叶变换的性质，有

$$\frac{\mathrm{d}\tilde{H}_{y,m}(z)}{\mathrm{d}z}=-k_1(n_0^2\delta[m]+\varepsilon_{\mathrm{r},m})*\tilde{E}_{x,m}(z) \tag{7-421}$$

$$\left(\frac{1}{n^2}\delta[m]+\alpha_m\right)*[k_{x,m}\tilde{H}_{y,m}(z)]=\mathrm{j}k_1\tilde{E}_{z,m}(z) \tag{7-422}$$

$$\frac{\mathrm{d}\tilde{E}_{x,m}(z)}{\mathrm{d}z}=k_1\tilde{H}_{y,m}(z)-\mathrm{j}k_{x,m}\tilde{E}_{z,m}(z) \tag{7-423}$$

由式（7-422）有

$$\tilde{E}_{z,m}(z)=-\frac{\mathrm{j}}{k_1}\left(\frac{1}{n^2}\delta[m]+\alpha_m\right)*[k_{x,m}\tilde{H}_{y,m}(z)] \tag{7-424}$$

将式（7-424）代入式（7-423），有

$$\frac{\mathrm{d}\tilde{E}_{x,m}(z)}{\mathrm{d}z}=k_1\tilde{H}_{y,m}(z)-\frac{k_{x,m}}{k_1}\left(\frac{1}{n^2}\delta[m]+\alpha_m\right)*[k_{x,m}\tilde{H}_{y,m}(z)] \tag{7-425}$$

利用式（7-317），将离散卷积写成求和形式，式（7-421）和式（7-425）可改写成

$$\frac{\mathrm{d}\tilde{H}_{y,m}(z)}{\mathrm{d}z}=-k_1n_0^2\tilde{E}_{x,m}(z)-k_1\sum_{l=-\infty}^{+\infty}\varepsilon_{\mathrm{r},m-l}\tilde{E}_{x,l}(z) \tag{7-426}$$

$$\frac{\mathrm{d}\tilde{E}_{x,m}(z)}{\mathrm{d}z}=k_1\tilde{H}_{y,m}(z)-\frac{1}{n^2}\frac{k_{x,m}^2}{k_1}\tilde{H}_{y,m}(z)-\frac{k_{x,m}}{k_1}\sum_{l=-\infty}^{+\infty}\alpha_{m-l}k_{x,l}\tilde{H}_{y,l}(z) \tag{7-427}$$

方程（7-426）和方程（7-427）就组成了 P 波偏振情况下关于变量 z 的一阶耦合波常系数微分方程组。

将式（7-421）两边对 z 求导数，有

$$\frac{\mathrm{d}^2\tilde{H}_{y,m}(z)}{\mathrm{d}z^2}=-k_1(n_0^2\delta[m]+\varepsilon_{\mathrm{r},m})*\frac{\mathrm{d}\tilde{E}_{x,m}(z)}{\mathrm{d}z} \tag{7-428}$$

将式（7-427）代入式（7-428），并利用式（7-317）得到

$$\begin{aligned}\frac{\mathrm{d}^2\tilde{H}_{y,m}(z)}{\mathrm{d}z^2}=&-n_0^2\left[k_1^2\tilde{H}_{y,m}(z)-\frac{1}{n^2}k_{x,m}^2\tilde{H}_{y,m}(z)-k_{x,m}\sum_{l=-\infty}^{+\infty}\alpha_{m-l}k_{x,l}\tilde{H}_{y,l}(z)\right]-\\&\sum_{l=-\infty}^{+\infty}\varepsilon_{\mathrm{r},(m-l)}\left[k_1^2\tilde{H}_{y,l}(z)-\frac{k_{x,l}^2}{n^2}\tilde{H}_{y,l}(z)-k_{x,l}\sum_{i=-\infty}^{+\infty}\alpha_{m-i}k_{x,i}\tilde{H}_{y,i}(z)\right]\end{aligned} \tag{7-429}$$

这就是 P 波偏振情况下关于变量 z 的二阶耦合波常系数微分方程组。

5．耦合波方程的矩阵表示

式（7-426）和式（7-427）两边同除以 k_1，整理得到

$$\frac{\mathrm{d}\tilde{H}_{y,m}(z)}{\mathrm{d}(k_1 z)} = -n_0^2\tilde{E}_{x,m}(z) - \sum_{l=-\infty}^{+\infty}\varepsilon_{\mathrm{r},m-l}\tilde{E}_{x,l}(z) \tag{7-430}$$

$$\frac{\mathrm{d}\tilde{E}_{x,m}(z)}{\mathrm{d}(k_1 z)} = \tilde{H}_{y,m}(z) - \frac{k_{x,m}}{k_1}\frac{1}{n^2}\frac{k_{x,m}}{k_1}\tilde{H}_{y,m}(z) - \frac{k_{x,m}}{k_1}\sum_{l=-\infty}^{+\infty}\alpha_{m-l}\frac{k_{x,l}}{k_1}\tilde{H}_{y,l}(z) \tag{7-431}$$

式（7-429）两边同除以 k_1^2，整理得到

$$\begin{aligned}\frac{\mathrm{d}^2\tilde{H}_{y,m}(z)}{\mathrm{d}(k_1 z)^2} = &-n_0^2\left[\tilde{H}_{y,m}(z) - \frac{k_{x,m}}{k_1}\frac{1}{n^2}\frac{k_{x,m}}{k_1}\tilde{H}_{y,m}(z) - \frac{k_{x,m}}{k_1}\sum_{l=-\infty}^{+\infty}\alpha_{m-l}\frac{k_{x,l}}{k_1}\tilde{H}_{y,l}(z)\right] - \\ &\sum_{l=-\infty}^{+\infty}\varepsilon_{\mathrm{r},(m-l)}\left[\tilde{H}_{y,l}(z) - \frac{k_{x,l}}{k_1}\frac{1}{n^2}\frac{k_{x,l}}{k_1}\tilde{H}_{y,l}(z) - \frac{k_{x,l}}{k_1}\sum_{i=-\infty}^{+\infty}\alpha_{m-i}\frac{k_{x,i}}{k_1}\tilde{H}_{y,i}(z)\right]\end{aligned} \tag{7-432}$$

将磁场强度复振幅序列 $\tilde{H}_{y,m}$ 和电场强度复振幅序列 $\tilde{E}_{x,m}$ 用列向量表示为

$$\tilde{\mathbf{H}}_y = [\tilde{H}_{y,m}]_{m\times 1},\quad -\infty < m < +\infty \tag{7-433}$$

$$\tilde{\mathbf{E}}_x = [\tilde{E}_{x,m}]_{m\times 1},\quad -\infty < m < +\infty \tag{7-434}$$

另外，记

$$\mathbf{K}_x = [\mathrm{k}_{xm,l}]_{m\times l},\quad -\infty < m < +\infty,\quad -\infty < l < +\infty \tag{7-435}$$

$\mathbf{K}_x$ 称为波数矩阵，$\mathbf{K}_x$ 为对角阵，其矩阵元素为

$$k_{xm,l} = \begin{cases}\dfrac{k_{x,m}}{k_1}, & m = l\\ 0, & m \neq l\end{cases} \tag{7-436}$$

记

$$\mathbf{N} = [N_{m,l}]_{m\times l},\quad -\infty < m < +\infty,\quad -\infty < l < +\infty \tag{7-437}$$

$$N_{m,l} = \begin{cases}\dfrac{1}{n^2}, & m = l\\ 0, & m \neq l\end{cases} \tag{7-438}$$

$\mathbf{N}$ 称为入射介质折射率倒数矩阵，$\mathbf{N}$ 为对角阵。

记

$$\boldsymbol{\alpha} = [\alpha_{m,l}]_{m\times l},\quad -\infty < m < +\infty,\quad -\infty < l < +\infty \tag{7-439}$$

其矩阵元素为

$$\alpha_{m,l} = \alpha_{\mathrm{r},m-l} = \alpha_{\mathrm{r},l},\quad 0 \leqslant m < +\infty,\quad 0 \leqslant l < +\infty \tag{7-440}$$

将矩阵 $\mathbf{N}_0$ 与矩阵 $\boldsymbol{\varepsilon}$ 相加，记作

$$\mathbf{B} = \boldsymbol{\varepsilon} + \mathbf{N}_0 \tag{7-441}$$

矩阵 $\boldsymbol{\varepsilon}$ 参见定义式（7-329）和式（7-330），矩阵 $\mathbf{N}_0$ 参见定义式（7-327）和式（7-328）。由此式（7-430）可写成矩阵形式为

$$\frac{\mathrm{d}\tilde{\mathbf{H}}_y}{\mathrm{d}z'} = -\mathbf{B}\tilde{\mathbf{E}}_x \tag{7-442}$$

式中，$z' = k_1 z$。将矩阵 $\mathbf{N}$ 与矩阵 $\boldsymbol{\alpha}$ 相加，记作

$$\mathbf{C} = \boldsymbol{\alpha} + \mathbf{N} \tag{7-443}$$

则式（7-431）可写成矩阵形式为

$$\frac{\mathrm{d}\tilde{\mathbf{E}}_x}{\mathrm{d}z'}=\mathbf{I}\tilde{\mathbf{H}}_y-\mathbf{K}_x\mathbf{C}\mathbf{K}_x\tilde{\mathbf{H}}_y=(\mathbf{I}-\mathbf{K}_x\mathbf{C}\mathbf{K}_x)\tilde{\mathbf{H}}_y \tag{7-444}$$

记

$$\mathbf{D}=\mathbf{K}_x\mathbf{C}\mathbf{K}_x-\mathbf{I} \tag{7-445}$$

矩阵方程（7-444）简记为

$$\frac{\mathrm{d}\tilde{\mathbf{E}}_x}{\mathrm{d}z'}=-\mathbf{D}\tilde{\mathbf{H}}_y \tag{7-446}$$

将矩阵方程（7-442）和方程（7-446）合写在一起有

$$\begin{bmatrix}\dfrac{\mathrm{d}\tilde{\mathbf{H}}_y}{\mathrm{d}z'}\\ \dfrac{\mathrm{d}\tilde{\mathbf{E}}_x}{\mathrm{d}z'}\end{bmatrix}=\begin{bmatrix}\mathbf{0} & -\mathbf{B}\\ -\mathbf{D} & \mathbf{0}\end{bmatrix}\begin{bmatrix}\tilde{\mathbf{H}}_y\\ \tilde{\mathbf{E}}_x\end{bmatrix} \tag{7-447}$$

矩阵方程（7-442）两边关于 z' 求导数，有

$$\frac{\mathrm{d}^2\tilde{\mathbf{H}}_y}{\mathrm{d}z'^2}=-\mathbf{B}\frac{\mathrm{d}\tilde{\mathbf{E}}_x}{\mathrm{d}z'} \tag{7-448}$$

将矩阵方程（7-444）代入式（7-448），并记

$$\mathbf{A}_\mathrm{P}=\mathbf{B}\mathbf{D} \tag{7-449}$$

得到

$$\frac{\mathrm{d}^2\tilde{\mathbf{H}}_y}{\mathrm{d}z'}=\mathbf{A}_\mathrm{P}\tilde{\mathbf{H}}_y \tag{7-450}$$

6．耦合波方程的数值解法

对于 P 波偏振，耦合波矩阵方程（7-450）与 S 波偏振耦合波矩阵方程（7-336）具有完全相同的形式，因此其解的形式也相同。由式（7-350）可写出对应于磁场分量的光栅一阶耦合波方程的解形式为

$$\tilde{H}_{y,m}(z)=\sum_{l=1}^{N}w_{m,l}[c_l^+\mathrm{e}^{-k_1q_lz}+c_l^-\mathrm{e}^{k_1q_l(z-h)}] \tag{7-451}$$

式中，求和上限 N 为截断最大项数。令式（7-451）关于 z' 求导数，有

$$\frac{\mathrm{d}\tilde{H}_{y,m}(z)}{\mathrm{d}z'}=\sum_{l=1}^{N}w_{m,l}q_l[-c_l^+\mathrm{e}^{-k_1q_lz}+c_l^-\mathrm{e}^{k_1q_l(z-h)}] \tag{7-452}$$

记

$$\mathbf{X}^-=[X_{m,l}^-]_{N\times N},\qquad X_{m,l}^-=\begin{cases}\mathrm{e}^{-k_1q_lz}, & m=l\\ 0, & m\neq l\end{cases} \tag{7-453}$$

$$\mathbf{X}^+=[X_{m,l}^+]_{N\times N},\qquad X_{m,l}^+=\begin{cases}\mathrm{e}^{k_1q_l(z-h)}, & m=l\\ 0, & m\neq l\end{cases} \tag{7-454}$$

将方程（7-452）写成矩阵形式，有

$$\frac{\mathrm{d}\tilde{\mathbf{H}}_y}{\mathrm{d}z'}=-\mathbf{V}\mathbf{X}^-\mathbf{c}^++\mathbf{V}\mathbf{X}^+\mathbf{c}^- \tag{7-455}$$

式中，$\mathbf{V}=\mathbf{Wq}$ [见式（7-356）]。将式（7-455）代入式（7-442），得到

$$\mathbf{B}\tilde{\mathbf{E}}_x=\mathbf{V}\mathbf{X}^-\mathbf{c}^+-\mathbf{V}\mathbf{X}^+\mathbf{c}^- \tag{7-456}$$

令矩阵方程（7-456）两边乘以矩阵 $\mathbf{B}$ 的逆矩阵 $\mathbf{B}^{-1}$，得到

$$\tilde{\mathbf{E}}_x=\mathbf{B}^{-1}\mathbf{V}\mathbf{X}^-\mathbf{c}^+-\mathbf{B}^{-1}\mathbf{V}\mathbf{X}^+\mathbf{c}^- \tag{7-457}$$

记

$$\mathbf{U}=\mathbf{B}^{-1}\mathbf{V} \tag{7-458}$$

则式（7-457）可简写为

$$\tilde{\mathbf{E}}_x=\mathbf{U}\mathbf{X}^-\mathbf{c}^+-\mathbf{U}\mathbf{X}^+\mathbf{c}^- \tag{7-459}$$

与式（7-451）相比较，将式（7-459）写成分量形式，有

$$\tilde{E}_{x,m}(z)=\sum_{l=1}^{N}u_{m,l}[c_l^+\mathrm{e}^{-k_1q_lz}-c_l^-\mathrm{e}^{k_1q_l(z-h)}] \tag{7-460}$$

这就是对应于电场分量的光栅一阶耦合波方程的解形式。

由式（7-435）、式（7-327）、式（7-329）和式（7-330）、式（7-437）和式（7-438）、式（7-439）和式（7-440）可知，若矩阵 $\mathbf{A}_\mathrm{P}$ 为已知矩阵，可求矩阵 $\mathbf{A}_\mathrm{P}$ 的全部特征值 λ_l 和特征向量 $\mathbf{W}_l$，也即 q_l 和 $w_{m,l}$，由式（7-356）可求 $v_{m,l}$，由式（7-458）可求 $u_{m,l}$。对于式（7-451）和式（7-460）中系数 c_l^+ 和 c_l^- 的确定，需要利用磁场和电场切向连续的边界条件。

取 $z=0$，由式（7-451）有

$$\tilde{H}_{y,m}(0)=\sum_{l=1}^{N}w_{m,l}(c_l^++c_l^-\mathrm{e}^{-k_1q_lh}) \tag{7-461}$$

由式（7-460）有

$$\tilde{E}_{x,m}(0)=\sum_{l=1}^{N}u_{m,l}(c_l^+-c_l^-\mathrm{e}^{-k_1q_lh}) \tag{7-462}$$

将式（7-461）和式（7-462）代入边界条件式（7-391），并利用相位匹配条件式（7-392）有

$$\begin{cases}\cos\theta_\mathrm{i}\tilde{E}_{0\mathrm{i}}-\sum\limits_{m=-\infty}^{+\infty}\cos\theta_{\mathrm{r},m}\tilde{E}_{0\mathrm{r},m}=\sum\limits_{m=-\infty}^{+\infty}\sum\limits_{l=1}^{N}u_{m,l}(c_l^+-c_l^-\mathrm{e}^{-k_1q_lh})\\ n_0\tilde{E}_{0\mathrm{i}}+n_0\sum\limits_{m=-\infty}^{+\infty}\tilde{E}_{0\mathrm{r},m}=\mathrm{j}\sum\limits_{m=-\infty}^{+\infty}\sum\limits_{l=1}^{N}w_{m,l}(c_l^++c_l^-\mathrm{e}^{-k_1q_lh})\end{cases} \tag{7-463}$$

由于

$$\cos\theta_\mathrm{i}\tilde{E}_{0\mathrm{i}}=\sum_{m=-\infty}^{+\infty}\cos\theta_\mathrm{i}\tilde{E}_{0\mathrm{i}}\delta[m],\quad n_0\tilde{E}_{0\mathrm{i}}=\sum_{m=-\infty}^{+\infty}n_0\tilde{E}_{0\mathrm{i}}\delta[m] \tag{7-464}$$

因此式（7-463）可简写为

$$\begin{cases}\cos\theta_\mathrm{i}\tilde{E}_{0\mathrm{i}}\delta[m]-\cos\theta_{\mathrm{r},m}\tilde{E}_{0\mathrm{r},m}=\sum\limits_{l=1}^{N}u_{m,l}(c_l^+-c_l^-\mathrm{e}^{-k_1q_lh})\\ -\mathrm{j}n_0\tilde{E}_{0\mathrm{i}}\delta[m]-\mathrm{j}n_0\tilde{E}_{0\mathrm{r},m}=\sum\limits_{l=1}^{N}w_{m,l}(c_l^++c_l^-\mathrm{e}^{-k_1q_lh})\end{cases} \tag{7-465}$$

记

$$\mathbf{Z}_\mathrm{I}=[Z_{\mathrm{I}m,l}]_{N\times N},\quad Z_{\mathrm{I}m,l}=\begin{cases}\cos\theta_{\mathrm{r},m}, & m=l\\ 0, & m\neq l\end{cases} \tag{7-466}$$

$$\mathbf{n}_0=[n_{0m,l}]_{N\times N},\quad n_{0m,l}=\begin{cases}n_0, & m=l\\ 0, & m\neq l\end{cases} \tag{7-467}$$

由此可将式（7-465）写成矩阵形式

$$\begin{bmatrix}\cos\theta_{\mathrm{i}}\tilde{E}_{0\mathrm{i}}\boldsymbol{\delta}[m]\\-\mathrm{j}n_0\tilde{E}_{0\mathrm{i}}\boldsymbol{\delta}[m]\end{bmatrix}_{2N\times1}-\begin{bmatrix}\mathbf{Z}_I\\\mathbf{n}_0\end{bmatrix}_{2N\times N}[\mathbf{R}]_{N\times1}=\begin{bmatrix}\mathbf{U}&-\mathbf{UX}\\\mathbf{W}&\mathbf{WX}\end{bmatrix}_{2N\times2N}\begin{bmatrix}\mathbf{c}^+\\\mathbf{c}^-\end{bmatrix}_{2N\times1}\tag{7-468}$$

取 $z=h$，由式（7-451）有

$$\tilde{H}_{y,m}(h)=\sum_{l=1}^{N}w_{m,l}(c_l^+\mathrm{e}^{-k_1q_lh}+c_l^-)\tag{7-469}$$

由式（7-460）有

$$\tilde{E}_{x,m}(h)=\sum_{l=1}^{N}u_{m,l}(c_l^+\mathrm{e}^{-k_1q_lh}-c_l^-)\tag{7-470}$$

将式（7-469）和式（7-470）代入边界条件式（7-395），并利用相位匹配条件式（7-392）有

$$\begin{cases}\cos\theta_{\mathrm{t},m}\tilde{E}_{0\mathrm{t},m}=\displaystyle\sum_{l=1}^{N}u_{m,l}(c_l^+\mathrm{e}^{-k_1q_lh}-c_l^-)\\ n\tilde{E}_{0\mathrm{t},m}=\mathrm{j}\displaystyle\sum_{l=1}^{N}w_{m,l}(c_l^+\mathrm{e}^{-k_1q_lh}+c_l^-)\end{cases}\tag{7-471}$$

记

$$\mathbf{Z}_{\mathrm{II}}=[Z_{\mathrm{II}m,l}]_{N\times N},\quad Z_{\mathrm{II}m,l}=\begin{cases}\cos\theta_{\mathrm{t},m},& m=l\\0,& m\neq l\end{cases}\tag{7-472}$$

$$\mathbf{n}=[n_{m,l}]_{N\times N},\quad n_{m,l}=\begin{cases}n,& m=l\\0,& m\neq l\end{cases}\tag{7-473}$$

由此可将式（7-471）写成矩阵形式

$$\begin{bmatrix}\mathbf{Z}_{\mathrm{II}}\\\mathrm{j}\mathbf{n}\end{bmatrix}_{2N\times N}[\mathbf{T}]_{N\times1}=\begin{bmatrix}\mathbf{UX}&-\mathbf{U}\\-\mathbf{WX}&-\mathbf{W}\end{bmatrix}_{2N\times2N}\begin{bmatrix}\mathbf{c}^+\\\mathbf{c}^-\end{bmatrix}_{2N\times1}\tag{7-474}$$

求解矩阵方程（7-468）和方程（7-474），得到

$$\begin{bmatrix}\mathbf{Z}_{\mathrm{I}}&\mathbf{0}&\mathbf{U}&-\mathbf{UX}\\\mathbf{n}_0&\mathbf{0}&\mathbf{W}&\mathbf{WX}\\\mathbf{0}&\mathbf{Z}_{\mathrm{II}}&-\mathbf{UX}&\mathbf{U}\\\mathbf{0}&\mathrm{j}\mathbf{n}&\mathbf{WX}&\mathbf{W}\end{bmatrix}\begin{bmatrix}\mathbf{R}\\\mathbf{T}\\\mathbf{c}^+\\\mathbf{c}^-\end{bmatrix}=\begin{bmatrix}\cos\theta_{\mathrm{i}}\tilde{E}_{0\mathrm{i}}\boldsymbol{\delta}[m]\\-\mathrm{j}n_0\tilde{E}_{0\mathrm{i}}\boldsymbol{\delta}[m]\\\mathbf{0}\\\mathbf{0}\end{bmatrix}\tag{7-475}$$

这就是 P 波偏振情况下，求解列向量 **R**、**T**、$\mathbf{c}^+$ 和 $\mathbf{c}^-$ 的矩阵方程。

7. 计算实例[17]

假设入射介质为空气，折射率 $n_0=1.0$，光栅介质的折射率 $n=\sqrt{2.5}$，取光栅周期 $d=\lambda$，入射角为 $\theta_{\mathrm{i}}=30°$，入射电场强度复振幅 $\tilde{E}_{0\mathrm{i}}=1$。图 7-17 给出了衍射效率 $\eta_{\mathrm{t},-1}$、$\eta_{\mathrm{t},1}$、$\eta_{\mathrm{t},0}$ 和 $\eta_{\mathrm{r},0}$ 随光栅相对脊高（或称为槽深）h/λ 的变化曲线，图 7-17（a）对应于 S 波偏振，图 7-17（b）对应于 P 波偏振。计算结果表明，在相对脊高 $h/\lambda=10$ 的范围内，算法具有很好的稳定性。实际上，即使 $h/\lambda>1000$，计算结果也是稳定的。

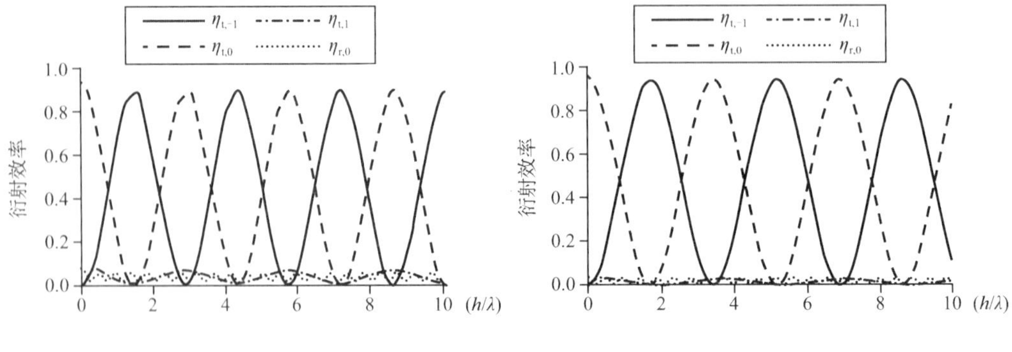

（a）S波偏振　　（b）P波偏振

图 7-17　衍射效率随光栅相对脊高 h/λ 的变化[17]

7.5　声光衍射[6,56,57,58,69,71]

超声波是一种频率高于 20kHz（对应空气中的波长为 17cm，空气中声速为 340m/s）的声波，因为超出人耳听觉的上限，所以称为超声波。声波和超声波都属于机械波，通常以纵波形式在弹性介质中传播。超声波具有波长短、方向性好和穿透能力强等特点，用途十分广泛。医学诊断用超声波频率在 1MHz 到 30MHz 的范围，空气中相应的波长为 0.34mm 到 0.113μm。

早在 1921 年，布里渊（Briouin）就曾预言，当超声波通过液体并同时用可见光照射时，会产生光的衍射现象。1932 年，德拜（Deby）和西尔斯（Sears）、卢卡斯（Lucas）和比卡尔（Biquard）先后观察到光的超声衍射。在超声波频率较低的情况下，1935 年拉曼（Raman）和奈斯（Nath）提出了声光拉曼-奈斯衍射，并给出了解释。之后，在超声波频率较高的情况下，又提出声光布拉格（Bragg）衍射。

在激光问世之前，由于声光相互作用引起的光波频率和方向的变化很小，因此实用价值不大，没有引起人们足够的重视。直到 20 世纪 60 年代激光出现之后，由于激光具有单色性好、方向性好和亮度高等特点，同时激光束可以聚焦成衍射极限大小的光斑，利用声光效应可以快速有效地控制激光束的偏转方向和激光束的频率、相位和强度等参数，从而大大扩展了激光的应用范围，并推动了声光器件的发展和应用。

7.5.1　声光相互作用的定性描述

1．拉曼-奈斯衍射

如图 7-18（a）所示，压电换能器产生的超声波，沿 X 轴方向在介质中传播。介质在机械波外力作用下发生形变，由此产生分子间的相对位移，导致介质密度发生变化。当光通过形变介质时，电场使介质产生极化，因而介质密度变化引起折射率的改变。当平面声波（纵波）沿 X 轴方向传播时，介质的折射率在 X 轴方向周期性地变化。在声波频率较低、声波波束宽度 L 较窄的情况下，由于声速（约 10^3 m/s）远小于光速（约 10^8 m/s），在光波通过介质的时间内，折射率的周期性变化可认为不随时间变化，因此声光介质可近似为相对静止的“面相位光栅”。平面光波垂直入射到“面相位光栅”，由于介质的折射率呈周期性变化，光密（n 大）

部分的光波波阵面滞后，光疏（n 小）部分的光波波阵面超前，因此通过声光介质的平面光波波面变为波浪曲面。根据惠更斯原理，出射波阵面上的每一点可被视为发射子波的波源，子波在远场空间相干叠加，形成相对于入射方向对称分布的多级衍射条纹，这就是拉曼-奈斯衍射。

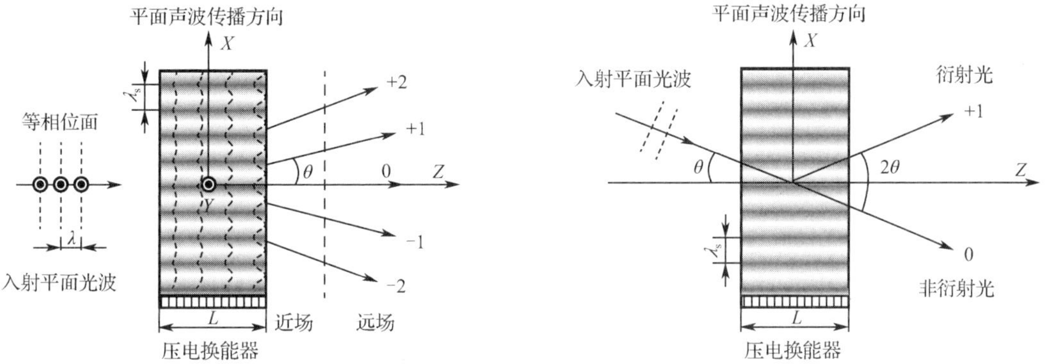

（a）拉曼-奈斯衍射　　　　（b）布拉格衍射

图 7-18　声光衍射模型

假设平面声波的圆频率为 ω_s，波数为 k_s，声波沿 X 轴方向传播，由此可写出沿 X 轴方向折射率的分布为

$$n_y(x,t) = n + \Delta n \sin(\omega_s t - k_s x) \tag{7-476}$$

式中，n 为无声波传播时介质的折射率，Δn 为声波引起介质折射率变化的最大幅值。

假设沿 Y 轴方向偏振的单色平面光波沿 Z 轴方向垂直入射到折射率周期性变化的面相位光栅，入射面 $z=0$ 处的光波电场强度复振幅矢量为

$$\tilde{\mathbf{E}}_{\mathrm{i}} = \mathbf{e}_y \tilde{E}_{0\mathrm{i}} \tag{7-477}$$

式中，$\tilde{E}_{0\mathrm{i}}$ 为 $z=0$ 处电场强度的幅值。当平面光波通过“面相位光栅”时，折射率周期性变化对入射平面光波的相位进行调制，假设振幅不变，则在 $z=L$ 处，透射光波电场强度复振幅矢量可表示为

$$\tilde{\mathbf{E}}_{\mathrm{t}} = \mathbf{e}_y \tilde{E}_{0\mathrm{i}} \mathrm{e}^{-\mathrm{j}k_0 n_y(x,t)L} \tag{7-478}$$

式中，$k_0 = \omega/c$ 为光波在真空中的波数。将式（7-476）代入式（7-478），有

$$\tilde{\mathbf{E}}_{\mathrm{t}} = \mathbf{e}_y \tilde{E}_{0\mathrm{i}} \mathrm{e}^{-\mathrm{j}[\Phi_0 + \Phi \sin(\omega_s t - k_s x)]} \tag{7-479}$$

式中，记

$$\begin{cases} \Phi_0 = k_0 n L \\ \Phi = k_0 \Delta n L \end{cases} \tag{7-480}$$

式中，Φ_0 为不存在声场时光波的固有相位延迟，Φ 为声场产生的相位延迟。

下面计算远场观测点 P 的衍射。如图 7-19 所示，将“面相位光栅”的出射波阵面分为许多子波源，并假定子波电场强度矢量在观测点同向，则点 P 的电场强度可近似为子波场强的标量叠加。“面相位光栅”沿 X 轴对称放置，在 X 轴上任取一点 x，子波线元长度为 $\mathrm{d}x$，子波源到观测点 P

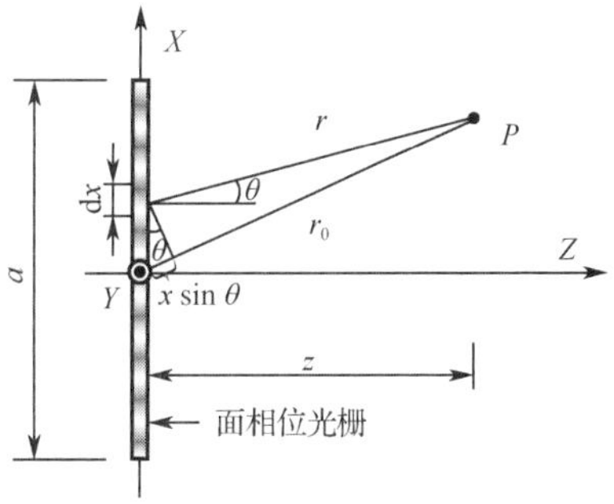

图 7-19　拉曼-奈斯衍射远场场强计算

的距离为r，中心点到观测点P的距离为r_0。

首先，将式（4-479）化为单位长度的场强，两边同除以面相位光栅的长度a，并记

$$\tilde{A}=\frac{\tilde{E}_{0\mathrm{i}}}{a},\qquad \tilde{E}_A=\frac{\tilde{E}_\mathrm{t}}{a} \tag{7-481}$$

式中，$\tilde{E}_\mathrm{t}$为复振幅矢量$\tilde{\mathbf{E}}_\mathrm{t}$的大小。由此可写出式（7-479）的标量表达式为

$$\tilde{E}_A=\tilde{A}\mathrm{e}^{-\mathrm{j}[\Phi_0+\Phi\sin(\omega_\mathrm{s}t-k_\mathrm{s}x)]} \tag{7-482}$$

此式即为点x处电场强度的密度。点x处的子波源发射球面子波，子波在观测点的电场强度复振幅为

$$\mathrm{d}\tilde{E}_P=\frac{\tilde{E}_A\mathrm{d}x}{r}\mathrm{e}^{-\mathrm{j}k_0r} \tag{7-483}$$

将式（7-482）代入上式，得到

$$\mathrm{d}\tilde{E}_P=\frac{\tilde{A}}{r}\mathrm{e}^{-\mathrm{j}[\Phi_0+\Phi\sin(\omega_\mathrm{s}t-k_\mathrm{s}x)]}\mathrm{e}^{-\mathrm{j}k_0r}\mathrm{d}x \tag{7-484}$$

对出射波阵面所有子波源在点P的贡献求和，得到

$$\tilde{E}_P=\int_{-\frac{a}{2}}^{+\frac{a}{2}}\frac{\tilde{A}}{r}\mathrm{e}^{-\mathrm{j}[\Phi_0+\Phi\sin(\omega_\mathrm{s}t-k_\mathrm{s}x)]}\mathrm{e}^{-\mathrm{j}k_0r}\mathrm{d}x \tag{7-485}$$

下面对式（7-485）进行化简。在傍轴近似条件下，取近似

$$r\approx r_0-x\sin\theta\ （相位），\qquad r\approx z\ （分母） \tag{7-486}$$

式（7-485）可化简为

$$\tilde{E}_P\approx\frac{\tilde{A}\mathrm{e}^{-\mathrm{j}(\Phi_0+k_0r_0)}}{z}\int_{-\frac{a}{2}}^{+\frac{a}{2}}\mathrm{e}^{\mathrm{j}[k_0x\sin\theta-\Phi\sin(\omega_\mathrm{s}t-k_\mathrm{s}x)]}\mathrm{d}x \tag{7-487}$$

利用复指数函数与三角函数的关系，式（7-487）可写成

$$\tilde{E}_P\approx\frac{\tilde{A}\mathrm{e}^{-\mathrm{j}(\Phi_0+k_0r_0)}}{z}\int_{-\frac{a}{2}}^{+\frac{a}{2}}\mathrm{e}^{\mathrm{j}k_0x\sin\theta}\{\cos[\Phi\sin(\omega_\mathrm{s}t-k_\mathrm{s}x)]-\mathrm{j}\sin[\Phi\sin(\omega_\mathrm{s}t-k_\mathrm{s}x)]\}\mathrm{d}x \tag{7-488}$$

利用贝塞尔函数展开式[59, 60]

$$\begin{aligned}\cos(x\sin\theta)&=J_0(x)+2J_2(x)\cos2\theta+\cdots+2J_{2\nu}(x)\cos2\nu\theta+\cdots\\&=\sum_{\nu=0}^{\infty}c_\nu J_{2\nu}(x)(\mathrm{e}^{\mathrm{j}2\nu\theta}+\mathrm{e}^{-\mathrm{j}2\nu\theta}),\qquad c_\nu=\begin{cases}\frac{1}{2}, & \nu=0\\1, & \nu\neq0\end{cases}\end{aligned} \tag{7-489}$$

$$\begin{aligned}\sin(x\sin\theta)&=2J_1(x)\sin\theta+2J_3(x)\sin3\theta+\cdots+2J_{2\nu+1}(x)\sin(2\nu+1)\theta+\cdots\\&=\frac{1}{\mathrm{j}}\sum_{\nu=0}^{\infty}J_{2\nu+1}(x)[\mathrm{e}^{\mathrm{j}(2\nu+1)\theta}-\mathrm{e}^{-\mathrm{j}(2\nu+1)\theta}]\end{aligned} \tag{7-490}$$

式中，$J_\nu(x)$是ν阶贝塞尔函数。由此，可将式（7-488）的被积函数化为

$$\mathrm{e}^{\mathrm{j}k_0x\sin\theta}\cos[\Phi\sin(\omega_\mathrm{s}t-k_\mathrm{s}x)]=\sum_{\nu=0}^{\infty}c_\nu J_{2\nu}(\Phi)[\mathrm{e}^{\mathrm{j}2\nu\omega_\mathrm{s}t}\mathrm{e}^{\mathrm{j}(k_0x\sin\theta-2\nu k_\mathrm{s}x)}+\mathrm{e}^{-\mathrm{j}2\nu\omega_\mathrm{s}t}\mathrm{e}^{\mathrm{j}(k_0x\sin\theta+2\nu k_\mathrm{s}x)}] \tag{7-491}$$

$$\mathrm{e}^{\mathrm{j}k_0 x\sin\theta}\sin[\Phi\sin(\omega_{\mathrm{s}}t-k_{\mathrm{s}}x)]=\frac{1}{\mathrm{j}}\sum_{\nu=0}^{\infty}J_{2\nu+1}(\Phi)[\mathrm{e}^{\mathrm{j}(2\nu+1)\omega_{\mathrm{s}}t}\mathrm{e}^{\mathrm{j}(k_0 x\sin\theta-(2\nu+1)k_{\mathrm{s}}x)}-\mathrm{e}^{-\mathrm{j}(2\nu+1)\omega_{\mathrm{s}}t}\mathrm{e}^{\mathrm{j}(k_0 x\sin\theta+(2\nu+1)k_{\mathrm{s}}x)}]$$

（7-492）

积分得到

$$\begin{aligned}&\sum_{\nu=0}^{\infty}c_\nu J_{2\nu}(\Phi)\int_{-\frac{a}{2}}^{+\frac{a}{2}}[\mathrm{e}^{\mathrm{j}2\nu\omega_{\mathrm{s}}t}\mathrm{e}^{\mathrm{j}(k_0 x\sin\theta-2\nu k_{\mathrm{s}}x)}+\mathrm{e}^{-\mathrm{j}2\nu\omega_{\mathrm{s}}t}\mathrm{e}^{\mathrm{j}(k_0 x\sin\theta+2\nu k_{\mathrm{s}}x)}]\mathrm{d}x\\&=a\sum_{\nu=0}^{\infty}c_\nu J_{2\nu}(\Phi)\left[\mathrm{e}^{\mathrm{j}2\nu\omega_{\mathrm{s}}t}\frac{\sin\left[(k_0\sin\theta-2\nu k_{\mathrm{s}})\frac{a}{2}\right]}{(k_0\sin\theta-2\nu k_{\mathrm{s}})\frac{a}{2}}+\mathrm{e}^{-\mathrm{j}2\nu\omega_{\mathrm{s}}t}\frac{\sin\left[(k_0\sin\theta+2\nu k_{\mathrm{s}})\frac{a}{2}\right]}{(k_0\sin\theta+2\nu k_{\mathrm{s}})\frac{a}{2}}\right]\end{aligned}\qquad(7\text{-}493)$$

$$\begin{aligned}&\frac{1}{\mathrm{j}}\sum_{\nu=0}^{\infty}J_{2\nu+1}(\Phi)\int_{-\frac{a}{2}}^{+\frac{a}{2}}[\mathrm{e}^{\mathrm{j}(2\nu+1)\omega_{\mathrm{s}}t}\mathrm{e}^{\mathrm{j}(k_0 x\sin\theta-(2\nu+1)k_{\mathrm{s}}x)}-\mathrm{e}^{-\mathrm{j}(2\nu+1)\omega_{\mathrm{s}}t}\mathrm{e}^{\mathrm{j}(k_0 x\sin\theta+(2\nu+1)k_{\mathrm{s}}x)}]\mathrm{d}x\\&=\frac{a}{\mathrm{j}}\sum_{\nu=0}^{\infty}J_{2\nu+1}(\Phi)\left[\mathrm{e}^{\mathrm{j}(2\nu+1)\omega_{\mathrm{s}}t}\frac{\sin\left([k_0\sin\theta-(2\nu+1)k_{\mathrm{s}}]\frac{a}{2}\right)}{[k_0\sin\theta-(2\nu+1)k_{\mathrm{s}}]\frac{a}{2}}-\mathrm{e}^{-\mathrm{j}(2\nu+1)\omega_{\mathrm{s}}t}\frac{\sin\left([k_0\sin\theta+(2\nu+1)k_{\mathrm{s}}]\frac{a}{2}\right)}{[k_0\sin\theta+(2\nu+1)k_{\mathrm{s}}]\frac{a}{2}}\right]\end{aligned}$$

（7-494）

记

$$\tilde{c}_m=\begin{cases}\dfrac{a}{2}, & m=0\\ a, & m=2\nu\\ \dfrac{a}{\mathrm{j}}, & m=2\nu+1\end{cases}\qquad(7\text{-}495)$$

将积分式（7-493）和式（7-494）代入式（7-488），有

$$\tilde{E}_P\approx\frac{\tilde{A}\mathrm{e}^{-\mathrm{j}(\Phi_0+k_0r_0)}}{z}\sum_{m=-\infty}^{+\infty}\tilde{c}_m J_m(\Phi)\frac{\sin\left[(k_0\sin\theta-mk_{\mathrm{s}})\frac{a}{2}\right]}{(k_0\sin\theta-mk_{\mathrm{s}})\frac{a}{2}}\mathrm{e}^{\mathrm{j}m\omega_{\mathrm{s}}t}\qquad(7\text{-}496)$$

令电场强度复振幅乘以时间因子 $\mathrm{e}^{\mathrm{j}\omega t}$，并取实部，得到电场强度瞬时表达式为

$$E_P\approx\mathrm{Re}\left\{\frac{\tilde{A}\mathrm{e}^{-\mathrm{j}(\Phi_0+k_0r_0)}}{z}\sum_{m=-\infty}^{+\infty}c_m J_m(\Phi)\frac{\sin\left[(k_0\sin\theta-mk_{\mathrm{s}})\frac{a}{2}\right]}{(k_0\sin\theta-mk_{\mathrm{s}})\frac{a}{2}}\mathrm{e}^{\mathrm{j}(\omega+m\omega_{\mathrm{s}})t}\right\}\qquad(7\text{-}497)$$

根据式（7-497）可总结拉曼-奈斯衍射的特点如下。

1）衍射光强取极大值的条件为

$$k_0\sin\theta-mk_{\mathrm{s}}=0\qquad(7\text{-}498)$$

对于确定的衍射角 θ 和声波波数 k_{s}，式（7-498）存在确定的 m，即式（7-497）存在与 m 对应的项，该项取极大值，其他项近似为零。也就是说，当 m 取不同值时，对应于不同的衍射角 θ 方向的衍射光取极大值，因此，式（7-498）可用于确定衍射光的方向。由式（7-498）有

$$\sin\theta = m\frac{k_s}{k_0} = m\frac{\lambda_0}{\lambda_s}, \quad m = 0, \pm1, \pm2, \cdots \tag{7-499}$$

式中，m 表示衍射条纹的级次，λ_0 为真空中的波长。与夫琅和费多缝衍射式（6-261）比较可知，超声波波长 λ_s 等价于光栅常数 d 。

2）对于确定的衍射级 m，其他项近似为零，由式（7-496）可知，各级衍射光的强度为

$$I_m \propto J_m^2(\Phi) \tag{7-500}$$

因为 $J_m^2(\Phi) = J_{-m}^2(\Phi)$，所以零级衍射条纹两侧同级次的衍射光强度相等，这是拉曼-奈斯衍射的主要特征之一。

3）由式（7-497）可以看出，声光衍射使不同级次的衍射光产生频移，其频率为

$$\omega' = \omega + m\omega_s \tag{7-501}$$

由于超声波频率在 $10^5 \sim 10^9$ Hz 的范围，光波频率高达 10^{14} Hz，因此频移可忽略不计。

上述理论近似是在理想“面相位光栅”条件下进行的。实际上对于体相位光栅，光栅内每点的衍射光之间也会产生干涉，故拉曼-奈斯衍射存在适用的物理条件。

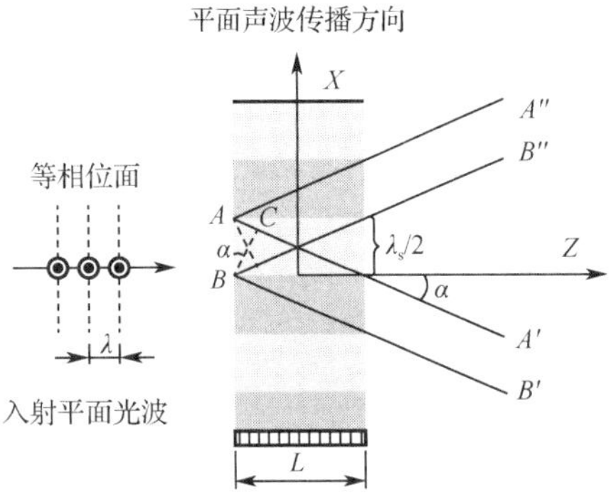

图 7-20 拉曼-奈斯衍射简化模型

如图 7-20 所示为拉曼-奈斯衍射简化模型。折射率正弦变化式（7-476）化简为交替变化的光密介质层和光疏介质层，光密介质层和光疏介质层的厚度均为 $\lambda_s/2$。假设声波波束宽度为 L，介质层边缘的 A 和 B 两点发出衍射光线 AA' 和 BB'，对称衍射光线为 AA'' 和 BB''。衍射光线 AA' 和 BB' 产生干涉的条件为

$$\overline{AC} = \lambda \tag{7-502}$$

相对应的声波波束最大宽度 L_0 满足几何关系

$$L_0 = \frac{\lambda_s/2}{\tan\alpha} \approx \frac{n\lambda_s^2}{4\lambda_0} \quad \left(\tan\alpha \approx \alpha \approx \frac{\overline{AC}}{\overline{AB}} = \frac{\lambda}{\lambda_s/2} = \frac{2\lambda_0}{n\lambda_s}\right) \tag{7-503}$$

式中，λ_0 为光波真空中的波长，n 为介质的折射率。当光传播方向的声波波束宽度 L 满足条件

$$L < L_0 \tag{7-504}$$

时，产生多级衍射。

根据式（7-503）和式（7-504），可定义参数

$$Q = \frac{L\lambda_0}{n\lambda_s^2} \tag{7-505}$$

作为产生衍射的判据，当 $Q<1$ 时，即可产生拉曼-奈斯衍射；反之，当 $Q>1$ 时，多级衍射过度到单级衍射，即布拉格衍射。

2. 布拉格衍射

如果超声波频率较高，且声波波列宽度 L 较大，则 $Q>1$，此时声光介质不能等效为面相位光栅，应视为体相位光栅。当平面光波相对于声波传播方向以一定角度斜入射时，声光介质中的各级衍射光将相互干涉，在一定条件下，高级衍射光相互抵消，仅出现 0 级和 +1 级（或 −1 级）衍射光，这就是布拉格（Bragg）衍射，如图 7-18（b）所示。下面借助简单的“镜面”反射模型对布拉格衍射进行直观的物理描述。

超声波引起介质折射率周期性变化，由此可把折射率周期性变化用相互平行、间隔为声

波波长 λ_s 并以声波速度 υ_s 运动的部分"反射镜"替代。由于超声波频率（10^8 Hz）远低于光波频率（10^{14} Hz），对于光波而言，某一瞬间，介质折射率的周期性分布可被视为静止的，对衍射光强没有影响。

1）布拉格方程

如果超声波在介质中形成行波场，"镜面"将以声波速度 υ_s 沿 X 轴方向移动；如果超声波在介质中形成驻波场，则"镜面"静止不动。

如图 7-21 所示，光线以角度 θ_i 斜入射到部分反射"镜面"，在"镜面" B 、C［见图 7-21（a）］和 C 、E［见图 7-21（b）］点产生部分反射光线，即衍射光线1′、2′［见图 7-21（a）］和 2′、3′［见图 7-21（b）］。在某一给定的方向上发生衍射的必要条件是：同一镜面上各点衍射光线必须同相，即两相邻反射光线的光程差应为波长的整数倍，以产生相干加强。

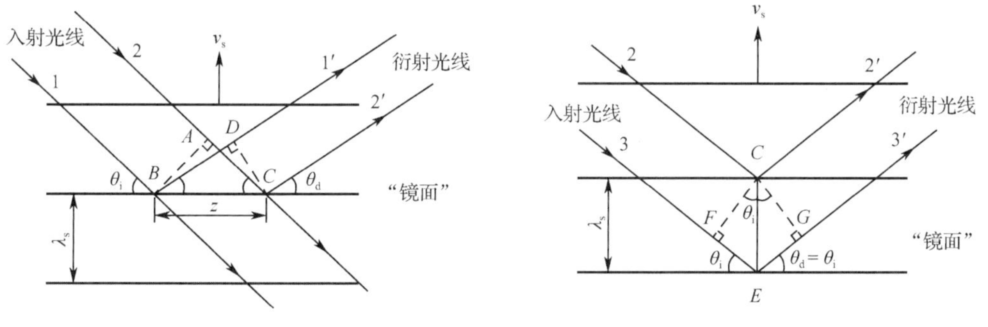

图 7-21　布拉格衍射的"镜面"反射模型

① 不同光线在同一反射"镜面"上形成同相干涉加强的条件。如图 7-21（a）所示，入射光线1和 2 在"镜面" B 点、C 点处的反射光线1′和 2′同相的条件为

$$\overline{AC}-\overline{BD}=m\lambda=m\frac{\lambda_0}{n},\quad m=0,\pm1,\pm2,\cdots \tag{7-506}$$

式中，λ 为介质中的波长，λ_0 为真空中的波长，n 为介质的折射率。由几何关系有

$$z(\cos\theta_i-\cos\theta_d)=m\lambda=m\frac{\lambda_0}{n},\quad m=0,\pm1,\pm2,\cdots \tag{7-507}$$

显然，对于"镜面"上任意点 z，式（7-507）成立的条件为

$$\theta_i=\theta_d \tag{7-508}$$

即入射角等于衍射角。

② 不同入射光线在不同"镜面"上的衍射。如图 7-21（b）所示，在两反射"镜面"的 C 点和 E 点反射光线同相的条件为

$$\overline{FE}+\overline{EG}=m\lambda=m\frac{\lambda_0}{n},\quad m=0,\pm1,\pm2,\cdots \tag{7-509}$$

由几何关系有

$$\lambda_s(\sin\theta_i+\sin\theta_d)=m\lambda=m\frac{\lambda_0}{n},\quad m=0,\pm1,\pm2,\cdots \tag{7-510}$$

因为 $\theta_i=\theta_d$，并记 $\theta_i=\theta_d=\theta_B$，得到

$$2\lambda_s\sin\theta_B=m\frac{\lambda_0}{n},\quad m=0,\pm1,\pm2,\cdots \tag{7-511}$$

显然，当 λ_s 取定值时，如果 θ_i 满足衍射条件 $m=1$ 或 $m=-1$，则不可能出现其他高级衍射光（参见 7.5.2 节关耦合波理论的分析）。由此可得布拉格衍射条件为

$$2\lambda_s \sin\theta_B = \frac{\lambda_0}{n} \tag{7-512}$$

该式称为布拉格方程，θ_B 称为布拉格衍射角。

图 7-18(b)为布拉格衍射光路图。由图可知，0 级衍射光和 +1 级衍射光之间的夹角为 $2\theta_B$。由于衍射光和入射光之间的夹角是声波频率的函数，而声波频率可通过控制电频率进行调节，进而控制输出光的偏转角度，这就是制作声光偏转器、声光开关的原理。

2）布拉格衍射的多普勒效应

上述讨论没有考虑“镜面”的运动。实际上，当超声波在介质中形成行波场时，折射率的周期性变化随声波的传播而移动，也即“镜面”在运动，这种“镜面”运动使衍射光产生多普勒频移。在如图 7-21（b）所示情况下，入射光与声波波面夹角为 θ_B，声波运动速度为 υ_s，则声光衍射产生的多普勒（Doppler）频移可表示为

$$\Delta\omega = 2\omega\frac{\upsilon_{\parallel}}{c}n \tag{7-513}$$

式中，ω 为光波圆频率，$\upsilon_{\parallel}$ 为运动“镜面”速度矢量沿光波传播方向的分量，根据图 7-21（b）有

$$\upsilon_{\parallel} = \upsilon_s \sin\theta_B \tag{7-514}$$

代入式（7-513），得到

$$\Delta\omega = 2\omega\frac{\upsilon_s \sin\theta_B}{c/n} \tag{7-515}$$

将式（7-512）代入上式，有

$$\Delta\omega = 2\pi\frac{\upsilon_s}{\lambda_s} = 2\pi f_s = \omega_s \tag{7-516}$$

因此，当 $\upsilon_{\parallel}$ 与衍射光波传播方向相同时（υ_s 沿 X 轴正方向），衍射光频率为

$$\omega' = \omega + \omega_s \tag{7-517}$$

当 $\upsilon_{\parallel}$ 与衍射光波传播方向相反时（υ_s 沿 X 轴负方向），衍射光频率为

$$\omega' = \omega - \omega_s \tag{7-518}$$

3．声光衍射的量子解释

声光衍射的许多性质也可以从声波和光波的粒子图像推导出。根据光和声的波粒二象性可知，频率为 ω，波矢为 $\mathbf{k}$ 的光波可以看作由具有动量 $\hbar\mathbf{k}$、能量 $\hbar\omega$ 的粒子流（光子）组成。同样，频率为 ω_s、波矢为 $\mathbf{k}_s$ 的声波也可以看作由具有动量 $\hbar\mathbf{k}_s$、能量 $\hbar\omega_s$ 的声子流组成。布拉格衍射可解释为光子和声子单级碰撞的结果。在图 7-22（a）的情况下，声波“迎面”与光子相撞，吸收一个声子，散射一个频率为 $\omega' = \omega + \omega_s$ 的新光子沿衍射方向传播。在图 7-22（b）的情况下，声波“逆向”与光子相撞，放出一个声子，产生一个频率为 $\omega' = \omega - \omega_s$ 的新光子沿衍射方向传播。根据动量和能量守恒，散射光子的动量和能量为

$$\hbar\mathbf{k}' = \hbar\mathbf{k} \pm \hbar\mathbf{k}_s \tag{7-519}$$

$$\hbar\omega' = \hbar\omega \pm \hbar\omega_s \tag{7-520}$$

由能量守恒关系式（7-520）不难看出，衍射光的频率为

$$\omega' = \omega \pm \omega_{\mathrm{s}} \tag{7-521}$$

显然，此式就是式（7-517）和式（7-518）。

由于声波频率远小于光波频率，对于式（7-521）可忽略 ω_{s}，近似有

$$\omega' = \omega \pm \omega_{\mathrm{s}} \approx \omega \tag{7-522}$$

因此，有

$$k' \approx k \tag{7-523}$$

该式表明，图 7-22 中的衍射矢量三角形近似为等腰三角形，由此得到

$$k_{\mathrm{s}} \approx 2k\sin\theta_{\mathrm{B}} \tag{7-524}$$

取 $k_{\mathrm{s}} = 2\pi/\lambda_{\mathrm{s}}$， $k = 2\pi n/\lambda_0$，代入式（7-524）得到

$$2\lambda_{\mathrm{s}}\sin\theta_{\mathrm{B}} = \frac{\lambda_0}{n} \tag{7-525}$$

此式即为布拉格方程。

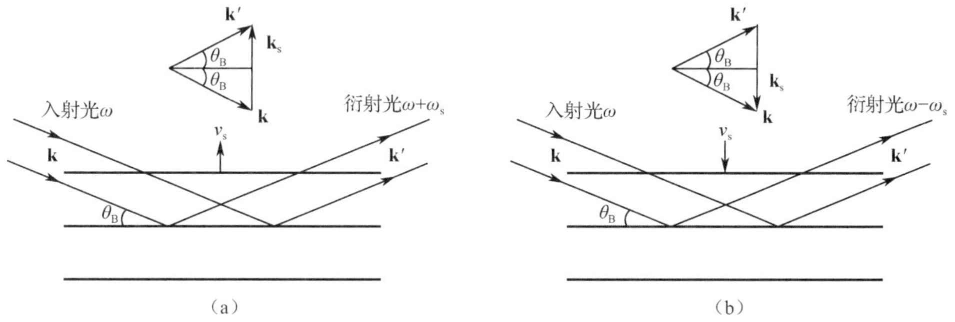

图 7-22　布拉格衍射的量子解释

7.5.2　一维声光衍射的耦合波理论

1．介质形变的描述——声光系数

当超声波在介质中传播时，介质中存在弹性应力或应变，由此导致介质的光学性质（即折射率）发生变化，折射率的变化可以通过介质折射率椭球形状和取向的改变来描述。

假设介质未受外力作用时的折射率椭球为

$$\beta_{11}^0 x^2 + \beta_{22}^0 y^2 + \beta_{33}^0 z^2 = 1 \tag{7-526}$$

受超声波作用后，折射率椭球变为

$$\beta_{11}x^2 + \beta_{22}y^2 + \beta_{33}z^2 + 2\beta_{23}yz + 2\beta_{13}xz + 2\beta_{12}xy = 1 \tag{7-527}$$

而

$$\beta_{ij} = \beta_{ij}^0 + \Delta\beta_{ij},\quad i,j = 1,2,3\text{（或}i,j = x,y,z\text{）} \tag{7-528}$$

且

$$\beta_{12}^0 = 0,\quad \beta_{13}^0 = 0,\quad \beta_{23}^0 = 0 \tag{7-529}$$

$$\beta_{ij} = \beta_{ji},\quad i \neq j,\quad i,j = 1,2,3 \tag{7-530}$$

式（7-528）中，$\Delta\beta_{ij}$ 为介质受应力作用后折射率椭球方程系数的变化量，它是应力的函数；称为相对电抗渗张量。

如果考虑线性效应，$\Delta\beta_{ij}$ 可表示为

$$\Delta\beta_{ij}=T_{ijkl}s_{kl},\quad i,j,k,l=1,2,3 \tag{7-531}$$

式中，T_{ijkl} 为声光系数，是一个无量纲的四阶张量，有 81 个分量；弹性应变 s_{kl} 是一个二阶张量。关系式（7-531）是泡克尔斯（Pockels）于 1889 年在典型实验条件下定义的，忽略了介质因形变而产生的转动以及应变 s_{kl} 的高次项。

由于 $\Delta\beta_{ij}$ 和 s_{kl} 均为二阶对称张量，即 $\Delta\beta_{ij}=\Delta\beta_{ji}$，$s_{kl}=s_{lk}$，且 $T_{ijkl}=T_{jilk}$，故可将将前后两对下标 ij 和 kl 用单下标 μ 和 ν 替换，其对应关系为

$$\begin{cases} ij=11 & 22 & 33 & 23 & (32) & 13 & (31) & 12 & (21) \\ \mu=1 & 2 & 3 & 4 & & 5 & & 6 & \\ kl=11 & 22 & 33 & 23 & (32) & 13 & (31) & 12 & (21) \\ \nu=1 & 2 & 3 & 4 & & 5 & & 6 & \end{cases} \tag{7-532}$$

于是，式（7-531）可改写成

$$\Delta\beta_{\mu}=T_{\mu\nu}s_{\nu},\quad \mu,\nu=1,2,3,4,5,6 \tag{7-533}$$

而

$$S_{\nu}=\left(1-\frac{1}{2}\delta_{kl}\right)(s_{kl}+s_{lk}) \tag{7-534}$$

式中，δ_{kl} 为单位张量，$\delta_{kl}=1(k=l)$，$\delta_{kl}=0(k\neq l)$。由此可将式（7-533）写成矩阵形式

$$\begin{bmatrix}\Delta\beta_1\\ \Delta\beta_2\\ \Delta\beta_3\\ \Delta\beta_4\\ \Delta\beta_5\\ \Delta\beta_6\end{bmatrix}=\begin{bmatrix}T_{11} & T_{12} & T_{13} & T_{14} & T_{15} & T_{16}\\ T_{21} & T_{22} & T_{23} & T_{24} & T_{25} & T_{26}\\ T_{31} & T_{32} & T_{33} & T_{34} & T_{35} & T_{36}\\ T_{41} & T_{42} & T_{43} & T_{44} & T_{45} & T_{46}\\ T_{51} & T_{52} & T_{53} & T_{54} & T_{55} & T_{56}\\ T_{61} & T_{62} & T_{63} & T_{64} & T_{65} & T_{66}\end{bmatrix}\begin{bmatrix}S_1\\ S_2\\ S_3\\ S_4\\ S_5\\ S_6\end{bmatrix} \tag{7-535}$$

表 7-1 列出了若干常用声光介质声光系数测量值[56]。

表 7-1　常用声光介质声光系数[56]

材　料	SiO_2（熔融石英）	H_2O（水）	As_2S_3（玻璃）	GaAs	GaP	Ge		$LiNbO_3$	SiO_2（石英晶体）	TeO_2	$PbMoO_4$	α-HIO_3
波长 / μm	0.633	0.633	1.15	1.15	0.63	2.0～2.2	10.6	0.633	0.589	0.633	0.633	0.633
T_{11}	0.124	±0.31	0.308	−0.165	−0.151	−0.063	0.27	−0.026	0.16	0.0074	0.24	0.406
T_{12}	0.270	±0.31	0.229	−0.140	−0.082	−0.054	0.235	0.090	0.27	0.187	0.24	0.277
T_{13}				−0.072	−0.074	−0.074	0.125	0.133	0.27	0.34	0.255	0.304
T_{14}				−0.025	−0.069	−0.009		−0.075	−0.036			
T_{16}											0.017	
T_{31}								0.179	0.29	0.095	0.175	0.503
T_{33}								0.071	0.10	0.240	0.300	0.334
T_{41}								−0.151	−0.047			
T_{44}								0.146	−0.079	−0.17	−0.067	
T_{45}											−0.01	
T_{61}											0.013	

续表

材　料	SiO_2（熔融石英）	H_2O（水）	As_2S_3（玻璃）	GaAs	GaP	Ge		$LiNbO_3$	SiO_2（石英晶体）	TeO_2	$PbMoO_4$	α-HIO_3
T_{66}										−0.0463	0.05	
T_{21}												0.279
T_{23}												0.305
T_{32}											0.310	
T_{33}												0.343

将式（7-527）写成折射率的形式，有

$$\frac{x^2}{n_1^2}+\frac{y^2}{n_2^2}+\frac{z^2}{n_3^2}+\frac{2yz}{n_4^2}+\frac{2zx}{n_5^2}+\frac{2xy}{n_6^2}=1 \tag{7-536}$$

由此可写出椭球方程（7-527）与椭球方程（7-536）的系数对应关系为

$$\Delta\beta_\mu=\Delta\left(\frac{1}{n^2}\right)_\mu=T_{\mu\nu}S_\nu \tag{7-537}$$

式（7-536）和式（7-537）表明，$\Delta\beta_\mu$确定之后，便可确定折射率椭球的取向（主轴）和形状，进而可对介质中光传播的规律进行分析。

例 1　求熔融石英的声光系数。

解　熔融石英是各向同性介质，其声光系数矩阵为

$$[T_{\mu\nu}]=\begin{bmatrix} T_{11} & T_{12} & T_{12} & 0 & 0 & 0 \\ T_{12} & T_{11} & T_{12} & 0 & 0 & 0 \\ T_{12} & T_{12} & T_{11} & 0 & 0 & 0 \\ 0 & 0 & 0 & T_{44} & 0 & 0 \\ 0 & 0 & 0 & 0 & T_{55} & 0 \\ 0 & 0 & 0 & 0 & 0 & T_{66} \end{bmatrix} \tag{7-538}$$

其中

$$T_{44}=T_{55}=T_{66}=\frac{1}{2}(T_{11}-T_{12}) \tag{7-539}$$

假设在 X 轴方向施加应变 $S=S_1$，其他 $S_\nu=0$ $(\nu=2,3,\cdots,6)$，将矩阵式（7-538）代入矩阵方程（7-535），得到

$$\Delta\beta_1=T_{11}S,\quad \Delta\beta_2=\Delta\beta_3=T_{12}S,\quad \Delta\beta_4=\Delta\beta_5=\Delta\beta_6=0 \tag{7-540}$$

设

$$\beta_{ij}^0=\beta_\mu=\frac{1}{n^2},\quad \mu=1,2,3 \tag{7-541}$$

则式（7-527）可改写成

$$\left(\frac{1}{n^2}+T_{11}S\right)x^2+\left(\frac{1}{n^2}+T_{12}S\right)(y^2+z^2)=1 \tag{7-542}$$

式中，n为无应变时介质的折射率。式（7-542）是一个单轴晶体折射率椭球方程，方程无交叉项，表明新主轴为 X、Y、Z 轴，X 轴为光轴。

又由

$$\Delta\left(\frac{1}{n^2}\right)_{\mu} = -\frac{2}{n^3}\Delta n = T_{\mu\nu}S_{\nu} \tag{7-543}$$

得到

$$(\Delta n)_1 = -\frac{1}{2}n^3T_{11}S\ ,\quad (\Delta n)_2 = (\Delta n)_3 = -\frac{1}{2}n^3T_{12}S \tag{7-544}$$

由此得到新的主轴折射率为

$$n_x = n - \frac{1}{2}n^3T_{11}S \tag{7-545}$$

$$n_y = n_z = n - \frac{1}{2}n^3T_{12}S \tag{7-546}$$

由表 7-1 可知，熔融石英 $T_{11} = 0.124$ ， $T_{12} = 0.270$ ，无应变时的折射率为 $n = 1.51$ 。

式（7-542）表明，在应变场 $S = S_1$ 作用下，各向同性介质具有单轴晶体的光学性质，应变场的作用方向为光轴方向。

2．非线性极化率与声光系数之间的关系

1）相对介电抗渗张量

对于各向异性晶体，电特性通常用相对介电系数张量（或矩阵）$\overline{\overline{\boldsymbol{\varepsilon}}}$ 来描述。除此之外，有时也用相对电抗渗张量 $\overline{\overline{\boldsymbol{\beta}}}$（或称为相对介电不渗透张量）表示。

对于电极化各向异性介质，将反映介质特性的物质方程写成矩阵形式，由式（1-116）有

$$\mathbf{D} = \varepsilon_0\overline{\overline{\boldsymbol{\varepsilon}}}_{\mathrm{r}}\mathbf{E} \tag{7-547}$$

式中，$\mathbf{D}$ 为电通密度矢量 $\mathbf{D}$ 的三个分量构成的列向量，即

$$\mathbf{D} = [D_i]_{3\times1},\quad i = x, y, z \tag{7-548}$$

$\mathbf{E}$ 为电场强度矢量 $\mathbf{E}$ 的三个分量构成的列向量，即

$$\mathbf{E} = [E_i]_{3\times1},\quad i = x, y, z \tag{7-549}$$

$\overline{\overline{\boldsymbol{\varepsilon}}}_{\mathrm{r}}$ 为相对介电系数矩阵（张量），即

$$\overline{\overline{\boldsymbol{\varepsilon}}}_{\mathrm{r}} = [\varepsilon_{\mathrm{r}ij}]_{3\times3},\quad i, j = x, y, z \tag{7-550}$$

式（7-547）两边同乘以矩阵 $\overline{\overline{\boldsymbol{\varepsilon}}}_{\mathrm{r}}$ 的逆矩阵 $\overline{\overline{\boldsymbol{\varepsilon}}}_{\mathrm{r}}^{-1}$，得到

$$\mathbf{E} = \varepsilon_0^{-1}\overline{\overline{\boldsymbol{\varepsilon}}}_{\mathrm{r}}^{-1}\mathbf{D} \tag{7-551}$$

定义相对电抗渗张量 $\overline{\overline{\boldsymbol{\beta}}}$ 为

$$\overline{\overline{\boldsymbol{\beta}}} = [\beta_{ij}]_{3\times3} = \overline{\overline{\boldsymbol{\varepsilon}}}_{\mathrm{r}}^{-1} \tag{7-552}$$

则矩阵方程（7-551）改写为

$$\mathbf{E} = \varepsilon_0^{-1}\overline{\overline{\boldsymbol{\beta}}}\mathbf{D} \tag{7-553}$$

2）非线性极化率与声光系数之间的关系

当超声波通过介质时，在介质中产生二阶张量应变 s_{kl} ，介质线性极化率的变化 $\Delta\chi_{ij}$ 是应变 s_{kl} 的线性函数，即

$$\Delta\chi_{ij} = \chi_{ijkl}s_{kl} \tag{7-554}$$

式中， χ_{ijkl} 称为非线性极化率，它是一个四阶张量。

下面证明非线性极化率 χ_{ijkl} 和声光系数 T_{ijkl} 之间的关系[69]。

由于相对介电系数矩阵式（7-550）与相对电抗渗矩阵式（7-552）互逆，因此有

$$\beta_{ij}\,\varepsilon_{\mathrm{r}jk}=\delta_{ik} \tag{7-555}$$

式中，δ_{ik} 为二阶单位张量。对式（7-555）两边取微分，有

$$\Delta\beta_{ij}\,\varepsilon_{\mathrm{r}jk}+\beta_{ij}\,\Delta\varepsilon_{\mathrm{r}jk}=0 \tag{7-556}$$

两边同乘以 $\varepsilon_{\mathrm{r}hi}$，有

$$\varepsilon_{\mathrm{r}hi}\,\Delta\beta_{ij}\,\varepsilon_{\mathrm{r}jk}+\varepsilon_{\mathrm{r}hi}\,\beta_{ij}\,\Delta\varepsilon_{\mathrm{r}jk}=0 \tag{7-557}$$

利用式（7-555），式（7-557）左边第二项可化为

$$\varepsilon_{\mathrm{r}hi}\,\beta_{ij}\,\Delta\varepsilon_{\mathrm{r}jk}=\delta_{hj}\,\Delta\varepsilon_{\mathrm{r}jk}=\Delta\varepsilon_{\mathrm{r}hk} \tag{7-558}$$

代入式（7-557），得到

$$\Delta\varepsilon_{\mathrm{r}hk}=-\varepsilon_{\mathrm{r}hi}\,\Delta\beta_{ij}\,\varepsilon_{\mathrm{r}jk} \tag{7-559}$$

对于线性极化，由式（1-119）可写出相对介电系数 $\varepsilon_{\mathrm{r}ij}$ 与非线性极化率 χ_{ij} 之间的关系为

$$\varepsilon_{\mathrm{r}ij}=\delta_{ij}+\chi_{ij} \tag{7-560}$$

两边取微分，有

$$\Delta\varepsilon_{\mathrm{r}ij}=\Delta\chi_{ij} \tag{7-561}$$

将式（7-561）代入式（7-559），得到

$$\Delta\chi_{hk}=-\varepsilon_{\mathrm{r}hi}\,\Delta\beta_{ij}\,\varepsilon_{\mathrm{r}jk} \tag{7-562}$$

对于单轴晶体，$\varepsilon_{\mathrm{r}ij}$ 为对角矩阵［见式（1-120）］。记

$$\varepsilon_{\mathrm{r}ii}=n_i^2 \tag{7-563}$$

式中，$n_i^2(i=1,2,3)$ 称为主轴折射率。由此得到

$$\varepsilon_{\mathrm{r}hi}=n_h^2\delta_{hi},\quad \varepsilon_{\mathrm{r}jk}=n_k^2\delta_{jk} \tag{7-564}$$

将式（7-564）代入式（7-562），有

$$\Delta\chi_{hk}=-n_h^2 n_k^2\delta_{hi}\,\Delta\beta_{ij}\,\delta_{jk}=-n_h^2 n_k^2\,\Delta\beta_{hk} \tag{7-565}$$

将式（7-565）代入式（7-554），有

$$\chi_{ij\,kl}\,s_{kl}=-n_i^2 n_j^2\,\Delta\beta_{ij} \tag{7-566}$$

将式（7-531）代入上式，两边消去 s_{kl}，得到

$$\chi_{ijkl}=-n_i^2 n_j^2\,T_{ijkl},\quad i,j,k,l=1,2,3 \tag{7-567}$$

这就是非线性极化率与声光系数之间的关系。

3．非线性波动方程

对于线性各向异性介质，在电场 $\mathbf{E}$ 的作用下，极化强度矢量 $\mathbf{P}^{\mathrm{L}}$ 的分量形式可表示为

$$P_i^{\mathrm{L}}=\varepsilon_0\chi_{ij}E_j,\quad i=1,2,3 \tag{7-568}$$

当超声波和电场同时作用于介质时，声光相互作用引起介质非线性极化，非线性极化强度矢量 $\mathbf{P}^{\mathrm{NL}}$ 的分量形式可表示为

$$P_i^{\mathrm{NL}}=\varepsilon_0\chi_{ijkl}s_{kl}SE_j,\quad i=1,2,3 \tag{7-569}$$

式中，s_{kl} 为单位应变张量，S 为应变张量的大小，E_j 为电场 $\mathbf{E}$ 的分量。

当介质中存在声光相互作用时，总极化强度矢量 $\mathbf{P}$ 是线性极化强度矢量 $\mathbf{P}^{\mathrm{L}}$ 和非线性极化强度矢量 $\mathbf{P}^{\mathrm{NL}}$ 的矢量和，即

$$\mathbf{P}=\mathbf{P}^{\mathrm{L}}+\mathbf{P}^{\mathrm{NL}} \tag{7-570}$$

为了体现电极化非线性项，物质方程采用如下形式：

$$\mathbf{D}=\varepsilon_0\mathbf{E}+\mathbf{P} \tag{7-571}$$

将式（7-570）代入式（7-571）得到

$$\mathbf{D}=\varepsilon_0\overline{\overline{\boldsymbol{\varepsilon}}}_{\mathrm{r}}\cdot\mathbf{E}+\mathbf{P}^{\mathrm{NL}} \tag{7-572}$$

式中，$\overline{\overline{\boldsymbol{\varepsilon}}}_{\mathrm{r}}\cdot\mathbf{E}$ 为简化记号。将式（7-572）写成分量形式有

$$D_i=\varepsilon_0\varepsilon_{\mathrm{r}ij}E_j+P_i^{\mathrm{NL}},\quad i=1,2,3 \tag{7-573}$$

在无源介质中，由麦克斯韦方程（1-5）和方程（1-6），并利用 $\mathbf{B}=\mu_0\mathbf{H}$，有

$$\nabla\times\frac{\partial\mathbf{H}}{\partial t}=\frac{\partial^2\mathbf{D}}{\partial t^2} \tag{7-574}$$

$$\nabla\times\mathbf{E}=-\mu_0\frac{\partial\mathbf{H}}{\partial t} \tag{7-575}$$

将式（7-575）代入式（7-574）有

$$\frac{\partial^2\mathbf{D}}{\partial t^2}=-\frac{1}{\mu_0}\nabla\times\nabla\times\mathbf{E} \tag{7-576}$$

利用矢量恒等式（1-173），并取 $\nabla\cdot\mathbf{E}=0$，式（7-576）可化简为

$$\frac{\partial^2\mathbf{D}}{\partial t^2}=\frac{1}{\mu_0}\nabla^2\mathbf{E} \tag{7-577}$$

将式（7-572）代入上式，并利用 $c=1\big/\sqrt{\mu_0\varepsilon_0}$，得到

$$\nabla^2\mathbf{E}-\frac{1}{c^2}\overline{\overline{\boldsymbol{\varepsilon}}}_{\mathrm{r}}\cdot\frac{\partial^2\mathbf{E}}{\partial t^2}=\frac{1}{c^2\varepsilon_0}\frac{\partial^2\mathbf{P}^{\mathrm{NL}}}{\partial t^2} \tag{7-578}$$

这就是声光相互作用的非线性波动方程。该式表明，非线性极化矢量 $\mathbf{P}^{\mathrm{NL}}$ 是产生衍射场的源。

4．一维声光耦合波方程的一般形式

设入射平面光波的圆频率为 ω，波矢为 $\mathbf{k}$，波数为 k；平面声波的圆频率为 ω_{s}，波矢为 $\mathbf{k}_{\mathrm{s}}$，波数为 k_{s}。波数与波长的关系为

$$k=\frac{2\pi}{\lambda_0}n \tag{7-579}$$

$$k_{\mathrm{s}}=\frac{2\pi}{\lambda_{\mathrm{s}}}=\frac{2\pi}{\upsilon_{\mathrm{s}}}f_{\mathrm{s}} \tag{7-580}$$

式中，n 为介质的折射率，λ_0 为真空中的波长；λ_{s}、υ_{s} 和 f_{s} 分别为声波的波长、速度和频率。

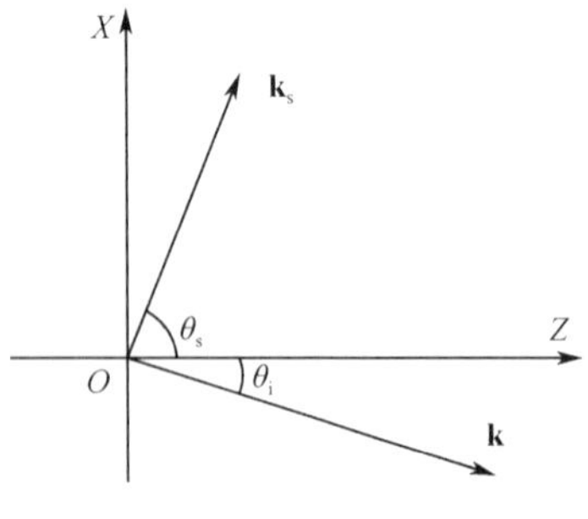

图 7-23　耦合波方程坐标系

为了建立耦合波方程，需要建立坐标系。不失一般性，假设声光相互作用平面为 XZ 平面，并假设入射光波矢量 $\mathbf{k}$ 与 Z 轴的夹角为 θ_{i}，超声波波矢 $\mathbf{k}_{\mathrm{s}}$ 与 Z 轴的夹角为 θ_{s}，如图 7-23 所示。

声光非线性相互作用原理是建立声光耦合波方程的基础。声光非线性相互作用原理认为：平面入射光波与介质中的超声波耦合产生一系列不同频率的极化波，这些极化波用非线性极化矢量 $\mathbf{P}^{\mathrm{NL}}$ 描述，即式（7-569）。

当平面超声波通过介质时，介质中产生与超声波同频率、同传播方向的平面应变场。平面应变场可表示为

$$\mathbf{S}(\mathbf{r},t)=\overline{\overline{\mathbf{s}}}\,S\sin(\omega_{\mathrm{s}}t-\mathbf{k}_{\mathrm{s}}\cdot\mathbf{r})=\frac{1}{2\mathrm{j}}\overline{\overline{\mathbf{s}}}\,S[\mathrm{e}^{\mathrm{j}(\omega_{\mathrm{s}}t-\mathbf{k}_{\mathrm{s}}\cdot\mathbf{r})}-\mathrm{e}^{-\mathrm{j}(\omega_{\mathrm{s}}t-\mathbf{k}_{\mathrm{s}}\cdot\mathbf{r})}] \tag{7-581}$$

式中，S 为应变张量的幅值；$\bar{\bar{\mathbf{s}}}$ 为与 $\mathbf{r}$ 无关的单位应变张量。需要强调的是，为了简单起见，没有引入列向量表示应变分量 S，因而式（7-581）中的 $\bar{\bar{\mathbf{s}}}S$ 可看作一个矢量。当声波沿 X 轴方向传播时，单位应变张量为

$$\bar{\bar{\mathbf{s}}} = [s_{kl}] = \begin{bmatrix} 1 & 0 & 0 \\ 0 & 0 & 0 \\ 0 & 0 & 0 \end{bmatrix} \Rightarrow \bar{\bar{\mathbf{s}}}S \to \mathbf{e}_x S \tag{7-582}$$

式中，$\mathbf{e}_x$ 表示纵波的振动方向。设入射单色平面光波为

$$\mathbf{E}(\mathbf{r},t) = \mathbf{e}_0\,\tilde{E}_0 \mathrm{e}^{\mathrm{j}(\omega t - \mathbf{k}\cdot\mathbf{r})} \tag{7-583}$$

式中，$\mathbf{e}_0$ 为光波偏振方向单位矢量；$\tilde{E}_0$ 为电场强度复振幅的初始值。

当单色平面光波通过介质时，平面光波与声波产生非线性混频，激发一系列不同频率和波矢的极化平面波，其频率 ω' 和波矢 $\mathbf{k}'_m$ 为

$$\begin{cases} \omega'_m = \omega + m\omega_{\mathrm{s}} \\ \mathbf{k}'_m = \mathbf{k} + m\mathbf{k}_{\mathrm{s}} \end{cases} \qquad m = \pm1, \pm2, \cdots \tag{7-584}$$

这些不同频率和不同波矢的极化平面波相互干涉形成各级衍射光。于是，可写出包括入射光和各级衍射光在内的总电场强度矢量为

$$\mathbf{E}(\mathbf{r},t) = \sum_{m=-\infty}^{+\infty} \mathbf{e}_m\,\tilde{E}_m(\mathbf{r})\mathrm{e}^{\mathrm{j}(\omega'_m t - \mathbf{k}'_m\cdot\mathbf{r})}, \qquad m = 0, \pm1, \pm2, \cdots \tag{7-585}$$

式中，$\mathbf{e}_m$ 为第 m 级衍射光电场偏振方向的单位矢量；$\tilde{E}_m(\mathbf{r})$ 为第 m 级衍射光电场强度复振幅值。当 $m=0$ 时，对应于入射平面光波式（7-583）。需要注意的是，式（7-583）和式（7-585）看作取实部 $\mathrm{Re}[\cdot]$，即为电场强度矢量瞬时值，因为在下面波动方程的推导过程中方程两边会消掉虚部，所以省略。

将式（7-569）写成矢量形式，有

$$\mathbf{P}^{\mathrm{NL}}(\mathbf{r},t) = \varepsilon_0 \bar{\bar{\chi}} : \mathbf{S}\cdot\mathbf{E} \tag{7-586}$$

将式（7-581）和式（7-585）代入式（7-586），并利用式（7-7-584），化简得到

$$\mathbf{P}^{\mathrm{NL}}(\mathbf{r},t) = \frac{\varepsilon_0}{2\mathrm{j}} \sum_{m=-\infty}^{+\infty} \bar{\bar{\chi}} : \bar{\bar{\mathbf{s}}}S\cdot\mathbf{e}_m\,\tilde{E}_m(\mathbf{r})\mathrm{e}^{\mathrm{j}(\omega'_{m+1}t - \mathbf{k}'_{m+1}\cdot\mathbf{r})} - \frac{\varepsilon_0}{2\mathrm{j}} \sum_{m=-\infty}^{+\infty} \bar{\bar{\chi}} : \bar{\bar{\mathbf{s}}}S\cdot\mathbf{e}_m\,\tilde{E}_m(\mathbf{r})\mathrm{e}^{\mathrm{j}(\omega'_{m-1}t - \mathbf{k}'_{m-1}\cdot\mathbf{r})} \tag{7-587}$$

式（7-587）右边第一项取 $n = m+1$，右边第二项取 $n = m-1$，合并两项后，再返回令 $n = m$，得到

$$\mathbf{P}^{\mathrm{NL}}(\mathbf{r},t) = \frac{\varepsilon_0}{2\mathrm{j}} \sum_{m=-\infty}^{+\infty} [\bar{\bar{\chi}} : \bar{\bar{\mathbf{s}}}S\cdot\mathbf{e}_{m-1}\,\tilde{E}_{m-1}(\mathbf{r}) - \bar{\bar{\chi}} : \bar{\bar{\mathbf{s}}}S\cdot\mathbf{e}_{m+1}\,\tilde{E}_{m+1}(\mathbf{r})]\mathrm{e}^{\mathrm{j}(\omega'_m t - \mathbf{k}'_m\cdot\mathbf{r})} \tag{7-588}$$

下面推导第 m 级衍射光满足的波动方程。为了简化推导过程，首先进行傍轴近似。在实际情况下，平面光的入射角 θ_{i} 较小，且因 $k_{\mathrm{s}} \ll k$，$k_{\mathrm{s}} \ll k'_m$，第 m 级衍射光波矢 $\mathbf{k}'_m$ 与 Z 轴的夹角 θ'_m 也较小，可取近似

$$\tilde{E}_m(\mathbf{r}) \approx \tilde{E}_m(z) \tag{7-589}$$

另外，由于 $k'_{my} = 0$，因此有

$$\mathbf{k}'_m\cdot\mathbf{r} = k'_{mx}x + k'_{mz}z \tag{7-590}$$

式中，k'_{mx} 和 k'_{mz} 分别为第 m 级衍射波矢沿 X 轴和 Z 轴的分量。由此，式（7-585）可改写为

$$\mathbf{E}(\mathbf{r},t) = \sum_{m=-\infty}^{+\infty} \mathbf{e}_m\,\tilde{E}_m(z)\mathrm{e}^{\mathrm{j}(\omega'_m t - k'_{mx}x - k'_{mz}z)}, \qquad m = 0, \pm1, \pm2, \cdots \tag{7-591}$$

式（7-588）可改写为

$$\mathbf{P}^{\mathrm{NL}}(\mathbf{r},t)=\frac{\varepsilon_0}{2\mathrm{j}}\sum_{m=-\infty}^{+\infty}[\overline{\overline{\chi}}:\overline{\overline{\mathbf{s}}}S\cdot\mathbf{e}_{m-1}\tilde{E}_{m-1}(z)-\overline{\overline{\chi}}:\overline{\overline{\mathbf{s}}}S\cdot\mathbf{e}_{m+1}\tilde{E}_{m+1}(z)]\mathrm{e}^{\mathrm{j}(\omega_m' t-k_{mx}'x-k_{mz}'z)} \tag{7-592}$$

式（7-591）和式（7-592）同时满足声光非线性波动方程（7-578）。

将式（7-591）代入方程（7-578）左边第一项，并取近似

$$\frac{\partial^2\tilde{E}_m(z)}{\partial z^2}\approx 0 \tag{7-593}$$

得到

$$\nabla^2\mathbf{E}=\frac{\partial^2\mathbf{E}}{\partial x^2}+\frac{\partial^2\mathbf{E}}{\partial z^2}=\sum_{m=-\infty}^{+\infty}\left[-(k_{mx}'^2+k_{mz}'^2)\mathbf{e}_m\tilde{E}_m(z)-\mathrm{j}2k_{mz}'\mathbf{e}_m\frac{\mathrm{d}\tilde{E}_m(z)}{\mathrm{d}z}\right]\mathrm{e}^{\mathrm{j}(\omega_m' t-k_{mx}'x-k_{mz}'z)} \tag{7-594}$$

将式（7-591）代入方程（7-578）左边第二项，得到

$$\frac{1}{c^2}\overline{\overline{\boldsymbol{\varepsilon}}}_{\mathrm{r}}\cdot\frac{\partial^2\mathbf{E}}{\partial t^2}=-\sum_{m=-\infty}^{+\infty}\frac{\omega_m'^2}{c^2}\overline{\overline{\boldsymbol{\varepsilon}}}_{\mathrm{r}}\cdot\mathbf{e}_m\tilde{E}_m(z)\mathrm{e}^{\mathrm{j}(\omega_m t-k_{mx}'x-k_{mz}'z)} \tag{7-595}$$

将式（7-592）代入方程（7-578）右边项，得到

$$\frac{1}{c^2\varepsilon_0}\frac{\partial^2\mathbf{P}^{\mathrm{NL}}}{\partial t^2}=\frac{\mathrm{j}}{2c^2}\sum_{m=-\infty}^{+\infty}\omega_m'^2[\overline{\overline{\chi}}:\overline{\overline{\mathbf{s}}}S\cdot\mathbf{e}_{m-1}\tilde{E}_{m-1}(z)-\overline{\overline{\chi}}:\overline{\overline{\mathbf{s}}}S\cdot\mathbf{e}_{m+1}\tilde{E}_{m+1}(z)]\mathrm{e}^{\mathrm{j}(\omega_m' t-k_{mx}'x-k_{mz}'z)} \tag{7-596}$$

将（7-594）～式（7-596）代入方程（7-578），消去两边指数因子，令两边的求和部分相等，得到

$$\begin{aligned}&\mathrm{j}2k_{mz}'\mathbf{e}_m\frac{\mathrm{d}\tilde{E}_m(z)}{\mathrm{d}z}+(k_{mx}'^2+k_{mz}'^2)\mathbf{e}_m\tilde{E}_m(z)-\frac{\omega_m'^2}{c^2}\overline{\overline{\boldsymbol{\varepsilon}}}_{\mathrm{r}}\cdot\mathbf{e}_m\tilde{E}_m(z)\\&=\frac{\omega_m'^2}{2\mathrm{j}c^2}[\overline{\overline{\chi}}:\overline{\overline{\mathbf{s}}}S\cdot\mathbf{e}_{m-1}\tilde{E}_{m-1}(z)-\overline{\overline{\chi}}:\overline{\overline{\mathbf{s}}}S\cdot\mathbf{e}_{m+1}\tilde{E}_{m+1}(z)]\end{aligned} \tag{7-597}$$

令式（7-597）两边同乘以$\mathbf{e}_m$，有

$$\begin{aligned}&\mathrm{j}2k_{mz}'\mathbf{e}_m\cdot\mathbf{e}_m\frac{\mathrm{d}\tilde{E}_m(z)}{\mathrm{d}z}+(k_{mx}'^2+k_{mz}'^2)\mathbf{e}_m\cdot\mathbf{e}_m\tilde{E}_m(z)-\frac{\omega_m'^2}{c^2}\mathbf{e}_m\cdot\overline{\overline{\boldsymbol{\varepsilon}}}_{\mathrm{r}}\cdot\mathbf{e}_m\tilde{E}_m(z)\\&=\frac{\omega_m'^2}{2\mathrm{j}c^2}[\mathbf{e}_m\cdot\overline{\overline{\chi}}:\overline{\overline{\mathbf{s}}}S\cdot\mathbf{e}_{m-1}\tilde{E}_{m-1}(z)-\mathbf{e}_m\cdot\overline{\overline{\chi}}:\overline{\overline{\mathbf{s}}}S\cdot\mathbf{e}_{m+1}\tilde{E}_{m+1}(z)]\end{aligned} \tag{7-598}$$

由于

$$\mathbf{e}_m\cdot\mathbf{e}_m=1 \tag{7-599}$$

$$\mathbf{e}_m\cdot\overline{\overline{\boldsymbol{\varepsilon}}}_{\mathrm{r}}\cdot\mathbf{e}_m=n_m^2 \tag{7-600}$$

式中，n_m为第m级衍射光偏振方向的折射率。另外，引入两个极化率参数

$$\chi_{m-1}=\mathbf{e}_m\cdot\overline{\overline{\chi}}:\overline{\overline{\mathbf{s}}}\cdot\mathbf{e}_{m-1},\quad \chi_{m+1}=\mathbf{e}_m\cdot\overline{\overline{\chi}}:\overline{\overline{\mathbf{s}}}\cdot\mathbf{e}_{m+1} \tag{7-601}$$

显然，χ_{m-1}和χ_{m+1}为标量。又

$$k_m'^2=k_{mx}'^2+k_{mz}'^2 \tag{7-602}$$

将式（7-599）～式（7-602）代入式（7-598），并记

$$k_m^2=\frac{\omega_m'^2n_m^2}{c^2} \tag{7-603}$$

因此，得到

$$\frac{\mathrm{d}\tilde{E}_m(z)}{\mathrm{d}z}-\mathrm{j}\frac{k_m'^2-k_m^2}{2k_{mz}'}\tilde{E}_m(z)=-\frac{\omega_m'^2}{4k_{mz}'c^2}[\chi_{m-1}S\tilde{E}_{m-1}(z)-\chi_{m+1}S\tilde{E}_{m+1}(z)] \tag{7-604}$$

式（7-584）定义的 $\mathbf{k}_m'$ 是非线性效应极化平面波矢，而式（7-603）对应的波矢 $\mathbf{k}_m$ 是由极化波激发的衍射光波矢，两者之间存在差异。为了简化耦合波方程的形式，引入动量失配的概念，其定义为

$$\Delta\mathbf{k}_m=\mathbf{k}_m'-\mathbf{k}_m=\mathbf{k}+m\mathbf{k}_\mathrm{s}-\mathbf{k}_m \tag{7-605}$$

式中，$\Delta\mathbf{k}_m$ 与 $\mathbf{k}_m'$ 和 $\mathbf{k}_m$ 的矢量关系如图 7-24 所示。由于限制 $\Delta\mathbf{k}_m$ 平行于 Z 轴，因此由图可得 $\Delta\mathbf{k}_m$ 的大小为

$$\Delta k_m=\Delta k_{mz}=k_{mz}'-k_{mz}\approx\frac{k_{mz}'^2-k_{mz}^2}{2k_{mz}'} \tag{7-606}$$

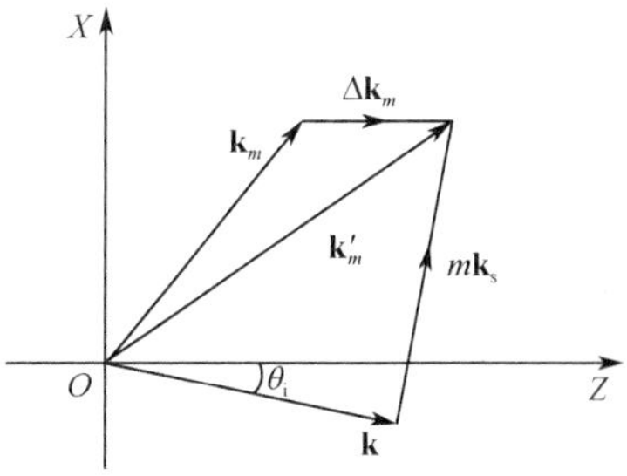

图 7-24　动量失配

另外，由于

$$k_m^2=k_{mx}^2+k_{mz}^2 \tag{7-607}$$

且 $k_{mx}'=k_{mx}$，将式（7-602）和式（7-607）代入式（7-606），得到

$$\Delta k_m\approx\frac{k_m'^2-k_m^2}{2k_{mz}'} \tag{7-608}$$

由此，耦合波方程可改写为

$$\frac{\mathrm{d}\tilde{E}_m(z)}{\mathrm{d}z}-\mathrm{j}\Delta k_m\tilde{E}_m(z)=-\frac{\omega_m'^2/c^2}{4k_{mz}'}S[\chi_{m-1}\tilde{E}_{m-1}(z)-\chi_{m+1}\tilde{E}_{m+1}(z)] \tag{7-609}$$

这就是一维声光耦合波方程的一般形式。该耦合波方程表明，任意相邻三级衍射光（即第 $m-1$ 级、第 m 级和第 $m+1$ 级）之间都存在耦合。

由于式（7-601）采用非线性极化率 $\bar{\bar{\chi}}$ 表示极化参数 χ_{m-1} 和 χ_{m+1}，求解耦合波方程（7-609）很不方便。为了方便求解，通常的做法是利用非线性极化率与声光系数的关系式（7-567），将耦合波方程表示为声光系数的形式。

将式（7-601）写成分量形式，并利用式（7-567）有

$$\begin{cases}\chi_{m-1}=-n_i^2n_j^2\,e_{m,i}\,T_{ijkl}\,s_{kl}\,e_{m-1,j}=-n_m^2n_{m-1}^2\,e_{m,i}\,T_{ijkl}\,s_{kl}\,e_{m-1,j}\\ \chi_{m+1}=-n_i^2n_j^2\,e_{m,i}\,T_{ijkl}\,s_{kl}\,e_{m+1,j}=-n_m^2n_{m+1}^2\,e_{m,i}\,T_{ijkl}\,s_{kl}\,e_{m+1,j}\end{cases} \tag{7-610}$$

式中，$e_{m,i}$ 和 $e_{m,j}$ 分别表示第 m 级衍射光电场偏振方向单位矢量 $\mathbf{e}_m$ 的第 i 个和第 j 个分量。由式（7-600）可知，n_{m-1}、n_m 和 n_{m+1} 分别对应于偏振方向 $\mathbf{e}_{m-1}$、$\mathbf{e}_m$ 和 $\mathbf{e}_{m+1}$ 的折射率，也即衍射第 $m-1$ 级、第 m 级和第 $m+1$ 级衍射光的折射率。

定义[56,69,72]

$$T_\mathrm{e}=e_{m,i}\,T_{ijkl}\,s_{kl}\,e_{m\pm1,j} \tag{7-611}$$

为有效声光系数。代入式（7-610），得到

$$\begin{cases}\chi_{m-1}=-n_m^2n_{m-1}^2T_\mathrm{e}\\ \chi_{m+1}=-n_m^2n_{m+1}^2T_\mathrm{e}\end{cases} \tag{7-612}$$

将式（7-612）代入方程（7-609），并利用式（7-603），耦合波方程可简写为

$$\frac{\partial\tilde{E}_m(z)}{\partial z}-\mathrm{j}\Delta k_m\tilde{E}_m(z)=\frac{k_m^2}{4k_{mz}'}T_\mathrm{e}S[n_{m-1}^2\tilde{E}_{m-1}(z)-n_{m+1}^2\tilde{E}_{m+1}(z)] \tag{7-613}$$

该式就是用有效声光系数表示的耦合波方程形式。

由图 7-23 和图 7-24 可写出式（7-584）中 $\mathbf{k}'_m$ 的分量形式为

$$\begin{cases} k'_{mx} = -k\sin\theta_{\rm i} + mk_{\rm s}\sin\theta_{\rm s} \\ k'_{mz} = k\cos\theta_{\rm i} + mk_{\rm s}\cos\theta_{\rm s} \end{cases} \tag{7-614}$$

令

$$b_m = \cos\theta_{\rm i} + \frac{mk_{\rm s}}{k}\cos\theta_{\rm s} \tag{7-615}$$

有

$$k'_{mz} = kb_m \tag{7-616}$$

$$k'^2_m = k'^2_{mx} + k'^2_{mz} = k^2 + m^2k^2_{\rm s} + 2mkk_{\rm s}\cos(\theta_{\rm i}+\theta_{\rm s}) \tag{7-617}$$

将式（7-616）、式（7-617）和式（7-603）代入式（7-608），并利用式（7-584），得到

$$\Delta k_m \approx \frac{k}{2b_m}\left(1 - \frac{n_m^2}{n^2} + 2m\frac{k_{\rm s}}{k}\cos(\theta_{\rm i}+\theta_{\rm s}) + m^2\frac{k_{\rm s}^2}{k^2}\right) \tag{7-618}$$

式（7-616）和式（7-618）就是方程（7-613）中系数 Δk_m 和 k'_{mz} 的计算公式。

由式（7-611）可以看出，有效声光系数的计算与声波传播方向和偏振方向、入射光偏振方向和衍射光偏振方向有关。为了方便计算，可将有效声光系数写成余弦函数的形式[69]

$$T_{\rm e} = \alpha_i\alpha_j\alpha_k\alpha_l T_{ijkl} \tag{7-619}$$

式中，α_i 和 α_j 分别为入射光偏振方向和衍射光偏振方向的方向余弦；α_k 和 α_l 分别为声波传播方向和声波偏振方向的方向余弦。

5. 拉曼-奈斯方程和布拉格方程

对于正常声光作用，由于不改变入射光的偏振状态，衍射光的偏振方向 $\mathbf{e}_m$ 与入射光偏振方向 $\mathbf{e}_0$ 均相同，因此有

$$n_m = n, \quad k_m = k = \frac{2\pi}{\lambda_0}n \tag{7-620}$$

将式（7-620）与式（7-616）代入方程（7-613），得到正常声光作用下的耦合波方程为

$$\frac{{\rm d}\tilde{E}_m(z)}{{\rm d}z} - {\rm j}\Delta k_m\tilde{E}_m(z) = \frac{\pi n^3}{2\lambda_0 b_m}T_{\rm e}S[\tilde{E}_{m-1}(z) - \tilde{E}_{m+1}(z)] \tag{7-621}$$

及

$$\Delta k_m \approx \frac{mk_{\rm s}}{b_m}\left(m\frac{k_{\rm s}}{2k} + \cos(\theta_{\rm i}+\theta_{\rm s})\right) \tag{7-622}$$

当平面超声波沿 X 轴传播时，$\theta_{\rm s} = \pi/2$，式（7-615）化简为

$$b_m = \cos\theta_{\rm i} \tag{7-623}$$

由式（7-543）有

$$\Delta n = -\frac{1}{2}n^3T_{\mu\nu}S_\nu \tag{7-624}$$

取

$$T_{\mu\nu} = T_{\rm e}, \quad S_\nu = S \tag{7-625}$$

将式（7-623）、式（7-624）代入方程（7-621）及式（7-622），有

$$\frac{{\rm d}\tilde{E}_m(z)}{{\rm d}z} - {\rm j}\Delta k_m\tilde{E}_m(z) = -\frac{\pi\Delta n}{\lambda_0\cos\theta_{\rm i}}[\tilde{E}_{m-1}(z) - \tilde{E}_{m+1}(z)] \tag{7-626}$$

$$\Delta k_m \approx \frac{mk_s}{\cos\theta_i}\left(m\frac{k_s}{2k}-\sin\theta_i\right) \tag{7-627}$$

方程（7-626）称为拉曼-奈斯方程。拉曼-奈斯方程是各向同性介质声光耦合波方程。

由于

$$\frac{k_s}{2k}=\frac{\lambda_0}{2\lambda_s n}=\sin\theta_B \tag{7-628}$$

当 $\theta_B=\theta_i$ 时，有

$$\Delta k_m=0 \tag{7-629}$$

由此，方程（7-626）化简为

$$\frac{d\tilde{E}_m(z)}{dz}=-\frac{\pi\Delta n}{\lambda_0\cos\theta_i}[\tilde{E}_{m-1}(z)-\tilde{E}_{m+1}(z)] \tag{7-630}$$

这就是布拉格耦合波方程。显然，式（7-628）就是布拉格方程（7-512），式（7-629）就是动量匹配条件式（7-523）。

7.5.3　正常声光衍射的衍射效率

为了求解耦合波方程，在入射角 θ_i 较小的情况下，取近似 $\cos\theta_i\approx1$，引入如下参数：

$$\varPhi=-\frac{2\pi\Delta nL}{\lambda_0\cos\theta_i}\approx-\frac{2\pi}{\lambda_0}\Delta nL \tag{7-631}$$

$$Q=\frac{k_s^2L}{k\cos\theta_i}\approx\frac{k_s^2L}{k}=\frac{2\pi\lambda_0L}{n\lambda_s^2} \tag{7-632}$$

$$\alpha=\frac{k}{k_s}\sin\theta_i=\frac{n\lambda_s}{\lambda_0}\sin\theta_i \tag{7-633}$$

将参数 $\varPhi$、Q 和 α 代入方程（7-626）和式（7-627），得到

$$\frac{d\tilde{E}_m(z)}{dz}-j\Delta k_m\tilde{E}_m(z)=\frac{\varPhi}{2L}[\tilde{E}_{m-1}(z)-\tilde{E}_{m+1}(z)] \tag{7-634}$$

$$\Delta k_m\approx\frac{mQ}{2L}(m-2\alpha) \tag{7-635}$$

比较式（7-631）和式（7-480）不难看出，$\varPhi$ 反映的是声场产生的相位延迟，Δn 为声光相互作用引起的声致折射率差，L 为声光相互作用长度，ΔnL 为声致光程差。需要注意的是，为了便于比较，两式采用相同的记号，但两式相差一个“−”号。比较式（7-632）和式（7-505）可知，两式仅相差一个 2π 因子，表征的是声光作用的适配程度，同样可以作为声光类型划分的标准。α 是与入射角有关的参数。将式（7-525）代入式（7-633）得到

$$\alpha=\frac{\sin\theta_i}{2\sin\theta_B} \tag{7-636}$$

显然，当 $\alpha=1/2$ 时，入射角等于布拉格角，即 $\theta_i=\theta_B$，满足动量匹配条件式（7-629）。

下面分两种情况讨论耦合波方程（7-634）和式（7-635）的解，以及声光衍射的衍射效率的计算。

1．拉曼-奈斯衍射

当 $Q\ll1$ 时，方程（7-634）就是拉曼-奈斯衍射。对式（7-635）取近似

$$\Delta k_m \approx -\frac{mQ\alpha}{L} \tag{7-637}$$

代入方程（7-634），得到

$$\frac{\mathrm{d}\tilde{E}_m(z)}{\mathrm{d}z} + \mathrm{j}\frac{mQ\alpha}{L}\tilde{E}_m(z) = \frac{\Phi}{2L}[\tilde{E}_{m-1}(z) - \tilde{E}_{m+1}(z)] \tag{7-638}$$

方程满足边界条件

$$\tilde{E}_0(0) = \tilde{E}_0,\quad \tilde{E}_m(0) = 0 \tag{7-639}$$

利用贝塞尔函数导数公式和递推公式

$$\begin{cases} J'_m(z) = \dfrac{1}{2}[J_{m-1}(z) - J_{m-1}(z)] \\ J_m(z) = \dfrac{z}{2m}[J_{m-1}(z) + J_{m-1}(z)] \end{cases} \tag{7-640}$$

得到耦合波方程的解为[69, 72]

$$\tilde{E}_m(z) = \tilde{E}_0 \mathrm{e}^{-\mathrm{j}\frac{mQ\alpha}{2L}z} J_m\left[\frac{2\Phi}{Q\alpha}\sin\left(\frac{Q\alpha}{2L}z\right)\right] \tag{7-641}$$

显然，此式与用惠更斯原理得到的拉曼-奈斯衍射电场强度复振幅表达式（7-496）具有相同的特点。

第 m 级拉曼-奈斯衍射衍射效率定义为衍射光强与入射光强之比。令 $z = L$，可得第 m 级衍射效率为

$$\eta_m = \frac{I_m}{I_0} = \frac{\tilde{E}_m \tilde{E}_m^*}{\tilde{E}_0 \tilde{E}_0^*} = J_m^2\left[\Phi\frac{\sin\left(\dfrac{Q\alpha}{2}\right)}{\dfrac{Q\alpha}{2}}\right] \tag{7-642}$$

在垂直入射情况下，$\theta_\mathrm{i} = 0$，由式（7-633）可知，$\alpha = 0$，有

$$\lim_{\alpha\to 0}\frac{\sin\left(\dfrac{Q\alpha}{2}\right)}{\dfrac{Q\alpha}{2}} = 1 \tag{7-643}$$

因而，有

$$\eta_m = J_m^2[\Phi] \tag{7-644}$$

对于第 1 级衍射光，$m = 1$，当 $\Phi = 1.84\mathrm{rad}$ 时，衍射效率达到最大值，$\eta_{1,\max} = J_1^2[\Phi] = 0.338$，这是拉曼-奈斯衍射的最大衍射效率。

2．布拉格衍射

当 $Q \gg 1$ 时，耦合波方程（7-634）有解析解。理论和实验均表明，当入射角 θ_i 在布拉格角 θ_B 邻近入射时，Q 达到一定值后，除衍射光 $\tilde{E}_0(z)$ 和 $\tilde{E}_1(z)$ 外，其他衍射光 $\tilde{E}_m(z)$ 都可以忽略不计。因此，对于 $Q \gg 1$，仅需考虑耦合波方程中的两项（$m = 0$ 和 $m = 1$）即可。

取 $m = 0$，由方程（7-635）有 $\Delta k_0 \approx 0$，取 $\tilde{E}_{-1}(z) = 0$，方程（7-634）可化简为

$$\frac{\mathrm{d}\tilde{E}_0(z)}{\mathrm{d}z} = -\frac{\Phi}{2L}\tilde{E}_1(z) \tag{7-645}$$

取 $m = 1$，由式（7-635）有

$$\Delta k_1 \approx \frac{Q}{2L}(1-2\alpha) \tag{7-646}$$

并令

$$\zeta = -\frac{1}{2}\Delta k_1 L = -\frac{Q}{4}(1-2\alpha) \tag{7-647}$$

取 $\tilde{E}_2(z)=0$，由方程（7-634）得到

$$\frac{\mathrm{d}\tilde{E}_1(z)}{\mathrm{d}z} + \mathrm{j}\frac{2\zeta}{L}\tilde{E}_1(z) = \frac{\varPhi}{2L}\tilde{E}_0(z) \tag{7-648}$$

式中，ζ 称为相位失配。方程（7-645）和方程（7-648）满足边界条件

$$\tilde{E}_0(0)=\tilde{E}_0,\quad \tilde{E}_1(0)=0 \tag{7-649}$$

方程（7-645）和方程（7-648）构成一阶常微分方程组

$$\begin{cases} \dfrac{\mathrm{d}\tilde{E}_0(z)}{\mathrm{d}z} = -\dfrac{\varPhi}{2L}\tilde{E}_1(z) \\ \dfrac{\mathrm{d}\tilde{E}_1(z)}{\mathrm{d}z} + \mathrm{j}\dfrac{2\zeta}{L}\tilde{E}_1(z) = \dfrac{\varPhi}{2L}\tilde{E}_0(z) \end{cases} \tag{7-650}$$

令方程组（7-650）消去 $\tilde{E}_1(z)$，得到 $\tilde{E}_0(z)$ 满足的二阶常微分方程为

$$\frac{\mathrm{d}^2\tilde{E}_0(z)}{\mathrm{d}z^2} + \mathrm{j}\frac{2\zeta}{L}\frac{\mathrm{d}\tilde{E}_0(z)}{\mathrm{d}z} + \frac{\varPhi^2}{4L^2}\tilde{E}_0(z) = 0 \tag{7-651}$$

其特征方程为

$$\lambda^2 + \mathrm{j}\frac{2\zeta}{L}\lambda + \frac{\varPhi^2}{4L^2} = 0 \tag{7-652}$$

特征根为

$$\lambda_1 = \frac{-\mathrm{j}\zeta - \mathrm{j}\sqrt{\zeta^2+\left(\dfrac{\varPhi}{2}\right)^2}}{L},\quad \lambda_2 = \frac{-\mathrm{j}\zeta + \mathrm{j}\sqrt{\zeta^2+\left(\dfrac{\varPhi}{2}\right)^2}}{L} \tag{7-653}$$

令

$$\sigma = \sqrt{\zeta^2+\left(\frac{\varPhi}{2}\right)^2} \tag{7-654}$$

通解为

$$\tilde{E}_0(z) = \tilde{A}\mathrm{e}^{-\mathrm{j}\frac{\zeta-\sigma}{L}z} + \tilde{B}\mathrm{e}^{-\mathrm{j}\frac{\zeta+\sigma}{L}z} \tag{7-655}$$

式中，$\tilde{A}$ 和 $\tilde{B}$ 为待定常数。由式（7-649）和方程（7-645）得到初始条件为

$$\tilde{E}_0(0)=\tilde{E}_0,\quad \tilde{E}_0'(0)=0 \tag{7-656}$$

由初始条件，得到 $\tilde{A}$ 和 $\tilde{B}$ 分别为

$$\tilde{A} = \frac{\zeta+\sigma}{2\sigma}\tilde{E}_0,\quad \tilde{B} = \frac{\sigma-\zeta}{2\sigma}\tilde{E}_0 \tag{7-657}$$

代入式（7-655），化简得到

$$\tilde{E}_0(z) = \tilde{E}_0\mathrm{e}^{-\mathrm{j}\frac{\zeta}{L}z}\left[\cos\frac{\sigma}{L}z + \mathrm{j}\frac{\zeta}{\sigma}\sin\frac{\sigma}{L}z\right] \tag{7-658}$$

同理，令方程组（7-650）消去 $\tilde{E}_0(z)$，得到 $\tilde{E}_1(z)$ 满足的二阶常微分方程为

$$\frac{\mathrm{d}^2\tilde{E}_1(z)}{\mathrm{d}z^2}+\mathrm{j}\frac{2\zeta}{L}\frac{\mathrm{d}\tilde{E}_1(z)}{\mathrm{d}z}+\frac{\varPhi^2}{4L^2}\tilde{E}_1(z)=0 \tag{7-659}$$

显然，$\tilde{E}_1(z)$与$\tilde{E}_0(z)$所满足的方程形式完全相同。由式（7-649）和方程（7-648）得到初始条件为

$$\tilde{E}_1(0)=0,\quad \tilde{E}_1'(0)=\frac{\varPhi}{2L}\tilde{E}_0 \tag{7-660}$$

方程（7-659）的解为

$$\tilde{E}_1(z)=\frac{\varPhi}{2\sigma}\tilde{E}_0\mathrm{e}^{-\mathrm{j}\frac{\zeta}{L}z}\sin\frac{\sigma}{L}z \tag{7-661}$$

令$z=L$，由式（7-661）可得一般情况下的衍射效率为

$$\eta=\frac{I_1}{I_0}=\frac{\tilde{E}_1\tilde{E}_1^*}{\tilde{E}_0\tilde{E}_0^*}=\frac{\varPhi^2}{4}\frac{\sin^2\sigma}{\sigma^2} \tag{7-662}$$

特别地，当$\theta_\mathrm{i}=\theta_\mathrm{B}$时，由式（7-636）可知，$\alpha=1/2$，代入式（7-647），有$\zeta=0$，又由式（7-654）得到$\sigma=\pm\varPhi/2$，取$\sigma=\varPhi/2$，代入式（7-658）和式（7-661），得到

$$\tilde{E}_0(z)=\tilde{E}_0\cos\frac{\varPhi}{2L}z \tag{7-663}$$

$$\tilde{E}_1(z)=\tilde{E}_0\sin\frac{\varPhi}{2L}z \tag{7-664}$$

由式（7-664），并取$z=L$，可得满足布拉格条件时的衍射效率为

$$\eta=\sin^2\frac{\varPhi}{2} \tag{7-665}$$

当$\varPhi=\pi$时，$\eta=100\%$，表明入射光能量全部转化为衍射光能量。这是在实应用中布拉格衍射相对于拉曼-奈斯衍射的优点。

在弱声光作用条件下，声光相移很小，$\varPhi\ll1$，由式（7-654）有$\sigma\approx\zeta$，由式（7-662）可得衍射效率为

$$\eta=\frac{\varPhi^2}{4}\frac{\sin^2\zeta}{\zeta^2} \tag{7-666}$$

该式表明，相位失配对衍射效率产生的影响由$\sin\zeta/\zeta$决定。

同时满足动量失配和弱声光相互作用条件，即$\zeta=0$，$\varPhi\ll1$，根据式（7-666），衍射效率化简为

$$\eta\approx\frac{\varPhi^2}{4} \tag{7-667}$$

7.5.4 反常布拉格声光衍射的衍射效率

1. 衍射效率

反常布拉格声光衍射是一种各向异性声光衍射效应，因而遵循一般形式的声光耦合波方程（7-613）。

对于布拉格衍射，由于$Q\gg1$，令$\Delta k_1=0$，仅需考虑$\tilde{E}_0(z)$和$\tilde{E}_1(z)$两项，由方程（7-613）有

$$\frac{\mathrm{d}\tilde{E}_0(z)}{\mathrm{d}z}=-\frac{k_0^2n_1^2}{4k_{0z}'}T_\mathrm{e}S\tilde{E}_1(z),\quad (\tilde{E}_{-1}(z)=0) \tag{7-668}$$

$$\frac{\mathrm{d}\tilde{E}_1(z)}{\mathrm{d}z}-\mathrm{j}\Delta k_1\tilde{E}_1(z)=\frac{k_1^2 n_0^2}{4k'_{1z}}T_{\mathrm{e}}S\tilde{E}_0(z),\quad (\tilde{E}_2(z)=0) \tag{7-669}$$

由式（7-584）有 $k'_{0z}=k_{0z}=k\cos\theta_{\mathrm{i}}$；又 $\Delta k_1=0$，由式（7-605）有 $k'_{1z}=k_{1z}=k_1\cos\theta_1$。并令

$$\begin{cases}\Delta n_0=-\dfrac{1}{2}n_0^2 n_1 T_{\mathrm{e}}S\\ \Delta n_1=-\dfrac{1}{2}n_1^2 n_0 T_{\mathrm{e}}S\end{cases} \tag{7-670}$$

得到

$$\varPhi_0=-\frac{2\pi}{\lambda_0}\frac{\Delta n_0 L}{\cos\theta_1}\approx-\frac{2\pi}{\lambda_0}\Delta n_0 L \tag{7-671}$$

$$\varPhi_1=-\frac{2\pi}{\lambda_0}\frac{\Delta n_1 L}{\cos\theta_{\mathrm{i}}}\approx-\frac{2\pi}{\lambda_0}\Delta n_1 L \tag{7-672}$$

$$\zeta=-\frac{1}{2}\Delta k_1 L \tag{7-673}$$

代入方程（7-668）和方程（7-669），得到

$$\begin{cases}\dfrac{\mathrm{d}\tilde{E}_0(z)}{\mathrm{d}z}=-\dfrac{\varPhi_1}{2L}\tilde{E}_1(z)\\ \dfrac{\mathrm{d}\tilde{E}_1(z)}{\mathrm{d}z}+\mathrm{j}\dfrac{2\zeta}{L}\tilde{E}_1(z)=\dfrac{\varPhi_0}{2L}\tilde{E}_0(z)\end{cases} \tag{7-674}$$

显然，反常布拉格衍射耦合波方程（7-674）与正常布拉格衍射耦合波方程（7-650）的形式完全相同，差别仅在于右边项的 $\varPhi$ 和 $\varPhi_1$，$\varPhi$ 和 $\varPhi_0$。

由方程组（7-674）进一步可以得到

$$\frac{\mathrm{d}^2\tilde{E}_0(z)}{\mathrm{d}z^2}+\mathrm{j}\frac{2\zeta}{L}\frac{\mathrm{d}\tilde{E}_0(z)}{\mathrm{d}z}+\frac{\varPhi_0\varPhi_1}{4L^2}\tilde{E}_0(z)=0 \tag{7-675}$$

$$\frac{\mathrm{d}^2\tilde{E}_1(z)}{\mathrm{d}z^2}+\mathrm{j}\frac{2\zeta}{L}\frac{\mathrm{d}\tilde{E}_1(z)}{\mathrm{d}z}+\frac{\varPhi_0\varPhi_1}{4L^2}\tilde{E}_1(z)=0 \tag{7-676}$$

方程（7-675）与方程（7-651）的形式相同，方程（7-676）与方程（7-659）的形式相同。方程（7-675）和方程（7-676）仍然满足边界条件式（7-649），即 $\tilde{E}_0(0)=\tilde{E}_0$，$\tilde{E}_1(0)=0$。又由式（7-674）得到

$$\tilde{E}'_0(0)=0,\quad \tilde{E}'_1(0)=\frac{\varPhi_0}{2L}\tilde{E}_0 \tag{7-677}$$

利用边界条件求解，得到

$$\tilde{E}_0(z)=\tilde{E}_0\mathrm{e}^{-\mathrm{j}\frac{\zeta}{L}z}\left[\cos\frac{\sigma}{L}z+\mathrm{j}\frac{\zeta}{\sigma}\sin\frac{\sigma}{L}z\right] \tag{7-678}$$

$$\tilde{E}_1(z)=\frac{\varPhi_0}{2\sigma}\tilde{E}_0\mathrm{e}^{-\mathrm{j}\frac{\zeta}{L}z}\sin\frac{\sigma}{L}z \tag{7-679}$$

式中

$$\sigma=\sqrt{\zeta^2+\frac{\varPhi_0\varPhi_1}{4}} \tag{7-680}$$

根据式（7-679），令 $z=L$，得到反常布拉格衍射的衍射效率为

$$\eta = \frac{\tilde{E}_1\tilde{E}_1^*}{\tilde{E}_0\tilde{E}_0^*} = \left(\frac{\varPhi_0}{2}\right)^2 \left(\frac{\sin\sigma}{\sigma}\right)^2 \tag{7-681}$$

显然，反常布拉格衍射的衍射效率与正常布拉格衍射的衍射效率［见式（7-662）］形式相同。通常，由于 $\varPhi_0$ 和 $\varPhi_1$ 差别不大，可取 $\Delta n \approx \sqrt{\Delta n_0 \Delta n_1}$ ，由此可令

$$\varPhi = \sqrt{\varPhi_0 \varPhi_2} \tag{7-682}$$

则式（7-681）可改写为

$$\eta \approx \left(\frac{\varPhi}{2}\right)^2 \left(\frac{\sin\sigma}{\sigma}\right)^2 \tag{7-683}$$

对于反常布拉格衍射与正常布拉格衍射的衍射效率的计算，主要差别在于对 ζ 的计算。正常布拉格衍射的 Δk_1 由式（7-635）确定，而反常布拉格衍射的 Δk_1 由式（7-622）确定，由于两者差别比较大，因而 ζ 差别也较大，这就是两种衍射效率之间的区别。

2．狄克逊方程

对于正常布拉格衍射，动量三角形是等腰三角形，如图 7-22 所示。但是对于反常布拉格衍射，因为 $k' \neq k$ ，即 $n' \neq n$ ，所以动量三角形不是等腰三角形，如图 7-25 所示。

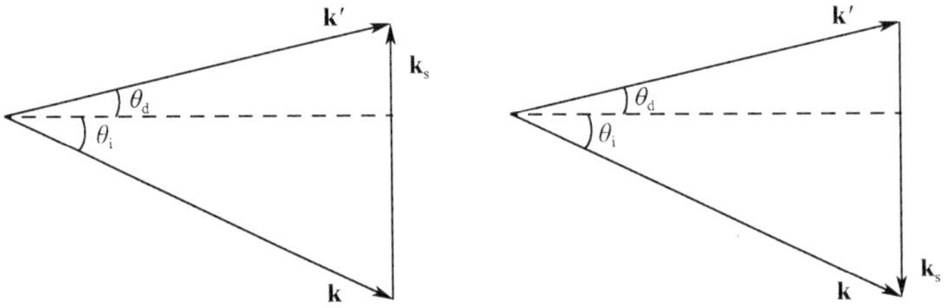

（a）v_s 与 X 轴同向　　（b）v_s 与 X 轴反向

图 7-25　反常布拉格衍射波矢之间的关系

根据三角形余弦定理，由图 7-25 有

$$k'^2 = k_s^2 + k^2 - 2k_s k\cos\left(\frac{\pi}{2} - \theta_i\right) = k_s^2 + k^2 - 2k_s k\sin\theta_i \tag{7-684}$$

$$k^2 = k_s^2 + k'^2 - 2k_s k'\cos\left(\frac{\pi}{2} - \theta_d\right) = k_s^2 + k'^2 - 2k_s k'\sin\theta_d \tag{7-685}$$

已知

$$k = \frac{2\pi}{\lambda_0}n(\theta_i),\quad k' = \frac{2\pi}{\lambda_0}n'(\theta_d),\quad k_s = \frac{2\pi}{\lambda_s} = \frac{2\pi}{\upsilon_s}f_s \tag{7-686}$$

求解式（7-684）和式（7-685）可得

$$\sin\theta_i = \frac{\lambda_0}{2n(\theta_i)\upsilon_s}\left\{f_s + \frac{\upsilon_s^2}{\lambda_0^2 f_s}[n^2(\theta_i) - n'^2(\theta_d)]\right\} \tag{7-687}$$

$$\sin\theta_d = \frac{\lambda_0}{2n'(\theta_d)\upsilon_s}\left\{f_s + \frac{\upsilon_s^2}{\lambda_0^2 f_s}[n'^2(\theta_d) - n^2(\theta_i)]\right\} \tag{7-688}$$

以上两式称为狄克逊（Dixon）方程，该方程与正常布拉格衍射式（7-525）相对应。下面对狄克逊方程进行简单讨论。

1）假定 $n(\theta_i)$ 和 $n'(\theta_d)$ 为常数，由方程（7-687）两边关于 f_s 求导数，并令 $d\theta_i/df_s=0$ 得到

$$f_s = f_0 = \frac{\upsilon_s}{\lambda_0}[n^2(\theta_{i0}) - n'^2(\theta_{d0})]^{1/2} \tag{7-689}$$

式中，θ_{i0} 和 θ_{d0} 分别为狄克逊方程给出的 θ_i～f_s 和 θ_d～f_s 关系中由 $f_s=f_0$ 确定的 θ_i 和 θ_d 的值。

将式（7-689）代入式（7-688），有

$$\theta_d = 0 \tag{7-690}$$

该式表明，在入射角取极值的情况下，衍射角为零。f_0 是反常布拉格衍射的一个重要参数，称为反常布拉格衍射极值频率。

当 $f_s \gg f_0$ 时，狄克逊方程（7-687）和方程（7-688）右边括号中的第二项可以忽略不计，且假定 $n(\theta_i)\approx n'(\theta_d)=n$，于是得到

$$\sin\theta_i = \sin\theta_d \approx \frac{\lambda_0 f_s}{2n\upsilon_s} = \frac{\lambda_0}{2n\lambda_s} \tag{7-691}$$

这就是布拉格方程（7-525）。反常布拉格衍射一般都工作在极值频率 f_0 附近。

2）在 $n(\theta_i)\approx n'(\theta_d)$ 的情况下，令式（7-687）与式（7-688）相加，得到

$$\sin\theta_i + \sin\theta_d \approx \frac{\lambda_0 f_s}{n\upsilon_s} \tag{7-692}$$

通常 θ_i 和 θ_d 都很小，取近似，有

$$\alpha \approx \theta_i + \theta_d \approx \frac{\lambda_0 f_s}{n\upsilon_s} \tag{7-693}$$

此式与式（7-525）取近似，其 α～f_s 曲线与正常布拉格衍射的 θ_B～f_s 曲线的特性相同，不同点在于 θ_i～f_s 曲线和 θ_d～f_s 曲线不同。

3）在反常布拉格衍射情况下，波矢 $\mathbf{k}$、$\mathbf{k}'$ 和 $\mathbf{k}_s$ 可以在同一条直线上，如图 7-26 所示。由此，动量守恒条件可以写成标量形式

$$k' = k \pm k_s \tag{7-694}$$

将式（7-686）代入上式，得到

$$\lambda_0 = \pm\frac{\upsilon_s}{f_s}(n'-n) = \pm\frac{K}{f_s} \tag{8-695}$$

此式表明，对于给定的声光介质和确定的传播方向，如果 K 为常数，则声波频率 f_s 与入射光波长 λ_0 成反比关系。其物理意义在于，对于具有一定频谱宽度的入射光，当给定某一声光频率时，只有满足式（7-695）的光波 λ_0 才能形成衍射；当改变声光频率时，另一满足关系式（7-695）的光波 λ_0 被衍射。由此说明，布拉格声光衍射具有可调滤波器的特性。另外，虽然波矢 $\mathbf{k}$、$\mathbf{k}'$ 和 $\mathbf{k}_s$ 可在同一条直线上，但入射光和衍射光可取不同的偏振方向，因此可以用检偏器把二者分离出来。

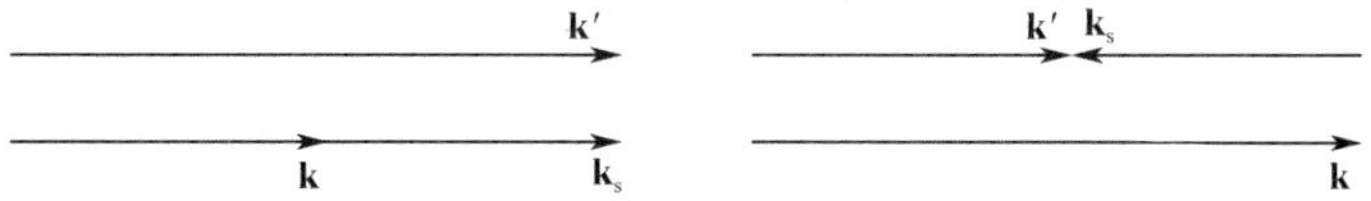

（a）$k'=k+k_s$ （b）$k'=k-k_s$

图 7-26 波矢在同一条直线上

上面讨论了一维声光衍射的耦合波理论，对于多维声光衍射的耦合波理论、表面波声光

衍射耦合波理论和表面波光纤声光衍射耦合波理论，可参考有关文献。与理论相对应的声光器件有体波声光器件、表面波声光器件和光纤声光器件等。下面简单介绍声光光纤水听器的应用。

7.5.5 声光光纤水听器[69,81,82,83,84]

水听器又称为水下传声器，是把水下声信号转换为电信号的换能器。光纤水听器把光纤技术应用于水听器当中，又称为光纤声呐。光纤水听器的用途十分广泛，主要用于海洋声学环境中对声传播、噪声、海底声学特性、目标声学特性等的观测，也是现代海军反潜作战、水下兵器试验，以及海洋石油勘探和海洋地质调查的先进探测手段。

光纤水听器按原理分为强度型、干涉型、偏振型和光栅型等。与干涉型相比，强度型和偏振型由于灵敏度不高，不利于组成阵列结构，因此目前研究的较少。干涉型光纤水听器的研究相对较成熟，光栅型光纤水听器仍处于研究探索阶段。

1．萨尼亚克干涉型光纤水听器

图 7-27（a）为萨尼亚克（Sagnac）干涉型光纤水听器的构成原理图，它由一个 3×3 光纤耦合器、传感光纤、延时光纤、光电探测器和激光光源组成。传感光纤一般长 10～100m，绕在由声敏材料制成的圆筒上，作为探头放入海水中；延时光纤很长，一般大于 10km。由光源发出的光经耦合器输出两束光，分别沿顺时针方向和逆时针方向在光线环路中传播，然后返回经耦合器到光电探测器转化为电信号。当光纤探头无声信号作用时，由于萨尼亚克干涉仪是基于互易的双光束单光路结构，两路光经历完全相同的光程，相位差为零。当外界有声信号作用时，声信号对传感光纤产生相位调制，由于延时光纤的存在，两束光产生相位差。由此可通过对光电探测器输出信号进行解调从而得到声信号的信息。萨尼亚克干涉型光纤水听器的灵敏度与延时光纤的长度有关，延时光纤越长，光纤水听器的灵敏度越高。因此，光纤水听器的灵敏度受延时光纤长度的限制。

为了提高光纤水听器的灵敏度，在延时光纤光路中增加光纤声光调相器，可有效地提高光纤水听器的灵敏度，其结构原理如图 7-27（b）所示。

2．水面声光光纤水听器

声光光纤水听器用于检测水下声波信号时，具有很好的分辨率和穿透深度，但需要将传感头浸入水中，才能将声波信号转换成光信号。这一特点限制了声光光纤水听器的探测速度和灵活性，也影响了探测范围，而且在复杂的海洋环境也可能给观测系统和操作人员带来危险。为了提高光纤水听器的灵活性和机动性，美国海军水下作战中心和澳大利亚联邦科学与工业研究组织共同提出了一种基于水面声光耦合技术的光纤水听器，利用激光多普勒效应进行水下声波的检测，实现了水下目标对水上平台的上行通信[85]。

水面声光光纤水听器采用的是光纤马赫-曾德尔（Mach-Zehnder）干涉仪结构，如图 7-28 所示。激光光束经 1×2 光纤耦合器把光束分成两路，分别作为参考光和信号光。信号光经环形器进入准直器，通过准直器调整后垂直入射到水面。水下声源发射的声波信号传播到水面，引起水面振动。水面振动又引起水表面入射光的多普勒频移，由此造成反射光相位的改变，使反射光相位包含了水面振动的信息。反射光经环形器到达 2×2 光纤耦合器。参考光经调相器后到达 2×2 光纤耦合器。调相器的作用是进行方波相位调制，调制方波相位的峰-峰值为

π/2，所以也称为π/2 方波相位调制。参考光和信号光进入 2×2 光纤耦合器进行干涉，输出端连接两个光电探测器，将光信号转化为电信号。

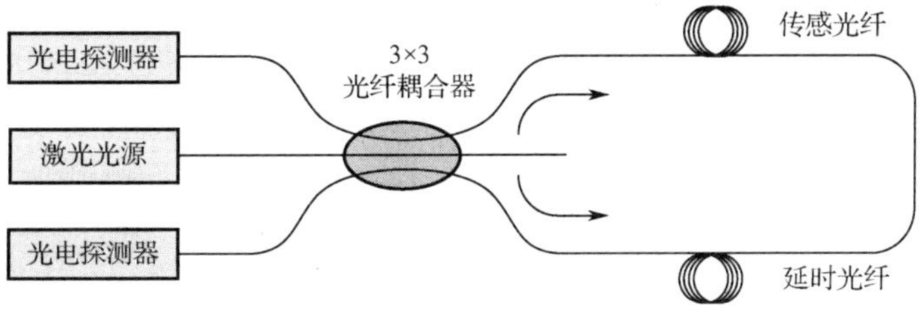

（a）赛格纳克干涉型光纤水听器

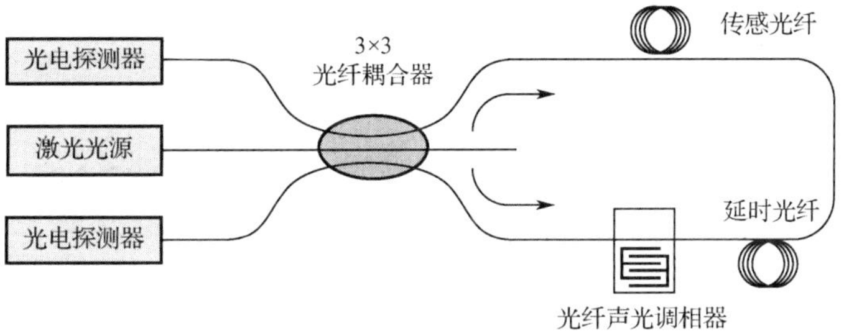

（b）赛格纳克干涉型声光光纤水听器[69]

图 7-27 萨尼亚克光纤水听器的构成原理

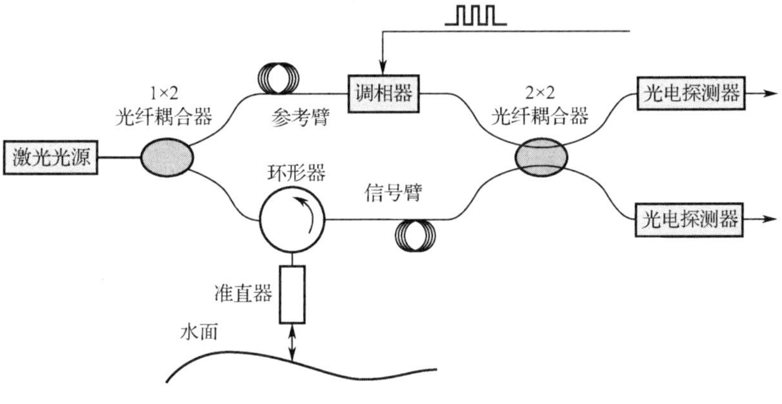

图 7-28 水面声光光纤水听器构成原理

参 考 文 献

[1] 葛德彪，魏兵. 电磁波理论. 北京：科学出版社，2011.

[2] 陈龙玄，高瑞. 向量分析（现代工程数学手册——第一卷第十篇）. 武汉：华中工学院出版社，1985.

[3] 张克潜，李德杰. 微波与光电子学中的电磁理论. 北京：电子工业出版社，2001.

[4] 杨儒贵，陈达章，刘鹏程. 电磁理论. 西安：西安交通大学出版社，1991.

[5] STRATON J A, Electromagnetic theory. 1941.

[6] 马科斯 • 波恩，埃米尔 • 沃尔夫. 光学原理. 7 版. 杨葭荪，译. 北京：电子工业出版

社，2009.
[7] 刘鹏程. 电磁场解析方法. 北京：电子工业出版社，1995.
[8] 洪伟，孙连友，尹雷，等. 电磁场边值问题的区域分解算法. 北京：科学出版社，2005.
[9] 郭敦仁. 数学物理方法. 北京：人民教育出版社，1979.
[10] 任娜. 平面波经矩孔衍射的矢量理论研究. 山西师范大学硕士学位论文，2016.
[11] 李怀龙. 矢量衍射理论的比较研究及其应用. 合肥工业大学硕士学位论文，2007.
[12] MOHARAM M G, GAYLARD T K. Rigorous Couple-wave Analysis of Planar-grating Diffraction. JOSA，1981,71(7):811-818.
[13] MOHARAM M G, GAYLARD T K. Diffraction Analysis of Dielectric Surface-relief Gratings. JOSA, 1982, 72(10):1385-1392.
[14] MOHARAM M G, GAYLARD T K. Rigorous Couple-wave Analysis of Metallic Surface- relief Gratings. JOSA, 1986,3(11):1780-1787.
[15] MOHARAM M G, GAYLARD T K. Three-dimensional Vecter Coupled-wave Analysis of Planar-gratings Diffraction. JOSA,1983,73(9):1105-1112.
[16] 邓浩. 周期结构的衍射模拟算法及其应用研究. 电子科技大学博士学位论文，2015.
[17] NICOLAS CHATEAU, JEAN-PAUL-HUGONIN. Algorithm for the Rigorous Coupled-wave Analysis of Grating Diffraction, J.Opt.Soc.Am.A,1994,11(4):1321-1331.
[18] GAYLARD T K. MOHARAM M G. Planar Dielectric Grating Diffraction Theories, Applied Physics B,1982, 28:1-14.
[19] COLIN R E. Field Theory of Guided Waves, McGraw-Hill, New York, 1960.
[20] 高强. 无源电磁周期结构及其应用. 国防科技大学博士学位论文，2006.
[21] EVGENY POPOV, MICHEL NEVIÈRE. Maxwell Equations in Fourier Space: Fast-converging Formulation for Diffraction by Arbitrary Shaped, Periodic, Anisotropic Media, J.Opt.Soc.Am.A, 2001, 18(11):2886-2894.
[22] MOHARAM M G, GRANN ERIC B, POMMET DREW A, et al. Formulation for Stable and Efficient Implementation of the Rigorous Coupled-wave Analysis of Binary Gratings, J.Opt.Soc.Am.A,1995, 12(5):1068-1076.
[23] PENG SONG, MORRIS G MICHAEL. Efficient Implementation of Rigorous Coupled-wave Analysis for Surface-relief Gratings, J.Opt.Soc.Am.A,1995, 12(5):1087-1096.
[24] MONTIEL F, NEVIÈRe M. Differential Theory of Gratings: Extension to Deep Gratings of Arbitrary Profile and Permittivity Through the R-matrix Propagation Algorithm, J.Opt.Soc.Am.A, 1994, 11(12)：3241-3250.
[25] LIFENG LI. Formulation and Comparison of Two Recursive Matrix Algorithms for Modeling Layered Diffraction Gratings, J.Opt.Soc.Am.A, 1996, 13(5):1024-1035.
[26] COTTER N P K, Preist T W, Sambles J R. Scattering-matrix Approach to Multilayer Diffraction, J.Opt.Soc.Am.A, 1995, 12(5):1097-1103.
[27] ENG LEONG TAN. Note on Formulation of the Enhanced Scattering-(transmittance-) matrix Approach, J.Opt.Soc.Am.A, 2002,19(6):1157-1161.
[28] MARTIN WEISMANN, DOMINIC F G GALLAGHER, NICOLAE C PANOIU. Accurate Near-field Calculation in the Rigorous Coupled-wave Analysis Method,

J.Opt.,2015,126512(11pp).

[29] LIFENG LI. Note on the s-matrix propagation algorithm, J.Opt.Soc.Am.A, 2003,20(4): 655-660.

[30] EVGENI POPOV, MICHEL NEVIÈRe. Grating theory: new equations in fourier space leading to fast converging results for tm polarization, J.Opt.Soc.Am.A, 2000, 17(10):1773-1784.

[31] PHILIPPE LALANNE, G.MICHAEL MORRIS. Highly improved convergence of the coupled- wave method for tm polarization, J.Opt.Soc.Am.A, 1996,13(4):779-784.

[32] LIFENG LI, Use of fourier series in the analysis of discontinuous periodic structures, J.Opt.Soc.Am.A, 1996,13(9):1870-1876.

[33] 余成波，陶红艳，张莲，等. 信号与系统. 2 版. 北京：清华大学出版社，2007.

[34] 黄海漩. 基于二元光学矢量理论的太赫兹亚波长功能器件研究. 深圳大学博士学位论文，2015.

[35] 王树禾编. 微分方程模型与混沌. 合肥：中国科学技术大学出版社，1999.

[36] 李家春，周显初. 数学物理中的渐近方法. 北京：科学出版社，1999.

[37] Л C 庞特里雅金. 常微分方程. 金福临，李训经，译. 上海：上海科学技术出版社，1984.

[38] 王载舆. 数学物理方程与特殊函数. 北京：清华大学出版社，1991.

[39] 李红. 数值分析. 武汉：华中科技大学出版社，2003.

[40] 杨健. 二元光学元件矢量衍射设计于并行直写制作. 国防科技大学硕士学位论文，2004.

[41] 王莹. 光通信中的亚波长光栅及分束器件的研究. 北京邮电大学硕士学位论文，2017.

[42] 贾玉歆. 严格耦合波法模拟周期性材料的反射特性. 长春理工大学硕士学位论文，2016.

[43] 黄丽贞. 硅基微纳多齿谐振光栅的基础设计研究. 南京航空航天大学博士学位论文，2016.

[44] 张瑞. 基于严格耦合波分析法对硅基薄膜太阳能电池光学设计的研究. 宁夏大学硕士学位论文，2014.

[45] 朱邦涛. 各向异性周期性结构 RCWA 算法及并行计算加速. 电子科技大学硕士学位论文，2015.

[46] 方兴. 基于严格耦合波分析的一维微尺度光栅结构辐射特性研究. 哈尔滨工业大学工学硕士学位论文，2012.

[47] 樊叔维. 二元光栅衍射特性的矢量理论分析. 光学精密工程，1999，7（5）。

[48] 樊叔维. 任意槽形金属光栅衍射特性的矢量理论分析与计算. 光学精密工程，2000，8（2）.

[49] 鱼卫星，卢振武，王鹏，等. 二维表面浮雕结构的矢量衍射分析. 光学学报，2001，21（8）.

[50] 巴音贺希格，齐向东，唐玉国. 位相光栅色散特性的矢量衍射理论分析. 物理学报，2003，52（5）.

[51] 麻健勇，傅克祥，王植恒，等. 一种综合处理光栅矢量衍射的新方法. 激光杂志，2005，26（1）.

[52] L BRILLOUIN, Diffusion de la lumiere et des rayons par un corps transparent homogene. Influence de l'agitation themique, Ann,Phys., 1922(17):88.

[53] 彭江得. 光电子技术基础. 北京：清华大学出版社，1988.

[54] 庞兆广. 体声波电光效应的研究. 博士学位论文，北京工业大学，2006.

[55] 刘唤唤. 布拉格声光衍射场强空间分布不均匀的研究. 西安电子科技大学硕士学位论文，2010.

[56] 王竹溪，郭敦仁. 特殊函数概论. 北京：北京大学出版社，2000.

[57] 谢省宗，郦凤山. 特殊函数（现代工程数学手册）第一卷第十六篇，武汉：华中工学院出版社，1985.

[58] 蒲世兵. 基于体布拉格光栅的光谱合成研究. 国防科学技术大学工学硕士学位论文，2008.

[59] 王亚雄. 声光互作用特性研究. 陕西师范大学硕士学位论文，2006.

[60] 赵同林. 声光可调谐滤波器的研究. 中北大学硕士学位论文，2017.

[61] 李阳. 声光互作用研究及其在声光波导开关中的应用. 中国科学院研究生院硕士学位论文，2004.

[62] WENG CUNCHENG. Temporal and Spatial Modulations of Phase of Diffracted Light in Raman-Nath Acousto-optic Diffraction, J.Opt., DOI 10.1007/s12596-015-0303-4.

[63] LUMING ZHAO, QIDA ZHAO, JIN ZHOU, et al. Two-dimensional Multi-channel Acousto-optic Diffraction, Ultrasonics 50(2010):512-516.

[64] WENG CUN CHENG, ZHANG XIAO MAN, Fluctuations of Optical Phase of Diffracted Light for Raman-Nath Diffraction in Acousto-optic Effect, Chin.Phys.B, Vol.24,No.1(2015) 014210.

[65] ALEXEI V ZAKHAROV, VITALY B VOLOSHINOV, ERIK BLOMME. Intermediate and Bragg Acousto-optic Interaction in Elastically Anisotropic Medium, Ultrasonics 51(2011):745-751.

[66] 俞宽新，丁晓红，庞兆广. 声光原理与声光器件. 科学出版社，2011.

[67] A I BORISENKO, I E TARAPOV. Revised English Edition Translated and Edited by Richard A.Silverman, Vector and Tensor Analysis with Applications, Dover Publications, Inc. New York, 1979.

[68] 霍雷. 激光相干探测中声光器件特性的研究. 西安电子科技大学博士学位论文，2012.

[69] 董孝义编著. 光波电子学——光通信物理基础. 天津：南开大学出版社，1987.

[70] 顾志坚. 二维声电光互作用理论与实践的研究. 北京工业大学硕士学位论文，2000.

[71] 傅竹西编著. 固体光电子学. 合肥：中国科学技术大学出版社，1999.

[72] 任占祥，董孝义，张建忠，等. 二维声光互作用理论及实验分析. 光学学报，1990,10(11):1047-1051.

[73] 石顺祥，张海兴，刘劲松. 物理光学与应用光学. 西安：西安电子科技大学出版社，2000.

[74] 钱士雄，王恭明. 非线性光学——原理与进展. 上海：复旦大学出版社，2001.
[75] 谭维翰. 非线性与量子光学. 北京：科学出版社，1996.
[76] 叶佩弦. 非线性光学物理. 北京：北京大学出版社，2007.
[77] 石顺祥，陈国夫，赵卫. 非线性光学. 2 版. 西安：西安电子科技大学出版社，2012.
[78] 李舰艇. 光纤水听器多路复用技术及其串扰与噪声分析. 国防科技大学工学博士学位论文，2005.
[79] 李栋. 水面声光耦合光纤水听器抗波浪解调技术研究. 浙江大学硕士学位论文，2014.
[80] 王鑫. Sagnac 光纤水听器研究. 国防科技大学工学硕士学位论文，2007.
[81] 瞿柯林. 新型干涉型光纤水听器动态范围研究及在水下测量中的应用. 浙江大学硕士学位论文，2016.
[82] ANTHONY D MATTHEWS, LISA L ARRIETA, Acoustic optic hybrid(AOH) sensor, J.Acoust.Soc. Am., 2000,108(3):1089-1093.

附录 A　基本国际单位和基本物理常数

表 A-1　基本国际单位

名称（符号）	量　纲	单位符号	
		中　文	国　际
长度（L,l）	L	米	m
质量（M,m）	M	千克	kg
时间（T,t）	T	秒	s
电流（I,i）	I	安培	A
热力学温度（T）	Θ	开尔文	K
物质的量（N）	N	摩尔	mol
发光强度（J）	J	坎德拉	cd
力（F）	LMT^{-2}	牛顿	N
速度 (V,υ)	LT^{-1}	米/秒	m/s
能量（E）	L^2MT^{-2}	焦耳	J
功（A）	L^2MT^{-2}	焦耳	J
功率（P）	L^2MT^{-3}	瓦特	W（J/s）
动量（$\mathbf{p}$）	LMT^{-1}	千克・米/秒	kg·m/s
电量（Q,q）	IT	库仑	C
电位（U,u）	$L^2MT^{-3}I^{-1}$	伏特	V
电场强度矢量（$\mathbf{E}$）	$LMT^{-3}I^{-1}$	伏/米	V/m
电偶极矩矢量 ($\mathbf{p}_e$)	LTI	库仑·米	C·m
极化强度矢量（$\mathbf{P}$）	$L^{-2}TI$	库/米^2	C·m^2
电通密度矢量（$\mathbf{D}$）	$L^{-2}TI$	库/米^2	C/m^2
磁场强度矢量（$\mathbf{H}$）	$L^{-1}I$	安/米	A/m
磁偶极矩矢量 ($\mathbf{p}_m$)	$L^3MT^{-2}I^{-1}$	韦伯・米	Wb·m
磁化强度矢量（$\mathbf{M}$）	$L^{-1}I$	安/米	A/m
磁通密度矢量（$\mathbf{B}$）	$MT^{-2}I^{-1}$	特斯拉	T
周期（T）	T	秒	s
频率（f）	T^{-1}	赫兹	Hz
波长（λ）	M	米	m
波数（k）	M^{-1}	1/米	1/m

表 A-2 基本物理常数

名 称	符 号	数 值	单 位
真空中的光速	c	$2.998\times10^{8}\approx3.0\times10^{8}$	米/秒（m/s）
玻尔兹曼常数	K	1.38×10^{-23}	焦/开（J/K）
电子电荷	e	1.60×10^{-19}	库（C）
真空介电常数	ε_0	8.85×10^{-12}	法/米（F/m）
真空磁导率	μ_0	$4\pi\times10^{-7}$H/m	亨/米（H/m）
电子静止质量	m_e	9.11×10^{-31}	千克（kg）
质子静质量	m_p	1.67×10^{-27}	千克（kg）
普朗克常数	h	6.63×10^{-34}	焦·秒（J·s）
真空波阻抗	η_0	$367.7\approx120\pi$	欧（Ω）

附录 B　矢量分析和场论基本公式

B.1　直角坐标系、圆柱坐标系和球坐标系之间的转换

B.1.1　直角坐标系和圆柱坐标系

1．空间坐标之间的转换

$$\begin{cases} x = \rho\cos\varphi \\ y = \rho\sin\varphi \\ z = z \end{cases} \tag{B-1}$$

$$\begin{cases} \rho = \sqrt{x^2 + y^2} \\ \tan\varphi = \dfrac{y}{x} \\ z = z \end{cases} \tag{B-2}$$

2．单位矢量之间的转换

$$\begin{bmatrix} \mathbf{e}_\rho \\ \mathbf{e}_\varphi \\ \mathbf{e}_z \end{bmatrix} = \begin{bmatrix} \cos\varphi & \sin\varphi & 0 \\ -\sin\varphi & \cos\varphi & 0 \\ 0 & 0 & 1 \end{bmatrix} \begin{bmatrix} \mathbf{e}_x \\ \mathbf{e}_y \\ \mathbf{e}_z \end{bmatrix} \tag{B-3}$$

$$\begin{bmatrix} \mathbf{e}_x \\ \mathbf{e}_y \\ \mathbf{e}_z \end{bmatrix} = \begin{bmatrix} \cos\varphi & -\sin\varphi & 0 \\ \sin\varphi & \cos\varphi & 0 \\ 0 & 0 & 1 \end{bmatrix} \begin{bmatrix} \mathbf{e}_\rho \\ \mathbf{e}_\varphi \\ \mathbf{e}_z \end{bmatrix} \tag{B-4}$$

3．矢量分量之间的转换

$$\begin{bmatrix} A_\rho \\ A_\varphi \\ A_z \end{bmatrix} = \begin{bmatrix} \cos\varphi & \sin\varphi & 0 \\ -\sin\varphi & \cos\varphi & 0 \\ 0 & 0 & 1 \end{bmatrix} \begin{bmatrix} A_x \\ A_y \\ A_z \end{bmatrix} \tag{B-5}$$

$$\begin{bmatrix} A_x \\ A_y \\ A_z \end{bmatrix} = \begin{bmatrix} \cos\varphi & -\sin\varphi & 0 \\ \sin\varphi & \cos\varphi & 0 \\ 0 & 0 & 1 \end{bmatrix} \begin{bmatrix} A_\rho \\ A_\varphi \\ A_z \end{bmatrix} \tag{B-6}$$

B.1.2　直角坐标系和球坐标系

1．空间坐标之间的转换

$$\begin{cases} x = r\sin\theta\cos\varphi \\ y = r\sin\theta\sin\varphi \\ z = r\cos\theta \end{cases} \tag{B-7}$$

$$\begin{cases} r = \sqrt{x^2+y^2+z^2} \\ \tan\varphi = \dfrac{y}{x} \\ \cos\theta = \dfrac{z}{\sqrt{x^2+y^2+z^2}} \end{cases} \tag{B-8}$$

2．单位矢量之间的转换

$$\begin{bmatrix} \mathbf{e}_r \\ \mathbf{e}_\theta \\ \mathbf{e}_\varphi \end{bmatrix} = \begin{bmatrix} \sin\theta\cos\varphi & \sin\theta\sin\varphi & \cos\theta \\ \cos\theta\cos\varphi & \cos\theta\sin\varphi & -\sin\theta \\ -\sin\varphi & \cos\varphi & 0 \end{bmatrix} \begin{bmatrix} \mathbf{e}_x \\ \mathbf{e}_y \\ \mathbf{e}_z \end{bmatrix} \tag{B-9}$$

$$\begin{bmatrix} \mathbf{e}_x \\ \mathbf{e}_y \\ \mathbf{e}_z \end{bmatrix} = \begin{bmatrix} \sin\theta\cos\varphi & \cos\theta\cos\varphi & -\sin\varphi \\ \sin\theta\sin\varphi & \cos\theta\sin\varphi & \cos\varphi \\ \cos\theta & -\sin\theta & 0 \end{bmatrix} \begin{bmatrix} \mathbf{e}_r \\ \mathbf{e}_\theta \\ \mathbf{e}_\varphi \end{bmatrix} \tag{B-10}$$

3．矢量分量之间的转换

$$\begin{bmatrix} A_\rho \\ A_\varphi \\ A_z \end{bmatrix} = \begin{bmatrix} \sin\theta\cos\varphi & \sin\theta\sin\varphi & \cos\theta \\ \cos\theta\cos\varphi & \cos\theta\sin\varphi & -\sin\theta \\ -\sin\varphi & \cos\varphi & 0 \end{bmatrix} \begin{bmatrix} A_x \\ A_y \\ A_z \end{bmatrix} \tag{B-11}$$

$$\begin{bmatrix} A_x \\ A_y \\ A_z \end{bmatrix} = \begin{bmatrix} \sin\theta\cos\varphi & \cos\theta\cos\varphi & -\sin\varphi \\ \sin\theta\sin\varphi & \cos\theta\sin\varphi & \cos\varphi \\ \cos\theta & -\sin\theta & 0 \end{bmatrix} \begin{bmatrix} A_\rho \\ A_\varphi \\ A_z \end{bmatrix} \tag{B-12}$$

B.1.3　圆柱坐标系与球坐标系

1．空间坐标之间的转换

$$\begin{cases} \rho = r\sin\theta \\ \varphi = \varphi \\ z = r\cos\theta \end{cases} \tag{B-13}$$

$$\begin{cases} r=\sqrt{\rho^2+z^2} \\ \tan\theta=\dfrac{\rho}{z} \\ \varphi=\varphi \end{cases} \tag{B-14}$$

2．单位矢量之间的转换

$$\begin{bmatrix} \mathbf{e}_\rho \\ \mathbf{e}_\varphi \\ \mathbf{e}_z \end{bmatrix}=\begin{bmatrix} \sin\theta & \cos\theta & 0 \\ 0 & 0 & 1 \\ \cos\theta & -\sin\theta & 0 \end{bmatrix}\begin{bmatrix} \mathbf{e}_r \\ \mathbf{e}_\theta \\ \mathbf{e}_\varphi \end{bmatrix} \tag{B-15}$$

$$\begin{bmatrix} \mathbf{e}_r \\ \mathbf{e}_\theta \\ \mathbf{e}_\varphi \end{bmatrix}=\begin{bmatrix} \sin\theta & 0 & \cos\theta \\ \cos\theta & 0 & -\sin\theta \\ 0 & 1 & 0 \end{bmatrix}\begin{bmatrix} \mathbf{e}_\rho \\ \mathbf{e}_\varphi \\ \mathbf{e}_z \end{bmatrix} \tag{B-16}$$

3．矢量分量之间的转换

$$\begin{bmatrix} A_\rho \\ A_\varphi \\ A_z \end{bmatrix}=\begin{bmatrix} \sin\theta & \cos\theta & 0 \\ 0 & 0 & 1 \\ \cos\theta & -\sin\theta & 0 \end{bmatrix}\begin{bmatrix} A_r \\ A_\theta \\ A_\varphi \end{bmatrix} \tag{B-17}$$

$$\begin{bmatrix} A_r \\ A_\theta \\ A_\varphi \end{bmatrix}=\begin{bmatrix} \sin\theta & 0 & \cos\theta \\ \cos\theta & 0 & -\sin\theta \\ 0 & 1 & 0 \end{bmatrix}\begin{bmatrix} A_\rho \\ A_\varphi \\ A_z \end{bmatrix} \tag{B-18}$$

B.2 常用矢量恒等式

B.2.1 矢量代数恒等式

$$\mathbf{A}\cdot\mathbf{B}=AB\cos\theta \text{（标量积）} \tag{B-19}$$

$$\mathbf{A}\times\mathbf{B}=AB\sin\theta\mathbf{n} \text{（}\mathbf{n}\text{垂直于包含}\mathbf{A}\text{和}\mathbf{B}\text{的平面）（矢量积）} \tag{B-20}$$

$$\mathbf{A}\cdot(\mathbf{B}\times\mathbf{C})=\mathbf{B}\cdot(\mathbf{C}\times\mathbf{A})=\mathbf{C}\cdot(\mathbf{A}\times\mathbf{B}) \tag{B-21}$$

$$\mathbf{A}\times(\mathbf{B}\times\mathbf{C})=\mathbf{B}(\mathbf{A}\cdot\mathbf{C})-\mathbf{C}(\mathbf{A}\cdot\mathbf{B}) \tag{B-22}$$

$$(\mathbf{A}\times\mathbf{B})\cdot(\mathbf{C}\times\mathbf{D})=(\mathbf{A}\cdot\mathbf{C})(\mathbf{B}\cdot\mathbf{D})-(\mathbf{A}\cdot\mathbf{D})(\mathbf{B}\cdot\mathbf{C}) \tag{B-23}$$

B.2.2 矢量微分恒等式

$$\nabla(u+\varphi)=\nabla u+\nabla\varphi \tag{B-24}$$

$$\nabla(u\varphi)=\varphi\nabla u+u\nabla\varphi \tag{B-25}$$

$$\nabla\cdot(\mathbf{A}+\mathbf{B})=\nabla\cdot\mathbf{A}+\nabla\cdot\mathbf{B} \tag{B-26}$$

$$\nabla\cdot(\varphi\mathbf{A})=\mathbf{A}\cdot\nabla\varphi+\varphi\nabla\cdot\mathbf{A} \tag{B-27}$$

$$\nabla\times(\varphi\mathbf{A})=\varphi\nabla\times\mathbf{A}+\nabla\varphi\times\mathbf{A} \tag{B-28}$$

$$\nabla\times(\mathbf{A}+\mathbf{B})=\nabla\times\mathbf{A}+\nabla\times\mathbf{B} \tag{B-29}$$

$$\nabla\cdot(\mathbf{A}\times\mathbf{B})=\mathbf{B}\cdot(\nabla\times\mathbf{A})-\mathbf{A}\cdot\nabla\times\mathbf{B} \tag{B-30}$$

$$\nabla\times(\mathbf{A}\times\mathbf{B})=\mathbf{A}(\nabla\cdot\mathbf{B})-\mathbf{B}(\nabla\cdot\mathbf{A})+(\mathbf{B}\cdot\nabla)\mathbf{A}-(\mathbf{A}\cdot\nabla)\mathbf{B} \tag{B-31}$$

$$\nabla\cdot\nabla\varphi=\nabla^2\varphi \tag{B-32}$$

$$\nabla\times\nabla\varphi=0 \tag{B-33}$$

$$\nabla\cdot(\nabla\times\mathbf{A})=0 \tag{B-34}$$

$$\nabla\times\nabla\times\mathbf{A}=\nabla(\nabla\cdot\mathbf{A})-\nabla^2\mathbf{A} \tag{B-35}$$

B.3　梯度、散度、旋度和拉普拉斯运算

1．直角坐标系

$$\nabla u=\frac{\partial u}{\partial x}\mathbf{e}_x+\frac{\partial u}{\partial y}\mathbf{e}_y+\frac{\partial u}{\partial z}\mathbf{e}_z \tag{B-36}$$

$$\nabla\cdot\mathbf{A}=\frac{\partial A_x}{\partial x}+\frac{\partial A_y}{\partial y}+\frac{\partial A_z}{\partial z} \tag{B-37}$$

$$\nabla\times\mathbf{A}=\begin{vmatrix}\mathbf{e}_x & \mathbf{e}_y & \mathbf{e}_z\\ \dfrac{\partial}{\partial x} & \dfrac{\partial}{\partial y} & \dfrac{\partial}{\partial z}\\ A_x & A_y & A_z\end{vmatrix}=\left(\frac{\partial A_z}{\partial y}-\frac{\partial A_y}{\partial z}\right)\mathbf{e}_x+\left(\frac{\partial A_x}{\partial z}-\frac{\partial A_z}{\partial x}\right)\mathbf{e}_y+\left(\frac{\partial A_y}{\partial x}-\frac{\partial A_x}{\partial y}\right)\mathbf{e}_z \tag{B-38}$$

$$\nabla^2 u=\frac{\partial^2 u}{\partial x^2}+\frac{\partial^2 u}{\partial y^2}+\frac{\partial^2 u}{\partial z^2} \tag{B-39}$$

2．柱坐标系

$$\nabla u=\frac{\partial u}{\partial\rho}\mathbf{e}_\rho+\frac{1}{\rho}\frac{\partial u}{\partial\varphi}\mathbf{e}_\varphi+\frac{\partial u}{\partial z}\mathbf{e}_z \tag{B-40}$$

$$\nabla\cdot\mathbf{A}=\frac{1}{\rho}\frac{\partial}{\partial\rho}(\rho A_\rho)+\frac{1}{\rho}\frac{\partial A_\varphi}{\partial\varphi}+\frac{\partial A_z}{\partial z} \tag{B-41}$$

$$\begin{aligned}\nabla\times\mathbf{A}&=\frac{1}{\rho}\begin{vmatrix}\mathbf{e}_\rho & \rho\mathbf{e}_\varphi & \mathbf{e}_z\\ \dfrac{\partial}{\partial\rho} & \dfrac{\partial}{\partial\varphi} & \dfrac{\partial}{\partial z}\\ A_\rho & \rho A_\varphi & A_z\end{vmatrix}\\ &=\left(\frac{1}{\rho}\frac{\partial A_z}{\partial\varphi}-\frac{\partial A_\varphi}{\partial z}\right)\mathbf{e}_\rho+\left(\frac{\partial A_\rho}{\partial z}-\frac{\partial A_z}{\partial\rho}\right)\mathbf{e}_\varphi+\frac{1}{\rho}\left(\frac{\partial}{\partial\rho}(\rho A_\varphi)-\frac{\partial A_\rho}{\partial\varphi}\right)\mathbf{e}_z\end{aligned} \tag{B-42}$$

$$\nabla^2 u=\frac{1}{\rho}\frac{\partial}{\partial\rho}\left(\rho\frac{\partial u}{\partial\rho}\right)+\frac{1}{\rho^2}\frac{\partial^2 u}{\partial\varphi^2}+\frac{\partial^2 u}{\partial z^2} \tag{B-43}$$

3．球坐标系

$$\nabla u=\frac{\partial u}{\partial r}\mathbf{e}_r+\frac{1}{r}\frac{\partial u}{\partial\theta}\mathbf{e}_\theta+\frac{1}{r\sin\theta}\frac{\partial u}{\partial\varphi}\mathbf{e}_\varphi \tag{B-44}$$

$$\nabla\cdot\mathbf{A}=\frac{1}{r^2}\frac{\partial}{\partial r}(r^2A_r)+\frac{1}{r\sin\theta}\frac{\partial}{\partial\theta}(A_\theta\sin\theta)+\frac{1}{r\sin\theta}\frac{\partial A_\varphi}{\partial\varphi} \tag{B-45}$$

$$\begin{aligned}\nabla\times\mathbf{A}&=\frac{1}{r^2\sin\theta}\begin{vmatrix}\mathbf{e}_r & r\mathbf{e}_\theta & r\sin\theta\mathbf{e}_\varphi\\ \dfrac{\partial}{\partial r} & \dfrac{\partial}{\partial\theta} & \dfrac{\partial}{\partial\varphi}\\ A_r & rA_\theta & (r\sin\theta)A_\varphi\end{vmatrix}\\ &=\frac{1}{r\sin\theta}\left(\frac{\partial}{\partial\theta}(\sin\theta A_\varphi)-\frac{\partial A_\theta}{\partial\varphi}\right)\mathbf{e}_r+\frac{1}{r}\left(\frac{1}{\sin\theta}\frac{\partial A_r}{\partial\varphi}-\frac{\partial}{\partial r}(rA_\varphi)\right)\mathbf{e}_\theta+\frac{1}{r}\left(\frac{\partial}{\partial r}(rA_\theta)-\frac{\partial A_r}{\partial\theta}\right)\mathbf{e}_\varphi\end{aligned} \tag{B-46}$$

$$\nabla^2u=\frac{1}{r^2}\frac{\partial}{\partial r}\left(r^2\frac{\partial u}{\partial r}\right)+\frac{1}{r^2\sin\theta}\frac{\partial}{\partial\theta}\left(\sin\theta\frac{\partial u}{\partial\theta}\right)+\frac{1}{r^2\sin^2\theta}\frac{\partial^2u}{\partial\varphi^2} \tag{B-47}$$

B.4 场论基本积分定理

1．高斯定理

$$\iiint\limits_{(V)}(\nabla\cdot\mathbf{A})\mathrm{d}V=\oiint\limits_{(S)}\mathbf{A}\cdot\mathrm{d}\mathbf{S} \tag{B-48}$$

$$\iiint\limits_{(V)}(\nabla\times\mathbf{A})\mathrm{d}V=\oiint\limits_{(S)}\mathrm{d}\mathbf{S}\times\mathbf{A} \tag{B-49}$$

$$\iiint\limits_{(V)}(\nabla\varphi)\mathrm{d}V=\oiint\limits_{(S)}\varphi\mathrm{d}\mathbf{S} \tag{B-50}$$

2．斯托克斯定理

$$\iint\limits_{(S)}(\nabla\times\mathbf{A})\cdot\mathrm{d}\mathbf{S}=\oint\limits_{(l)}\mathbf{A}\cdot\mathrm{d}\mathbf{l} \tag{B-51}$$

$$\iint\limits_{(S)}\mathrm{d}\mathbf{S}\times(\nabla\varphi)=\oint\limits_{(l)}\varphi\mathrm{d}\mathbf{l} \tag{B-52}$$

$$\iint\limits_{(S)}(\mathrm{d}\mathbf{S}\times\nabla)\times\mathbf{A}=\oint\limits_{(l)}\mathrm{d}\mathbf{l}\times\mathbf{A} \tag{B-53}$$

3．标量格林定理

$$\iiint\limits_{(V)}(G\nabla^2U-U\nabla^2G)\mathrm{d}V=\oiint\limits_{(S)}(G\nabla U-U\nabla G)\cdot\mathrm{d}\mathbf{S} \tag{B-54}$$

$$\iiint\limits_{(V)}(G\nabla^2U-U\nabla^2G)\mathrm{d}V=\oiint\limits_{(S)}\left(G\frac{\partial U}{\partial n}-U\frac{\partial G}{\partial n}\right)\mathrm{d}S \tag{B-55}$$

$$\iiint\limits_{(V)}(G\nabla^2U+\nabla U\cdot\nabla G)\mathrm{d}V=\oiint\limits_{(S)}G(\mathrm{d}\mathbf{S}\cdot\nabla U) \tag{B-56}$$

4．矢量格林定理

$$\iiint_{(V)}[\nabla\times\mathbf{Q}\cdot(\nabla\times\mathbf{P})-\mathbf{P}\cdot(\nabla\times\nabla\times\mathbf{Q})]\mathrm{d}V=\oiint_{(S)}(\mathbf{P}\times\nabla\times\mathbf{Q})\cdot\mathrm{d}\mathbf{S}\tag{B-57}$$

$$\iiint_{(V)}[\mathbf{P}\cdot(\nabla\times\nabla\times\mathbf{Q})-\mathbf{Q}\cdot(\nabla\times\nabla\times\mathbf{P})]\mathrm{d}V=\oiint_{(S)}(\mathbf{Q}\times\nabla\times\mathbf{P}-\mathbf{P}\times\nabla\times\mathbf{Q})\cdot\mathrm{d}\mathbf{S}\tag{B-58}$$

附录C　δ函数

C.1　δ函数的定义

定义　$\delta(x)$ 函数定义为

$$\delta(x)=\begin{cases}0, & x\neq 0\\ \infty, & x=0\end{cases} \quad 且 \quad \int_{-\infty}^{+\infty}\delta(x)\mathrm{d}x=1 \tag{C-1}$$

由于 $\delta(x)$ 函数是英国物理学家狄拉克（Dirac）首先提出的，因此 $\delta(x)$ 也称为狄拉克函数。

如果冲激点在 $x=x_0$，则有

$$\delta(x-x_0)=\begin{cases}0, & x\neq x_0\\ \infty, & x=x_0\end{cases} \quad 且 \quad \int_{-\infty}^{+\infty}\delta(x-x_0)\mathrm{d}x=1 \tag{C-2}$$

函数 $\delta[\varphi(x)]$ 定义为

$$\delta[\varphi(x)]=\begin{cases}0, & \varphi(x)\neq 0\\ \infty, & \varphi(x)=0\end{cases} \tag{C-3}$$

C.2　δ函数的性质

1．加权特性（筛选特性）

$$f(x)\delta(x-x_0)=f(x_0)\delta(x-x_0) \tag{C-4}$$

2．取样特性

$$\int_{-\infty}^{+\infty}f(x)\delta(x-x_0)\mathrm{d}x=f(x_0) \tag{C-5}$$

3．偶函数特性

$$\delta(x)=\delta(-x) \tag{C-6}$$

4．尺度变换特性

$$\delta(ax)=\frac{1}{|a|}\delta(x) \tag{C-7}$$

C.3 δ 函数的傅里叶变换

正变换：

$$\mathscr{F}[\delta(x)]=\int_{-\infty}^{+\infty}\delta(x)\mathrm{e}^{-\mathrm{j}\omega x}\mathrm{d}x=1=\mathscr{F}[\omega] \tag{C-8}$$

反变换：

$$\delta(x)=\mathscr{F}^{-1}[\mathscr{F}(\omega)]=\frac{1}{2\pi}\int_{-\infty}^{+\infty}\mathrm{e}^{\mathrm{j}\omega x}\mathrm{d}x \tag{C-9}$$

附录D　几个重要积分和贝赛尔函数关系式

D.1　菲涅耳积分

1．菲涅耳积分

$$\int_0^{\infty}\sin x^2\mathrm{d}x=\int_0^{\infty}\cos x^2\mathrm{d}x=\frac{1}{2}\sqrt{\frac{\pi}{2}} \tag{D-1}$$

2．菲涅耳余弦积分

$$C(x)=\int_0^{x}\cos\frac{\pi}{2}u^2\mathrm{d}u \tag{D-2}$$

3．菲涅耳正弦积分

$$D(x)=\int_0^{x}\sin\frac{\pi}{2}u^2\mathrm{d}u \tag{D-3}$$

MATLAB 软件中，数值求解菲涅耳余弦积分和菲涅耳正弦积分调用函数为“FresnelC”和“FresnelS”。

D.2　贝赛尔函数关系式

1．三角函数与贝赛尔函数关系式

$$\begin{aligned}\cos(x\sin\theta)&=J_0(x)+2J_2(x)\cos2\theta+\cdots+2J_{2\nu}(x)\cos2\nu\theta+\cdots\\&=\sum_{\nu=0}^{\infty}c_\nu J_{2\nu}(x)(\mathrm{e}^{\mathrm{j}2\nu\theta}+\mathrm{e}^{-\mathrm{j}2\nu\theta}),\qquad c_\nu=\begin{cases}\dfrac{1}{2}, & \nu=0\\1, & \nu\neq0\end{cases}\end{aligned} \tag{D-4}$$

$$\begin{aligned}\sin(x\sin\theta)&=2J_1(x)\sin\theta+2J_3(x)\sin3\theta+\cdots+2J_{2\nu+1}(x)\sin(2\nu+1)\theta+\cdots\\&=\frac{1}{\mathrm{j}}\sum_{\nu=0}^{\infty}J_{2\nu+1}(x)[\mathrm{e}^{\mathrm{j}(2\nu+1)\theta}-\mathrm{e}^{-\mathrm{j}(2\nu+1)\theta}]\end{aligned} \tag{D-5}$$

2．贝赛尔函数导数公式和递推公式

导数公式：

$$J'_m(z)=\frac{1}{2}[J_{m-1}(z)-J_{m-1}(z)] \tag{D-6}$$

递推公式：

$$J_m(z)=\frac{z}{2m}[J_{m-1}(z)+J_{m-1}(z)] \tag{D-7}$$